国家科学技术学术著作出版基金资助出版

次生木质部发育(I)针叶树

——木材生成机理重要部分

Secondary Xylem Development(I)Coniferous Tree

——An Important Part of Wood Formation Mechanism

尹思慈　赵成功　龚士淦　著

科学出版社
北京

内 容 简 介

次生木质部是树茎、根和枝的木材部位。本书详述了次生木质部一直是处于保持生命的构建过程中，而立木木材主体是非生命生物材料。利用单株树木内固着的木材差异研究次生木质部的动态变化，是生命科学与材料科学的交叉。本项目由种内株间变化的相似性证明这一变化性质属生物发育。次生木质部构建中存在发育现象首次得到了实验证明。这是原始理论研究成果，是木材生成机理的重要部分。

书中介绍了次生木质部发育研究发育采用的一些新概念和措施：生长鞘、两向生长树龄及其组合、树株内取样要求和必要的图示方式等。依据遗传特征证明次生木质部发育是树木生长中必然发生的自然现象，用生存适应分析它的形成。遗传学、植物学、进化生物学、木材科学和林学等学科的融合构成本项目的理论基础，多学科在以次生木质部为对象的研究中又都分别取得了认识上的新发展。用大量依据数学原理的曲线图示表明次生木质部生命中的动态变化符合遗传特征，使“生命是流”的哲学概念得到了实物证明。

本书适合生命科学多学科高年级大学生、研究生、高校教师、科研院所和林业生产单位学者们参阅。

图书在版编目(CIP)数据

次生木质部发育(I)针叶树：木材生成机理重要部分/尹思慈，赵成功，龚士淦著. —北京：科学出版社，2013. 2

ISBN 978-7-03-035503-4

I. ①次… II. ①尹… ②赵… ③龚… III. ①针叶树–次生木质部–发育生物学–研究 IV. ①S79

中国版本图书馆 CIP 数据核字(2012)第 209899 号

责任编辑：李悦 贺窑青/责任校对：朱光兰 宋玲玲
责任印制：钱玉芬/封面设计：耕者设计工作室

科 学 出 版 社 出版
北京东黄城根北街 16 号
邮政编码：100717
http://www.sciencep.com

北京通州皇家印刷厂 印刷

科学出版社发行 各地新华书店经销
*
2013 年 2 月第 一 版 开本：787×1092 1/16
2013 年 2 月第一次印刷 印张：37
字数：878 000

定价：198.00 元

(如有印装质量问题，我社负责调换)

前　言

次生木质部是树木主茎、根和枝的木材部位。

本书以生命观点来看待次生木质部长时构建中的变化过程，是基础理论原始研究成果。

树木的发育变化表现在细胞、组织和器官三个层次上。木材在次生木质部的发育变化中生成，其生命变化发生在细胞和组织层次上。植物学已报道了次生木质部构建中逐年共同的细胞和组织生成中的生命变化过程。

木材形成机理中亟需认识逐年间生成的细胞和组织结构和性状间的差异根源，即树木在生命期木材形成中的发育变化。木材形成机理只能在次生木质部发育研究中得到进一步的充实和完备。

木材生成的特点是：主要构成细胞生命期仅数月，生命部位逐时更替保证了次生木质部在树木整体中一直是具有生命的生理和结构部位。次生木质部年年更换下的非生命部位都能在原位置长期不受触动原态保存。本项目研究首次把树株内的木材差异看做次生木质部生命变化过程遗存的实迹；用实验证明了这一变化过程符合遗传特征，并从理论上确认这一变化的生物学属性是生物的共性发育。

本书第一部分概论，第 1 章重点阐述研究理念萌发出自对单株树木内木材差异性质的质疑及在研究中对此取得的感知。次生木质部的生命特征和构建中的两向生长树龄使发育研究必须采取与一般生物研究不同的实验取样和结果报告形式。第 2 章、第 3 章介绍能满足研究次生木质部长时生命变化的需要的相应措施。

次生木质部发育研究在多学科融合中进行，密切相关的学科有植物学、林学、木材科学、遗传学和进化生物学等。树木两向生长和次生木质部构建中逐年的共性细胞学过程是植物学内容；木材结构和性能测定是木材科学的项目；明确生物遗传变异的发生和用遗传特征证明次生木质部构建中的变化性质属发育现象需遗传学基础；以生物适应性认识发育变化的形成需具有进化生物学观点；表达发育变化需充分发挥数学工具的作用。以非生命木材材料研究长时生命现象使得本项目处于生命科学和材料科学的交叉点。

第二部分各章的重点是相关学科在本研究中具有重要作用的内容，而应用则需在领悟和拓展中取得。这些是次生木质部发育概念建立的基础。只有克服学科壁垒才能发挥共同作用。本项目研究的依据是次生木质部构建中存在生命变化。研究特点是，首次确定次生木质部发育相随的时间是树茎的两向生长树龄；次生木质部构建的每一固定位置都有确定对应的树茎两向生长树龄和生成后不变的性状值；样树内取样的分布要符合在回归分析中能取得两向生长树龄组合连续的结果；次生木质部发育的三维曲面图示用四种剖视的二维平面曲线替换等。这些都是次生木质部发育研究中的重要观点和措施。

第三部分各章以大量曲线示出五种针叶树次生木质部不同性状随两向生长树龄的变化。结果表明：单株树木次生木质部构建中的变化有序协调，种内株间具有相似性，并可观察出树种间次生木质部构建中变化的类同和差异。这些是生命中性状变化符合遗传控制的条件。一个性状的实验结果只能证明单一性状在次生木质部构建中的变化性质属发育。众多发育性状变化的聚合才构成次生木质部的发育现象。本成果次生木质部发育不是假说，而是经本项目实验充分证明存在的一个自然现象。

树木有关人类生活质量和保障生存环境，并是可再生资源。次生木质部是树木构成中的主体。对它的发育研究具有重要的学术意义和实际价值。第四部分是在这一新研究方向上的体会和取得的结论。

本项目研究主持人尹思慈提出和完善了研究理念，拟定实验方案和数据处理要求，主持野外工作和采集样树，实验中全部台式螺旋放大仪下的测长，操作木材物理力学全部试样炉干和精密天平上各次称重，制作纤维形态测定全部样品，指导并参加全部实验，提出每幅图示方案，构建次生木质部发育研究理论基础，写著本项目两本学术研究专著；参加人赵成功确定数据处理适用方程形式，确定计算机数据处理所使用的软件工具，并指导运用，提供本书 2.5 数据处理和增篇(II)数据处理稿；龚士淦负责样树上取样和试样制作，并参加实验工作；张耀丽承担木材切片制作。大学三、四年级学生志愿工作者：高磊承担针叶树图示的计算机成图；孙洪宇操作力学试验机；王顺峰测计记录和计算机数据录入；显微镜下测定管胞形态尺寸的有吴远军(马尾松和云杉)、谢兰曼(落叶松和杉木)、熊先青(冷杉)；丁为强和熊先青(细胞计数)；钟伟鹏(松脂抽提)。

本书全英译本将在科学出版社出版。译本由尹盛斌译、尹思慈初校。孙红梅编辑对全书译文进行了全面细致地审校。译本符合著作原意。中、英两种文字在语序和语法上的差别，使本书中、英版本在学术内容表达上能得到相互有助的效果。

中国国家自然科学基金委员会 1989 年首次对本项目给予项目资助，后再连续两次项目资助，并又批准研究成果出版资助。南京林业大学对研究工作具体领导和支持。这些是本项目二十三年间能坚持进行的必要条件。

国家科学技术学术著作出版基金资助使本著作能得到国内、外同行和相关专家的更多评议机会。本项目虽尽科学审慎，但毕竟是次生木质部发育研究的初试，难免有挂一漏万之虑，敬请不吝指正。

尹思慈

2012 年 6 月于南京林业大学木材工业学院

目　　录

第三部分 实验证明

第四部分 总　　括

增　　篇

第一部分　概　　论

次生木质部发育看似是熟悉的词语，实为学术空白点。它的存在要用遗传特征来证明。本项目实验结果表明，它的发生具有受遗传控制的程序性。这是一个有待深究的自然现象。

1 引　　言

摘　　要

次生木质部构建中的变化存在于它各层次结构的生命过程中。次生木质部发育研究需了解与这一过程有联系的相关学科成果，同时需明确次生木质部发育理念的新颖所在，以及实验设计的理论依据和原创性。

1.1 次生木质部发育的自然背景

自然背景是客观的事实，但观察到这些事实就具有意识的作用。例如，在认识事实中，由于它们的汇集而能觉察出一个尚待发现的新事实，就有另一层意义。

本节所论及的内容都是植物学和木材科学公认的成果。本项目由它们才衍生出有关次生木质部发育的新思维，并构筑了次生木质部发育研究需认识的自然背景。这些内容在第二部分将有详述。

1.1.1 次生木质部在生命中的构建过程

次生木质部(木材)是树木主茎、根和枝相通的一个结构部分。它的构建是在树木的生命活动过程中进行的。

树茎生长由高、径两向生长构成。高生长起源于茎端原分生组织，直径生长是形成层分生的结果。原分生组织位于茎端，是显微镜才能分辨的细胞群，树木生命期中的高生长一直依赖于它发生；形成层是位于树皮和次生木质部(木材)间的分生组织细胞鞘，它贯通树茎全高。形成层原始细胞由原分生组织分生，并经分化后产生。形成层分生前的茎端高向区间是树茎高生长范围。这一范围的全部组织都归属初生分生组织，而后都成为初生永久组织。其中仅形成层恢复分生机能并一直保持，被称为次生分生组织。

树木主茎在梢端质嫩的一年生高度部分就出现次生木质部。木射线是识别次生木质部的解剖特征。树茎各高度横截面邻近髓心第一个年轮就包含木射线，它标志着次生木质部已开始存在。树茎次生木质部在任一高度开始形成时，这一高度的高生长就停止。即树高生长只发生在顶端一年生的范围内，并在这一范围的下端开始直径生长，此处高生长开始停止。高生长区间(茎端)的位置是逐时在向上移动的，移动中的高生长范围的发育变化是细胞分生和分化，这一部位的全体细胞处于生命状态。其高度范围都是当年长成。直径生长的高度范围随高生长而不断向上扩张，此后各高度的直径生长逐年一直在全树茎原位上持续进行着。产生树茎直径生长的形成层鞘层，是由下向上逐时随树茎高生长延伸的，并伴同树茎增长而自行扩大周长。

形成层是侧生分生组织。由它产生的木质部(向内)和树皮韧皮部(向外)都是次生组织。树茎真髓心的外层是初生木质部。初生木质部在树茎中的厚度极薄、体积甚微。在低倍放大下，它与髓心间的区界难以分辨。一般，就把初生木质部纳入髓心。树茎高生长停止后的部位逐年向外扩大增添的木质部分全都为次生木质部。树茎中除树皮、髓和难以分辨的形成层外，都是次生木质部。在根、枝的构成中亦如此。次生木质部是一个解剖部位，木材是它作为材料的通用词。

由上述事实，本项目进而明确：①树茎两向生长逐时在顶梢高向移动中呈连续转换，在树茎上同时进行，但不发生在同一高度；②茎端原分生组织的存在时限随着树高生长在增长，不同高度的形成层原始细胞由存在时限不同的原分生组织生成，树茎不同高度的形成层分生组织的生成时间尚存在随位置而有早迟的连续差别。

1.1.2 活树次生木质部的主体是非生命木材

管胞占针叶树材体积的 90%~94%，它的细胞生命期仅数月。纤维和导管约占阔叶树材材积的 2/3，其生命期的时限与针叶树次生木质部中的管胞类似。边材中的薄壁细胞尚具生命；在心材开始形成后，随着树茎扩大新边材连续形成，前边材部位在不断地转变成心材。在这一过程中，边材具生命的薄壁细胞生理死亡。

本项目从上述事实中意识到，次生木质部是树木中的生命部位，但它的大部分体积是非生命的。这部分非生命体积是逐年在生命中生成的，各年每一层次在短暂生命后都得到完整保存。

1.1.3　单株树木内的木材差异不是遗传中的变异

汉语中变异(variation)不是日常用语，其在生命科学中的用意需符合遗传学的概念。在当今生命科学文献中，这是 variation 正确应用的唯一规范。

英语中 variation 既是日常用语，又是科学术语。但在生命科学中应用则必须遵循遗传学的概念。

迄今，林业和木材科学的中、外著作中，用词“单株内木材的变异”(wood variation within a tree)，同时用词“单株树木内木材构造的可变性”(variability of wood structure within a tree)。这些实际都是把 variation 当做普通词“差异”来应用，而由此产生的认识却使木材形成理论长期在禁锢中无法产生新突破。

从遗传学观点，变异一般是发生在种内个体间。单株植物内的木材差异是在个体生命过程中生成，并且表现出差异的规律性，这类差异的性质不应该归属于遗传学的变异范畴。次生木质部是树木营养器官主茎、根和枝的一部分，即使在这些部位发生突变，也不可能在有性繁殖中具有遗传性。从发育变化的理论高度来看待长时间在个体立木内生成的木材差异，是本项目研究次生木质部构建的新视角。

1.1.4　次生木质部在生命中的变化

植物学有形成层细胞分生木质细胞过程的研究成果。植物学报道的这一过程是逐年形成层分生和细胞分化中的共性变化。

本项目由上述事实意识到，次生木质部构建中的变化不会仅发生在细胞层次，必定还会在长时间生成的组织层次间存在。

1.1.5　次生木质部中木材差异表现出具有趋势性

木材科学已取得数量丰富的有关树株内木材差异的测定结果。这些报道中，树茎水平径向木材差异的位置用离髓心年轮数标注，纵向用所在高度标注，它们都显示出树株内木材差异具有趋势性。

本项目由上述事实意识到，静态的木材差异是在动态的生命过程中生成，静态差异的趋势性反映出动态生命中存在的变化受遗传控制的程序性。

1.1.6　新词“生长鞘”

次生木质部是树茎的最主要部分，呈薄层重叠状，每一薄层的形态是鞘状。本书把它命名为生长鞘，简称鞘。生长鞘横截面呈环绕髓心的圆形环状，仍称年轮。

1.1.7　对“发育”涵义的商榷

本书中用何词来恰当表达次生木质部构建中存在的规律性变化，是值得考虑的问题。

汉语中发育(development)多用于表达生物的成长，并特别把它与繁殖能力的发展联系起来。这就大大限制了它应用的覆盖范围。

英语中 development 既是科学术语，又是普通词，都含有发展和变化的涵义。

发育概念在本书中确定的内涵是，有机体生命过程中自身受遗传控制的程序性变化。

归属生物发育的变化需具备的必要条件是：①受遗传控制；②是程序性生命中的一

部分；③使生物个体在体内获得能维持生存的协调性，并对环境具适应性；④在保持物种的永续中有作用。

科学词语是人们对自然认识的意识反映，其内涵随着对自然探索的深化而在不断得到补充甚至更新。

生命科学中有个体发育(ontogeny)和系统发育(systematic development)两词。系统发育是用于生物的进化过程，这里的发育涵义不言而喻是变化，而且这种变化是长时间由原始生物至复杂的进化生物，并将继续下去。那有什么理由把个体发育只限于个体生命中的一阶段或部分方面呢？

1.2 次生木质部发育研究理念的源头、形成和内容

本项目是利用非生命材料(木材)来研究立木次生木质部生命中的变化。长时间中生命的变化过程，能以实迹形式完整地保存在由生命变化生成的非生命材料中，并能由它在生物体中不变的固定位置清楚地分辨出各位点的生成时间，实为生物界的罕见现象。

植物学和林学有研究树木生长的成果，木材科学有测定木材结构和性能的方法，迄今尚留下“次生木质部构建的变化过程”的学术空白。这表明次生木质部发育现象必定存在着较深程度的掩蔽。树木是人类生存环境的主要生物类别，木材是人类惯用的材料，长期形成的习惯认识阻碍着人们进一步地思考。依据变化中受固定的材料研究曾发生过的变化，在自然科学中已有可借鉴的实例，凝固的地壳是地表形成中地质变化的实迹。

本项目研究理念是在一系列质疑中萌生，研究思想、方法和内容是在解决这些问题的过程中产生并得以完善。本节框文是在本项目研究中产生有启示作用的质疑。框下是简要应答，各章将再详论。

1.2.1 “次生木质部发育”概念的新见

在植物学和林业科学中都甚少提及“次生木质部发育”一词，但它并非新词。而本项目研究主题中的“次生木质部发育”概念却是新识。其特点是立足变化过程来看待次生木质部的生成。新概念标志着次生木质部在树木生命过程中同样存在着生物共性发育的自然现象。

研 究 主 题

> 本项目的研究主题是发现和证实次生木质部构建中存在发育现象。次生木质部发育现象是次生木质部构建中在遗传控制下的自身变化过程。其特点是：①发生在生命的持续过程中；②随时间变化；③具遗传的规律性。
>
> 进行研究的路径是，发现树木中各位点木材间的静态差异是生命中各时动态变化的遗存实迹，只有通过实验取得这一变化具有遗传规律性的证明后，才能确定次生木质部构建中存在发育现象。

发育是现代生命科学三大核心内容之一。本项目对发育的认识是有机体生命中在遗传控制下随时间的自身变化过程。这里把有机体与外界的交换(新陈代谢)排除在发育概

念之外，实际这一交换的强度和物质种类等在生命过程中也是有变化的。

有机体是由细胞、组织和器官组成的层次性结构。每种生物各层次结构在有机体生命中都有该层次特点的发育变化过程。

次生木质部是具有次生生长植物的一个主要构成部分，次生木质部发育是一个有较高学术价值的自然现象。

三个有启示作用的疑问

植物学研究木材形成限于茎顶原始细胞和形成层细胞的分生和分化。这是木质细胞共性的细胞发育过程。但树木生命期长，在木材形成理论中能不关注次生木质部构建中在逐年生成的细胞间存在连续变化吗？

迄今，林业和木材科学上都把单株树木内的木材差异与种内株间的木材差异一道同归为木材变异。变异在生命科学中的概念是什么？变异在什么条件下生成？把变异一词用在单株树木次生木质部中的木材差异上，这里隐藏着什么学术问题？

活树中的次生木质部是生命组织？还是非生命组织？这是一般人难以正确解答的问题。实际情况是它同时具有的生命和非生命的组成部分，但各在哪里？木材和次生木质部是树木同一部位的名称。根据本书内容应采用何词？

木材是材料，次生木质部是树木的生命结构部分。两名称虽同指一物，但涵义有本质的差别。次生木质部发育研究中受测定的材料是木材，但却是在研究生命中的变化，并要求能证明这一变化是在遗传控制下具树种的规律性。本项目是生命科学在树木研究中的新内容，由此而对树木生命能有更深刻的认识。

树木不同部位的木材差异是个体随生命时间在体内发生的结构变化中生成。把由这种变化形成的差异称作变异，这忽视了它生成的生物学机理。而这却是有关木材形成(次生木质部构建)的重要理论问题。

树木生命期长。次生木质部保存了发育变化全过程实迹。这使得次生木质部发育研究必定自然地会持“生命是流”的观点，对其进行测定必能取得证实生物生命符合这一真理的结果。

1.2.2　次生木质部发育研究必须充分利用其构建中的内在因素

既然言发育，那次生木质部的生命、随时间的变化和受遗传控制等表现在哪里？

研究发育变化必须连续记录时间和变化中各时间的生命性状。伐倒一株数十年、甚至数百年树龄的大树，要通过在树茎木材中的合理取样和性状测定，来研究次生木质部自出土后在生命过程中已发生的发育变化，并且要证明这一变化是受遗传控制的，这样做的依据是什么？

要发现次生木质部构建中存在发育现象，就必须先认识支配这一自然现象的内在因素和存在的规律性表现。只有充分领悟了这些因素和规律性表现，才能采取必要而可行的手段进行科学实验来证实，进而取得对这一自然现象的认识。

觉察出与次生木质部发育有关的重要内在因素

次生木质部中的每一位置的细胞经分生生成后是不会再移动的，其主要构成细胞的性状经数月分化，最终死亡即自然固定。次生木质部逐年在外增添的木材组织，均呈鞘状重叠，能长期保存完整。

次生木质部构建中同时存在着两个变化：①次生木质部的构建是在它的生命部位逐年不断(换新中)进行，置换下的非生命部分结构丝毫不受触动；②持续接替生命的新、老部分在各自生命期生成的性状间呈现有差异。

次生木质部内各位点的性状和位置在生成后不仅均保持不变，而且其生成时间可由生成时即固着的位置来确定。这给发育研究带来了极大方便。

树木次生木质部内的木材差异是发育过程即时连续自行固定的变化实迹，即静态的木材差异是动态生命变化的记录。这是次生木质部构建的重要特点，也是发育研究最可靠的依据。

1.2.3 次生木质部体内位置的新作用

生物发育是体内的变化，研究发育必须考虑这一变化在生物体中发生的部位，而在次生木质部发育研究中则必须对位置的作用另具新视角。

在生物发育研究中，提及体内位置，人们往往会意识为发育是生物体内各一定位置的性状随生命时间的变化，以及这种变化在不同位置间的差别。而次生木质部的发育情况与此有什么根本不同？

木材科学一直在测定树茎纵向不同高度和径向内、外的木材差异，并早已认识到树茎内木材位置与性状间存在着密切关系。次生木质部发育研究更重视在树茎中要进行系统地取样，但在取样位置的作用上与前却存在完全不同的认识。它们的差别在哪里？

年轮是人们习惯用来称呼逐年生成的木质层状组织。实际它在纵剖面上的形象是抛物线(弦切面)或平行线(径切面)，在本研究中另提出一个新词“生长鞘”或简称“鞘”的合理性在何处？

本项目启用新词“生长鞘”来做原词“年轮”的增补。“生长鞘”能更准确地表达次生木质部发育是体内发生的变化，而不是只在部分平面位置间或线上。次生木质部体内的位置还另有一层新意，那就是位置与发育时间进程存在直接联系。

次生木质部发育研究必须十分注意取样点系统位置，实质是在重视全体取样位置所代表的样品生成时间的集合。这与测定不同位置上木材差异的目的和要求根本不同。次生木质部发育研究是重视性状随生成时间的变化，而这一变化表现在其三维体不同位置上。

1.2.4 用新观点来考虑次生木质部发育研究的时间因子

发育研究必须测出性状随时间的变化，由此可看出生命时间的进程在发育研究中的重要性。

一年四季和昼夜，包括温、湿度、降雨量和光照等气候因子在周期性循环，发育相随时间的变化实质是等同于相随环境。

树茎有两向生长，重叠的鞘层中的每层都有各自生成的时间(径向生长树龄)，树茎各高度都有确定生长达到此高度的树龄(高生长树龄)。植物学早知树木两向生长的细胞学过程，本项目研究由此首次明确树木两向生长的独立性。测树学也早知树木两向生长的事实，但在材积增长的计算中只利用全树生长的树龄，即通常所称的树龄。而在次生木质部发育研究中却必须区分两向生长树龄。这是由什么发育表现造成的？提出树茎两向生长独立性的依据和必要性是什么？

应如何认识次生木质部发育是性状随两向生长树龄的变化？对此，本研究提出两向生长树龄组合的概念。如何理解次生木质部中每一取样点都有一组确定的两向生长树龄组合与之相对应？

次生木质部在不同生长鞘间和在同一生长鞘沿高度方向上都存在能反映趋势性变化的木材差异。

两向生长树龄只在次生木质部发育研究中才需采用。这是两向生长树龄迟至本项目才得到应用的原因。时间是标志发育程序化进程的因子。不同生长鞘间的差异是次生木质部随径向生长树龄变化的表现；同一生长鞘沿高度方向上的差异是随高生长树龄变化的表现。离开两向生长树龄研究次生木质部发育是不可能的。

1.2.5 次生木质部发育研究的实验求证主题

由古木次生木质部的鞘形层状结构可以看出，自树木出土第一年开始它逐年在外方连续受垒叠增添不停。

由植物学有关木材形成的细胞学成果和次生木质部的鞘形层状的形态，通过理论分析就可确定次生木质部是在生命过程中构建，并能得出其中存在的差异是生命随时间变化表现的结论。在发育研究中，除要了解次生木质部发育的具体过程外，还能有什么必须通过实验才能求证的主题吗？

能认识次生木质部构建过程中存在变化过程，并不等于已能确证这一变化过程就是发育现象。生物的发育现象，必定具有遗传控制的特征。只有证明个体内数量性状随生存时间的变化是在遗传控制下，才能确定这一变化的性质是发育现象。这与一般遗传学研究有什么相同和差别？

在构成树木的器官中，除根、茎和枝的次生木质部外其他器官都是在不断置换中。次生木质部构建中逐年生成的木质层都得到保存，这给发育研究带来了极大方便。发育不是一个抽象的概念，而是表现在多种性状的变化上。发育研究对每一变化的性状是否都需要分别先证明是发育性状，而后才能讨论该性状在发育中是如何变化的？

次生木质部构建的细胞学过程，是主要构成细胞程序性生命变化的连续共同步调，这是新生命部分(逐年最后生成的最外层生长鞘)取代主要构成细胞丧失生命的部分。木质细胞的共性生命过程逐年在次生木质部新生命鞘层里重复。次生木质部的生成是在木质细胞共性的逐年生命过程中才得以连续的。由此可知这一过程是在生命部位间连续进行的，即次生木质部是在连续的生命中构建。

次生木质部的共性细胞学过程只是细胞生命的相同步调，而不是它们间的绝对同一性。由不同时间生成的木材组织差异，应该发现连续时间生成的细胞间存在微细变化。木材差异不能由单一细胞的生命过程形成，它只能在众多细胞生命过程的微差变化的积累中形成。木材的宏观差异是次生木质部在连续生命时间中微观变化的表现。由此发现木材差异是生命变化过程逐时自行固定并得到保存的实迹。

次生木质部发育研究中唯一需证实的是，次生木质部构建过程具有遗传控制下的规律性。具体地说，发育变化一定具有遗传的三个表现：①体内变化是有序的、协调的；②种内个体间变化具有相似性，个体间变化中的性状差值符合正态分布；③同类树种间的变化具有类同的可比性。这些都是数量性状在过程变化中呈现出的遗传特征。具有这些特征是证明有机体内变化能符合生物共性发育现象的必要条件。

次生木质部发育虽存在于整体的生命过程中，但表现在多种性质的变化上。在证明次生木质部构建中存在发育现象时，必须分别测定多种性质在生命过程中的变化，并需一一证明它们都是符合遗传特征，由此来构成整体的发育。

1.2.6　次生木质部发育研究实验取得成功的关键

次生木质部发育研究需通过回归分析才能取得性状随时间连续变化的规律趋势。回归分析只是数学手段，要在回归分析中能取得两向生长树龄组合连续的结果，必须在实验取样位置分布上做出何种安排？

该如何确定次生木质部各项发育性状的测定精度？

样树内取样位置的分布取决于要满足在回归分析中能取得全体试样两向生长树龄的组合在生命期中连续的结果。由此才能符合次生木质部发育随时间变化的研究要求。

发育性状测定的精度必须高于性状连续测定间差值的最小幅度，才能反映出发育性状的变化。

1.2.7　数学和计算机的工具作用

曲线是确定次生木质部构建中的变化符合遗传特征而进行必要比较的重要手段。

一般发育研究须在指定时间间隔的条件下，连续测定性状值。以横坐标为时间、纵坐标为性状值，由此绘出性状值随时间的变化曲线，以此来表示性状随时间的发育连续变化。目前这一工作可由计算机来完成，能很方便地绘出曲线，并可给出数学式。但次生木质部发育的时间是两向生长树龄，发育随时间的图示为三维空间曲面。三维空间曲面不适合直接用于发育研究，可以用它的哪些平面剖视曲线组来替代就能充分展示出空间曲面对发育变化的表达？

次生木质部发育随两向生长树龄变化过程的图示是三维曲面。本项目用测定的原始数据直接绘出的四种类型平面曲线组来替代三维曲面。这是符合数学原理的处理。这些平面曲线组都是空间曲面在指定条件下的剖视线。由它们可充分观察出发育在曲面上表现的变化。

计算机在本项目大量曲线绘制中的作用是必不可缺的。

1.2.8 次生木质部发育变化在树木动态适应中的作用

发育过程中的变化都是在生物演化中形成，都与有机体的生存有关，在次生木质部发育研究中必须具有进化生物学观点，由此才能对次生木质部发育进程的形成取得较深刻的认识。

1.2.9 次生木质部发育研究的理论意义和实际价值

> 数千年树龄的古木，虽然它的逐年生长鞘厚度已趋极薄，但其横截面的外围在放大镜或显微镜下仍可分辨出年轮。次生木质部在生命期长的树木中是一特殊部位，在生命中逐年得到增生的部分都能得到完整保存。逐层生长鞘间的差异表现出生命中的变化由急而缓，而后有较长时期的稳定。这一稳定是相对的，其中还有缓慢的变化，并随气候有波动。如不能把这种稳定看做一种变化形式，那如何看待平原中江河中的水流？江水的流动终止在出口的海洋，次生木质部发育变化终止在树木的死亡。
>
> 次生木质部的整体是树木的一个生命结构部位。但它却非常特殊地能完整地保留自出土至生命终结历年生成的非生命鞘层。由这些在生命中生成的非生命鞘层可测出它生命中历经的变化。变化是发育的特征，“流”意味着变化。在认识上述事实后，难道不能把次生木质部构建过程中的变化作为哲学概念“生命是流”的一项事实证明吗？江河的流向有河床，发育过程的程序性受遗传控制。个体的发育与生命在时间上同行，生物发育的共性能由次生木质部构建中的变化来认识吗？

长生命期的树木次生木质部保存了发育变化全过程实迹。这使哲学概念“生命是流”在次生木质部发育研究中得到了实例。“生命是流”不再只是感觉上的一个认知，而是通过实验能证实其存在的生命规律。

依据遗传特征证明次生木质部构成中存在发育现象，把发育和遗传的不可分性明确地表现出来。

木材是可再生资源。次生木质部发育现象得到证实，是完善木材形成理论的重要一步，给林木材质改良增添了理论依据，是应用分子生物技术进行材质改良的必要基础，并充分认识了株内木材差异的形成机理。

次生木质部发育研究需具有新理念，要采用新的实验设计，结果分析要充分发挥数学和计算机工具的作用。这些铺就了一条次生木质部研究的新途，并建立了系统的研究方法。

1.3 确定次生木质部发育研究实验措施的理论依据

测出次生木质部在长时间生命变化过程中各选定时刻的性状和对应的即时时间，是成功进行次生木质部发育研究的关键。次生木质部构建具有极大特殊性，给这一测定创造了可行和便利的条件。

1.3.1　发育是有机体在遗传控制下的自身变化过程

发育是次生木质部构建中的变化，是次生木质部的新研究方向。对它的认识，是进一步理解木材形成必不可缺的基础。

木材形成(wood formation)是木材科学的惯用词，次生木质部构建(secondary xylem elaboration)是本书按生物学观点的用语。这两个词语是不同学术认识对同一过程的命名。它们的涵义虽有共同的一面，但同时存在学术意义上的差别。

木材是一种天然材料的名称。formation 中译文为“生成”，它在中文中具有英文完成时态的意义。木材生成(wood formation)在木材科学文献上的实际内容，是顶端分生组织和形成层的分生和分化。这是逐年增添木质层(鞘层)的共同过程。次生木质部是植物解剖学词语，系树木构成中的一个解剖部位，构建意味其中存在着连续变化。除形态意义之外，次生木质部构建是遗传控制下的程序性过程；这一过程的变化发生在逐年累次添加的鞘层间和鞘层内。

对次生木质部构建，发现有一个需从新起点研究的重要问题。

↓

蔬菜和家禽肌肉的质地因部位而不同，同一部位随生长时间又有差别。

立木内木材差别与什么因素有关？本项目的研究思维就是从这一疑问萌发的。这一差别是何时发生的？它的起因是什么？它在生命科学中的学术属性？

↓

植物学观点中，植物学发育包括种子发育和种子萌发、植物生长。植物生长包括初生生长和次生生长。植物学文献上有“茎的发育”用词，内容着重在顶端分生组织、茎端初生生长的各种理论。对于次生生长，只限于细胞分生和分化的共同过程，而缺少逐年生成的细胞间的发育变化。

一般，是把生物发育与繁殖联系起来。从生命延续角度，繁衍是第一位的。但树木是多年生，开花结实是多次重复的环节，而在树木生命期中体内的变化，又是多方面的。

↓

研究生物体生命期中某个器官或部位的变化，需根据实际情况，而有不同对待。

本项目研究实验结果表明，短周期人工林个体立木早、迟生成的不同生长鞘和同一生长鞘上、下部位间都存在着规律性变化；这种变化的幅度在种内株间稍呈差别，但趋势性一致。这种现象的根本因素是什么？

本项目研究发现，人工林自幼苗出土的最初几十年间，其次生木质部构建中的倾向性变化的本质是次生木质部在遗传控制下的发育过程。单株树木内的木材差异发生在个体发育的规律性变化中，与发生在种内个体的差异具有本质差别。

本项目实验是从伐倒木中静态的木材差异，测出立木次生木质部构建中的动态发育变化。首次以生命及发育是遗传控制下变化过程的理念来看待“次生木质部发育过程”的概念。

1.3.2 次生木质部构建中的动态发育变化和静态木材差异间的关系

要彻底认识次生木质部构建过程和它发育变化间的关系，并要深刻领悟伐倒木内木材差异的学术作用。

一般，哺乳动物体的发育和成熟，是随生成年限在同一部位内连续变化的。医学上研究人脑，最难的环节是采集样本。它必须是丧生后 2~8h 里新鲜物。捐脑者生前还需依照要求按时记录个人状况。

树木除根、茎、枝中的次生木质部外，其他各器官和组织，都是在不断地置换中。可以估计到，在随树龄的纳新、弃旧间存在着规律性差异的变化，但要测出这种变化却有难度。

个体立木次生木质部中的发育与上述状况有什么不同？次生木质部生成中的重要现象是什么？

次生木质部的构建不仅对立木，即使在生物界也是一个非常特殊的过程。次生木质部是逐年在外受到增添。纤维状细胞在针叶树次生木质部中占木材体积的 90%~94%。新组织中的纤维状细胞在数月内即丧失被称为原生质的生命物质，而沦入死亡。

树茎中次生木质部不同部位的差别是生成时产生的，即保持各部位细胞丧失生机时的固定状态不变。定形(fixiform)是植物解剖学中的一个技术措施的名称。在研究活机体的细胞形态时，须经过灭活处理，以达到定形的作用。而这里表述的固定状态却是次生木质部细胞的自然死亡而形成的定形效果。次生木质部不同部位间的差别表现为它们是各处于连续发育进程中的不同生成时间和不同生成位置上。每一个部位都有一个确定的生成时间与之相对应，即各部位的所在位置及其生成时间之间分别存在着确定的对应关系。生成和发育是次生木质部内同时发生的两个不可分割的现象。这就如同地壳的形成和地球的地质变化。地壳不同层次间的差异是不同地质代的变化实物记录。

这样，次生木质部中不同层次的本身就凝固着它连续各年中的生成和发育动态过程的实迹。这犹如连续摄影记录下的各片段。反过来，利用这些连续被固定的实迹片段，就可研究出次生木质部发育中的动态变化规律。

次生木质部自身能把长生命构建中的变化逐年以不变的实物形式保存下来。活树中的次生木质部木材结构和伐倒木中的木材几乎是相同的。木材是观察生物发育共性的适合材料，是动态生命流状的实证。

本项目首次在认识立木次生木质部的上述现象条件下进行木材实验工作，研究它的发育过程。

1.3.3 采用两向生长树龄研究次生木质部发育变化

生物发育是有机体自身随生命时间的变化。相随次生木质部发育变化的时间因子该是什么？这是进行次生木质部发育研究必须掌握的关键因子。

↓

树木高生长(初生生长)只发生在茎、根、枝的顶端。顶端下的全高范围都一直在持续进行着直径生长(次生生长)。本项目特别注意到树木的高、径生长不处于同一高度，并首次把这一现象定性为两向生长的相对独立性。

次生木质部横截面(段)上各年轮间木材有差异，而且沿同一年生成的生长鞘的高度方向上的木材间也存在趋势性变化。

树木高生长是顶端分生组织分生和分化的结果，直径生长是出于形成层的分生。而形成层又是源自顶端分生组织。

文献上甚少涉及树茎上、下木材间的差别以及与不同高度形成层自身存在的时间有什么关系。只在一、两个或几个高度上取样，是觉察不出次生木质部上、下之间的规律变化，进而也就提不出有关这方面的问题。

本项目注意到，顶端分生组织随树龄也有变化。树木的高生长是由快而逐慢。由不同树龄的顶端分生组织产生的形成层在不同高度间都能相同吗？本项目实验结果表明，树茎不同高度木材水平方向的性状变化速度不同。往上变化速率增快。

本框文字所称的不同树龄，都属高生长。高生长在树木生长的初端时就开始。树木不同高度都分别有一确定的高生长树龄相对应。这是顶端分生组织自出土后自身存在的年限，它的数字相等于在各高度时的树木树龄，但其高生长的特性不可忽视。

次生木质部由形成层产生，形成层位于树皮和木质部之间，是紧贴在次生木质部外的一层内封套。

研究次生木质部的发育，必须对早、迟不同年(龄)份连续生成的内、外生长鞘都取样。

本框文字不同年(龄)份的性质都属于直径生长。因直径生长在树木生长的第一年就开始，在数字上相等于树木的树龄，但其直径生长的特性不可忽视。

时间是标志程序性变化的一个要素。相随次生木质部发育的时间是需要由树茎木材各位点的位置来确定。树茎同一高度径向不同年轮位置的高生长树龄相同，而径向生长树龄彼此不同；同一生长鞘不同高度部位的径向生长树龄相同，而高生长树龄彼此不同。两向生长是同时分别发生在树茎的高、径两个方向上。由此可知，两向生长树龄是两个独立的时间因子。本项目首次明确在次生木质部发育研究中必须采用两向生长树龄。同时还须认识，对于树木整体生长仍需采用树木原树龄概念。两向生长树龄在次生木质部发育研究中必须同时被采用，即它们是同时并存的；而树龄是应用于树木生长的单一时间概念。开始这是一个难以想象的问题。地球有自转和公转，年、日的物理定义是不同的。离开年、日就难以确定地球的运行轨道。本项目提出两向生长树龄是依据树木两向独立生长的特性，它们的起源和作用彼此都不同。离开两向生长树龄就不可能全面认识次生木质部在构建中的变化。

1.3.4 次生木质部构建中位置与时间的确定关系及在样树中取样位置分布上的重要性

全树严格系统取样中，每一取样部位的性状即时值，是其生成时即刻受固定的即时状态。每一取样部位的木材在生成后的位置是不会移动的，由此它生成时的两向生长树龄可由其位置来确定。这表明，在次生木质部发育研究进行的实验中，取样位置的分布是决定研究取得成功的首要学术因素。

↓

本项目在个体立木次生木质部中的取样点，是依据研究树木生长中木材生成规律而周密设计的。

↓

树茎次生木质部中的任一部位都具有可确定它所在空间位置的两个参量——横坐标和纵坐标。横坐标是这个位置所在生长鞘生成时的树龄，即径向生长树龄；纵坐标是树茎生长达这个位置高度的树龄，即高生长树龄。可见，次生木质部每一空间位置都有一对高、径两向生长树龄相对应。

次生木质部发育研究的木材样品在树茎中的位置分布要满足在回归分析中能取得发育性状随两向生长树龄组合连续变化的结果。

树茎在某种程度上是由同心圆筒状的薄层组成，因而赋予木材以圆柱对称性。这种对称性在次生木质部的许多遗传特性上都有所反映①。本项目注意到这一现象，并采用了这一相关理论。认为，同一生长鞘横截面年轮上各点的两向生长树龄彼此相同。

本项目确定，只需以南、北向厚 10cm 中心板为实验材料，并在其内、外各生长鞘的多个高度位置上取样，就可符合发育研究要求的全面取样要求。

↓

本研究需测出次生木质部构建中生命随时间的变化，而不是树茎局部非生命木材间的差异。国内、外文献中，均未见有上述依据两向生长树龄在个体样树上严格系统取样的结果。这是本项目和国内、外木材研究在实验上有区别的关键之处。这种差别出于研究的主题不同。

↓

需测定次生木质部构建中的发育变化因子有多个。本项目另一特点是，对共同实验材料进行多个发育性状的测定。这给研究发育中多因子变化的相关性提供了条件，并保证了结果的准确程度。

① Kollmann F, Cote W A Jr. 1968. Principles of Wood Science and Technology (I) Solid Wood. Springer-verlag.

1.3.5 图示在表达次生木质部发育变化中的作用

发现和研究都必须以实验结果为依据。本项目近二十年的主要工作获取了大量测定数据。曲线是表达发育变化必须利用的数学手段，特别是在证明具有规律变化的生物现象是发育性质时，更具有特殊意义。计算机数据处理功能提供了能充分利用这一数学手段的可能性。本项目设定的研究要求在数十年前是难以取得的。

↓

由两向连续生长时间和由它们组合确定的各位点的性状数据，就可绘出次生木质部发育变化的三维曲面图示(图 3-2b)。在三维坐标中，x、y 轴分别示两向生长树龄；z 轴示性状值的大小。这种图示有直观效果，但视觉随目光的角度而发生变化，故并不适合直接用于发育研究。

↓

本项目，把这种三维立体图示变换成四种二维平面图示：

(1) 以径向生长树龄为横坐标、性状值为纵坐标。图中有多条回归曲线，每条曲线只代表一个确定的高生长树龄；

(2) 以高生长树龄为横坐标、性状值为纵坐标。图中有多条回归曲线，每条曲线只代表一个确定的径向生长树龄；

(3) 横坐标是不区分两向生长的树木生长树龄。其数值相等于径向生长树龄，纵坐标是不同树龄各年生长鞘全高平均性状值。

(4) 以高生长树龄为横坐标、性状值为纵坐标。图中有多条回归曲线，每条曲线对应一个确定的离髓心年轮数。同一曲线上的年轮的离髓心年轮数虽相等，但它们并不在同一生长鞘上。

可见，(1)、(2)两图实质是用平面图示来表达三维曲面图中示出的变化，实际上，这两类平面图示中的每条曲线都包含着两向生长树龄。而(3)图示生长鞘性状全高平均值随树龄的变化，其中高生长树龄被融入全高平均值里。(4)图是用来表达不同高度、相同离髓心年轮数、异鞘年轮间性状发育变化的有序差异。

↓

必须明确：①上述四种图示是表示同一发育的变化过程；②次生木质部的发育过程在确定条件下能绘出的多条回归曲线是有序的，这一结果绝非偶然，而是表明这一变化过程具有规律性；③如上述图示上的多条回归曲线不仅具有共同的变化趋势，而且它们之间的差异是处于规律性的变化过渡中，这就进一步表明个体生命中各部位的发育变化具有协调性；④种内不同样树同类曲线具有极大相似性，而其间的差异服从正态分布，这表明发育性状的变化具有遗传性。测定结果如能符合上述全部条件，才能确定变化的性状具有发育性质。由多个发育性状在个体生命中程序性变化的聚合，才能被进一步看做存在发育过程。可见，这四种类型曲线是研究次生木质部发育的必要数学手段。

↓

还需注意，遗传确定了发育变化的界限，环境在此界限内能产生对变化有修饰作用的影响。用回归曲线表达发育变化，能消除环境在表达规律变化中的影响，并呈现出发育变化规律性的一面。

本项目实验取得的数据要在次生木质部发育研究中发挥作用，必须依据遗传学观点。遗传学的基本原则也就融入生物发育的研究中。

1.4 次生木质部发育研究的原创性

1.4.1 新理念

(1) 觉察出个体立木中次生木质部内的差异性质不属变异，这用遗传学来判断是毫无疑义的。而在林学和木材科学中，由于受传统称呼(术语)的习惯束缚，这却成为了一个需思考的新观点。这个新观点对林业科学完善木材形成(次生木质部构建)理论是一个重要的新起点，并对木材科学能正确认识木材差异本质起着理论的作用。

(2) 个体立木内的木材差异是在次生木质部构建过程的变化中形成。“次生木质部”是植物学的普通名词，“发育”更是生命科学的核心学科，但“次生木质部发育”的学术涵义却值得深思。本项目的研究主题是次生木质部发育，是次生木质部生命中的变化。木材差异是在次生木质部发育中生成。依据木材差异，次生木质部发育可以得到深刻揭示。

(3) 生物发育有共性，其中首位表现是遗传。本项目用规律性和遗传性证明次生木质部构建中存在变化的生物学属性是发育；并用进化生物学认识发育过程形成的机理及其在树木生存中的作用。这里体现出遗传、发育和进化(遗传变异、突变和自然选择)是融合发生在生物体生命中不可分割的统一现象。

(4) 次生木质部能以不变的实物材料形式完整地保存着逐年发育变化过程的实况，由它可测得长时发育性状值和变化时刻一一对应的数据。哲学概念“生命是流”有了一个长时生命的实证。

1.4.2 对次生木质部发育研究实验具有重要作用的一些因素

自然现象的存在必须经过科学实验来证实。实验中的每一个环节都要依据对象的具体状况而设定，这些状况在实验中分别起着必不可缺的条件作用。一些在次生木质部发育研究实验中起重要作用的状况尚处于隐蔽状态。发育研究才使它们受到觉察。

(1) 立木中的木材主要构成细胞，在生成数月内就失去生命物质并丧失细胞生命，由此而将逐年间的变化过程固定成发育变化的实物记录。对于长生命期的树木，数月时间是短暂的。本书中所述变化中的即时，就是这一短暂时刻。

利用次生木质部逐年生长鞘间和各生长鞘沿高度方向上的非生命木材差异，研究不同生命时间生成的木材细胞间的发育变化。这是次生木质部性状发育变化的实迹。

(2) 高生长区间(茎端)的位置是逐时在向上移动的，移动范围的发育变化是细胞的分生和分化。这一部位的全体细胞处于生命状态。它的高度范围都是在当年长成。当次生木质部在当年它的新高度的下端开始形成时，这一部位的直径生长开始，并构成了这一高度生长方向的自然转换。直径生长的高度范围随高生长而不断向上扩张，此后各高度的直径生长逐年一直在原高度上持续进行着。

发育是随时间的变化。次生木质部发育研究不可能离开它的发育时间的特点。如仅考虑传统应用的树龄(仅取单一树龄，这一树龄实际是径向生长树龄)，那沿同年生成的同一生长鞘高度上的差异就无法得到解释。本项目重现前驱(顶端)和后继(形成层)间的关系，首次明确树木高、径生长的独立性，并提出研究次生木质部发育必须应用两向生长树龄。

(3) 本项目研究发现次生木质部每一部位生成时，其木材的结构和性状都受到固定的状况在发育研究的实验测定中有重要作用。立木中每一位置的木材都有对应于它生成时的确定时间。依据这一时间和位置间的关系，实验中可确定出每一位置的性状测定值受固定的当时时间。每一个固定位置上的木材性状都是发育变化中的即时状态，而各即时时间又都可由其位置得到准确判定，这是生物发育时空关系中的一个奇观。

没有时间的连续，就谈不上生命持续中的发育过程。对取样位置分布必须具有如下方面的深刻理解：①生物发育研究的最大难点是，发育过程中的性状是随时间在变化，必须同时测出性状及其发生的时间。次生木质部发育研究取样位置分布的重要性在于，每一样品性状受固定的生成时间可由其位置来确定。②树木生长的树龄是连续的，次生木质部构建的两向生长树龄同时也是各自连续的，但取样位置不可能在全树无间隙遍布。③次生木质部发育研究对时间的要求不是高或径单向生长树龄的连续，而是在回归分析中能取得两向生长树龄组合的连续结果。④取样点位置的分布要为在回归分析中取得两向生长树龄组合的连续提供条件。⑤要取得符合上述要求的回归结果，取样点的两向生长树龄组合必须均匀散布在三维图 *XY*(以两向生长树龄为坐标轴)坐标面的网点上。它们虽不是连续的，但通过回归分析能取得连续发育的规律。

(4) 研究主要目标是证明：①立木次生木质部构建中存在着性状随时间变化的程序性；②这一变化过程的属性是生物共性的发育。要达到上述目标，同一树种实验材料必须有数株样树，并有多个树种共同起验证作用。

1.4.3 用实验证明次生木质部构建中的变化符合遗传特征

为证明次生木质部构建是在遗传控制下的程序性变化过程中进行，即次生木质部发育现象存在于次生木质部构建中，本项目研究采用的必要条件如下：①个体立木体内随时间的变化是协调的，并具程序性；②同一生长条件下，种内不同样树(个体)同一性状随时间变化的趋势具有相似性；③种内个体间趋势变化的差异程度符合统计学的正态分布。这些都属生物发育共同符合的遗传特征。

对此连续进行了近二十年研究工作，是以占我国主要供材量的 5 种针叶树和 12 种阔叶树为实验材料。样树都取自人工林，有不同材质类型，分别生长在东北、华东、西南和华南重点林区同一林地。针叶树同一树种树龄相同。

1.4.4 设定次生木质部发育变化的图示式样

曲线是表达变化必须采用的数学手段，特别是在证明次生木质部构建符合遗传特征条件中，进行曲线间的比较更具特殊意义。设定能表达出次生木质部发育变化的图示方式，是发挥这一手段作用的关键。

次生木质部构建的两向生长树龄使得它的发育变化图示是三维曲面。在三维曲面上，次生木质部随两向生长树龄发育变化的测定值在空间不是杂乱无章散在的点，而是均匀分布在回归分析取得的三维曲面的邻近空间。这种分布是次生木质部性状变化符合发育性质的反映，而曲面则是通过回归分析取得的这一反映的规律性表达。

本报告采用了四种类型平面曲线(组)来替代这一曲面。每一平面曲线都是这一曲面在指定条件下的剖面线。但在实际绘制中，每一曲线都是根据指定条件由测定的性状数据直接绘出。这些曲线的数学解释是，两空间面相交处是线，这里它们一是发育的三维曲面，另一是作指定条件用的剖视平面。本报告给出的每一幅图中，如同组曲线都是呈一致的有序变化，彼此间并存在着规律性过渡。这种图示结果绝不是偶然的，而是发育变化的表现。四种类型平面曲线(组)能把次生木质部发育变化的曲面图示内容充分表达出来。由此可见，只有根据次生木质部的实际发育变化状态，才能设计出符合其变化特点的图示方式。

长期进行大量繁琐实验测得的数据十分珍贵，有效地利用好这些数据，才能充分体现出这项研究成果的学术价值。本项研究需对不同发育过程进行充分观察和比较，这只有通过图示才能达到；也只能由此才能取得生命中的变化过程具有遗传特征的证明。这是首次以遗传学观点，通过实验证明立木次生木质部构建中具有生命变化的发育过程。次生木质部发育变化的连续过程是动态生命的物证。

1.4.5 多学科的融合和充分利用数学手段

发育是与遗传和进化融合的一个自然现象。有机体生命过程中变化的发育性质必须依据遗传特征作为条件来确证，并必须由演化来认识其形成及在生存中的作用。

1.4.5.1 相关学科的基本理论在应用中充分发挥了作用，并取得了新认识

发育是有机体在遗传控制下的自身变化。不同物种不同发育的规律过程，都是在自然选择下形成。次生木质部的构建是树木生长的一部分，又与植物学和林学都有关。

本项目研究充分发挥了遗传学、植物学、林学、木材科学和进化生物学的基础作用。

本书第二部分有 5 章分别论述相关学科在本研究应用上取得的新认识和进展。

1.4.5.2 生物发育的共性

要用生物的发育共性来认识次生木质部发育；反之，又可由次生木质部发育进一步证实生物的发育存在的共性。

1.4.5.3 数学手段的作用

遗传学研究种内个体间的遗传规律，与本项目研究要证明个体内的规律变化是受遗传控制的发育现象，都必须充分发挥数学工具的作用。上述两种研究的情况是同时存在的，但它们是遗传控制下不同性质的表现，故在数学应用方面有不同要求。次生木质部构建的时间因子是两向生长树龄，更使它的发育具有特殊性。本项目在样树中取样的分布上，与在结果分析中用平面曲线(组)来替换发育变化图示的空间曲面上，都有贴切的数学理论依据。这些都是次生木质部发育研究要取得期望成果的必要条件。

2 实验措施、材料和数据处理

本章图示概要

本章用表概要

摘　要

从理论上觉察出次生木质部在生命下构建中存在着变化过程，但确定这一过程性质属发育现象，则必须证明它具有受遗传控制的程序性。

试验中进行木材性状测定，试样是非生命木材。测出的结果都是次生木质部发育变化中具有确定发生时间的性状值。测定项目有四类：木材结构、木材生成、材质和生长中的自然缺陷(非正常结构)共十三项。每项测定的精度都必须符合能反映出发育中的变化的要求。本书第三部分“实验证明”对每项测定的方法和实验结果都分别有专章详述。

发育变化在树种间有差异，并受生长条件影响。测定选主要供材树种，并取自它们分布的中心产区和目前占主要供材量的人工林。要证明受遗传控制，必须进行种内个体间生命变化过程的比较。生长在同一林地(林分)数样树材具有可比性，并要力避样树偏心。

发育变化的特征是具随生命时间的程序性。次生木质部发育进程相随的时间因子必须采用两向生长树龄，样品的两向生长树龄由在树茎中的取样位置来确定。样树内的木材取样能满足在回归分析中取得两向生长树龄组合连续的结果，不同高度相同取样方位增进了所得程序性的精度。

曲线表示发育过程中的各种变化具有直观特点，并适合在样树内和样树间进行发育变化的比较，采用三阶回归多项式来描述所测指标的变化趋势能达到揭示规律的目的。

生物体发育不仅是一种能定性观察的现象，而且是一种可以定量测定的过程。对于树木次生木质部来说，这一过程逐年间的变化固定不变地保存在逐年生成的生长鞘中。通过对逐年生成生长鞘木材结构和性质的测定，就能达到掌握发育过程的目的。

2.1 测　　定

2.1.1 测定项目

本项目设计测定项目有四类：

(1) 木材结构方面——木材结构指标是研究次生木质部发育的重要方面，木材材质的变化都是由于结构方面有差异而引起的。测定的指标包括逐年径向增生的细胞个数、逐个年轮管胞的平均长度和宽度、晚材管胞个数和百分率等。

(2) 木材材质方面——一般认为生物生长是量上的变化，发育是质方面的变化。这一说法并不十分确切，现暂按此论，那么木材材质变化必应属于后者。

这方面指标中最重要的是基本密度，它表示单位生材(green wood)体积中全干木材(oven-dry wood)物质的质量。由基本密度的变化，可以间接了解到木材构成中细胞壁厚度的变化。基本密度还与许多木材的性质有关。

测定的指标中还有木材力学强度指标和尺寸稳定性(全干缩率)等。

(3) 次生木质部生成方面——测定次生木质部逐年增长量的变化。

根据树干解析的要求测定样本各圆盘上的年轮数和年轮宽度，并配合应用基本密度测定的结果，可计算出多个在次生木质部生成中呈趋势性变化的指标，如年轮宽度(次生木质部径向尺寸逐年增长量)、晚材宽度百分率、树高的逐年增长、木材干物质量的逐年增长等。

(4) 树木生长中的自然缺陷——这部分所谓缺陷是指对人们的某些用途而言的；而对树木本身生长来说却是生存的需要，它们的发生应该纳入树木发育的概念范畴之内。本项目测定的木节和天然斜纹都是重要的自然缺陷。

2.1.2 测定要求

必须十分注意测定精度。因为单株树木内生长鞘间和同一生长鞘上、下部位间的木材差异往往是渐进的，如果测定误差大于上述差异的程度，就会模糊甚至掩盖了这种差异，而无法达到揭示次生木质部生成中发育规律的目的。

为满足测定精度的要求而采用的措施有：

(1) 使用符合精度要求的测试设备；

(2) 对一些测定规定二次以上读数，误差在限度范围内，取平均值；

(3) 对有若干次测定取平均值的项目，规定先进行预测的次数；根据预测结果计算出的标准差；再按 0.95 置信水平和 5%实验准确指数，计算出能保证精度所需的最少试样数量；如预测次数达不到要求，即立即进行补测；

(4) 专人负责一项测定的读数，对工作量甚大的项目也必须做到由专人对同一树种进行测定；

(5) 注意测试设备的使用环境，包括电源及环境温、湿度等。

本书第 3 部分各章在对不同项目实验方法介绍中都将有具体要求的详述。

2.2　实验材料的选择因子

2.2.1　树种、森林类别和生长地区

实验要选用产材量大的主要树种；分布在它们各自的中心区；人工林。

2.2.2　可比性(种内株间)

证明次生木质部构建中存在发育性质变化过程的条件是，这一过程在种内株间呈现相似性，符合具有遗传特征的要求。可比性是一需要考虑的重要问题。本项目同一树种样树采自同一林地，同龄人工林。

树茎圆柱对称性的观点是，把同一生长鞘在同一高度圆周上不同位点的木材性状看做是相同的。本项目是采用这一观点进行实验工作的。在普遍具有对称形体的生物界，对对称性认识具有重要作用。既要肯定次生木质部具有生物特性的对称性，但又不能把这看成是数学意义的对称性。

如果次生木质部同一生长鞘在同高度圆周的不同部位间存在差异，这是生长中的适应性随机调整，与随时间的发育变化性质完全不同。

本书增篇第 1 章将给出以四向年轮宽度和晚材率的测定结果作树茎圆柱对称性的实证。

2.2.2.1　通直林木树茎

本项目在圆柱对称性观点下，十分注意要求样树树茎通直。一般，相对平缓林地郁闭林分树茎能符合要求。

树茎的作用是保持树体的稳定。从适应观点，次生木质部内重叠中的每一生长鞘层的结构，都会对完成树体稳定功能有体现。因而赋予木材以圆柱对称性。这表明，如果林木树茎次生木质部上存在方向性的差别，那就谈不上能保持树体的稳定性。树茎圆柱对称性是长期自然选择的结果。

本项目对杉木第三样树胸高部位东、西、南、北向逐个年轮的管胞个数进行测定。结果表明，四个方向增生管胞个数在随树龄变化上的差别具统计上的显著性。但这并

不意味同一生长鞘在同高度横截圆周上的年轮宽度和径向管胞个数都相等，实际是有差别的。但这种差别：①差数不大；②能自动调节；③能保持生长鞘的连续性和树茎的圆满度。

2.2.2.2 林木树茎存在偏心

林木生长在斜坡常出现偏心，并存在偏宽年轮。这是生长鞘在同高度横截圆周上产生差异的一种表现。树茎出现偏心，是林木生长的一种适应性现象。

木材科学对偏心材的研究，着重在立木偏心材中蕴藏着多大的生长应力，偏宽年轮部位的木材与正常材相比有哪些变化。

本项目试验样树选采自平坦林地，力避偏心。

根、枝材中，一般都呈偏心。木材科学研究中，把偏心方向两侧的木材视作同一横截面偏心材的正常部位。本项目对根、枝材测定都限于在这一部位，是用这一部位测定结果与同一样树相同树龄生成的树茎木材相比较。

2.2.3 增进次生木质部发育研究测定精度的措施

为确保次生木质部发育研究在样树内取样位置上测出的性状只与生成时的两向生长树龄有关，对通直树茎尚保持取样位置的方位相同。

对于木材物理力学性质，为了增加试样数，在截取圆盘后各高度部位间的南、北向或东、西、南、北各向取样。

对于年轮宽度，按测树学树干解析程序，测定东、西、南、北四向，取平均值。

对于晚材百分率，测定各高度年轮以南向为起点顺木射线的标准径向数据。

对于管胞形态，测定各高度沿南向自外奇数序列年轮；对于基本密度，根据取样可能，测定各高度南向单、双或数个年轮相连的各试样。

可看出，本项目样树内，除四向或南、北向取样外，均在同一南向。样树内的发育数据不存在受树茎方位的影响。

实验结果图示中，如单株样树内取样部位间存在方位的影响或种内株间不具可比性，那数据处理的图示就不可能在样树内表现出有序变化，更谈不上在样株间能存在相似状况。由次生木质部发育变化在树株内的有序性和在数样株间的相似性，可验证消除方位影响和种内株间可比性的有效程度。

2.3 实 验 材 料

2.3.1 实验树种的地理分布

本项目试验五个重要的针叶树种。

落叶松[*Larix gmelini* (Rupr.) Rupr.]又称兴安落叶松，是我国东北地区主要的用材树种。东北是我国最重要的天然林区。落叶松产于大兴安岭、小兴安岭海拔300~1700m地带，组成大面积纯林或混交林，耐严寒。

冷杉[*Abies fabri* (Mast.) Craib.]和云杉(*Picea asperata* Mast.)产于西南高山地区。这是中国第二大天然林区。该地区主要森林类型为云杉林及冷杉林，这两个属的树种极为丰富。

马尾松(*Pinus massoniana* Lamb.)广泛分布于秦岭、淮河以南，云贵高原以东 17 个省、自治区，面积居全国针叶林首位，蓄积量居第四位。

杉木[*Cunninghamia lanceolata* (Lamb.) Hook.]分布在华东、中南地区，与马尾松分布地区相当，是我国南方最重要的人工林树种。

2.3.2 样木采集地的自然条件

2.3.2.1 落叶松

落叶松样木采自黑龙江省汤原县木良林场，位于小兴安岭南坡的边陲，北纬 40°34′10″~46°42′45″，东经 129°29′48″~129°39′38″，场区内最高峰海拔为 814m。最低气温时期是 1 月，平均气温−21℃左右；最高气温时期是 7 月，平均气温为 25℃；年平均气温为 2.7℃；无霜期 130 天左右。年降水量 400~600mm，降雨季节集中在 6~8 月。土壤大部分为典型暗棕壤。采集林分树株平均间距 5.8m 左右。

2.3.2.2 冷杉和云杉

冷杉和云杉样木采自四川峨边县川南林业局 612 林场，北纬 28°40′~29°24′，东经 102°56′~103°23′。林分海拔冷杉样树 2300~2400m，云杉样树 2100~2300m。月平均最低气温−2.0℃左右，出现在 1 月；月平均最高气温 16.6℃左右，出现在 7 月；年平均气温 7.6℃左右；无霜期 200 天左右。年降水量 1600mm 左右，阴雨雾天占全年总天数的 78%以上，年平均相对湿度 87%以上。森林土壤为黄壤、棕黄壤。冷杉采集林分 93 株/亩①(1395 株/hm^2)，云杉采集林分 113 株/亩(1695 株/hm^2)。

如表 2-1 和表 2-2 及图 2-1 和图 2-2 所示冷杉和云杉采集地的气象资料。

表 2-1　川南林业局胜利坪气象站历年气象要素记录

Table 2-1　Record of meteorological elements for ages in Sheng Liping Weather Station, South Sichuan Forest Service

年份 Date	气温 Temperature(℃)			相对湿度 Relative humidity(%)	年降水量 Annual rainfall(mm)	日照时数 Solarization annual(h)	无霜期 Frost-free season(天)
	平均值 AVE	最高 Max	最低 Min				
1966.1~1969.7 平均	7.6	29.3	−12.3	87	1584.7	965	—
1990	7.5	26.7	−8.5	88	1771.7	1286.9	211
1991	7.1	26.0	−12.4	90	1458.9	863.2	223
1992	9.1	27.0	−10.2	88	1553.1	904.6	197
1993	8.1	27.6	−8.1	89	1347.9	902.5	193
1994	7.3	27.8	−12.6	89	1385.9	967.8	220
1995	6.7	29.2	−8.5	91	1493.4	593.1	181

注：气象站设置在海拔 2250m，按气象部门规定要求进行日常工作，每日观测三次(8 时、14 时、20 时)，由川南林业局陈义洋工程师记录。

Note: Weather station set up at sea level elevation 2250m. Its daily work is according to the regulation of climatic department. Observation three times per diem (8.00,14.00,20.00 hours), record by Engineer Yi-Yang Chen.

① 1 亩≈667m^2，后同。

表 2-2 福建省卫闽林场气象站历年 3~8 月气象要素平均值

Table 2-2 Mean values of March~August of meteorological elements for ages in weather station Weimin Forest Farm Fujian Province, China

年份 Date	气温 Temperature(℃) 月份 Month 3	6	7	8	全年平均 Mean annual	年降水量 Amount of rainfall (mm) 月份 Month 3	6	7	8	全年总量 Total annual
1981	13.6	25.0	27.4	28.5	17.7	302.5 (27)	141.9 (13)	115.4 (17)	79.6 (10)	1767.0
1982	13.6	23.0	27.4	27.4	17.7	218.5 (21)	634.1 (20)	61.1 (13)	152.5 (20)	2029.8
1983	11.4	25.6	28.0	27.3	18.0	211.9 (21)	428.2 (20)	79.9 (13)	98.6 (10)	1903.6
1984	12.4	26.1	27.2	27.3	17.2	182.6 (20)	193.2 (16)	143.5 (16)	74.7 (17)	1808.0
1985	9.9	25.1	27.3	27.0	17.8	181.1 (24)	230.7 (15)	150.5 (13)	190.4 (21)	1492.6
1986	11.4	25.7	27.7	27.6	17.8	277.1 (19)	270.6 (18)	108.8 (14)	22.0 (3)	1532.1
1987	14.3	25.0	28.2	27.5	18.5	226.8 (22)	207.0 (20)	185.1 (14)	81.0 (9)	1924.9
1988	10.2	25.9	29.4	30.5	17.7	254.9 (18)	357.9 (7)	23.1(7)	175.9 (16)	1861.0
1989	12.9	25.2	27.9	27.5	18.0	121.3 (14)	388.5 (16)	130.7 (9)	88.7 (7)	1878.2
1990	11.2	25.8	28.6	27.3	18.3	121.5 (21)	306.2 (18)	77.0(9)	22.2 (13)	1776.1
1991	13.3	26.2	29.0	27.5	18.3	295.4 (26)	92.8 (13)	38.1(6)	49.2 (12)	1190.0
平均(Ave)	12.2	25.3	28.0	27.8	17.9	217.6	295.6	101.2	94.1	1742.1

年份 Date	相对湿度 Relative humidity (%) 月份 Month 3	6	7	8	平均 AVE	日照 Solarization (h) 月份 Month 3	6	7	8	全年总量 Total annual
1981	88	82	82	82	84	71	166.6	214.3	250.4	1588
1982	87	87	82	83	85	40.7	86.4	182.6	196.4	1427.6
1983	83	85	81	79	82	62.8	112.1	188.4	243.1	1574.5
1984	85	84	83	78	83	69.6	156.3	224.9	232.8	1568
1985	87	82	81	82	83	21	146.1	223.2	191.6	1488.8
1986	82	84	80	73	80	114.6	121.3	219.5	257	1810
1987	84	82	80	80	82	76.6	130.8	203.2	235.8	1567
1988	84	82	73	80	80	53.5	160.6	288.9	183.2	1613.4
1989	78	83	78	78	79	117.8	150.4	201.6	230.2	1552.4
1990	84	83	76	81	81	98.2	146	267.5	188.6	1505.4
1991	87	82	73	78	80	39.9	154.5	248.5	246	1560
平均(Ave)	88	82	82	82	84	71	166.6	214.3	250.4	1588

注：雨量括号内的数据是当月的雨日。

Note: Data in brackets of precipitation column is wet days of this month.

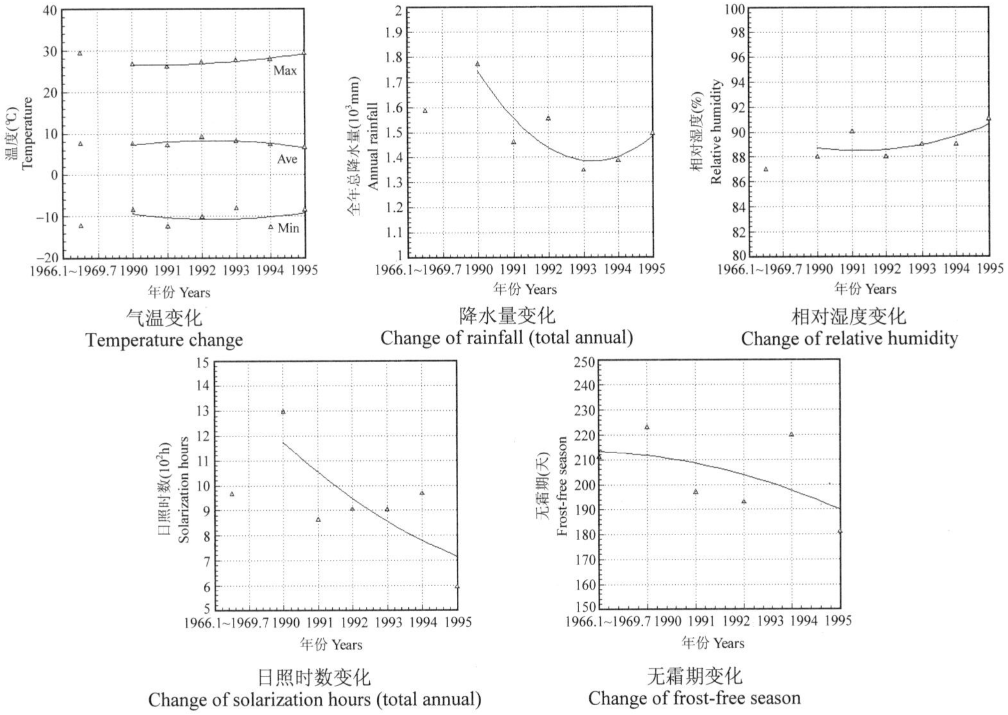

气温变化 Temperature change

降水量变化 Change of rainfall (total annual)

相对湿度变化 Change of relative humidity

日照时数变化 Change of solarization hours (total annual)

无霜期变化 Change of frost-free season

图 2-1 冷、云杉样树采集地历年各气象要素变化趋势

Figure 2-1 Change tendency of meteorological elements for ages in growing plots of faber fir and Chinese spruce sample trees

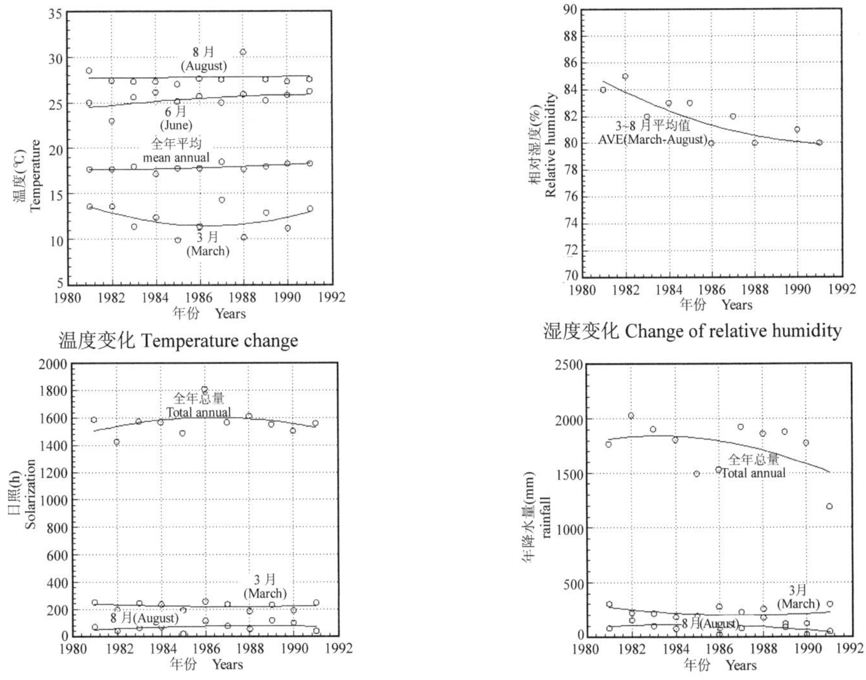

温度变化 Temperature change

湿度变化 Change of relative humidity

日照量变化 Change of solarization

雨量变化 Change of rainfall

图 2-2 杉木、马尾松样树采集地历年各气象要素变化趋势

Figure 2-2 Change tendency of meteorological elements for ages in growing plots of Chinese fir and Masen's pine sample trees

2.3.2.3　马尾松和杉木

马尾松和杉木样木采自福建省邵武卫闽林场，北纬 27°05′，东经 117°43′，海拔 165~470m。极限最低气温−4.3℃，极限最高气温 37.8℃，年平均温度 17.7℃；无霜期约 266 天。年平均降水量 1810mm。土壤为山地红壤。马尾松林分平均间距 5.5m 左右；杉木林分株行距 4.0m × 4.0m(630 株/hm^2)。

如表 2-2 及图 2-2 所示马尾松和杉木采集地的气象资料。

2.3.3　样木生长

五树种样树采伐时的树龄、胸径和树高列于表 2-3。

表 2-3　五树种样树采伐时的树龄、胸径和树高

Table 2-3　Tree age, breast diameter and tree height of sample trees of five species at their cutting times

落叶松样树 Sample trees of Dahurian larch

项目 Item	样树株别 Ordinal numbers of sample tree				
	I	II	III	IV	V
树龄 Tree age(年)	31	31	31	31	31
胸径 Breast height(cm)	30.47	32.72	25.04	24.04	27.94
树高 Stem height(cm)	18.75	18.72	16.92	17.90	20.94

注：同一林地，同龄人工林，1991 年采集。
Note: At the same forest area, in the same age, plantation, cut in 1991.

冷杉样树 Sample trees of faber fir

项目 Item	样树株别 Ordinal numbers of sample tree					
	I	II	III	IV	V	VI
树龄 Tree age(年)	24	24	24	24	24	30
胸径 Breast height(cm)	21.28	21.90	25.00	21.64	21.46	19.40
树高 Stem height(cm)	12.45	11.75	13.00	13.20	11.50	13.24

注：同一林地，同龄人工林，第 I~V 样株和第 VI 样株分别在 1991 年、1997 年采集。
Note: Sample tree No. I~V and No. IV were cut in 1991 and 1997 respectively. The explanation of the others is the same as Dahurian larch

云杉样树 Sample trees of Chinese spruce

项目 Item	样树株别 Ordinal numbers of sample tree		
	I	II	III
树龄 Tree age(年)	23	23	23
胸径 Breast height(cm)	18.25	18.57	16.54
树高 Stem height(cm)	12.25	12.10	12.30

马尾松样树 Sample tree of Masson's pine

样树株别 Ordinal numbers of sample tree
IV
37
26.22
19.33

注：同一林地，同龄人工林，1997 年采集。
Note: Cut in 1997, The explanation of the others is the same as Dahurian larch.

杉木样树 Sample trees of Chinese fir

项目 Item	样树株别 Ordinal numbers of sample tree				
	I	II	III	IV	V
树龄 Tree age(年)	12	12	12	13	18
胸径 Breast height(cm)	19.15	21.25	21.30	21.30	28.34
树高 Stem height(cm)	15.00	17.87	15.50	18.05	21.59

注：第 I、II、III、V 样树为同一林分相同年份栽种的种子园种子人工林，第 I、II、III 样株于 1991 年采集，第 V 样株于 1997 年采集；第 IV 样株为相邻林分的一般良种人工林，1991 年采集。

Note: The seed source of sample tree No. I, II, III, IV is from seed orchard. I, II, III and V were cut in 1991 and 1997 respectively. The seed source of sample tree No. IV is ordinal, but good and cut in 1991.

2.3.4 试样制备

2.3.4.1 取自圆盘上的试样

主茎根颈 0.00m、1.30m、2.00m 及以上每隔 2.00m 处均截厚 4.0cm 圆盘两个(其一供意外备用)。邻近树梢的圆盘间距缩短至 1.00m、0.50m 或以下。各圆盘均有确定的取样高度记录。圆盘编号 00(0.00m)、01(1.30m)、02(2.00m)、03(4.00m)……依此类推。表 2-4 给出五树种各样树圆盘高度及其年轮数。

圆盘供逐个年轮或间隔年轮取小试样，供测各高度年轮宽度、年径向增生管胞个数、基本密度、管胞长度等。

表 2-4 五种样树各取样圆盘高度及其年轮数

Table 2-4 Height and ring number of sampling discs of sample tree of five species

落叶松圆盘取样高度和年轮数 Height and ring number of sampling discs of Dahurian larch

圆盘序号 Ordinal number of sample disk	样树株别 Ordinal numbers of sample tree									
	I		II		III		IV		V	
	高度 Height(m)	年轮 Ring(n)	高度 Height(m)	年轮 Ring(n)	高度 Height(m)	年轮 Ring(n)	高度 Height(m)	年轮 Ring(n)	高度 Height(m)	年轮 Ring(n)
									(20.94)	
14									20.60	1
13	(18.75)		(18.72)		(16.92)		(17.90)		20.30	2
12	18.30	2	18.30	2	16.60	2	17.20	5	20.00	3
11	18.00	3	18.00	3	16.30	3	17.10	5	19.00	6
10	17.00	6	17.00	6	16.00	4	17.00	6	18.00	8
09	16.00	8	16.00	9	15.00	7	16.00	10	16.00	11
08	14.00	13	14.00	12	14.00	9	14.00	15	14.00	14
07	12.00	16	12.00	16	12.00	13	12.00	17	12.00	17
06	10.00	21	10.00	20	10.00	18	10.00	19	10.00	20
05	8.00	23	8.00	22	8.00	22	8.00	21	8.00	22
04	6.00	25	6.00	24	6.00	24	6.00	24	6.00	24
03	4.00	26	4.00	26	4.00	26	4.00	25	4.00	27
02	2.00	28	2.00	29	2.00	29	2.00	27	2.00	29
01	1.30	29	1.30	30	1.30	30	1.30	28	1.30	30
00	0.00	31	0.00	31	0.00	31	0.00	31	0.00	31

注：(1) 表内各样株纵列顶行括号内数字为树高；(2) 各取样高度的树龄等于 00 圆盘年轮数与取样圆盘年轮数的差值；(3) 全书表格列出的数字除另有说明外均属实测数值。

Note: (1) The stem height is in the brackets at the top of column of each tree. (2) The height growth age of each height is equal to the arithmetic difference that is leaved by substraction of ring number of cross section of the appointed height from the ring number of root collar (height 0.00m). (3) The data in every table of this supplementary information are all measured results by this project, expect especial explanation.

冷杉圆盘取样高度和年轮数 Height and ring number of sampling discs of faber fir

圆盘序号 Ordinal number of sample disk	样树株别 Ordinal numbers of sample tree											
	I		II		III		IV		V		VI	
	高度 Height(m)	年轮 Ring(n)	高度 Height(m)	年轮 Ring(n)	高度 Height(m)	年轮 Ring(n)	高度 Height(m)	年轮 Ring(n)	高度 Height(m)	年轮 Ring(n)	高度 Height(m)	年轮 Ring(n)
	(12.45)				(13.00)		(13.20)					
10	12.40	1	(11.75)		13.00	1	13.00	1	(11.50)		13.24	1
09	12.00	2	10.90	2	12.50	1	12.50	2	10.90	2	12.50	2
08	11.50	3	10.50	2	12.00	2	12.00	2	10.50	2	12.00	4
07	11.00	4	10.00	3	11.00	3	11.00	4	10.00	3	11.00	6
06	10.00	5	9.00	58	10.00	5	10.00	6	9.00	4	10.00	8
05	8.00	9	8.00	7	8.00	9	8.00	9	8.00	7	8.00	12
04	6.00	12	6.00	10	6.00	13	6.00	12	6.00	10	6.00	16
03	4.00	15	4.00	16	4.00	16	4.00	15	4.00	13	4.00	19
02	2.00	20	2.00	18	2.00	20	2.00	19	2.00	18	2.00	24
01	1.30	21	1.30	20	1.30	21	1.30	20	1.30	20	1.30	26
00	0.00	24	0.00	24	0.00	24	0.00	24	0.00	24	0.00	30

注：同落叶松。

Note: The same as Dahurian larch.

云杉圆盘取样高度和年轮数

Height and ring number of sampling disks of Chinese spruce

圆盘序号 Ordinal number of sample disk	样树株别 Ordinal numbers of sample tree					
	I		II		III	
	高度 Height(m)	年轮 Ring(n)	高度 Height(m)	年轮 Ring(n)	高度 Height(m)	年轮 Ring(n)
11	(12.25)		(12.10)		(12.30)	
10	12.00	1	11.85	1	11.50	2
09	11.50	2	11.00	2	11.00	3
08	11.00	2	10.50	3	10.50	3
07	10.00	4	10.00	5	10.00	4
06	9.00	5	9.00	6	9.00	6
05	8.00	7	8.00	8	8.00	8
04	6.00	11	6.00	11	6.00	12
03	4.00	14	4.00	13	4.00	15
02	2.00	17	2.00	17	2.00	17
01	1.30	18	1.30	19	1.30	19
00	0.00	23	0.00	23	0.00	23

注：同落叶松。

Note: The same as Dahurian larch.

马尾松圆盘取样高度和年轮数

Height and ring number of sampling disks of Mason's pine

圆盘序号 Ordinal number of sample disk	样树株别 Ordinal numbers of sample tree	
	IV	
	高度 Height(m)	年轮 Ring(n)
	(19.33)	
14	19.26	1
13	19.00	1
12	18.50	2
11	18.00	3
10	17.00	5
09	16.00	7
08	14.00	12
07	12.00	18
06	10.00	25
05	8.00	28
04	6.00	31
03	4.00	34
02	2.00	35
01	1.30	36
00	0.00	37

注：同落叶松。

Note: The same as Dahurian larch.

杉木圆盘取样高度和年轮数

Height and ring number of sampling disks of Chinese fir

圆盘序号 Ordinal number of sample disk	样树株别 Ordinal numbers of sample tree									
	I		II		III		IV		V	
	高度 Height(m)	年轮 Ring(n)	高度 Height(m)	年轮 Ring(n)	高度 Height(m)	年轮 Ring(n)	高度 Height(m)	年轮 Ring(n)	高度 Height(m)	年轮 Ring(n)
16									(21.59)	
15									21.58	1
14									21.00	1
13					(15.50)		(15.50)		20.50	2
12	(15.00)		(17.87)		15.50	1	15.50	1	20.00	3
11	15.00	1	17.50	1	15.00	2	15.00	1	19.00	4
10	14.50	2	17.00	2	14.50	2	14.50	2	18.00	6
09	14.00	2	16.00	3	14.00	2	1400	3	16.00	7
08	13.00	3	14.00	4	13.00	3	1300	4	14.00	8
07	12.00	4	12.00	5	12.00	4	12.00	5	12.00	10
06	10.00	5	10.00	7	10.00	6	10.00	6	10.00	12
05	8.00	7	8.00	7	8.00	8	8.00	7	8.00	14
04	6.00	8	6.00	8	6.00	9	6.00	8	6.00	15
03	4.00	9	4.00	9	4.00	10	4.00	10	4.00	16
02	2.00	11	2.00	11	2.00	11	2.00	11	2.00	17
01	1.30	11	1.30	11	1.30	11	1.30	12	1.30	17
00	0.00	12	0.00	12	0.00	12	0.00	13	0.00	18

注：同落叶松。

Note: The same as Dahurian larch.

2.3.4.2 取自两圆盘间木段中心板上的试样

这类试样都是供测定木材物理力学指标用的，试样横截面尺寸均为 20mm × 20mm，纵向长度分 300mm、30mm 和 20mm 三种。因这类试样尺寸较大，并且年轮宽度在树茎内是有变化的，故而不可能做到按年轮序数依次取样。

要求试样无瑕疵并在树茎南北向厚 5cm 的中心板上均匀分布。同一部位 20mm × 20mm × 300mm(纵向)、20mm × 20mm × 30mm(纵向)和 20mm × 20mm × 20mm 三类试样各一，纵向相联为一套。

取样程序是：①在圆盘间木段上沿南向取 5cm 厚的中心板，扣除锯路，圆盘间净距仅约 170cm 左右，此即中心板长度；②接着，在满足试样尺寸和瑕疵条件下，重点是根据节子着生情况，把中心板横截成 3 或 4 短段；③对此短块，先自外向髓心方向纵锯成厚 2.5cm 木条，再分别在各木条上截取长、短 3 件试样一套。所以，每个短段上并非只取一套试样，而是沿径向要取 3 件一套的试样几套。

如图 2-3 所示，每套 3 件试样的高度位置均以取样短段中点的高度计。用如下方法确定各中点位置：①若中心板再分 3 截，其各短段在树茎上的高度为，$(H+0.34)$m、$(H+1.00)$m、$(H+1.66)$m；②若再分 4 截，即为$(H+0.25)$m、$(H+0.75)$m、$(H+1.25)$m、$(H+1.75)$m，以上各式中 H 为该中心板下端名义高度；③基部长 2.00cm 短木段，因已取胸高(1.30m)处的圆盘，其中心板只能截取 3 或 2 短块，各短段的中点高度为 0.32m、

0.98m、1.65m 或 0.65m、1.65m。图 2-3 中，每套 3 件试样高度的取样短木段都有与其中点高度一一相对应的木段序号。木段序号是供试验中了解试样的取样高度。在数据处理以坐标图绘出结果时，各测定值的木段序号均改换成木段中点的高生长树龄。因避让木节，木段中点高度为近似值，但不影响在数据处理中看出相同径向尺寸部位木材性质沿树高方向的变化。

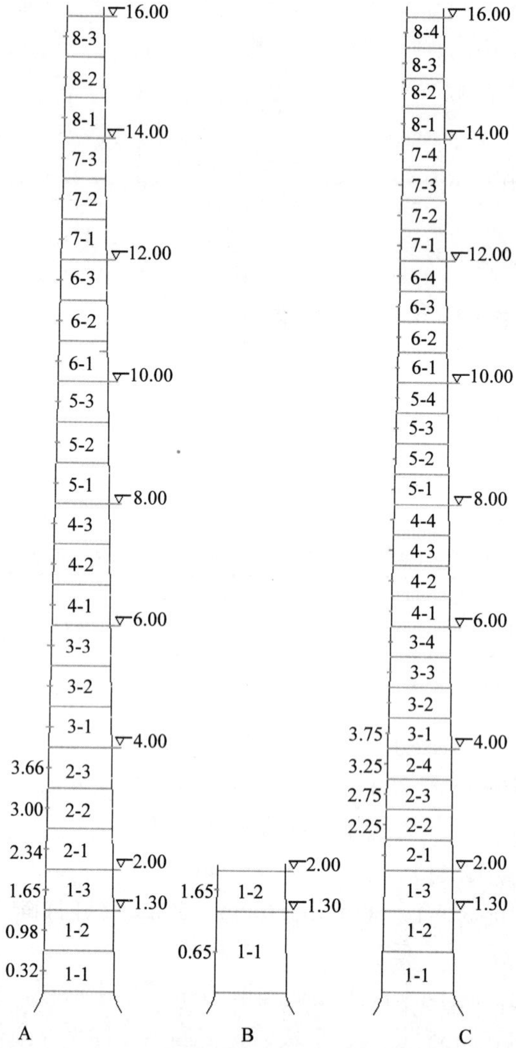

图 2-3　圆盘间 2.00m 长木段序号及其中点在取样树茎上的名义高度(m)

A、B、C 三图的区别：取样树茎 1.30m 以下高度是截分成二或是不截断；在 2.00m 以上高度，每 2.00m 长度截分成 3 段或 4 段。正常状况截成 4 段，避开木材缺陷时才截成 3 段。由于截分的段数不同，各段中点的高度(由它制出试样的名义高度)就有区别。A、B 图中取样的序号仅供在制作试样及实验中用做标记，数据分析和结果报告中都改换成取样位置名义高度的高生长树龄

Figure 2-3　Ordinal numbers of every two meter length between discs and the norminal height of middle points of every short segment in sampling stem (m)

The differences of A, B, and C diagrams are: under the height 1.30m of sampling stem, the billet is cross-cut into two short segment or still one ; above the height 2.00m, every two meter length is cross-cut into three or four short segments. Four are normal, three are due to evading wood defects. There is difference in the middle point height of each short segment (i.e. the nominal height of specimen produced from each short segment) between 3 and 4 segments produced from 2.00m length billet. Ordinal numbers of sampling in figure A and B are only used for mark in specimens production and experiment record. In data analysis and result report, all the ordinal number are changed for the height growth age of nominate height of sampling position

每次横截或纵剖时，均在过渡木样上标记数字符号。圆盘位置是确定的，由其间各木段制出的中心板分别横截为 3 或 4 短块又是有记录的，则各短块长度中点在树茎上的高度就为一确定数。试样取自径周向髓心逐个纵锯的木条上依序标记为 I、II、III、…。最后可做到对每个制出的试样都能准确地说出它们在树茎上的依序位置。

每一试验项目是在中心板南北向的同一高度上都取样，这就造成了有两个相同号码的试样。又因为 20mm × 20mm × 20mm 试样形体较小，具有多取试样的条件，这种同一部位试样的号码也就都相同。数据处理中，相同号码试样的试验结果均先计算出平均值。每个平均值都有它所代表的短木段中点高度和径向部位。

2.4 确定次生木质部取样位置的生成时间

明确两向生长树龄与取样位置的关系，在次生木质部发育研究中具有关键的作用。

2.4.1 提出两向生长树龄的依据和其形成因素

在次生木质部发育研究中必须采用两向生长树龄。本项目由实验结果提出两向生长树龄的依据是：①不同树龄的生长鞘间具有规律性差异；②同一树龄生成的次生木质部鞘状木质层沿树高方向呈具规律性的变化。这两项事实的产生必定有它的内在因素：① 树高生长只发生在顶端一年生的范围内，并在这一范围的下端开始直径生长，此处高生长开始停止。高、径两向生长在不同高度连续转换。顶端(高生长范围)随高生长不断上移，直径生长范围由此不断增高，并逐年在其全高范围持续。树茎两向生长不发生在同一高度，是能分别计时的必要的条件。②产生树茎直径生长的形成层鞘层，是由下向上随树茎高生长逐时延伸的。形成层各高度生成后的分生时限不仅同时在增长，而且它的上、下还存在连续生成中的早、晚差别。树茎顶端的原始分生组织在高生长中自身存在的时限也在增长。

2.4.2 两向生长树龄和树龄

两向生长树龄只适用于次生木质部的发育研究。对于树木整体生长时间而言，尚须保留全树生长原树龄概念。树茎各高度的径向生长自髓心向外的第一个年轮就开始，造成次生木质部中任一部位的径向生长树龄和生成时树木的生长树龄在数字上是相同的。但不能因此而将两者相混淆，它们在概念上是不同的。径向生长树龄和高生长树龄是只适用于次生木质部构建中配对的时间概念，而全树生长树龄是单一的时间概念。

人们在提出年、日两时间单位时，虽尚不知地球是圆的，只是根据四季气候的变化和日出日落的现象，但它符合地球运行轨道的事实，所以在设计地球卫星运行轨道中，年、日两时间单位得到采用。两向生长树龄在日常生活中，没有可用于类推或比较的现象，因此建立这一新概念是很困难的事。

2.4.3 取自圆盘上试样的两向生长树龄

本项目研究木材结构和次生木质部生成方面测定的试样都取自样树树茎各高度的圆盘。这些试样体小，并都有表明它们位置的确定高、径指标。它们的高、径生长树龄可分别由圆盘高度和所在截面的年轮位置来确定。具体确定任一样品生成时的两向生长树龄的依据是：①样树根颈(地平高度)横截面年轮数是被采伐时的树龄。②树木生长至取样高度时的树龄，为样品的高生长树龄；任一高度的高生长树龄等于根颈年轮数与这一高度横截面年轮数相减的差数。③受采伐时的树龄是最外(后)一层生长鞘的径向生长树龄。由样品所在横截面最外年轮的径向生长树龄向内依序递减，至样品年轮的余数，即为这一样品的径向生长树龄。

2.4.4 取自圆盘间木段中心板上试样的两向生长树龄

木材材质方面测定的试样都取自圆盘间木段中心板。这些试样形体相对较大，并在截制中须删除木材缺陷，只能以取样的短木段中央高度同为再径向锯分的各木条的名义高度；试样的径向位置用自外向内依序锯分的罗马数字序码(I、II、III、IV)标注。

表 2-5 是由五种针叶树各样树圆盘年轮数确定的圆盘高生长树龄(y)和圆盘高度(x)经回归分析取得。本项目在实验结果数据分析中，用表 2-5 回归方程把试样的名义高度转换成它们的高生长树龄。表 2-6 是本项目五种针叶树各样树木材物理力学测定实际采用的名义取样高度和计算的对应高生长树龄。这些高生长树龄虽为近似值，但并不影响这些试样在样树树茎上生成时的高生长树龄的先后顺序，对研究发育随时间变化产生的影响有限。

表 2-5　五种针叶树茎高和高生长树龄间的相关关系(A)

Table 2-5　The correlation between stem height and tree age during height growth in sample trees of five coniferous species (A)

第 1 类型　First type			
树种和株别 Species and ordinal number of sample tree	回归方程　Regression equation x, 树高 (m)　x, tree height (m) y, 该树高时的树龄 (年)　y, tree age at the height (a) (x 取值的有效范围　The effective range of x)		相关系数 Correlation coefficient (α = 0.95)
落叶松 Dahurian larch			
1	y=0.002 822 35 × x^3−0.019 612 6 × x^2+0.958 33 × x+0.611 336	(~19)	0.98
2	y=0.003 475 64 × x^3−0.050 932 3 × x^2+1.358 12 × x−0.284 77	(~19)	0.99
3	y=0.001 785 42 × x^3+0.015 068 × x^2+1.000 01 × x−0.039 118 5	(~17)	0.99
4	y=0.009 259 28 × x^3−0.199 988 × x^2+2.179 76 × x+0.149 542	(~18)	0.98
5	y=0.002 178 34 × x^3−0.039 482 9 × x^2+1.339 94 × x−0.411 731	(~21)	0.99
冷杉 Faber fir			
1	y=0.004 828 68 × x^3−0.116 372 × x^2+2.552 09 × x−0.152 388	(~13)	0.99
2	y=0.001 521 1 × x^3−0.057 693 × x^2+2.447 6 × x+0.464 067	(~11)	0.99
3	y=−0.003 348 71 × x^3+0.048 294 1 × x^2+1.701 67 × x+0.333 765	(~13)	0.99
4	y=0.006 780 93 × x^3−0.157 958 × x^2+2.688 88 × x+0.279 486	(~13)	0.99
5	y=0.008 364 25 × x^3−0.212 663 × x^2+3.366 25 × x+0.026 004 7	(~11)	0.99
6	y=0.011 133 2 × x^3−0.235 558 × x^2+3.419 4 × x+0.006 023 94	(~13)	0.99
云杉 Chinese spruce			
1	y=0.005 995 35 × x^3−0.142 518 × x^2+2.653 15 × x+0.756 601	(~12)	0.99
2	y=0.015 942 8 × x^3−0.315 296 × x^2+3.389 64 × x+0.128 924	(~12)	0.99
3	y=0.007 592 62 × x^3−0.139 046 × x^2+2.421 45 × x+0.634 354	(~12)	0.99
马尾松 Masson's pine			
4	y=−0.005 920 82 × x^3+0.232 015 × x^2−0.428 751 × x+0.978 435	(~20)	0.99
杉木 Chinese fir			
1	y=0.001 788 51 × x^3−0.030 936 4 × x^2+0.797 058 × x−0.029 665 6	(~15)	0.99
2	y=0.002 322 68 × x^3−0.056 475 8 × x^2+0.893 936 × x−0.062 964 5	(~18)	0.99
3	y=−0.000 560 893 × x^3+0.036 852 2 × x^2+0.257 048 × x+0.339 561	(~16)	0.99
4	y=0.001 907 86 × x^3−0.058 537 7 × x^2+1.101 77 × x−0.148 865	(~16)	0.99
5	y=−6.631 57 × 10^{-6} × x^3+0.017 263 × x^2+0.405 736 × x+0.180 332	(~22)	0.99

表 2-6 次生木质部木材物理力学性质发育变化研究中名义取样高度和各对应的计算树龄

Table 2-6 Nominal height sampling and corresponding tree ages by calculation for studying developmental change of wood physical and mechanical properties of secondary xylem

落叶松 Dahurian larch							
样树 Sample tree							
No.1		No.2		No.4		No.5	
H(m)	*A*(年)	*H*(m)	*A*(年)	*H*(m)	*A*(年)	*H*(m)	*A*(年)
0.65	1.23	0.65	0.58	0.65	1.48	0.65	0.44
1.65	2.15	1.65	1.83	1.65	3.24	1.65	1.70
2.34	2.78	2.34	2.66	2.34	4.27	2.34	2.54
3.00	3.39	3.00	3.43	3.00	5.14	3.00	3.31
3.66	3.99	3.66	4.17	3.66	5.90	3.66	4.07
4.34	4.63	4.34	4.93	4.34	6.60	4.34	4.84
5.00	5.27	5.00	5.67	5.00	7.21	5.00	5.57
5.66	5.92	5.66	6.40	6.34	8.29	5.66	6.30
6.34	6.62	6.34	7.16	7.00	8.78	6.34	7.05
7.00	7.33	7.00	7.92	7.66	9.27	7.00	7.78
7.66	8.07	7.66	8.69	8.34	9.79	7.66	8.51
8.34	8.88	8.25	9.40	9.00	10.32	8.34	9.28
9.00	9.71	8.75	10.03	9.66	10.89	9.00	10.04
9.66	10.58	9.25	10.67	10.34	11.54	10.34	11.63
10.34	11.54	9.75	11.34	11.00	12.25	11.00	12.45
11.00	12.54	10.34	12.16	11.66	13.05	11.66	13.30
11.66	13.59	11.00	13.12	12.34	13.99	12.34	14.20
12.34	14.75	11.66	14.14	13.00	15.03	13.00	15.12
13.00	15.96	12.34	15.25	13.66	16.21	14.34	17.11
13.66	17.24	13.00	16.40	14.34	17.59	15.66	19.25
14.34	18.64	13.66	17.62	15.00	19.10	16.34	20.44
15.00	20.10	14.34	18.97	15.66	20.80	17.00	21.66
15.66	21.65	15.00	20.36			17.66	22.94
		15.66	21.84				

杉木 Chinese fir									
样树 Sample tree									
No.1		No.2		No.3		No.4		No.5	
H(m)	*A*(年)	*H*(m)	*A*(年)	*H*(m)	*A*(年)	*H*(m)	*A*(年)	*H*(m)	*A*(年)
0.32	0.22	0.32	0.22	0.32	0.43	0.32	0.20	0.65	0.45
0.98	0.72	0.98	0.76	0.98	0.63	0.98	0.88	1.65	0.90
1.65	1.21	1.65	1.27	1.65	0.86	1.65	1.52	2.34	1.22
2.25	1.63	2.25	1.69	2.25	1.10	2.25	2.06	3.00	1.55
2.75	1.97	2.75	2.02	2.75	1.31	2.75	2.48	3.66	1.90
3.25	2.30	3.25	2.33	3.25	1.54	3.25	2.88	4.34	2.27
3.75	2.62	3.75	2.62	3.75	1.79	3.75	3.26	5.00	2.64
4.25	2.94	4.25	2.89	4.25	2.05	4.25	3.62	5.66	3.03
5.25	3.56	4.75	3.16	4.75	2.33	4.75	3.97	6.34	3.44
5.75	3.87	5.25	3.41	5.25	2.62	5.25	4.30	7.00	3.86
8.34	5.50	5.75	3.65	5.75	2.93	5.75	4.61	7.66	4.30
10.34	6.88	6.34	3.93	6.25	3.25	6.25	4.92	8.34	4.76
12.34	8.46	7.00	4.22	6.75	3.58	6.75	5.21	9.00	5.23
		7.66	4.51	7.25	3.93	7.25	5.49	9.66	5.70
		8.25	4.77	7.75	4.28	7.75	5.76	10.34	6.21
		8.75	4.99	8.34	4.72	8.25	6.03	11.00	6.72
		9.25	5.21	10.34	6.32	8.75	6.29	11.66	7.25
		9.75	5.44			9.25	6.54	13.00	8.36
		10.34	5.71			9.75	6.80	13.66	8.93
		12.34	6.73			10.25	7.05	15.00	10.13
		14.34	7.99			10.75	7.30	15.33	10.43
						11.25	7.55	15.66	10.74
						11.75	7.81	16.34	11.39
								17.00	12.03
								17.66	12.69

续表

冷杉 Faber fir							
样树 Sample tree							
No.2		No.3		No.4		No.6	
H(m)	*A*(年)	*H*(m)	*A*(年)	*H*(m)	*A*(年)	*H*(m)	*A*(年)
0.65	2.03	0.65	1.46	0.65	1.96	0.65	2.13
1.65	4.35	1.65	3.26	1.65	4.32	2.34	6.86
2.25	5.70	3.66	7.04	2.34	5.79	3.00	8.44
3.25	7.86	5.00	9.63	3.00	7.11	4.34	11.32
3.75	8.91	5.66	10.91	3.66	8.34	5.00	12.61
4.34	10.12	7.00	13.46	4.34	9.53	5.66	13.83
5.00	11.45	9.66	18.26	7.66	14.66	6.25	14.89
5.66	12.75			8.34	15.65	6.75	15.78
				9.00	16.63	7.25	16.66
						7.75	17.54
						8.34	18.60
						9.00	19.82
						9.66	21.09

云杉 Chinese spruce					
样树 Sample tree					
No.1		No.2		No.3	
H(m)	*A*(年)	*H*(m)	*A*(年)	*H*(m)	*A*(年)
0.65	2.42	0.65	2.20	0.65	2.15
2.34	6.26	2.34	6.54	2.34	5.64
3.00	7.60	3.00	7.89	3.00	6.85
4.25	9.92	4.34	10.20	4.34	9.15
4.75	10.79	5.00	11.19	5.00	10.21
5.25	11.63	5.66	12.10	5.66	11.26
5.75	12.44	6.34	13.01	6.34	12.33
6.34	13.38	7.00	13.88	7.00	13.38
7.00	14.40	7.66	14.76	7.66	14.44
7.66	15.41				

马尾松 Masson's pine	
样树 Sample tree	
No.4	
H(m)	*A*(年)
0.65	0.80
1.65	0.88
2.34	1.17
3.00	1.62
3.66	2.23
4.34	3.00
5.00	3.89
5.66	4.91
6.34	6.08
7.00	7.32
7.66	8.65
8.34	10.11
9.00	11.60
9.66	13.15
10.34	14.81
11.00	16.46
11.66	18.14
12.34	19.89
14.34	25.08
15.00	26.77
15.66	28.42

注：*H*，高度(m)；*A*，高生长树龄(年)。

Note: *H*, Height; *A*, Tree age during height growth (a).

至于试样径向位置的罗马数字序码，这虽不是径向生长树龄，但它与径向生长的早迟有关。数据分析结果中，可以看出次生木质部发育随径向生长树龄变化的趋势。

2.5 数 据 处 理

数据处理的目的是揭示针叶树次生木质部发育过程中的规律性。

本书处理的全部数据均系本项目实验结果。为了减少误差，并提高可靠性，在能重复取样或可多次读数条件下，都进行了必要的重测。对这种有多个读数的一级测定结果，在数据输入计算机前计算其平均值。有些指标并非直接测得，是由其他测定而来的计算结果，即由一级测定值计算二级结果，如基本密度。这些才是经预处理并符合数据分析要求的试验结果。为了满足对木材生成中发育规律的研究分析需要，本项目对测定结果采用多种分析方法，如光顺(smooth)法、插值(interpolate)法、回归(regression)法等。在这些方法中再选用不同的手段进行。如在回归分析法中，又进行了多种不同回归方法的比较。最后采用多项式回归的方法来对数据进行统一处理。为保证有足够的处理精度，同时避免用过分复杂的表达式来说明处理结果，以竭力简化处理的复杂性，通常选用三阶回归多项式来描述所测指标的变化趋势。实际工作表明，这种简化是可取的，它对木材生成趋势变化的表达直观而且准确。

在试验中虽然注意了测定精度，但仍会存在有限的误差。其次，要考虑环境对树木生长发育的影响。如表 2-1 和图 2-1 所示，一个地区历年的气候条件是在一定范围内上下波动的，没有明显的倾向性。回归分析能较大程度地减除上述误差和气候波动造成的影响，并能给出最具代表性的数学表达式和图示的曲线。

用图形曲线来表示次生木质部生命过程中的各种变化具有清楚直观的特点，因此本项目研究中数据处理的结果多以图示的形式表现出来。

3　用图示证明次生木质部生命中存在发育现象

本章图示概要

本章用表概要

摘　　要

次生木质部在生命中的自身变化过程需用图示来表达，特别在证明这一过程符合遗传特征中更需利用图示在样树间进行比较。

相随次生木质部性状变化的时间因子是两向生长树龄。实验结果的图示是三维坐标系中的空间曲面，但空间曲面不适合直接用于发育研究。本章采用四类平面曲线组从不同侧面来表达同一空间曲面显示的变化。四类平面曲线组的纵坐标同是发育变化的性状值，横坐标是变化相随推进的两向生长树龄之一，而另一生长树龄是以不同形式表达在图中的曲线上。四类平面图示同是表达发育随两向生长树龄的变化，而差别是在表达它们的不同组合方式。

四类平面曲线组与空间曲面的关系可用通常采用的多因子实验措施来认识，也可用数学概念来理解。实际绘制中，四类平面曲线是采用多项式回归的方法由测定值直接绘出的。

第三部分“实验证明”中各章附表给出对次生木质部不同发育性状测定的原始数据。这些性状值在附表中的纵列和横行都符合共同的排序要求；第三部分各章分别采用四类平面图示来表达不同发育性状的变化，不同性状同一类别图示的图下文字表述类同；在绘出各章同类平面图示时，利用各对应附表数据的方式相同。本章对上述三个共同方面分别进行了说明。这些是了解本书第三部分“实验证明”的导行路标。

本项目须由实验证明次生木质部生命中存在发育变化的自然现象。用图示表达变化过程的测定结果是进行这一证明须采用的必要措施。次生木质部构建中的变化具有遗传控制下的有序性，是能用图示表达出它的发育过程的条件。图示采用的方式则须符合次生木质部两向生长树龄表达的需要。

3.1 次生木质部发育图示的条件和必要性

3.1.1 测定结果的数据量大

曲线是表达生物体发育的一种方式，但须有较多的测定数据。次生木质部发育实验具备能提供这一结果的条件。

次生木质部发育研究可在样树多个高度和同一高度截面径向上的逐个或多个年轮上取样，并可根据样树的生长年限决定取样数量。

3.1.2 变化中的性状和时间

发育变化的规律性，就是生存在同一或相近环境下，同物种个体性状表现出逐时相似的变化。研究发育，需测出均匀间隔时间与变化中各时发生的性状间的关系，并证明其程序性。

树木的绝大部分木材都是由形成层逐年分生产生的。各年生成的鞘状木质层主要细胞的生命期仅数月。由此可见，各时生成细胞构成的木材组织的位置是不再移动的，生成的木材结构和由此形成的性状都已固定成不变的状态。

形成层分生次生木质部的方向是在内方砌添。原部位未受任何触动，保存完整。各部位的形成时间可由其位置来确定，各位置的组织结构都保持固定状态。可见，次生木质部各部位的差异是由发育性状一直处于变化中造成。这给原难以进行的大量必要测定创造了极方便的条件。

在树茎确定高度和指定年轮位置上取样，由根颈年轮数和取样截面上样品所在年轮的序数，就可知样品的高、径两向生长树龄。这些表明，次生木质部生命中连续变化的性状及其发生的各即时时间具有可测性。

3.1.3 具有发育变化的规律性

只有存在发育变化的事实才能绘制出符合发育证明要求的图示。

次生木质部发育研究实验取得的结果：①树木生命过程中，次生木质部存在着随时间的规律变化；②这一变化在体内是有序的，并符合树木生存适应的需要；③这一变化在种内树木间相似是具遗传性的表现；④这一变化在针叶树类属间存在差异，但又呈现出相似性，表明它们具有进化的亲缘关系。这些都是发育变化须符合的遗传特征。

3.1.4 发育变化图示的必要性

一般动、植物体生命中的形体甚至性状变化都具有可见性，它们这些变化的规律易于理解。树木是日日可见的生物类别，木材是通常的生活材料，但言及次生木质部生命中的变化却令人陌生，更难于认知其中存在的规律性。次生木质部发育的隐蔽性正在于此。

表达单株树木内发育性状随两向生长树龄的变化；在种内不同样树间，及在不同树种间对此进行比较都需采用图示。回归曲线的图示能充分反映出个体内发育的协调性，在比较相似性方面更具不可替代的效果。

3.2　次生木质部两向生长树龄发育图示的特点

一般，生物体发育变化的时间因子是单一的，或采用具有发生先后序列的其他相关因子替代时间。表达这类变化的平面坐标图示的横坐标是时间，纵坐标是性状变化。而次生木质部两向生长的独立性，使得对它发育变化研究的时间因子必须采用两向生长树龄。

既然次生木质部发育的时间因子是两向生长树龄，那绘出的发育图示应是三维空间曲面(X、Y 轴分别表示高生长和径向生长树龄，Z 轴是发育的性状值)。这种图示虽有直观性，但曲面的形象随视角而有变，故并不适合直接用于发育研究。

为了准确表达出发育性状随时间的变化，本章有效地把曲面剖析为四种平面曲线，它们是在不同的特定条件下来表达曲面的变化，由此发育变化能得到充分揭示。

3.2.1　三维空间曲面和平面剖视曲线

次生木质部构建中遗传控制的程序性变化使它能用图示来表达，但这一变化随两向生长树龄的特点确定与它相符的图示性质是三维曲面。在取得这一曲面方程的条件下，可在计算机显示屏上任意变换视角来进行观察。但学术研究性状数值变化需采用在指定条件下的剖视图。

自然科学中，这种类同的实例比比皆是。医学上有 X 射线断层扫描；建筑上有立体效果图，而施工需剖视的建筑图；机械零件有轴侧投影的立体图，而加工零件需剖视图。这些实例都是要在不受视角影响的条件下能觉察出立体的形象，并能确定其各方位的准确尺寸。次生木质部发育研究是要在不受视角限制下能观察出空间曲面的变化全貌。本书中的图示也是数学上的剖视，但它与上述各种实体形象剖视的表达内容根本不同，它是在表示性状数值的规律性变化。变化规律本是与实体形象无关的问题，但在学术研究中却需用表达形象的数学手段来显示。次生木质部发育的平面曲线图示与发育过程的实际摄影记录是完全不同的两回事。空间曲面或平面曲线都是表达性状数据随时间变化而采用的数学形式。

必须清楚明白，曲线图示完全不同于变化实景的记录摄影，它们是表达性状变化而应用的一种数学形式。

3.2.2　四种平面图示

四种平面图示的纵坐标同是变化的性状值，而两向生长树龄的表达方式不同。

第一种，横坐标为径向生长树龄，图中多条曲线各代表在一个确定高度上的性状值随径向生长树龄的变化。根据次生木质部发育研究的要求，这类图示多条曲线本应分别代表一确定的高生长树龄。由本书提供的树高和高生长树龄，可很方便地给出这各高度的高生长树龄。生长在同一人工林同样样树的高生长差异小。本书对此未作变换，原因是便于在种内样树间进行比较。本项目对针叶树研究内容的重点是证实次生木质部构建中的变化符合遗传特征，进行种内样树间的比较是其中的重要环节。

如数据处理在各章附表(原始测定值)各同一横向序列取值，与其对应的，则样品分别位于树茎的同一高度截面径向的不同年轮上(高生长树龄相同，径向生长树龄递差)。

第二种，横坐标为高生长树龄，图中多条曲线各分别代表一个确定径向生长树龄的性状值随高生长树龄变化。

数据处理在各章附表各同一纵行取值；样品分别位于树茎不同树龄生成的同一生长鞘各高度上(高生长树龄不同，径向生长树龄相同)。

第三种，横坐标为生长鞘生成树龄(实际上，这一时间的数字与径向生长树龄相同)；纵坐标是生长鞘全高性状平均值。图中仅一条曲线，是把高生长树龄对发育性状的影响融入平均值中。这是观察次生木质部发育较简单的一种方法，但实际情况比这复杂。

数据处理的取值是各章附表各纵行的平均数(高生长树龄隐略，径向生长树龄递差)。

第四种，横坐标为高生长树龄，图中有多条曲线各代表不同高度一确定的离髓心年轮数性状值沿树高(随高生长树龄)的变化。一般，木材科学是依据位置来标志木材差异，确定不同高度木材的径向位置就是以离髓心年轮数来标明。本书采用这一图示表达的目的是，可清楚了解同一树茎相同离髓心年轮数年轮间(所谓同树幼龄材)在不同高度上发育变化的有序差异。过去一直缺少有关这一内容的实验测定。现利用本研究实验结果，只在数据处理上增加了一个内容，就可以填补这一学术空白。

数据处理中，首先将各章附表全部原始测定值在各原横行依序向左移，至各高度邻近髓心首位年轮性状值靠边对齐，原表年轮生成树龄的数字序列不变，但含义已变为同心序(同一纵行离髓心年轮数相同)；而后按各纵行取值。

本书全部图示都是表达个体立木内的发育变化，并把同种数样树同一类图示在同一页面并列，目的是便于对比；与把同种或不同树种数样树的实验结果图示采用相同纵、横坐标范围置于同一页面的目的相同。详阅各图下的说明，可理解它们的不同作用。

3.2.3 平面曲线图示的依据

次生木质部的两向生长树龄使得它的发育变化图示是三维空间曲面，但在研究工作中须用平面剖视曲线来替换。

3.2.3.1 由科学实验通常采用的措施来认识

对相随两因子变化过程的实验，往往固定一个因子，测定变换另一因子的结果。以变换因子为横坐标，绘出一条另一因子相随变化的平面曲线。如果绘出多条这种曲线，每条曲线各代表受固定因子的一个设定值，并把这些曲线重叠在共用同一横坐标的图示上。实际，这种图示就起到了用平面曲线图示替换空间曲面图示的效果。次生木质部发育变化的平面图示正与上述道理相符。

由单株样树多个设定的样品分别测定的实验数据绘出同一图示上的多条曲线不杂乱交叉，并在呈现类同的有序变化中同时表现出曲线间规律性的过渡。这些都是发育特征的显示，图示只是表现的工具。

3.2.3.2 由数学概念来理解

设定次生木质部三维图示的 X、Y 轴分别为高、径生长树龄，Z 轴为发育变化的性状值。如果次生木质部构建中存在具有规律性的发育变化，实验测定的取样点符合在 X、Y

坐标面上呈均匀分布，那测出的性状值在三维空间是呈有序的分布。经数学处理可得出能代表这一发育性状值有序分布的空间曲面。

工程技术上，通常对空间立体采用特定条件的假想切平面剖开，在剖面上显示的形象是剖视。三维空间曲面与切平面相交的剖视是曲线(图 3-1)。

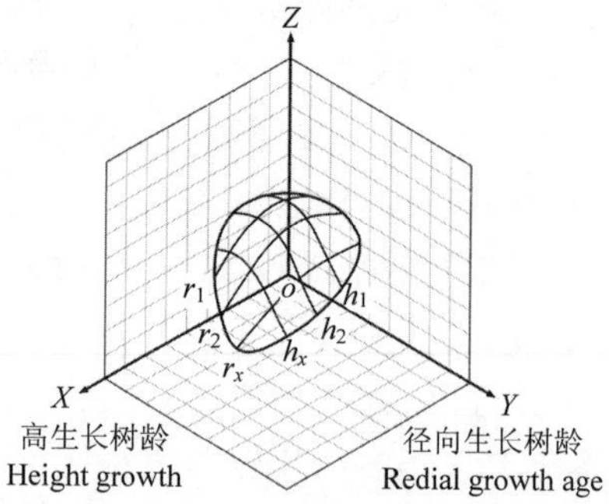

单株样树次生木质部构建中随两向生长树龄的发育变化(模式)空间曲面(曲线网)示意图

X 轴. 径向生长树龄；*Y* 轴. 高生长树龄；*Z* 轴. 发育性状值；*XY* 坐标面相当于取样中心板，取样位置均匀散布在中心板的全范围

Developmental change during secondary xylem elaboration with two directional growth ages in a sample tree (Model)

A schematic diagram of curved surface of three dimensions (net of curves)

X axis. Radial growth age; *Y* axis. Height growth age; *Z* axis. Trait value; *XY* plane of coordinates corresponds to a sampling central board, sampling positions distribute uniformly in the whole extent of central board.

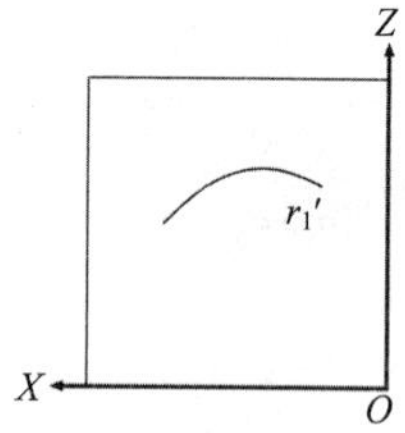

XZ 坐标面以 *OZ* 轴为旋转中心平展；曲线显示在平面

XZ plane of coordinates revolves round the *OZ* axis to open, r_1' displays in a plane

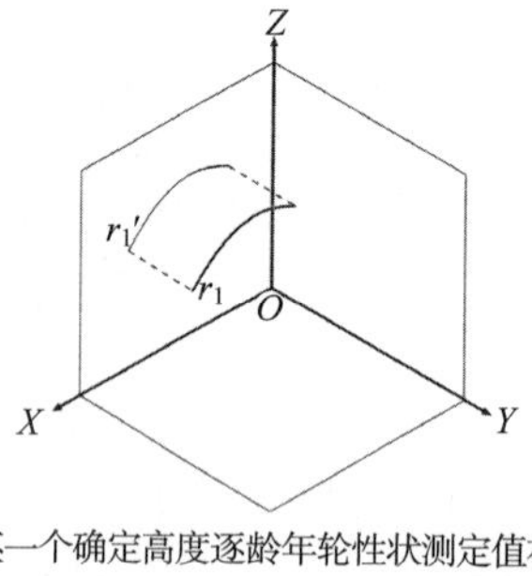

r_1 是树茎一个确定高度逐龄年轮性状测定值在空间回归曲面上的变化曲线；r_1'是 r_1 在 *XZ* 坐标面上的投影

r_1 is a curve on curved plane obtained by regression. The curve shows developmental trait change of successive rings of a certain height of stem. r_1' is projection of r_1 on *XZ* plane of coordinates

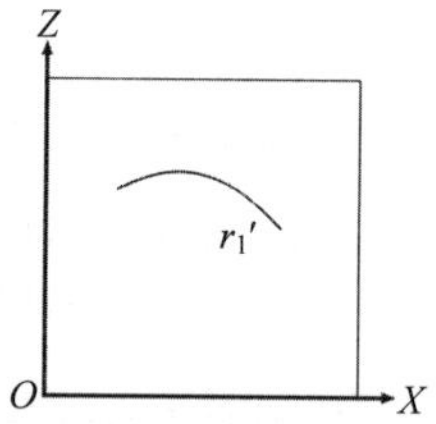

在本书图示中，r_1'是径向逐龄性状的发育变化；横坐标径向生长树龄是由左向右逐增；本图与左图互为倒翻关系

In this book, r_1' shows radial change of developmental trait. Radial growth age of *X* axis increases successively from left to right. The relationship of the right and the left diagram is mutually reverse

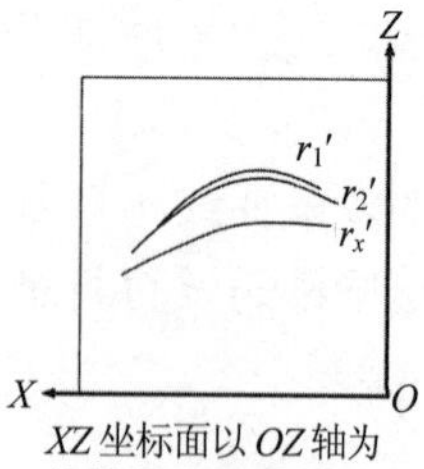

XZ 坐标面以 *OZ* 轴为旋转中心平展；曲线显示在平面

XZ plane of coordinates revolves round the *OZ* axis. curves display in a plane

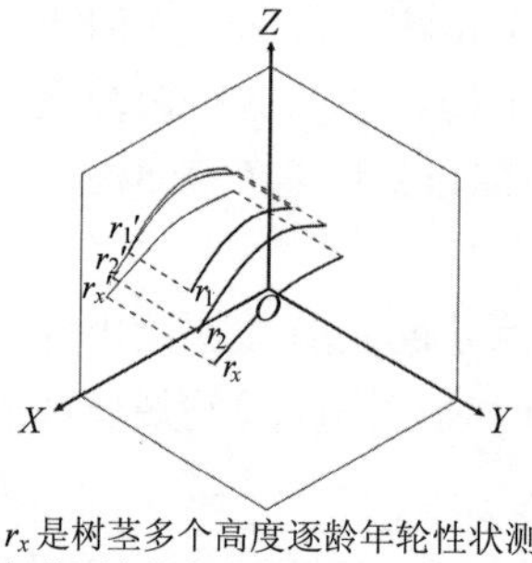

$r_1, r_2, \cdots, r_x$ 是树茎多个高度逐龄年轮性状测定值在回归空间曲面上的变化曲线；$r_1', r_2', \cdots, r_x'$是 $r_1, r_2, \cdots, r_x$ 在 *XZ* 坐标面上的投影

$r_1, r_2, \cdots, r_x$ are a lot of curves on a curved plane obtained by regression. Those curves show developmental trait change of successive rings of different heights of stem. $r_1', r_2', \cdots, r_x'$ are projection of $r_1, r_2, \cdots, r_x$ on *XZ* plane of coordinates

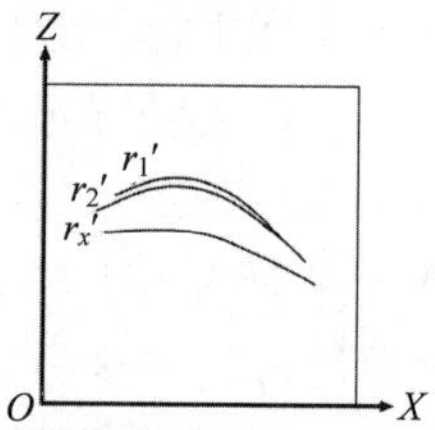

在本书图示中，$r_1', r_2', \cdots, r_x'$是不同高度径向逐龄性状的发育变化；横坐标径向生长树龄是由左向右逐增；本图与左图互为倒翻关系

In this book, $r_1', r_2', \cdots, r_x'$ show radial change of successive rings of developmental trait. Radial growth age of *X* axis increases successively from left to right. The relationship of the right and the left diagram is mutually reverse

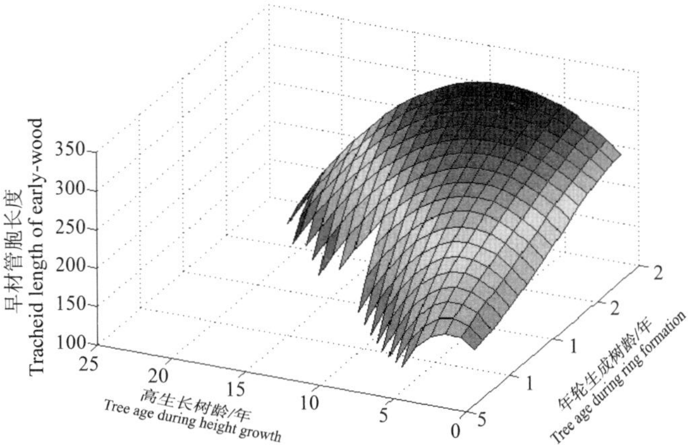

云杉 3 样树早材管胞长度随两向生长树龄的发育变化(实测数据回归结果，图 9-33)

X 轴. 径向生长树龄；*Y* 轴. 高生长树龄；*Z* 轴. 发育状值；*XY* 坐标面相当于取样中心板，取样位置均匀散布在中心板的全范围

Developmental change of early wood tracheid length with two directional growth ages in three sample trees of Chinese spruce (Regressive result of measured value, Figure 9-33)

X axis. Radial growth age; *Y* axis. Height growth age; *Z* axis. Trait value; *XY* plane of coordinates corresponds to sampling central board, sampling positions distribute uniformly in the whole extent of central board.

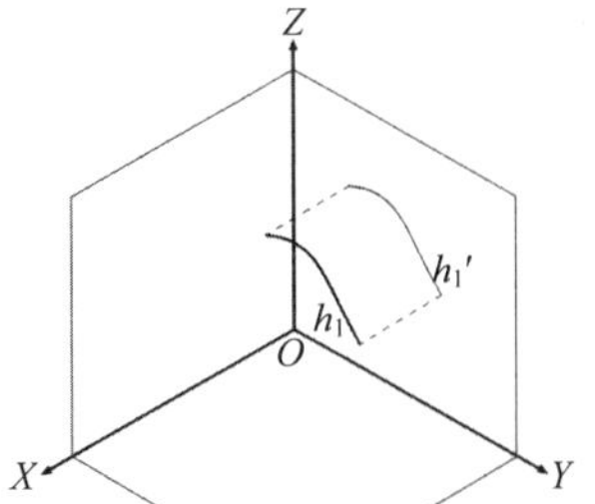

h_1 是一个确定生长树龄生长鞘不同高度年轮性状测定值在空间回归曲面上的回归曲线；h_1' 是 h_1 在 *YZ* 坐标面上的投影

h_1 is a curve on curved plane obtained by regression. The curve show developmental change of measured trait values of different height rings of a certain growth age sheath. h_1' is projection of h_1 on *Y Z* plane of coordinates

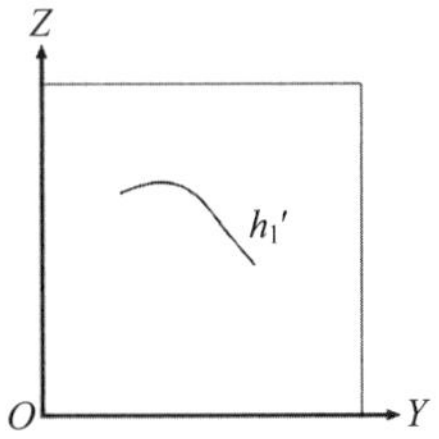

YZ 坐标面上 *OZ* 轴旋转中心展开，h_1' 显示在平面上；本书图示中，高生长树龄由左向右逐增

YZ plane of coordinates revolves round the *OZ* axis to open, h_1' displays in a plane. In this book, height growth age of *X* axis increases successively from left to right

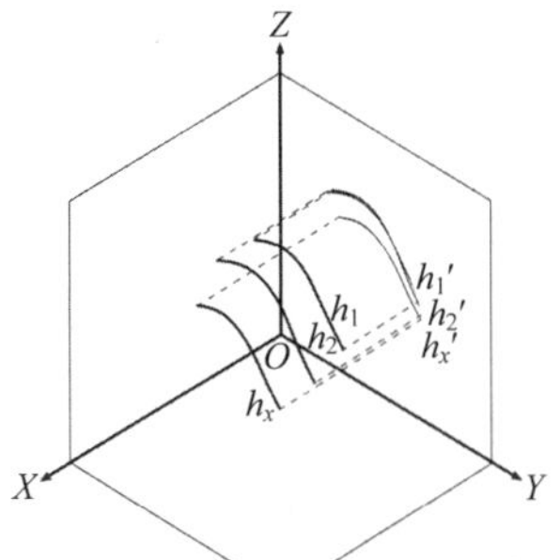

$h_1, h_2,\cdots, h_x$ 是各年生长鞘多个高度性状值在回归空间曲面上的曲线。$h_1', h_2',\cdots, h_x'$ 是 $h_1, h_2,\cdots, h_x$ 在 *YZ* 坐标面上的投影

$h_1, h_2,\cdots, h_x$ are a lot of curves on a curved plane by regression. Those curves show developmental trait change of measured trait values of different heights of each growth sheath, $h_1', h_2',\cdots, h_x'$ are projection of $h_1, h_2,\cdots, h_x$ on *YZ* plane of coordinates

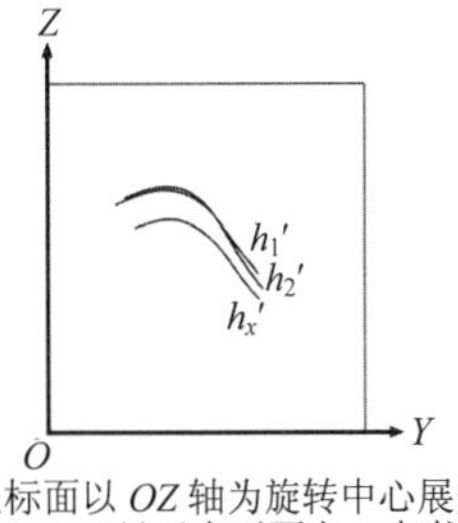

YZ 坐标面以 *OZ* 轴为旋转中心展开，$h_1', h_2',\cdots, h_x'$ 显示在平面上。本书图示中，高生长树龄由左向右逐增

YZ plane of coordinates revolves round the *OZ* axis to open, $h_1', h_2',\cdots, h_x'$ display in a plane. In this book, height growth age of *X* axis increases successively from left to right

图 3-1　空间曲面网格线与其在坐标面上的投影对次生木质部各年生长鞘性状值沿树高发育变化曲线图示的说明

Figure3-1　Net of curves on a curved surface and their projection on the *XZ* and *YZ* coordinates plane Explanation of curvilineal diagram of developmental change in radial successive rings at different heights of secondary xylem

设定一个以 X 轴为径向生长树龄、Y 轴为高生长树龄的三维空间，次生木质部发育变化的图示是其中的曲面。用一个设定 Y 值并垂直于 Y 轴的切面与次生木质部发育的空间曲面相交，呈现的剖视曲线是在这个设定 Y 值(高生长树龄)下性状值随 X(径向生长树龄)的变化曲线。多个 Y 值并垂直于 Y 轴的切面就可生成随径向生长树龄变化的多条剖视曲线，再把这些曲线垂直于 X 轴方向重叠在一起(数学语言：把这些曲线同投影到 XZ 坐标面上)，则成为不同高生长树龄性状值随径向生长树龄变化的平面图示。这是从一个侧面察看次生木质部在空间曲面上呈现的发育变化。

在相同设定条件下，对同一样树次生木质部发育变化空间曲面，用多个设定 X 值并垂直于 X 轴的切平面就可生成随高生长树龄变化的多条剖视曲线。把这些曲线投影到 YZ 坐标面上，就可成不同径向生长树龄性状值随高生长树龄变化的平面图示。这是从另一个侧面察看同一样树次生木质部发育变化空间曲面的变化。

尚有与次生木质部发育变化空间曲面有关的另两种平面曲线，它们是另从其他特定条件观察同一样树次生木质部发育变化的途径，由此次生木质部发育空间曲面得到全面表达。

三维空间曲面与它的四类平面曲线是共存的关系，它们在发育变化数学表达方式上具有互补的关系。这四类平面曲线上的点都位于同一空间曲面上，它们的差别只在取样点位置的组合方式不同，即对同一测定结果在数据处理中进行不同组合。各类型曲线分别表达次生木质部构建中同一变化过程在不同设定条件下的观察结果，目的是充分揭示这一过程。通过这四类平面曲线可以深刻了解次生木质部的发育。

四类平面曲线与空间曲面间存在数学上同一性的关系，但在数据处理中每一图示上的每条曲线都是分别由测定结果直接绘制，并非由空间曲面用剖视的数学方法求得。这避免了人为的数学修饰而增强了对发育变化遗传控制观察的精度。

3.3 有关次生木质部内年轮位置序数的词语

图示是报告次生木质部发育研究结果须采用的一种表达方式。要取得次生木质部发育研究的图示结果，必须十分注意取样和采用合理的数据处理方式。这两个环节都与次生木质部中年轮的位置序数有关。

同龄序同鞘年轮和同心序异鞘年轮是与次生木质部中有关年轮取样位置有关的两语词。同龄序同鞘年轮表明，不同高度年轮样品是同树龄生成，位于同一生长鞘中。同心序异鞘年轮表明，不同高度年轮样品的离髓心年轮数相同，但各生成时的径向生长树龄不同，并分别位于前、后不同年份生成的各生长鞘中。

次生木质部发育研究的取样位置，对测定结果的数据处理方式有直接影响。不同树龄生长鞘沿树高方向发育变化的数据处理，要求实验能提供样树各生长树龄同鞘不同高度样品的测定结果。同心序异鞘年轮沿树高方向发育变化的数据处理，要求实验能提供多个高度同心序样品的测定结果。

次生木质部发育是随生命时间的变化。这一过程的系列时间可依据选定受测定性状的样品系列位置来确定。同龄序同鞘年轮和同心序异鞘年轮是与取样位置及其生成时间有关的两个学术词语。将它们进行对比有助于认识它们在次生木质部发育研究中的不同作用(表 3-1)。

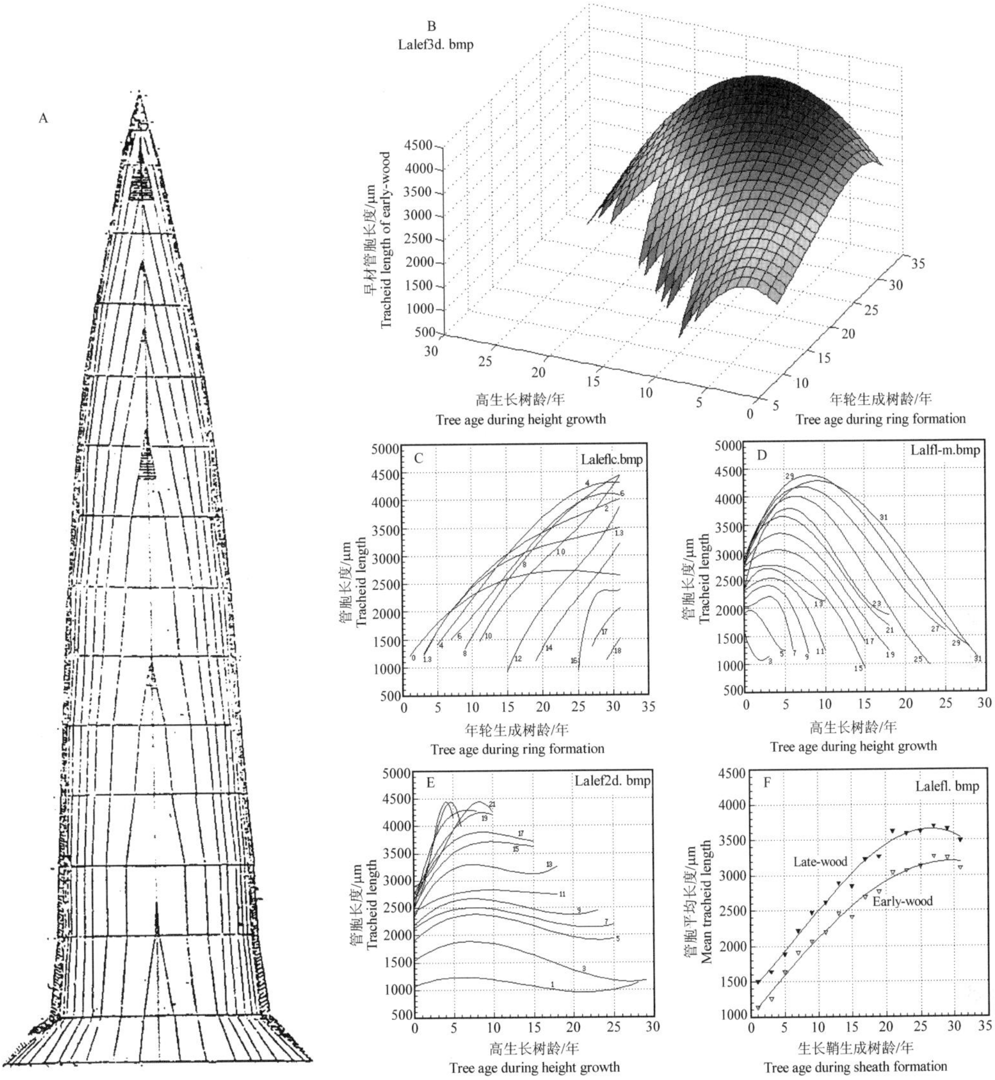

图 3-2 落叶松单株样树次生木质部早材管胞长度随两向生长树龄的发育变化

A. 次生木质部生长鞘示意图。 树茎纵剖面的中轴线示髓心(真髓和初生木质部)，是顶端原始分生组织在高生长中位移的轨迹，环绕髓心的次生木质部是逐龄构建的层状木材部分；B. 用空间曲面示随两向生长树龄的发育变化；C. 不同高度径向逐龄年轮的发育变化，标记曲线的数字是取样圆盘高度(m)，每一高度都有一确定的对应高生长树龄；D. 逐龄生长鞘沿树高的发育变化，标记曲线的数字系各生长鞘生成时的树龄；E. 不同高度离髓心相同年轮数，异鞘年轮间发育变化的有序差异，图中数字系离髓心年轮数；F. 生长鞘全高平均管胞长度随树龄的发育变化，回归曲线两侧的点代表实测值的平均数(本图除 E 外，全部均为早材管胞长度)

Figure 3-2 Developmental change of earlywood tracheid length of secondary xylem with two directional growth ages in a sample tree of Larix gmelini Rupr.

A. A schematic diagram of growth sheath of secondary xylem. The axis of perpendicular section of stem shows pith (true pith and primary xylem). It is locus of displacement of apical meristem in height growth. Secondary xylem around the pith is the straticulate wood part elaborated by a layer after a layer during successive years. B. Developmental change with two directional growth ages is expressed by a curved surface of three dimensions. C. Developmental change of successive rings in radial direction at different heights, the numerical numbers used to designate curve are the height of sample disc (m), one of them corresponds with a certain height growth age. D. Developmental change of each successive growth sheath along the stem length, the numerical numbers used to designate curve are tree age during each sheath formation. E. Systematic differences of developmental change among rings in different sheaths, but with the same ring number from pith and at different heights, the numerical numbers in figure are the ring number from pith. F. Developmental change of mean tracheid length (with each height) of successive growth sheaths with tree age, the points beside regression curves represent the average of measured values(All the tracheid lengths measured in this figure are in early wood except E)

表 3-1 对同龄序同鞘年轮和同心序异鞘年轮的比较

Table 3-1 A comparision between rings that are in a sheath and with the same ordinal age number and rings that are in different sheaths and with different ordinal numbers from pith

词语 Terms	同龄序同鞘年轮	同心序异鞘年轮
概念 Concept	不同高度自树皮向内同序年轮样品间的关系	不同高度自髓心向外同序年轮样品间的关系
实验取样 Experimental sampling	在不同高度自外向内取样，以样树伐倒时的树龄(相等于根颈年轮数)为首位序号，向内逐个年轮递减。这能保证同一序号年轮样品位于同一生长鞘	不需另取样，研究分析依据相同的实验结果。但数据处理中，须对附表不同高度各同一横行数据左移并自内向外另重新编序
序号对应的树木生物学时间 Corresponding biological time of ordinal numbers	生长鞘生成时的树龄	形成层生成年数
序号恒定的因素 Factors that the ordinal numbers are constant comes from	生长鞘生成时的树龄是恒数	由于次生木质部是逐年向外增添木质层，不同高度自髓心向外样品的年轮序数也是恒数
本项目注意到的问题 Problems noticed by this project	本项目实验测出相同高度不同龄序年轮样品间木材性状有差异与生成时的径向生长早迟有关；径向生成树龄相同的同一生长鞘不同高度年轮间同时存在趋势性差异	虽为异鞘，但分生同心序木材的不同高度形成层的生成年限相同 在木材研究中离髓心年轮数被称作 wood age,但对不同高度 wood age 相同的木材一直缺少实验测定的报道
在次生木质部发育研究中的作用 The effects on developmental studies of secondary xylem	①研究同一生长鞘不同高度间的发育变化；②研究不同生长鞘间的发育变化；③研究逐龄生长鞘全高性状平均值随树龄的变化	揭示不同高度相同离髓心年轮数样品木材间的性状差异 既然把离髓心年轮数称作 wood age，那不同高度相同离髓心年轮数的 wood age 相同；木材科学从这一认识而把树茎中心全高范围称作幼龄树。这是人工林育材的主要部分，有必要对它在树木生长中的构建和材质间的关系有深刻认识

如图 3-2 所示落叶松单株样树次生木质部早材管胞长度随两向生长树龄发育变化的空间曲面图示和它的四种平面图示。

3.4 对四类主要图示的说明

本书图示的主题都是单株样树次生木质部性状的发育变化。

各图示说明中都有所表达变化的树种和性状名。本项目研究的发育是发生在个体内，必须对样株的株别进行标注。

发育是性状随时间的变化。次生木质部发育相随的时间是两向生长树龄。全部图示的说明都须表达出所示变化符合相随两向生长树龄的要求。这是本书全部图示文字说明中最主要的部分。

每幅图示的横坐标代表与发育变化相随的两向生长树龄之一，而另一则标注在图中每条曲线上；图下文字明确给出在样树上的取样位置。次生木质部发育研究中，性状发生的时间要由取样位置来确定。所以图中和图下的文字是互补的，并呼应的。

本书采用四种类型平面曲线同时来表达次生木质单株样树同一性状的发育变化，各种性状分别如此；并须在同种各样树间和在树种间进行比较。四种类型图示的每一幅图上都有许多曲线，它们都是单株样树树茎在指定图示条件下相随两向生长树龄发育变化的表现。四种类型图示的差别在于采用了不同的方式显示两向生长树龄。第一、第二类型曲线的特点是，两生长方向之一的树龄用多条曲线分别代表；另一方向是体现在随横坐标的变化中。第三类型是把高生长树龄对生长鞘内发育的影响掩盖在平均值内，只表现出性状随生长鞘径向生长树龄的变化。第四类型是不同高度，相同离髓心年轮数、异鞘年轮随高生长树龄的变化，这是树茎中心部位随高向尺寸的变化。

3.4.1 第一类图示

例：图 3-2c　落叶松第 1 样树不同高度径向逐龄早材管胞长度的发育变化

对两向生长树龄的表述：径向生长树龄——图中横坐标是年轮生成树龄。树茎次生木质部在各高度横截面上都呈现为多层相叠的年轮，年轮生成树龄即树茎的径向生长树龄。高生长树龄——不同高度对应不同高生长树龄。图中有多条曲线，每条曲线表明一个确定高度的发育变化。

3.4.2 第二类图示

例：图 3-2d　落叶松第 1 样树逐龄生长鞘早材管胞长度沿树高的发育变化

对两向生长树龄的表述：径向生长树龄——逐龄生长鞘是在树茎各径向生长树龄时生成。图中有多条曲线，每条曲线表明一个确定径向生长树龄的发育变化。高生长树龄——沿树高方向，即随高生长树龄(图中横坐标是高生长树龄)。

3.4.3 第三类图示

例：图 3-2f　落叶松第 1 样树各年生长鞘全高早材管胞平均长度随树龄的发育变化

对两向生长树龄的表述：径向生长树龄——树茎径向生长树龄与树木树龄数字相同，随树龄与随径向生长树龄表达效果相同(图中横坐标是生长鞘生成树龄，等同于生长鞘径向生长树龄)。高生长树龄——全高平均值随树龄的发育变化是一种观察次生木质部发育的简化方法。它隐化了同一生长鞘内存在树茎高生长树龄对发育变化的影响。

3.4.4 第四类图示

例：图 3-2e　落叶松第 1 样树不同高度、相同离髓心年轮数、异鞘年轮间早材管胞长度有序差异的变化

这一发育变化多条曲线的横坐标是高生长树龄，但每条曲线上的性状值并不发生在同一径向生长树龄(这是与第二类型曲线的不同处)。当不同高度、相同离髓心年轮数、异鞘年轮在不同径向生长树龄由形成层分生时，但不同高度形成层分生这些年轮时的自身生成的年限相同。这类曲线另一共同特点是，每条曲线上的两向生长树龄都是变数，但它们的数字和相等。

图中每条曲线表明一个确定离髓心年轮数的不同高度年轮间的发育变化。其中离髓心年轮数为“1”曲线上的两向生长树龄之和等于样树伐倒时的树龄；如离髓心年轮数为“2”，曲线上的两向生长树龄之和等于样树伐倒时的树龄减“1”，依此类推。须明白，这类性状变化曲线相随的时间因素仍然是两向生长树龄。同一条曲线上，沿树高两向生

长树龄间的关系是高生长树龄逐增，径向生长树龄逐减。

3.5 对本书附表的说明

次生木质部构建过程中具有遗传控制的发育变化，是本项目须用实验证明存在的自然现象。对此，本书给出经数据处理的大量图示，并用附表列出全部测定的原始数据。各表表题给出在样树上的取样位置;表内对数字的标注是表明两向生长树龄或取样位置。表题和表内的标注或文字说明相辅相成。

附表有两种主要形式，分别用于报告大、小样品的实验结果。

3.5.1 小样品附表形式

小样品的特点是能够辨别取样位置的年轮序数(自树皮向内)，并由此确定它的径向生成树龄。

附表标题中除测定的树种和性状名称外，最值得注意的是有关取材部位。取材部位与表中的高、径两向树龄直接有关。

表中的纵列是根据高生长树龄和取样高度列出，向上高生长树龄逐长；横行是年轮生长树龄，右端是样树发倒时的树龄，向左树龄逐减。虽然取样是根据在树茎中的位置，但研究次生木质部发育则须依据两向生长树龄。研究中，性状发生的时间是由取样位置来确定的。

全表数据在表中的分布的区域呈直角三角形，两直角边一在下，另一边在右。下直角边是根颈横截面系列年轮样品性状的测定结果，右侧直角边是样树伐倒前最后一年生长鞘不同高度年轮样品的性状测定结果。直角三角形斜边上的数据是自下向上不同高度邻近髓心首位年轮性状的测定结果。

直角三角形内网格状分布的数据表明，它们是南北向中心板上均匀分布试样的性状测定结果。由这些数据通过回归分析，才能达到本项目实验证明的要求。

例 第 9 章附表 9-1 落叶松样树不同高度逐龄年轮的早材管胞长度(μm)

分析：(1)“落叶松”是树种名，“样树”表明是以个体的发育变化为报告对象。表中数据按序码区分，列为第 1、3、5 样树；

(2)“早材管胞长度”是受测定的发育变化的性状名称；

(3)“不同高度逐龄”是表明两向生长树龄。由确定的不同高度就可认定样品所在高度的树茎高生长树龄；由样品所在截面上由外至内的年轮序数，就可确定它生成时的树龄，即径向生长树龄。

结论：这一类型附表都是研究次生木质部随两向生长树龄性状发育变化实验测定结果的数据汇集。

3.5.2 大样品附表形式

大样品的特点是，样品的径向位置难以用年轮序数来标注。

附表标题中只给出了树种和受测的性状名。

大样品取样程序是，首先将中心板按样品长度和要求的余量锯截区分为木段。样品再取自这些短木段中，要避开木材缺陷(如木节)。附表中样品的名义取样高度根据取样短木段的中心高度来认定。

大样品在短木段水平方向上取样，是径向自树茎外周向髓心，按序编码为 I、II、III、IV。不同高度同一径向序码的实验结果，在数据分析中归为相同径向部位。

例 附表 14-2 落叶松样树次生木质部(木材)静曲抗弯强度(MPa)

分析：(1) 静曲抗弯强度的样品是木材(非生命材料)，但本实验结果是供研究次生木质部构建中生命的发育变化；

(2) 表中标注纵列样品的名义取样高度是近似值，但高度排序是准确的，供回归分析研究发育变化具有可用性；

(3) 大样品难于根据年轮序数确定径向生长树龄，但各高度自外向内取样使不同高度同一编码试样的径向位置相近，由此在它们间具有可比性。

结论：大样品实验结果的附表数据陈列也为直角三角形。它在次生木质部发育研究中的作用与小样品附表相同。

3.6 附表数据在图示绘制中的应用

附表上的数字是对次生木质部随两向生长树龄发育变化各即时自我固定性状的测定结果。由表中数字不同形式组合(如每一纵列、横行或其他)绘制出四种类型图示曲线。附表上的数字排列是依据两向生长树龄，或取样位置的数字标注。图示曲线形象化地表达出发育随两向生长树龄的变化。认识两向生长树龄在图示上的曲线与附表内的数字间的纽带作用，是达到本项目研究目的数据处理的必要基础。

附表形式与采用的图示方式有关。

3.6.1 小样品附表与图示

全表数据集中分布在矩形表格的右方呈直三角形网格状，90°直角位其右下。每个性状数据都有它生成时的两向生长树龄。附表中性状数据的两向生长数排序是，横行为年轮生成树龄，由左向右逐增；纵列为取样高度(每一高度各对应有确定的高生长树龄)，由下低至上高。

分别列出各样树数据。由单株样树同一性状的同表数据绘制出四种曲线表达的图示，从不同侧面共同示出次生木质部的发育变化，并可在不同样树同种图示间进行比较。

第一类图示，根据附表每一横行数据分别绘制成曲线，横坐标是年轮生成树龄。图中有多条曲线，每一曲线标注它取样的高度，用它来示出样树发育性状在不同高度(每一高度对应一确定的高生长树龄)随径向生长树龄的变化。

第二类图示，根据附表每一纵列数据分别绘制成曲线，横坐标是高生长树龄。图中有多条曲线，每一曲线标注为生长鞘生成树龄，用它来示出样树各年生长鞘发育性状随高生长树龄的变化。

附表下底横行是逐龄生长鞘发育性状全高平均值(AVE)，由此绘出第三类图示，横坐标是生长鞘生成树龄。图中仅一条曲线，用它来示出样树各年生长鞘全高性状平均值随树龄的发育变化。

将这一附表各横行数据排序不变向左移，全表数据的集中分布变换成一直角边在左的直角三角形，90°直角在左下角。左移后横行数据由左向右排序的依据就须由年轮生成树龄改变成离髓心年轮数。根据左移后的每一纵列数据分别绘制成曲线，并用离髓心年轮数来标注。这是第四类图示，用它示出不同高度、相同离髓心年轮数、异鞘年轮间性状发育差异的有序变化。

3.6.2 大样品附表与图示

大样品难于用年轮数来测计它的径向生长树龄，而须用取样序数来表示水平径向位置，并只能用样品的名义高度计算出其高生长树龄。

全表数据集中分布在矩形表格的左方呈直三角形网格状，90°直角位其左下。

性状数据的排列是，横行为自树皮向内的依序位置(编码为 I、II、III、IV)；纵列是按取样高度或计算出的高生长树龄依序向上。

根据附表中的每一纵列数据分别绘制成曲线，曲线编码为它径向依序位置。横坐标采用高生长树龄和名义高度两种方式，供对比。由同图曲线的走向和曲线间的距离，可以观察出发育性状随两向生长树龄的变化趋势。

第二部分　相关学科的作用和在应用中取得的进展

木材是一种非生命生物材料，次生木质部是树木的生命组成部分。把研究对象称为次生木质部，不是名称的一般更换，而是研究观点的更替。生命科学多门学科是新观点的基础。次生木质部发育新持的生命科学观点与相关学科对应联系的方面是：①次生木质部形成的独特方式符合树木在自然选择下生存适应的要求，它承担着树木生存不可缺的生理作用(进化生物学)；②次生木质部的构建属树木在遗传控制下程序性生命过程的一部分(遗传学)；③次生木质部是生命历程中连续存留的变化陈迹，发育是生命过程中的变化(植物学)。这些都是以新视角来看待次生木质部。测定次生木质部形成中随两向生长树龄连续发生的差异，就是在研究次生木质部形成中的动态变化过程(林学和木材科学)。把次生木质部生命的动态变化过程学术定性为发育，必然需联系生物发育的这些侧面。[1]

受到应用的相关学科有关概念都已是公认，它们在次生木质部发育研究理念建立中融合的共同作用却是新进展。次生木质部发育研究中相关学科在具有新认识的条件下才得到应用，并形成为次生木质部发育理论构成中的重要部分。

由于次生木质部是发育研究的适合材料，在对生物发育联系中产生的思考，起到了以次生木质部为实例探讨生物发育共性的作用。

4 生物学有关发育概念的论述和在应用中发展

摘　　要

本项目观察次生木质部构建的新着眼点是，次生木质部在生命连续变化历程中存留了即时固着的实迹。实验证明，这一变化具有遗传控制的特征。要把这一变化的学术属性确定为生物共性的发育现象，条件是它必须符合生物共性发育的概念。生命现象复杂造成发育尚缺少一个学术上统一的概念内涵。但生命科学各学科都与发育内容有联系，它们对发育的观点有集中的部分。各学科与发育有关的论点都必须受到重视。对相关学科有关发育研究的综述是本章的重要部分。

实际，本研究理念在含苞未放的芽中就必须包含生命动态概念。难以想象离开这一认识起点能具有研究次生木质部的新视点。发育概念是本项目进行中一直在思考的理论问题。由次生木质部发育研究的实验结果，提出有关生物发育概念的认识。

本章对发育的发生和其具有的复杂性；生长和发育的关系；生物发育具有不同的时空关系等都进行了讨论。根据次生木质部长时生命变化的实验结果，提出生物发育共性的观点，并认识到次生木质部是研究生物发育共性的适合实验材料。

4.1 生物学有关发育概念的综述(I)
——与发育有关的特征

发育的特征是生物体生命过程：①一直处于自我体质变化中；②在遗传控制下；③具随时间的程序性：这三个特征是相关的、并列的。

由生物普遍的生命实例就可总结出发育的特征。本项目取得的学术进展是，次生木质部构建中具有这些特征，由此发现次生木质部发育现象。一般所见生物判定它们存在的发育现象较易，而对次生木质部要把它与发育现象联系起来却存在着极大困难。生物的共同发育特征对认识次生木质部发育现象有启示作用。

4.1.1 有机体生命过程一直处于自我体质变化中

生物体是复杂的有序系统，是在遗传控制下，经细胞分生、分化而构建出的高度复杂结构。其中经历的过程随物种有千差万别，但随连续时间具有体质变化却是共同的特点。

研究各类生物的文献，包括原核和低、高等真核生物，都无一不与其生命过程中某一时段的体质变化有关。形态描述的文献，也都需注明对象的生命时段。

形态变化的本质是包括化学组成的结构改变。形态观察的倍次，有肉眼宏观、显微镜或超显微。生物体生命期中的变化在不同部位和结构的不同层次上都有差别。生命全过程的动态变化，是生物的共同重要特征。

文献摘引

■发育是生物体层进构建自身中全部变化的总和(Development is the sum of all the changes that progressively elaborate an organism's body[16])

■有机体的发育是从受精卵开始的。受精卵可被认为是一个分化程度最低的细胞。而两性生殖细胞——卵子与精子在未受精前却可被认为是分化程度最高的细胞。即结构与功能非常特化的细胞[1]。

【植物方面】

■大家一般接受植物发育的问题涵盖从受精卵开始的整个生活周期完成过程的描述及其机理的探讨[2]。

■一株植物的结构与功能从简单到复杂的变化过程就是发育研究的基本对象[2]。

■有性生殖是高等植物发育的一个重要阶段。花粉落到柱头上以后开始一系列生理生化反应。被子植物的生命周期(生活史)要经过胚胎形成、种子萌发、幼苗生长、营养体形成、生殖体形成、开花、果实和种子形成、衰老死亡等各阶段。在这一过程中，植物发生大小、形态、结构、功能上的变化，这就是发育[3]。

■植物的生长发育是一个开放系统，由种子萌发形成幼苗，在其生活史的各个阶段不断形成新的器官。种子植物虽然也经历胚胎发生，同时种子包含一个胚状植物体，然而，这个胚状植物体缺乏成熟植物的大部分器官和组织系统。成熟植物的组织和器官不是在胚胎中发育，而是在种子发芽后通过分生组织的活动形成。植物发育的显著特征之一是它的持续性。高等植物胚生长后期，在特定的区域产生了分生组织，它具有以相同方式重复分裂的能力，由它产生植物体的“成熟”结构——根、茎、叶和花。在胚中形成两群分生组织，一群在根尖，一群在苗端，成年植物体中几乎所有的分生组织都来自它们。由于这种生长模式，植物器官的发育不是仅在胚中发生，而是通过分生组织贯穿于植物的一生[4]。

【动物方面】

■胚胎是由一个单细胞的合子通过一系列的分裂和分化产生的。在成体动物中，发育和分化并未停止，伴随发育的过程，成体细胞衰老、死亡，最终引起个体发育的终止即死亡[4]。

■多细胞有机体的个体发育开始于精子和卵子的融合，通过受精激活发育的程序，开始复杂的胚胎发育过程。尽管各种动物形态不同、卵子类型不同，胚胎发育的模式也多种多样，但是它们的发育一般都要经过几个主要的胚胎阶段才能发育成幼体。通过生长发育为成体，再经历衰老、死亡完成个体发育[4]。

■两栖类动物的胚后发育——蛙类的器官建成以后，从卵带中脱出，成为自由生活的蝌蚪。当蝌蚪长到一定体积时，长出四肢，完成体制变态。生殖腺发育完成，成为小蛙。一旦小蛙形成之后，就开始生殖生长[5]。

■人胚不同发育阶段的标本，定为 36 个时期[5]。

4.1.2　有机体生命过程中的自身变化是在遗传控制下

各门类生物的生活史都已被详尽记录。这表明生命科学界早已认识到，生物体生命过程在遗传控制下具规律性。

文献摘引

■正常的胚胎发育取决于正常的染色体组型。基因型是有机体从双亲获得的遗传信息所赋有的特性。在不同发育时期表现出来的形态、结构、生化等特征称为表型。由基因型控制发育、同时有机体的表型又受到环境因子与基因型的共同影响[4]。

■生物体是复杂而有序的系统，不可能一蹴而就，而必须在遗传程序的控制下逐渐地分化、生长而成[6]。

■从胚胎开始的成熟植物有机体的发育是一系列协调事件的结果，多样的发育前景是由基因决定的。从种子到成熟植株的发育是一个令人注目的过程，它包括细胞分裂、由细胞延长构成的生长，以及根、茎、叶、花等器官的分化和长长一系列复杂而又综合为一个整体的化学变化。植物的最终形态是存在于受精卵中的固有的遗传模式和环境力量的修饰作用两者的产物[18]。

■线虫是体长 1cm 左右的小生物，约由 1000 个细胞构成，栖息在土中，最长寿命不到 22 天，很适合用来做寿命试验。控制线虫寿命的基因有许多，破坏其中“时钟 1 基因”(clock 1 gene)可使线虫的寿命延长 11.5 倍[7]。

4.1.3　有机体生命过程具有程序性

发育是程序性生命过程中的自我体质变化。随时间发生的连续变化才能称得上是过程，程序性表明这一过程中变化的转换具规律性。

文献摘引

【植物方面】

■由受精卵经过胚胎阶段形成种子，在离开母体后，一般要经过一个静止时期，得到适宜的条件时，才重新开始萌发。种子萌发是植物进入营养阶段的第一步。营养生长是生殖生长的基础。植物体在没有达到一定年龄或生理状态之前，即使满足了所需的外界条件也不能开花。因此，生殖生长的生理学基础是由遗传内因所决定的在营养生长基础上的花熟状态。没有营养生长就不可能有生殖生长。花的出现，标志着植物体已从营养生长进入生殖阶段。植物衰老是指一个器官或整个植株的生命功能衰退，最终导致自然死亡。衰老和死亡是植物的必然终结，是不可避免的自然规律[8]。

■衰老一方面受基因的支配，植物在什么时间以什么方式衰老由内部基因决定；另一方面环境对衰老也有一定影响[3]。

■英国罗斯林研究所宣布，“多莉”由于无法治愈的进行性肺部感染，被实施了安乐死，享年仅六岁半。一般绵羊的寿命为 12 年左右，“多莉”正当壮年，为何未老先衰，这与它是克隆的“身份”有关系吗？克隆动物出现的早衰问题[7]，我们不得不将其与生物体程序性的生命过程联系起来考虑。

■衰老具有积极的生物学意义[9]。对衰老的研究，人们最关注的问题是衰老的直接生理原因，而生活史进化理论探讨的则是衰老的终极原因，即生物为什么都会衰老，并最终死亡[10]。

4.2 生物学有关发育概念的综述(II)——发育的动态哲学概念

Bertalanffy 有关有机体动态概念的论述[14]，本著者迟于在本项目理论总结中才阅得。次生木质部发育研究理念完全符合这一论断，并是这一自然哲学思想的实验证明。发育寓于生命，发育必然是动态的。研究发育，必须持生命动态观点。

文献摘引

■生命是物质在特定组构和运动变化条件下的表现[5]。

■有机体的动态概念可以看做是现代生物学最重要的原理之一。这个概念引起了生命的基本问题，并使我们能够对这些基本问题进行探讨[14]。

■当我们比较无生命对象和有生命对象时，我们可以发现两者之间的鲜明对照。例如，晶体由无变化的组分构造成的；它们也许可保持几百万年。然而，活机体只是表观上持续存在和稳定不变的；实际上，它是一种不断流动的表现。活的形态不是存在，而是发生。它们是物质和能量不断流动的表现，这些物质和能量通过有机体，同时又构成有机体。我们确信自己保持同样的存在；实际上，我们躯体中任何物质组分几乎不能保持几年；新的化学成分、新的细胞和组织取代了现存的化学成分、细胞和组织[14]。

■我们在生物组织的所有层次上发现了这种连续的变化。细胞内构成它的化学成分不断被破坏，在这过程中，细胞仍作为一个整体而持存。在多细胞有机体内，细胞不断地死亡，又被新的细胞所代替；但有机体仍作为一个整体而持存。在生物群落和物种中，个体不断死亡，新的个体又不断产生。因此，从某种观点看，每个有机系统似乎是持存和固定的。但是表面上看来某个层次上持存的组织系统，实际是在下一个较低的系统——细胞内的化学组分系统、多细胞有机体内的细胞系统、生物群落内的个体系统不断地变化、形成、生成、消耗和死亡的过程中保持的[14]。

■从物理学观点看，我们发现活机体的特征状态，可以用这样的陈述来加以定义：就其周围环境而言，它不是一个封闭系统，而是一个开放系统，这个开放系统不停地将物质排出给外界，又从外界吸收物质，但是它在这种连续的变换中以稳定方式维持其自身，或在它的按时变化中接近这种稳态[14]。

4.3 生物学有关发育概念的综述(III)
——与发育有关的一些生物学疑点

生物长时进化，门类繁众，造成生物生命过程在学术上难于绝对一致。由此在生物研究中存在一些疑点和理论上的分歧，如对病毒的生命性尚有不同看法等。重要的是如何看待这些由认识深化产生的疑点。次生木质部发育研究须了解涉及的有关疑点，并明确次生木质部所处状况。

文献摘引

1. 对个体概念的疑义

■Bertalanffy[14]提出，单细胞生物世世代代仅以分裂的方式进行繁殖。个体意味着某种“不可分的东西”；既然单细胞生物事实上是“可分的”，而且它们恰恰是通过分裂而繁殖的，那么我们怎么可以称这些生物为个体？这同样适用于以分裂生殖和芽殖方式进行的无性繁殖。从体质的观点来看，甚至人的个体性有时也成问题。同卵孪生儿来源于单一的卵，这个卵在胚胎的早期阶段发育成两个“个体”。

■Bertalanffy 同时提出[14]，从自然科学的观点来看，我们只能在这样的意义上谈论个体，即系统发育和个体发育的过程中发生逐渐整合，有机体的各部分逐渐分化和失去独立性。严格地说，不存在生物学上的个体性，而只有系统发育的和个体发育的逐渐个体化，这种逐渐个体化是以逐渐集中化为基础的，某些部分取得主导的地位，由此决定着整体的行为。无论在发育过程中还是在进化过程中，个体性是可以接近但不能达到的极限。完全的个体性，即集中化，会使繁殖成为不可能，因为繁殖以新的有机体的建构出于老的有机体的诸部分为先决条件。因此，生物学上的个体概念只是被定义为极限的概念。

2. 关于“无限生长”的特性

■白书农指出[2]，当人们在比较动植物个体发育特点时，另外一个最常被提到的特点就是动物的个体发育是有限生长，而植物的个体发育能够无限生长。实际上，在这个描述中，“植物的个体”本质上是许多完成生活周期的基本单元“聚生”而成的“聚合体”。与它能够相比的并不应该是一个人、一只老鼠或一只果蝇，而应该是一丛珊瑚或一团水螅。这种聚合体可以像珊瑚一样有自己整体的形态特点，但从发育的角度看，我们不应该将它看做类似一个人或老鼠这样的独立的发育单元。

方舟子指出[6]，生物体有明确的边界(如细胞膜、皮肤等)将自身与外界分离。

3. 植物发育的阶段性和整体性

■白书农提出[2]，在植物形态建成的遗传控制的研究中，强调阶段性而忽视整体性的问题仍然没有得到真正的解决。目前对植物发育过程的认识实际上是对植物生活周期完成过程中不同阶段的发育事件的认识。

■如果植物发育真的具有无限的发育程序，那么这种程序如何编入基因组并在不同的世代之间稳定地遗传呢？如果植物的发育不是无限的，或植物的生长不是无限的，那么其完成生活周期的基本单元是什么呢？目前的一般认识是，以植株为单位——从种子萌发到植株的生长，再到开花结实。由于一般用于实验研究的都是一年生或两年生的植物，因此到开花结实之后，该植株便开始衰老死亡，此时一个生活周期就被认为结束了。但这样的认识用到多年生的树木中就遇到了问题。因为千年古树是十分常见的。我们是否应该要等到该树木死亡之后才能够判断植株的生活周期结束呢？如果是这样，我们还会遇到枯树发新芽的现象。那么，这时我们又该如何对该植株的生活周期作出判断呢？在一两年生的植物和多年生的植物之间，它们在发育上的共同之处在什么地方呢？要合理地回答这些问题，就必须在植物发育的阶段性和整体性之间找到内在的联系，从不同的植物类群中找出植物发育的核心过程。目前植物发育生物学家对此还没有明确的解决方案。为什么对这样一个认识植物发育基本规律方面非常基本而且非常重要的问题却至今没有得到解决呢[2]？

■在植物发育的研究过程中人们所关注的焦点始终是对增加植物经济产量而言“重要”的性状的形成。需要特别强调的是，这里所谓的“重要”是对人类而言的重要。虽然这些对人类重要的性状对植物也重要，但在植物研究方面的功利性使得人们长期以来特别关注某些特别的事件而忽略整体的过程。这就是为什么在很长一段时间中植物发育的中心问题始终是植物开花的诱导问题，而极少有人关注过类似前面提到过的一两年生植物和多年生植物的在发育过程或生活周期完成上的共性问题[2]。

本项目实验样树的实际条件：

(1) 本项目实验样树都是由有性繁殖种子生长而成。树木虽有众多分枝，但具有共同主茎、根系构成的输导系统，全树的树皮是连贯的。研究主题中的个体性质是确定的。

(2) 次生木质部发育是发生在树木生命中的连续变化过程，其中不存在全树开花、结实的发育阶段性。

4.4 对发育概念的商榷

目前对生命的本质尚难有一个共同的理解，也就是难有一个共同接受的定义，但对生命的特征和在区别生命与非生命时，人们都会把发育列举在其中。发育是生命现象的一个特征。

发育是生命科学的重要专用名词，是生命科学研究中的一个重要分支。但由于生物种类繁多，更甚者是生命奥秘，对生物发育同样也尚难有统一的概念内涵。

次生木质部逐年增添中，在各时生长的部分间存在差异，表明次生木质部形成中发生着变化。这是客观存在的一自然现象。它的生物学属性和本质该是什么？

概念反映客观对象的属性和本质。发育是应用已久并有重要影响的学术名词。次生木质部长时形成中变化的属性该归于生物发育范畴。同时本项目认识到，发育概念的内涵有深化的必要。

发育是生物的共同特征，其内涵须适用于：①全生物界，包括高、低等的生物；②各类生物的全生命期，包括生长、繁殖、成熟和衰老；③生物体生命过程中细胞水平、组织水平和器官水平的各层次变化。

发育是生命世界共同的自然现象。发育概念要让人们受到启发，而能更有意识地关注本学科生物门类的发育研究。由此必将在生物技术应用上更有远见，并能树立生命世界的发展眼光。

4.4.1 生命的一个共同特征

生物由于结构、生理等差异有高、低等之分。从进化生物学观点来看，生物是由无机物在一定自然条件下，开始形成简单有机物，而后才逐步生成有生命特征的生物。经历漫长地质时代，生物在自身变异(重点是突变)和自然选择下，由低等演化成高、低等共存的地球生物界。

整个生物界都存在生命过程中自身体质变化的现象。这种变化具有物种特性的程序性。

我们自身从某一瞬间到另一瞬间也不是同样的[14]。这确切地指出生命世界的深刻特征，并是研究生物必须具备的基本观点。完全有必要给这一现象设定一概念词。

用发育来表示生物自身体质在生命过程中的变化，是能较易得到理解并被接受的。Development(发育)在英文中就有发展、进展的含义，只在汉语中需限定释义。

4.4.2 对发育复杂性的再认识

繁殖是生命永续必经的环节。从繁衍角度看，植物种子既是上代雌、雄配子结合的产物，又是后代发育的起点，也是世代更替的桥梁。由这一概念，常易认为，开花结实就是植物发育结束的标志。对多年生树木，首次开花结实的树龄在其自然生命期尚属幼年，其后高、径生长都仍在继续，树木形态随树龄存在着规律性变化。开花结实从某种意义来说，是树木发育达到了一个阶段，而不是树木整体发育的终点。

等级结构是生物体的另一特征。如树木，有根、茎、叶、花、果、种子等器官，每一部分含有多种组织，而组织又由众多细胞构成。在树木生命期中，它们发生的时间有差别。如幼树先有营养生长，在达到一定树龄时限后，才发生繁殖过程。就以同一器官各部分而论，其中也有差异。如树皮是逐年有破裂脱落，其内又生成新的作添补；但次生木质部则能完整保留。在树木中的生命期，树茎顶端的原始分生细胞一直保持分生状态；而逐时新生的木质部细胞，在有限次数分生并经历分化后，就丧失了生命。可见，生物体内发育具层次性，不仅在不同层次间而且在同一层次内都存在着差别。

还须看到，生物体的结构是高度有序的。生物体内各宏观或细微部位的发育变化都是高度协同的。

生物发育的内在层次性、差异性和高度的协同和有序性，既反映出其复杂性，又折射出它们都是生物发育的特点。

4.4.3 对发育概念的不同提法

发育一词在生命科学久有应用，不同时期、不同学科的学者对发育概念的认识存在差别。任何一个定义都只能反映发育本质的某个方面，充分考虑每一种定义的合理意义，并在此基础上进行综合，将有助于使定义能符合当今对生命的洞察深度。

生活史(life history)和发育概念有交叉。与生活史有关的还有生命周期一词。生命周期是以繁殖中的阶段变换来研究生命过程，而生活史除与生命周期涵义有相同外，也有把衰老、死亡列于其内。生命周期或生活史都是以繁殖环节为核心，而发育的中心内容是活机体全生命过程中自身体质的变化。它们都以生命过程的变化为研究内容，但侧重方面不同，使得在概念内涵上存在明显区别。

文献摘引

1) 提出生活史概念，但没有和发育联系

■所谓生活史是指生物从出生到死亡所可能经历的各个阶段[10, 18]。

2) 单独提出发育概念，或与生活史相联系

(1) 有明确的时间范围。

■发育——生物体在生命过程中，结构和功能从简单到复杂的变化过程。从受精卵形成胚胎并长成为性成熟个体的过程，称为个体发育。例如，高等动物个体发育分为两阶段：①胚胎发育，在卵膜内或母体内，由单一受精卵进行卵裂，经过囊胚、原肠胚等时期，产生许多细胞，形成两个或三个胚层，分化为组织、器官和系统，直到形成能独立生活的胎儿。②胚后发育，从卵膜孵化或从母体分娩的胎儿，经幼儿期、青年期，直到成年期[11]。

■发育是生物体生活史中构造和机能从简单到复杂的变化过程。在高等动植物中，是指从受精卵经过一系列的复杂而有秩序的变化，形成与亲代相似的成熟个体[5]。

(2) 没有明确的时间范围。

■正常的生物都有从出生到死亡的一个完整的过程，这一过程也是个体的生活史。探索生物个体从出生到发育成熟以及衰老和死亡的规律是发育生物学(developmental biology)最主要的研究内容[12]。

■“发育”这个词的内涵不仅包括生物体结构和功能从简单到复杂的变化过程，而且还包括“预先被包装的东西”存在这一层含义[2]。

■在植物生命周期过程中植物发生大小、形态、结构、功能上的变化，这就是发育[3]。

■个体发育(ontogeny)——生物体从受精卵到器官完全建成，直至衰老死亡的过程[13]。

■在发育的过程中涉及多种生命现象，如细胞分裂、细胞分化、细胞迁移、细胞凋亡，以及生长、衰老和死亡等[4]。

■在一些植物中，衰老和死亡不是发育周期中的必需部分。某些球果具刚毛的松树以及美国西部的世界爷(sequoias)，树龄可能超过 3000 年。事实上，它们的最终死亡可能是由于偶然因素引起的。组织培养技术，即把植株的一部分取下，使其生长在人工培养基上，已经被用来证明植物细胞的潜在的延续生存的能力[17]。

4.4.4 对发育概念内涵新拟稿的讨论

概念内涵是通过定义来揭示的。一般情况下，对同一概念可以从不同方面、不同角度下多个定义，它们都能反映事物本质的一方面，但共同认可的内涵，该是能揭示本质中最根源性的定义。

在完善发育概念内涵的新拟稿中，须考虑以下几个方面：

(1) 发育是一个生命特征，它必然从属于生命的本质，并具有发育的个性。这表明，发育定义需用生命概念及其在生命中的特殊性来表示；

(2) Bertalanffy 在拟订有机体定义中提出[14]，一个严格的定义要求：①不得包括被定义对象的特征；②容许将与其他现象明确区分开来；③能为据以能演绎出特殊现象及其规律的理论提供基础。

(3) 一个定义是否恰当、是否准确，就要看这个定义中涉及的全部概念(定义项和被定义项)间的关系的规定是否全面、合理。

4.4.4.1 发育定义的新拟稿(一)

发育是活机体生命中程序化的自身变换过程。

(1) 把发育定义的应用范围限定在“活机体”；

(2)“生命中”表示的时间范围是全生命过程；

(3)“程序化的自身变换”最深刻地表示了生命；

(4)“自身变换”是包括形态构建、成熟、衰老等各生命阶段，并明确地把新陈代谢排除在外；

(5) 程序化既强调具遗传控制，又保留有受环境影响一面的余地；与单一程序性是有区别的。

以上都未直接包括被定义发育的某些特殊特征，并在生命特征范围内，都能与生命的其他现象相区别。

4.4.4.2 对发育定义商榷备换的新拟稿(二)

发育是活机体在开放条件下构建等级系统和自我变换来保持自身和永续存在的自然过程。

(1) 把发育定义的应用范围限定在“活机体”；

(2) 从系统发育和生物演化的观点，有机体“保持自身和永续存在”是生命的本质，永续中必定具有繁殖过程；

(3)“构建等级系统和自我变换”是满足活机体存在和繁殖的需要；

(4)“在开放条件下”一方面未把新陈代谢列入发育内容，但又考虑到它在发育中的作用；

(5) 发生在活机体生命中的“自然过程”必然具有遗传控制下的程序化的特点。

发育定义新拟稿(二)与(一)相同处是，都未直接包括被定义发育的某些特殊特征，但在生命特征范围内都能与生命的其他特征相区别。两拟稿的差别是，(二)中把程序化自身变换交待得更明确；表明了新陈代谢对发育的作用；把“保持自身和永续存在”作为生命本质列入了发育定义中；把程序化隐含在“自然过程”的表达中。但和拟稿(二)比较，(一)的优点是简明，本书其他各处在提及发育时，均采用拟稿(一)。

发育是有机体全生命过程中的整体现象，但发育研究可以是等级结构中的某个结构阶层或某个确定时段。

4.4.5 发育和生长的关系

木材科学有惯用词“木材生成”(wood formation)。本项目研究主题是“次生木质部发育”(secondary xylem development)，本书叙述用语中有次生木质部构建中存在发育变化(development change exists in secondary xylem elaboration)。这些词语都与“发育” 和“生长”两词有关。在次生木质部发育研究中必须对发育与生长两词间的关系具有清楚的认识。

有机体生命过程有多个不同的特征或现象。它们之间具有包容或并存等关系，各用什么词来表达，是由人的意志决定的。各词的内涵就该符合各自所对应的客观事物的本质。可看出，生长和发育两词各代表有机体的何种现象，是由人的意志确定的。这时除考虑文字使用习惯外，是无所谓绝对正确或错误。但用词一经公认，则成了学术同行须遵从的准则。但概念的形成往往有一发展过程。生长和发育是生命科学中的重要概念。它们两者间具有什么关系，应得到明确。目的是能更深刻地掌握它们各自的内涵。

4.4.5.1 发育和生长关系的一般认识

文献摘引

1) 区别看待发育和生长

■真核生物个体的一生，包括两个阶段：发育和生长。个体发育是从受精卵细胞分裂开始，在动物类群是指到出生前的阶段，包括胚前期和胚胎期。以后器官进一步形成，功能逐渐完善，个体逐渐长大，性成熟到产生出与亲代相似的新个体，是生长阶段。为了学习方便，人为地把个体生活史分为：胚前期(包括配子的发生和形成)、胚胎期(受精到器官系统初步形成)、胚后期(器官和系统进一步形成和发展，个体随之生长，直到衰老和死亡)。胚前期属发育阶段，胚后期属于生长阶段[5]。

■植物的发育包括种子发育(胚的发育、胚乳的发育和种皮的形成)和种子萌发、植物生长。植物生长包括初生生长和次生生长[5]。

■植物的生长主要靠细胞数目增多、细胞体积的增大和伸长来完成，而植物发育是指植物体的构造和机能由简单到复杂的变化过程。植物的生长和发育是相辅相成的过程。植物从种子的萌发到幼苗的营养生长，再逐步进入生殖生长，生长和发育贯穿植物体的整个生活周期[12]。

■每个人都很容易区分生命和非生命，因为生命有着显而易见的特征：生长、发育、繁殖[6]。

■辞海将发育和生长区分开。发育——生物体在生命周期中，结构和功能从简单到复杂的变化过程。从受精卵形成胚胎并长成为性成熟个体的过程，称个体发育。生长——生物体或细胞从小到大的过程。当同化作用超过异化作用时，机体的体积和干重逐渐增加，这是由细胞经分裂而数目增多，同时细胞合成大量原生质而容量加大所致。

生长通过伴随着发育过程的细胞分化和形态建成。只有细胞分裂，而细胞并不长大，如受精卵卵裂形成囊胚；暂时的储存物和含水量的增加，如种子吸水膨胀等都不是真正的生长。有机体或器官的生长速度呈“S”形曲线，开始生长缓慢，继而生长加快直达高峰，以后生长停滞。至衰老期，由于分解超过合成，机体和器官甚至萎缩[11]。

2) 把发育和生长联系起来

■发育包括生长和分化两个方面，也就是说，生长和分化贯穿在整个发育过程中[3]。

树木生长发育(growth and development of trees)——生长通常指体积不可逆增加，是一个量变过程。发育通常指随着生长的过程，植物在形态、结构和功能上发生的有序的变化。这种变化常常是(但不总是)使有机体朝着更高的、更复杂的状态发展，如萌芽、开花和衰老等。因此，发育是生长性质的改变。虽然生长和发育在概念上是可以明确区分的，但二者关系密切，一个过程常既存在生长又表现出发育的特性。[13]

■生长是发育中的量的变化[3]。

4.4.5.2 发育和生长在发育概念新拟稿中的关系

1) 对一些生命现象的思考

需注意发育和生长作为生命科学的学术概念在生物界(动、植物)对应的自然现象。

人的成长可区分为婴儿、幼儿、童年、青年、壮年、中老年、老年。但一般把“发育”限定在幼年—青年间的变化，即成长达性成熟间的体内变化，且只把童年至青年看做是发育期。

一般动物有一体形成长期，生命期并非一直在增大体形。哺乳动物，一般还有一生殖成熟期。在体形生长期和生殖成熟期后，都还有一正常寿命年限，如熊猫是 20 多年，而性成熟期是 4、5 年。

在植物学中有一种提法，植物受精形成胚(种子)至发芽，成长为新植株，再开花结实，这一过程就是植物体的发育。对一年生植物，或一次开花结实的植物可如此认识。对多年生植物，累次开花结实的植物，在首次开花结实和多次开花结实间的过程，该如何认识呢？

生长和发育作为两个普通名词，上述认识并不存在正确或错误的问题。但如把上述普通名词的认识套用在生命科学的学术研究上，就会造成掩盖一些重要自然现象的后果。

生长和发育作为生命科学的学术概念，就应各有其严格的内涵。

2) 生长和发育是同一过程的两个方面

生长依赖细胞分生和体积扩大，由此产生的细胞随即步入分化。相随生命过程，细胞数目有增多，并伴有细胞死亡和更替，在相同组织前、后产生的细胞间存在着分化的差异。有机体由此在形态、结构、和功能上发生有序变化。

根、茎、叶等营养器官和花、果、种子等繁殖器官都同样是由细胞分生、分化产生。它们的差别是遗传物质程序化控制的结果，是生物体自身和永续存在的必要条件。对单一细胞而言，由分生到分化是相随的过程。构成有机体的组织在不同生命时限间的差别，是发生在不同时间的细胞分生或分化间。有机体是保持着变化的状态。由细胞分生和分化过程来分析，要把生物体的生命过程区分为先生长、后发育的两阶段是不可能的。

从植物来看，它的生长有持续性，即从胚开始生长到死亡的全程时间内，可持续产生新器官；多年生的种子植物从新生的肢体中生出新的生殖器官；树木一直保持次生木质部的增生。这些现象都表明，不能把生物体生命过程简单地区分为生长和发育两个时间区段或两个独立的现象。

有机体生命中的变化是统一过程，生长和发育是生命同时具有的两个方面。

3) 必须分清生长和发育在学术应用上和惯用词间的差别

生长和发育是长期使用的惯用词。通常，把生物体形体增大看做是生长，把体内质的变化认为是发育。由此把生长和发育当做是同时发生，或一先一后发生的两回事。实际这是错觉。但要纠正长期形成的这一认识，并非易事。

但在生命科学研究上，对生长和发育两者间的关系必须具有正确的认识。它们间虽容易产生交叉难辨，但仍沿用该两惯用词。这不是单纯尊重传统或是看重习惯，而是要发挥惯用词在新认识中的更大作用。

4) 要明确生长和发育在学术内涵上的外延和包容的地位差别

发育是活机体生命中程序化的自身变换过程，其中包括形态建构、成熟、衰老等全生命过程的形态和内在体质的变化。

生长是形态构建。

可见，在概念内涵上，发育包容了生长；反言之，生长是发育的外延。

5) 对生物体生长概念定义的新拟稿

生长是发育中的形态构建。

(1) 生长是发育中的一个现象，由此可明确地分清两者间的主从关系；

(2) 形态构建是活机体自身变换中的一个内容；

(3) 生长仅发生在具有形态构建的时限内；

(4) 形态构建中必然存在生长的形态变化。

这一定义不包括生长的某些特殊特征，但指明了它在发育中的特殊性。

4.5 生物发育的共性

生物的共性，即生物的共同特征。

生物种类繁多，形态和特性各异，充分表现出多样性，但多样性生物同时具有共性的一面。如遗传是生命的主要特征，遗传学揭示遗传变异规律都属生物的共性。高、低等生物共具相同结构的遗传物质、统一性的遗传密码、相同的基因突变和重组机制。这些都充分说明，在生命科学中生物共性研究的重要性。

文献摘引

■物理学的最重要的成就之一是实在的“同质化”(homogenization)，也就是将不同的现象归约为统一的定律。必须认识到质上非常不同的现象，如行星的运行轨道、石头的下落、钟摆的摆动、潮汐的涨落，都是受一个定律即万有引力定律支配的。这对 17 世纪的自然主义者来说，无疑会感到震惊。只是到后来这种震惊才得以消除，并且以前分离的诸领域得到统一。例如，力学与热学统一于分子运动论，光学与电学统一于电磁理论，这被人们看做是最重大的胜利。现代生物学领域也出现了相似的趋势。人们可以用同样的观点来思考非常复杂的现象。在某些分支学科中，已经能够用数学术语表达它们的定律；在另一些分支学科中，我们认识到一些目前只能以定性的方式加以表述，但符合相同概念图式的定律[14]。

同样，发育是生命的特征，必然存在共性。这是生物发育研究上需具有的一个观点。

生命科学的特点是必须承认并认识生物演化的历史，即原核生物至真核生物、无性繁殖到有性繁殖、原始生物和进化生物共存等事实。既要看到多样性生物间存在的差异性，又需注意到它们之间的共同生命特征及演化的共同起源。不能因生物间的差异性，而忽视其存在的共性；也不能因强调共性，而漠视差异性。重要的是须能全面真实地反映自然现象和自然规律。

4.5.1 生物存在发育共性

生物存在发育共性，可从三个方面去认识。

(1) 由生命具有共同特征来认识。生命具有共同的本质和特征，发育是生命的特征。由此可推断，虽然生物的发育过程千差万别，物种间不可能有两相同，但又必定具有共性的一面。

(2) 由生物生命过程的共同现象来认识。生命科学界早已认识到，生物体不论结构复杂程度和自然寿命长短，个体一生都要经历具物种特性的一系列自身变换。这正是发育共性的一种表现。

(3) 由自然选择造就的生物适应来认识。在不同生物物种间，控制发育的遗传物质有共同的结构，控制发育的机制相似，并都处于同一演化树的各分支上。在它们的发育间存在共同方面的事实是可理解的。

4.5.2 生物发育的共性

生物发育共性具体表现在一些发育性状的规律性变化上。

从次生木质部研究中，概括出有关生物发育共性的四个主要方面。

4.5.2.1 发育是活机体一直处于自身变换中的状态

尽管活机体自身变换的物质根本来源是从新陈代谢的光合作用中取得，但光合作用和食他消化都不属于自身变换的发育变化范畴。

发育有不同的变化状态：①细胞分裂、分化产生子细胞，这是体内细胞层次的发育；②活组织随生命过程时间的推移，存在着变化；③新、老细胞更替，它们之间存在着分化的发育差异。全部变化都发生在生命部位的活细胞内或活细胞、活组织间，发生在生物体的生命期中。

文献摘引

■多细胞有机体的发育不是诸细胞活动的总和，而是胚胎作为一个整体的活动。这种整体胚胎活动表现为调整、定型和形态发生活动。从生理学上看，有机体的整体决定细胞的活动，而不是细胞的活动决定有机体的整体。功能的分化不是由细胞决定的，而是由器官决定的，功能可以属于细胞，也可以属于细胞的复合体[14]。

■生物体生命过程中存在连续的变化。在多细胞有机体内，细胞不断死亡，又被新细胞所代替[14]。

■细胞凋亡(cell apoptosis)，是程序性细胞死亡。由于生物有机体对不同类型的细胞需求不同，为了控制各种细胞的数目和各种器官按一定比例发育，有机体必须对细胞分裂进行精确控制和发生一部分细胞凋亡[4]。

■细胞凋亡对于在一些发育过程中，如在一个更为特化或不同的细胞类型将要产生的区域，清除某些特定的细胞是必需的。例如，在昆虫形态发生中，为了使具有新功能的全新细胞形成，幼年期的细胞必须死亡和降解。细胞凋亡包括细胞聚集、染色质聚缩、DNA 碎裂以及膜存现泡状。死亡的细胞最终解体并被周围的细胞吞噬[16]。

■一个根冠新细胞产生的速度足以保证根冠每天完全更新[17]。

生物体生命过程中，体内不断有细胞死亡，又不断有新细胞接替。这是保持其自身存在的需要，是正常的生理现象。

有机体生命期中在体内不仅在细胞层次上发生变化，而且还在组织和器官层次上不断发生更替。

实例：

有一些昆虫生命史中存在变态，先成蛹，后破蛹成可飞的蛾。

树木生命期中叶、花、果都在不断更换。

根、茎的次生生长使树皮外层破裂。剥落区的下面出现了木栓形成层，由它产生树皮的新部分——木栓层。随着次生木质部的不断扩大，继起的木栓层也剥落了，并为已有的或再新形成的木栓形成层产生的新的木栓细胞所取代。由此，外皮在不断更新中。落叶树种的叶定时脱落，来年重生。常绿树种的叶也保持间断更换。多年生树木累次开花、结果和生种。

生物体内细胞、组织或器官发生的不断更替只是发育中的现象，生命期中的连续更替和变换间呈现的差异才构成发育的变化过程。

4.5.2.2　发育是受遗传控制的

生物体千姿百态，但各物种都有其固有的外形和结构。发育包含生物自身建构中的全部变化。这充分说明，各物种的发育过程都是在遗传物质的控制下进行。

发育具有规律性的表现是，在种内个体间具相似性，变化中数量性状在个体间的差异遵从正态分布。

4.5.2.3　时间在发育上的作用

时间是标志发育程序化进展的物理量。研究发育，必须具有时间意识，但又须明确它并不是直接控制发育的因子。

时间是由宇宙星球相对运动的规律确定的。生物生存在宇宙中，环境周而复始的变化与时间有关。随时间变化的实质与随环境变化的意义相同。这是认识时间在发育中的作用必须考虑的方面。

发育本身是变化中的状态。发育进展具有相随时间的规律性。实验结果分析，需根据发育曲线斜率的变化把发育时间区分为不同时段。细胞分生的环节相同，但不同时段分生次数不同；细胞分化程序相同，但成熟细胞的形态和组织中不同细胞的比例随时段会存在差别；一年生植物，有营养生长期和开花结实繁殖期；对多年生树木则有一个到达开花的生长期。这些都是植物发育有时段差别的具体表现。研究生物发育需了解个体在生命期中不同时段内和时段间的自身变化。注意的重点是，斜率值在时段内的变化，斜率正、负在时段间的改变。把平稳看做变化中的一种状态。

生物体发育的数量性状，在连续相随的每一时刻都会有相应的性状值，即实验的测定结果。如果把这一现象看做发育是连续的，那是表示相随连续的每一时刻都存在该性状的相应值。虽然采用回归分析，可取得发育性状值随时间的变化曲线，但这曲线上的连续与数学的连续概念是有原则上的区别。要看到环境对发育的影响，发育性状的变化在不同时刻间存在着不规则的波动；采用回归曲线是表现发育规律性的一面。

发育相随时间在生物体内进展是不可逆的，它不包含重复进行的生理变化。

自然科学中的时间是一个物理量，但次生木质部发育研究必须采用两向生长树龄。由此例可看出，时间在发育中的应用还须符合生物发育的特点。

4.5.2.4 发育过程是适者生存的结果

发育中构建的绝大多数结构对生存适应是有益的，至少是无害的。

上述是生物发育共同的主要特征，它们是并存的，无轻重之分。值得注意的其他特征是：发育是发生在生物体的各个不同的生命部位上，发育是多个数量性状因子变化的综合表现。全部特征变化的整体才构成生命过程中的发育现象。

4.5.3 发育变化在时、空关系上的差别

时、空关系是生物发育共性中需注意的重要方面。

发育是活机体生命中程序化的自身变换过程。其中程序化和过程都与时间有联系，而变换是发生在有机体中的空间位置上。时、空是研究生物发育必须同时考虑的两个方面。这里的空间，是指生物体自身各部位的相对位置。在这个观点下，成熟年龄动物的器官也都各有相对稳定的空间位置。

生物的发育是随时间向前推进的，但变化的发生部位却有固定和移动之别。根据发育变化在时、空关系上的差别，可把它区分为不同类型。

4.5.3.1 变化发生在固定位置上

一般生物体器官发育的时、空关系，都属这个类型。

动物发育，由胚胎开始，各器官的形成都有确定的相对位置关系。而后各器官发生的一切变化，都是在这一确定的相对位置上。

树木顶端原始分生组织连续向下分生，它的位置同时在高生长中不断上移。而由它分生所产生的组织则处于连续的分化过程中。分化的深度取决于与顶端的距离。可见，树茎自顶端向下的分化深度是连续变化的。树茎顶部的发育是随时间在这一固定位置上连续发展的。这是树木初生生长(高生长)的发育特点。

对这一类型的发育研究，只得：①在相同物种不同年龄个体的相同部位上取样；或②在同一个体分化深度不同的多个部位上分别取样。两种情况，都须对样品立即杀活处理进行固定。这些都是生命科学实验已成功采用的办法。

4.5.3.2 变化发生在移动的位置上

次生木质部发育符合这一类型。

次生木质部的发育特点是：①树木逐年增生木质层，发育的变化是表现在逐年增生的各木质层间。这表明，发育的变化是发生在移动的位置上。②更特殊之处是，逐年增生的木质层不是在同一空间原位置上连续相互取代，而是不断地包围在各自前者的外围。③时间和空间是不同的两个概念，但对次生木质部却有了直接联系。即，有了次生木质部上的确定部位，就有与之相对应的发育变化发生的时间；反之，有了确定的发育变化发生的时间，也就有了它发生发育变化的确定部位。这些特点，给次生木质部发育研究的实验工作带来了极大方便。

4.5.3.3 变化发生的空间位置既有随时间移动又存在不同时段间固定的特点

竹类秆材的发育符合这一特点。

竹类是地下茎，竹秆相当于树木的枝。秆材竹笋萌发后的高生长甚快，约数月内即可达其最终的全长。竹笋中已有确定的竹节数，在高生长中，各节节间距离均有伸长，由此构成全秆的高生长。在此同时并有秆材竹壁细胞的分化。秆材高生长时段，其发育变化发生的空间位置是随时间在移动。

竹类秆材在高生长结束后，即进入 1~10 年的材质成熟期。这一期间，秆材内的纤维胞壁一直在增厚，薄壁细胞也有变化，这些都是发育的表现。竹类秆材缺少次生分生组织，表明高生长停止后不会存在形体增长。而后的发育是在同一空间位置上。

要研究树木的树皮、叶、花、果、种子随树龄的发育，由于其不断隔时更新，难以想象能在一树株上取样，因而需在不同树龄的同类树木上取样。

4.5.4 认识生物发育共性的学术意义

由生命科学的阶段发展可以看出，每当取得进展时都会根据当代的科学水平提出相应的理论来回答若干重大问题。18 世纪初到 19 世纪，在尚不能区分遗传的变异和不遗传的变异的条件下，就已产生了进化思想；19 世纪中期，当时并不能说明进化机制，也不了解变异的遗传规律，但建立了自然选择的理论；19 世纪末期，在对遗传物质基础缺乏认识前，却获得了遗传分离和自由组合规律，进一步又认识了连锁遗传现象；20 世纪前期，在 DNA 双螺旋分子结构模型提出前，基因一词已开始从抽象概念向物质实体发展。时至今日，现代遗传学和测试手段都已有划时代的发展，在重温遗传学发展史中受到启示，对发育产生了一种新的认识，发育是活机体生命中程序化的自身变换过程。若果然如此，那发育过程的各项变化就不仅能得到测定，而且操纵这些变化的机制一定会得到彻底破译。人类将由解释生命开始进入控制生命的时代。

发育的共性是生物界在长期自然选择下建立起来的。它体现出大自然和各生物物种间的共同和谐关系。在遗传工程技术发展中，深刻地认识发育共性，才能自觉地在大自然、生物自身和人类需要三者的关系间维持和谐，并达到长久造福人类的目的。

4.6 次生木质部适合作为确定生物发育共性研究实验材料的条件

实验材料的选择在生物共性研究中有重要作用。

生命科学有重大突破的成功试验，除在研究思想上有新颖之处外，选择到适当的试验材料也是重要条件。

现代遗传学奠基者孟德尔采用豌豆为试验材料取得成功不是偶然的。豌豆适合用作杂交遗传试验的条件：①雌雄同花，但被花瓣和花萼包裹着，在技术上既能做到自花授粉，又能保证异花杂交；②性状类型多，同一性状差别明显；③栽种易，结种时间短。孟德尔分析豌豆七对性状因子，豌豆单倍体的染色体正好是七条，研究的性状基因恰好每个位于不同的染色体上。如果控制七个试验性状的基因位于一或两条染色体上，那就会因为连锁而不可能发现分离现象，也就不能够提出遗传学经典第一、二定律。

遗传学经典第三定律(连锁交换规律)是以果蝇为试验材料取得的。大多数物种的染色体太小，数目太多。而果蝇仅有 4 对染色体，其唾腺染色体大，在细胞间期就能看到。果蝇繁殖周期短，大约每隔 14 天就可产生新的一代。可饲养在瓶子里，并能够辨认出许多有特色的性状。采用果蝇作为遗传学研究的模型有机体，使得遗传学又能向前跨了一大步。

拟南芥(*Arabidopsis thaliana*)，被人称为“植物果蝇”(botanical drosophila)。拟南芥植株很小，成熟个体只有约 15cm 高，可以大批量在温室中生长；生长周期短，从种子萌发到开花有 30~50 天；基因组小，只 5 对染色体，4×10^8bp；典型自交繁殖，但也容易进行人工杂交；种子量大，一株可产生万粒种子；可容易诱导产生人工遗传变异。这些性质的综合，使它成为当今植物分子生物学研究中的模式植物。

豌豆和果蝇还都是非常复杂的多细胞生物，从这些复杂的生命中不可能取得遗传物质是如何构成的线索，只有在对细菌和病毒这些极其简单的生命研究中，才能发现遗传物质结构的一些表现。由于许多单细胞的原核生物如大肠杆菌和真核生物如酵母容易生长、保存和操作比较简单，一直被用作遗传和遗传工程的材料。

它们都是在生命科学上起过重要作用的试验材料，它们在研究上受到启用也许含有机遇的成分，但在试验中由它们取得的成果则是必然的。由此，可吸取的经验是：①生物共性是生命科学应关注的首要内容；②研究生物共性要从最简单的试验材料入手。

4.6.1 次生木质部与一般生物组织在发育上的差别

发育是生命的特征，是一个大概念。在不同生物类别，甚至同一个体的不同结构部位上，分别具有不同的发育特点。

次生木质部是树木主茎、根和枝树皮内的木质部分。了解它在发育上与一般生物器官，包括树木上其他器官的差别，是深刻认识次生木质部发育的必要内容。

次生木质部是在树木生长的不同年份中生成的；也呈现犹如一般生物体某种组织在其发生和发展中的发育变化。

一般生物体某种组织的发育变化，是连续发生在固定的同一部位中，但树木次生木质部在发育变化上的情况却与它们不同。次生木质部发育的连续变化是呈现在早、迟逐年生成的不同木质层上，并且是把动态的当年变化状态凝固在长期静态不变的生成物(木材)上。可见，次生木质部逐年扩大中生成的差异，是各年增生的组织相对于前一年有变化而形成的，是其形成中保留下来的动态变化过程的实物记录。这是生物界生命过程中的一种特殊发育现象。

可用地球不同地质年代、地层中的化石来作联想，以加深对次生木质部发育经历的动态变化过程能完整地保存在不断形成并保持原状态遗骸上的认识。地球已有46亿年历史，是尚在冷凝的星球。地质学家证明新形成的岩层总是在老岩层的上面，除非它们扭曲过或折叠过。地壳中保留了各地质时期生成的地层。它们不但可区分，而且通过分析每一时期岩石中放射性物质衰变程度，能估测出以百万年计的每一时期发生时间。古生物学就是以各地层中保留的生物化石来研究生物的演化，即生物物种随时间的变化。因此，以树木中的木材来研究次生木质部的发育过程正符合这些道理。

4.6.2 次生木质部适合作为确定生物发育共性实验材料的条件

本项目在次生木质部发育研究的实验结果中意识到，次生木质部是能反映出“生物体在生命期中存在程序化自身变换过程”事实的实验材料。它在认识生物发育共性上能起到重要作用。

次生木质部具有适合作为确定生物发育共性实验材料的多项条件：

(1) 构建中的变化是在遗传控制下进行。生物发育必定是在遗传控制下进行，属于发育的现象都须符合遗传控制的条件。本书第三部分的中心内容，就是要证明所测定的次生木质部生命中的性状变化符合遗传控制的条件。由此，才能进一步说明次生木质部相随两向生长树龄构建中存在着发育现象。

(2) 变化是发生在生命部位。次生木质部一直由保持分生机能的生命组织逐年生成。针叶树次生木质部主要构成细胞(管胞)在当年就丧失细胞生命。树茎除最晚形成中的一层生长鞘外，已形成的次生木质部大部分是由死细胞构成。但它的形成都是发生在连续的细胞分生、分化和成熟的过程中，也就是说发生在一直能保持生命状态的树木生命部位。

(3) 一直承担着树木生存不可缺少的生理功能。次生木质部占树木主茎、根和枝体积构成中的大部分，承担着树冠支撑和水分上行运输的生理功能。为了满足树木生长的需要，次生木质部必须不断得到扩增。可见，次生木质部构建中的变化是符合树木生存适应的自然现象。

(4) 在同一样株上可取得发育研究的单株长时生命发育变化的全套样品。树木自出土，就开始形成次生组织。树木自然寿命长，六百年老树主茎横断面上的外围年轮尚可得到辨识，表明次生生长几乎伴随它的全生命期。树茎中除树皮外，已生成的部分都属发育已受固定的部分，这使得在同一样株上能取得生长最初至取样年份逐年发育的全套样品。

树木固定在一地生长，环境因子对它的发育影响很有限。

(5) 变化中的各时状态在各时就受到固定。次生木质部中的生长鞘是逐年逐时生成的，主要构成细胞在各成熟后即成无生命的固着状态。这相当于发育样品受到了当即杀死固定处理。

(6) 在树茎内受到了长期的完整保存。形成层是逐时向内分生，次生木质部受增添的扩大是自内向外推移，已生成的部分不受任何挤压，能完整保持发育变化中各时的原状态。

(7) 样品位置对应的发育变化时间可受到确定。次生木质部发育同样是动态的变化过程，但它特殊的构建方式，使得两向生长树龄和发育的空间位置存在一一对应的关系。即，有了确定的高向和径向位置，就有了这一位置可确定的发育变化发生时的高、径两向生长树龄。

树木年轮(生长鞘)区界可辨，能做到发育时间进程的记录准确。

(8) 次生木质部发育可采用数字化来表达。对次生木质部发育中各时变化受固定的材料(木材)，可进行各种结构和理化性质的测定，能做到用数字来表达发育的变化。

在满足样树上样品分布及取样数能符合发育研究条件下，可以把测定的数字结果绘制成表达变化的曲线图示。

上述(1)~(3)项表明次生木质部形成中具有发育变化，这些是符合作为生物发育共性研究实验材料的基本条件，而(4)~(8)项则是次生木质部具有适合用作该项研究的特点。

次生木质部只是树木茎、根和枝构成中的一部分。但由次生木质部在树木生命过程中的长时间变化，可以推论，生物体各部分都会存在共同性质的变化现象。虽然各部分的具体变化存在差别，但变化性质皆属发育，并由此构成生物的个体发育。

次生木质部构建的特殊方式给它的发育研究实验工作带来了很大的方便。但同时还需看到，树木存在相对独立的两向生长现象，在同一年份生成的生长鞘内沿树高有差异，这给次生木质部发育研究产生了另一性质的复杂方面。但这不能抵消次生木质部适合作为发育研究材料特点的综合方面。

次生木质部符合发育理论研究实验材料所需考虑的大部分条件。其中最大的特点是，它能逐年把长期发育各时的变化原状的保存下来，它虽是树木结构中的一部分，但其形成所经历的时间和树木寿命同长。

本项目实验材料虽仅限于树木次生木质部，但对生物生命过程自身变换取得的理论认识具有可供生命科学其他学科共同参考的学术价值。

引用文献

[1] 翟中和. 细胞生物学基础. 北京：北京大学出版社, 1987.
[2] 白书农. 植物发育生物学. 北京：北京大学出版社, 2003.
[3] 涂大正, 阎玉基, 尹统利等. 植物生理学. 长春：东北师范大学出版社, 1989.
[4] 张红卫, 王子仁, 张士璀. 发育生物学. 北京：高等教育出版社, 2001.
[5] 田清涞, 高崇明, 曾耀辉等. 生物学. 北京：化学工业出版社, 1985.
[6] 方舟子. 寻找生命的逻辑. 上海：交通大学出版社, 2005.
[7] 郑艳秋, 朱幼文, 廖红等. 生命的秘密. 上海：上海科学技术文献出版社, 2005.
[8] 周燮, 陈婉芬, 吴颂如. 植物生理学. 北京：中央广播电视大学出版社, 1988.
[9] 高煜珠, 韩碧文, 饶立华. 植物生理学. 北京：农业出版社, 1986.
[10] 张大勇. 植物生活史进化与繁殖生态学. 北京：科学出版社, 2004.
[11] 辞海. 上海：上海辞书出版社, 1999.

[12] 吴庆余. 基础生命科学. 北京：高等教育出版社, 2002.
[13] 中国农业百科全书编辑部. 中国农业百科全书. 北京：农业出版社, 1992.
[14] Bertalanffy L V. Problems of Life-An Evolution of Modern Biological Thought. Watts&Co., 1952.
[15] Campbell N A. Biology: The Benjamin/Cummings Publishing Co., 1993.
[16] Galston A W, Davies P I, Satter D R L. The Life of The Green Plant. Prentice-Hall Inc. 1980.
[17] 埃尔罗德 S L, 斯坦菲尔德 W. 遗传学. 田清涞译. 北京：科学出版社, 2004.
[18] Willson M F. Plant Reproductive Ecology. New York: Wiley, 1983.

5　植物学的作用和在应用中取得的进展

本章用表概要

摘　　要

次生木质部只是树木营养器官茎、根、枝组成中的一部分，是树木生存适应中的一环。其发育包含在树木整体发育之中。研究次生木质部发育，有必要对树木发育具有概要的了解。

树木生长属植物学研究范畴。生长是生物生命中变化的一部分。次生木质部的发育变化是发生在它的构建中，发育和生长是同一过程的两个侧面。植物学有关树木生长成果对次生木质部发育研究有启迪，并具有重要的基础作用。但发挥作用的条件是，必须从发育研究的视角来看待树木生长，即察出在树茎生长中发生变化的时间与位置间存在的关系。取得的要点是：①树木具有两向生长，次生生长是树木的特征。两向生长在同一树茎上同时进行，并在连续转换中，但不发生在同一高度。②高生长一直发生在顶端。高生长的初生生长区域的细胞都是处于分生、分化阶段的活组织，其高度随高生长在不断上移中。③直径生长来源于顶端分生、分化产生的形成层(次生分生组织)。形成层分生细胞鞘自下而上逐时生成，不同高度的生成有早、晚之别，各高度自出现后一直逐年同时分生。④次生木质部不同高度离髓心第一年轮生成时树龄不同，但自外向内同一序数年轮是在同年生成。⑤成熟树干的树皮和次生木质部间是扩大镜下难分辨的形成层区，树茎中心是甚小的髓心(真髓和初生木质部)。可见次生木质部占树茎构成中的绝大部分体积。

次生木质部发育研究中取得的理论方面的进展是，提出树茎两向生长的独立性；明确次生木质部是在生命中构建，但次生木质部主要构成部分是非生命组织；次生木质部内的差异是构建中逐年生成的木材组织间存在变化并即时受固着的实迹。

次生木质部发育研究沟通了生命中的变化和非生命材料差异间的关系。这标志植物学与木材科学在研究上的交叉。

5.1 树 木 发 育①

需把次生木质部发育置于树木的整体发育中来观察。

高等植物具有物种特点的个体结构。每个器官都是由各种特化的细胞类型组成。细胞是生命结构的最基本单位。各种细胞被固定在一定的位置上，并能满足确定的功能。细胞分裂、分化及后续生命中的变化，是生物体发育变化的基础。细胞分化，常与细胞的增大和形状改变相伴发生。有性生殖的生命起点(合子)是单细胞，缺少分化的细胞分裂是不可能构建生物体的，也谈不上存在发育变化。

由减数分裂生成的雌、雄配子体发育成熟，受精形成合子(受精卵)是新一代的开始。种子植物的繁殖周期是，在胚珠内受精、胚胎发生、种子萌发和营养器官形成，再进入新一轮雌、雄配子体形成。这一过程中的任何进展都包含着细胞的分裂和分化，其中每一个细微环节都是按序并在确定位置上发生的。发育研究重视的是环节，变化是体现在环节的转换中。

5.1.1 针叶树的生活史——变化中状态

□植物学中的要点

针叶树的生活史，是孢子体世代和配子体世代两生活(生命)阶段的循环——世代交替。它们的差别是，细胞中染色体的个数不同($2n$ 或 n)。

配子体是球果中能够产生配子(精子和卵)的构造部分。配子体的细胞最初是由孢子体细胞经减数分裂生成，其特点是染色体数减少一半，由 $2n$ 变成 n。减数分裂是配子体世代的开始。

种子植物的孢子体非常发达，体内各种组织的分化精细齐备，而配子体非常简化，并寄生在孢子体上。松、柏、杉高耸挺拔，所见树木是孢子体。它们每年春天长出生殖枝。雌性新枝顶端长出雌性球果，雄性新枝的基部长出雄性球果。减数分裂和雌、雄配子体都是在雌、雄球果中发生。雌、雄配子(生殖细胞)分别由两球果中的配子体生成。

含生殖细胞的成熟花粉粒，经风媒传粉。在雌性球果里，由花粉粒中的生殖细胞生成精细胞，并与雌性球果中的卵细胞融合，完成受精，形成合子。受精是配子体世代的结束。合子的染色体数恢复成 $2n$，重新开始孢子体世代。

针叶树生活史中的配子体世代全程都是发生在孢子体的原球果内，人们几乎难见配

① 5.1 中植物学中的要点是已得到公认的内容；思考和洞察是在本项研究中取得。它们在次生木质部发育概念形成中都具有重要作用。

子体。从生命延续的作用来看，似乎配子体世代更重要，实际它和孢子体世代在生存作用上的地位是同等的。两世代程序性进程中的每一步都是生活史中必经的环节。

次生木质部发育研究中的思考和洞察

生活史研究生物体生命过程是依据繁殖的循环路径。

根、茎、叶、球果、种子是针叶树的主要构成器官，但直接涉及生活史循环的繁殖器官是球果和种子。不能把树木的营养生长和繁殖生长割裂开来。营养生长保障了繁殖生长。它们都是树木生命过程中不可缺的阶段，在树木生存中具有同等的作用。

针叶树生长至树种拥有繁殖功能的年限才开始生果，并具有累次结种的特点。树木繁殖的单一循环不等同于它的全生命过程。

树木的繁殖器官——球果和其中生成的配子体，都依附营养器官(孢子体)。

多年生树木在生命过程中，除次生木质部外，其他器官均不断处于增新除旧的更替中。唯独次生木质部是能完整保存各年已生成的部分。

5.1.2 球果的发育和种子形成——变化中状态

□植物学中的要点

针叶树属种子植物中的裸子植物，不形成果实，种子裸露。

雌、雄球果的长出和其中的发育变化，包括孢子体与配子体间的更替及配子体世代的全过程。种子形成已是重新回到孢子体世代。

雄球果由多数膜质片螺旋排列组成。每膜质片上并列有着两个长椭圆形的花粉囊，其中充满的细胞经减数分裂形成小孢子(花粉粒)。它是雄配子体的第一个细胞。每个花粉粒在花粉囊中先后再经三次有命名的细胞分裂才发育为成熟的花粉粒，也就是雄配子体。随着发育，其内只留下粉管细胞和生殖细胞。当花粉成熟时，由花粉囊中逸出，被风散布。

雌球果，由木质鳞片(珠鳞)螺旋状排列组成。每一珠鳞的上表面基部并列着两个胚珠。胚珠内经减数分裂生成雌配子体的第一个可育的细胞，再经多次分裂，使雌配子体成为多细胞结构。雌配子体始终是在胚珠内发育，并在其内生成卵细胞。珠鳞彼此分开，并分泌一种黏液，接受花粉粒落入胚珠内。

在胚珠内，花粉粒才由其生殖细胞生成可与卵子融合的精子。合子是由两性细胞融合而成。受精后，整个胚珠形成一粒种子。

一般，种子是由种皮、胚和胚乳三部分组成。

胚是合子经细胞分裂、分化生成。在胚的发育早期，整个胚里的细胞都可以进行分裂。产生新的细胞，按照一定的器官结构规律进行细胞生长和分化。在分化形成器官之前，极性、对称(轴性)和各部分的相关性表现得就相当突出。成熟的胚是包在种子内的完整雏形植物体，含胚根、胚轴、胚芽和子叶四部分。胚轴上端连着胚芽，下端连着胚根，子叶着生在胚轴上。胚芽将来发育成地上主茎和叶，胚根发育为初生根，子叶的功能是贮藏养料或吸收养料，也有在种子萌发后展开变绿，能暂时进行光合作用。

裸子植物种子有胚乳，是由雌配子体发育成的。胚乳位于种皮和胚之间，是种子内贮藏营养物质的部分，在种子萌发时供胚生长用。

种皮是由包被胚珠的珠被发育而成。

研究发育，要从同类别生物的共同过程入手。但相同不能代替差别，这是需注意的另一方面。树种间，在种子形态、结构、种皮和构建完善度等方面都存在显著的区别。

次生木质部发育研究中的思考和洞察

上述内容，着重于过程，力避专用词语。实际，在上述过程中，每次特殊的细胞分裂，都有各子细胞的专用名词、各自的确定位置和而后的不同发展；其中每个环节，都是前后变化间的一步，是动态发展中的过渡。这些表明，雌雄配子体的发生和种子形成都是处于符合生物体发育特征的程序化过程中。这里是以发育学术观点来看待上述过程的。

5.1.3 种子萌发和营养器官的发生

□植物学中的要点——变化中状态

大多数植物的种子成熟后，即使在萌发的条件下，并不立即萌发，往往需经过一段或长或短的休眠。其中，包括有胚尚未完成形态建成，必须经过一段时间使胚继续发育完全的后熟过程；也有，是以休眠的形式保存种胚。

种子萌发，并非生命才开始，而是由胚生长和形成幼苗的过程。种子首先吸水膨胀，胚细胞迅速分裂、扩展，胚根突破种皮伸出，迅速在土壤中形成根系；同时，大多数针叶树的胚轴伸长，使子叶出土，胚芽生长形成地上部分的主茎和叶。这时，种子的胚长成幼苗。

次生木质部发育研究中的思考和洞察

种子萌发，是种子植物生命过程中自身连续变换的显著阶段。种子萌发中，胚中的四部分都有细胞分裂和分化。分化是树木发育在细胞层次上的表现。分化取决于细胞所在的位置和将承担的机能。细胞在分化中彼此出现差别，这是器官建立的基础。可见，细胞的分裂和分化在时间和位置上都是有序的。

种子萌发中，同树种幼苗在宏观层次上呈现相似的发育变化，在不同树种间则有可供识别的差别。侧柏初生叶是刺形，次生叶是鳞形；核桃、枫杨的初生叶是掌状不分裂的单叶，而次生叶是羽状复叶。这里包含不同性状的差别，单株内初生叶和次生叶的差别是发育变化。而不同的树种初生叶间，或次生叶间的差别，是树种特征。

5.1.4 树木主茎的构建和发育

营养器官的形成是着重在它们的发生和构建，而发育是侧重在它们自发生后的变化。

5.1.4.1 初生生长和次生生长

□植物学中的要点

树木是高、径两向生长。树木的高生长远大于径向生长，人工林中更明显。

逐年高向已生成部位的高度和木质部中逐年生成的径向位置都是不变的，即确定的、固着的。这一现象的直观表现是，在树茎某一高度上作一刻痕，其高度位置在树木生长中是不变的；类似，如在树茎木质部内有一愈合的伤痕，它的径向部位也是固定的。

在树茎高向中轴的纵剖面上，生长鞘(俗称年轮)呈现为连续平滑的平行斜线，至梢部改换成抛物线；逐年的生长鞘层状垒叠；髓心位于树干的中间部位，它在根、茎、枝中是连通的，在主茎中是自根颈到顶端。

有关学术名词：树木的高生长，又称初生生长。与此有关的分生组织，是原始分生组织和初生分生组织，与此有关的永久组织，统称初生永久组织。树木的直径生长，又称次生生长。与此有关的分生组织，称次生分生组织；与此有关的永久组织，统称次生永久组织。

次生木质部发育研究中的思考

两向生长的分生组织的细胞分裂和分化是如何进行的。

这一问题在植物科学中已有较详尽研究成果。从发育变化来考虑，在次生木质部发育研究中须对它进行再思考的重点是：①树茎两向生长在发生时间和位置上的差别；②两向生长分生组织间的关系和相互影响。

5.1.4.2 树茎在两向生长中的发育变化

树茎次生生长的发生部位，是在初生生长区域的下方。它发生的标志是开始有木质年轮的形成。初生生长区域横截面的直径范围仅限于肉眼和扩大镜下的树茎髓心。可看出，在茎端，树茎初生生长的宏观高度是不大的。植物学对初生生长发育变化的研究，都是在显微镜下进行的。

1) 初生生长部位中的发育变化

□植物学中的要点

树茎最顶端，是由具有持久分裂能力的细胞群组成。根据位置，称它为顶端分生组织；根据作用，又称它为原分生组织。它能不断自我更新，其下方都是由它衍生的分生组织。原分生组织具有幼嫩细胞的全部特征，即等直径、壁薄核大、液泡小、纹孔小而少、细胞间隙无或极小。

在原分生组织的下方，哪怕细胞的上述特征有极细微的改变，都表明已不再属原分生组织，而是进入初生组织行列。由这一分化再进展的发育状态是，初生分生组织分成了三部分——外圈是表皮原，相邻的内圈是皮层原，中心部位为中柱原。

在初生分生组织的下方，是经进一步分化呈多层圈状的初生永久组织部位。由表皮原分化形成表皮；由皮层原形成皮层；中柱原的中央部位形成髓，髓外方的圈层依序为初生木质部、形成层、初生韧皮部，它们都由中柱原形成。形成层是初生永久组织分化区段中唯一恢复具有分生机能的组织。分化过程中，形成层在树茎顶端由束状发展为连续的圈层。上述层次部位的下方，形成层将开始径向内、外分生，这意味着该高度初生生长的终止。

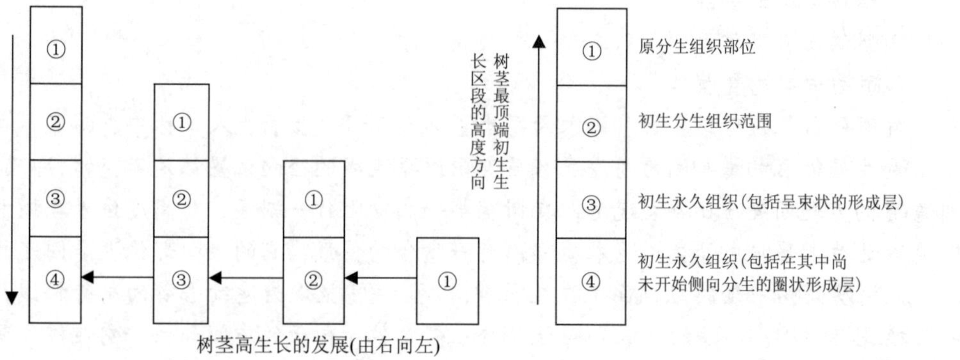

树茎高生长的发展(由右向左)

①原分生组织的位置随初生生长不断升高；由①~④的各高度部位都是初生生长区段。①~④只是表示各部位发育在原高的进展阶段；在原分生组织生长抵达任一高度时，这一高度而后的发育变化都要经①→②→③→④的阶段；可见，初生生长的①、②、③、④的高度范围，只能由树茎最顶端依次向下被察出；④的下方，该高度部位即进入次生生长区域

2) 次生生长部位中的发育变化

□**植物学中的要点**

形成层原是初生木质部与初生韧皮部之间的薄壁组织，是已经分化的细胞又恢复了分裂能力，因此属次生分生组织。它在树茎中是一层分生组织细胞鞘，位于木质部(木材)与韧皮部(树皮)之间，从树干和枝桠的生长顶端连通到树根的相应部位。

须明确，树茎两向生长中，形成层的高向是在初生生长中才得以延伸；而围长的扩张，是自行增添形成层原始细胞的结果。

形成层细胞具有重复分裂的自我更新能力。初生(高向)生长完成后，次生(径向)生长的新细胞，是依靠形成层原始细胞进行弦向纵面(平周)分裂产生。形成层原始细胞分裂产生两个形态相同的细胞。其中的一个细胞继续形成层原始细胞的机能，以两个方向的方式保持无限的分裂能力，即由形成层向内侧分生木质部细胞，或向外侧分生韧皮部细胞。由形成层新生成的木质部或韧皮部细胞仍具分生机能，故又称母细胞，能有限地再进行平周分裂。

在形成层分裂活动时期，每个木质部母细胞可再经二次分裂，而后成熟为木质细胞。产生韧皮部母细胞较少，而且这类细胞仅只分裂一次。形成层原始细胞的重复分裂，导致另一些母细胞的形成。同时母细胞本身也分裂，产生一个在形态上相似的细胞带。这个区域，称为形成层带(通常为 6～8 层细胞)。在这个区域内包含有形成层，它由一单层形成层原始细胞组成，仔细分辨分裂出的细胞的发育变化，就可识别出形成层。

树木的初生生长和次生生长是同时在不同高度位置进行，并处于连续转换中。它们间位置的变换是发育变化的进展结果。

由形成层生成的组织，属次生永久组织(次生木质部和次生韧皮部)。形成层的位置一直保持在它们的中间。树茎中的木材是次生木质部，是多年生长的累积结果。

次生木质部发育研究中的思考

在树木生长中，形成层是由具生命的分裂细胞组成，并在不断扩展中；由形成层分生的木质部新细胞都会经历细胞生命期，逐年生成的次生木质部各木质鞘层能完全相同吗？如其中存在规律差异，这一差异的性质该是什么？

5.1.4.3　成熟树茎的各发育部位

□**植物学中的要点**

树茎的发育部位可以从纵、横两个方向来观察。

纵的方向，初生生长区域仅限于茎顶的嫩端，是尚不能区分出年轮的高度范围。从树茎发育研究来说，这一区域的细胞分裂和分化最重要。茎端，包括枝端，是全部营养器官和生殖器官的最初起源处。树木的分生组织都是由这里衍生出来的。但在次生木质部发育的专题研究中，对这一部位的发育过程只需简单了解。

初生生长区域的下方，是已发生次生生长的成熟树干部位。

1) 成熟树茎中的初生组织

在具有次生生长的区段，原外围的表皮层、表层都破裂脱落，但中心部位的髓和初生木质部是无损受到保存。在宏观(肉眼和放大镜)下，髓与初生木质部是难以区分的。在观察中，既然是把初生木质部合并到髓，可见两者合并在树干中所占的份量也是极少的。

纵的方向，含初生木质部的髓是从根颈向上一直延伸到树茎的极顶端，因高生长是连续的，而次生生长是发生在初生木质部之外的。树茎是一完整的宏观实体，具中心部位(髓)。髓与次生木质部来源的性质不同，髓虽位于次生木质部环绕的中心部位，但髓不属次生木质部。以单层生长鞘来考察，鞘层顶梢都是各生长鞘生成当年由该时初生生长形成，而鞘顶以下的部位都是在同时进行的次生生长中生成。

次生木质部发育研究中的思考

树茎中木质部可统称为木材，但并不都是次生木质部。树茎全高的中间部位是髓和初生木质部，它们都是初生永久组织。各木质鞘层是由两部分组成——鞘顶的初生永久组织和几乎约占生长鞘全部体积的次生木质部。虽然在树茎构成中，两部分的比例相差如此之大，但在学术上，却不能忽视树茎中初生永久组织的存在。

2) 成熟树茎中的树皮

□植物学中的要点

由树茎顶端向下，初生生长区域的表皮、皮层和初生韧皮部都在各高度的直径生长中陆续破损消失。代之以新的保护层——周皮。

由于木质部直径的不断增长，成熟树茎的周皮也处于不断破裂和重复生成过程中。新的周皮是由木栓形成层分生而成。它是由韧皮部中的活细胞转化而成的。

木栓形成层外的木栓细胞，无细胞间隙，初生壁内面衬有一厚层栓质。栓质胞壁是由栓质和蜡质交替的细微薄层组成。在它形成后，胞腔内的生命物质消失，细胞死亡。每当新的周皮产生后，最后形成的木栓层以外的全部树皮组织，包括受隔绝在外的韧皮部细胞，都会因受阻断水分而死亡。已无生机的树皮组织为外皮，其内侧含生活细胞的树皮组织是内皮。

外皮是由木栓层和原韧皮部各多层相间构成，它们都在不断受扩展破损中，并又在其内连续受补充中；内皮是次生韧皮部，逐年由形成层分生增添，但又不断步入外皮。可见，在成熟树茎中，外皮和内皮都处于动态的变换和更替中。

次生木质部发育研究中的思考

由于树皮一直处于受挤压的状态，不断有脱落。虽然它的外观随树龄有变化，但对树皮发育变化的研究却存在一定的难度。

3) 成熟树茎中的次生木质部

□植物学中的要点

在成熟树茎的组成部分中，次生木质部与其他部分所处的状态有极大的差别。它逐年在外受增添的新细胞都经历了细胞分化才步入次生木质部成熟(死)细胞的行列，由此而构成的全部组织都能受到完整保存。

次生木质部发育研究中的思考

次生木质部是树木的重要组成部分，并是经济价值最高的部位。

生物体的构建过程都存在着发育变化，次生木质部形成中逐年间的发育变化的表现该是什么？

5.1.4.4 次生木质部细胞生命的程序性过程

□**植物学中的要点**

次生木质部细胞层次的发育过程，历经分生、扩大和胞壁加厚等阶段，而达到成熟。针叶树次生木质部中厚壁细胞的这一过程可能在几周内完成。这在树木生长中是一极短暂时刻。次生木质部中的厚壁细胞，在胞壁加厚后，变成围绕着空腔的外壳。木材主要是由这类细胞构成，在针叶树材中，它们是纵行管胞。

形成层有两种原始细胞：①纺锤形原始细胞，长轴顺树高方向，两端尖削，为木质部纵行细胞的来源；②射线原始细胞，形小，聚集成射线状，为木质部中横行细胞的来源。形成层两类原始细胞的分裂方式，都是染色体个数和类型组合保持不变的有丝分裂。

1) 生成针叶树管胞的细胞分裂

生成纵行管胞的过程，完全符合有丝分裂的程序性。其中值得注意的重要环节是，形成层原始细胞或木质母细胞胞核中的每一染色体在分裂前期都已经复制成完全相同的两条染色单体。子细胞由此可获得与母细胞完全相同的一套遗传物质。

管胞，是形成层纺锤形原始细胞进行平周分裂而成。分隔子细胞核的细胞板，是沿纵向延伸。在细胞分裂的最后阶段，细胞的每一半增大到接近原细胞的尺寸。

2) 分裂后木质子细胞的发育

新细胞的增大在完成或接近完成时，由细胞中部的内侧开始形成次生壁，此后向两端扩展。次生壁形成后，细胞的生命物质消失而死亡。

薄壁细胞和管胞不同，保持生命物质，直至由边材变为心材。

3) 次生木质部管状细胞分化过程中的程序性死亡(PCD)

由上述对木质细胞发育过程的认识，估计在若干年前人们就会意识到木材细胞的发育过程是有规律的，包括其中的细胞死亡。

PCD(programmed cell death)是细胞通过主动的生化过程而自行死亡的现象，是受基因控制的。王雅清和崔克明[①]有关次生木质部细胞中原生质体的解体过程的报道，是首次所见的提出有关次生木质部管状细胞 PCD 过程的研究。

该研究的试验材料为杜仲(*Eucommia ulmoides* Oliv)一年生部位次生木质部导管分子。研究结果对认识针叶树管胞发育极有参考价值。

检测 PCD 是采用原位末端标记法，这是一种较特异而敏感的手段。该法的原理是核 DNA 断裂，产生 3-羟基末端，对它进行生化处理和显色，在断口原位上会出现黄色沉淀。试验结果，上述处理在形成层区域未发现反应；而在木质部导管分子中检测到阳性反应，表明产生了 DNA 断裂末端。

该研究还在电子显微镜下对次生木质部导管分子 PCD 过程中的超微结构变化进行了系统的观察。结果如下所述。

杜仲形成层的超微结构中，核为纺锤状，原生质稀薄，具有一些典型的细胞器。形成层向内分生、分化形成次生木质部。在分化初期，细胞内的各种结构清晰可辨。随着次生壁的形成，质膜和液泡膜破坏和消失。最后，解体的各种细胞器组分消失，其自身

---

① 王雅清，崔克明. 1998. 杜仲次生木质部导管分子化中的程序性死亡. 植物学报, 40(12): 1102~1107.

成为具输导功能的死细胞。

在PCD过程中，不仅核DNA发生断裂，而且细胞核超微结构变化显著，这与动物细胞程序性死亡过程相似。但导管分子PCD过程中还表现出不同于动物细胞甚至其他植物细胞的特点，即同时进行原生质解体与次生壁构建。

在处于次生壁加厚过程中，细胞内可见原生质正发生着剧烈解体。次生壁加厚主要是由于纤维素和半纤维素数量增加，所以纤维素合成酶活性提高。伴随次生壁加厚，有关细胞壁木质化的各种酶活性也明显提高，合成新的物质，参与木质素合成，构建细胞壁。可见，管状细胞在整个PCD过程中，都伴随有新物质的合成，形成特定式样的次生壁。

与此同时，原生质体内的各种细胞器解体自溶，有多种细胞器可以起到溶酶体的作用。PCD末期，导管分子端壁也发生自溶作用，此过程需要导致壁物质降解的多糖酶和蛋白酶。

可见，次生木质部的PCD是原生质体解体至完全消失，同时也是次生壁加厚的过程。死亡过程中的降解物被本身构建的次生壁所利用。最后，生成的死细胞所构成的组织，在树株内承担水分和无机盐的输导和机械支持的作用。这是树木生命活动中必不可少的部分。

所以，次生木质部管状分子的PCD，是由基因编码的程序控制的正常生理现象，并与其功能相适应。

次生木质部发育研究中的思考

从针叶树管胞胞壁的三种组成物质(纤维素、半纤维素和木素)的物理组合、细胞壁层次，到细胞的规律排列都有固定模式。这些绝不会是偶然的，并表明单一管胞生成中的PCD过程与次生木质部整体生成和发育存在着密切联系。在研究次生木质部生成和发育中，PCD概念是一重要认识。

5.1.4.5　心材的形成

□植物学中的要点

宏观现象　部分树种在一相对稳定树龄，树茎材色从最初生成的生长鞘开始加深，形成心材。心材随树龄向外扩张，这是树茎边材转变为心材的连续过程。

边心材转变中的变化　次生木质部任一生长鞘生成时，厚壁细胞都于当年失去细胞生命，但少量的薄壁细胞随树种尚可保持不同年限的细胞生命。伴随次生木质部的逐年增添，位于最内的薄壁细胞开始丧失生命，并自内向外扩展。在这一转变中，薄壁细胞的生命物质形成抽提物其中包括鞣质、树脂和色素等，部分能使材色变深。部分针叶树种的心材管胞形成闭塞纹孔。心材即失去水分输导机能。

材色变深，并不是心材形成的必然表现。一些树种心材中的抽提物色浅或无色，但它包含的薄壁细胞都已丧失细胞生命，符合树木生理上的心材条件。

次生木质部发育研究中的思考

生物体生命过程中程序性的自身变化都属发育范畴。树木生长中，次生木质部边心材间转变的生物学性质该属发育变化。

生物体发育具体表现在性状的变化上。在发育研究中，选定实验项目需考虑测定的可行性和实验项目学术价值。对次生木质部形成中的发育而言，它构成中的大部分细胞是厚壁细胞，它们与边心材转换无关的。涉及这部分变化的发育表现，只受各部位生成时的两向树龄确定，而不与随后发生的变化有关。在次生木质部发育研究中，随生命时间变化的性状是应首先受到注意的测定项目。

5.1.5 树木其他营养器官的形成和发育

5.1.5.1 根的形成和发育

□**植物学中的要点**

根是树木生存的必要部分。树茎需要根的固着，水分和无机盐是通过根来吸收。它隐蔽在地下，给研究带来了困难。

根和茎是树木相对生长的两部分，它们的形成和发育过程有较大的相似性，但同时也存在差别。

1) 根、茎形成和发育过程的共同方面

根尖和茎端都是它们长度生长(初生生长)的部分，而直径增长又是次生生长的结果。在距根尖 230μm(0.23mm)处已可发现分化出初生韧皮部。从宏观角度，根、茎初生生长区域的长度都是非常小的。对这一部分的研究都需在显微镜下进行。

依据细胞分裂后的形态变化，可把根尖和茎端的发育同区分为根(茎)冠、分生区、伸长区和成熟区，其中伸长也是分化的表现。另有一种以组织的性质来区分它们由顶端开始沿长向的发育区段——根(茎)顶端分生组织、初生分生组织、初生永久组织(初始)、初生永久组织(形成层形成)。初生永久组织中形成层开始分生，至此初生生长结束。根尖和茎端的各相当部位横截面上结构的径向层次是相似的。

2) 根、茎在形成和发育过程上的不同方面

由根、茎在结构上的差别，可看出它们在形成和发育过程上存在着不同方面。

根尖的最顶端具有被称为根冠的帽状结构。在根初生生长过程中，也就是根不断在土壤中延伸时，根冠外层细胞不断死亡脱落，内侧的顶端分生组织不断分裂出的新细胞补充到根冠，由此保持了根冠的作用。而茎的顶端是不存在这种帽状的组织。

邻接茎的顶端分生组织就已分化出叶原基，枝是由叶原基分化和生长而成。而侧根是由根的初生生长部位的中柱鞘发生，这里已是初生永久组织。可看出，树茎的侧枝是发生在初生分生组织部位或甚至在发育进展的更前部位，而侧根是与初生永久组织相连的。

树木的根、茎的输导必须是相通的。但是，根、茎顶端在初生生长部位分化出的初始韧皮部和木质部在未形成连续的环状前，它们在根、茎顶端中的位置却存在很大差别。根中初生构造中的韧皮部和木质部是呈弦向相间排列，而在茎中两者是呈束状径向内、外相对。但根、茎之间有一过渡区，其作用是把两者连接起来。过渡区只在种子萌发一段时间发挥作用，其遗留物可在根、茎交接的根颈中心处发现。这些都是在显微镜下才能观察到的现象。

根、茎间还存在一些其他差别：①根在顶端分生组织下方的表面，一般密生根毛，外部形态上是长度几毫米至几厘米的根毛区；②根的初生皮层构造中有一种被称为凯氏带的结构，它能保证由根吸收的水分和离子只能径向通过皮层细胞中的原生质体和质膜进入中柱，起到了选择和定向输导的作用；③根的生命长、短变化很大，某些细小侧根

只能生活1~2个星期。根部以上特点，在茎部是不存在的。

次生木质部发育研究中的思考

由上述根、茎两部分的形成和发育过程的共同和不同方面来看，相随两部分形成和发育过程的时间是同一的，而位置分别属于地上和地下。两部分发育存在差别处，都处于它们尖端的初生生长部位。

两部分都有次生生长，其机理和过程是相同的，形成的次生组织并是相通的。这些都启示，在次生木质部发育研究中，应把根也列入，并该把根、茎(茎、枝)两部分次生木质部发育的变化进行对比。

5.1.5.2 枝的形成和发育

□植物学中的要点

树木地上部分具有主茎和许多反复分枝的侧枝。

1) 芽与分枝

树木所有的枝条都是由芽发育而来。由种子萌发所生长的树木，主茎是由胚芽发育而来。以后由主茎上的腋芽继续生长形成侧枝，侧枝上形成的腋芽又继续生长，反复分枝形成庞大的分枝系统。针叶树主茎的顶芽活动始终占优势，各级侧枝生长均不如主茎。

主茎或各级枝的顶端都生长着由原分生组织组成的顶芽。它的基部两侧的小突起，是叶原基，以后发育为幼叶。在幼叶的腋间形成腋芽(侧芽)，以后发育为侧枝。

当年萌发生长的芽，是活动芽。冬芽在翌年春天萌发。多年生木本植物，通常只有顶芽及距顶芽较近的腋芽萌发，而近下部的腋芽往往处于休眠状态，成为休眠芽。

2) 枝都是从髓心开始与着生部位相连

枝是由腋芽生成，而腋芽发生的初始都是位于与原分生组织相连的初生组织部位。而后，腋芽和其着生的茎或枝的各层结构都是一一对应相连。由此萌发的枝，虽与着生的茎或上一级枝的径向生长速度有差别，但径向的各层次都保持相同。

对于休眠芽而言，它能随茎的直径，同时具有相应的伸长和径向增大。沿休眠芽长度方向纵剖，可见它在茎内是呈楔形，其尾端是与髓相连。

可以看出，枝都是与其着生部位从髓心开始相连，它们的径向各层次相同并相通。

3) 自然整枝

针叶林随树龄和林分郁闭度，自树茎下方向上有明显的自然整枝。有部分树种，枯枝具有自行断脱的特性；也有树种能长期遗存，在树茎内生成死节。

次生木质部发育研究中的思考

枝和主茎的形成和发育过程的相似程度较大，其差别产生来自顶芽或腋芽。枝和着生部位的主茎在处于初生生长后，都分别按程序进入次生生长。两者而后在发育上的异同，则是次生木质部发育研究中须探索的内容。

5.1.5.3 叶的形成和发育

□植物学中的要点

1) 叶的形成和发育

叶发生于茎、枝的顶端分生组织两侧的叶原基。而芽则产生于叶腋处的芽原基。叶原基和芽原基都起源于顶端分生组织，最初在形态上没有太大差别，只是在分化过程中，叶原基腹背对称，成为扁平，芽原基则轴射对称。

叶原基形成后，其先端具有顶端分生组织，初始行使顶端生长。到一定阶段，顶端生长停止，转由基部保持分生机能的居间分生组织行使分生机能。

叶的生长期是有限的，在短期内生长达一定大小，生长即行停止。

2) 叶脉

叶脉，是叶中的维管束，有主脉和侧脉。主脉与着生部位枝的维管系统(木质部和韧皮部)相连并相通。叶脉分枝越细，构造也越简单。细脉广泛延伸，一方面向叶肉细胞散发由蒸腾作用吸来的水分，另一方面又是输送叶肉细胞光合作用产物的起点。

主脉维管束在木质部和韧皮部之间有形成层，其活动期很短，很快就失去作用。侧脉维管束内没有形成层。

3) 叶的寿命与落叶

叶的寿命随树种而异。落叶树，秋冬叶全部脱落，翌年春季再生。常绿树，就树株来看是常绿的，实际每年都有一部分老叶脱落，但仍有大量叶子存在，同时每年又增生新叶。如松属的叶寿命 2～5 年、紫杉 6～10 年、冷杉 3～10 年。

落叶前，叶柄基部有一部分细胞经分裂，形成几层薄壁细胞，构成离层。与此同时，离层下的几层细胞栓化。叶从离层处脱落，由栓化细胞承担保护层。

次生木质部发育研究中的思考

树木单片叶间有相同的形成和发育过程，但叶的形状随树龄有较明显的变化。

5.2 对树木发育方面领悟的拓展

植物自然寿命差异很大，短者数周，长者可达数千年。树木生命过程比较复杂，一般要经若干年营养生长后，才转入初始生殖结实，而后营养生长和间歇的繁殖生长能长期并存。世界各地针叶古树的树龄在千年，甚至三千年以上，它们最终可能会在虚弱条件下，由于感染等偶然因素造成死亡。如能预防有害因素，这部分树木的生命还有可能再长时延续下去。树木的长时生命与它以繁殖循环为标志的生命周期在概念上是不同的。同时，林业技术上，树木各树种都有从经济效益考量的适宜采伐树龄，这更与树木自然树龄的长限无关。

树木茎端和根尖顶端原始分生组织具有较长时间的分生能力，次生分生组织维持分生机能的时间显得更长。在树木的长寿命中，才能看出一般所称“植物具有无限生长的现象”。

5.2.1 树木发育是生命具有流动特性的实例

树木构造上具有营养功能器官有根、茎、叶，具有繁殖功能器官有花、果实和种子。器官是由各种不同的组织组合而成。树木构成中的器官或组织存在着不断更替的现象，这是发生在树木长时间生命中的变化。由此而引出，树木连续的生命不同时刻生成的新老器官间或受更替的组织间存在着相同或相异问题。

树木有花开花落的年份和季节，花、果在树木生命期累次发生，并各在短时间内衰落，都以结种告一段落。

挺拔的树茎中同样存在着更替现象。树皮的外圈不断受挤压破损剥落，内方不断新生树皮组织来接替；次生木质部各年生成的鞘状木质层的主要细胞生命期限不足一年，各年增生的新组织位于原部位的外方，这使得各年连续生成的组织均受到保存，但它们的生命状态却处于不断的更替中。次生木质部是树木各器官中唯一受更替但又得到无损保存的特殊部位。

树根的根冠与土壤摩擦受损而不断脱落，由下方分生组织连续产生新细胞，使根冠保持着原形态和厚度。树根中的其他部位都与树茎相通，其中存在的新老接替与树茎相仿。

落叶树叶的寿命只有一个生长季节。常绿树叶的寿命为 1 年以上。虽看起来是常绿，但每年都有一部分老叶脱落，同时又增生新叶。

树木生命期中，除根、茎的次生木质部外，各器官的生命组织都在进行着方式不同的推陈出新的更替，受更替的原组织均自然脱落无存。

单株树木是连续保持着生命，但其各器官都在不断更替中。由此充分表现出，生物生命的流动特性，犹如江河中的水流。次生木质部的生命部分也是在不断更新中，例外的是，在树木的整个寿命中，它逐年已受更替的部分却得到了原态保留。

生命的流动特性，是研究生物发育必须具备的学术观点。流动特性，是标志变化的一种形象化说法。缺乏这一观点，是不可能察出次生木质部在长时间形成中存在着发育变化的现象。

5.2.2 变化是树木生命过程的一个特征

在人们短时的观感上，树木似乎是静态的。实际，它每一时刻都处于动态变化中。

树木是种子植物，虽也有胚胎发生，但胚中只形成两个部位的分生组织——一在胚根、一在胚尖。成熟植物的大部分器官和组织系统都是种子发芽后，通过贯穿树木一生的分生组织的活动才得以不断形成。

对树木生命过程中的变化，要从两方面来考虑。

5.2.2.1 永久组织生成中的细胞分生和分化

树木是由天文数字的细胞组成。树木生命中的一切现象都是以细胞为基础而发生的。在器官形成时，永久组织是由分生组织分裂衍生与分化而来。树木发育中，通过分裂产生永久组织的子细胞仅具有限再分生能力，后向细胞形体扩张和分化方向发展，形成具有不同形态和不同功能的细胞。

细胞分化是在个体发育中形成不同类型的细胞和组织，它们不同功能的协作，才能共同进行生命活动。细胞分化是依靠物质变化来实现的。任一分化中的细胞都会经历着它同类细胞所共具的物质的生化变化过程。

5.2.2.2 分生组织在树木长时生命过程中的变化

树木中的分生组织有三类——原分生组织、初生分生组织和次生分生组织。

原分生组织是位于茎端和根尖的胚性细胞，能较长期地保持分裂机能。树木的地下和地上延伸都是依靠原分生组织。

初生分生组织位于原分生组织之后。它的特点是，一方面细胞仍能分裂，一方面生成的新细胞在原高度就开始分化，而后并在继续进行中。原分生组织由于分生而使自身和相随生成的初生分生组织的空间位置同时不断向延伸方向移动。可见，初生分生组织是在连续的动态更替中。

次生分生组织是由初生分生组织产生的薄壁细胞恢复分裂机能转化而成。树木具有次生分生组织(形成层和木栓形成层)的特点是，能长时保持直径生长。次生分生组织一旦形成，是随茎端和根尖的高生长而纵向延伸，同时随直径生长而自行扩大围长，并一直保持分生机能。

原分生组织和次生分生组织长期保持的分生机能是树木生命的表现，但绝不能由此而认为它们一直是能保持原态不变的生命结构。由不同高、径生长树龄生成的永久组织间的差异，就可确认出分生组织随树龄处于自我的动态变化中。这是次生木质部发育研究中产生的理念。

5.2.3 树木生命中的变化是发生在不同层次上

生物体的结构层次有细胞、组织和器官。各层次的有序组合，才构成个体。

从宏观形态上，也可察出个体发育中的形态变化，其中存在着宏观下见不到的各层次微观变化。发育的宏观变化，正是由那些微观变化所构成。

生命中各层次变化的性质均属发育，都是个体发育变化中的一部分。

5.2.3.1 细胞层次中的变化

1) 细胞生成中的变化

细胞都是通过细胞分裂生成。

树木生命中不同部位不断发生细胞分裂，其中产生根冠的细胞分裂最快。叶和树皮更替中都必须有细胞分裂，花、果和种子形成中也都离不开细胞分裂。

树木个体发育中的孢子体世代，是通过有丝分裂生成体细胞，其中要经过 DNA 复制；减数分裂是发生在与繁殖有关的配子体世代。

有丝分裂和减数分裂中，每个分裂的细胞都要经过一系列独立的变化过程。

2) 细胞生命中的变化

单株树木各器官中不同组织细胞的机能随其位置而有差别。分裂出的子细胞必定会经过增大和分化才能成为成熟细胞。分化过程中的细胞都保持着细胞的生命。不同部位不同类型细胞的分化结果是不同的。

树木中有一些部位，在细胞不断分裂中一直保持着细胞生命，如茎、根中的顶端分生组织和次生分生组织。虽然这些部位分生的新细胞在具有生命的分化中另行发展，但仍留有一定数量新细胞保持形态不变并具有分生机能。这些部位和这部分细胞，应看做是一直保持着生命。另有一部分细胞，能在一段时间内保持细胞的生命，如树木的叶肉细胞。还有一些细胞，成熟分化过程就是它们的全生命过程，如次生木质部中的厚壁细胞和树皮中的周皮，它们由细胞分裂生成和分化成熟后死亡都是适应树木生存的需要。逐年生成的次生木质部细胞都能完整地留存在树茎中，而周皮却不断破裂脱落，是因为它们分别位于形成层的内、外不同而造成。

针叶树雌、雄球果在发生减数分裂后，各依序先后再连续发生有确定次数的有丝分裂。每次生成的新细胞依据所在的位置各有不同的发展，也有瞬即死亡消失。这些都属细胞生命中的变化。

3) 细胞的死亡

把活树中的细胞都看成是活细胞，实际是误解。

根、茎、枝中次生木质部的大部分细胞，特别是心材中的全部细胞都是无生机的。周皮(外皮)中的全部细胞也都是死细胞。

上述细胞的自然死亡，都是在遗传控制下各具确定步骤的过程，即程序性的。

个体是由细胞构成的，细胞的分裂、分化成熟和细胞生命持续中的变化，或细胞死亡当然都是个体发育过程中的一部分。但局部结构中的细胞变化，不是个体发育中的全部；部分细胞规律性地自然死亡，更不是个体死亡。正如江河水流在变，但江河依存。

单株树木由单细胞合子(受精卵)开始，就是通过细胞分裂、分化和部分细胞持续生命或部分细胞死亡等系列变化，而构建个体。可见，细胞的分裂和分化是个体发育的最基础环节，研究发育必须从细胞层次中的变化开始。

5.2.3.2 组织层次或器官层次中的变化

各个器官和各种组织都是由细胞构成的，但处于不同层次。不能把它们间发育相关联的一面，与它们发育的不同层次相混淆。

针叶树雌、雄球果经受精，在雌球果胚珠内生成种子。其中经历了多次细胞分裂。但合子到种子，是器官层次的发育变化。

根、茎、枝顶端原始分生组织细胞分裂，经初生生长、次生生长的不同细胞分裂和分化阶段的子细胞，形成的不同细胞种类构成了它们所在的成熟部位。这些都是器官层次的发育变化。

严格来说，次生木质部不是独立的器官，而是根、茎、枝三器官中的一部分。可把次生木质中生长鞘间和生长鞘内的变化，理解为组织层次的发育变化。由于次生木质部发育的特殊性，以及它在树体中所占的体积和经济价值，而被本项目列为研究的主题。

各组织层次或器官层次中生命变化的汇集，才是树木发育过程。

5.2.3.3 个体发育

受精产生合子(受精卵)，是个体生成的第一个细胞。种子植物合子在胚珠中发育成种子，胚是种子中的雏形植物体。

种子萌发，通过营养生长，繁殖生长，再开花受精。

发育在有机机体结构的各层次间呈阶梯形。每一层次必定建立在下一层次的基础之上。研究发育必须注意各层次中的变化，并同时要强调各层次间的变化联系。

5.2.3.4 树木发育研究中须注意发育的层次

多年生树木，上一结构层次的发育，是由下一结构层次共性重复变化间存在着随时间的规律差异造成。从变化延续的时间来看，下一结构层次变化经历的时间短，上一结构层次时间长。在学术认识上，上一层次结构的发育变化，往往被掩盖。

1) 针叶树雌、雄球果的结实

现象：在结实开始后，结实除大、小年变化外，还存在种子质量随树龄的变化。种子质量包括单粒种子重量和发芽率。

分析：单株针叶树每年相同的结实过程在相随树龄的各年间存在着规律差异。这里包含着两个层次(组织和器官)的发育变化。

2) 周皮

现象：树干外皮(周皮)逐时有破裂又有新生。

分析：韧皮部内的薄壁细胞逐年转分化生成木栓形成层并向外分生新的保护层，这是逐年间的相同过程；随树龄周皮的外观有变化，难道不会同时存在结构上的发育变化吗？

3) 叶

现象：随树龄，叶在不断更换，叶的形态和质地也有变化。

分析：同一树木在不同树龄时期生成叶的过程相同，但叶的形态随树龄存在变化。这是器官层次的发育变化。

4) 次生木质部

次生木质部存在组织层次上的发育变化。但须明确，次生木质部组织层次上的发育，是不同时段细胞层次发育生成的组织间存在规律性差别的结果。细胞和组织两个层次发育间存在着不可分割的关系。

5.2.4 树木的各部分是相通并相互依存的整体

根、茎、枝、叶中的维管系统(木质部和韧皮部)是相通的整体。这保证了水分、无机盐和营养物质的上下两向畅通输送。

繁殖生长要依靠营养生长，而树木物种的延续、扩大和进化又都得通过繁殖。从机能上来看，树木的各器官或器官中的各组织部分都承担着树木生存中不可缺的功能，并充分表现出它们相互依存的一体关系。

对树木生命中各部分发育的研究，必须首先明确它们都是整体中的一部分，由此才能全面认识局部中的变化。

5.3 本项目对树木生长取得的理论进展

种子植物同具初生生长，但在不同物种间，初生生长是有差别的。如树木和竹类的初生生长的期限和部位的差别都很大。次生生长只在一部分种子植物中发生，次生分生组织是已分化，但又重新恢复分生机能的组织。禾谷类作物茎秆倒伏时，茎节附近区域的细胞才活跃起来，处于下方的细胞发展比上面快，从而能把茎秆重新举直。但树木的次生生长从茎端发生的第一年开始，而后随高生长向上延伸，并逐年在其全范围一直持续，从而构建出占树茎主要体积的部分。

5.3.1 次生木质部的生命特点和在生命中的变化

既然发育是生物体生命过程中的自身变化过程，那它必定是发生在生物体的生命部位，并是适应生存需要的变化。这是发育变化与一般物理、化学变化的关键差别。

次生木质部的生命特点，须由它逐年受增添的过程来认识。由分生进入次生木质部的厚壁细胞都是具有生命的，是在次生木质部范围内经遗传控制的程序性变化才步入细胞死亡。边材具有输导和支持双重功能，薄壁细胞在未转入心材前具有细胞生命。可见，次生木质部是逐年在生命状态下形成，各年木质层随树龄的变化是在生命状态下的发育变化。

在认识次生木质部生命特点的同时，又必须明确树木中的次生木质部绝大部分体积是处于非生命状态。

5.3.2 树茎两向生长的独立性

树木两向生长的规律性在生物界是一个较特殊的现象。

树木生长中，也不是各器官都存在两向生长。树木的叶和花、果、种子就不是两向生长。两向生长概念只适用于树木根、茎、枝的次生木质部。

在区分两向生长时，要清楚认识它们间存在的联系方面：①树茎任一高度开始都是茎端高生长行程中必经的部位。茎端在上移后，由其分生出的细胞都将在生成的高度部位经历一系列的分化，其中包括有限次数的分生。至次生分生组织(形成层)形成并开始分生后，这时才转入直径生长的区段。可见，产生直径生长的分生组织都是由高生长的顶端分生组织生成；②在树茎上同时存在高、径两向生长，但同一高度部位只处于其中一种生长中；对于树茎各确定高度，总是高生长发生在直径生长之前，高、径生长交接的部位不断随高生长上移，高、径两向生长的结合，才构成树木的整体生长；③细胞分化和组织间的区界，必然存在模糊的过渡区。这些是两向生长存在联系的表现。

在认识树木两向生长存在联系方面的同时，更须注意高、径两向生长相对独立的特点：①高、径两向生长的细胞分裂和分化的性质不同。高生长分生的方向是上、下，分化产生初生分生组织和初生永久组织，经分化产生的组织类别层次多。直径生长的细胞分裂方向是同高度的内、外侧，只增生新木质层和新韧皮层；②两向生长是同时进行的，但不发生在同一高度部位。高生长区域总是保持在树茎顶端。直径生长总是发生在高生长分化完毕后的部位。在高生长进展的同时，它的下方不断转入直径生长的范围。由此可认为，两向生长的部位是分离的，并在这个意义上，把两向生长看做是相对独立的；③人工林高生长的速度远大于直径生长，初始两者比可达到 50∶1；④树茎高生长的分生仅限于茎端，是尚未产生次生组织的树茎新梢部分，其部位不断上移，范围甚短；而逐年的直径生长的区间，是自茎端以下的全高范围，并在不断增长中。

在次生木质部发育研究中，把高、径两向生长在概念上区分开具有重要意义。犹如研究地球在空间的运行，必须看到地球同处于公转和自传中。研究这类自然现象，必须同时考虑其中包含的既有联系，又相对独立的并存因素。

5.4 植物学对树木生长和本项目对次生木质部发育在研究方法上的差别

植物学对树木生长的研究，重点在茎端，其范围至次生木质部最初生成的部位。本项目是研究全树次生木质部随树龄逐年增生中木材结构和材质的变化。次生木质部的生成是茎端发育的继续，但两者有本质的区别。把两者在研究上的差别进行对比，才能清楚看出它们的不同方面(表 5-1)。

表 5-1　对树木生长和对次生木质部发育在研究方法上的差别

Table 5-1　Difference in studying method between tree growth and secondary xylem development

项目 Item	植物学 Botany	本项目 This project
研究部位 The position for studies	对高生长中发育的研究：高生长发生部位在顶端，树梢随着树高生长上移时，树茎顶端已生成的部位的发育就地在原位不断向前推进，由初生分生组织，到初生永久组织，直至次生分生组织生成，并开始分生。树株主茎的任一高度都要经过上述(高生长)发育过程 对直径生长新细胞生成的研究：针叶树次生木质部管胞是经细胞分裂、分化而产生，最后成熟死亡。这一过程属植物学细胞生命的研究范畴	研究次生木质部在树木生长全过程中的发育变化。直径生长是发生在树梢中形成层已形成并开始分生的以下部位，在全树茎其高、径范围随树龄连续扩大
试验材料的处理 Treatment for experimental materials	植物学发育研究的材料取下后必须立即灭活处理，以保持生命状态下原形	次生木质部除邻近形成层的边缘部分外，厚壁细胞都是无生命的。在生物发育研究中，这具有极大的特殊性
测定方法 Measurement	植物学研究树茎发育，取材于茎端 自顶端向下连续制片(切片)，分别进行显微观察。在次生生长发生前茎端的细胞都含有生命物质 自茎端向下分化逐趋成熟，一直至形成层生成。后由形成层开始向内分生次生木质部和向外分生次生韧皮部 以观察茎端不同高度部位生命组织的分化进展，来推断高生长中一确定部位在发育变化中的变化	测定树木生长过程中不同时间生成的次生木质部组织间的差异。由此去认识次生木质部生成中的发育变化 试验取样需分布在全树茎次生木质部逐个生长鞘的上下各部位 把逐年生成的细胞遗骸构成的木材差异看做是次生木质部生成中发育全程变化实况的迹物记录。测定这种差异，来研究次生木质部的发育过程

6　木材科学和林学的作用和在应用中取得的进展

本章用表概要

摘　　要

木材科学研究木材结构、材性和缺陷，采用的实验方法与材料科学基本相同。variation 在英语中是遗传学专用词，又是日常通用词。迄今木材科学一直把 variation 在意义上等同于 difference 应用于木材研究。由此，木材科学把树株内的不同部位间的木材差异只作差异的表现来看待，察出这种差异具有一定规律。本项目发现立木中的非生命木材是次生木质部生命变化中各时受固定的实迹，可采用它来研究次生木质部构建中的发育变化。

林业测树学研究林木生长中的材积增长，计时单位是树木生长年龄(树龄)，测计对象由单株树木至森林。本项目把树木生长纳入发育概念范畴，并确定次生木质部发育相随的时间是两向生长树龄，测计对象是单株样树内的次生木质部。研究重点包括单株内与材积增长的有关指标随两向生长树龄的变化。多株样树是用于证明这种变化符合遗传控制的相似性。

次生木质部发育研究实验需测出性状随生成时间的变化，在参用木材科学和林业测树学实验方法中有必要进行部分改变。

次生木质部受形成层逐年分生呈鞘状层增添。三维鞘形体概念在次生木质部发育研究中具有重要作用。本报告应用术语生长鞘。

从理论上认识树茎两向生长独立性,提出研究次生木质部发育须采用两向生长树龄;并以实验证明逐年生成的生长鞘间和同年生成生长鞘沿高度方向上存在木材性状的规律性趋势变化。

树茎中任一位点的高向和径向位置都有确定对应的两向生长树龄。每一位点上的木材结构和性状都是不变的固着状态。本项目察出次生木质部发育变化中时间、空间和性状三者间的特殊联系，给次生木质部发育的实验测定带来了可行性。

树茎具有圆柱对称性。在树茎南北中心板上均匀分布取样，取得了两向生长树龄组合连续的回归结果。这是满足次生木质部发育研究的必要条件。

在生命概念下研究次生木质部构建(木材生成)过程中的变化，是把静态的木材差异与次生木质部动态生命中的构建联系起来。

6.1 次生木质部是变化过程受固化的实迹

本项目研究新理念中最突出的特点是，一方面认识立木中次生木质部的主要构成部分是非生命材料状态，同时又以生命中的变化来看待它的构建。

空壳状态的死细胞占活树次生木质部体积中的大部分。

木材解剖学，观察的木材样品不需进行植物学实验的常规杀活处理，观察的项目是细胞空壳形态和胞壁上的特征，一般不涉及胞腔内曾经存在过的生命物质。同样，在木材化学和纸浆成分分析中，只有胞壁成分(纤维素、半纤维素和木素)和抽提物，从不把蛋白质或氨基酸列入。这些情况在次生木质部发育研究中应予以考虑。

一般根据生物的生命状态，会认为次生木质部各年生成的部分在后续的树木生长中也该是具有生命的。这实际是误解。

纵行管胞占针叶树次生木质部构成细胞的90%~94%。这类细胞在分生后的当年数月内，就经历了分化和成熟，随即步入死亡细胞的行列。它们的生命物质都在成熟过程中，经自身的程序性生化反应转化生成胞壁物质。管胞壁上的瘤层，是生命物质在最后转化中生成的残余物。这些是次生木质部逐年构建中的极重要的性状，是本项目实验能测出次生木质部发育变化的依据。

6.2 生 长 鞘

6.2.1 次生木质部在逐年受增添中构建

形成层是鞘状层。由形成层逐年生成的木质层同样为鞘状层。各层的鞘顶是上、下连续相连的髓心(真髓和外围环状的初生木质部)，在生成的性质上属初生永久组织。次生木质部生长鞘各层间的层次分明。由测树学教科书中绘出的树茎中央纵剖面的重叠抛物线图，就可看出林业科学充分认识到树茎中的木材是鞘状层的垒叠体。

寒、温和亚热带树木次生木质部的鞘状层显明。而一些热带阔叶树区分不出逐年的层次，但它们仍是由内向外依次生成。在横截面上的细微观察下，仍可分辨出它们是具有层次的区间。

充分认识次生木质部逐年生成的层次结构，对研究它形成中随树龄的发育变化有重要作用。

6.2.2 次生木质部鞘状层的形状和命名

次生木质部逐年(时)受增添的木质层的空间形态为鞘状。肉眼(宏观)下，次生木质部横截面呈同心轮状，树茎任一纵剖面上的纹理呈抛物线状，在径向截面上近于呈平行带状。

单层生长鞘自下而上的空间形态系中空状薄壳，基部是圆台形，中段近于圆柱，梢部是圆锥。次生木质部的鞘状层在树干横截面上呈轮状，由此称为年轮。虽然一般纵切面呈抛物线状，特别是径切面呈顺着树皮方向的直线状，但人们仍把它们一并称为年轮。这是木材在长期使用中被称呼的惯用词，并迄今沿用到有关的学术著作中。

长期把次生木质部中的鞘层称为年轮是可理解的，其主要原因：①横截面上是明晰可辨的轮状，在任一切面上呈现的图案都与此轮状有关；②鞘是体的形态名称，而使用上所见的木材都是截面上的图案，并无须考虑鞘层。

由一直把鞘状层在任一剖面上的形象都称作年轮，可看出人们早已认识纵剖面上抛物线或平行线与横截面上的轮状线是同属一物。由木材科学教科书，对树茎横、径和弦切面上年轮形态的描述，同样可看出人们对次生木质部中鞘状层的空间形态是完全了解的。

但长期来，林业科学和木材科学都未给次生木质部构成中的多层木质鞘另有一个学术上的专用词。

把次生木质部鞘状层在不同切面上的图纹都称作年轮，模糊了人们的思维。发育是体中的变化，思维中用平面的形象来看待空间生物体，就会在发育研究中起着掩盖的作用。本书把次生木质部逐年受增添的木质层，称作生长鞘。研究自然现象，实验结果是最重要的依据。本项目测定了人工林针叶树单株内不同树龄生长鞘中的多个高度木材样品，结果：①同一生长鞘不同高度的木材性状有差异，呈有序的变化形态；②不同树龄生长鞘间呈规律性变化状态。这些充分表明，在次生木质部发育研究中建立生长鞘概念的必要性。

过去已发觉年轮一词对热带生长的阔叶树并不适合，有学者把年轮改称为生长轮或年生长量，但习惯上仍多称年轮。在次生木质部发育研究中，生长鞘是一新词，不存在习惯的束缚。考虑热带树种次生木质部的鞘状层的生成，并不是以年为间隔的时间单位，把次生木质部中的鞘状层称为生长鞘，更能概括全部树种的实际情况。

6.2.3 惯用词年轮仍须应用

惯用词年轮在次生木质部发育研究中，并未受废弃。生长鞘横截面仍称年轮，并时时把它与生长鞘概念联系起来。

应用的实例：

样树采伐时的树龄是由根颈横截面年轮数来确定。在样树横截圆盘上取样，要用年轮序数来标注试验样品的径向位置和计算生成时的两向生长树龄——年轮所在平面的高生长树龄；年轮所在生长鞘的径向生成树龄。

树茎同一横截面上内、外年轮的径向生成树龄不同(或称年轮生成树龄 Tree age during ring formation)。报告某一性状在树茎确定高度上的径向变化时，用语的涵义是随径向生长树龄的发育变化。

本项目实验采用的小样品都是取自各生长鞘不同高度的年轮上，取自同一生长鞘上的样品是同龄序同鞘的关系；取自不同高度、相同离髓心年轮数年轮的样品是同心序异鞘的关系。

本书第 13 章是单株内年轮宽度发育变化的专章。

本研究报告同时采用生长鞘和年轮两词是要满足准确表达次生木质部发育的需要。

如表 6-1 所示，年轮和生长鞘两词的对比。

表 6-1　年轮和生长鞘两词的比较

Table 6-1　A comparison between two terms annual ring and growth sheath

词　目 Terms	年　轮 Annual ring	生　长　鞘 Growth sheath
相关词 Relative term	生长轮——木材横截面上的轮状层次，由周期生长而产生；如果在一年内形成一个生长轮，则称年轮	年生长——树木在一年内长成的木质层。同义词：年增量或季增量
认识 Knowledge	径切板面上的平行层次或弦切板面上的抛物线层次是逐年生成的木质层次的剖面，但都被称作年轮。这造成了以三维体在单一截面上显示的图像来称呼它的整体形象，因此而掩盖了其真实形态	林业测树学和木材科学认识到树木逐年生成的木质层的立体形态是鞘状层，由逐年鞘层的重叠构成了次生木质部，但仍把这些木质鞘层称作年轮。本项目根据次生木质部发育研究的需要，明确提出生长鞘概念
本研究上的应用 Application to this project	实验是在不同高度横截面的径向逐个年轮上取样。 结果分析：①同一生长鞘不同高度试样测定结果的发育变化；②同一高度径向逐个年轮测定结果的发育变化等内容都需应用词语“年轮”，但须把年轮和生长鞘两概念沟通起来	次生木质部的发育，是其逐年构建中的变化。如仅观察树茎某个高度上年轮间的径向差异，那只是次生木质部发育的局部表现。提出并强调生长鞘，表明须在三维体概念下研究次生木质部发育
单独应用的局限性 Limitations on single application	本项目研究中，年轮的涵义是一生长鞘某高度上的取样位点。其测定结果只是该生长鞘在这一位点生成时的发育状况	对次生木质部发育的研究，最终结果都须汇集到逐龄生长鞘同一高度年轮间和逐龄同一生长鞘不同高度年轮间的变化上。 但实验取样却不能以生长鞘为单位，而是要在树茎不同高度径向逐个年轮上取样

年轮和生长鞘两词有密切关系，但各具不同涵义和作用。本书同时采用两词出于满足能全面准确表达次生木质部发育研究结果的目的。

6.2.4　词语生长鞘在次生木质部发育研究中的重要性

次生木质部研究中，生长鞘是一重要概念。其作用表现在：

(1) 生长鞘是构成次生木质部的结构层次。在宏观下，是多层生长鞘垒叠才形成了树茎主体。年轮只是生长鞘在横截面上的形态，而生长鞘才是这一实体的形态。

次生木质部发育是发生在三维体中。生长鞘概念，树立了次生木质部发育是生长鞘“三维体”间变化的认识。采用生长鞘概念才能符合次生木质部发育研究的要求。

(2) 生长鞘能从概念上明确鞘间和鞘内。每一层生长鞘都是在同一树龄中生成。研究次生木质部发育，是要立足于鞘间和鞘内的整体变化。鞘间变化是发生在不同的径向生长树龄间，鞘内变化是发生在同一生长鞘内的不同高生长树龄间。在确定次生木质部各部位性状中，这两项变化是在同时同一位置上同起作用。

(3) 本项目在确定取样方法和数据处理方式上，都依据生长鞘概念。某一高度年轮间的径向差异仅为发育在截面上的局部反映。必须在多个高度径向逐个年轮上取样，并对实验结果分别进行鞘间和鞘内差异变化的数据处理，由此才能揭示次生木质部的发育全貌。

生长鞘在层次间的区界与生成时间段落(年)有明确的对应关系。这表明，生长鞘间的差异正是程序性变化的表现。生长鞘是次生木质部形成中逐年发育变化的自然区段。生长鞘作为研究次生木质部的基本形态单位，是由它在发育变化中所具有的全部特点确定的。研究者只有发现它实际存在的可能，而不可能从意识上去创造出这样一个单位。

6.3 两向生长树龄

6.3.1 树龄和高、径两向生长树龄

一般生物体只会有一个已生存的时间。对树木而言，树龄是由种子萌发开始起算的生命时间。单株树木的生长具有树株树龄，是植物学和林学界共同接受的事实。但对次生木质部发育研究，极重要的一环是须采用两向生长树龄。

高生长树龄是树茎生长至某高度所经历的时限。树茎上的连续高度都分别有对应的高生长树龄，两者具有一一对应的关系。径向生长树龄是逐年生成生长鞘中各当年所对应的树龄。分生组织分生时自身已存的时限，对顶端是高生长树龄，对形成层是径向生长树龄。

在次生木质部发育研究中对每同一样树，依据存在两事实的实验结果而确定须采用两向生长树龄：①同一时刻生成的生长鞘的上、下部位间存在规律性变化；②不同树龄生成的生长鞘间存在着规律性变化。由此可看出：①茎端和形成层两部分相随树龄都存在发育变化；②茎端原始分生组织是通过形成层对次生木质部建构产生影响；③次生木质部的发育同时受顶端和形成层两分生组织各自存在的时限影响，但顶端的影响是通过形成层分生而体现在次生木质发育上，这是最难认识的方面。

树木顶端高生长区域的时间长度均在一年之内。树茎各高度横截面上的髓心外第一年轮都是各高度生长当年内开始生成的次生木质部。视觉上，这造成径向生长树龄和树龄在数字上相同。但不能由此而把径向生长树龄和树龄在概念上看做等同。退一步而言，如把径向生长树龄看做与树龄等同，那将如何看待高生长树龄和树龄间的关系呢?

正确认识是，高、径两生长树龄和树龄分别具各自的概念内涵，不存在种属的包容关系，应分别去看待它们。

在表达性状发育变化与时间的关系时，只有树株树龄是可独立应用的。在生长鞘全高平均值变化中，生长鞘生成树龄的涵义就等于这一树龄；而一般情况下径向生长树龄和高生长树龄是相互依存的，应用中是须同时考虑的。

再思考

(1) 次生木质部发育研究中才发现必须采用两向生长树龄。这一特殊发育时间概念

是由树茎两向生长独立性造成。

(2) 虽树木具有两向生长和在次生木质部发育研究中须应用两向生长树龄不是完全相同的认识，但它们之间存在联系。

(3) 两向生长树龄，是与次生木质部发育性状变化相匹配的时间因子。

(4) 两向生长树龄只适用于次生木质部发育研究。提出两向生长树龄，并不影响树株树龄的正确性，以及它在林业科学研究中的应用。

(5) 认识高、径两向生长树龄和树株树龄间的关系，在次生木质部发育研究中有重要作用。

6.3.2 时间因素在次生木质部发育中的复杂性和重要性

时间标志着地球环境的周期性变化。

遗传物质相随时间控制着发育的程序性过程。时间与发育过程有密切关系，但它并不是主宰进程的因素。这犹如地球自转和公转轨迹与时间的关系一样。

次生木质部发育，是发生在其构建过程中。树茎两向生长特点，使得相随次生木质部发育的时间因素存在着复杂的一面，正由此而长期起着掩盖次生木质部发育真象的负作用。

次生木质部构建过程中的位置和时间	对次生木质部构建中的变化和相随时间的思考
高生长由顶端原始分生组织产生，顶端在高生长中位置不断上移，并能在分生中一直保持自身功能	微观上，顶端分生组织在保持高生长机能的同时，也在不断地进行自我更新的替换，这一过程中能不存在发育的变化吗？
直径生长是形成层分生的结果。树茎具有形成层的高度位置是在高生长区域之下。形成层由顶端分生、分化产生，在树茎中呈鞘形，位于树皮和木质部之间	形成层由顶端分生、分化产生，这是高、径两向分生组织联系的表现。在形成层分生产生的木材组织中能不考虑顶端的影响吗？
形成层在一旦生成的部位，就保持分生机能，承担直径生长的机能，并能自行相应扩大周长	形成层的高度和周长随树木生长不断扩展中，它的各部位不也处在发育进程的不同时段吗？
顶端不断上移的高生长中，形成层的高度也连续在受顶端分生组织的分生、分化而得以同时向上扩展。但顶端分生组织一直保持位于树茎具有形成层区域的上方	高、径两向生长不处于同一高度，是高、径两向生长独立性的表现。次生木质部性状的发育变化不能简单地被认为是两向生长独立影响的叠加结果，而应被看做是两向生长影响交互作用的结果

时间因素在次生木质部发育过程中表现出的另一重要特点是，次生木质部发育不是发生在树茎的各同一固定部位上；相反，次生木质部中的不同部位，是次生木质部在发育过程中随时间受固着留存的变化迹物。不同部位间的木材性状差异，是发育变化的表现。能察觉这一特点，才能认识到次生木质部发育发生变化的部位是随时间而在连续移动的。要表达出次生木质部随时间在空间位置变换中发生的变化，所取的时间因素必须符合木材构建特点。由次生木质部的构建在时间和空间上具有的一一确定的对应关系，更能体察出所取的时间概念在次生木质部发育研究上的重要性。

林业科学认识树木具有高、径两向生长，但树木生长和林业研究中的时间只需采用全树生长树龄。本项目发现，研究次生木质部发育必须采用高、径两向树龄。这一木材研究上的新举措，不仅在理论上具有合理性，而且在本书第三部分的应用中得到了印证。

针叶树人工林高、径两向生长都明显；与一般树木生长相同，高生长远速于直径生长。初始生长的高、径尺寸比约近于 100∶1。对原高生长明显而言，树高增速减至初始的 1/100，还与直径生长的初始值相当。对已处于高处的树茎顶端，视觉上高生长却成停滞状态。两向生长树龄在人工林次生木质部发育研究中具有重要的意义。

两向生长树龄使次生木质部发育相随的时间是双因子。物理学实验，让笔尖向正前做直线移动，铺有白纸的木板同时向垂直于笔移动的左或右方做平移。在两向移动中，笔在纸上绘出的合位移是一曲线，这是两向位移简单叠加的结果。而相随两向树龄的次生木质部发育却不能用这种简单的叠加就可看出。两向生长树龄间除独立的一面外，还有高生长向直径生长产生影响的联系一面，其中存在交互作用；并且，不是两个因素间的关系，而是两向生长树龄共同影响发育性状变化的关系。对次生木质部发育过程，只能通过实验测定来研究，采用的任何数学方式，都只是表达手段。

本书叙文中，在能明确看出所论是径向生长树龄时，有时也将它简称为树龄，因两者在单株树木内的数字相同。尽管如此，在概念上仍须将两者作清楚区分。

6.3.3 测树学较多采用树龄

测树学是林业科学中的一门历史悠久的成熟学科。

林木材积是测树学测定的一个主要指标。树干解析是测树学用来研究树茎材积增长的方法。其过程：①把树干由根颈到树梢分段，对每段以一或若干年轮为单位，测出各轮在横截面上的面积；②树茎高向分段是采用固定尺度；③由上述数据，可计算出不同生长年份在各段上生成的木材材积；④由各段上各同一年份的材积和，即可分析出样木自第一年生长开始的逐年或逐时段的材积增长。可见，树干解析测出立木材积的逐年增长，是无须区分高、径两向生长树龄的。树干解析只在分析树高生长中，须由根颈(0.00m)和各高度横截面上的年轮数推知树木生长达各高度的树龄。而在本项目，实验取样的位置和结果分析中的每个环节都必须考虑两向生长树龄。两向生长树龄在次生木质部发育研究中具有重要意义。

6.3.4 离髓心年轮数

离髓心年轮数(wood age)不能直译作木材年龄，它在国外文献上的原意是离髓心年轮数(ring number from pith)。次生木质部某一确定部位在生成后，树茎是在其外继续增添的。按 wood age 字面意思，树茎任一位置木材生成后的 age 一直是在增长的。实际已生成的木材的结构和化学组成都基本已无变化。木材已生成的年数(age)对其性状不存在作用。木材年龄这种提法，在发育研究上将造成极大误解。

离髓心年轮数，是某一高度横截面上某一年轮包括自身的离髓心年轮数。其生物学意义是，某一高度形成层生成该高度某一年轮时，此高度形成层自身在该时已生成的年限，起算时间是该高度形成层初始分生的时刻。迄今，有关木材研究的文献和书籍都采用这一时间部位来表达次生木质部内的差异。

只考虑离髓心年轮数，对于表达单株树木内某一高度木材的径向变化，是可用的；对于同时报告几个高度的径向变化，并分别标注其各曲线代表的高度，也是可行的。这种报告径向变化图示的特点是，以离髓心年轮数为横坐标，一或几个树高部位的曲线都起始于图示的左端。

但在次生木质部发育研究中，离髓心年轮数不能作为表达发育进程的时间因素。其不可取的方面是：①单株内不同高度相同离髓心年轮数的木材性状不同。②单株内不同高度相同离髓心年轮数的年轮的生成时间不同，即位于不同生长鞘中。在不考虑树高生长影响时，这一问题是不易被发现的。③单株内同一生长鞘不同高度部位的年轮的离髓心年轮数不同。

相随次生木质部发育的时间因素是高、径两向生长树龄。离髓心年轮数是树茎某一年轮所在生长鞘的生成时树龄(径向生长树龄)与所在高度的高生长树龄相减的差数加 1。它是由相随发育变化的两向生长树龄衍生出的一种与时间有关系列。因为相随次生木质部发育的时间因素是两向生长树龄，而它们两者存在的数字间关系，才使得由它们能再派生出另一与时间有关系列。应明确，次生木质部在这一与时间有关系列上表现出的木材差异，同样具有发育变化的性质，在次生木质部发育研究中有细究的学术价值。

6.4 次生木质部生命中发育变化的性状、时间和空间

生命中变化的性状、发生的时间和位置是生物发育研究必须考虑的三个主要因子。本项目发现这三个因子在次生木质部生命中存在着特殊的关系。这种关系保证了次生木质部发育研究实验测定的可行和可靠性。

次生木质部每年增添层的主要构成细胞的生命期仅数月。各层生长鞘的木材性状是固定的，位置是不变的。次生木质部发育研究需考虑的重点问题是位置与时间的关系。通过这一关系就能确定与性状对应的发生时间。

次生木质部发育研究要测知生命连续过程中性状发生的变化，条件是由取样位置确定的两向生长树龄组合在回归分析中能取得连续的要求。由此，取样位置成为研究次生木质部发育需考虑的第一位因子。本项目重视次生木质部中各取样位点的位置，实质是重视位点上性状发生的时间。

6.4.1 次生木质部发育变化的位置特点

6.4.1.1 次生木质部与树木其他器官或部位在发育位置上的差别

次生木质部	树木的其他器官或部位
逐年增生的木质层位置是在原已生成部分的外侧。已生成的各年木质层都受到完整保存	位于树茎外表的原周皮不断破裂脱落，而新生周皮不断在内补充
在逐年增生的生长鞘位置间，存在确定的内、外和序列关系	逐年间，叶、针叶树雌、雄球果和种子不存在萌生部位的序列关系

6.4.1.2 树木次生木质部与竹类秆材在发育位置上的差别

次生木质部	竹类秆材
兼有初生和次生生长，两者在树木长寿命中都一直保持。茎端初生部位不断上移，已生成部位在原位置不变的条件下连续进行分化。由此造成自茎端向下，分化的进展程度不同。在次生生长开始后，次生木质部的各高度位置都只在外接受增添，原已生成部位的高、径两向位置都保持不变，而且各位置的木质厚壁细胞都在生成的当年内经细胞生命过程的分化和成熟成为死细胞。由此，受这部分死细胞确定的发育性状成为凝固状态	只有初生生长，全秆的初生生长在同年数月内完成。秆材竹节数在笋萌发出土前已确定，而后的伸长是在各节中进行。秆材的总增高，是各节间伸长的结果。可见，高生长中全高各部位的高度位置都在移动中。秆材在高生长完成后，竹壁中厚壁细胞的胞壁在数年时间内还处于继续加厚中。这表明，这部分细胞在这段时间中还保持着细胞生命

6.4.1.3 次生木质部发育变化的位置特点

次生生长是在受增添中进行。其过程中包括：①由形成层原始细胞分生木质母细胞；②在形成层区域内木质母细胞经有限次数(二次)分裂生成木质子细胞；③子细胞经分化、成熟而死亡。木质厚壁细胞的上述生命过程仅数月。可把次生木质部增添过程定作以年为时间单位，次生木质部各生长鞘生成后的径向位置是保持不变的。

次生生长的各高度部位，都是固定在原初生生长连续分化的位置。初生生长是不断向上推进，直径生长的区域在同步增高。对一确定高度位置，一旦次生生长开始，直径生长就会连续进行。新增添部分，总是在原已生成部分的外方。直径生长前、后生成部分的高度位置相同，已生成部位一直保持着原高度。

可见，次生生长受增添的部位，在生成后的高、径位置都是保持不变的。

6.4.2 次生木质部每个位点都有它生成时不变的两向生长树龄

确定已伐倒样树次生木质部任一位点两向生长树龄的步骤：

(1) 根颈(树茎 00 高度)圆盘上的年轮数，是样树伐倒时的生长树龄。人工林有造林档案，可得到确证。

(2) 各高度圆盘最外一年轮都以样树树龄为年轮生成树龄，自外向内逐个年轮的生成树龄递减。针叶树横截面年轮外缘清晰可辨，由外向内尚可把难免误差所造成的损失减至最小。

(3) 用样树伐倒时的生长树龄减各高度圆盘年轮数，所得差数即各高度圆盘的高生长树龄。同一高度各位点的高生长树龄相同。取样圆盘间距缩小，能提高所得高生长树龄的精度。

上述步骤的理论依据是次生木质部任一位点生成时的两向生长树龄是不变的恒数。

6.4.3 次生木质部发育在时、空双变换上的统一

6.4.3.1 时、空双变换的统一

一般，生物体不同位置上的发育性状随时间的变化是有差别的。但在次生木质部中的位置与其生成时的两向生长树龄间却存在确定的对应关系。次生木质部构建中的这一特点，使它的发育进行在时、空双变换上得到了统一。这在次生木质部发育研究上有重要作用。

6.4.3.2 时、空双变换的统一在次生木质部发育研究上的重要作用

如生物体发育性状变化是发生在确定部位上，那是两因子间的关系，可用二维(平面)曲线来表示；如生物体发育性状是在空间的单向位置上随时间变化，即性状、位置和时间分别为单一变量，它们的关系可用三维(体)曲面图示来表示。而次生木质部发育存在高、径两向生长树龄，如果再同时存在位置上变化的差异，那这种发育变化就不可能在一般三维图示上表达。

但次生木质部发育中时、空双变换的统一，使得时间和位置通过两向生长树龄而具有联系，性状相随两树龄的变化是三变量间的关系。由此，次生木质部才仍符合三维图示表达的条件。

6.5 本章专业词语辨析

对次生木质部研究中新增的重要概念，如生长鞘、两向生长树龄和四种数据处理等专用词语都已分别以专节作了介绍。本书阐述中又应用了一些生命科学的通用词，但使用意义上与其他学科不尽相同。因此有必要对这部分词语进行辨析。还有一些意义交叉的词语，一经分辨各具的作用都将明了。

本节着重于意义相近语词的对比，内容都与次生木质部建构过程中的时间、位置和性状有关。

6.5.1 生长、发育和形成

生长、构建和发育是用不同术语来表达树木同一过程的不同侧面。一般，生长是对单株全树而言，构建用于器官，而发育则是凸显它们在生长或构建中的变化。

本项目观点，发育是生物体生命过程中自身体质的变化过程。在这一概念下，生长就包括到发育过程中，时限范围是全生命过程。

本书生长一词不用于次生木质部，只用发育。对树木，生长、发育两词兼用。

木材形成(生成)是木材科学的惯用语。构建是发生在生命中，本书在论及次生木质部发育时，用“构建”替换“形成”、“生成”。在提及木材仍用“形成”、“生成”，它们是非生命材料的已成状态。

6.5.2 性状和发育性状

木材科学中的特征，遗传学中的特征和性状，在个体生命过程中有可能是不变的。如针叶树次生木质部管胞之间几乎不存在细胞间隙。

个体生命过程中具有程序性变化的性状，才是发育性状。发育研究的范围限于发育性状。本书第三部分首先须证明受测性状属发育性状。

多项发育性状的组合，才构成个体的发育现象。

6.5.3 分生组织分生年限(自身生成年数)

本书作为次生木质部发育研究的专著，该注意与顶端分生组织分生年限和形成层生成年数两词的相关学术内容。

树茎顶端分生组织的位置逐年上移。它达到某一高度，都会有顶端分生组织出土后达此高度的树茎高生长年数，即高生长树龄。可见，顶端分生组织分生年限相等于同一树茎所达高度的高生长树龄。

形成层在树茎中，是一个分生组织鞘，承担树茎的侧向分生机能。它的高度由于顶端分生才能连续向上延伸，它的围长是依靠自身的分生而扩展。可见，处于同一鞘中不同部分形成层的生成年数是不等的，由下而上生成年限的年数逐减，而且随着树茎的直径生长，各高度的生成年数又都在逐年增加中。

顶端分生组织生成年数和形成层生成年数，在树木生长中，都处于动态变化中。这种变化与树茎的发育变化是相关的。

6.5.4 有关树龄的词语

发育的程序化进程离不开时间。树茎两向生长树龄的特点，使得有关树龄的词语在次生木质部发育研究中具有突出的意义。

6.5.4.1 生长鞘生成树龄、年轮生成树龄

树茎顶端由分生、到分化产生形成层的时限在一年内，即次生木质部在一年生的树茎顶端已开始生成。可见，生长鞘生成树龄、年轮生成树龄和径向生成树龄的数字是相等的。它们分别有适合应用的表达对象和描述。

对于树茎两向生长来说，只用高生长树龄、径向生长树龄或树茎两向生长树龄，这些词语中不含生成两字。

6.5.4.2 两向生长树龄组合

次生木质部各部位取样的空间位置须用径向生长树龄(生长鞘生成树龄或年轮生成树龄)和高生长树龄两个因数匹配来确定。

在两向生长树龄条件下，次生木质部发育相随的时间不是单一径向生长树龄或高生长树龄的连续，而是两向生长树龄组合的连续。在次生木质部发育的三维图示上，以 X、Y 轴分别示径向生长树龄和高生长树龄，那两向生长树龄组合的连续则为 X、Y 平面。这种连续要求实验的取样点能均匀散布在 X、Y 平面上，而回归分析则可取得两向生长树龄连续组合的发育变化结果。

6.5.4.3 树龄和龄段

虽然树龄和径向生长树龄在数字上相同，但两概念的内涵是有区别的。树龄是对树木的整体而言，而径向生长树龄是次生木质部发育研究中的专用词。

在报告同种数样树的平均结果，或在不同生长树龄的同种样树间进行比较中，都需采用龄段作为计时单位。这与测树学采用龄段的作用相同。

6.5.5 年轮序数

标志树茎横截面自外周向内或自髓心向外的年轮序数分别被称作径向生长树龄序数(简称龄序)和离髓心年轮数(简称心序)。

树茎不同高度同龄序的年轮是位于同年生成的生长鞘中。它们间的关系是同龄序同鞘。

树茎不同高度同心序年轮间的关系是位于不同生长鞘，但离髓心年轮数相同。

同一样树次生木质部上述两种年轮序数年轮间性状的变化都是本项目发育研究的内容。

6.6 次生木质部发育研究在木材科学和林学方面取得的进展

木材是最日常的生活材料，树木是保障人类生存环境的主要生物类别。它们还有让

人难见的隐秘性，这是需费心理解的问题。

木材是非生命的生物材料。生物是有生命的。木材的非生命是如何与生命联结呢？伐下的木材和它长在活树中有什么不同？人们都能意识到生物生命中必有变化；木材作为生物材料，它的生命现象呈现在何时何处？它生命中的变化又表现在哪里？

本项目是以生命过程来看待次生木质部构建。这不再是把木材作为非生命材料，而是把它作为研究生命的材料，是在研究它生成中生命的变化。次生木质部发育是木材研究的一个新起点(表 6-2)。

表 6-2 次生木质部发育研究中的新理念和采取的相应措施

Table 6-2 New ideas and corresponding measures in development studies of secondary xylem

研究新理念 New idea of studies	主题 Subject matter	次生木质部构建中存在发育变化 Developmental change exists during secondary xylem elaboration
	主题成立的条件 The condition that the subject matter is established on	①发育必须发生在生命中；②发育是随时间的变化过程；③发育过程符合遗传特征；④发育过程具有生存的适应作用
	理念的创新性 Creativeness of the ideas	①以遗传控制生命变化的概念看待次生木质部构建过程是木材形成理论的进展；②次生木质部构建中的变化过程是哲学思想生命是流概念的实证，据此探讨生物发育共性；③以生命科学和材料科学交叉来研究可再生的非生命的生物材料
实验 Experiment	实验设计的依据 Basis for experimental design	①次生木质部各位点木材性状是发育变化各时受固定的即况实物；②次生木质部发育相随的时间是树茎高、径两向生长树龄；③次生木质部发育的特点是时、空双变换的统一
	取样 Sampling	树茎具有圆柱对称性。在树茎南、北中心板全高一侧或两侧逐个年轮不同高度上取样(由符合这一取样要求的样品性状测定数据，才能在回归分析中取得随两向生长树龄组合连续的发育变化结果)
	项目 Item	新增受全面测定的树茎木材性状是：逐龄径向增生管胞个数、管胞宽度、管胞长宽比、逐龄木材干物质增量、年轮宽度和每米木节个数等；其他项目如管胞长度、基本密度、强度和干缩性等也都按发育研究实验新要求进行取样和测定
	精度 Accuracy	要求能测出发育变化，仪器误差必须小于连续测定间发育变化的差值
数据处理 Data processing	发育相随因子 Factor with secondary xylem development	两向生长树龄。发育是性状相随时间的程序性变化。不同类型图示都须以高生长树龄或径向生长树龄为横坐标
	图示类型 Diagrammatical type	用四种类型三维平面曲线表达三维空间曲面的发育变化
分析 Analysis	现象和结论 Phenomenon and conclusion	同一图示中多条曲线示单株次生木质部同一性状的发育变化。如多条曲线呈规律变化和有序过渡，表明发育变化在单株内是协同的。 种内株间同一性状的多幅图示呈相似性是发育变化遗传性的表现。 实验结果的性状变化图示具有上述特点，才能被确定为发育性状。多个发育性状随时间变化的聚合是证明次生木质部发育现象存在的必要条件

树干解析是林业测树学测定单株树木生长的方法。它的程序是，在树茎中截取根颈和每 2.00cm 间隔圆盘，由它们的年轮数可知伐倒木的树龄和至树梢各高度的高生长树龄；在各高度圆盘上以一或数年轮龄阶为单位，由髓心依序向外测定它们在圆盘上的直径，并可确定出不同高度各年轮生成时的径向生长树龄。根据上述测定，可计算出树茎生长中包括材积等指标随树龄的增长。

树干解析方法在次生木质部发育研究中受到采用(表 6-3)。有关材积增长的指标如年轮宽度、树高和干物质等的年增量在树茎生长的逐年间呈规律性趋势变化。这些变化的性质都属发育的一部分。

表 6-3 树干解析方法在次生木质部发育研究和在林业测树学应用上的差别

Tabel 6-3 Differences in application of stem analysis between development studies of secondary xylem and forest-mensuration

学科 Disciplines	次生木质部发育研究 Development studies of secondary xylem	林业测树学 Forest-mensuration
应用的主题 Subject matter of application	单株内次生木质部构建中有关生长的各项指标逐年增量的变化。目的是研究个体生长中的发育过程	单株生长各项指标的逐年增量。目的是研究林地材积的最大效益
树龄和两向生长树龄 Tree age and two direction growth ages	次生木质部的发育是性状随两向生长树龄组合的变化。明确有高、径两向生长树龄。先后连续生成的各年生长鞘是在不同径向生长树龄中生成；同一生长鞘高度间性状的规律性差异是由高生长树龄不同造成。只有次生木质部发育研究才有两向生长树龄区分的必要	树干解析中有达各断面之树龄，并有逐年树高生长曲线。这些表明，在树干解析中也是将高、径两向生长区别看待的。但计算材积是以树株树龄为计时单位
项目 Item	①测出各取样位点的基本密度(全干物质/生材体积)可计算出样树逐年的干物质增量；②把年轮宽度作为一个独立的性状指标；③提出树茎高径比发育变化等概念	①可测定样树伐倒时的生物量；②测定各高度断面不同龄阶的直径是直径增长指标,并供计算材积。这一测定结果虽与年轮宽度有关，但它不是独立的测定值
测定精度 Measured accuracy	要满足能反映出生长中形状指标的发育变化，年轮宽度是在光学扩大条件下测定，精度为 0.01mm	年轮宽度只供材积计算，测定精度为 1mm
数据处理 Data processing	采用四种平面图示报告各测定性状随两向生长树龄的发育变化	各项测定值随树龄的变化

7 遗传学的作用和在应用中取得的进展

本章图示概要

本章用表概要

摘　要

次生木质部的形成具有遗传的既定性，它的生命过程是在遗传指引下发展。次生木质部发育实验测定的对象是非生命的材料(木材)，研究的却是遗传控制下生命中的变化。两门完全不同门类学科的交叉在阻碍着人们的视野。

既然次生木质部发育是在遗传的控制下，那么本项研究就不得不考虑有关遗传的问题。

不悉遗传学只把遗传看做亲、子代间或同亲子代间的相似，却忽略了它们间的差异。这种差异的属性是什么？种内个体间的差异和种间差异在本质上有什么不同？

不悉遗传学看待遗传，只注意亲、子代间或同亲子代间的相似，却忽略了遗传对个体生命过程的控制。

遗传在有性繁殖中造成相似和相异，与遗传对个体生命过程的控制，是遗传学中的不同问题。遗传是物质控制下的现象。这种物质是什么，它在生物体中存在的状态和如何控制着生命？这些都是次生木质部发育研究中必须认识的问题。更甚者，次生木质部是树木中的一个结构部位，如何能察出遗传在它生命中的作用呢？

木材科学和林学一直把单株树木内的木材差异称为木材变异(wood variation)，对它的研究只限于树株内木材差异的表现，而未涉及差异生成的生物学因素。这表明，对木材形成(wood formation)(次生木质部构建 secondary xylem elaboration)存在着一个具有重要学术价值的空白。遗传学进展铺就了通向这空白的路径。

把单株内的木材差异称为变异，这与生命科学接受的遗传学变异概念不符。遗传物质在有性繁殖中传递和重组过程造成的遗传现象同时包括两个方面：亲、子代或子代间相同或相似(被认为是遗传)；亲、子代或子代间相异，种内个体总是千差万别，没有完全相同的个体(变异)。这里是把遗传与变异看做是有性繁殖中共存的同一遗传现象。有性繁殖的生物子代只是像亲代，而不是和亲代相同。遗传学的变异概念只适合于种内个体间(这里，没有把生物个体上的突变列入变异)。突变是原遗传物质之外增添的新内容，与发生在物种基因池内的遗传变异性质不同。尚应明确，营养器官的突变在有性繁殖中是不遗传的，只有对生殖细胞中遗传物质产生影响的突变才具有遗传性。认识遗传物质在有性繁殖中的传递和重组，在次生木质部发育研究中的重要作用是，一方面能把株内木材差异与有性繁殖中的变异区别开，另一方面又能深刻感悟出次生木质部发育变化具有遗传性。

在遗传物质调控下，由发育变化产生的个体生命中的差异本身和其表现出的生命过程都符合遗传特征，并具有遗传性。这与发生在种内个体间的遗传中的变异有本质区别。环境异常变化在个体生长中造成营养器官出现非正常状态，不属于遗传的变异性质。树茎中规律性的木材差异是次生木质部在遗传控制下随两向生长树龄组合连续推进的构建中生成。这种差异是发生在个体体内的生命中，它的生成性质是发育变化。按照遗传学观点，树株内遗传的木材差异不属变异范畴，而是次生木质部发育变化全程逐时受固定的实物陈迹。

高等生物是由有性繁殖中生成的单细胞合子分生和分化而成。任一体细胞中的遗传物质都来源于合子。同一遗传物质在控制着生物个体生命中的发育变化和生命过程。调控表现在基因只在该起作用的部位和时间才起作用。基因作用的发挥是通过生物化学过程。

遗传学研究实验的重点是发生在种内个体间的遗传和变异现象；有关生物发育研究的重点内容是基因调控。本项目的实验主题是证明次生木质部生命中符合遗传特征的自身规律性变化过程的性质是生物共性的发育。这一证明的依据是，发育是遗传控制下的过程。次生木质部生命中的自身规律性变化过程符合遗传特征，由此才能在学术上确定次生木质部构建中存在着发育现象。这是遗传学在次生木质部发育研究中得到的新应用。

本章用遗传学观点对树木和次生木质部中的生命状态进行分析，以此来深化次生木质部在遗传控制下构建中发育变化的认识。

7.1 次生木质部发育研究中有重要作用的细胞学和遗传学成果(I)——遗传物质①

生物生命过程中，在宏观和微观上都呈现自身的规律性变化。如果把这种现象称为生物的发育过程，自然会产生是什么因素控制着这一过程的疑问。要研究生物的发育就必须在解决这一疑问的基础上才能进行。

引述遗传学中对发育有重要作用的内容，是发育研究对遗传成果的汲取。著者本不熟悉遗传学，深感在遗传学中要领悟到与发育研究有联系的观点之不易。引述，除能反映出遗传学在本研究中的渗透外，更有助于不同学科在交融间的再思考。

援引的内容，都是经细胞学和遗传学实验证实的事实，都已成为概念化的理论。引述中还融入了对它们在发育研究中作用的领悟。

遗传是性状在世代间连续的现象。

遗传不是意识下的抽象概念，而是在物质支配下发生的自然现象。遗传现象的实质是，遗传物质在世代间的传递过程。

生物生命中的体质都处于遗传物质预定的程序变化过程中。换言之，生物的一切生命活动和现象都是在遗传物质的控制下进行的。

7.1.1 遗传物质是 DNA

脱氧核糖核酸(deoxyribonucleic acid, DNA)分子是一切有细胞结构生物的遗传信息的载体。

DNA 是双螺旋结构(图 7-1)，其结构要点：

(1) 梯形螺旋的两侧骨架分别是脱氧核糖(D)—磷酸(P)单位连接的链。核糖是戊糖。

(2) 螺旋梯架中的每一个台阶都由成对的有机碱基组成。碱基共二类四种：腺嘌呤(A)、鸟嘌呤(G)、胞嘧啶(C)、胸腺嘧啶(T)(A、G、C、T 分别是它们的符号)。一条链上的碱基和另一条同一水平上的碱基以氢键相连。A 与 T 以两个氢键配对，G 与 C 间以三个氢键配对。由于有两个氢键和三个氢键之分，而有严格的互补配对原则。四个碱基共有四种配对类型(T=A、A=T、G≡C 和 C≡G)。双键上四种碱基排列顺序不定，这就对 DNA 分子结构上的多样性提供了巨大的可能性。

(3) 双螺旋骨架从原子排布的空间结构来看，是反向平行的。这样产生一个对称的双螺旋。可见，

① 本章前三节(7.1、7.2、7.3)均为对细胞学和遗传学有关公认内容的转述，用两种字样示出。小号字是补加说明，楷体内容是其中重点。

遗传物质是具有严格的化学结构原则。

(4) 双螺旋单条链上的每个碱基—糖—磷酸单元称为核苷酸。因此，DNA 是由成千上万个核苷酸碱基对组成的长多聚物。

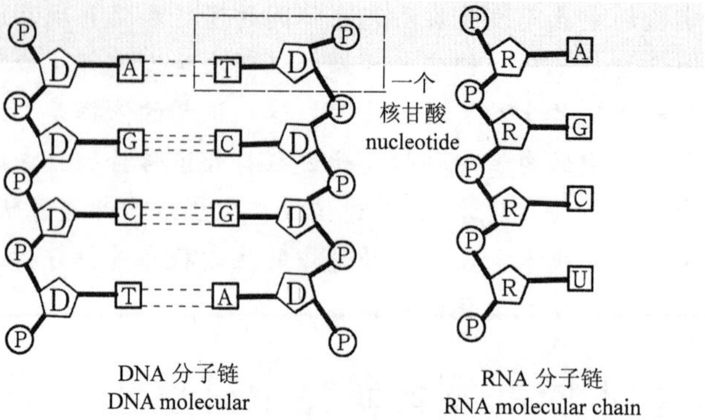

图 7-1 DNA 和 RNA 分子结构示意图

Figure 7-1 Sketch scheme of molecular structure of DNA and RNA

在真核生物 DNA 行使遗传控制功能中，还需核糖核酸(RNA)配合。

核糖核酸(ribonucleic acid, RNA)(图 7-1)，它与 DNA 在以下几个方面不同：RNA 含核糖(R)，而不是脱氧核糖(D)，RNA 含有的嘧啶碱基是以两个氢键配对的尿嘧啶(U)，而不是 T，且 U 是替换 T 与 A 配对；RNA 是单链的，而不是双链；RNA 分子比 DNA 分子短。RNA 主要在蛋白质合成上起作用。

DNA 遗传作用的特点：

(1) DNA 分子中可贮存大量的遗传信息。

DNA 是由成千上万个核苷酸碱基对组成的长多聚物，在高分子有机物中常是最大的。

就以四个不同的碱基为一组而言，按它们须遵守的配对原则和在双链中的排列的位置和方向的不同，就有四种可能的排列方式。如以 100 对核苷酸计，四种不同碱基不同方向和位置排列的方式就可能有 4^{100} 种之多。这是天文数字。如果碱基的每一种排列方式可以反映遗传物质的一种特异性，那么由成千上万对核苷酸所组成的一个 DNA 分子必然贮存了惊人数量的遗传信息。

(2) DNA 能准确自我复制。

DNA 的复制是发生在细胞有丝分裂间期。当自我复制时，DNA 两条链以类似拉链形式分离，成为单链，这时每条单链就成为母链；在 DNA 聚合酶的作用下，按配对原则(A=T、G≡C)吸取细胞内游离的核苷酸，形成一条和母链原来碱基顺序互补的新链。从一个 DNA 分子复制成两个完全一样的新 DNA 分子。

7.1.2 染色体

染色体是遗传物质的主要载体。染色体在细胞核中，有特殊结构与功能，并能精确复制。不同生物染色体数目差别很大。各种生物都有固定数目的染色体，具有数量稳定的特性。在染色体层次上，就已表现出生物物种在遗传上的差别。

生殖细胞(配子)里只含有一个染色体组，组中的各个染色体在形态、结构、功能上彼此不同。一个染色体组的染色体共同含有该生物正常生长和发育所必需的全套性状遗传单位(基因)，构成了一个完整协调的染色体及性状遗传单位体系。体细胞的细胞核中含有两个染色体组，它们之间是一一对应的。在显微镜下，每对染色体具有相同的结构形态，功能也是相同的。两个染色体组分别来自双亲中的一个亲本。成对的染色体的关系，即所谓同源染色体，或对应染色体。

7.1.3 基因

基因是含特定遗传信息的核苷酸序列，是遗传物质的最小功能单位。

必须看到，DNA 是由染色体中连续不断的核苷酸组成，其上并没有标记将它分割成一个个明确的基因，但性状的遗传表现肯定了基因的遗传功能性，DNA 的分子结构证实了基因的物质性。对基因研究所发现的一些新事实，都属对它认识的深化。

DNA 遗传功能是通过蛋白质合成的确定种类来实现的。由此，又把基因定义为编码蛋白质的 DNA 片段。

编码是说明 DNA 核苷酸的不同序列与各种蛋白质一一对应的关系。由此可理解，DNA 分子中在编码片段之间，就自然有可能存在不具编码功能的区段；并且同一核苷酸也可能在相连的两功能区段中重复起作用。这些都加深了基因作为遗传单位的认识。

经典遗传学认为，基因是控制着性状遗传的颗粒单位，在重组时不能再分割，并是能突变的最小单位。

经典遗传学的基因概念，是从归纳遗传现象中取得的。遗传规律由它易于得到理解。

遗传物质是 DNA。真核生物各物种的每个细胞都含有物种固定个数的染色体，每个染色体中都有一个 DNA 分子长链。控制性状的基因，就排列在每个染色体的 DNA 分子上。每个细胞中各染色体上全部基因的总组合就包容了全部遗传性状。

7.1.4 等位基因

每一个基因在哪个染色体和在这个染色体上的位置一般是稳定的。

每个基因相当于染色体中 DNA 分子的一个区段。这属化学结构上的一部分，谈不上能从形态上把它们区分开，但基因的功能性表征明确。基因作为一个遗传功能单位，是不可分割的。可把基因在 DNA 分子上的线性分布，形象地说成像一串珠子排列在 DNA 分子长链上。

等位基因是同物种相同形态染色体 DNA 分子上同位点的基因。等位基因表达的功能类别相同，控制同一性状，只是性状的表现不同。

在有性繁殖中，同源染色体来自两亲本个体。必须强调，等位基因不但存在于同一个体的两同源染色体上，种内不同个体同形态染色体同位点上基因间的关系，也属等位基因。

同物种同形态染色体上相同位点上的基因功能类别相同，但不能由此而误认为相同基因位点上的基因相同。等位基因，可有不同性状的表现。

同一位点上的基因在生物的演化中，可以朝着许多方向发生突变。这种突变的本质是，基因内的化学结构有变化。得到保留的突变就使得这个基因座位上增加了等位基因。例如，某位点基因 A 在不同个体或细胞内可以突变为 $a_1, a_2, a_3, \cdots$，等，它们互为等位基因。

等位基因是基因内核苷酸序列的简单变化。一个基因的不同差异被看做等位基因。基因在突变中能产生改变，但基因还是相当稳定的。基因的自然突变率很低。

个体的同源染色体相同位点上只能容纳两个相同或不同的等位基因。

把具有两相同等位基因的个体看做纯合的，两不同等位基因是杂合的(杂合体)。杂合的等位基因呈现的性状表现有不同类型，但需明确，杂合的两基因是共存的，它们之间完全无相互作用。

纯系杂交的后代，有些呈现二亲本表型之间的外型，但不能把这看做是溶液混合理论的证据。混合就不能再出现原亲本性状，而事实并非如此。可以肯定，等位基因是遗传的，并在杂合体中维持原结构，或形象化地把它在遗传中看做是维持不变的颗粒状。

物种同一基因位点的多个等位基因，并不同时存在于同一个体中，而是存在于同种生物的不同个体里。个体中某个基因位点只能有两个相同或不同的等位基因，而种内不同个体中同一位点上的等位基因则可出现多个不同的组合，这是种内同一性状有差异(变异)的根本原因。

7.2 次生木质部发育研究中有重要作用的细胞学和遗传学成果(II)——遗传物质的复制和重组

生物遗传现象的根源发生在遗传物质的传递和重组中。传递保证了遗传中亲、子代间的相同一面(遗传)，重组才能发生亲、子代间相异的另一面(变异)。遗传物质重组只发生在有性繁殖中。由传递和重组构成的子代个体遗传物质将控制着它的生命全过程。

7.2.1 生命不息只能在遗传物质永续传递中实现

发育研究是以变化的观点来看待生命。高等植物通过有性繁殖中细胞的染色体个数减半(n)和受精恢复($2n$)的周期性变化来实现生命的永续性。

植物学中，把个体生命中染色体减半(n)的时段称配子体世代，由减半细胞构成配子体；把恢复($2n$)后的时段称为孢子体世代，由染色体 $2n$ 细胞构成孢子体。植物的孢子体和配子体世代在生命周期中循环，世代交替是生命在循环中永续的特征。

精、卵(n)受精产生合子($2n$)，是孢子体世代的开始。孢子体世代生成的体细胞(有丝分裂)中的染色体个数，一直保持着 $2n$。孢子体是通常所见的植物。常会误认为，孢子体就是植物的整体。

当种子植物开花结实时，经减数分裂产生染色体减半的细胞。这是配子体世代的开始。染色体减半(n)，细胞再经染色体个数不变的有丝分裂，生成多细胞结构的配子体。精、卵(配子)是其中生成的性细胞。对确定的植物物种，这一多细胞结构是在固定的分生程序下产生，并具有规律性的细胞排列方式。针叶树配子体是发生在雌、雄球果中。

树木是多年生植物。树木的一个生命周期中，多期配子体世代发生在一个连续的孢子体上。在这种过程中，孢子体是主要世代，而配子体在进化中退化成完全包含在并依存于它们孢子体亲本中的微细结构中。但这并不影响用世代交替的观点来看待它们。

一般，高等植物的孢子体时间长度比配子体长。针叶树孢子体的天然寿命达数百年甚至千年，但松属球果从发生到种子成熟脱落仅约需两年时间。令人意想不到的是，控制树木生命期中表现遗传和变异的遗传物质就在配子体减数分裂和配子(精、卵)配合过程中受到确定。这一过程与树木生命期相比，是极其短暂的瞬间。

一般，注意到生物物种间和同种个体间差异的遗传现象；但忽视掉个体在生命过程中一直受到的遗传控制。

7.2.2 有丝分裂

生成孢子体的细胞分裂是有丝分裂。它是真核生物具有的细胞自我复制方式。

受精卵是一个细胞，从它长成胚，最后成为天文数字细胞构成的孢子体。都是依靠有丝分裂。

多细胞植物的生长是通过增加细胞数目和细胞体积来实现的，发育是在生长的基础上才能得到进展。有丝分裂在植物生命过程中有重要作用。

整个有丝分裂过程中表现出细胞核和染色体具有规律的动态变化。构成染色体的DNA和组蛋白，经过复制都增加了1倍。每个染色体都准确复制成完全相同的一对染色体(姐妹染色单体)，而后彼此分开。分裂结束后，形成的两个子细胞。每个子细胞与原来的母细胞间，染色体数目彼此相等，染色体形态、结构和功能都相同。

在细胞质的部分细胞器中，也发现了DNA，并有遗传作用。有丝分裂中，细胞质遗传物质相随也就随机不均匀地分配到子细胞中。由它反映出遗传现象呈无规律表现。

可见，生物性状有两个相对独立的遗传系统——核遗传和质遗传。核遗传起主导作用，质遗传在很大程度上受核基因的控制。另外，植物分生组织连续有丝分裂的子细胞的形态尚有细微差异的现象，由质遗传就可部分得到理解。

在有丝分裂中，染色体复制为二，并且均等地分配到子细胞中去。这使得每个子细胞都含有全套染色体遗传物质，而染色体是遗传物质的主要载体。

有丝分裂在遗传上的重要意义是，遗传物质能传递到同一个体所有细胞；并与减数分裂配合使遗传物质得以在上、下世代间传递。

树木生命的孢子体世代过程中的变化都是在相同遗传物质控制下进行，与遗传物质重组造成变异的性质完全不同。

7.2.3 减数分裂和遗传物质重组

高等植物的自然繁殖方式都是有性繁殖类型。有性繁殖的特点是，具有减数分裂中的遗传物质的重组和配子的融合。这能在原有遗传物质基础上，使个体个个异，代代新。

生物的无性和有性繁殖方式中，无性繁殖的个体遗传基础单一，对变化中环境的适应能力下降，生活力衰退。无性繁殖多年的植物，必须穿插进行一次有性繁殖才能恢复生活力。有性繁殖的优越性在于，其过程中减数分裂有遗传物质重组，配子融合中也含重组。重组使亲、子两代个体间和子代个体间遗传物质各具不同的组合，这使生物能表现出对环境具有最大的生存适应能力。

高等植物中，被子植物的花是完全花，同时具有雌、雄蕊；裸子植物同株具有分离的雌、雄球花。植物除有专性的自体受精的物种外，也有一些物种具有不同程度的自体和异体受精；还有一些植物产生了阻止自体受精的机制，使异体受精成为专性。

有性繁殖中，融合的两配子来源是需考虑的问题。

就松树而言，春季新萌发枝条的基部形成雄球花，同时顶端形成雌球花。当年夏季经减数分裂形成雌配子体和花粉粒，经风媒传粉。

减数分裂是有性繁殖过程的特征。高等植物在开花过程中形成雌、雄性细胞，必须经过减数分裂。

减数分裂母细胞的遗传基础是分别来自一个亲本的两个染色体组。两亲本染色体的存在和性状表现都是独立的。

减数分裂是由连续两次分裂过程所组成的一种特殊细胞分裂方式。在这连续两次的分裂中，DNA只复制一次，DNA量由$2c$成$4c$。这时，细胞中的染色体个数，仍为$2n$。

减数分裂中的第一次分裂：DNA经复制，母细胞中的每个染色体含有经复制后的两个染色单体，它们由着丝点联结在一起。而后发生来自两亲本的同源染色体成双配对，这一过程是联会。配对是精确的，同源染色体基因一一对应排列。每对染色体由复合体相联呈现为四个染色单体组成。四个染色单体中来自同一染色体间的关系是姐妹染色单体，而分别来自同型的两染色体间的关系是非姐妹染色单体。在这一过程中，配对的非姐妹染色单体间可发生交换。交换是非姐妹染色单体在联会中有交叉，而分开时未按原状分离，发生某些片段的对换。这种交换是发生在同基因位点的等位基因间。这种交换并未影响染色体原功能。

在联会前，同源染色体分别来自两亲本，仍各保持由两亲本继承而得的染色体 DNA 原状。交换却使单个染色体包含了两个亲本基因的组合。经这一过程后，一个染色体可由两个亲本的 DNA 组成，但以其中之一为主。虽仍把它看做原来的染色体，但实际上已发生了质变，它行使的性状表现已有不同。这是有性生命循环中遗传变异的第一个重要来源。

减数分裂中的第二次分裂：染色体开始移向分裂细胞中部的赤道板。各同源染色体对都排列在赤道板上。在第二次分裂后期两个同源染色体分开，分别移向细胞的两极，每极只有每对同源染色体中的一个。各对同源染色体的两个成员移向两极是随机的，并且独立于其他染色体对，其本质是染色体独立分配。这就使得同源染色体必然分开进入不同配子，造成非同源染色体自由组合在同一配子。这使不同配子中的遗传物质有了各种可能的组合方式。若有 n 对染色体就可能有 2^n 种组合方式。这说明子细胞中非同源染色体的组合方式有很大的随机性。非同源染色体自由组合是遗传物质重组的第二个重要来源。

如落叶松染色体对数是 12，形成配子时，染色体的组合方式为 2^{12}，约 4100。所以，每一个落叶松配子的染色体组成，仅是继承了双亲染色体 4100 种组合方式中的一种。这就充分说明了发生变异的必然性。

通过两次分裂的减数分裂，由体母细胞($2n$)生成四个能发育成雌、雄配子体(n)的子细胞，DNA 量分别为 c。经过减数分裂，在配子融合中，染色体和遗传物质数量才能在世代间保持不变，进而也才能在遗传上维持稳定。

有性生命循环中产生遗传物质重组的第三个来源是配子融合中的受精随机性。配子的多样性必然造成合子的不同结合方式数是雌、雄配子遗传物质不同组合数的乘积。

合子是雌、雄配子融合的结果。落叶松雌配子染色体的组合方式为 4100，受精于一个雄配子，其组合方式亦为 4100，那合子的组合方式就是 1680 万(4100×4100)。

遗传物质基础不变的条件下，在有性繁殖过程中，既保持了生物世代间遗传物质的稳定性，又产生了同一物种个个相异的生物现象。由这一过程，可看出：

(1) 遗传物质是存在于每个细胞的染色体中。真核生物，包括高等植物每个细胞中包含两亲本各一套形态和功能完全相同的染色体。它们是两亲本遗传物质保持独立的组合。

(2) 遗传物质中的遗传功能单位是基因。它在性状遗传功能上具有独立性，故而有人把遗传因子的形态误认为是颗粒状。世代传递中，基因重组(颗粒重排)决定亲本性状，而不是融合。

(3) 在生成体细胞的有丝分裂中，染色体经复制，两子细胞分别仍保持着两亲本的各一套染色体，其内的遗传物质原状态未变。

(4) 配子(精、卵)细胞核中的染色体，是经减数分裂中联会、交换和随机组合而成。配子的生成，标志着减数分裂功能的结束。配子(精、卵)中的各一套染色体构成下一世代开始的合子中的全份(两套)染色体。减数分裂在生命永续中的重要意义是，使两亲本性细胞结合中，能保持染色体的个数、形态和结构不变，保证了遗传物质在世代间承继的遗传性。

(5) 两性细胞的配合是随机的。减数分裂和配子(精、卵)结合中的遗传物质重组，使生物世代间和个体间均有差异。产生变异的必然性，是有性繁殖的特征。追本溯源，当代在继承两亲本各一套染色体中，已发生过祖代遗传物质的重组。重组是同位点的等位基因换位，不是化学变化。经有性繁殖生成当代配子(精、卵)的过程中，再重复发生亲本遗传物质重组中的各环节，实质是祖代四亲本遗传物质的大重组。经重组的一全套遗传物质，通过染色体组存在于一个性细胞的细胞核中。对于永续的生命来说，可把通过代代重复的上述过程理解为，是基因池内的遗传物质在无穷的组合中。物种基因甚多，各基因位点有若干等位基因。有性繁殖中遗传物质的重组是发生在不同基因位点上的等位基因间。同一物种代代产生新个体，亲本和子代，以及子代个体间，因重组而绝无遗传物质组合完全相同。世上难找同种两个个体基因组合不存在差异。

由细胞学成果，可总结遗传物质传递：遗传和变异是发生在减数分裂和性细胞结合的两瞬间；遗传和变异是在有性繁殖中发生和并存的两个现象，并统一在遗传的概念之下；变异具有随机性。

次生木质部中的木材差异是在长时生命的构建变化中形成的，同一遗传物质控制着这一变化。遗传物质在世代间的传递方式保证了次生木质部发育符合遗传特征。这里，遗传物质的传递和同一遗传物质对生命程序性过程的控制是既有联系又是不同性质的两个问题。它们在次生木质部发育研究中都须受到认识。

7.3 次生木质部发育研究中有重要作用的遗传学成果(III)——遗传性状、获得性和对发育性状的调控

7.3.1 遗传性状的类别和成因

观察物种性状差异都需在相同或相近生命年限的个体间进行比较。发育变化中发生的性状差异是发生在个体内的生命不同时刻，性质并与上不同。本项目研究次生木质部发育，这是个体发育的一部分。本段中心内容是同一基因池内个体间由遗传变异造成的性状差异，但它是认识相同遗传物质控制下个体发育变化中差异生成的基础。

遗传学把某一性状确定的基因组合及其表现分别看做基因型和表现型。表现型是在一个给定环境中，基因产物得以表达的结果。表现型受基因型决定。生物体遗传给后代的是基因，而不是性状。这些认识往往都是应用于同种个体间的遗传和变异现象。但决不可忽视生物性状还存在的另一类表现的特点，即在相同遗传物质调控下，个体生命中性状的规律变化。

表现型是由于等位基因存在组合上的不同，而使同种个体间性状表现上发生差异；而发育变化则是在相同遗传物质控制下，表现在个体生命连续时刻间的性状差异。

7.3.1.1 遗传学成果

认真观察生物的遗传性状会发现，一些同种生物在某些特征上有明显区别；而在另一些特征上，虽有差异，但却很难明确划分出它们的区别。遗传学把遗传性状区分为两个类别——质量性状和数量性状。

质量性状的各类型有明显界限，通过性状的分组或归类，可在世代间看出它的分离和重组规律。现代遗传学的发展是由研究质量性状起始，这是研究思维必然的开端。

树种外部形态的遗传性状大多是质量性状；树种的次生木质部(木材)性状，一些也是区界明显的质量性状。树木或木材树种的鉴别，都必须依靠质量性状。而生物体在生命期限内的变化，一般都属数量性状。可见，两类性状在研究中的作用随学科而有不同。

确定质量性状和数量性状的遗传物质都是同在染色体中 DNA 上的基因。数量性状的遗传方式仍遵从由研究质量性状取得的遗传规律。所以，了解遗传性状必须从质量性

状入手。

1) 质量性状

质量性状是具有明显差异的相对性状。这种差异构成了种内不连续的变异，其表型具独立性，并可据此较易区分为不同的类型。

这种独立的表型是由单个或几个基因座控制。质量性状不同表型类型，都是由同基因座的不同等位基因或不同基因座间存在的显、隐性关系而形成。

个体成对的等位基因相同的组合，是纯合体；成对等位基因不同的组合为杂合体。两不同性状表现的纯合体杂交，其 F_1(子一代)性状总是和亲本之一相似，把这个性状的表现称为显性性状；在 F_1 不表现的性状称隐性性状。显、隐性是基因共同决定性状的现象，其中不存在物理掩盖的作用。

一个群体中的一个基因座上可能有两个以上的等位基因(复等位基因)。它们之间可出现不同的显、隐性关系，即呈现同一性状的不同表现。

两个基因座之间相互共同作用，至少可产生同一性状的四种不同表现。

涉及三、四个或者更多基因座间相互作用也是可能的。质量性状在多基因座情况下，产生同一性状的类型会更多。

不管所属以上哪种情况，它们都是可辨的单基因作用或相互影响的结果。

产生质量性状的基因作用，很少或不受环境的修饰。

2) 数量性状

数量性状表现出的变异是难以区分的差别，在种内个体间构成了连续的差异系列。

数量性状是由多个基因调控，它们都对某个表型有影响，而每一个基因对表型的作用很小。以至于不能把质量性状的分析方法，用来确定每个基因的个别作用。

同一基因座等位基因之间以不同方式相互作用，使它们在表型表达中存在差异。数量性状中的等位基因，是以加性基因的关系为主。加性基因的两不同等位基因杂合子的表型值，是处于两基因纯合子之中间；或把此理解为，假如其中一个等位基因对表型不起作用(无效等位基因)，而另一个等位基因对表型有一个单位的贡献(有效等位基因)。

Nilsson-Ehle (1908)根据麦粒颜色杂交试验结果，提出了数量性状遗传的模型。这项试验是，用不同的红粒小麦与白粒杂交，F_1(子一代)都表现中间红色，而在 F_2(子二代)表现出从深红到浅红不同类型的分离比例。其中有色和白色的比例有的为 3∶1；有的为 15∶1；有的为 63∶1。在后两种组合中，F_2 红粒小麦表现为深红到浅红不同的类型。他用两个基因座来解释 15∶1 的比例，每一个 F_1 个体都产生四种粒色基因(R_1R_2、R_1r_2、R_2r_1、r_1r_2)的雌雄配子。

让这四种不同的配子染色体充分配合，进而构成它们不同的十六种组合，表示如下：

♂ / ♀	R_1R_2	R_1r_2	R_2r_1	r_1r_2
R_1R_2	R_1R_2/R_1R_2	R_1R_2/R_1r_2	R_1R_2/R_2r_1	R_1R_2/r_1r_2
R_1r_2	R_1r_2/R_1R_2	R_1r_2/R_1r_2	R_1r_2/R_2r_1	R_1r_2/r_1r_2
R_2r_1	R_2r_1/R_1R_2	R_2r_1/R_1r_2	R_2r_1/R_2r_1	R_2r_1/r_1r_2
r_1r_2	r_1r_2/R_1R_2	r_1r_2/R_1r_2	r_1r_2/R_2r_1	r_1r_2/r_1r_2

其中，含 4 个 R 的组合(红色)占 1/16；含 3 个 R 的组合(中等红色)占 4/16；含 2 个 R 的组合(浅红色)占 6/16；含 1 个 R 的组合(微红色)占 4/16；含 4 个 r(不含 R)的组合(白色)占 1/16。

要符合上述麦粒颜色深浅的个体比例的必要条件是，对红色有贡献的各个基因的效应相等，即 $R_1 = R_2$；而且各个基因的作用有累加性，即 $R_1 + R_2 = 2R$。

对 3∶1 和 63∶1 的比例则是一对和三对独立基因控制的结果。

这一根据概率的理论推断，和 F_2 麦粒颜色试验结果的实际比例充分一致。由此证明：①控制两类遗传性状的遗传物质同是基因；②数量性状的遗传也是符合由质量性状研究取得的三大遗传规律。这一结果将两类遗传性状在本质上联系起来了。

以上述相同方式，也可用来解释三、四或更多对等位基因形成的数量性状。

由小麦粒色遗传试验结果，建立起的多基因假说，有助于认识数量性状的遗传机理。

多基因假说的要点：

(1) 数量性状受多基因控制，每个基因的效应是独立的、微小的；

(2) 相同表型的各个有效等位基因的效应相等，对性状表现的作用具有累加性；

(3) 不存在质量性状基因间的显、隐性关系；

(4) 数量性状多基因的遗传方式仍然符合孟德尔三大遗传规律。

数量性状容易受环境影响而变异。这种不遗传的环境变异与遗传变异交织在一起，造成数量性状的遗传比质量性状的遗传要复杂。

数量性状变异的概率，呈正态分布。在这种对称的特有钟形分布中，只有极少数个体存在着极端的表型，而越接近该群体平均值的个体越多。利用二项式计算出的这种概率，在图示上是一些呈规律分布的独立点，而起着能将它们连成曲线作用的因子是环境影响。

对数量性状的研究，一般需用称和量来取得试验数据，而后用统计方法，估算出遗传参数，由此进行性状遗传规律的分析。其中，需要确立一个群体中每个数量性状总的表型变异性中遗传成分和环境成分各占的量值。

7.3.1.2 非生命生物材料学科对性状遗传的再认识

遗传学研究两类性状在有性繁殖中随遗传物质传递的规律表现。控制个体发育的相同遗传物质是在有性繁殖中生成。数量性状在种内个体间的差异表现与它在个体生命中的变化是完全不同的两个现象。

遗传学实验都是采用统计学的研究方法，以概率来进行结果分析。实验进行前，从一些现象能作出部分估计。科学实验是观察确定条件下的现象，采用必要的实验条件是发现规律性结果的重要一步。遗传学取得质量性状和数量性状成果的实验都是用单一性状有明显对比性的两纯合体进行杂交，在杂交当代植株上结的种子以及由它长成的植株是杂种子一代(F_1)；而后再进行 F_1 自交，所结的种子以及由这些种子长成的植株是杂种子二代(F_2)。观察 F_2 的遗传表现。

1) 质量性状

遗传学实验　*A*、*B* 是一对具有明显差异的相对性状纯合体。杂交子一代(F_1)个体全部显示 *A* 性状。而后自交子二代(F_2)3/4 和 1/4 个体分别显示 *A* 和 *B* 性状(孟德尔豌豆杂交实验研究的相对性状都是 F_1 只表现一个亲本的性状，另一个亲本的性状到 F_2 才分离出来。这是遗传学上称为完全显性的显性表现方式)。

结果的统计学分析　两相对性状纯合体表现性状的基因型分别为 *AA*、*BB*。*AA*、BB 示两纯合体的等位基因。*AA* 分别在个体各个细胞的二同源染色体的相同位点上，在减数分裂中 *AA* 分别进入两个同性的配子细胞；*BB* 情况同样。既然是杂交，*AA* 和 *BB* 间必然存在着两性差别。杂交中，由它们生成合子(F_1)的等位基因只能是 *AB*。

F_1 个体的等位基因都为 *AB*。它们产生的雌(♀)、雄(♂)配子的基因都既有 *A* 又有 *B*。由这些配子生成不同等位基因组合的合子概率：*AA* 1/4、*AB* 1/2、*BB* 1/4。

♂ / ♀	*A*	*B*
A	*AA*	*AB*
B	*AB*	*BB*

用概率分析 F_1 自交中两基因组合的方式，*A* 基因相遇 *A*、*B* 的机会均等，概率为 1/2。*AA* 出现的概率是(1/2)×(1/2)=1/4(两独立事件同时出现的概率是它们各自概率的乘积——概率乘法定理)，*BB* 概率同理为 1/4。*AB* 出现的概率是 1/4+1/4(两互斥事件同时出现的概率是它们各自概率之和——概率加法定理)。

用二项式展开：

$$(1/4)AA+(2/4)AB+(1/4)BB \quad = [(1/2)A+(1/2)B]^{2\times 1}$$

AA、*AB*、*BB* 前的系数是它们在合子总体中的概率	*A*、*B* 前的系数是 F_1 自交中 *A*、*B* 进入合子的概率

可见，相对性状的遗传符合概率和二项式规律，由此也构成了遗传的规律性。孟德尔能够发现遗传的规律，其重要原因之一是他在实验数据分析中应用了统计学原理。但又必须明确，遗传规律是生物界的自然规律，统计学只是发现遗传规律的数学工具。

由遗传学质量性状的实验结果可知：

(1) 生物的相对性状由体内的等位基因控制。基因在体细胞内是成对的，分别在一来自母本和一来自父本的同源染色体上。

(2) 控制相对性状表现的等位基因是显、隐性关系。除完全显性外，还有不完全显性和共显性等，这些不同性质显性的差别都表现在 F_2 上。它们发生在不同生物类别上，并具有不同显示特点。它们的共同特点是，其中隐性基因的表现只发生在它的纯合体上。

(3) 两相对性状纯合体杂交(F_1)后自交的 F_2 植株上能重现隐性基因纯合体的性状，充分表明在有性繁殖中基因是重组而不是融合。

(4) 二完全显性相对性状遗传实验的 1∶2∶1 结果是 F_2 中不同表现的个体数量比。控制同一性状的基因位点可有多个等位基因，它们成对的不同组合可生成同一性状的多种表现；还有多个基因影响同一性状的表现。但质量性状的共同点是，具有明显的表现类别界限。

2) 数量性状

数量性状纯合体杂交后(F_1)的自交世代(F_2)的性状数据从高到低有一系列的中间类型，把最高和最低连成一个整体。遗传学度量数量性状的目的是研究它在群体中的遗传规律。这个整体的某一数量性状的差别在人们视觉上虽是难以区分，而被看做在个体间是连续的变异。实际控制这一数量性状遗传物质的构成仍然是分组的，只不过组别甚多加之受环境的影响更模糊了组别间在性状表现上的差别。控制个体数量性状的同一遗传物质的构成是属于这些难以区分组别中的一个确定组。

遗传学实验　用红粒小麦与白粒小麦进行杂交实验，F_1 子粒的颜色为中间类型，F_2 子粒的颜色，由红色到白色表现出一系列的中间类型。

结果的统计学分析如下。

(1) 受一对基因控制的遗传表现。

杂交的红粒与白粒小麦纯合体的等位基因型分别为 *RR*、*rr*。杂交子一代控制麦粒色别的基因型是 *Rr*。自交 F_2 三个等位基因组合类别的概率分别为(1/4)*RR*、(2/4)*Rr*、(1/4)*rr*。*RR*、*Rr* 都是红粒，但 1/4 红粒的色度较 2/4 中间色粒强 1 倍。这与质量性状 *AA*、*AB* 相同显示的表现不同。

由此可知：控制数量性状的等位基因的效应是独立的、累加的。

(2) 受两对基因控制的遗传表现。

杂交红粒与白粒小麦的基因型分别为 $R_1R_1R_2R_2$、$r_1r_1r_2r_2$。杂交子一代控制麦粒色的基因型为 $R_1r_1R_2r_2$。

将红粒与白粒小麦杂交 F_1 后自交结种(F_2)的麦粒色别划分为五个级阶(深红、中红、浅红、最浅红、白色)，按此进行分阶计数并计算频率。结果为 1/16、4/16、6/16、4/16、1/16。

用二项式计算粒色分配频率：

$$(1/16)R^4 + (4/16)R^3r + (6/16)R^2r^2 + (4/16)Rr^3 + r^4 = [(1/2)R + (1/2)r]^{2\times 2}$$

实验与计算的结果相符。

由此表明，R_1、R_2的效应相等，它们的作用有累加性。

(3) 受三对基因控制的遗传表现。

将红粒与白粒小麦杂交 F_1 后自交结种(F_2)的麦粒色别由深至浅划分为七个级阶，进行分阶计数并计算频率，结果为 1/64、6/64、15/64、20/64、15/64、6/64、1/64。

设定杂交红粒与白粒小麦纯合体粒色分别受三对重叠等位基因 *RR*、*rr* 控制，用二项式计算粒色分配频率：

$$(1/64)R^6 + (6/64)R^5r + (15/64)R^4r^2 + (20/64)R^3r^3 + (15/64)R^2r^4 + (6/64)Rr^5 + (1/64)r^6=[(1/2)R + (1/2)r]^{2\times3}$$

实验与计算的结果相符。

由遗传学实验 F_2 麦粒颜色深浅与 *R* 基因的累加呈正比关系，Nilsson-Ehle(1908)提出了多基因假说。对红粒与白粒杂交 F_2 麦粒，试用不同级阶 3, 5, 7, 9, …, $(2n+1)$进行分离，直至难以区分级阶止，以可区分的最高级阶进行分阶计数并计算频率。检验实验取得的频率和二项式理论推断结果的相符程度，据此来确定控制数量性状的基因对数。

由于决定数量性状的基因对数是很多的，而且每个基因都受环境的影响，使遗传变异和和获得性(不遗传变异)交织在一起，就使数量性状在种内个体间呈现连续变异，成为正态分布。

7.3.2 获得性

同种生物性状是由同一或多个相同位点的等位基因决定的，这是性状的基因型；同一性状的多种表现分别具有各对应的基因组合。表现型除取决于基因型外，还有受环境影响的成分。如把环境造成种内个体间的差异部分也称作变异，这种变异是不遗传的。生命科学为了能区别这两类来源性质根本不同的差异，把环境引起的差异列为获得性。一树株生长在贫瘠土地，生命力虚弱，但它和它的后代仍具有正常生长的遗传物质。高处生长的植株常比低处平原生长的同一品种矮小；当把高处矮小植株采得的种子播种在平原上，它可生长达到平原同种的标准尺寸。这些都充分说明获得性是不遗传的。

词语"获得性"，一般用于表达生物个体受环境影响造成大小和形状的变异。有性繁殖个体中全部细胞都来源于合子单细胞，体细胞中的遗传物质相同。个体发育变化中表现出的差异不是遗传变异。发育变化受环境影响的表述有值得考虑的方面。获得性是环境对个体生长影响的累积表现，而环境对发育的影响是表现在对逐时的变化上。把这两者不作区别统称为获得性，会使一些问题在理解上产生困难。如幼树树茎生长鞘的全高平均厚度具有遗传控制的规律性变化，并存在逐年间受环境的影响。如把这逐年环境的不同影响也称作获得性，那在个体上的获得性不也就成为一个变数了吗？发育变化受环境的影响与最终的获得性有关，但对它们的视点尚需有差别。由此认为环境对发育变化造成的影响不采用获得性一词，而按其性质称作环境影响。采用回归分析能消除环境影响在发育变化规律表达中造成的波动。

7.3.3 遗传物质控制性状的途径

遗传物质是通过 DNA 碱基构成的指令(基因编码功能)来确定蛋白质合成类别，以实现对性状生成产生作用。

生物性状上的千差万别都与细胞内存在的蛋白质不同有关。有的性状就是蛋白质的直接表现。此外，由蛋白质构成的各种酶是细胞的各样生化反应必不可少的催化剂，总在影响和控制着性状。激素的合成也得酶的参与，某些激素还是由蛋白质组成的。

可见，要认识遗传物质对性状的控制，实际是要了解 DNA 控制蛋白质合成的生物化学过程。其中应用的一些遗传学术语(遗传密码、转录、信使、转运和翻译等)，都是与基因到蛋白质合成中的主要步骤有关，引用人们熟悉的词语，是为了便于人们理解它们的作用。这些词语在这里是表明生化反应过程中各环节的作用，而不能把它们想象成人们日常具体的这些活动。

7.3.3.1　蛋白质与 DNA 碱基的对应关系

一个细胞中可以有数千种，甚至上万种蛋白质。所有蛋白质都是通过肽键共价结合在一起的氨基酸构成的多聚体。

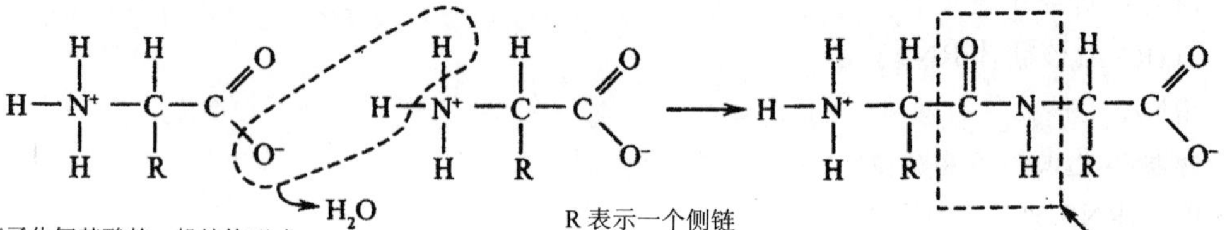

蛋白质种类虽众多，但构成蛋白质的氨基酸却只有 20 种。它们之间的差别是连接中央碳原子上的基团(R)不同。这 20 种氨基酸与 DNA 上的核苷酸序列存在着特定的对应关系(遗传密码)。

DNA 上的核苷酸碱基共四种，如按其确定顺序的三种碱基系列为一个三联体核苷酸(密码子)。按概率(4^3)计算，可共有 64 个密码子。

每种氨基酸都与特定的 DNA 三碱基序列相对应。20 种氨基酸各具有的这种对应关系的密码子 1~4 个。密码子中有 60 个分别与固定的氨基酸有确定的对应关系。

DNA 上的四个碱基各有一字母符号，把它们的作用看做如同密码，三个密码构成一个密码子的代号。每一密码子对应于一固定氨基酸。这种关系表现在从高级的人类到低等病毒的整个生物界。20 种氨基酸的各种排列顺序形成了天文数字的不同蛋白质种类。

每种蛋白质都是由一定数目的氨基酸按精确的次序排列而成。每个氨基酸都有它对应的三联体密码，每一密码字符代表着一碱基。那每种蛋白质确定的氨基酸序列就是 DNA 上的一段核苷酸序列。每种蛋白质的这种序列就构成了一个遗传的功能单位——基因。

通过密码子，就能把 DNA 上的基因功能与蛋白质联系起来了。

7.3.3.2　遗传信息的传递

蛋白质是在细胞质中的核糖体上合成。核糖体是有一定形态结构的细胞器，它的特定功能是将氨基酸组装成肽链，是合成蛋白质的场所。而贮存着真核生物遗传信息的 DNA，主要集中于细胞核的染色体中，它与核糖体之间有核膜相隔。这说明，虽然蛋白质的分子结构取决于 DNA 的碱基序列，但 DNA 却不能直接去参与蛋白质的合成。在这里，需 RNA 起中间作用。

RNA 有三个类型，各在遗传信息传递中起不同作用。

1) mRNA(信使 RNA)

将 DNA 上须发挥作用的碱基信息传送到合成蛋白质的核糖体是 mRNA 的功能。mRNA 是合成蛋白质的直接模板。

细胞核内游离的核苷酸，在 RNA 聚合酶、连接酶的作用下，以 DNA 双链中的一条链为模板，按三个氢键或两个氢键配对的原则，生成一条互补的 mRNA 链。DNA 四个碱基(A、T、C、G)的遗传信息，实际上在转录给 RNA 后，是由 RNA 的 A、U、C、G 作为遗传密码而表达的。

mRNA 对 DNA 的转录是对个别片段有选择性的。这就使得而后生成的蛋白质，能根据需要而有不同。mRNA 分子链在转录后，随即脱开成单链，能通过核膜微孔进入细胞质中，并与核糖体结合在一起。

因蛋白质分子质量相差悬殊，承担转录作用的 mRNA 分子质量必然非常离散。

2) rRNA(核糖体 RNA)

rRNA 是核糖体行使蛋白质合成场所功能的因子。

核糖体是由约占 40%蛋白质和约占 60%rRNA 组成。这部分 RNA 约占细胞中总 RNA 的 80%。rRNA 也是从 DNA 上转录下来的单链，但其上大量的互补碱基通过氢键连接而形成广泛的双链区域，使它不能行使 mRNA 的功能。但其剩余未配对碱基，通过互补的选择作用能使 mRNA 和携带氨基酸的 tRNA 聚合到核糖体上来。rRNA 在细胞中几乎与 DNA 一样稳定，在多肽合成中可反复发挥作用。在同一核糖体上可生成多种蛋白质。

3) tRNA(转运 RNA)

tRNA 的功能是，一定的 tRNA 识别一定的氨基酸，并携带运送到核糖体上。

tRNA 同样是从 DNA 转录出来的核苷酸单链，在细胞质中以游离状态存在。它在三个类型 RNA 中，分子质量最小，含核苷酸个数(75～85)最一致。这与它只以选择氨基酸的功能是相适应的。tRNA 核苷酸长链中约有 20%碱基被特殊的酶加工修饰为无法配对的非原碱基，由此形成突环而把基因暴露出来，增强了它对外部的选择能力。一定的 tRNA 识别一定的氨基酸，因而把它看做起到了翻译的作用。

当带着遗传信息的 mRNA 进入细胞质聚集在核糖体上时，各种游离氨基酸在酶的作用下被活化，并分别地被各种相应的 tRNA 携带运送到核糖体上。然后按 mRNA 的密码顺序，形成按一定序列氨基酸组成的多肽链，合成为蛋白质。

对遗传信息的传递路径，总结如下：

(1) DNA 和 RNA 都含有遗传信息。基因，就是一种含遗传信息的功能单位。

(2) DNA 在细胞分裂中复制自己。一个 DNA 分子成为两个 DNA 分子。

(3) 以 DNA 中的一个片段(如一个基因)作为模板，转录生成 mRNA，通过核膜微孔，附着于细胞质的核糖体上；携带有特定氨基酸的 tRNA，在 mRNA 相同密码子位置卸下相应的氨基酸，携带有各种氨基酸的 tRNA 都同样。经过氨基酸相互连接成为多肽链，而进一步折叠而成为蛋白质分子。

(4) 蛋白质分子或者与其他物质结合，形成酶；或者成为功能蛋白，直接引起性状的改变；或者成为结构蛋白，构成细胞的组成部分，而表现出性状。

7.3.4 发育性状的表现

7.3.4.1 发育变化表现在数量性状上

质量性状是遗传物质基因型不同和显、隐性关系所造成的。这与个体发育所受的遗传控制在性质上是不同的。

由麦粒颜色杂交试验结果，提出的数量性状多基因假说，能阐明同种个体间数量性状差异的遗传成因。微效多基因使数量性状在个体间存在符合概率规律的差异，在种内呈正态分布。虽然发育变化所受遗传物质的控制，与微效多基因假说的试验内容不同，但它们都发生在数量性状上。多基因假说解释了个体中控制数量性状的同一遗传物质来源的理论问题。

7.3.4.2 遗传物质对生命过程的调控

生物体的每个细胞都具有一套相同的染色体遗传物质。生物发育过程中的变化，是这套遗传物质所决定的，性状特性在个体生命过程中的一系列表现，是遗传物质调控的表达。

每个生物个体的不同细胞里都有一套相同的基因，或说一套相同的遗传密码，但并不是全套基因在个体生命的任何时间或任何部位都将受到转录翻译发挥作用，而是在不同的细胞或不同的时间里只选用全套基因中各自需要的密码加以转录和翻译。例如，构成一株松树的所有细胞里都含有相同的一套基因，其中每个细胞都包含了形成雌、雄球花的基因。但只有在成年树株，每年春季，同时在当年新枝顶端和基部分别形成雌、雄球花，其内的细胞都有各不相同的确定部位、功能和将经历的变化过程。生物界各物种生命过程的性状都表现出有其自身规律，也由此才能构成各类生物形态描述的学科。这里必定存在一个共同的现象，一定的基因只有在它应该发挥作用的细胞内和应该发挥作用的时间里才处于活化状态而在不应该发挥作用的时间和细胞内都处于沉寂状态。这里涉及生物个体生命过程变化机理的大问题。发育现象是规律性自然过程，必然存在对它的控制机制。

生物体自身是依靠基因表达的调控来控制发育过程，而基因表达是通过遗传信息传递才能实现。遗传信息传递有三个重要步骤(mRNA 转录、tRNA 识别和转运氨基酸、核糖体 rRNA 上合成蛋白质)，那生物体自身控制基因表达的机制也表现在这三个环节上。

在基因调控上，不同的生物采用着不同的机制。无论什么样的机制，当它开始适应了生物物种生存的需要，它就会随着多个世代的传递，最终成为微观的遗传生化性状。

7.3.5 用遗传控制来认识发育的规律性

7.3.5.1 时间、环境因子和 DNA

遗传物质脱氧核糖核酸(DNA)上的四个碱基顺序构成遗传密码。64 个三联体密码与 20 种氨基酸有确定的对应关系。由氨基酸构成的蛋白质种类则是极其繁多，它们之间不仅存在构成中的氨基酸差别，而且还有多肽链空间结构(构象)上的不同。基因是 DNA 上的遗传功能单位，有某个结构基因上的碱基顺序，就有细胞中合成的一种确定的蛋白质。

有机体犹如巨大化学城，每个生命细胞都像是一座化学工厂，在不停地进行着千万种生化反应。生物体的构建和性状的发育变化都与这些生化反应有不可分的关系。其中每个反应的进行都离不开特定蛋白质构成的酶作为催化剂，也可把它们之间的关系看做是酶确定了生化反应的种类。而酶的成分是蛋白质，或主要由蛋白质构成。DNA 是通过蛋白质在控制着生命。

激素是小分子，与蛋白质高分子在化学结构上是完全不同的。植物激素是植物体内在酶的催化下生成的。激素对 DNA 上的操作基因和启动基因有信号作用。遗传物质控制功能的发挥离不开激素。

激素信号作用的启用，是与有机体生存环境条件的变化有关。

发育究竟是随什么因子在变化，是发育研究必须进一步考虑的重要问题。

生命是发生在地球上，是处于地球的自转和公转的环境中。在地球连续地自转和公转里，呈现出温度、光照和水分量等自然因子的周期性变化。这些变化通过激素信号的传递，让 DNA 在地球周期变化的不同时刻表现出规律性的反应。由此可理解并判定，该把时间取作为发育相随的自然因子。

时间是连续的，个体的生命过程是不间断的。环境条件的变化在一定波动范围内呈现规律性。发育是随时间在进展，遗传对发育的控制只是变化的界限，而在此界限中环境对发育有影响。

7.3.5.2 复杂的生命现象与和谐协调的有机体

人们在认识和了解生命后，无不为有机体的复杂和生命现象的多彩而惊叹。生命是在地球 45 亿年间演化中生成，自然选择造就了有机体生命过程中的每一个环节。其中蕴藏着难以想象的和谐和协调。

生物在细胞结构层次上有极大相同或相似，如真核生物细胞核中的遗传物质 DNA。生物的遗传和变异现象都起因于细胞内遗传物质的重组和突变，这里必然会表现出生物所具有的共性。遗传学以微生物为研究对象，其成果却能完全适用于解释高等生物中发生的相同事态。

在强调生物具有共性的同时，还必须注意生物存在着组织和器官结构上的各异。这些充分表明，各物种生命过程中的发育变化不同。这一过程取决于结构基因的功能和调控，具有物种特性，并须分别以进化生物学适应的观点来看待。

7.4 遗传学观点下的树木

发生在树木单株长时间生命里的器官变化，不是遗传物质差别造成，其性质不属遗传学变异概念的范畴。每一更替的新器官或组织的形成，都必定存在新细胞的分生和分化。在生命连续的不同时刻生成的新、老细胞间或组织间产生的差异，构成了树体的发育变化。

7.4.1 树木形态分类和有性繁殖中的树种隔离

分类学的自然分类系统，即系统发育分类系统，是依据植物亲缘远近和进化顺序作为分类的原则。按照生物进化的观点，植物间形态、结构的相似性是来自共同祖先谱系，而具有的遗传物质来自同一渊源。由此而认为，可以根据植物形态结构的相似程度来辨明它们之间亲缘关系的远近。

直到目前为止，植物亲缘关系的主要依据仍然是形态特征。植物分类工作必须首先了解哪些特征是原始的，哪些特征是进化的。而遗传学的物种定义是，以生殖隔离作为物种的主要标志。在自然条件下，不同种群的个体之间彼此能够进行杂交，这些种群就归于一个物种。形态分类学强调种内的相似性，遗传学强调的是生育关系。上述两种概念下的物种有很大的一致性。

分子遗传学应用于分类已见初端，本著者由减数分裂和配子结合中的遗传物质重组，取得对物种生殖隔离“遗传因素”的认识是：

(1) 同物种细胞内染色体个数相等，各对同源染色体不仅形态相同，而且所含 DNA 分子的基因位点(座位)也相同，遗传物质的差别仅在等位基因上；物种间染色体的个数和形态均不同。这表明，物种内的生育关系是以遗传物质的共同性为基础的，而种间的生殖隔离是缘于遗传物质的差异。

(2) 种内交配后代的细胞核中是二亲本同源染色体，在减数分裂中可发生：①姐妹染色单体间的片段交换；②二亲本同源染色体($2n$)随机重组而成各含全套遗传信息的单倍体(n)配子；③在配子结合中，又能再发生遗传物质的第三次重组。这些重组都是随机的，是发生在三个不同的层次上，并是处于种内遗传物质共同性的限度之内的。但种间杂交，不可能发生种内交配遗传物质有序但又随机的重组，而是二亲本遗传物质的无序混杂。这不能构成生物学意义上的遗传，并必将造成杂种不育的事实。

同一树种品系间可以进行有性繁殖。品系间遗传物质处于同一基因池。人工选择的作用是限制在基因池内。人的技术因素只能在遵循遗传规律的条件下发挥作用。

7.4.2 在树木发育中对基因表达起着调控作用的因素

树木的发育在时间上遵循着固定的顺序，种子萌发时，胚根突破种皮，先从种孔伸出，在土壤中形成根系，然后由胚芽生长形成地上部分的主茎。而后，营养器官与个体的生存同始终，繁殖器官只出现在包含其中的生殖阶段。

发育在空间上有高度微妙的适应性和规律。树木都属直根系，但随树种有深根和浅根之别；直立茎随树种有一定的分枝方式；叶随树种有单、复叶之分，并依树种而有固定的叶序、叶尖、叶缘和叶片形状；叶脉与主茎、根的输导系统相通。被子植物花、果(裸子植物大小孢子叶球、球果)的发生和各部位配置均合理有序，并符合作为树种鉴别特征的稳定要求。

这些都充分表明，树木的发育必定是在有机体内部受到了严格的控制。遗传学的发展对这一控制提供了认识上的理论依据。

7.4.2.1 蛋白质在基因表达中的作用

一个基因相当于 DNA 分子上的一个区段。每个结构基因都有一种与其相对应的蛋白质(一个基因一个多肽)。结构基因的碱基顺序是蛋白质合成的模板。蛋白质按其功能不同有三类——结构蛋白、贮藏蛋白和酶蛋白。结构蛋白是氨基酸与糖、脂肪、核酸等结合组成细胞的某些部分。酶蛋白是指组成酶的蛋白质，酶的主体是蛋白质。

植物包括树木的主要有机成分是碳水化合物。它们都是通过有机体内的生化反应生成。细胞内的所有反应都是在酶的作用下进行的。由此可认为，蛋白质是控制生物性状的中间物质，基因功能是通过生成与它相对应的蛋白质来实现的。

细胞中的每个细胞器都有膜，蛋白质和磷脂是膜的蛋白质的两个主要成分，尽管膜的成分比较相似，而每一种膜都含有与其在细胞中的生理功能相适应的特有蛋白质。这是参与发挥基因功能的条件。

7.4.2.2 酶在基因表达中的作用

酶是生物细胞中催化反应的一类蛋白质。酶的种类很多，一个活细胞有数千种酶合理分布在细胞的各个特定部位，使各种复杂生化反应能同时在细胞中有条不紊地进行。因而酶是细胞内生化反应的催化剂，它改变生化反应的速率，而自身并没有发生变化。每一种酶控制着一个反应或一组相关的反应。酶具有的这种特异催化特性，调节着细胞中发生的特定的化学反应，由此控制着合成的细胞结构成分，从而决定细胞的最后性质。

所有的酶主要是由蛋白质组成，有的只含蛋白质；还有一些酶含有一个小分子的非蛋白部分(辅酶)，它与酶蛋白的关系是有催化活性的复合体。

在强调酶的作用时，还必须清楚地认识到，酶的化学结构是由细胞核和其他细胞器中的 DNA 所决定，说到底，控制生命中发育的物质是 DNA。

7.4.2.3 激素在基因表达中的作用

植物激素是一些在植物体内产生的有机生理活性物质，它们能从产生部位移动到作用部位，在低浓度时就可明显调节植物的生长发育状态。

通过 mRNA 转录，基因信息才得以表达。外部环境因子和植物激素是实现这一过程的关键信号。由信号到基因表达包括接受信号、传导信号和诱导应答三个环节。每个环节都是通过物理或生化反应来完成的。

树木生长的主要外部环境因子是温度、光照和水分等。生长时间(年、月、日、时)与这些因子都具有密切地相关关系。发育研究中强调的是，性状随时间的变化。实际，有机体受到的直接作用是外部环境因子。

激素是植物体自身产生的信号。接受激素信号——激素由产生部位到作用部位是化学信使作用的开端。它可以在不进入细胞的情况下启动细胞内的一系列变化，有时激素分子也可溶入细胞质或者与细胞器结合。接受部位的细胞还会有差别，有些细胞具有能接受某种激素的受体，是这种激素的靶细胞；而另一些细胞对这种激素不敏感，或根本没有应答。激素信号的传导——激素使细胞膜上受体活化，这能促使膜内侧细胞质内的第二序信号物质活化或浓度增加，进而激活某种特定的化学反应，由此诱导了细胞对激素的应答。激素诱导应答的其他方面——激素信号传导途径，还活化了染色体中与 DNA 共存的结合蛋白，这对特殊基因的转录和翻译有强化诱导的效应。

植物组织培养试验能清楚显示出激素对基因表达的作用。植物体的每一个细胞都包含着全套基因，把植物的一小部分组织在离体条件下培养在必需的营养物质和激素组成的培养剂上，它可以脱分化，由体细胞形成胚状体。被培养的材料能否再分化，是受基因调控的。在全套基因中有结构基因外，还有操纵基因。激素在一定条件下能打破操纵基因的控制，使结构基因活化。激素给基因表达创造了条件。

7.4.2.4 DNA、酶和激素三者间的关系

DNA 是脱氧核糖核酸，是存在于染色体中的遗传物质。基因是 DNA 分子上有遗传功能的区段。酶的主要成分是蛋白质，是以 DNA 为模板，经生化反应合成产生。酶的作用是充当植物体内生化反应的必要催化剂。激素是植物体内合成的低分子质量有机物，对基因表达具有启动或抑制的作用。三者在成分和作用上各不相同。还值得注意的是，如何认识它们在植物体内存在的相互影响和相互依存的关系。

1) DNA 和酶

在 DNA 区段上进行转录时需要 RNA 聚合酶。要把初级 RNA 中含有对蛋白质合成不起作用的非编码区切除，需剪接酶。由此，就会在认识上产生一个矛盾，没有酶无法生成蛋白质，而酶的成分却又是蛋白质。

1981 年切赫(Thomas R.Cech)发现，在没有任何蛋白质存在的情况下，原生生物四膜虫的核糖体 RNA 前体能对自己进行剪接。这表明，这种 RNA 是一种非蛋白质而有催化能力的酶(核酶)。由 RNA 本身就可以是一种酶，就能想象出 RNA 在生命起源中的作用。

2) 酶和激素

植物激素是体内生成的有机物，它们的合成起始无疑需酶作催化剂。有些遗传型的矮生品种，在使用赤霉素后伸长效果特别明显，这是由于矮生品种中某个控制赤霉素合成酶的基因发生了突变，植物体内缺少合成赤霉素的酶，赤霉素的合成受到了阻碍。

大麦种子试验，却证明了存在赤霉素(激素)诱导酶合成的事实。大麦种子内贮藏物质主要是淀粉，发芽时在α-淀粉酶的作用下淀粉进行水解，转化为糖。但是，如果将大麦种子的胚去掉，则发芽时淀粉不能水解。将无胚种子和赤霉素放在一起保温，则淀粉仍可以水解。这个试验证明了赤霉素能诱导α-淀粉酶产生。更精确的试验还证明，赤霉素尚能诱导其他水解酶形成，如蛋白酶、β-1,3 葡萄糖苷酶、核糖核酸酶等，并能确证这些酶是经赤霉素诱导而新合成的。

酶和激素之间似乎也存在着矛盾的相互作用。实际，上述两例是发生在激素和酶之间不同状态的相互作用。生物进化中，由两类因子间相逆作用下生成的性状，只要具有这些性状的个体能适应它们生存环境，就都能受到保存。由此，酶和激素间存在相逆的相互作用的现象，就可得到理解。

7.4.2.5 重要的植物激素

激素在植物的生长和发育变化中有重要作用。植物激素有生长素、赤霉素、细胞分裂素、脱落酸和乙烯五类。它们在树木中的生成部位、输送方向和作用上各不相同。

7.4.3 衰老是生物发育过程的最后趋向

从萌发开始，植物必定经历一系列的发育变化。每一时间阶段的变化方向都是受遗传物质控制。由人们观察植物发育的系统表现，是可以把植物发育过程性质看做是程序性。

可由植物包括树木中管胞和导管的凋亡(apoptosis)来认识整株植物发育的程序性。细

胞凋亡是细胞程序性死亡。树木中管胞和导管在分生后仅数月时间内，都经历过同样的细胞生命期后自然沦入细胞死亡，然后形成中空有效的水分输导系统。这些死亡细胞逐年累积又构成了树茎的支持功能。著者相信，专业学者由现象都会意识到，这些细胞死亡是受相同控制的同一过程。分子生物学发展使这一认识在学术层次上得到了证实。

多年生竹林，一旦开花，就会大面积死亡。一年生作物，完成开花结实后很快就衰亡。这些都表明，繁殖似乎只起了诱导衰老的作用，其中一定包含着其他机制。

衰老和植物生命的任何阶段一样，是在遗传控制下发生。衰老包括着代谢、RNA 和蛋白质合成速率下降。它是主动的生理反应，而不是简单的停滞和凋零过程。

7.5 遗传学观点下的次生木质部

遗传学观点下观察次生木质部是持生命理念的结果。

遗传物质对生物的作用表现在对生命过程的控制。由获得性不遗传更可看出遗传对生命的效应。离开生命理念和遗传学研究非生命生物材料是材料科学。木材与石油、煤炭等材料完全不同，它完整地保持了生命中次生木质部的化学成分和结构原态。

7.5.1 次生木质部的连续生命和主体的非生命状态

立木(living tree)中全部心材和边材主要构成的厚壁细胞都是死组织。仅逐年最外层生长鞘数月内生成木质细胞是具有生命的。立木中次生木质部与伐倒木中非生命木材几乎不存在差别。但不仅须看到在树木生命中连续增大的次生木质部主体是非生命状态，而且要认识到次生木质部在遗传控制下构建和发育变化只能发生在生命部位。

7.5.1.1 次生木质部生命在活细胞(组织)连续接替中延续

次生木质部的生命鞘层在不断更新，但受更替的历年鞘层都受到完整保存。次生木质部逐年留存当年鞘层中的非生命主要构成细胞与连续替换新生命细胞的过程同时存在。次生木质部的这一特殊构建状态，使它在发育研究实验中具有重要作用。

7.5.1.2 次生木质部生命一直在遗传物质控制下

针叶树次生木质部 90%~95%的构成细胞是形态相似的管胞，并具有相同超微结构的胞壁外壳，其内侧是细胞丧失生命前由残存原生质生成的瘤层。每个管胞的细胞死亡都是同一的主动过程。这些次生木质部构建中的自然正常状态表明，次生木质部构建的遗传控制不仅表现在单个管胞的分生和分化的细胞生命过程中，而且还表现在随时间先后生成的管胞之间。遗传物质控制的细胞生命过程不仅有共同的一面，并同时在细胞间还存在着极其微细变化。

7.5.1.3 次生木质部构建中的动态发育变化表现在静态的木材差异上

次生木质部是由长期逐时分生的细胞累积而成。每个细胞都经历遗传物质控制的程序性变化，最后管胞都呈空壳的细胞壁状态。由逐时留存的细胞遗骸间规律性差异，可断定，次生木质部内的差异也是在每个细胞共具的遗传物质控制下生成。相同的遗传物质在控制着每个细胞的生命程序性变化中，又同时在控制着逐时分生出的细胞间的程序性差异。

次生木质部中的差异是它构建中随时间逐时遗存下来的变化状态实物原迹。仅由差异状况是看不出生命意义的。必须把差异与它生成的时间相联系，才能清楚地看出它是发生在生命过程中的发育变化。

7.5.2 三类不同来源的木材差异

种间木材差异是遗传物质基础的差别造成；种内木材差异是同一基因池遗传物质重组的结果；株内次生木质部构建中生成的差异是相同遗传物质控制下发育变化的表现。

只有在深刻认识三类木材差异来源的理论基础上，才能领悟次生木质部存在发育过程。

7.5.2.1 种间木材差异

种间木材差异主要由漫长演化中受保存的突变造成，具有强遗传性。它既表现出在系统发育中树种间存在的亲缘关系，又呈现出随机性。

1) 木材树种的识别特征

遗传学观点，物种是相互之间能交换基因的种群。传统的树木分类学，主要是依靠繁殖器官并参考营养器官来进行分类。上述两种依据并不矛盾，常是相互补充的。

一般木材研究程序是首先依据上述形态学分类的结果，观察木材的差别，以此当做木材鉴别的依据。可以认为，形态上界限分明的树种，在次生木质部的结构和材质上也有固定和明确的差别。树种间遗传基础的差别已达到生殖隔离。树种间木材差别是树种差异表现的一部分。

木材树种的主要识别特征相当于遗传学上的性状因子(表 7-1)。这些因子都是受基因控制的，它们在树种间的差别是由不同基因位点造成。而树种内的木材差别则是发生在相同基因位点的等位基因上。

表 7-1 针叶树在宏观和显微镜下的木材树种的主要识别特征

Table 7-1 Main identification features of coniferous wood under magnifier or microscope

特征 Features	差别 Differences
边、心材 Sap wood and heart wood	明显度
材色 Wood colour	心材材色
早材至晚材的变化 Change between early wood and late wood	渐变或急变
密度 Specific gravity	轻或重
硬度 Hardness	软或硬
纵行管胞 Longitudinal tracheid	径壁纹孔 1 列或 2 列以上；弦壁纹孔具或缺少；螺纹加厚具或无
木射线 Ray	井字区纹孔类型：窗格状、松型、云杉型、柏型、杉型；纺锤形射线存在或缺，如存在，泌脂细胞胞壁薄或厚；射线管胞存在或缺，如存在，射线管胞胞壁平滑或齿状；射线薄壁细胞末端平滑、珠瘤状或齿状
纵行树脂道 Longitudinal resin canal	存在或缺，如存在，上皮细胞壁薄或厚
轴向薄壁组织 Longitudinal parenchyma	存在或缺，如存在，薄壁细胞末端具节状加厚或平滑

2) 木材树种识别特征的遗传控制

木材解剖学是以木材结构的树种差别为研究内容。各树种木材在肉眼宏观或显微镜下都具有相对固定的特征差别，即次生木质部细胞和组织结构在树种间的差别具有稳定性。这表明，次生木质部的构建具有强遗传控制。

表 7-2 列出，本项目五实验树种在木材结构和性状上具有的部分稳定差别。它们都是树种木材鉴别的依据。生长地域广的树种具有相同的木材结构特征。这与树木外部形态在树种分类上的作用相同。

表 7-2　五种针叶树木材在宏观和显微镜下的特征

Table 7-2　The features of five coniferous wood under magnifier or microscope

树种 Species	早晚材的变化 Change between early wood and late wood	树脂道的具有或无 Resin canal may or may not be present	心边材的变化 Change between sap wood and heart wood	材质轻或重、软或硬 Wood light or heavy ;soft or hard	射线管胞具有或无 Ray tracheid may or may not be present	井字区纹孔类型 Type of pit pairs in the cross field
落叶松 Dahurian larch	甚急	具有、明显	明显	重、硬	具有、内壁波状	云杉型或云杉型兼杉木型 2~7(通常 2~5)个
冷杉 Faber fir	甚缓	缺	无区别	轻、软	缺	杉木型 1~4(通常 1~2)个
云杉 Chinese spruce	缓至略急	小而少	无区别	轻、软	具有，内壁少数齿状加厚	云杉型 1~7(通常 3~5)个
马尾松 Masson’s Pine	急变	大而多	明显	重、中硬	具有，内壁齿状加厚	窗格状 1~2 个
杉木 Chinese fir	甚缓	缺	明显	轻、软	缺	杉木型 1~6(通常 2~4)个

木材结构和性状在树种中的稳定现象，离开了遗传控制的认识，是无法理解的。

7.5.2.2　种内株间的木材差异

“种”内个体具有相似的形态特征。成熟人工林中的树木高度相近，除直径稍有差别外，几乎难以区别其株间的差别。至于次生木质部则更是如此。在非常熟悉它们的专业人员眼中，同种树株间仍是存在着差异，“同一物种内的个体总是千差万别的，没有两个完全相同的个体”。

森林树种属种子植物，自然条件下通常通过有性繁殖繁衍后代。但一些树种兼具有性和无性繁殖的能力，各有适合的情况。无性繁殖无遗传重组，由单亲衍生后代，所产生的无性系在遗传上是同一的。与无性繁殖相比，有性繁殖后代的基因组成来自两亲本，经过了基因重组，个体在遗传性上与其亲本和同子代都会有差异。

树种内株间的关系表现在两方面——保持同种的共同性状(遗传)和个体间的差异(变异)。种内虽有个体间的变异，但共同性状的遗传相对稳定。遗传和变异在生命循环中并存。这类变异在本质上也是遗传的表现。在这种认识上，变异和遗传是统一的，是同一过程的两个侧面的表现。

有性繁殖在遗传基础不变的情况下，会产生符合遗传规律的遗传物质重组，并可能在子代中表现出亲本所不表现的性状新组合。但这些“新”性状，追溯起来并不是真正的新性状，而是在其祖先中原有的。换言之，种内个体变异是有范围的。遗传学上种的基因库就是种的范围。测定种内相同生命时限和生活条件的不同个体的同一类别的数量性状，以性状数值为纵坐标、同一性状数值的个体频率为横坐标，绘出的性状频率曲线呈对称的特有钟形(正态分布)。测定值实际是散布在这一曲线上的点，是环境的影响作用才能把它们连成曲线。正态分布正是种内个体数量性状差异的范围和规律的表现。

如个体能发生影响遗传物质突变。如前述，这才是真正意义上的变异。但突变频率一般很低，且多数变异有害，也有一些是中性的。它们在造成种内株间变异中的作用就不会很大。所以，种内遗传是相对稳定的。“相对”的含义就是针对种内也可能存在能存活的突变个体而言。

遗传力是遗传学研究种内个体间数量性状变异的指标，它是一个界于 0 到 1 之间的数值。某一性状遗传力为 1，就意味着该性状的变异完全由遗传因素造成。遗传力为 0，就意味着该性状的变异完全由环境因素造成，与遗传无关。次生木质部结构和性质的各种因子的遗传力并不是相同的，其中木材基本密度和管胞长度的遗传力较高；晚材胞壁厚度和晚材百分率也较高，它们与比重有密切关系。在研究种内株间次生木质部差异中，遗传力具有重要参考价值。它在林业科学上有重要意义。如遗传力较高，育种改良品系将提高效率。

遗传学数量性状遗传力的实验：测定两纯合体亲本、杂交 F_1 和自交 F_2 的同一性状，由结果可计算出这一数量性状的遗传力。遗传力的生物学意义是，该性状在 F_2 上表现出的变异总量(表现型方差)中由遗传物质造成的部分(基因型方差)所占的比率。可把上述理解成在相同遗传物质来源条件下，有性繁殖中遗传物质重组造成物种个体间的差异(基因型方差)与环境影响形成的差异(环境方差)共同构成表现型差异；即，一般所见的种内数量的差异并非都由遗传物质造成，其中还包含有环境影响。遗传力是用来衡量遗传物质在数量性状变异中作用的量化指标。

由遗传力实验设定的条件可看出，这是对相同遗传物质自交重组众多子代的测定，表现型方差是对个体间性状差异度量的结果。研究个体在相同遗传物质控制下的发育变化也要考虑环境的影响，但不能把遗传力概念直接用于这一考量。

为了深刻认识树木种间次生木质部存在的差别，特将它与种内树株间次生木质部的差别相对比(表 7-3)。

表 7-3　种间和种内株间次生木质部(木材)差异的不同性质

Table 7-3　Different nature between secondary xylem(wood) differences of individual frees among species and those in a species

项　目 Items	不同树种树株间 Among individual trees of different species	同一树种树株间 Among individual trees in a species
遗传因素和表现 Genetic factors and show	由遗传基础差异造成。在成为树种特征后，即表现为种间的差异性状，具有稳定性，是树种鉴别的依据	遗传物质的差别只是在同一基因池内的等位基因。同种个体间的“小异”千差万别，无一完全相同
起因和形成时限 Source and formation period of time	通过漫长历史时代的自然选择和隔离等条件，遗传基础的差别达到生殖隔离的程度	差别源于代代都有遗传物质重组，偶有突变，但仍可以交换遗传物质
差异方面和范围 Aspects and scope of differences	树种间次生木质部较重要的差别都属木材结构方面，其表现是多个结构特征分别呈现具或不具的差别。这是遗传物质基础的差别造成，与同种个体间不同等位基因的显、隐性表现是根本不同的。 同时，也存在数量性状方面的差别，并有稳定性	一般，不存在结构特征方面的差别。种内个体数量性状方面的差别符合正态分布

可看出，树木种间次生木质部的差别与种内株间的变异在性质上存在根本的区别。

7.5.2.3 单株树木内的木材差异

1) 现象

宏观看来，树茎中心部位年轮宽，向外逐渐趋窄，材质相应也有变化。

同株树茎上、下部位的材质也有差异。

2) 有丝分裂在木材生成中的作用

除生成雌、雄配子体中初始的一次减数分裂外，树株各部位上的各种组织的细胞都是有丝分裂产生的。次生木质部也不例外。

界于相继两次有丝分裂之间的时期为分裂间期。在间期，染色体内的 DNA 进行了复制，DNA 含量增加 1 倍。在光学显微镜下能观察到，在整个有丝分裂周期中，每个染色体都准确地复制成两条染色单体，由着丝点连接；而后，复制成的两条染色单体彼此分开，分别移向细胞的两极；分裂结束后形成的两个子细胞之间，以及每个子细胞与原来的母细胞间，染色体数目彼此相等，染色体形态和功能也相同。

染色体是遗传物质的主要载体。在有丝分裂中，染色体复制为二，并且均等地分配到子细胞中去。这一机制就保证了遗传物质在同一个体所有细胞间的传递。这使生物体的每个细胞都具有一套相同的遗传物质，从而使这套遗传物质所决定的一系列性状特征在该生物体个体发育过程中逐渐表达。

树木除突变部分外，在全生命期中遗传基础不变，其生长发育是基因表达调控的结果。这就是树株内木材差异产生的根源。

3) 特点

树种间与种内树株间木材差异的性质不同，为便于对两者作对比，现按表 7-3 项目顺序，列出树株内木材差异的特点：

项目 Items	树株内次生木质部(木材)差异的特点 Special features of wood differences of secondary xylem within a tree
遗传因素和表现 Genetic factors and show	连续有丝分裂生成的体细胞间的差异，表现出次生木质部的发育过程 次生木质部中的木材差异是在相同遗传基础控制下连续分生体细胞中存在规律性变化的原态实迹
起因和形成时限 Source and formation period of time	树茎中次生木质部不同部位的差异是它们处于次生木质部连续发育进程中程序位置不同的表现 这种差别在树株初期生长中表现明显，而后次生木质部的结构和性质相对稳定，这同样是发育过程的一种表现
差异方面和范围 Aspects and scope of differences	一般，株内的木材差异多属数量性状方面，但与种内株间数量性状的变异性质不同，后者差异表现在个体数量间呈正态分布。株内木材数量性状的差异除一部分是受环境影响外，都是次生木质部构建中发育的规律反映

4) 次生木质部发育是一个有待证明存在的自然现象

一般生物体包括它们的器官，由生命过程外观表现出的变化就能自然察出其中存在着规律性的发育过程。次生木质部发育却很隐蔽，活树中次生木质部生命问题更具迷茫性。数十年树龄尚为幼树，如何测出次生木质部随生命时间的发育变化？次生木质部生命中必然存在规律性的变化过程，这是一个可靠的科学假说。既然可信，那肯定可采用实验证明它是存在的一个自然现象。

本书第三部分提供了次生木质部生命过程中的变化能符合遗传控制特征的实验结果。

7.6 专业词语辨析

7.6.1 性状一词在发育研究中的应用

特征是木材科学的惯用词，是用来泛指树种间木材相同的和相异的结构。对某一确定树种，特征是遗传的。树种间相异的木材结构特征，是识别木材树种和了解其材性的依据。木材科学几乎不用性状一词。

遗传学上，character 和 trait 的应用是有差别的。对一可遗传的特征，如花的颜色，称特征(character)。特征在同种个体间会存在差别。某种特征(character)在同种个体上的一项表现，如花是紫的或白的，称性状(trait)。

遗传学研究重点是亲、子代间存在相似的必然性和相异的范围限制，是种内不同个体间在遗传和变异上的表现。对遗传学，特征(character)和性状(trait)两词都需用。

生物学上也有不分特征(character)和性状(trait)都统称性状(character)。英语中，性状一词应用在种间、种内株间或单株内并无严格限制。

本书发育的内容是个体。发育是发生在个体上的生命特征，具体表现在性状(trait)变化上。本书报告次生木质部发育研究结果只用性状(trait)一词。

由上述分析可看出，造成性状一词在不同学科应用上差别的根源是各学科的研究主题不同。

7.6.2 差异、变异和变化

遗传学观点，变异是同种个体间的差异，起因于个体间遗传物质在等位基因上的差别。它不包括年龄(时间)、性别和生活史在不同时期的差异。生物体的物理、化学和行为性状，几乎都有遗传基础。只有基因上的变异才是遗传的。由于环境影响造成生物个体间在大小和形状上产生的变异，是不遗传的获得性。须强调，变异一词一般只适用于同种个体间。

本项目对单株树木内次生木质部中木材差异的认识：①发生在株内的这种差异，不属种内株间的变异；②从次生木质部不同时间的连续生成来看。其不同部位间的差异是生成中连续变化的表现；③这种连续变化的学术性质是树木发育的一部分，是相同遗传物质控制下的自然过程。

从本项目对次生木质部发育的认识中可看出，生物个体生命过程中都会呈现出随时间的差异，这是发育变化的表现。生命科学各学科都是在利用生命不同时刻取样测定出的差异，来研究生物的发育。发育研究在观察个体生命过程中表现出的差异现象而形成的观点：①不是孤立地去看待差异；②把差异看做是程序化变化的表现；③把差异的发生与时间联系起来。

差异和变化是两普通词，但在发育研究中它们都成了学术用词。变化是遗传控制下的个体发育变化；差异是表现在随时间的变化过程中。这是从两个角度去看待同一现象。发育在长时间下的连续表现是变化；间断地观察结果是差异。对差异的观测，不是发育研究，而发育研究必定包含对差异的观测。

在性质上，种间差异、种内变异和个体发育三者是有根本区别的。

8 进化生物学的作用和在应用中取得的进展

本章用表概要

摘　　要

次生木质部发育过程的自然形成是本项目研究需考虑的问题。进化生物学是这一考虑中必须联系的相关学科。

地球的自然条件造就了生命起源。自然选择是生物演化的天然机制。要认识其中的偶然因素，又必须充分看到它的必然性。

遗传物质在生物繁殖中保持着物种性状的延续性，又在个体间引发随机差异。这种变异只表明在种内个体间存在着生存能力的差别，突变才是遗传物质的新内容。突变的概率虽低，但在长历史时代却是生物演化必要条件中的自身关键因素。

环境是自然选择的另一方。生物生存环境要从生态系概念来理解。生物适应是自然选择的必然结果。生物系统发育中适应是动态发展的，但这并不影响原始和进化生物在当今地球上共存。生物物种生命过程的多样性和合理性都是在演化过程中形成。

本书尝试用进化生物学观点观察树木和次生木质部的适应性，从分析中领悟出次生木质部发育在自然演化中的形成。

本书实验证明提供的全部曲线图示都是表达次生木质部在生命过程中的变化。这些变化充分表现出次生木质部在发育中不断具有适应生存的调整。本项目是用动态适应作用来看待次生木质部发育变化的表现。

发育是有机体生命中在遗传物质控制下的自身变化过程，形态构建的时间段和生命的延续都处于这一过程中。生物界形态各异，表明各物种生命中的变化过程存在极大差异。物种间发育过程的差异，不是短时的差别，而是生命过程中长时间变化间存在的差异。要认识生物发育过程的形成，一定需注视到生物发育过程的适应性。发育变化中每一时刻状态都符合个体生存的需要。生物发育过程不是一时一事的适应，而是变化全过程中每一时刻的整体适应。适应动态性是生物生存的必要条件。

地球约出现在46亿年前，地质学家能去追寻化石中的物种随时间的变化。地球年龄越近，生物类型越多，而且高级类型的生物更加多样化。以数学观点来看，曲线中的极小线段是直线。以百年计的时段来考察，现存物种个体发育途径好似一直保持未变。细思，如不是这种情况，那生物的发育就不可能作为一门学科来研究。可见，讨论生物发育过程的形成，是追究长地质时代远古间已发生的往事。

一切生物现象都必定有内在条件和外部因素，并具其发生的必然性。这些都是次生木质部发育研究需考虑的方面。

8.1 发育研究中具有重要作用的生物演化概念

自然选择是生物发育过程形成的唯一合理解释。这里丝毫不存在意识参与，而是生命界与生存环境间的一种自然状态。

8.1.1 不同性质变异的作用

变异是同一物种不同个体之间普遍存在差异的现象。

遗传物质发生变化是生物体的突变。突变是遗传物质基础改变导致的变异，是遗传变异最根本的新来源。其中包括核基因突变和染色体突变，以及细胞质基因的突变。

核基因突变是指染色体上一个基因座位内遗传物质的变化，它使一个基因变为它的等位基因。用显微镜进行的细胞学研究中是观察不到基因突变的，但是在表型上有可遗传的改变。基因突变简称突变。

染色体突变又称染色体畸变，是染色体结构或数目的异常变化及其所导致的遗传性状的变异。这种变化比较大，用光学显微镜就可以观察到。

突变是群体遗传差异的根本创新，与有性繁殖过程中在种群基因库重新配置亲本所携带的基因型是不同的。充分认识它们的差别，将有助于了解木材间各类差异形成的本质原因。表8-1示生成可遗传变异的两种来源的差别。

环境变化引起的变异，不是由于遗传物质差异引起的，是不遗传的变异，或称获得性。理论上能区别遗传的变异和不遗传的变异，是遗传学在进化生物学上取得的具有重要学术意义的成果。

有性繁殖中，有三个基因分离和重组的环节：①非姐妹染色单体发生片段交换，发生在减数分裂的第一次分裂中；②非同源染色体之间自由组合在一个性细胞(配子)(发生在减数分裂的第二次分裂中)；③精、卵的随机结合(发生在受精作用生成合子中)。这些环节都将引起遗传变异，它们的共同特点是：①发生在减数分裂和性细胞结合的两短暂时刻，但变异的效果却在个体的全生命过程中才陆续表现出来；②亲子代间，或子代个体间没有绝对相同的两个个体；③子代个体的性状是两亲代性状的随机组合。从遗传物质上讲，这种变异是两亲本各基因位点上等位基因重组的结果。可见，这种变异都是它们祖先中原来有的，不是产生新遗传基础的变化。遗传学上，一般把变异就限于是这种性质的。这种变异造成同种个体对环境适宜性具有差异，并在适者生存中产生基因频率差别的效果。

表 8-1　生成可遗传变异的两种来源

Table 8-1　Two sources that could form hereditable variation

性过程 Sexual process	突变 Mutation
遗传物质在原有遗传基础上的重新组合	突变都是由于物理或化学因素的干扰和减数分裂中的差错造成，而将突破原有的遗传物质基础。 突变是最根本的变异
遗传物质的重组在每个世代中都会发生。 有性繁殖后代的个体间生存能力上有强、弱的差异，但这与生成有害性状是不同的	自然条件下，突变的发生是随机的，并且仅少数突变是适应的，大多数因其有害而遭自然选择淘汰。 有了突变，基因和染色体的再组合才有新的遗传材料。
减数分裂和配子配合中一定会发生遗传物质重组，并且一定是发生在生殖细胞中	突变可以在个体发育的任何时期、任何细胞中发生。各种生物单个基因的自然突变率都很低。性细胞发生的突变可通过受精过程直接传给下一代。体细胞发生的突变，一般不能传给下一代，而且往往受周围正常细胞的抑制，或至消失。但是人们常以无性繁殖的方法利用体细胞的突变

文献上，往往把突变也列于变异，但在概念上须对两者有清晰地分辨。

变异和突变在发育变化过程的形成中都有重要作用。基因池是指一个物种所含遗传基因的总和。种内个体间遗传物质的差别是在各相同基因座位上的等位基因不同。有性繁殖中发生的变异，能提供不同基因位点等位基因的最佳配置供自然选择发挥作用。突变生成的遗传新物质，不仅给发育变化的适应增加了新的可能，而且还给发育变化的发展创造了新路径。地球确定地域上的环境，大抵是沿一定方向变化的，并经常可维持一段时间，因此由自然选择所引起的发育变化过程的改变，往往也是定向的。只有在具有变异和突变的条件下，才能有现今生物界的形成。

8.1.2　生态系

生命自然界和非生命自然界组成了大自然。

生态系是分布在一定无机环境中的各种生物，跟无机环境在一起，共同形成的一定系统。各地域都可以各自形成各具特点的生态系。

在生态系里，各种生物之间存在着物质循环的食物链关系。这是自然界能量的贮存和能量流动的规律性现象。在生态系里，各种生物之间还存在相互依存的关系，有寄生，也有共生，以及对无机环境的适应。

任何生态系的稳定都是相对的，而生态系的变化则是绝对的。

生态系概念，对生物的生存环境有了更全面的剖析。生物的生存不单是受繁殖过剩的影响。另须注意的是，现存生物物种都是在自然繁殖方式中取得发展的。

8.1.3 自然选择

Darwin(1859年)，在《物种起源》(*On the Origin of Species by Means of Natural Selection*)中指出，如果对任一个体有用的变异的确发生了，具有这样特征的个体肯定将有更好的机会在生存斗争中获得保存；而根据强大的遗传法则，它们将倾向于产生有相似的后代。为了简单起见，将这个保存原则称为自然选择。

人们不可能直接感知，在长地质时代中自然选择的作用，但可由现存生物和绝迹物种化石确定出它们在演化中出现的次序。自生命起源以来的生物演化，是在自然选择的航道中实现的。

可把自然选择理解为，个体的随机变异(突变)和在环境中的非随机淘汰和保存的过程。

自然选择不是由谁来执行的一种行为，而是由生物体自身包括突变的变异和生存环境两因素共同组合构成的一种自然现象。

基因突变具有随机性，而个体的将遭淘汰和受保存则是相随的结果。这一结果只取决于在一定环境下，该种变异是否有利于个体的生存和繁衍。如果把选择比喻成是一张无形的筛，自然选择的筛是无意识作用参与的大自然，筛选的对象是随机变异产生的个体差异；而人工选择的筛则是由人的意识来主宰，是以人的需求为依据。

现存的生物物种器官的结构和形态都达到了完成其功能的最佳状态。从演化过程来看，器官在形成过程中是朝着有利于完成特定功能的方向发展。而生物演化的最根本来源是突变，自然的突变率低，其有害部分比例又高。在生物发育过程的形成中，淘汰是大量的，留存的概率是极小的，由此才能形成精准的适应性。

可以把生物看做是多种性状的复合体。就某一性状而言，一些个体表现是有利的，另一些个体是中性的或不利的。从遗传上说，它们在同一基因位点上各具有对应的不同等位基因，并是独立遗传的。生物的多种性状，是在长历史时代间逐时分别生成的。通过自然选择，淘汰不利性状，保存和积累有利或中性的性状。各种性状分别都如此，生物体则成为各性状最佳状态的汇集，即各物种都接近了极完美的适应性。

虽然自然环境在一定时间内的变化具有方向性，但生物繁殖中产生的变异却总是随机的。所以，自然选择对象的性状发生具随机的偶然性，而适应却是自然淘汰后的必然结果。其中的偶然性在前，必然性在后，由此可看出占主导地位的是偶然性。

生物必须在具有一定条件的环境中才能生存和发展。恶劣环境会引起死亡，异常环境会诱发突变。在相对稳定的环境里，能使基因频率保持稳定；而环境变化会使基因朝一定方向发展。须明确的重要一点是，环境虽对生物变异的发生和发展都有影响，但它不能创造变异。

8.1.4 物种发育过程的形成

不论物种个体生命长短，在有性繁殖中总会出现变异或突变。它们是生物必定处于不断演化中的两个因素。生物界的漫长进化道路，是一直处于自然选择的作用之下，有的种类被淘汰了，有的种类生存下来。生存下来的物种，又再处于下一世代淘汰或生存的自然过程中。但这不是简单地重复，在其中会出现新性状，或形成新物种。新物种的出现，并不意味原物种必定会消失。新、老物种同等地都处于自然选择的检验之中，由此构成了树枝分叉状的现存生物物种的演化途径和当今形形色色的生物界。可见，生物的不同发育过程是在变异和自然选择中形成。

自然选择观点，不是停留在静止的状态来看待生物的多样性和适应性，而是从运动、变化和发展来揭示生物多样性和适应性的形成。个体发育，与自然生物界的形成相比，只是短暂一刹，但它却是既合理又复杂的变化过程，并是在自然选择动态的长历史进程中形成。

树木形态和结构的适应性，都包含它们构建中发育变化的合理性。

8.2 树种间次生木质部的突变现象和亲缘关系

次生木质部受到树皮保护，但又不同于保守的繁殖器官。现存原始和进化树种间木材特征呈现出亲缘的演化路径是符合常理的现象。但在考虑生物发育过程形成的研究中，须强调的方面却是突变的随机性。突变使得树种间木材特征中既有规律性的亲缘一面，又具有相对独立的随机另一面。

木材科学识别木材研究的程序是，在采集木材样品前先经树木分类学鉴别树种，由采得的木材标本总结出木材树种特征，而后才能把这一成果应用于鉴别木材。木材科学的这一树种识别研究途径表明重视演化中的亲缘关系；在既看到次生木质部木材结构突变的随机性的同时，又能明确受保存的突变具有稳定的遗传性。

突变是自然选择下构筑演化结果的生物自身内在因素。木材识别特征是在次生木质部发育过程中生成，这一过程是在自然选择的演化中形成。

8.2.1 针、阔叶树木材结构的亲缘关系和突变现象

针、阔叶树分别属裸子植物和被子植物中的双子叶植物。演化中针叶树先于阔叶树，而后在各自系统发育进行中共存。它们不仅繁殖器官和过程不同，而且在木材结构上也表现出能供识别的差异。

一般针、阔叶树材是以导管有无作为识别的特征。针叶树木射线除含横行树脂道外，一般为单列细胞构成，而多数阔叶树木射线为多列细胞构成。可见，阔叶树的导管和纤维是由针叶树管胞演化而来，多列木射线由单列演化而来。

银杏是针叶树中的原始树种，但它的叶形并非想象中的针叶。针、阔叶树次生木质部中都存在有突变生成的木材遗传特征。北美红杉(*Sequoia sempervirens*)次生木质部有具穿孔的管胞；阔叶树水青树属(*Tetracentron*)无导管，但木射线出现多列。这方面实例尚甚多。

8.2.2 针叶树种间木材结构的突变实例

正常树脂道只见于松科(Pinaceae)的落叶松属(*Larix*)、云杉属(*Picea*)和松属(*Pinus*)，铁杉属(*Tsuga*)仅具创伤树脂道；松科冷杉属(*Abies*)和针叶树其他各科都不具树脂道。

轴向薄壁组织在杉科(Taxodiacea)、柏科(Cupressaceae)各属木材中都具有；红豆杉科(Taxaceae)、罗汉松科(Podocarpaceae)各属均不具；粗榧科(Cephalotaxaceae)中穗花杉属(*Amentotaxus*)不具，粗榧属(*Cephalotaxus*)具少；松科中落叶松属、云杉属、松属不具，

铁杉属、冷杉属极少。

8.2.3 阔叶树种间木材结构的突变实例

椴木科(Tiliaceae)中椴木属(*Tilia*)和蚬木属(*Burretiodendron*)木材结构间存在亲缘关系和突变差别。黑龙江紫椴(*Tilia amurensis*)和广西蚬木(*Burretiodendron hsienmu*)同属椴木科。紫椴和蚬木同为散孔材；木射线均窄并同为层状叠生，宏观弦切面上同呈现为波痕。它们突变的木材结构差别是紫椴轴向薄壁组织为离管切线型或轮界型，而蚬木为傍管型。它们的基本密度分别为 0.355 和 0.880，相差高达 148%。

8.3 适应的动态性

树木的器官和组织是在树木长期生长中，以不同方式生成。树木体内一直保留着一部分具有分裂能力的细胞。树木随树种在不同树龄开始繁殖结种，并在持续的营养生长中更替组织，并间歇产种。这种生命模式表明，发育变化是贯穿于树木的全生命过程。

个体发育是生命中自身的变化过程，而系统发育则包含着物种在演化中延续。适应是个体发育和系统发育实现的共同因素。在自然选择中，适应是生物体与其生存环境间的协调表现。发育研究，使本项目意识到适应的动态性。

动态适应的作用和表现在系统发育和个体发育中是不同的，须在概念上明确区分它们。

8.3.1 系统发育中的动态适应性

从长时间生物的系统发育来看，在自然选择下发生的动态适应，是表现在物种的演变上。本章对适应性的文字分析，常把生存的功能需要列在前，而把器官结构特点置于后。这如同设计在前，具体事物的出现在后。在生物适应的真实形成中，这是一极大的误解。不论结构如何复杂的生物，包括智慧的人类，每一新性状实际都是在随机的突变中产生，而后其遭遇则取于它在自然选择下的适应性。在地球生成后的各长地质时代中，现生存的每一物种都经历了千万次、万万次、甚至天文数字次的偶然突变，并在每当次突变而后的生存考验中是留存者。生物的演化图示，呈向上分叉的树枝状。以居于其某一枝端的具体物种来看，个体各器官功能协调，并均极完美，好似是按极周到考虑的设计制出。假设果真如此，那它的演化路径就该是直线，或原本就不存在什么演化了。真实生物演化路径是由少逐多分叉的状态表明，在同一性状上可发生不同的随机突变，但能获得保存者则是有条件的。现存任一物种适应状态的周到细微均令人不得不赞叹，但其形成则都是通过众多累次突变和生存考验的累积结果。进化生物学是以上述观点来认识生物适应在系统发育中的动态形成。

生物体发育过程的形成要由系统发育中的动态适应来认识。

8.3.2 个体发育中的动态适应性

对个体发育中适应的动态的认识是，适应表现在现存物种的生命变化过程中，适应必定相应是动态的，换言之，是动态的适应。适应是个体各器官功能符合生存的需要，并与环境相匹配。个体生命中发生的一切维持生存需要的变化，都应列入适应的范畴。

树根延伸中根冠细胞和树木周皮的不断更新，明显都是树木生长中的适应变化。树根在土壤结构并无变化状况下，根冠细胞在磨损中不断死亡；树木生长的大气组成是稳定的，但周皮随树茎增大而在连续裂毁中。由此可以看出，适应不只是针对变化的环境，在稳定的环境中，发育中的变化也都还有符合生存需要的问题。发育在细胞、组织、器官和整体上的每一个变化，都是在自然选择的演化中发生，能受到保留的部分都必须符合生存的需要。个体发育变化的形成，可由在自然选择中的适应得到理解。个体发育变化中的各环节，由此可得到较深刻的认识。

8.4 树木在演化中形成的适应性

个体发育过程，是在系统发育中形成的。由目前地球上生物界共存的高、低等物种和部分绝迹生物的化石，可观察出生物演化中先后生成的不同物种的发育过程形成的演变历史。

8.4.1 树木的陆生适应

陆地生长环境要求树木具备一定的适应功能。一定的功能必须由相应的器官或形态结构来完成，器官在构建过程中是朝着有利于完成特定功能的方向发展。自然选择下，使得器官在结构形态方面达到完成某一功能的最佳状态。

水是活细胞中含量最大的组成成分，并是光合作用的原材料。水在立木次生木质部中的通常含量超过其干重。树木在陆地上生存，可靠的水源只能从土壤中得来。树木必须具备根系。

水生植物在水中直立，依靠浮力。陆地植物必须依靠主茎担负支架作用。树木的细胞壁是由木质化的纤维素构成。

在树木高端的树冠和根、茎之间，必须具有通畅的输导组织。

性器官的最外层细胞转变成不育性的保护细胞，防护着内部的生殖细胞，不再是每一个细胞都可成为一个能在水中游浮的孢子。花粉是陆生演化中的产物，是以风、虫、鸟或水作媒介而传播。

8.4.2 树木个体发育中适应的整体性

树木具有陆地生存的各种必要器官和组织，并在它们间存在着缺一不可的联系。在单株树木发育变化研究中，不仅要注意各器官和组织的变化特点，还须包括它们在全树发育中的配合。

单株树木的整体性，首先表现在各营养器官都是由相通或相联的组织系统构成。贯穿树木根、茎、枝、叶的木质部和韧皮部是输导功能的维管组织系统。表皮组织系统和次生周皮是覆盖和保护着各部分的外侧防御组织系统。在根、茎、枝的高生长区间和叶的表皮组织系统和维管系统之间是基本组织系统(皮层)。种子植物在转入生殖生长时，枝顶分生组织不再形成营养芽而转变形成生殖芽。

陆生树木直接与大气接触，树木体外有保护组织构成的外层。它既要避免水分过度蒸发，预防外界物理因素和病虫害的侵袭，又具有进行气体交换的功能。除根尖外，根、茎、枝、叶、花和果实的表面都具有保护组织。全树各器官的保护组织是相联的。初始生成的保护组织均为表皮，表皮细胞和外界接触的外壁是角质层。根、茎和枝在发生次生生长后，由周皮取代表皮。一般，在树木各器官的表皮或周皮上都有气孔，但松树周皮只有间隙的块状而不具气孔。

活皮中的韧皮部由树冠向下运输同化作用的产物——碳水化合物和蛋白质混合树液。这种输导是依靠扩散作用，通过细胞质在活细胞内的迂回和细胞间壁上的微孔。次生木质部由树根向上输送水分，是依靠蒸腾作用的拉力和通过死细胞构成的通道。树木通过不同路径输导树液和水分是全树株结构和功能上整体适应的完美体现。

8.4.3 树木各器官生命中的变化在个体生存中的作用

树木的各器官都是在发育中生成，并经历着而后发生的变化。在发育研究中，只能通过适应性来检验发育变化的合理性。

自然选择的长期作用下，生物形成的适应性表现在细胞、组织和整体的各层次的结构和功能上，并是极其细微的和周到的。本部分内容，是从动态的眼光看待树木各器官的适应性，但只是其中明显的一小部分。

次生木质部是树木生存适应性构成中不可缺的一部分。只有在充分认识树木适应性的条件下才有可能理解次生木质部发育在树木演化中的形成。

8.4.3.1 树茎

主茎顶芽发育早，在生长上占优势地位，对侧芽或侧枝有抑制。树茎的顶端优势对全树干形的极性、对称和轴性都具有作用。

全树茎、根、枝有次生生长部位，在表皮被挤毁消失前，在维管形成层的外方，由原树皮中分化程度不深的活细胞转分化生成木栓形成层。木栓形成层向内或向外行平周分裂，向外的子细胞的细胞壁不具纹孔并木栓化，而成为树茎新的更有效的保护层(周皮)。木栓形成层的活动时期有长有短，但在它停止分生后，又在它的内方出现了下一轮的木栓形成层。这样的过程依次继续下去，先后生成的周皮也在不断裂损和再生成中，并总能在其内方保持有完整的活皮。活皮在树径扩大中，不断更新。

树茎生长，以发育变化的观点来认识，初生生长随形态上的高生长是在不断地向上位移的。顶端以下不同发育深度间的位置关系是一直保持稳定的，并都处在生命状态的连续不同阶段的分化中。分化程度由上、浅至下、深。次生分生组织(形成层)分生起始的高度，即进入次生生长范围。次生生长是以外添的堆砌生长(addtive growth)方式进行，新增的鞘形木质层总处于原部位的外方。可看出，树茎的初生生长和次生生长部位的空间位置都一直在随时间而变化，而次生木质部各时新增添的层次的结构和性状与其前具有规律的差异。这是树茎各高度部位和各直径层次间呈现符合支持功能需要和具有联系的变化，并是全树发育的一部分。

次生木质部贯通根、茎、枝，并占它们体积中的大部分。树茎形态和功能上的适应都与次生木质部有联系。

一般针叶树林木树茎高耸，干形通直，除基部稍阔外，中段都近于保持为圆柱形，树径至梢段才呈均匀减小。这种干形的形成取决于树茎生长中同时存在的下述因素：

①高、径两向生长不在同一高度；②高生长结束的即时高度部位，直径生长就起始；③随高生长上移，直径生长连续向上扩张；④直径生长是由形成层分生产生，形成层的分生机能在树茎全高都一直在进行着。

树茎同一生长鞘鞘壁径向厚度在梢顶最大(厚)，向下逐减小(薄)。这是不同高度形成层在同一年内分生和分化有差异的结果。这种差异满足了林木干形的适应需要。本项目把这一现象归类定性为随高生长树龄的发育变化。

8.4.3.2 根

根深才能叶茂，根和地上部分的生长是相互依存的。

根的初生生长区域可以分为根冠、分生区、伸长区和成熟区四个部分。在向地下延伸中，它的各部分都处在发育的不断变换中。根冠和分生区的位置总在向前移动，而伸长区是原分生区位置分化的结果，成熟区又是伸长区原位置再进一步分化的结果。在成熟区的后方，具有和树茎同样的次生生长。可见，树根长、径生长的空间部位是在不断变换和移动中。树根生长现象表明，要与看待树茎高生长一样，不能只单一静态地去分辨根、茎初生生长区域几个部位间的差别，而且还要从动态上去观察它们几个部位之间的转换和变化。

根的结构和发育变化特点：①根具有根冠区。根冠是罩在根尖最尖端的帽状结构，由薄壁组织组成。根的伸长过程中，根冠外层细胞不断死亡脱落，由内侧的顶端分生组织不断分裂出的细胞补充到根冠，其速度是以保持根冠在更新中的厚度。②根冠的后部是由顶端分生细胞组成的分生区，它相当于茎端原始分生组织。分生区增生的细胞除补充到根冠外，大部分在其后方分化为伸长区细胞。③伸长区细胞停止分裂，但细胞长度可扩增数十倍，由此使根尖得以延伸。④伸长区后方的细胞再进一步分化，逐渐过渡到成熟区。成熟区部位表皮细胞的外壁向外突出和分裂延伸形成根毛。成熟区，即根毛区，在这一区域各种细胞都分化成熟。可见，在根尖生长中，通过它各部位的细胞发育变化，而表现出各部位的空间位置一直处于移动和变换中。

根的生命长短差别很大。树木上的某些细小侧根只能生活 1~2 个星期，更新率非常高，而主根和树木寿命同长。

8.4.3.3 叶

叶的功能是进行光合作用、蒸腾作用和气体交换。叶脉中的维管束与茎、根中的输导组织是相通的。叶的功能行使需与主茎和根配合。

植物中水和 CO_2 经光合作用的产物是碳水化合物。这一反应有两个途径，通过形成 3-磷酸甘油酸来同化 CO_2 的植物是 C_3 植物；通过形成草酰乙酸固定 CO_2 的植物是 C_4 植物。C_4 植物具有比 C_3 植物更高的对炎热干旱环境的适应性和较高的光合作用效率。可见，植物体内的生化反应也表现出适应性的作用。

叶的形状是受遗传控制的，每个树种具有一定形状的叶。裸子植物的叶除银杏、买麻藤外，通常比较狭细，呈针状、条状或鳞片状。这是习惯上把裸子植物的树木称针叶树的缘故。有的树种如桧柏，幼树的叶为针形，老枝上的叶为鳞片状，这不同于受环境因素影响产生的异叶性，而是随树龄的发育变化。这种异叶性是系统发育中产生的个体发育变化。

叶生长在节部。它发生于表层细胞或表层下的一层或几层细胞分裂形成的叶原基。在芽开放以前，叶的各部分已经形成，以各种方式卷叠在芽内。叶原基起初行顶端生长，迅速伸长，到一定阶段，顶端生长停止，转为基部的居间生长。叶的生长期是有限的，在短期内生长达一定大小，生长即行停止。

叶的寿命因树种而异。落叶树杨、柳、榆、槐、椿、楝、合欢等，叶的寿命仅一个生长季节。另有树种叶的寿命为一年以上至多年，如松属 2~5 年、紫杉 6~10 年、冷杉 3~10 年，这些树种单株树木上每年有一部分老叶脱落，每年又增生新叶，因此，就整个树木来看是常绿的，称常绿树。

树木在落叶之前，叶内细胞的合成功能降低，有机物和激素都转移到根、茎部分。叶柄基部形成离层。这是由一部分细胞经过分裂生成几层薄壁细胞构成。离层的薄壁细胞之间的胞间层发生化学变化，一些成分转变成可溶性。在风雨和重力的作用下，叶从离层脱落。与此同时，离层下的几层细胞栓化，在叶柄的断面处形成保护层。

8.4.3.4 针叶树的大、小孢子叶球(雌、雄球花)和种子

在进化过程中，裸子植物比被子植物原始。它们是在不同阶段出现的两类植物，而后共存。两类植物的有性生殖有极大的相似性，但也有明显的不同。裸子植物不形成花，而是产生孢子叶球，胚珠裸露、不形成果实等。

针叶树的生殖器官是大孢叶球(雌球花)和小孢子叶球(雄球花)。雌、雄球花生成中的每一环节都经历着变化。

8.5 次生木质部及其构成细胞的演化和功能适应性

8.5.1 次生木质部细胞的演化

较简单的低等植物，主要由薄壁细胞构成。薄壁细胞是原始的、分化较少的细胞。在进化过程中，由它不断地特化，形成了各种类型的组织。

在发展具有能更好完成各种功能器官中，输导组织是植物体包括树木所拥有的一种细胞类型。裸子植物除极少数较进化的物种外，次生木质部中的输导细胞只单一为管胞。它兼具输导和支持双重功能。管胞呈现的演化途径是：①长度逐渐缩短。②古生代(570 万年前)、中生代(225 万年前)裸子植物管胞上的具缘纹孔都在径向壁上。现代的裸子植物春、夏季生成管胞的具缘纹孔也在径壁上，但秋末管胞的纹孔都在弦向壁上。③管胞纹孔形状的演化，由梯形转向圆形；纹孔数量变得愈来愈少，特别是在管胞的中央部位。

古生代和中生代植物化石里的次生木质部，一般是没有轴向薄壁组织的。只有到侏罗纪(190 万年前)的次生木质部里才出现了轴向薄壁组织，它们的出现和年轮与四季的出现是互相联系着的。这种木薄壁组织分布在晚材的外缘，与当时的形成层相邻。它们与同时生成的管胞在弦向壁上的具缘纹孔具有的作用相同，可在次生春季能迅速向形成层供给水分和养分。地质年代再往后，出现的针叶树次生木质部里，轴向薄壁组织就不再局限在年轮的外缘，而是呈散在分布。

裸子植物次生木质部木射线除含树脂道树种外均为单列细胞。

当被子植物由裸子植物演化而成时，其细胞类型增多。导管和木纤维分别承担输导和支持功能，轴向薄壁组织数量增加，木射线细胞列数为多列。其中，导管的特化更是特殊，本书第 II 册《次生木质部发育(II)阔叶树》中将有详述。

8.5.2 次生木质部及其构成细胞的功能适应性

树茎支持着树冠在空间保持适当的位置，以便充分接受阳光而有利于进行光合作用。次生木质部占根、主茎和枝的大部分体积，它在树体中的主要功能是输导和支持。

从输导来看，离地数十米，甚至百余米的参天大树的顶梢竟能克服重力从地下得到水分。根从土壤吸收水分是依靠溶液浓度差形成的扩散作用。次生木质部的水分输导完全是由树冠中叶的蒸腾，在木材的水分通道中形成水柱拉力。在快速蒸腾条件下，如水柱中没有气体，则水柱由于水分子的内聚力而上升。但生成这一水柱尚需符合其他条件：①输水的木质细胞管道壁必须能承受蒸腾作用的甚大拉力；②细胞管道壁与水分间的亲和力需高于蒸腾拉力，以保证它们之间不出现空化而使水柱断层。值得注意的是，这一蒸腾输水过程，完全是物理作用，丝毫没有生理因素参与。那这一输水木质系统也就是纯物理性的，它完全不要求木质细胞具有生命的特征。

从支持来看，要求次生木质部具有强度，这里涉及的因素有构成组分的化学成分和结合的物理结构。

次生木质部是由细胞组合而成。上行输导要求通畅，这与输导细胞的排列方向有关；管道壁与水分有亲和力，这与细胞壁化学组分有关；管道壁有足够的强度，这与树茎支持功能的需要是一致的，只有每个细胞壁具有强度才能形成树茎的坚韧。可看出，树茎的输导和支持两功能，对次生木质部细胞的无生命状态、细胞的排列方向、细胞壁的化学组成和其物理结构以及逐年外砌增添的方式等都提出了要求。次生木质部能综合满足这些要求，是次生木质部发育研究须认识的内容。次生木质部符合这些要求是树木适应的一部分，是树木在演化的系统发育中形成的。

本节所述次生木质部的适应性，好似都是处于静态下的状态，这实际是逐年生长鞘的共同适应性。次生木质部在个体发育中的真实情况呈动态的变化，即逐年在生成的生长鞘间和生长鞘内不同高度部位间具有规律性差异。这些都是单株树木生命中次生木质部构建的动态适应表现。动态的极短瞬间是静态，静态是认识和理解动态的基础。

8.5.2.1 纵行管胞

成熟的管胞是无生命物质的细胞壁壳体，但完整保持原细胞形态。

管胞中空、细长、呈两端尖纤维状，平均长度 3.0~5.0mm，平均直径 35~65μm，长宽比 80~100。

管胞在显微横切面上，呈蜂窝状，平均孔径明显大于二壁厚度。

一般说来，管胞长向平行树高，但实际沿所在生长鞘略呈螺旋状，呈天然斜纹。

在显微横切面上，同一径列的管胞弦向宽度基本相同，但左、右两径列的管胞弦向宽度有可能相差很大。这是由于横切面与管胞中间区段或与管胞末端的相遇不同造成。这一现象反映出，相邻管胞的末端不在同一高度。这有利于树茎强度的加强。

管胞壁上的纹孔多分布在两管胞交错的末端壁上，并都成纹孔对。相对的纹孔口分别与两相联的管胞胞腔相通。纹孔对内的空间中央有纹孔膜相隔。在超微观察下，纹孔膜是纤维素的网状结构，在其中间具有一局部次生壁加厚的块状物(纹孔塞)。水分可通过网状纹，而纹孔塞有支撑纹孔膜的作用。

细胞壁的主要化学组成是纤维素、半纤维素和木素。纤维素在细胞壁中的物理结构确定了它的骨架作用。半纤维素和木素的作用分别是胶联和硬结。它们共同构成能符合输导和支持要求的细胞壁强度。各类具有秆茎的植物，秆茎部位的这三种主要化学成分的组成比例都相近。这绝不是偶然的现象，而是自然选择下满足共同需要的结果。针叶树木素含量较阔叶树高，半纤维素情况相反。从适应的角度，值得考虑把这一现象与针、阔叶树种树茎高度的差别联系起来。

在细胞壁的物理结构上，更能表现出适应在自然选择中的极细微作用。在超显微下观察细胞壁化学组分的物理组合状态：①纤维素是葡萄糖聚合的长分子链，数十个甚至上百个这样的链状分子以结晶的物理条件平行排列构成的晶区，这是超微的封闭区域，其他组分和水都不能渗入。②葡萄糖分子链穿过晶区，而在它们彼此交错的部位构成非晶区。非晶区内有半纤维素存在。③微纤丝是胞壁内的一级超显微结构单位，具长轴，有方向性，其内含纤维素晶区和非晶区，它们的方向与微纤丝一致。葡萄糖分子上的羟基在分子链间形成具有侧向物理结合力的氢键。木素和半纤维素沉积在微纤丝间，由木素才能在细胞壁中分辨出微纤丝。④次生壁依据微纤丝在其中的排列方向而区分为外、中、内三层(区间)，内、外层微纤丝呈与细胞长轴垂直，中层与细胞长轴平行。在次生壁中层内的微纤丝都是一根一根地平行排列在下一结构层次的同一平面上，而这些平面又都再同取与细胞壁平行的方向。这就意味着，次生壁中层内的微纤丝虽然方向相同，但却是层次排列的。次生木质部的适应不仅表现在细胞层次上，而且表现在超微结构上，并表现到分子结构上。

管胞长度方向与树高平行。次生壁中层占细胞壁厚度的主要部分，大部分微纤丝在其中的方向与细胞长轴一致，而微纤丝的纤维素分子链又与微纤丝方向保持相同。纤维素的这种骨架结构中渗有半纤维素的胶联和木素的硬固。由此构成的细胞壁能充分适应抵抗蒸腾拉力和维持细胞形态的强度需要。次生木质部每个细胞胞壁具有的强度性质，又共同构成了树茎的挺拔。

从输导来看，不同高度的管胞都是尾端交错相接，其上有纹孔相通，水分子内聚力使水分通过次生木质部由根至树冠。三种主要化学组成中都存在大量能与水分形成氢键的羟基，保证了胞壁与水分间有足够的亲和力。管胞的数量多，因此即使在少部分水分通道中出现空化，也不会产生水分受阻的现象。

树茎的支持和输导作用是众多管胞构成的。可见，树木的适应是表现在各器官功能的配合上，而器官的功能则表现在其构成的组织和每个细胞的构成上。就一个管胞而言，它也非在分生中顿时即成。发育在时间和空间上如此严密地精确配合和统一，只有在漫长历史时代中的自然选择下才得以形成。

8.5.2.2 边心材

边材是次生木质部中含生命细胞的外围部分。

形成层逐时分生的新管胞，在细胞扩大和细胞壁加厚的数月成熟阶段，都是具有生命的细胞。针叶树全部树种都具有射线薄壁细胞，部分树种含有树脂道分泌细胞或轴向薄壁细胞，这些细胞在边材都尚具有生命。次生木质部含有生命细胞的范围，不论生命细胞数量的多少，其所占空间都属边材。

开始生长的幼树树茎不具心材，次生木质部的全范围都是生命区域。而后，各树种在各自相对固定的树龄开始形成心材。心材自内向外逐年由边材转化而扩大。在这一过程中，管胞间的纹孔口受纹孔塞偏斜而受阻，输导功能受损；薄壁细胞的原生命物质转化成各类抽提物而使木材产生材色、气味和滋味。

在边材开始转化后的树木生命过程中，树茎边材一直在形成层的分生中受到补充，并能保持具有行使正常的水分输导功能。边材的生长鞘层数可能减少，但随树茎围长增长，能保持符合生理的需要。

心材抽提物的含量随该部位生成时的树龄而增加，形成自外向内减少的含量分布。立木由根部侵入的变色和腐朽，一般自内部开始。

边材在树木生命过程中逐龄转变成心材，是次生木质部发育中的一种变化。

8.5.2.3　木射线

木射线是次生木质部中唯一由形短横卧细胞构成的横行组织，其功能是承担横向运输营养物质。它实现运输功能的方式与管胞不同，是依靠胞壁内生命物质的迂回，通过纹孔对中的胞间连丝的扩散而行进。

一株大树的次生木质部，是承担纵向输导和支持双重功能的部位，非生命区域所占的范围大。但必须认识，立木次生木质部在其扩大中必定含有正在经历着生命阶段的区域，这是一直在移动中并保持着生命的空间范围。

次生木质部生命区域中的薄壁细胞和尚处在细胞发育过程中的管胞，都是在进行着新陈代谢的活细胞。它们需要光合作用的营养物质，这就要求具有自韧皮部(树皮)的横向输导。次生木质部具有木射线，而髓和初生木质部中不具。随树茎围长的扩大，射线的弦向密度相对稳定，但射线的绝对数量在增多。

一般，管胞的纹孔都分布在径壁上，除管胞间在末端的具缘纹孔对外，其他都是与木射线的纹孔构成半具缘纹孔对，由此构成纵、横相通的物质输导网络。

木射线及其具有的上述性状，都是次生木质部在自然选择下形成的。

8.6　结　　论

系统发育中树种演化的机制是自然选择，天文数字的突变是这一机制中必要的生物内在因素。突变随机性和长历史时代中经历难以数计繁殖世代的生存考验才形成了共存树种的适应性。

现存原始和进化树种适应的差别表现出系统发育中的适应动态性；单株树木生命过程中的规律变化表现出个体发育中的适应动态性。个体发育中的动态适应是在系统发育的动态适应中形成的。

第三部分　实验证明

次生木质部发育是构建中的变化，是遗传控制下树木动态生命过程中的一部分。这是在生命观点下建立的次生木质部发育概念。次生木质部发育的动态生命现象长期在多学科屏障间受到隐蔽。次生木质部发育新概念需用实验来证明。

一般生物发育研究实验须同时测出变化中的性状值及呈现的时间。次生木质部构建是逐年在外围增添鞘状层，主要构成细胞于生成当年死亡。这些特点使次生木质部的变化性状和能由位置确定的各时性状生成时间具有一一对应关系。由此，次生木质部长期发育过程的实验测定成为可行。

次生木质部发育研究须采用两向生长树龄。这要求实验取样须为回归分析能取得两向生长树龄组合连续的结果创造条件。本部分各章都是用图示表示次生木质部发育的过程。这些图示是以横坐标和多条曲线的标注共同构成性状随两向生长树龄变化。

本部分共包括次生木质部 11 类性状。确定这些性状的变化符合发育特征的实验依据：①单株样树内性状随两向生长树龄的变化呈有序，表明个体内发育变化具有的协同性；②种内样树间同一性状的变化具有相似性和个体间变化过程的差异符合正态分布的估计，表明变化具有的遗传性；③同类别树种同一性状变化趋势呈可比性，并可相互印证，表明个体发育中反映出系统发育的亲缘关系。符合遗传特征的多个发育性状的聚合才构成次生木质部发育现象。

完成上述证明须采用曲线图示进行充分比较。次生木质部两向生长树龄发育变化的图示是三维空间曲面，本报告采用指定条件的平面剖视曲线来表示。用四种平面曲线共同表达样树内同一性状的同一变化，它们在表达随两向生长树龄变化上具有不同重点。虽然这些平面剖视曲线与空间曲面间存在着剖视的数学关系，但书中每条曲线都分别由测定数据根据指定条件直接绘出，由此增强了图示表达曲线间有序的可靠性。同一图示中多条曲线能同一趋势并相间有序，首先取决于存在规律性的发育变化，其次是采用的回归分析能表达出这一变化，并能消除环境对表达造成的影响。

本部分各章全部图示的中心内容是共同证明次生木质部构建中存在着规律性的发育变化。由图示能清楚察出每一树种次生木质部各种性状发育变化的实际过程，书中不再过多描述。本部分各章摘要是取得的新认识。

发育是生物的共性特征。次生木质部是树木的主要结构部分。“实验证明”部分用大量曲线能证明次生木质部生命中的变化是在遗传控制下进行并符合发育特征的要求。本书是证明次生木质部构建中存在发育现象的基础理论原始研究成果。附录给出全部原始测定数据供查证。

9　次生木质部管胞形态的发育变化(I)——管胞长度

本章图示概要

本章用表概要

本章实验结果附表(原始数据)概要

摘　　要

管胞是针叶树次生木质部主要构成细胞。管胞生命期仅数月。它是逐年树木生长期中由形成层原始细胞连续分生生成。形成层区域内侧正处于细胞发育期的木质子细胞具有有限分生能力。管胞数月生命期中存在着细胞发育变化过程。次生木质部生命持续的主要象征是次生木质部一直保持具有生命的管胞。逐年生成的管胞是次生木质部生命中各时固化的显微结构单元。管胞的无生命状态符合树木生理的需要，而逐年间管胞的形态差异是发育变化在细胞层次上的适应。以上是看待管胞形态在次生木质部生命逐年间变化的生命观点。次生木质部发育研究采用两向生长树龄使得管胞形态测定的取样和结果分析都有新要求。

在管胞长度变化上取得的四方面结果。

(1) 不同高生长树龄(自根颈至树梢每隔2.00m取样)管胞长度随径向生长树龄的变化;

木材科学在数个高度取样测定管胞长度，以离髓心年轮数为图示横坐标报告各高度管胞长度的变化。本项目是在树茎多个高度取样，以径向生长树龄为横坐标，研究管胞长度随两向生长树龄的发育过程。

(2) 逐龄生长鞘管胞长度随高生长树龄(沿树高)的变化。

(3) 逐龄生长鞘全高平均管胞长度随树龄的变化。

(4) 不同高度、相同离髓心年轮数、异鞘年轮间管胞长度的有序变化。

(2)、(3)是在生长鞘和两向生长树龄概念下取得的管胞长度变化的新内容；(4)用实验结果填补了有关不同高度、相同离髓心年轮数、异鞘年轮间管胞长度有序差异报道的空白。

本章用四种平面曲线示出五种针叶树次生木质部管胞长度的变化。每一树种不同样树同一类图示列于同一印刷面，以进行符合遗传特征的比较。结果表明，不同树种次生木质部管胞长度的变化都呈现具有遗传控制的规律趋势。管胞长度的变化是次生木质部发育过程的一部分。

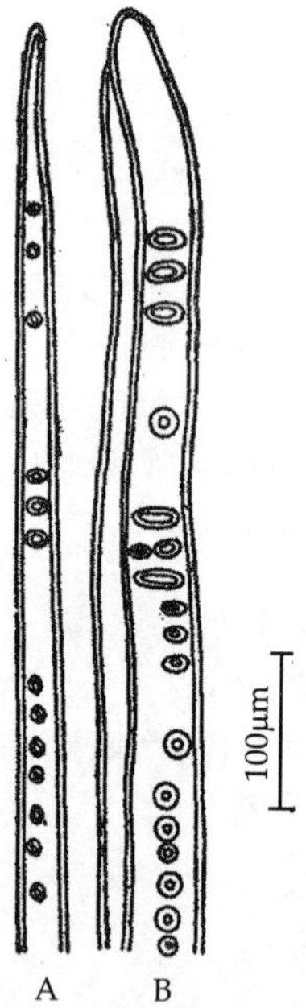

图 9-1 针叶树材管胞末端(马尾松)

A. 晚材管胞；B. 早材管胞

Figure 9-1 Tracheid tail of coniferous wood (Masson’s pine)

A. late wood; B. early wood

纵行管胞在针叶树材材积中占90%~95%，是轴向厚壁细胞，简称管胞(一般文献中，广义纤维包括针叶树材纵行管胞和阔叶树材纤维。木材科学中，也有把木材中的纤维状细胞统称为纤维的情况。但在植物解剖学上，纤维是专指阔叶树材中的一类细胞)。次生木质部连年生成的木质鞘层中的管胞在当年内即失去生机。所谓“活树木材中的管胞”除邻近形成层者外，其他实际都是保持细胞原完整形态的细胞壁，管胞在活树株中的生理机能是输导和支持。

管胞是纤维状锐端细胞，平均长度3.0~5.0mm，平均直径约为40μm，平均长宽比约为100∶1。肉眼下，人类正常视力于25cm距离处能分辨0.07~0.09mm，单根管胞不能见。肉眼下所见纤维(管胞)实为纤维束。

横切面上管胞均沿径向排列，相邻两列在早材中前后交错，在晚材中稍对齐(图12-1)。从单根管胞的纵方向来看，除两端外，横截形状变化不大，近于柱状。早材常为近于矩状的六角形，晚材呈矩形。早材两端径面较弦面钝，晚材两端径、弦面均呈尖楔形(图9-1)。

管胞的大小是指管胞的直径和长度，它们是树种性状。从大的方面说，它们与树种有关。3.0~5.0mm是针叶树材管胞的平均长度，以上或以下则分别被认为是长或短。本项目研究五种针叶树材，它们的管胞大小平均值有差别，属树种遗传型差异。

次生木质部层状重叠构成中，逐年生成的管胞形态是如何变化的？同一生长鞘管胞的形态沿树高又存在什么差异规律？这些都是针叶树次生木质部构建中发育过程的重要表现。

管胞形态的尺寸范围符合佳质纤维原料的要求。全世界纸张和化学纤维几乎均以木材为主要原料。所以，对管胞长、宽度在次生木质部发育过程中变化的研究不仅有较高的学术意义，并有一定应用价值。

9.1 相关学科对管胞长度研究的成果①

9.1.1 研究历史

细胞大小差异(variation)的研究，始于 Sanio[20]对欧洲赤松管胞长度的测定。欧洲赤松距髓心第 25~60 个年轮间管胞长度到达最长后，一直保持未变。他对老龄木材管胞长度保持稳定的印象非常深刻，故能提出可应用管胞长度作为木材识别的依据[20]。

Dinwoodie 在有关管胞和纤维长度的综述中引用的有关文献已达 123 篇[11]。

以后许多研究的重点都集中在针叶树材管胞长度的变化[1,7,12,17-19,21,23,24,27,28]。

9.1.2 植物学和林学对管胞长度的研究

9.1.2.1 形成层纺锤形原始细胞的长度

管胞来源于纺锤形原始细胞。研究次生木质部形成中管胞长度的变化，必然首先得考虑纺锤形原始细胞的情况。

■随树茎围长增加，形成层向外推移中，形成层纺锤形原始细胞的平均长度逐渐增长[2]。一年生北美五叶松(*Pinus strobus* L.)与同树种 60 年生树茎相比较，59 年中纺锤形原始细胞的平均长度由 870μm 增至 4000μm[3]。在较老树株中，形成层原始细胞的长度实际保持不动或波动[16]。

9.1.2.2 形成层后的管胞增长

管胞由形成层分生后，在成熟过程中长度增加。

■对针叶树而言，形成层后的管胞增长是特征性的[15]。针叶树管胞比其形成层原始细胞增长的最大值在 10%~15%以上，但其中也有一些树种增长小，甚至不增长[2]。

管胞在针叶树木材组织中是没有细胞间隙的。那它如何能伸长？所以形成层后管胞增长机理是有关管胞长度发育变化的重要理论问题。

■细胞的纵向增长，主要是细胞端部延伸的结果。细胞中间部分的表面很少扩张。最合理的解释单个细胞伸长过程是，引用侵入生长理论[15]。这一解释是，伸长作用是发生在形成层后的细胞发育期内，这与细胞径向扩大是同时的。正在伸长的纤维(针叶树的解剖学名词是管胞)的顶端分泌一种能松弛环绕细胞四周胞间质的酶。与此同时，膨胀细胞的径向扩张和膨压促使细胞的横截面变成近于圆形，并使径壁与弦壁联结处胞间质松

① 引用内容中，对原用词年轮是表示沿生长鞘高度方向的变化，此处则统将此年轮一词改写为生长鞘；对表示树茎横截面上年轮间水平径向变化，都仍保持原用词年轮。

弛，进而形成纵向胞间隙。由此形成的空穴立即被纤维上、下伸长的薄壁末端所填充[25]。

9.1.2.3 管胞最大长度出现的树龄期

管胞长度在树株早期生长中处于明显增长期。而增长后的情况会如何，肯定是研究者关心的问题。

■管胞到达最大长度的年份与树种自然寿命有关。多数树种，若生长条件正常，管胞最大长度产生在 100 年前。有些生命期长的树种，如北美红杉[*Sequoia sempervirens* (D.Don) Endl.]自然寿命在 1000 年以上,管胞长度在树株 200~300 龄时才达到最大[4]。对 6 株西加云杉(*Picea sitchensis* Carr)进行测定，在 200~300 年前都未出现最大管胞长度，在这之后有一最大长度期间，甚老树龄(400~500)是减短。对人工幼林生成的木材，取决于在 10~20 年出现明显的最长管胞长度[11]。

以上两例，都是自然寿命长的树种，不能代表树种的普遍情况，特别对于人工林。这些都是值得继续研究的问题。

9.1.2.4 影响管胞长度的因子

■形成层原始细胞假横向(垂周)分裂频率和新生原始细胞长度间存在负相关；即高的分生频率导致短的原始细胞[16]。树木在自然寿命的中、晚龄，有利于使木材(木质部)季节性生长速率均匀的任何环境因子，也有助于形成层纺锤形原始细胞假横向分裂速率均匀一致。因此，产生的木质部细胞，其长度或多或少稳定。反之，如木材季节性的木材形成速率有任何变动，也将影响假横向分裂速率，所以分裂出的木质部细胞长度也受波动[6]。

9.1.3 遗传学对管胞长度在树株内变化的认识

■成熟树株纺锤形原始细胞的长度受遗传控制[15]。管胞的大多数性状都具有强的遗传性，管胞长度特别如此[29]。

主要未知是管胞长度遗传控制取得变化的经济价值[29]。期望在管胞长度上取得的实质性的遗传收获[26]。

9.1.4 纸浆和造纸方面对管胞长度的要求

木材是最主要的纸浆材料，纤维长度是重要的品质指标。管胞是树木中最佳长纤维的细胞类别，并是针叶树的主要构成细胞。所以，管胞在树株内的变化也是纸浆方面关心的问题。

■细胞长度对纸浆撕裂强度有重要作用[14]。细胞长度对提高纸张抗张和撕裂强度都有利[9]。

■幼龄材管胞长度很短，适当增长其长度，将对纸浆和纸的质量有明显作用。这时管胞由 2.0mm 增长至 2.5mm 是重要的。用针叶树生产质佳纸张，管胞长度 2.5~3.0mm 已能满足最低要求。在成熟材管胞长度可达到 3.5~4.5mm 情况下，对提高纸张质量的作用就有限[29]。实际，管胞长度增长的价值与产品种类有关。当有大量幼龄材存在时，管胞长度对纸浆和纸的质量是有利的[22]。

9.1.5 木材科学方面

9.1.5.1 管胞长度沿水平径向的变化

■对针叶树而言，除密度外，大多数有关木材性质径向变化的报告都在管胞长度方面。对全部树种适用的模式是，邻近树干中心是短管胞，通过幼龄带有一迅速增长而后稳定。然而，有一些树种仅呈微弱稳定，接近树皮的管胞长度可以长于邻近髓心处 4~5 倍[29]。管胞长度从髓心到树皮的径向变化基本呈曲线形式，可分为两个阶段：靠近髓心的开始阶段，反映管胞长度迅速增加；第二阶段反映长度或多或少是稳定时期。开始阶段通常持续的时间是前 10~20 年，但也可能缩短至前 5 年，或长达 60 年[15]。

9.1.5.2 管胞长度沿树高方向的变化

■Sanio[20]首先提出管胞长度和其在各个生长鞘高度位置间的关系。他把最长管胞长度的树茎部位与树皮颜色和结构变化联系起来，这一部位的树皮由灰褐相对较厚转变成黄褐鳞片状。且不论这一看法的适用程度，因树皮的变化特点还与树种有关，但可看出 Sanio 注意到了管胞长度沿树高有变化这一事实。

■对于形成层原始细胞与树轴高向部位间的关系，已有结论：红杉属植物(*Sequoia* spp.)形成层纺锤形原始细胞自树茎基部向上逐渐增长至最大值，后在树茎上部减短。纺锤形原始细胞长度与树茎不同树龄高生长速率间存在关系[5]。

■关于生长鞘内管胞长度的变化，已积累的材料表明，管胞长度向上增至一定距离，而后转为逐渐减短至树顶。许多研究者用各生长鞘高度的百分数报告最大管胞长度的位置[11]。

■关于自髓心向外确定年轮序数向上管胞长度变化的材料甚小[11]。而自髓心第 1 年轮情况除外，已了解其管胞长度随树高向上增至某点，而后长度保持稳定[10,13]。

9.1.5.3 关于管胞长度在单株树木内变化的报告形式

□Bisset 和 Dadswell[8]在对花楸桉(*Eucalyptus regnans* F.V.M)树干径向和纵向纤维长度变化的研究报告中，绘制了树茎中心的纵剖面，图的左、右两侧是根据相同数据绘出，左侧为各指定高度纤维长度变化的曲线，右侧为纤维长度等长位置连线。由左侧可察出，树茎不同高度纤维长度的水平径向变化；由右侧可看出，不同高度区段纤维长度在树高方向上的变化。

在有关木材研究的报告中，这是所见唯一采用这种图示形式的文献。它最值得注意的特点是，能把纤维长度的纵向和径向变化联系起来。虽然花楸桉不是针叶树，阔叶树纤维不是针叶树管胞，但有关管胞长度变化的这种联系值得重视。

9.1.6 科学预见

Dinwoodie[11]在对管胞长度研究文献综述中曾提出过两个非常值得重视的问题：

(1) 对这方面要特别进一步注意的两方面——确定顶端分生组织对细胞长度的作用和顶端分生组织与形成层的关系；

(2) 可从两个不同方面研究管胞长度随树高的变化。即对应于树株内两个不同的年轮竖直顺序——或沿单一生长鞘向上，或按固定距髓心的年轮数向上。

重新考虑这两个科学预见，仍深感其学术价值，并惋惜它们一直未受到重视。

9.2 本项目对管胞长度研究的认识

本章实验结果与 9.1 节“各学科对管胞长度研究成果”的结论，在相同可比条件下应该是一致的。由本章后述的实验结果看，两者确系相符。但本章是从发育角度研究，须取得符合发育研究要求的新内容。

9.2.1 观点

本研究中须首先关注管胞长度符合发育性状的条件。实际，这是在确定次生木质部构建中同时存在规律性的发育现象；管胞长度的变化是次生木质部发育中的一种表现。

9.2.2 采取的必要措施

(1) 测定取样点均匀分布在树茎多个高度，水平径向要达到逐个或仅间隔 1 年轮；

(2) 测定结果经数据处理绘出四种表达次生木质部发育变化的图示。

9.2.3 要取得新认识的方面

(1) 采用“多个高度径向逐龄变化”和“逐年生长鞘沿树高的变化”两种图示来表达管胞长度随两向生长树龄的变化；

(2) 采用生长鞘全高平均值报告管胞长度随树株树龄的变化；

(3) 研究不同高度、相同离髓心年轮数、异鞘年轮间管胞长度的变化。

这些内容在研究树株内管胞长度发育变化趋势方面都有重要作用。

9.3 实 验 方 法

9.3.1 取样

表 9-1 列出，测定各树种管胞形态的样树株数、株别、树龄和圆盘数。

对每一圆盘南向，自外第 1 年轮开始，按奇数年轮取样；对早、晚材区分明显的树种，年轮内还须区分为早、晚材。编序自外开始，不同圆盘均如此。这样，不同圆盘间如取样序号相同，则属同一生长鞘，仅上、下位置有别。这是为适应本项目研究要求而设计的。

但在实验结果数据处理和图示中，上述序号均变换成生长鞘生成树龄，或年轮生成树龄。这种序号的特点是，各高度圆盘外围第 1 年轮序号为采伐时样树树龄，向内逐个年轮递减，邻髓心的年轮序号不是 1，而是该年轮生成时的样树树龄。

9.3.2 木材离析

将试材劈成火柴杆大小，长 1~2cm。取 5 至数根放入试管中。试管上注明可查出树种、株别、圆盘号和年轮序号的标记。将试管注水至淹没木材，静置数日。之后将试管放在水浴锅中加热煮沸，排出木材中的空气，至木材下沉为止。

表 9-1 测定管胞形态取样的样株数、株别、树龄和圆盘数

Table 9-1 Sample tree number, ordinal numbers、tree age and disc number of sampling of tracheid morphological measurement

树 种 Species	样株数 Sample tree number	株别序号 Ordinal numbers of sample tree	树龄 Tree age(年)	测定圆盘数 Disc number(个)
兴安落叶松 [*Larix gmelini*(Rupr.)Rupr.]	3	1	31	12
		2	31	12
		5	31	14
冷 杉 [*Abies fabri*(Mast.)Craib]	4	1	24	11
		3	24	10
		5	24	9
		6	30	10
云 杉 (*Picea asperata* Mast.)	3	1	23	11
		2	23	10
		3	23	10
马尾松 (*Pinus massoniana* Lamb.)	1	4	37	14
杉 木 [*Cunninghamia lanceolata*(Lamb.)Hook.]	5	1	12	11
		2	12	11
		3	12	12
		4	12	12
		5	18	15

采用 Franklin 离析法，离析液为冰醋酸 1 份和 30% H_2O_2 1 份配制而成。将试管中的水倒净，注以离析液至淹没试材，并再静置 1 至数日，最后将试管移至近于沸点的水浴锅中，至木材稍膨大并适当变白为止，达到能使木材组织分离，又不损坏木材细胞形态的状态。

离析后，用水反复漂洗，除净酸液。

试样在试管水中受振荡充分解离后，用番红(safranine)染色，制成临时性切片。

9.3.3 测定

管胞长度用放大 100 倍的显微投影仪测定。

投影仪上的影像尺寸用精度 0.05mm 钢尺读出。

以上读数最后都各须乘一系数，方为实际尺寸。

此系数是通过具有精度 1：100(1mm=100 格)显微标定刻度尺的切片确定。

9.3.4 测定数目

本项目在管胞形态研究方面，对管胞长度、宽度的每一试样测定，全部都采用 Stein 两阶段取样法。具体程序是：

先对每一试样管胞长度、宽度确定各测 50 次。计算出其平均值和标准差。

而后，在 0.95 置信水平和 5%试验准确指数要求下，按下式计算出最少测定数量：

$$n_{\min}=\sigma^2 t^2/p^2$$

式中，n_{min}为所需最少测定读数量；σ 为上述已得读数标准差；t 为结果可靠性指标，按 0.95 的置信水平取 1.96；p 为试验准确指数，取 5%。

如经上述计算检验 $n_{min} \geqslant 50$，则立即补测，必须保证 $n_{min} <$ 实际测定数。

五种针叶树管胞长度测定试样 1914 个，不计补测的确定观测读数 95 700 次。

9.3.5 确定各生长鞘顶梢的依据

树茎顶端仅含一个年轮的部位是当年生长鞘的顶梢。次年继续生长时将生成新的一层生长鞘。每年增添的新鞘顶逐年沿树高重叠居于不同高度邻近髓心部位，年复一年。

鞘顶是生长鞘的极端位置，研究中应予特别关注。而在本项目管胞形态测定中未受到应有的充分注意。以致丢失了部分原可取得的数据。

本项目漏测部分鞘顶数据的误因是：①在一系列确定高度部位取样，如果上、下相邻两圆盘的年轮数相差多于 1，那这两圆盘之间，必定存在生长鞘缺少鞘顶部位；②本实验在圆盘上是自外向内逢奇序年轮取样，部分邻近髓心年轮恰逢偶数时，就作舍弃。造成漏测的这两个因素原都可避免，特别是第二个因素。

各高度圆盘仅邻接髓心的年轮才可能是其生成当年生长鞘的顶梢；鞘顶其他年轮生成的树龄，可根据样树伐倒树龄由自外向内递减来确定。鞘顶数据在附表中应符合以下年限关系：鞘顶圆盘年轮数和圆盘高生长树龄之和，等于样树根颈圆盘的年轮数。

9.3.6 年间差异

性状变化年间差异的大小是衡量发育变化快慢的指标。年间差异是性状变化回归曲线的逐年斜率。

本报告求得管胞长、宽度发育变化年间差异的步骤如下：

(1) 由不同高度径向逐龄管胞长、宽度发育变化回归方程求得逐龄管胞长、宽度的修正值；

(2) 用差分法求得逐年间管胞长、宽度的计算差值，即逐年间管胞长、宽度的年间差；

(3) 对逐年管胞长、宽度修正值年间差进行第二次回归处理，以三次方式曲线表达年间差值的变化。

如此求得管胞长、宽度的年间差异和回归结果，与由测定值直接计算年间差异及直接对管胞长、宽度发育变化回归曲线求导的差值变化曲线都不同。

本报告求得不同高度径向逐龄管胞长、宽度年间平均差异的步骤如下：

(1) 由不同高度径向逐龄管胞长、宽度发育变化回归方程求得不同高度回归曲线起、终点管胞长、宽度的修正值；

(2) 起、终点管胞长、宽度修正值的差数除以两者间的年限。

这与直接用起、终点测定值计算的平均结果不同。

9.4 次生木质部不同高度径向逐龄管胞长度的发育变化

图 9-2 至图 9-13 是样树各高度圆盘上自外依年轮奇数序取样测定的结果，图示横坐

标年轮生成树龄是树茎径向生长树龄。各高度圆盘外围首位年轮是样树采伐树龄时生成，由此向内递减推知其他年轮的径向生长树龄。每一取样圆盘都有一对应的高生长树龄(表 9-2 至表 9-8)。本项目同树种同龄样树均采自同一人工林林地，在种内株间进行比对，不把取样圆盘高度换写成高生长树龄，实际是在相同或近似高生长树龄间进行比较。在不同树种间进行这类图示比较就必须考虑高生长存在的差别。

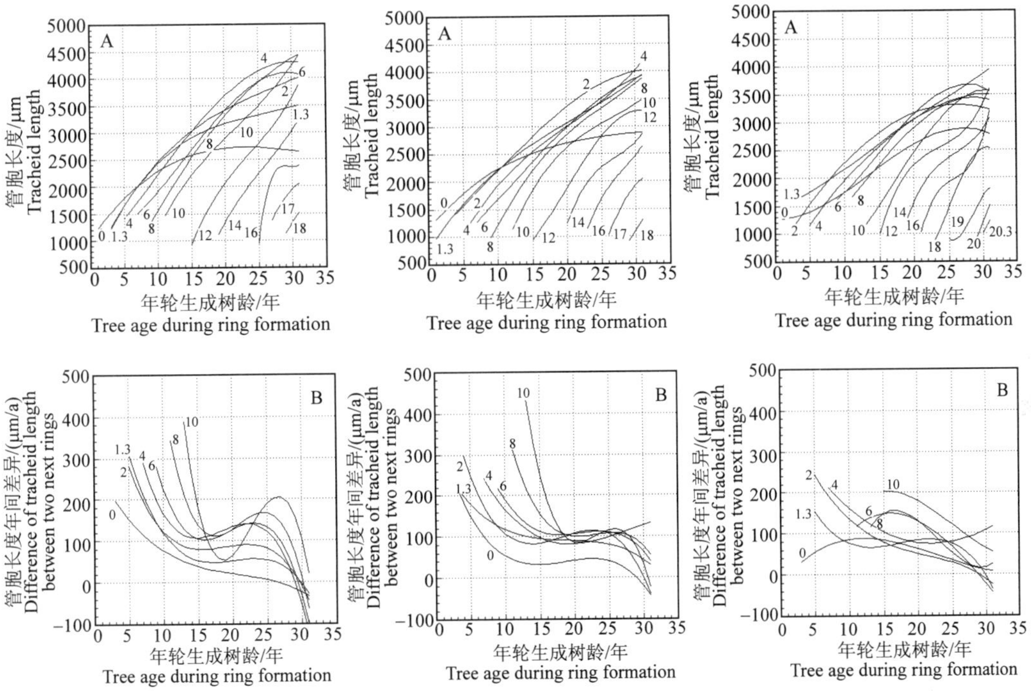

第 1 样树 Sample tree No.1　　第 2 样树　Sample tree No.2　　第 5 样树　Sample tree No.5

图 9-2　落叶松三株样树不同高度径向逐龄早材管胞长度的发育变化

A. 早材管胞长度的变化；B. 早材管胞长度年间差异的变化；图中数字为取样圆盘高度(m)

Figure 9-2　Developmental change of tracheid length of successive early woods in radial direction at different heights in three sample trees of Dahurian larch

A. the change of early wood tracheid length; B. the change of differences between early wood tracheid length of two successive rings. The numerical symbols in the figure are the height of every sample disc (m)

表 9-2　落叶松三株样树不同高度径向逐龄早材管胞长度的年间平均差异(μm/a)

Table 9-2　Mean differences between early wood tracheid length of two successive rings in radial direction at different heights in three sample trees of Dahurian larch(μm/a)

样树序号 Ordinal numbers of sample trees	取样圆盘高度 Height of sample discs									
	0m	1.3m	2m	4m	6m	8m	10m	12m	14m	16m
1	47.84	80.85	98.24	110.96	112.08	140.19	147.05	182.88	175.37	240.28
2	52.37	98.23	96.21	115.66	110.07	130.72	123.25	145.36	146.98	187.04
5	50.17	66.72	72.69	107.40	87.53	86.85	133.35	162.12	150.81	215.68

树茎生长中两向生长树龄都是变量。这里高生长树龄虽是若干个确定高度，多个高度的组合实质是起着变量的作用。

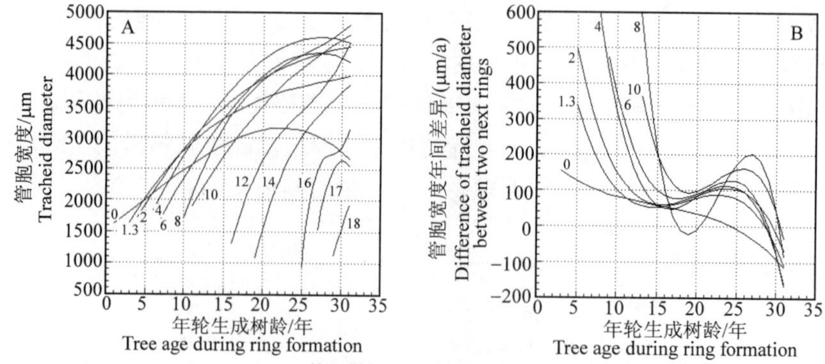

第 1 样树 Sample tree No.1

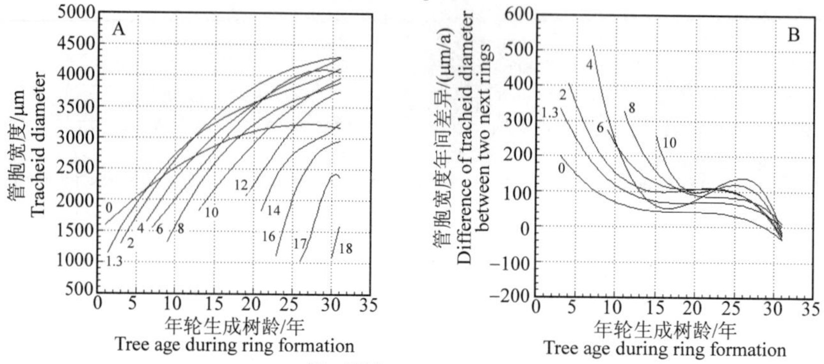

第 2 样树 Sample tree No.2

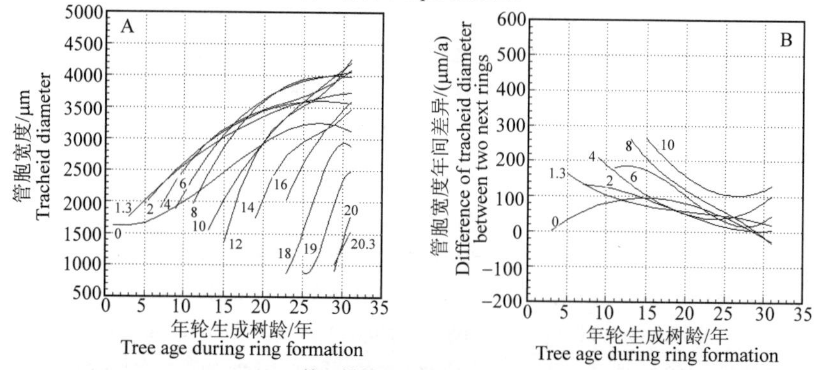

第 5 样树 Sample tree No.5

图 9-3　落叶松三株样树不同高度径向逐龄晚材管胞长度的发育变化

A. 晚材管胞长度的变化；B. 晚材管胞长度年间差异的变化；图中数字为取样圆盘高度(m)

Figure 9-3　Developmental change of tracheid length of successive late woods in radial direction at different heights in three sample trees of Dahurian larch

A. the change of late wood tracheid length; B. the change of differences between late wood tracheid length of two successive rings. The numerical symbols in the figure are the height of every sample disc(m)

表 9-3　落叶松三株样树不同高度径向逐龄晚材管胞长度的年间平均差异(μm/a)

Table 9-3　Mean differences between late wood tracheid length of two successive rings in radial direction at different heights in three sample trees of Dahurian larch(μm/a)

样树序号 Ordinal numbers of sample trees	取样圆盘高度 Height of sample discs									
	0m	1.3m	2m	4m	6m	8m	10m	12m	14m	16m
1	1.16	1.56	1.54	1.38	1.37	1.68	1.70	2.16	2.67	3.92
2	1.05	1.18	1.34	1.04	1.34	1.29	1.48	2.34	1.57	2.29
5	1.10	0.85	1.01	1.15	1.07	1.63	2.10	2.50	1.75	2.43

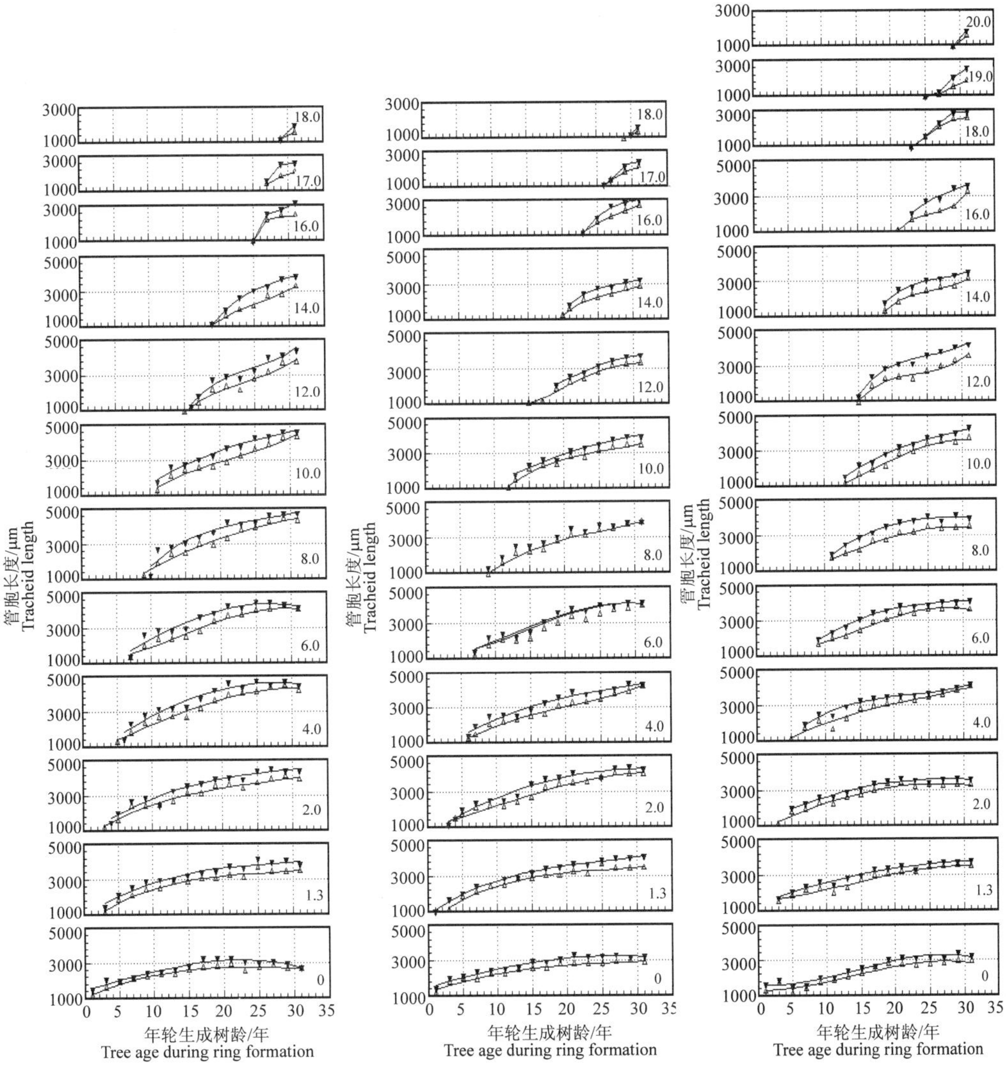

第 1 样树 Sample tree No.1　　第 2 样树 Sample tree No.2　　第 5 样树 Sample tree No.5

图 9-4　落叶松三株样树不同高度径向逐龄早、晚材管胞长度发育变化的对比

图中的数字为取样圆盘高度(m)；△、▼分别代表早、晚材管胞长度实测值

Figure 9-4　A comparison between the developmental change of tracheid length of successive early woods and late woods in radial direction at different heights in three sample trees of Dahurian larch

The numerical symbols in the figure are the height of every sample disc(m); △、▼ represent the measured values of early wood and late wood tracheid length respectively

9.4.1　五种针叶树管胞长度随两向生长树龄的发育变化

如图 9-2、图 9-3、图 9-5、图 9-7、图 9-8、图 9-10、图 9-12 所示，树茎在高度(高生长树龄)确定条件下，管胞长度随径向生长树龄呈增长。根颈(0.00m)和 1.30m 高度的管胞长度随径向生长树龄增长的变化明显与其他高度不同，变化较早转入趋缓；根颈又较 1.30m 早。由此造成树茎同一生长鞘管胞长度沿树高的变化先呈增长后转为变短。

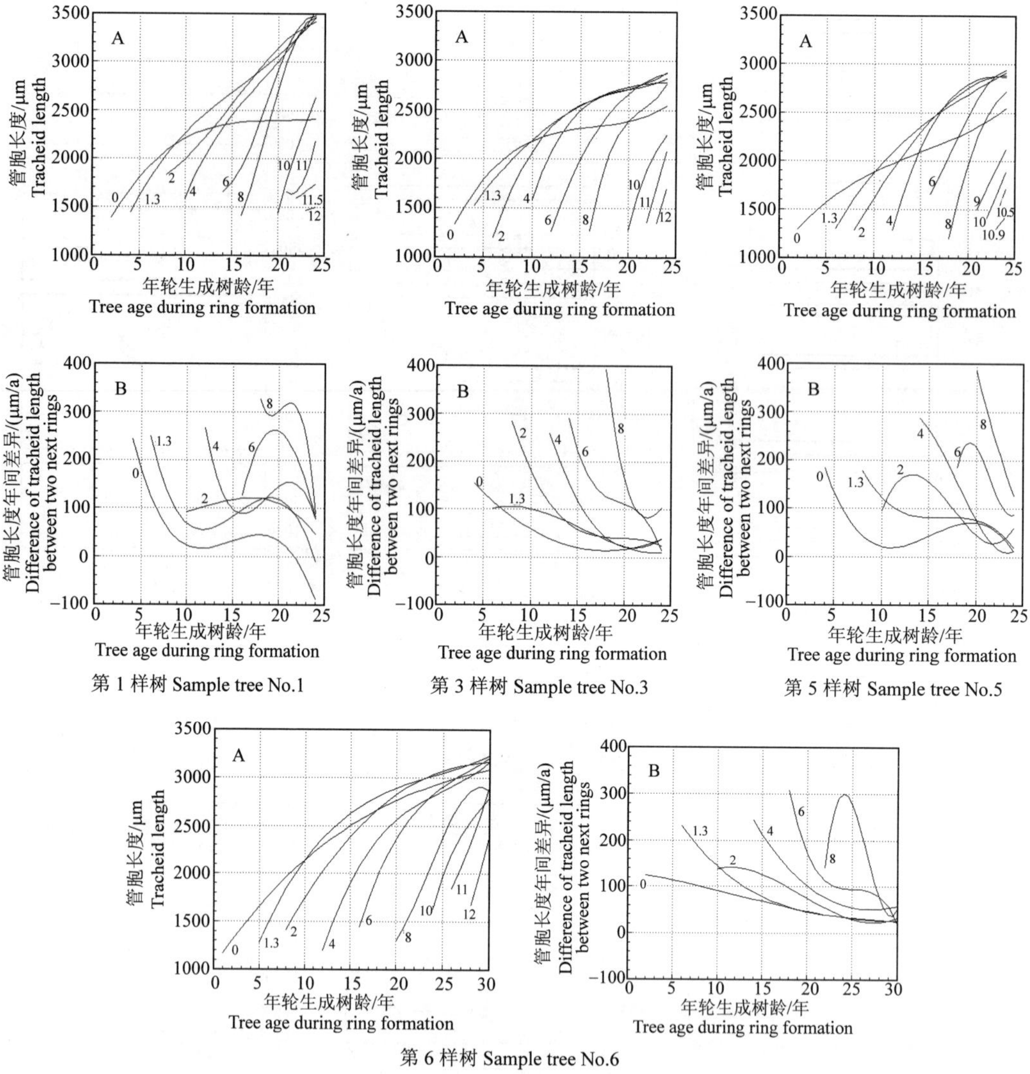

图 9-5　冷杉四株样树不同高度径向逐龄管胞长度的发育变化

A. 管胞长度的变化；B. 管胞长度年间差异的变化。图中数字为取样圆盘高度(m)

Figure 9-5　Developmental change of tracheid length of successive rings in radial direction at different heights in four sample trees of Faber fir

A. the change of tracheid length; B. the change of differences between tracheid length of two successive rings. The numerical symbols in the figure are the height of every sample disc(m)

表 9-4　冷杉四株样树不同高度径向逐龄管胞长度的年间平均差异(μm/a)

Table 9-4　Mean differences between tracheid length of two successive rings in radial direction at different heights in four sample trees of Faber fir(μm/a)

样树序号 Ordinal numbers of sample trees	取样圆盘高度 Height of sample discs					
	0m	1.3m	2m	4m	6m	8m
1	46.66	100.58	98.98	138.60	182.11	256.52
3	55.18	63.02	93.33	88.02	134.42	187.04
5	56.77	89.61	99.87	131.68	160.05	252.28
6	66.24	78.25	79.41	108.90	125.57	157.85

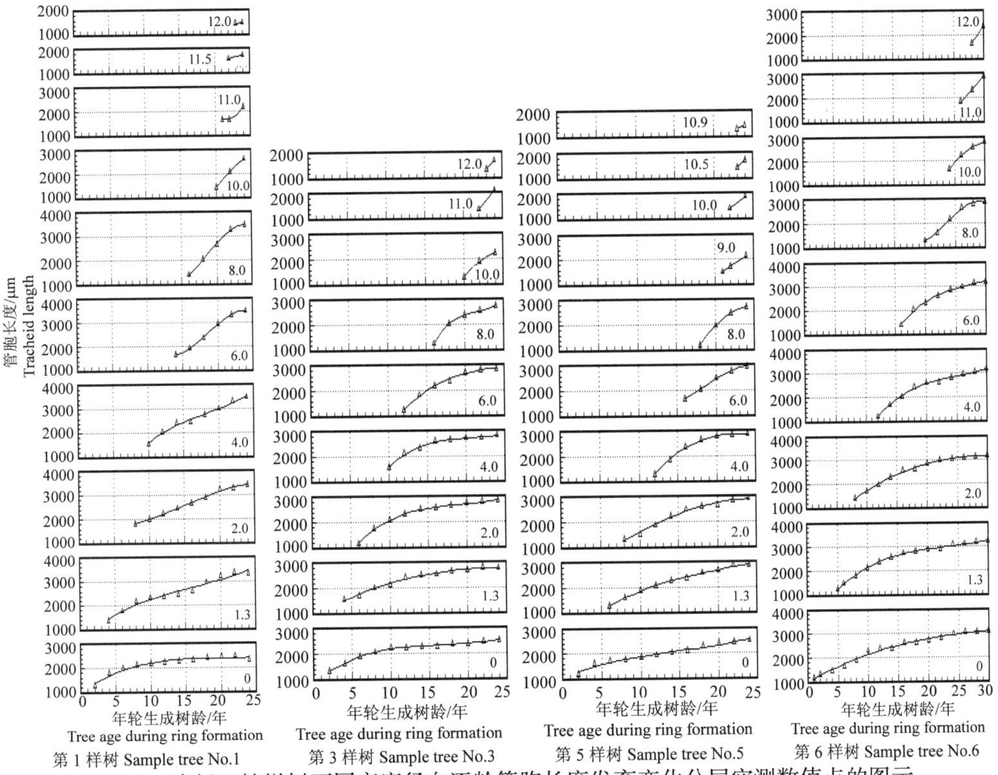

图 9-6 冷杉四株样树不同高度径向逐龄管胞长度发育变化分层实测数值点的图示

图中数字为取样圆盘高度(m)

Figure 9-6 Developmental change of tracheid length of successive rings in radial direction at different heights in four sample trees of Faber fir. The diagrams are drawn as a series of layered curves, and the points of measured values are indicated beside them

The numerical symbols in the figure are the height of every sample disc(m)

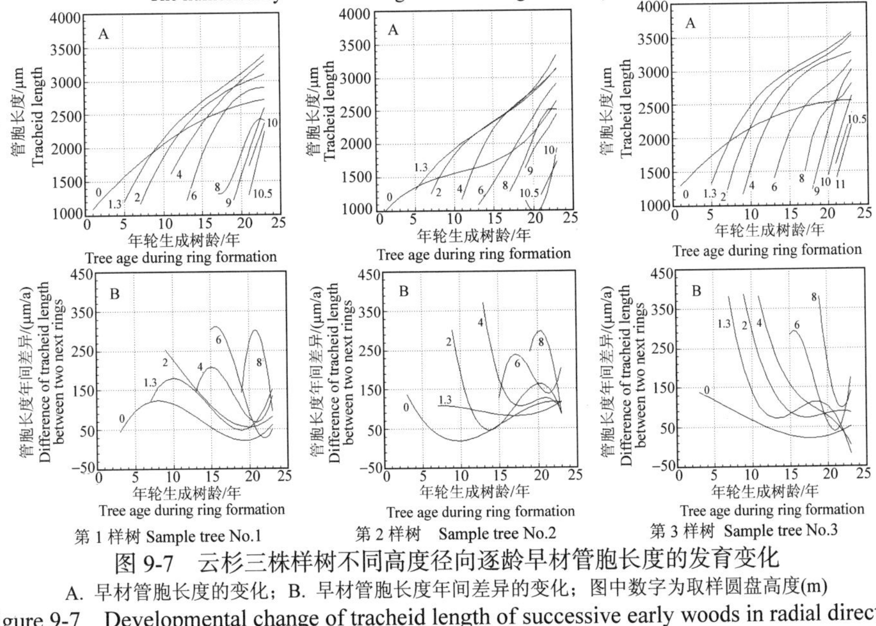

图 9-7 云杉三株样树不同高度径向逐龄早材管胞长度的发育变化

A. 早材管胞长度的变化；B. 早材管胞长度年间差异的变化；图中数字为取样圆盘高度(m)

Figure 9-7 Developmental change of tracheid length of successive early woods in radial direction at different heights in three sample trees of Chinese spruce

A. the change of early-wood tracheid length; B. the change of differences between early wood tracheid length of two successive rings. The numerical symbols in the figure are the height of every sample disc(m)

表 9-5　云杉三株样树不同高度径向逐龄早材管胞长度的年间平均差异(μm/a)

Table 9-5　Mean differences between early wood tracheid length of two successive rings in radial direction at different heights in three sample trees of Chinese spruce(μm/a)

样树序号 Ordinal numbers of sample trees	取样圆盘高度 Height of sample discs							
	0m	1.3m	2m	4m	6m	8m	9m	10m
1	73.22	120.62	119.50	139.14	167.01	179.49	341.19	326.31
2	74.77	100.27	129.63	162.05	180.60	205.96	244.67	194.79
5	56.84	123.72	142.77	149.96	174.06	214.64	355.34	392.06

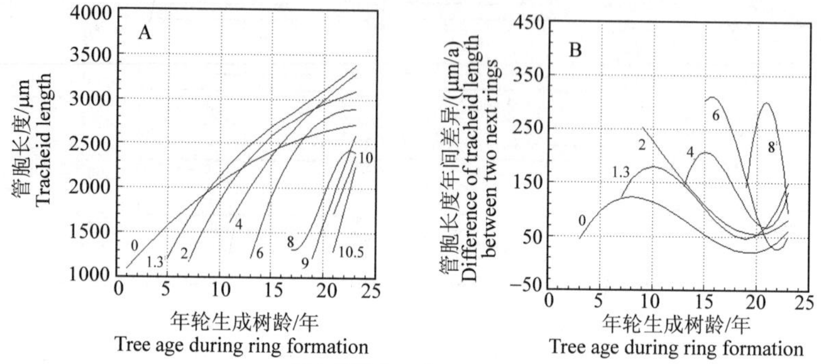

第 1 样树 Sample tree No.1

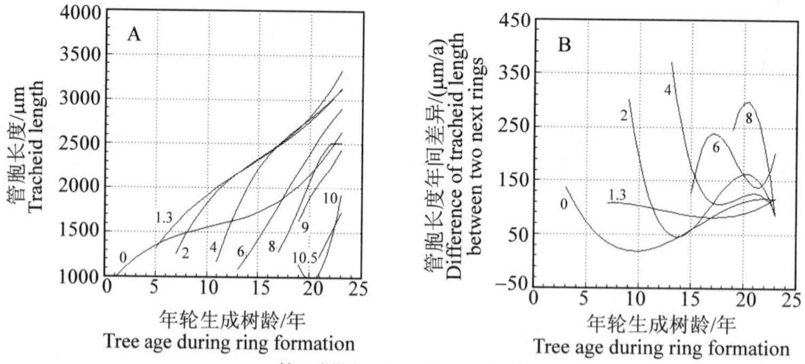

第 2 样树　Sample tree No.2

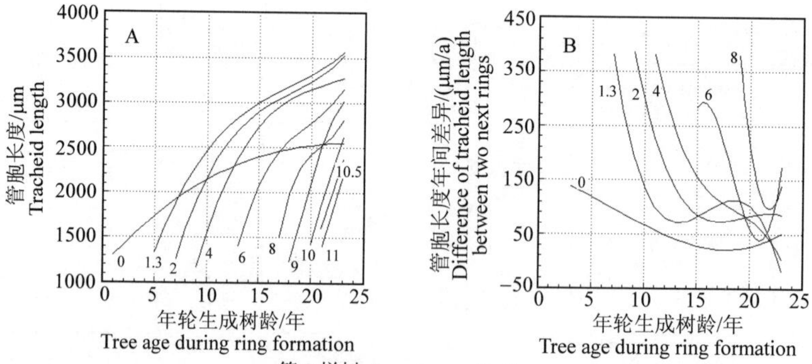

第 3 样树　Sample tree No.3

图 9-8　云杉三株样树不同高度径向逐龄晚材管胞长度的发育变化

A. 晚材管胞长度的变化；B. 晚材管胞长度年间差异的变化；图中标注曲线的数字为取样圆盘高度(m)

Figure 9-8　Developmental change of tracheid length of successive late woods in radial direction at different heights in three sample trees of Chinese spruce

A. the change of late wood tracheid length; B. the change of differences between late wood tracheid length of two successive rings. The numerical symbols in the figure are the height of every sample disc(m)

表 9-6 云杉三株样树不同高度径向逐龄晚材管胞长度的年间平均差异(μm/a)

Table 9-6 Mean differences between late wood tracheid length of two successive ringsin radial direction at different heights in three sample trees of Chinese spruce(μm/a)

样树序号 Ordinal numbers of sample trees	取样圆盘高度 Height of sample discs							
	0m	1.3m	2m	4m	6m	8m	9m	10m
1	89.42	120.65	138.54	129.09	217.78	252.69	341.19	326.31
2	96.07	119.31	157.02	195.44	200.59	247.31	244.67	194.79
5	67.04	113.64	143.29	167.59	167.22	212.16	355.34	392.06

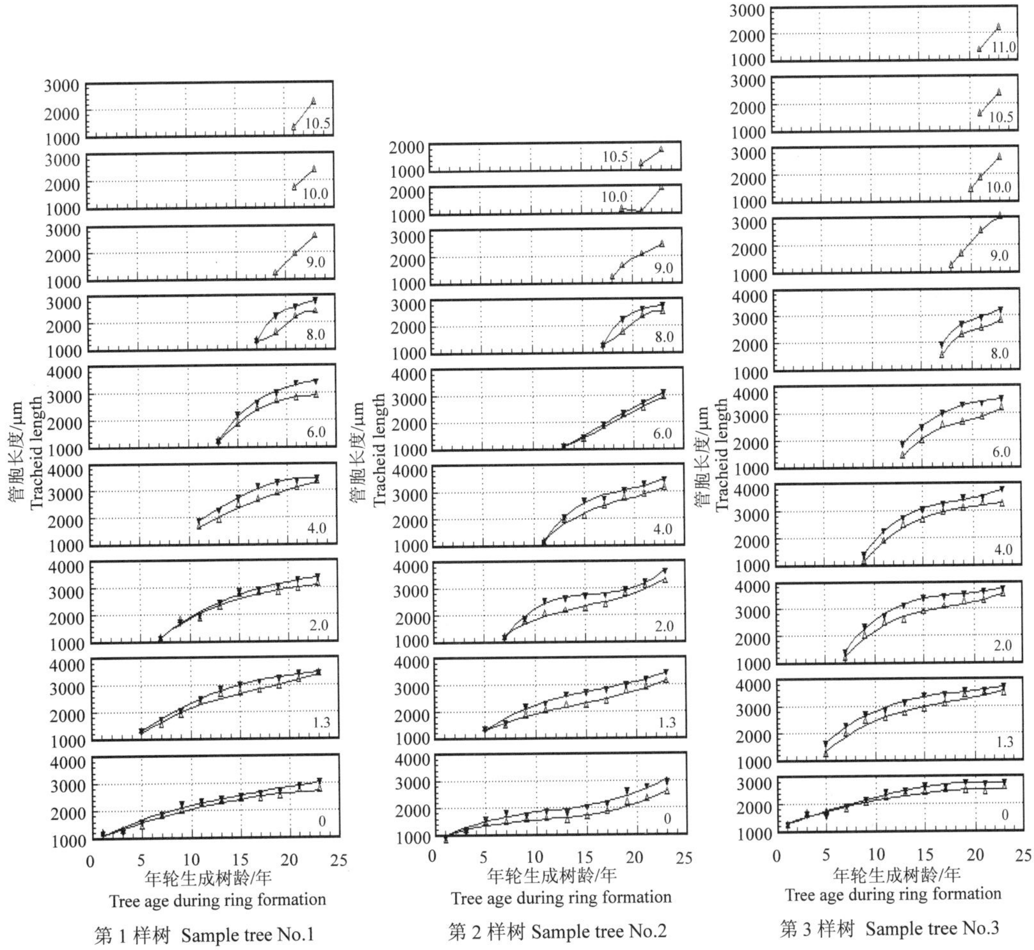

图 9-9 云杉三株样树不同高度径向逐龄早、晚材管胞长度发育变化的对比

图中的数字为取样圆盘高度(m) △、▼分别代表早、晚材管胞长度实测值；9.00m 以上测定值相同，仅用△表示

Figure 9-9 A comparison between the developmental change of tracheid length of successive early woods and late woods in radial direction at different heights in three sample trees of Chinese spruce

The numerical symbols in the figure are the height of every sample disc(m); △、▼ represent the measure values of early wood and late wood tracheid length respectively; but above 9.00m their data are same, indicated all as △

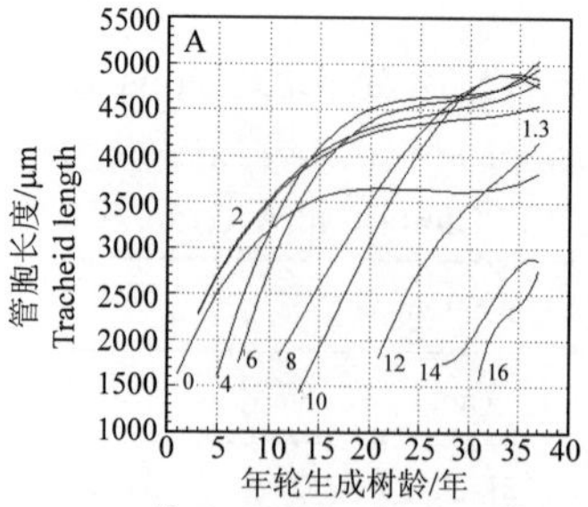

Tree age during ring formation

早材 Early wood

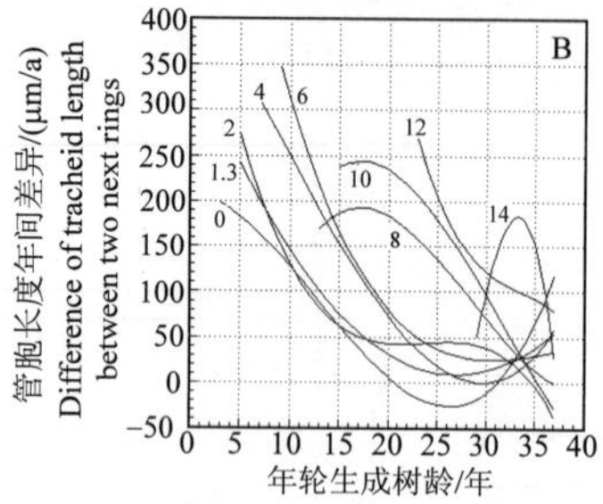

Tree age during ring formation

早材 Early wood

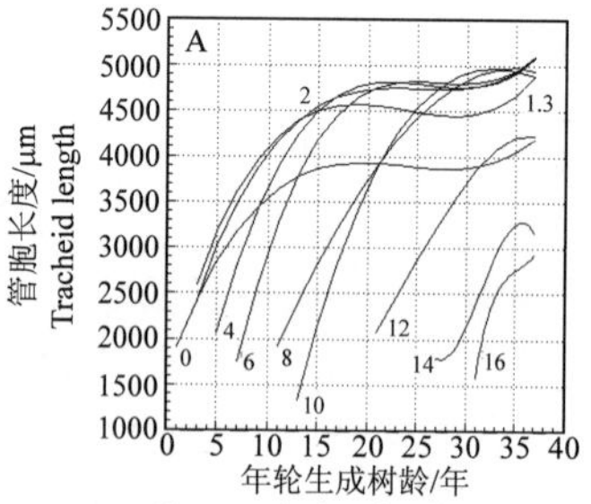

Tree age during ring formation

晚材 Late wood

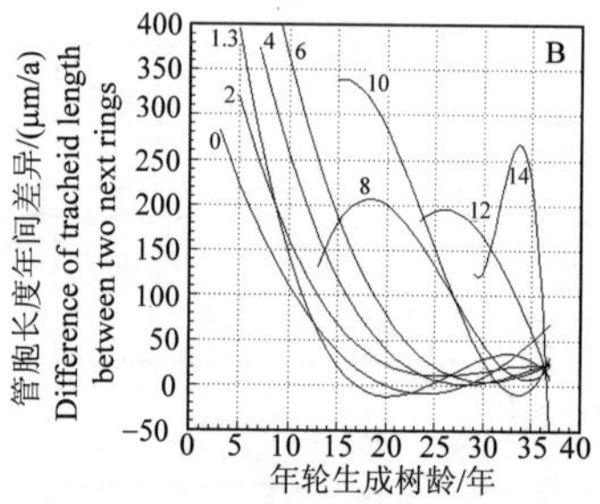

Tree age during ring formation

晚材 Late wood

图 9-10　马尾松第四株样树不同高度径向逐龄早、晚材管胞长度的发育变化

A. 早、晚材管胞长度的变化；B. 早、晚材管胞长度年间差异的变化；图中数字为取样圆盘高度(m)

Figure 9-10　Developmental change of tracheid length of successive early woods and late woods in radial direction at different heights in Masson's pine sample trees No.4

A. the change of early wood and late wood tracheid length; B. the change of differences between early wood and late wood tracheid length of two successive rings. The numerical symbols in the figure are the height of every sample disc(m)

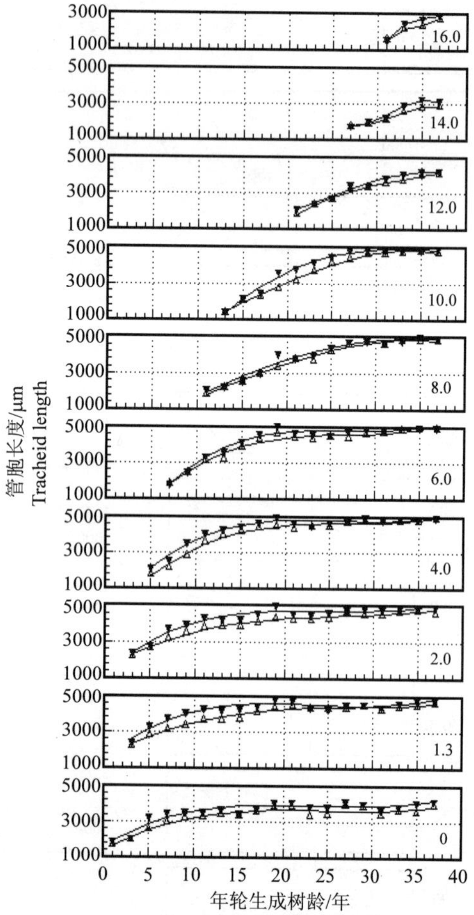

Tree age during ring formation

图 9-11　马尾松第 4 样树不同高度径向逐龄早、晚材管胞长度发育变化的对比

图中数字为取样圆盘高度，m；△、▼分别代表早、晚材管胞长度实测值

Figure 9-11　A comparison between the developmental change of tracheid length of successive early woods and late woods in radial direction at different heights in Masson's pine sample tree No.4

The numerical symbols in the figure are the height of each sample disk, m; △、▼ represent the measured values of early wood and late wood tracheid length respectively

表 9-7　马尾松第四株样树不同高度径向逐龄早、晚材管胞长度的年间平均差异(μm/a)

Table 9-7　Mean differences between early wood and late wood tracheid length of successive two rings in radial direction at different heights in Masson's pine sample tree No.4(μm/a)

年轮部位 Part of ring	取样圆盘高度 Height of sample discs								
	0m	1.3m	2m	4m	6m	8m	10m	12m	14m
早材 Early wood	60.42	66.69	73.87	104.22	109.33	116.30	138.45	145.73	110.76
晚材 Late wood	63.49	67.27	77.97	94.40	111.70	116.04	147.99	135.01	137.81

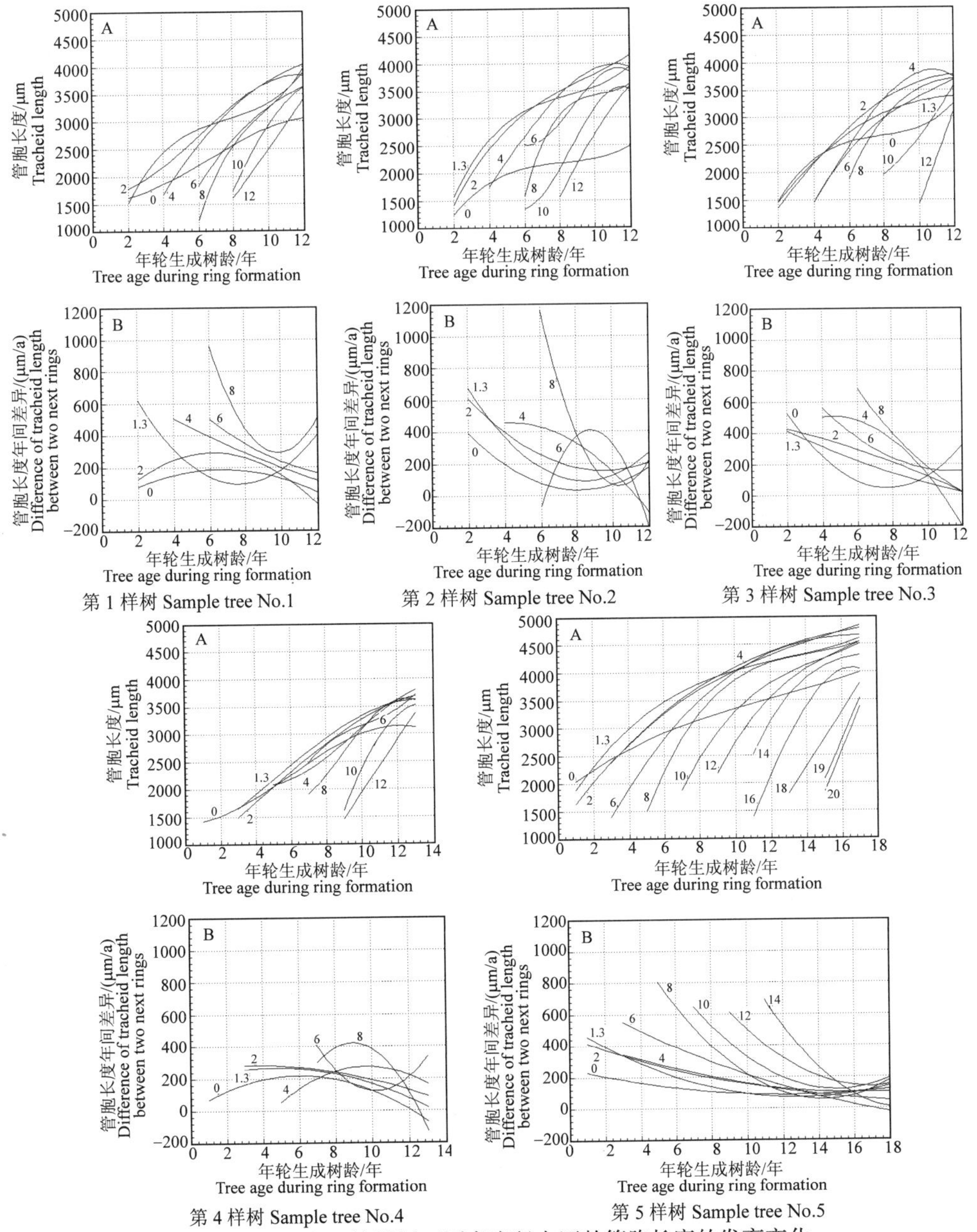

图 9-12　杉木五株样树不同高度径向逐龄管胞长度的发育变化

A. 管胞长度的变化；B. 管胞长度年间差异的变化；图中标注曲线的数字为取样圆盘高度(m)

Figure 9-12　Developmental change of tracheid length of successive rings in radial direction at different heights in four sample trees of Chinese fir

A. the change of tracheid length; B. the change of differences between tracheid length of two successive rings. The numerical symbols in the figure are the height of every sample disc(m)

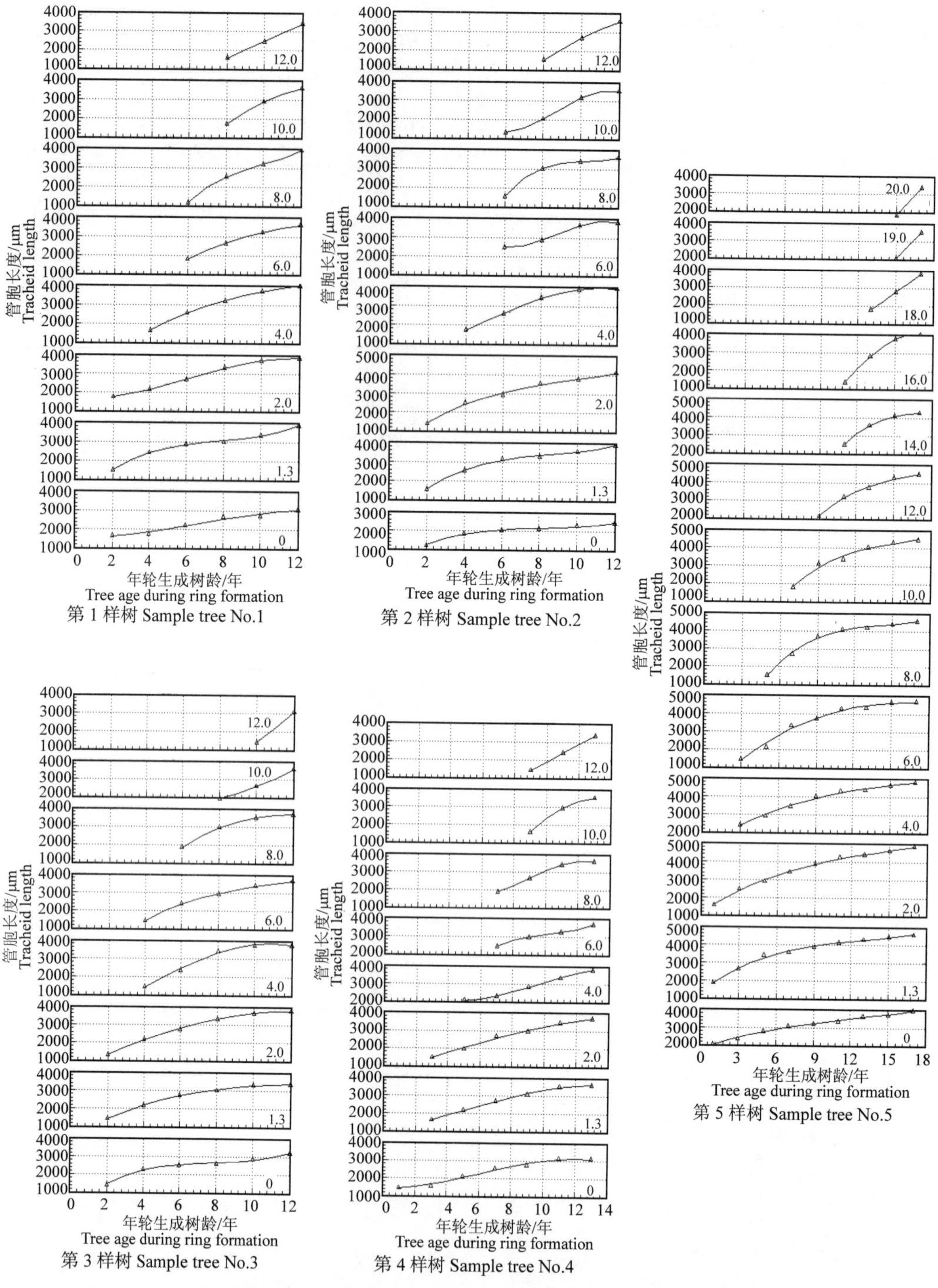

图 9-13 杉木五株样树不同高度径向逐龄管胞长度发育变化分层实测数值点的图示

图中数字为取样圆盘高度(m)

Figure 9-13 Developmental change of tracheid length of successive rings in radial direction at different heights in five sample trees of Chinese fir. The diagrams are drawn as a series of layered curves and the points of measured value are indicated beside them

The numerical symbols in the figure are the height of every sample disc(m)

表 9-8　杉木五株样树不同高度径向逐龄管胞长度的年间平均差异(μm/a)

Table 9-8　Mean differences between tracheid length of two successive rings in radial direction at different heights in four sample trees of Chinese fir(μm/a)

样树序号 Ordinal numbers of sample trees	取样圆盘高度 Height of sample discs						
	0m	1.3m	2m	4m	6m	8m	10m
1	143.03	237.10	205.29	295.60	300.66	458.23	472.71
2	124.57	236.36	272.29	274.20	222.91	339.13	363.53
3	177.28	191.84	242.13	284.74	278.23	302.32	406.95
4	140.97	197.26	220.67	214.33	203.89	284.12	478.91
5	121.96	169.57	200.09	172.30	233.50	253.58	262.97

除根颈和 1.30m 高度，管胞长度径向变化曲线在图示中的位置随取样圆盘高度而逐趋下。树茎中同一树龄生成的管胞长度随取样圆盘高度向上而趋短。

9.4.2　管胞长度的发育变化，用横截圆盘上年间差异来衡量

如图 9-2、图 9-3、图 9-5、图 9-7、图 9-8、图 9-10、图 9-12 所示，各高度圆盘管胞长度年间差异初始年份随径向生长树龄均陡降，高处取样圆盘的降幅比低处更明显。而后进入平稳期。

如图 9-2、图 9-3、图 9-5、图 9-7、图 9-8、图 9-10、图 9-12 和表 9-2 至表 9-8 所示，五种针叶树管胞长度随径向生长树龄变化的平均年间差异随取样圆盘升高而增大。这表明，管胞长度的径向变化在树茎不同高度间有差别，随高度增快。

9.4.3　早、晚材管胞长度的变化

肉眼和扩大镜下，落叶松和马尾松早、晚材区别明显；云杉能分辨。分别测定了它们的早、晚材管胞长度。如图 9-4、图 9-9、图 9-11 所示，三树种早、晚材管胞长度的变化趋势保持一致，同一取样点的晚材管胞长度都高于早材。

9.5　次生木质部逐龄生长鞘管胞长度沿树高的发育变化

树茎各层生长鞘在逐龄中生成。生长鞘间管胞长度的差异随径向生长树龄变化；同一生长鞘内沿树高的差异随高生长树龄变化。本节主题是逐龄生长鞘管胞长度沿树高的发育变化，但这一表达方式中仍包含着逐龄间差别。

9.5.1　逐龄生长鞘在次生木质部发育研究中的重要意义

次生木质部发育研究中必须充分利用它逐龄鞘状增添是在外方和主要构成细胞生命期仅数月的构建特点。逐龄生长鞘的固定完整状态使得次生木质部构建中的各时成为可辨，变化中各时对应的性状成为可测。这些是本项目能测出次生木质部构建中发育变化的实验依据。

树茎各层生长鞘不同高度部位是各年同时生成的。实验表明，逐龄生长鞘分别显示出沿树高具有趋势性差异。这一结果使本项目认识到，在次生木质部发育研究中必须采用两向生长树龄。

生长鞘概念在次生木质部发育研究中有重要作用。实验测定的取样点必须要涵盖样树各生长鞘和每一生长鞘的多个高度部位，由此才能取得两向生长树龄组合连续的回归结果。实验结果分析中必须把生长鞘间和鞘内的变化在概念上区别开来。

9.5.2 五种针叶树逐龄生长鞘管胞长度沿树高的发育变化

如图 9-14 至图 9-18 所示，同一样树不同树龄生长鞘间和鞘内管胞长度的变化均明显有序。

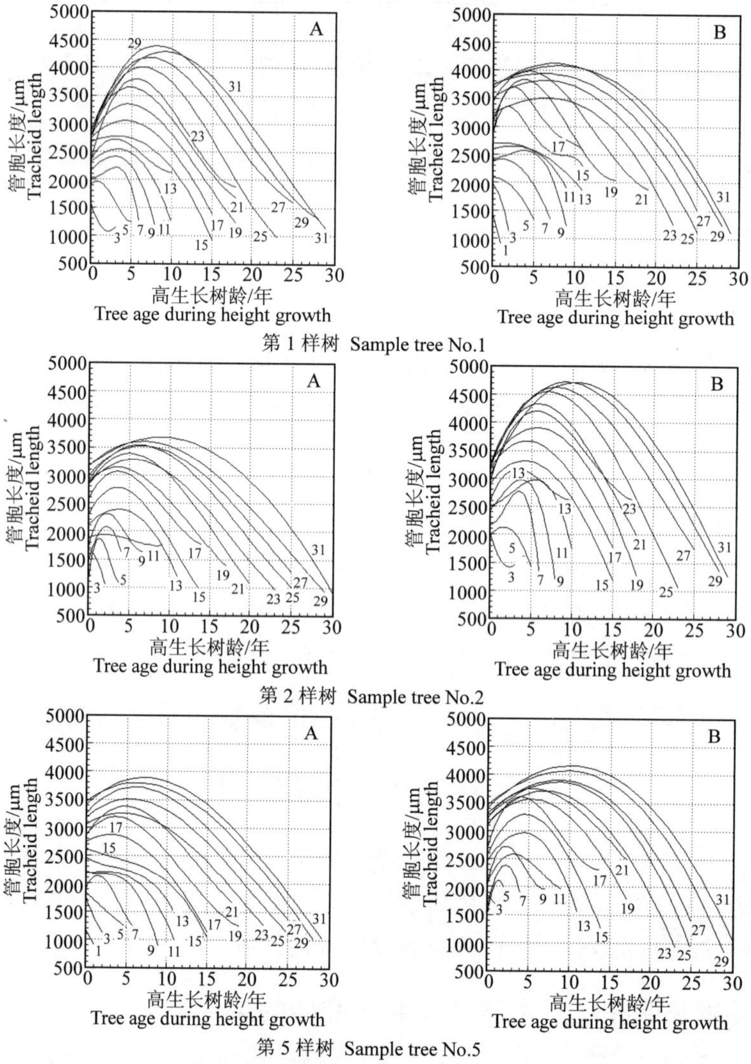

图 9-14 落叶松三株样树逐龄生长鞘早、晚材管胞长度沿树高的发育变化

A. 早材；B. 晚材；图中数字系各年生长鞘生成时的树龄

Figure 9-14 Developmental change of early wood and late wood tracheid length of each successive growth sheath along stem length in three sample trees of Dahurian larch

A. early wood；B. late wood. The numerical symbols in the figure are the tree age during each growth sheath formation

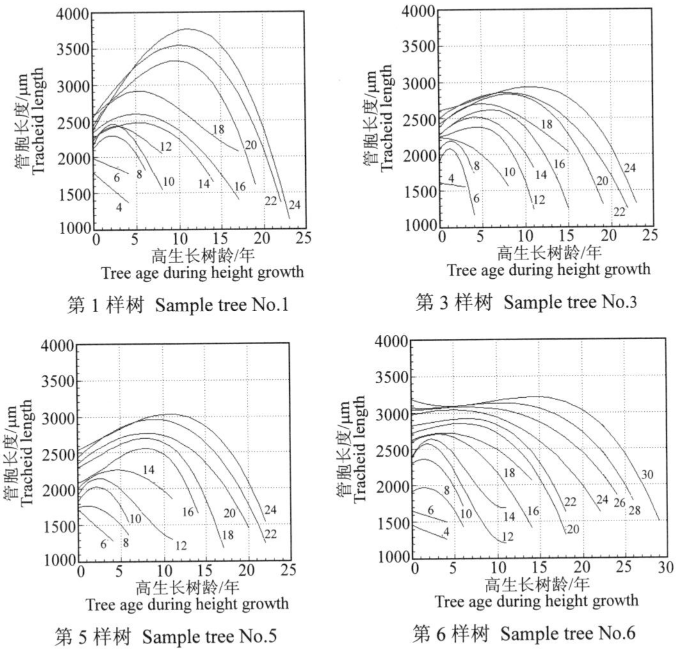

图 9-15　冷杉四株样树逐龄生长鞘管胞长度沿树高的发育变化

图中数字系各年生长鞘生成时的树龄

Figure 9-15　Developmental change of tracheid length of each successive growth sheath along the stem length in four sample trees of Faber fir

The numerical symbols in the figure are the tree age during each growth sheath formation

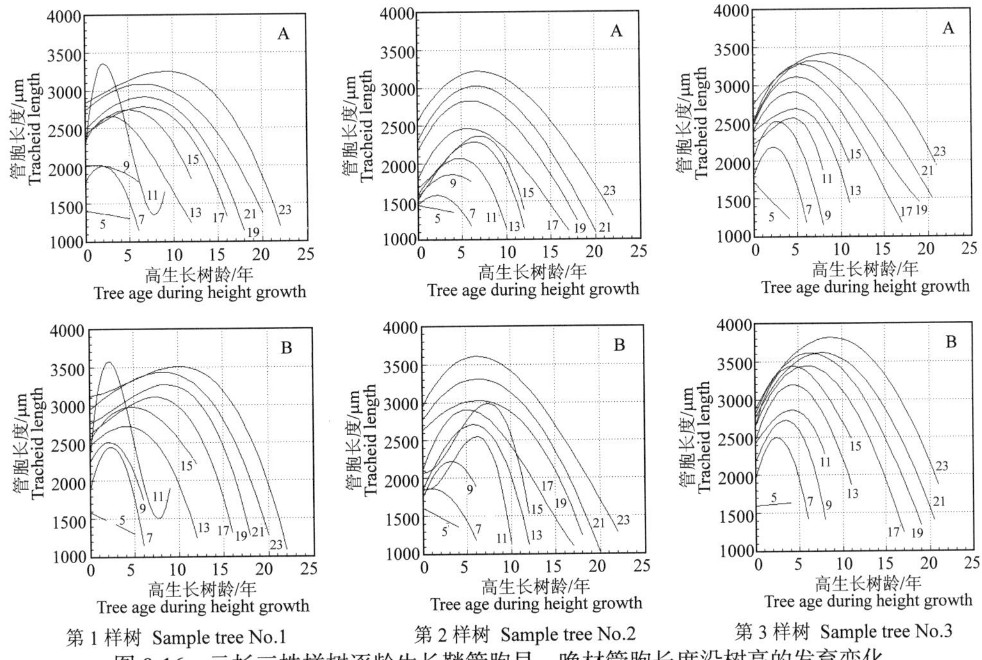

图 9-16　云杉三株样树逐龄生长鞘管胞早、晚材管胞长度沿树高的发育变化

A. 早材；B. 晚材；图中数字系各年生长鞘生成时的树龄

Figure 9-16　Developmental change of early wood and late wood tracheid length of each successive growth sheath along stem length in three sample trees of Chinese spruce

A. early wood；B. late wood. The numerical symbols in the figure are the tree age during each growth sheath formation

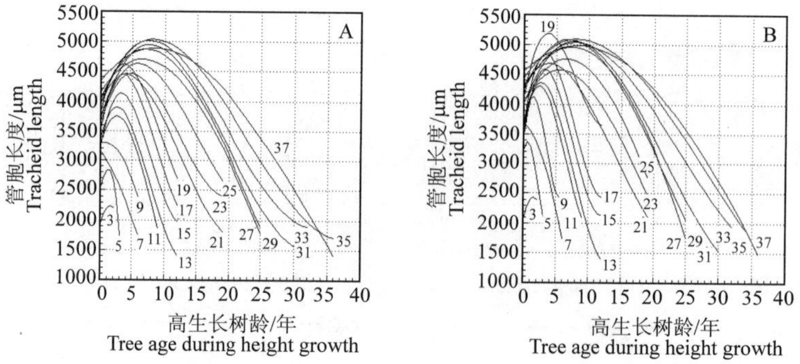

图 9-17 马尾松第四株样树逐龄生长鞘早、晚材管胞长度沿树高的发育变化

A. 早材；B. 晚材；图中数字系各年生长鞘生成时的树龄

Figure 9-17 Developmental change of early wood and late wood tracheid length of each successive growth sheath along the stem length in Masson's pine sample tree No.4

A. early wood; B. late wood. The numerical symbols in the figure are the tree age during each growth sheath formation

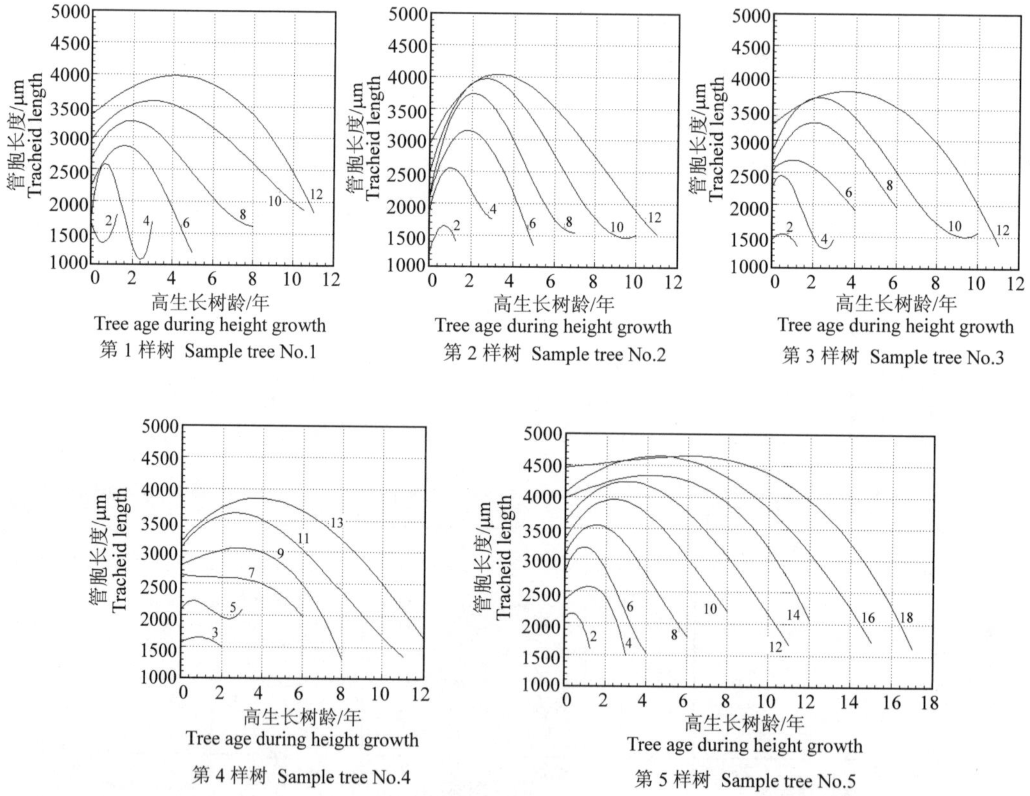

图 9-18 杉木五株样树逐龄生长鞘管胞长度沿树高的发育变化

图中数字系各年生长鞘生成时的树龄

Figure 9-18 Developmental change of tracheid length of each successive growth sheath along stem length in five sample trees of Chinese fir

The numerical symbols in the figure are the tree age during each growth sheath formation

最初年份同一生长鞘管胞长度沿树高的变化(杉木第 2 龄、落叶松和马尾松第 3 龄、云杉第 5 龄、冷杉第 8、9 龄前)均呈向上单一变短；在而后年份各树种生长鞘管胞长度沿树高的变化是先增长后变短。

同一图示中，如不同层次生长鞘管胞长度变化曲线的位置随生成的径向生成树龄依序上移，表明管胞长度随径向生成树龄在增长。实际增长量可由曲线间距宽窄察出。四采伐树龄长的实验树种各龄生长鞘曲线的间距均先增宽后呈稳定趋势；只杉木样树采伐树龄为 12 和 18 龄，各龄生长鞘管胞长度沿树高变化曲线间距尚保持一致增宽。

9.6 次生木质部各年生长鞘全高平均管胞长度随树龄的发育变化

如图 9-19 至图 9-23 所示五种针叶树不同样树各年生长鞘全高管胞平均长度随树龄的发育变化，图示横坐标生长鞘生成树龄是树茎径向生长树龄。五树种图示的共同特点是各年生长鞘全高平均长度随生长鞘生成树龄呈增长趋势。马尾松样树在 25~30 年已显峰值；落叶松 35 年初显峰状；采伐树龄 25 年的冷杉和云杉表现不一；杉木样树生长期短，尚难给出结果。可看出，各树种生长鞘全高管胞平均长度随树茎径向生长树龄最初都为增长，但至峰值的年限在树种间有差异。

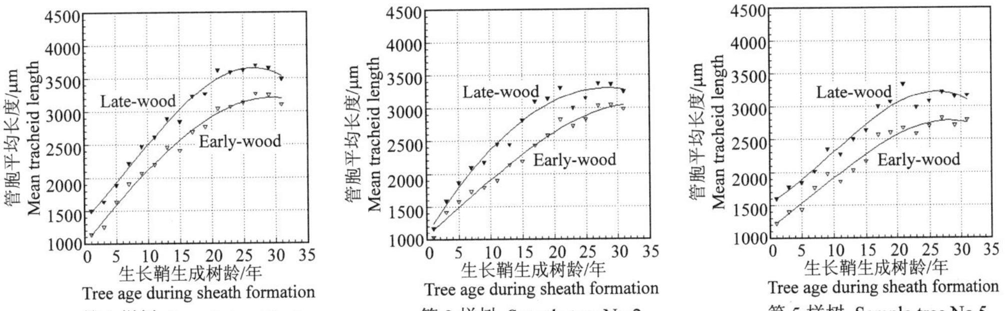

第 1 样树 Sample tree No.1　　第 2 样树 Sample tree No.2　　第 5 样树 Sample tree No.5

图 9-19 落叶松三株样树各年生长鞘全高管胞平均长度随树龄的发育变化

回归曲线的各数据点代表各龄生长鞘全高平均值

Figure 9-19 Developmental change of mean tracheid length (within its height) of each successive growth sheath with tree age in three sample trees of Dahurian larch

Every numerical point beside regression curve represents the average value of each sheath within its height

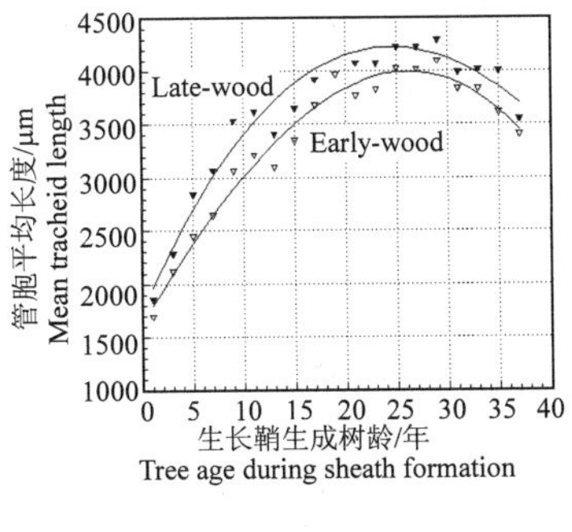

图 9-20 马尾松第四株样树各年生长鞘全高管胞平均长度随树龄的发育变化

回归曲线的各数据点代表各龄生长鞘全高平均值

Figure 9-20 Developmental change of mean tracheid length (within its height) of each successive growth sheath with tree age in Masson's pine sample tree No.4

Every numerical point beside regression curve represents the average value of each sheath within its height

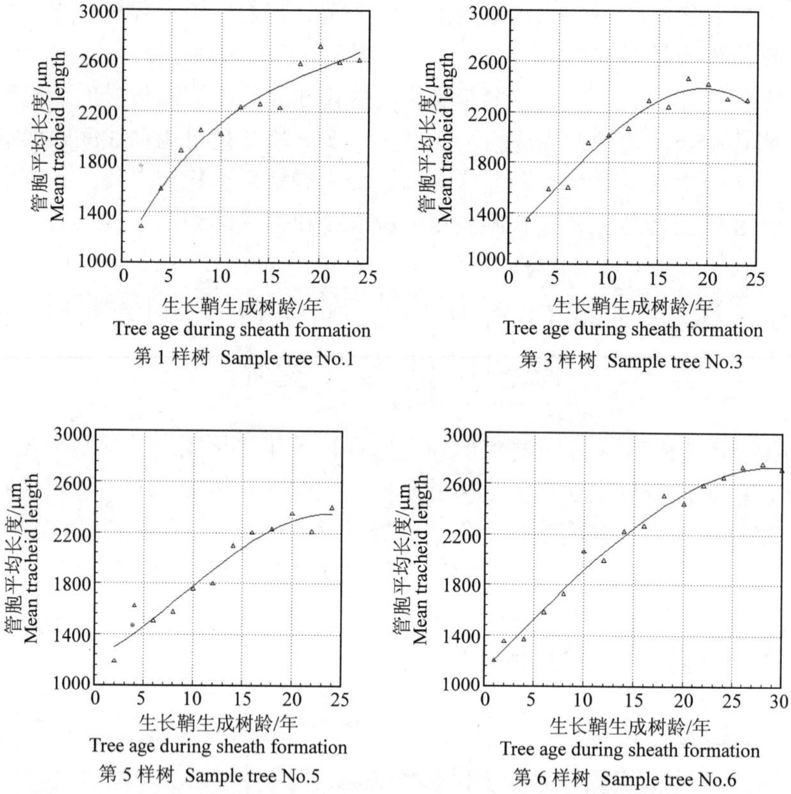

图 9-21 冷杉四株样树各年生长鞘全高管胞平均长度随树龄的发育变化

回归曲线的各数据点代表各龄生长鞘全高平均值

Figure 9-21 Developmental change of mean tracheid length (within its height) of each successive growth sheath with tree age in four sample trees of Faber fir

Every numerical point beside regression curve represents the average value within its height of each sheath

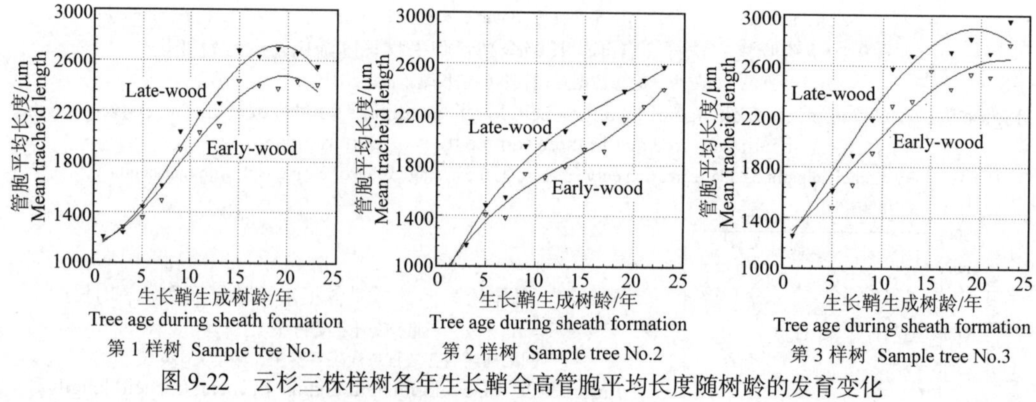

图 9-22 云杉三株样树各年生长鞘全高管胞平均长度随树龄的发育变化

回归曲线的各数据点代表各龄生长鞘全高平均值

Figure 9-22 Developmental change of mean tracheid length (within its height) of each successive growth sheath with tree age in three sample trees of Chinese spruce

Every numerical point beside regression curve represents the average value within its height of each sheath

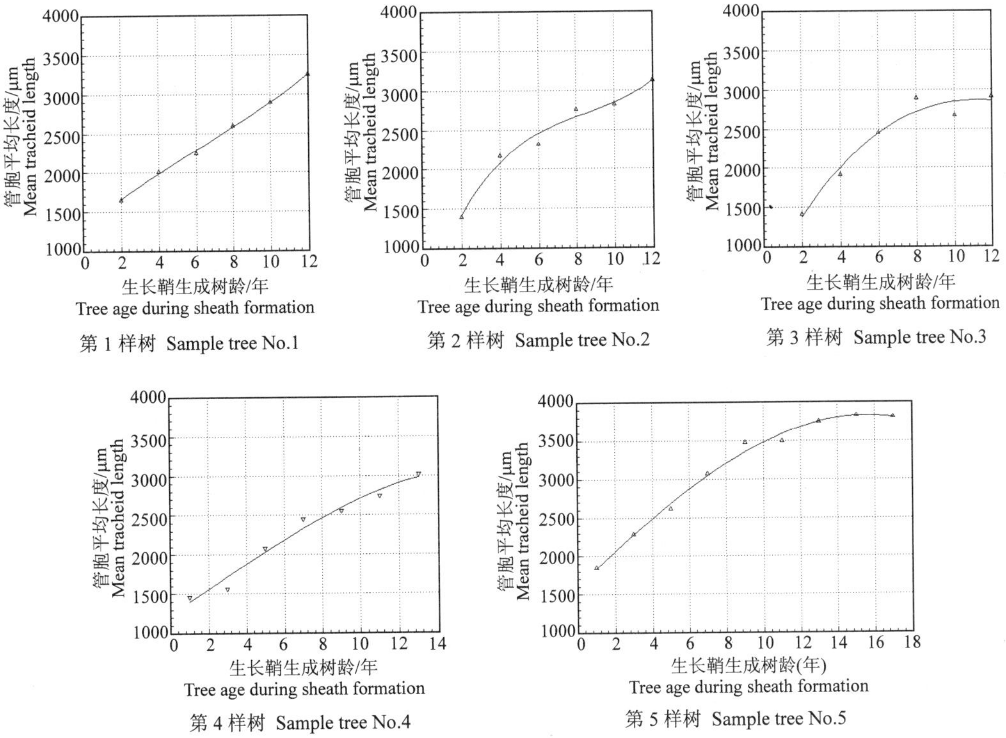

图 9-23 杉木五株样树各年生长鞘全高管胞平均长度随树龄的发育变化

回归曲线的各数据点代表各龄生长鞘全高平均值

Figure 9-23 Developmental change of mean tracheid length (within its height) of each successive growth sheath with tree age in five sample trees of Chinese fir

Every numerical point beside regression curve represents the average value within its height of each sheath

早、晚材区别明显的树种生长鞘早、晚材全高管胞平均长度随树茎径向生长树龄的变化趋势一致。两者的差值在达峰值前随树龄增大。

图 9-24 将同一实验树种各样树逐龄生成的管胞长度测定值汇集示出。图中每一实点都有所代表的生长鞘全高平均长度和生成时的径向生长树龄。这些曲线分别代表不同树种管胞长度的发育变化趋势。表 9-9 列出由实测点数据经回归处理得出的各曲线回归方程。

管胞在生成当年丧失细胞生命，它的长度在生成后是不变的。各年生长鞘随生成树龄变化的生物学性质是发育。基于此理，可在不同树种不同采伐树龄的样树相同树龄生长鞘测定数据间进行比较。图示间比较需纵、横坐标尺度相同。五种针叶树管胞长度，以杉木随树龄增长最快，第 15 龄生长鞘全高管胞平均长度已增至近 4000μm；马尾松次之，约为 3500μm；而冷杉仅约为 2250μm。

如图 9-19、图 9-20、图 9-22 所示，早晚材区别明显的树种生长鞘早、晚材全高管胞平均长度间相差呈随树龄的趋势性变化。同一年轮位置早、晚材管胞是由相同形成层原始细胞分生，早、晚材管胞长度的差别是形成层后细胞生命中的发育差异造成的。单株树木内这种差别随树龄变化的趋势性表明它具有发育性质。

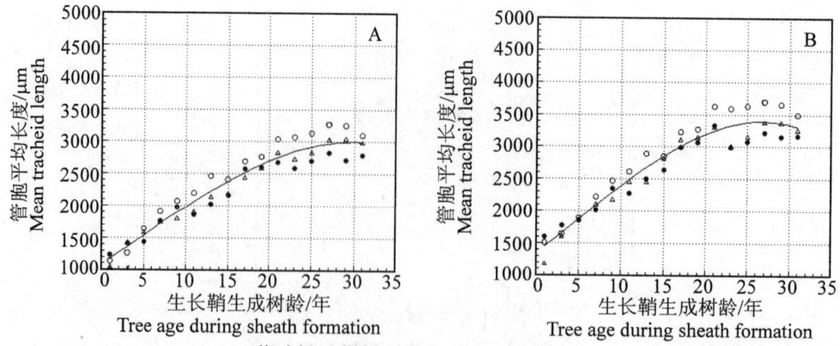

落叶松 3 样树　Three Dahurian larch

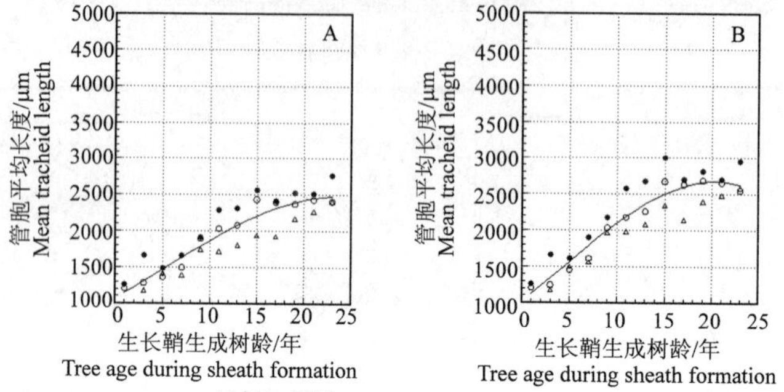

云杉 3 样树　Three Chinese spruce

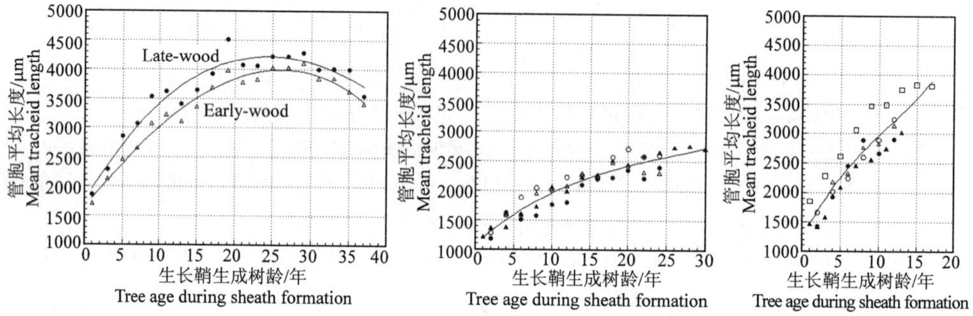

马尾松 1 样树 One Masson's pine　　冷杉 4 样树　Four Faber fir　　杉木 5 样树　Five Chinese fir

图 9-24　针叶树各年生长鞘全高管胞平均长度随树龄发育变化的树种趋势

A. 早材；B. 晚材；图中具有各种符号的曲线是发育变化，不同符号代表样树株别

Figure 9-24　The species' tendencies of developmental change of mean tracheid length (within its height) of each successive growth sheath with tree age in coniferous trees.

A. early wood；B. late wood. The line with various signs together is the curve of developmental change, the different signs beside it represent the ordinal numbers of sample tree respectively

表 9-9　五种针叶树生长鞘管胞平均长度与生成树龄的回归方程

Table 9-9　The regression equations between mean tracheid length and tree age during sheath formation in five coniferous species

树种 Tree species	生长鞘中的部位 Part in sheath	回归方程 Regression equations y—管胞平均长度；x—树龄 (y—mean tracheid length; x—tree age)	相关系数 Correlation coefficient (α=0.01)
落叶松 Dahurian larch	早材 Early wood	$y= -0.042\,922\,6x^3+0.434\,502x^2+89.460\,3x+1\,084.6$	0.95
	晚材 Late wood	$y= -0.068\,100\,3x^3+0.785\,916x^2+104.716x+1\,335.06$	0.92
云杉 Chinese spruce	早材 Early wood	$y= -0.077\,066\,2x^3+1.099\,29x^2+76.698x+1\,066.95$	0.91
	晚材 Late wood	$y= -0.139\,461x^3+1.658\,41x^2+105.913x+1\,010.55$	0.89
马尾松 Masson's pine	早材 Early wood	$y= -0.031\,363\,3x^3-1.802\,66x^2+158.745x+1\,635.64$	0.81
	晚材 Latewood	$y=0.023\,769\,6x^3-5.311\,97x^2+216.907x+1\,748.82$	0.74
冷杉 Faber fir	生长鞘 Growth sheath	$y=0.039\,753\,7x^3-3.214\,65x^2+115.528x+1\,083.99$	0.93
杉木 Chinese fir	生长鞘 Growth sheath	$y=0.352\,901x^3-12.145\,8x^2+262.058x+1\,205.47$	0.91

注：本表各回归方程的适用年限分别与图 9-24 图示中同一树种生长鞘生成树龄范围相同。

Note: The range of applicable tree age of each regression equation in this table is respectively equal to that of tree age during sheath formation of the same species in Figure 9-24.

表 9-10 列出落叶松、云杉和马尾松逐龄生长鞘全高晚材管胞平均长度较早材增长的百分率，如图 9-25 所示出这一差异随树龄的变化。落叶松随树龄呈减小趋势；云杉随树龄由增大至峰值；马尾松随树龄有一短期增大而后减小。这些表明，早晚材区别明显的树种早、晚材管胞形成层后发育的长度差异随树龄变化的总趋势是减小。在相同生长树龄条件下，落叶松早、晚材管胞长度差较云杉、马尾松大。

表 9-10　三种针叶树逐龄生长鞘全高平均早、晚材管胞长度差值率(%)

Table 9-10　Differential percentage of mean tracheid length of latewood (within its height) of each successive growth sheath from that of earlywood in three coniferous species(%)

树种 Species	株别 Ordinal numbers of sample tree	生长鞘生成树龄/年　Tree age during sheath formation																		
		1	3	5	7	9	11	13	15	17	19	21	23	25	27	29	31	33	35	37
落叶松 Dahurian larch	1	32.39	30.06	15.4	16.4	19.27	19.03	17.36	18.16	19.94	18.25	19.3	16.85	15.75	13.08	12.45	12.52	—	—	—
	2	23.88	11.97	18.11	20.83	21.07	28.87	14.52	28.38	27.44	21.59	17.05	10.01	11.58	11.28	10.68	9.01	—	—	—
	5	30.54	26.32	28.39	14.29	18.76	22.31	23.41	21.9	16.43	18.19	24.77	15.58	14.05	14.08	16.07	13.45	—	—	—
云杉 Chinese spruce	1	0	−3.05	6.55	7.77	7.27	7.29	8.7	9.85	9.72	13.22	9.25	5.98	—	—	—	—	—	—	—
	2	0	0	5.54	12.17	12.65	15.61	15.28	21.13	11.55	10.07	9.19	7.42	—	—	—	—	—	—	—
	3	0	0	9.12	14.1	13.72	12.96	15.65	17.45	12.08	11.26	7.52	6.64	—	—	—	—	—	—	—
马尾松 Masson's pine	4	9.37	7.93	16.38	16.18	15.33	12.62	9.83	8.7	6.4	13.93	8.03	6.33	5.05	5.02	4.69	4.2	4.66	10.63	4.17

注：表中阴影内的数字在数据处理中未采用。

Note: The numerical value under shadow in this table was deleted in processing of data.

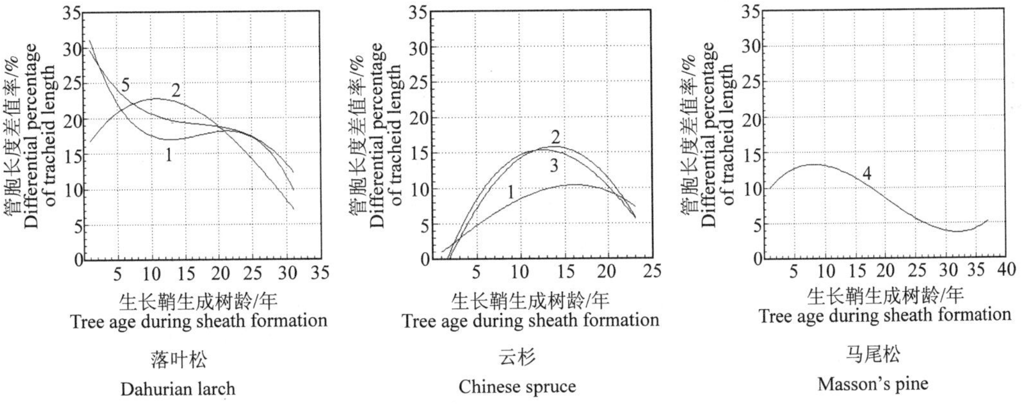

图 9-25　三种针叶树逐龄生长鞘全高平均早、晚材管胞长度差值率的发育变化①

图中标注曲线的数字是株别

Figure 9-25　Developmental change of differential percentage of mean tracheid length of latewood (within its height) of each successive growth sheath from that of earlywood in three coniferous species

Numerical signs of curve in figure are the ordinal numbers of sample tree

① 全高平均早、晚材管胞长度差值率=(全高平均晚材管胞长度－同龄生长鞘全高平均早材管胞长度)/全高平均早材管胞长度。Differential percentage of mean Tracheid length of latewood from that of earlywood = (The difference of mean Tracheid length between latewood and earlywood within its height of the same growth sheath) / mean Tracheid length of earlywood.

9.7 不同高度、相同离髓心年轮数、异鞘年轮间管胞长度的有序发育差异

树茎中心部位沿树高的趋势性差异也是次生木质部在这一特定条件下的发育表现。测定这一趋势性差异与采用两向生长树龄研究次生木质部发育并无矛盾；正相反，而是对次生木质部发育能具有更深刻的认识。

图 9-26 至图 9-30 中长、短曲线位置分布的特点：由于管胞长度随生成时的树龄增长，

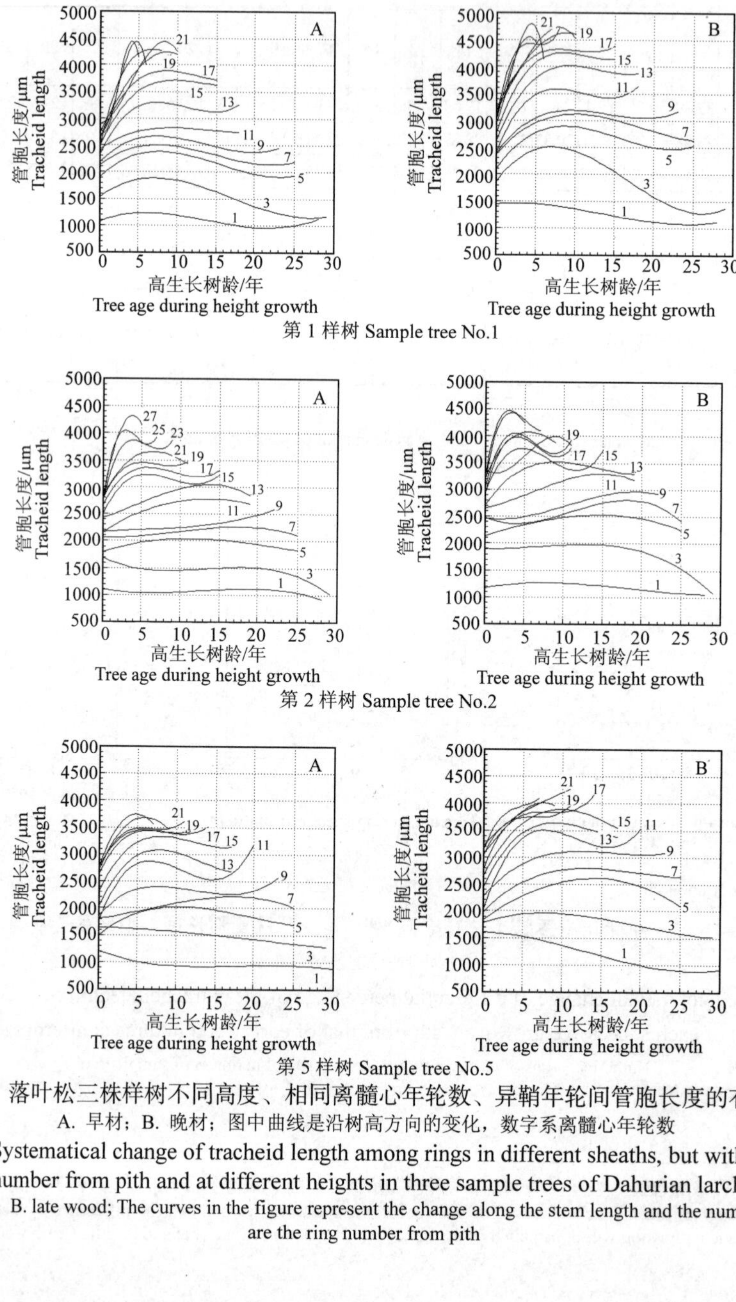

图 9-26　落叶松三株样树不同高度、相同离髓心年轮数、异鞘年轮间管胞长度的有序变化

A. 早材；B. 晚材；图中曲线是沿树高方向的变化，数字系离髓心年轮数

Figure 9-26　Systematical change of tracheid length among rings in different sheaths, but with the same ring number from pith and at different heights in three sample trees of Dahurian larch

A. early wood；B. late wood; The curves in the figure represent the change along the stem length and the numerical symbols are the ring number from pith

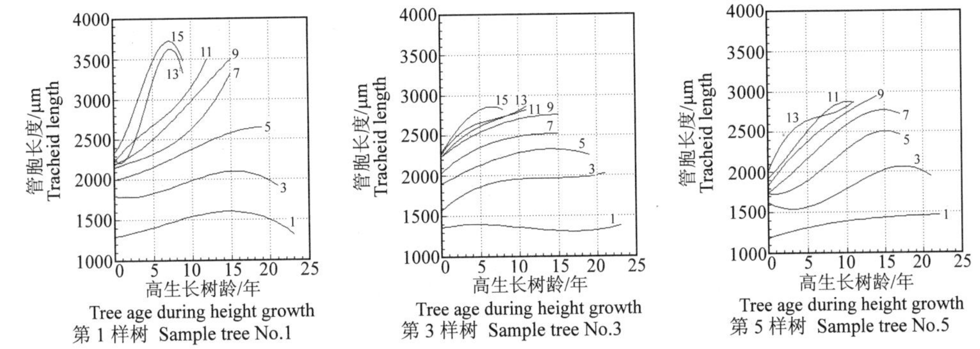

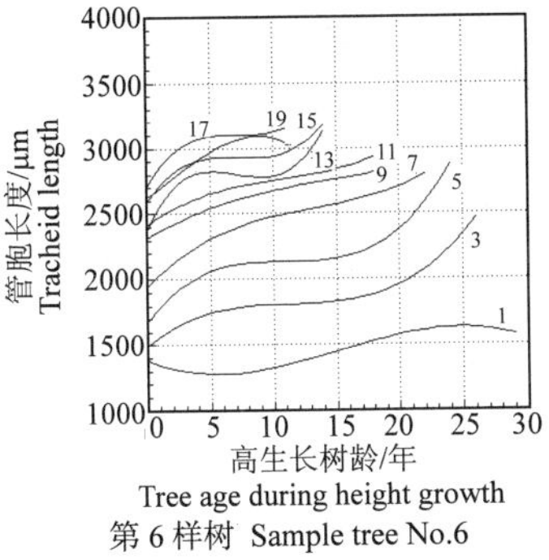

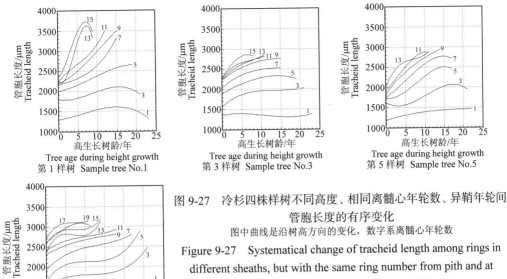

图 9-27 冷杉四株样树不同高度、相同离髓心年轮数、异鞘年轮间管胞长度的有序变化

图中曲线是沿树高方向的变化，数字系离髓心年轮数

Figure 9-27 Systematical change of tracheid length among rings in different sheaths, but with the same ring number from pith and at different heights in four sample trees of Faber fir

The curves in the figure represent the change along the stem length and the numerical symbols are the ring number from pith

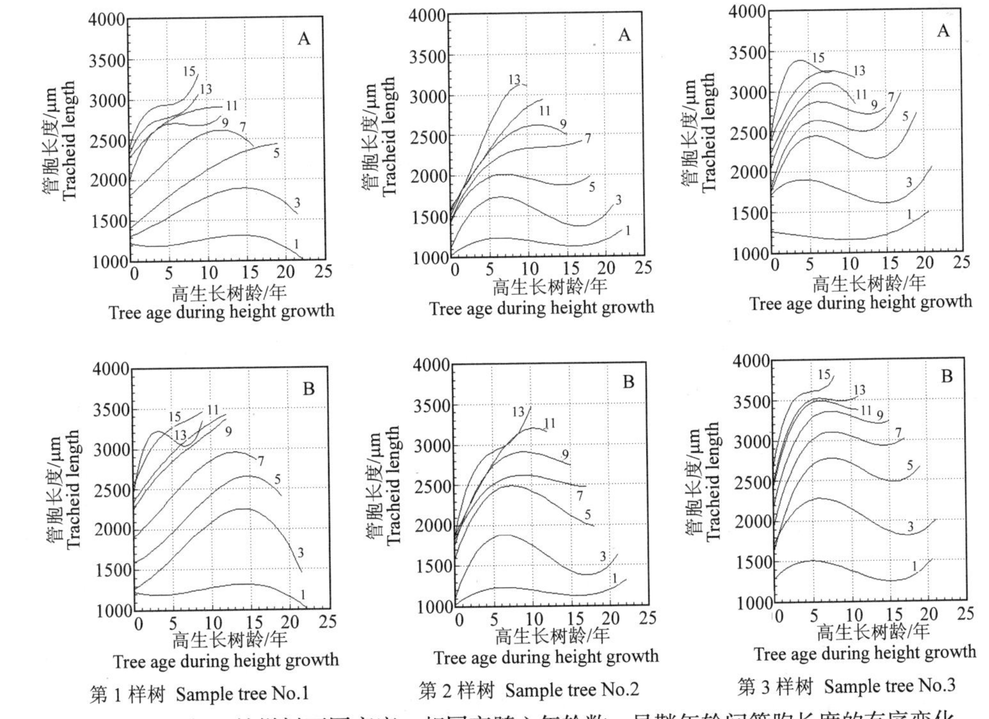

图 9-28 云杉三株样树不同高度、相同离髓心年轮数、异鞘年轮间管胞长度的有序变化

A. 早材；B. 晚材；图中曲线是沿树高方向的变化，数字系离髓心年轮数

Figure 9-28 Systematical change of tracheid length among rings in different sheaths, but with the same ring number from pith and at different heights in three sample trees of Chinese spruce

A. early wood；B. late wood; The curves in the figure represent the change along the stem length and the numerical symbols are the ring number from pith

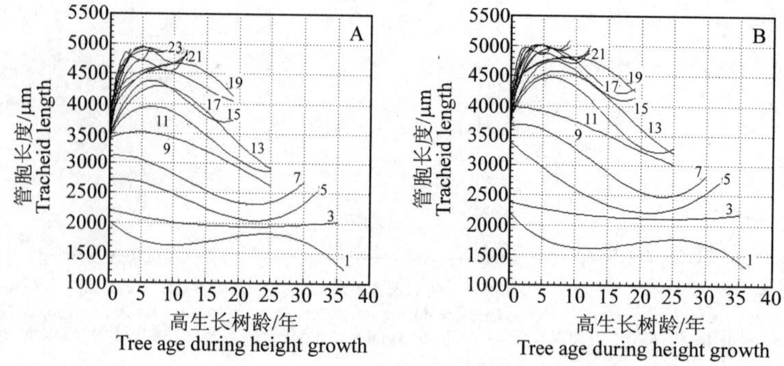

图 9-29　马尾松第四样树不同高度、相同离髓心年轮数、异鞘年轮间管胞长度的有序变化

A. 早材；B. 晚材；图中曲线是沿树高方向的变化，数字系离髓心年轮数

Figure 9-29　Systematical change of tracheid length among rings in different sheaths, but with the same ring number from pith and at different heights in Masson’s pine sample tree No.1

A. early wood; B. late wood; The curves in the figure represent the change along the stem length and the numerical symbols are the ring number from pith

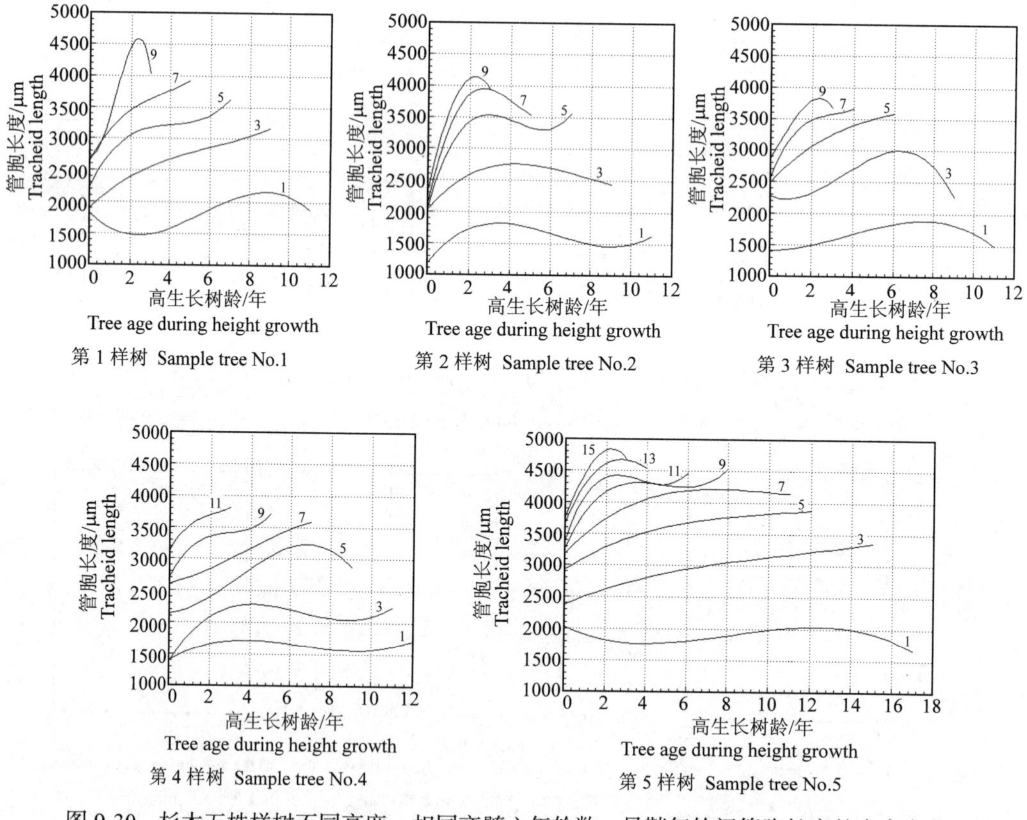

图 9-30　杉木五株样树不同高度、相同离髓心年轮数、异鞘年轮间管胞长度的有序变化

图中曲线是沿树高方向的变化，数字系离髓心年轮数

Figure 9-30　Systematical change of tracheid length among rings in different sheaths，but with the same ring number from pith and at different heights in five sample trees of Chinese fir

The curves in the figure represent the change along the stem length and the numerical symbols are the ring number from pith

所以这一图示中曲线的位置随离髓心年轮序数逐条依次上移；由于生长鞘是逐年在外增添，中心部位不同高度离髓心第 1 序的年轮个数最多，而使曲线最长，向外随序数而逐减短。由此造成图示中多条曲线的分布是线长者位下，向上逐短。

如图 9-26 至图 9-30 所示：

(1) 从总体考察，树茎不同高度相同离髓心年轮数的年轮间管胞长度是有变化的，不能因它们离髓心年轮数(wood age)相同而误认为其管胞长度也相同；

(2) 五种针叶树不同高度相同离髓心年轮数，异鞘年轮间管胞长度的有序差异在种内株间具有相似性。这是发育变化受遗传控制的表现；

(3) 五种针叶树不同高度离髓心第 1 序年轮的管胞长度差异甚微。鞘顶年轮取样中存在误差，它的影响会表现在差异程度上。差异甚微表明，这一结果具可信性。

(4) 落叶松各样树离髓心第 3 序年轮管胞长度沿树高呈减短，向外各序均呈先增长后转为变短；冷杉、云杉和杉木离髓心各序年轮均呈先增长后转为变短，至外层大部只显示增长；马尾松除第 3、5、7 序外，其他各序变化均与落叶松同。

9.8 各龄段管胞平均长度

龄段是树木连续生长的不同时段。

9.8.1 树种间次生木质部发育变化的比较

不同树种不同树龄的样树间，可以进行次生木质部发育变化的比较，但这一比较必须在相同生长龄段间进行。次生木质部的特殊构建过程确定了这种比较的可行性。

本项目五树种分别采自同龄同一人工林，但不同树种的采伐树龄有差别。表 9-11 给出，五实验树种各样树不同龄段全样株管胞的平均长度。12、18、23 等龄段分别代表 1~12、1~18、1~23 龄期。它们分别是五实验树种样树长短有别的生长期。

表 9-11 五种针叶树各树龄段管胞平均长度(μm)

Table 9-11 Average tracheid length during each period of tree growth in five coniferous species(μm)

树种 Tree species	株别 Ordinal numbers of sample tree	部位 Part	树龄段 Period of tree growth (a)							部位 Part	树龄段 Period of tree growth (a)						
			1~12	1~18	1~23	1~24	1~30	1~31	1~37		1~12	1~18	1~23	1~24	1~30	1~31	1~37
落叶松 Dahurian larch	1	早材 Early wood	1940	2227	2458	2498	2712	2734	—	晚材 Late wood	2308	2646	2915	2957	3160	3179	—
	2		1725	1999	2228	2265	2482	2510	—		2071	2430	2658	2691	2883	2905	—
	5		1746	2038	2238	2270	2431	2453	—		2153	2482	2704	2731	2877	2896	—
	Ave		1804	2088	2308	2344	2542	2566	—		2177	2519	2759	2793	2974	2993	—
云杉 Chinese spruce	1	早材 Early wood	1731	2049	2205	—	—	—	—	晚材 Late wood	2308	2646	2915	2957	3160	3179	—
	2		1545	1759	1985	—	—	—	—		2071	2430	2658	2691	2883	2905	—
	3		1902	2193	2374	—	—	—	—		2153	2482	2704	2731	2877	2896	—
	Ave		1726	2000	2188	—	—	—	—		2177	2519	2759	2793	2974	2993	—

续表

树种 Tree species	株别 Ordinal numbers of sample tree	部位 Part	树龄段 Period of tree growth (a)							部位 Part	树龄段 Period of tree growth (a)						
			1~12	1~18	1~23	1~24	1~30	1~31	1~37		1~12	1~18	1~23	1~24	1~30	1~31	1~37
马尾松 Masson's pine	4	早材 Early wood	2779	3101	3313	3350	3531	3547	3562	晚材 Late wood	3153	3449	3654	3685	3827	3835	3834
冷杉 Faber fir	1	生长鞘 Growth sheath	1958	2163	2349	2375	—										
	3		1865	2093	2187	2198	—										
	5		1642	1922	2081	2112	—										
	6		1734	2016	2194	2229	2412										
	Ave		1800	2049	2203	2228	2412										
杉木 Chinese fir	1	生长鞘 Growth sheath	2683	—													
	2		2660	—													
	3		2575	—													
	4		2502	—													
	5		2995	3402													
	Ave		2683	3402													

注：本表所列各树龄段均自树茎出土始。

Note: The beginning of every period in this table is all the time when the sample trees grow out of the earth.

9.8.2 五种针叶树各龄段管胞长度的变化

9.8.2.1 树种间

五树种各龄段平均管胞长度保持如下序列：杉木＞马尾松＞落叶松＞冷杉≥云杉。在进行上述比较时，早、晚材区分不明显树种与明显树种的早材相比。

9.8.2.2 种内样树间

如表 9-11 所示，种内株间各龄段管胞平均长度变化过程相似；变化过程在种内株间的差值符合正态分布的估计范围。同一树种相同龄段，各样树晚材平均管胞长度大于早材。

9.8.2.3 单株样树内

如表 9-11 所示，五树种各样树不同龄段平均管胞长度均随树龄增大。这与样树逐龄生长鞘全高管胞平均长度随树龄增大的现象是一致的。早、晚材区别明显树种在样树内各龄段中晚材平均长度都保持大于早材。

9.9 管胞长度发育变化的三维图示

图 9-31 至图 9-34 是落叶松、冷杉、云杉和马尾松管胞长度随两向生长树龄发育变化的三维空间曲面图示。空间曲面网格中有多条平行于年轮生长树龄(*X*)轴的空间曲线，它们分别代表不同高度逐个年轮位点性状值的变化。空间曲线网格中同时有多条平行于

高生长树龄(Y)轴的空间曲线，它们分别代表逐龄生长鞘中不同高度年轮位点性状值的变化。在计算机显示屏上可任意变换空间曲面图示的视角，但仍难于观察出发育中的准确数量变化。四种平面曲线组才能把次生木质部发育在空间曲面上呈现的变化全面地反映出来。它们是空间曲面上述空间曲线在 XZ、YZ 坐标面上的投影。四种平面曲线组与空间曲面表达同一次生木质部发育变化，只是方式和效果不同。

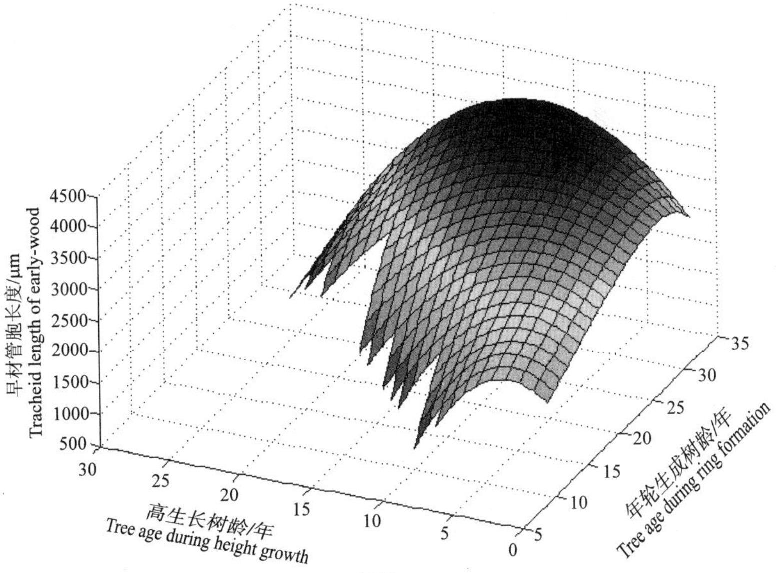

第 1 样树 Sample tree No.1

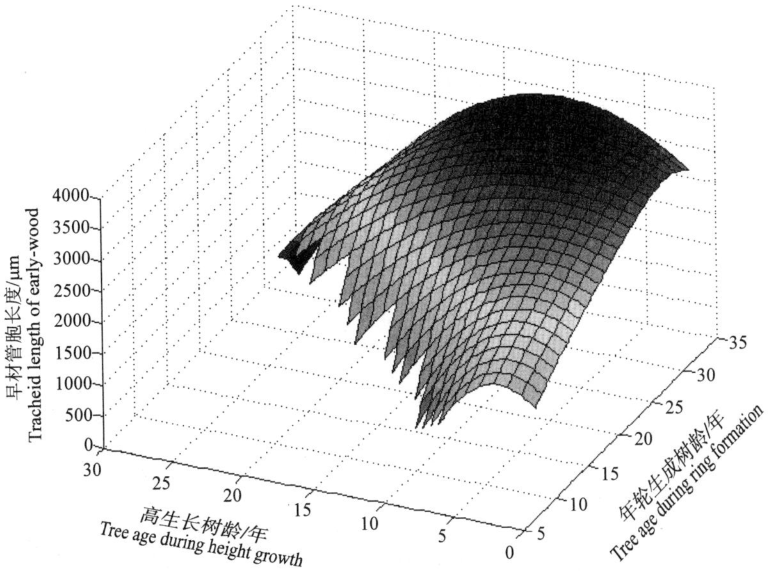

第 1、2、5 样树并合回归　Sample tree No.1, 2 and 5 are merged by regression analysis

图 9-31　落叶松三株样树早材管胞长度随两向生长树龄的发育变化

本图系三维，X、Y 轴分别为高、径生长树龄，Z 轴是数量性状值

Figure 9-31　Developmental change of early wood tracheid length with two directional growth ages in three sample trees of Dahurian larch

The figure is of three dimensions. X, Y axes represent tree ages during height and diameter growth respectively, Z axis is values of quantitative trait

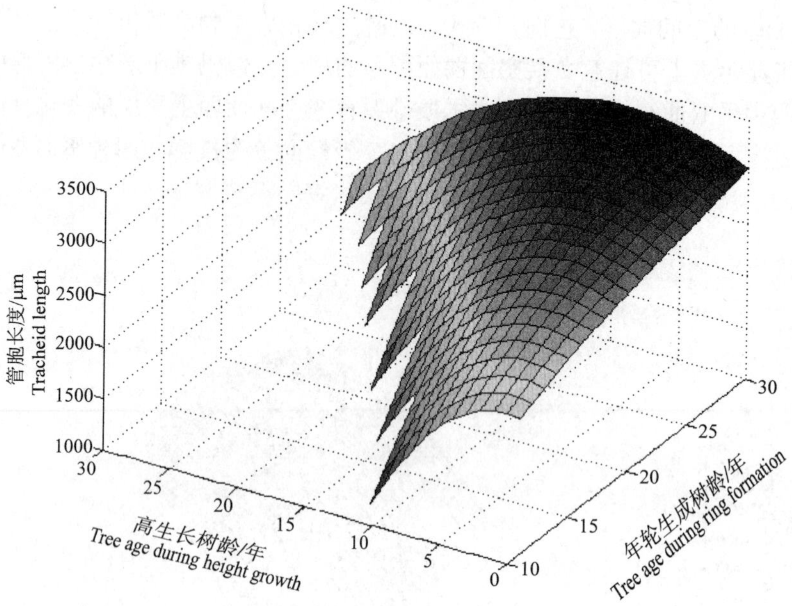

图 9-32　冷杉第 6 样树管胞长度随两向生长树龄的发育变化

本图系三维，*X*、*Y* 轴分别为高、径生长树龄，*Z* 轴是数量性状值

Figure 9-32　Developmental change of tracheid length with two directional growth ages in Faber fir sample tree No.6

The figure is of three dimensions. *X*, *Y* axes represent tree ages during height and diameter growth respectively, *Z* axis is values of quantitative trait

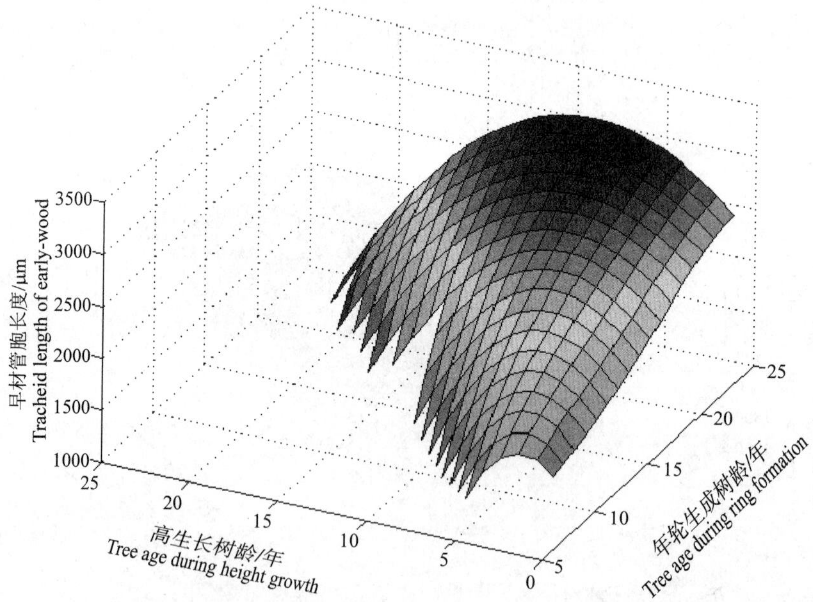

第 1、2、3 样树并合回归　Sample tree No.1, 2 and 3 are merged by regression analysis

图 9-33　云杉三株样树早材管胞长度随两向生长树龄的发育变化

本图系三维，*X*、*Y* 轴分别为高、径生长树龄，*Z* 轴是数量性状值

Figure 9-33　Developmental change of early wood tracheid length with two directional growth ages in three sample trees of Chinese spruce

The figure is of three dimensions. *X*, *Y* axes represent tree ages during height and diameter growth respectively, *Z* axis is values of quantitative trait

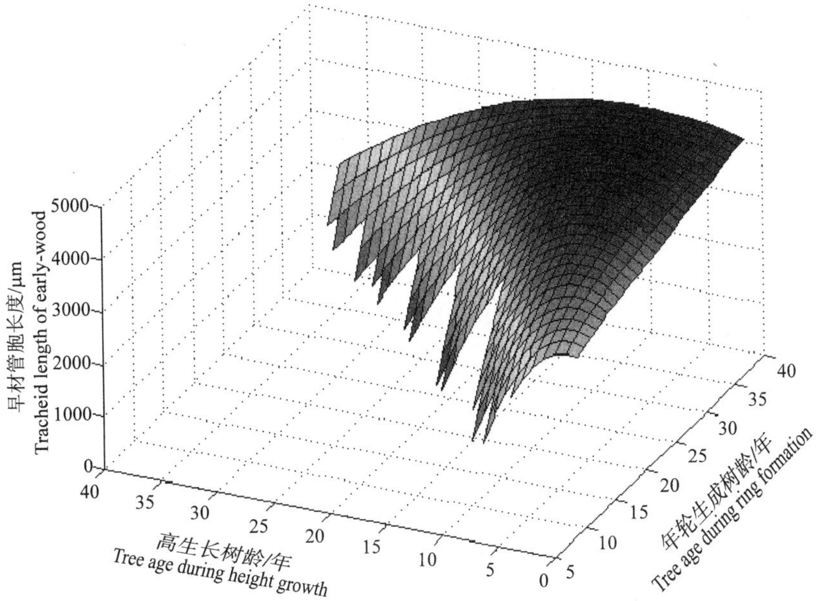

图 9-34　马尾松第 4 样树早材管胞长度随两向生长树龄的发育变化

本图系三维，*X*、*Y* 轴分别为高、径生长树龄，*Z* 轴是数量性状值

Figure 9-34　Developmental change of early wood tracheid length with two directional growth ages in Masson's pine sample tree No.4

The figure is of three dimensions. *X*, *Y* axes represent tree ages during height and diameter growth respectively, *Z* axis is values of quantitative trait

本章全部三维图示的坐标原点都是位于图示的右后方，这与一般采用的左后原点不同。这种安排使得次生木质部发育变化曲面凸形部位内侧的倾斜面翻转出来。由此也可部分看出，三维曲面表达次生木质部存在局限性，必须采用剖视才能发挥它在研究中的作用。

次生木质部发育的四种二维曲线须由空间曲面来认识。它们之间存在剖视关系，但二维曲线并非由剖视绘出。如果发育变化的二维平面曲线组是由空间曲面在连续变换其中一向生长树龄的剖视条件下绘出，那同一平面图示上多条曲线有序相间的趋势性中就掺入了人为因子从而降低了它的学术作用。在次生木质部发育研究中有必要充分认识它们间的关系。

9.10　结　　论

9.10.1　管胞长度变化的生物学性质

附表 9-1 至附表 9-5 列出次生木质部多个设计位点上管胞长度。用四种平面曲线来表达五种针叶树管胞长度随生成时两向生长树龄的变化。每一图示上的多条曲线均呈有序相间的规律性。全部图示的共同特点是：①多条曲线不是相互杂乱缠绕而是具倾向性的趋势，表明单株树木内次生木质部构建中的变化是协调的；②种内多株样树同一类图示具有相似性，表明管胞长度随其在次生木质部中生成时间的趋势变化具有遗传物质控制的继承性；③测定样树株数虽有限，但在相同变化范围的图示中尚可察出数量性状变化在株间的差异能符合正态范围的估计。管胞长度在单株次生木质部构建中的变化符合生物发育性状的条件。

上述趋势性不是只表现在一幅图示上，而是呈现在本章全部图示上；不只在一株样树上，而是在每株样树上；不只在一个树种，而是五个研究树种都同样。针叶树管胞长度在单株内的趋势变化是一自然现象。

9.10.2 生长鞘和两向生长树龄

生长鞘是次生木质部逐年生成的独立区间，它的生成时间是径向生长树龄。生长鞘不同高度对应的树茎高生长树龄不同。单株树木生长鞘管胞长度不仅随生成时的径向生长树龄具有规律性变化，同时沿生长鞘高度也表现出管胞长度变化的趋势性。为了表达次生木质部随时间的发育过程，根据树茎两向生长特性，才提出须采用两向生长树龄。在次生木质部发育研究中，生长鞘和两向生长树龄的概念作用是密不可分的。

9.10.2.1 生长鞘内

本章图示中，逐龄生长鞘管胞长度沿树高的发育变化是报告发生在生长鞘内的现象。这类平面图示的横坐标是高生长树龄，图内各条曲线分别标注生长鞘生成树龄，纵坐标是性状值管胞长度。

五树种这一发育变化的共同特点是，各年生长鞘管胞长度沿树高方向有一短距离增长；此距离随生长鞘生成树龄沿其高向逐有上移；各年生长鞘管胞长度分别在达峰值后，都转为向上一致减短。

9.10.2.2 生长鞘间

本章图示中，其他三类图示是以不同方式表达生长鞘间管胞长度随径向生长树龄的发育变化。

1) 不同高度径向逐龄年轮管胞长度的发育变化

五树种共同特点：同一高度上，自髓心向外初始管胞长度呈明显增长，随径向生长树龄增长变化减弱；不同树高部位管胞长度的水平径向发育进程有差别，向上变化增快。

根颈处管胞长度的径向变化与其他高度不同，转缓较早；除茎梢外，根颈处管胞长度较其他各高度处都短。

上述发育变化是逐龄管胞形成层后的细胞发育的差别造成的。

2) 各年生长鞘全高平均管胞长度随树龄的发育变化

五树种在幼龄生长中，逐龄生长鞘全高平均管胞长度均随树龄呈显著增长。马尾松生长鞘早、晚材全高平均管胞长度在 25 龄显示峰值；而落叶松和云杉晚材分别在 25 龄和 20 龄开始微显平稳征兆，早材却难以确定。

3) 不同高度、相同离髓心年轮数、异鞘年轮间的有序发育变化

次生木质部不同高度、相同离髓心年轮数、异鞘年轮间管胞长度具有差异。

五树种第 1~5 离髓心年轮数异鞘年轮间管胞长度沿树高的变化，开始呈趋长后转短；与其他序列相比较，第 1 序异鞘年轮间的差异小。

自第 7 序开始，五树种分成两个类型：冷杉、杉木自下沿树高仅呈增长；落叶松、

云杉和马尾松在增长后转变短。

9.10.3 树株内管胞长度发育的变化转折点

五树种树株内管胞长度的变化在三个方面呈现转折：

(1) 不同高度径向逐龄年轮间管胞长度变化的转折。这一转折处离髓心年轮数随树高部位而有差别，沿树高向上减少。

最值得注意的是，五树种各样株根颈处径向管胞长度变化转折发生处距髓心的年轮数少；换言之，转折发生比树茎其他高度都早。

(2) 不同树龄生长鞘管胞长度沿树高都先各有一短距离增长，后分别转为向上一致减短。此转折点随生长鞘生成树龄沿树高逐有上移。

(3) 树株生长初期，生长鞘全高平均管胞长度随树龄的变化明显。限于本项目样株采伐树龄，尚难对生长鞘全高平均管胞长度的转折做出定论，但仍可察出这一转折征兆。

9.10.4 同龄早、晚材管胞长度差的发育变化

早、晚材区别明显树种(落叶松、云杉和马尾松)同一高、径位置年轮的晚材管胞长度均保持比早材大。

早、晚材管胞长度差值率(%)随树龄增大，至峰值后减小。这说明，早、晚材管胞长度形成层后发育相差随树龄呈规律性变化。

9.10.5 管胞长度发育变化在树种间的比较

本报告采用树龄段，可在不同树种或不同采伐树龄次生木质部间进行发育变化比较。结果表明，五种针叶树管胞长度的长短序列在相比较的各树龄段间都保持未变；同一树种数样树管胞长度的长短序列在生长期的各龄段间也都保持未变。

引 用 文 献

[1] Andrews I A, Hughes J F. variation in wood properties in 12 year-old trees of P. caribaea var. hondurensis in Trinidad —— A summary report. Trop Prov Prog Res Int Coop Nairobi, Kenua, 1973: 532–535.

[2] Bailey I W. The cambium and its derivative tissues, 11: size variation of cambial initials in gymnosperms and angiosperms. Am J Bot, 1920, 7: 355–367.

[3] Bailey I W. The cambium and its derivate tissues, I W: The increase in girth of the cambium. Am J Bot, 1923, 10: 499–509.

[4] Bailey I W, Faull A F. The cambium and its derivative tissues, IX: structural variability in the redwood, Sequoia sempervirens, and its significance in the identification of fossil woods. J Arnold Arb, 1934, 15: 223–254.

[5] Bannan M W. Cell length and rate of anticlinal division in the cambium of the sequoias. Can J Bot, 1966, 44: 209–218

[6] Bannan M W. Anticlinal division and cell length in conifer cambium. For Prod J, 1967, 17(6): 63–69.

[7] Barrichelo L E, Brito J O. Variabiliadade radial da maderia Pinus caribaea var hondurensis. IPEF, 1979, 18: 81–102.

[8] Bisset I J W, Dadswell H E. Australian Forestry, 1949, 13(2): 86–96.

[9] Britt K W. Wood and fiber properties: measurement and interpretation. Proc 4 th For Biol Conf TAPPI, Appleton, WI, 1967: 84–98.

[10] Chalk L. Tracheid length with special reference to sitka spruce (Picea sitchensis Carr.). Forestry, 1930, iv: 7–14.

[11] Dinwoodie J M. Tracheid and fiber length in timber—A review of Literature. Forestry, 1961: 125–144.

[12] Ladrach W E. Wood quality of Pinus patula. Carton de Colombia Cali, colombia, Res Rep 92, 1984: 17.

[13] Lee H N, Smith E M. Douglas fir fiber, with special reference to length. Forest Quaterly, 1916, xiv(4): 671–695. (reviewed by Dinwoodie, 1961)

[14] Nicholls J W. Selection criteria in relation to wood properties. Australian For Res Work Group No1 Forestry House Canberra, Australia, 1967.

[15] Panshin A J, Zeeuw Carl de. Textbook of Wood Technology. 4th ed. McGraw-Hill Book Company, 1980.

[16] Philipson W R, Butterfield B G. A theory on the causes of size variation in wood elements. phytomorphology, 1967, 17：155–159.

[17] Plumptre R A. Pinus caribaea Vol II Wood properties. Trop For Pap 17 Commonw For Inst, Oxford Univ, 1983: 145.

[18] Rydholm S A. Pulping Processes. New York: Interscience, 1965: 1269.

[19] Sakai H, Uegaki T. On the structure of the annual ring of Japanese red pine (Pinus densiflora), variation of annual ring width, specific gravity and tracheid length in young tree stems. Tottori Soc Agr Sci, 1962, 14: 113–119.

[20] Sanio K. Über die Grösse Holzellen bei der gemeinen Kiefer (Pinus silvestris), Jahrb Wiss Bot, 1872, 8: 401–420.

[21] Schmidt J D, Smith W J. Wood quality evaluation and improvement in Pinus caribaea. Queensland For Ser Res Note 1961: 15, 69.

[22] Van Buijtenen J P. Inheritance of fiber properties in North American conifers. IUFRO Section 41, Vol 2. Melbourne, Australia, 1965: 12.

[23] Wang I C, Micko M M. Wood quality of white spruce from north central Alberta. Can J For Res, 1984, 14: 181–185.

[24] Wellwood R W, Smith J G. Variation in some important qualities of wood from Douglas-fir and hemlock trees. Res pap 50 Univ Columbia Vancouver, Canada, 1962: 15.

[25] Wenham M W, Cusick F. The growth of secondary wood fiber. New Phytol, 1975, 74(2): 247–261

[26] Wiselogel A E, Tauer C G. Genetic variation in wood specific growity and tracheid length in shortleft pine. TAPPI Research and Development Division Conference Ashevile, NC, 1982: 169–178.

[27] Zobel B J, Campinhos E, Ikemori Y. Selecting and breeding for desirable wood. Tappi, 1983, 66(1): 70–74.

[28] Zobel B J, van Buijtenen J P. Wood Variation. Springer-Verlag, 1989.

[29] Zobel B J, Jett J B. Genetics of Wood Production. Springer-Verlag, 1995.

附表 9-1 落叶松样树不同高度逐龄年轮的早材管胞长度(μm)

Appendant table 9-1 Tracheid length of early wood of each successive ring at different heights in Dahurian larch sample trees(μm)

Y (年)	*H* (m)	年轮生成树龄 Tree age during ring formation															
		1年	3年	5年	7年	9年	11年	13年	15年	17年	19年	21年	23年	25年	27年	29年	31年
第1样树 Sample tree No. 1																	
29	18.45															()[30]	856
28	18.00															1127	1511
25	17.00													()[26]	1367	1794	2050
23	16.00												()[24]	945	2146	2370	2387
18	14.00										1097	1591	1921	2104	2710	2749	3236
15	12.00								896[16]	1402	2154	2330	2117	2752	3181	3640	3725
10	10.00						1270	2097	2395	2506	2566	2851	3189	3583	3834	4203	4266
8	8.00					1206	1856	2390	2462	2973	2908	3295	3769	3903	4256	4422	4280
6	6.00				1308	1968	2335	2330	2474	2732	3328	3672	3715	3968	4032	4199	3998
5	4.00			1236[6]	1767	2303	2650	2682	2605	3156	3591	3903	3998	4070	4342	4434	4139
3	2.00		1149[4]	1586	2375	2380	2449	2633	3065	3065	3511	3588	3372	3687	3901	4055	3866
2	1.30		1074	1819	2040	2400	2476	2809	2821	2985	2995	3233	3092	3658	3414	3385	3429
0	0.00	1136	1561	1903	2055	2169	2342	2315	2576	2722	2749	2916	2489	2685	2809	2665	2633
Ave		1136	1261	1636	1909	2071	2197	2465	2412	2693	2767	3042	3074	3136	3272	3254	3106

续表

Y (年)	H (m)	年轮生成树龄 Tree age during ring formation															
		1 年	3 年	5 年	7 年	9 年	11 年	13 年	15 年	17 年	19 年	21 年	23 年	25 年	27 年	29 年	31 年
第 2 样树 Sample tree No. 2																	
29	18.30															( )[30]	839
28	18.00															916	1295
25	17.00													1032[26]	1305	1764	2045
22	16.00												1129	1710	1993	2350	2625
19	14.00										1218[20]	1548	2067	2191	2357	2705	2816
15	12.00								1017[16]	1102	1804	2223	2357	2732	3159	3221	3273
11	10.00						1022[12]	1437	2055	2270	2337	2759	2712	3089	3290	3419	3380
9	8.00					891[10]	1526	2084	2154	2253	2754	3092	3082	3382	3486	3700	3831
7	6.00				1149[8]	1707	2035	1950	2082	2660	2945	3347	3171	3471	3690	3792	3931
5	4.00			1194[6]	1414	1985	2129	2280	2449	2546	3037	3213	3236	3385	3710	3829	4164
2	2.00		1124	1712	2079	2208	2156	2365	2643	3191	3390	3444	3511	3772	3993	3973	3960
1	1.30	913[2]	1387	1481	2146	Nan	2238	2400	2615	2916	3037	3042	3246	3504	3511	3920	3809
0	0.00	1156	1749	1928	1903	2181	2179	2432	2521	2536	2739	2777	2757	2787	2864	2933	2829
Ave		1035	1420	1579	1738	1794	1898	2135	2192	2434	2585	2827	2727	2823	3033	3044	2984
第 5 样树 Sample tree No. 5																	
30	20.66																814
29	20.30															1010[30]	1223
28	20.00															913	1511
25	19.00													901[26]	1015	1454	1814
23	18.00												871[24]	1464	2040	2432	2531
20	16.00											1045	1638	1935	2109	2365	3203
17	14.00									( )[18]	1280	1749	2176	2392	2563	2643	3094
14	12.00								886	1824	2228	2308	2208	2635	2928	3248	3486
11	10.00						( )[12]	1127	1640	1891	2082	2742	2896	3343	3424	3417	3630
9	8.00					( )[10]	1690	1968	2112	2660	2680	3112	3134	3447	3323	3387	3452
7	6.00				( )[8]	1640	1940	2057	2387	2861	2993	3385	3355	3608	3588	3697	3561
4	4.00			1084	1665	2089	1601	2211	2752	2906	3032	3221	3194	3385	3534	3769	4015
2	2.00		1055	1725	1873	2273	2186	2573	2685	2958	3347	3365	3161	3251	3233	3280	3261
1	1.30	( )[2]	1479	1841	2164	2191	1931	2233	2682	2936	3020	3166	3156	3365	3434	3534	3464
0	0.00	1228	1685	1097	1352	1697	1814	2037	2206	2556	2742	2680	2668	2725	2735	2913	2886
Ave		1228	1406	1437	1764	1978	1860	2029	2169	2574	2600	2677	2587	2704	2827	2719	2796

注：(1) *Y*，高生长树龄(年)；*H*，取样圆盘高度(m)。(2)高生长树龄是取样圆盘生成起始时的树龄，即树茎达到这一高度时的树龄。(3)表中数据右上角的数字是所测该指标年轮的生成树龄，由于表中未列其位置而加注。(4)空白括号，表明该数据漏测。符号 Nan 示该数据缺失。

Note: (1) *Y*, Tree age during height growth (a); *H*, Height of sample disc (m). (2)Tree age of height growth is the time at the beginning of sample disc formation, that is the tree age when stem is growing to attain the height. (3)The number between brackets at the upper right corner of data is the tree age when the ring was forming, but its position in this table doesn't be placed. (4)Blank brackets indicate the datum was omitted and sign Nan shows it was absent.

附表 9-2　落叶松样树不同高度逐龄年轮的晚材管胞长度(μm)

Appendant table 9-2　Tracheid length of late wood of each successive ring at different heights in Dahurian larch sample trees(μm)

Y (年)	*H* (m)	年轮生成树龄　Tree age during ring formation															
		1 年	3 年	5 年	7 年	9 年	11 年	13 年	15 年	17 年	19 年	21 年	23 年	25 年	27 年	29 年	31 年
第 1 样树　Sample tree No.1																	
29	18.45															()[30]	856
28	18.00															1127	1918
25	17.00													()[26]	1546	2499	2558
23	16.00												()[24]	945	2494	2757	3139
18	14.00										1097	1916	2638	3020	3251	3710	3824
15	12.00								1171[16]	1789	2735	2936	2806	3251	4007	4149	4392
10	10.00						1737	2608	2754	3022	3233	3680	3749	4243	4335	4605	4556
8	8.00					1208	2705	2794	3067	3402	3658	4231	4144	4203	4620	4672	4725
6	6.00				1342	2625	2846	2802	2970	3620	3851	4261	4112	4457	4419	4328	4146
5	4.00			1427[6]	2340	2824	3149	3191	3236	3742	4223	4653	4325	4732	4514	4692	4447
3	2.00		1454[4]	2025	2707	2891	2449	3273	3538	3677	3963	4025	3906	4372	4509	4395	4377
2	1.30		1434	2119	2543	2856	2958	2968	3221	3357	3454	3732	3608	4119	3955	4042	3804
0	0.00	1504	2032	1980	2176	2417	2462	2618	2839	3228	3233	3231	3037	2958	3052	2931	2690
Ave		1504	1640	1888	2222	2470	2615	2893	2850	3230	3272	3629	3592	3630	3700	3659	3495
第 2 样树　Sample tree No.2																	
29	18.30															()[30]	839
28	18.00															1092	1576
25	17.00													1032[26]	1305	2129	2370
22	16.00												1129	1958	2643	2797	2965
19	14.00										()[20]	1824	2412	2774	2821	3132	3216
15	12.00								()[16]	()[17]	2045	2553	2747	3104	3449	3658	3720
11	10.00						()[12]	1749	2293	2605	2563	3102	3236	3457	3742	3913	3893
9	8.00					1226[10]	1891	2484	2514	2690	3035	3504	3355	3715	3640	3819	3859
7	6.00				1360[8]	2181	2382	2186	2504	3094	3588	3824	3710	3985	3955	4104	4109
5	4.00			1337[6]	1955	2511	2531	2509	2846	3243	3576	3888	3725	3787	3995	4298	4238
2	2.00		1124	1993	2385	2519	2521	2769	3412	3732	3826	4084	2881	3759	4295	4357	4278
1	1.30	913[2]	1677	2017	2432	()	2841	2854	3203	3454	3476	3700	3603	3866	3990	4010	4047
0	0.00	1432	1970	2112	2370	2422	2511	2566	2928	2896	3037	3300	3203	3211	3285	3114	3181
Ave		1173	1590	1865	2100	2172	2446	2445	2814	3102	3143	3309	3000	3150	3375	3369	3253
第 5 样树　Sample tree No.5																	
30	20.66																814
29	20.30															1010[30]	1521
28	20.00															913	1779
25	19.00													901[26]	1171	1995	2484
23	18.00												871[24]	1494	2278	2826	2886
20	16.00											()[21]	2012	2710	2821	3434	3561
17	14.00									()[18]	1717	2469	2615	3015	3062	3285	3454
14	12.00								1228	2395	2831	3097	3092	3548	3782	4027	4166
11	10.00						()[12]	1511	2181	2283	2769	3161	3315	3707	3732	3938	4246
9	8.00					()[10]	1935	2459	2869	3154	3514	3737	3816	4050	3784	4146	3960
7	6.00				()[8]	1955	2300	2640	3065	3449	3524	3806	3774	3806	4015	4007	4079
4	4.00			()[5]	1916	2499	2397	2901	3263	3375	3459	3499	3534	3645	3737	3938	4104
2	2.00		()[3]	1975	2241	2640	2608	2851	3047	3350	3484	3653	3526	3402	3568	3633	3598
1	1.30	()[2]	1700	2062	2347	2623	2424	2797	2963	3347	3367	3504	3280	3625	3700	3665	3757
0	0.00	1603	1851	1499	1558	2027	1988	2372	2534	2625	2988	3132	3057	3104	3045	3370	3174
Ave		1603	1776	1845	2016	2349	2275	2504	2644	2997	3073	3340	2990	3084	3225	3156	3172

注：同附表 9-1。

Note: The same as appendant table 9-1.

附表 9-3　冷杉样树不同高度逐龄年轮的管胞长度(μm)

Appendant table 9-3　Tracheid length of each successive ring at different heights in Faber fir sample trees(μm)

Y (年)	*H* (m)	年轮生成树龄 Tree age during ring formation															
		1年	2年	4年	6年	8年	10年	12年	14年	16年	18年	20年	22年	24年	26年	28年	30年
第 1 样树　Sample tree No.1																	
23	12.40													1134			
22	12.00												1464^{23}	1501			
21	10.50												1591	1735			
20	11.00											( )^{21}	1658	2186			
19	10.00											1437	2087	2635			
15	8.00									1402	2055	2658	3275	3454			
12	6.00							( )^{13}	1658	1926	2347	2953	3308	3486			
9	4.00						1548	2055	2414	2449	2749	3012	3328	3479			
4	2.00			( )^{5}	( )^{6}	1821	1998	2238	2447	2645	2893	3228	3283	3412			
3	1.30			1370	1782	2196	2347	2390	2484	2583	2968	3213	3357	3330			
0	0.00	( )^{1}	1280	1792	1985	2124	2169	2231	2268	2342	2417	2484	2496	2310			
Ave		( )^{1}	1280	1581	1884	2047	2016	2229	2254	2225	2572	2712	2585	2606			
第 3 样树　Sample tree No.3																	
23	13.00													1089			
22.5	12.50													1538			
22	12.00												1352^{23}	1692			
21	11.00												1360	2082			
19	10.00											1280	1891	2246			
15	8.00									1266	2052	2382	2553	2762			
11	6.00							1246	1826	2201	2377	2710	2816	2864			
8	4.00					( )^{9}	1573	2132	2320	2608	2668	2730	2727	2826			
4	2.00			( )^{5}	1174	1752	2087	2318	2504	2546	2648	2757	2797	2859			
3	1.30			1558	1715	2025	2156	2422	2516	2541	2670	2720	2794	2779			
0	0.00	( )^{1}	1347	1615	1908	2069	2241	2241	2275	2283	2385	2382	2474	2526			
Ave		( )^{1}	1347	1587	1599	1949	2014	2071	2288	2241	2467	2423	2307	2297			
第 5 样树　Sample tree No.5																	
22	10.90												1305^{23}	1429			
21.56	10.50												1439^{23}	1715			
21	10.00												1407	1881			
20	9.00											1496^{21}	1710	2124			
17	8.00										1201	1970	2462	2715			
14	6.00								( )^{15}	1665	2037	2494	2769	2945			
11	4.00							1303	1864	2375	2643	2779	2861	2873			
6	2.00				( )^{7}	1347	1514	1873	2243	2489	2615	2672	2844	2913			
4	1.30			( )^{5}	1288	1620	1918	2087	2263	2385	2583	2677	2871	2881			
0	0.00	( )^{1}	1186	1620	1722	1749	1839	1926	2017	2084	2295	2365	2422	2496			
Ave		( )^{1}	1186	1620	1505	1572	1757	1797	2097	2200	2229	2350	2209	2397			
第 6 样树　Sample tree No.6																	
29\13.00																	1385
28\12.50																( )^{29}	1700
26\12.00															( )^{27}	1663	2375
24\11.00															1844	2328	2901
22\10.00													( )^{23}	1655	2216	2556	2789
18\9.00											( )^{19}	1315	1603	2189	2650	2789	2896
14\6.00									( )^{15}	1412	2057	2323	2601	2844	2965	3134	3184
11\4.00								1213	1690	2025	2437	2591	2623	2802	2945	3045	3149
6\2.00					( )^{7}	1442	1725	1975	2266	2573	2628	2844	2973	3017	3099	3114	3189
4\1.30				1266^{5}	1504	1809	2156	2382	2548	2732	2784	2871	2906	3067	3107	3164	3208
0\0.00		1199	1350	1464	1658	1916	2303	2380	2387	2593	2623	2715	2814	2968	3020	3025	3087
Ave		1199	1350	1365	1581	1722	2061	1988	2223	2267	2506	2443	2587	2649	2731	2758	2715

注：同附表 9-1。　　Note: The same as appendant table 9-1.

附表 9-4 云杉样树不同高度逐龄年轮的早材管胞长度(μm)

Appendant table 9-4 Tracheid length of early wood of each successive ring at different heights in Chinese spruce sample trees(μm)

Y (年)	*H* (m)	年轮生成树龄 Tree age during ring formation											
		1 年	3 年	5 年	7 年	9 年	11 年	13 年	15 年	17 年	19 年	21 年	23 年
第 1 样树 Sample tree No.1													
22	12.00												935
21.5	11.50											()[22]	1069
21	11.00											()[22]	1804
20	10.50											1293	2238
19	10.00										()[20]	1715	2367
18	9.00										1223	1931	2588
16	8.00									1320	1605	2206	2397
12	6.00							1238	1834	2427	2685	2811	2903
9	4.00					()[10]	1655	1901	2457	2648	2871	3062	3303
6	2.00				1154	1802	1841	2288	2767	2789	2804	2950	3132
5	1.30			1310[6]	1521	1878	2347	2640	2717	2777	2933	3194	3417
0	0.00	1203	1280	1407	1804	2010	2280	2333	2404	2427	2501	2725	2739
Ave		1203	1280	1359	1493	1897	2031	2080	2436	2398	2375	2432	2408
第 2 样树 Sample tree No.2													
22	11.85												1273
21	11.00											()[22]	1543
20	10.50											1226	1735
18	10.00										1149	1055	1928
17	9.00									1213[18]	1638	2072	2437
15	8.00								()[16]	1283	1777	2347	2519
12	6.00							1112	1370	1826	2253	2511	2921
10	4.00						1134	1928	2109	2474	2754	2881	3112
6	2.00				1184	1772	2027	2159	2251	2370	2789	3072	3243
4	1.30			1360	1491	1861	2060	2251	2228	2382	2762	2881	3102
0	0.00	973	1166	1454	1464	1561	1596	1516	1670	1841	2191	2328	2563
Ave		973	1166	1407	1380	1731	1704	1793	1926	1913	2164	2264	2398
第 3 样树 Sample tree No.3													
21	11.50											()[22]	1449
20.5	11.00											1355	2196
20	10.50											1605	2375
19	10.00										1442[20]	1859	2618
17	9.00									1241[18]	1675	2501	3017
15	8.00								()[16]	1516	2275	2524	2804
11	6.00						()[12]	1437	1980	2578	2665	2841	3164
8	4.00					1154	1883	2474	2645	2945	3099	3243	3241
6	2.00				1194	1985	2459	2571	2866	3060	3231	3288	3516
4	1.30			1236	1975	2447	2561	2727	2906	3077	3385	3479	3462
0	0.00	1256	1665	1725	1811	2055	2231	2385	2414	2499	2484	2424	2625
Ave		1256	1665	1481	1660	1910	2284	2319	2562	2417	2532	2512	2770

注：同附表 9-1。

Note: The same as appendant table 9-1.

附表 9-5 云杉样树不同高度逐龄年轮的晚材管胞长度(μm)

Appendant table 9-5 Tracheid length of late wood of each successive ring at different heights in Chinese spruce sample trees(μm)

Y (年)	*H* (m)	年轮生成树龄 Tree age during ring formation											
		1 年	3 年	5 年	7 年	9 年	11 年	13 年	15 年	17 年	19 年	21 年	23 年
第 1 样树 Sample tree No.1													
22	12.00												935
21.5	11.50											( )[22]	1069
21	11.00											( )[22]	1804
20	10.50											1293	2238
19	10.00										( )[20]	1715	2367
18	9.00										1223	1931	2588
16	8.00									1320	2246	2596	2836
12	6.00							1238	2221	2638	3002	3365	3417
9	4.00					( )[10]	1903	2283	2717	3149	3290	3342	3457
6	2.00				1154	1747	1965	2454	2881	2921	3060	3308	3380
5	1.30			1310[6]	1769	2097	2501	2866	3025	3132	3256	3427	3467
0	0.00	1203	1241	1586	1903	2261	2345	2462	2536	2625	2744	2938	3069
Ave		1203	1241	1448	1609	2035	2179	2261	2676	2631	2689	2657	2552
第 2 样树 Sample tree No.2													
22	11.85												1273
21	11.00											( )[22]	1543
20	10.50											1226	1735
18	10.00										1149	1055	1928
17	9.00									1213[18]	1638	2072	2437
15	8.00								( )[16]	1283	2253	2633	2767
12	6.00							1112	1486	1940	2345	2720	3117
10	4.00						1134	2062	2697	2752	3060	3283	3462
6	2.00				1184	1893	2553	2645	2715	2759	2953	3263	3648
4	1.30			1360	1618	2199	2328	2660	2717	2844	3032	3194	3462
0	0.00	973	1166	1610	1841	1759	1866	1854	2052	2144	2623	2802	2965
Ave		973	1166	1485	1548	1950	1970	2067	2333	2134	2382	2472	2576
第 3 样树 Sample tree No.3													
21	11.50											( )[22]	1449
20.5	11.00											1355	2196
20	10.50											1605	2375
19	10.00										1442[20]	1859	2618
17	9.00									1241[18]	1675	2501	3017
15	8.00								( )[16]	1948	2670	2936	3221
11	6.00						( )[12]	1871	2489	3010	3318	3370	3546
8	4.00					1422	2280	2754	3079	3251	3486	3476	3797
6	2.00				1424	2360	2747	3132	3390	3444	3551	3625	3744
4	1.30			1633	2303	2715	2859	3174	3419	3424	3588	3568	3730
0	0.00	1256	1665	1598	1955	2189	2432	2479	2668	2643	2806	2715	2797
Ave		1256	1665	1616	1894	2172	2580	2682	3009	2709	2817	2701	2954

注：同附表 9-1。

Note: The same as appendant table 9-1.

附表 9-6 马尾松第 4 样树不同高度逐龄年轮的早、晚材管胞长度(μm)

Appendant table 9-6 Tracheid length of early wood and late wood of each successive ring at different heights in Masson's pine sample tree No. 4(μm)

Y (年)	*H* (m)	年轮生成树龄 Tree age during ring formation																		
		1 年	3 年	5 年	7 年	9 年	11 年	13 年	15 年	17 年	19 年	21 年	23 年	25 年	27 年	29 年	31 年	33 年	35 年	37 年
早材 Early-wood																				
36	19.26																			893
35.66	19.00																			1392
35	18.50																		()[36]	1680
34	18.00																		1645	2139
32	17.00																	1764	2258	2543
30	16.00																1588	2181	2377	2767
25	14.00													()[26]	1764	1878	2112	2548	2809	2878
19	12.00										()[20]	1814	2372	2643	3253	3308	3578	3690	4017	4122
12	10.00							1412	2020	2298	2757	3226	3737	4166	4427	4690	4732	4792	4866	4809
9	8.00					()[10]	1856	2201	2526	2993	3372	3799	3749	4280	4618	4767	4640	4871	4888	4878
6	6.00				1811	2432	3122	3223	3864	4308	4628	4397	4357	4452	4434	4598	4735	4864	4943	4918
3	4.00		()[4]	1742	2122	2824	3598	3936	4154	4397	4476	4355	4454	4511	4695	4821	4789	4759	4782	4906
2	2.00		2211	2665	3179	3521	3811	3869	3869	4114	4340	4246	4216	4352	4697	4526	4546	4725	4811	4635
1	1.30	()[2]	2201	2836	3136	3357	3658	3658	3707	4134	4372	4504	4347	4337	4340	4442	4233	4419	4501	4625
0	0.00	1697	1945	2548	2975	3196	3253	3432	3345	3553	3844	3834	3350	3444	3953	3846	3395	3628	3543	3948
Ave		1697	2119	2448	2645	3066	3216	3104	3355	3685	3970	3772	3823	4023	4020	4097	3835	3840	3621	3409
晚材 Late-wood																				
36	19.26																			893
35.66	19.00																			1588
35	18.50																		()[36]	1831
34	18.00																		1645	2246
32	17.00																	1764	2400	2615
30	16.00																1588	2462	2747	2931
25	14.00													()[26]	1764	2047	2241	2955	3278	3161
19	12.00										()[20]	2097	2447	2744	3474	3429	3861	4087	4238	4228
12	10.00							1412	2166	2474	3663	3844	4231	4558	4898	4931	4864	4859	4933	4955
9	8.00					()[10]	2084	2273	2653	3000	4087	3821	4035	4467	4789	4836	4717	4836	5087	4968
6	6.00				1811	2467	3362	3633	4179	4586	5030	4687	4618	4558	4784	4883	4923	4948	5000	4983
3	4.00		()[4]	2104	2566	3541	4055	4303	4486	4682	4965	4660	4489	4680	4797	4990	4854	4903	4928	4955
2	2.00		2397	2769	3752	4025	4352	4275	4308	4593	5032	4618	4514	4677	4839	4886	4809	4901	4938	4973
1	1.30	()[2]	2397	3295	3749	4082	4310	4248	4283	4434	4809	4764	4345	4305	4499	4566	4422	4628	4797	4739
0	0.00	1856	2067	3228	3489	3563	3566	3720	3457	3675	4072	4107	3844	3821	4154	4037	3680	3864	4079	4196
Ave		1856	2287	2849	3073	3536	3622	3409	3647	3921	4523	4075	4065	4226	4222	4289	3996	4019	4006	3551

注：同附表 9-1。

Note: The same as appendant table 9-1.

附表 9-7　杉木样树不同高度逐龄年轮的管胞长度(μm)

Appendant table 9-7　Tracheid length of each successive ring at different heights in Chinese fir sample trees(μm)

第 1 样树 Sample tree No.1

Y (年)	H (m)	年轮生成树龄 1 年	2 年	4 年	6 年	8 年	10 年	12 年
11	15.00							1588
10.5	14.50						1675[11]	2355
10	14.00						2042[11]	2558
9	13.00						2660	2968
8	12.00					1608[9]	2484	3397
7	10.00					1737	2921	3628
5	8.00				1211	2553	3226	3960
4	6.00			()[5]	1831	2672	3246	3635
3	4.00			1668	2591	3213	3752	4032
1.26	2.00		1789	2184	2707	3313	3700	3846
1	1.30		1516	2442	2886	3010	3382	3878
0	0.00	(Nan)	1658	1762	2236	2692	2739	3097
Ave		()	1654	2014	2244	2600	2893	3245

第 2 样树 Sample tree No.2

Y (年)	H (m)	Tree age during ring formation 1 年	2 年	4 年	6 年	8 年	10 年	12 年
11	17.50							1538
10	17.00						1546[11]	1752
9	16.00						1412	2196
8	14.00					()[9]	1553	2938
7	12.00					1558	2697	3581
5	10.00				1347	2072	3174	3529
4.5	8.00				1586	3047	3417	3620
4	6.00			()[5]	2516	2898	3670	3854
3	4.00			1757	2610	3469	3861	3950
1.26	2.00		1402	2521	2933	3563	3789	4146
1	1.30		1578	2553	3181	3318	3581	3931
0	0.00	(Nan)	1221	1866	2052	2124	2323	2464
Ave		()	1400	2174	2318	2756	2820	3125

第 3 样树 Sample tree No.3

Y (年)	H (m)	1 年	2 年	4 年	6 年	8 年	10 年	12 年
11	15.50							1395
10.5	15.00						1476[11]	1593
10	14.50						1603[11]	1836
9.67	14.00						1665[11]	2697
9	13.00						(Nan)	2109
8	12.00					()[9]	1437	3102
6	10.00				()[7]	1948	2633	3576
4	8.00			()[5]	1888	2960	3521	3702
3	6.00			1449	2404	2930	3400	3675
2	4.00		()[3]	1479	2387	3427	3735	3757
1.26	2.00		1342	2196	2759	3318	3660	3769
1	1.30		1454	2171	2752	3010	3325	3362
0	0.00	(Nan)	1447	2295	2509	2615	2891	3218
Ave		()	1414	1918	2450	2887	2668	2907

第 4 样树 Sample tree No.4

Y (年)	H (m)	1 年	3 年	5 年	7 年	9 年	11 年	13 年
12	15.50							1601
11.5	15.00							1873
11	14.50						(1655)[12]	2337
10	14.00						1412	2196
9	13.00					()[10]	1571	2804
8	12.00					1454	2419	3377
7	10.00				()[8]	1613	2940	3529
6	8.00				1906	2670	3414	3610
5	6.00			()[6]	2489	3012	3275	3712
3	4.00		()[4]	2092	2337	2856	3355	3806
2	2.00		1499	1970	2687	2983	3454	3687
1	1.30	()[2]	1643	2184	2707	3087	3521	3608
0	0.00	(Nan)	1558	2097	2578	2739	3134	3116
Ave		()	1567	2086	2451	2552	2741	3020

第 5 样树 Sample tree No.5

Y (年)	H (m)	年轮生成树龄 Tree age during ring formation 1 年	2 年	4 年	6 年	8 年	10 年	12 年	14 年	16 年	18 年
17	21.59										1501
16.46	21.00										1481
16	20.50									()[17]	2484
15	20.00									1849	3375
14	19.00								()[15]	2077	3524
12	18.00							()[13]	1811	2806	3784
11	16.00							1390	2821	3806	4047
10	14.00						()[11]	2529	3586	4114	4298
8	12.00					()[9]	2171	3248	3749	4300	4521
6	10.00				()[7]	1806	3141	3347	4022	4320	4464
4	8.00			()[5]	1534	2705	3690	4084	4194	4382	4548
3	6.00			1489	2134	3345	3757	4285	4330	4643	4682
2	4.00		()[3]	2429	2926	3479	4030	4303	4385	4653	4819
1.26	2.00		1601	2496	2918	3442	3876	4253	4390	4613	4851
1	1.30		1873	2645	3395	3583	3859	4112	4288	4454	4566
0	0.00	(Nan)	2069	2365	2799	3094	3251	3365	3665	3762	3995
Ave		()	1848	2285	2618	3065	3472	3492	3749	3829	3809

注：同附表 9-1。

Note: The same as appendant table 9-1.

10 次生木质部管胞形态的发育变化(II)管胞宽度

本章图示概要

第一类 *X* 轴——径向生长树龄；

任一回归曲线仅代表一个指定高度，有一个确定对应的高生长树龄。

不同高度逐龄年轮管胞宽度的径向发育变化。

第二类 *X* 轴——高生长树龄；

任一回归曲线仅代表一个指定的径向生长树龄，有一个确定的对应生长鞘在该年生成。

各龄生长鞘管胞宽度沿树高的发育变化。

第三类 *X* 轴——生长鞘构建时的径向生长树龄；

Y 轴——生长鞘全高管胞平均宽度。

逐龄生长鞘全高管胞平均宽度的发育变化

第四类 *X* 轴——高生长树龄；

任一回归曲线仅代表同一离髓心年轮数。

不同高度、相同离髓心年轮数、异鞘年轮间管胞宽度的有序变化。

摘　　要

针叶树次生木质部主要构成细胞是管胞。次生木质部处于逐年更替生命管胞的状态中。管胞宽度变化发生在次生木质部连续构建时间的不同生命部位。

管胞宽度是发育性状和它在次生木质部生命中的变化性质属次生木质部发育，都需以管胞宽度变化符合遗传特征来证明。把管胞宽度列入发育研究，需对它的测定和结果分析有新要求。

次生木质部发育是生命中发生多项变化的整体现象。它的每一取样位置都有一对确定的两向生长组合时间。为了在平面图示上表达出管胞宽度随两向生长树龄组合连续的发育变化，采用了具有不同特点的四类平面图示。

(1) 多个高度(不同高生长树龄)条件下管胞宽度随径向生长树龄的变化。

这与通常表达管胞宽度在一或数个高度上随离髓心年轮数的差异变化结果不同。多个高度是高生长树龄连续概念下的实验措施；径向生长树龄与离髓心年轮数不同。

(2) 次生木质部发育相随的时间是两向生长树龄；逐年构建的层状单位是生长鞘。在这两概念下，取得表达管胞宽度变化的另三类平面图示：①各年生长鞘内管胞宽度随高生长树龄的变化；②逐龄生长鞘全高平均管胞宽度随径向生长树龄的变化；③树茎中心部位不同高度、相同离髓心年轮数、异鞘年轮间管胞宽度的有序差异。

本章每一图示上多条曲线都是由多个测定值分别经回归分析绘出，它们有序相间的规律性趋势是次生木质部发育现象的表现。单株内管胞宽度的变化是次生木质部发育现象的一部分。

针叶树管胞是长纤维材料，宽度和长度同是形态尺寸。管胞长、宽相差两个数量级(10^2∶1)。与长度相比，宽度显小。

管胞数月生命期后遗存纤维状中空壳体。在两向生长树龄中生成的次生木质部各位置间的差异是连续发育过程的逐年固化记录，是次生木质部发育变化在组织层次上的表现。在次生木质部发育研究中，管胞宽度变化列为重要内容。

在显微镜下观察针叶树材横切面(图12-1)，管胞呈径向行列，排列整齐。同一径列的管胞起源位于同一位置的纺锤形原始细胞的分生。管胞横向尺寸(直径或宽度)可区分为径向和弦向两种宽度；同一径向位置上，年轮间和年轮内的管胞弦向直径近于相同，而其径向直径是变化的。

本章讨论五种针叶树管胞宽度的共同发育现象。绘制的图示均依据附表10-1至附表10-6原始测定结果。

10.1　管胞宽度研究上的新视野

木材科学对管胞形态研究主要在管胞长度的差异变化方面。提出和进行次生木质部管胞宽度的发育研究，须对测定和结果分析有新起点和不同要求。

10.1.1　两向生长树龄

两向生长树龄时间观点下，管胞宽度的测定须在树茎中心板多个高度径向逐个(或相隔)年轮上取样。由此才能取得两向生长树龄组合连续的回归分析结果。

本章全部图示的横坐标是径向生长树龄(即年轮生成树龄、生长鞘生成树龄)或高生长树龄(由取样高度横截面年轮数获知)。

两向生长树龄时间观点下，管胞宽度的发育变化与不同高度管胞宽度随离髓心年轮的差异变化的性质不同。离髓心年轮数不是树株树龄，也不是次生木质部径向生长树龄。高度不等于高生长树龄，不能在相同高度间进行不同树种性状在高生长中变化的比较。

10.1.2　管胞宽度采用径向尺寸

一般木材解剖学文献报告树种管胞直径平均范围都是依据弦向尺寸。成熟材管胞弦向尺寸稳定，具有树种指标性，并能与木材利用性能联系。管胞弦向直径与针叶树材的质地粗、细有关。通常认为，30μm以下为结构细；30~45μm，结构中；45μm，结构粗。

管胞径向宽度在次生木质部同高度逐龄年轮间和同一生长鞘内不同高度间都有差异，发育研究须确定这些差异的属性。

10.1.3　管胞宽度研究的新内容

采取的新措施：除对中心板上的样品分布有要求外，测定精度须满足能反映出取样点间性状差值的要求；回归分析中采用的测定值组合方式能准确和全面表达出次生木质部发育变化。

研究的新内容如下所述。

(1) 多个确定高生长树龄条件下，管胞宽度随径向生长树龄的发育变化。等同于不同高度径向逐龄管胞宽度的发育变化。

(2) 逐年径向生长树龄条件下，管胞宽度随高生长树龄的发育变化。等同于逐龄生长鞘管胞宽度沿树高的发育变化。

(3) 管胞宽度随树龄的变化。这是生命科学表述生物体采用的共同语言。本章中它等同于各年生长鞘全高平均管胞宽度随树龄的发育变化。

(4) 树茎中心不同高度部位间。幼龄材是木材科学用来表述树茎中心部位的专用词。本书描述树茎中心不同高度部位的学术用语是：不同高度、相同离髓心年轮数(自第 1 序开始)、异鞘年轮间。

10.2 管胞的径、弦向宽度

10.2.1 纵行管胞径、弦向宽度发育变化的不同性质

形成层围长在次生木质部逐年构建中具有相应扩张的因素是同一高度形成层原始细胞数量增加和其弦向尺寸扩大。后一因素表现在形成层中纺锤形原始细胞弦向宽度随树茎径向生长树龄的变化上。管胞径向宽度变化的性质完全是后形成层的。

管胞弦向宽度的稳定性高于径向宽度。木材研究文献中的管胞宽度都是采用稳定的弦向宽度尺寸。本项目研究管胞宽度发育采用变化明显的径向尺寸，但并不排斥可再进行形成层原始细胞弦向宽度变化的专题研究。

10.2.2 径、弦向宽度测定方法的选择

管胞径、弦向宽度可在切片上测定，也可在离析材料上进行。在切片上测定难以符合随机性；在树茎多个高度横截面上制作逐龄年轮切片，工作量极大，难于进行。测定离析材料虽也有严格要求，但比制作切片容易，更重要的是它符合随机性的要求。

10.2.3 解离条件下早、晚材管胞径、弦向胞壁的辨别

早、晚材区别明显树种的早、晚材部位是分别取样的。

早材管胞径向方位的判定条件是，径向壁纹孔大于并多于弦向壁；径向胞壁上有井字区。晚材管胞径向方位的判定条件是，径向壁窄，无纹孔；弦向壁宽，部分有纹孔。

本章有关早、晚材管胞径向宽度变化的图示显示出它们间的相差随生成树龄变化的规律趋势。这表明实验中辨别径向宽度采取的依据具有可行和有效性。

10.2.4 测定早、晚材明显树种早、晚材管胞宽度

同一年轮早、晚材管胞弦向宽度几乎相当。采用管胞弦向宽度无法区分出管胞在早、晚材间存在的发育差别。采用径向宽度，逐龄早、晚材管胞变化间的差别具有趋势规律性。

对早、晚材区别明显树种在各同一年轮分别取样。测定浆料中难免有少量早、晚材管胞相混，但早材管胞径向宽度明显大于晚材，并在纹孔大小和分布上也有明显区别，能避免误测。

10.3 实 验 方 法

测定管胞宽度和长度共用相同离析材料。测定管胞宽度的取样、离析方法等均与第 9 章同。

对每一样品的测定，全部采用 Stein 两阶段取样法。实际测定数符合最少测定要求。采用专台显微镜测定同一树种管胞宽度，并专人负责。

杉木、落叶松、云杉测定所用显微镜目、物镜倍次分别为 10×和 44×，冷杉、马尾松为 10×和 40×。

将接目测微尺放入显微镜的目镜中，全长 1mm 分为 100 格。直接读数是接目测微尺上的格数。每格读数的实际尺寸，等于直接读数与一系数相乘。

此系数在显微镜下用移动接物尺(1mm=100 格)标定。杉木、落叶松、云杉管胞宽度直接读数，经标定每小格实际尺寸为 2.83μm；冷杉、马尾松的管胞宽度为 2.33μm。

五种针叶树管胞宽度测定试样 1914 个，不计补测的确定观测读数 95 700 次。

本项目测定的管胞宽度均为径向尺寸，但本章用词间或略去径向字样。

10.4 不同高度径向逐龄管胞宽度的发育变化

10.4.1 五树种管胞径向宽度随两向生长树龄的发育变化

如图 10-1A、图 10-2A、图 10-4A、图 10-6A、图 10-7A、图 10-9A、图 10-11A 所示的各条曲线分别示各同一取样高度(高生长树龄相同的曲线内)纵坐标差异的性质是随年轮生成树龄的发育变化。五树种的共同表现：①不同高度曲线各自不同初始树龄向外，先呈陡，后逐转缓。表明变化开始快，后转缓。②不同高度曲线间，各初始变化陡的程度有差别。高位曲线径向生长年限逐短，但变化增快。③根颈处管胞宽度随径向生长树龄的变化与树茎其他高度相似，并不呈提早转缓的现象。这与根颈处管胞长度径向变化的表现明显不同。④树茎高位的曲线左端向上弯曲，表明树茎高处径向变化快。

对同一图示多条不同高度的变化曲线进行垂直方向比较，可看出相同径向生成树龄的同一生长鞘管胞宽度沿树高向上呈减小趋势。

图10-5 和图10-12 分别示早、晚材区分不明显两树种冷杉和杉水管胞宽度发育变化的分层实测数值点的图示。它们与图10-4A 和图10-11A 表达内容相同，但另具特点。

10.4.2 管胞径向宽度的发育变化用不同高度横截圆盘上年间差异来衡量

如图 10-1A、图 10-2A、图 10-4A、图 10-6A、图 10-7A、图 10-9A、图 10-11A 所示每一曲线上连续的每点都有相应的斜率。径向生长逐龄斜率相当于年间差异。这是观察发育变化最合适的指标。各图 B 中的每条年间差异曲线一一对应于 A 图中管胞宽度的变化。各高度径向生长初始时，管胞宽度增宽均呈明显减弱趋势；根颈圆盘年间差异的变化比其他高度小。

图 10-1B、图 10-2B、图 10-4B、图 10-6B、图 10-7B、图 10-9B、图 10-11B 各条曲线的平均垂直高度是不同高度管胞宽度的径向年间平均差异。它的大小标志着各高度管

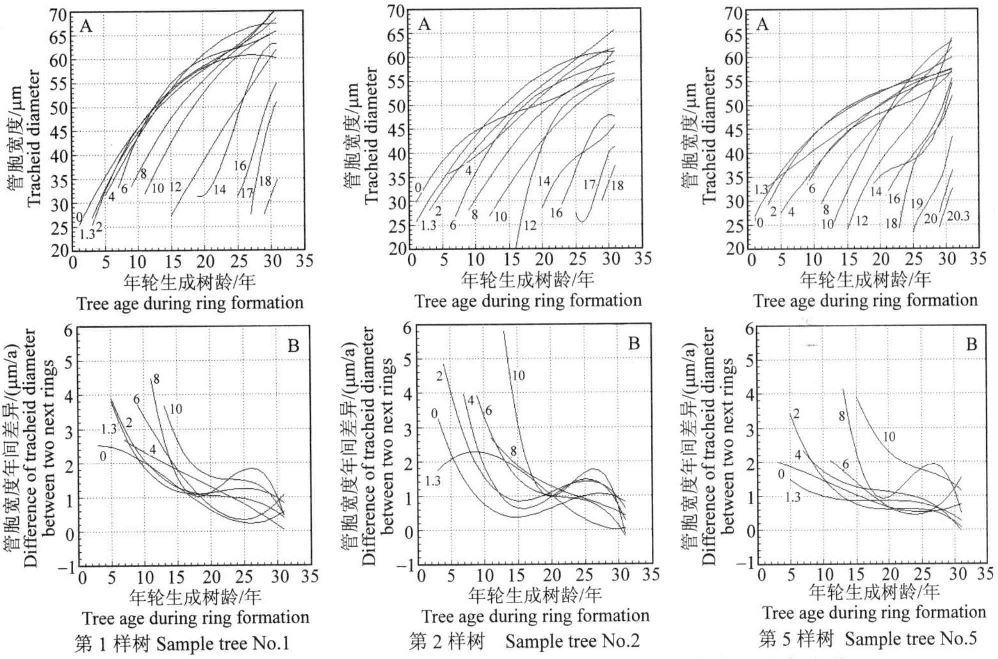

图 10-1 落叶松三株样树不同高度径向逐龄早材管胞宽度的发育变化

A. 早材管胞宽度的变化；B. 早材管胞宽度年间差异的变化；图中数字为取样圆盘高度(m)

Figure 10-1 Developmental change of tracheid diameter of successive early woods in radial direction at different heights in three sample trees of Dahurian larch

A. the change of early wood tracheid diameter; B. the change of differences between early wood tracheid diameter of two successive rings. The numerical symbols in the figure are the height of every sample disc(m)

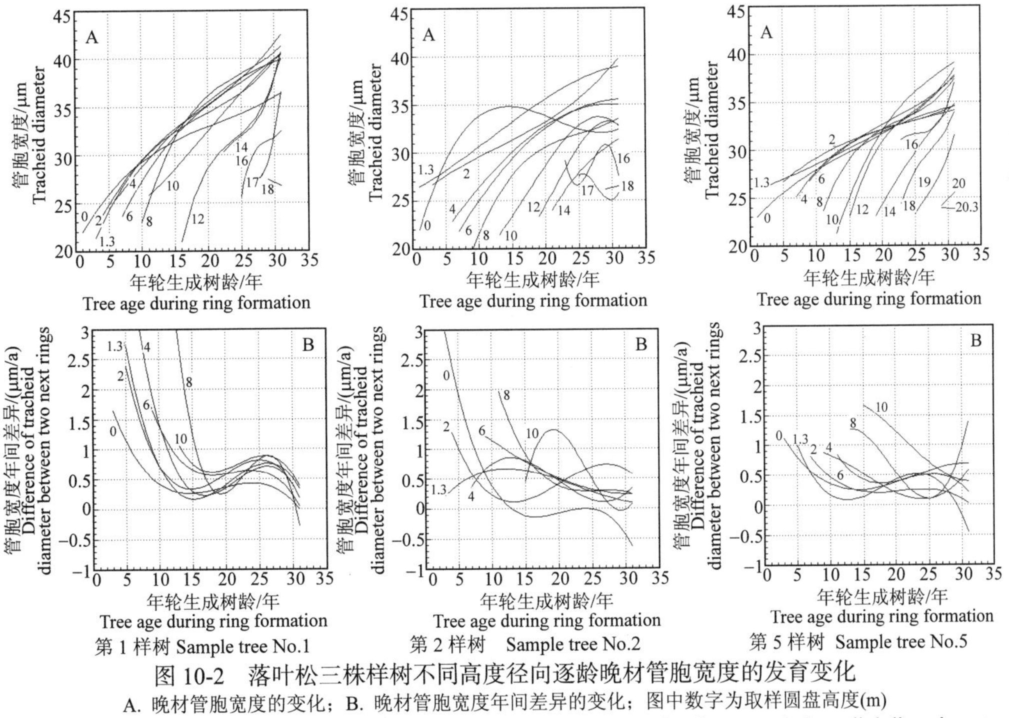

图 10-2 落叶松三株样树不同高度径向逐龄晚材管胞宽度的发育变化

A. 晚材管胞宽度的变化；B. 晚材管胞宽度年间差异的变化；图中数字为取样圆盘高度(m)

Figure 10-2 Developmental change of tracheid diameter of successive late woods in radial direction at different heights in three sample trees of Dahurian larch

A. the change of late wood tracheid diameter; B. the change of differences between late wood tracheid diameter of two successive rings. The numerical symbols in the figure are the height of every sample disc(m)

胞宽度随径向生长树龄变化快慢的差别。如表10-1至表10-7所示，五种针叶树各高度圆盘管胞宽度的水平发育变化速度随高度向上而加快。根颈圆盘年间平均差异最小。

10.4.3 早、晚材管胞径向宽度的变化

如图10-3、图10-8、图10-10所示，落叶松、马尾松和云杉不同高度早、晚材管胞宽度径向变化曲线的起点彼此接近。不同高度这一起点都是所在高度髓心外第一年轮，但它们的生成树龄不同。测定结果表明，邻接髓心的鞘端早、晚材管胞宽度相同或相近。少部分鞘端的结果稍有差别，可能与样品在鞘端的部位有关。之后，两者间产生差异，并随年轮生成树龄而扩大。不同高度逐龄早材管胞宽度均大于晚材。

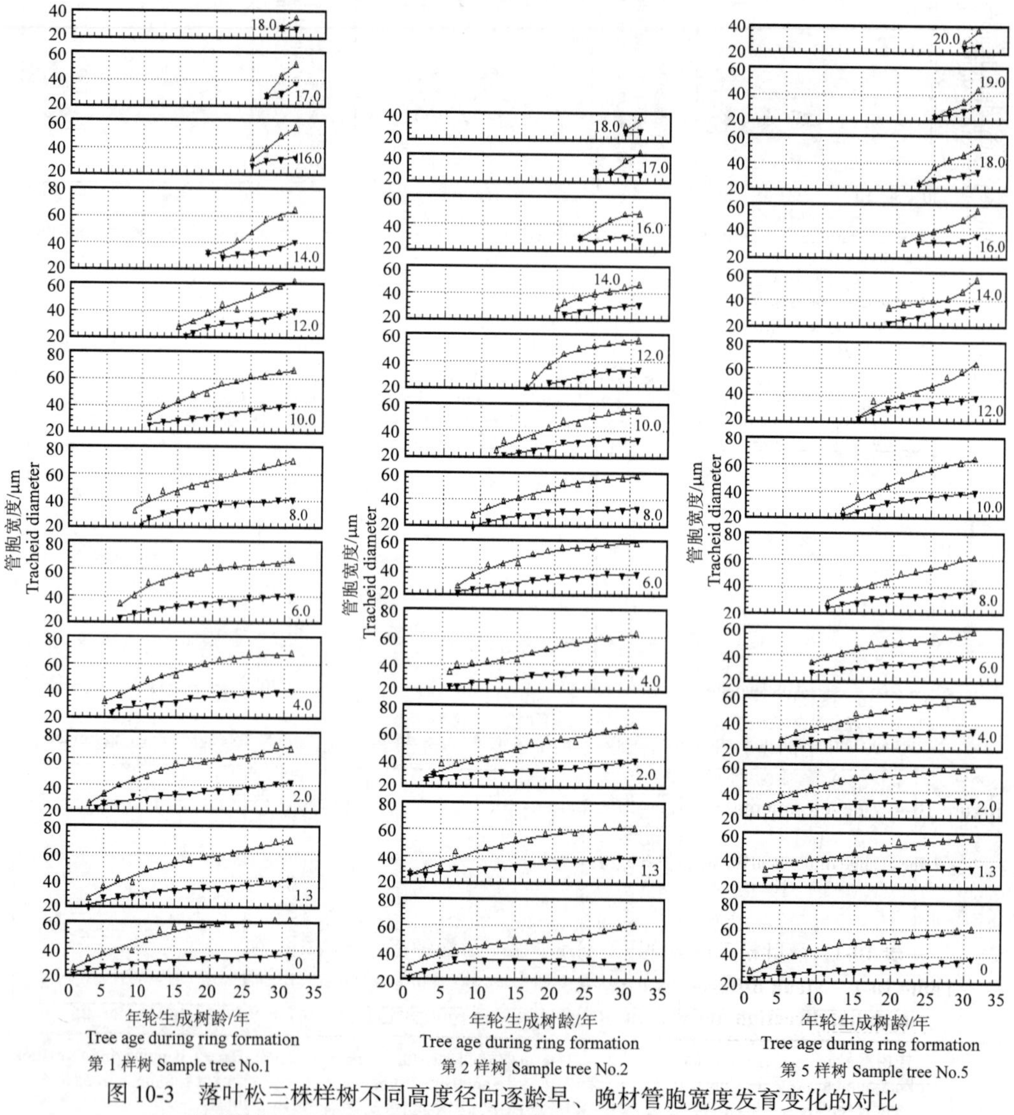

图10-3 落叶松三株样树不同高度径向逐龄早、晚材管胞宽度发育变化的对比

图中数字为取样圆盘高度(m)；△、▼分别代表早、晚材管胞宽度实测值

Figure 10-3 A comparison between the developmental change of tracheid diameter of successive early woods and late woods in radial direction at different heights in three sample trees of Dahurian larch

The numerical symbols in the figure are the height of every sample disc(m); △、▼ represent the measures values of early wood and late wood tracheid diameter respectively

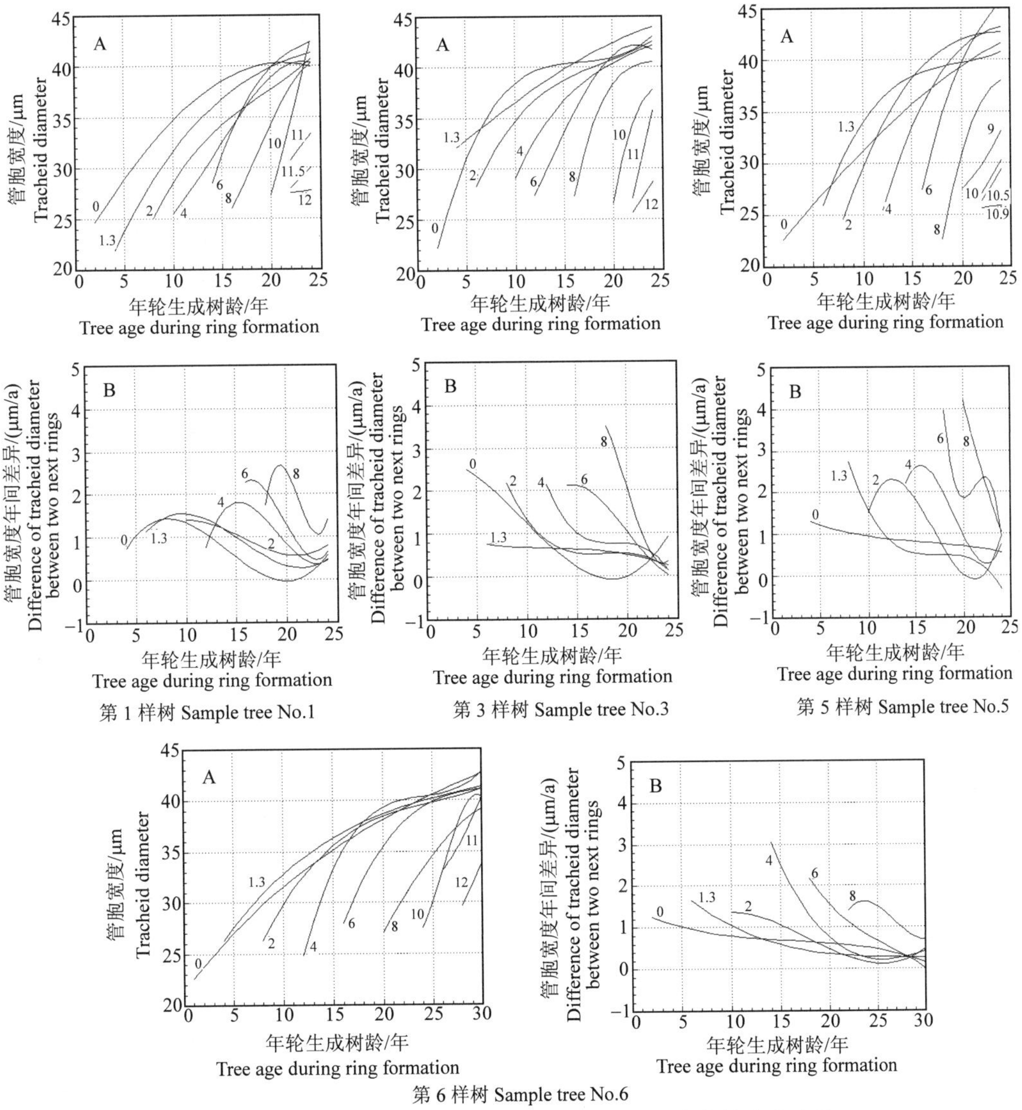

图 10-4 冷杉四株样树不同高度径向逐龄管胞宽度的发育变化

A. 管胞宽度的变化；B. 管胞宽度年间差异的变化；图中数字为取样圆盘高度(m)

Figure 10-4 Developmental change of tracheid diameter of successive rings in radial direction at different heights in four sample trees of Faber fir

A. the change of tracheid diameter; B. the change of differences between tracheid diameter of two successive rings. The numerical symbols in the figure are the height of every sample disc(m)

表 10-1 落叶松三株样树不同高度逐龄早材管胞宽度的径向年间平均差异(μm/a)

Table 10-1 Mean differences between early wood tracheid diameter of two successive rings in radial direction at different heights in three sample trees of Dahurian larch(μm/a)

样树序号 Ordinal numbers of sample trees	取样圆盘高度 Height of sample discs									
	0m	1.3m	2m	4m	6m	8m	10m	12m	14m	16m
1	1.16	1.56	1.54	1.38	1.37	1.68	1.70	2.16	2.67	3.92
2	1.05	1.18	1.34	1.04	1.34	1.29	1.48	2.34	1.57	2.29
5	1.10	0.85	1.01	1.15	1.07	1.63	2.10	2.50	1.75	2.43

表 10-2　落叶松三株样树不同高度径向逐龄晚材管胞宽度的年间平均差异(μm/a)

Table 10-2　Mean differences between late wood tracheid diameter of two successive rings in radial direction at different heights in three sample trees of Dahurian larch(μm/a)

样树序号 Ordinal numbers of sample trees	取样圆盘高度　Height of sample discs									
	0m	1.3m	2m	4m	6m	8m	10m	12m	14m	16m
1	35.17	84.13	101.20	107.62	104.74	147.40	137.13	213.70	230.00	365.59
2	52.65	101.75	107.50	107.52	104.55	116.26	117.66	138.05	140.58	229.53
5	50.16	70.74	61.20	90.86	98.70	102.64	147.48	181.84	143.35	193.55

表 10-3　冷杉四株样树不同高度径向逐龄管胞宽度的年间平均差异(μm/a)

Table 10-3　Mean differences between tracheid diameter of two successive rings in radial direction of different heights in four sample trees of Faber fir(μm/a)

样树序号 Ordinal numbers of sample trees	取样圆盘高度　Height of sample discs						
	0m	1.3m	2m	4m	6m	8m	10m
1	0.695	0.968	0.973	1.059	1.381	1.777	3.786
3	0.945	0.590	0.791	0.933	1.201	1.660	2.796
5	0.863	0.819	1.130	1.472	2.346	2.563	1.631
6	0.690	0.577	0.673	0.997	0.943	1.202	2.136

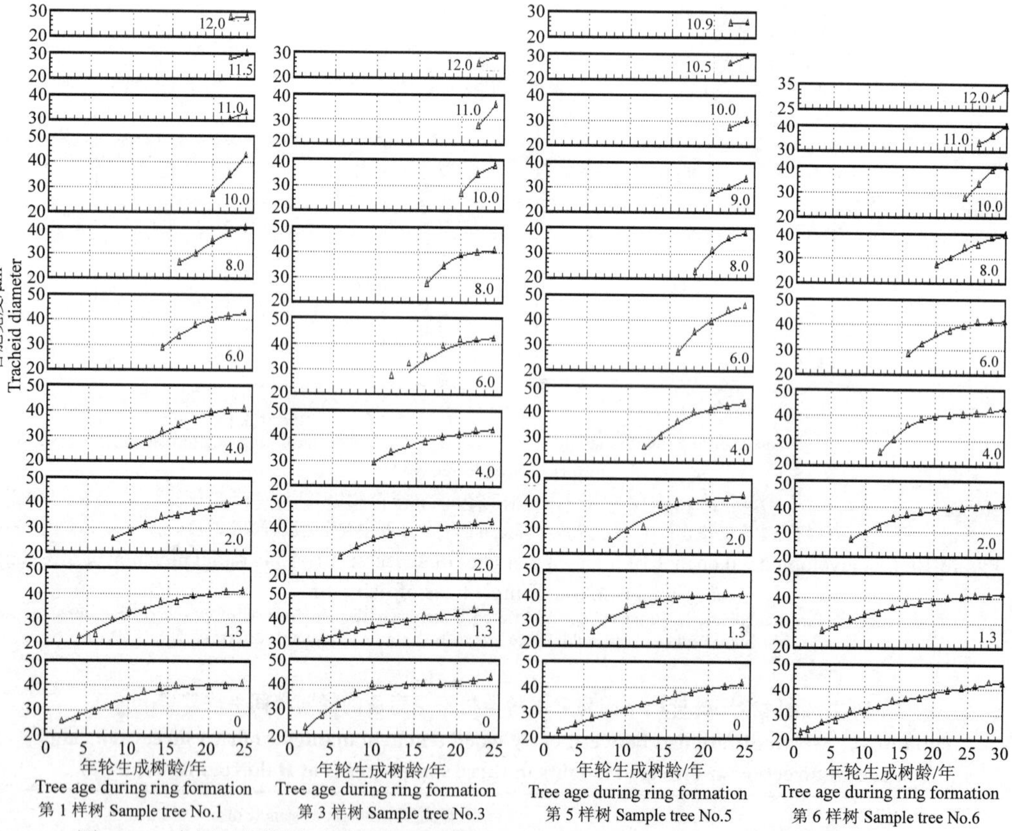

图 10-5　冷杉四株样树不同高度径向逐龄管胞宽度发育变化分层实测数值点的图示

图中数字为取样圆盘高度(m)

Figure 10-5　Developmental change of tracheid diameter of successive rings in radial direction at different heights in four sample trees of Faber fir. The diagrams are drawn as a series of layered curves, and the points of measured value are indicated beside them

The numerical symbols in the figure are the height of sample disc(m)

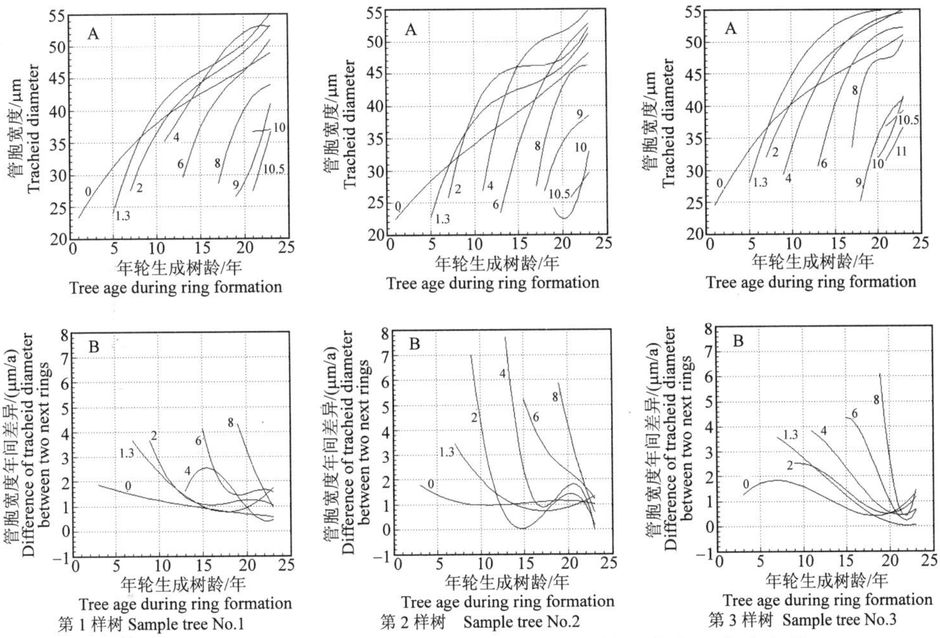

图 10-6　云杉三株样树不同高度径向逐龄早材管胞宽度的发育变化

A. 早材管胞宽度的变化；B. 早材管胞宽度年间差异的变化；图中数字为取样圆盘高度(m)

Figure 10-6　Developmental change of tracheid diameter of successive early woods in radial direction at different heights in three sample trees of Chinese spruce

A. the change of early wood tracheid diameter; B. the change of differences between early wood tracheid diameter of two successive rings. The numerical symbols in the figure are the height of every sample disc(m)

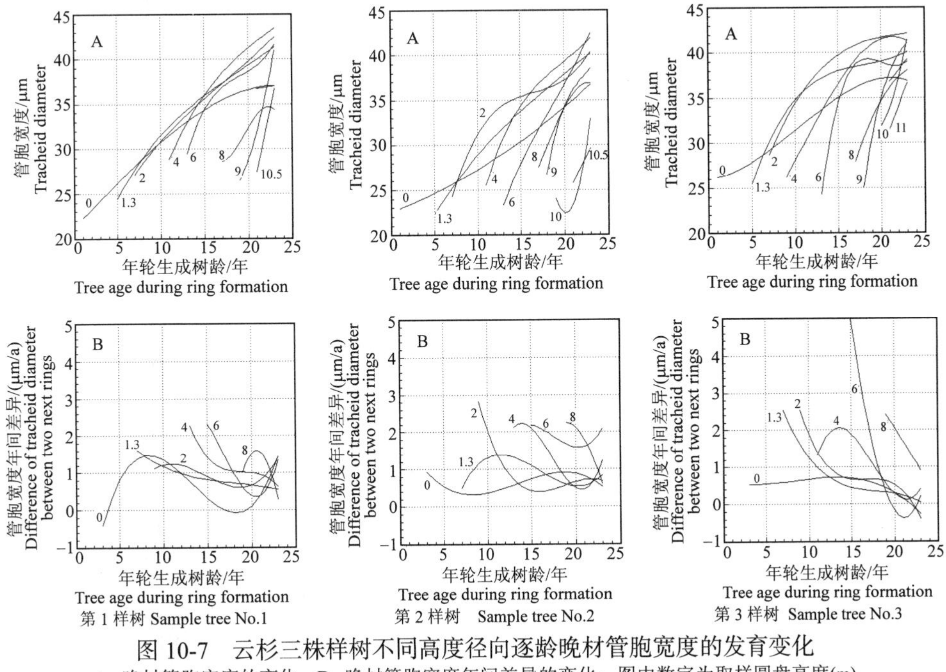

图 10-7　云杉三株样树不同高度径向逐龄晚材管胞宽度的发育变化

A. 晚材管胞宽度的变化；B. 晚材管胞宽度年间差异的变化；图中数字为取样圆盘高度(m)

Figure 10-7　Developmental change of tracheid diameter of successive late woods in radial direction at different heights in three sample trees of Chinese spruce

A. the change of late wood tracheid diameter; B. the change of differences between late wood tracheid diameter of two successive rings. The numerical symbols in the figure are the height of every sample disc(m)

表 10-4　云杉三株样树不同高度径向逐龄早材管胞宽度的年间平均差异(μm/a)

Table 10-4　Mean differences between early wood tracheid diameter of two successive rings in radial direction at different heights in three sample trees of Chinese spruce(μm/a)

样树序号 Ordinal numbers of sample trees	取样圆盘高度　Height of sample discs							
	0m	1.3m	2m	4m	6m	8m	9m	10m
1	1.158	1.719	1.606	1.492	2.133	2.556	3.608	0.156
2	1.164	1.583	1.647	2.317	2.925	3.122	2.355	2.222
3	1.204	1.498	1.434	1.802	2.162	2.797	3.215	3.217

表 10-5　云杉三株样树不同高度径向逐龄晚材管胞宽度的年间平均差异(μm/a)

Table 10-5　Mean differences between late wood tracheid diameter of two successive rings in radial direction at different heights in three sample trees of Chinese spruce(μm/a)

样树序号 Ordinal numbers of sample trees	取样圆盘高度　Height of sample discs							
	0m	1.3m	2m	4m	6m	8m	9m	10m
1	89.42	120.65	138.54	129.09	217.78	252.69	341.19	326.31
2	96.07	119.31	157.02	195.44	200.59	247.31	244.67	194.79
3	67.04	113.64	143.29	167.59	167.22	212.16	355.34	392.06

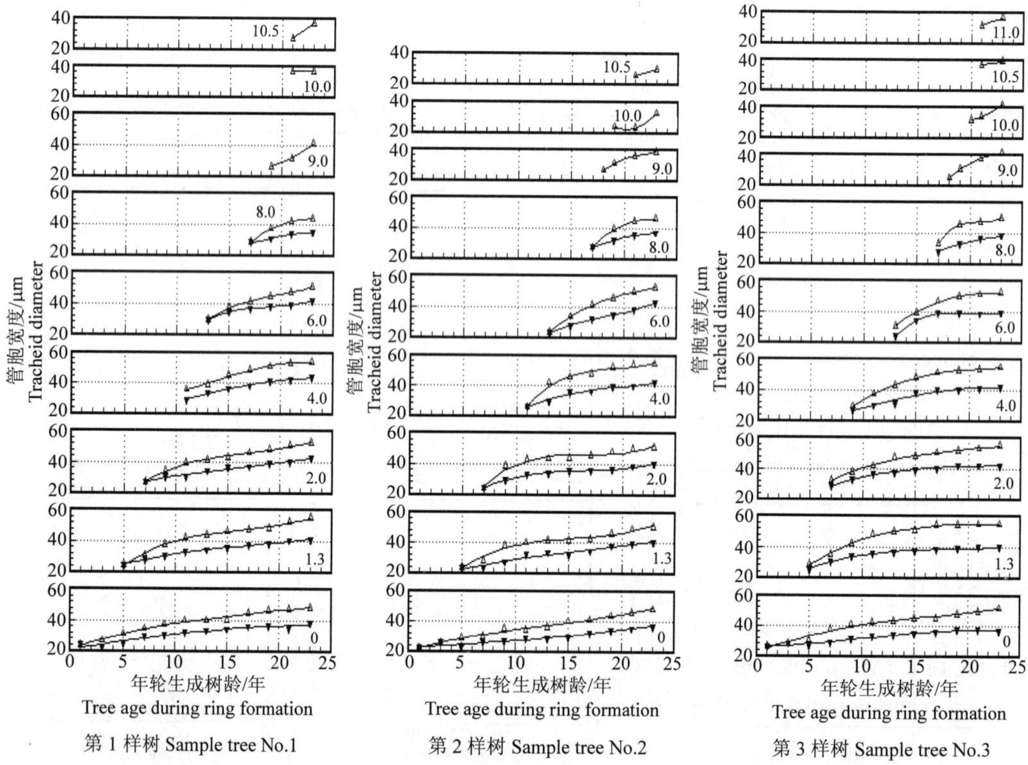

图 10-8　云杉三株样树不同高度径向逐龄早、晚材管胞宽度发育变化的对比

图中数字为取样圆盘高度，m；△、▼分别代表早、晚材管胞宽度实测值；9.00m 以上测定值相同，仅用△表示

Figure 10-8　A comparison between the developmental change of tracheid diameter of successive early woods and late woods in radial direction at different heights in three sample trees of Chinese spruce

The numerical symbols in the figure are the height of every sample disc, m; △、▼ represent experimental the measured values of early wood and late wood tracheid diameter respectively, but above 9.00m their data are generally the same, indicated all as △

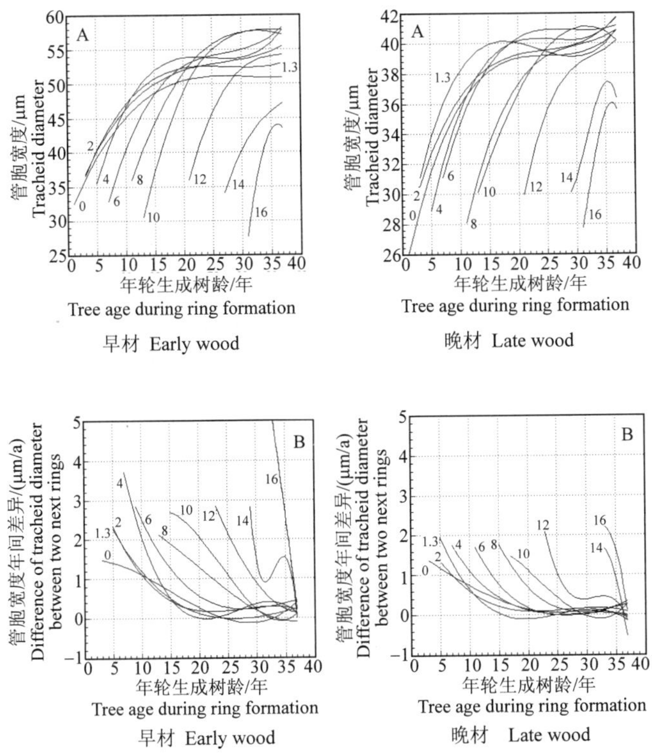

图 10-9 马尾松第 4 样树不同高度径向逐龄早、晚材管胞宽度的发育变化

A. 早、晚材管胞宽度的变化；B. 早、晚材管胞宽度年间差异的变化；图中数字为取样圆盘高度(m)

Figure 10-9 Developmental change of tracheid diameter of successive early woods and late woods in radial direction at different heights in Masson's pine sample tree No.4

A. the change of early woods and late wood tracheid diameter; B. the change of differences between early wood or late wood tracheid diameter of two successive next rings. The numerical symbols in figure are the height of every sample disc(m)

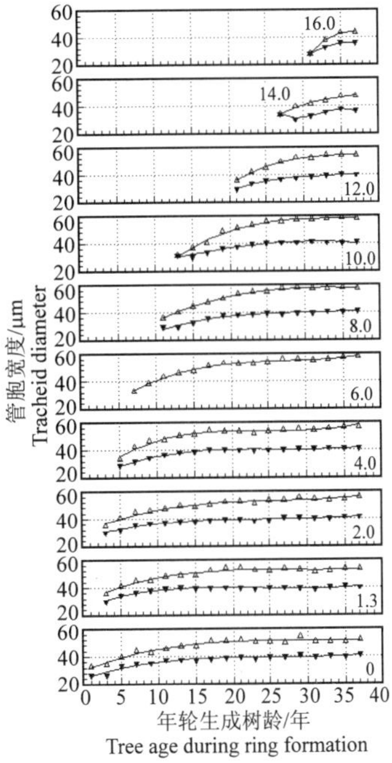

图 10-10 马尾松第 4 样树不同高度径向逐龄早、晚材管胞宽度发育变化的对比

图中数字为取样圆盘高度，m；△、▼分别代表早、晚材管胞宽度实测值

Figure 10-10 A comparison between the developmental change of tracheid diameter of successive early woods and late woods in radial direction at different heights in Masson's pine sample tree No.4

The numerical symbols in the figure are the height of every sample disc, m; △、▼ represent the measured values of early wood and late wood tracheid respectively

表 10-6 马尾松第 4 样树不同高度径向逐龄早、晚材管胞宽度的年间平均差异(μm/a)

Table 10-6 Mean differences of early wood and late wood tracheid diameter between two successive rings in radial direction at different heights in Masson's pine sample tree No.4(μm/a)

年轮部位 Part of ring	取样圆盘高度 Height of sample discs							
	0m	1.3m	2m	4m	6m	8m	10m	12m
早材 Early wood	0.511	0.483	0.546	0.695	0.841	0.821	1.139	1.142
晚材 Late wood	0.409	0.287	0.33	0.398	0.336	0.493	0.422	0.637

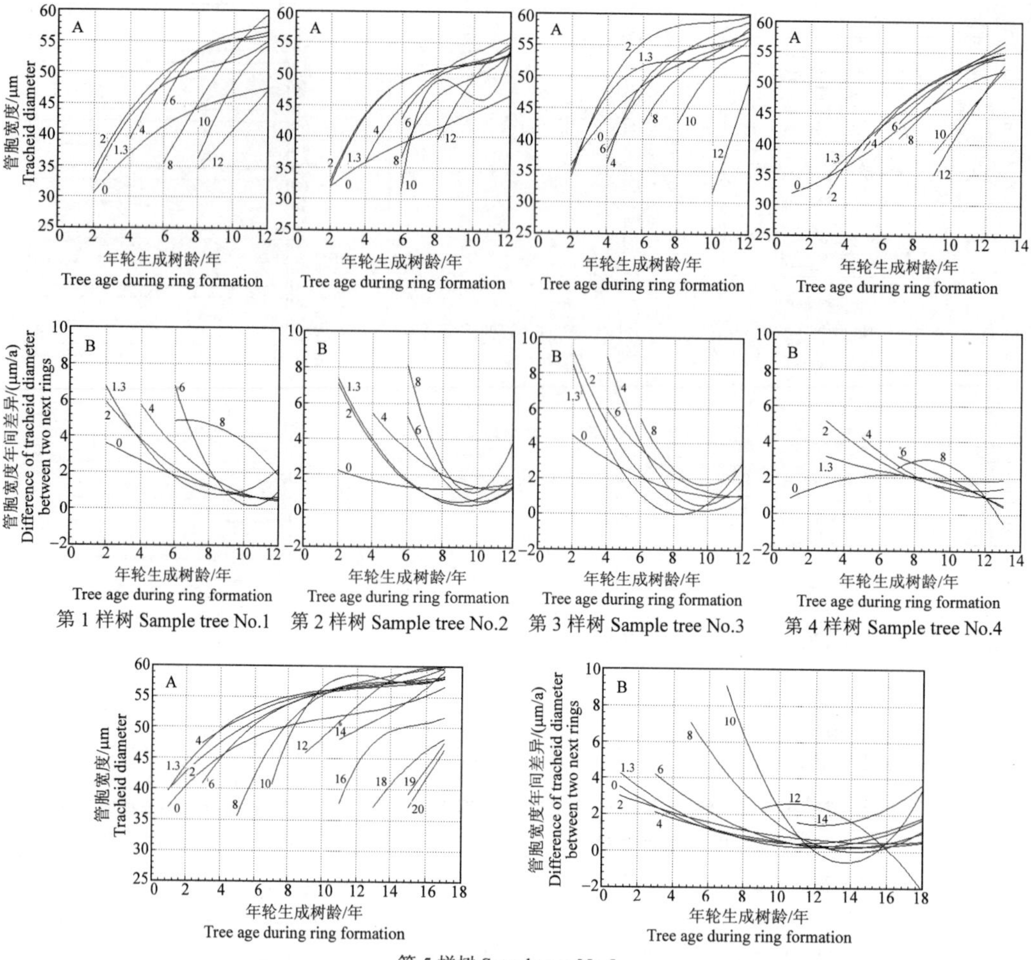

图 10-11 杉木五株样树不同高度径向逐龄管胞宽度的发育变化

A. 管胞宽度的变化；B. 管胞宽度年间差异的变化；图中数字为取样圆盘高度(m)

Figure 10-11 Developmental change of tracheid diameter of successive rings in radial direction at different heights in five sample trees of Chinese fir

A. the change of tracheid diameter; B. the change of differences between tracheid diameter of two successive rings. The numerical symbols in the figure are the height of every sample disc(m)

表 10-7 杉木五株样树不同高度径向逐龄管胞宽度的年间平均差异(μm/a)

Table 10-7 Mean differences between tracheid diameter of two successive rings in radial direction at different heights in four sample trees of Chinese fir(μm/a)

样树序号 Orinal numbers of sample trees	取样圆盘高度 Height of sample discs									
	0m	1.3m	2m	4m	6m	8m	10m	12m	14m	16m
1	1.696	2.265	2.234	2.268	1.891	3.971	4.514	3.163	—	—
2	1.470	2.097	2.142	2.480	1.736	2.844	3.740	3.806	—	—
3	2.041	2.132	2.581	2.628	2.593	2.599	2.710	8.759	—	—
4	1.676	2.227	2.426	1.974	1.887	2.141	3.361	4.478	—	—
5	1.225	1.250	1.263	0.781	1.228	1.861	1.817	1.694	1.858	2.335

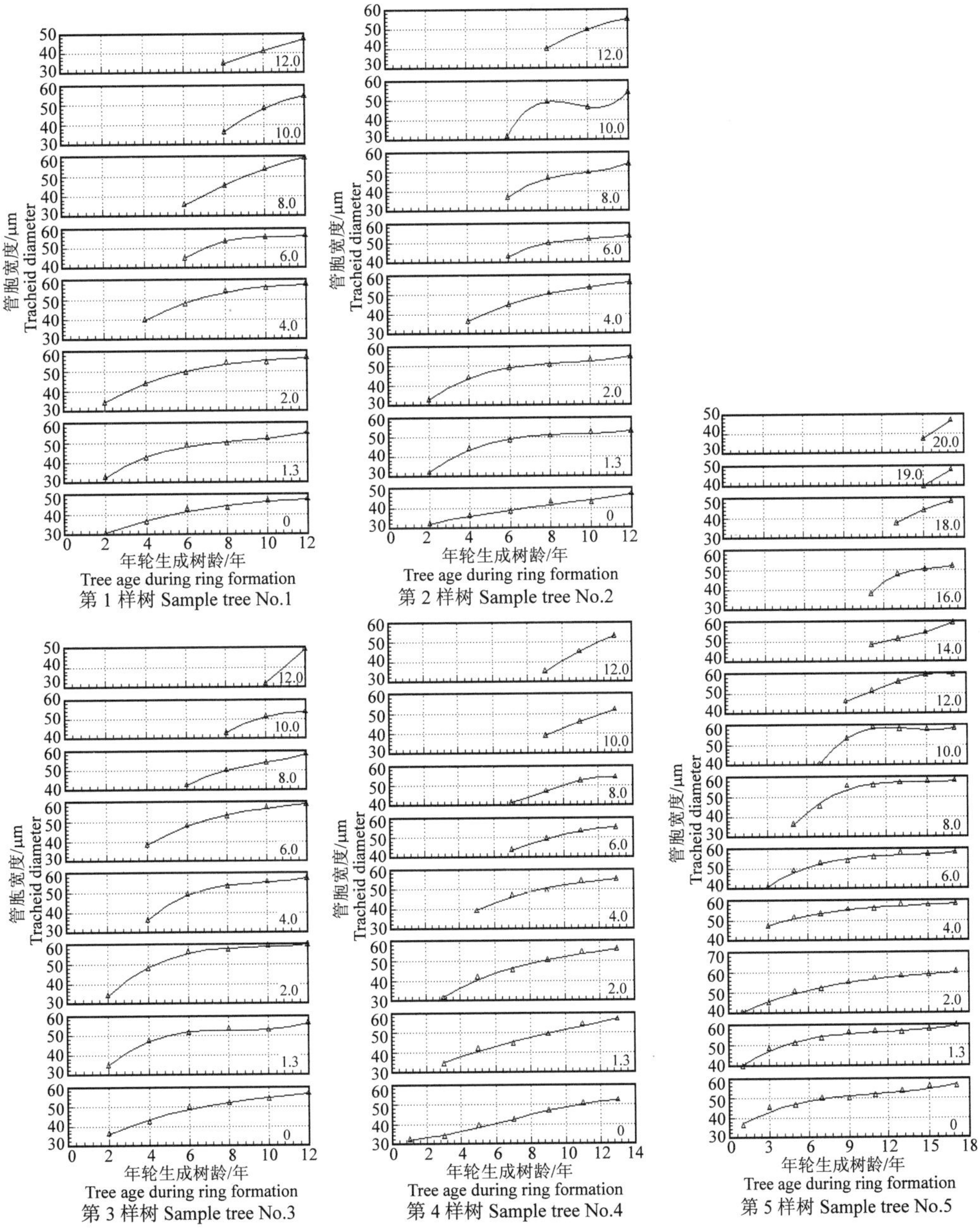

图 10-12　杉木五株样树不同高度径向逐龄管胞宽度发育变化分层实测数值点的图示

图中数字为取样圆盘高度(m)

Figure 10-12　Developmental change of tracheid diameter of successive rings in radial direction at different heights in five sample trees of Chinese fir. The diagrams are drawn as a series of layered curves and the points of measured value are indicated beside them

The numerical symbols in the figure are the height of every sample disc(m)

10.5　逐龄生长鞘管胞宽度沿树高的发育变化

图 10-13 至图 10-17 的横坐标是高生长树龄，标注曲线的数字是逐年生长鞘生成树龄，曲线示逐龄生长鞘管胞宽度随两向生长树龄的发育变化。

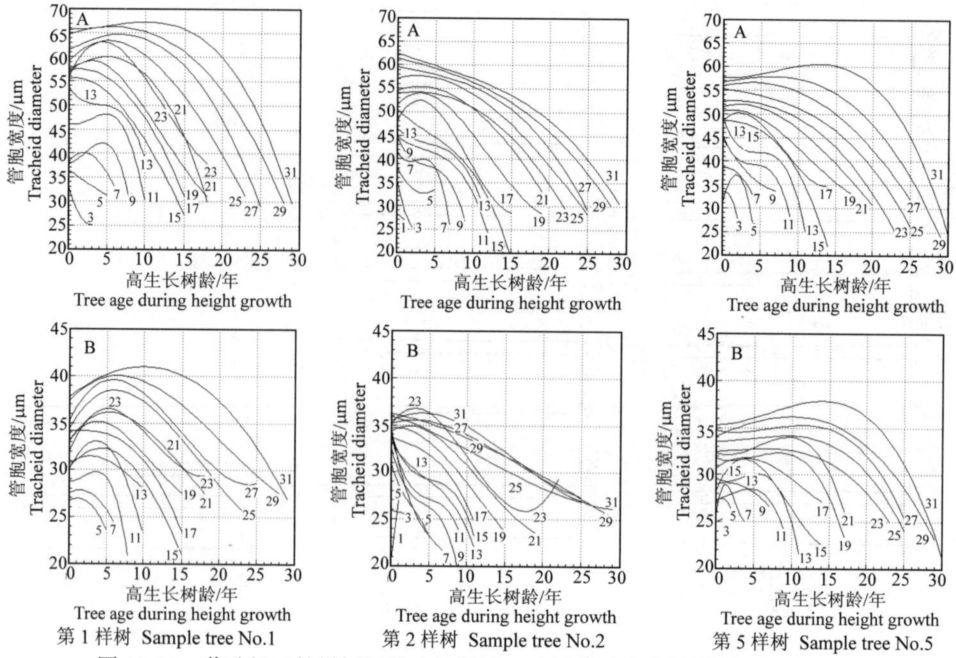

图 10-13 落叶松三株样树逐龄生长鞘早、晚材管胞宽度沿树高的发育变化

A. 早材；B. 晚材；图中数字系各年生长鞘生成时的树龄

Figure 10-13 Developmental change of early wood and late wood tracheid diameter of each successive growth sheath along stem length in three sample trees of Dahurian larch

A. early wood; B. late wood. The numerical symbols in the figure are the tree age during each growth sheath formation

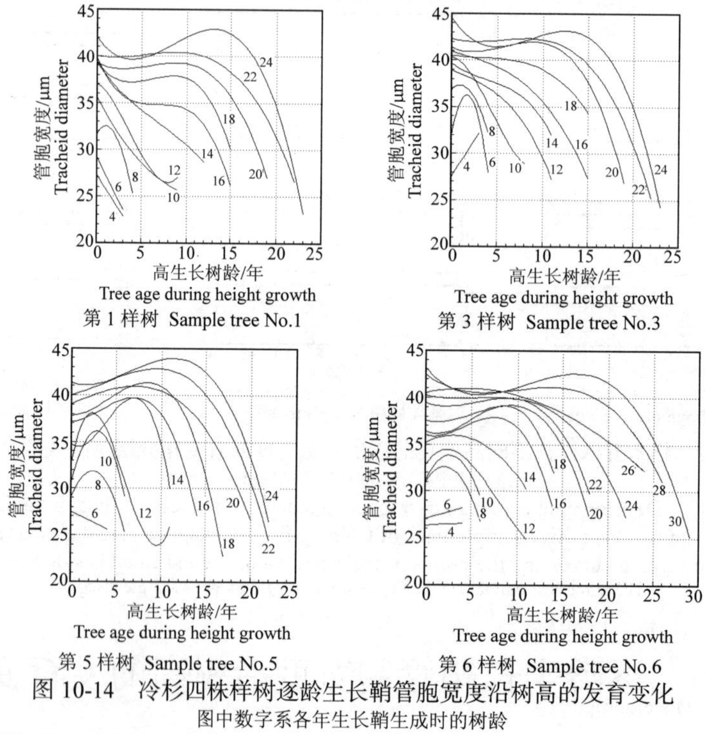

图 10-14 冷杉四株样树逐龄生长鞘管胞宽度沿树高的发育变化

图中数字系各年生长鞘生成时的树龄

Figure 10-14 Developmental change of tracheid diameter of each successive growth sheath along stem length in four sample trees of Faber fir

The numerical symbols in the figure are the tree age during each growth sheath formation

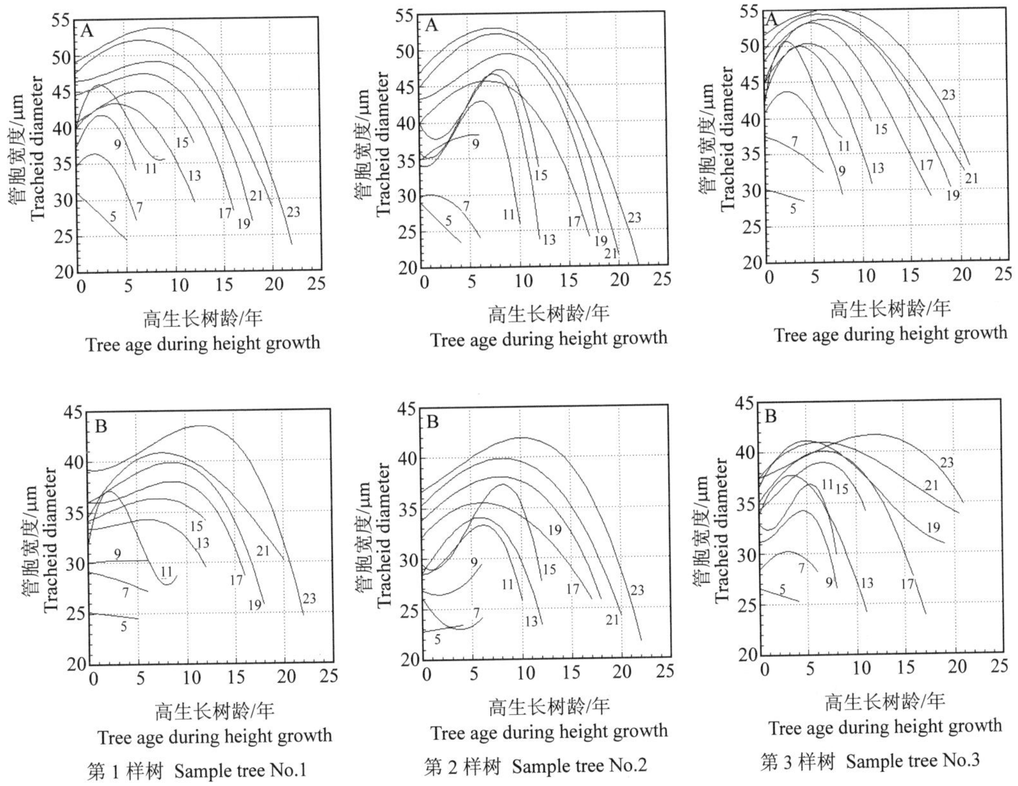

图 10-15 云杉三株样树逐龄生长鞘早、晚材管胞宽度沿树高的发育变化

A. 早材；B. 晚材；图中标注曲线的数字系各年生长鞘生成时的树龄

Figure 10-15 Developmental change of early wood and late wood tracheid diameter of each successive growth sheath along stem length in three sample trees of Chinese spruce

A. early wood; B. late wood. The numerical symbols in the figure are the tree age during each growth sheath formation

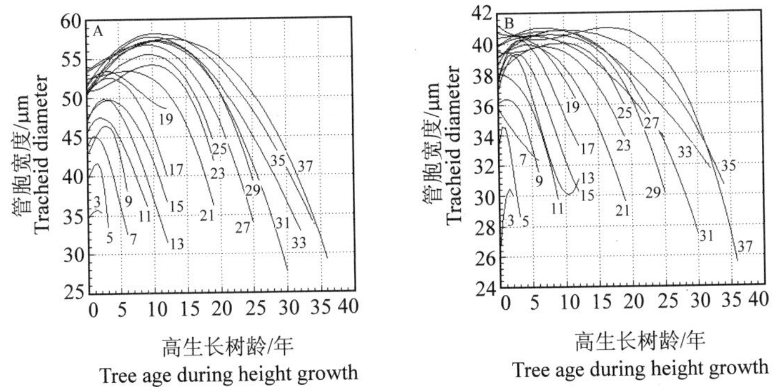

图 10-16 马尾松第 4 样树逐龄生长鞘早、晚材管胞宽度沿树高的发育变化

A. 早材；B. 晚材；图中数字系各年生长鞘生成时的树龄

Figure 10-16 Developmental change of early wood and late wood tracheid diameter of each successive growth sheath along stem length in Masson's pine sample tree No.4

A. early wood；B. late wood. The numerical symbols in the figure are the tree age during each growth sheath formation

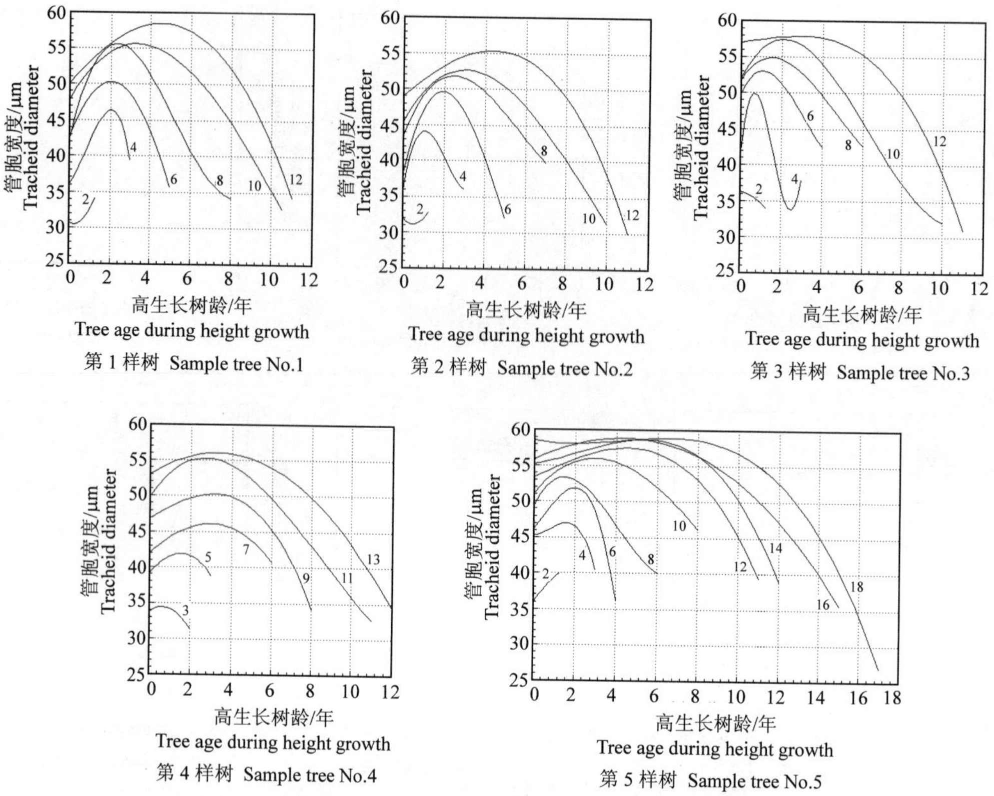

图 10-17 杉木五株样树逐龄生长鞘管胞宽度沿树高的发育变化

图中标注曲线的数字系各年生长鞘生成时的树龄

Figure 10-17 Developmental change of tracheid diameter of each successive growth sheath along the stem length in five sample trees of Chinese fir

The numerical symbols in the figure are the tree age during each growth sheath formation

五树种各样树生长鞘管胞宽度沿树高变化的共同表现：①初始年份生长鞘管胞宽度沿鞘高呈单一减小趋势；②而后年份生长鞘管胞宽度沿鞘高有一短距离增宽，再转为一致减窄；③管胞宽度沿鞘高增宽的距离随生长鞘生成树龄逐增；④早、晚材区别明显的树种，两部分管胞宽度的变化趋势相似。

如图 10-13、图 10-15、图 10-16(A、B 分图纵坐标范围不同)所示，早、晚材管胞变化中早材管胞宽度保持大于相同两向生长树龄生成的晚材管胞宽度。

10.6 各年生长鞘全高平均管胞径向宽度随树龄的发育变化

如图 10-18 至图 10-22 所示，五树种生长鞘全高平均管胞径向宽度在测定的样株树龄范围内均随树龄呈增宽趋势。仅马尾松早材在 29 龄时显示峰值；云杉早材在 20 龄时有峰值迹象。图 10-23 显示相同的树种趋势结果，表 10-8 列出它们的回归方程。

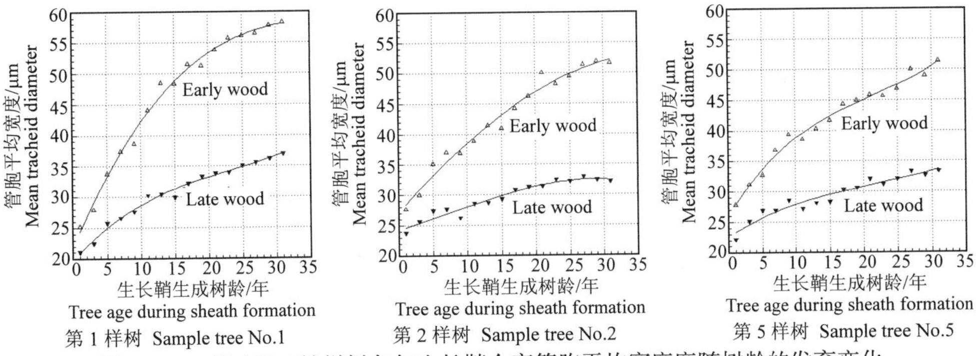

图 10-18 落叶松三株样树各年生长鞘全高管胞平均宽度度随树龄的发育变化

回归曲线的各数据点代表各龄生长鞘全高平均值

Figure 10-18 Developmental change of mean tracheid diameter (within its height) of each successive growth sheath with tree age in three sample trees of Dahurian larch

Every numerical point beside regression curve represents the average value within its height of each sheath

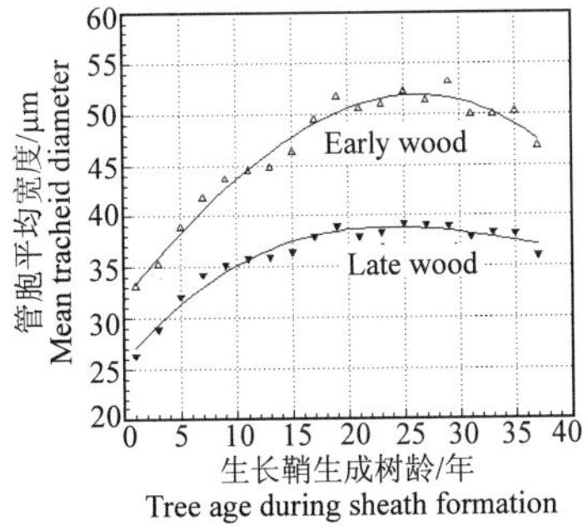

图 10-19 马尾松第 4 样树各年生长鞘全高管胞平均宽度随树龄的发育变化

回归曲线的各数据点代表各龄生长鞘全高平均值

Figure 10-19 Developmental change of mean tracheid diameter (within its height) of each successive growth sheath with tree age in Masson's pine sample tree No.4

Every numerical point beside regression curve represents the average value within its height of each sheath

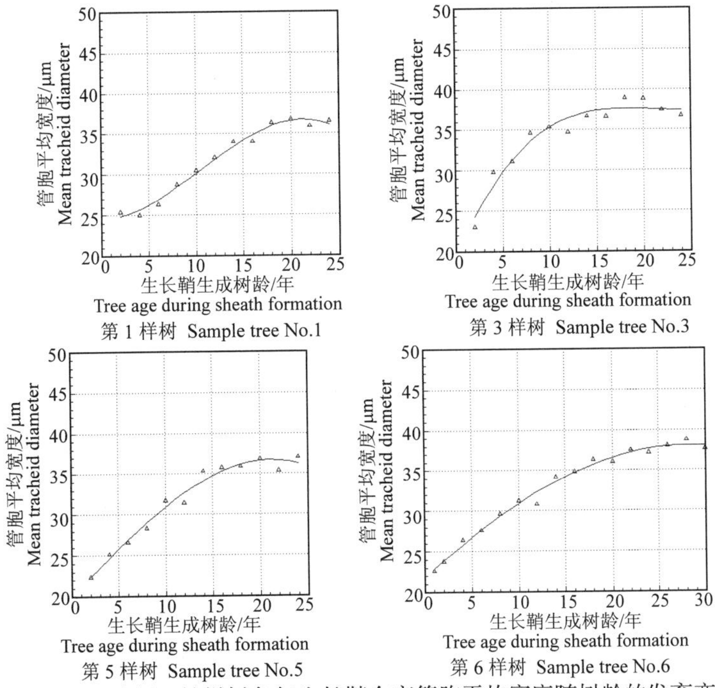

图 10-20 冷杉四株样树各年生长鞘全高管胞平均宽度随树龄的发育变化

回归曲线的各数据点代表各龄生长鞘全高平均值

Figure 10-20 Developmental change of mean tracheid diameter (within its height) of each successive growth sheath with tree age in four sample trees of Faber fir

Every numerical point beside regression curve represents the average value within its height of each sheath

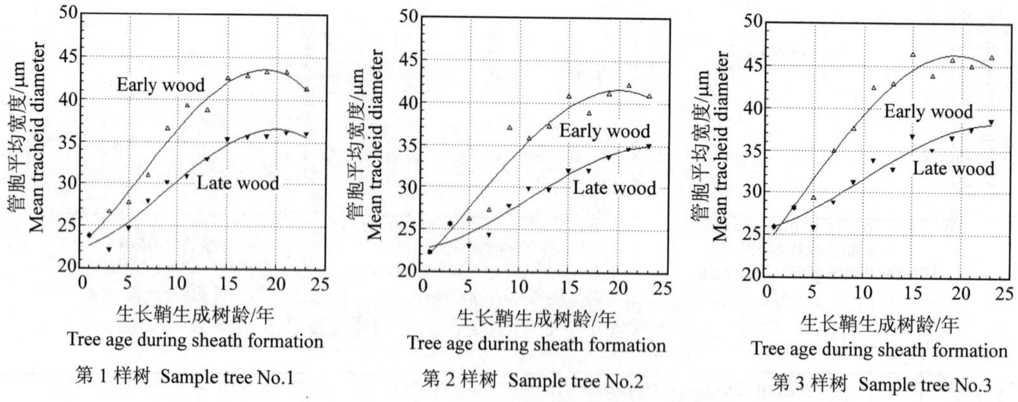

图 10-21 云杉三株样树各年生长鞘全高管胞平均宽度随树龄的发育变化

回归曲线的各数据点代表各龄生长鞘全高平均值

Figure 10-21 Developmental change of mean tracheid diameter (within its height) of each successive growth sheaths with tree age in three sample trees of Chinese spruce

Every numerical point beside regression curve represents the average value within its height of each sheath

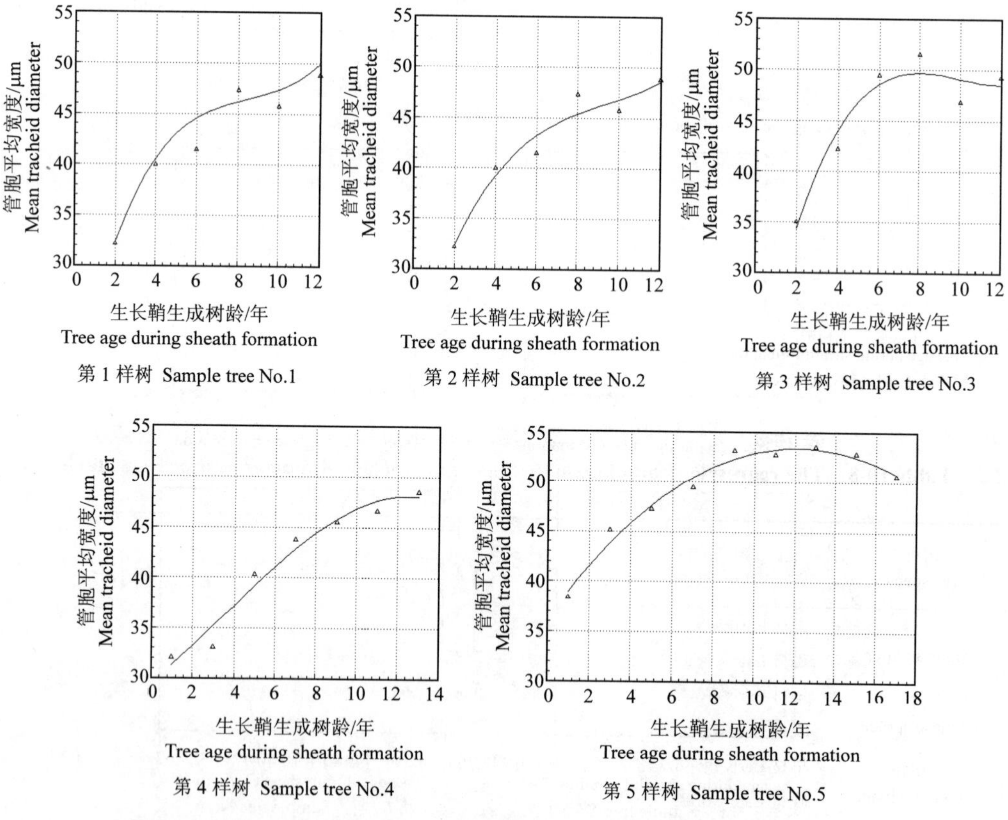

图 10-22 杉木五株样树各年生长鞘全高管胞平均宽度随树龄的发育变化

Figure 10-22 Developmental change of mean tracheid diameter (within its height) of each successive growth sheath with tree age in five sample trees of Chinese fir

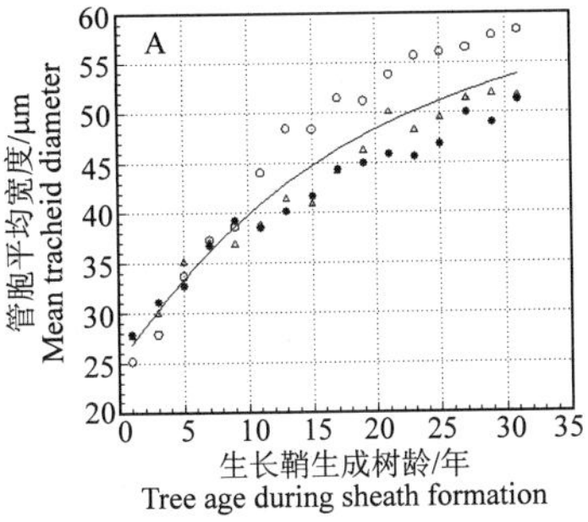

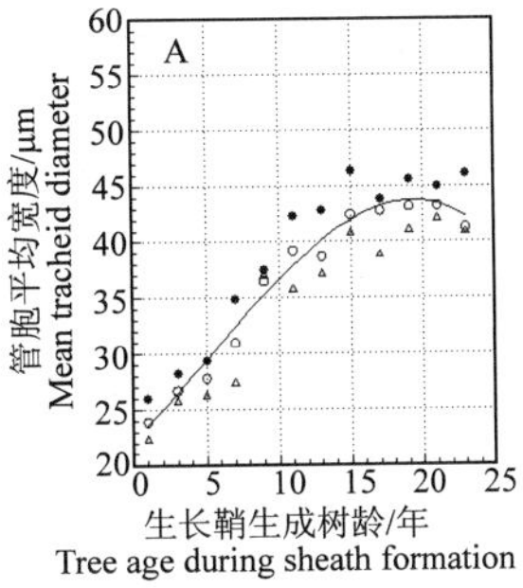

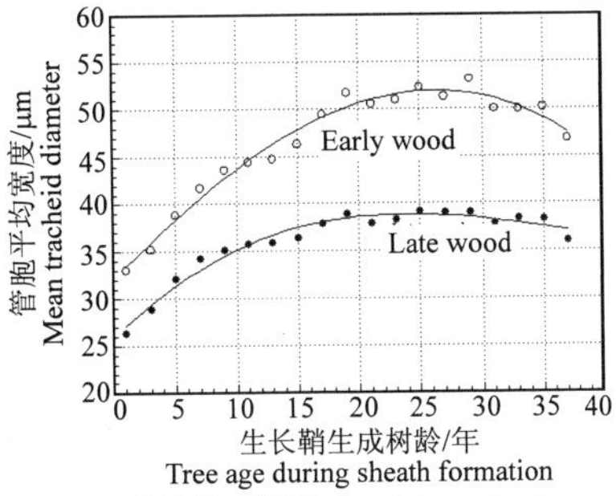

马尾松 1 样树 One Masson's pine

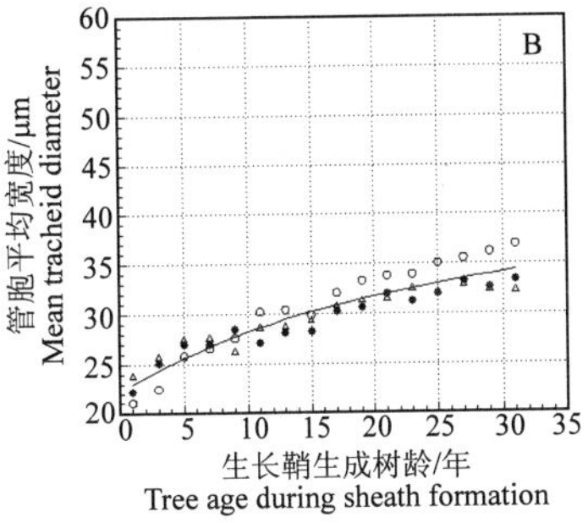

落叶松 3 样树 Three Dahurian larch

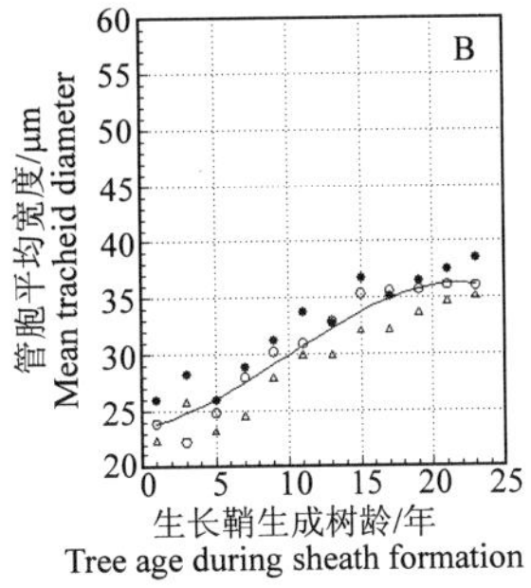

云杉 3 样树 Three Chinese spruce

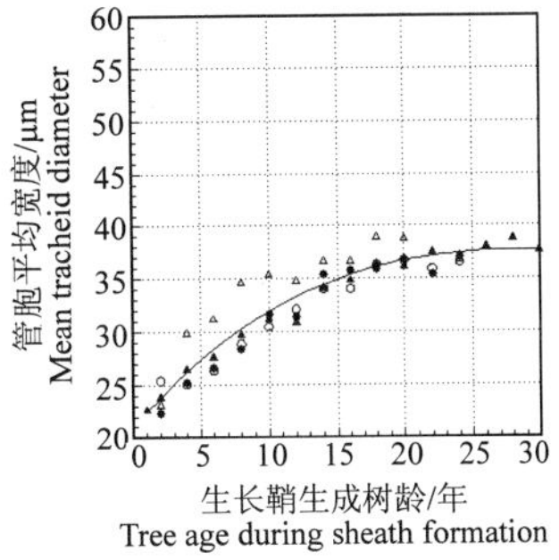

冷杉 4 样树 Four Faber fir

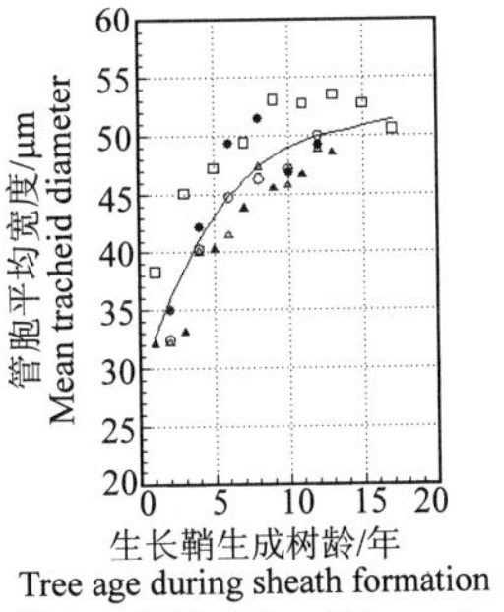

杉木 5 样树 Five Chinese fir

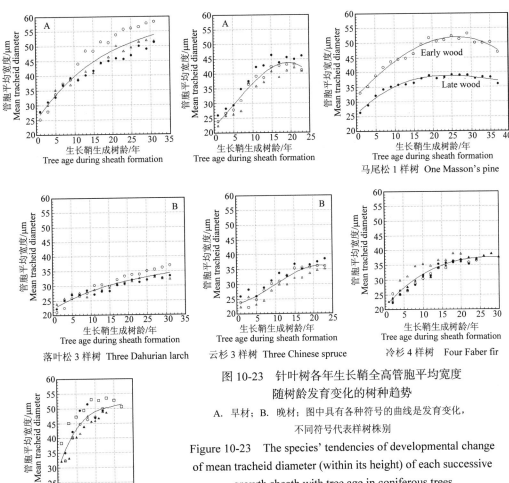

图 10-23 针叶树各年生长鞘全高管胞平均宽度随树龄发育变化的树种趋势

A. 早材；B. 晚材；图中具有各种符号的曲线是发育变化，不同符号代表样树株别

Figure 10-23 The species' tendencies of developmental change of mean tracheid diameter (within its height) of each successive growth sheath with tree age in coniferous trees

A. early wood; B. late wood. The line with various signs together is the curve of developmental change; the different signs beside it represent the ordinal numbers of sample tree respectively

表 10-8 五种针叶树生长鞘管胞平均宽度与生成树龄的回归方程

Table 10-8 The regression equations between mean tracheid diameter and tree age during sheath formation in five coniferous species

树种 Tree species	生长鞘中的部位 Part in sheath	回归方程 Regression equations *y*. 管胞平均长度；*x*. 树龄 (*y*. mean tracheid length; *x*. tree age)	相关系数 Correlation coefficient(α=0.01)
落叶松 Dahurian larch	早材 Early wood	y=0.000 452 004x^3–0.044 689 7x^2+1.880 17x+25.033 7	0.92
	晚材 Late wood	y=0.000 189 104x^3–0.017 402 4x^2+0.748 656x+22.246	0.92
云杉 Chinese spruce	早材 Early wood	y= –0.002 386 9x^3+0.034 776 4x^2+1.336 47x+22.174 5	0.90
	晚材 Late wood	y= –0.001 921 7x^3+0.056 597 8x^2+0.265 486x+23.522 6	0.92
马尾松 Masson's pine	早材 Early wood	y= –0.000 248 763x^3–0.015 740 4x^2+1.340 47x+32.067	0.81
	晚材 Late wood	y=0.000 354 427x^3–0.039 964 2x^2+1.299 39x+25.789 2	0.76
冷杉 Faber fir	生长鞘 growth sheath	y=0.000 377 917x^3–0.041 973 3x^2+1.476 71x+20.961 3	0.90
杉木 Chinese fir	生长鞘 growth sheath	y=0.005 670 94x^3–0.249 843x^2+3.926 16x+29.006 5	0.81

注：本表各回归方程的适用年限分别与图 10-23 图示中同一树种生长鞘生成树龄范围相同。

Note: The range of applicable tree age of each regression equation in this table is respectively equal to that of tree age during sheath formation of the same species in figure 10-23.

表10-9列出落叶松、云杉和马尾松逐龄生长鞘全高平均早、晚材管胞径向宽度差值率。如图10-24所示，逐龄生长鞘全高平均早、晚材管胞径向宽度差值率的变化。须以绝对值来认识差值率变化。如图10-18、图10-19、图10-21所示，早、晚材区别明显树种生长鞘早、晚材全高管胞径向宽度的相差随树龄呈扩大的规律性变化。

表10-9　三种针叶树逐龄生长鞘全高平均早、晚材管胞宽度差值率(%)

Table 10-9　Differential percentage of mean Tracheid diameter of late wood of the length each successive growth sheath from that of early wood in three coniferous species(%)

树种 Species	株别 Ordinal numbers of sample tree	生长鞘生成树龄 Tree age during sheath formation																		
		1年	3年	5年	7年	9年	11年	13年	15年	17年	19年	21年	23年	25年	27年	29年	31年	33年	35年	37年
落叶松 Dahurian larch	1	−16.00	−21.43	−23.53	−27.03	−28.21	−31.82	−35.42	−37.50	−37.25	−35.29	−37.04	−39.29	−37.50	−36.84	−37.93	−36.21	—	—	—
	2	−14.29	−13.33	−20.00	−24.32	−29.73	−25.64	−29.27	−29.27	−29.55	−30.43	−36.00	−31.25	−36.00	−35.29	−38.46	−37.25	—	—	—
	5	−21.43	−19.35	−18.18	−27.03	−25.64	−28.95	−30.00	−33.33	−31.82	−31.11	−30.43	−32.61	−31.91	−34.00	−32.65	−35.29	—	—	—
云杉 Chinese spruce	1	0.00	−18.52	−10.71	−9.68	−16.67	−20.51	−15.38	−16.67	−16.28	−16.28	−16.28	−12.20	—	—	—	—	—	—	—
	2	0.00	0.00	−11.54	−11.11	−24.32	−16.67	−18.92	−21.95	−17.95	−17.07	−16.67	−14.63	—	—	—	—	—	—	—
	3	0.00	0.00	−10.34	−17.14	−18.42	−19.05	−23.26	−19.57	−20.45	−19.57	−15.56	−15.22	—	—	—	—	—	—	—
马尾松 Masson's pine	4	−21.21	−17.14	−17.95	−19.05	−20.45	−18.18	−20.00	−19.57	−22.45	−25.00	−25.49	−25.49	−25.00	−23.53	−26.42	−24.00	−24.00	−24.00	−23.40

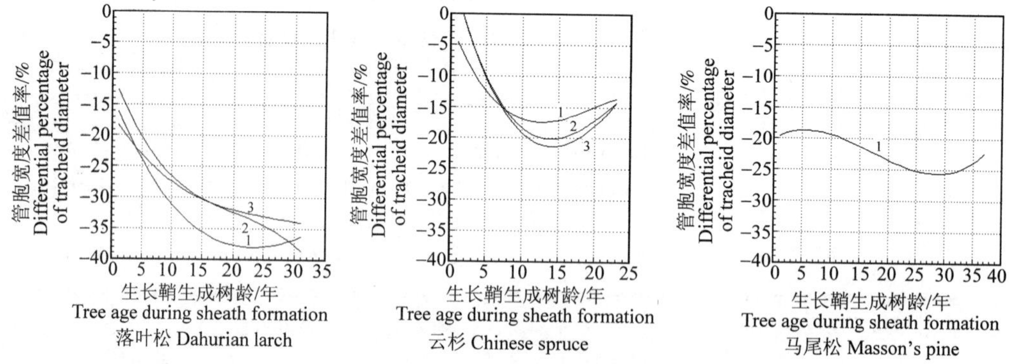

图10-24　三种针叶树逐龄生长鞘全高平均早、晚材管胞宽度差值率的发育变化①

图中标注曲线的数字是株别

Figure 10-24　Developmental change of differential percentage of mean Tracheid diameter of late wood of the length of each successive growth sheath from that of earlywood in three coniferous species

Numerical marks of curve in figure are the ordinal numbers of sample tree

10.7　不同高度、相同离髓心年轮数、异鞘年轮间管胞径向宽度的有序发育差异

这是有关树茎中央不同高度、部位、形成层相同分生年数(相同离髓心年轮数)的柱状木材性状变化的理论问题。

① 全高平均早、晚材管胞宽度差值率=(全高平均晚材管胞宽度−同龄生长鞘全高平均早材管胞宽度)/全高平均早材管胞宽度。

Differential percentage of mean Tracheid diameter of early wood from that of late wood = The difference in mean Tracheid diameter between early wood and late wood of the length of the same growth sheath/mean Tracheid diameter of early wood.

如图 10-25 至图 10-29 所示，五树种同心序异鞘年轮间管胞径向宽度呈有序差异。

五树种发育的共同表现：

(1) 种内株间不同高度、相同离髓心年轮数、异鞘年轮间管胞径向宽度差异的变化具有相似性。

(2) 各样树图示曲线有序斜行，曲线由相近转扩展，表明径向发育变化沿树茎向上增快。这与如图 10-1、图 10-2、图 10-4、图 10-6、图 10-7、图 10-9 所示趋势相符。

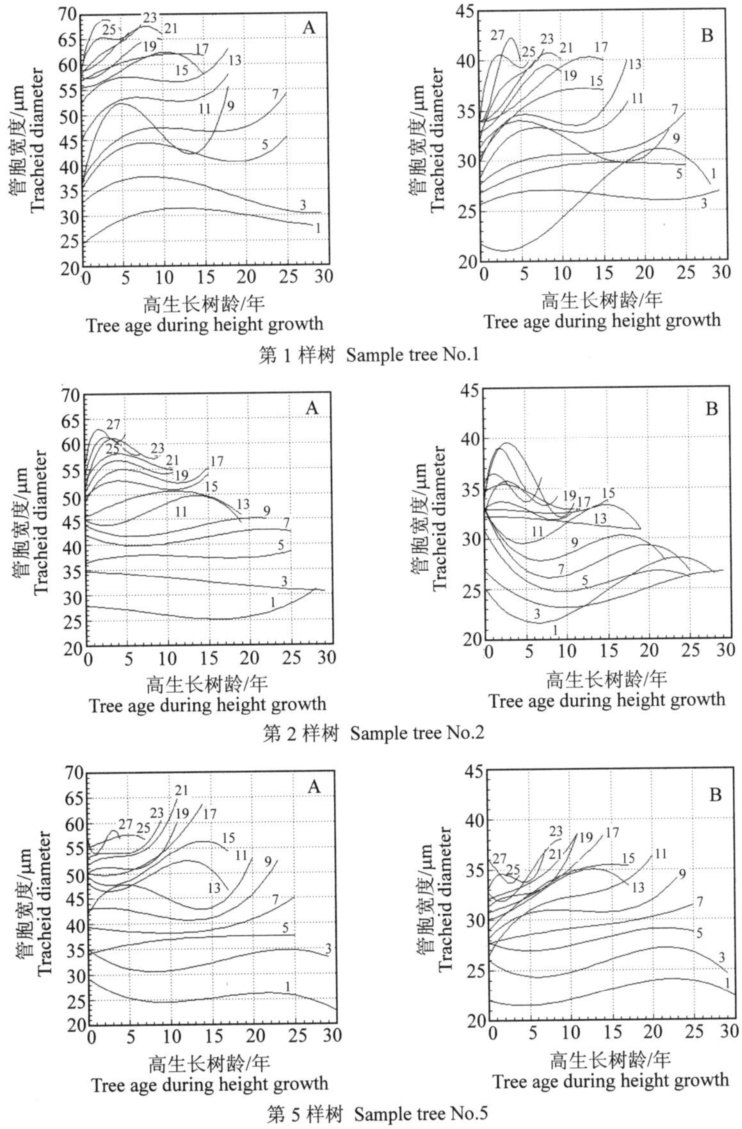

图 10-25 落叶松三株样树不同高度、相同离髓心年轮数、异鞘年轮间管胞宽度的有序变化

A. 早材；B. 晚材；图中曲线是沿树高方向的变化，数字系离髓心年轮数

Figure 10-25 Systematical change of tracheid diameter among rings in different sheaths, but with the same ring number from pith and at different heights in three sample trees of Dahurian larch

A. early wood；B. late wood. The curves in the figure represent the change along the stem length and the numerical symbols are the ring number from pith

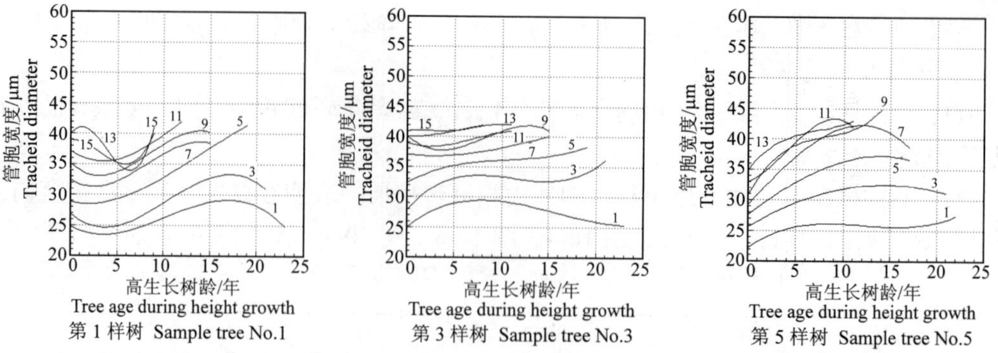

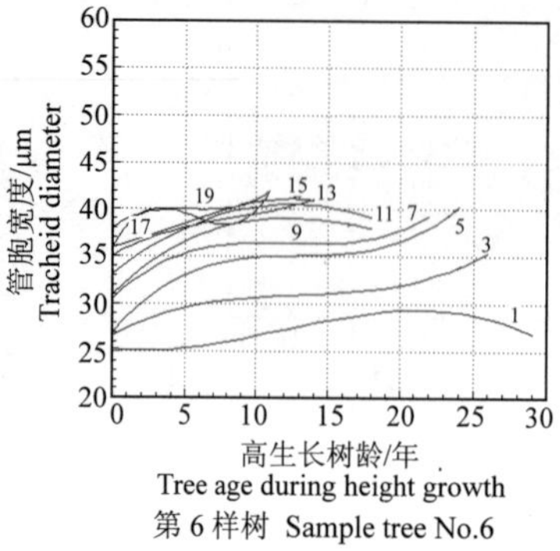

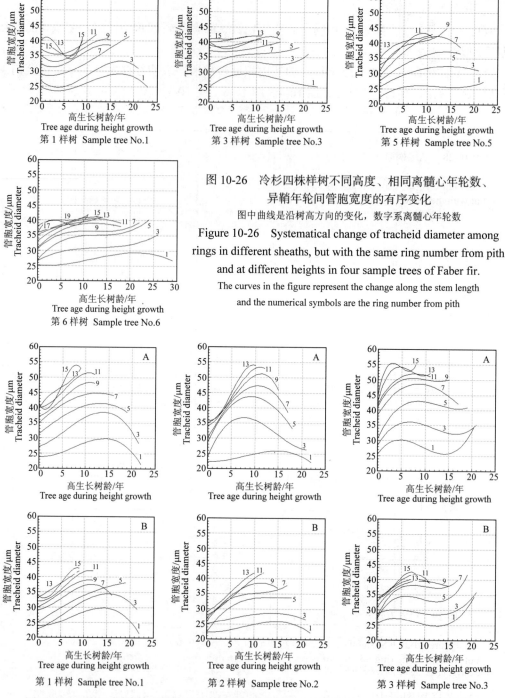

图 10-26 冷杉四株样树不同高度、相同离髓心年轮数、异鞘年轮间管胞宽度的有序变化

图中曲线是沿树高方向的变化，数字系离髓心年轮数

Figure 10-26 Systematical change of tracheid diameter among rings in different sheaths, but with the same ring number from pith and at different heights in four sample trees of Faber fir.

The curves in the figure represent the change along the stem length and the numerical symbols are the ring number from pith

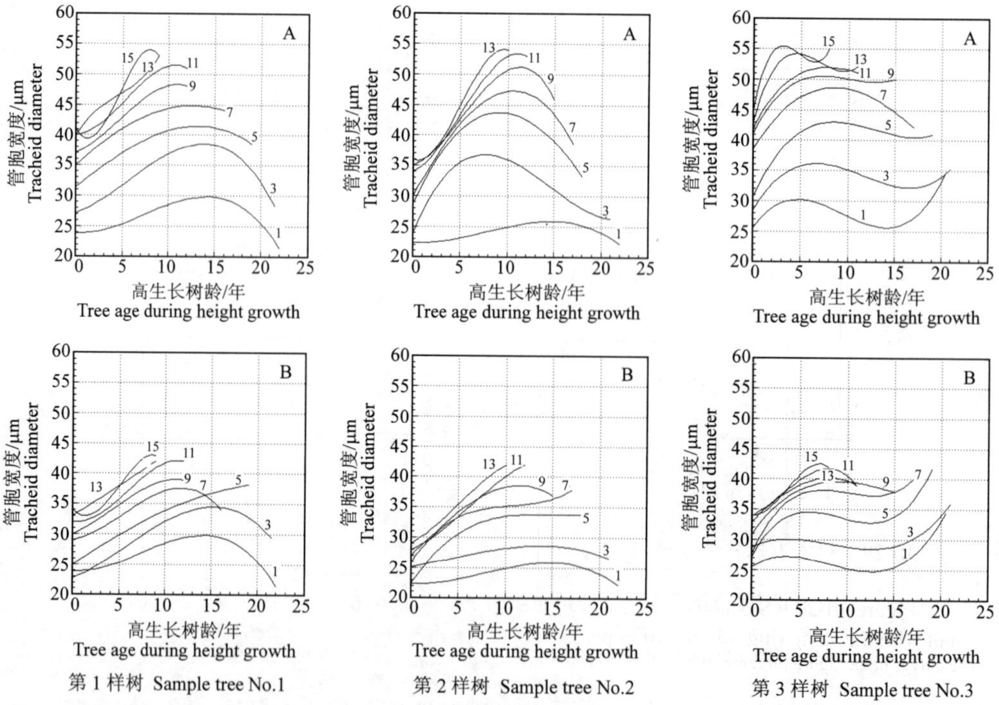

图 10-27 云杉三株样树不同高度、相同离髓心年轮数、异鞘年轮间管胞宽度的有序变化

A. 早材；B. 晚材；图中曲线是沿树高方向的变化，数字系离髓心年轮数

Figure 10-27 Systematical change of tracheid diameter among rings in different sheaths, but with the same ring number from pith and at different heights in three sample trees of Chinese spruce

A. early wood；B. late wood. The curves in the figure represent the change along the stem length and the numerical symbols are the ring number from pith

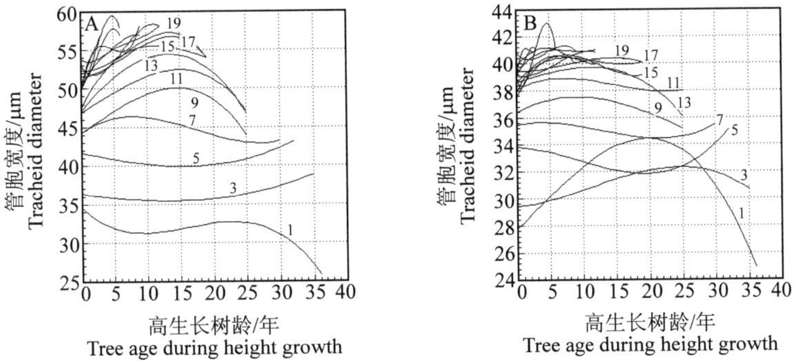

图 10-28　马尾松第 4 样树不同高度、相同离髓心年轮数、异鞘年轮间管胞宽度的有序变化

A. 早材；B. 晚材；图中曲线是沿树高方向的变化，数字系离髓心年轮数

Figure 10-28　Systematical change of tracheid diameter among rings in different sheaths, but with the same ring number from pith and at different heights in Masson's pine sample tree No.4

A. early wood；B. late wood. The curves in the figure represent the change along the stem length and the numerical symbols are the ring number from pith

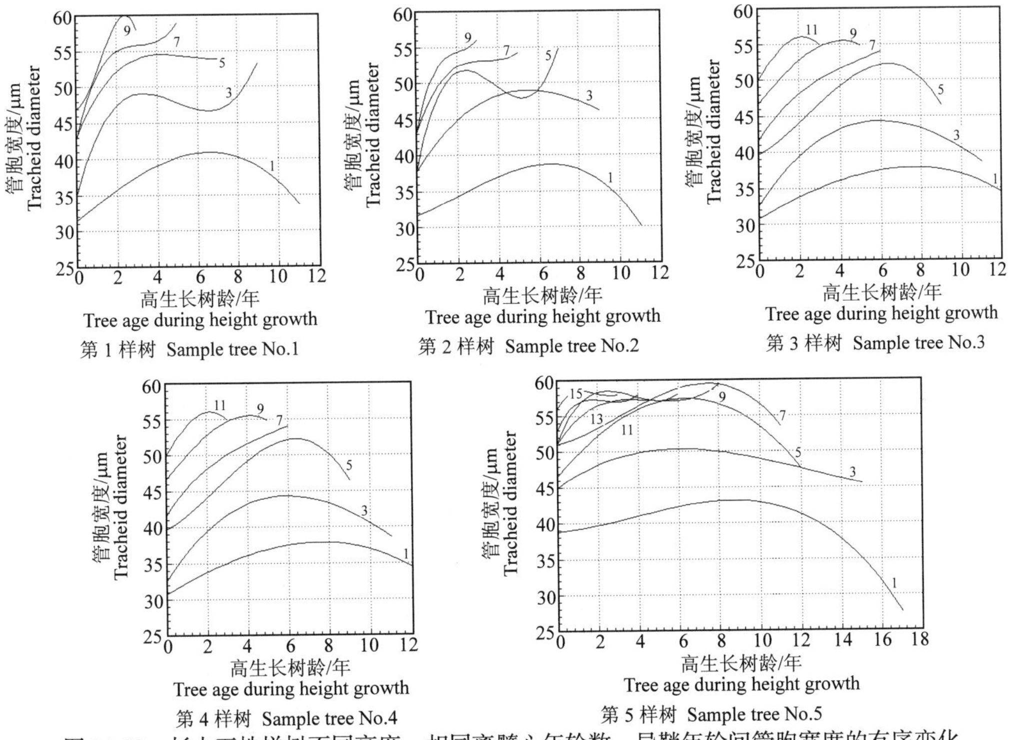

图 10-29　杉木五株样树不同高度、相同离髓心年轮数、异鞘年轮间管胞宽度的有序变化

图中曲线是沿树高方向的变化，数字系离髓心年轮数

Figure 10-29　Systematical change of tracheid diameter among rings in different sheaths, but with the same ring number from pith and at different heights in five sample trees of Chinese fir

The curves in the figure represent the change along the stem length and the numerical symbols are the ring number from pith

(3) 各样树图示中，1、3 和 3、5 心序曲线间距明显较大。之后，随曲线离髓心年轮数增加，曲线间距由大趋小。表明不同高度间径向发育随树龄变化存在共同特征——初始变化快，以后趋慢。

(4) 相同离髓心年轮数年轮间管胞宽度差异的一般趋势是沿树茎向上先趋大后转小。

(5) 随离髓心年轮数增加，不同高度、相同离髓心年轮数、异鞘年轮管胞宽度沿树高的变化增强(大)。

特别在(2)、(3)都与管胞宽度径向变化相联系。如果树茎不同高度的径向变化相同，那也就不会存在离髓心相同年轮数、异鞘年轮间的差异。换言之，这两者是同一发育变化的两种表现形式，它们之间的联系是必然的。

10.8 短、长不同龄段管胞平均径向宽度的变化

10.8.1 树种间

五树种短、长不同龄段管胞平均径向宽度保持如下序列：杉木＞马尾松＞落叶松＞云杉＞冷杉。进行上述比较时，早、晚材区分不明显树种与区分明显树种的早材相比。

10.8.2 种内样树间

如表 10-10 所示，种内株间短、长不同龄段管胞平均径向宽度变化趋势相同，差别状态并一般保持不变；变化过程在种内株间的差值符合正态分布的估计范围。

同一树种相同龄段，各样树早材管胞平均径向宽度大于晚材。

10.8.3 单株样树内

如表 10-10 所示，五树种各样树短、长不同龄段平均管胞宽度均随树龄增大。这与样树各龄生长鞘全高管胞平均宽度随树龄增大的现象是一致的。

早、晚材区别明显树种在样树内各龄段早材管胞平均径向宽度都保持大于晚材。

表 10-10 五种针叶树各树龄段管胞平均宽度(μm)

Table 10-10 Average tracheid diameter during each period of tree growth in five coniferous species

树种 Species	株别 Tree number	部位 Part	树龄段 Period of tree growth (a)							部位 Part	树龄段 Period of tree growth (a)						
			1~12	1~18	1~23	1~24	1~30	1~31	1~37		1~12	1~18	1~23	1~24	1~30	1~31	1~37
落叶松 Dahurian larch	1	早材 Early wood	39	44	47	47	50	51	—	晚材 Late wood	27	29	31	31	32	33	—
	2		36	39	42	43	45	46	—		27	28	30	30	31	31	—
	5		36	40	42	42	44	45	—		27	28	29	29	31	31	—
	Ave		37	41	44	44	47	47	—		27	29	30	30	31	31	—
云杉 Chinese spruce	1	早材 Early wood	34	38	40	—	—	—	—	晚材 Late wood	29	32	34	—	—	—	—
	2		32	36	38	—	—	—	—		27	30	32	—	—	—	—
	3		37	41	43	—	—	—	—		31	33	35	—	—	—	—
	Ave		34	38	40	—	—	—	—		29	32	34	—	—	—	—
马尾松 Masson's pine	4	早材 Early wood	42	44	46	47	48	—	—	晚材 Late wood	34	35	36	36	37	37	37
冷杉 Faber fir	1	生长鞘 Growth sheath	29	32	34	34	—	—	—								
	3		33	35	36	36	—	—	—								
	5		29	32	34	34	—	—	—								
	6		29	32	33	34	35	—	—								
	Ave		30	33	34	35	35	—	—								
杉木 Chinese fir	1	生长鞘 Growth sheath	46	—	—	—	—	—	—								
	2		45	—	—	—	—	—	—								
	3		47	—	—	—	—	—	—								
	4		44	—	—	—	—	—	—								
	5		49	51	—	—	—	—	—								
	Ave		46	51	—	—	—	—	—								

注：本表所列各龄段均自树茎出土始。

Note: The beginning of every period in this table is all the time when the sample trees grow out of the earth.

10.9 管胞宽度发育变化的三维图示

如图 10-30 至图 10-33 所示，管胞宽度发育中的变化与树茎两向生长树龄间的关系。

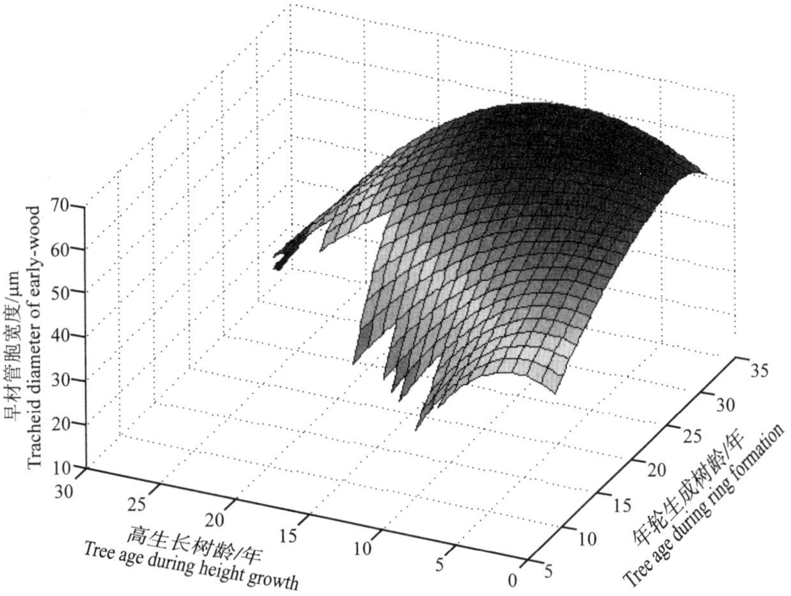

第 1 样树　Sample tree No.1

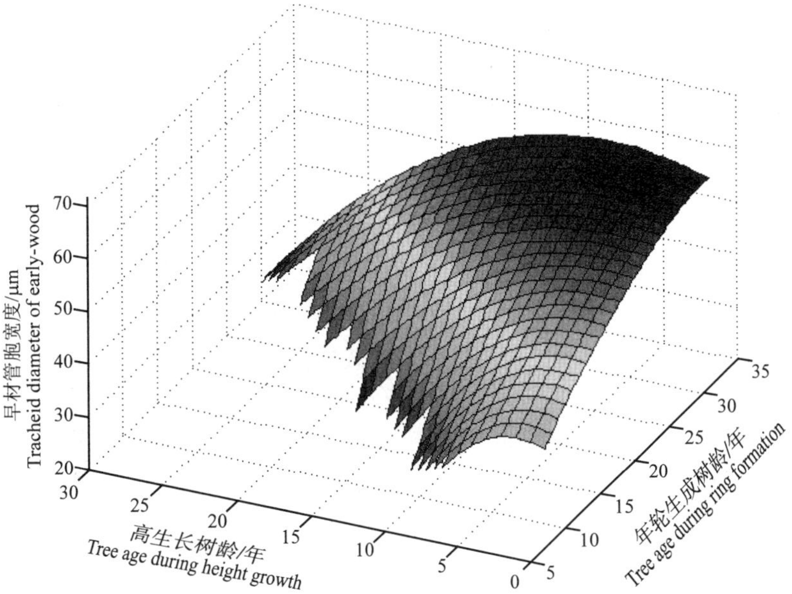

第 1、2、5 样树并合回归　Sample tree No.1, 2 and 5 are merged by regression analysis

图 10-30　落叶松早材管胞宽度随两向生长树龄的发育变化

本图系三维，*X*、*Y* 轴分别为高、径生长树龄，*Z* 轴是数量性状值

Figure 10-30　Developmental change of early wood tracheid diameter with two directional growth ages in sample trees of Dahurian larch

The figure is of three dimensions. *X*, *Y* axes represent tree ages during height and diameter growth respectively, *Z* axis is values of quantitative trait

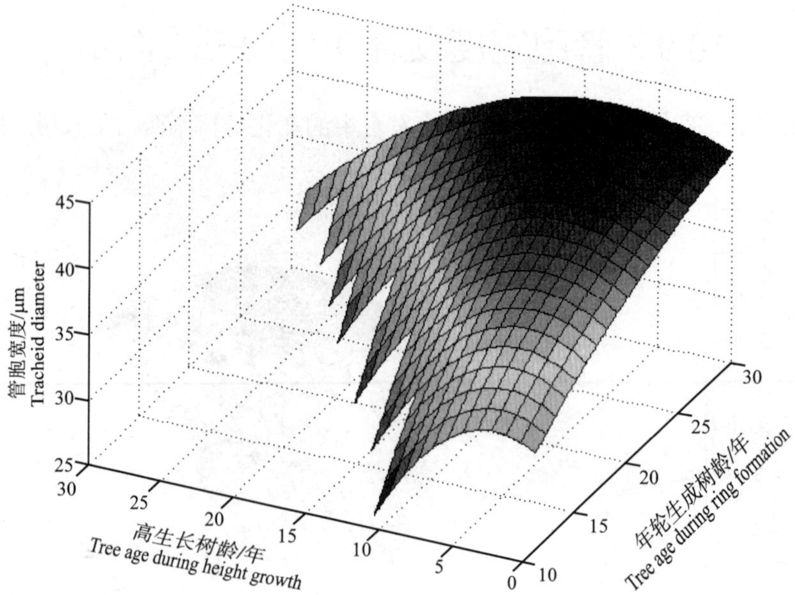

图 10-31　冷杉第 6 样树管胞宽度随两向生长树龄的发育变化

本图系三维，*X*、*Y* 轴分别为高、径生长树龄，*Z* 轴是数量性状值

Figure 10-31　Developmental change of tracheid diameter with two directional growth ages in Faber fir sample tree No.6

The figure is of three dimensions. *X*, *Y* axes represent tree ages during height and diameter growth respectively, *Z* axis is values of quantitative trait

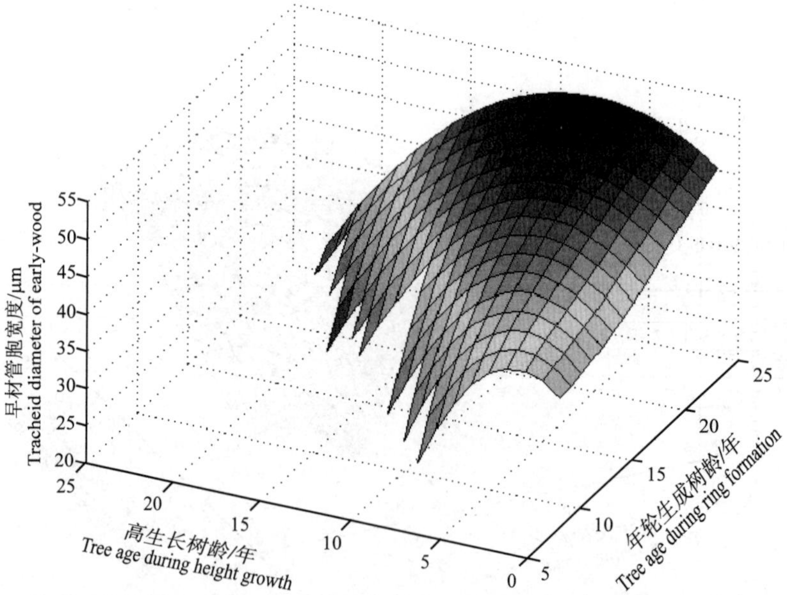

第 1、2、3 样树并合回归　Sample tree No.1, 2 and 3 are merged by regression analysis

图 10-32　云杉三株样树早材管胞宽度随两向生长树龄的发育变化

本图系三维，*X*、*Y* 轴分别为高、径生长树龄，*Z* 轴是数量性状值

Figure 10-32　Developmental change of early wood tracheid length with two directional growth ages in three sample trees of Chinese fir

The figure is of three dimensions. *X*, *Y* axes represent tree ages during height and diameter growth respectively, *Z* axis is values of quantitative trait

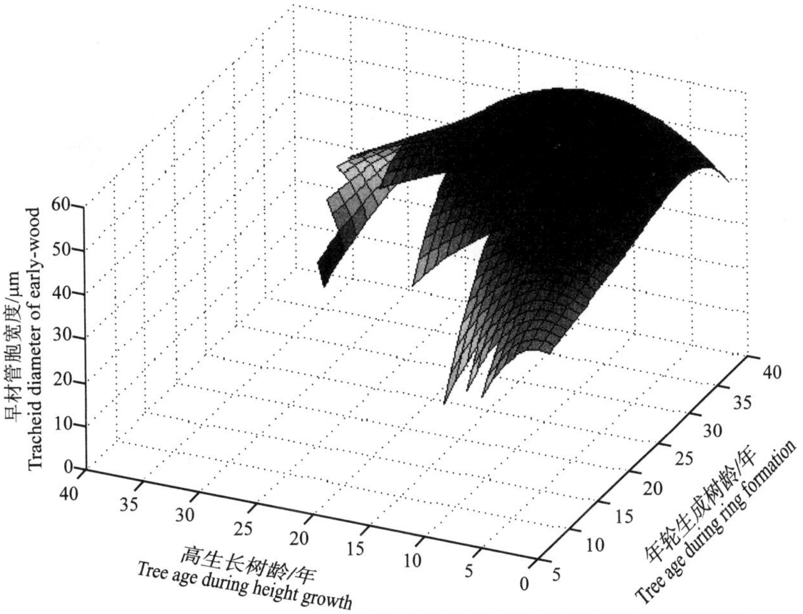

图 10-33　马尾松第 4 样树早材管胞宽度随两向生长树龄的发育变化

本图系三维，*X*、*Y* 轴分别为高、径生长树龄，*Z* 轴是数量性状值

Figure 10-33　Developmental change of early wood tracheid diameter with two directional growth ages in Masson's pine sample tree No.4

The figure is of three dimensions. *X*, *Y* axes represent tree ages during height and diameter growth respectively, *Z* axis is values of quantitative trait

10.10　结　　论

五种针叶树图示充分表明，次生木质部管胞径向宽度的变化符合遗传特征，具有遗传控制下的发育性质。

附表 10-1　落叶松样树不同高度逐龄年轮的早材管胞宽度(μm)

Appendant table 10-1　Tracheid diameter of early wood of each successive ring at different heights in Dahurian larch sample trees(μm)

Y /年	*H* /m	年轮生成树龄　Tree age during ring formation															
		1 年	3 年	5 年	7 年	9 年	11 年	13 年	15 年	17 年	19 年	21 年	23 年	25 年	27 年	29 年	31 年
第 1 样树　Sample tree No.1																	
29	18.45															$()^{30}$	27
28	18.00															27	35
25	17.00													$()^{26}$	27	42	51
23	16.00												$()^{24}$	31	39	48	55
18	14.00										31	30	39	45	55	57	62
15	12.00								27^{16}	31	38	44	40	51	56	58	62
10	10.00						31	39	43	47	48	56	58	62	61	65	66
8	8.00					31	41	46	46	50	52	57	61	61	65	68	70
6	6.00				33	40	49	49	55	56	60	61	62	61	64	64	66
5	4.00			31^{6}	36	42	48	51	51	57	59	63	63	67	67	66	67
3	2.00		25^{4}	33	39	44	46	50	55	57	57	60	61	60	64	69	67
2	1.30		26	35	40	38	47	50	54	55	57	56	60	63	66	68	70
0	0.00	25	33	37	38	38	46	54	56	58	58	59	58	59	59	61	62
Ave		25	28	34	37	39	44	48	48	51	51	54	56	56	57	58	58

续表

Y /年	H /m	年轮生成树龄 Tree age during ring formation															
		1年	3年	5年	7年	9年	11年	13年	15年	17年	19年	21年	23年	25年	27年	29年	31年
第2样树 Sample tree No.2																	
29	18.30															$()^{30}$	26
28	18.00															30	37
25	17.00													28^{26}	27	36	41
22	16.00												29	36	43	47	47
19	14.00										28^{20}	32	36	39	40	44	45
15	12.00								19^{16}	29	36	45	49	51	53	54	55
11	10.00						24^{12}	32	34	35	41	46	45	50	53	54	55
9	8.00					27^{10}	34	38	40	41	47	52	51	53	55	55	57
7	6.00				26^{8}	33	42	43	43	50	52	54	54	56	57	59	58
5	4.00			33^{6}	39	40	41	42	43	48	50	54	55	59	59	59	62
2	2.00		25	37	37	39	41	43	47	52	55	55	54	60	61	63	65
1	1.30	27^{2}	29	31	43	Nan	45	47	52	51	56	58	57	59	62	62	60
0	0.00	28	36	40	41	45	45	45	49	48	49	52	51	54	56	59	60
Ave		28	30	35	37	37	39	41	41	44	46	50	48	50	51	52	51
第5样树 Sample tree No.5																	
30	20.66																21
29	20.30															24^{30}	33
28	20.00															28	36
25	19.00													23^{26}	29	34	43
23	18.00												24^{24}	37	42	46	52
20	16.00											31	36	39	42	48	55
17	14.00									$()^{18}$	34	36	37	39	40	46	54
14	12.00								22	35	36	39	41	45	53	57	63
11	10.00						$()^{12}$	25	35	36	43	48	53	56	59	60	64
9	8.00					$()^{10}$	27	37	40	40	43	49	51	54	55	60	61
7	6.00				$()^{8}$	34	38	41	45	47	48	49	49	50	53	54	57
4	4.00			27	33	35	36	40	47	48	49	51	52	53	56	57	57
2	2.00		28	37	38	42	44	48	50	51	52	52	54	55	58	56	57
1	1.30	$()^{2}$	32	36	38	41	40	43	45	48	49	53	50	54	54	56	57
0	0.00	28	33	31	39	45	45	49	50	50	51	51	55	56	57	59	60
Ave		28	31	33	37	39	38	40	42	44	45	46	46	47	50	49	51

注：(1)*Y*，高生长树龄(年)；*H*，取样圆盘高度(m)。(2)高生长树龄是取样圆盘生成起始时的树龄，即树茎达到这一高度时的树龄。(3)表中数据右上角的数字是所测该指标年轮的生成树龄，由于表中未列其位置而加注。(4)空白括号，表明该数据漏测。符号 Nan 示该数据缺失。

Note:(1)*Y*, Tree age during height growth (a); *H*, Height of sample disc (m).(2)Tree age of height growth is the time at the beginning of sample disc formation, that is the tree age when stem is growing to attain the height.(3)The number between brackets at the upper right corner of data is the tree age when the ring to be measured was forming, but its position in this table doesn't be placed.(4)Blank brackets indicate the datum was omitted and sign Nan shows it was absent.

五树种样树生长树龄范围内管胞径向宽度发育变化的共同表现：①一定高生长树龄条件下，管胞宽度随径向树龄增宽；不同高生长树龄间，高位变化曲线的平均斜率大。②树株初始生长树龄生长鞘沿树高管胞宽度呈单一减小趋势，之后年份生成的生长鞘管胞宽度沿树高在短距离增宽后呈一致性减小。③各年生长鞘全高平均管胞宽度随树龄增宽，马尾松出现峰值，云杉早材有峰值征兆。④树茎中心部位不同高度相同离髓心年轮数第一序年轮间管胞宽度差别不明显，其他各序表现的差异在种内株间具相似性。

附表 10-2 落叶松样树不同高度逐龄年轮的晚材管胞宽度(μm)

Appendant table 10-2 Tracheid diameter of late wood of each successive ring at different heights in Dahurian larch sample trees(μm)

Y /年	*H* /m	年轮生成树龄 Tree age during ring formation															
		1 年	3 年	5 年	7 年	9 年	11 年	13 年	15 年	17 年	19 年	21 年	23 年	25 年	27 年	29 年	31 年
第 1 样树 Sample tree No.1																	
29	18.45															$()^{30}$	27
28	18.00															27	27
25	17.00													$()^{26}$	27	29	36
23	16.00												$()^{24}$	26	30	31	32
18	14.00										34	27	30	31	31	35	39
15	12.00								21^{16}	23	28	31	30	33	33	37	40
10	10.00						25	28	29	30	31	33	34	37	39	39	40
8	8.00					21	27	30	32	33	34	37	38	39	39	41	41
6	6.00				23	27	29	30	32	34	34	35	35	39	39	40	40
5	4.00			24^{6}	28	30	28	31	31	34	35	37	37	38	38	39	40
3	2.00		23^{4}	26	26	31	46	32	33	33	35	35	36	37	41	41	42
2	1.30		19	27	28	28	29	32	32	34	34	34	35	37	40	38	40
0	0.00	21	25	27	28	29	28	31	30	34	33	34	32	34	34	37	36
Ave		21	22	26	27	28	30	31	30	32	33	34	34	35	36	36	37
第 2 样树 Sample tree No.2																	
29	18.30															$()^{30}$	26
28	18.00															26	27
25	17.00													28^{26}	27	25	26
22	16.00												29	26	29	31	28
19	14.00										$()^{20}$	24	26	28	29	31	31
15	12.00								$()^{16}$	$()^{17}$	24	25	28	32	33	31	34
11	10.00						$()^{12}$	22	23	25	27	32	31	32	33	33	33
9	8.00					19^{10}	24	26	28	28	31	32	32	31	33	33	34
7	6.00				22^{8}	24	26	27	28	31	33	34	33	34	36	34	36
5	4.00			23^{6}	23	26	27	29	29	32	33	33	35	34	34	34	35
2	2.00		25	27	28	28	30	31	31	32	33	34	43	35	35	39	40
1	1.30	27^{2}	26	29	31	Nan	30	32	32	34	37	36	36	38	38	39	39
0	0.00	21	26	31	34	33	34	33	34	33	34	34	32	35	34	32	31
Ave		24	26	28	28	26	29	29	29	31	32	32	33	32	33	32	32
第 5 样树 Sample tree No.5																	
30	20.66																21
29	20.30															24^{30}	24
28	20.00															24	26
25	19.00													23^{26}	25	28	31
23	18.00												24^{24}	28	29	31	34
20	16.00											$()^{21}$	31	32	32	33	37
17	14.00									$()^{18}$	23	26	27	29	32	33	35
14	12.00								23	27	30	32	32	34	36	36	38
11	10.00						$()^{12}$	22	25	28	31	34	34	36	37	39	39
9	8.00					$()^{10}$	24	27	28	31	31	34	33	34	34	35	38
7	6.00				$()^{8}$	27	28	30	31	31	33	33	32	34	36	37	37
4	4.00			$()^{5}$	25	28	27	30	31	32	32	33	33	33	33	34	35
2	2.00		$()^{3}$	26	28	30	29	29	31	32	32	32	32	33	34	34	34
1	1.30	$()^{2}$	25	27	29	30	27	30	30	30	31	33	31	35	35	34	34
0	0.00	22	25	27	26	28	27	30	28	31	32	32	33	33	36	36	38
Ave		22	25	27	27	29	27	28	28	30	31	32	31	32	33	33	33

注：同附表 10-1。

Note: The same as appendant table 10-1.

附表 10-3　冷杉样树不同高度逐龄年轮的管胞宽度(μm)

Appendant table 10-3　Tracheid diameter of each successive ring at different heights in Faber fir sample trees(μm)

Y /年	H /m	年轮生成树龄 Tree age during ring formation															
		1年	2年	4年	6年	8年	10年	12年	14年	16年	18年	20年	22年	24年	26年	28年	30年
第1样树　Sample tree No.1																	
23	12.40													23			
22	12.00												27^{23}	28			
21	11.50												28	30			
20	11.00											$()^{21}$	31	33			
19	10.00											27	34	42			
15	8.00									26	30	35	38	40			
12	6.00							$()^{13}$	29	33	38	40	41	42			
9	4.00						26	27	31	34	36	39	40	41			
4	2.00			$()^{5}$	$()^{6}$	25	28	31	34	34	36	37	39	41			
3	1.30			23	24	29	33	33	37	37	39	40	41	41			
0	0.00	(Nan)	25	27	29	32	35	37	39	40	39	39	40	41			
Ave		()	25	25	27	29	31	32	34	34	36	37	36	37			
第3样树　Sample tree No.3																	
23	13.00													20			
22.5	12.50													28			
22	12.00												26^{23}	29			
21	11.00												27	36			
19	10.00											27	34	38			
15	8.00									27	34	38	40	41			
11	6.00							27	32	35	39	42	41	42			
8	4.00					$()^{9}$	29	33	36	37	39	40	42	42			
4	2.00			$()^{5}$	28	32	35	37	38	39	40	41	42	42			
3	1.30			32	34	35	37	38	38	41	41	42	44	44			
0	0.00	(Nan)	23	27	32	37	40	39	40	41	40	41	42	43			
Ave		()	23	30	31	35	35	35	37	37	39	39	37	37			
第5样树　Sample tree No.5																	
22	10.90												26^{23}	26			
21.56	10.50												26^{23}	29			
21	10.00												27	30			
20	9.00											27^{21}	30	33			
17	8.00										23	31	36	38			
14	6.00								$()^{15}$	27	35	39	44	45			
11	4.00							26	30	36	40	41	42	43			
6	2.00				$()^{7}$	25	29	31	39	41	41	41	42	43			
4	1.30			$()^{5}$	26	31	35	36	37	38	40	40	41	40			
0	0.00	(Nan)	22	25	27	29	31	33	35	37	38	39	40	42			
Ave		()	22	25	27	28	32	31	35	36	36	37	35	37			
第6样树　Sample tree No.6																	
29	13.00																22
28	12.50															$()^{29}$	31
26	12.00														$()^{27}$	30	34
24	11.00													$()^{25}$	33	36	40
22	10.00												$()^{23}$	27	33	39	40
18	9.00										$()^{19}$	27	30	34	35	38	39
14	6.00								$()^{15}$	28	32	36	37	39	41	41	41
11	4.00							25	30	36	38	39	40	40	41	42	42
6	2.00				$()^{7}$	27	29	32	35	37	38	38	39	39	40	41	41
4	1.30			27^{5}	28	31	33	34	36	38	38	38	40	40	41	41	41
0	0.00	23	24	26	27	31	31	33	35	36	36	38	39	40	41	42	42
Ave		23	24	27	28	30	31	31	34	35	36	36	38	37	38	39	38

注：同附表 10-1。

Note: The same as appendant table 10-1.

附表 10-4 云杉样树不同高度逐龄年轮的早、晚材管胞宽度(μm)

Appendant table 10-4 Tracheid diameter of early wood and late wood of each successive ring at different heights in Dahurian larch sample trees(μm)

Y /年	H /m	年轮生成树龄 Tree age during ring formation																							
		1年	3年	5年	7年	9年	11年	13年	15年	17年	19年	21年	23年	1年	3年	5年	7年	9年	11年	13年	15年	17年	19年	21年	23年
第 1 样树 Sample tree No.1																									
		早材 Early-wood												晚材 Late-wood											
22	12.00												21												21
21.5	11.50											( )^{22}	25											( )^{22}	25
21	11.00											( )^{22}	30											( )^{22}	30
20	10.50											27	37											27	37
19	10.00										( )^{20}	37	37										( )^{20}	37	37
18	9.00										27	32	41										27	32	41
16	8.00									29	37	42	44									29	31	34	34
12	6.00							30	38	41	45	48	51							30	34	37	38	39	42
9	4.00					( )^{10}	36	38	44	48	51	53	53					( )^{10}	29	33	36	38	41	42	43
6	2.00				27	34	39	41	43	46	48	51	53				27	30	30	34	37	37	39	40	43
5	1.30			24^{6}	31	38	42	44	46	47	48	52	55			24^{6}	28	30	33	34	36	38	38	40	41
0	0.00	24	27	31	35	37	40	40	41	45	46	48	48	24	22	25	29	30	32	33	34	36	36	35	38
Ave		24	27	28	31	36	39	39	42	43	43	43	41	24	22	25	28	30	31	33	35	36	36	36	36
第 2 样树 Sample tree No.2																									
		早材 Early-wood												晚材 Late-wood											
22	11.85												21												21
21	11.00											( )^{22}	26											( )^{22}	26
20	10.50											26	30											26	30
18	10.00										24	23	33										24	23	33
17	9.00									27^{18}	31	36	38									27^{18}	31	36	38
15	8.00								( )^{16}	28	39	45	46								( )^{16}	28	32	36	37
12	6.00							23	34	41	46	50	53							23	28	32	35	38	42
10	4.00						26	42	45	47	52	53	54						26	30	36	36	39	40	42
6	2.00				24	38	43	44	44	46	48	50	51				24	29	33	34	35	35	37	39	40
4	1.30			23	28	38	40	41	41	42	46	49	50			23	23	27	32	33	32	34	38	39	40
0	0.00	22	26	29	30	35	34	36	40	41	43	46	48	22	26	23	26	27	28	29	29	32	34	35	36
Ave		22	26	26	27	37	36	37	41	39	41	42	41	22	26	23	24	28	30	30	32	32	34	35	35
第 3 样树 Sample tree No.3																									
		早材 Early-wood												晚材 Late-wood											
21	11.50											( )^{22}	29											( )^{22}	29
20.5	11.00											31	37											31	37
20	10.50											37	39											37	39
19	10.00										32^{20}	34	41										32^{20}	34	41
17	9.00									25^{18}	31	38	41									25^{18}	31	38	41
15	8.00								( )^{16}	33	46	47	50								( )^{16}	28	33	36	38
11	6.00						( )^{12}	31	39	47	50	51	52						( )^{12}	24	34	39	39	39	39
8	4.00					29	37	43	48	51	53	53	55					27	30	31	38	40	40	41	42
6	2.00				32	38	42	47	49	50	52	53	55				28	33	37	38	39	40	42	42	42
4	1.30			28	35	42	48	50	51	55	55	55	55			25	30	34	36	37	38	38	39	40	40
0	0.00	26	28	30	38	41	42	43	45	45	48	49	51	26	28	27	28	31	33	34	34	35	37	37	37
Ave		26	28	29	35	38	42	43	46	44	46	45	46	26	28	26	29	31	34	33	37	35	37	38	39

注：同附表 10-1。

Note: The same as appendant table 10-1.

附表 10-5　马尾松第 4 样树不同高度逐龄年轮的早、晚材管胞宽度(μm)

Appendant table 10-5　Tracheid diameter of early wood and late wood of each successive ring at different heights in Masson's pine sample tree No.4 (μm)

Y /年	*H* /m	年轮生成树龄 Tree age during ring formation																		
		1年	3年	5年	7年	9年	11年	13年	15年	17年	19年	21年	23年	25年	27年	29年	31年	33年	35年	37年
早材 Early-wood																				
36	19.26																			20
35.66	19.00																			30
35	18.50																		$()^{36}$	38
34	18.00																		31	38
32	17.00																	32	40	43
30	16.00																28	38	43	44
25	14.00													$()^{26}$	34	39	41	44	47	47
19	12.00										$()^{20}$	36	42	45	49	52	52	54	54	54
12	10.00							31	37	40	49	51	53	56	56	57	57	58	58	58
9	8.00					$()^{10}$	36	40	45	48	50	53	55	55	57	58	57	57	58	57
6	6.00				33	38	43	46	48	51	53	53	52	54	55	55	55	56	57	58
3	4.00		$()^{4}$	34	42	47	47	51	51	54	53	54	52	54	54	55	54	55	57	57
2	2.00		35	41	45	46	47	49	48	50	52	52	51	53	53	55	54	54	54	55
1	1.30	$()^{2}$	36	41	45	45	48	49	48	52	54	54	52	52	54	53	51	52	53	53
0	0.00	33	35	40	44	43	45	47	48	51	51	52	50	50	50	54	51	50	50	52
Ave		33	35	39	42	44	44	45	46	49	52	51	51	52	51	53	50	50	50	47
晚材 Late-wood																				
36	19.26																			20
35.66	19.00																			27
35	18.50																		$()^{36}$	30
34	18.00																		31	31
32	17.00																	32	32	35
30	16.00																28	32	35	36
25	14.00													$()^{26}$	34	30	33	35	38	36
19	12.00										$()^{20}$	30	34	36	37	38	39	39	40	40
12	10.00							31	31	34	36	38	39	40	41	41	41	41	40	41
9	8.00					$()^{10}$	29	29	33	35	38	38	39	39	39	40	40	41	40	41
6	6.00				33	32	35	37	39	40	41	41	41	40	41	41	41	41	41	41
3	4.00		$()^{4}$	29	32	34	37	38	39	40	40	40	39	40	40	41	41	41	41	41
2	2.00		30	32	36	37	37	38	38	39	39	39	38	39	41	41	40	40	41	41
1	1.30	$()^{2}$	30	34	36	38	39	40	39	40	40	40	39	40	40	40	38	40	41	40
0	0.00	26	27	33	35	35	38	38	37	38	39	39	38	39	40	41	39	40	39	41
Ave		26	29	32	34	35	36	36	37	38	39	38	38	39	39	39	38	38	38	36

注：同附表 10-1。

Note: The same as appendant table 10-1.

附表 10-6 杉木样树不同高度逐龄年轮的管胞宽度(μm)

Appendant table 10-6 Tracheid diameter of each successive ring at different heights in Chinese fir sample trees(μm)

Y /年	H /m	年轮生成树龄							Y (年)	H (m)	Tree age during ring formation						
		1年	2年	4年	6年	8年	10年	12年			1年	2年	4年	6年	8年	10年	12年
第1样树 Sample tree No.1									第2样树 Sample tree No.2								
11\	15.00							30	11\	17.50							30
10.5\	14.50						31[11]	41	10	\17.00						31[11]	37
10\	14.00						34[11]	42	9\	16.00						35	45
9\	13.00						47	54	8\	14.00					()[9]	40	49
8\	12.00					34[9]	41	47	7\	12.00					40	49	55
7\	10.00					36	48	54	5\	10.00				31	49	46	54
5\	8.00				35	45	54	59	4.5\	8.00				37	46	49	54
4\	6.00			()[5]	45	53	55	56	4\	6.00			()[5]	43	50	52	53
3\	4.00			39	48	54	56	58	3\	4.00			36	45	50	53	56
1.26\	2.00		34	44	49	54	54	57	1.26	\2.00		33	44	49	50	53	54
1\	1.30		33	42	49	50	52	55	1	\1.30		32	44	48	50	52	53
0\	0.00	(Nan)	31	36	43	43	47	47	0\	0.00	(Nan)	32	36	38	43	43	47
Ave		()	33	40	45	46	47	50	Ave		()	32	40	42	47	46	49

Y /年	H /m	1年	2年	4年	6年	8年	10年	12年	第4样树		1年	3年	5年	7年	9年	11年	13年
第3样树 Sample tree No.3																	
11	\15.50							30	12	\15.50							34
10.5\	15.00						32[11]	34	11.5\	15.00							38
10\	14.50						34[11]	38	11	\14.50						34[12]	40
9.67\	14.00						35[11]	45	10\	14.00						36	41
9\	13.00						(Nan)[11]	44	9\	13.00					()[10]	36	45
8\	12.00					()[9]	32	49	8\	12.00					35	45	53
6\	10.00				()[7]	43	51	53	7	\10.00				()[8]	39	46	52
4\	8.00			()[5]	42	50	54	58	6\	8.00				41	47	52	54
3\	6.00			38	48	53	57	59	5\	6.00			()[6]	43	49	53	55
2\	4.00		()[3]	36	49	53	55	57	3	\4.00		()[4]	39	47	49	54	55
1.26\	2.00		34	48	56	57	59	60	2\	2.00		31	42	45	50	54	56
1\	1.30		35	47	51	53	52	56	1\	1.30	()[2]	34	42	44	49	54	57
0\	0.00	(Nan)	36	42	50	52	54	57	0\	0.00	32	34	39	42	47	50	52
Ave		()	35	42	49	52	47	49	Ave		32	33	41	44	46	47	49

第5样树 Sample tree No.5

Y /年	H /m	年轮生成树龄 Tree age during ring formation									
		1年	2年	4年	6年	8年	10年	12年	14年	16年	18年
17	\21.59										27
16.46\	21.00										24
16\	20.50									()[17]	38
15\	20.00									37	46
14\	19.00								()[15]	39	47
12\	18.00							()[13]	37	44	48
11\	16.00							38	48	50	52
10\	14.00						()[11]	48	51	54	59
8	\12.00					()[9]	46	51	56	59	59
6\	10.00				()[7]	40	53	59	58	58	58
4\	8.00				36	45	55	56	57	58	58
3\	6.00			40	49	53	54	56	58	57	58
2\	4.00		()[3]	47	51	53	55	56	58	57	58
1.26\	2.00		40	45	50	52	55	57	58	59	60
1\	1.30		39	48	51	53	57	57	56	58	60
0\	0.00	(Nan)	36	45	46	50	50	51	53	56	56
Ave		()	38	45	47	49	53	53	54	53	51

注：同附表 10-1。

Note: The same as appendant table 10-1.

11 次生木质部管胞形态的发育变化(III)管胞长宽比

本章图示概要

本章用表概要

摘　　要

管胞长度和宽度是次生木质部发育性状指标。管胞长、宽是同一类型细胞(生物结构单位)上的两个物理量，分别是独立的形态因子。管胞长、宽随生成的树龄在同类细胞间各呈趋势性变化,可推论管胞长宽比必定也会存在着某种发育的规律性。本章利用第9章、第10章测定数据计算出相同取样条件下的管胞长宽比,并绘制出表达次生木质部发育性状的四类平面曲线图。它们充分表达出管胞长宽比随树茎两向生长树龄变化具有遗传控制的变化趋势性，由此证明管胞长宽比是针叶树次生木质部的发育性状。管胞长宽比在木材研究中甚少涉及，逐龄生成管胞的长宽比变化是一个研究新题。

11.1　管胞长宽比实验数据

针叶树管胞长度为1~5mm，宽度为20~70μm；长宽比则为50~100。采用普通光学显微镜和投影显微镜在同一切片上分别测定管胞长度和宽度。

对早、晚材区别不明显的树种，某个确定高度的单个年轮是一个取样点；对早、晚材区别明显的树种，同一年轮早、晚材各是一个取样点。取样点内的众多管胞长、宽度是有差别的，其性质不是一般所称的变异，也不是本项目所指的发育变化。测定中由取样点内多个测定值的标准差确定其最少测定数量。由此取得能符合0.95置信水平和5%准确指数要求的样点管胞长度或宽度平均值。

在保证最少测定数量条件下，把同一取样点管胞平均长、宽度相比定义为它的长宽比具有数学的合理性。

由管胞长宽比树种代表值或少数部位管胞长宽比的测定结果，是看不出它在发育层次上的变化。对管胞长宽比发育变化的研究须在各单株样树多个高度径向逐个年轮(位置)上取样，分别测定各同一取样点上的管胞长、宽度可信平均值，并一一相比。

11.2　不同高度径向逐龄管胞长宽比的发育变化

本类型图示各高度曲线生成的起始树龄早、迟不同，但同终于样树采伐树龄。图示发育的变化趋势只限于各树种样树取样的生长时段。

如图11-1至图11-5所示五树种不同高度管胞长宽比水平径向变化的共同表现：①根颈与其他高度不同，管胞长宽比的增高变化幅度小，并较早转减小；②径向生长树龄长的树茎基部区段，管胞长宽比增高变化比高位曲线小；③径向生长期短的树茎上部区段，管胞长宽比变化曲线的斜率大，即增高的变化快；④早、晚材区别明显的树种，晚材管胞长宽比的变化范围明显大于早材。

如图11-1至图11-5所示，同一生成树龄不同高度年轮间(纵坐标)管胞长宽比的差别向上减小。这是同一生长鞘管胞长宽比沿树高发育变化的表现。

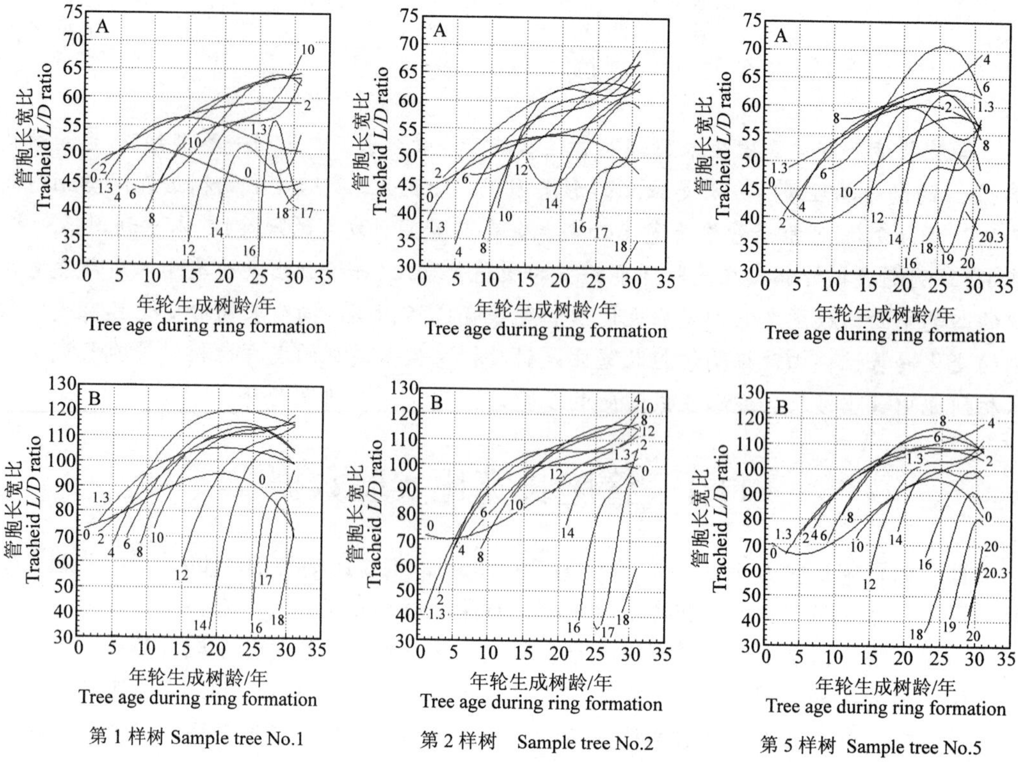

图 11-1　落叶松三株样树不同高度径向逐龄早、晚材管胞长宽比的发育变化

A. 早材；B. 晚材；图中数字为取样圆盘高度(m)

Figure 11-1　Developmental change of tracheid *L/D* ratio of successive early woods and late woods in radial direction at different heights in three sample trees of Dahurian larch

A. early wood; B. late wood. The numerical symbols in the figure are the height of every sample disc(m)

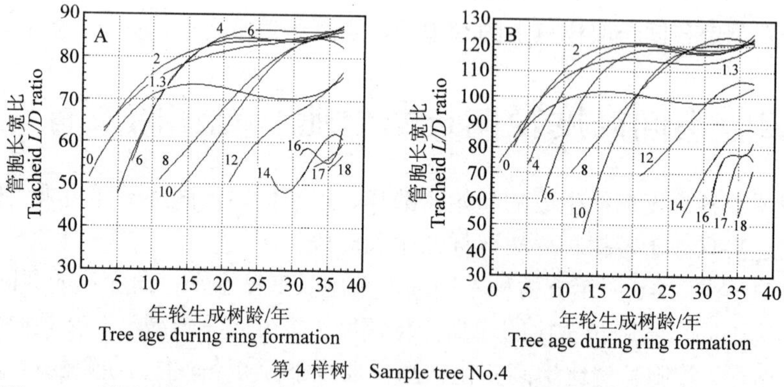

图 11-2　马尾松第 4 样树不同高度径向逐龄早、晚材管胞长宽比的发育变化

A. 早材；B. 晚材；图中数字为取样圆盘高度(m)

Figure 11-2　Developmental change of tracheid *L/D* ratio of successive early woods and late woods in radial direction at different heights in Masson's pine sample tree No.4

A. early wood; B. late wood. The numerical symbols in the figure are the height of every sample disc(m)

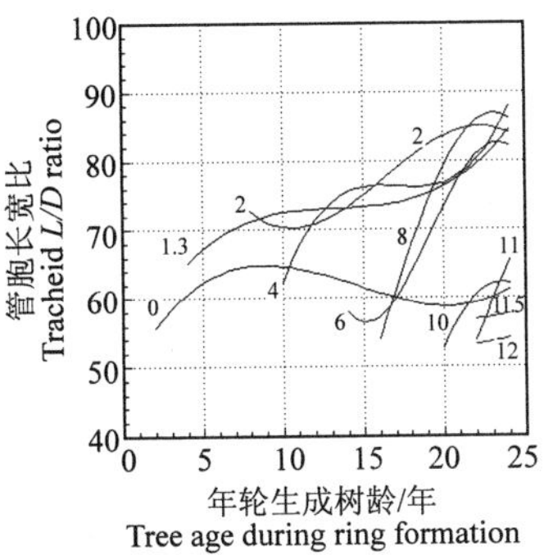

第 1 样树 Sample tree No.1

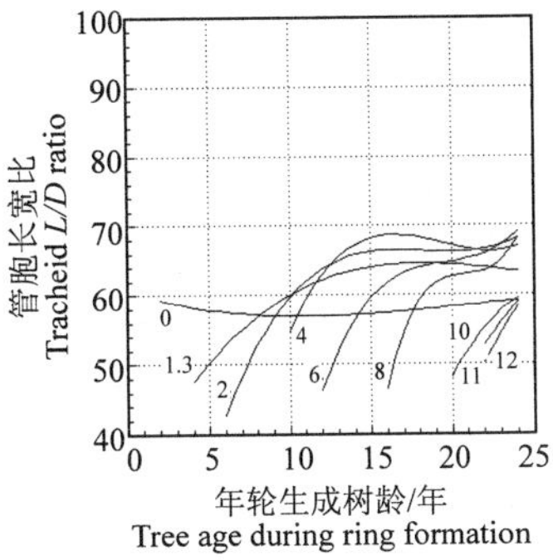

第 3 样树 Sample tree No.3

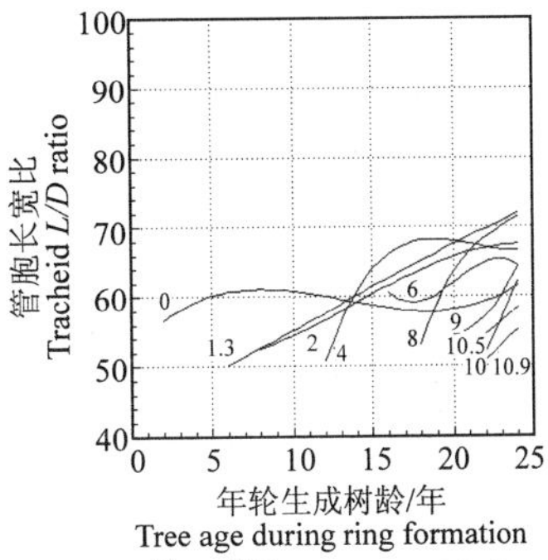

第 5 样树 Sample tree No.5

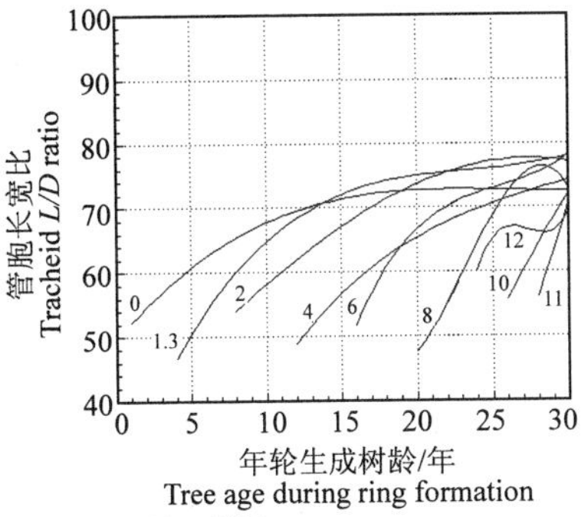

第 6 样树 Sample tree No.6

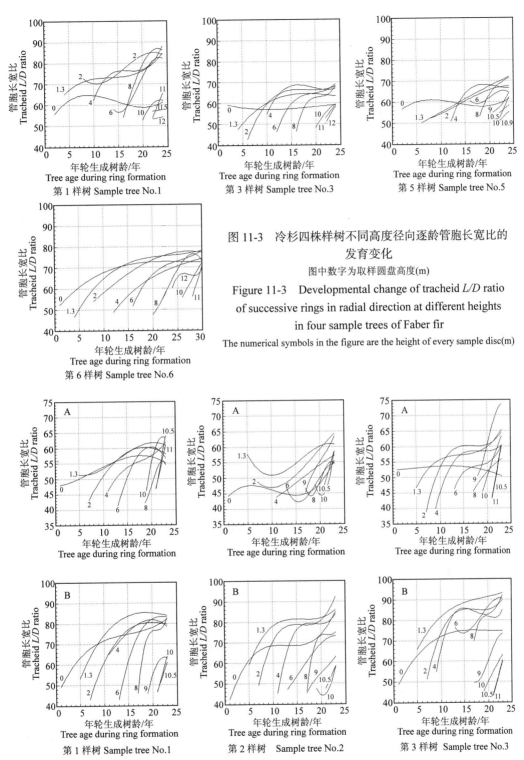

图 11-3　冷杉四株样树不同高度径向逐龄管胞长宽比的发育变化

图中数字为取样圆盘高度(m)

Figure 11-3　Developmental change of tracheid *L/D* ratio of successive rings in radial direction at different heights in four sample trees of Faber fir

The numerical symbols in the figure are the height of every sample disc(m)

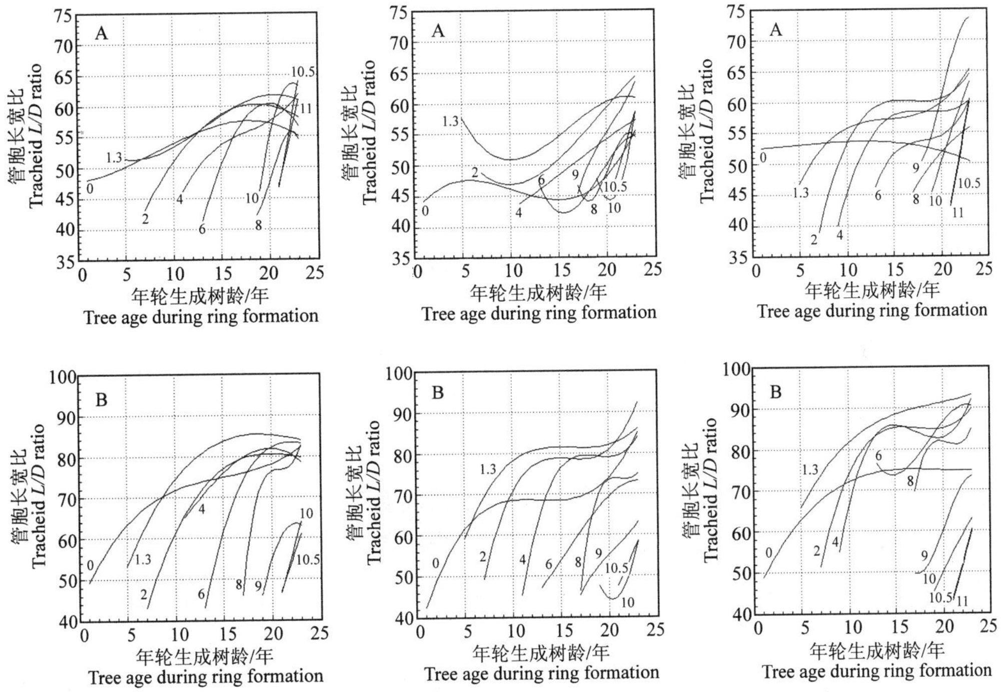

第 1 样树 Sample tree No.1　　第 2 样树　Sample tree No.2　　第 3 样树　Sample tree No.3

图 11-4　云杉三株样树不同高度径向逐龄早、晚材管胞长宽比的发育变化

A. 早材；B. 晚材；图中数字为取样圆盘高度(m)

Figure 11-4　Developmental change of tracheid *L/D* ratio of successive early woods and late woods in radial direction at different heights in three sample trees of Chinese spruce.

A. early wood；B. late wood. The numerical symbols in the figure are the height of every sample disc(m)

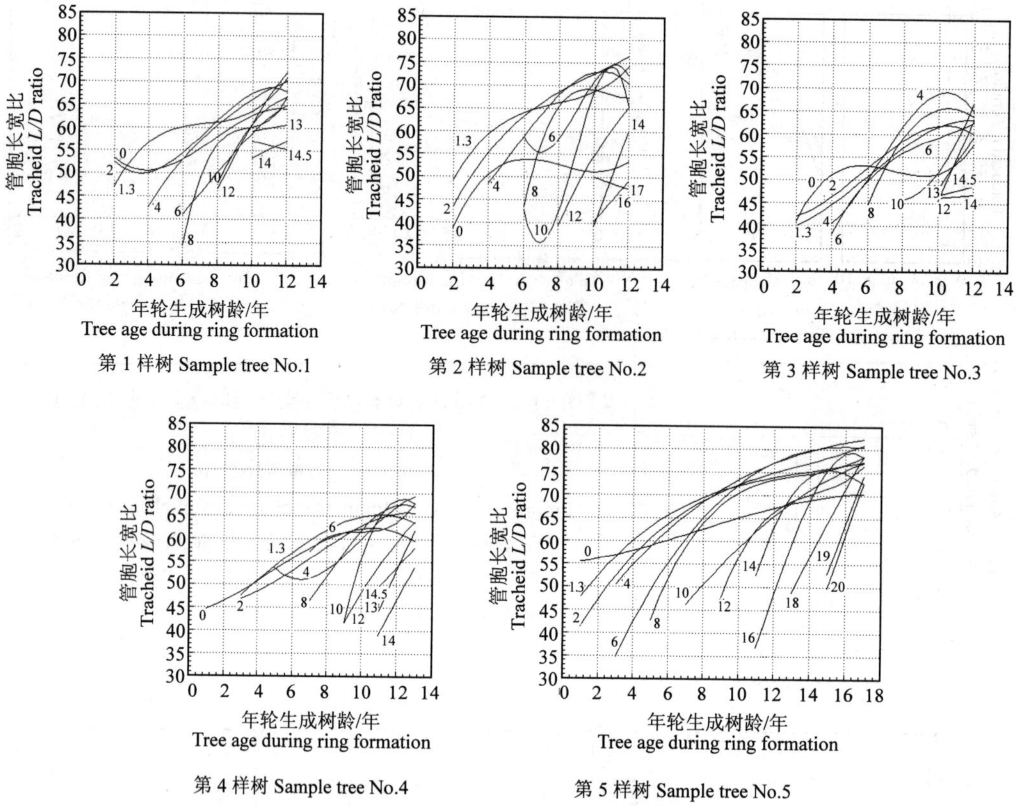

图 11-5　杉木五株样树不同高度径向逐龄管胞长宽比的发育变化

图中数字为取样圆盘高度(m)

Figure 11-5　Developmental change of tracheid *L*/*D* ratio of successive rings in radial direction at different heights　in five sample trees of Chinese fir

The numerical symbols in the figure are the height of every sample disc(m)

11.3　逐龄生长鞘管胞长宽比沿树高的发育变化

如图 11-6 至图 11-10 所示逐龄生长鞘不同高度年轮样品测定值的回归结果，横坐标是高生长树龄。五树种逐龄生长鞘管胞长宽比沿树高变化的共同表现：①初始树龄生长鞘管胞长宽比沿树高向上减小。② 7 龄开始向上先增大后减小，但部分生长鞘呈波动。③ 之后，管胞长宽比变化趋势相同，先增大后一致性减小，随生长鞘生成树龄沿树高增大距离逐渐向上移。

早、晚材区别明显的树种(落叶松、马尾松和云杉)晚材管胞长宽比大于早材，两部分管胞长宽比沿树高的变化趋势基本相同。

如图 11-6 至图 11-10 所示，逐龄生长鞘管胞长宽比变化曲线在图中的位置随生成树龄向上移，表明各年生长鞘管胞长宽比随(径向生长)树龄增大。

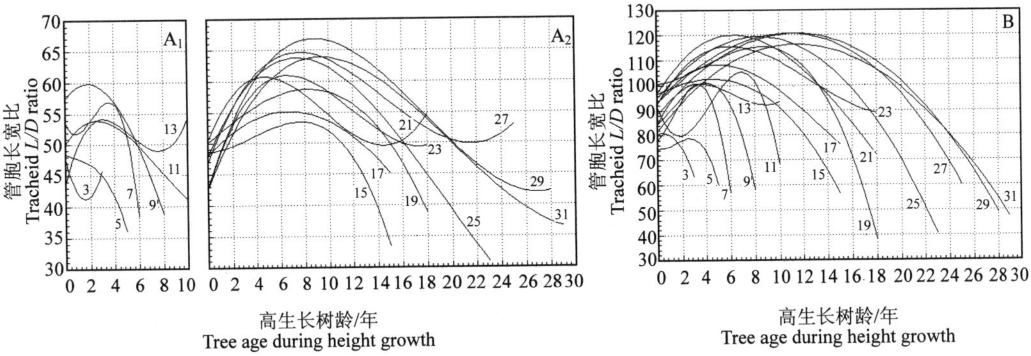

第 1 样树 Sample tree No.1

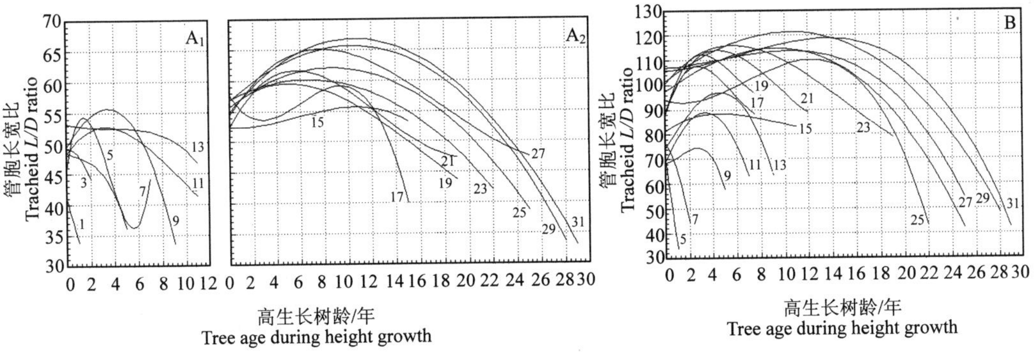

第 2 样树 Sample tree No.2

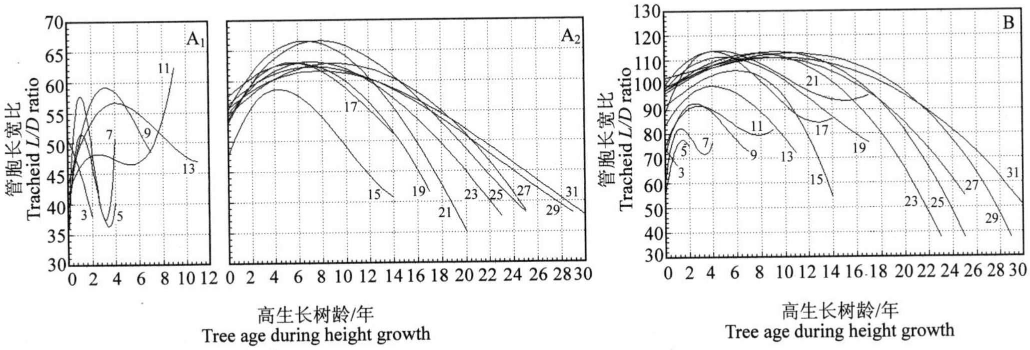

第 5 样树 Sample tree No.5

图 11-6 落叶松三株样树逐龄生长鞘早、晚材管胞长宽比沿树高的发育变化

A. 早材(A_1、A_2. 分图)；B. 晚材。图中数字系各年生长鞘生成时的树龄

Figure 11-6 Developmental change of early wood and late wood tracheid *L*/*D* ratio of each successive growth sheath along the stem length in three sample trees of Dahurian arch

A. early wood(A_1、A_2. divided figures)；B. late wood. The numerical symbols in the figure are the tree age during every growth sheath formation

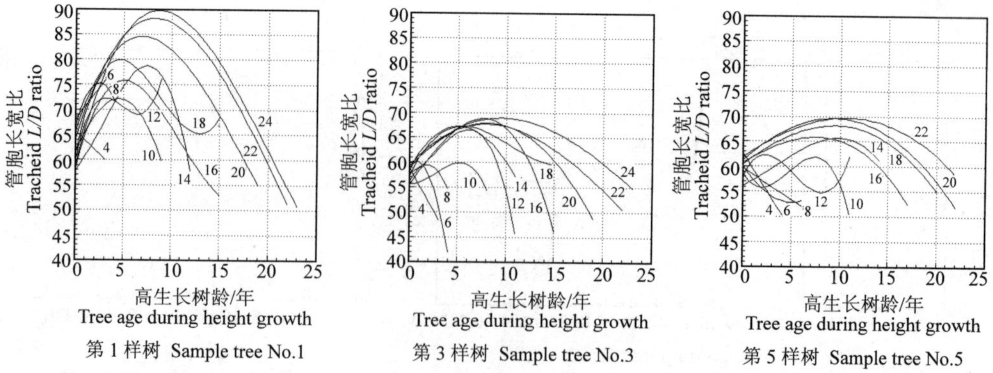

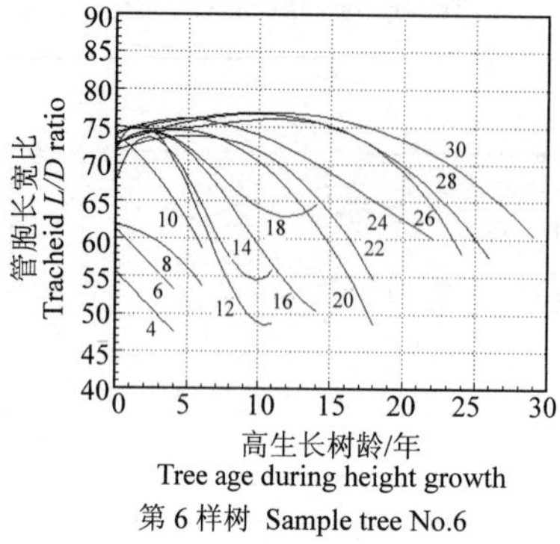

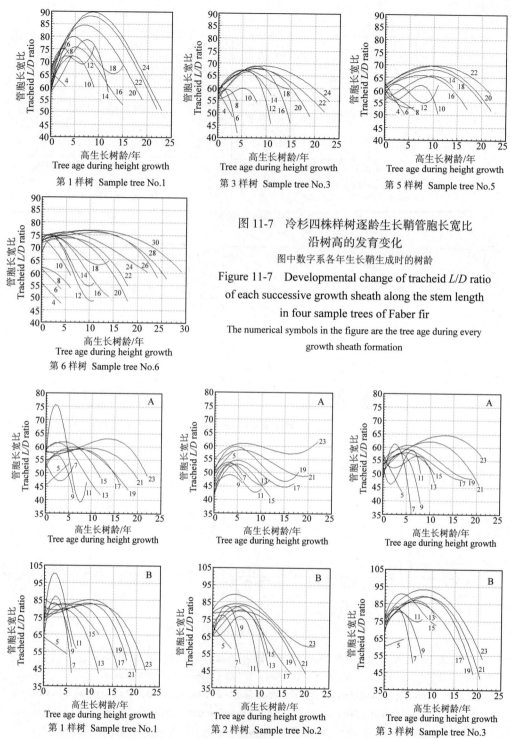

图 11-7 冷杉四株样树逐龄生长鞘管胞长宽比沿树高的发育变化

图中数字系各年生长鞘生成时的树龄

Figure 11-7 Developmental change of tracheid *L*/*D* ratio of each successive growth sheath along the stem length in four sample trees of Faber fir

The numerical symbols in the figure are the tree age during every growth sheath formation

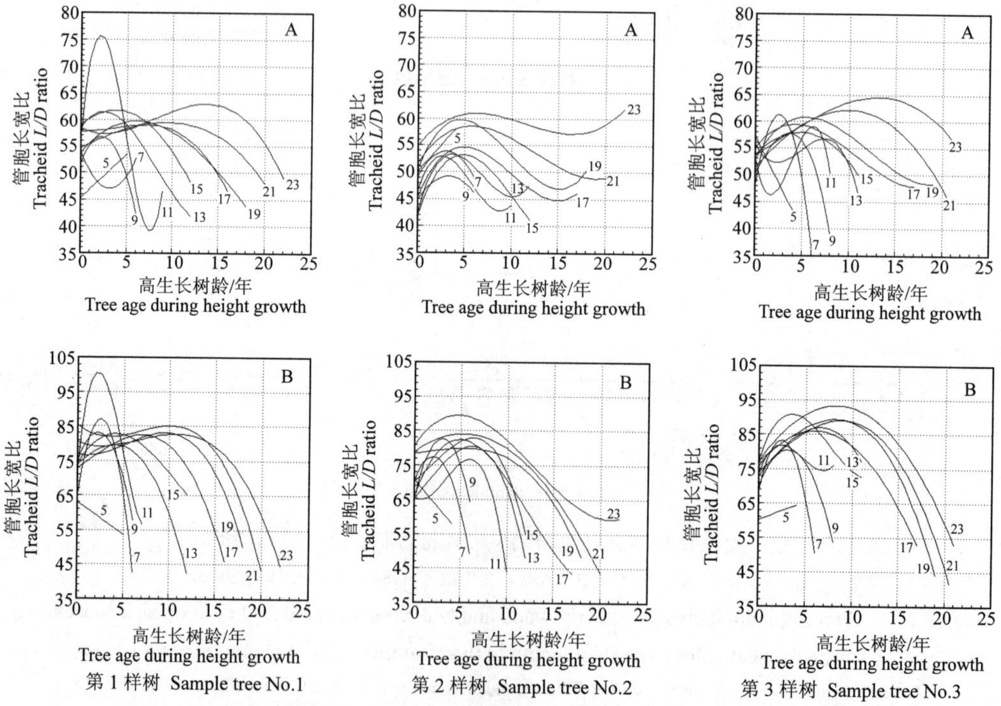

图 11-8 云杉三株样树逐龄生长鞘早、晚材管胞长宽比沿树高的发育变化

A. 早材；B. 晚材。图中数字系各年生长鞘生成时的树龄

Figure 11-8 Developmental change of early wood and late wood tracheid *L*/*D* ratio of each successive growth sheath along stem length in three sample trees of Chinese spruce

A. early wood；B. late wood. The numerical symbols in the figure are the tree age during every growth sheath formation

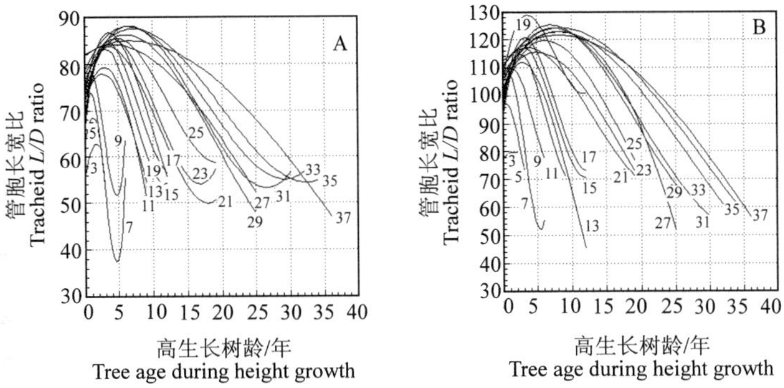

图 11-9　马尾松第 4 样树逐龄生长鞘早、晚材管胞长宽比沿树高的发育变化

A. 早材；B. 晚材。图中数字系各年生长鞘生成时的树龄

Figure 11-9　Developmental change of early wood and late wood tracheid *L/D* ratio of each successive growth sheath along stem length in Masson's pine sample tree No.4

A. early wood；B. late wood. The numerical symbols in the figure are the tree age during every growth sheath formation

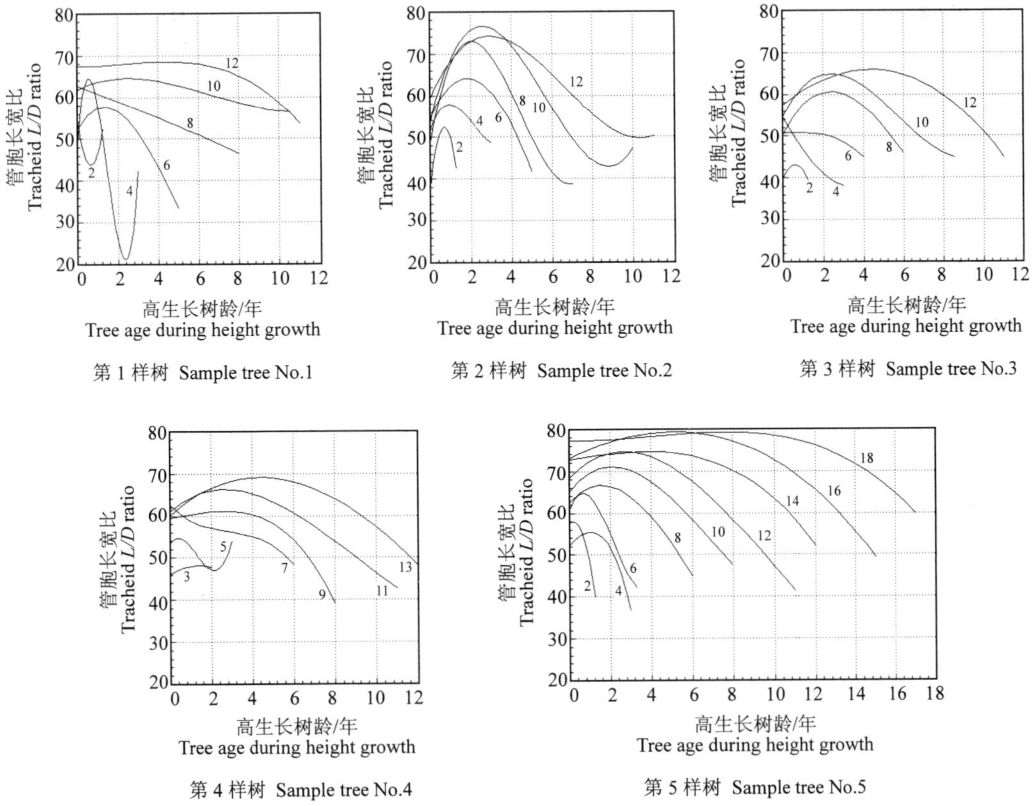

图 11-10　杉木五株样树逐龄生长鞘管胞长宽比沿树高的发育变化

图中数字系各年生长鞘生成时的树龄

Figure 11-10　Developmental change of tracheid *L/D* ratio of each successive growth sheath along stem length in five sample trees of Chinese fir

The numerical symbols in the figure are the tree age during every growth sheath formation

11.4 各年生长鞘全高平均管胞长宽比随树龄的发育变化

在生长鞘概念下，测出各同一生长鞘不同高度年轮样品性状才能进一步求得各龄生长鞘全高性状平均值。这是在不考虑到同一生长鞘性状具有随高生长树龄变化的条件下，仅需表达出性状随径向生长树龄发育变化而采用的一种报告方式。

如图 11-11 至图 11-15 所示五种针叶树各年生长鞘全高平均管胞长度比随树龄发育的变化；图 11-16 所示五树种平均值的变化，表 11-1 所示变化曲线的回归方程。它们的共同特点：①各年生长鞘全高平均管胞长宽比随树龄增大；②早、晚材区别明显的树种，晚材全高平均管胞长宽比增大幅度远高于早材，晚材显峰值的树龄较早材在前。

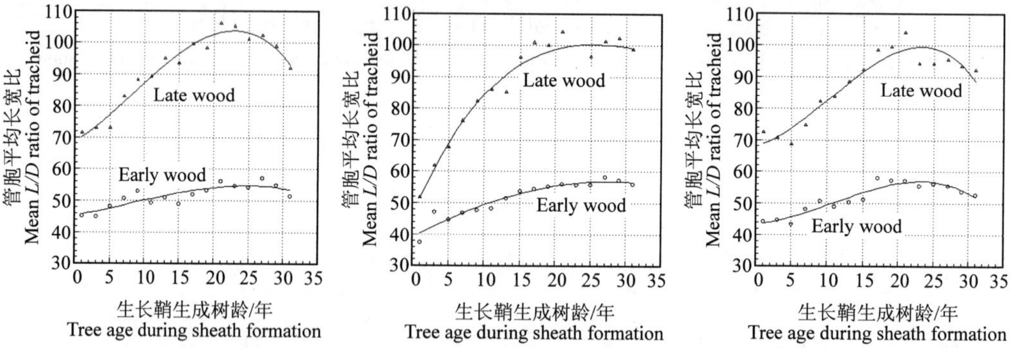

第 1 样树 Sample tree No.1　　第 2 样树 Sample tree No.2　　第 5 样树 Sample tree No.5

图 11-11　落叶松三株样树各年生长鞘全高管胞平均长宽比随树龄的发育变化

回归曲线的各数据点代表各年龄长鞘全高平均值

Figure 11-11　Developmental change of mean tracheid *L/D* ratio of the length of each successive growth sheath with tree age in three sample trees of Dahurian larch

Every numerical point beside regression curve represents the average value within its height of every sheath

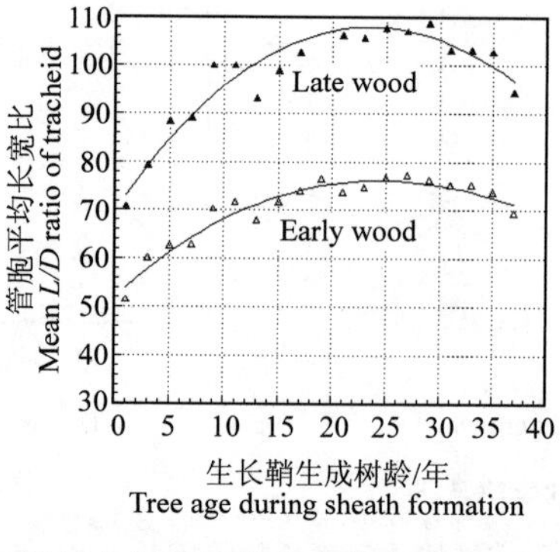

图 11-12　马尾松第 4 样树各年生长鞘全高管胞平均长宽比随树龄的发育变化

回归曲线的各数据点代表各龄生长鞘全高平均值

Figure 11-12　Developmental change of mean tracheid *L/D* ratio of the length of each successive growth sheath with tree age in Masson's pine sample tree No.4

Every numerical point beside regression curve represents the average value within its height of every sheath

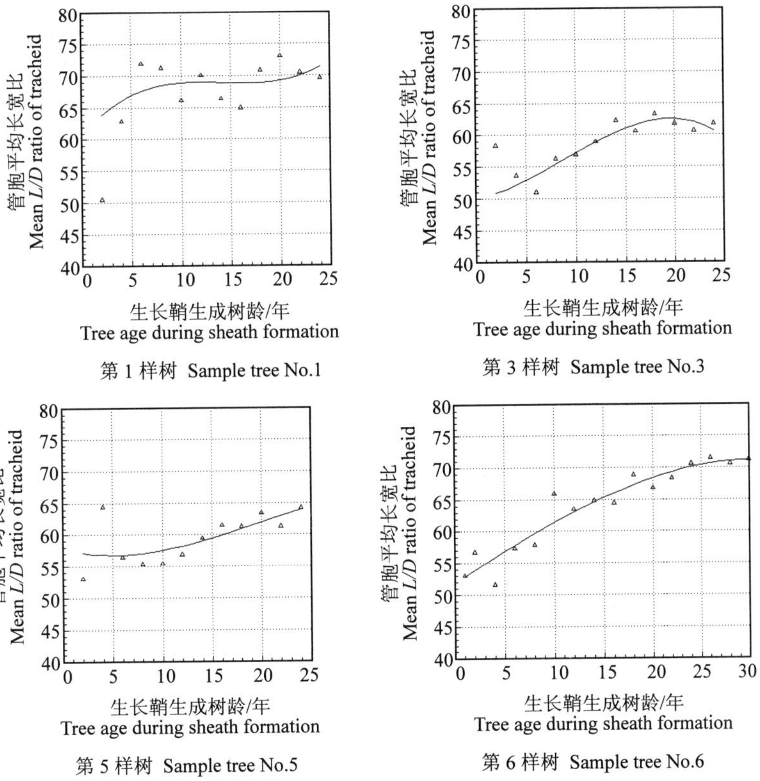

图 11-13 冷杉四株样树各年生长鞘全高管胞平均长宽比随树龄的发育变化

回归曲线的各数据点代表各龄生长鞘全高平均值

Figure 11-13 Developmental change of mean tracheid *L*/*D* ratio (of the length) of each successive growth sheath with tree age in four sample trees of Faber fir

Every numerical point beside regression curve represents the average value within its height of every sheath

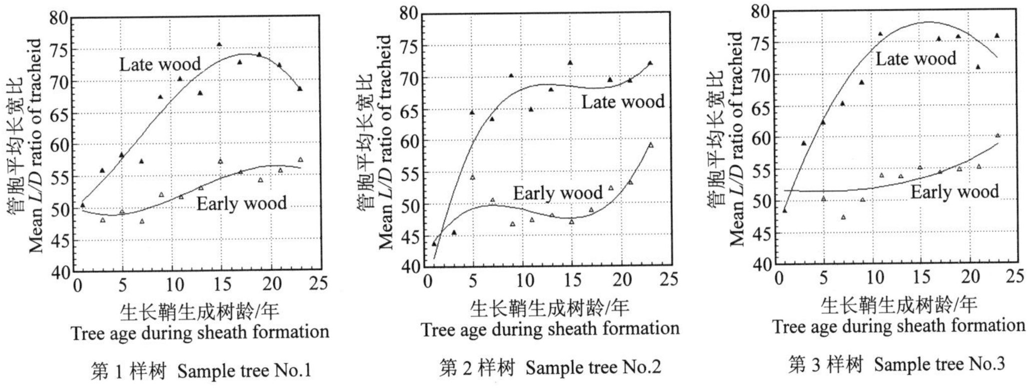

图 11-14 云杉三株样树各年生长鞘全高管胞平均长宽比随树龄的发育变化

回归曲线的各数据点代表各龄生长鞘全高平均值

Figure 11-14 Developmental change of mean tracheid *L*/*D* ratio (of the length) of each successive growth sheath with tree age in three sample trees of Chinese spruce

Every numerical point beside regression curve represents the average value within its height of every sheath

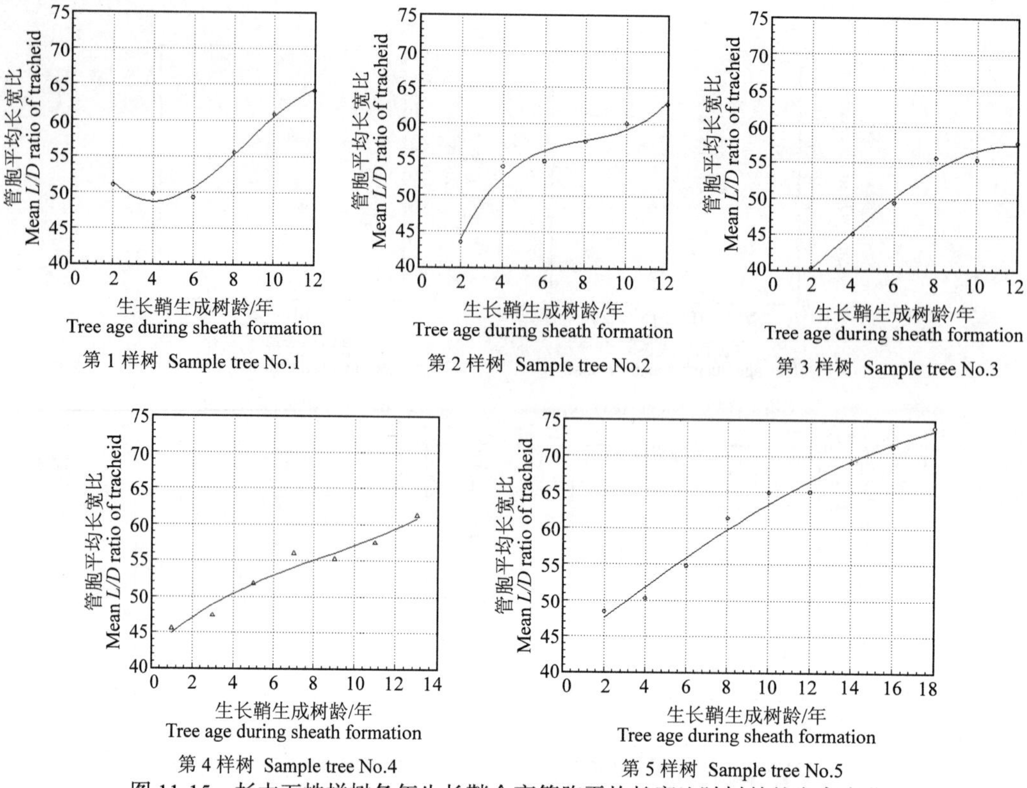

图 11-15 杉木五株样树各年生长鞘全高管胞平均长宽比随树龄的发育变化

回归曲线的各数据点代表各龄生长鞘全高平均值

Figure 11-15 Developmental change of mean tracheid *L*/*D* ratio (of the length) of each successive growth sheath with tree age in five sample trees of Chinese fir

Every numerical point beside regression curve represents the average value within its height of every sheath

表 11-1 五种针叶树生长鞘管胞平均长宽比与生成树龄的回归方程

Table 11-1 The regression equations between mean *L*/*D* ratio of tracheid and tree age during sheath formation in five coniferous species

树种 Tree species	生长鞘中的部位 Part in sheath	回归方程 Regression equations y—管胞平均长宽比；x—生长鞘生长树龄 (y—mean L/D ratio of tracheid; x—tree age during sheath formation)	相关系数 Correlation coefficient (α=0.01)
落叶松 Dahurian larch	早材 Early wood	$y= -0.000\ 812\ 929x^3+0.017\ 334\ 7x^2+0.612\ 998x+42.589\ 7$	0.83
	晚材 Late wood	$y= -0.001\ 833x^3+0.012\ 620\ 8x^2+2.422\ 36x+61.065\ 5$	0.82
云杉 Chinese spruce	早材 Early wood	$y=0.002\ 091x^3-0.056\ 865\ 7x^2+0.645\ 533x+47.864\ 4$	0.62
	晚材 Late wood	$y=0.002\ 146\ 09x^3-0.180\ 633x^2+4.233\ 21x+43.05$	0.76
马尾松 Masson's pine	早材 Early wood	$y=0.000\ 248\ 182x^3-0.052\ 426\ 3x^2+2.122\ 72x+51.944\ 2$	0.74
	晚材 Late wood	$y=0.000\ 242\ 7x^3-0.080\ 475\ 9x^2+3.376\ 97x+69.851$	0.65
冷杉 Faber fir	生长鞘 growth sheath	$y=0.001\ 3232\ 6x^3-0.065\ 665\ 3x^2+1.431\ 11x+52.434\ 9$	0.65
杉木 Chinese fir	生长鞘 growth sheath	$y=0.002\ 495\ 88x^3-0.060\ 010\ 8x^2+2.064\ 71x+42.254\ 5$	0.93

注：本表各回归方程的适用年限分别与图 11-16 图示中同一树种生长鞘生成树龄范围相同。

Note: The range of applicable tree age of each regression equation in this table is respectively equal to that of tree age during sheath formation of the same species in figure 11-16.

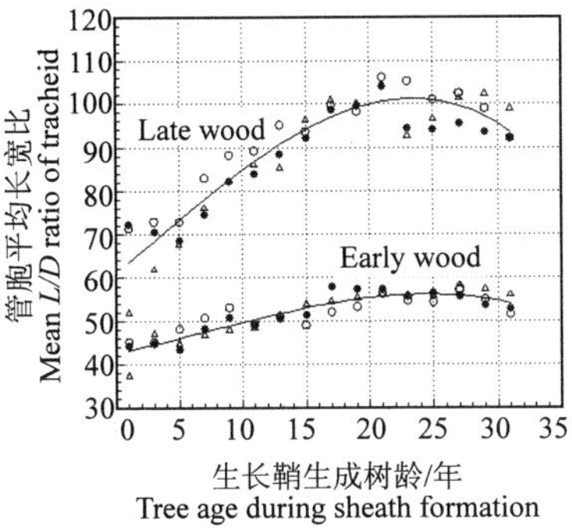

落叶松 3 样树　Three Dahurian larch

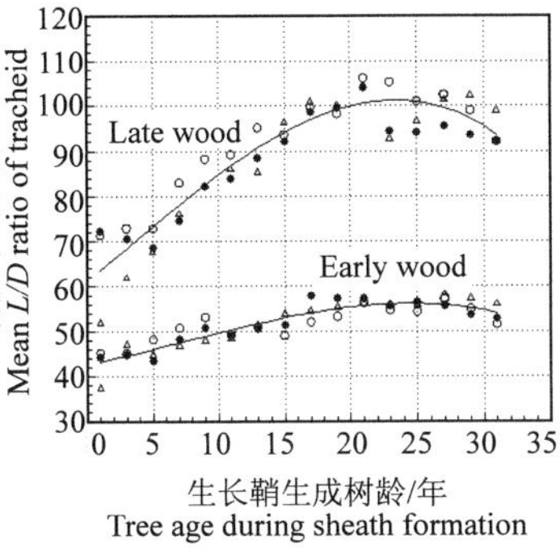

云杉 3 样树　Three Chinese spruce

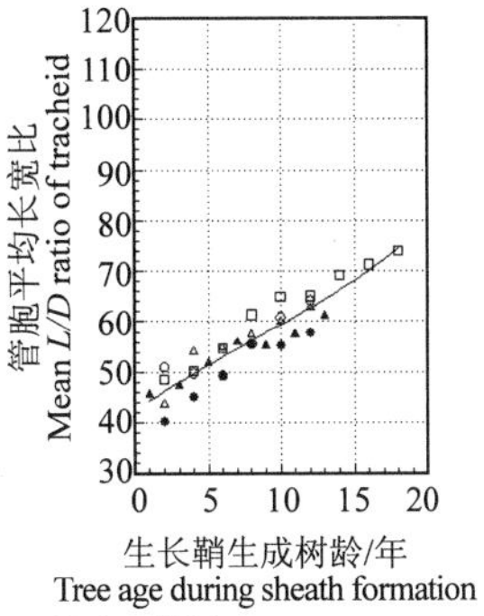

杉木 5 样树　Five Chinese fir

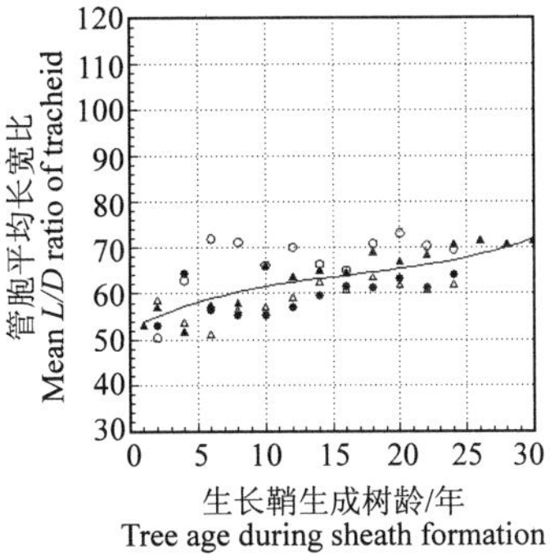

冷杉 4 样树　Four Faber fir

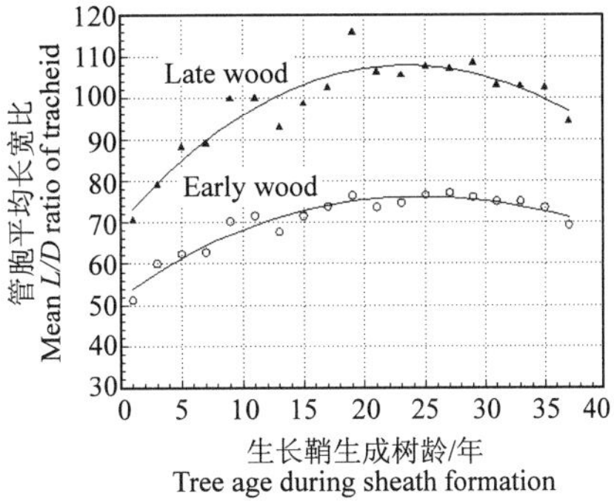

马尾松 1 样树　One Masson's pine

图 11-16　针叶树各年生长鞘全高管胞平均长宽比随树龄发育变化的树种趋势

图中具有各种符号的曲线是发育变化，不同符号代表样树株别

Figure 11-16　The species' tendencies of developmental change of mean tracheid *L*/*D* ratio (of the length) of each successive growth sheath with tree age in coniferous trees

The line with various signs together is the curve of developmental change, the different signs beside it represent the ordinal numbers of every sample tree respectively

表 11-2　三种针叶树逐龄生长鞘全高平均早、晚材管胞长宽比差值率(%)

Table 11-2　Differential percentage of mean Tracheid *L/D* of latewood of the length of each successive growth sheath from that of earlywood in three coniferous species(%)

树种 Species	株别 Tree number	生长鞘生成树龄/年　Tree age during sheath formation																		
		1	3	5	7	9	11	13	15	17	19	21	23	25	27	29	31	33	35	37
落叶松 Dahurian larch	1	57.78	62.22	52.08	62.75	66.04	81.63	86.27	91.84	92.31	84.91	89.29	90.91	87.04	78.95	80.00	76.92	—	—	—
	2	40.54	31.91	51.11	61.70	70.83	79.17	66.67	77.78	83.64	81.82	85.71	66.07	73.21	74.14	78.95	76.79	—	—	—
	5	63.64	57.78	60.47	56.25	60.78	71.43	76.00	80.39	70.69	75.44	82.46	67.86	67.86	71.43	74.07	73.58	—	—	—
云杉 Chinese spruce	1	0.00	16.67	18.37	18.75	28.85	34.62	28.30	33.33	32.73	37.04	28.57	21.05	—	—	—	—	—	—	—
	2	0.00	0.00	18.52	23.53	48.94	38.30	41.67	53.19	32.65	32.69	30.19	22.03	—	—	—	—	—	—	—
	3	0.00	0.00	24.00	38.30	38.00	40.74	51.85	49.09	38.89	38.18	29.09	26.67	—	—	—	—	—	—	—
马尾松 Masson's pine	4	39.22	31.67	41.94	41.27	42.86	38.89	36.76	37.50	37.84	52.63	43.24	40.00	40.26	38.96	43.42	37.33	37.33	39.19	36.23

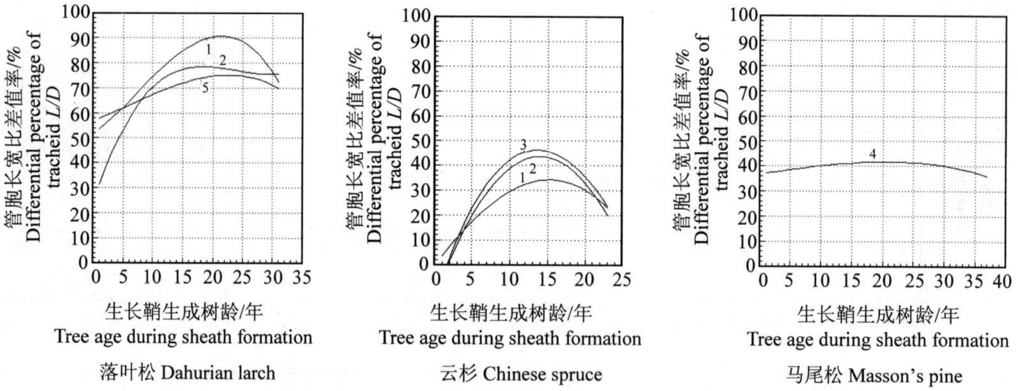

图 11-17　三种针叶树逐龄生长鞘全高平均早、晚材管胞长宽比差值率的发育变化①

图中标注曲线的数字是株别

Figure 11-17　Developmental change of differential percentage of mean Tracheid *L/D* of latewood of the length of each successive growth sheath from that of earlywood in three coniferous species

Numerical marks of curve in figure are the ordinal numbers of every sample tree

如图 11-17、表 11-2 所示，逐龄早、晚材全高平均管胞长宽比差值率①随树龄的变化。早、晚材全高平均管胞宽度差值率绝对值(图 10-24，表 10-9)高于早、晚材全高平均长度差值率(图 9-24，表 9-9)，从而使管胞长宽比差值率在三者中最高，随树龄的变化最明显。

11.5　不同高度、相同离髓心年轮数、异鞘年轮间管胞长宽比的有序发育差异

不同高度、相同离髓心年轮数是用来表达树茎中心部位；异鞘则是表明这一部位不同高度、相同离髓心年轮数年轮不位于同一生长鞘中，即不在同一树龄生成。

如图 11-18 至图 11-22 所示五树种中心部位管胞长宽比有序发育差异的共同表现：①相同离髓心年轮数、不同高度年轮间的管胞长宽比是有差别的。同一曲线随离髓心年轮序数增加差别增大，即向外曲线在趋短中曲度加大。②第 1 序曲线的变化趋势沿树高呈减小，其外方的曲线为向上增大，后转平稳或有所减小。第 1、3 序曲线表现出共同性中存在的差别，估计与取样(实验)误差有关。③不同序数曲线的间距随离髓心年轮序数增加而减小。

① 全高平均早、晚材管胞长宽比差值率=(全高平均晚材管胞长宽比−同龄生长鞘全高平均早材管胞长宽比)/全高平均早材管胞长宽比。

Differential percentage of mean tracheid *L/D* of latewood from that of earlywood = The difference of mean tracheid *L/D* between late wood and early wood within its whole height of the same growth sheath / mean tracheid *L/D* of earlywood.

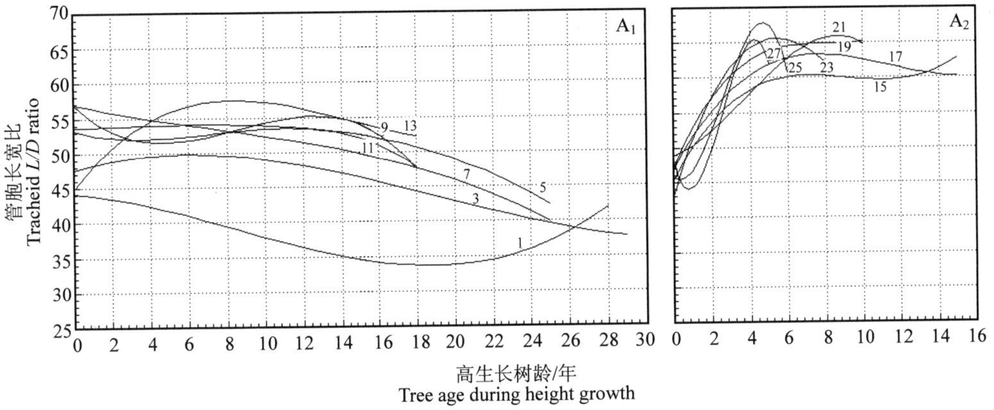

第 1 样树 Sample tree No.1

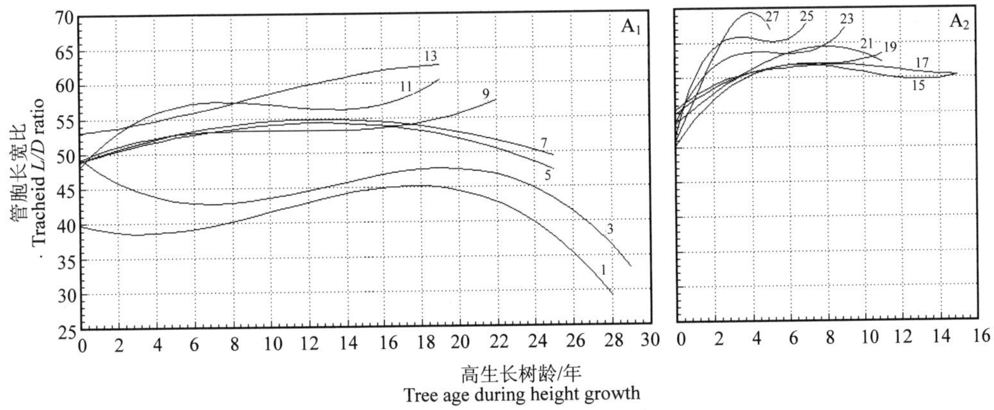

第 2 样树 Sample tree No.2

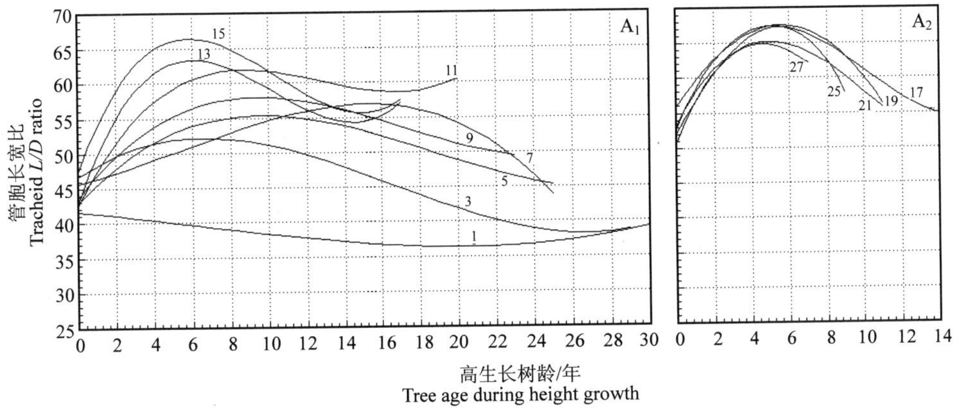

第 5 样树 Sample tree No.5

图 11-18 落叶松三株样树不同高度、相同离髓心年轮数、异鞘年轮间管胞长宽比的有序变化(I)

A. 早材(A_1、A_2. 分图)。图中曲线是沿树高方向的变化，数字系离髓心年轮数

Figure 11-18 Systematical change of tracheid *L/D* ratio among rings in different sheaths but with the same ring number from pith and at different heights in three sample trees of Dahurian larch(I)

A. early wood(A_1, A_2. divided figures). The curves in the figure represent the change along the stem length and the numerical symbols are the ring number from pith

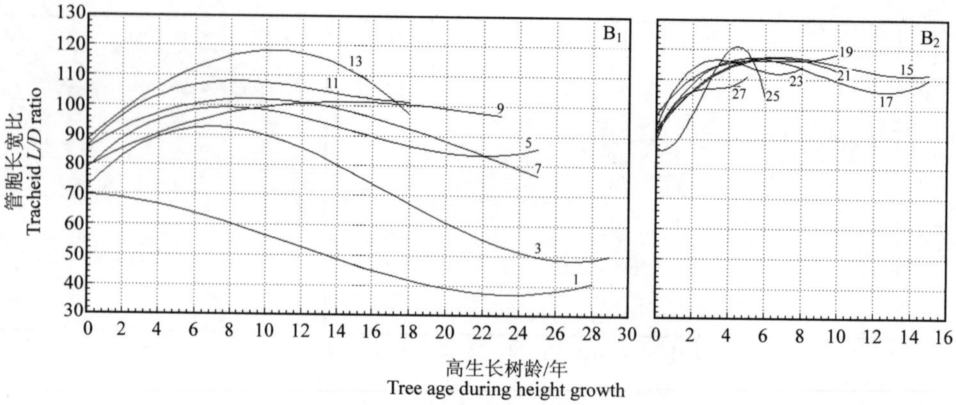

第 1 样树 Sample tree No.1

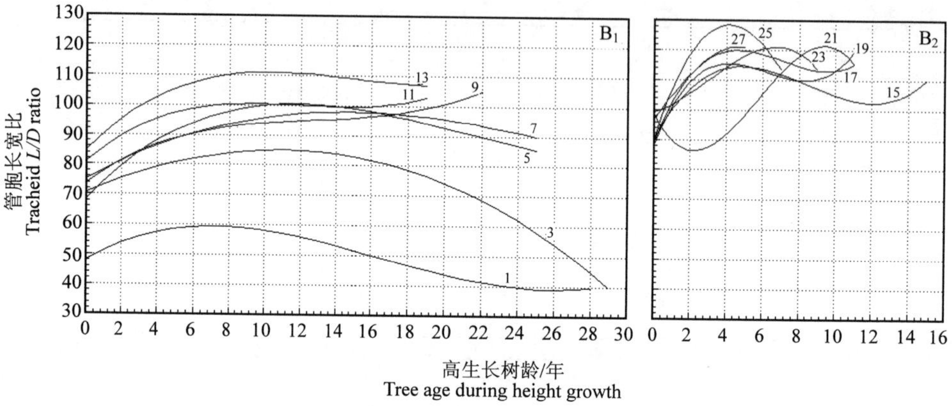

第 2 样树 Sample tree No.2

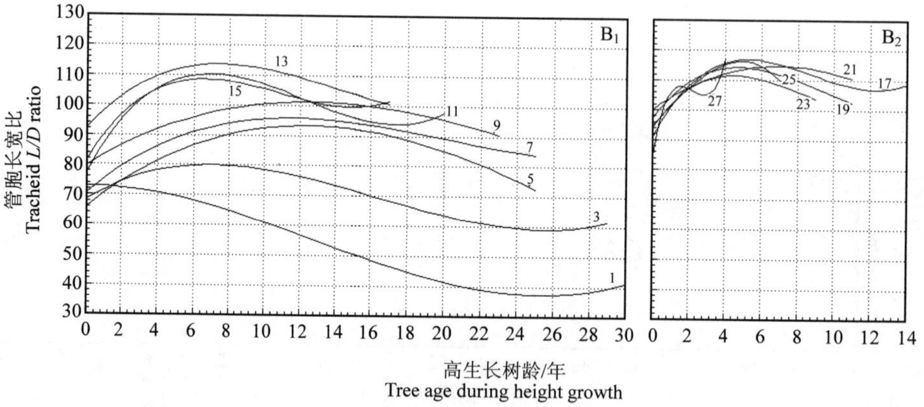

第 5 样树 Sample tree No.5

图 11-18 落叶松三株样树不同高度、相同离髓心年轮数、异鞘年轮间管胞长宽比的有序变化(II)

B. 晚材(B_1、B_2. 分图)。图中曲线是沿树高方向的变化，数字系离髓心年轮数

Figure 11-18 Systematical change of tracheid *L/D* ratio among rings in different sheaths but with the same ring number from pith and at different heights in three sample trees of Dahurian larch(II)

B. Late wood(B_1, B_2. divided figures). The curves in the figure represent the change along the stem length and the numerical symbols are the ring number from pith

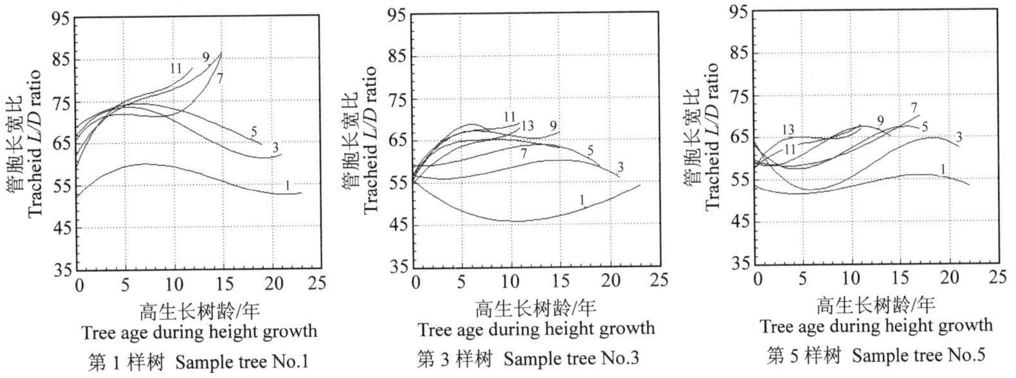

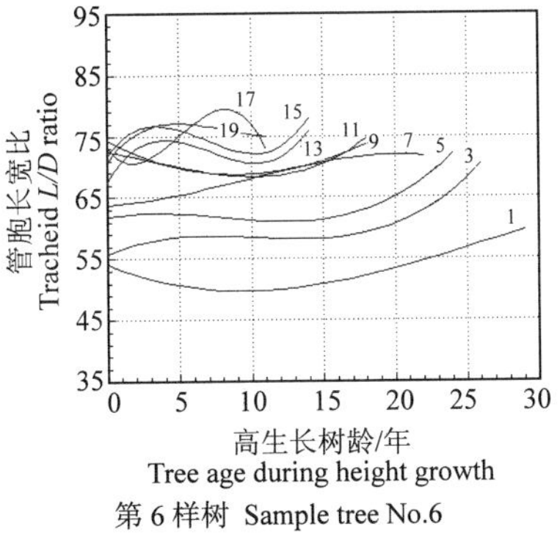

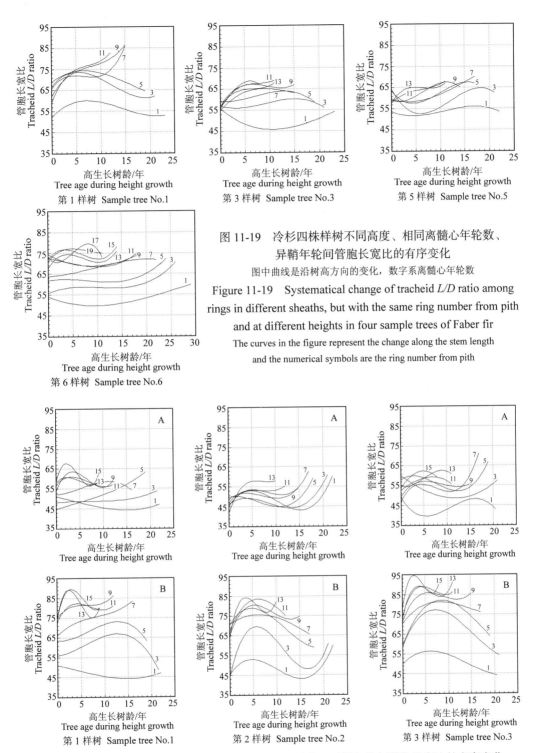

图 11-19 冷杉四株样树不同高度、相同离髓心年轮数、异鞘年轮间管胞长宽比的有序变化

图中曲线是沿树高方向的变化，数字系离髓心年轮数

Figure 11-19 Systematical change of tracheid *L/D* ratio among rings in different sheaths, but with the same ring number from pith and at different heights in four sample trees of Faber fir

The curves in the figure represent the change along the stem length and the numerical symbols are the ring number from pith

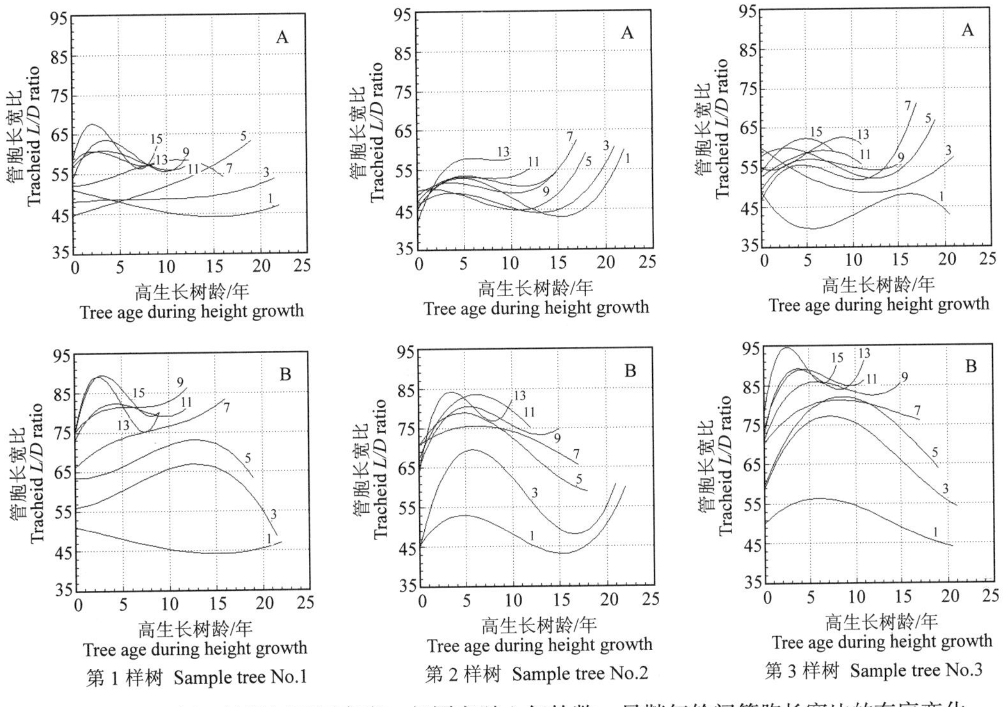

图 11-20 云杉三株样树不同高度、相同离髓心年轮数、异鞘年轮间管胞长宽比的有序变化

A. 早材；B. 晚材。图中曲线是沿树高方向的变化，数字系离髓心年轮数

Figure 11-20 Systematical change of tracheid *L/D* ratio among rings in different sheaths, but with the same ring number from pith and at different heights in three sample trees of Chinese spruce

A. early wood; B. late wood. The curves in the figure represent the change along the stem length and the numerical symbols are the ring number from pith

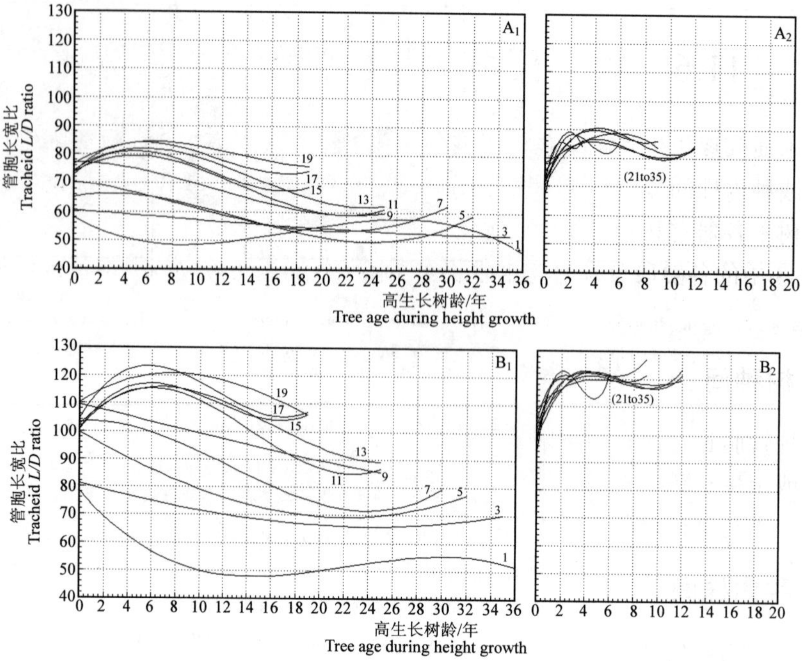

图 11-21　马尾松第 4 样树不同高度、相同离髓心年轮数、异鞘年轮间管胞长宽比的有序变化

A. 早材(A_1、A_2. 分图)；B. 晚材。图中曲线是沿树高方向的变化，数字系离髓心年轮数

Figure 11-21　Systematical change of tracheid *L/D* ratio among rings in different sheaths, but with the same ring number from pith and at different heights in Masson's pine sample tree No.4

A. early wood(A_1, A_2. divided figures); B. late wood. The curves in the figure represent the change along stem length and the numerical symbols are the ring number from pith

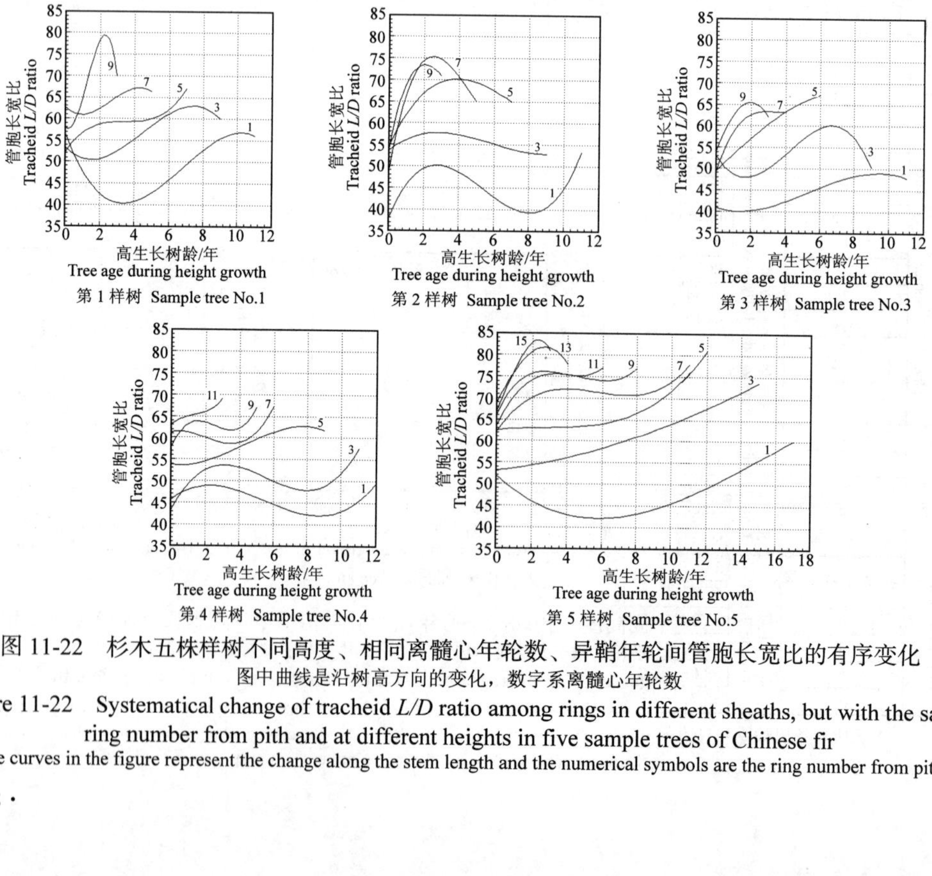

图 11-22　杉木五株样树不同高度、相同离髓心年轮数、异鞘年轮间管胞长宽比的有序变化

图中曲线是沿树高方向的变化，数字系离髓心年轮数

Figure 11-22　Systematical change of tracheid *L/D* ratio among rings in different sheaths, but with the same ring number from pith and at different heights in five sample trees of Chinese fir

The curves in the figure represent the change along the stem length and the numerical symbols are the ring number from pith

11.6 短、长不同龄段管胞平均长宽比

次生木质部逐年生长鞘主要构成细胞生成当年丧失细胞生命而自成固化状态。这给在树种间或种内株间能进行短、长不同龄段平均性状值发育变化比较提供了条件。在生物界或在树木各器官和各组织中，这都是一个少见的特殊情况。

表 11-3 中的各龄段分别自树木生长第 1 龄开始，最长龄段范围系各树种和每一样树采伐树龄。

11.6.1 树种间

五树种管胞长宽比在各龄段变化中的大小序列：

早材或全生长鞘——马尾松＞冷杉≥杉木＞云杉＞落叶松；

晚材——马尾松＞落叶松＞云杉

11.6.2 种内株间

五树种种内样树间管胞长宽比在各龄段中的大小序列保持相同。

11.6.3 样树内

晚材管胞长宽比大于早材。

表 11-3 五种针叶树各树龄段管胞平均长宽比

Table 11-3 Average tracheid *L/D* during each period of tree growth in coniferous species

树种 Tree species	株别 Ordinal numbers of sample tree	部位 Part	树龄段 Period of tree growth (a)							部位 Part	树龄段 Period of tree growth (a)						
			1~12	1~18	1~23	1~24	1~30	1~31	1~37		1~12	1~18	1~23	1~24	1~30	1~31	1~37
落叶松 Dahurian larch	1	早材 Early wood	49.79	50.37	51.74	51.89	52.80	52.73	49.79	晚材 Late wood	84.02	89.74	94.06	94.47	95.87	95.66	—
	2		46.94	50.08	51.84	52.10	53.59	53.72	46.94		75.82	84.77	89.15	89.64	92.97	93.30	—
	5		47.82	50.95	52.84	53.08	53.56	53.51	47.82		79.06	87.00	91.06	91.28	92.20	92.20	—
	Ave		48.18	50.47	52.14	52.35	53.32	53.32	48.18		79.64	87.17	91.42	91.79	93.68	93.72	—
云杉 Chinese spruce	1	早材 Early wood	50.57	52.99	54.34	—	—	—	—	晚材 Late wood	63.38	68.30	69.32	—	—	—	—
	2		48.38	48.61	51.48	—	—	—	—		63.36	65.99	67.85	—	—	—	—
	3		51.34	52.97	54.72	—	—	—	—		68.94	73.67	73.72	—	—	—	—
	Ave		50.10	51.52	53.51	—	—	—	—		65.23	69.32	70.30	—	—	—	—
马尾松 Masson's pine	4	早材 early wood	65.87	68.71	70.40	70.73	72.25	72.39	72.37	晚材 Late wood	91.96	96.15	99.51	99.93	101.83	101.89	101.23
冷杉 Faber fir	1	生长鞘 Growth sheath	67.39	67.43	68.89	68.95	—										
	3		56.08	58.99	59.85	60.04	—										
	5		56.46	58.74	60.37	60.74	—										
	6		59.56	62.60	64.49	64.96	67.19										
	Ave		59.87	61.94	63.40	63.67	67.19										
杉木 Chinese fir	1	生长鞘 Growth sheath	57.57	—													
	2		57.87	—													
	3		53.20	—													
	4		55.60	—													
	5		59.63	65.77													
	Ave		56.77	65.77													

注：本表所列各树龄段均自树茎出土始。

Note: The beginning of every period in this table is all the time when the sample trees grow out of the earth.

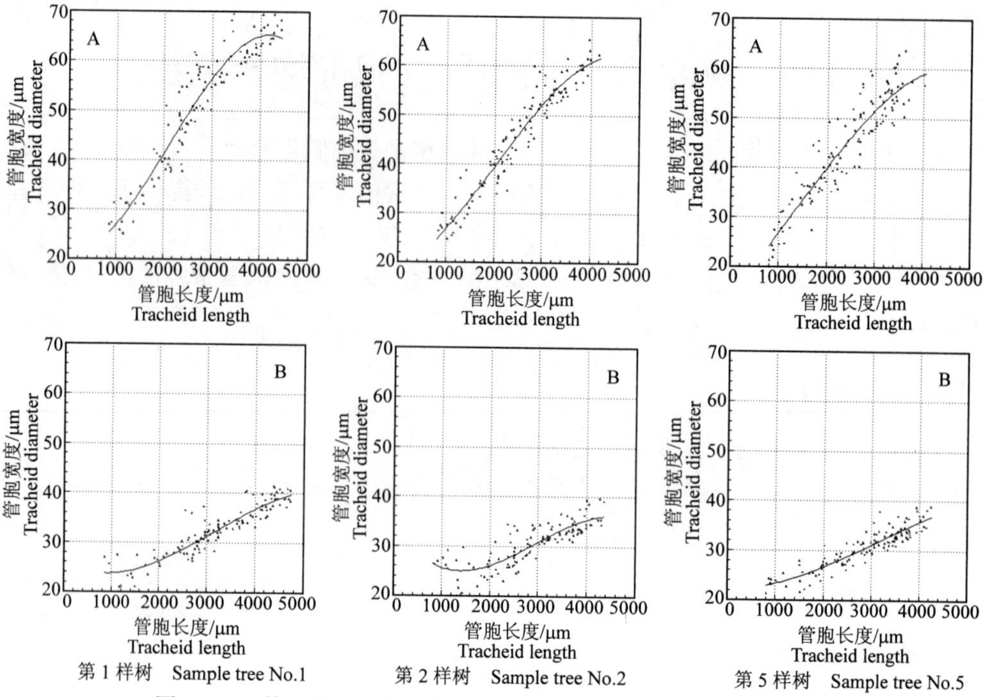

图 11-23　落叶松三株样树早、晚材管胞长度和宽度间的相关关系

A. 早材；B. 晚材

Figure 11-23　The correlation between length and diameter of tracheid in early wood and late wood of three Dahurian larch sample trees

A. early wood；B. late wood

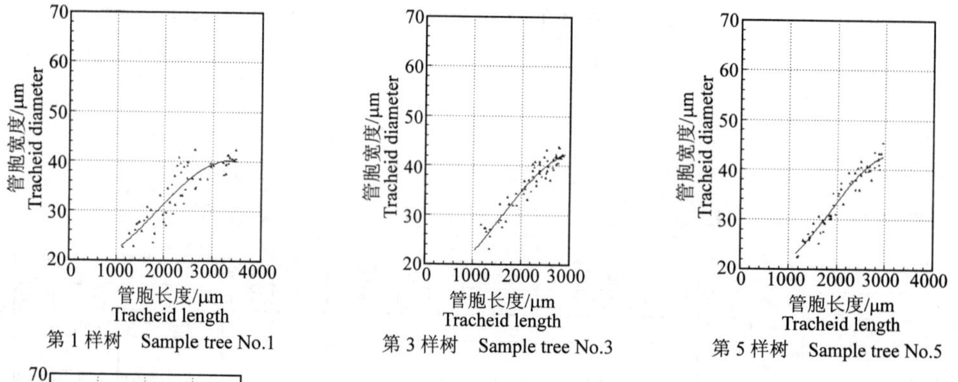

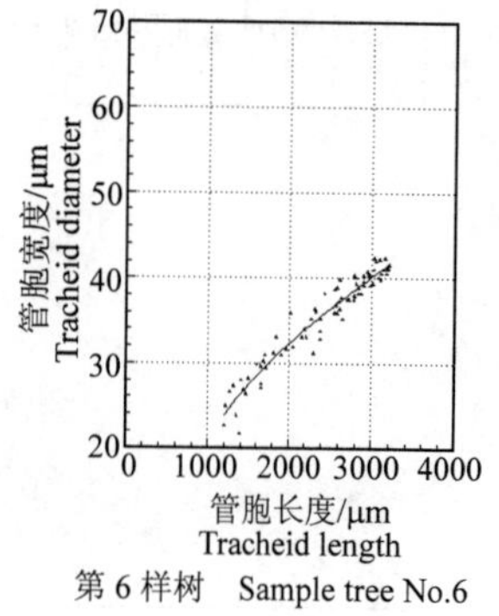

图 11-24　冷杉四株样树管胞长度和宽度间的相关关系

Figure 11-24　The correlation between length and diameter of tracheid in four sample trees of Faber fir

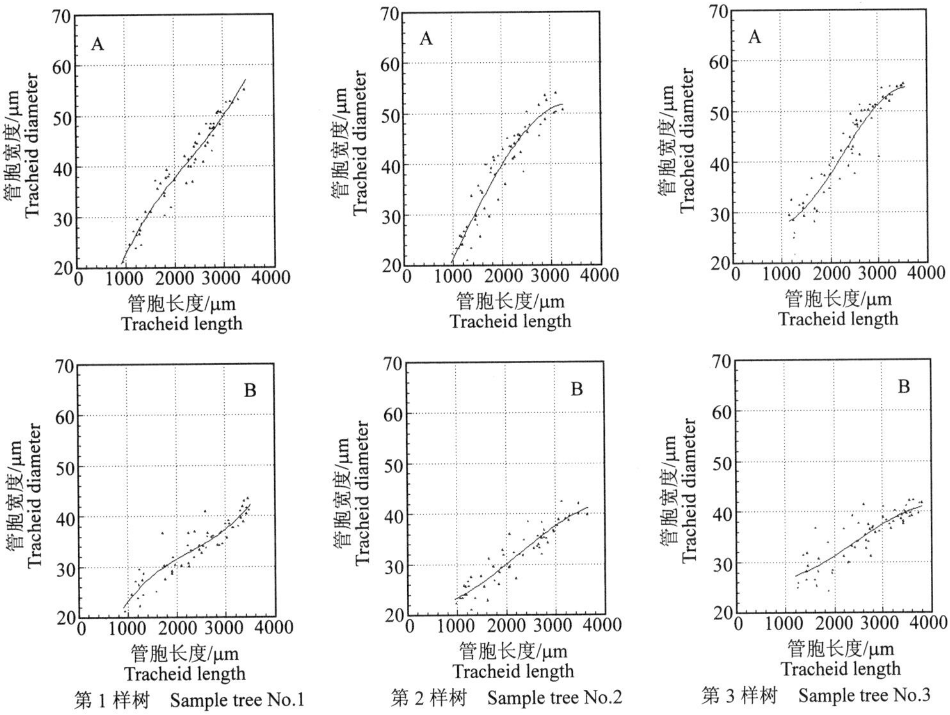

图 11-25　云杉三株样树早、晚材管胞长度和宽度间的相关关系

A. 早材；B. 晚材

Figure 11-25　The correlation between length and diameter of tracheid in early wood and late wood of three Chinese spruce sample trees

A. early wood；B. late wood

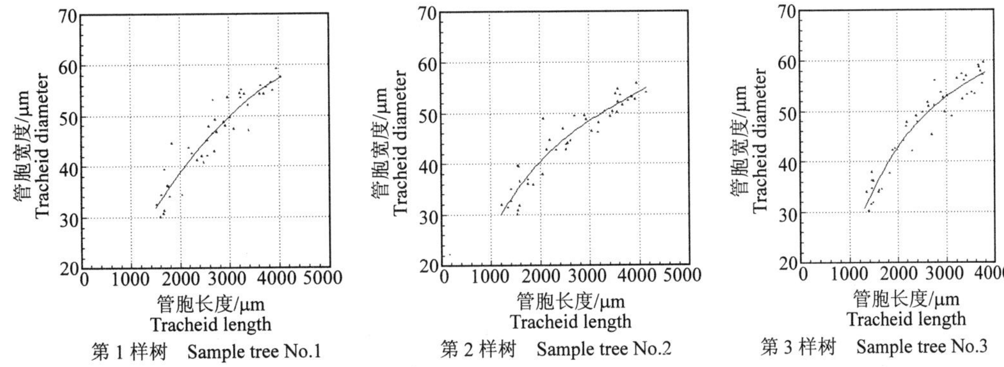

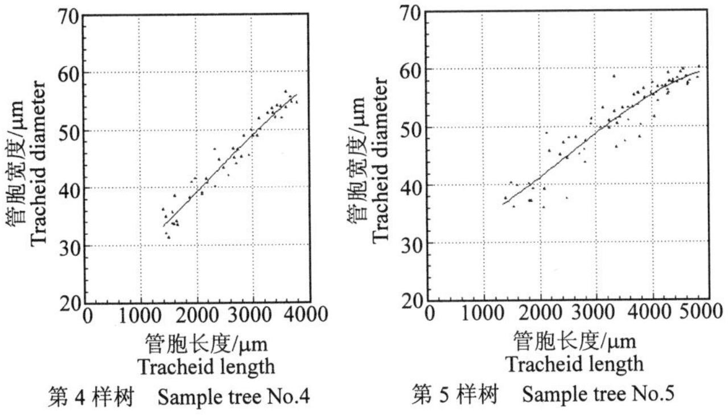

图 11-26　杉木五株样树管胞长度和宽度间的相关关系

Figure 11-26　The correlation between length and diameter of tracheid in five sample trees of Chinese fir

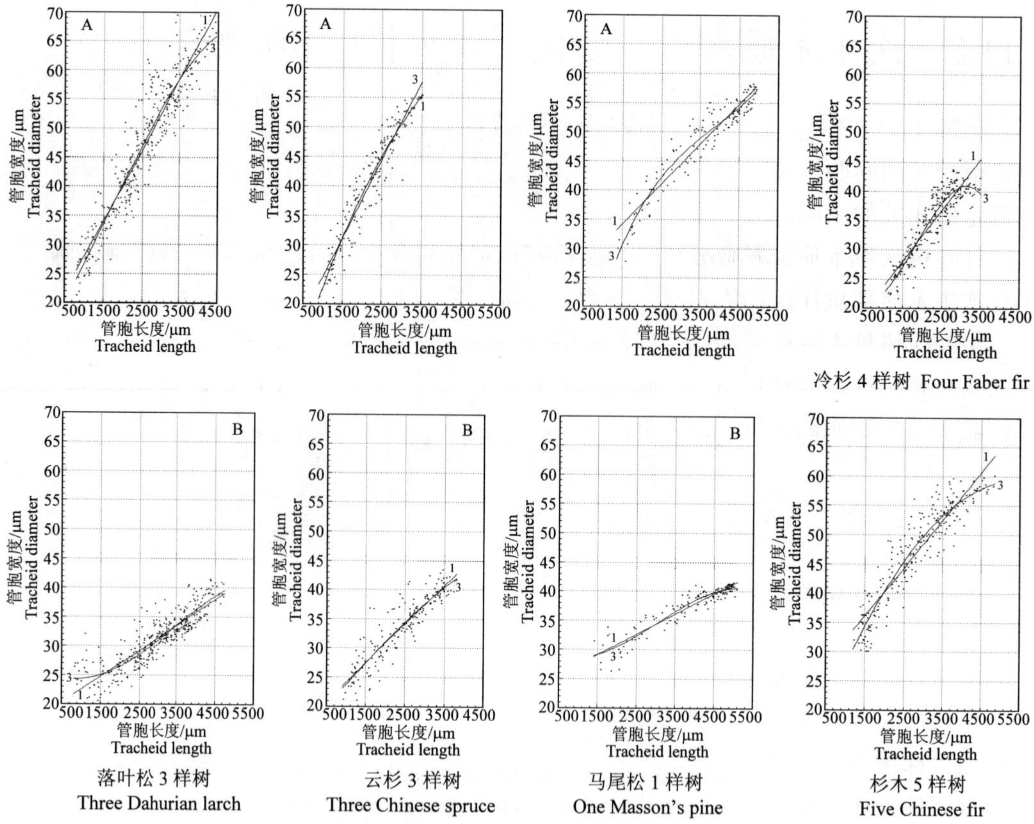

图 11-27 针叶树管胞长度和宽度相关关系的树种趋势

A. 早材；B. 晚材。冷杉、杉木全年轮曲线上的数字符号系回归次数

Figure 11-27 The species' tendencies of correlation between length and diameter of tracheid in conifer

A. early wood；B. late wood. The numerical signs of curve represent the n-th order of regression

表 11-4 五种针叶树管胞长度和宽度间相关的回归方程

Table 11-4 The regression equations of the correlation between length and diameter of tracheid in five coniferous species

树种 Species	部位 Part	回归方程 Regression equations y—管胞宽度；x—管胞长度 (y—tracheid diameter; x—tracheid length)	相关系数 Correlation coefficient (α=0. 01)
落叶松 Dahurian larch	早材 Early wood	y=0.012 201 8x+15.721 9	0.93
	晚材 Late wood	y=0.004 380 59x+18.186	0.88
云杉 Chinese spruce	早材 Early wood	y=0.013 209 2x+11.411 1	0.95
	晚材 Late wood	y=0.006 630 96x+17.537	0.91
马尾松 Masson's pine	早材 Early wood	y=0.006 838 01x+23.925 5	0.95
	晚材 Late wood	y=0.003 464 58x+23.928 1	0.94
冷杉 Faber fir	年轮 Ring	y=0.008 788 13x+14.933 7	0.89
杉木 Chinese fir	年轮 Ring	y=0.008 159 8x+23.936 1	0.92

注：本表各回归方程的适用年限分别与图 11-27 图示中同一树种生长鞘生成树龄范围相同。

Note: The range of applicable tree age of each regression equation in this table is respectively equal to that of tree age during sheath formation of the same species in Figure 11-27.

11.7 次生木质部发育变化中管胞长度和宽度的相关性

如图 11-23 至图 11-26 所示五树种各样树不分取样部位全部管胞形态样品长、宽度测定值相关的回归结果。如图 11-27、表 11-4 所示，同一树种管胞形态全部样品长、宽度测定值相关的回归结果。全部图示采用的纵、横坐标比例和尺度相同。

针叶树次生木质部发育变化中管胞长度和宽度间存在较强的相关性。这一相关性发生在次生木质部规律性的发育变化中。

由同一树种不同样树图示的比较，可得出结论：①管胞长、宽度的相关性在种内样树间具有相似性；②样树内早、晚材管胞长、宽度相关性的差别在种内样树间相似。这些同是受遗传控制的表现。

11.8 次生木质部管胞形态发育变化的总结

管胞形态变化的趋势性发生在微观层次的众多细胞间，并表现在受测定的五种针叶树的每一样树上。这是一个令人惊叹的自然现象。

单个管胞具有细胞生命的发育变化过程。次生木质部生命在天文数字一般众多的管胞的生命接力中续接。管胞形态变化的趋势性规律是次生木质部发育受遗传控制的有力证明。单株树木每个细胞生命只有都在相同遗传物质控制下才能产生次生木质部管胞形态的规律性变化。本书报告管胞形态变化的时间范围受所测样株树龄限制，但足以证明次生木质部发育规律性的存在。

针叶树管胞长度发育变化的共同趋势：①一定高生长树龄横截面管胞长度随径向生长树龄增长，有峰值征兆。这一变化在不同高生长树龄间有差别，向上变速增大。②初始树龄生长鞘管胞长度沿树高的变化呈减短，而后生成的生长鞘沿树高开始有一短距离增长即转为一致性减短，此距离随树龄逐向上移。③逐龄生长鞘全高平均管胞长度随树龄增长，有峰值。④树茎中心部位相同离髓心年轮数、不同高度、异鞘年轮间的管胞长度存在发育的有序差异。离髓心第 1 序不同高度年轮间管胞差别小，而各同一曲线内的变化曲度随离髓心年轮数由小逐大，向外依序的曲线间距由大逐小。⑤晚材管胞长度在发育变化中保持大于同年轮的早材。

管胞宽度和长宽比具有与长度发育变化类似的趋势性，它们共同构成了管胞的形态变化。管胞长度和宽度在次生木质部发育变化中具有强相关性。生物体在生命过程中，各结构层次形态尺寸呈规律性的连续变化是生物发育的重要表现。发育变化中多因子的协调更是发育研究须注意方面。

利用次生木质部发育性状树龄段平均值能在树种间和种内株间进行同时段发育过程的比较。树种间和种内株间管胞形态发育的差别排序在短、长不同龄段保持相同。

纵行管胞是针叶树主茎、根和枝中执行支持和输导两大功能的细胞。管胞长宽比大能增强支持作用并有利于输导功能。管胞长、宽度和长宽比发育变化的演化形成与树木适应性中的管胞功能存在着密切关系。

附表 11-1 落叶松样树不同高度逐龄年轮的早材管胞长宽比

Appendant table 11-1 Tracheid *L/D* of early wood of each successive ring at different heights in Dahurian larch sample trees

Y (年)	*H* (m)	年轮生成树龄 Tree age during ring formation															
		1年	3年	5年	7年	9年	11年	13年	15年	17年	19年	21年	23年	25年	27年	29年	31年
第1样树 Sample tree No.1																	
29	18.45																32
28	18.00															41	44
25	17.00														50	43	40
23	16.00													30	56	49	44
18	14.00										36	53	49	46	49	49	52
15	12.00								33	45	57	53	52	54	57	63	60
10	10.00						41	54	56	53	53	51	55	58	62	65	65
8	8.00					39	45	52	54	59	56	58	62	64	66	65	62
6	6.00				40	50	47	48	45	49	55	60	60	65	63	66	60
5	4.00			39	49	55	55	53	51	56	60	62	63	61	65	67	61
3	2.00		46	49	61	55	54	53	55	54	61	60	55	62	61	58	58
2	1.30		42	52	51	63	52	56	52	55	52	58	52	58	52	50	49
0	0.00	45	48	52	54	57	51	43	46	47	48	50	43	45	48	44	43
Ave		45	45	48	51	53	49	51	49	52	53	56	55	54	57	55	52
第2样树 Sample tree No.2																	
29	18.30																32
28	18.00															31	35
25	17.00													37	48	50	50
22	16.00												39	47	47	50	55
19	14.00										44	48	57	57	59	62	62
15	12.00								52	38	50	49	48	53	59	60	59
11	10.00						41	45	61	65	57	60	61	62	63	63	62
9	8.00					33	45	55	54	55	58	59	60	64	64	67	68
7	6.00				44	51	49	46	48	54	56	61	59	62	65	64	68
5	4.00			36	37	50	52	54	57	53	60	59	59	58	63	64	67
2	2.00		44	47	56	57	53	55	56	61	62	62	65	63	65	63	60
1	1.30	34	48	48	50	NaN	49	51	51	57	54	52	57	59	57	64	63
0	0.00	41	49	48	47	49	49	53	52	53	56	53	54	52	51	50	47
Ave		37	47	45	47	48	48	51	54	55	55	56	56	56	58	57	56
第5样树 Sample tree No.5																	
30	20.66																38
29	20.30															41	38
28	20.00															33	42
25	19.00													39	35	43	42
23	18.00												36	40	48	53	49
20	16.00											34	45	49	50	49	58
17	14.00										38	48	59	61	64	58	57
14	12.00								40	52	62	59	54	58	55	57	56
11	10.00							46	47	53	48	58	54	60	58	57	57
9	8.00						62	53	54	66	63	63	62	64	60	56	57
7	6.00					49	51	51	54	61	62	69	68	72	68	69	62
4	4.00			40	51	59	44	56	59	61	62	64	61	64	63	66	71
2	2.00		38	47	49	54	50	54	53	58	64	65	59	59	56	59	57
1	1.30		46	51	58	54	48	52	59	62	61	59	64	62	63	63	61
0	0.00	44	51	35	35	38	40	41	44	51	54	53	48	48	48	50	48
Ave		44	45	43	48	51	49	50	51	58	57	57	56	56	56	54	53

注：(1)*Y*. 高生长树龄(年)；*H*. 取样圆盘高度(m)；(2)高生长树龄是取样圆盘生成起始时的树龄，即树茎达到这一高度时的树龄；(3)表中数据右上角的数字是所测该指标年轮的生成树龄，由于表中未列其位置而加注；(4)空白括号，表明该数据漏测；符号 Nan 示该数据缺失。

Note:(1)*Y*. Tree age during height growth (a); *H*. Height of sample disc(m). (2)Tree age of height growth is the time at the beginning of sample disc formation, that is the tree age when stem is growing to attain the height. (3)The number between brackets at the upper right corner of data is the tree age when the ring to be determined was forming, but its position in this table doesn't be placed.(4)Blank brackets indicate that the datum was omitted and the sign Nan shows it was absent.

附表 11-2　落叶松样树不同高度逐龄年轮的晚材管胞长宽比

Appendant table 11-2　Tracheid *L/D* of late wood of each successive ring at different heights in Dahurian larch sample trees

Y (年)	*H* (m)	年轮生成树龄　Tree age during ring formation															
		1 年	3 年	5 年	7 年	9 年	11 年	13 年	15 年	17 年	19 年	21 年	23 年	25 年	27 年	29 年	31 年
第 1 样树　Sample tree No.1																	
29	18.45																32
28	18.00															41	72
25	17.00														56	85	70
23	16.00													37	83	88	97
18	14.00										32	70	89	98	104	107	98
15	12.00								56	76	99	96	96	99	121	113	111
10	10.00						68	94	96	99	104	112	110	116	111	119	113
8	8.00					57	101	92	97	103	106	113	111	109	118	114	116
6	6.00				58	99	99	93	92	107	113	120	118	115	113	109	104
5	4.00			60	84	94	111	105	104	109	120	125	117	123	120	121	110
3	2.00		64	79	103	94	54	102	108	110	112	114	110	117	110	107	105
2	1.30		75	78	92	102	103	94	101	99	100	110	104	112	99	107	95
0	0.00	71	81	75	78	83	88	86	94	94	97	96	94	86	91	79	75
Ave		71	73	73	83	88	89	95	94	100	98	106	105	101	102	99	92
第 2 样树　Sample tree No.2																	
29	18.30																32
28	18.00															42	59
25	17.00													37	48	84	92
22	16.00												39	74	91	92	107
19	14.00											76	93	98	98	102	103
15	12.00										86	104	98	97	105	116	111
11	10.00							80	100	105	96	98	103	107	112	118	117
9	8.00					63	80	96	91	97	99	111	106	120	110	117	115
7	6.00				63	89	90	80	89	100	109	114	112	118	109	119	115
5	4.00			58	84	96	94	87	98	102	110	118	107	110	116	125	120
2	2.00		44	74	85	89	85	88	110	116	116	118	67	107	121	111	108
1	1.30	34	65	71	79	NaN	94	90	99	100	95	103	99	103	106	102	105
0	0.00	70	76	68	69	74	74	77	87	87	89	97	101	92	98	98	102
Ave		52	62	68	76	82	86	85	96	101	100	104	93	97	101	102	99
第 5 样树　Sample tree No.5																	
30	20.66																38
29	20.30															42	64
28	20.00															38	70
25	19.00													39	46	72	79
23	18.00												36	54	78	90	85
20	16.00												65	85	89	103	96
17	14.00										75	95	97	102	95	100	99
14	12.00								54	87	93	98	97	105	104	111	109
11	10.00							70	88	82	89	93	98	103	102	102	109
9	8.00						81	91	104	101	113	110	116	119	111	119	104
7	6.00					73	82	89	100	111	107	114	116	112	111	108	110
4	4.00				76	90	89	97	106	106	108	107	108	110	114	117	117
2	2.00			75	80	89	89	98	97	105	109	114	109	103	105	108	106
1	1.30		67	75	81	88	89	95	98	111	108	107	104	105	107	107	112
0	0.00	72	74	55	61	71	73	80	90	84	94	98	92	93	85	95	84
Ave		72	71	69	75	82	84	88	92	99	100	104	94	94	96	94	92

注：同附表 11-1。

Note: The same as appendant table 11-1.

附表 11-3 冷杉样树不同高度逐龄年轮的管胞长宽比

Appendant table 11-3 Tracheid *L/D* of each successive ring at different heights in Faber fir sample trees

Y (年)	*H* (m)	年轮生成树龄 Tree age during ring formation															
		1年	2年	4年	6年	8年	10年	12年	14年	16年	18年	20年	22年	24年	26年	28年	30年
第1样树 Sample tree No.1																	
23	12.40													50			
22	12.00												53	54			
21	11.50												57	58			
20	11.00												54	66			
19	10.00											53	61	62			
14	8.00									54	69	77	87	86			
12	6.00								58	58	62	75	80	82			
9	4.00						60	76	77	72	76	77	84	86			
4	2.00					72	72	72	71	77	80	87	83	84			
3	1.30			60	76	75	71	72	68	71	76	81	82	81			
0	0.00		50	66	68	67	62	60	58	59	62	63	63	57			
Ave			50	63	72	71	66	70	66	65	71	73	70	70			
第3样树 Sample tree No.3																	
23	13.00													55			
22.5	12.50													54			
22	12.00												53	59			
21	11.00												50	58			
19	10.00											48	55	59			
15	8.00									46	60	62	64	68			
11	6.00							46	57	63	61	65	68	68			
8	4.00						54	64	65	70	68	68	65	67			
4	2.00				42	54	59	63	67	65	67	66	67	68			
3	1.30			48	51	58	58	64	65	62	65	64	64	63			
0	0.00		58	59	60	56	56	58	57	56	59	58	59	59			
Ave			58	54	51	56	57	59	62	61	63	62	61	62			
第5样树 Sample tree No.5																	
22	10.90												51	55			
21.56	10.50												55	58			
21	10.00												52	62			
20	9.00											54	57	64			
17	8.00										53	64	69	71			
14	6.00									61	58	64	64	65			
11	400							50	62	66	67	69	68	66			
6	2.00					53	52	61	57	61	64	66	68	67			
4	1.30				50	53	55	58	61	63	65	67	70	72			
0	0.00		53	64	63	60	60	59	58	56	61	60	60	60			
Ave			53	64	56	55	55	57	59	61	61	63	61	64			
第6样树 Sample tree No.6																	
29	13.00																64
28	12.50																55
26	12.00															56	70
24	11.00														56	64	72
22	10.00													60	67	66	69
18	9.00											48	54	64	75	73	74
14	6.00									51	64	64	70	73	73	76	78
11	4.00							49	56	56	64	67	66	70	72	73	74
6	2.00					54	59	62	64	70	70	74	76	77	78	77	77
4	1.30			48	53	58	65	71	71	73	74	75	73	77	77	78	77
0	0.00	53	57	56	61	62	74	72	68	72	72	72	71	74	74	71	73
Ave		53	57	52	57	58	66	63	65	64	69	67	68	71	71	71	71

注：同附表 11-1。

Note: The same as appendant table 11-1.

附表 11-4　云杉样树不同高度逐龄年轮的早材管胞长宽比

Appendant table 11-4　Tracheid *L/D* of early wood of each successive ring at different heights in Chinese spruce sample trees

Y (年)	*H* (m)	年轮生成树龄 Tree age during ring formation											
		1 年	3 年	5 年	7 年	9 年	11 年	13 年	15 年	17 年	19 年	21 年	23 年
第 1 样树　Sample tree No.1													
22	12.00												44
21.5	11.50												44
21	11.00												59
20	10.50											47	61
19	10.00											47	64
18	9.00										46	61	63
16	8.00									46	43	52	55
12	6.00							42	49	59	60	59	57
9	4.00						47	49	55	55	57	58	62
6	2.00				42	53	47	55	64	61	58	58	59
5	1.30			54	49	49	56	60	59	58	61	61	62
0	0.00	50	48	45	52	54	57	58	59	54	54	57	57
Ave		50	48	49	48	52	52	53	57	55	54	56	57
第 2 样树　Sample tree No.2													
22	11.85												60
21	11.00												60
20	10.50											48	59
18	10.00										48	45	58
17	9.00									45	53	57	63
15	8.00									47	45	52	54
12	6.00							47	41	44	49	50	56
10	4.00						44	46	47	52	53	54	58
6	2.00				49	46	47	50	51	52	58	61	64
4	1.30			58	53	49	52	54	54	56	61	59	62
0	0.00	44	45	50	49	45	47	42	42	45	50	51	54
Ave		44	45	54	51	47	47	48	47	49	52	53	59
第 3 样树　Sample tree No.3													
21	11.50												49
20.5	11.00											43	60
20	10.50											44	61
19	10.00										45	55	63
17	9.00									50	55	66	74
15	8.00									45	50	53	56
11	6.00							47	50	55	53	55	60
8	4.00					39	50	58	55	57	59	61	59
6	2.00				37	53	59	54	59	61	62	62	63
4	1.30			43	57	58	53	54	57	56	62	63	63
0	0.00	48	59	57	48	50	53	56	54	56	52	49	51
Ave		48	59	50	47	50	54	54	55	54	55	55	60

注：同附表 11-1。

Note: The same as appendant table 11-1.

附表 11-5　云杉样树不同高度逐龄年轮的晚材管胞长宽比

Appendant table 11-5　Tracheid *L*/*D* of late wood of each successive ring at different heights in Chinese spruce sample trees

Y (年)	*H* (m)	年轮生成树龄 Tree age during ring formation											
		1 年	3 年	5 年	7 年	9 年	11 年	13 年	15 年	17 年	19 年	21 年	23 年
第 1 样树　Sample tree No.1													
22	12.00												44
21.5	11.50												44
21	11.00												59
20	10.50											47	61
19	10.00											47	64
18	9.00										46	61	63
16	8.00									46	73	77	82
12	6.00							42	65	72	78	86	82
9	4.00						66	68	76	83	80	80	80
6	2.00				42	58	65	72	79	79	78	83	79
5	1.30			54	64	69	76	84	85	83	86	85	84
0	0.00	50	56	63	65	75	73	74	74	73	76	85	80
Ave		50	56	58	57	67	70	68	76	73	74	72	69
第 2 样树　Sample tree No.2													
22	11.85												60
21	11.00												60
20	10.50											48	59
18	10.00										48	45	58
17	9.00									45	53	57	63
15	8.00									47	70	74	75
12	6.00							47	54	61	67	71	73
10	4.00						44	70	76	76	79	83	82
6	2.00				49	64	77	78	77	78	80	84	92
4	1.30			58	70	81	73	80	85	83	80	82	87
0	0.00	44	45	71	70	65	66	65	70	66	78	80	81
Ave		44	45	64	63	70	65	68	72	65	69	69	72
第 3 样树　Sample tree No.3													
21	11.50												49
20.5	11.00											43	60
20	10.50											44	61
19	10.00										45	55	63
17	9.00									50	55	66	74
15	8.00									70	81	81	85
11	6.00							77	73	77	85	87	91
8	4.00					54	76	88	80	81	88	84	91
6	2.00				50	71	75	83	86	86	84	86	90
4	1.30			64	77	80	80	86	91	90	92	90	94
0	0.00	48	59	60	69	70	74	73	78	75	76	72	76
Ave		48	59	62	65	69	76	82	82	75	76	71	76

注：同附表 11-1。

Note: The same as appendant table 11-1.

附表 11-6　马尾松样树不同高度逐龄年轮的早、晚材管胞长宽比

Appendant table 11-6　Tracheid *L/D* of early wood and late wood of each successive ring at different heights in Masson's pine sample trees

Y (年)	*H* (m)	年轮生成树龄 Tree age during ring formation																		
		1年	3年	5年	7年	9年	11年	13年	15年	17年	19年	21年	23年	25年	27年	29年	31年	33年	35年	37年
早材 Early wood																				
36	19.26																			45
35.66	19.00																			46
35	18.50																			45
34	18.00																		53	57
32	17.00																	54	56	60
30	16.00																57	58	55	64
25	14.00														52	48	51	58	60	61
19	12.00											51	57	58	66	63	69	68	75	76
12	10.00							45	55	57	57	63	70	75	79	82	83	83	84	83
9	8.00						51	55	57	63	68	72	68	78	81	82	81	85	85	85
6	6.00				56	64	72	70	81	84	88	84	83	83	80	83	86	87	86	85
3	4.00			52	50	61	76	78	81	81	84	81	86	84	86	88	89	86	84	87
2	2.00		62	65	71	77	81	78	80	82	83	81	83	82	88	82	84	88	89	84
1	1.30		62	68	70	75	77	75	76	79	81	84	83	84	81	84	83	85	85	87
0	0.00	51	56	64	68	75	72	73	70	70	75	74	67	68	80	71	67	72	70	76
Ave		51	60	62	63	70	72	68	72	74	76	74	75	77	77	76	75	75	74	69
晚材 Late wood																				
36	19.26																			45
35.66	19.00																			60
35	18.50																			61
34	18.00																		53	71
32	17.00																	54	76	75
30	16.00																57	77	78	82
25	14.00														52	68	69	84	87	87
19	12.00											71	72	76	94	91	99	104	106	106
12	10.00							45	71	74	101	102	108	113	121	122	118	120	123	121
9	8.00						71	77	81	85	108	100	104	114	123	122	119	119	126	121
6	6.00				56	78	96	97	107	114	123	116	114	113	117	118	121	121	121	122
3	4.00			73	80	103	110	113	115	117	124	117	115	117	119	122	119	119	120	121
2	2.00		80	87	105	109	117	113	113	119	129	118	118	121	118	119	119	122	120	121
1	1.30		80	96	103	108	109	106	109	112	121	120	112	108	113	115	115	115	118	119
0	0.00	71	78	97	100	101	95	99	93	97	105	105	101	97	105	98	93	96	104	103
Ave		71	79	88	89	100	100	93	99	102	116	106	105	108	107	109	103	103	103	94

注：同附表 11-1。

Note: The same as appendant table 11-1.

附表 11-7 杉木样树不同高度逐龄年轮的管胞长宽比

Appendant table 11-7 Tracheid *L/D* of each successive ring at different heights in Chinese fir sample trees

第 1 样树 Sample tree No.1

Y (年)	*H* (m)	年轮生成树龄 1 年	2 年	4 年	6 年	8 年	10 年	12 年
11	15.00							53
10.5	14.50						53	57
10	14.00						59	61
9	13.00						57	55
8	12.00					47	61	72
7	10.00					48	61	67
5	8.00				34	57	60	67
4	6.00				41	50	59	65
3	4.00			42	54	59	67	70
1.26	2.00		52	50	55	61	68	68
1	1.30		47	58	59	61	65	71
0	0.00	(Nan)	54	49	52	63	59	65
Ave		()	51	50	49	56	61	64

第 2 样树 Sample tree No.2

Y (年)	*H* (m)	Tree age during ring formation 1 年	2 年	4 年	6 年	8 年	10 年	12 年
11	17.50							51
10	17.00						50	47
9	16.00						40	49
8	14.00						39	60
7	12.00					39	54	65
5	10.00				43	42	69	65
4.5	8.00				43	66	69	68
4	6.00				59	58	71	72
3	4.00			49	59	69	73	71
1.26	2.00		43	57	60	71	72	77
1	1.30		50	58	66	66	68	74
0	0.00	(Nan)	38	52	54	50	54	53
Ave		()	44	54	55	58	60	63

第 3 样树 Sample tree No.3

Y (年)	*H* (m)	1 年	3 年	5 年	7 年	9 年	11 年	13 年
11	15.50							46
10.5	15.00						46	47
10	14.50						47	49
9.67	14.00						48	59
9	13.00							48
8	12.00						46	63
6	10.00					46	52	67
4	8.00				45	59	66	64
3	6.00			38	50	56	60	63
2	4.00			41	49	64	67	66
1.26	2.00		40	46	49	58	62	63
1	1.30		42	46	54	57	63	60
0	0.00	(Nan)	40	54	50	51	54	57
Ave		()	40	45	49	56	55	58

第 4 样树 Sample tree No.4

Y (年)	*H* (m)	1 年	3 年	5 年	7 年	9 年	11 年	13 年
12	15.50							48
11.5	15.00							49
11	14.50						49	58
10	14.00						39	54
9	13.00						44	62
8	12.00					42	54	64
7	10.00					42	64	68
6	8.00				46	57	66	67
5	6.00				57	61	62	68
3	4.00			54	50	58	63	70
2	2.00		48	47	59	60	64	66
1	1.30		48	53	61	63	65	64
0	0.00		46	54	61	59	63	60
Ave		46	47	52	56	55	57	61

第 5 样树 Sample tree No.5

Y (年)	*H* (m)	年轮生成树龄 Tree age during ring formation 1 年	2 年	4 年	6 年	8 年	10 年	12 年	14 年	16 年	18 年
17	21.59										56
16.46	21.00										61
16	20.50										66
15	20.00									50	73
14	19.00									53	74
12	18.00								49	64	79
11	16.00							37	59	76	78
10	14.00							53	70	76	73
8	12.00						47	64	67	73	76
6	10.00					45	59	57	70	75	77
4	8.00				42	60	67	73	74	76	78
3	6.00			37	44	64	70	77	75	81	81
2	4.00			51	57	65	73	77	76	81	83
1.26	2.00		40	56	58	67	71	75	76	79	81
1	1.30		48	55	67	67	68	72	76	77	76
0	0.00	(Nan)	58	52	61	62	65	66	69	68	72
Ave		()	48	50	55	61	65	65	69	71	74

注：同附表 11-1。

Note: The same as appendant table 11-1.

12 次生木质部构建中逐龄径向增生管胞个数的发育变化

12.1 各学科对木材细胞的研究
　12.1.1 植物学
　12.1.2 木材科学
　12.1.3 考古方面
12.2 本项目对年径向增生管胞个数研究的认识
　12.2.1 年径向增生管胞个数是形成层区域分生的数字化指标
　12.2.2 测定年径向增生管胞个数的学术意义
　12.2.3 对测定的认识
12.3 实验方法
　12.3.1 取样
　12.3.2 切片
　12.3.3 测定
12.4 落叶松径向逐龄增生管胞个数的发育变化
　12.4.1 不同高度径向逐龄的变化
　　12.4.1.1 早、晚材和全年轮(鞘层)
　　12.4.1.2 晚材率
　12.4.2 各龄生长鞘沿树高的变化
　12.4.3 逐龄生长鞘全高平均值的变化
　12.4.4 树茎中心部位相同离髓心年轮数、不同高度、异鞘年轮间的发育差异
　12.4.5 树种结论
12.5 冷杉径向逐龄增生管胞个数的发育变化
　12.5.1 不同高度径向逐龄的变化
　12.5.2 逐龄生长鞘沿树高的变化
　12.5.3 逐龄生长鞘全高平均值的变化
　12.5.4 树茎中心部位不同高度相同离髓心年轮数年轮间的发育差异
　12.5.5 树种结论
12.6 马尾松径向逐龄增生管胞个数的发育变化
　12.6.1 实验理念
　12.6.2 三样树的共同发育表现
　　12.6.2.1 胸高径向逐龄的变化
　　12.6.2.2 各龄生长鞘沿树高的变化
　　12.6.2.3 树茎中心部位相同离髓心年轮数、不同高度、异鞘年轮间的发育差异
　　12.6.2.4 早材、晚材和全年轮径向宽度与管胞个数在发育变化趋势上的关系
12.7 杉木径向逐龄增生管胞个数的发育变化
　12.7.1 实验理念
　12.7.2 胸高四径向逐龄管胞个数和年轮宽度的变化
　12.7.3 不同高度径向逐龄的变化
　12.7.4 各龄生长鞘沿树高的变化
　12.7.5 逐龄生长鞘全高平均值的变化
　12.7.6 树茎中心部位相同离髓心年轮数、不同高度、异鞘年轮间的发育差异
12.8 树种间径向逐龄增生管胞个数的比较
　12.8.1 树种间生长鞘全高平均径向管胞个数随树龄变化的差别
　12.8.2 树种间胸高逐龄管胞个数发育变化的差异
　12.8.3 树种间树茎不同高度内、外年轮管胞个数沿树高变化的差别
　12.8.4 二树种早、晚材管胞个数和晚材百分率发育变化的比较
12.9 针叶树逐龄增生管胞个数发育变化研究中取得的理论认识
　12.9.1 径向逐龄增生管胞个数是次生木质部的发育性状
　12.9.2 年径向增生管胞个数和年轮宽度在逐龄变化中的关系
　12.9.3 生长鞘径向厚度和管胞个数沿其高向变化的适应意义
　12.9.4 表达径向年增生管胞个数随两向生长树龄发育变化的方式
　12.9.5 逐龄生长鞘全高平均径向管胞个数随树龄发育变化的转折点
　12.9.6 全样树年增生管胞个数的发育变化趋势

摘　　要

次生木质部生命中逐年以添加鞘状层的方式构建。这是树木生长中细胞增生的结果。次生木质部的主要构成细胞是管胞。在这一过程中，逐年细胞增生个数的变化是发育进程的表现。各年鞘层厚度方向增生管胞的个数是次生木质部发育研究需考虑的问题。

管胞占针叶树次生木质部材积组成的 90%~94%，平均长度 3~5mm，平均长宽比约 100∶1。管胞纤维状长向与树高近于平行，上、下末端交错，管胞间纹孔相通。在次生木质部横截面上，管胞径向对齐排列成行。

一般，要对生物体天文数字的细胞进行计数是难以实施的。次生木质部发育研究具备进行这一测定的自然条件是，管胞沿生长鞘厚度方向成径向行列；生长鞘轮状横截面各向的径向管胞个数相差是有限的。年轮径向管胞个数直接与所在生长鞘环状横截面管胞总个数有关。

本项目根据树茎生长圆柱对称原理，对树茎不同高度南向逐龄年轮取样，能符合次生木质部随两向生长树龄发育研究的实验需要。对四种针叶树采取的取样方式不同。落叶松样树1株8个高度南向逐龄年轮取样、冷杉3株7个高度南向逐龄年轮取样；马尾松样树3株胸高逐龄年轮取样，并分别对各株10个或11个高度离髓心和离树皮各3个年轮取样；杉木样树1株胸高四向(南、北、东、西)逐个年轮取样，另1样树3个高度(胸高、2.00m、4.00m)南向逐龄年轮取样。对每一样品制作含全年轮切片，在切片上测定各同一位点的径向管胞个数和年轮宽度。对四树种测定结果分别进行适合取样方式的分析。取样方式对结果内容有直接影响。

测出次生木质部管胞个数增生随两向生长树龄的变化是木材解剖学在发育研究上的新应用。图示表明，不同高度径向逐龄年轮管胞个数符合发育的遗传特征，并和年轮宽度变化具有一致性。年轮径向管胞个数是值得重视的次生木质部发育变化指标。

本章是在发育概念下，研究针叶树次生木质部逐年增生管胞个数的变化规律。

专用词：

年轮内径向管胞个数(Tracheid number in radial direction of whole ring, WRTN)

年轮内径向早材管胞个数(Tracheid number in radial direction of early wood within ring, ERTN)

年轮内径向晚材管胞个数(Tracheid number in radial direction of late wood within ring, LRTN)

12.1 各学科对木材细胞的研究

12.1.1 植物学

植物学对木材细胞生成的研究方面是：①初生生长——其发生部位在树茎顶端。顶端原始分生组织向下增生细胞，新细胞尚可进行有限次数分裂并处于分化过程的不同阶段。顶端部位在初生生长中不断上移。这一连续过程的变化都是在生命细胞间发生；②次生生长——其发生部位在环绕木质部外围的形成层。它的分生，及细胞的分化、成熟和死亡的细胞发育过程也都是在具有生命细胞间发生。树茎确定高度的初生生长当年连续向次生生长转换，两者间是不间断的。可看出，植物学研究木材生成的学术范围属具生命的组织间的连续变化过程。这是树木生长中逐年发生的共性变化。

植物学研究形成层逐年增生次生木质部的细胞分裂、分化的共性过程，而本章是测定次生木质部逐年径向管胞增生个数，并把这一变化看做随两向生长树龄的发育表现。

12.1.2 木材科学

木材科学是在木材工业利用发展中得到进展的。树种鉴别是木材合理利用中的重要环节。

木材解剖学的进展从宏观和显微镜下识别木材开始，迄今已成自具体系的专门学科。它对木材结构的研究已达非常细微的程度，研究路径都是从树种间木材结构的差别出发。

木材结构差异表现在结构特征上，符合识别作用的重要特征都是差别分明的质量性状。而年管胞径向增生个数是数量性状，并在树茎不同部位间存在差别。测定逐年管胞径向增生个数的手续甚繁，工作量大。这些都使它不可能成为木材识别特征。

有文献报道，对树茎个别部位年轮进行过细胞计数，但尚未见对人工林全树株多个树高部位径向逐龄年轮进行细胞个数的测定，更未见有把此与次生木质部发育过程的研究联系起来。

12.1.3 考古方面

依据现代木材的结构特征进行古木化石树种鉴别。这是把次生木质部当做树木长期稳定结构的一部分。

12.2 本项目对年径向增生管胞个数研究的认识

12.2.1 年径向增生管胞个数是形成层区域分生的数字化指标

与年增生管胞个数有关的树木主要内在因子有两个——形成层原始细胞的分生频率(次/天)和木质母细胞的再分生次数。暂以 4.4℃为形成层原始细胞分生温度条件和木质母细胞再分生两次，对年径向增生管胞个数可作如下估计：

次生木质部年径向管胞增生个数=[(365 天−4.4℃以下天数)
×形成层原始细胞分生(次/天)]
×(1+2×木质母细胞再分生次数)

上述等式是有关形成层区域分生的理论关系。等式左侧可在树茎多个高度的逐龄年轮上测出，次生木质部发育研究需进行这一测定。右侧学术内容属植物学研究范畴。既然等式左侧随两向生长树龄是变量，那对左侧就不能像右侧那样去简单看待。

12.2.2 测定年径向增生管胞个数的学术意义

针叶树材横截面上，每一年轮径向连续排列的管胞源于位于同一位点上的形成层原始细胞。可以把逐个年轮径向管胞个数看做逐年径向分生管胞次数。第 16 章将报告年轮宽度在次生木质部形成中呈发育变化。由以上两个特点，就能意识出年径向增生管胞个数在次生木质部发育研究上是具有测定价值的项目。

12.2.3 对测定的认识

针叶树次生木质部管胞平均直径 20~60μm，光学显微镜下呈孔穴状，四周胞壁环绕，清晰可辨。管胞径向行列符合准确计数的需要(图 12-1[①])。

本章把针叶树年轮内径向管胞个数看做年径向增生次数。

---

① 梁世镇. 1993. 川西 175 种木材细微构造的研究. 南京林业大学研究报告

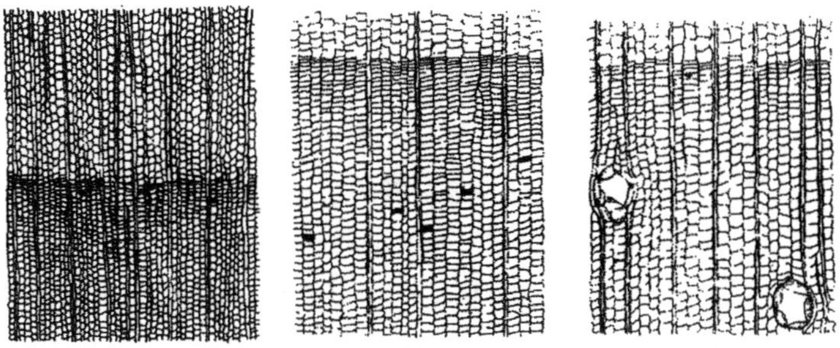

图 12-1　针叶树横切面上管胞沿径向的整齐行列

1. 冷杉；2. 杉木；3. 马尾松

Figure 12-1　Longitudinal Tracheids on cross section of coniferous wood are regular in alignments along radial direction

1. Faber fir; 2. Chinese fir; 3. Masson's pine

12.3 实验方法

12.3.1 取样

采伐样树前在主茎上刻记正南标记。

按 9.3 节所述，在样株高度 0.00m、1.30m、2.00m 并向上至树梢每隔 2.00m 处各截取一厚约 5.0cm 圆盘，取样间距在树梢部位缩短。各样株圆盘具体取样高度列于表 9-1。

全部样树各高度圆盘均在取样标准南向自髓心沿木射线两侧各 1.2cm 处做切口，取一宽约 2.4cm 的径向木条。再在其中线左、右两侧，分别间隔截取有连续效果的完整年轮木块。

受此实验工作量甚大限制，对测定作了如下调整：

落叶松——第 1 样树，各高度南向逐个年轮取样；

冷杉——第 1、3、5 样株，各高度南向逐个年轮取样；

马尾松——第 1、2、3 样株胸高(1.30m)南向逐个年轮，以及各高度圆盘南向外围和中心部位各 3 个年轮取样；

杉木——第 2 样株 1.30m、2.00m、4.00m 三高度南向逐个年轮，以及第 3 样株胸高(1.30m)东、西、南、北 4 朝向逐个年轮取样。

12.3.2 切片

本研究用作切片的木材样品须取自径向上并一律包含全年轮，一般为 1.5cm×1.5cm×2cm。

将试样木材置于恒沸水中浸泡，进行软化。

用滑走式切片机切片。

只采用横切片，厚度 20μm。将切下的切片移入盛有 50%酒精的染色皿中，加番红液(质量比：95%酒精 99 份、番红 1 份)染色。

经染色的切片，用低浓度酒精将番红漂洗干净，而后经 50%、75%、85%、95%、100%各种浓度酒精溶液，每浓度分别停留 5min，使切片中的水分逐步由酒精取代，然后经无水酒精及二甲苯(1∶1)混合液，并最后在二甲苯中使其成为无水透明状。

将经染色脱水的切片移至载玻片上，用冷杉胶封固。

12.3.3 测定

在显微投影仪上沿木射线对逐个年轮的管胞进行计数，同一切片相邻部位共 3 次。相差不得超过 5%，取平均值。这一相差是自然存在的，并非测定误差。对可区分早、晚材的树种，同时测出晚材管胞径向个数。早、晚材区界的依据是壁腔比为(两壁厚：腔径)0.8。

用显微放大测微尺测定上述切片逐个年轮的标准径向宽度和晚材宽度各三次，取平均值。

各高度圆盘自髓心向外第 1 年轮的测定结果在表列数据中均用阴影数字给出。因圆盘取样高度是确定的，而第 1 年轮位于这一高度当年树梢的顶端，圆盘截面在此顶端上的位置对测定结果有较大影响。为了消除随机性对测定数据造成的误差，第 1 年轮测定结果不参与数据处理，仅供参考。

本章早、晚材和年轮管胞个数，或各部位年轮宽度均为标准径向，但叙述中将径向两字略去。

12.4 落叶松径向逐龄增生管胞个数的发育变化

在 1 株 31 龄人工林落叶松逐龄径向增生管胞个数研究中，制得切片 189 张，测定指标有：全树各取样高度逐个年轮的径向宽度和管胞个数，逐个年轮晚材径向宽度和管胞个数，共取读数 2268 个。附表 12-1、附表 12-2 分别给出全年轮和晚材径向管胞个数。

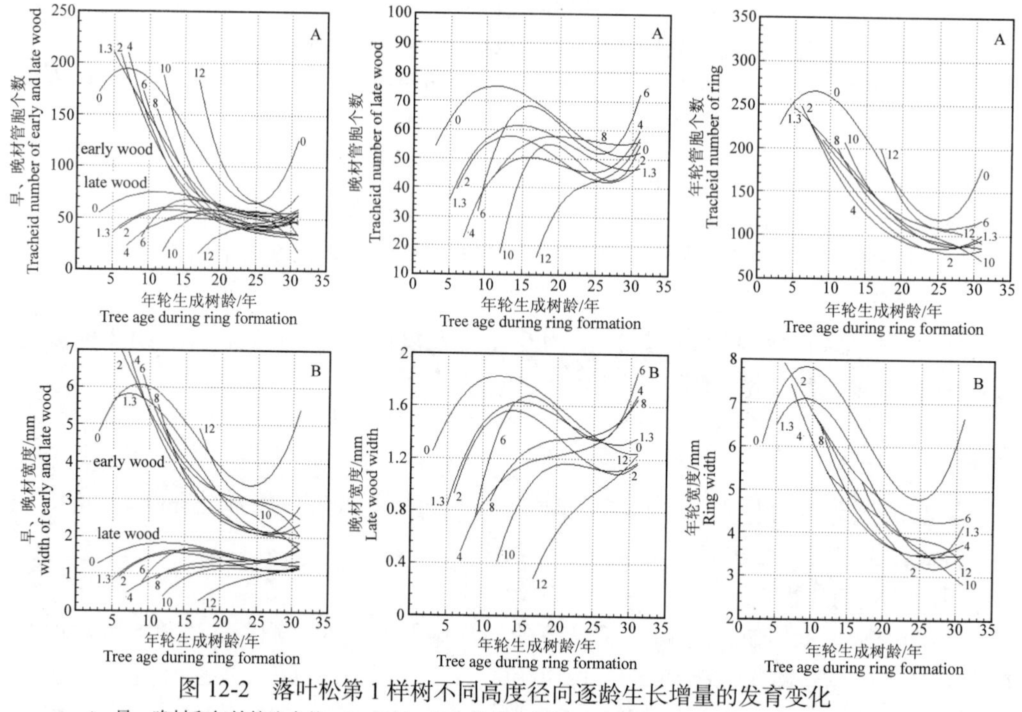

图 12-2 落叶松第 1 样树不同高度径向逐龄生长增量的发育变化

A. 早、晚材和年轮管胞个数；B. 各同一部位的径向宽度；图中标注曲线的数字为取样圆盘高度(m)

Figure 12-2 Developmental change of successive growth increments in radial direction at different heights in Dahurian larch sample tree No.1

A. tracheid number of early wood and late wood, or ring; B. radial width of all the same portion. The numerical symbols in the figure are the height of every sample disc(m)

通过计算得出的指标有：各年轮的早材宽度和管胞个数；年轮内晚材宽度百分率和晚材管胞个数百分率。

12.4.1 不同高度径向逐龄的变化

12.4.1.1 早、晚材和全年轮(鞘层)

如图 12-2 所示 31 龄样树 8 个高度和各高度横截面逐龄年轮早、晚材管胞个数和各部分径向宽度的变化。逐龄年轮管胞个数和径向宽度在不同高度间变化的差别是，位置自根颈初始上移，早材宽度减小、管胞个数减少，后均转增大；晚材宽度和管胞个数均保持减小。同一高度横截面径向早材宽度和管胞个数随年轮生成树龄减小、减少；晚材宽度增大、管胞个数增多。

这一龄期，早材在年轮内所占比例高，全年轮宽度和管胞个数随径向树龄的变化趋势与早材同。

如图 12-2、图 12-3 所示，各高度曲线斜率不同，层次向上变化率增高。

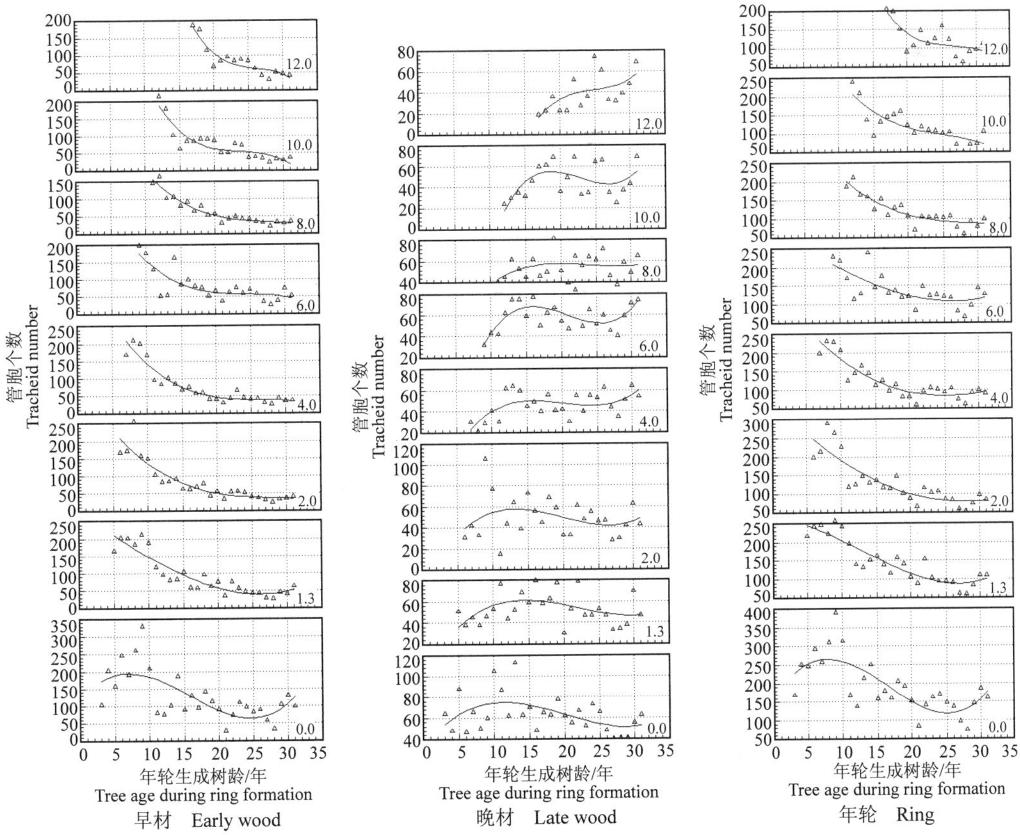

图 12-3 落叶松第 1 样树不同高度径向逐龄早、晚材和全年轮管胞个数发育变化分层实测数值点的图示

图中数字为取样圆盘高度(m)

Figure 12-3 Developmental change of tracheid number in radial direction of successive early wood, late woods and rings at different heights in Dahurian larch sample tree No.1

The diagrams are drawn as a series of layered curves and the points of measured value are indicated beside them

The numerical symbols in the figure are the height of every sample disc(m)

12.4.1.2　晚材率

晚材率变化除取决于晚材自身外，其中还包含早材的变化。

如图 12-4 所示，晚材率在落叶松单株树内的变化是有序的。①在八个不同高度间晚材宽度和管胞个数百分率随径向生成树龄的变化趋势有差异，前期向上减小，后转增大。②同一高度晚材宽度和管胞个数百分率随径向生成树龄增大；根颈在树龄 20 龄时转减小，1.30m 和 2.00m 高度在稍后树龄也转减小。③晚材管胞个数百分率的变化幅度明显高于宽度百分率。

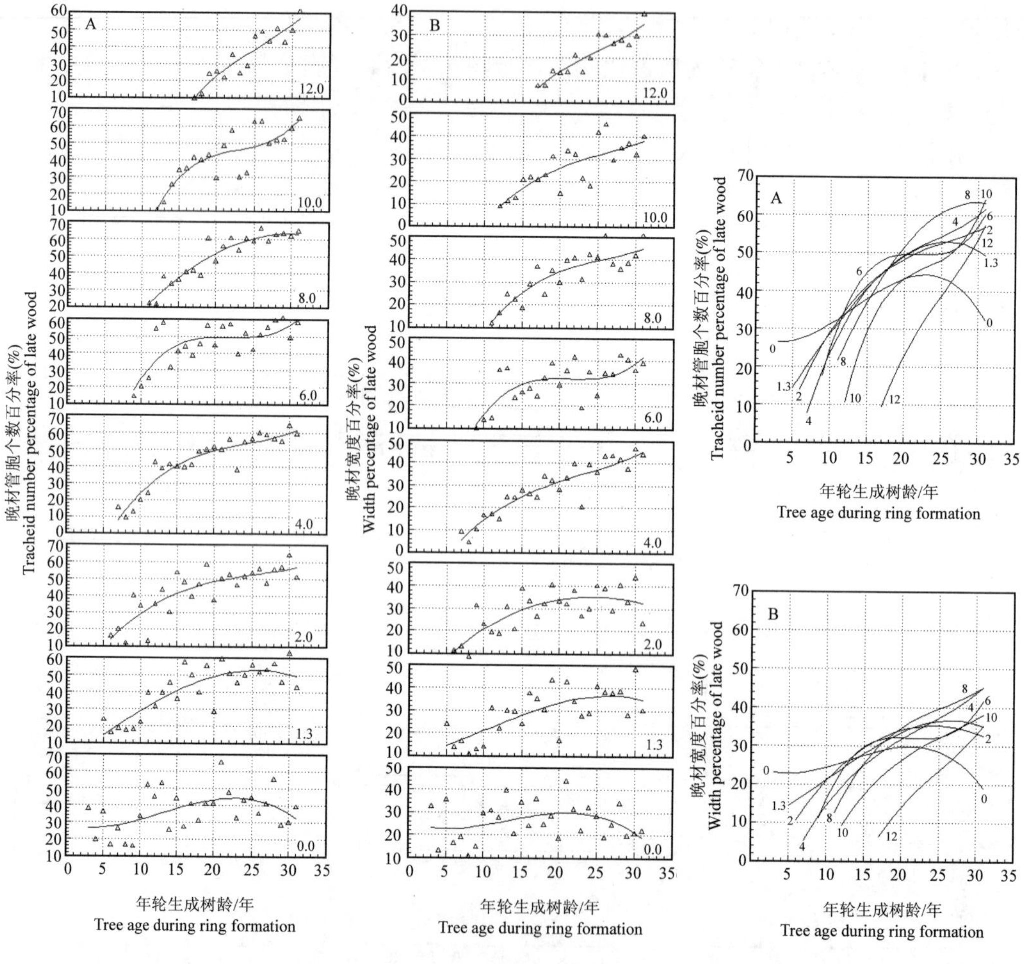

图 12-4　落叶松第 1 样树不同高度逐龄生长增量中晚材百分率的发育变化

A. 晚材径向管胞个数百分率(%)；B. 各同一部位的径向宽度百分率(%)；图中数字为取样圆盘高度

Figure 12-4　Developmental change of late wood percentage of successive growth increments at different heights in Dahurian larch sample tree No.1

A. tracheid number percentage in radial direction of late wood; B. radial width percentage of all the same portion. The numerical symbols in the figure are the height of every sample disc(m)

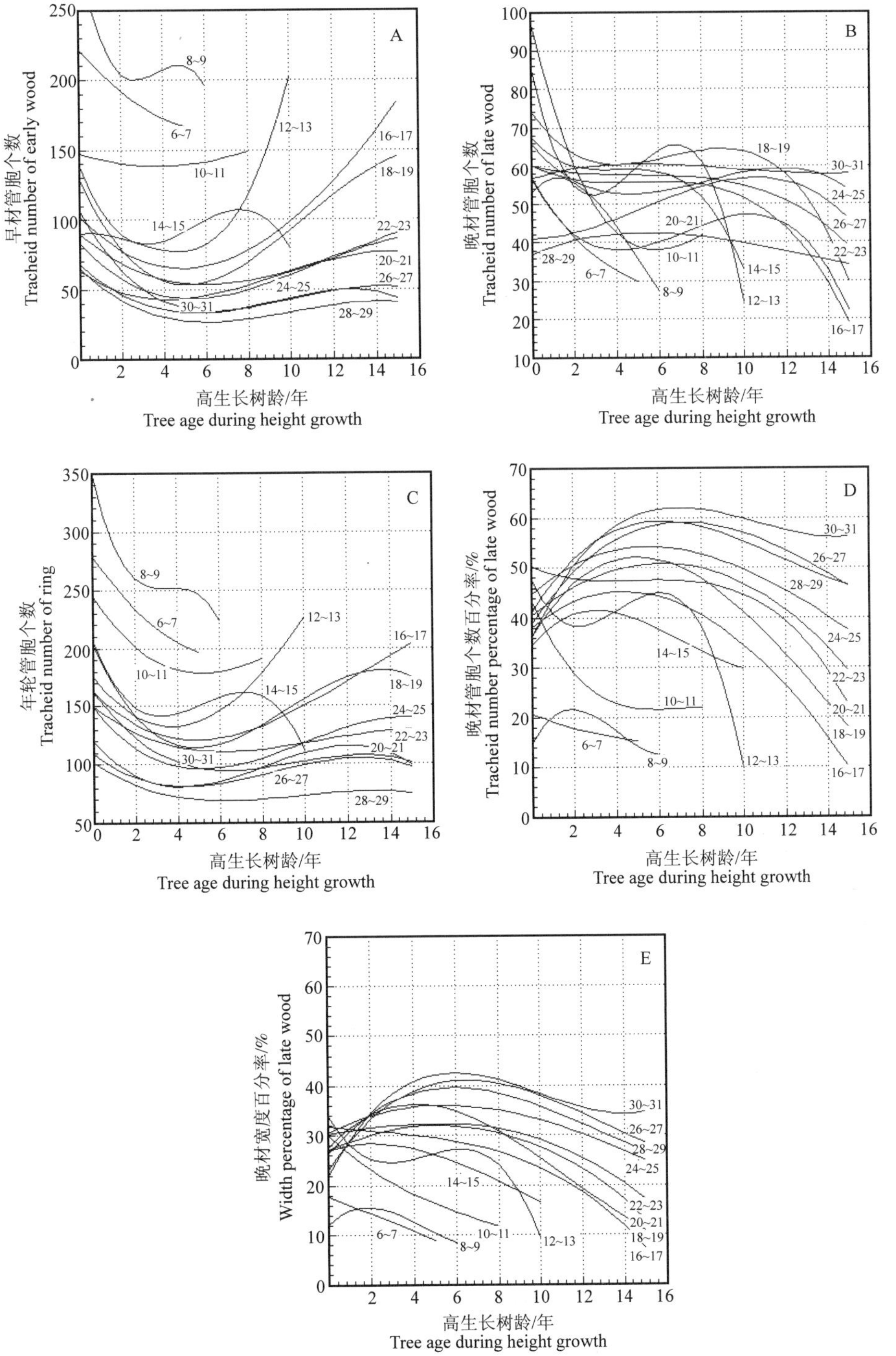

图 12-5　落叶松第 1 样树各龄生长鞘径向管胞个数和晚材百分率沿树高的发育变化

A、B、C. 早、晚材和年轮管胞个数；D、E. 晚材管胞个数和晚材厚度百分率(%)。图中数字系各年生长鞘生成时的树龄

Figure 12-5　Developmental change of tracheid number and late wood percentage in radial direction of each successive growth sheath along stem length in Dahurian larch sample tree No.1

A,B,C. tracheid number of early wood, late wood and ring; D,E. tracheid number and width (thickness) percentage of late wood (%). The numerical symbols in the figure are the tree age during every growth sheath formation

12.4.2 各龄生长鞘沿树高的变化

图 12-5A、B、C 分别示各龄生长鞘早、晚材和年轮径向管胞个数随高生长树龄的变化。在径向生长 10 龄前，生长鞘早、晚材部位径向管胞个数均随高度减小。而后生成的各龄生长鞘早、晚材和全年轮径向管胞个数沿高度同有一短距离减少；此后，早材管胞个数转增多，晚材管胞个数转减少。落叶松样树 31 年树龄段，早材在生长鞘中所占比例大，生长鞘径向管胞个数的变化趋势与早材同。

逐龄生长鞘径向管胞个数沿树高变化曲线间距随径向生成树龄由宽变窄，变化曲度随树龄变小。这些表明，不同树龄生长鞘径向管胞个数间的差额和同一生长鞘内管胞个数沿树高的变化都随树龄趋小。

如图 12-5D、E 所示各年生长鞘晚材管胞个数和晚材厚度百分率随高生长树龄的变化。个数和厚度百分率变化趋势非常相似。树龄 10~11 年前各年生长鞘晚材径向厚度和管胞个数百分率沿鞘高一致减小，而后年份沿鞘高先有增多，后转为减少。晚材径向管胞个数的变化幅度明显高于厚度。

12.4.3 逐龄生长鞘全高平均值的变化

如图 12-6 所示，31 龄落叶松生长鞘全高平均径向管胞个数和全高平均鞘层厚度随树龄的变化趋势相同。初始数年增长，后转减小，再后进入波动。

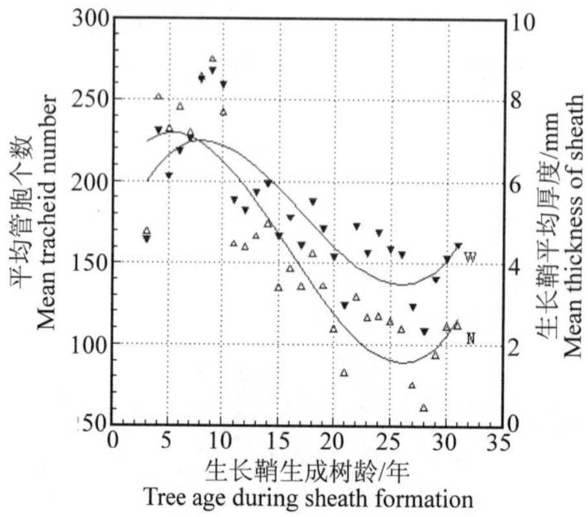

图 12-6 落叶松第 1 样树逐龄生长鞘全高平均径向管胞个数和全高平均鞘层厚度的发育变化

N. 管胞个数；*W*. 鞘层厚度；回归曲线两侧的各数据点代表各龄生长鞘全高平均值

Figure 12-6 Developmental change of mean tracheid number in radial direction and mean thickness of the length of each successive growth sheath in Dahurian larch sample tree No.1

The curve signed by symbol *N* in figure represents tracheid number and the another by *W* is sheath thickness. Every numerical point beside regression curves shows the average value within its height of each successive sheath

12.4.4 树茎中心部位相同离髓心年轮数、不同高度、异鞘年轮间的发育差异

如图 12-7A 所示，树茎中心相同离髓心数、不同高度年轮间早材管胞个数存在趋势性差异。离髓心第 3、4 序不同高度年轮间早材管胞个数差异的变化曲线呈~形；自第 9、10 序开始向外各序早材管胞个数沿树高变化的曲线呈∽形；第 5、6 和 7、8 序曲线变化处于中间转换，分别类似前、后两种不同的 S 形。

如图 12-7B 所示，离髓心不同年轮数晚材管胞个数曲线的变化幅度远比早材小，只为早材的 1/4~1/3。离髓心第 3、4 年轮序晚材管胞个数曲线与同序早材曲线弯曲方向相反。其他各序早、晚材径向管胞个数曲线变化的趋势相似。

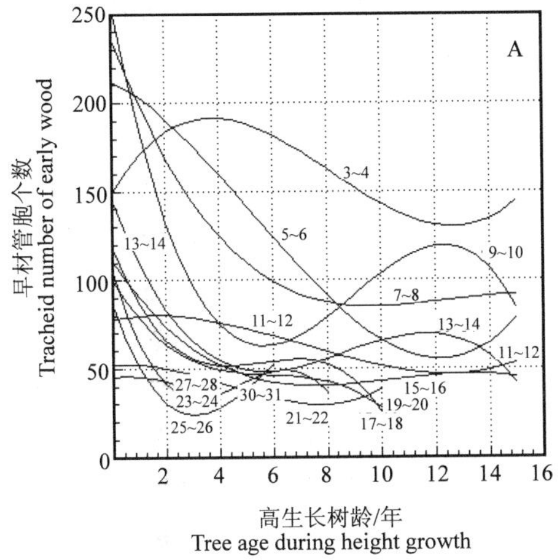

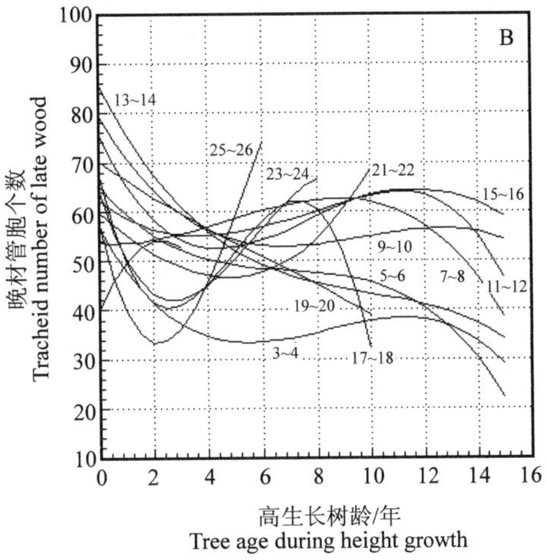

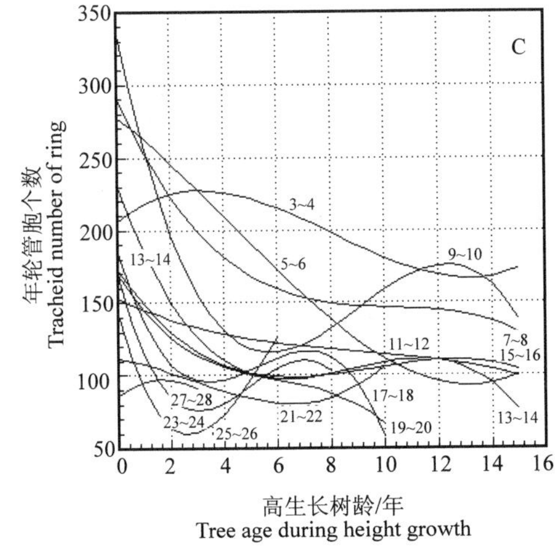

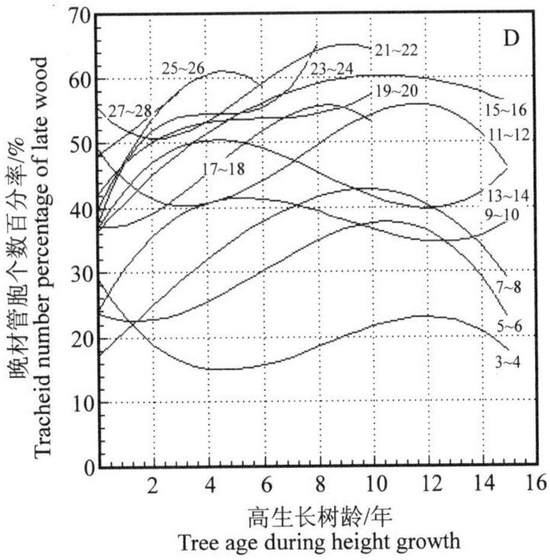

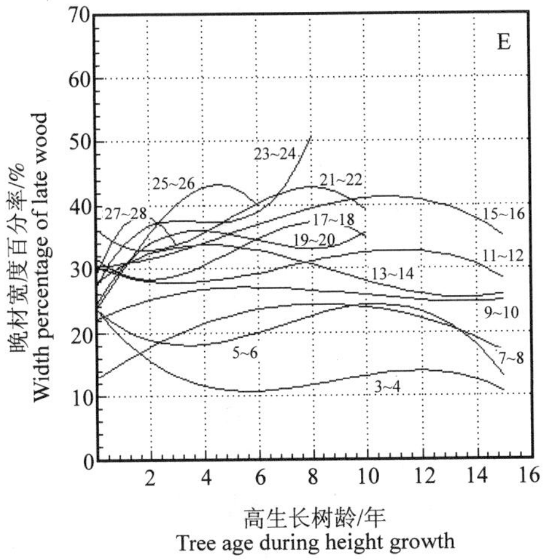

图 12-7 落叶松第 1 样树不同高度、相同离髓心年轮数、异鞘年轮间管胞个数和晚材百分率的有序变化

A、B、C 分别为早、晚材和年轮的径向管胞个数；D、E. 晚材管胞个数和晚材宽度百分率(%)；

图中曲线示沿树高方向的变化，数字系离髓心年轮数

Figure 12-7 Systematical change of tracheid number and late wood percentage among rings in different sheaths, but with the same ring number from pith and at different heights in Dahurian larch sample tree No.1

A,B,C. tracheid number in radial direction of early wood, late wood and ring respectively; D, E. tracheid number and width (thickness) percentage of late wood (%). The curves in the figure show the change along the stem length and the numerical symbols are the ring number from the pith

如图 12-7A、C 所示，树茎中心部位相同离髓心年轮数、不同高度异鞘年轮间全年轮与早材管胞个数变化曲线的趋势相同。

如图 12-7D、E 所示，晚材厚度百分率和管胞个数百分率的变化趋势相同，后者变化数字大于前者。

12.4.5 树种结论

对单株样树不能进行遗传性观察。但从 31 龄落叶松单株样树的测定结果中，可察出单株内管胞个数、鞘层厚度(年轮宽度)和晚材率随两向生长树龄的变化趋势：①不同高度水平径向逐龄管胞个数的变化率随高度增大；②各龄生长鞘自基部早材管胞径向个数沿高向有短距离减小，后转增多，这一变化随生长鞘生成树龄减弱；③树茎中心部位相同离髓心年轮数、不同高度年轮间早、晚材管胞个数具有差别。离髓心第 3、4 年轮、不同高度年轮间差别最明显，这两离髓心年轮序早材差别的变化方向与晚材相反；④早材管胞个数发育的变化较晚材大，全年轮管胞个数的发育变化趋势与早材同；⑤晚材宽度变化率和管胞个数变化率随两向生长树龄均呈变化的趋势性，后者保持高于前者；⑥年轮径向管胞个数和年轮宽度随两向生长树龄的变化趋势高度一致。

12.5 冷杉径向逐龄增生管胞个数的发育变化

对 3 株 24 龄人工林冷杉在树高 8.0m、10.0 m(平均端径 6.84cm)以下部位分别截取 7 或 8 个高度圆盘，共制取切片 297 张。测定逐个年轮的宽度和管胞个数，共取读数 1782 个。附表 12-3 列出 3 样树管胞个数的测定值。

冷杉管胞个数测定不区分早、晚材。

12.5.1 不同高度径向逐龄的变化

如图 12-8 所示，3 株冷杉年轮管胞个数的径向变化模式在不同高度都近似呈拱形，在根颈处比较典型。这表明，由髓心向外逐个年轮的径向管胞个数有一增加期，但这一管胞个数增加的年数自根颈向上缩短；再向上，年轮管胞个数转为逐年一致性减少。

如图 12-8 所示，3 株冷杉树茎各高度管胞个数径向变化的曲线由根颈向上呈有序的垒叠状，自髓心向外初始年轮和树茎外侧年轮的管胞个数都同时随树高增多。

如图 12-8 所示中各条曲线表达的变化经历的时间跨度和变化幅度都是不同的。其中包含，管胞增生个数的径向发育变化在树茎不同高度上存在着差别。

如图 12-8 所示，3 株冷杉不同高度横截面上逐个年轮径向管胞个数和年轮宽度随树龄的径向变化趋势相似。

12.5.2 逐龄生长鞘沿树高的变化

如图 12-9 所示，3 株冷杉 24 年生长中，逐龄生长鞘管胞个数自根颈向上的变化曲线都呈凹形。根颈(0.0m)处管胞个数多，向上均逐减；至高生长树龄约 5 年(2.00m)处都转为增多。而后，3 样树都处于高生长的旺盛期，同一生长鞘径向管胞个数的上述变化规律符合基部稳定和树茎圆满的林木生存需要。估计，高生长随树龄增长将逐步减缓。

同一生长鞘径向管胞个数的纵向差异也会趋小。

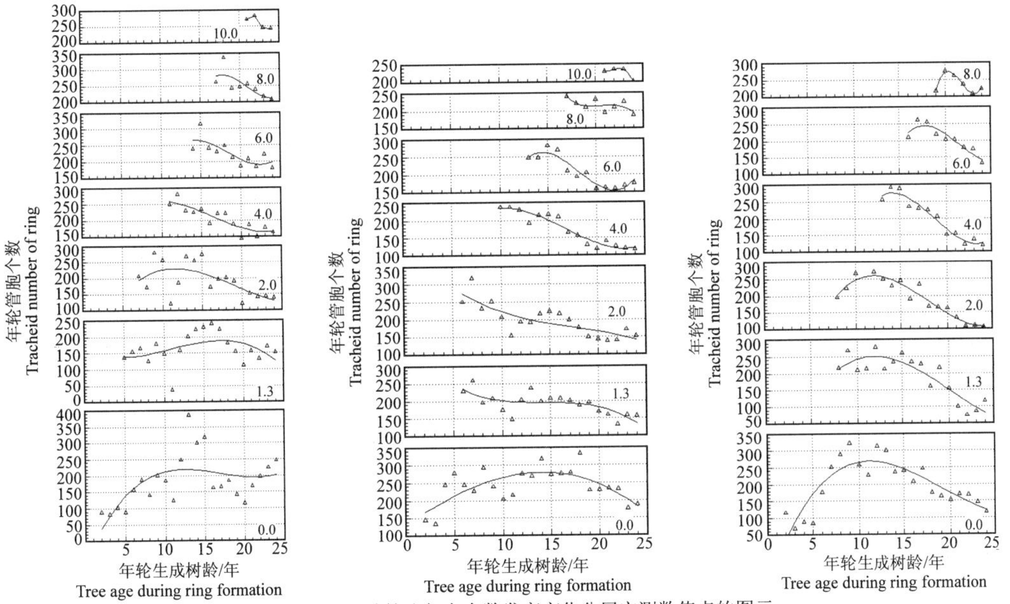

不同高度逐龄年轮管胞径向个数发育变化分层实测数值点的图示

Developmental change of tracheid number in radial direction of successive rings at different heights is drawn as a series of layered curves and the points of measured value are indicated beside them

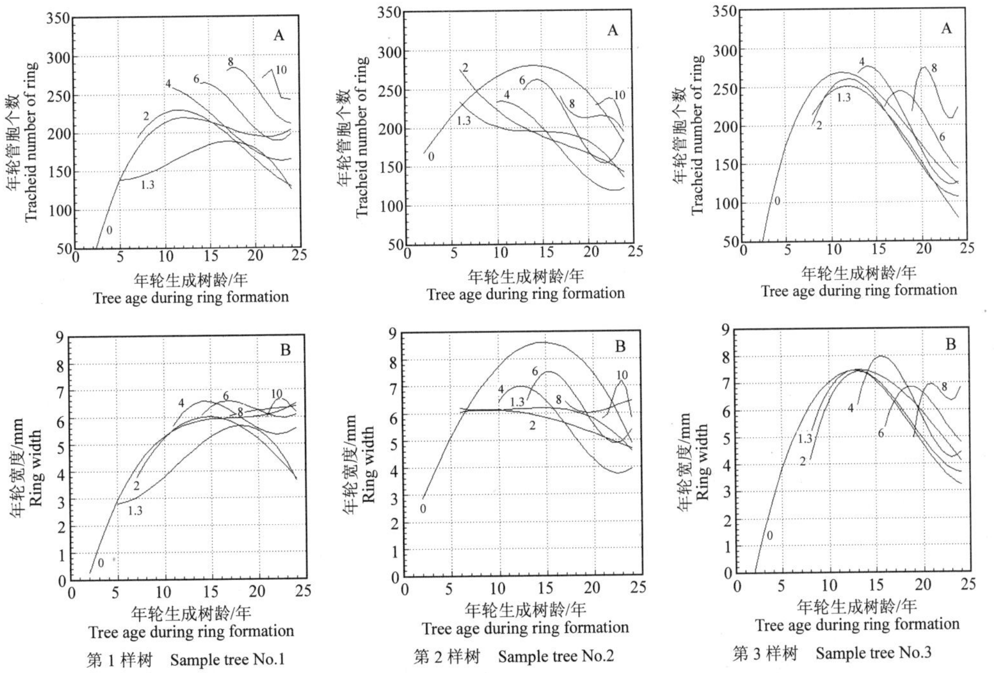

图 12-8　冷杉三株样树不同高度径向逐龄生长增量的发育变化

A. 年轮的管胞个数；B. 各同一部位的年轮宽度；图中标注曲线的数字为取样圆盘高度(m)

Figure 12-8　Developmental change of successive growth increments in radial direction at different heights in three sample trees of Faber fir

A. tracheid number of ring; B. ring width of each the same position. The numerical symbols in the figure are the height of every sample disc(m)

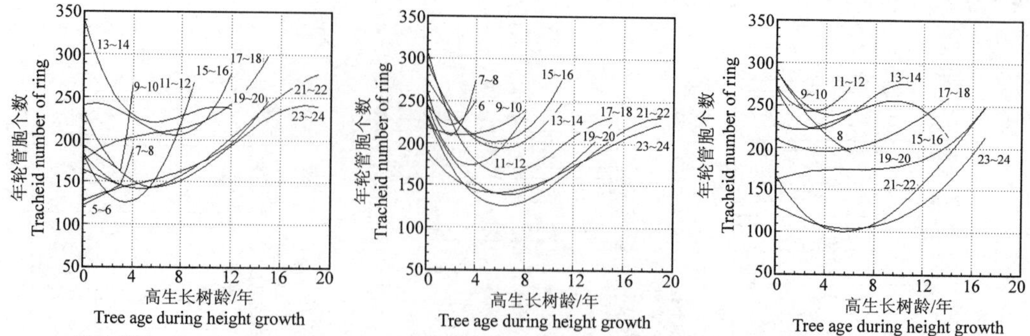

第 1 样树　Sample tree No.1　　第 2 样树　Sample tree No.2　　第 5 样树　Sample tree No.5

图 12-9　冷杉三株样树各龄生长鞘径向管胞个数沿树高的发育变化

图中数字系各年生长鞘生成时的树龄

Figure 12-9　Developmental change of tracheid number in radial direction of each successive growth sheath along stem length in three sample trees of Faber fir

The numerical symbols in the figure are the tree age during each growth sheath formation

可以看出，次生木质部的生成和发育是融合在树茎的高、径两向生长过程中的。完全可以理解管胞的径向增生原属直径生长方面，但它却和高生长有如此密切的关系。

12.5.3　逐龄生长鞘全高平均值的变化

如图 12-10 所示，3 株冷杉初期 24 年生长中，生长鞘全高平均径向管胞个数在前 9 年或约至 15 年期间都是增加的。由最初年份平均约 116 个/年增至约 265 个/年，增幅达 128%。而后呈逐减趋势。在第 24 年 3 样树平均径向增生管胞个数为 164 个/年，减幅为 38%。

如图 12-10 所示，在管胞生成个数的发育变化上虽然存在着株间变异，但共同的发育变化趋势是明显的。受树龄的限制，第 1、5 两样株尚未出现明显的变化平缓阶段。但第 2 样株已呈现峰值树龄，并已表现出水平阶段的雏形。由此估计，冷杉生长中逐年径向生成管胞个数都必将步入一个较长年限的稳定波动期；进而认为，生长鞘管胞纵向平均个数的发育变化有两个转折点：逐年径向管胞增生个数的峰值树龄和进入稳定波动期的树龄。

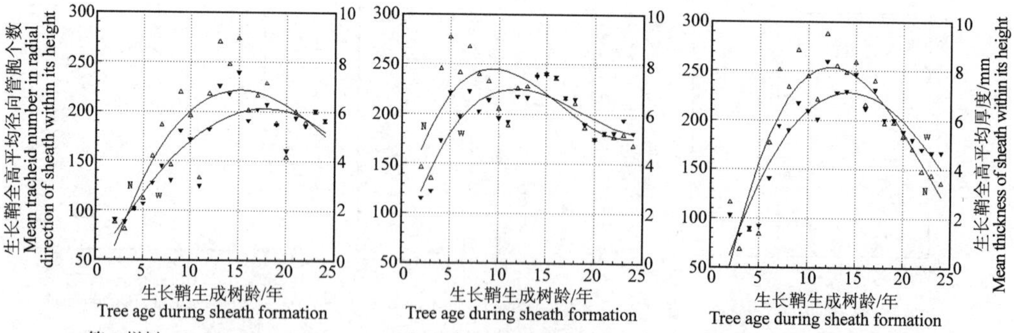

第 1 样树　Sample tree No.1　　第 2 样树　Sample tree No.2　　第 5 样树　Sample tree No.5

图 12-10　冷杉三株样树逐龄生长鞘全高平均径向管胞个数和全高平均鞘层厚度的发育变化

N. 管胞个数；*W*. 鞘层厚度；回归曲线两侧的各数据点示各龄生长鞘全高平均测定值

Figure 12-10　Developmental change of mean tracheid number and mean sheath thickness in radial direction (of the length) of each successive growth sheath in three sample trees of Faber fir

N. tracheid number; *W*. sheath thickness. Every numerical point beside regression curves shows the average value within its height of each successive sheath

12.5.4 树茎中心部位不同高度相同离髓心年轮数年轮间的发育差异

如图 12-11 所示，树茎中心部位离髓心(2、3)、(4、5)、(6、7)年轮数、不同高度、异鞘年轮间的径向管胞个数差异的变化曲线都呈⌒形(左半拱形)。这表明，这些不同高度、相同离髓心年轮数、异鞘年轮在高生长过程中径向管胞个数随高生长树龄呈增多的趋势。这些曲线中离髓心年轮数居前的斜度大。这是不同高度径向逐龄发育变化的斜率不同造成的。离髓心年轮数(8、9)以外曲线都转呈“凹”字形。

可看出，次生木质部生成中分生管胞个数的发育变化是一整体发育现象。它不仅表现在同一高度的径向逐龄年轮间，还同时呈现在不同高度、相同离髓心年轮数、异鞘年轮间。

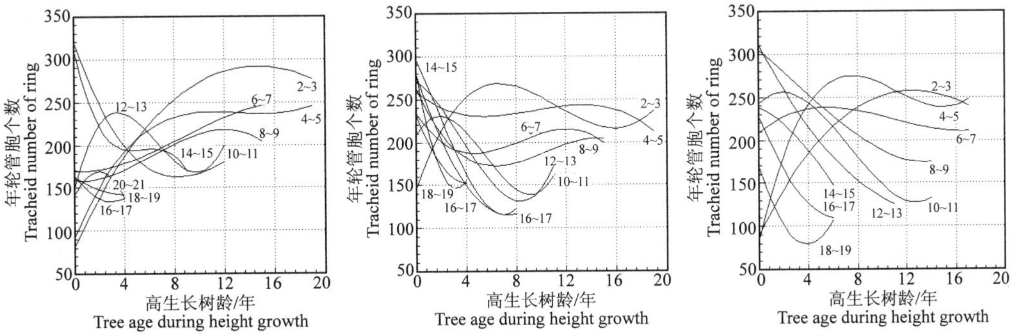

第 1 样树 Sample tree No.1　　第 2 样树 Sample tree No.2　　第 5 样树 Sample tree No.5

图 12-11 冷杉三株样树不同高度、相同离髓心年轮数、异鞘年轮间径向管胞个数的有序变化

图中曲线示沿树高方向的变化，数字范围系离髓心的年轮数

Figure 12-11 Systematical change of tracheid number in radial direction among rings in different sheaths, but with the same ring number from pith and at different heights in three sample trees of Faber fir

The curves in the figure show the change along the stem length and the numerical symbols are the ring number range from pith

12.5.5 树种结论

三株人工林冷杉初期 24 年生长中逐龄径向增生管胞个数发育变化的趋势表现：

(1) 生长初期 9 年或至 15 年，逐龄生长鞘全高平均径向增生管胞个数有一增长期；达峰值年份后转为减小。3 样树中有一样株已表现出水平阶段的雏形。由此估计，冷杉生长中逐年径向增生管胞个数都将先、后进入一较长年限的稳定波动期。进而认为，冷杉逐年增生管胞个数的发育变化有两个转折点：径向增生管胞个数峰值的树龄和步入稳定波动期的树龄。

(2) 树茎同一高度逐龄年轮径向管胞个数变化模式近似呈拱形；不同高度间，除时间跨度不同外，还存在管胞个数变化率上的差别。位置上移，变化率增大。

(3) 逐龄同一生长鞘径向管胞个数在不同树高部位上都存在差别，变化曲线都呈“凹”字形。由根颈向上，先减小，而后增多。这是适应生成树茎稳定和干形圆满的发育需要。

(4) 树茎中心部位相同离髓心年轮数、不同高度年轮间在径向管胞个数上存在趋势性差别。离髓心年轮数 7 以内，不同高度异鞘年轮间管胞个数自下向上逐增；向外这一趋势减弱；在树干外围这一逐增趋势转为逐减。

(5) 冷杉样株内年轮管胞个数和年轮宽度间存在着非常一致的发育变化趋势。

12.6 马尾松径向逐龄增生管胞个数的发育变化

对 32 龄人工林马尾松 3 样树 0.00m、1.30m、3.60m 向上依次间隔 2.00m，分别截取 10 个或 11 个高度圆盘，共制取切片 354 张。测定各高度圆盘自树周向内和自髓心向外各 3 个年轮和胸高(1.30m)径向逐龄年轮的管胞个数和年轮宽度，以及上述各年轮的晚材管胞个数和晚材宽度。全部取样均在同一南向，共取读数 4248 个。附表 12-4、附表 12-5 列出管胞个数的测定值。

通过计算得出的指标有：各年轮早材宽度和早材管胞个数；年轮内晚材宽度百分率和管胞个数百分率。

12.6.1 实验理念

测定每张切片的早、晚材宽度和管胞个数；计算出晚材宽度百分率和晚材管胞个数百分率。

由胸高径向逐龄年轮测定和高度自髓心向外及自树周向内各 3 年轮两类测定结果曲线间的过渡，可估计出不同高度水平径向的变化趋势。

由 10 个或 11 个高度圆盘自树周向内(30 龄、31 龄、32 龄生长鞘)和自髓心向外各 3 个年轮(不同高度、离髓心年轮数 1、2、3 异鞘年轮间)测定结果，可观察出：①采伐前 3 年各生长鞘沿树高的变化；②树茎中心部位离髓心 1、2、3 年轮数不同高度、异鞘年轮间差异的变化。

由实验数据绘出多幅图示，从不同角度对性状的发育变化进行观察。对三样树实验结果进行种内株间比较，目的是进行遗传检验。这些图示能反映出性状在发育过程中的变化及其遗传性。

12.6.2 三样树的共同发育表现

12.6.2.1 胸高径向逐龄的变化

如图 12-12 所示，三样树胸高径向逐龄早、晚材和年轮管胞个数及宽度的变化。共同表现是：①年轮管胞个数、年轮宽度和早材管胞个数三者的变化趋势相似，均随树龄趋减；树龄 15 年前变化率明显高于其后年份；②晚材管胞个数在最初生长期间随树龄增加，在树龄 10~25 年出现峰值；③晚材宽度百分率和管胞个数百分率均随树龄一致性增加，树龄 15 年前的变化率明显较高。

对比图 12-13 至图 12-15 中各同一样树 A、B 两分图，可估计出管胞个数随径向生成树龄的变化趋势：早材和全年轮管胞个数减少；晚材管胞个数增多。

12.6.2.2 各龄生长鞘沿树高的变化

各龄生长鞘在同一高度间的水平径向差异是次生木质部在随径向生长树龄变化中形

成的；各龄生长鞘沿各自身高向的差异是在随高生长树龄而变化的。次生木质部鞘层间和鞘层内的差异形成在同一发育过程中。

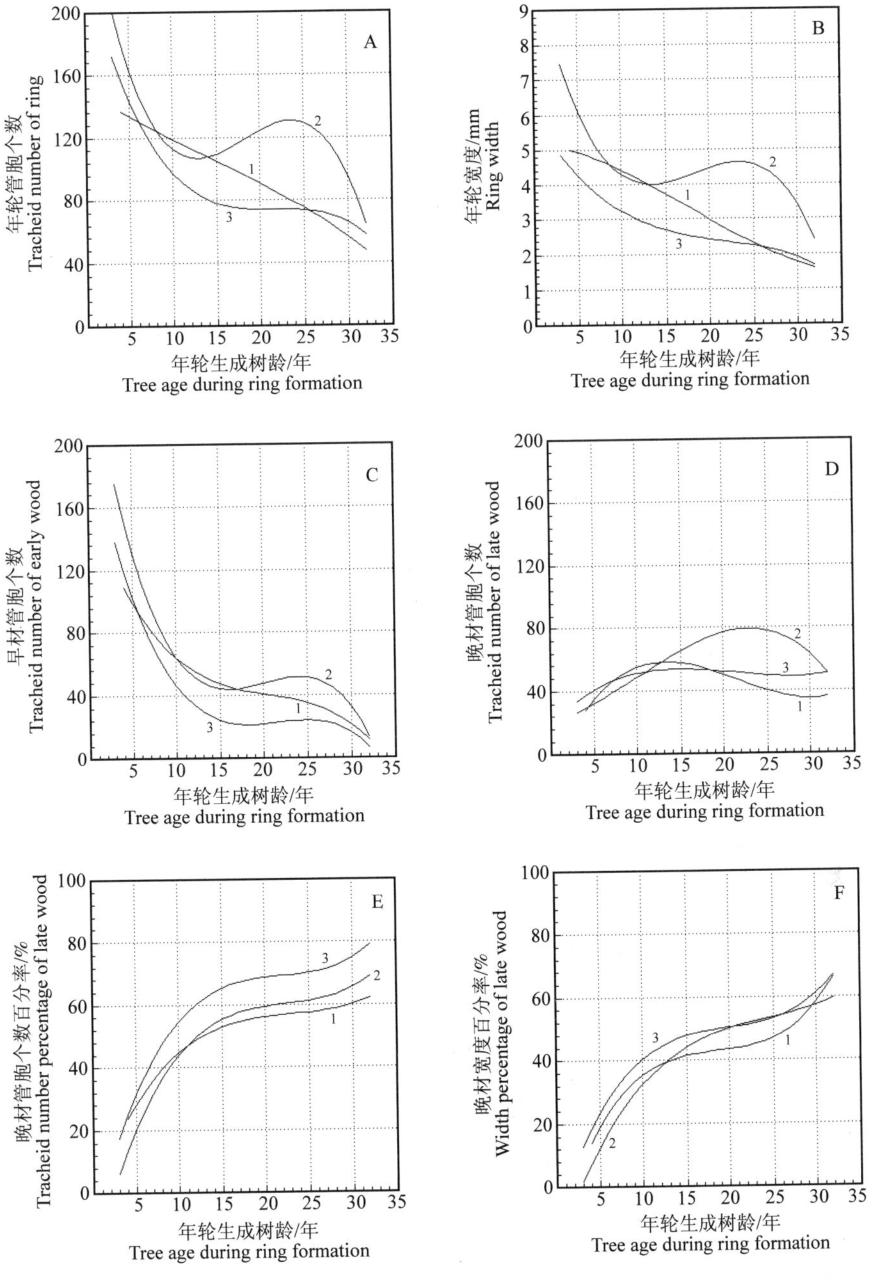

图 12-12　马尾松三株样树胸高(1.30m)径向逐龄生长增量的发育变化

A. 年轮管胞个数；B. 年轮宽度；C. 早材管胞个数；D. 晚材管胞个数；E. 晚材管胞个数百分率(%)；F. 晚材宽度百分率(%)；图线标注数字为株别

Figure 12-12　Developmental change of successive growth increments in radial direction at breast height (1.30m) in three sample trees of Masson's pine

A. tracheid number of ring; B. ring width; C. tracheid number of early wood; D. tracheid number of late wood; E. tracheid number percentage of late wood; F. width percentage of late wood. The numerical symbols in the figure are the ordinal numbers of every sample tree

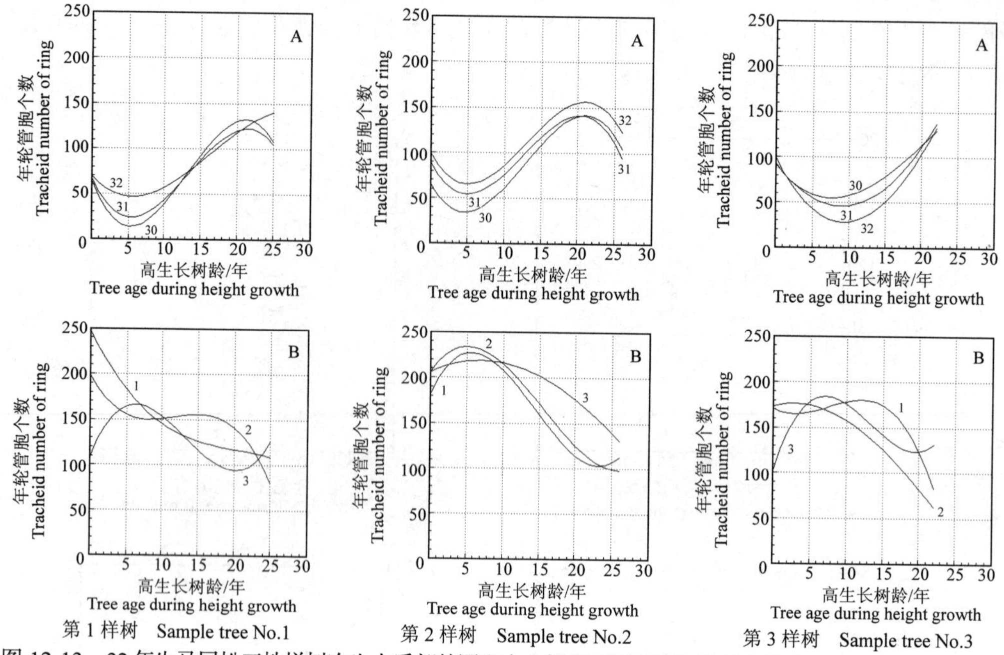

图 12-13　32 年生马尾松三株样树次生木质部外围和中心部位不同高度年轮径向管胞个数发育变化的对比

A. 外围部位 3 生长鞘(30 龄、31 龄和 32 龄)；B. 中心部位不同高度、相同离髓心年轮数(1、2 或 3)年轮间

Figure 12-13　A comparison on developmental change of tracheid number in radial direction of ring at different heights between circumferential and central portion of secondary xylem in three 32-years Masson's pine sample trees

A. along the length of circumferential sheaths (at the tree age of 30, 31 and 32); B. among rings with the same ring number (1,2 or 3) from pith and at different heights of central portion

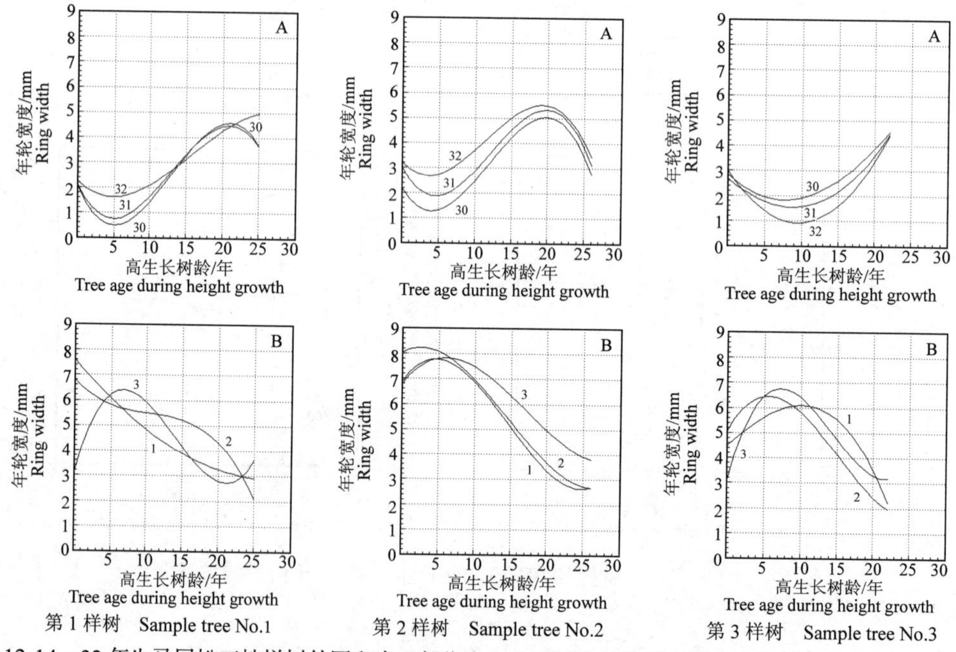

图 12-14　32 年生马尾松三株样树外围和中心部位次生木质部生长鞘厚度随高生长树龄发育变化的对比

A、B 图示条件同图 12-13

Figure 12-14　A comparison on developmental change of sheath thickness with tree age during height growth between circumferential and central portion of secondary xylem in three 32-years old Masson's pine sample trees

The conditions of A, B diagram are the same as Figure 12-13

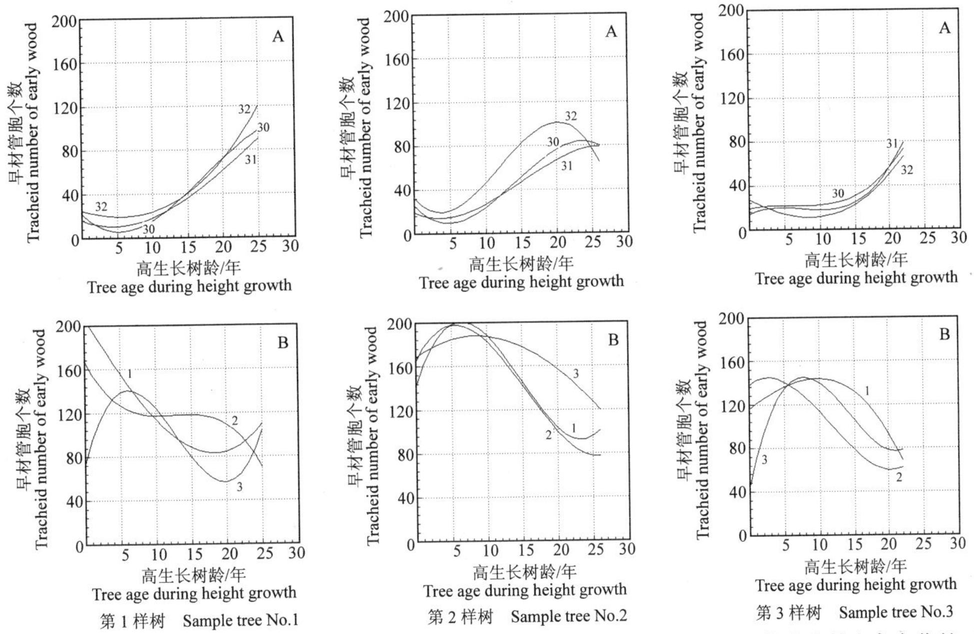

图 12-15　32 年生马尾松三株样树次生木质部外围和中心部位不同高度早材径向管胞个数发育变化的对比

A. 外围部位 3 生长鞘(30 龄、31 龄和 32 龄)；B. 中心部位不同高度、相同离髓心年轮数(1、2 或 3)年轮间

Figure 12-15　A comparison on developmental change of early wood tracheid number in radial direction at different heights between circumferential and central portion of secondary xylem in three 32-years Masson's pine sample trees

A. along length of circumferential sheaths (at the tree age of 30, 31 and 32); B. among rings with the same ring number (1,2 or 3) from pith and at different heights of central portion.

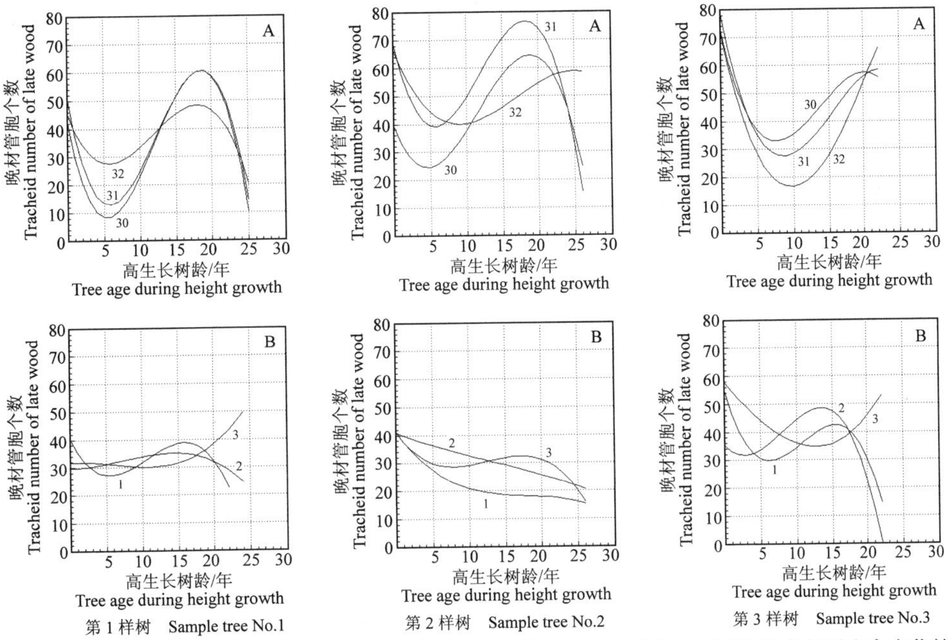

图12-16　对32年生马尾松三株样树外围和中心部位次生木质部晚材径向管胞个数随高生长树龄发育变化的对比

A、B 图示条件同图 12-15

Figure 12-16　A comparison on developmental change of late wood tracheid number in radial direction with tree age during height growth between circumferential and central portion of secondary xylem in three 32-years old Masson's pine sample trees.

The conditions of A, B diagram is the same as Figure 12-15

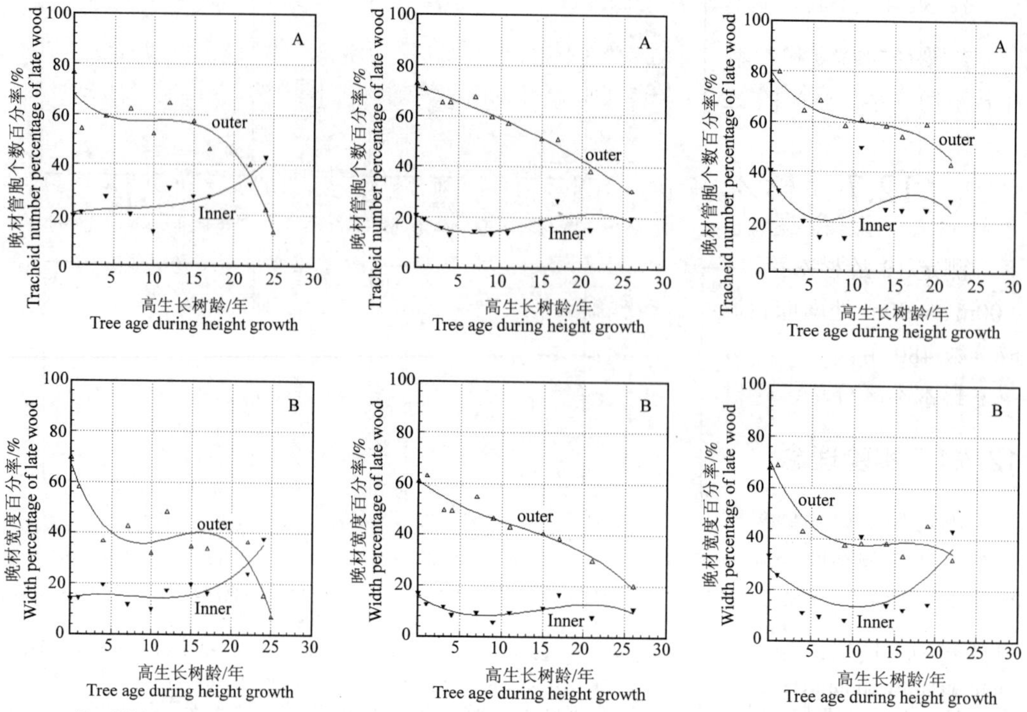

第 1 样树　Sample tree No.1　　第 2 样树　Sample tree No.2　　第 3 样树　Sample tree No.3

图 12-17　马尾松三株样树不同高度内 2、外 3 年轮平均晚材率沿树高的发育变化

A. 晚材管胞个数百分率(%)；B. 晚材宽度百分率(%)；outer. 外周三个年轮平均；Inner. 内自髓心第二、三年轮平均

Figure 12-17　Developmental change of mean late wood percentage of two inner and three outer rings at different heights along stem length in three sample trees of Masson's pine

A. tracheid number percentage of late wood; B. width (thickness) percentage of late wood.

Outer. mean value of the three outer rings; Inner. mean value of 2nd and 3rd ring from pith

如图 12-13、图 12-15、图 12-16A 所示，采伐龄 32 年三样树 30 龄、31 龄、32 龄生长鞘早、晚材和全鞘径向管胞个数沿树高的变化趋势。早材自根颈向上管胞个数一致增加；晚材在树茎下段沿高向减少，后转增多；鞘层全厚径向管胞个数变化与早材大致相同，但受晚材影响。

晚材宽度百分率和晚材管胞个数百分率是同一变化中的两个指标。如图 12-17 所示，三株样树主茎外围三生长鞘沿树高和中心部位离髓心 2、3 年轮数不同高度年轮间两平均晚材率变化的趋势。两指标沿树高变化趋势相同，但数额上宽度百分率小于管胞个数百分率；树周三生长鞘两指标平均值沿树高趋减明显；树茎中心部位离髓心 2、3 年轮数异鞘年轮间两指标平均值沿树高差别不大，至树梢略有增高。

12.6.2.3　树茎中心部位相同离髓心年轮数、不同高度、异鞘年轮间的发育差异

如图 12-13、图 12-14、图 12-15B 所示，三样树主茎中心部位相同离髓心 1、2、3 年轮数不同高度年轮间管胞个数的差异变化趋势。早材自根颈向上有短距离增多，后转减少；晚材呈基本减少趋势；鞘层全厚径向管胞个数变化与早材相似。

12.6.2.4　早材、晚材和全年轮径向宽度与管胞个数在发育变化趋势上的关系

年轮径向宽度和管胞个数分别是尺度和计数的量。计数的量造就尺度量，它们间存在着密切关系。对比图 12-13 和图 12-14 可看出，两者在变化中的一致趋势是必然结果。

12.7　杉木径向逐龄增生管胞个数的发育变化

测定 12 龄杉木第 3 样树胸高(1.30m)东、西、南、北四向和第 2 样株胸高(1.30m)、2.00m、4.00m 处南向自髓心沿木射线向外逐个年轮宽度和管胞个数，共制取切片 80 张，取读数 480 个。

杉木不区分早、晚材。

12.7.1　实验理念

测定杉木第 3 样树胸高东、南、西、北四个朝南自髓心向外逐龄年轮的宽度和管胞个数，认识胸高四个朝向在逐龄管胞个数变化上的差别。

测定杉木第 2 样树 3 个高度(1.30m、2.00m、4.00m)径向逐龄年轮宽度和管胞个数，可观察同一样树三高度间逐龄生长鞘沿树高和相同离髓心年轮数、不同高度、异鞘年轮间年轮宽度和管胞个数的变化，并可在第 2、3 样树间进行胸高逐龄年轮宽度和管胞个数的对比。

用杉木第 2、3 样树逐龄生长鞘全高平均年轮宽度的变化作为观察管胞个数变化趋势的替代补充。

12.7.2　胸高四径向逐龄管胞个数和年轮宽度的变化

如图 12-18 所示，杉木第 3 样树东、西、南、北四个朝向自髓心向外逐个年轮径向管胞个数的变化趋势基本一致，并和年轮宽度的变化趋势相似。

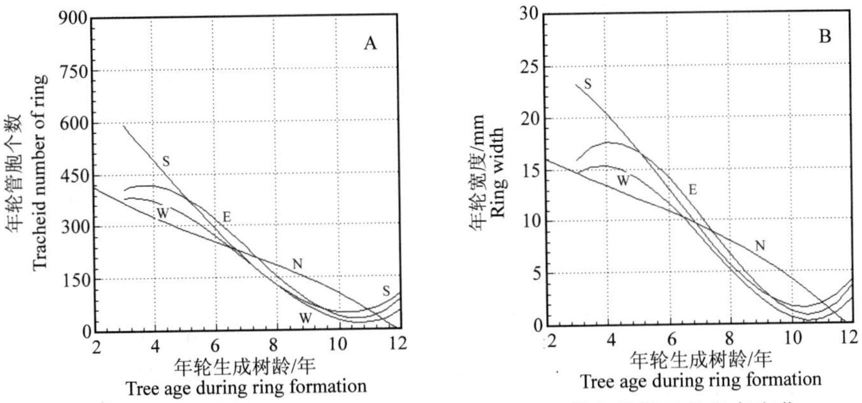

图 12-18　杉木第三株样树胸高(1.30m)4 个朝向逐龄生长增量的发育变化

A. 年轮径向管胞个数；B. 各同一部位的年轮宽度；E. 东；S. 南；W. 西；N. 北

Figure 12-18　Developmental change of successive growth increments in four directions at the breast height (1.30m) in Chinese fir sample tree No.3

A. tracheid number in radial direction of ring; B. ring width of each the same position. E. east; S. south; W. west; N. north

一般，树木髓心基本位于树茎圆形截面中心附近，由中心向外四个朝向年轮宽度的变化基本相似。本实验结果表明杉木胸高四个朝向的年轮宽度及管胞个数的变化趋势和幅度都很相近(表 12-1，图 12-18)。在上述情况下，研究管胞年增生个数可不考虑朝向。但一些树种易产生偏心，特别生长在斜度大的坡地上，偏心材年轮宽度和径向管胞个数在各个方向间的差别则另当别论。

表 12-1 杉木第 3 样株胸高四个方向逐个年轮管胞个数

Table 12-1 Tracheid number of successive rings in four orientation at breast height in Chinese fir sample tree No.3

方向 Orientation	年轮生成树龄 Tree age during ring formation										
	2 年	3 年	4 年	5 年	6 年	7 年	8 年	9 年	10 年	11 年	12 年
S		572	520	412	250	172	160	103	43	33	113
N	398	499	166	209	311	356	185	112	47	31	28
E		338	559	341	281	243	118	101	47	76	57
W		315	491	330	263	118	119	92	59	39	27
Ave	398	431	434	323	276	222	146	102	49	45	56

注：S-南向；N-北向；E-东向；W-西向；Ave-平均值。

Note: S-south; N-north; E-east; W-west; Ave-average.

同一朝向不同年轮间存在规律性趋势的变化。水平径向由内至外逐龄年轮测定值在 4 个朝向间无明显差异。因组内差异较大，故不能采用一般的方差分析来判断。

12.7.3 不同高度径向逐龄的变化

表 12-2 给出杉木第 2、3 样树胸高(1.30m)的径向逐龄管胞个数。两样树胸高由髓心向外仅 2、3 个年轮管胞个数增加；在迅速达峰值后，就转为明显减少；至树龄第 10 年开始同呈管胞个数相近的波动状。

表 12-2 杉木第 2、3 样树胸高(1.30m)径向逐龄年轮的管胞个数

Table 12-2 Tracheid number of successive rings in radial direction at breast height of Chinese fir sample tree No.2,3

样树序号 Ordinal numbers of sample tree	年轮生成树龄 Tree age during ring formation										
	2 年	3 年	4 年	5 年	6 年	7 年	8 年	9 年	10 年	11 年	12 年
2	308	681	826	474	428	379	284	171	104	131	71
3		572	520	412	250	172	160	103	43	33	113

注：表内受测管胞个数系平行木射线。本章各表除特别注明外，取样均为南向。

Note: The tracheid numbers measured in this table are all parallel to wood ray. Sampling is all in south orientation except special explanation.

表 12-3 给出杉木第 2 样株 3 个高度(1.30m、2.00m、4.00m)逐个年轮的管胞个数。图 12-19 把它们与相应部位年轮宽度的变化曲线一并绘出。

表 12-3 杉木第 2 样树 3 高度径向逐龄年轮的管胞个数

Table 12-3 Tracheid number of successive rings at three heights of Chinese fir sample tree No.3

Y/H	年轮生成树龄 Tree age during ring formation										
	2 年	3 年	4 年	5 年	6 年	7 年	8 年	9 年	10 年	11 年	12 年
1/1.3	308	681	826	474	428	379	284	171	104	131	71
1.26/2	101	552	648	517	426	335	259	156	88	118	97
3/4		49	511	513	424	361	264	202	123	130	139

注：*Y*, 高生长树龄；*H*, 取样圆盘高度。

Note: *Y*, Tree age during height growth；*H*, The height of sampling disc.

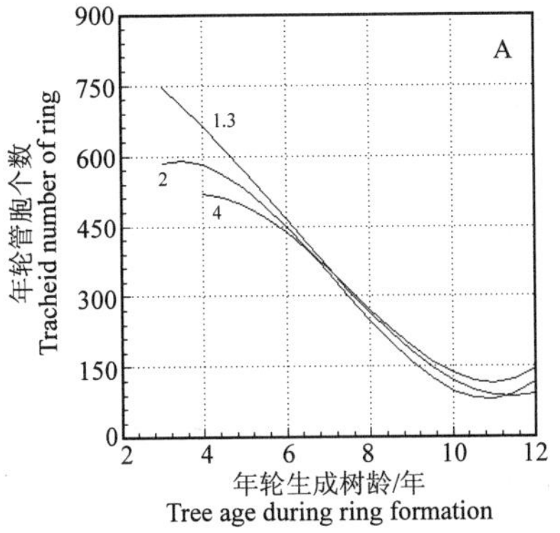

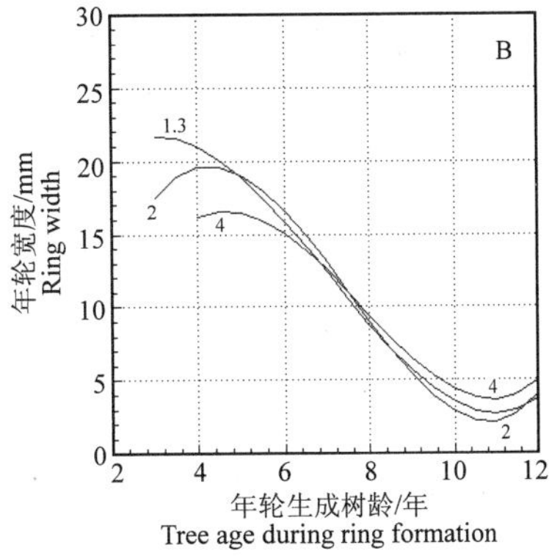

图 12-19　杉木第 2 样树 3 个高度径向逐龄生长增量的发育变化

A. 年轮径向管胞个数；B. 各同一部位的年轮宽度；图中标注曲线的数字为取样圆盘高度(m)

Figure 12-19　Developmental change of successive growth increments in radial direction at three heights in Chinese fir sample tree No.2

A. tracheid number in radial direction of ring; B. ring width of each same position. The numerical symbols in the figure are the height of every sample disc(m)

杉木实验材料中有取自卫闽林场种子园种子生长的 No.1,2,3 样树。第 2 样树胸高南向年轮管胞个数 11 年间由最多 826 个/年减为 71 个/年；另一第 3 样株由 572 个/年减为 113 个/年。这表明，卫闽林场种子园种子生长的杉木，管胞增生的发育进程快，而直径生长在较短的年限内就显著变缓。

由表 12-3 可看出，杉木第 2 样株胸高(1.30m)自髓心向外管胞个数在第 3 年轮达到峰值(826 个/年)，而后逐年减少；4.00m 高度在第 2 年轮就接近峰值，而后同样逐年减少。如图 12-19 所示树龄 10 年时 1.30m、2.00m、4.00m 3 高度逐个年轮管胞个数的径向变化几乎同时进入管胞个数相近的波动期。但 4.00m 高度的高生长年数比 1.30m 少 2 年。这表明，径向发育的进展随树高增快。

12.7.4　各龄生长鞘沿树高的变化

如图 12-20 所示，杉木第 2 样株 3 个高度不同树龄生长鞘径向管胞个数沿树高的变化。虽然 3 高度间高生长时限仅 2 年，但已显出管胞个数沿树高变化的局部状况。第 3、4 树龄生长鞘管胞个数在树兜高向明显减少；而后，变化趋小；至第 11、12 年树龄生长鞘管胞个数转为向上稍增加。

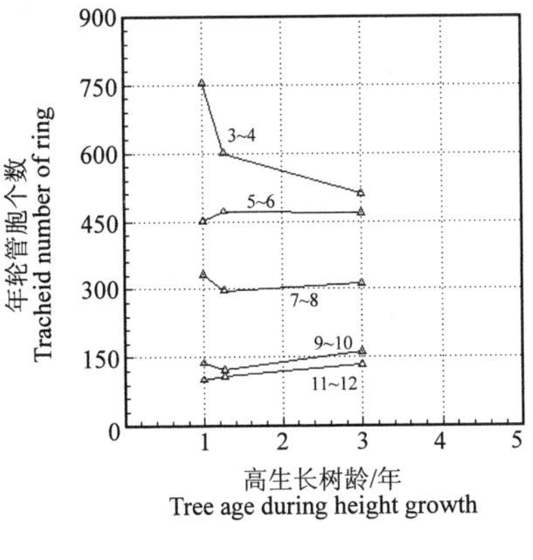

图 12-20　杉木第 2 样树各龄生长鞘径向管胞个数沿树高的发育变化

图中数字系各年生长鞘生成时的树龄

Figure 12-20　Developmental change of tracheid number in radial direction of each successive sheath along stem length in Chinese fir sample tree No.2

The numerical symbols in the figure are the tree age during each growth sheath formation

12.7.5 逐龄生长鞘全高平均值的变化

受杉木测定部位限制，尚不能直接示出生长鞘全高平均管胞个数随树龄的变化。但可根据年轮管胞个数与年轮宽度的相似发育变化趋势间接作出估计。

如图 12-21 所示，杉木第 2、3 样株逐龄生长鞘全高平均厚度变化。生长初期前 4 年生长鞘平均厚度是逐龄递增的，至峰值后逐年减小，至第 10 年开始呈波动端缘。

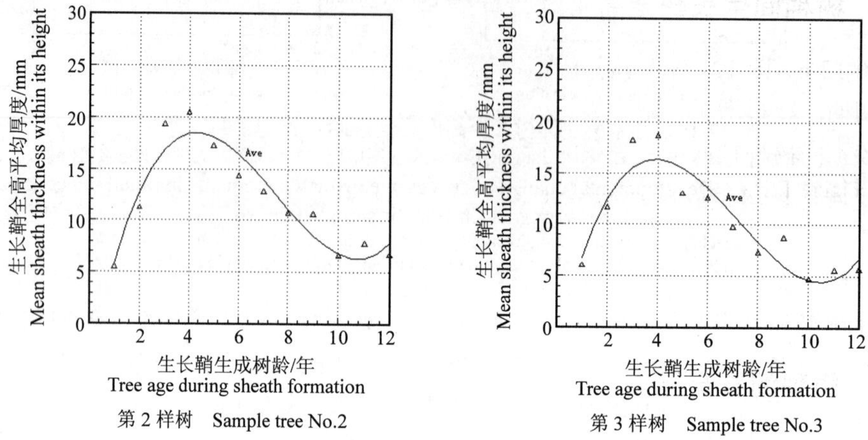

图 12-21 杉木第 2、3 样树逐龄生长鞘全高平均厚度的发育变化

回归曲线两侧的数据点示各龄生长鞘全高平均值

Figure 12-21 Developmental change of mean thickness of the length of each successive sheath in Chinese fir sample tree No.2 and 3

Every numerical point beside regression curve shows the average value within its height of each successive sheath

12.7.6 树茎中心部位相同离髓心年轮数、不同高度、异鞘年轮间的发育差异

如图 12-22 所示杉木第 2 样株 3 个高度(高生长树龄 1~3 年)、相同离髓心年轮数、异鞘年轮间管胞个数变化趋势：自髓心向外序数第 2、3 年轮管胞个数自树茎基部向上明显减少；至序数第 8、9 年轮呈变化甚微趋势。

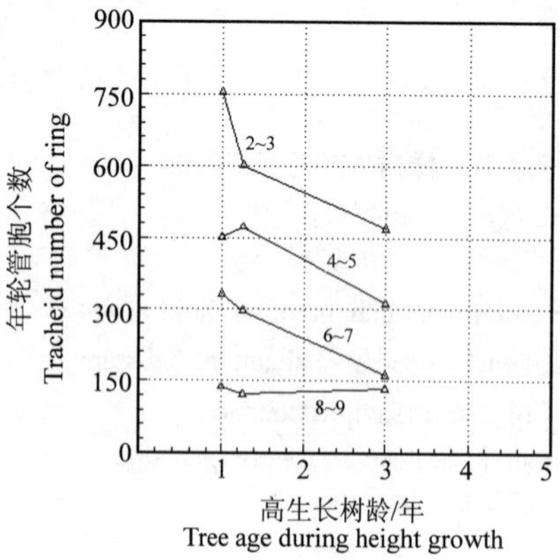

图 12-22 杉木第 2 样树 3 个高度、相同离髓心年轮数、异鞘年轮间径向管胞个数的发育变化

图中曲线示沿树高方向的变化，数字系离髓心年轮数

Figure 12-22 Systematic change of tracheid number in radial direction among rings in different sheaths, but with the same ring number from pith and at three heights in Chinese fir sample tree No.2

The curves in figure show the change along the stem length and the numerical symbols are ring number from pith

12.8 树种间径向逐龄增生管胞个数的比较

本节图示的曲线，除落叶松是 1 样树的结果外，其他分别是生长一地同树种数样树。在数据处理中，均用树干解析确定的高生长树龄取代原划一的取样各高度。

对 4 树种研究的取样方法不同，造成树种间的对比分析受到了限制。

12.8.1 树种间生长鞘全高平均径向管胞个数随树龄变化的差别

如图 12-6、图 12-10 所示，落叶松、冷杉逐龄生长鞘全高平均管胞个数的发育变化。在生长初期，冷杉增生管胞个数随树龄增加的年限明显较落叶松长。

比较不同树种径向增生管胞的年平均数时，须采用相同树龄段的数据。由附表 12-1、附表 12-3 计算 1~24 龄段人工林落叶松和冷杉全高年径向增生管胞平均数分别为 174 个/年、195 个/年。

落叶松、冷杉两树种逐龄增生管胞在变化趋势和年平均增生个数上的差别都是树种遗传差异在发育上的表现。

12.8.2 树种间胸高逐龄管胞个数发育变化的差异

如图 12-23 所示，四树种胸高逐年管胞个数发育变化的趋势。由图上实测点的位置还可较准确地看出这一趋势起端的状况。四种针叶树胸高增生管胞个数的趋势有两个类型，其区别在于生长初始年份增生管胞个数是否存在增长期。对有增加期的树种，还存在增加期年限长、短的差别。

四树种样树的采伐树龄不同，但由图 12-23 可初步看出，它们径向增生管胞个数的发育变化都已分别接近胸高的波动期。各树种这一时段经历的年数不同，落叶松为 31 年、冷杉 24 年、马尾松 32 年、杉木 12 年。

不同树种在上述各年限间增生管胞的发育变化范围有差别。落叶松增生管胞由 250 个/年减至 100 个/年(平均增生 130 个/年)；冷杉由 190 个/年先增至 230 个/年，后减为 130 个/年(平均增生 180 个/年)；马尾松由 180 个/年减至 60 个/年(平均增生 110 个/年)；杉木由 650 个/年减至 80 个/年(平均增生 300 个/年)。

由图 12-23 看出，四树种胸高增生管胞个数进入波动期后，落叶松年增生管胞个数 90~100 个/年、冷杉 135~145 个/年、马尾松 65~70 个/年、杉木 80~90 个/年。

12.8.3 树种间树茎不同高度内、外年轮管胞个数沿树高变化的差别

如图 12-24 所示三种针叶树内、外管胞个数的纵向变化。图中 Inner 是不同高度离髓心相同年轮数、异鞘年轮间管胞个数变化。虽然这一变化随树高生长会继续下去，但已发生的原状态是保持不变的，曲线只会随树龄延长。图中，三树种 Inner 的变化趋势不同。落叶松、马尾松两树种沿树茎向上最初年份管胞个数稍有增多(这与它们最初树龄生长鞘全高平均径向管胞个数有增多是一致的)；而后随高生长推移，管胞个数呈减少趋势，这是发育进展的表现。冷杉与上述两树种不同，Inner 在一开始就明显增多，其年限与该树种生长鞘全高平均管胞个数的变化情况一致。

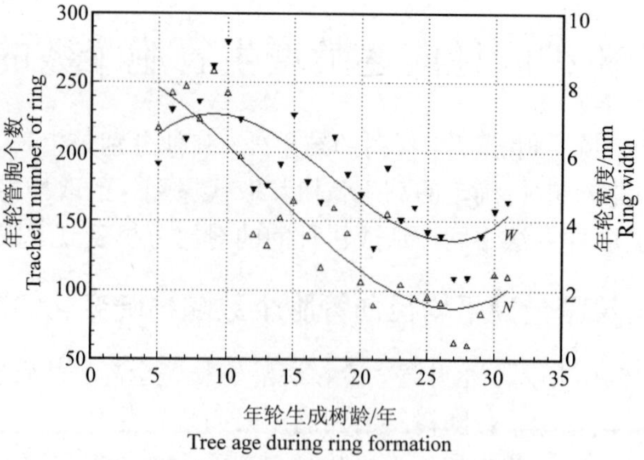

落叶松第 1 样树 Dahurian larch sample tree No.1

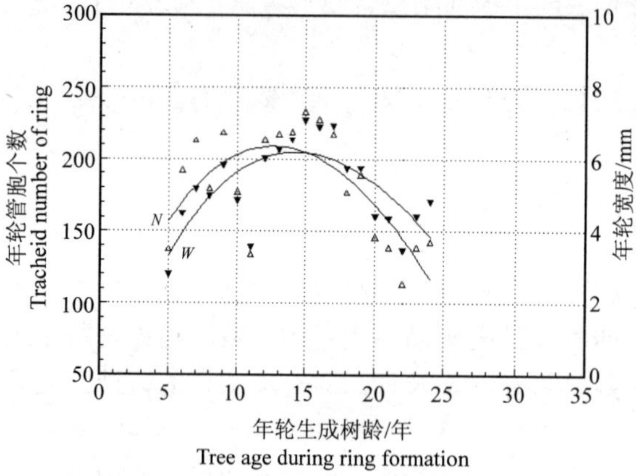

冷杉第 1、3、5 样树 Faber fir sample trees No.1, 3, 5

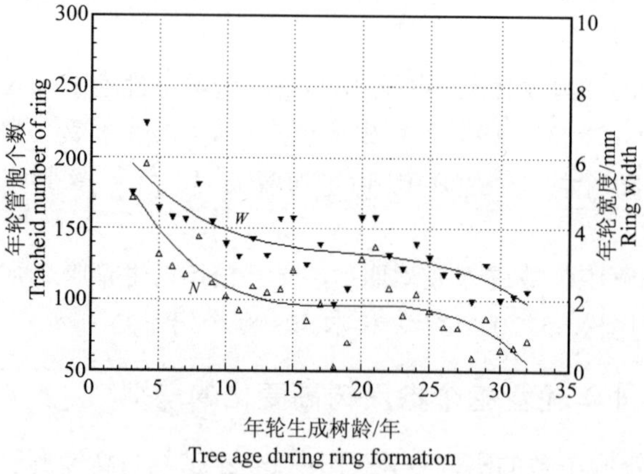

马尾松第 1、2、3 样树 Masson's pine sample trees No.1, 2, 3

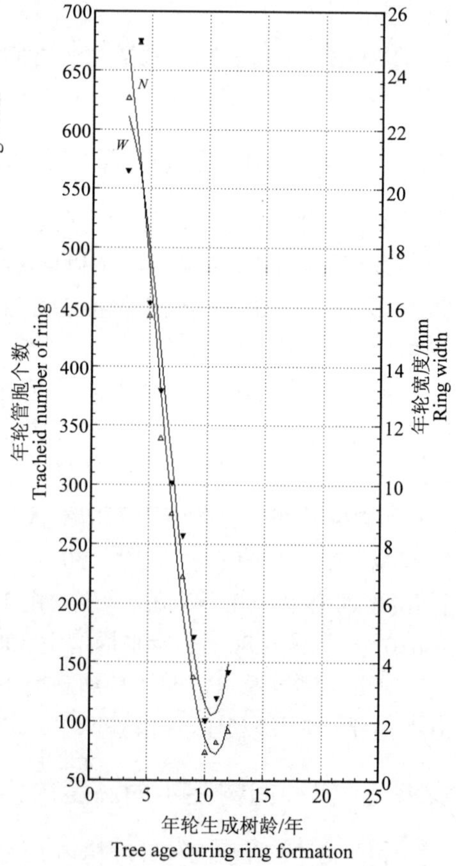

杉木第 2、3 样树 Chinese fir sample trees No.2, 3

图 12-23 四种针叶树胸高径向逐龄年轮管胞个数和年轮宽度的树种发育趋势

N. 管胞个数；*W.* 年轮宽度；回归曲线的各数据点示出同一树种数样树的平均值

Figure 12-23 The species tendencies of developmental change of tracheid number and ring width of successive rings at breast height in four coniferous species

N. tracheid number in radial direction of ring; *W.* ring width. Every numerical point beside regression curve shows average value of several sample trees of the same tree species

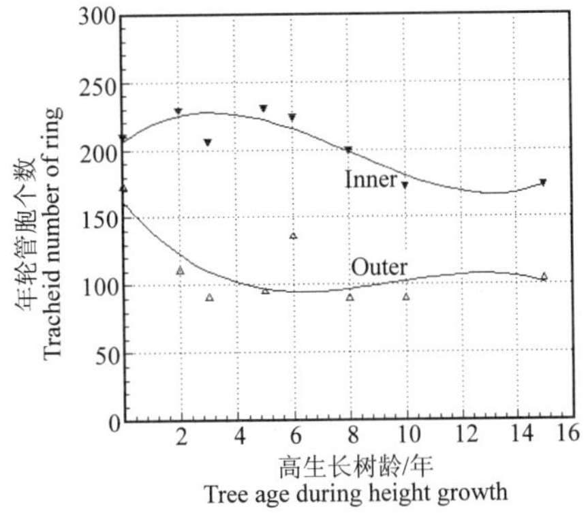

落叶松第 1 样树

Dahurian larch sample tree No.1

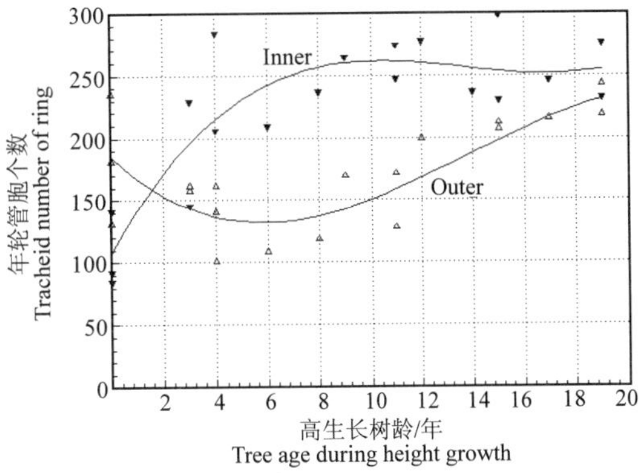

冷杉第 1、3、5 样树

Faber fir sample tree No.1, 3, 5

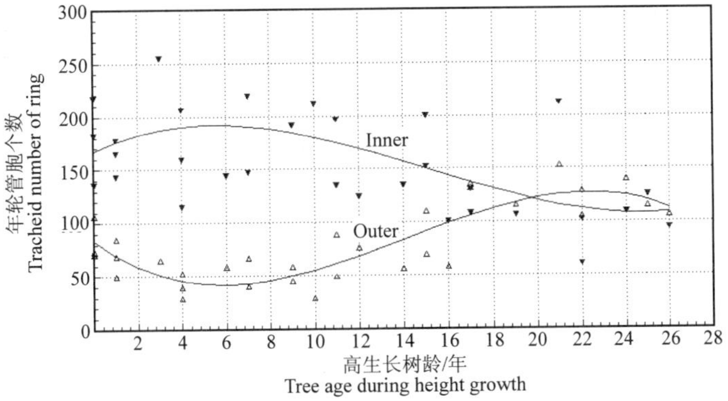

马尾松第 1、2、3 样树

Masson's pine sample tree No.1, 2, 3

图 12-24 三种针叶树不同高度内、外年轮径向管胞个数随高生长树龄的发育变化

Outer. 落叶松、冷杉为各样树伐倒前最后二年生成年轮的平均值；马尾松为各样树伐倒前最后三年生成的年轮的平均值。
Inner. 落叶松为自髓心向外第 3、4 年轮的平均值；冷杉、马尾松为各样树自髓心向外第 2、3 年轮的平均值

Figure 12-24 Developmental change of tracheid number in radial direction of inner and outer rings with tree age during height growth in three coniferous species

Outer. The word used for Dahurian larch and Faber fir means average value of rings formed in the last two years before each sample tree was logged; for Masson's pine means average value of rings formed in the last three years before each sample tree was logged.
Inner. The word used for Dahurian larch means the average value of the 3rd and 4th rings from pith; for Faber fir and Masson's pine means the average value of the 2nd and 3rd rings from pith

树茎外围随树龄逐年添加新生长鞘。最外层生长鞘增生管胞个数的纵向变化照理在不同树龄样树间是不能进行比较的。如图 12-24 所示，三树种样木的树龄虽有差距，但还可看出树种间 Outer 在变化上的一些差别。马尾松和落叶松样树采伐龄分别为 37、31，但马尾松外围年轮管胞个数纵向差异大，而落叶松已近于相等。这表明，落叶松管胞增生个数的发育程度要比马尾松深。

12.8.4 二树种早、晚材管胞个数和晚材百分率发育变化的比较

如图 12-25 所示，落叶松和马尾松树茎中心和外围早、晚材管胞个数和晚材管胞个数百分率的变化趋势。可看出，虽然两树种树茎对应部位年轮管胞个数有差别，但树茎中心部位年轮(Inner)早、晚材管胞个数和晚材管胞个数百分率沿树高的变化都非常相似。这说明两树种树茎不同高度径向变化的起点有类似处。

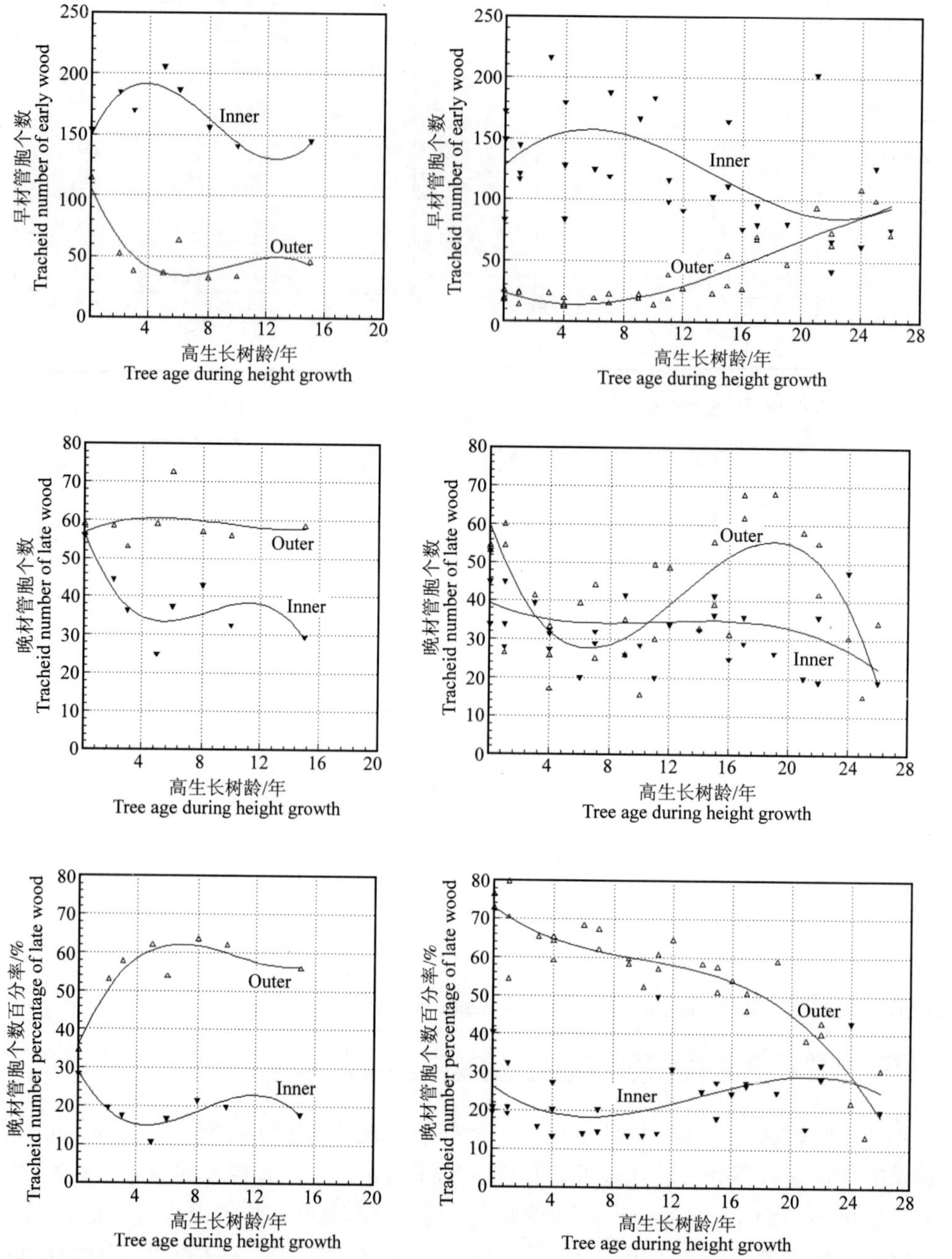

落叶松第 1 样树　Dahurian larch sample tree No.1　　　马尾松第 1、2、3 样树　Masson's pine sample tree No.1, 2, 3

图 12-25　两种针叶树样树内、外部位早、晚材径向管胞个数及其百分率随高生长树龄的发育变化

Outer —— 落叶松为样树伐倒前最后两年生成年轮的平均值；马尾松为各样树伐倒前最后三年生成的年轮的平均值。

Inner —— 落叶松为自髓心向外第 3、4 年轮的平均值；马尾松为各样树自髓心向外第 2、3 年轮的平均值

Figure 12-25　Developmental change of tracheid number in radial direction and its percentage of early wood and late wood in inner and outer portions with tree age during height growth in sample trees of two coniferous species

Outer —— The word used for Dahurian larch means average value of rings formed in the last two years before each sample tree was logged; for Masson's pine means average value of rings formed in the last three years before each sample tree was logged.

Inner —— The word used for Dahurian larch means the average value of the 3rd and 4th rings from pith; for Masson's pine means the average value of the 2nd and 3rd rings from pith

由图 12-25 虽然不能直接看出各高度的径向变化，但可看出各高度水平径向变化两端点的状况。两树种的共同方面是，自髓心向外早材管胞个数由多至少，晚材管胞个数由少至多，晚材百分率提高。

如图 12-25 所示，31 年生落叶松和 32 年生马尾松树茎外围(outer)早、晚材管胞个数和晚材管胞个数百分率沿树高的变化有较大差别。落叶松外围生长鞘的纵向变化趋势是，早材管胞个数向上逐步减少，后转为基本稳定；晚材管胞个数基本相近；高生长树龄 6~8 年以下晚材管胞个数百分率向上逐步增加，后基本不变(或略有下降)。马尾松外围(Outer)生长鞘的纵向变化趋势是，早材管胞个数沿树高一致增加，晚材管胞个数有较大变化，但晚材管胞个数百分率一致减小。

12.9 针叶树逐龄增生管胞个数发育变化研究中取得的理论认识

树茎横截面仅近似圆形，髓心常偏离几何中心。同一高度年轮的径向宽度并非恒数，其径向管胞个数也就会有差异。这一差异不属随树龄的发育变化，而是树木生理适应的表现。研究逐龄径向增生管胞个数变化与发育，取样林木要求通直，不同部位间的比较同在树茎南向进行。

12.9.1 径向逐龄增生管胞个数是次生木质部的发育性状

用图示分别给出 4 种针叶树各样树的测定结果。由每一样树数据处理的曲线可看出：①单株样树内逐龄增生管胞个数的变化表现出高度有序；②这种变化在种内株间有较高的相似性；③种内株间管胞个数变化中的相差在常态分布的估计范围内。由此，证明了针叶树树种的株内次生木质部逐龄径向增生管胞个数的变化符合遗传特征，是次生木质部构建中发育变化中的一个重要内容。

12.9.2 年径向增生管胞个数和年轮宽度在逐龄变化中的关系

年轮宽度与径向管胞个数有关，并与管胞直径有联系。它们同是发育变化的因子。但管胞个数和年轮宽度是不同概念范畴的数量，变化趋势一致，不是变化量相等，而是变化比例保持近于相同。

逐龄径向增生管胞个数和年轮宽度的变化趋势存在非常高的一致性。这将极大地方便了次生木质部发育问题的研究。

12.9.3 生长鞘径向厚度和管胞个数沿其高向变化的适应意义

次生木质部的发育是树木生长中构建自身的内在变化，它必然与树木的适应性有着不可分割的密切关系。

在高生长旺盛期，同一生长鞘管胞个数纵向差别大。向上，生长鞘增厚，管胞个数增多。随着树龄增大，高生长逐渐变慢，这一差别也就变小。这是有利于竞争阳光和保持高耸稳定的适应。

12.9.4 表达径向年增生管胞个数随两向生长树龄发育变化的方式

次生木质部发育的管胞个数处于随两向生长树龄变化中。

表达逐龄生长鞘径向(鞘壁厚度方向)管胞个数随高生长树龄的发育变化，可采用的方式是它们各在确定径向生成树龄条件下沿树高的变化。

表达逐龄生长鞘间管胞个数随径向生长树龄的发育变化，可采用的第一种方式是，不计高生长树龄的影响，以全高平均值表现出单一径向生长树龄(树龄)在发育中的作用；第二种方式是，指定多个确定高度，分别表现在不同高生长树龄条件下管胞个数随径向生长树龄的发育变化。

12.9.5 逐龄生长鞘全高平均径向管胞个数随树龄发育变化的转折点

树株树龄和次生木质部径向生长树龄在数字上相同。生长鞘全高平均径向管胞个数是把生长鞘看做是次生木质部中相对独立的单元，并不计单元内的发育差异，只以逐年构建单元间随树龄的变化看待次生木质部发育过程的作用。

逐龄生长鞘全高平均径向管胞个数变化在发育研究上有三个值得注意的转折点：

(1) 第一转折点是自树茎出土第一年生长鞘全高平均增生管胞个数逐年增加达峰值的年限。对第一转折点尚需注意树种间三方面的差别——第 1、2 年增生管胞个数、达峰值的年限和峰值年份增生的管胞个数。

(2) 经过第一转折点，一般生长鞘全高平均增生管胞个数开始减少，直至呈波动初始的树龄，即达第二发育转折点。对第二转折点应注意树种间另三项的差别——达第二转折点的树龄、第一、二转折点间增生管胞个数的变化率以及波动期逐年增生管胞个数。

(3) 第三转折点是树茎生长至外围年轮径向增生管胞个数在某一高度以下近于不存在纵向差异的树龄。这一转折点在全高平均性状值的变化曲线上不呈现。

发育的本身就是变化的进程。确定转折点有助于更深刻地认识这一变化。三个转折点的认识都立足于发育是树体变化的观点。由树茎某一高度上呈现的变化是不能确定树体发育进程的，树茎不同高度径向变化间存在着差异。

12.9.6 全样树年增生管胞个数的发育变化趋势

不同树种次生木质部逐龄增生管胞个数发育变化的趋势表现在：①随树株的高生长，次生木质部水平方向的发育进展有向上增快的倾向。以年轮径向生成树龄为横坐标的图示(图 12-4、图 12-8)中不同高度长、短不同生成年限取样圆盘自髓心向外间逐个年轮的测定值都能趋于相近的波动范围；②在逐龄生长鞘上、下部位测定值的变化曲线趋于成一条直线(图 12-5、图 12-9)。上述①、②界定的树龄本该是相同的，故有相互验证的效果。这是从树高(高生长)和不同高度树径方向(直径生长)两个方面来考虑逐龄径向增生管胞个数与树体次生木质部发育间的关系。

附表 12-1 落叶松第 1 样树不同高度逐龄年轮的径向管胞个数

Appendant table 12-1 Tracheid number in radial direction of each successive ring at different heights in Dahurian larch sample tree No.1

高生长树龄 Tree age of height growth (年)	取样圆盘高度 Height of sample disc (m)	年轮生成树龄 Tree age during ring formation																														
		1 年	2 年	3 年	4 年	5 年	6 年	7 年	8 年	9 年	10 年	11 年	12 年	13 年	14 年	15 年	16 年	17 年	18 年	19 年	20 年	21 年	22 年	23 年	24 年	25 年	26 年	27 年	28 年	29 年	30 年	31 年
15	12.00																115	205	198	151	91	107	148	112	125	160	124	76	63	91	96	112
10	10.00											53	239	209	138	95	132	145	153	161	123	101	120	111	108	102	105	70	48	71	73	106
8	8.00									Nan	Nan	188	211	165	160	126	154	111	130	136	109	70	107	105	106	104	108	78	59	93	79	100
6	6.00							Nan	Nan	230	219	171	114	129	239	145	176	130	137	119	121	84	147	124	125	121	118	81	67	97	144	127
5	4.00						Nan	199	232	230	208	126	146	166	146	113	125	98	115	82	82	60	98	106	101	94	105	75	62	93	99	91
3	2.00				Nan	Nan	199	214	290	265	227	120	126	148	130	136	117	114	148	101	89	66	116	104	107	86	84	59	54	74	98	84
2	1.30			Nan	44	217	242	247	223	258	242	196	140	132	152	164	139	116	159	141	106	89	155	104	94	95	91	62	60	83	111	110
0	0.00	Nan	Nan	169	251	247	294	258	311	390	314	167	138	214	250	159	178	160	205	192	152	84	141	162	170	148	137	98	74	146	185	161
Ave		( )	( )	169	251	232	245	229.5	264	274.6	242	161.3	159.1	166.1	173.6	134	145.9	134.9	155.6	135.4	109.1	82.6	129	116	117	113.8	109	74.9	60.9	93.5	110.6	111.4

注：高生长树龄是取样圆盘生成起始时的树龄，即树茎到达这一高度时的树龄。符号 Nan 示该数据缺失。表中阴影内的数字在数据处理中未采用。

Note: Tree age of height growth is the time at the beginning of sample disc formation and that is the tree age when stem is growing to attain the height. Sign Nan in this table indicates that the datum was absent. The numerical values under the shadow in this table were deleted in processing of data.

附表 12-2 落叶松第 1 样树不同高度逐龄年轮中晚材的径向管胞个数

Appendant table 12-2 Tracheid number in radial direction of late wood of each successive ring at different heights in Dahurian larch sample tree No.1

高生长树龄 Tree age of height growth (年)	取样圆盘高度 Height of sample disc (m)	年轮生成树龄 Tree age during ring formation																														
		1 年	2 年	3 年	4 年	5 年	6 年	7 年	8 年	9 年	10 年	11 年	12 年	13 年	14 年	15 年	16 年	17 年	18 年	19 年	20 年	21 年	22 年	23 年	24 年	25 年	26 年	27 年	28 年	29 年	30 年	31 年
15	12.00																Nan	19	23	36	23	23	52	27	36	74	61	33	32	39	48	69
10	10.00											Nan	24	30	35	32	46	60	61	69	36	49	69	33	35	64	66	35	25	37	43	69
8	8.00									Nan	Nan	41	45	62	53	45	62	46	50	82	51	39	65	56	64	61	72	46	37	59	49	65
6	6.00							Nan	Nan	32	43	42	62	75	75	59	77	50	62	67	54	47	84	49	65	51	60	45	40	59	71	74
5	4.00						Nan	30	21	29	41	30	62	64	60	45	49	40	56	41	42	30	55	40	55	53	63	44	35	51	64	54
3	2.00				Nan	Nan	31	42	33	106	77	15	44	64	39	73	56	45	69	59	33	33	61	48	55	46	47	28	30	42	63	43
2	1.30			Nan	Nan	51	38	45	38	46	53	77	44	52	69	59	80	58	63	78	30	53	79	47	47	53	47	33	34	38	70	47
0	0.00	Nan	Nan	64	48	88	47	66	50	60	105	87	62	113	63	70	48	65	63	78	62	55	67	52	73	66	48	40	41	41	55	63
Ave		( )	( )	64	48	69.5	38.7	45.8	35.5	54.6	63.8	48.7	49	65.7	56.3	54.7	59.7	47.9	55.9	63.8	41.4	41.1	66.5	44	53.8	58.5	58	38	34.3	45.8	57.9	60.5

注：同附表 12-1。

Note: The same as appendant table 12-1.

附表 12-3 冷杉 3 样树不同高度逐龄年轮的径向管胞个数

Appendant table 12-3 Tracheid number in radial direction of each successive ring at different heights in three sample trees of Faber fir

高生长树龄 Tree age of height growth (年)	取样圆盘高度 Height of sample disc (m)	年轮生成树龄 Tree age during ring formation																							
		1年	2年	3年	4年	5年	6年	7年	8年	9年	10年	11年	12年	13年	14年	15年	16年	17年	18年	19年	20年	21年	22年	23年	24年
第 1 样树 Sample tree No.1																									
19	10.00																				101	270	281	244	242
15	8.00																38	261	336	243	246	255	238	216	208
12	6.00													54	238	316	240	229	248	211	185	208	183	220	179
9	4.00										Nan	249	280	229	224	234	190	221	221	187	144	185	148	177	162
4	2.00					Nan	Nan	206	172	279	255	122	185	266	253	273	172	196	200	189	122	153	141	143	139
3	1.30				84	137	154	166	126	178	147	38	158	200	222	229	241	223	181	155	113	156	132	170	153
0	0.00	139	88	81	101	88	156	187	140	201	184	123	248	386	300	317	162	166	184	141	115	168	197	224	246
Ave		139	88	81	101	112.5	155	186.3	146	219.3	195.3	133	217.8	270.3	247.4	273.8	201	216	228.3	187.7	154.2	199.3	188.6	199.1	189.9
第 3 样树 Sample tree No.3																									
19	10.00																				65	229	235	235	201
15	8.00																65	240	220	209	231	194	209	225	188
11	6.00												95	247	247	281	269	210	193	204	159	162	159	168	175
8	4.00									Nan	237	237	230	192	214	216	209	166	156	130	118	140	126	120	117
4	2.00					33	250	317	231	251	206	155	193	192	216	223	216	199	176	150	143	139	140	171	152
3	1.30				Nan	Nan	229	259	195	208	174	148	203	237	199	208	207	200	187	195	169	160	133	159	157
0	0.00	59	146	135	245	277	245	227	293	239	204	215	275	269	318	273	276	279	332	228	229	234	232	176	187
Ave		59	146	135	245	277	241.3	267.7	239.7	232.7	205.3	188.8	225.3	227.4	238.8	240.2	235.4	215.7	210.7	186	174.8	179.7	176.3	179.1	168.1
第 5 样树 Sample tree No.5																									
17	8.00																		43	216	276	261	236	208	222
14	6.00															79	210	263	255	218	203	203	178	174	132
11	4.00												Nan	256	292	289	235	230	225	205	151	155	121	137	119
6	2.00							41	195	223	267	Nan	272	249	230	244	190	233	168	165	162	134	109	111	107
4	1.30					Nan	Nan	Nan	216	268	210	214	278	213	234	260	234	227	161	216	154	99	74	85	117
0	0.00	40	116	68	88	84	177	251	289	322	257	227	313	300	236	241	208	246	174	163	153	170	167	146	117
Ave		40	116	68	88	84	177	251	233.3	271	244.7	220.5	287.7	254.5	248	258.5	215.4	239.8	196.6	197.2	183.2	170.3	147.5	143.5	135.7

注：同附表 12-1。

Note: The same as appendant table 12-1.

附表 12-4　32 龄马尾松 3 样树胸高逐龄年轮及各晚材的径向管胞个数

Appendant table 12-4　Tracheid number in radial direction of each successive ring and its late wood at breast height in three 32-year sample trees of Masson's pine

年轮生成树龄 Tree age during ring formation (年)	径向管胞个数 Tracheid number in radial direction					
	全年轮 Whole ring			晚材 Late wood		
	样树株别 Ordinal numbers of sample tree					
	1	2	3	1	2	3
32	50	101	61	22	77	47
31	47	83	68	35	62	53
30	50	68	74	22	41	63
29	100	98	61	81	67	44
28	61	76	40	34	25	23
27	43	133	63	34	97	45
26	54	114	73	30	79	58
25	59	126	89	35	86	56
24	87	146	77	45	81	52
23	69	104	93	45	46	64
22	121	129	73	44	46	55
21	103	219	88	65	124	67
20	94	211	79	54	171	58
19	88	63	57	42	48	37
18	55	45	58	31	23	36
17	114	91	84	54	58	55
16	91	106	57	37	66	38
15	130	152	78	78	93	52
14	124	115	82	69	81	51
13	105	117	91	54	62	56
12	115	118	93	51	80	56
11	97	83	95	43	26	60
10	141	86	78	66	21	44
9	126	88	119	63	22	53
8	135	154	141	77	44	61
7	97	151	102	37	57	36
6	111	148	108	31	29	46
5	114	162	117	32	33	59
4	175	195	215	24	35	31
3	191	191	151	29	30	24
Ave	98	122	89	45	60	49

注：同附表 12-1。

Note: The same as appendant table 12-1.

附表 12-5　32 龄马尾松 3 样树不同高度部分年轮及各晚材的径向管胞个数

Appendant table 12-5　Tracheid number in radial direction of partial rings and their late wood at different heights in three 32-year sample trees of Masson's pine

高生长树龄 Tree age of height growth (年)	取样圆盘高度 Height of sample disc (m)	径向管胞个数 Tracheid number in radial direction											
		全年轮 whole ring						晚材 Late wood					
		自树周向内 3 年轮 Three rings inward from bark 年轮生成树龄(年) Tree age during ring formation (a)			自髓心向外 3 年轮 Three rings outward from pith 年轮自内向外的序数 Ordinal numbers of ring from pith			自树周向内 3 年轮 Three rings inward from bark 年轮生成树龄(年) Tree age during ring formation (a)			自髓心向外 3 年轮 Three rings outward from pith 年轮自内向外的序数 Ordinal numbers of ring from pith		
		32	31	30	3	2	1	32	31	30	3	2	1
第 1 样树　Sample tree No.1													
25	18.00	125	111	108	151	102	126	15	15	15			
24	16.00	174	117	126	111	110	Nan	37	28	26	62	33	Nan
22	14.00	102	101	111	53	70	86	41	50	34	22	16	23
17	12.00	102	133	159	129	134	125	41	62	82	40	32	22
15	10.00	76	63	67	133	173	124	35	40	42	40	43	69
12	8.00	95	78	54	67	184	134	61	50	35	26	42	25
10	6.00	38	28	20	234	190	176	22	15	9	30	27	19
7	4.00	61	32	26	173	123	187	40	20	15	28	30	33
4	2.00	35	23	28	114	117	133	20	12	19	31	32	33
1	1.30	50	47	50	114	175	179	22	35	22	32	24	9
0	0.00	84	71	55	137	229	268	61	53	45	33	35	38
Ave		85.64	73.09	73.09	128.72	146.09	153.8	35.91	34.55	31.27	34.4	31.4	30.11
第 2 样树　Sample tree No.2													
26	18.00	126	93	98	93	98	114	65	16	22	15	22	16
21	16.00	151	146	159	295	130	117	39	69	66	Nan	20	21
17	14.00	145	130	130	104	114	145	54	79	70	27	31	15
15	12.00	118	116	95	203	199	100	44	69	53	43	30	12
11	10.00	110	88	65	118	154	235	53	58	37	12	28	26
9	8.00	82	51	39	306	309	247	53	32	20	43	40	Nan
7	6.00	76	73	49	210	229	264	43	54	35	28	36	36
4	4.00	34	44	39	228	186	157	18	30	29	32	23	18
3	2.00	74	70	48	274	237	195	40	51	33	31	48	30
1	1.30	101	83	68	162	195	191	77	62	41	33	35	30
0	0.00	97	79	43	200	235	219	70	66	27	45	45	51
Ave		101.27	88.45	75.73	199.36	189.64	180.36	50.55	53.27	39.36	30.9	32.55	25.5
第 3 样树　Sample tree No.3													
22	16.00	127	134	124	141	65	98	62	54	49	65	7	30
19	14.00	112	113	121	114	101	117	62	67	75	24	29	14
16	12.00	40	61	73	104	99	144	21	34	39	24	26	26
14	10.00	37	58	72	175	96	205	20	36	42	37	28	36
11	8.00	34	50	62	188	207	188	19	30	41	79	119	92
9	6.00	35	46	53	180	205	199	20	28	30	29	23	29
6	4.00	47	62	65	181	109	148	34	41	43	24	16	15
4	2.00	43	54	59	156	165	156	27	37	36	38	27	19
1	1.30	61	68	75	117	215	151	47	53	63	59	31	24
0	0.00	117	104	96	117	156	192	82	88	71	62	44	82
Ave		65.3	75	80	147.3	141.8	159.8	39.4	46.8	48.9	44.1	35	36.7

注：同附表 12-1。

Note: The same as appendant table 12-1.

13　次生木质部构建中基本密度的发育变化

本章图示概要

本章用表概要

本章实验结果附表(原始数据)概要

不同高度径向逐龄年轮基本密度的发育变化

附表 13-1　落叶松

附表 13-2　冷杉

附表 13-3　云杉

附表 13-4　马尾松

附表 13-5　杉木

摘　　要

密度是木材最基本的性状。它是标志次生木质部构建中生成胞壁实质量的指标。它在树茎中的变化是次生木质部发育过程的展示之一。

次生木质部发育是相随两向生长树龄的变化。采用了一些符合这一研究主题措施测定基本密度。

形状不限的小试样和 20mm 边长立方体试样饱水体积都用排水法测定。饱水和全干试样用同一台万分之一克精度电子天秤。

小试样，在树茎 10 个以上高度南向逐龄年轮上取样。落叶松、马尾松小试样经苯醇抽提。小试样实验结果的四种图示都是表达次生木质部构建中随两向生长树龄的变化。以同一树种数样树基本密度变化的相似性，来证明这一性状变化受遗传控制和基本密度是发育性状。不同树种基本密度的实验结果进一步印证了这一结论。

20mm 边长立方体试样实验结果表达出的基本密度发育趋势与小试样相符，但不及小试样周详。它们的图示都同样是表达次生木质部发育过程中的变化。

密度是木材最重要的单一性质。木材用作承重结构材料，它的品质主要取决于其密度。木材的大多数性质都与它的密度有密切关系。测定木材密度比进行其他单一测定能更多地了解木材的性质。

次生木质部逐龄在外增添新木质鞘层。新分生的木材细胞包封在薄膜状的初生壁内，细胞内充满生命物质的液状物。数月时间内，生命的绝大部分木材细胞要经历形体增大，胞壁内侧因沉积物而加厚，最终原液状物消失。这一过程是细胞层次的发育。这些细胞最终成为具有加厚胞壁和中空胞腔的死细胞。木材是由细胞构成，构成木材的细胞大多是中空纤维状(细胞腔和细胞壁)。决定木材密度的关键因子是胞壁物质量。

树茎任一位置的木材都有它生成时的两向生长树龄。换言之，树茎中的木材是陆续随两向生长树龄在不同的确定位置生成。树茎不同部位木材细胞间的变化是随相应的两向生长树龄发生在前、后产生木材组织间存在差异的结果。这是生命居于细胞层次之上的组织层次的发育变化。

木材基本密度是全干材重量除以饱和水分时的体积。它的物理意义是，单位生材体积或含水最大体积时所含木材的实质量。

全干材重量和水饱和状态体积稳定使测定结果确定，具有能符合发育研究精度要求的可测性。

13.1　木材密度在林业和木材科学研究中的学术范围

密度是最早得到科学研究的木材性质。

各国法定的木材密度测定标准有，ISO(国际标准化组织)木材——物理力学试验时密度的测定(国际标准 ISO3131)；中华人民共和国国家标准木材密度测定方法(GB1933—1991)；美国试验和材料协会(ASTM)木材和木质材料比重试验标准方法(D2395—1983)。

这些标准的共同特点是，把密度看做木材作为材料应用的质量指标。ISO 标准中对试验材料选择的规定是，选择用于物理力学试验的样品材时，应适当考虑到下述两种情况：一是试验的目的(测定立木质量、样树质量、成批锯材质量和个别锯材质量等)；二是要保证样品材及其统计的性质对成批木材具有代表性。应从原木、锯材和板材中选取试样材。

我国国家标准是参照国际标准 ISO 拟出，是适合测定树种的木材密度代表值。在《中国主要树种的木材物理力学性质》(中国林业出版社，1982，北京)中报道了根据 GB1933-80 测定 62 种针叶树木材密度的结果。

对木材物理力学试材采集方法，我国国家标准(GB1927-91)规定在具有代表性的林区找出立地条件具有代表性林分进行采集。样木不少于 5 株。在伐倒的样木上截取三段各长 2m 的原木作为试材。第一段自伐根至 1.3m 处以上部位截取，第二段在伐根至枝下高全长 1/2 处为中心截取，第三段自第一大枝以下部位截取。各段试材之间必须有不少于 2m 的间隔。如树干长度不足，只够截取二段时，应按上述规定，只取第一和第三两段，如树干长仍不足截取二段，则只取第一段作为试材。

对从木圆段截取试样毛坯，原则上用南、北两个方向制作试样。

ISO 和我国木材密度测定标准都是采用直线量取法测定体积(ISO 试样尺寸为 20mm×20mm×25mm(顺纹)，我国试样尺寸 20mm×20mm×20mm)。ISO 规定计算结果精确至 $0.005g/cm^3$,我国精确至 $0.001g/cm^3$ 。

有三方面主要研究内容：树种木材密度的测定；单株内木材密度的差异；环境条件和营林措施对木材密度的影响。采用的实验方法多遵照或参用上述各国规定的试验标准。

13.2 基本密度在次生木质部发育研究中的新应用

用发育变化的观点看待单株内木材密度的差异，使基本密度成为一个在次生木质部发育研究中具有测定价值的项目。发育变化是发生在生命过程中，单株内木材密度差异是随两向生长树龄产生在树茎次生木质部的不同高、径位置上。木材生成后密度是不变稳定值，其后抽提物生成对木材密度影响是轻微的。发育研究测定木材密度是把它作为次生木质部生命中的一个变化性状，并须证明它符合发育性状具有的遗传特征。

本项目测定木材密度是在树茎多个高度同一南向逐龄年轮上取样。多个高度分别有确定的高生长树龄，逐个年轮各有对应确定的径向生长树龄。这一取样在回归分析中能取得次生木质部发育变化随两向生长树龄组合连续的结果。

本书中虽有“相同离髓心年轮数”字样，这是标注位置而不是发育相随的时间单位。本章不同高度径向逐龄年轮基本密度的变化是报告发育过程。这与以离髓心年轮数报告木材密度差异不同。

次生木质部两向生长树龄理念和单株样树内取样的分布使本项目还能取得木材密度有关发育变化的其他新结果：①逐龄生长鞘沿树高(随高生长树龄)的变化；②逐龄生长

鞘全高平均值随径向生长树龄的变化；③树茎中心部位相同离髓心年轮数不同高度年轮间发育差异的变化。这些都是从不同侧面观察次生木质部发育，由此取得对木材密度随两向生长树龄发育变化的全面认识。

本章把五种针叶树各同一取样林分数样树木材密度测定结果图示分别列于同一页面。图示中的曲线都是表达基本密度随两向生长树龄的变化。对种内株间的图案进行对比是确定基本密度属发育性状的必要环节，并是论及基本密度发育变化的条件。

13.3 实　　验

如表 2-4 所示，五树种不同高度木材密度排水法测定取样圆盘数落叶松第 1、2、5 样树(13、12、14 个高度)、冷杉第 1、3、5、6 样树(10、10、10、11 个高度)、云杉第 1、2、3 样树(11、10、11 个高度)、马尾松第 4 样树(13 个高度)和杉木第 1、2、3、4、5 样树(12、12、12、12、15 个高度)。

在各圆盘南向逐龄年轮上取样，试样表面制作光洁，对试样形状不作要求。共制得排水法试样 1529 个。单个样品含 1 或数年轮取决于鞘层径向厚度(表13-1)。

表 13-1　五种(针叶树)样树各高度圆盘基本密度样品数

Table 13-1　The specimen number of specific gravity of every sampling height disc of five coniferous sample trees

圆盘序号	样树种别和株别 Species and ordinal numbers of sample trees															
Ordinal number of discs	落叶松 Dahurian larch			冷杉 Faber fir				云杉 Chinese spruce			杉木 Chinese fir					马尾松 Masson's pine
	1	2	5	1	3	5	6	1	2	3	1	2	3	4	5	4
14															1	
13			1												2	
12	1		1												2	1
11	1	1	2								1	1	2	1	4	1
10	2	2	4				1	1		1	2	2	2	2	5	2
09	4	3	6	2	1	1	1	1	1	1	2	3	2	3	3	3
08	6	6	7	2	1	1	2	1	1	1	3	4	3	4	6	6
07	11	9	10	3	2	2	3	2	2	2	4	5	3	5	8	8
06	15	16	10	4	4	3	6	3	3	3	5	7	6	6	9	10
05	16	12	14	5	8	6	9	4	4	4	7	7	8	7	11	11
04	20	18	14	9	10	7	10	5	7	6	7	8	9	8	8	12
03	25	22	22	11	12	10	12	8	8	7	8	9	9	10	10	15
02	22	23	21	14	18	13	14	9	8	8	11	11	11	11	13	15
01	23	23	24	11	18	15	13	10	9	9	10	11	11	12	11	23
00	29	28	20	18	21	18	14	12	10	10	11	10	10	13	13	18
合计 Total	175	163	156	79	95	76	85	56	53	52	71	79	76	82	106	125
	494			335				161			414					125

落叶松、马尾松试样经苯醇混合液抽提。试样在索氏抽提器加入 2∶1(V∶V)苯醇混合液至超过溢流水平，联结冷凝器。水浴加热保持瓶中苯醇混合液沸腾，连续 8h 溶除松脂。

此后五树种试样全部先经饱水，用排水法测饱水试样体积。

用 1/10 000g 精度电子天秤，在午夜后电流平稳条件下进行称重。

试样在气干后烘干，开始温度 60℃保持 4h，而后在(103 ± 2)℃ 8h，并经试称确认达恒量。试样从烘箱中取出，放入密闭的器皿中，置于装有变色硅胶的玻璃干燥器冷却。最后，快速称重，瞬即读数。

$$\rho_y = m_0/V_{max}$$

式中，ρ_y 为试样基本密度(ASTM 中符号 S_g：我国标准中为 ρ_y)，g / cm^3；m_0 为试样全干时的质量，g；V_{max} 为试样饱含水分时的体积，cm^3。

饱水和全干试样用同一天秤称重，ρ_y 理论精度为 0.0001g/cm^3。

每一试样自取样至取得基本密度数据多个环节都分别进行，将排水法取得的木材基本密度数据进行四种不同方式组合的回归分析。同一树种数样树在不同方式的图示中分别都表现出符合遗传特征的相似性。这一结果只在具备下述两个条件下才能取得：木材基本密度是符合遗传特征的发育性状及测定中的实验误差尚未到影响规律性表达的程度。

13.4　不同高度径向逐龄基本密度的发育变化

五树种取样高度分别为 10~15 个。图 13-1 至图 13-5 中标注每条曲线的数字是代表各取样圆盘的高度，每个高度都有根据年轮数求得的高生长树龄。图中横坐标是年轮生成树龄，其中每条曲线的起点是各高度圆盘离髓心首位年轮有差别的径向生成树龄，而终点同是样树的采伐树龄。这是用多条不同高生长树龄的曲线分别表示基本密度随径向生长树龄的变化，多条曲线的组合则示出次生木质部随两向生长树龄的发育变化。

如图 13-1 所示，落叶松 3 样树不同高度径向逐龄基本密度的变化：①0.00m~2.00m 3 个高度圆盘自髓心水平向外逐年增高，至树龄 15~18 年达最高，而后减小；31 树龄根颈(0.00m)圆盘自髓心向外径向变化曲线近似为对称抛物线；②4.00~10.00m 4 个高度圆盘自髓心向外至树龄 31 年呈一致增加；③12.00m 高度圆盘自髓心向外先缓增后急增；④不同取样高度曲线间相比，由根颈向茎梢的变化趋势呈短距离稍有增高，后转一致性减小。

如图 13-2 所示，马尾松第 4 样树不同高度径向逐龄基本密度的变化：各高度变化的共同趋势是，自髓心向外逐龄增加；仅 4.00~8.00m 3 个高度圆盘在树龄 28 年后呈现峰值，并开始减小。不同取样高度曲线间相比，由根颈向茎梢的变化趋势是一致性减小。

如图 13-3 所示，冷杉 4 样树不同高度径向逐龄基本密度的变化：①0.00~8.00m 6 个高度圆盘自髓心向外逐年减小，至 15~20 年至谷底，而后稍有增加。②10.00m 以上高度圆盘自髓心向外呈一致减小。③一株 30 龄样树各高度圆盘在树龄 27 年后的基本密度开始彼此接近。

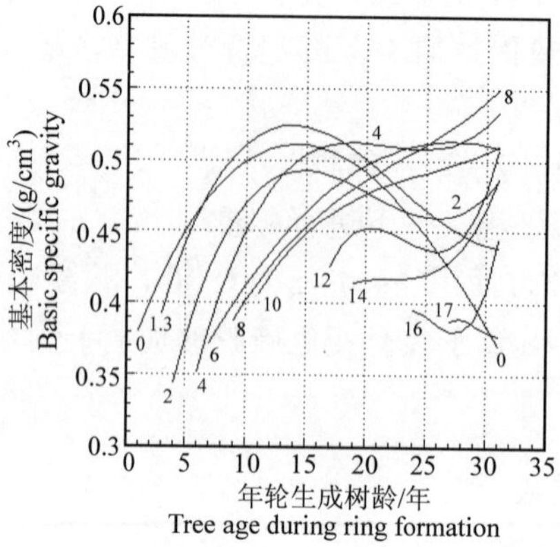

第 1 样树　Sample tree No.1

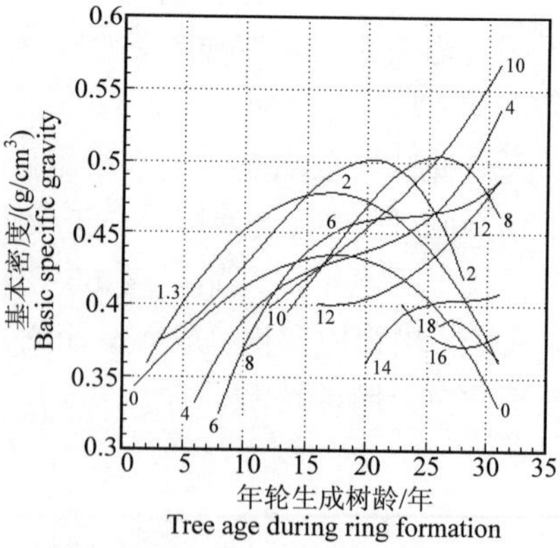

第 2 样树　Sample tree No.2

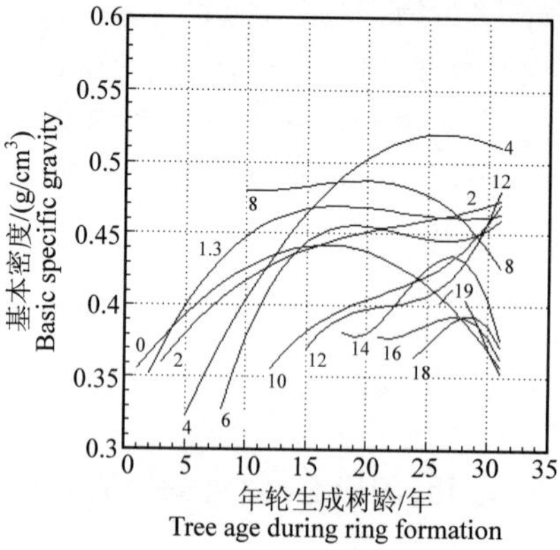

第 3 样树　Sample tree No.3

图 13-1　落叶松三株样树不同高度径向逐龄年轮基本密度的发育变化

图中数字为取样圆盘高度(m)

Figure 13-1　Developmental change of specific gravity of successive rings in radial direction at different heights in three sample trees of Dahurian larch

The numerical symbols in the figure are the height of every sample disc(m)

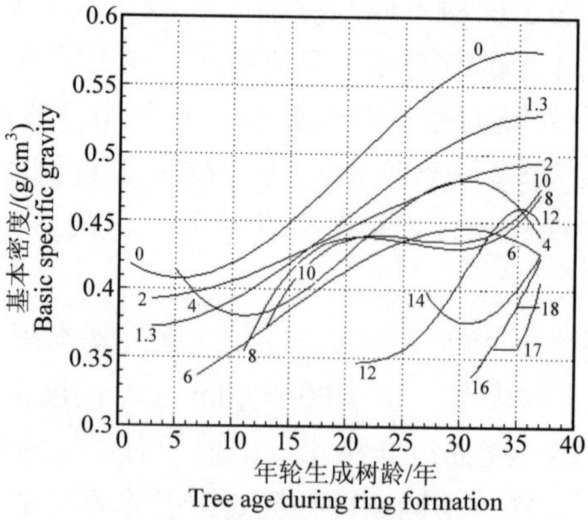

图 13-2　马尾松第 4 样树

说明同图 13-1

Figure 13-2　Masson's pine sample tree No.4

The explanation is the same as Figure 13-1

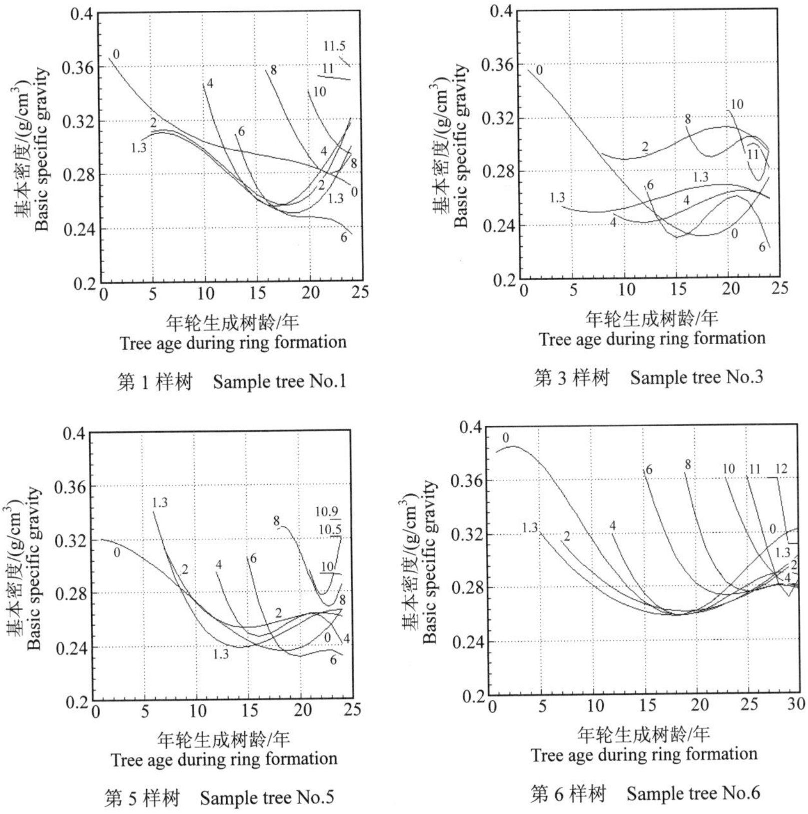

图 13-3　冷杉四株样树不同高度径向逐龄年轮基本密度的发育变化

图中数字为取样圆盘高度(m)

Figure 13-3　Developmental change of specific gravity of successive rings in radial direction at different heights in four sample trees of Faber fir

The numerical symbols in the figure are the height of every sample disc(m)

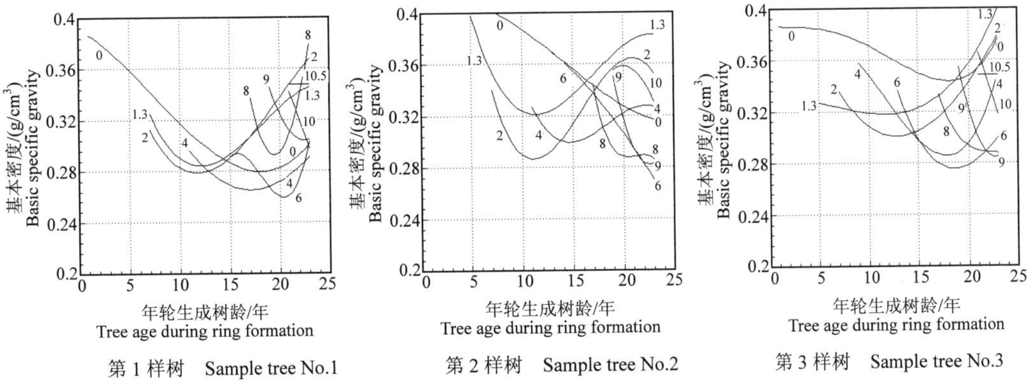

图 13-4　云杉三株样树

说明如图 13-3

Figure 13-4　Three sample trees of Chinese spruce

The explanation is the same as figure 13-3

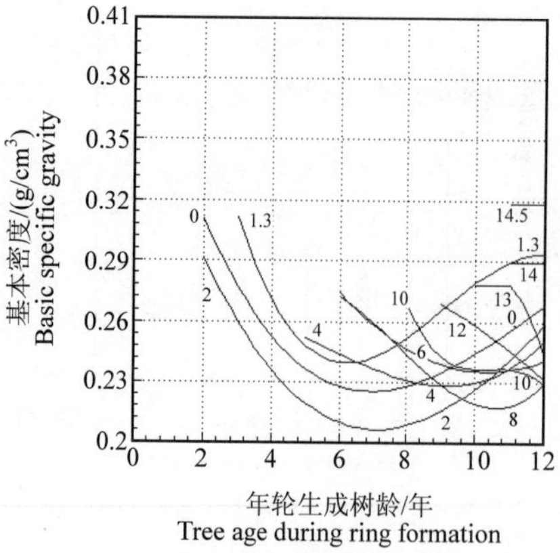

第 1 样树　Sample tree No.1

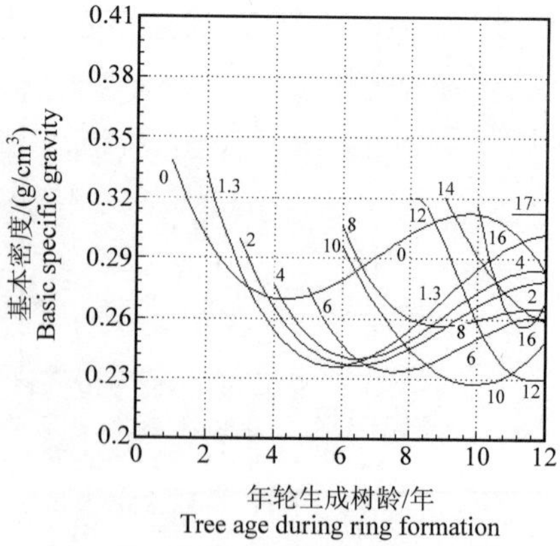

第 2 样树　Sample tree No.2

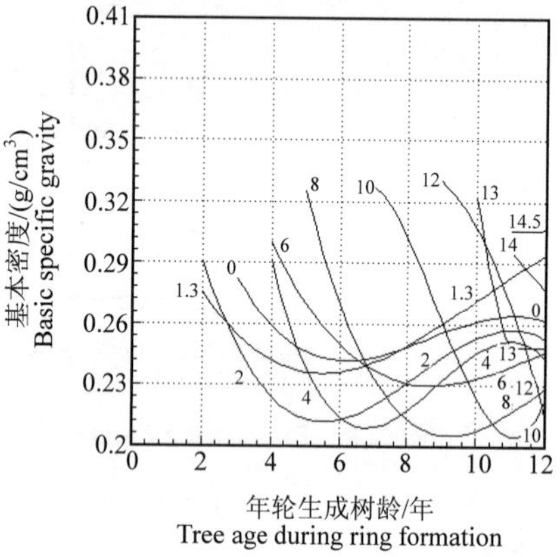

第 3 样树　Sample tree No.3

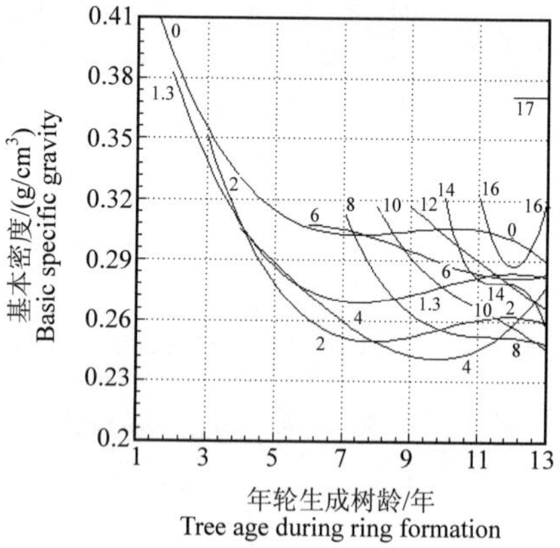

第 4 样树　Sample tree No.4

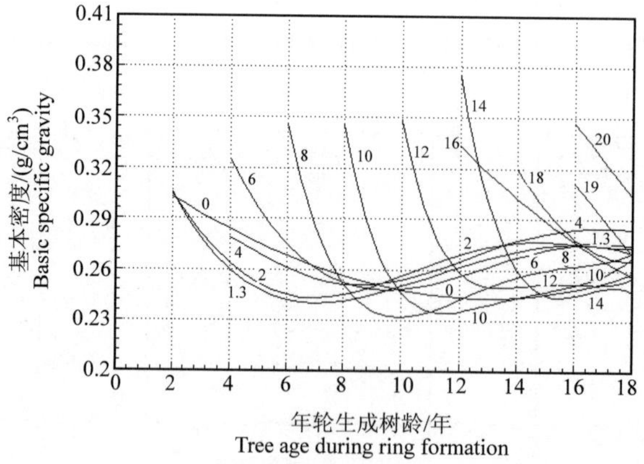

第 5 样树　Sample tree No.5

图 13-5　杉木五株样树不同高度径向逐龄年轮基本密度的发育变化

图中数字为取样圆盘高度(m)

Figure 13-5　Developmental change of specific gravity of successive rings in radial direction at different heights in five sample trees of Chinese fir

The numerical symbols in the figure are the height of every sample disc(m)

如图 13-4 所示，云杉 3 样树不同高度径向逐龄基本密度的变化：①0.00~6.00m 5 个高度圆盘自髓心向外都历经了减小，先后均至凹谷底，又都转入逐升。②8.00m 高度圆盘呈凹或一致减小。③9.00m 以上高度圆盘呈一致减小。④至树龄 24 年时，除个别高度圆盘外，三样树都未呈逐升的峰值。

如图 13-5 所示，杉木 5 样树不同高度径向逐龄基本密度的变化：①10.00m 以下各高度圆盘自髓心向外由高减小至谷底，后转为缓增。②第 5 样树生长期较其他 4 样树长，至谷底，在呈缓增后已显相对平稳。③12.00m 以上高度各圆盘呈一致性减小。④不同取样高度曲线间相比，由根颈向茎梢的趋势呈短距离稍有减小，后转增大。

五种针叶树不同高度圆盘自髓心向外逐龄年轮基本密度变化的趋势类别：

第一类型(落叶松、马尾松)，由小增大；落叶松增大龄期较马尾松短，至峰值后转为减小；估计终达稳定而呈波动。

第二类型(冷杉、云杉、杉木)，逐龄减小，均至其洼谷底，杉木这一龄期较冷杉、云杉短；而后转入逐升或稍增；估计都将至一相对稳定值。

13.5　各龄生长鞘基本密度沿树高的发育变化

各龄生长鞘沿树高(随高生长树龄)的变化是观察次生木质部发育变化图示中最直观的一种方式。各龄生长鞘是在逐龄径向生长中生成，从这一图示中每条曲线间有序过渡中的差异就可清楚查出次生木质部随径向生长树龄的变化。代表各龄生长鞘的每条曲线沿树高存在趋势性变化，是次生木质部发育中存在高生长树龄影响的特有表现。由这类图示可清楚看出，次生木质部发育具有随两向生长树龄变化的特性。

逐龄生长鞘沿树高变化图示的曲线数与样树采伐时的树龄相同，而且图示表达次生木质部发育过程的曲线方向常发生规律性变换，要使图示能清楚地表达出须反映的规律性，本节开始对类似情况的图示都进行拆分，用英文字母按序命名，分图间具有可合并归原的关系。

图 13-6~图 13-10 横坐标是高生长树龄，标注每条曲线的数字是各年生长鞘生成树龄。这类图示每条曲线都是依据各自对应的生长鞘沿树高均匀散布的多个样品测定值求得，并在回归分析中将取样位置高度改换成它生成时的高生长树龄。

如图 13-6 所示，落叶松 3 样树各龄生长鞘基本密度沿树高的变化：①树龄 1~13 年生成的生长鞘基本密度除基部有短距离增高外，总趋势是同一生长鞘密度由下向上减小，但在上端转为增加。②树龄 14 年后，同一生长鞘高度 6~9m(高生长树龄 7~9 年)以下部位基本密度随高度是增加的，以上部位则转为减小。

如图示 13-7 所示，马尾松第 4 样树各龄生长鞘沿树高的变化：①各龄生长鞘变化的共同趋势是，由基部向上基本密度减小。②3~11 龄生长鞘减小的变化率大；13~19 龄生长鞘先陡减后转增，上端处再为减；21 龄以外生长鞘，密度向上均先减，中间有一稳定区，上端又各再呈减。

如图 13-8 所示，冷杉 4 样树各龄生长鞘沿树高的变化：①20 龄前同一样树内各年生长鞘的变化趋势随树龄呈变换，但种内样树间有差别。②4 样树 21 龄后生长鞘的变化趋势相同。基部有一短距离稍增，而后转减，至中部改呈明显增大。

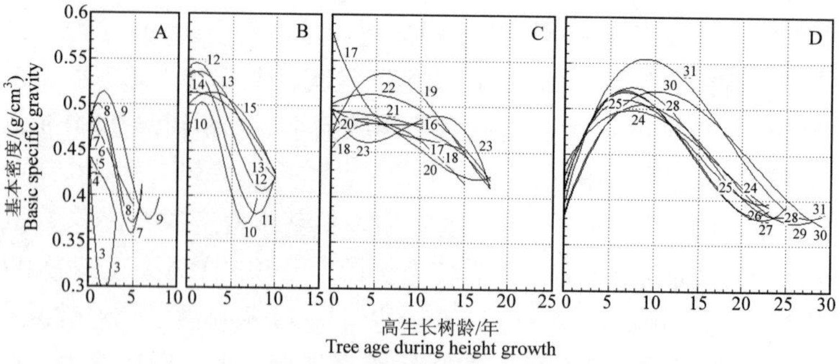

第 1 样树　Sample tree No.1

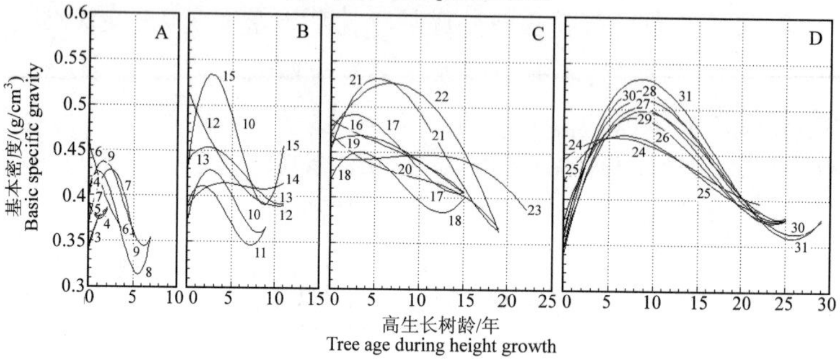

第 2 样树　Sample tree No.2

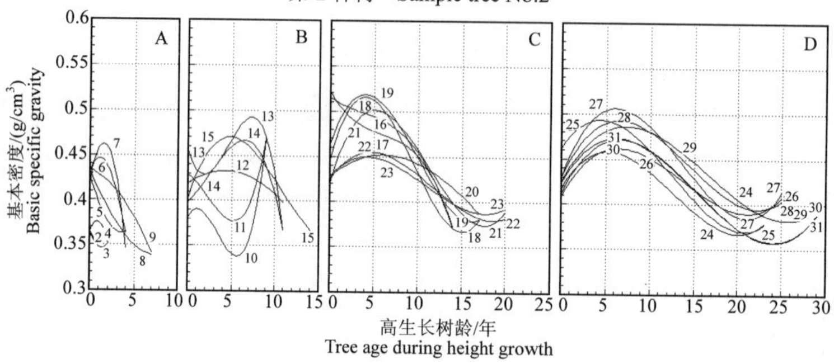

第 5 样树　Sample tree No.5

图 13-6　落叶松三株样树逐龄生长鞘基本密度沿树高的发育变化

A、B、C、D. 同图分组解离；图中数字系各年生长鞘生成时的树龄

Figure 13-6　Developmental change of specific gravity of each successive growth sheath along stem length in three sample trees of Dahurian larch

A,B,C,D. Grouped disintegration of the same figure. The numerical symbols in the figure are the tree age during every growth sheath formation

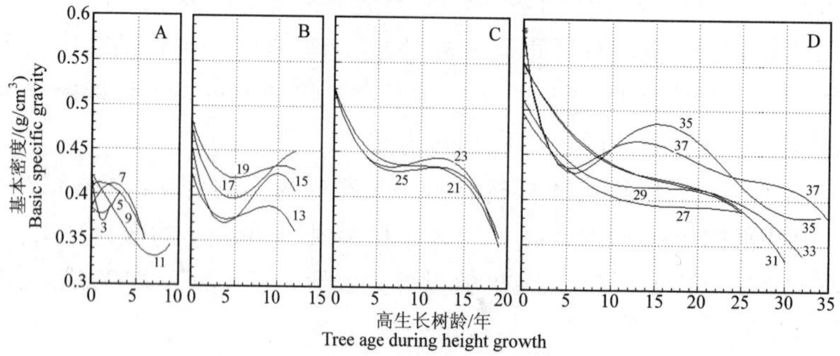

图 13-7　马尾松第 4 样树

说明同图 13-6

Figure 13-7　Masson's pine sample tree No.4

The explanation is the same as figure 13-6

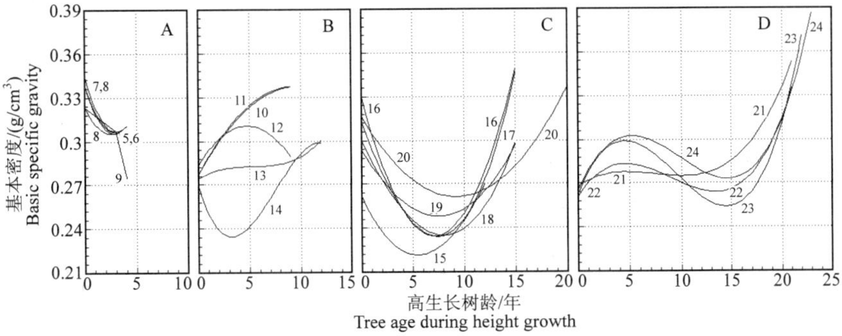

第 1 样树　Sample tree No.1

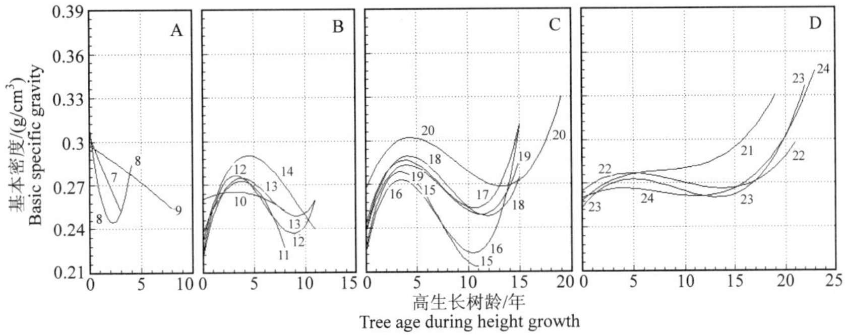

第 3 样树　Sample tree No.3

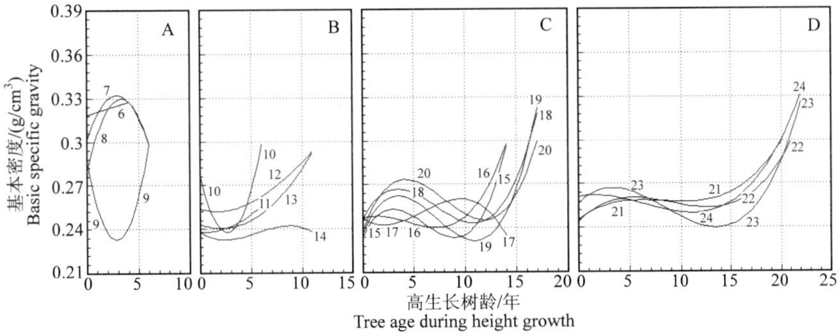

第 5 样树　Sample tree No.5

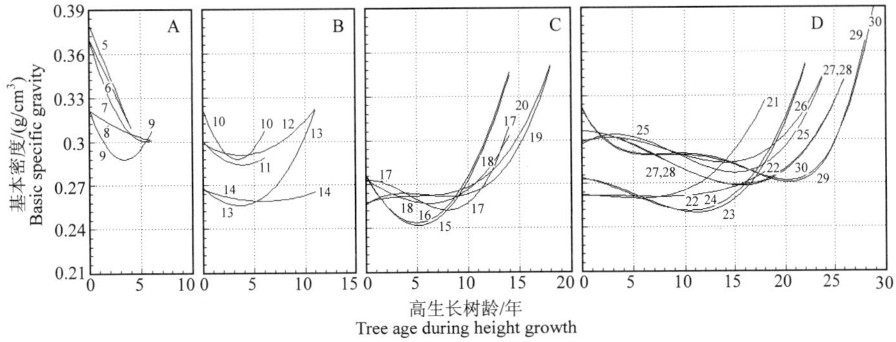

第 6 样树　Sample tree No.6

图 13-8　冷杉四株样树逐龄生长鞘基本密度沿树高的发育变化

A、B、C、D. 同图分组解离；图中数字系各年生长鞘生成时的树龄

Figure 13-8　Developmental change of specific gravity of each successive growth sheath along stem length in four sample trees of Faber fir

A,B,C,D. Grouped disintegration of the same figure. The numerical symbols in the figure are the tree age during every growth sheath formation

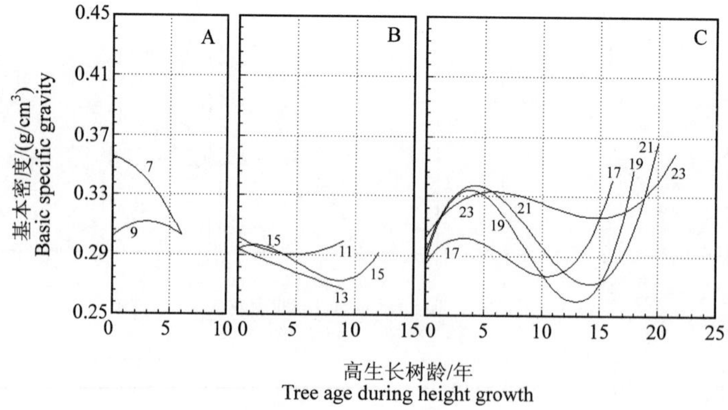

第 1 样树　Sample tree No.1

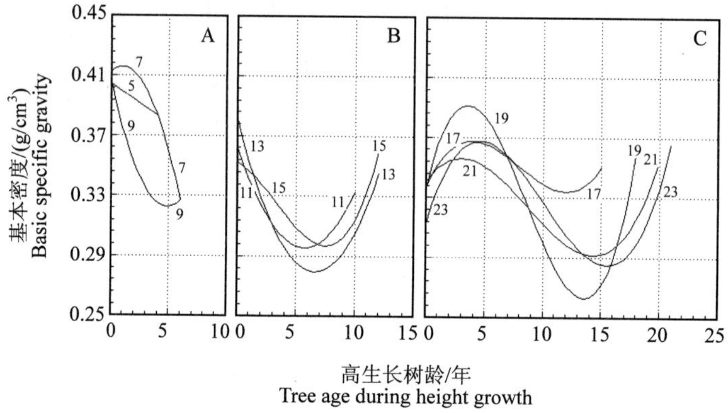

第 2 样树　Sample tree No.2

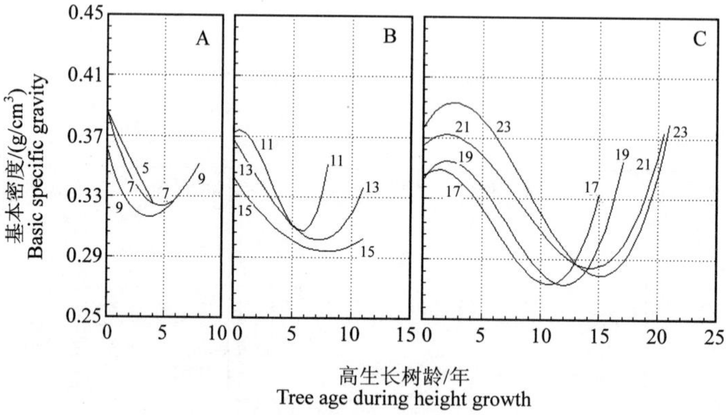

第 3 样树　Sample tree No.3

图 13-9　云杉三株样树逐龄生长鞘基本密度沿树高的发育变化

A、B、C、D. 同图分组解离；图中数字系各年生长鞘生成时的树龄

Figure 13-9　Developmental change of specific gravity of each successive growth sheath along stem length in three sample trees of Chinese spruce

A,B,C,D. Grouped disintegration of the same figure. The numerical symbols in the figure are the tree age during every growth sheath formation

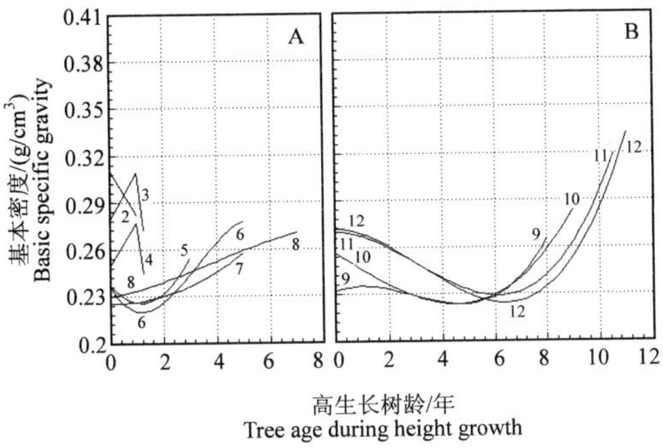

第 1 树种　Sample tree No.1

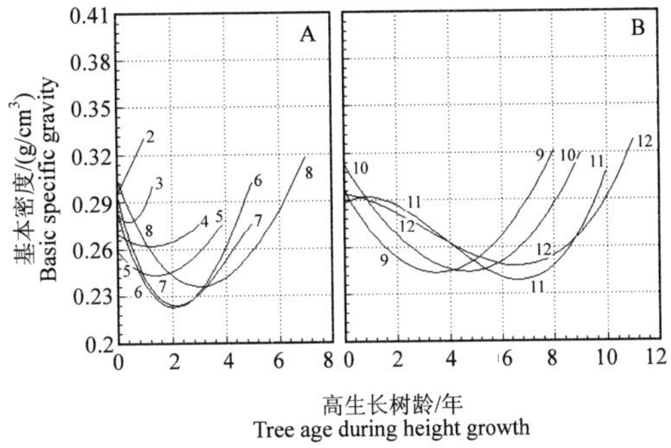

第 2 树种　Sample tree No.2

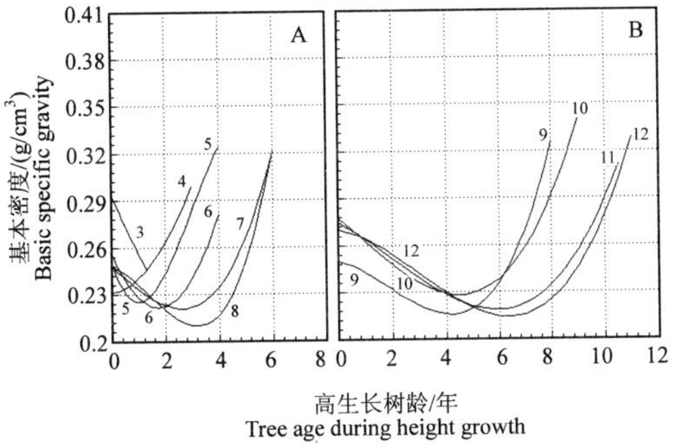

第 3 树种　Sample tree No.3

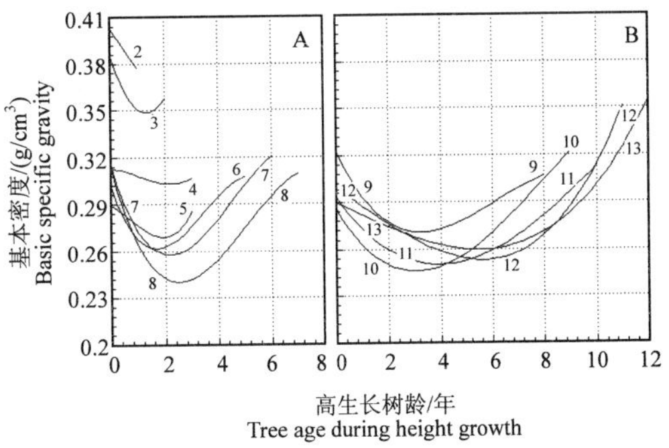

第 4 树种　Sample tree No.4

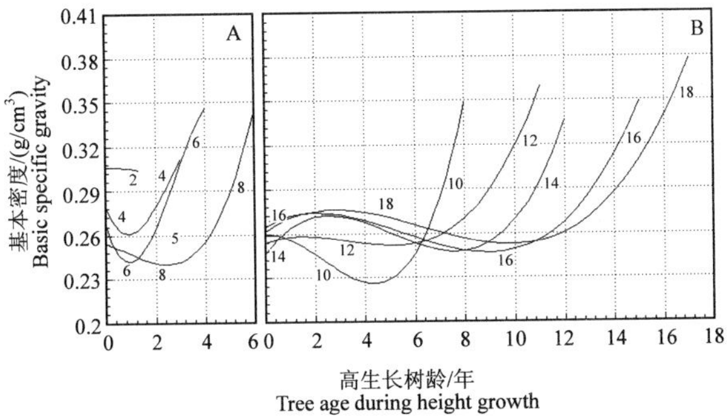

第 5 树种　Sample tree No.5

图 13-10　杉木五株样树逐龄生长鞘基本密度沿树高的发育变化

A、B、C、D. 同图分组解离；图中数字系各年生长鞘生成时的树龄

Figure 13-10　Developmental change of specific gravity of each successive growth sheath along stem length in five sample trees of Chinese fir

A,B,C,D. Grouped disintegration of the same figure. The numerical symbols in the figure are the tree age during every growth sheath formation

如图 13-9 所示，云杉 3 样树各龄生长鞘沿树高的变化：①7 龄前，向上基本密度减小；②9~15 龄，向上先减小，在上端转为增加；③15 龄后生成的生长鞘，基部为增大，后转为减小，在上端恢复为增大。

如图 13-10 所示，杉木 5 样树各龄生长鞘沿树高的变化：杉木 12 龄前各年生长鞘共同趋势是由基部向上减小，后转为增加。

五种针叶树各龄生长鞘基本密度沿树高变化的趋势类别：

落叶松各年生长鞘基本密度在基部有一短距离增大，这是它与马尾松变化的差别；但它沿树高的主要部分是减小，与马尾松减小的总趋势有相似。

16 龄前云杉和杉木各年生长鞘基本密度沿树高的变化趋势相似，先减小后增加；17 龄后冷杉和云杉呈相似，先增大经减小再转增大。

13.6 逐龄生长鞘全高平均基本密度的发育变化

生长鞘是次生木质部中逐年生成的结构单元，由此而把它的全高平均值看做是这个结构层次的性状值。观察全高平均值随生成树龄的变化是研究次生木质部发育可采用的一种方式。生长鞘的径向生成树龄与全树生长树龄数字相同，而把生长鞘全高平均值认作为研究发育的指标。这里的生长鞘全高平均值是由每个生长鞘多个高度的测定值求得，逐龄是各年生长鞘的生成树龄。

全高平均值是把单层生长鞘沿树高的变化融合在一个点内。各龄生长鞘基本密度沿树高发育变化的每一图示中有多条曲线(图 13-6 至图 13-10)，在全高平均值随树龄变化的图示中则变换成多点连成的一条曲线(图 13-11 至图 13-15)。

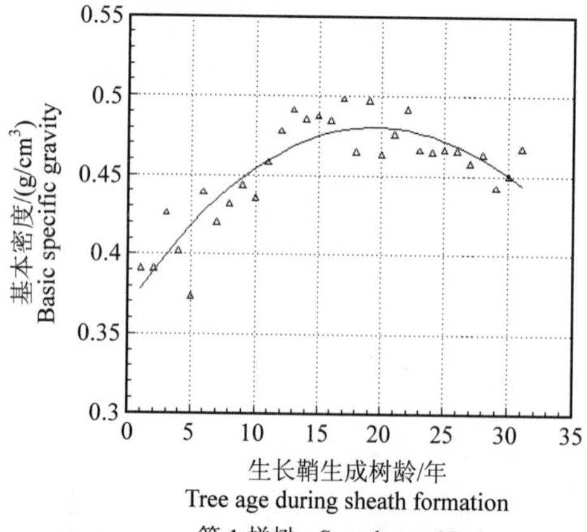

第 1 样树　Sample tree No.1

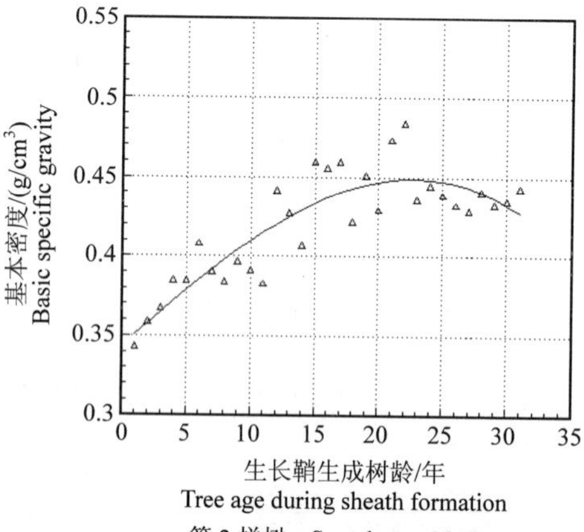

第 2 样树　Sample tree No.2

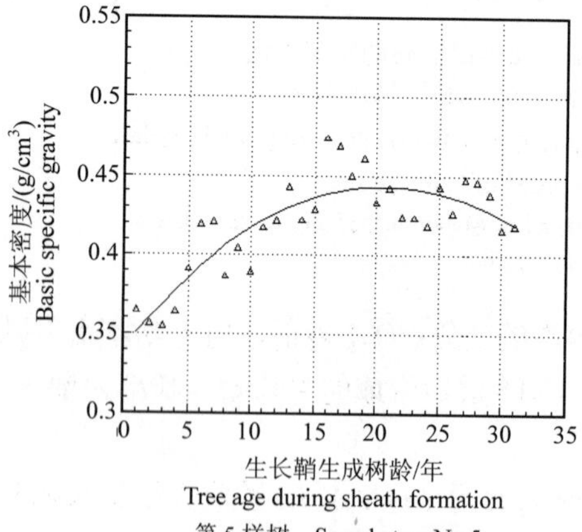

第 5 样树　Sample tree No.5

图 13-11　落叶松三株样树逐龄生长鞘全高平均基本密度的发育变化

回归曲线的各数据点代表各生长鞘全高平均测定值

Figure 13-11　Developmental change of mean specific gravity (within its height) of each successive growth sheath in three sample trees of Dahurian larch

Every numerical point beside regression curve represents the average value within its height of each sheath

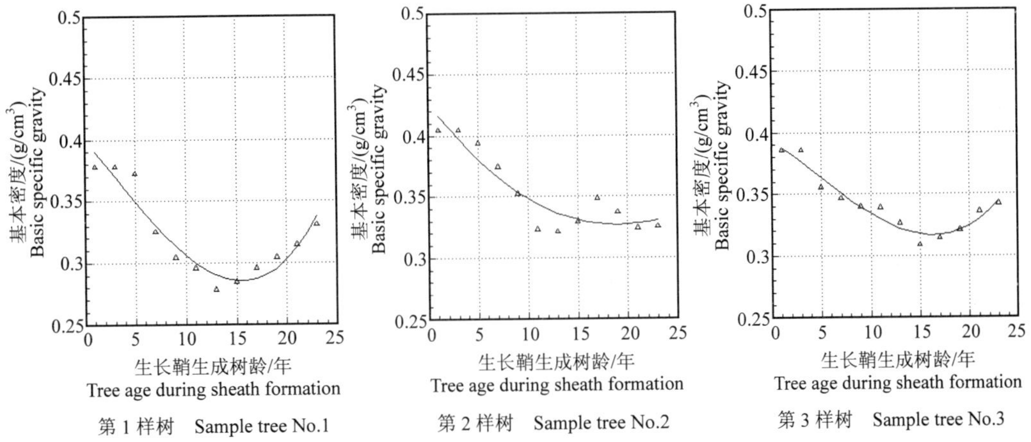

图 13-12　云杉三株样树

说明如图 13-11

Figure 13-12　Three sample trees of Chinese spruce

The explanation is the same as Figure 13-11

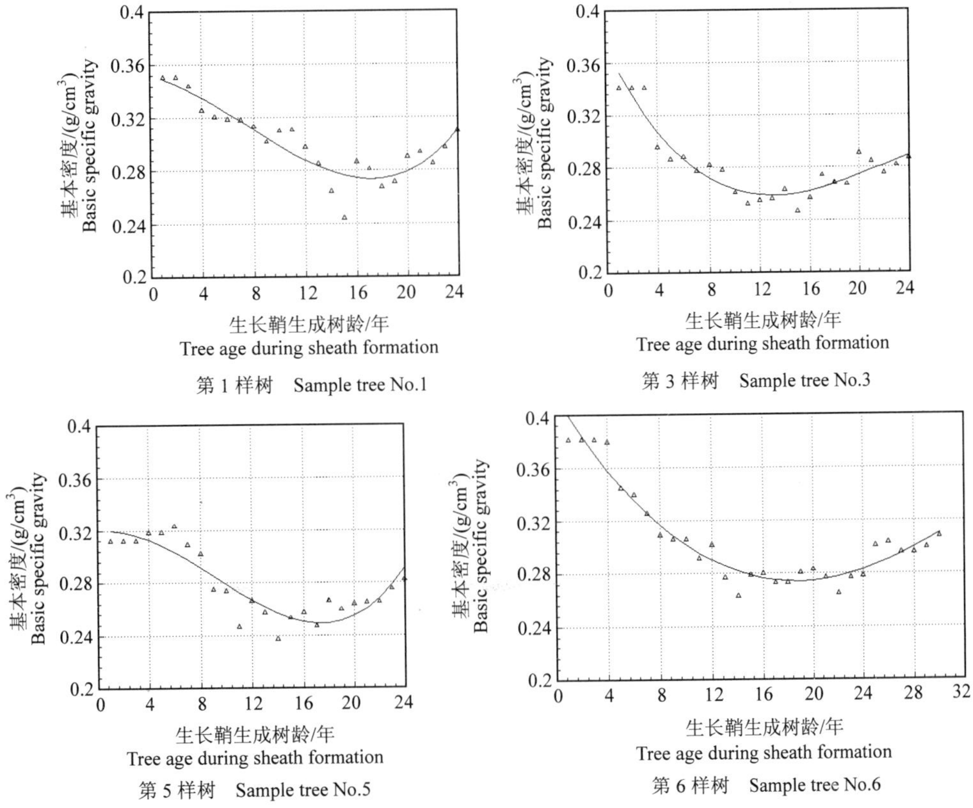

图 13-13　冷杉四株样树逐龄生长鞘全高平均基本密度的发育变化

回归曲线的各数据点代表各龄生长鞘全高平均测定值

Figure 13-13　Developmental change of mean specific gravity (within its height) of each successive growth sheath in four sample trees of Faber fir

Every numerical point beside regression curve represents the average value within its height of each sheath

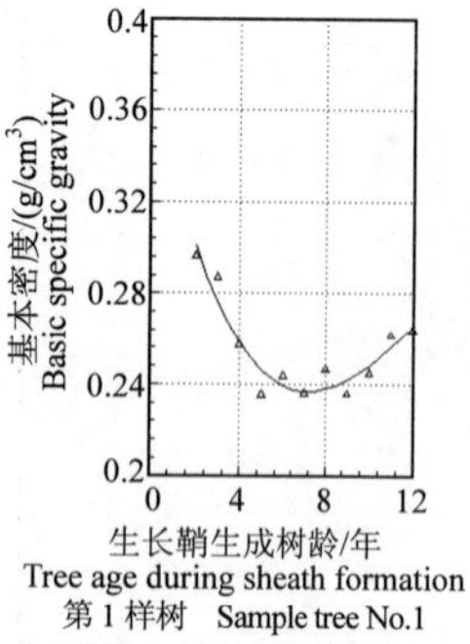

第 1 样树　Sample tree No.1

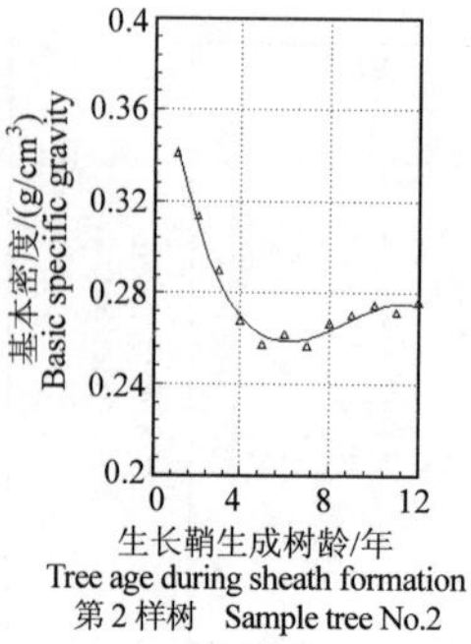

第 2 样树　Sample tree No.2

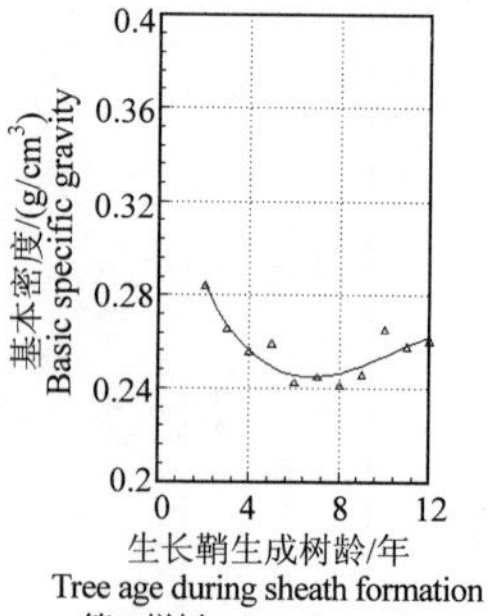

第 3 样树　Sample tree No.3

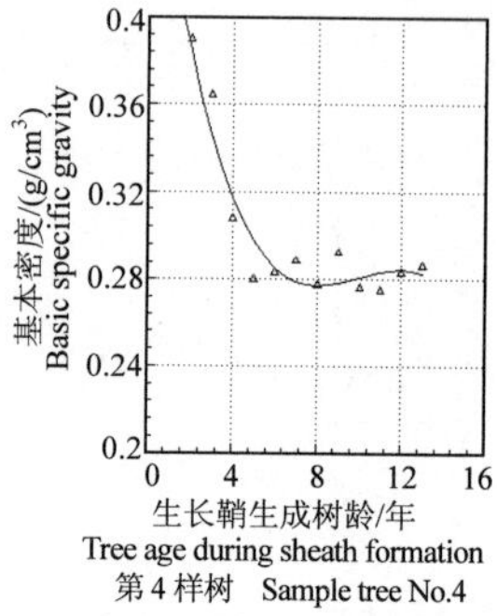

第 4 样树　Sample tree No.4

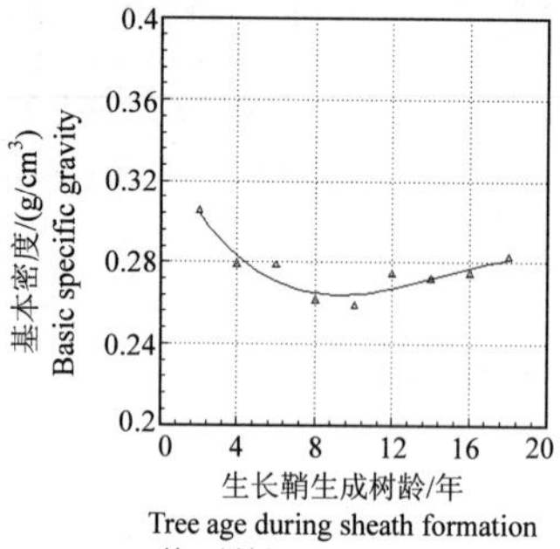

第 5 样树　Sample tree No.5

图 13-14　杉木五株样树

说明如图 13-13

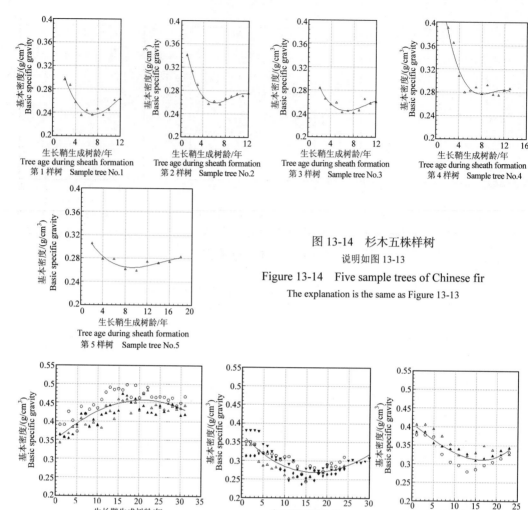

Figure 13-14　Five sample trees of Chinese fir

The explanation is the same as Figure 13-13

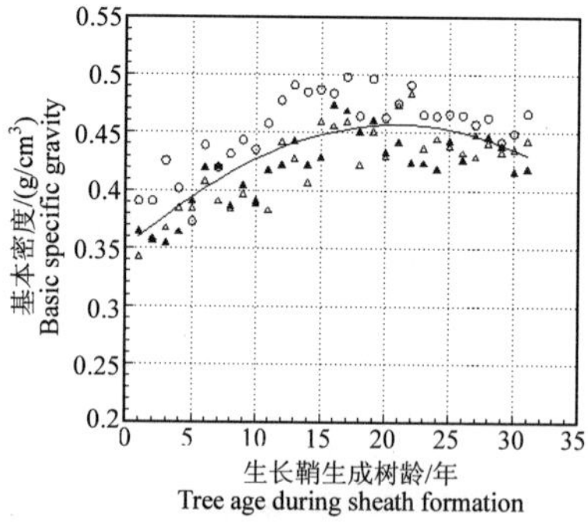

落叶松第 1、2、5 样树
Dahurian larch No. 1, 2, 5

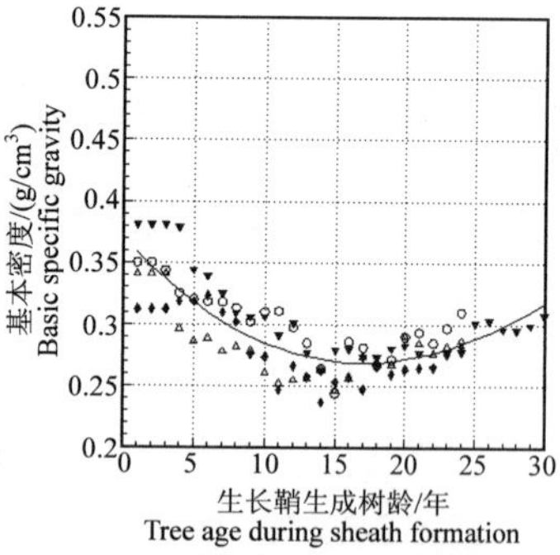

冷杉第 1、3、5、6 样树
Faber fir No. 1, 3, 5, 6

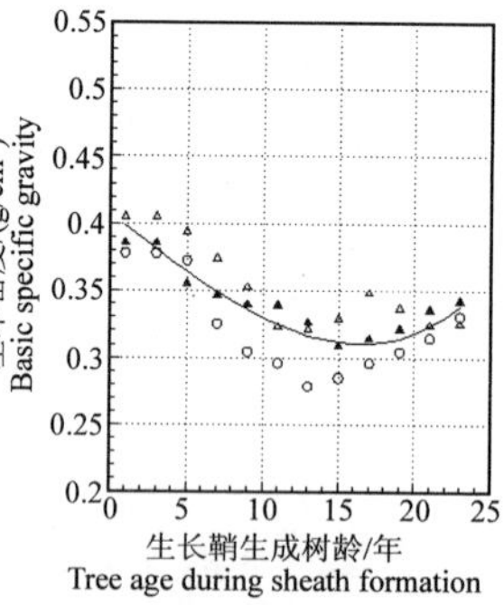

云杉第 1、2、3 样树
Chinese spruce No.1, 2, 3

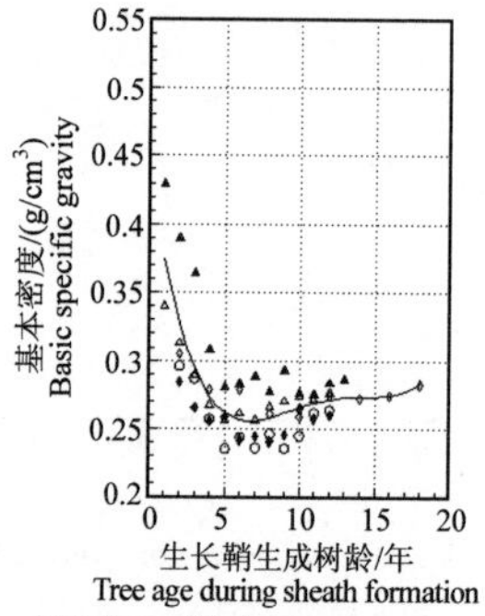

杉木第 1~5 样树　Chinese fir No. 1~5

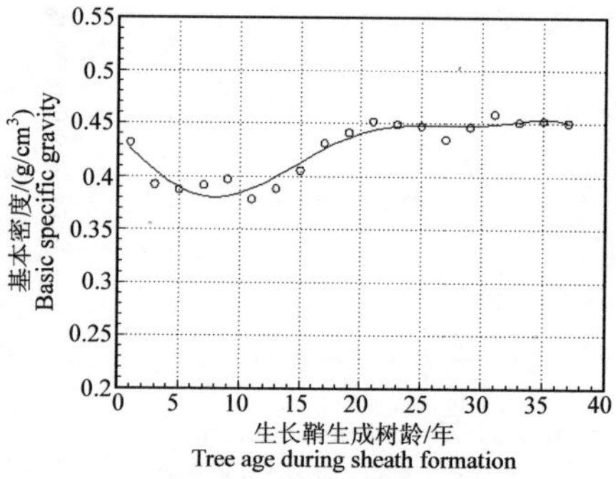

马尾松第 4 样树　Masson's pine No. 4

图 13-15　针叶树逐龄生长鞘全高平均基本密度发育变化的树种趋势

图中具有各种符号的曲线是发育变化；不同符号代表样树株别

Figure 13-15　The species, tendencies of developmental change of mean specific gravity (within its height) of each successive growth sheaths of coniferous trees

The line with various signs together is the curve of developmental change, the different signs beside it represent the ordinal numbers of every sample trees respectively

如图 13-11 所示，落叶松 3 样树逐龄生长鞘全高平均基本密度的变化：自 1 龄开始逐年增大，约至第 20 龄达峰值。而后，在 3 样树采伐树龄前稍有减小；但由实测点的分布可认为进入波动期。

如图 13-15 所示，马尾松第 4 样树逐龄生长鞘全高平均基本密度的变化：初始 5 龄呈减小，后约 15 龄期逐升，终至稳定状态。

如图 13-12 所示，云杉 3 样树逐龄生长鞘全高平均基本密度的变化:初始 15 龄呈减小，而后逐升或略呈平稳。

如图 13-13 所示，冷杉 4 样树逐龄生长鞘全高平均基本密度的变化：初始 15 或 20 龄期呈减小，后稍增。

如图 13-14 所示，杉木 5 样树逐龄生长鞘全高平均基本密度的变化：初始 6 年呈减小，后稍升，或处于稳定状态。

如图 13-15 所示，五种针叶树逐龄全高基本密度发育变化在纵、横坐标相同比例尺度下进行比较。落叶松、马尾松和冷杉、云杉、杉木可分别列为两类变化趋势；前一类的基本密度值比后一类高。杉木基本密度发育进程较冷杉和云杉快。

表 13-2 受所测样树株数和生长龄期的限制，只是表达了次生木质部逐龄生长鞘全高平均基本密度和生成树龄间存在相关关系。表中落叶松、马尾松相关系数为正值，冷杉、云杉和杉木为负值均符合图示中曲线的变化趋势。

表 13-2　五种针叶树生长鞘全高平均基本密度与生成树龄的回归方程

Table 13-2　The regression equations between mean specific gravity withina sheath height and the tree age during the sheath formation in five coniferous species

树　种 Tree species	回归方程 Regression equations *y*. 基本密度；*y*. mean species specific; *x*. 生长鞘生成树龄；*x*. Tree age during every sheath formation (*x* 取值的有效范围 The effective range of *x*)		相关系数 Correlation coefficient
落叶松 Dahurian larch	$y=-5.723\ 55\times10^{-7}x^3-0.000\ 220\ 243x^2+0.009\ 972\ 61x+0.349\ 934$	(~31)	0.60(α=0.01)
冷　杉 Faber fir	$y=-2.588\ 72\times10^{-6}x^3+0.000\ 446\ 612x^2-0.012\ 869\ 1x+0.371\ 285$	(~30)	−0.55(α=0.01)
云　杉 Chinese spruce	$y=1.151\ 69\times10^{-5}x^3-1.603\ 27\times10^{-5}x^2-0.008\ 733x+0.407\ 149$	(~24)	−0.67(α=0.01)
马尾松 Masson's pine	$y=-3.399\ 96\times10^{-9}x^6+3.851\ 61\times10^{-7}x^5-1.573\ 55\times10^{-5}x^4+0.000\ 261\ 059x^3$ $-0.000\ 998\ 616x^2-0.009\ 081\ 48x+0.435\ 948$	(~37)	0.79(α=0.01)
杉　木 Chinese fir	$y=1.363\ 75\times10^{-5}x^4-0.000\ 645\ 655x^3+0.010\ 934\ 5x^2-0.075\ 866x+0.439\ 983$	(~18)	−0.40(α=0.02)

13.7　树茎中心部位相同离髓心年轮数、不同高度、异鞘年轮间发育差异的变化

本节图示的横坐标是高生长树龄，标注图中曲线的数字是离髓心年轮数。自树茎中心向外符合相同离髓心年轮数条件、不同高度的年轮个数逐减，代表它们间差异变化的曲线也逐趋短。这类图示的重点作用是供研究树茎中心相同离髓心年轮数、自根颈向上性状的发育变化。这一树茎部位在木材科学称为幼龄材。这类图示增补了对这一部位实测的研究结果。

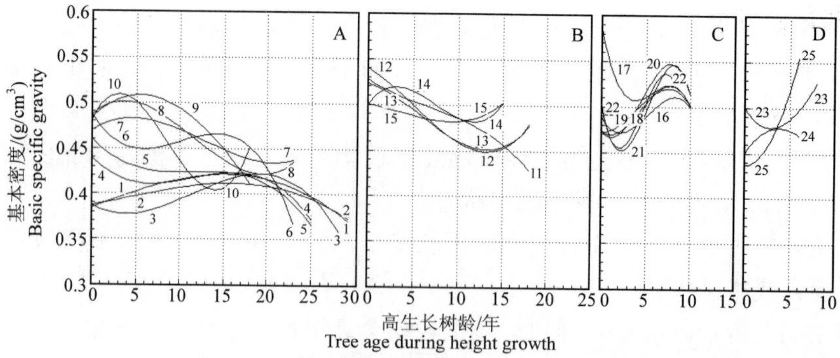

第 1 样树　Sample tree No.1

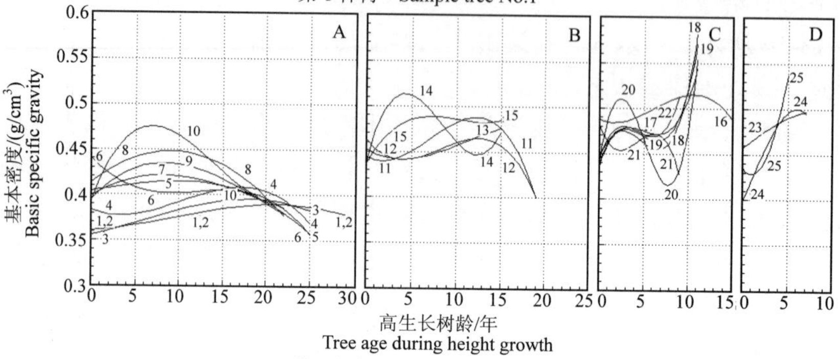

第 2 样树　Sample tree No.2

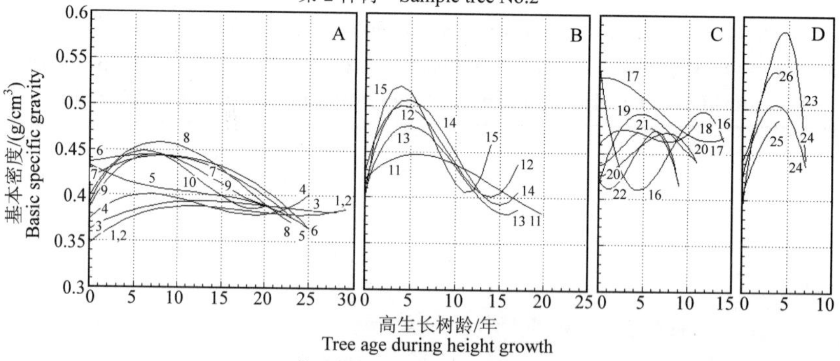

第 5 样树　Sample tree No.5

图 13-16　落叶松三株样树不同高度、相同离髓心年轮数、异鞘年轮间基本密度的有序变化

A、B、C、D. 同图分组解离；图中曲线示沿树高方向的变化，数字系离髓心年轮数

Figure 13-16　Systematical change of specific gravity among rings in different sheaths, but with the same ring number from pith and at different heights in three sample trees of Dahurian larch

A,B,C,D. Grouped disintegration of the same figure. The curves in the figure show change along the stem length and the numerical symbols are the ring number from pith

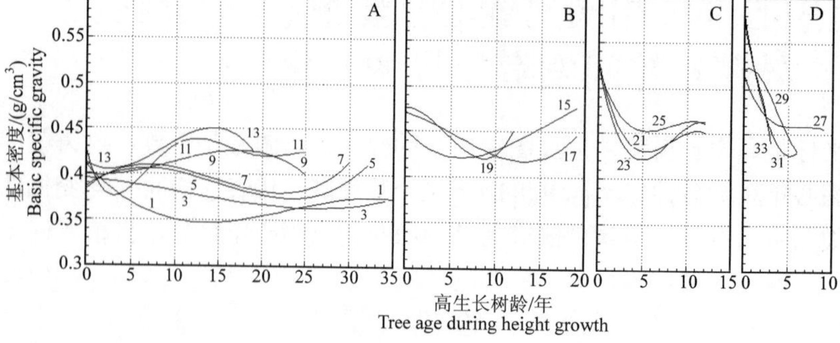

图 13-17　马尾松第 4 样树

说明如图 13-16

Figure 13-17　Masson's pine sample tree No.4

The explanation is the same as figure 13-16

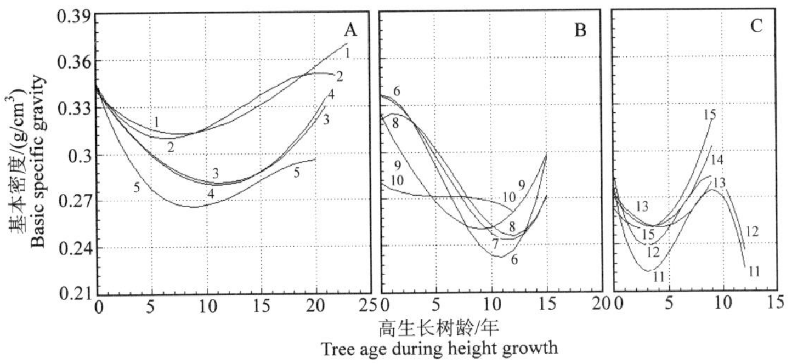

第 1 样树　Sample tree No.1

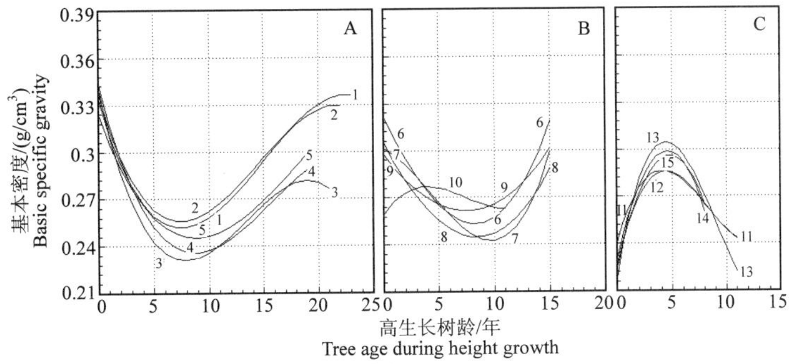

第 3 样树　Sample tree No.3

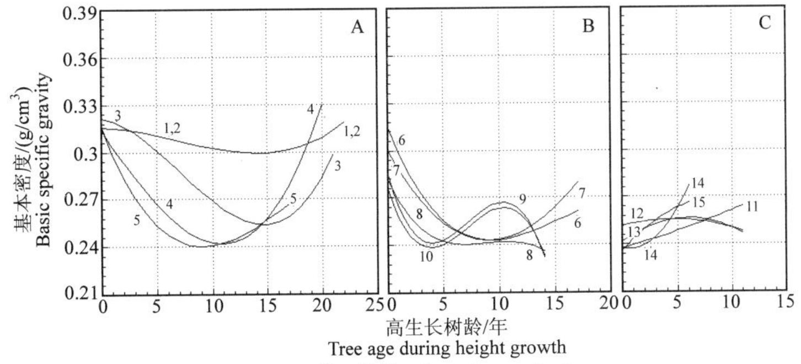

第 5 样树　Sample tree No.5

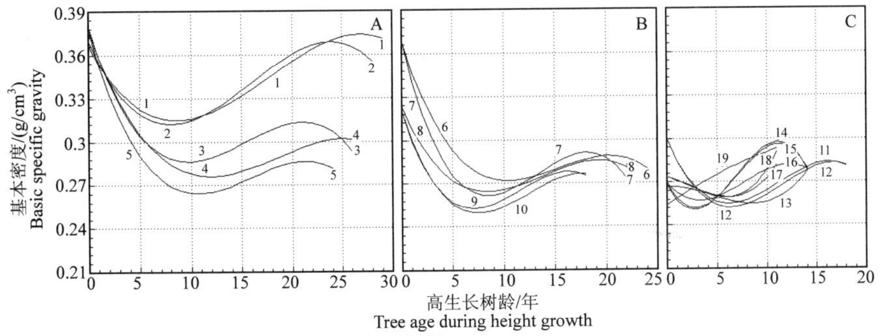

第 6 样树　Sample tree No.6

图 13-18　冷杉四株样树不同高度、相同离髓心年轮数、异鞘年轮间基本密度的有序变化

A、B、C、D. 同图分组解离；图中曲线示沿树高方向的变化，数字系离髓心年轮数

Figure 13-18　Systematical change of specific gravity among rings in different sheaths, but with the same ring number from pith and at different heights in four sample trees of Faber fir

A,B,C,D. Groouped disintegration of the same figure. The curves in the figure show the change along the stem length and the numerical symbols are the ring number from pith

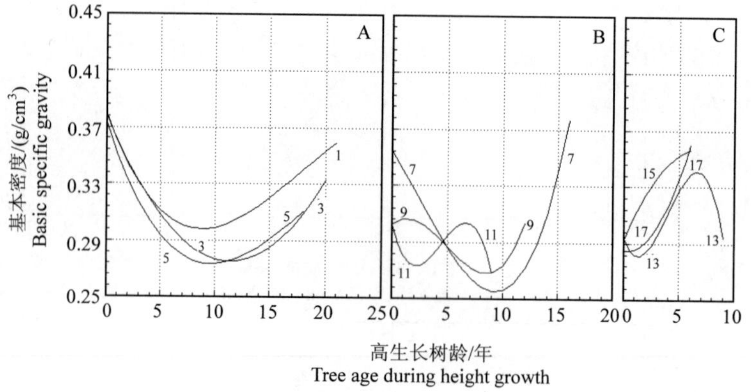

第 1 样树　Sample tree No.1

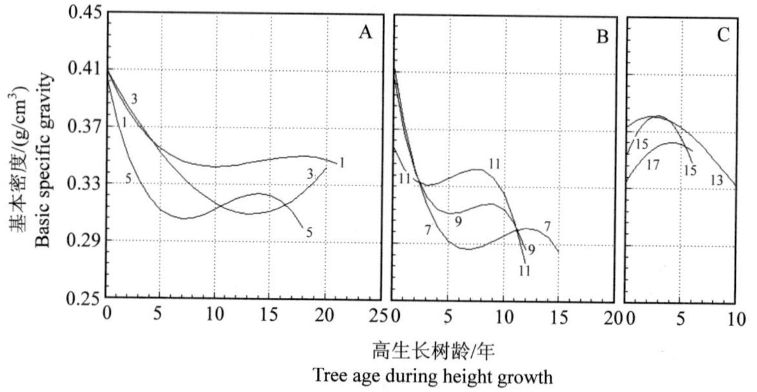

第 2 样树　Sample tree No.2

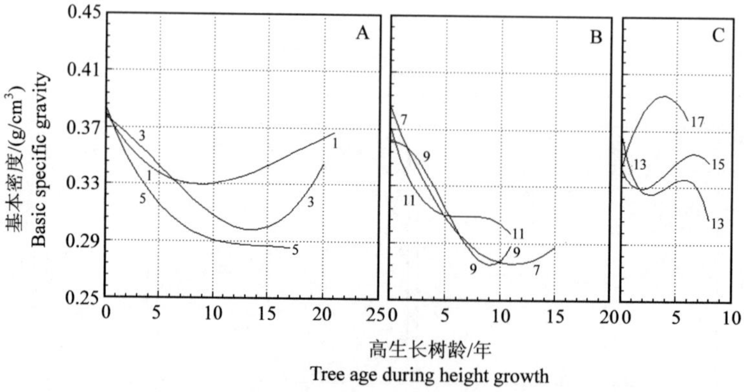

第 3 样树　Sample tree No.3

图 13-19　云杉三株样树不同高度、相同离髓心年轮数、异鞘年轮间基本密度的有序变化

图中曲线示沿树高方向的变化，数字系离髓心年轮数

Figure 13-19　Systematical change of specific gravity among rings in different sheaths, but with the same ring number from pith and at different heights in three Chinese spruce sample trees

All the curves in the figure show the change along the stem length and the numerical symbols are the ring number from pith

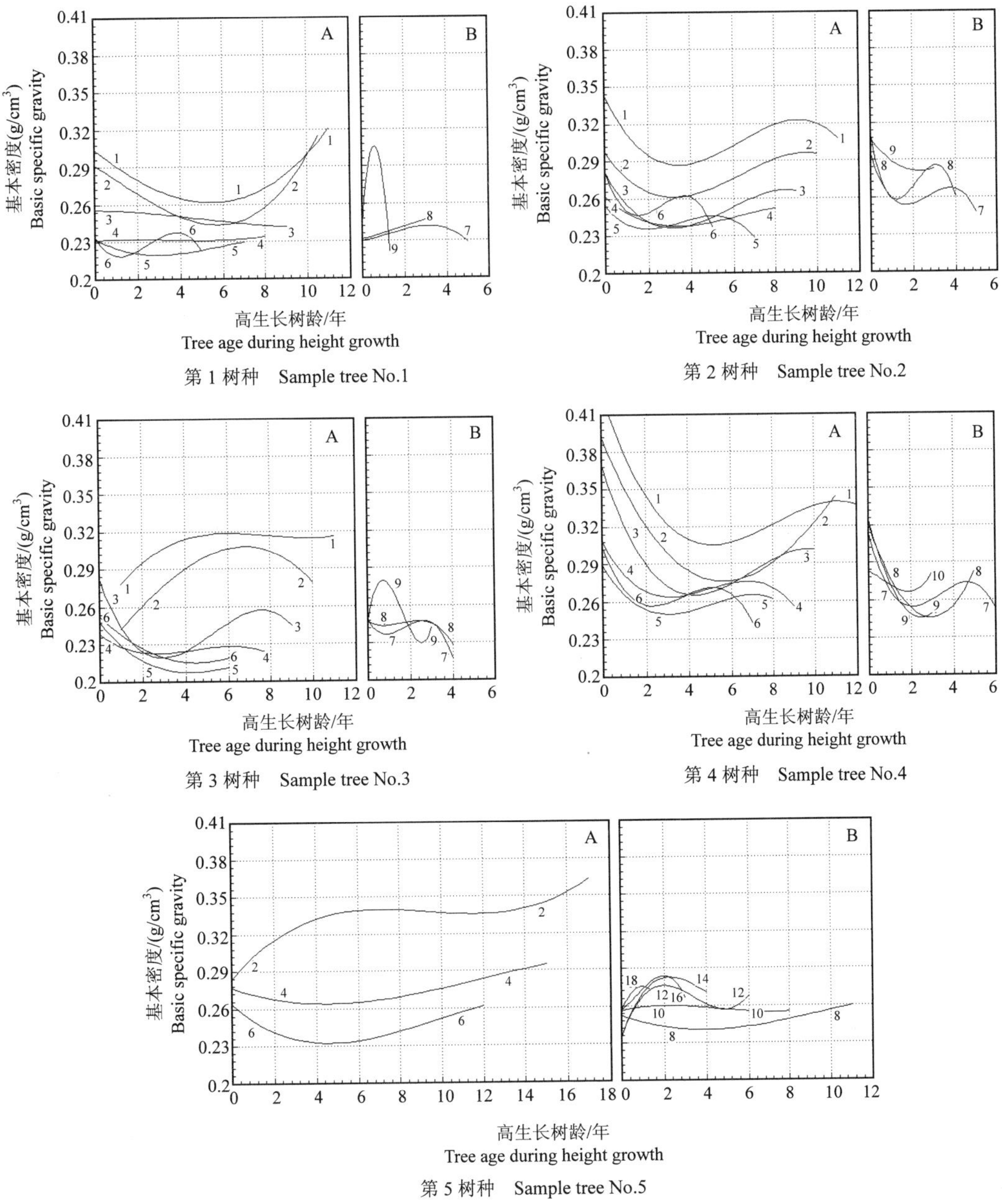

图 13-20 杉木五株样树不同高度、相同离髓心年轮数、异鞘年轮间基本密度的有序变化

A、B、C、D. 同图分组解离；图中曲线示沿树高方向的变化，数字系离髓心年轮数

Figure 13-20 Systematical change of specific gravity among rings in different sheaths, but with the same ring number from pith and at different heights in five sample trees of Chinese fir

A,B,C,D. Grouped disintegration of the same figure. The curves in the figure show the change along the stem length and the numerical symbols are the ring number from pith

如图13-16 所示，落叶松三株样树主茎中心部位相同离髓心年轮数、不同高度年轮间基本密度的发育变化：①离髓心年轮数第 1~4 各序年轮间，自根颈向上初始基本密度稍呈增加，而后又微显减小，但变化幅度均小。②第 5~10 各序同一序数年轮间，基本

密度差异的总趋势与上相同，但变化幅度明显增大。样树间第 1~10 各序同一序数变化曲线的相似性明显。③序数 11 以上同一序数年轮间基本密度的变化主要呈~或∽形。不同序数变化趋势转换中在种内株间存在差异，但单株内具有规律性。

如图 13-17 所示，马尾松第 4 样树主茎中心部位相同离髓心年轮数、不同高度年轮间基本密度的发育变化：①离髓心年轮数第 1~13 各序同一序数年轮间，基本密度由根颈向上变化呈弱∽或~形；②第 15~25 各序同一序数年轮间基本密度向上变化开始减小，后转为增大；③序数 27 以上同一序数年轮间基本密度向上的变化呈一致性减小。

如图 13-18 所示，冷杉 4 样树主茎中心部位相同离髓心年轮数、不同高度年轮间基本密度的发育变化：①离髓心年轮数第 1~5 各序同一序数年轮间基本密度自根颈向上变化均明显，开始都呈减小，后均转为增加，种内株间变化曲线的相似性明显；②序数 6 以上变化趋势呈∪、∽或⌒形。

如图 13-19 所示，云杉 3 样树主茎中心部位相同离髓心年轮数、不同高度年轮间基本密度的发育变化：①离髓心年轮数第 1~5 各序同一序数年轮间基本密度自根颈向上变化均较大，开始都呈减小，后转为增加，种内株间变化曲线的相似性明显；②序数 7 以上同一序数年轮间基本密度的变化呈一致性减小或∪、∽形。

如图 13-20 所示，杉木 5 样树主茎中心部位相同离髓心年轮数、不同高度年轮间基本密度的发育变化：自根颈向上由减小后转为增加，变化幅度由内向外逐降。

木材科学认为，①树茎任一高度前 5~25 年产生的次生木质部和在同一高度这段幼龄期后的次生木质部有不同，前者即为这一高度上的幼龄材；②幼龄材在树茎内不为圆锥形而近于圆柱状；③它不限存在于树茎基部，而是自基部延伸至树梢。

本节内容是研究这一部位沿树茎垂直高度存在差异的规律。次生木质部不同高度、相同离髓心年轮数、异鞘年轮间高、径生长树龄均互不相同。测定结果表明，五种针叶树树茎中心部位相同离髓心年轮数、不同高度年轮间基本密度存在树种特点的规律差异，其生成性质是受遗传控制的发育变化。

13.8 各龄段平均基本密度的变化

13.8.1 树种间

如表 13-2 所示，五树种各龄段平均基本密度保持如下序列：落叶松＞马尾松＞云杉＞冷杉＞杉木。这是树种遗传特性的表现。

13.8.2 种内株间

如表 13-2 所示，种内株间各龄段平均基本密度变化趋势相同，差别状态一般保持不变；变化过程在种内株间的差值符合正态分布的估计范围。

13.8.3 单株样树内

如表 13-2 所示，落叶松、马尾松各样树不同龄段平均基本密度随树龄增大；冷杉、云杉不同龄段基本密度随树龄先减小，后转增大；杉木样树龄期短，难于在龄段间进行比较。以上与五树种样树各龄生长鞘全高平均基本密度随树龄变化的结果一致。

表 13-3　五种针叶树各树龄段管胞平均基本密度(g/cm³)

Table 13-3　Average species, specific gravity during each period of tree growth in five coniferous species(g/cm³)

树种 tree species	株别 Ordinal numbers of sample tree	树龄段　period of tree growth (a)						
		1~12	1~18	1~23	1~24	1~30	1~31	1~37
落叶松 Dahurian larch	1	0.4375	0.4586	0.4650	0.4650	0.4623	0.4626	—
	2	0.3934	0.4149	0.4275	0.4286	0.4303	0.4309	—
	5	0.3977	0.4221	0.4266	0.4260	0.4290	0.4283	—
	Ave	0.4090	0.4319	0.4397	0.4399	0.4405	0.4406	—
云杉 Chinese spruce	1	0.3231	0.3041	0.3112	—	—	—	—
	2	0.3622	0.3471	0.3382	—	—	—	—
	3	0.3491	0.3321	0.3333	—	—	—	—
	Ave	0.3448	0.3278	0.3276	—	—	—	—
马尾松 Masson’s pine	4	0.3906	0.3989	0.4154	0.4154	0.4230	0.4265	0.4329
冷杉 Faber fir	1	0.3150	0.2931	0.2914	0.2930	—	—	—
	3	0.2775	0.2691	0.2732	0.2744	—	—	—
	5	0.2886	0.2703	0.2688	0.2701	—	—	—
	6	0.3226	0.2981	0.2903	0.2893	0.2935	—	—
	Ave	0.3009	0.2826	0.2809	0.2817	0.2935	—	—
杉木 Chinese fir	1	0.2521	—	—	—	—	—	—
	2	0.2709	—	—	—	—	—	—
	3	0.2544	—	—	—	—	—	—
	4	0.2893	—	—	—	—	—	—
	5	0.2723	0.2745	—	—	—	—	—
	Ave	0.2678	0.2745	—	—	—	—	—

注：本表所列各树龄段均自树茎出土始。

Note: The beginning of every period in this table is all the time when the sample trees grow out of the earth.

13.9　次生木质部基本密度发育变化在 20mm 边长立方体试样测定结果上的表现

一般立方体测定木材密度方法的特点是，木材体积用螺旋测微器在立方体或正方形截面的直角棱柱试样上量取各向尺寸相乘求得。

直线量取法不能按年轮确定取样的径向位置，但可上、下和内、外排序。本项目在次生木质部发育研究中也同时采用了立方体测定基本密度。除试样形状与直线量取法相同外，这一测定取样和数据处理都尽量以符合发育研究需要来安排，饱水体积用排水法测定。

13.9.1　实验

本节立方体基本密度与第 15 章干缩性在 20mm×20mm×20mm 在同一试样上测定。

取样方法在本书 2.3.4 节试样制备中已有详述。取样程序：①将样树主茎南、北向已分段约长 170cm 的中心板，再横截成 3 或 4 短段，每短段都有它在树茎上的名义高度；②对南、北两向各短段自茎周向髓心纵锯成木条，每木条上取基本密度试样 1 或数个；③它们的名义高度全与所在短木段同，自茎周向内的序码 I、II、III、IV 是标注试样的径向位置。依据表 2-6 列出的次生木质部木材物理力学性质发育变化研究中各试样名义取样高度和其对应的计算高生长树龄，回归分析中将各试样基本密度的名义高度改换成高生长树龄。

落叶松、马尾松基本密度立方体试样未经苯醇抽提。

烘干和称重等其他步骤均与小试样处理相同。

13.9.2 图示结果

基本密度立方体测定结果图示的(图 13-21 至图 13-25)横坐标是高生长树龄，标注曲线的罗马数字符是自茎周向内径向取样的序码。取样木材生成后的位置和基本密度是不变的，样品生成时的两向生成树龄序列可由取样位置来确定。图中曲线示出基本密度在样树次生木质部中的变化趋势。

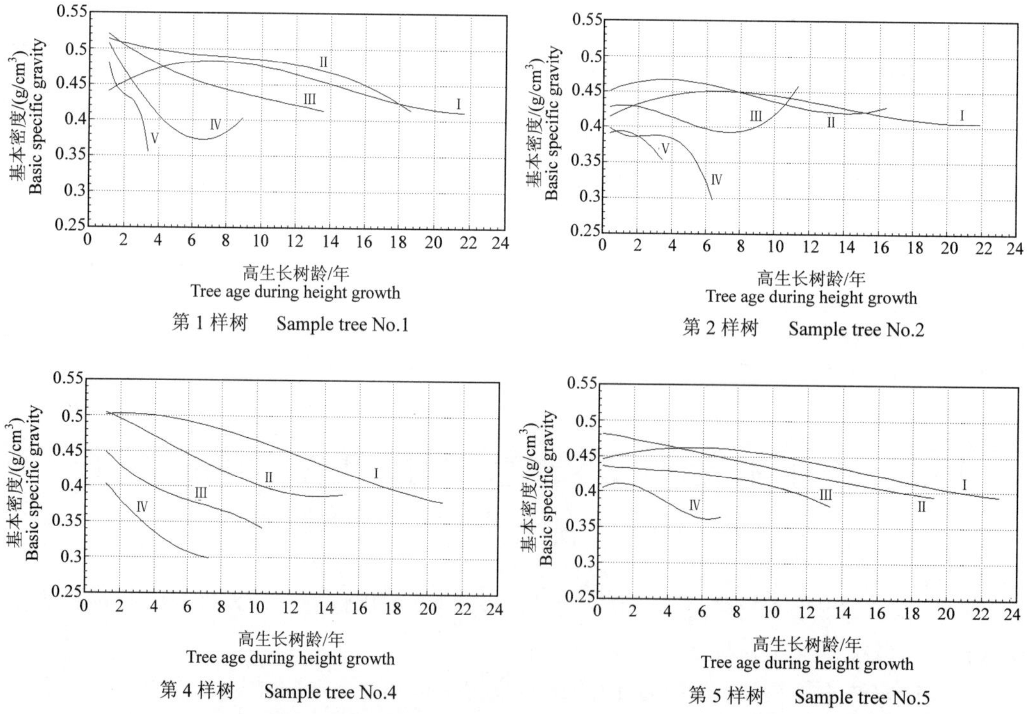

图 13-21 落叶松四株样树基本密度(20mm × 20mm × 20mm 试样，排水法)的发育变化

图中曲线示沿树高方向的变化，罗马数字 I、II、III、IV、V 代表水平方向自外向内的依序位置

Figure 13-21 Developmental change of specific gravity (Specimen size 20mm × 20mm × 20mm, by drainage) in four sample trees of Dahurian larch

The curves in the figure show the change along the stem length, the Roman numerical symbols I, II, III, IV, V represent serial positions from outside to inner

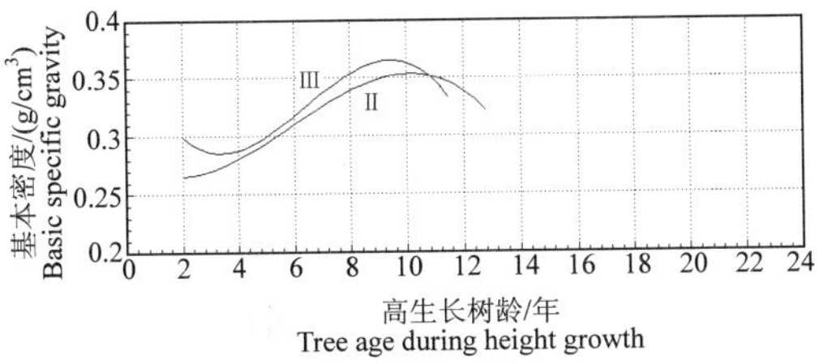

第 2 样树　Sample tree No.2

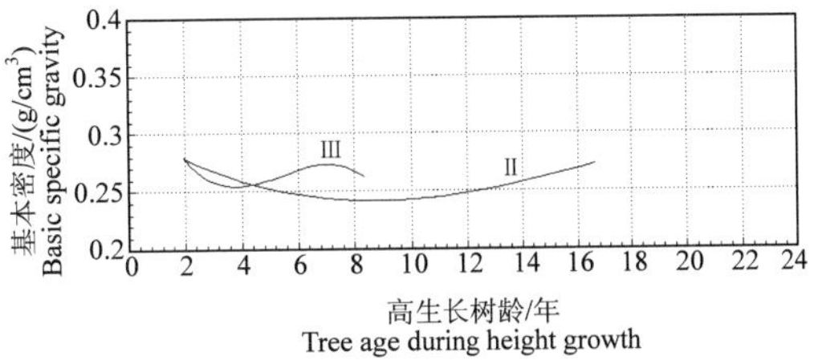

第 4 样树　Sample tree No.4

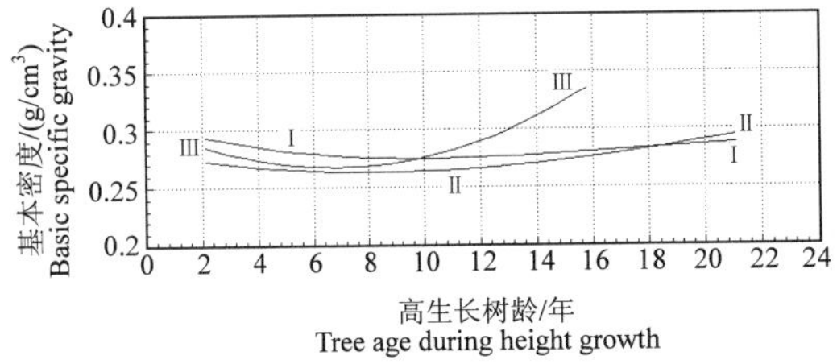

第 6 样树　Sample tree No.6

图 13-22　冷杉三株样树基本密度(20mm × 20mm × 20mm 试样，排水法)的发育变化

说明同图 13-21

Figure 13-22　Developmental change of specific gravity (Specimen size 20mm × 20mm × 20mm, by drainage) in three sample trees of Faber fir

The explanation is the same as Figure 13-21

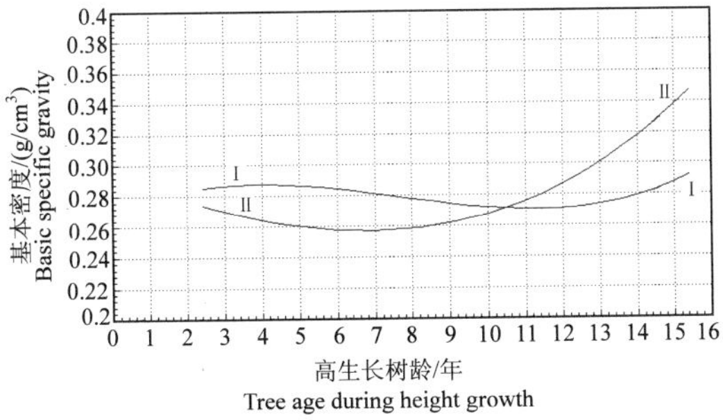

第 1 样树　Sample tree No.1

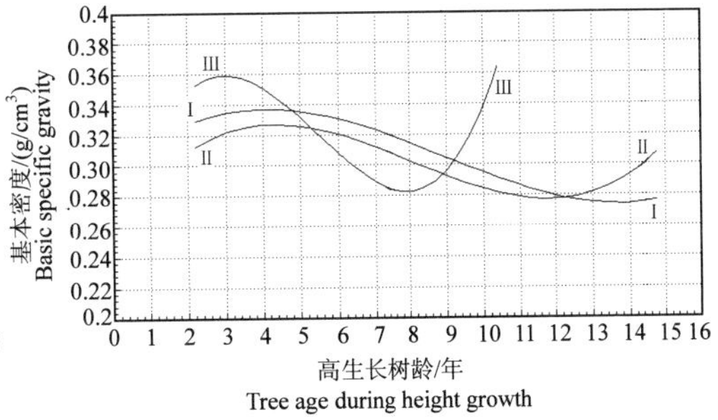

第 2 样树　Sample tree No.2

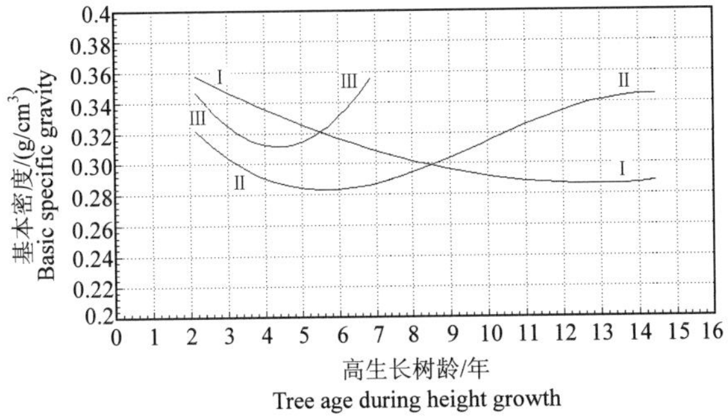

第 3 样树　Sample tree No.3

图 13-23　云杉三株样树基本密度(20mm × 20mm × 20mm 试样，排水法)的发育变化

图中曲线示沿树高方向的变化，罗马数字 I、II、III、IV、V 代表水平方向自外向内的依序位置

Figure 13-23　Developmental change of specific gravity (Specimen size 20mm × 20mm × 20mm, by drainage) in three sample trees of Chinese spruce

The curves in the figure show the change along the stem length, the Roman numerical symbols I, II, III, IV, V represent serial positions from outside to inner

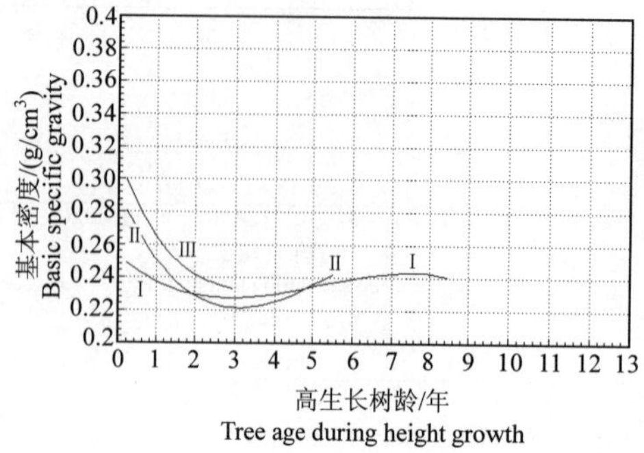

第 1 样树　Sample tree No.1

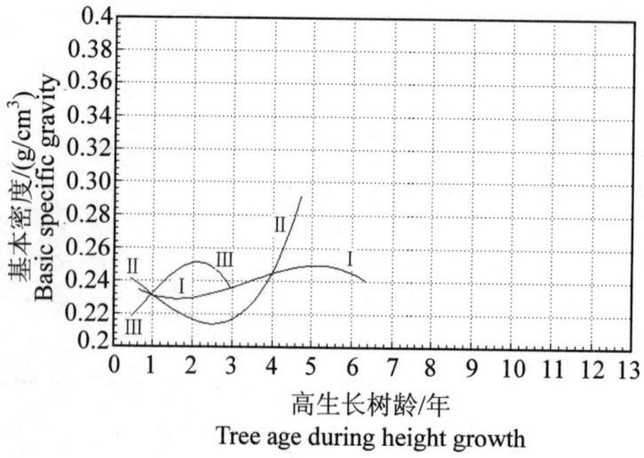

第 3 样树　Sample tree No.3

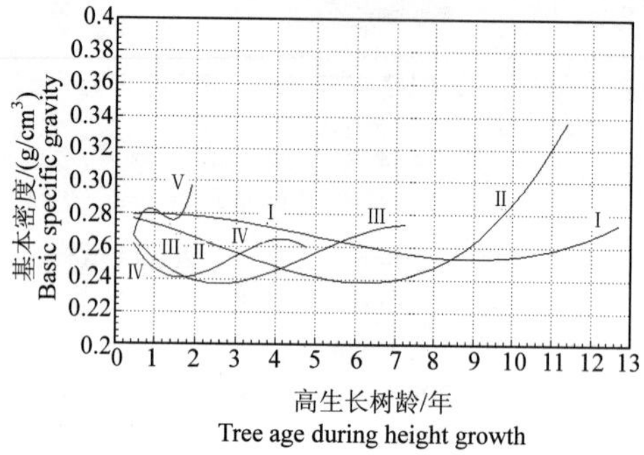

第 5 样树　Sample tree No.5

图 13-24　杉木三株样树基本密度(20mm × 20mm × 20mm 试样，排水法)的发育变化

说明同图 13-23

Figure 13-24　Developmental change of specific gravity (Specimen size 20mm × 20mm × 20mm, by drainage) in three sample trees of Chinese fir

The explanation is the same as Figure 13-23

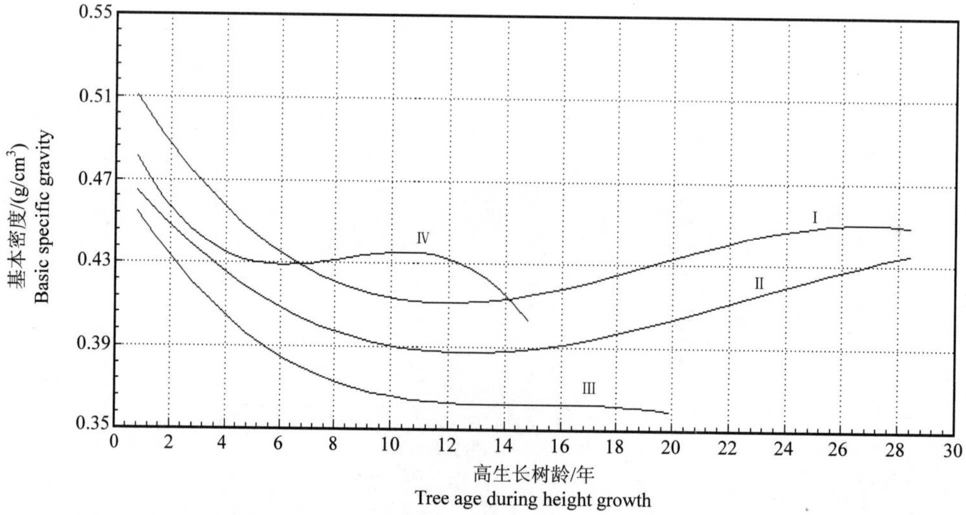

图 13-25　马尾松第 4 样树基本密度(20mm × 20mm × 20mm 试样，排水法)的发育变化

图中曲线示沿树高方向的变化，罗马数字 I、II、III、IV 代表水平方向自外向内的依序位置

Figure 13-25　Developmental change of specific gravity (Specimen size 20mm × 20mm × 20mm, by drainage) in Masson's pine sample tree No.4

The curves in the figure show the change along the stem length, the Roman numerical symbols I, II, III, IV represent serial positions from outside to inner

五种针叶树两种形状基本密度试样测定结果图示的比较

树种	立方体试样测定结果 图示的发育变化趋势	小试样测定结果 逐龄生长鞘全高平均值发育变化 和各龄生长鞘沿树高发育变化的图示趋势
落叶松	四样树基本密度变化趋势相似。变化曲线Ⅰ、Ⅱ、Ⅲ、Ⅳ在图中的位置依序向下；各条曲线随高生长树龄向下倾斜。这些表明基本密度随径向生长树龄增大，随高生长树龄减小	逐龄生长鞘全高平均基本密度随径向生长树龄的变化：开始增大，20龄达峰值，后转入波动期。 各龄生长鞘基本密度沿树高的变化：基部有短距离增大，向上后转入减小
冷杉 云杉 杉木	三树种基本密度变化趋势相似。变化曲线Ⅰ的下段较Ⅱ高，但上段较Ⅱ低；Ⅲ较Ⅰ、Ⅱ高。基本密度随高生长树龄变化大多呈弱∪形	三树种逐龄生长鞘全高平均基本密度的变化趋势近似呈凹形。 各龄生长鞘基本密度沿树高的变化都包含有∪的区段
马尾松	变化趋势曲线Ⅰ、Ⅱ、Ⅲ在图示中的上、下位置和弯曲状态表明，基本密度随径向生长树龄增大；随高生长树龄先略有降低，后转为稍增	逐龄生长鞘全高平均基本密度初始5龄减小，而后转入增高，在20龄至稳定状态。 各龄生长鞘基本密度沿树高变化的趋势：由基部向上基本密度减小。3~11龄生长鞘减小的变化率大；13~19龄生长鞘先陡减后转增，上端处再为减；21龄以外生长鞘密度向上均先减，中间有一稳定区，上端又各再呈减

13.9.3 两种形状试样基本密度测定结果的比较

基本密度小试样和立方体试样测定的主要差别在取样。小试样能做到同一高生长树龄的试样是准确位于逐龄生长鞘同一高度上，而同一生长鞘试样的逐龄高生长排序并是可靠的，由此能取得四种表达次生木质部发育变化的平面图示。同一罗马数字码的立方体试样不是由相同径向生长树龄生成，而是由茎周向内逐个相距20~28mm的不同高度近似径向部位的试样。立方体试样结果仅能绘出一种平面图示。它只能示出次生木质部随高、径两向位置间发育变化的相对趋势。

落叶松、马尾松立方体试样未经苯醇抽提，特别是马尾松心材松脂含量高，一定程度上影响基本密度测定结果。

基本密度两种形状试样测定结果呈现的同一样树发育变化趋势相似，但小试样的图示结果较详细。

13.10 结　　论

本章实验结果表明，基本密度在单株次生木质部生命中的变化具有趋势性。基本密度是遗传控制下的发育性状。

从逐龄生长鞘全高平均值的变化来看。人工林针叶树初始生长期基本密度的发育变化主要有两个类型：一直增大(落叶松)，或先减小后增大(冷杉、云杉和杉木)。马尾松先有减小，但时限期较短。树种基本密度发育变化各具的特点在种内株间的表现是相同的。

五种针叶树基本密度各龄段大小序列保持落叶松＞马尾松＞云杉＞冷杉＞杉木。这是各树种基本密度的生成受遗传控制的结果。树种间基本密度发育变化的差异或类似都是遗传控制的表现。环境不能改变遗传控制的规律性。

两种形状的试样测定基本密度结果的比较表明，小试样能做到在各龄生长鞘多个高度年轮上取样，实验结果对变化过程的表达周详，更适于次生木质部发育研究。

附表 13-1　落叶松样树不同高度径向逐龄年轮的基本密度(g/cm³)

Appendant table 13-1　Specific gravity of each successive ring in radial direction at different heights in Dahurian larch sample trees(g/cm³)

Y (年)	*H* (m)	年轮生成树龄 Tree age during ring formation																														
		1年	2年	3年	4年	5年	6年	7年	8年	9年	10年	11年	12年	13年	14年	15年	16年	17年	18年	19年	20年	21年	22年	23年	24年	25年	26年	27年	28年	29年	30年	31年
第1样树 Sample tree No.1																																
29	18.45																														0.382	0.382
28	18.00																													0.376	0.376	0.376
25	17.00																											0.388	0.388	0.388	0.379	0.379
23	16.00																								0.394	0.394	0.387	0.387	0.373	0.373	0.435	0.435
18	14.00																			0.416	0.416	0.416	0.412	0.412	0.433	0.433	0.415	0.415	0.444	0.444	0.481	0.481
15	12.00																0.453	0.453	0.418	0.435	0.439	0.439	0.474	0.474	0.456	0.438	0.420	0.420	0.446	0.446	0.502	0.502
10	10.00											0.421	0.421	0.420	0.426	0.426	0.480	0.452	0.462	0.527	0.444	0.507	0.480	0.473	0.481	0.481	0.502	0.502	0.496	0.496	0.511	0.511
8	8.00									0.398	0.398	0.391	0.411	0.448	0.461	0.461	0.484	0.484	0.448	0.535	0.445	0.445	0.498	0.479	0.505	0.519	0.533	0.533	0.550	0.550	0.531	0.531
6	6.00							0.404	0.404	0.372	0.371	0.396	0.419	0.473	0.481	0.494	0.465	0.465	0.498	0.511	0.490	0.490	0.489	0.490	0.542	0.520	0.531	0.510	0.510	0.465	0.465	0.574
5	4.00						0.397	0.379	0.373	0.429	0.412	0.438	0.502	0.510	0.501	0.509	0.502	0.515	0.520	0.558	0.502	0.502	0.557	0.449	0.476	0.524	0.504	0.528	0.529	0.486	0.487	0.581
3	2.00				0.376	0.376	0.389	0.384	0.425	0.460	0.464	0.509	0.509	0.515	0.479	0.496	0.459	0.504	0.455	0.491	0.483	0.502	0.509	0.448	0.440	0.440	0.459	0.459	0.464	0.464	0.489	0.489
2	1.30			0.409	0.409	0.296	0.486	0.487	0.479	0.528	0.508	0.518	0.540	0.540	0.537	0.526	0.505	0.523	0.447	0.528	0.478	0.478	0.502	0.467	0.469	0.485	0.485	0.473	0.473	0.422	0.422	0.434
0	0.00	0.391	0.391	0.442	0.420	0.448	0.483	0.444	0.477	0.474	0.462	0.532	0.541	0.531	0.508	0.498	0.494	0.588	0.468	0.469	0.469	0.498	0.501	0.501	0.449	0.428	0.413	0.417	0.417	0.395	0.381	0.392
Ave		0.391	0.391	0.426	0.402	0.373	0.439	0.420	0.432	0.443	0.436	0.458	0.478	0.491	0.485	0.487	0.484	0.498	0.464	0.497	0.463	0.475	0.491	0.466	0.464	0.466	0.465	0.458	0.463	0.442	0.449	0.467
第2样树 Sample tree No.2																																
29	18.30																														0.379	0.379
25	17.00																										0.388	0.388	0.388	0.388	0.366	0.366
22	16.00																							0.396	0.396	0.396	0.363	0.363	0.378	0.378	0.378	0.378
19	14.00																				0.368	0.368	0.368	0.409	0.409	0.389	0.408	0.408	0.400	0.400	0.410	0.410
15	12.00																0.402	0.402	0.400	0.400	0.400	0.400	0.430	0.430	0.427	0.415	0.434	0.434	0.469	0.469	0.482	0.482
11	10.00												0.393	0.393	0.419	0.450	0.450	0.434	0.371	0.453	0.403	0.502	0.557	0.459	0.474	0.453	0.491	0.531	0.531	0.564	0.555	0.555
9	8.00										0.368	0.368	0.393	0.393	0.396	0.396	0.445	0.445	0.446	0.446	0.480	0.480	0.484	0.471	0.471	0.532	0.532	0.533	0.533	0.425	0.425	0.512
7	6.00								0.353	0.353	0.359	0.344	0.401	0.428	0.419	0.449	0.452	0.466	0.419	0.461	0.401	0.551	0.551	0.442	0.431	0.440	0.439	0.439	0.478	0.478	0.496	0.496
5	4.00						0.358	0.358	0.324	0.364	0.412	0.373	0.406	0.432	0.419	0.445	0.422	0.446	0.410	0.416	0.394	0.523	0.476	0.421	0.450	0.447	0.463	0.463	0.494	0.494	0.537	0.537
2	2.00			0.385	0.385	0.387	0.385	0.398	0.390	0.421	0.420	0.409	0.494	0.450	0.391	0.533	0.528	0.516	0.478	0.509	0.497	0.497	0.531	0.428	0.495	0.455	0.451	0.444	0.444	Nan	Nan	Nan
1	1.30		0.374	0.374	0.374	0.376	0.434	0.451	0.454	0.450	0.410	0.408	0.511	0.458	0.415	0.536	0.476	0.516	0.439	0.497	0.470	0.470	0.504	0.450	0.487	0.416	0.416	0.382	0.382	0.382	0.392	0.392
0	0.00	0.342	0.342	0.342	0.393	0.390	0.453	0.353	0.396	0.392	0.375	0.392	0.490	0.434	0.386	0.404	0.465	0.448	0.407	0.421	0.445	0.465	0.450	0.450	0.401	0.440	0.367	0.331	0.348	0.348	0.362	0.362
Ave		0.342	0.358	0.367	0.384	0.384	0.407	0.390	0.384	0.396	0.391	0.382	0.441	0.427	0.406	0.459	0.455	0.459	0.421	0.450	0.429	0.473	0.483	0.435	0.444	0.438	0.432	0.429	0.440	0.432	0.435	0.442

续表

Y (年)	H (m)	1年	2年	3年	4年	5年	6年	7年	8年	9年	10年	11年	12年	13年	14年	15年	16年	17年	18年	19年	20年	21年	22年	23年	24年	25年	26年	27年	28年	29年	30年	31年
		年轮生成树龄 Tree age during ring formation																														
第 3 样树 Sample tree No.3																																
29	20.30																														0.386	0.386
28	20.00																													0.373	0.373	0.373
25	19.00																										0.405	0.405	0.405	0.405	0.357	0.357
23	18.00																								0.367	0.367	0.385	0.385	0.398	0.398	0.376	0.376
20	16.00																					0.380	0.380	0.380	0.374	0.375	0.408	0.408	0.383	0.383	0.371	0.371
17	14.00																		0.378	0.378	0.389	0.389	0.387	0.414	0.414	0.426	0.426	0.437	0.437	0.437	0.383	0.383
14	12.00															0.378	0.378	0.378	0.375	0.388	0.424	0.424	0.406	0.406	0.379	0.387	0.406	0.406	0.458	0.458	0.465	0.465
11	10.00												0.360	0.360	0.360	0.360	0.413	0.413	0.410	0.452	0.390	0.390	0.382	0.392	0.392	0.407	0.407	0.480	0.480	0.480	0.442	0.442
9	8.00										0.472	0.472	0.502	0.486	0.463	0.486	0.496	0.496	0.477	0.477	0.503	0.503	0.471	0.445	0.445	0.514	0.477	0.477	0.472	0.472	0.419	0.419
7	6.00								0.348	0.348	0.342	0.383	0.383	0.491	0.447	0.467	0.467	0.443	0.443	0.445	0.445	0.454	0.454	0.390	0.464	0.464	0.456	0.456	0.463	0.463	0.444	0.444
4	4.00					0.364	0.364	0.351	0.326	0.373	0.379	0.400	0.426	0.426	0.444	0.443	0.536	0.517	0.564	0.543	0.432	0.567	0.462	0.533	0.485	0.485	0.462	0.583	0.486	0.486	0.540	0.540
2	2.00			0.351	0.351	0.381	0.435	0.431	0.403	0.418	0.360	0.399	0.429	0.429	0.437	0.437	0.471	0.471	0.439	0.495	0.449	0.449	0.407	0.429	0.408	0.499	0.467	0.467	0.499	0.499	0.451	0.451
1	1.30		0.348	0.348	0.375	0.389	0.446	0.493	0.456	0.477	0.395	0.412	0.412	0.478	0.410	0.461	0.486	0.486	0.532	0.532	0.428	0.428	0.458	0.405	0.483	0.533	0.425	0.480	0.480	0.450	0.440	0.471
0	0.00	0.365	0.365	0.365	0.365	0.431	0.431	0.409	0.398	0.404	0.386	0.436	0.436	0.428	0.392	0.392	0.541	0.541	0.429	0.433	0.433	0.433	0.428	0.440	0.387	0.408	0.386	0.386	0.388	0.388	0.375	0.375
Ave		0.365	0.356	0.354	0.364	0.391	0.419	0.421	0.386	0.404	0.389	0.417	0.421	0.443	0.422	0.428	0.474	0.468	0.450	0.460	0.433	0.442	0.424	0.423	0.418	0.442	0.426	0.447	0.446	0.438	0.416	0.418

注：*Y*—高生长树龄(年)；*H*—取样圆盘高度(m)。高生长树龄是取样圆盘生成起始时的树龄，即树茎达到这一高度时的树龄。表中符号 Nan 表示该数据缺失。本章其他附表非特别说明，注释均与此同。

Note: *Y*—Tree age during height growth (a); *H*—Height of sample disc (m). Tree age of height growth is the time at the beginning of sample disc formation, that is the tree age when stem is growing to attain the height. Sign Nan in this table shows the data is absent. The same note applies to other appendant tables in this chapter except especial explanation.

附表 13-2　冷杉样树不同高度径向逐龄年轮的基本密度(g/cm³)

Appendant table 13-2　Specific gravity of each successive ring in radial direction at different heights in Faber fir sample trees(g/cm³)

Y (年)	*H* (m)	年轮生成树龄 Tree age during ring formation																							
		1年	2年	3年	4年	5年	6年	7年	8年	9年	10年	11年	12年	13年	14年	15年	16年	17年	18年	19年	20年	21年	22年	23年	24年
第1样树 Sample tree No.1																									
22	12.00																								0.384
21	11.50																							0.366	0.358
20	11.00																					0.351	0.351	0.349	0.349
19	10.00																				0.336	0.336	0.293	0.304	0.294
15	8.00																0.353	0.353	0.304	0.304	0.296	0.296	0.273	0.273	0.298
12	6.00													0.300	0.300	0.270	0.265	0.249	0.239	0.242	0.242	0.260	0.260	0.225	0.237
9	4.00										0.337	0.337	0.289	0.289	0.280	0.235	0.254	0.263	0.252	0.274	0.274	0.281	0.281	0.303	0.320
4	2.00					0.311	0.311	0.311	0.311	0.275	0.318	0.320	0.321	0.270	0.251	0.228	0.256	0.249	0.249	0.246	0.295	0.293	0.293	0.300	0.300
3	1.30				0.307	0.307	0.307	0.306	0.306	0.307	0.307	0.307	0.294	0.294	0.221	0.226	0.256	0.256	0.258	0.267	0.267	0.262	0.262	0.289	0.289
0	0.00	0.350	0.350	0.344	0.344	0.344	0.338	0.338	0.323	0.323	0.278	0.278	0.286	0.273	0.270	0.262	0.332	0.317	0.302	0.296	0.319	0.269	0.267	0.264	0.268
Ave		0.350	0.350	0.344	0.325	0.320	0.318	0.318	0.313	0.302	0.310	0.311	0.298	0.285	0.264	0.244	0.286	0.281	0.267	0.271	0.290	0.294	0.285	0.297	0.310
第3样树 Sample tree No.3																									
23	13.00																								0.346
22	12.00																							0.353	0.353
21	11.00																						0.298	0.298	0.281
19	10.00																				0.322	0.322	0.271	0.282	0.291
15	8.00																0.312	0.312	0.274	0.287	0.296	0.321	0.298	0.289	0.303
11	6.00												0.261	0.261	0.241	0.215	0.217	0.252	0.253	0.249	0.264	0.264	0.244	0.244	0.225
8	4.00									0.252	0.252	0.224	0.233	0.248	0.266	0.232	0.243	0.266	0.264	0.261	0.261	0.259	0.259	0.264	0.264
4	2.00								0.284	0.301	0.272	0.302	0.303	0.291	0.307	0.292	0.290	0.296	0.302	0.304	0.354	0.313	0.304	0.291	0.294
3	1.30				0.251	0.251	0.250	0.252	0.252	0.258	0.258	0.239	0.250	0.259	0.269	0.264	0.250	0.274	0.276	0.261	0.277	0.261	0.276	0.262	0.254
0	0.00	0.341	0.341	0.341	0.341	0.322	0.327	0.303	0.309	0.301	0.261	0.243	0.227	0.223	0.234	0.229	0.228	0.245	0.240	0.241	0.261	0.251	0.256	0.252	0.256
Ave		0.341	0.341	0.341	0.296	0.286	0.288	0.278	0.282	0.278	0.261	0.252	0.255	0.256	0.263	0.246	0.257	0.274	0.268	0.267	0.291	0.284	0.276	0.282	0.287

Y (年)	H (m)	年轮生成树龄 Tree age during ring formation																							
		1年	2年	3年	4年	5年	6年	7年	8年	9年	10年	11年	12年	13年	14年	15年	16年	17年	18年	19年	20年	21年	22年	23年	24年
第5样树 Sample tree No.5																									
22	10.90																							0.334	0.334
21.56	10.50																							0.321	0.321
21	10.00																						0.294	0.294	0.292
20	9.00																					0.291	0.291	0.272	0.324
17	8.00																		0.327	0.327	0.306	0.298	0.273	0.267	0.286
14	6.00															0.298	0.298	0.235	0.233	0.236	0.234	0.236	0.236	0.233	0.233
11	4.00												0.293	0.293	0.238	0.236	0.255	0.258	0.266	0.243	0.262	0.264	0.264	0.246	0.246
6	2.00							0.298	0.298	0.298	0.298	0.256	0.262	0.246	0.238	0.256	0.243	0.253	0.266	0.259	0.277	0.266	0.266	0.258	0.258
4	1.30						0.328	0.328	0.328	0.242	0.248	0.246	0.255	0.248	0.234	0.241	0.244	0.244	0.252	0.253	0.260	0.253	0.253	0.270	0.270
0	0.00	0.312	0.312	0.312	0.319	0.319	0.319	0.302	0.281	0.285	0.275	0.238	0.254	0.242	0.238	0.236	0.247	0.247	0.251	0.239	0.243	0.246	0.246	0.257	0.257
Ave		0.312	0.312	0.312	0.319	0.319	0.323	0.309	0.302	0.275	0.274	0.247	0.266	0.257	0.237	0.253	0.257	0.247	0.266	0.260	0.264	0.265	0.265	0.275	0.282

Y (年)	H (m)	年轮生成树龄 Tree age during ring formation																													
		1年	2年	3年	4年	5年	6年	7年	8年	9年	10年	11年	12年	13年	14年	15年	16年	17年	18年	19年	20年	21年	22年	23年	24年	25年	26年	27年	28年	29年	30年
第6样树 Sample tree No.6																															
29	13.00																														0.390
28	12.50																													0.369	0.369
26	12.00																											0.360	0.360	0.311	0.311
24	11.00																									0.356	0.356	0.284	0.284	0.280	0.280
22	10.00																							0.355	0.355	0.303	0.307	0.293	0.290	0.279	0.279
18	8.00																			0.351	0.351	0.325	0.277	0.269	0.277	0.275	0.292	0.278	0.278	0.280	0.280
14	6.00															0.359	0.359	0.311	0.304	0.278	0.292	0.292	0.266	0.264	0.264	0.285	0.285	0.278	0.278	0.278	0.278
11	4.00												0.321	0.321	0.265	0.257	0.264	0.261	0.271	0.273	0.273	0.261	0.261	0.256	0.256	0.298	0.298	0.282	0.282	0.291	0.291
6	2.00							0.301	0.301	0.307	0.307	0.289	0.300	0.262	0.262	0.256	0.256	0.264	0.261	0.264	0.264	0.261	0.261	0.260	0.260	0.292	0.292	0.286	0.286	0.292	0.292
4	1.30					0.310	0.310	0.306	0.306	0.289	0.289	0.284	0.284	0.256	0.256	0.253	0.253	0.256	0.256	0.260	0.260	0.262	0.262	0.257	0.257	0.295	0.295	0.292	0.292	0.292	0.292
0	0.00	0.381	0.381	0.381	0.380	0.380	0.370	0.370	0.321	0.321	0.321	0.300	0.300	0.268	0.268	0.269	0.269	0.274	0.274	0.258	0.258	0.261	0.261	0.277	0.277	0.302	0.302	0.312	0.312	0.321	0.321
Ave		0.381	0.381	0.381	0.380	0.345	0.340	0.325	0.309	0.306	0.306	0.291	0.301	0.277	0.263	0.279	0.280	0.273	0.273	0.281	0.283	0.277	0.265	0.277	0.278	0.301	0.303	0.296	0.296	0.299	0.308

注：同附表 13-1。

Note: The same as appendant table 13-1.

附表 13-3　云杉样树不同高度径向逐龄年轮的基本密度(g/cm³)

Appendant table 13-3　Specific gravity of each successive ring in radial direction at different heights in Chinese spruce sample trees(g/cm³)

Y (年)	*H* (m)	年轮生成树龄 Tree age during ring formation											
		1 年	3 年	5 年	7 年	9 年	11 年	13 年	15 年	17 年	19 年	21 年	23 年
		第 1 样树 Sample tree No.1											
21.5	11.50												0.363
21	11.00												0.355
20	10.50											0.347	0.347
19	10.00											0.342	0.298
18	9.00										0.345	0.312	0.305
16	8.00									0.339	0.294	0.310	0.379
12	6.00								0.291	0.287	0.268	0.261	0.303
9	4.00						0.301	0.267	0.276	0.269	0.270	0.269	0.295
6	2.00				0.303	0.303	0.286	0.278	0.273	0.302	0.339	0.356	0.360
5	1.30				0.317	0.308	0.295	0.276	0.291	0.295	0.328	0.352	0.336
0	0.00	0.378	0.378	0.372	0.355	0.302	0.302	0.294	0.293	0.285	0.286	0.284	0.298
Ave		0.378	0.378	0.372	0.325	0.304	0.296	0.279	0.285	0.296	0.304	0.315	0.331
		第 2 样树 Sample tree No.2											
21	11.00												0.353
20	10.50											0.336	0.336
18	10.00										0.355	0.355	0.331
17	9.00										0.350	0.295	0.283
15	8.00									0.343	0.294	0.288	0.286
12	6.00							0.360	0.360	0.365	0.293	0.284	0.281
10	4.00						0.335	0.283	0.313	0.310	0.320	0.313	0.332
6	2.00				0.327	0.327	0.285	0.271	0.304	0.360	0.366	0.348	0.357
4	1.30			0.384	0.384	0.325	0.312	0.320	0.317	0.377	0.377	0.362	0.387
0	0.00	0.405	0.405	0.405	0.413	0.406	0.360	0.373	0.353	0.334	0.342	0.337	0.306
Ave		0.405	0.405	0.394	0.375	0.353	0.323	0.321	0.329	0.348	0.337	0.324	0.325
		第 3 样树 Sample tree No.3											
21	11.50												0.381
20.5	11.00											0.357	0.357
20	10.50											0.348	0.348
19	10.00											0.366	0.318
17	9.00										0.354	0.299	0.285
15	8.00									0.333	0.300	0.290	0.288
11	6.00							0.335	0.303	0.277	0.273	0.288	0.298
8	4.00					0.352	0.352	0.313	0.293	0.279	0.300	0.308	0.348
6	2.00				0.329	0.329	0.308	0.288	0.300	0.323	0.336	0.353	0.378
4	1.30			0.325	0.325	0.317	0.325	0.329	0.305	0.329	0.339	0.395	0.388
0	0.00	0.386	0.386	0.386	0.386	0.361	0.373	0.367	0.343	0.345	0.344	0.355	0.376
Ave		0.386	0.386	0.356	0.347	0.340	0.339	0.326	0.309	0.314	0.321	0.336	0.342

注：同附表 13-1。

Note: The same as appendant table 13-1.

附表 13-4 马尾松第 4 样树不同高度径向逐龄年轮的基本密度(g/cm³)

Appendant table 13-4 Specific gravity of each successive ring in radial direction at different heights in Masson's pine sample tree No.4(g/cm³)

Y (年)	*H* (m)	年轮生成树龄 Tree age during ring formation																		
		1 年	3 年	5 年	7 年	9 年	11 年	13 年	15 年	17 年	19 年	21 年	23 年	25 年	27 年	29 年	31 年	33 年	35 年	37 年
35	18.50																			0.383
34	18.00																		0.389	0.389
32	17.00																	0.358	0.358	0.406
30	15.00																0.343	0.343	0.407	0.418
25	14.00														0.397	0.389	0.370	0.382	0.407	0.425
19	12.00											0.348	0.348	0.357	0.367	0.405	0.422	0.427	0.478	0.445
12	10.00							0.361	0.406	0.447	0.428	0.435	0.436	0.431	0.429	0.429	0.451	0.451	0.464	0.464
9	8.00						0.345	0.394	0.423	0.434	0.435	0.430	0.448	0.430	0.418	0.418	0.450	0.450	0.457	0.457
6	6.00				0.350	0.350	0.334	0.371	0.382	0.392	0.420	0.443	0.435	0.439	0.424	0.424	0.451	0.451	0.432	0.432
3	4.00			0.400	0.406	0.405	0.375	0.385	0.373	0.399	0.404	0.475	0.453	0.454	0.428	0.496	0.496	0.496	0.442	0.442
2	2.00		0.387	0.390	0.424	0.418	0.399	0.388	0.397	0.433	0.467	0.475	0.467	0.470	0.447	0.447	0.502	0.502	0.492	0.492
1	1.30		0.372	0.373	0.388	0.394	0.391	0.393	0.399	0.446	0.462	0.477	0.480	0.468	0.486	0.493	0.529	0.529	0.527	0.527
0	0.00	0.432	0.419	0.387	0.391	0.419	0.427	0.427	0.459	0.468	0.475	0.533	0.528	0.533	0.519	0.519	0.577	0.577	0.580	0.580
Ave		0.432	0.393	0.388	0.392	0.397	0.379	0.388	0.406	0.431	0.442	0.452	0.449	0.448	0.435	0.447	0.459	0.451	0.453	0.451

注：同附表 13-1。

Note: The same as appendant table 13-1.

附表 13-5　杉木样树不同高度径向逐龄年轮的基本密度(g/cm^3)

Appendant table 13-5　Specific gravity of each successive ring in radial direction at different heights in Chinese fir sample trees(g/cm^3)

Y (年)	*H* (m)	年轮生成树龄 Tree age during ring formation											
		1 年	2 年	3 年	4 年	5 年	6 年	7 年	8 年	9 年	10 年	11 年	12 年
第 1 样树 Sample tree No.1													
11	15.00												0.323
10.5	14.50											0.319	0.319
10	14.00											0.290	0.290
9	13.00										0.278	0.278	0.244
8	12.00									0.267	0.267	0.237	0.235
7	10.00								0.271	0.238	0.244	0.232	0.231
5	8.00						0.275	0.250	0.254	0.226	0.218	0.218	0.230
4	6.00						0.273	0.258	0.258	0.229	0.225	0.253	0.235
3	4.00					0.255	0.236	0.236	0.246	0.222	0.219	0.248	0.248
1.26	2.00		0.282	0.273	0.244	0.209	0.208	0.201	0.213	0.212	0.231	0.247	0.254
1	1.30		Nan	0.309	0.277	0.244	0.237	0.245	0.254	0.264	0.279	0.291	0.293
0	0.00	Nan	0.310	0.279	0.250	0.234	0.233	0.228	0.228	0.227	0.244	0.264	0.264
Ave		Nan	0.296	0.287	0.257	0.236	0.244	0.236	0.246	0.236	0.245	0.262	0.264
第 2 样树 Sample tree No.2													
11	17.50												0.315
10	17.00											0.312	0.312
9	16.00										0.316	0.261	0.268
8	14.00									0.319	0.298	0.263	0.261
7	12.00								0.321	0.298	0.258	0.234	0.230
5	10.00						0.294	0.272	0.244	0.226	0.229	0.236	0.247
4.5	8.00						0.304	0.281	0.252	0.260	0.260	0.264	0.264
4	6.00					0.279	0.240	0.233	0.246	0.240	0.243	0.262	0.260
3	4.00				0.275	0.257	0.237	0.240	0.249	0.270	0.265	0.285	0.283
1.26	2.00		()	0.298	0.268	0.246	0.236	0.232	0.252	0.257	0.261	0.278	0.278
1	1.30		0.330	0.287	0.256	0.241	0.234	0.241	0.257	0.256	0.298	0.298	0.298
0	0.00	0.340	0.296	0.283	0.270	0.259	0.284	0.294	0.311	0.305	0.316	0.290	0.291
Ave		0.340	0.313	0.289	0.267	0.257	0.261	0.256	0.266	0.270	0.274	0.271	0.276

续表

Y (年)	H (m)	年轮生成树龄 Tree age during ring formation											
		1 年	2 年	3 年	4 年	5 年	6 年	7 年	8 年	9 年	10 年	11 年	12 年
第 3 样树 Sample tree No.3													
11	15.50												0.327
10	14.50											0.306	0.306
9.67	14.00											0.296	0.277
9	13.00										0.323	0.248	0.248
8	12.00									0.324	0.324	0.252	0.221
6	10.00							0.321	0.321	0.241	0.229	0.211	0.220
4	8.00					0.322	0.280	0.224	0.215	0.205	0.209	0.217	0.228
3	6.00				0.290	0.291	0.244	0.241	0.215	0.229	0.244	0.245	0.241
2	4.00			()	0.294	0.234	0.219	0.211	0.215	0.230	0.249	0.249	0.244
1.26	2.00		0.294	0.247	0.218	0.214	0.216	0.226	0.230	0.238	0.255	0.255	0.255
1	1.30		0.274	0.256	0.239	0.244	0.239	0.239	0.241	0.248	0.288	0.288	0.288
0	0.00	Nan	Nan	0.293	0.237	0.247	0.254	0.248	0.247	0.248	0.263	0.263	0.263
Ave		Nan	0.284	0.266	0.256	0.259	0.242	0.244	0.241	0.245	0.265	0.257	0.260

Y (年)	H (m)	年轮生成树龄 Tree age during ring formation												
		1 年	2 年	3 年	4 年	5 年	6 年	7 年	8 年	9 年	10 年	11 年	12 年	13 年
第 4 样树 Sample tree No.4														
11.5	15.50													0.324
11	14.50												0.372	0.372
10	14.00											0.323	0.287	0.319
9	13.00										0.321	0.281	0.279	0.257
8	12.00									0.313	0.313	0.284	0.276	0.268
7	10.00								0.317	0.289	0.279	0.267	0.255	0.247
6	8.00							0.319	0.271	0.277	0.253	0.248	0.254	0.249
5	6.00						0.307	0.306	0.296	0.303	0.286	0.280	0.285	0.283
3	4.00				0.307	0.286	0.276	0.260	0.235	0.262	0.236	0.248	0.249	0.282
2	2.00			0.357	0.303	0.269	0.263	0.256	0.245	0.278	0.242	0.249	0.266	0.262
1	1.30		0.378	0.351	0.308	0.277	0.267	0.278	0.262	0.293	0.274	0.272	0.282	0.286
0	0.00	0.429	0.402	0.385	0.313	0.289	0.302	0.312	0.315	0.324	0.283	0.299	0.310	0.288
Ave		0.429	0.390	0.365	0.308	0.280	0.283	0.289	0.277	0.292	0.276	0.275	0.283	0.286

续表

Y (年)	H (m)	年轮生成树龄 Tree age during ring formation								
		2 年	4 年	6 年	8 年	10 年	12 年	14 年	16 年	18 年
第 5 样树 Sample tree No.5										
17	21.59									0.368
16	20.50									0.365
15	20.00								0.347	0.304
14	19.00								0.312	0.269
12	18.00							0.320	0.279	0.266
11	16.00						0.326	0.326	0.253	0.265
10	14.00						0.375	0.260	0.245	0.247
8	12.00					0.348	0.258	0.250	0.252	0.256
6	10.00				0.345	0.246	0.236	0.244	0.251	0.268
4	8.00			0.345	0.256	0.225	0.244	0.261	0.258	0.271
3	6.00		0.311	0.311	0.234	0.234	0.261	0.274	0.278	0.266
2	4.00		0.279	0.261	0.253	0.251	0.268	0.276	0.284	0.284
1.26	2.00	0.304	0.266	0.241	0.251	0.252	0.269	0.277	0.275	0.274
1	1.30	0.305	0.260	0.248	0.232	0.252	0.268	0.267	0.276	0.276
0	0.00	0.306	0.279	0.266	0.257	0.261	0.236	0.236	0.257	0.257
Ave		0.305	0.279	0.279	0.261	0.259	0.274	0.272	0.274	0.282

注：同附表 13-1。

Note: The same as appendant table 13-1.

14 次生木质部构建中木材力学性能的发育变化

本章图示概要

图 14-1 应力——应变图

第一类(静曲抗弯强度)

X 轴——高生长树龄；

图中标注 I、II、……V 的曲线分别代表自外向内径向取样位置，样品的径向净尺寸为 20mm。树茎径向内、外连续的不同部位静曲抗弯强度沿树高的发育变化。

图 14-2 马尾松第 4 样树
图 14-3 四株落叶松样树
图 14-4 落叶松共同模式
图 14-5 三株云杉样树
图 14-6 云杉共同模式
图 14-7 冷杉第 6 样树
图 14-8 杉木第 5 样树

第二类(静曲弹性模量)

静曲弹性模量的发育变化

其他说明全部与 A 相同

图 14-9 马尾松第 4 样树
图 14-10 四株落叶松样树
图 14-11 落叶松共同模式
图 14-12 三株云杉样树
图 14-13 云杉共同模式
图 14-14 冷杉第 6 样树
图 14-15 杉木第 5 样树

第三类(顺纹抗压强度)——甲

X 轴——高生长树龄，或树茎高度；

两条曲线，其一是接近树皮最外样品的测定结果；另一是邻近髓心最内样品的测定结果。

顺纹抗压强度沿树高的发育变化。

图 14-16 马尾松第 4 样树
图 14-18 四株落叶松样树
图 14-19 落叶松共同模式
图 14-21 三株云杉样树
图 14-22 云杉共同模式
图 14-24 冷杉第 6 样树
图 14-26 杉木第 5 样树

第三类(顺纹抗压强度)——乙

X 轴——胸高(1.30m)水平取样位置序号；

一条代表胸高(1.30m)顺纹抗压强度径向发育变化的曲线。

图 14-17 马尾松第 4 样树
图 14-20 落叶松
图 14-23 云杉
图 14-25 冷杉第 6 样树
图 14-27 杉木第 5 样树

第四类——甲

*X*轴——高生长树龄；

字母标注的曲线分别代表不同树种。

主要力学性质的发育变化。

图 14-28　五种针叶树

第四类——乙

*X*轴——胸高(1.30m)自髓心向外水平位置序号。

其他说明全部与 D–a 相同。

图 14-29　五种针叶树种

第五类　*X*轴——基本密度(g/cm^3);

*Y*轴——力学性能。

次生木质部发育中力学性能与基本密度的相关关系。

图 14-30　三种针叶树

本章用表

表 14-1　五种针叶树三种主要木材力学性质试样数

本章实验结果附表(原始数据)概要

次生木质部不同高、径部位(不同两向生长树龄组合)的强度

附表 14-1　马尾松的 3 种强度

附表 14-2　落叶松的静曲强度

附表 14-3　落叶松的静曲弹性模量

附表 14-4　落叶松的顺纹抗压强度

附表 14-5　云杉的 3 种强度

附表 14-6　冷杉的 3 种强度

附表 14-7　杉木的 3 种强度

摘　　要

发育变化是次生木质部生命中的动态现象，木材是非生命生物材料。把次生木质部中木材力学性能的趋势差异认作是遗传控制的发育变化造成的。测定木材力学性能的目的是，通过生命变化中形成的一类固着性状研究次生木质部生命过程。

五树种样树主茎 2.00m(根颈)、1.30m、2.00m 高度及以上每隔 2.00m 处截取圆盘。在圆盘间木段南北向上取中心板。在满足无疵条件下，将中心板横截成 3 或 4 短段，自外向髓心纵锯短段成厚 2.5cm 木条，每一木条上取长、短 3 件木材物理力学试样一套。每一短段各木条上制得全部试样均同以此短段中央高度为名义高度。每个试样的高生长树龄都是由它取样的名义高度变换而得(表 2-6)。标注曲线的罗马数码 I、II、III、IV、V 是试样自茎周向内的序位，阿拉伯数字 1、2、3、4、5 是自髓心向外的序位。每条曲线是单株样树内同一径向序位沿树高的变化。罗马数码标注曲线上的试样只是径向生长树龄相近并非相同。这些是与前各章同一生长鞘沿树高发育变化的曲线图示在表达性质上的差别。本章的这类曲线只能表示出发育变化的相对趋势。

测定木材三种主要力学性能(抗弯强度、抗弯弹性模量和顺纹抗压强度)。基于材料科学和生命科学交叉的需要，本章详尽阐述了测定过程。

绘制阿拉伯数字 1、2…5 码序曲线依据的测定数据与罗马序码曲线的相同。图示以高生长树龄为横坐标，同一阿拉伯数码标注曲线上的试样离髓心的距离相同或相近。由此取得不同高度、离髓心相同径向距离的木材力学性能差异变化的结果。

落叶松、云杉试验有同林地数样树，把同树种测定结果汇合进行数据处理，取得了共同发育变化模式。

本章还将相同测定数据，以两种横坐标(试样的名义取样高度和由此确定的高生长树龄)分别绘出力学性能变化曲线。图示中两横坐标对应相符，示出的发育变化曲线相同。

从另一侧面示出，对生长速度不同样树进行发育变化比较不能采用取样高度，而须采用高生长树龄。

木材力学性能变化曲线在种内株间的相似性和在针叶树种间呈现的可比性绝非偶然，证实了木材力学性能在次生木质部发育研究中应用的可能性。

木材的主要有机成分、细胞形态、排列和胞壁超微结构都保证了树茎在行使输导机能的同时还具有支持功能。这些保障了树茎的高耸生长状态。对于木材的使用来说，次生木质部支持功能就表现为木材作为材料应用的性能。

14.1 木材力学性能在林业和木材科学研究中的学术范围

14.1.1 木材力学性能的测定

14.1.1.1 测定的主要指标

力学试验是测定木材力学性质的重要方法。力学试验机配有自动测绘装置。笔尖在热敏坐标纸上纵轴方向的位置与试验中瞬时所施力 P 的大小有一定比例关系，而在横轴方向的移动距离则与相应于这个力的变形 Δl 有关，绘出的是荷载-变形图。它表现出荷载与变形的一一对应关系，但绘出的曲线与试样尺寸有关。

为了便于对木材不同性质进行相互比较，把荷载-变形图改用坐标 $\sigma=P/F$ 及 $\varepsilon=\Delta l/l$，使之与试样的尺寸无关(式中，σ 为应力，MPa；P 为荷载，N；F 为面积，mm^2；Δl 为变形量，mm；l 为变形前原尺寸，mm；ε 为应变)。这改变后的图线称为应力-应变图(图 14-1)。由图中可得知木材力学性质的两个特性点。

应力-应变图上 A 点以下的 OA 线段为一直线，这说明了应力与应变呈正比例增加。在这段直线上任一点的 σ 与 ε 相除的商($E=\sigma/\varepsilon$)，即为弹性常数。它的物理意义是，单位应变所需的应力。它表示在弹性范围内木材抵抗荷载的能力。自控力学试验机进行木材试验，须首先根据经验确定 OA 范围内两个荷载点作为试验条件指令输入，在试验结束时自动给出打印的弹性常数结果。

木材力学性能通常用弹性常数和极限强度来表示。在 A 点以后的一段，曲线向右斜，表明木材的变形在相同应力变化条件下已经较前加快多了。当达到 D 点后，相当于应力的最大值，称为极限强度。极限强度时，在减小荷载的情况下，试样仍继续变形，此即表明木材已破坏。自控试验机自动给出打印的极限强度。

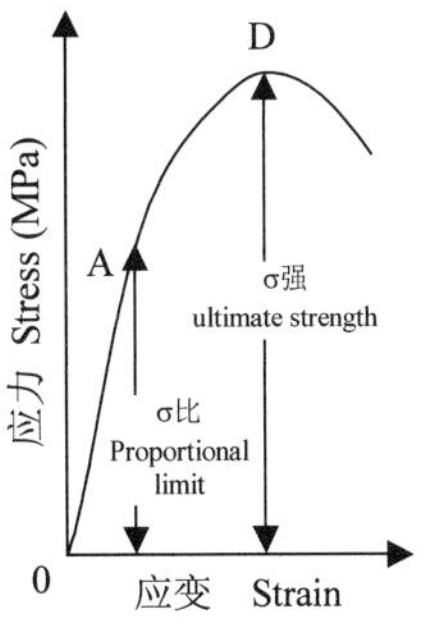

图 14-1 应力-应变图
(木材静曲试验)
Figure 14-1 Stress-Strain (Static bending test of wood)

14.1.1.2 测定中必须考虑的一些因子和解决途径

影响木材物理力学性质的因子包括木材固有因子和外界因素两类。控制外界因素是为了得到准确的试验结果；考虑固有因素，目的是为了揭露和深刻了解木材的本质。一个科学结论的内容总是受到研究方法的局限。

(1) 木材在单株样树内的差异。

测定样树的木材力学性能给出树种的代表性指标值与要测出单株内木材力学性能差异研究次生木质部构建中的发育变化是完全不同的两个主题。它们在试验方法上的差别首先表现在样树内取样上。

(2) 木材的各向异性。

测定抗弯强度和弹性模量规定采用弦向施力。

(3) 水分影响。

多个环节对此都要考虑。

2m 长样段两端在采伐地用涂料擦磨(石蜡)防止水分蒸发。

试材运回后，力学性能木段候气干后才加工。以免加工后的试样尺寸和形状会有变化，甚至产生干裂。

试样制作后，在试验前要经过等湿存放，调湿至含水率 15%。强度值的含水率校正范围越小，结果越准确。

强度试验后，每个试样都要分别测定试验时的含水率，将测定值分别校正至含水率 15%时的性能值。

(4) 施荷速度影响强度值。

施荷快会提高强度值。木材试验的国家标准对施荷速度有规定。

14.1.2 木材力学性能测定的国际和国家标准

木材是住宅建筑、家具的主要结构材料。这些应用方面都对木材有强度要求。林业和木材科学测定各树种木材力学性质指标值或研究它在单株内的差异。

ISO(国际标准化组织)对木材力学性能测定有一系列标准：木材——在同型林分内测定木材物理力学性质的样木和原木取样方法(ISO4471)、木材——物理力学试验的取样方法和一般要求(ISO3129)、木材——静力弯曲极限强度的测定(ISO3133)、木材——静力弯曲弹性模量的测定(ISO3349)、木材顺纹抗压极限应力的测定(ISO3787)。

我国参照国际标准(ISO)对木材力学性能测定有一系列国家标准：木材物理力学试材锯解及试样截取方法(GB1929—1991)、木材抗弯强度试验方法(GB1936.1—1991)、木材抗弯弹性模量测定方法(GB1936.2—1991)、木材顺纹抗压强度试验方法(GB1935—1991)。

我国 GB1927—1991 中规定，在伐倒的样木上截取三段各长 2m 的原木作为试材。第一段自伐根至 1.3m 处以上部位截取，第二段在伐根至枝下高全长 1/2 处为中心截取，第三段自第一大枝以下部位截取。各段试材之间必须有不少于 2m 的间隔。如树干长度不足，只够截取二段时，应按上述规定，只取第一和第三两段，如树干长仍不足截取二段，则只取第一段作为试材。

14.2 木材力学性能在次生木质部发育研究中的新应用

次生木质部发育研究是把力学性能看做是木材随生成时间而变化的指标。用它来表现次生木质部在生命条件下变化中的状态。

树茎中次生木质部每一位置上的木材力学性能是确定的，而每一位置都有它生成时树茎的高、径生长树龄。只要做到能在回归分析中取得高、径两向生长树龄组合连续结果的系列位置上取样,对它们的测定结果就能示出次生木质部构建中木材力学性能的发育变化。

木材力学测定受试样尺寸限制,难于做到在不同高度沿水平径向的逐龄年轮上取样。只能由茎周向内在依序部位上取样，用罗马数字码标注为 I、II、……V。这是径向生长树龄定性序列。同一罗马数字码不同高度的测定结果只是径向尺寸位置相当，并非准确发生在同一生长鞘内。

本项目木材力学性能是先由根颈向上 1.30m、后每隔 2.00m 截为一段，各段均为试验材料。每段在下端取圆盘后，沿南、北向锯制厚 50mm 中心板，并可在余料各向上沿木射线取相同厚度的窄板。对南、北中心板和窄板剔除木材缺陷并截断为 3 或 4 段。而后将每短段锯解为用罗马字码编序的径列短木条(Strip)。在截分的每一短木条段上制取木材物理力学性能试样一套三件[20mm×20mm×300mm(顺纹)、20mm×20mm×30mm(顺纹)、20mm×20mm×20mm]，由此保证了试样均匀分布在样树树茎的高向和径向的各位置上。全部试样横截面为等长正方形。短木条段中央在树茎的高度是其上试样的名义取样高度。这样取样的测定结果，经数学处理可反映出随高生长树龄的变化趋势。次生木质部发育是相随两向生长树龄的变化，而由此绘出同一曲线上的试样径向生长树龄相近而非相同。

测定木材力学中的最重要性能静力弯曲极限强度、静力弯曲弹性模量和顺纹抗压强度。

在另一回归分析中，将上述编码试验结果的数据重新组合，按径向位置以阿拉伯数字 1、2、……5 自内向外编序。新序码是标志离髓心距离的标志，通过数据处理可取得离髓心相同距离不同高度试样有序差异变化的结果。

14.3 实　验

14.3.1 试样

取样高度和径向位置序列准确，但试样名义高度是近似值。共取抗弯强度试样 1076 个、顺纹抗压强度试样 316 个(表 14-1)。

表 14-1 五种针叶树三种主要木材力学性质试样数

Table 14-1 The specimen number of three main wood mechanical properties of five coniferous species

样树种别和株别 Species and Ordinal numbers of sample tree		抗弯强度和弹性模量 试样径向位置和试样数 Static bending strength and modulus of elasticity Radial positions and number of sampling								顺纹抗压强度 试样径向位置和试样数 Compressive strength parallel to grain Radial positions and number of sampling							
		I	II	III	IV	V	VI	合计		I	II	III	IV	V	VI	合计	
马尾松 Masson's pine	4	193	63	45	23	4	1	328	328	18	1	6	9	2		36	36
落叶松 Dahurian larch	1	28	17	13	7	3		69	270	14	5	5	7	4	1	36	140
	2	31	27	15	6	2		81		15	6	6	2	4		33	
	4	24	15	6	1			46		16	6	6	3			31	
	5	31	28	11	3	1		74		18	6	9	6	1		40	

续表

样树种别和株别 Species and Ordinal numbers of sample tree		抗弯强度和弹性模量试样径向位置和试样数 Static bending strength and modulus of elasticity Radial positions and number of sampling								顺纹抗压强度试样径向位置和试样数 Compressive strength parallel to grain Radial positions and number of sampling							
		I	II	III	IV	V	VI	合计		I	II	III	IV	V	VI	合计	
云 杉 Chinese spruce	1	42	23	5				70	229	11	9	3	1				69
	2	55	29	11				95		10	7	5	1				
	3	42	20	2				64		10	8	4					
冷 杉 Faber fir	6	119	49	13	1			182	182	14	5	6	2				27
杉 木 Chinese fir	5	17	19	17	9	4	1	67	67	20	7	6	7	4			44

注：抗弯强度和弹性模量在同一试样上测出。

Note:Static bending strength and modulus of elasticity are measured in the same specimen.

抗弯试样尺寸为20mm×20mm×300mm，顺纹抗压为20mm×20mm×30mm，长度均为顺纹方向。全部试样无明显木材缺陷，端部相对的两边棱为弦向，并与另一对径向边棱相垂直。

试样长度、宽度和厚度的允许误差和全长上宽度和厚度的相对偏差都符合国家标准GB1929—91要求。

试样经过充分气干。

在抗弯试样长度中央，测量径向尺寸为宽度，弦向为高度；在顺纹抗压试样长度中央，测量宽度及厚度，以上均准确至0.01mm。

由每一试样编号可查辨出样树株别、取样高度和径向位置序号。

14.3.2 试验机

采用岛津5t全能自控试验机(AG—5000A)。

该型试验机借助计算机提供了加载控制到数据处理等各方面的自动程序。只需输入试样尺寸和设定的试验条件，在按控制器的启动键后，试验过程全自动处理。荷载位移曲线在每个试样试验中进行自动描绘，要求提供的试验数据在每个试样试验结束时即刻打印在记录纸上。

该型5t试验机配置有5t力载荷传感器，这并非试验中的实际满量程。记录器上的满刻度载荷由载荷量程键(1、2、5、10、20、50)来设定。记录器上的满刻度载荷等于载荷传感器容量5t除以载荷量程键选用数字。由此可知，5t载荷传感器的实际满刻度载荷可为5000kg、2500kg、1000kg、500kg、250kg、100 kg。选用适当满刻度载荷目的是提高实验结果精度(该试验机由载荷量程键1~50确定的载荷测量精度为指示值的±0.5%或满量程的±0.25%两者中的较大者)。试验机运作中的施荷超过载荷量程键的设定时，自动转入高一档满刻度载荷。

弹性模量是按试验材料的性质设定载荷点p_1、p_2间的斜率。

该试验机加荷由横梁移动速度控制。横梁速度(mm/min)0.5~500，分13档。横梁精度±0.1%。实验操作中，用数据输入指定采用的横梁速度。

14.3.3 设定试验机运作的主要条件

14.3.3.1 满刻度载荷

静力弯曲极限强度和弹性模量(弦向施荷)

落叶松、马尾松 5kN(≈500kg)

冷杉、云杉、杉木 1kN(≈100kg)

顺纹抗压强度(试样在球面活动支座的中心位置)

落叶松、马尾松、云杉 25kN(≈2500kg)

冷杉、杉木 10kN(≈1000kg)或 25kN(≈2500kg)

14.3.3.2 弹性模量载荷点 p_1、p_2

落叶松、马尾松 250N、750N

冷杉、云杉、杉木 125N、500N

14.3.3.3 横梁移动速度

抗弯	落叶松、马尾松	10.00mm/min
	冷杉、云杉、杉木	10.00mm/min
抗压	落叶松、马尾松	1.00mm/min
	冷杉、云杉、杉木	1.00mm/min

14.3.3.4 对采用实验条件中与 ISO 和我国国家标准个别条款不符的说明

1) 精度

试验机载荷测量精度如按满量程的±0.25%计，落叶松、马尾松抗弯试验的精度为±12.5N，低于我国国家标准的精度 10N 要求；试验机载荷测量精度如按指示值的±0.5%，则高于 ISO 标准为测量荷载 1%的精度要求。

2) 加荷速度

ISO 和我国国家标准均要求对试样以匀速加荷。抗弯强度在加荷开始后(1.5±0.5)min 内破坏，顺纹抗压强度在 1.5~2.0min 内破坏。

本试验加荷以横梁移动速度控制。采用的速度能与上述破坏时间的要求相符。

3) 加荷方式

ISO 和我国国家标准均规定，抗弯强度在支座间中央施加弯曲荷载；抗弯弹性模量采用两点加荷，在确定的荷载范围内反复四次加荷，测出后三次上、下限变形差，计算弹性模量。

我国国家标准规定允许与抗弯强度试验用同一试样，先测定弹性模量，后进行抗弯强度试验。

本项目抗弯弹性模量和抗弯强度在连续试验中进行，采用两点加荷。弹性模量自动给出。

其他均符合 ISO 和我国国家标准的规定。

本试验结果供发育研究用，对试验条件的首位要求是精度，其次是同一树种试验条件要相同。在树种间则是根据各自的强度状况，为提高试验精度而在设定的试验条件中有差别。

14.3.4　含水率的测定和校正

全部试样在各自试验结束后，立即在试样中部截取长约 10mm 的木块一个进行含水率测定。对各试样分别按下式进行强度的含水率校正。

$$\sigma_{15}=\sigma_w[1+\alpha(w-15)]$$

式中，σ_{15} 为试样含水率为 15%时的力学性能指标；σ_w 为试样含水率为 w%时的力学性能指标；w 为试样含水率，%。

抗弯强度α=0.04

抗弯弹性模量α =0.015

顺纹抗压强度α=0.15

含水率校正使本项目试验结果能在相同含水率条件下进行比较。

14.4　抗弯强度在次生木质部构建中的发育变化

力学试验机在抗弯试样四点弯曲破坏后自动给出的抗弯强度是

$$\sigma_{bw}=p_{max}l/bh^2$$

式中，σ_{bw} 为试样含水率为 W%时的抗弯强度，MPa；p_{max} 为破坏荷载，N；l 为两支座间跨距(两荷载点间距是 1/3 两支座跨距)；b 为试样宽度，mm；h 为试样高度,mm。

上式中 l 为试验机抗弯装置确定的常数；b、h 是试验前测定的尺寸。

本章图示分图 A 曲线罗马数码 I、II……V 是由茎周向内按序取样的位置。A_1、A_2 的差别是横坐标不同。分图 B 曲线阿拉伯数字 1、2……5 的自髓心向外按序取样的位置。A、B 两图是同一试验结果，只是数据处理中对它们的组合有差别。

如图 14-2 所示，马尾松第 4 样树抗弯强度在单株内的发育变化。A_1、A_2 横坐标分别是高生长树龄和高生长中的茎高。高生长树龄是由树茎高生长中的茎高求得(表 2-8)，在这一条件下，A_1、A_2 图示的表达内容是一致的。次生木质部发育性质的研究报告应采用时间因子(两向生长树龄)，A 图示抗弯强度随高生长树龄稍有减弱，而随水平径向位置向外抗弯强度增大。B 图示相同离髓心径向距离树茎中心部位沿树高向上的抗弯强度的变化，第一序开始减弱，后转稍增但差异小；第 2 序不同高度间的差异变化增大；再向外移沿树高向上抗弯强度减弱，但差异小。

如图 14-3 所示，落叶松 4 样树抗弯强度在单株内的发育变化。图 14-4 是依据落叶松 4 样树相同取样位置的平均试验结果绘出，分图 A 示抗弯强度随高生长树龄减弱，随径向生长树龄增大；分图 B 示树茎中心部位离髓相同径向位置沿树高向上抗弯强度增大，差异的变化明显。

如图 14-5、图 14-6 所示分别为云杉 3 样树抗弯强度在单株内和共同的发育变化。云杉抗弯强度发育变化范围为 25~60MPa，马尾松为 40~110MPa；两树种抗弯强度的变化趋势相似。

如图 14-7 所示，冷杉第 6 样树抗弯强度在单株内的发育变化。冷杉抗弯强度变化范围为 35~50MPa，而落叶松为 40~110MPa；两树种抗弯强度的变化趋势相似。

如图 14-8 所示，杉木第 5 样树抗弯强度在单株内的发育变化。该样树采伐龄虽为 17，但抗弯强度取样部位仅在高生长 4 龄(茎高 8.00m)以下部位。杉木抗弯强度的变化趋势与冷杉相似，但杉木水平内、外抗弯强度的差别比冷杉大。

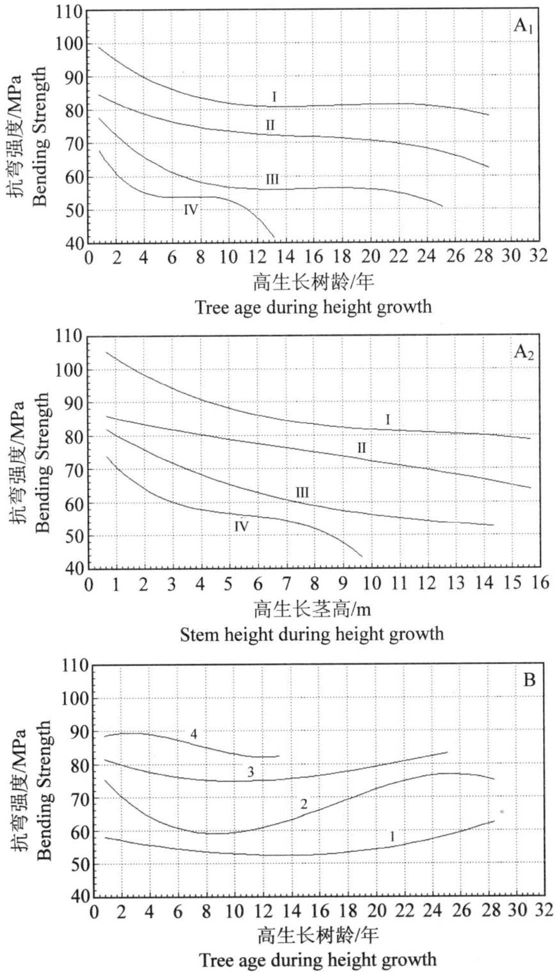

图 14-2　马尾松第 4 样树抗弯强度在株内的发育变化

A. 图中标注曲线的罗马数字表示试样自树皮向内水平径向的依序位置；A_1、A_2. 横坐标分别为高生长树龄和高生长中的茎高；B. 图中标注曲线的阿拉伯数字表示试样自髓心向外水平径向的依序位置；图中曲线均示沿树高方向的变化

Figure 14-2　Developmental change of bending strength in Masson's pine sample tree No. 4

A. The serial positions of specimen inward horizontally from bark in radial direction are represented by Roman numbers in the figure; A_1, A_2. The abscissas of them are respectively the tree age and the height during height growth; B. The serial positions of specimen outward horizontally from pith in radial direction are represented by Arabic numbers in the figure. All the curves in the figure show the change along the stem length

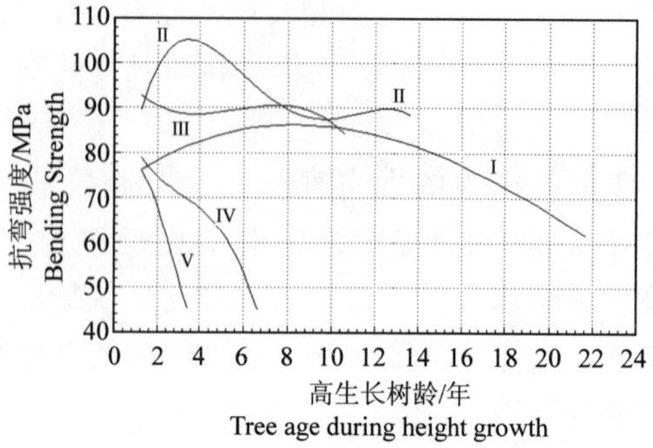

第 1 样树　Sample tree No.1

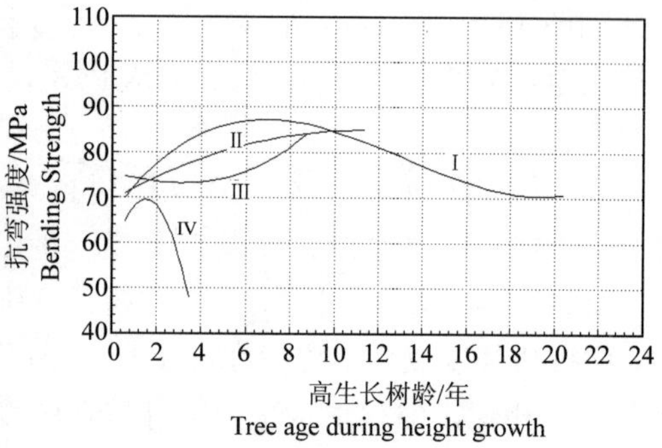

第 2 样树　Sample tree No.2

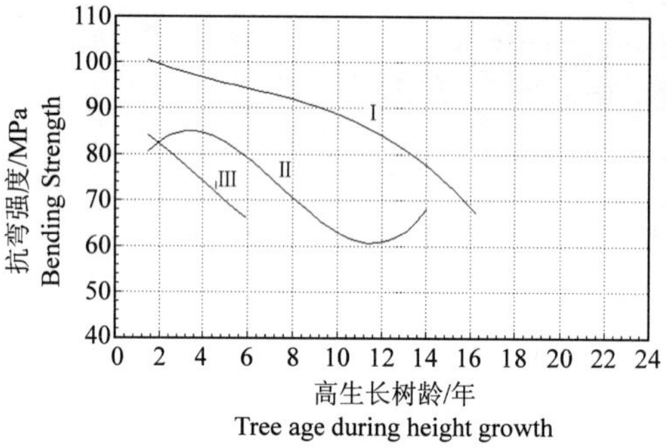

第 4 样树　Sample tree No.4

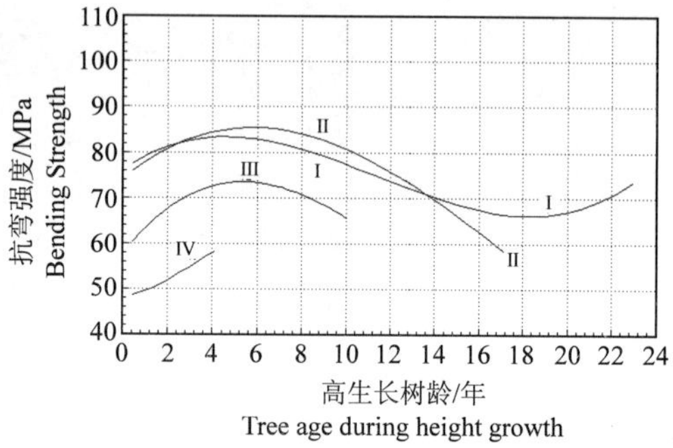

第 5 样树　Sample tree No.5

图 14-3　落叶松四株样树抗弯强度在株内的发育变化

图中标注曲线的罗马数字表示试样自树皮向内水平径向的依序位置

Figure 14-3　Developmental change of bending strength in four samples trees of Dahurian larch

The serial positions of specimen inward horizontally from bark in radial direction are represented by Roman numbers in the figure

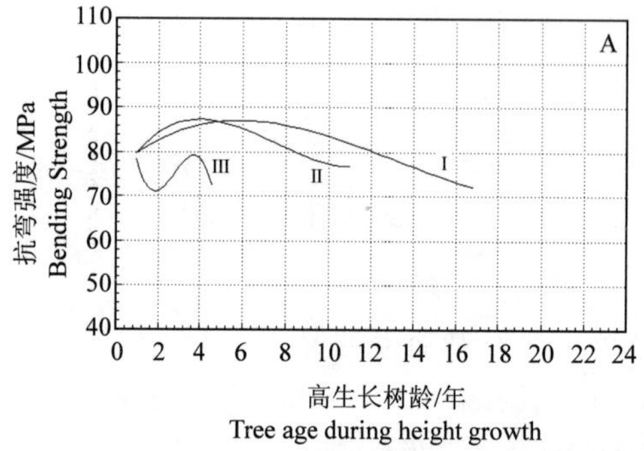

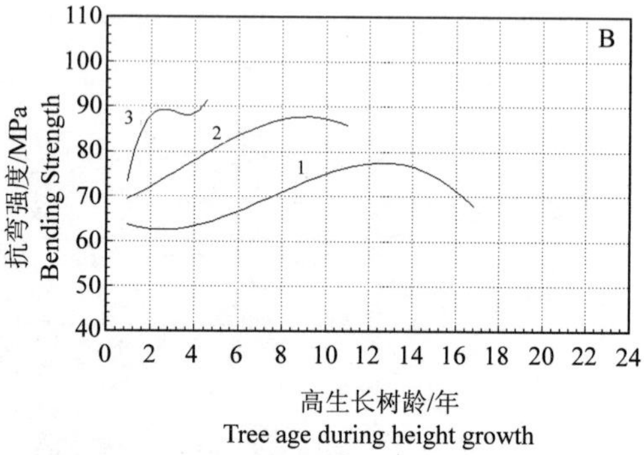

图 14-4　落叶松 4 样树抗弯强度在株内的共同发育变化模式

A. 图中标注曲线的罗马数字表示试样自树皮向内水平径向的依序位置；B. 图中标注曲线的阿拉伯数字表示试样自髓心向外水平径向的依序位置；图中曲线均示沿树高方向的变化

Figure 14-4　Common mode of developmental change of bending strength in four sample trees of Dahurian larch

A. The serial positions of specimen in radial direction inward from bark are represented by Roman numbers in the figure; B. The serial positions of specimen outward horizontally from pith in radial direction are represented by Arabic numbers in the figure. All the curves in the figure show the change along the stem length

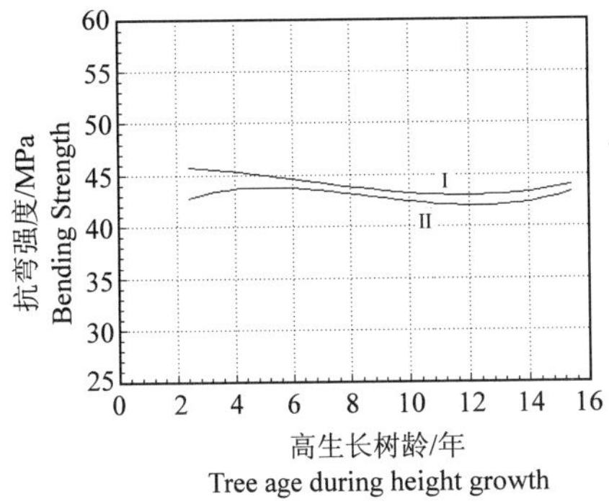

第 1 样树　Sample tree No.1

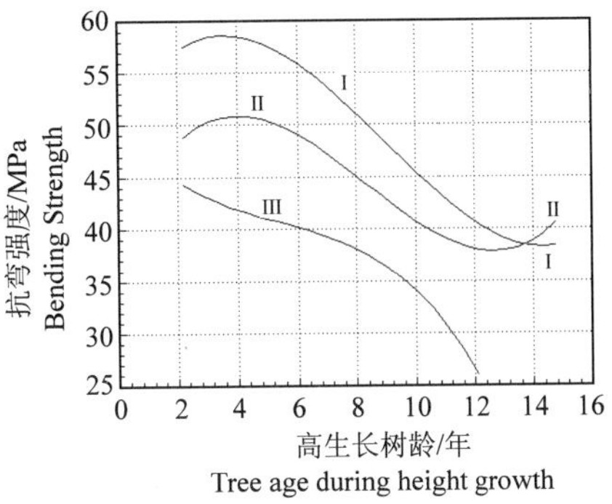

第 2 样树　Sample tree No.2

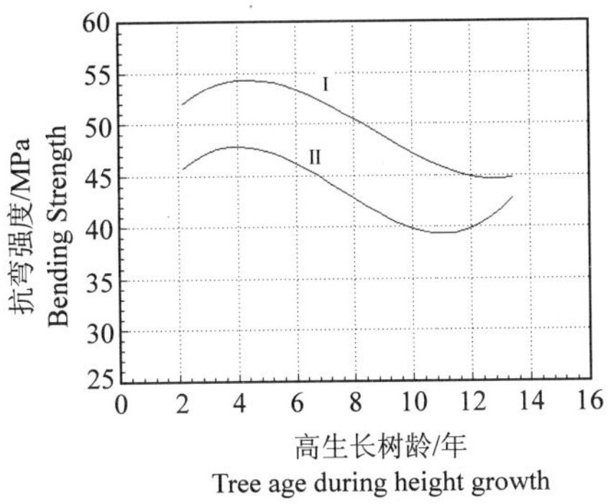

第 3 样树　Sample tree No.3

图 14-5　云杉 3 样树抗弯强度在株内的发育变化

图中标注曲线的罗马数字表示试样自树皮向内水平径向的依序位置

Figure 14-5　Developmental change of bending strength in three sample trees of Chinese spruce

The serial positions of specimen inward horizontally from bark in radial direction are represented by Roman numbers in the figure

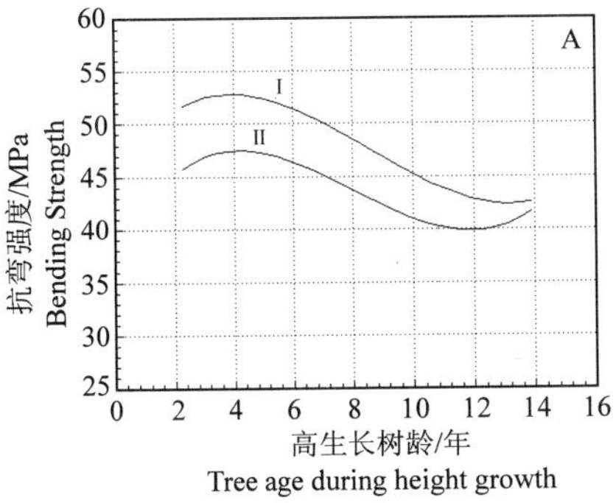

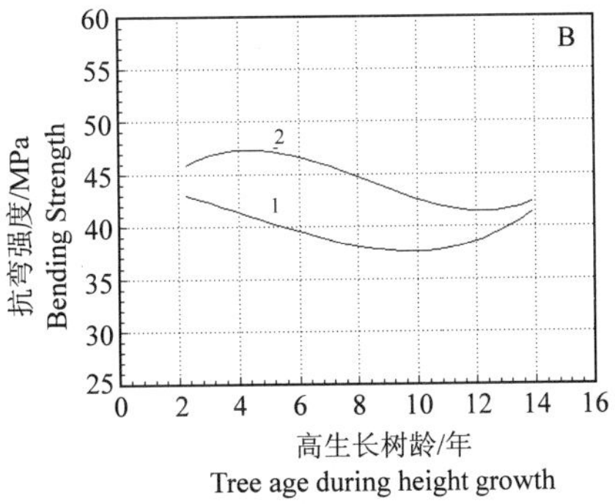

图 14-6　云杉 3 样树抗弯强度在株内的共同发育变化模式

A. 图中标注曲线的罗马数字表示试样自树皮向内水平径向的依序位置；B. 图中标注曲线的阿拉伯数字表示试样自髓心向外水平径向的依序位置；图中曲线均示沿树高方向的变化

Figure 14-6　Common mode of developmental change of bending strength in three sample trees of Chinese spruce

A. The serial positions of specimen inward horizontally from bark in radial direction are represented by Roman numbers in the figure; B. The serial positions of specimen outward horizontally from pith in radial direction are represented by Arabic numbers in the figure. All the curves in the figure show the change along the stem length

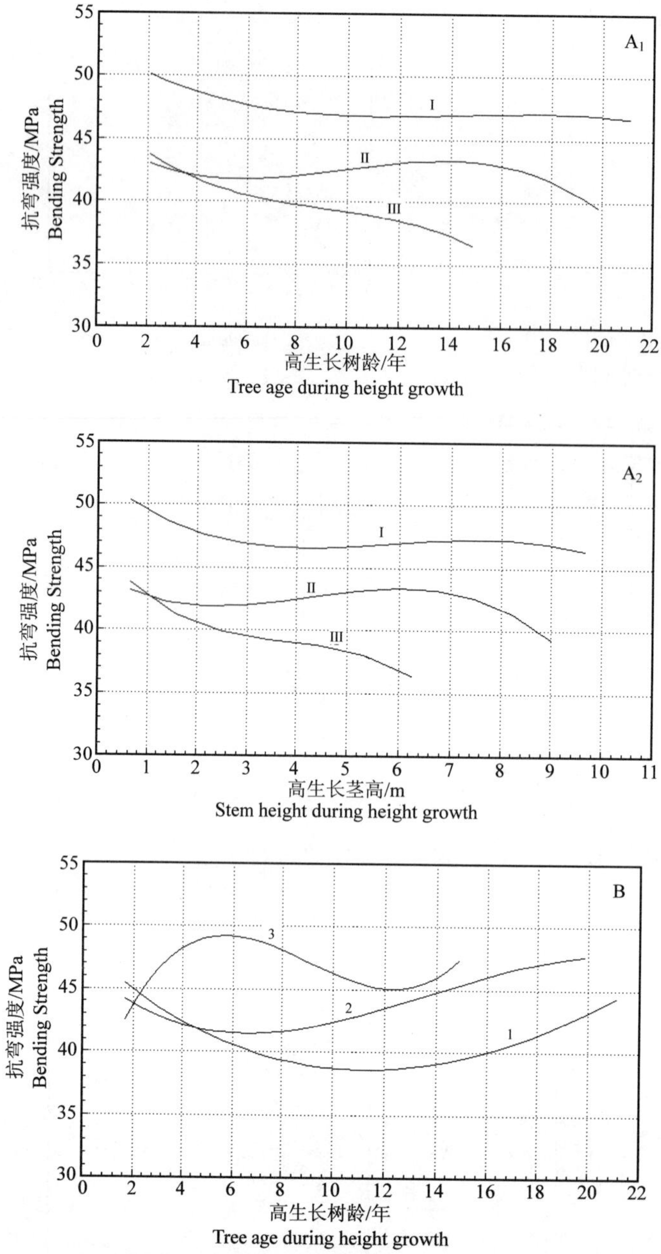

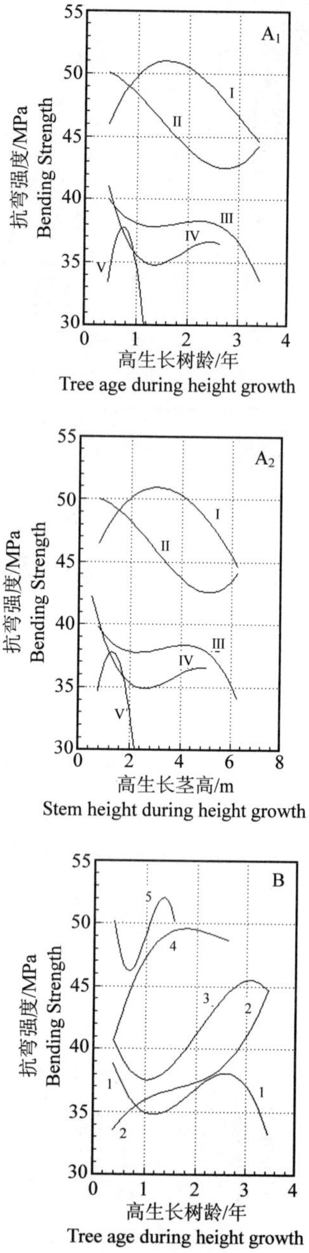

图 14-7 冷杉第 6 样树抗弯强度在株内的发育变化

A. 图中标注曲线的罗马数字表示试样自树皮向内水平径向的依序位置；A_1、A_2. 横坐标分别为高生长树龄和高生长中的茎高；B. 图中标注曲线的阿拉伯数字表示试样自髓心向外水平径向的依序位置。图中曲线均示沿树高方向的变化

Figure 14-7 Developmental change of bending strength in Faber fir sample tree No.6

A. The serial positions of specimen inward horizontally from bark in radial direction are represented by Roman numbers in the figure; A_1, A_2. The abscissas of them are respectively the tree age and the height during height growth; B. The serial positions of specimen outward horizontally from pith in radial direction are represented by Arabic numbers in the figure. All the curves in the figure show the change along the stem length

图 14-8 杉木第 5 样树抗弯强度在株内的共同发育变化模式

A、B. 注释同图 14-7

Figure 14-8 Developmental change of bending strength in Chinese fir sample tree No.5

A,B. The explanation is the same as figure14-7

14.5 抗弯弹性模量在次生木质部构建中的发育变化

力学试验机在抗弯试样四点弯曲试验中自动记录的抗弯弹性模量是①

$$E_W=20pl^3/108bh^3f$$

式中，E_W为试样含水率为 $W\%$时的抗弯弹性模量，MPa；p 为试验前确定的上、下限荷载之差，N；l 为两支座间跨距(两载荷点间距是 1/3 两支座跨距，mm)；b 为试样宽度，mm；h 为试样高度，mm；f 为上、下限载荷间的试样变形值，mm。

如图 14-9 至图 14-15 所示，五树种抗弯弹性模量的发育变化趋势与抗弯强度基本一致。这一结果表明，在次生木质部发育过程中，抗弯弹性模量与抗弯强度保持着一定的比例关系。

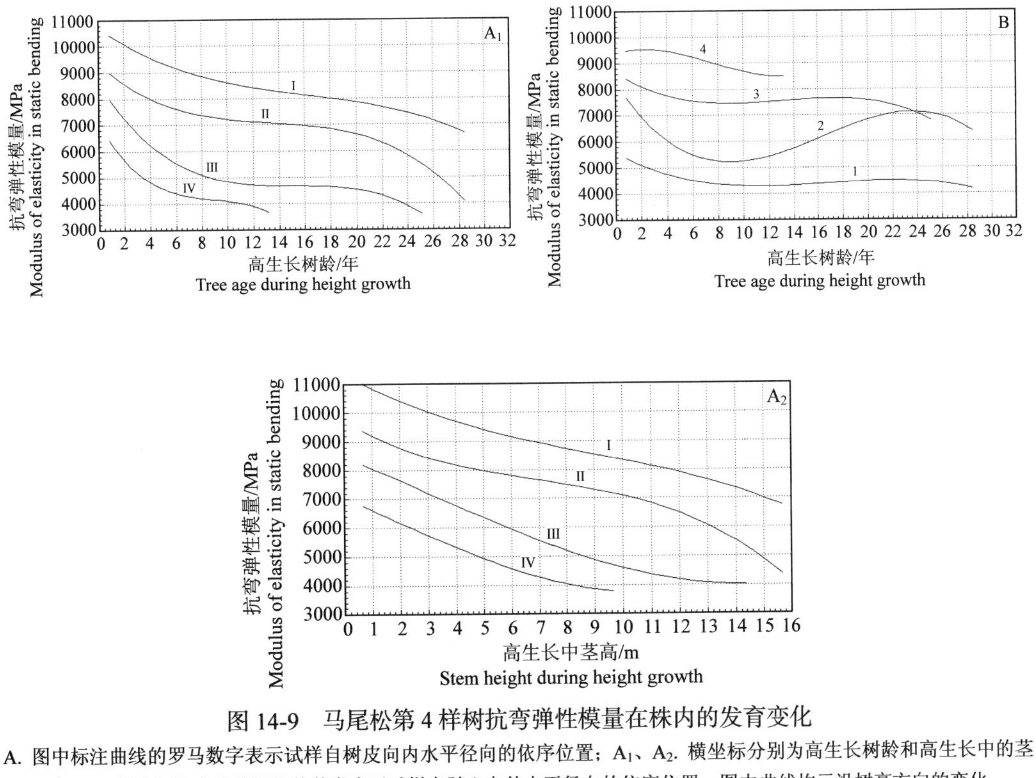

图 14-9　马尾松第 4 样树抗弯弹性模量在株内的发育变化

A. 图中标注曲线的罗马数字表示试样自树皮向内水平径向的依序位置；A_1、A_2. 横坐标分别为高生长树龄和高生长中的茎高；B. 图中标注曲线的阿拉伯数字表示试样自髓心向外水平径向的依序位置；图中曲线均示沿树高方向的变化

Figure 14-9　Developmental change of elastic modulus in static bending in Masson's pine sample tree No. 4

A. The serial positions of specimen inward horizontally from bark in radial direction are represented by Roman numbers in the figure; A_1, A_2. The abscissas of them are respectively the tree age and the height during height growth; B. The serial positions of specimen outward horizontally from pith in radial direction are represented by Arabic numbers in the figure. All the curves in the figure show the change along the stem length

① AG —— 力学试验机说明书中指出此为四点弯曲不用挠度仪的计算公式；用挠度仪的计算公式为 $E_W=23pl^3/108bh^3f$。

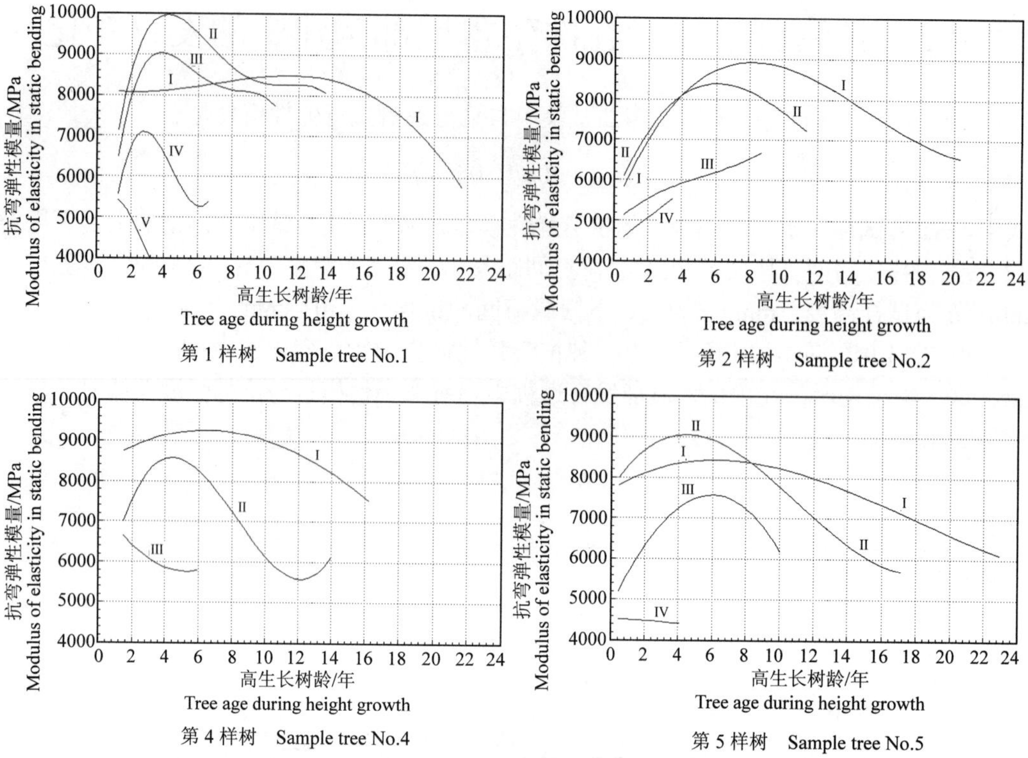

图 14-10 落叶松四株样树抗弯弹性模量在株内的发育变化

图中标注曲线的罗马数字表示试样自树皮向内水平径向的依序位置

Figure 14-10 Developmental change of elastic modulus in static bending in four samples trees of Dahurian larch

The serial position of specimens inward horizontally from bark in radial direction are represented by Roman numbers in the figure

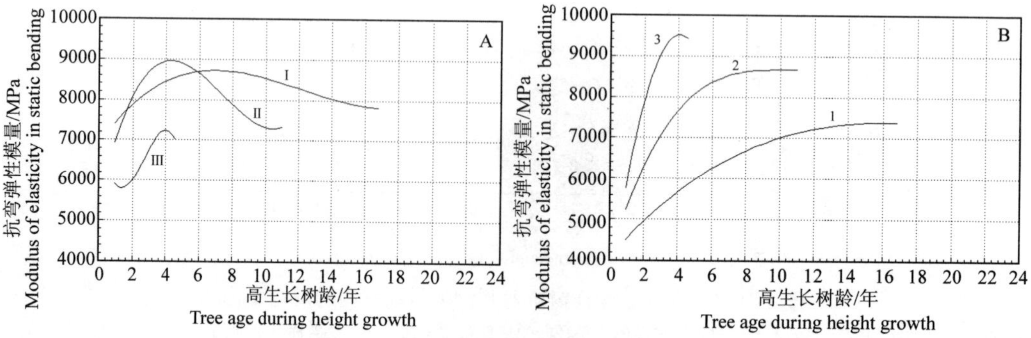

图 14-11 落叶松 4 样树抗弯弹性模量在株内的共同发育变化模式

A. 标注曲线的罗马数字表示试样自树皮向内水平径向的依序位置；B. 标注曲线的阿拉伯数字表示试样自髓心向外水平径向的依序位置；图中曲线均示沿树高方向的变化

Figure 14-11 Common mode of developmental change of elastic modulus in static bending in four sample trees of Dahurian larch

A. The serial positions of specimen inward horizontally from bark in radial direction are represented by Roman numbers in the figure; B. The serial positions of specimen horizontally from pith in radial direction outward are represented by Arabic numbers in the figure. All the curves in the figure show the change along the stem length

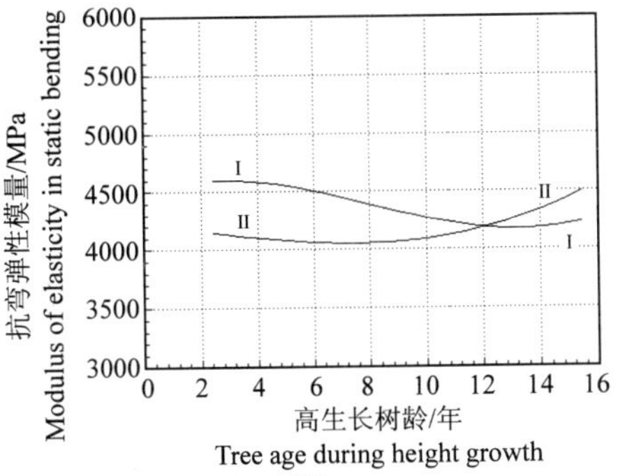

第 1 样树　Sample tree No.1

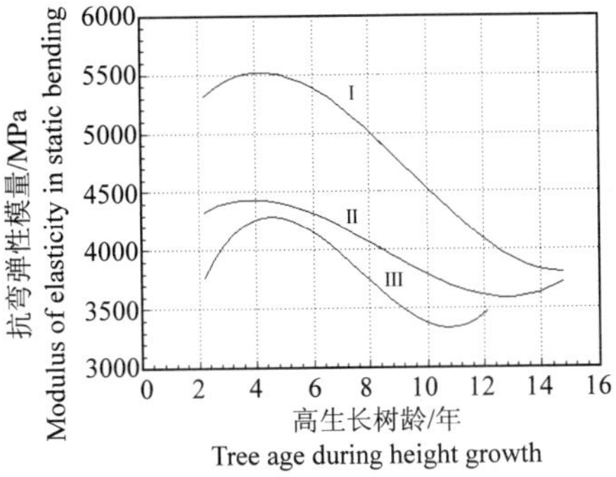

第 2 样树　Sample tree No.2

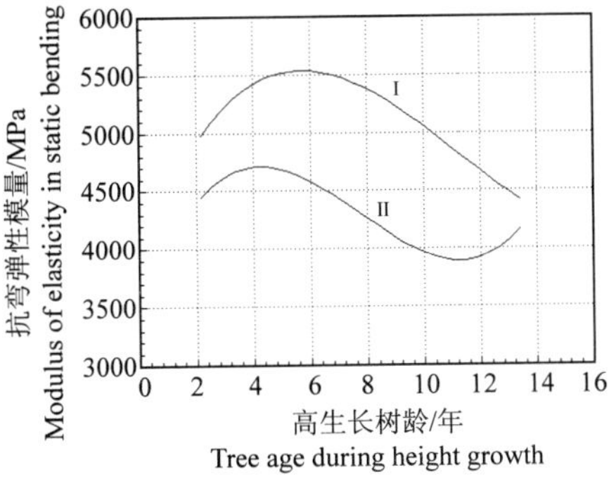

第 3 样树　Sample tree No.3

图 14-12　云杉三株样树抗弯弹性模量在株内的发育变化

图中标注曲线的罗马数字表示试样自树皮向内水平径向的依序位置

Figure 14-12　Developmental change of elastic modulus in static in static bending in three sample trees of Chinese spruce

The serial positions of specimen inward horizontally from bark in radial direction are represented by Roman numbers in the figure

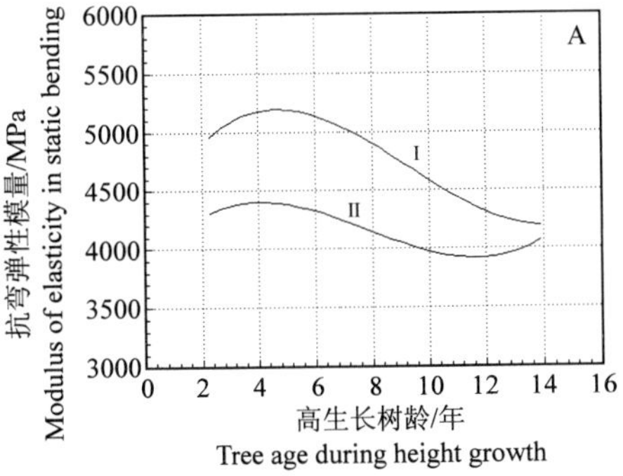

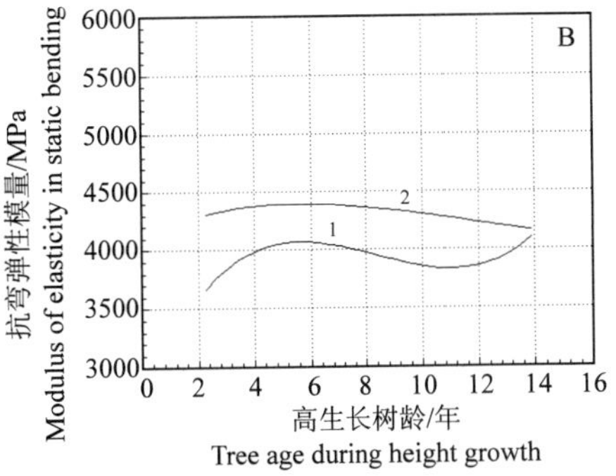

图 14-13　云杉 3 样树抗弯弹性模量在株内的共同发育变化模式

A. 图中标注曲线的罗马数字表示试样自树皮向内水平径向的依序位置；B. 图中标注曲线的阿拉伯数字表示试样自髓心向外水平径向的依序位置；图中曲线均示沿树高方向的变化

Figure 14-13　Common mode of developmental change of elastic modulus in static bending in three sample trees of Chinese spruce

A. The serial positions of specimen inward horizontally from bark in radial direction are represented by Roman numbers in the figure; B. The serial positions of specimen outward horizontally from pith in radial direction are represented by Arabic numbers in the figure. All the curves in the figure show the change along the stem length

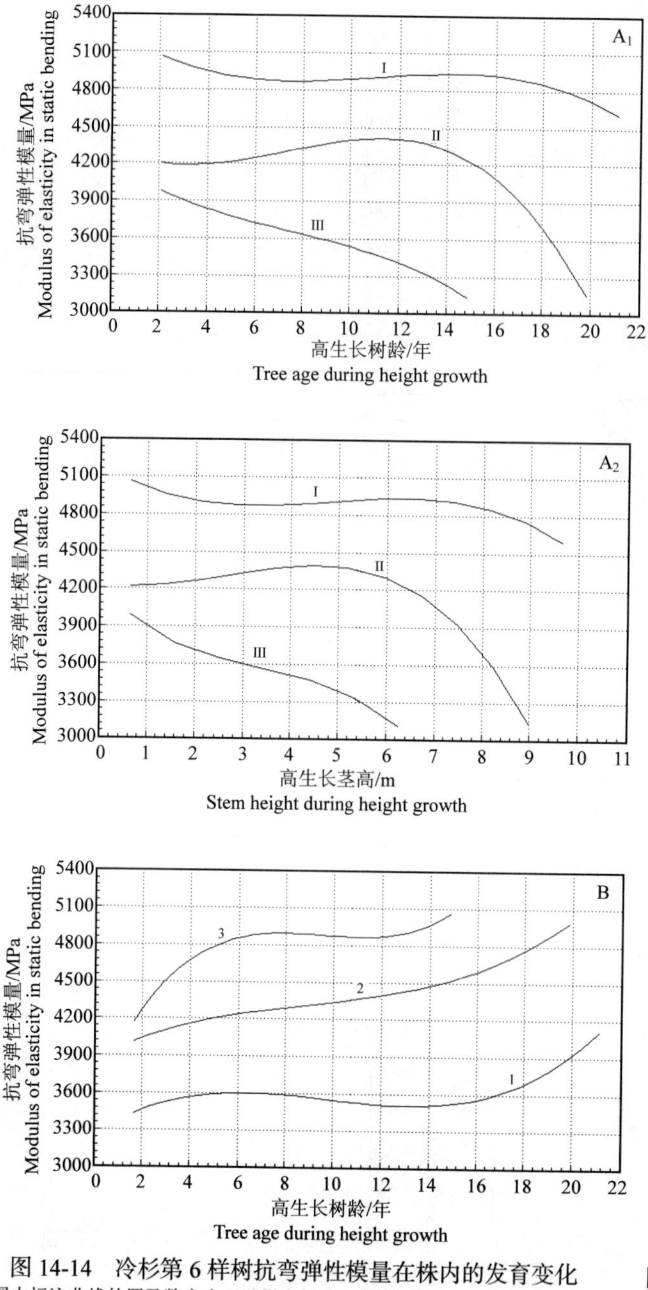

图 14-14　冷杉第 6 样树抗弯弹性模量在株内的发育变化

A. 图中标注曲线的罗马数字表示试样自树皮向内水平径向的依序位置；A_1、A_2. 横坐标分别为高生长树龄和高生长中的茎高；B. 图中标注曲线的阿拉伯数字表示试样自髓心向外水平径向的依序位置；图中曲线均示沿树高方向的变化

Figure 14-14　Developmental change of elastic modulus in static bending in Faber fir sample tree No.6

A. The serial positions of specimen inward horizontally from bark in radial direction are represented by Roman numbers in the figure; A_1, A_2. The abscissas of them are respectively the tree age and the height during height growth; B. The serial positions of specimen outward horizontally from pith in radial direction are represented by Arabic numbers in the figure. All the curves in the figure show the change along the stem length

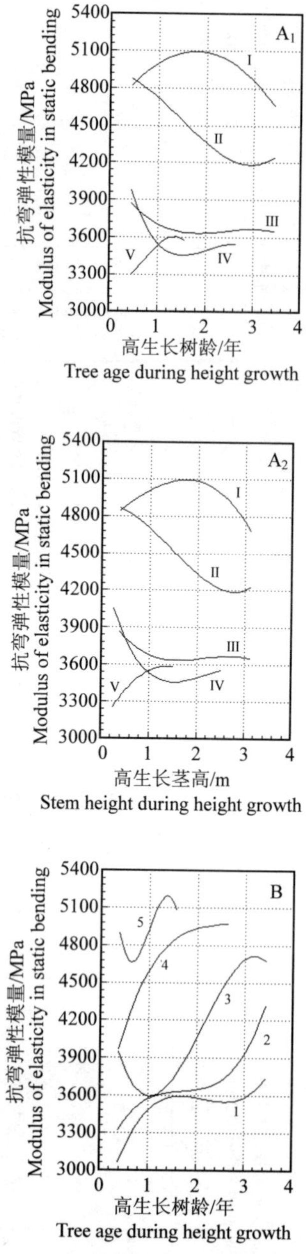

图 14-15　杉木第 5 样树抗弯弹性模量在株内的变化

A、B. 注释同图 14-14

Figure 14-15　Common mode of developmental change of elastic modulus in static bending in Chinese fir sample tree No.5

A,B. The explanation is the same as Figure 14-14

14.6 顺纹抗压强度在次生木质部构建中的发育变化

本节各图中的外(outer)是外周第一取样位置不同高度试样测定结果的回归曲线，试样的径向生长树龄稍有相差；内(inner)是邻近髓心取样位置不同高度试样测定结果的回归曲线，试样的径向生长树龄随树高而逐晚。胸高水平径向是连续取样的结果，水平位置序列准确。

落叶松、云杉分别有 3、4 样树，除给出各株顺纹抗压强度随高生长树龄发育变化图示外(图 14-18、图 14-21)，还有同树种各样树的共同发育模式(图 14-19、图 14-22)和各样树胸高水平径向的发育变化(图 14-20、图 14-23)。

马尾松、冷杉和杉木各仅一样树，株内顺纹抗压强度发育变化图示的横坐标分别采用高生长树龄和高生长中的茎高(图 14-16、图 14-24、图 14-26)，另有各样树胸高水平径向的变化(图 14-17、图 14-25、图 14-27)。

五种针叶树沿茎高内(inner)、外(outer)取样测定顺纹抗压强度的发育变化结果分两类：

马尾松、冷杉外(outer)顺纹抗压强度随高生长树龄先减后渐变缓至树梢再呈减；马尾松内(inner)随高生长树龄由稍增至变化缓，树梢再呈增，而冷杉一直呈减至树梢转呈增。

落叶松、云杉和杉木外(outer)顺纹抗压强度随高生长树龄先增至峰值而后转减；内(inner)随高生长树龄先减至谷底而后转增。

五种针叶树不同茎高部位内(inner)、外(outer)顺纹抗压强度差异的总趋势是外(outer)强于内(inner)。只云杉和杉木在树梢部位转为外(outer)弱于内(inner)。

五种针叶树顺纹抗压强度胸高随径向取样位置(试样生成早、晚)的发育变化趋势是随生成早、晚由低至高(云杉第 1 样树不符)，但落叶松、冷杉和杉木在径向生长起始阶段有一段时间减小。

落叶松和云杉单株的顺纹抗压强度和共同的发育模式的图示相同。

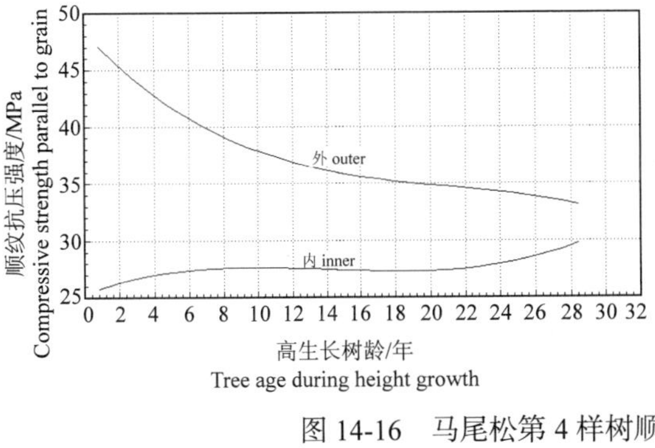

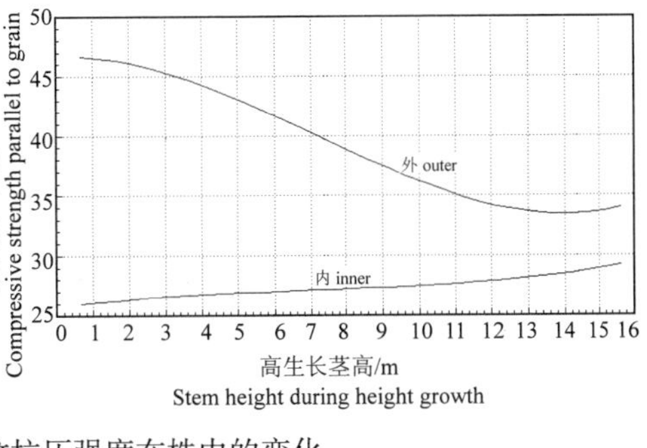

图 14-16 马尾松第 4 样树顺纹抗压强度在株内的变化

外. 试样位置在树茎最外围；内. 试样邻近髓心

Figure 14-16 The common change of compressive strength parallel to grain in Masson's pine sample trees No.4

outer. the specimens are the outermost ones near bark; inner. the innermost ones near pith

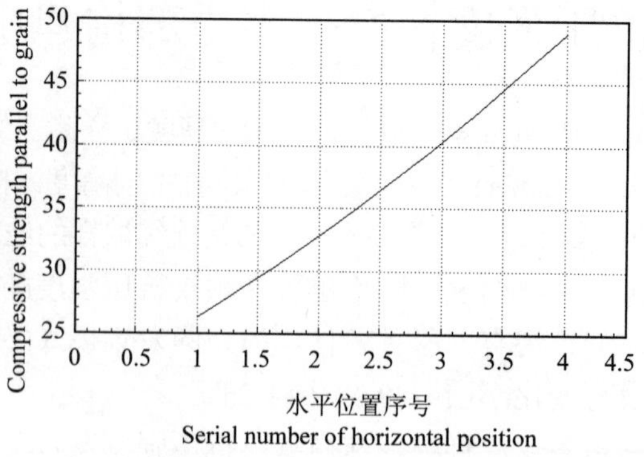

图 14-17　马尾松第 4 样树顺纹抗压强度在胸高径向上的发育变化

Figure 14-17　Developmental change of compression strength parallel to grain in radial direction at breast height in Masson's pine sample trees No.4

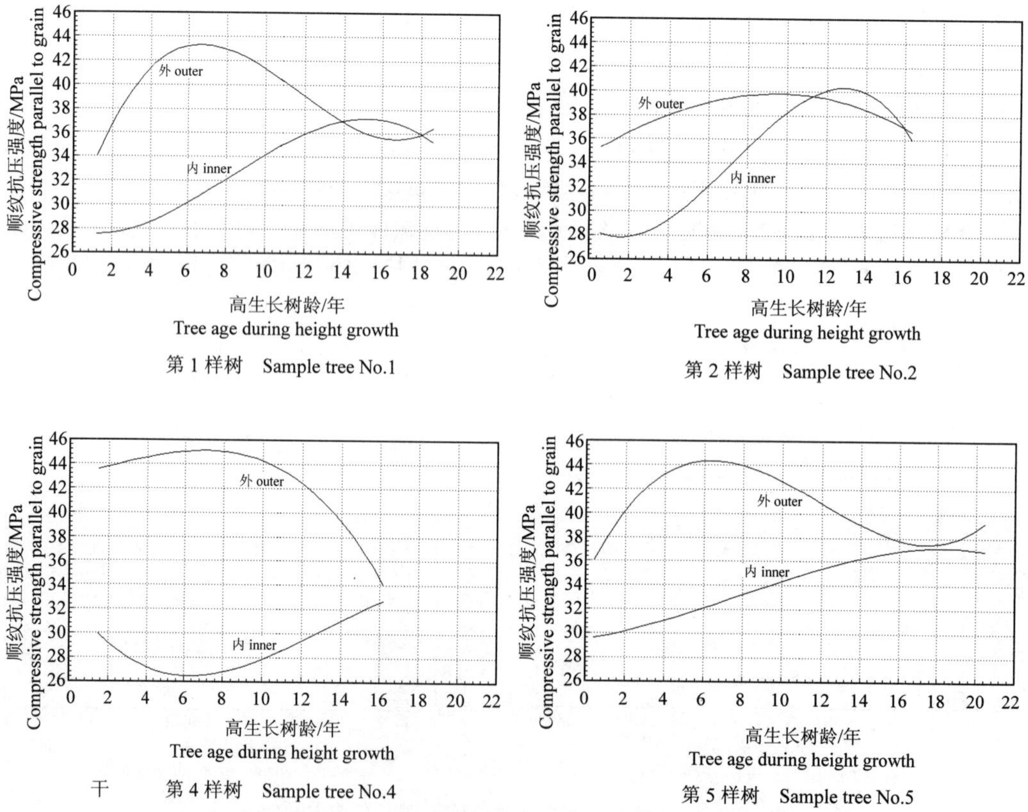

图 14-18　落叶松 4 样树顺纹抗压强度在株内的发育变化

外——试样位置在树茎最外围；内——试样邻近髓心

Figure 14-18　Developmental change of compressive strength parallel to grain in four sample trees of Dahurian Larch

outer —— the specimens are the outermost ones near bark ; inner —— the innermost ones near pith

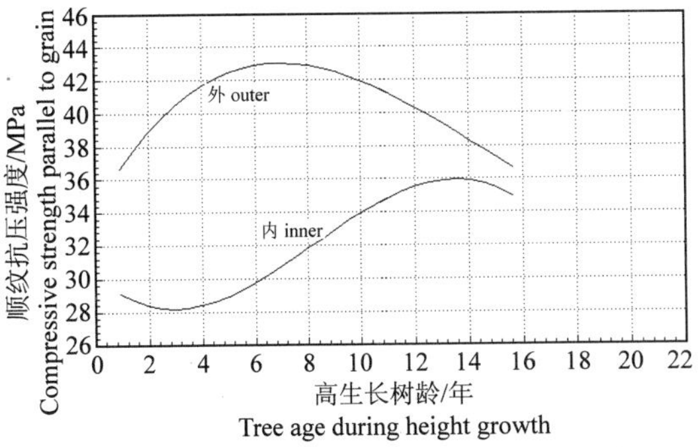

图 14-19　落叶松 4 样树顺纹抗压强度在株内的共同发育变化模式

外、内注释同图 14-17

Figure 14-19　Common mode of developmental change of compressive strength parallel to grain in four sample trees of Dahurian Larch

Note the same about outer and inner as Figure 14-17

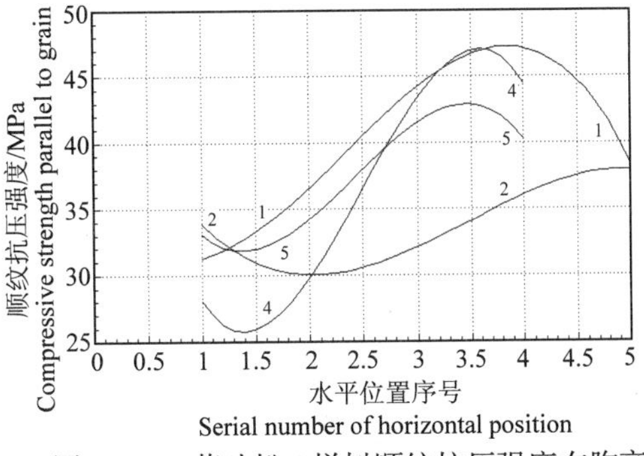

图 14-20　落叶松 4 样树顺纹抗压强度在胸高径向上的发育变化

横坐标上水平位置序号表示试样在自髓心向外的依序位置；图中阿拉伯数字标注为株别

Figure 14-20　Developmental change of compressive strength parallel to grain in radial direction at breast height in each of four Dahurian Larch sample trees

The serial positions of specimen outward from pith are represented by ordinal numbers on abscissa; the ordinal numbers of sample tree are represented by the small Arabic numbers in the figure

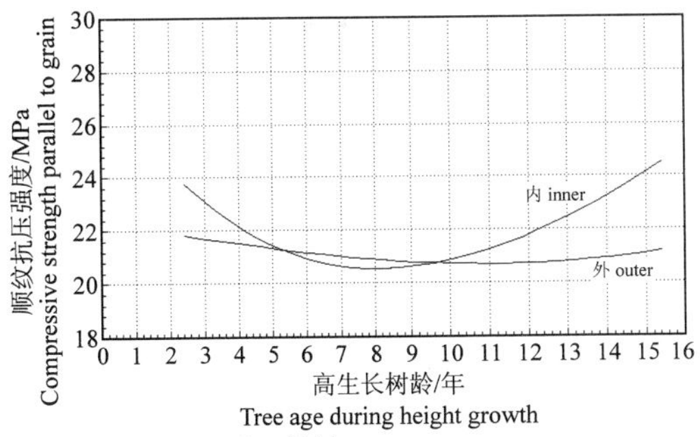

第 1 样树　Sample tree No.1

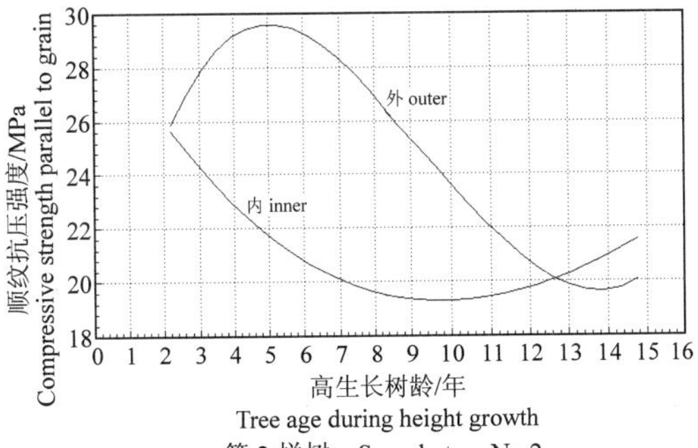

第 2 样树　Sample tree No.2

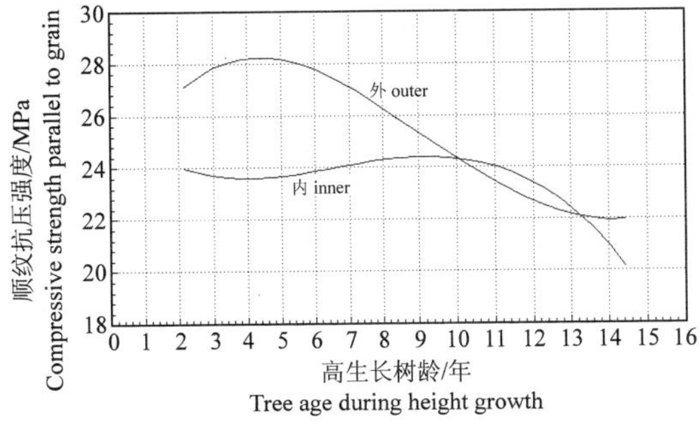

第 3 样树　Sample tree No.3

图 14-21　云杉三株样树顺纹抗压强度在树株内的发育变化

外——试样位置在树茎最外围；内——试样邻近髓心

Figure 14-21　Developmental change of compressive strength parallel to grain in three sample trees of Chinese spruce

outer —— the specimens are the outermost ones near bark; inner —— the innermost ones near pith

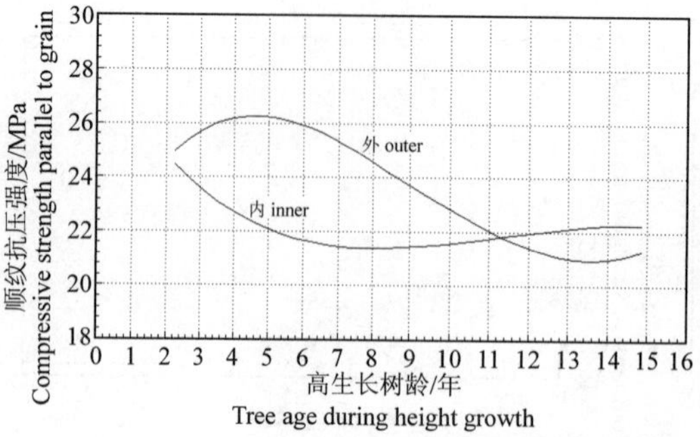

图 14-22　云杉 3 样树顺纹抗压强度的共同变化模式

外、内注释同图 14-21

Figure 14-22　Common mode of developmental change of compressive strength parallel to grain in three sample trees of Chinese spruce

Note the same about outer and inner as Figure 14-21

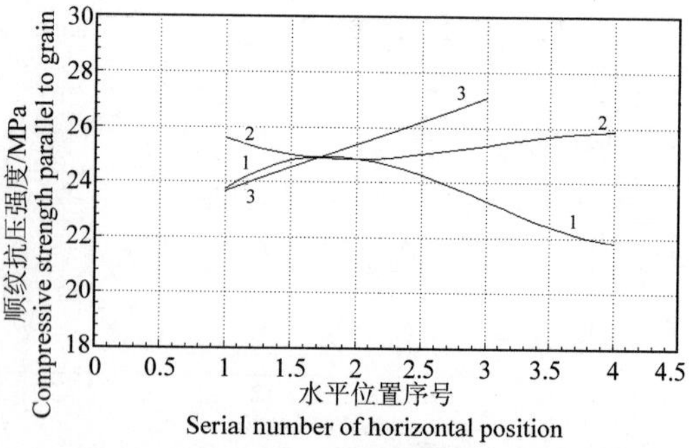

图 14-23　云杉 3 样树顺纹抗压强度在胸高径向上的发育变化

横坐标上水平位置序号表示试样在自髓心向外的依序位置；图中阿拉伯数字标注为株别

Figure 14-23　Developmental change of compressive strength parallel to grain in radial direction at breast height in each Chinese spruce sample tree

The serial positions of specimen outward from pith are represented by ordinal numbers on the abscissa; the ordinal numbers of sample tree are represented by the small Arabic numbers in the figure

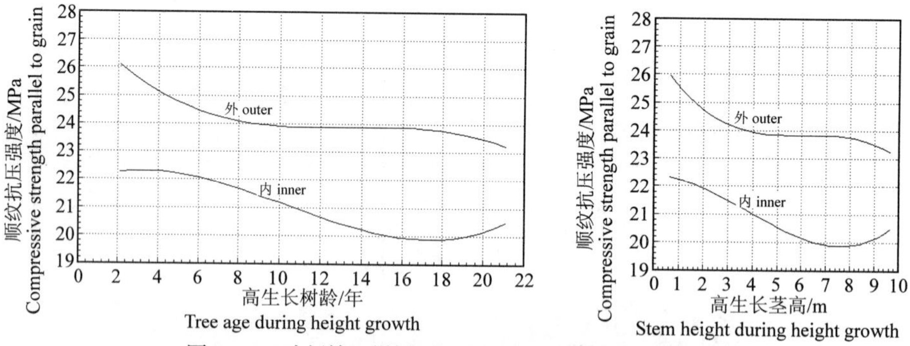

图 14-24　冷杉第 6 样树顺纹抗压强度在株内的发育变化

外——试样位置在树干最外围；内——试样邻近髓心

Figure 14-24　Developmental change of compressive strength parallel to grain in Faber fir sample trees No.6

outer —— the specimens are the outermost ones near bark; inner —— the innermost ones near pith

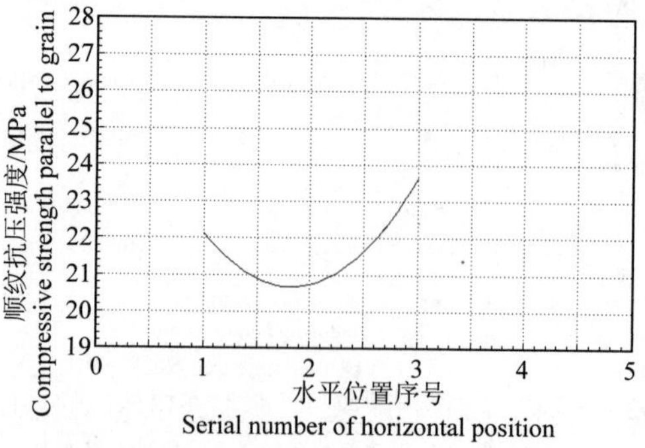

图 14-25　冷杉第 6 样树顺纹抗压强度在胸高径向上的发育变化

Figure 14-25　Developmental change of compression strength parallel to grain in radial direction at breast height in Faber fir sample trees No.6

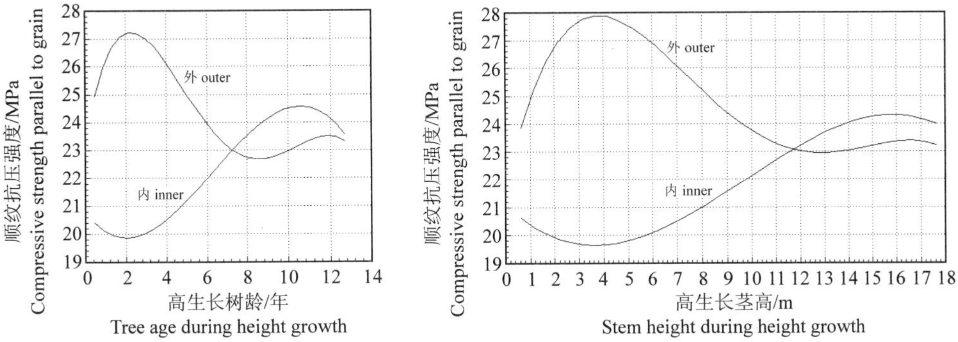

图 14-26　杉木第 5 样树顺纹抗压强度在株内的发育变化
外、内注释同图 14-23

Figure 14-26　Developmental change of compressive strength parallel to grain in Chinese fir sample tree No.5
Note the same about outer and inner as Figure14-23

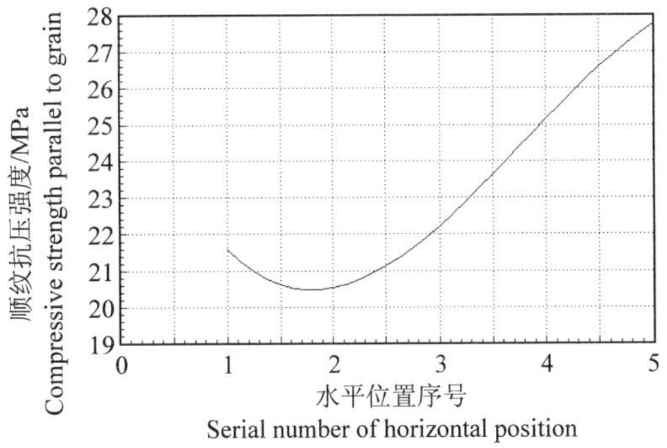

图 14-27　杉木第 5 样树顺纹抗压强度在胸高径向上的发育变化

Figure 14-27　Developmental change of compression strength parallel to grain in radial direction at breast height in Chinese fir sample tree No.5

14.7　五种针叶树主要力学性能随两向生长树龄发育变化的树种趋势

图 14-28、图 14-29 是附表 14-1 至附表 14-5 中同一树种各样树纵行与横列 AVE 数据共同回归的结果。

如图 14-28、图 14-29 所示，五种针叶树主要力学性能的发育变化趋势在同一树种不同性能间相似。树种间比较，落叶松、马尾松随两向生长树龄变化的幅度较冷杉、云杉和杉木大。

如图 14-28 所示，落叶松力学性能随初始高生长树龄有短时间增高，后转入减小；马尾松随高生长树龄一直减小；其他三树种随高生长树龄变化相对小，冷杉微有增高、云杉变化呈~弱形，杉木稍有增高。如图 14-29 所示，落叶松胸高自髓心向外力学性能随径向生长树龄的变化趋势呈∽形，其他四树种在各自采伐树龄前均呈一致性增高。

图 14-28、图 14-29 中顺纹抗压强度的试验分别是茎周和离髓心第一序不同高度试样，及胸高不同径向位置取样的测定结果；而抗弯试验是各高度自茎周向内 I、II、III、IV、V 全面取样的测定结果。取样两方式测定结果图示的发育变化趋势在同一树种三种力学性能间都具有一致性。

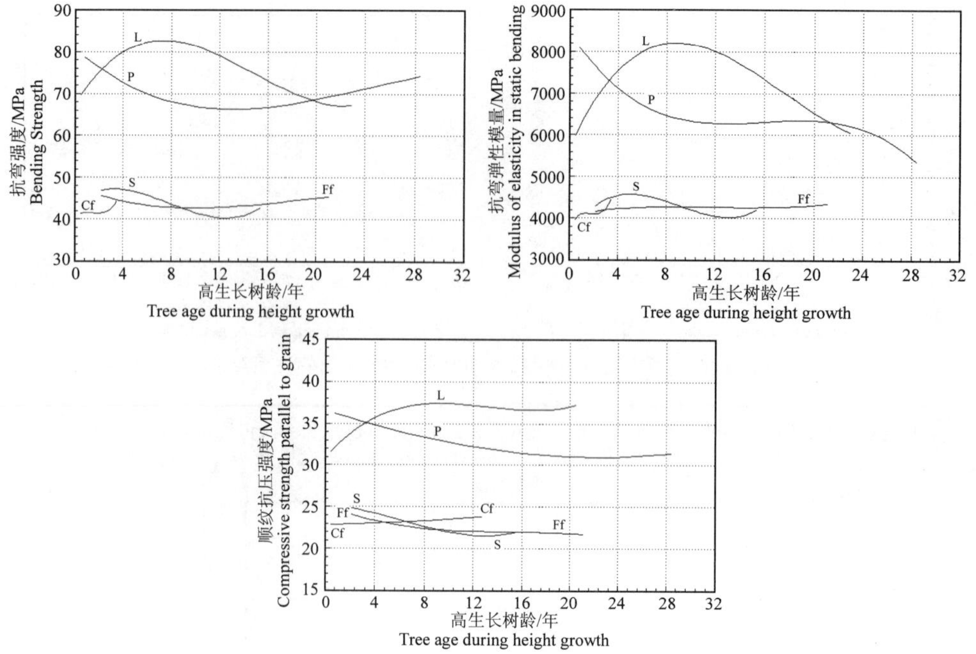

图 14-28　五种针叶树主要力学性质随高生长树龄发育变化的树种趋势

图中标注曲线的字母代表树种，L. 落叶松；Ff. 冷杉；S. 云杉；P. 马尾松；Cf. 杉木

Figure 14-28　Species' tendencies of developmental change of main mechanical properties with tree age during height growth in sample trees of five coniferous species

Tree species are represented by the letters in figure, L. Dahurian larch, Ff. Faber fir, S. Chinese spruce, P. Masson's pine, Cf. Chinese fir

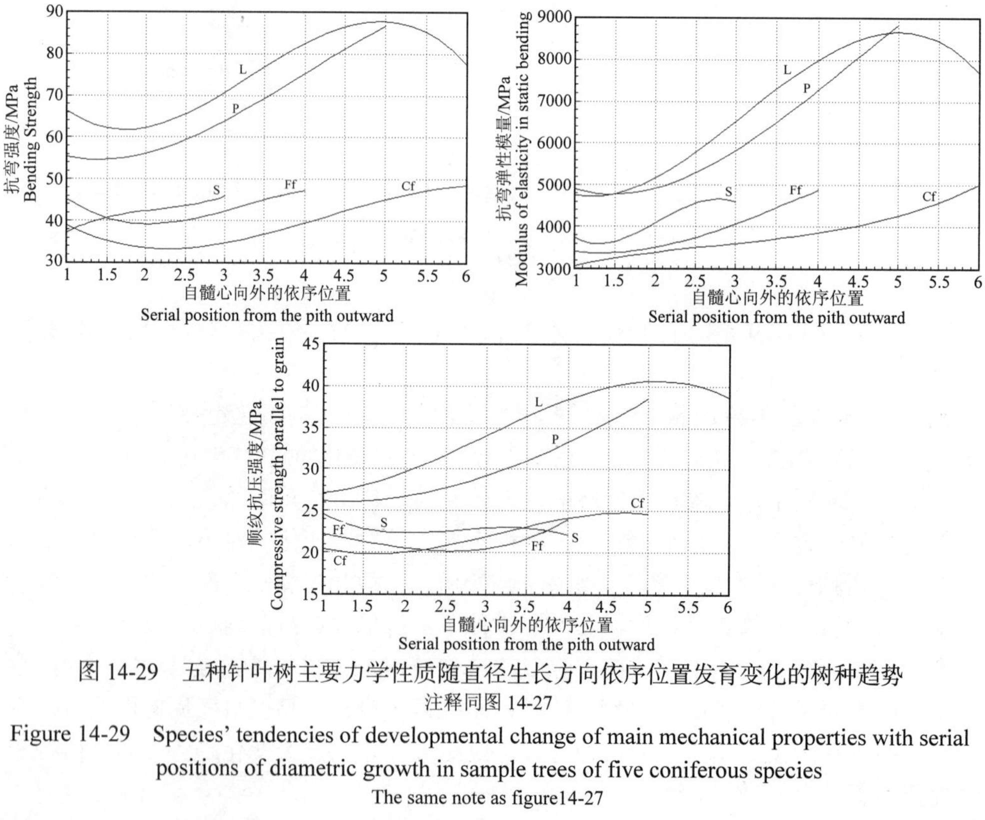

图 14-29　五种针叶树主要力学性质随直径生长方向依序位置发育变化的树种趋势

注释同图 14-27

Figure 14-29　Species' tendencies of developmental change of main mechanical properties with serial positions of diametric growth in sample trees of five coniferous species

The same note as figure14-27

14.8 次生木质部发育变化中力学性能与基本密度的相关关系

一般认为，木材密度是预估木材强度最合适的指标。在木材利用上，木材科学有应用木材密度预估强度的公式。可以肯定，木材强度与密度间存在着密切关系。

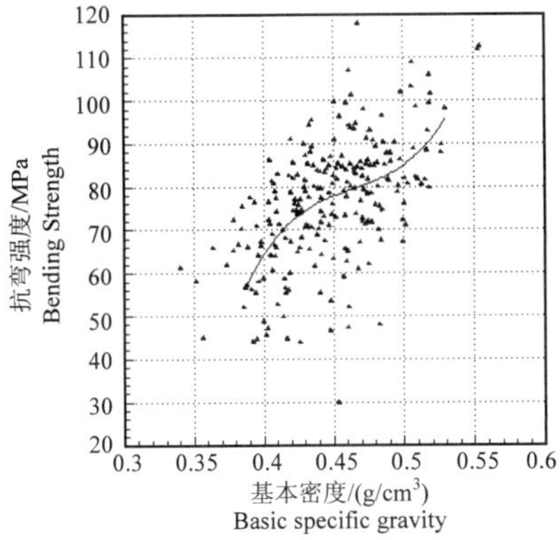

回归曲线(regression curve)：

$$y=31\,246.1x^3-43\,422x^2+20\,226.5x-3\,078.54$$

相关系数(correlation coefficient)：

0.50 (α=0.01)

实测点 239 个，横坐标取值范围：0.386 7~0.529 1，舍弃小于和大于该范围的实测点 11 和 2 个，各占 4.60%和 0.84%。

The number of data points is 239, the effective range of abscissa: 0.3867~0.5291. The points beyond the lower or upper limits are respectively 11 and 2 and in the ratio 4.60% and 0.84%.

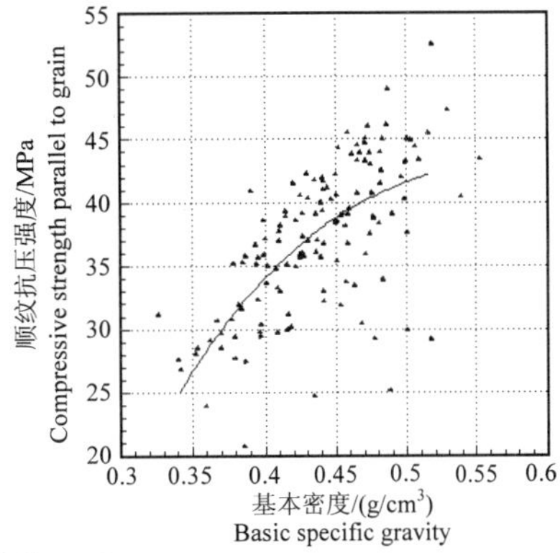

回归曲线(regression curve)：

$$y=1\,053.54x^3-1\,803.27x^2+1\,055.9x-167.218$$

相关系数(correlation coefficient)：

0.65 (α=0.01)

实测点 138 个，横坐标取值范围：0.341 8~0.515 2，舍弃小于和大于该范围的实测点 3 和 6 个，各占 2.17%和 4.35%。

The number of data points is 138, the effective range of abscissa: 0.3418~0.5152. The points beyond the lower or upper limits are respectively 3 and 6 and in the ratio 2.17% and 4.35%.

落叶松 4 样树 Four sample trees of Dahurian Larch

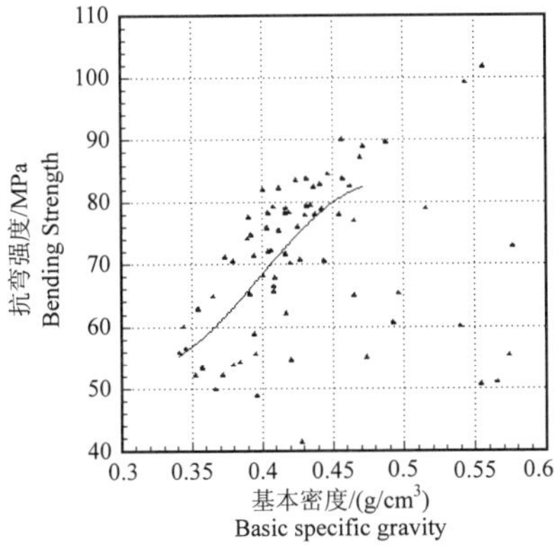

回归曲线(regression curve)：

$$y= -12\,175x^3+14\,561.8x^2-5\,544.14x+735.351$$

相关系数(correlation coefficient)：

0.65 (α=0.01)

实测点 74 个，横坐标取值范围：0.3410~ 0.4717，舍弃小于和大于该范围的实测点 0 和 12 个，各占 0.00%和 16.22%。

The number of data points is 74, the effective range of abscissa: 0.3410~ 0.4717. The points beyond the lower or upper limits are respectively 0 and 12 and in the ratio 0.00% and 16.22%.

马尾松第 4 样树 Masson's pine sample tree No.4

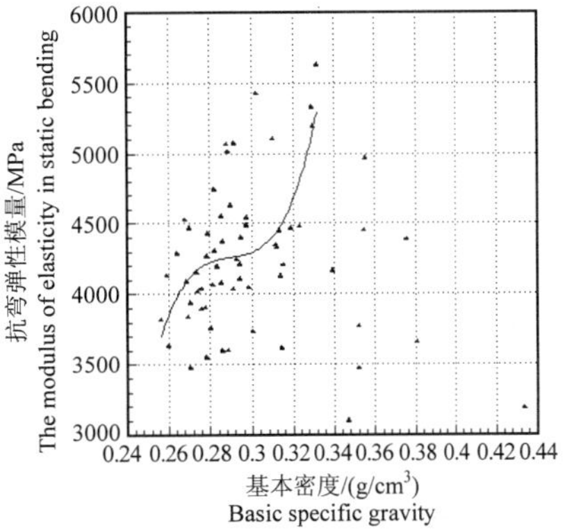

回归曲线(regression curve)：

$$y=12\,742\,600x^3-11\,086\,900x^2+3\,217\,750x-307\,253$$

相关系数(correlation coefficient)：

0.51 (α=0.01)

实测点 63 个，横坐标取值范围：0.256 4~0.331 9，舍弃小于和大于该范围的实测点 0 和 9 个，各占 0.00%和 14.29%。

The number of data points is 63, the effective range of abscissa: 0.2564~ 0.3319. The points beyond the lower or upper limits are respectively 0 and 9 and in the ratio 0.00% and 14.29%.

云杉 3 样树 Three sample trees of Chinese spruce

图 14-30 三种针叶树发育中次生木质部(木材)力学性质和基本密度的相关关系

Figure 14-30 The correlation between mechanical properties and basic specific gravity of secondary xylem (wood) in developmental change of three coniferous species

本项目对强度的测定未能达到在逐龄年轮上取样而产生通过强度与密度的相关关系，以密度估计强度来深化对强度在发育过程中变化的认识。本项目单株内同一部位力学性能和密度试样的取样位置是相联的。这应有利于在它们间建立回归关系。如图 14-30 所示，在这方面取得的部分结果。

附表 14-1　马尾松第 4 样树次生木质部(木材)力学性质(MPa)

Appendant table 14-1　Mechanical properties of secondary xylem (wood) in Masson's pine sample tree No.4(MPa)

静曲抗弯强度 Static bending strength

H (m)	P I	II	III	IV	V	Ave
15.66	77.02	62.13[1]				77.02
15.00	80.53[7]	64.97[ ]				72.75
14.34	82.79[1]	67.81	51.64[1]			67.41
12.34	76.61[5]	67.03	53.09[3]			65.58
11.66	81.16[7]	75.4[4]	56.60[4]			71.05
11.00	81.16[8]	74.27[3]	52.82[4]			69.42
10.34	80.82[7]	72.90	64.86			72.86
9.66	80.71[8]	65.26	54.8	41.37[1]		60.53
9.00	83.28[7]	70.56[1]	54.31[1]	50.62[1]		64.69
8.34	86.57[8]	72.59	53.87	51.04[1]		66.02
7.66	84.52	80.61[1]	62.83[3]	52.84[ ]		70.2
7.00	83.89[13]	77.95[4]	58.83	54.64[1]		68.83
6.34	83.22[18]	74.37[4]	59.93[3]	55.87[1]		68.35
5.66	87.91[11]	76.95[4]	61.05[3]	48.84[3]		68.69
5.00	89.04[13]	80.19[4]	66.46	57.60		73.32
4.34	91.91[9]	79.36[3]	70.14	65.29[1]		76.67
3.66	89.83[17]	75.71[6]	69.36[3]	60.10[4]		73.75
3.00	93.77[12]	85.75[4]	73.21[ ]	50.68[1]		75.85
2.34	92.06[11]	84.38[5]	77.07[4]	62.13[3]		78.91
1.65	104.53[14]	89.40[4]	76.03	72.19	55.39	79.51
0.65	105.03[13]	80.94[5]	80.17	71.66	55.04	78.57
Ave	86.49	75.82	63.00	56.78	55.22	71.51

静曲弹性模量 Modulus of elasticity in static bending

H (m)	P I	II	III	IV	V	Ave
15.66	6672	4263				5467
15.00	7621	4760				6191
14.34	6605	5257	3545			5136
12.34	7664	6362	4485			6170
11.66	8169	7573	4735			6825
11.00	8061	7391	4624			6692
10.34	8203	7012	5231			6815
9.66	8306	6383	4637	4033		5840
9.00	8726	6576	3892	3299		5623
8.34	8898	6873	4158	4084		6003
7.66	8933	8101	6135	4263		6858
7.00	8891	7846	5262	4442		6610
6.34	8844	7493	5496	4675		6627
5.66	9287	7881	5837	4616		6905
5.00	9442	8088	6072	4817		7105
4.34	9728	8178	6665	5015		7396
3.66	9715	7912	7387	5684		7675
3.00	9870	8799	7731	5055		7864
2.34	9978	8936	8075	5884		8218
1.65	10977	9347	7736	7405	5100	8113
0.65	10974	8798	7589	6324	4663	7670
Ave	8836	7325	5752	4971	4882	6858

顺纹抗压强度 Compressive strength parallel to grain

H (m)	P I	II	III	IV	V	Ave
15.66	33.61	27.66[1]				30.64
15.00	33.51	30.07[1]				31.79
14.34	33.16	Nan	31.59[1]			32.38
12.34	36.17	Nan	23.25			29.71
11.00	35.08[ ]	Nan	29.99[1]			32.54
10.34	33.99	Nan	Nan	23.88[1]		28.93
9.00	37.70[ ]	Nan	Nan	24.45[1]		31.08
8.34	41.41	Nan	Nan	37.94[1]		39.67
7.00	38.96[ ]	Nan	Nan	25.04[1]		32.00
6.34	36.50[ ]	Nan	Nan	25.41[1]		30.96
4.34	46.41	Nan	Nan	25.12		35.76
2.34	48.11	42.89[1]	30.28	27.17		37.11
0.65	45.10	Nan	Nan	Nan	26.07	35.59
Ave	38.44	33.54	28.78	27.00	26.07	33.23

注：H, 名义取样高度(m)；P, 在同一取样高度范围内，试样自树皮向内的依序位置；Ave, 平均值。在数据处理中，未采用阴影内的数字。表中符号 Nan 示该数据缺失。表中各数据右上角数字是取得该数据的试样数。如试样数为 2，则不作标注。空白括号[ ]系与相邻同高位置共用的同一测定结果或系相邻数据经算术平均的结果。静曲抗弯强度和弹性模量在同一试样上测出，试样数仅标注在静曲抗弯强度上。

Note: H, nominal height of sampling; P, serial positions of specimen from bark inward at the same range of sampling height; Ave, average. The values under shadow in the table were deleted in data processing. Sign Nan in this table indicates that the datum was absent. The number on right corner of each datum in the table is that of measured specimen. If specimen is two in number, its number is omitted.Empty brackets [ ] shows that the datum in it is the same as that of equal height in next column(they were measured in a testing) or is calculated result from the data next to it by arithmetic mean operation.Static bending strength and modulus of elasticity are measured in the same specimen , its number is only indicated on bending strength.

附表 14-2 落叶松样树次生木质部(木材)静曲抗弯强度(MPa)

Appendant table 14-2 Static bending strength of secondary xylem (wood) in Dahurian larch sample trees(MPa)

第 1 样树 Sample tree No.1

H(m)	*P* I	II	III	IV	V	VI	Ave
15.66	64.32						64.32
15.00	57.29[1]						57.29
14.34	77.02[1]						77.02
13.66	68.67[1]						68.67
13.00	83.87						83.87
12.34	83.93[1]						83.93
11.66	85.37[1]	89.81[1]					87.59
11.00	79.77	88.58[]					84.18
10.34	93.20	87.35[]					90.27
9.66	76.70[1]	86.11	85.82[1]				82.88
8.34	81.49[1]	93.77[1]	83.25[1]				86.17
7.66	85.26[1]	96.60[1]	89.80[]				90.55
7.00	80.16[1]	87.97[1]	96.34[1]				88.16
6.34	80.98[1]	83.20	97.97[1]	45.45[1]			76.9
5.66	79.96[1]	103.68[1]	91.57[]	53.30[]			82.13
5.00	85.04	96.50[1]	85.17[1]	61.16[1]			81.97
4.34	89.09[1]	102.33	70.07[1]	64.40[]			81.47
3.66	89.00	105.61[1]	94.98[1]	67.64[]			89.31
3.00	89.23[1]	111.35	94.68[3]	70.88[3]	45.28		82.28
2.34	87.44[]	104.23[]	91.21[1]	70.19[1]	55.48[]		81.71
1.65	85.65	97.10[]	90.91[]	74.53[]	65.69[]		82.78
0.65	59.23	89.98	90.62	78.86[1]	75.89[1]	74.26[1]	78.14
Ave	80.12	95.26	89.41	65.16	60.59	74.26	82.34

第 2 样树 Sample tree No.2

H(m)	*P* I	II	III	IV	V	Ave
15.00	70.99					70.99
13.66	71.52[1]					71.52
12.34	70.36[1]					70.36
11.00	84.71[1]					84.71
9.75	87.15	78.57[1]				82.86
9.25	80.09[1]	87.28				83.68
8.75	81.97[1]	81.38[1]				81.67
8.25	72.42[1]	88.09[1]				80.26
7.66	98.66	86.37[1]	86.29[1]			90.44
7.00	98.13[3]	94.35[3]	75.64			89.37
6.34	83.50	88.60	80.94[1]			84.35
5.66	74.42	81.06	77.61[]			77.70
5.00	93.09	83.84[1]	74.28[1]			83.74
4.34	85.95[1]	53.63	77.35[1]			72.31
3.66	73.11[1]	72.38[1]	60.66[1]			68.72
3.00	87.85[3]	91.85[5]	91.66	44.75[1]		79.03
2.34	86.06	76.17	66.53	70.31[1]		74.77
1.65	80.40[1]	76.83[1]	70.33	62.02[1]		72.40
0.65	65.80	70.68	76.38	66.33	56.35	67.11
Ave	81.378	80.738	76.153	60.855	56.351	77.894

第 4 样树 Sample tree No.4

H(m)	*P* I	II	III	IV	V	VI	Ave
13.66	67.33[1]						67.33
12.34	75.37[1]	59.41[1]					67.39
11.66	79.66[1]	66.46[1]					73.06
11.00	84.86	66.92[]					75.89
10.34	80.89	67.39[]					74.14
9.66	96.73[1]	67.85[1]					82.29
9.00	99.51[1]	44.09[1]					71.80
7.66	87.49[1]	48.80[]					68.15
7.00	84.57[1]	53.5[1]					69.03
6.34	85.03	60.17[1]					72.60
5.00	82.02[1]	74.48[1]					78.25
4.34	94.25	80.37					87.31
3.66	99.27	72.93[1]	66.27[1]				79.49
3.00	92.41	92.37[1]	Nan				82.33
2.34	109.61[1]	83.51[1]	58.13[1]				83.75
1.65	96.11	93.05	77.21				88.79
0.65	97.21[1]	74.96[1]	84.21[1]	72.40[1]			82.19
Ave	88.96	69.14	69.60	72.40			77.92

第 5 样树 Sample tree No.5

H(m)	*P* I	II	III	IV	V	Ave
17.66	72.29[1]					72.29
14.34	72.53[1]	59.27[1]				65.90
12.34	75.81	68.36[1]				72.08
11.66	47.59[1]	69.02[1]				58.30
11.00	81.63[1]	78.72[1]				80.18
10.34	79.78[1]	76.44				78.11
9.00	73.62[3]	76.30[3]	64.19[1]			71.37
8.34	83.07[3]	77.59[3]	76.45[1]			79.04
7.66	87.62	81.85	52.55[1]			74.01
7.00	78.82	88.20[1]	79.99[]			82.33
6.34	71.80	95.94	77.42[1]			81.72
5.66	85.60	99.96[1]	74.44[]			86.67
5.00	79.61[1]	71.10[1]	71.46[]			74.06
4.34	79.56[1]	80.08[1]	68.48[]			76.04
3.66	79.65	83.54	65.50	58.22[1]		71.73
3.00	85.77	88.55	79.73[1]	55.85[]		77.47
2.34	89.57	59.99[1]	77.72[1]	53.48[]		70.19
1.65	94.77[1]	100.77	57.60[1]	51.11[]		76.06
0.65	64.78[1]	72.84[1]	61.74	48.73	64.25[1]	62.47
Ave	78.10	79.36	69.79	53.48	64.25	74.13

注：同附表 14-1。

Note: The same as appendant table 14-1.

附表 14-3　落叶松样树次生木质部(木材)静曲弹性模量(MPa)

Appendant table 14-3　Modulus of elasticity in static bending of secondary xylem (wood) in Dahurian larch sample trees(MPa)

H(m)	*P*						Ave	*H*(m)	*P*					Ave
	I	II	III	IV	V	VI			I	II	III	IV	V	
第 1 样树 Sample tree No.1								第 2 样树 Sample tree No.2						
15.66	5909						5909							
15.00	6374						6374							
14.34	7178						7178							
13.66	7153						7153	15.00	6237					6237
13.00	8652						8652	13.66	7735					7735
12.34	8929						8929	12.34	7392					7392
11.66	8644	8183					8413	11.00	8454					8454
11.00	9276	8147					8712	9.75	8476	6786				7631
10.34	9428	8111					8770	9.25	7854	7899				7876
9.66	7273	8075	7795				7715	8.75	8091	7598				7845
8.34	7516	8516	7851				7961	8.25	8975	8043				8509
7.66	8179	9874	8112				8722	7.66	9663	8154	6794			8204
7.00	7185	8838	8374				8132	7.00	9765	8506	6354			8208
6.34	7019	8203	8670	5557			7362	6.34	8790	8281	6426			7832
5.66	7572	9722	8577	5277			7787	5.66	8110	8361	6221			7564
5.00	7560	9169	8483	4997			7552	5.00	9313	7721	6016			7683
4.34	9838	9759	8413	5958			8492	4.34	7696	7105	5942			6914
3.66	9456	10432	9018	6918			8956	3.66	8138	8400	6049			7529
3.00	9952	10561	9365	7879	3769		8305	3.00	7897	9887	6661	5539		7496
2.34	8929	9445	9086	6626	4322		7682	2.34	8156	7003	5093	5282		6384
1.65	7906	8330	7812	6249	4876		7035	1.65	6655	6919	5247	5019		5960
0.65	6052	7214	6538	5873	5430	5420	6088	0.65	5630	5997	5306	4593	4098	5125
Ave	7999	8911	8315	6148	4599	5420	7782	Ave	8054	7777	6010	5108	4098	7206
第 4 样树 Sample tree No.4								第 5 样树 Sample tree No.5						
								17.66	5962					5962
								14.34	7931	5683				6807
13.66	7552						7552	12.34	6937	5993				6465
12.34	8031	5703					6867	11.66	7384	6481				6933
11.66	8161	5750					6955	11.00	8350	7385				7867
11.00	8685	5886					7286	10.34	8570	7452				8011
10.34	8246	6069					7157	9.00	6967	7719	6065			6917
9.66	10114	6252					8183	8.34	8576	7910	6435			7640
9.00	10088	5345					7717	7.66	9286	8013	7617			8305
7.66	9575	5661					7618	7.00	8934	8364	7572			8290
7.00	8368	5976					7172	6.34	6977	9574	7527			8026
6.34	8327	5262					6794	5.66	9241	10109	7281			8877
5.00	7162	7310					7236	5.00	7803	6830	7236			7290
4.34	9615	7911					8763	4.34	7839	7775	7091			7568
3.66	9944	7945	5987				7959	3.66	7616	9166	6945	4419		7037
3.00	9277	8973	Nan				7922	3.00	9503	9522	7663	4444		7783
2.34	10511	8494	5047				8017	2.34	8433	9830	7706	4469		7610
1.65	8667	9297	6779				8248	1.65	9473	9491	5082	4493		7135
0.65	8466	6502	6476	5557			6750	0.65	6525	7006	5336	4518	4139	5505
Ave	8870	6771	5961	5557			7551	Ave	8016	8017	6889	4469	4139	7369

注：同附表 14-1。

Note: The same as appendant table 14-1.

附表 14-4　落叶松样树次生木质部(木材)顺纹抗压强度(MPa)

Appendant table 14-4　Compressive strength parallel to grain of secondary xylem (wood) in Dahurian larch sample trees(MPa)

第 1 样树 Sample tree No.1

H(m)	*P* I	II	III	IV	V	VI	Ave
14.34	35.71	35.16[1]					35.44
13.00	34.99[1]	37.08[ ]					36.03
12.34	40.57[1]	39.00					39.78
11.00	35.95[1]	Nan	32.23[1]				34.09
10.34	38.91[1]	Nan	35.88[1]				37.4
9.00	43.99[1]	Nan	41.04[1]				42.52
8.34	39.12[1]	Nan	Nan	29.45[1]			34.28
7.00	42.02[ ]	Nan	Nan	29.43[1]			35.72
6.34	44.92[ ]	Nan	Nan	32.34[1]			38.63
5.00	38.75[1]	Nan	Nan	27.47[1]			33.11
4.34	49.00[1]	Nan	Nan	27.61[1]			38.31
2.34	38.46	47.29	43.94	36.77	31.2		39.53
1.65	36.11[ ]	Nan	Nan	Nan	29.20		32.66
0.65	33.77	Nan	Nan	Nan	Nan	25.19[1]	29.48
Ave	39.45	39.63	38.27	30.51	30.20	25.19	36.53

第 2 样树 Sample tree No.2

H(m)	*P* I	II	III	IV	V	Ave
13.00	35.69[1]	35.69[ ]				35.69
12.34	38.61[1]	38.61[ ]				38.61
11.00	38.95[ ]	40.92[1]				39.94
10.34	39.30	39.15[1]				39.22
9.00	41.17	41.56				41.37
8.34	41.69	Nan	35.83			38.76
7.00	35.40[1]	Nan	35.31[ ]			35.36
6.34	39.37[1]	Nan	34.79			37.08
5.00	38.18[ ]	Nan	Nan	28.55[1]		33.37
4.34	37.00	Nan	Nan	29.70[1]		33.35
3.00	41.79[1]	Nan	Nan	Nan	28.50[1]	35.15
1.65	37.56[ ]	37.64[1]	29.74	31.61[ ]	33.49[1]	34.01
0.65	33.34	Nan	Nan	Nan	24.72	29.03
Ave	38.31	38.93	33.92	29.95	28.90	36.00

第 4 样树 Sample tree No.4

H(m)	*P* I	II	III	IV	V	VI	Ave
13.66	33.67	33.67[ ]					33.67
13.00	37.02[ ]	30.80[1]					33.91
12.34	40.36	29.95[1]					35.16
10.34	42.53	31.93					37.23
9.00	43.82[ ]	Nan	26.85[1]				35.34
8.34	45.12	Nan	23.98[1]				34.55
7.66	44.73[ ]	Nan	28.07[1]				36.4
7.00	44.34[ ]	Nan	31.19[1]				37.77
6.34	43.96	Nan	27.72[ ]				35.84
5.00	45.05[ ]	Nan	Nan	24.26[1]			34.66
4.34	46.15	Nan	30.70[1]	26.15[ ]			34.33
1.65	44.45	43.33	29.79	28.04[ ]			36.40
0.65	43.4	Nan	Nan	29.92			36.66
Ave	42.66	33.94	28.33	27.09			35.55

第 5 样树 Sample tree No.5

H(m)	*P* I	II	III	IV	V	Ave
16.34	38.21	38.21[ ]				38.21
15.00	38.68[ ]	35.21[1]				36.95
14.34	39.15	37.18[1]				38.16
12.34	35.76	35.81				35.79
11.00	41.99[1]	Nan	34.83[1]			38.41
10.34	42.23[1]	Nan	35.18[1]			38.71
8.34	39.99	Nan	36.70			38.34
7.00	43.03[ ]	Nan	42.30[1]			42.66
6.34	46.07	Nan	Nan	29.12[1]		37.59
5.66	45.56[ ]	Nan	33.04	28.41[ ]		35.67
5.00	45.05[ ]	Nan	Nan	27.70[1]		36.37
4.34	44.54	Nan	Nan	30.37[ ]		37.46
2.34	40.26	41.51	34.21	33.04		37.26
1.65	38.52[ ]	Nan	Nan	30.47[1]		34.49
0.65	36.77	Nan	Nan	29.25[1]	27.53[1]	31.19
Ave	41.05	37.59	36.04	29.76	27.53	36.94

注：同附表 14-1。

Note: The same as appendant table 14-1.

附表 14-5 云杉样树次生木质部(木材)力学性质(MPa)

Appendant table 14-5 Mechanical properties of secondary xylem (wood) in Chinese spruce sample trees(MPa)

H(m)	P				Ave	H(m)	P				Ave	H(m)	P			Ave
	I	II	III	IV			I	II	III	IV			I	II	III	
静曲抗弯强度 Static bending strength																
第 1 样树 Sample tree No.1						第 2 样树 Sample tree No.2						第 3 样树 Sample tree No.3				
7.66	42.47[3]	42.58[1]			42.52											
7.00	45.24	44.38[1]			44.81	7.66	38.97[4]	40.34			39.65					
6.34	38.60[3]	41.01[1]			39.80	7.00	39.41[4]	38.87			39.14	7.00	43.96[3]	43.46[1]		43.71
5.75	45.21[5]	42.60[3]			43.90	6.34	34.83	38.45[1]			36.64	6.34	45.35[4]	41.37[3]		43.36
5.25	42.21[3]	41.12[1]			41.66	5.66	42.21[9]	38.04[3]	25.63[1]		35.29	5.66	47.29	34.28		40.78
4.75	41.02[4]	39.64[1]			40.33	5.00	44.28[8]	37.29[4]	30.45[1]		37.34	5.00	45.81[5]	40.74[3]		43.27
4.25	38.07[5]	46.90[1]			42.48	4.34	44.15[5]	41.33[1]	33.79[1]		39.75	4.34	47.38[8]	44.33[1]		45.86
3.00	42.93[5]	40.26[4]	31.16[1]		38.12	3.00	51.50[6]	45.36[5]	37.13[1]		44.67	3.00	52.10[7]	44.55[3]		48.33
2.34	46.39[5]	45.29[4]	40.34[1]		44.01	2.34	54.40[7]	48.07[5]	40.48[2]		47.65	2.34	54.63[7]	45.48[3]	34.75[1]	44.95
0.65	45.44[7]	42.73[7]	44.52[3]		44.23	0.65	57.61[10]	48.86[8]	44.22[7]		50.23	0.65	51.88[6]	46.00[4]	40.92[1]	46.27
Ave	42.76	42.65	38.67		42.18	Ave	45.26	41.85	35.29		41.49	Ave	48.55	42.53	37.83	44.68
静曲弹性模量 Modulus of elasticity in static bending																
第 1 样树 Sample tree No.1						第 2 样树 Sample tree No.2						第 3 样树 Sample tree No.3				
7.66	4080	4452			4266											
7.00	4401	4542			4472	7.66	3895	3736			3816					
6.34	4018	4167			4093	7.00	3907	3605			3756	7.00	4448	4389		4419
5.75	4469	4196			4333	6.34	3479	3619			3549	6.34	4430	3659		4045
5.25	4291	4067			4179	5.66	4267	3634	3539		3813	5.66	5066	3602		4334
4.75	4090	3938			4014	5.00	4374	3553	3187		3704	5.00	5012	4214		4613
4.25	4040	4529			4285	4.34	4489	3841	3474		3934	4.34	5073	4350		4711
3.00	4305	3821	3211		3779	3.00	5105	4129	3760		4331	3.00	5427	4246		4836
2.34	4742	4131	4038		4304	2.34	5193	4210	4047		4483	2.34	5630	4631	4482	4914
0.65	4554	4152	4111		4272	0.65	5328	4335	3775		4479	0.65	4966	4466	3101	4177
Ave	4299	4199	3787		4189	Ave	4448	3851	3630		4020	Ave	5006	4195	3791	4511
顺纹抗压强度 Compressive strength parallel to grain																
第 1 样树 Sample tree No.1						第 2 样树 Sample tree No.2						第 3 样树 Sample tree No.3				
7.66	21.27	24.41[1]			22.84											
7.00	20.95[1]	23.50[1]			22.22							7.66	21.78	19.38[1]		20.58
6.34	20.63	23.31[1]			21.97	7.66	19.98	21.35			20.67	7.00	22.26[1]	21.65[1]		21.96
5.75	20.89	21.84			21.36	6.34	20.04	21.06			20.55	6.34	22.75	26.00[1]		24.38
4.75	20.81[1]	20.89			20.85	5.00	21.64[1]	Nan	18.33[1]		19.98	5.00	23.91[1]	22.99		23.45
4.25	20.73	20.91[1]			20.82	4.34	23.23	Nan[1]	19.91[1]		21.57	4.34	25.07	23.02[1]		24.05
2.34	21.08	19.04	20.93		20.35	2.34	28.85	21.36	20.42		23.54	2.34	28.10	24.71	25.03	25.94
0.65	21.83[1]	23.35[1]	24.86[1]	23.75[1]	23.45	0.65	25.86	25.35[1]	24.85[1]	25.61[1]	25.42	0.65	27.06	25.38[1]	23.69	25.38
Ave	21.02	22.15	22.90	23.75	21.84	Ave	23.27	22.28	20.88	25.61	22.52	Ave	24.42	23.30	24.36	23.92

注：同附表 14-1。

Note: The same as appendant table 14-1.

附表 14-6　冷杉第 6 样树次生木质部(木材)力学性质(MPa)

Appendant table 14-6　Mechanical properties of secondary xylem (wood) in Faber fir sample tree No.6

静曲抗弯强度 Static bending strength

H(m)	*P* I	II	III	IV	Ave
9.66	46.38[1]				46.38
9.00	46.59[3]	38.84[1]			42.71
8.34	46.40[6]	41.36[1]			43.88
7.75	47.64[5]	42.72[1]			45.18
7.25	48.56[6]	42.81[ ]			45.69
6.75	48.55[8]	42.90			45.73
6.25	47.51[8]	44.77	35.30[1]		42.53
5.66	45.73[7]	44.00[3]	39.98[1]		43.24
5.00	44.58[8]	41.58[4]	37.49[1]		41.21
4.34	45.80[10]	41.19[5]	38.21[1]		41.73
3.00	47.76[18]	41.65[6]	39.1		42.83
2.34	48.76[18]	44.04[10]	40.84		44.55
0.65	49.66[21]	42.54[14]	43.65[5]	45.26[1]	45.28
Ave	47.22	42.37	39.22	45.26	43.70

静曲弹性模量 Modulus of elasticity in static bending

H(m)	*P* I	II	III	IV	Ave
9.66	4555				4555
9.00	4855	3178			4017
8.34	4786	3339			4062
7.75	4847	3940			4394
7.25	4926	4079			4503
6.75	4819	4218			4519
6.25	4790	4109	2885		3928
5.66	5510	4623	3690		4607
5.00	4704	4211	3392		4102
4.34	4750	4220	3191		4053
3.00	4826	4281	3595		4234
2.34	4995	4492	3786		4424
0.65	5047	4162	3961	3398	4142
Ave	4878	4071	3500	3398	4247

顺纹抗压强度 Compressive strength parallel to grain

H(m)	*P* I	II	III	IV	Ave
9.66	23.40	20.07			21.74
9.00	23.81	20.37[ ]			22.09
8.34	23.11	20.67[1]			21.89
7.00	23.52[ ]	Nan	19.16[1]		21.34
6.34	23.93	Nan	20.31[1]		22.12
5.00	24.21[ ]	Nan	20.40[1]		22.30
4.34	24.49	Nan	20.76[1]		22.63
2.34	23.62	20.74	22.13		22.16
0.65	26.26	Nan	Nan	22.19	24.23
Ave	24.04	20.46	20.55	22.19	22.27

注：同附表 14-1。

Note: The same as appendant table 14-1.

附表 14-7　杉木第 5 样树次生木质部(木材)力学性质(MPa)

Appendant table 14-7　Mechanical properties of secondary xylem (wood) in Chinese fir sample tree No.5(MPa)

静曲抗弯强度 Static bending strength

H(m)	*P* I	II	III	IV	V	VII	Ave
6.34	44.85[1]	44.27[1]	33.18[1]				44.56
5.66	45.92	43.26[3]	38.23				42.47
5.00	48.64	42.47	36.88	36.37[1]			41.09
4.34	48.29	43.01[3]	34.70[3]	36.56			40.64
3.66	53.00	44.09[1]	43.67[1]	36.04[ ]			44.20
3.00	50.18[1]	45.97	36.77	35.52	43.33[1]		42.36
2.34	51.53[3]	48.12[3]	36.19	32.65[1]	27.09[1]		39.12
1.65	47.79	48.36	38.73	37.94	36.65[1]		41.89
0.65	46.58	50.14	40.16	40.68[1]	33.42[1]	39.26[1]	41.71
Ave	48.53	45.52	38.17	36.54	35.12	39.26	41.77

静曲弹性模量 Modulus of elasticity in static bending

H(m)	*P* I	II	III	IV	V	VI	Ave
6.34	4642	4242	3673				4442
5.66	4930	4214	3713				4286
5.00	4983	4144	3560	3532			4055
4.34	4843	4298	3333	3552			4007
3.66	5279	4409	4253	3500			4360
3.00	5084	4519	3479	3446	3575		4021
2.34	5141	4707	3557	3374	3592		4074
1.65	4821	4666	3667	3716	3492		4072
0.65	4870	4900	3934	3946	3300	3027	3996
Ave	4955	4455	3687	3581	3490	3027	4112

顺纹抗压强度 Compressive strength parallel to grain

H(m)	*P* I	II	III	IV	V	Ave
17.66	24.51	24.51[ ]				24.51
17.00	23.15	23.15[ ]				23.15
16.34	21.54	23.49[1]				22.52
15.33	22.82[1]	24.84[1]				23.83
15.00	22.82[1]	25.17[1]				24
13.66	24.58[1]	25.14[1]				24.86
13.00	23.40[1]	22.67[1]				23.04
11.00	23.53[ ]	Nan	22.92[1]			23.23
10.34	23.67	Nan	22.01[1]			22.84
9.00	24.45[ ]	Nan	21.54[1]			22.99
8.34	25.23	Nan		22.16[1]		23.70
7.66	24.81[ ]	Nan		20.19[1]		22.50
7.00	24.39[1]	Nan	19.31[1]	19.31[ ]		21.00
6.34	27.36[1]	Nan	Nan	19.51[1]		23.44
4.34	27.84	Nan	Nan	19.64		23.74
3.00	28.15[1]	25.44[1]	Nan	20.61[ ]		24.73
2.34	27.75[1]	25.23[1]	22.1	20.61	21.57	23.45
0.65	23.37[ ]	Nan	Nan	Nan	19.24	
Ave	24.63	24.41	21.58	20.29	20.40	23.26

注：同附表 14-1。

Note: The same as appendant table 14-1.

取得符合α=0. 01 的回归结果只表示从总体来看用密度预估强度有可靠性。但相关系数低则表明，对个别试样而言用它的密度估计强度就未必准确。因而放弃了利用密度研究力学性能在发育中变化的进一步尝试。

14.9 结　　论

木材力学强度是由木材结构决定的性状。木材结构是次生木质部在遗传控制的发育中建构的，存在木材力学性能变化的趋势性是必然结果。本章用非生命材料研究次生木质部生命中的变化。

五种针叶树显示单株样树内力学性能变化的有序性，落叶松、云杉数样树同一性能的相似性和五树种间同一力学性能的可比性都是次生木质部构建中存在发育变化的表现。

抗弯强度和顺纹抗压强度是在不同试样上进行的不同类型试验。同一样树两种强度性能试验结果图示的变化趋势相同。这一结果只能在它们具有一定比例关系、测定精度和数据处理符合要求条件下才能取得。

顺纹抗压试验取样数有精减，但未影响它在图 14-28、图 14-29 中与同一树种抗弯性能变化一致性的趋势。

利用密度预估木材强度研究力学性能在次生木质部发育过程中的变化未能取得肯定。

15　次生木质部构建中木材干缩性的发育变化

本章图示概要

全干缩率是由生材至全干的收缩率。

第一类(弦向全干缩率)

X 轴——高生长树龄。

图中曲线分别代表不同水平部位沿树高的变化。

弦向全干缩率的发育变化。

第二类(径向全干缩率)

径向全干缩率的发育变化

其他说明全部与 A 同

第三类(纵向全干缩率)

纵向全干缩率的发育变化

其他说明全部与 A 同

第四类——甲

X 轴——高生长树龄

字母标注的曲线分别代表不同树种

全干缩率的树种趋势

第四类——乙

X 轴——自髓心向外水平取样位置序号

其他说明全部与第四类——甲同

其他(弦/径干缩化)

本章用表概要

本章实验结果附表(原始数据)概要

次生木质部不同高、径部位(不同两向生长树龄组合)的全干缩率

摘　要

透彻剖析木材干缩性形成的机理，是能认识它在次生木质部构建中具有发育性质变化的条件。发育研究和工艺利用在测定木材干缩性的要求上是有差别的。要清楚分辨出我国国家标准木材干缩性测定方法条款中哪些在发育研究实验中须采用，哪些须作新安排。干缩性测定不能做到在不同高度逐龄年轮上取样，只能报告出它随树茎两向生长变化的趋势。次生木质部构建中木材干缩性变化的图示在种内株间具有相似性，并在针叶树种间显示出可相比的联系。这些从一个侧面证明了次生木质部构建中存在发育现象，并表明木材干缩性是次生木质部发育变化构成中的一个性状。

15.1　木材干缩性在林业和木材科学研究中的学术范围

木材的主要有机成分决定了它是亲水材料。使用中的气干木材形态尺寸一直处于随大气湿度变化的不稳定状态。木材和水分的关系是木材科学中的重要内容。木材化学改性研究永久性减免木材的吸湿性。高等林业院校木材科学和工艺学专业均设有木材干燥学课程。木材干缩性指标是木材加工工艺的基本参数。

我国国家标准木材干缩性测定方法(GB1932—91)规定：

(1) 干缩性与力学性能试材在共同样木相同部位上截取。

(2) 试样各面均应平整，端部相对的两个边棱均应与试样端面的年轮大致平行，并与另一相对的边棱相垂直，试样上不允许有明显的可见缺陷。

(3) 试样尺寸为 20mm×20mm×20mm。

(4) 测定尺寸准确至 0.01mm。

(5) 测定前，将试样浸泡于水中至尺寸稳定后再测定。在每试样各相对面的中心位置，分别测量试样的径向和弦向尺寸。

(6) 将测定尺寸后的试样放在烘箱中，开始温度 60℃保持 6h。然后，在(103±2)℃的温度下烘 8h 后，从中选定 2~3 个试样进行第一次试称，以后每隔 2h 试称一次，至最后两次称量之差不超过 0.002g 时，即认为试样达到全干。再测全干试样径、弦向尺寸。

(7) 按下式计算试样径、弦向全干缩率，0.1%：

$$\beta_{\max}=l_{\max}-l_0/l_{\max}\times 100$$

式中，$\beta_{\max}$ 为试样径向或弦向的全干缩率，%；$l_{\max}$ 为试样湿材时径向或弦向的尺寸，mm；l_0 为试样全干时径向或弦向的尺寸，mm。

《中国主要树种的木材物理力学性质》(中国林业出版社，1982)汇集了 342 个树种材性测定结果，其中包括径向、弦向和体积干缩系数。干缩系数是纤维饱和点以下含水率变化 1%的干缩量。该书指出，为了合理利用森林资源，并为选择优良的造林树种提供科学依据，有必要了解这些树种的木材物理力学性质。

15.2 木材干缩性在次生木质部发育研究中的新应用

15.2.1 机理

木材胞腔中的水分(自由水)对木材的形态变化不产生影响，只有存在于胞壁中的水分(吸着水)才会引起木材干缩或湿胀。纤维饱和点是以全干材重量为基数的胞壁水最高含量百分率。

木材胞壁的结构特点是，一方面它的主要化学成分具有大量的亲水的羟基，并具有超微的微细孔隙；另一方面木材胞壁的超微结构有足够能维持细胞形态的物理和化学因素。这些因素使得木材只在纤维饱和点以下有湿胀，并在饱水状态下能长时保持木材原结构和体形。

木材的径、弦和纵向干缩的差异是木材的细胞结构造成的。针叶树木材主要由顺纹排列的纤维状管胞构成，管胞胞壁的微纤丝又多与管胞长轴平行，造成纵向干缩在三者中最小。木材中的木射线限制了径向收缩；而管胞径壁上分布较多的纹孔又减少了胞壁中的容水微孔隙。这些特点使得径向干缩仅为弦向的 1/2。

如木材基本密度高，则单位木材体积中的胞壁物质多，胞壁中的超微空隙随之也多，使得木材的胀缩性大。速生材树茎中心部位的微纤丝角大，使得纵向干缩量增大。斜纹的木材易于产生翘曲。这些都充分表明，木材的干缩和湿胀性的差别是由微观结构和超微结构确定的。

次生木质部发育研究不是把干缩作为影响木材使用的一个性能，而是把它看做木材结构随两向生成树龄变化的一种表现。从发育的角度看，木材结构在次生木质部生命过程中的变化有微观方面：胞壁厚薄和层次结构的比例等；超微方面：微纤丝角度、可容水的微细空隙量(水不能进入结晶区)和不同亲水性成分比例(半纤维素和纤维素亲水性有差别)等。树茎不同部位木材干缩性的差别是这些结构因子随两向生长树龄变化在木材性能上的一种综合表现。

次生木质部发育研究把木材干缩性看做是次生木质部构建中的一个动态变化的性状因子。测定它在单株内的差异是手段，目的是揭示这种差异在形成中的变化过程。

干缩和湿胀是同一木材结构下的相逆物理过程。次生木质部发育研究只需择一个进行测定。由于全干过程易于产生难以消除的干燥应力，故全干缩率准确性较湿胀率高。

15.2.2 发育研究与木材利用在测定木材干缩性上的差别

在 15.1 列出的我国国家标准有关木材干缩性测定方法规定中，除取样的相关规定外，其他在本项目发育研究中均受到采用。发育研究尚须另作一些要求：

(1) 取样。

次生木质部发育研究取样的原则是须满足在回归分析中能取得两向生长树龄组合连续的要求。

自根颈向上分别在南、北中心板和径向窄板的逐个短段上取样。受试样尺寸的限制，虽然木材干缩性测定不能做到在不同高度沿径向逐龄取样，但可在自茎周向内连续锯剖的木条上取样。取样高度和径向位置准确，但试样名义高度是近似值，共取木材干缩性试样 2118 个(表 15-1)。

表 15-1　五种针叶树木材干缩性试样数

Table 15-1　The specimen number of wood shrinkage of five coniferous species

样树种别和株别 Species and Ordinal numbers of sample tree		三向干缩率试样径向位置和试样数 Maximum shrinkage radial specimen positions and number of sampling							
		I	II	III	IV	V	VI	合计	
落叶松 Dahurian larch	1	33	44	35	17	9	2	140	544
	2	46	36	26	12	6		126	
	4	45	37	21	5			108	
	5	60	52	42	15	1		170	
冷　杉 Faber fir	2	17	17	13				47	364
	3	26	13	14	5	2		60	
	4	14	17	12	3			46	
	6	128	62	19	2			211	
云　杉 Chinese spruce	1	57	31	9	3			100	323
	2	71	39	11	1			122	
	3	58	36	7				101	
马尾松 Masson's pine	4	158	55	33	23	4		273	273
杉　木 Chinese fir	1	58	29	10				97	614
	2	87	51	31	5			174	
	3	41	30	22	1			94	
	4	57	37	13				107	
	5	47	37	30	20			142	

(2) 试样的高生长树龄和径向位置编号。

每一试样的取样短木段中央高度是它的名义取样高度。根据样树取样高度和高生长树龄的关系(表 2-6)，可确定出各试样的高生长树龄。虽然这些不是高生长树龄的准确值，但能符合试样的高度序列无误的要求。

各高度自茎周向内径向取样用罗马数字编序为 I、II……V；在数据处理中，对相同试样自髓心向外用阿拉伯数字重新编序为 1、2……5 。干缩性试样编序与力学试样完全相同。

干缩性试样短(20mm)，力学试样长(其一 300mm、另一 30mm)。它们的断面尺寸相同(20mm×20mm)，在各取样木条上的位置上、下相连。

(3) 仅测饱水至全干两极端条件间的全干缩率。

(4) 纵向干缩性列入测定范围。测定每个试样径、弦和纵向尺寸各两次，取平均值，准确至 0.005mm。共测数据 12 608 次。

(5) 测出每一干缩性试样的基本密度。

15.2.3　测定结果的数据处理

本章全部图示的横坐标为高生长树龄。以罗马数字标注的曲线示出自茎周向内相同径向尺寸位置干缩率沿树高的变化。这类图示是用取样位置序列来表示试样在径向生长中生成的先后，同一曲线试样的径向生长树龄并不完全相同。它只表示出了干缩性随树茎两向生长发育变化的相对趋势。这与用径向生长树龄准确表示逐年生长鞘随高生长树龄的变化或不同高度径向逐龄的发育变化是有差别的。

以阿拉伯数字标注的曲线，是离髓心相同径向尺寸位置的干缩性沿树高的变化。

本章马尾松单株样树干缩性的曲线图示有两种，分别以罗马数字或阿拉伯数字标注。其他四树种都为数样树，单株样树均只有罗马数字标注的一种图示；数样树数据合并绘得的共同发育变化模式则有两种编序的图示。

15.2.4 图示结果在发育研究中的作用

本章测定五种针叶树木材干缩性研究它在次生木质部发育过程中的变化。

次生木质部发育是它构建中的变化过程的观点系首次提出。有关木材干缩性的发育测定结果需能反映出次生木质部构建过程中存在着发育变化，并须证明木材干缩性是次生木质部的发育性状。只有在取得这两结果前提下，才能论及木材干缩性在次生木质部发育过程中的变化。

遗传控制是证明次生木质部构建中变化的生物发育属性的必要条件。次生木质部构建中木材干缩性在种内株间变化的相似性和种间的可比性，都是木材干缩性的形成受遗传控制的表现。图示是证明遗传控制的有力手段。

15.3 弦向全干缩率在次生木质部构建中的发育变化

如图 15-1、图 15-2、图 15-4、图 15-6、图 15-8 所示，五树种木材弦向全干缩率在单株样树内的发育变化。这一变化在种内株间具有相似性。

如图 15-1、图 15-3、图 15-6、图 15-7、图 15-9 所示，五树种木材干缩性发育变化的树种模式。它们表现出针叶树种间弦向全干缩率变化趋势的可比性。这一可比性变化的总趋势是，木材弦向干缩性随高生长树龄减小，随径向生长树龄增大。

弦向全干缩率的发育变化在树种间也存在着差别。马尾松和云杉随高生长树龄一致性减小(图 15-1、图 15-6、图 15-7)；落叶松、冷杉和杉木随高生长树龄先有短时增高后转减小(图 15-2、图 15-4、图 15-5、图 15-8、图 15-9)。

如图 15-1、图 15-3、图 15-5、图 15-7、图 15-9 所示，树茎中心部位木材弦向干缩率在离髓心各序别的不同高度试样间都具有变化的差异。落叶松、马尾松和云杉第 1 序的变化呈∽形；冷杉和杉木第 1 序共同模式呈～形。各树种木材弦向干缩率在离髓心各序别间的差别趋势是，径向由内向外增大。

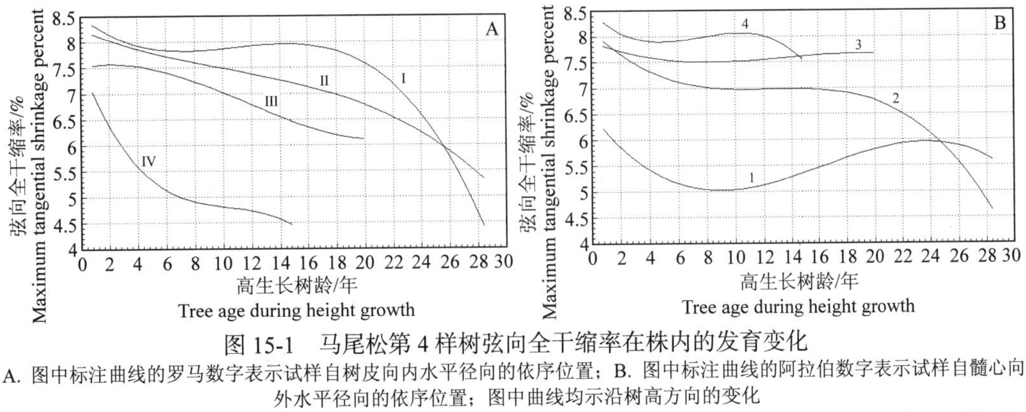

图 15-1 马尾松第 4 样树弦向全干缩率在株内的发育变化

A. 图中标注曲线的罗马数字表示试样自树皮向内水平径向的依序位置；B. 图中标注曲线的阿拉伯数字表示试样自髓心向外水平径向的依序位置；图中曲线均示沿树高方向的变化

Figure 15-1 Developmental change of maximum tangential shrinkage in Masson's pine sample tree No.4

A. The serial positions of specimen inward horizontally from bark in radial direction are represented by Roman numbers in the figure; B. The serial positions of specimen outward horizontally from pith in radial direction are represented by Arabic numbers in the figure. All the curves in the figure show the change along the stem length

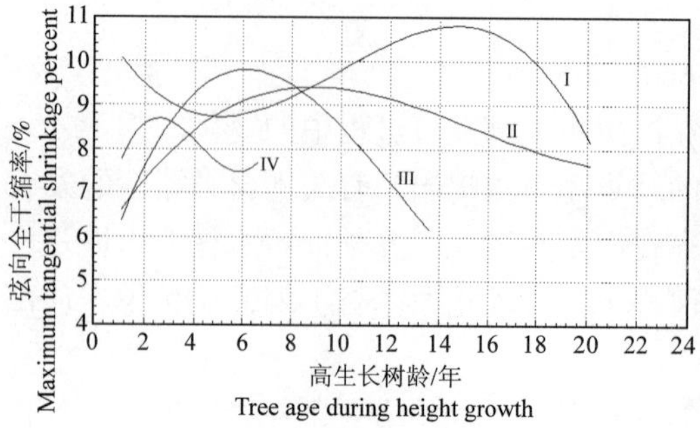

第 1 样树　Sample tree No.1

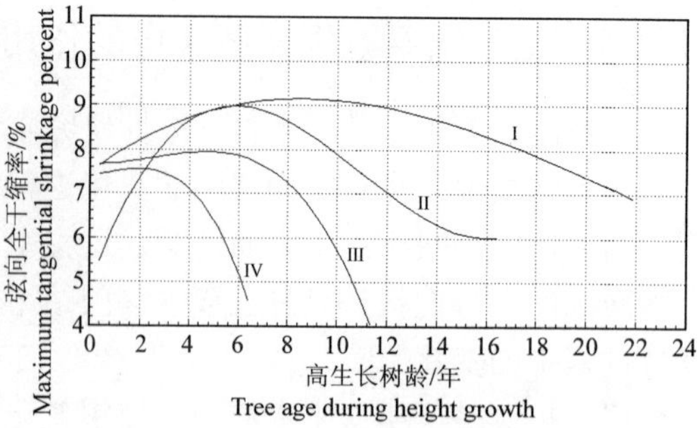

第 2 样树　Sample tree No.2

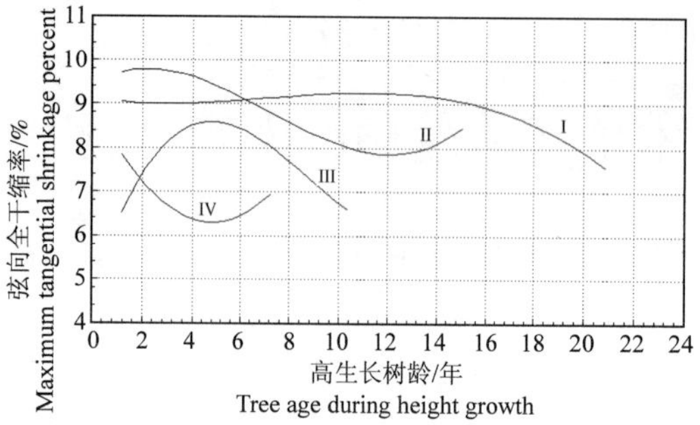

第 4 样树　Sample tree No.4

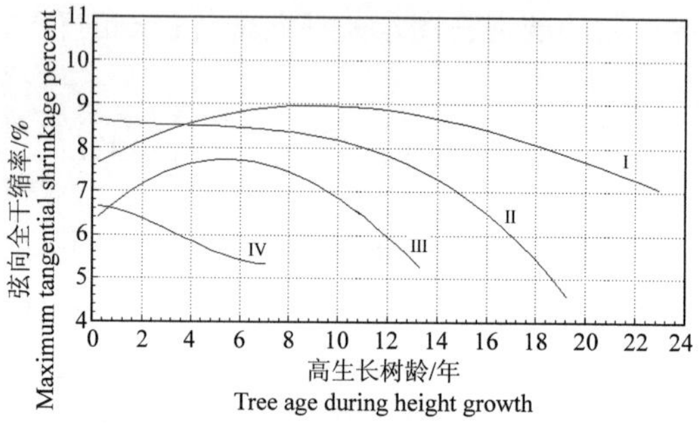

第 5 样树　Sample tree No.5

图 15-2　落叶松四株样树弦向全干缩率在株内的发育变化

图中标注曲线的罗马数字表示试样自树皮向内水平径向的依序位置

Figure 15-2　Developmental change of maximum tangential shrinkage in four sample trees of Dahurian larch

The serial positions of specimen inward horizontally from bark in radial direction are represented by Roman numbers in the figure

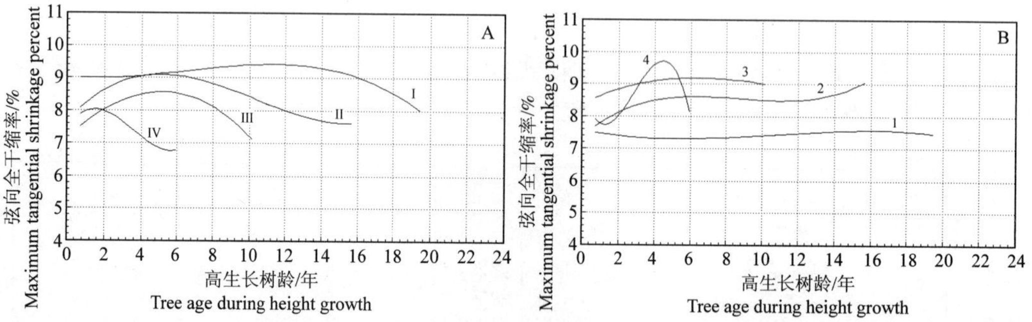

图 15-3　落叶松第 4 样树弦向全干缩率在株内的共同发育变化模式

A. 图中标注曲线的罗马数字表示试样自树皮向内水平径向的依序位置；B. 图中标注曲线的阿拉伯数字表示试样自髓心向外水平径向的依序位置；图中曲线均示沿树高方向的变化

Figure 15-3　Common mode of developmental change of maximum tangential shrinkage in four sample trees of Dahurian larch

A. The serial positions of specimen inward horizontally from bark in radial direction are represented by Roman numbers in the figure; B. The serial positions of specimen outward horizontally from pith in radial direction are represented by Arabic numbers in the figure. All the curves in the figure show the change along the stem length

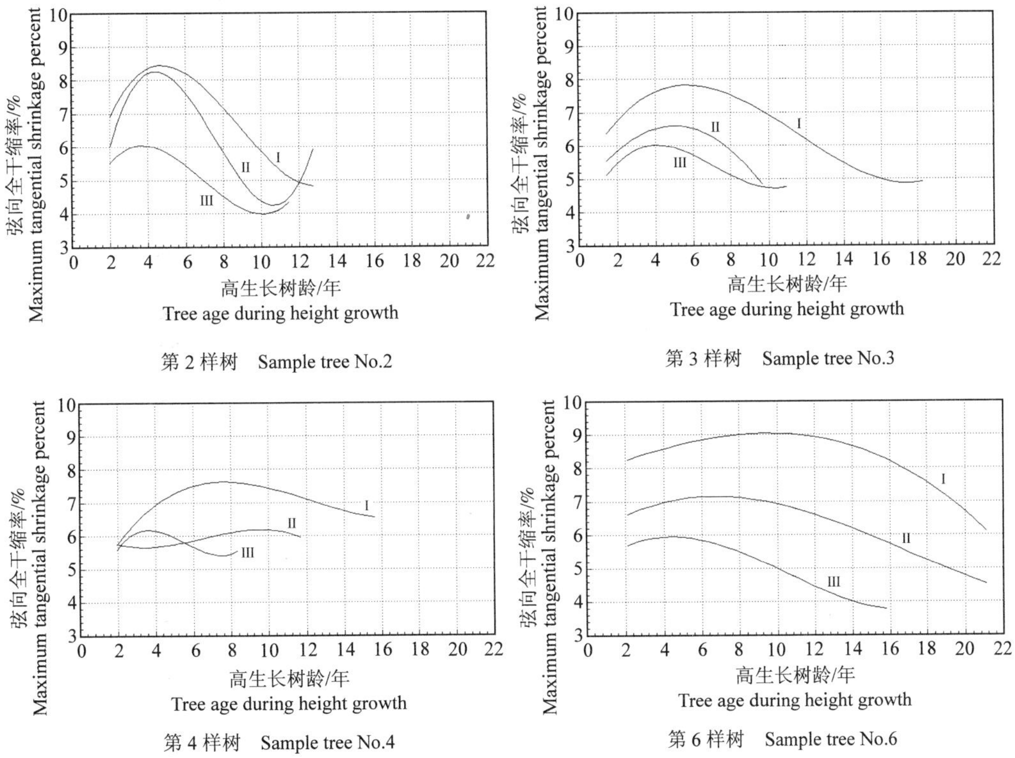

图 15-4 冷杉四株样树弦向全干缩率在株内的发育变化

图中标注曲线的罗马数字表示试样自树皮向内水平径向的依序位置

Figure 15-4 Developmental change of maximum tangential shrinkage in four sample trees of Faber fir

The serial positions of specimen inward horizontally from bark in radial direction are represented by Roman numbers in the figure

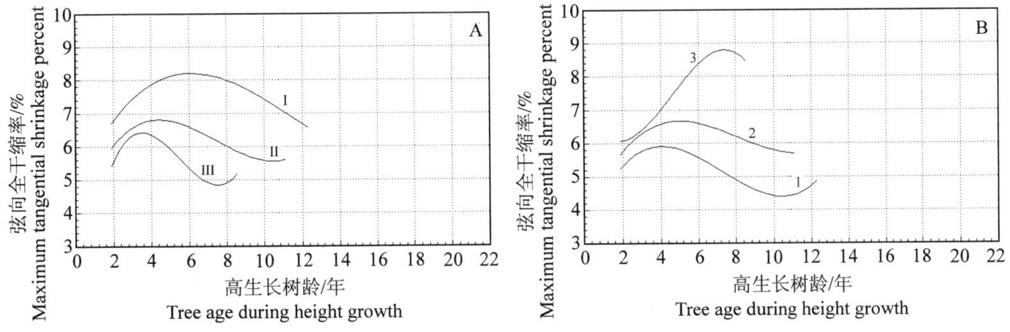

图 15-5 冷杉四株样树弦向全干缩率在株内的共同发育变化模式

A. 图中标注曲线的罗马数字表示试样自树皮向内水平径向的依序位置；B. 图中标注曲线的阿拉伯数字表示试样自髓心向外水平径向的依序位置；图中曲线均示沿树高方向的变化

Figure 15-5 Common mode of developmental change of maximum tangential shrinkage in four sample trees of Faber fir

A. The serial positions of specimen inward horizontally from bark in radial direction are represented by Roman numbers in the figure; B. The serial positions of specimen outward horizontally from pith in radial direction are represented by Arabic numbers in the figure. All the curves in the figure show the change along the stem length

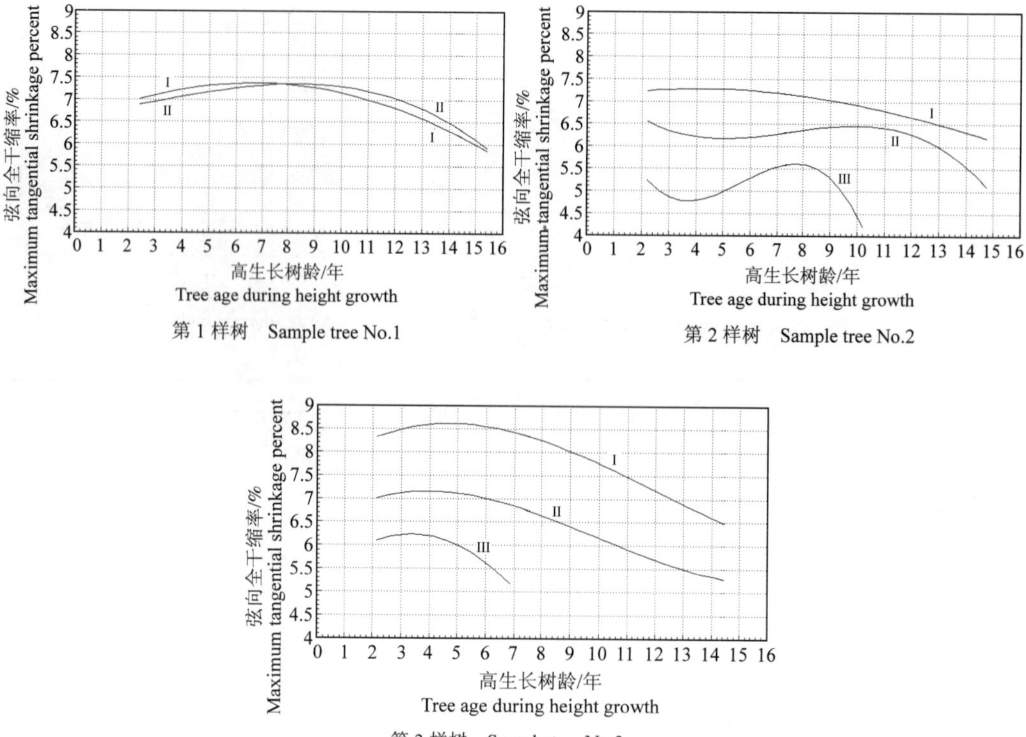

图 15-6　云杉三株样树弦向全干缩率在株内的发育变化

图中标注曲线的罗马数字表示试样自树皮向内水平径向的依序位置

Figure 15-6　Developmental change of maximum tangential shrinkage in three sample trees of Chinese spruce

The serial positions of specimen inward horizontally from bark in radial direction are represented by Roman numbers in the figure

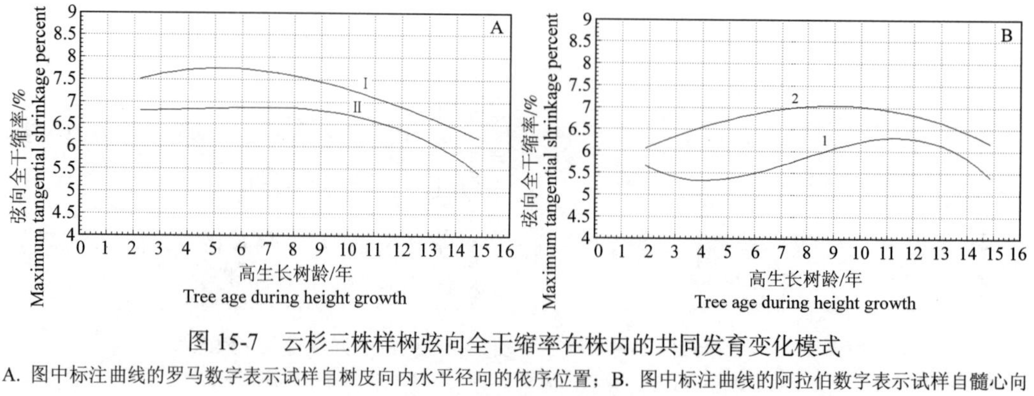

图 15-7　云杉三株样树弦向全干缩率在株内的共同发育变化模式

A. 图中标注曲线的罗马数字表示试样自树皮向内水平径向的依序位置；B. 图中标注曲线的阿拉伯数字表示试样自髓心向外水平径向的依序位置；图中曲线均示沿树高方向的变化

Figure 15-7　Common mode of developmental change of maximum tangential shrinkage in three sample trees of Chinese spruce

A. The serial positions of specimen inward horizontally from bark in radial direction are represented by Roman numbers in the figure; B. The serial positions of specimen outward horizontally from pith in radial direction are represented by Arabic numbers in the figure. All the curves in the figure show the change along the stem length

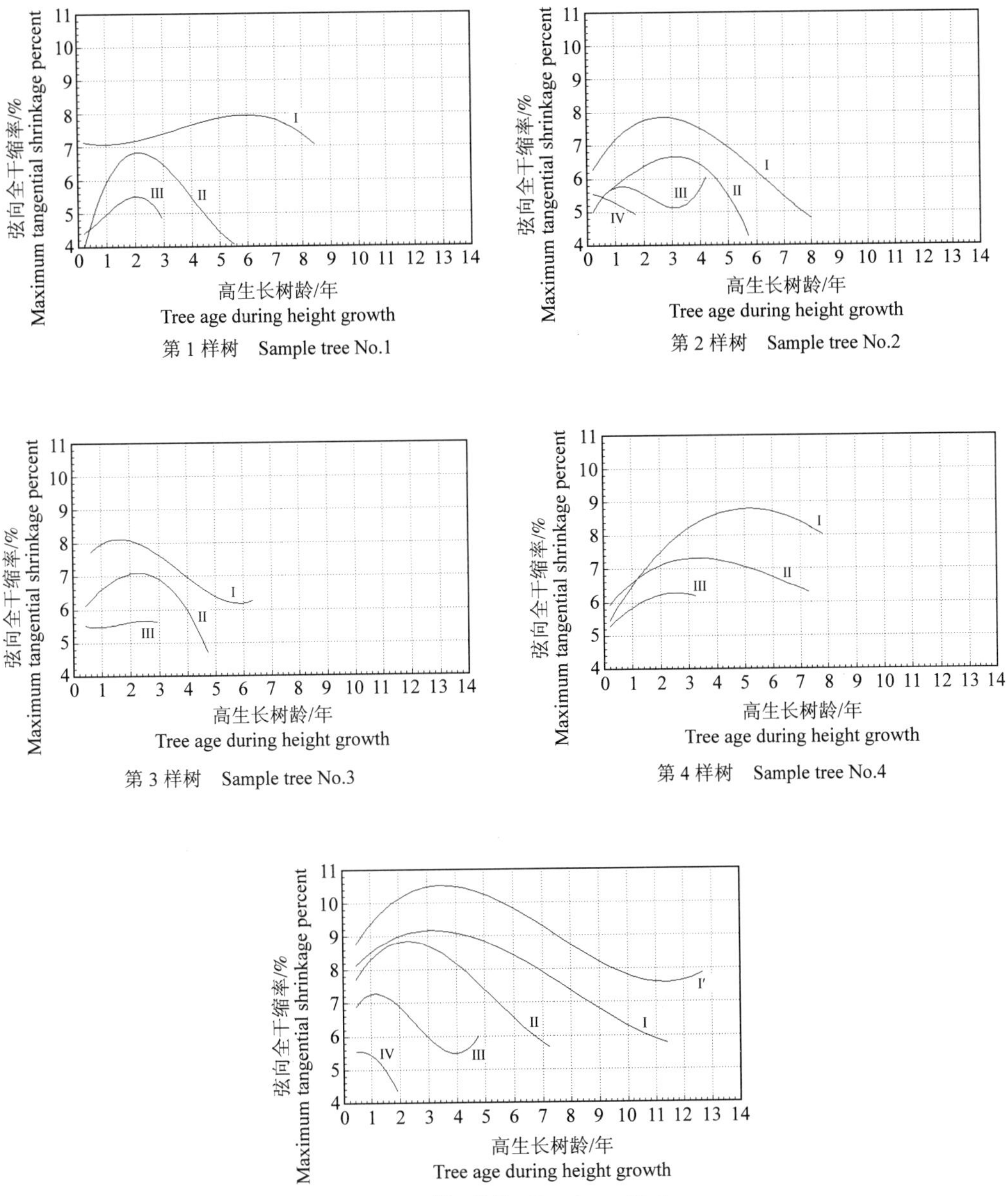

第 1 样树　Sample tree No.1

第 2 样树　Sample tree No.2

第 3 样树　Sample tree No.3

第 4 样树　Sample tree No.4

第 5 样树　Sample tree No.5

图 15-8　杉木五株样树弦向全干缩率在株内的发育变化

图中标注曲线的罗马数字表示试样自树皮向内水平径向的依序位置

Figure 15-8　Developmental change of maximum tangential shrinkage in five sample trees of Chinese fir

The serial positions of specimen inward horizontally from bark in radial direction are represented by Roman numbers in the figure

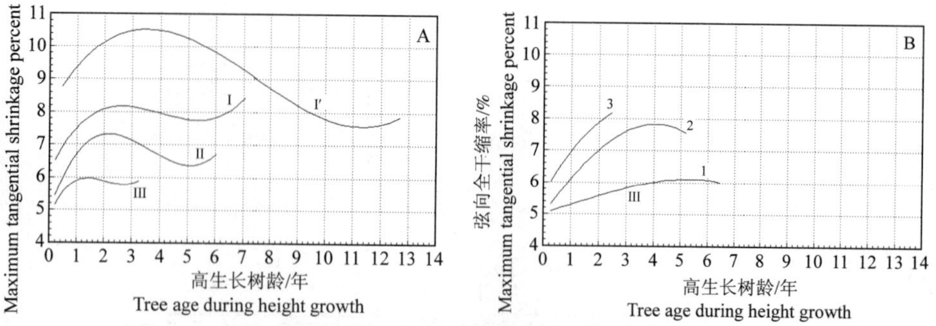

图 15-9　杉木五株样树弦向全干缩率在株内的共同发育变化模式

A. 图中标注曲线的罗马数字表示试样自树皮向内水平径向的依序位置；第 5 样树生长年限较其他长，I′ 线仅为其外方，其余线均依据 5 样树数据；B. 图中标注曲线的阿拉伯数字表示试样自髓心向外水平径向的依序位置；图中曲线均示沿树高方向的变化

Figure 15-9　Common mode of developmental change of maximum tangential shrinkage in five sample trees of Chinese fir.

A. The serial positions of specimen inward horizontally from bark in radial direction are represented by Roman numbers in the figure; The age of sample tree No.5 is longer than the others, I' represents only the outer part of it. The rest are based on the data of five sample trees. B. The serial positions of specimen outward horizontally from pith in radial direction are represented by Arabic numbers in the figure. All the curves in the figure show the change along the stem length

15.4　径向全干缩率在次生木质部构建中的发育变化

如图 15-10、图 15-11、图 15-13、图 15-15、图 15-17 所示，五树种木材径向全干缩率在单株样树内的发育变化。这一变化在同种样树间具有相似性。

如图 15-10、图 15-12、图 15-14、图 15-16、图 15-18 所示，五树种径向干缩率发育变化的树种模式。它们表现出针叶树种间径向干缩率变化的可比性。这一可比性变化的总趋势是，木材径向干缩率随高生长树龄减小，随径向生长树龄增大。

径向干缩率的发育变化在树种间也存在着差别。马尾松径向全干缩率随高生长树龄呈总体减小趋势(图 15-10)；其他四树种均先增大、后转减小(图 15-12、图 15-14、图 15-16、图 15-18)。

如图 15-10、图 15-12、图 15-14、图 15-16、图 15-18 所示，树茎中心部位木材径向干缩率在离髓心各序别的不同高度试样间都具有变化的差异。马尾松、落叶松和杉木的变化趋势相近；冷杉与云杉相近。各树种木材径向干缩率在离髓心各序别间的差别趋势是，径向由内向外增大。

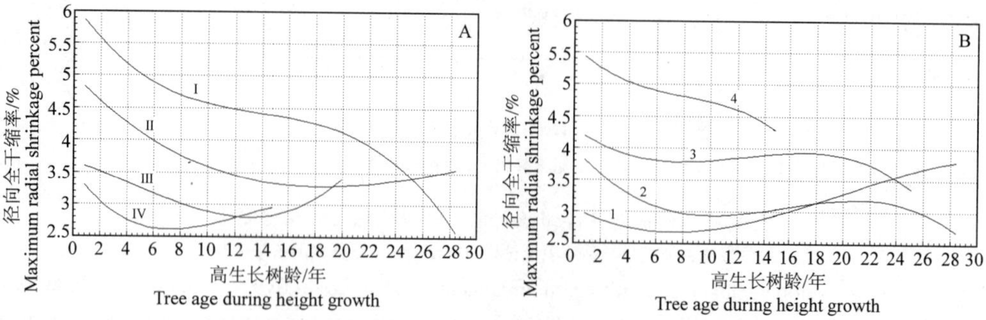

图 15-10　马尾松第 4 样树径向全干缩率在株内的发育变化

A. 图中标注曲线的罗马数字表示试样自树皮向内水平径向的依序位置；B. 图中标注曲线的阿拉伯数字表示试样自髓心向外水平径向的依序位置；图中曲线均示沿树高方向的变化

Figure 15-10　Developmental change of maximum radial shrinkage in Masson's pine sample tree No.4

A. The serial positions of specimen inward horizontally from bark in radial direction are represented by Roman numbers in the figure; B. The serial positions of specimen outward horizontally from pith in radial direction are represented by Arabic numbers in the figure. All the curves in the figure show the change along the stem length

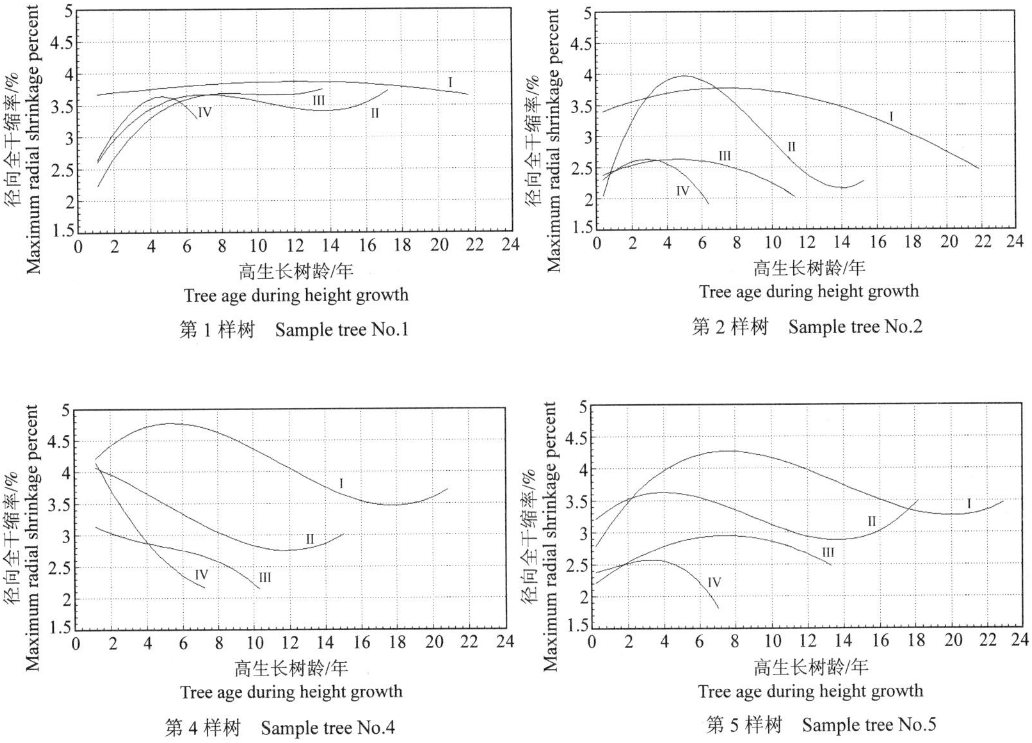

图 15-11　落叶松四株样树径向全干缩率在株内的发育变化

图中标注曲线的罗马数字表示试样自树皮向内水平径向的依序位置

Figure 15-11　Developmental change of maximum radial shrinkage in four sample trees of Dahurian larch

The serial positions of specimen inward horizontally from bark in radial direction are represented by Roman numbers in the figure

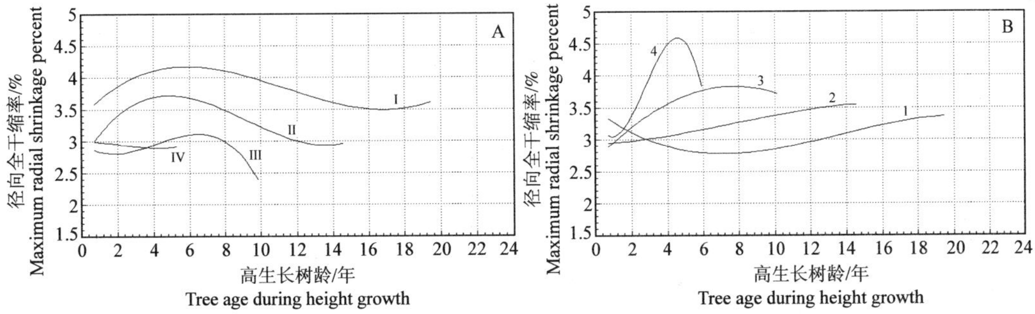

图 15-12　落叶松四株样树径向全干缩率在株内的共同发育变化模式

A. 图中标注曲线的罗马数字表示试样自树皮向内水平径向的依序位置；B. 图中标注曲线的阿拉伯数字表示试样自髓心向外水平径向的依序位置；图中曲线均示沿树高方向的变化

Figure 15-12　Common mode of developmental change of maximum radial shrinkage in four sample trees of Dahurian larch

A. The serial positions of specimen inward horizontally from bark in radial direction are represented by Roman numbers in the figure; B. The serial positions of specimen outward horizontally from pith in radial direction are represented by Arabic numbers in the figure. All the curves in the figure show the change along the stem length

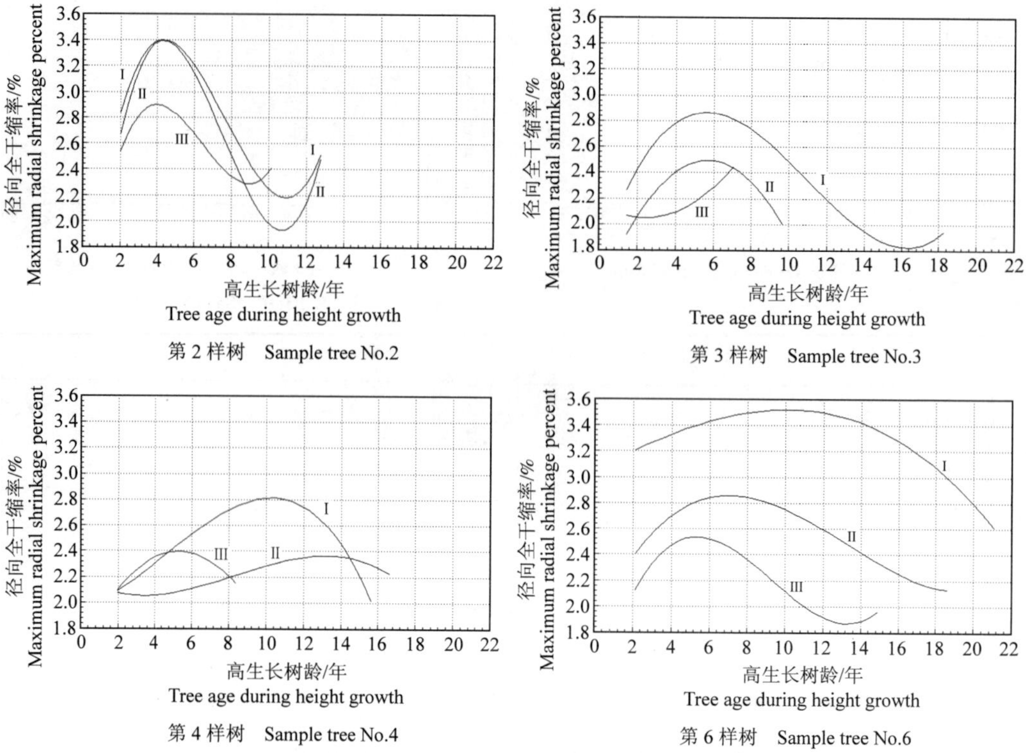

图 15-13 冷杉四株样树径向全干缩率在株内的发育变化

图中标注曲线的罗马数字表示试样自树皮向内水平径向的依序位置

Figure 15-13 Developmental change of maximum radial shrinkage in four sample trees of Faber fir

The serial positions of specimen inward horizontally from bark in radial direction are represented by Roman numbers in the figure

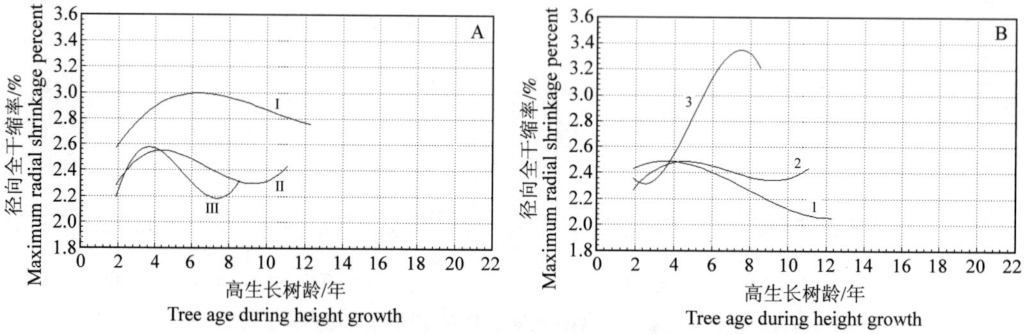

图 15-14 冷杉四株样树径向全干缩率在株内的共同发育变化模式

A. 图中标注曲线的罗马数字表示试样自树皮向内水平径向的依序位置；B. 图中标注曲线的阿拉伯数字表示试样自髓心向外水平径向的依序位置；图中曲线均示沿树高方向的变化

Figure 15-14 Common mode of developmental change of maximum radial shrinkage in four sample trees of Faber fir

A. The serial positions of specimen inward horizontally from bark in radial direction are represented by Roman numbers in the figure; B. The serial positions of specimen outward horizontally from pith in radial direction are represented by Arabic numbers in the figure. All the curves in the figure show the change along the stem length

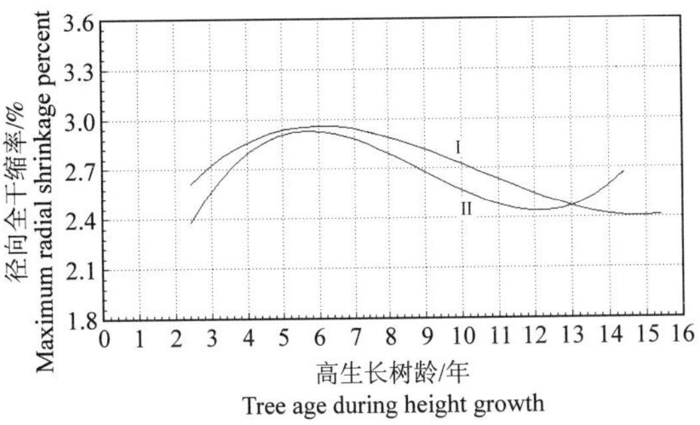

第 1 样树　Sample tree No.1

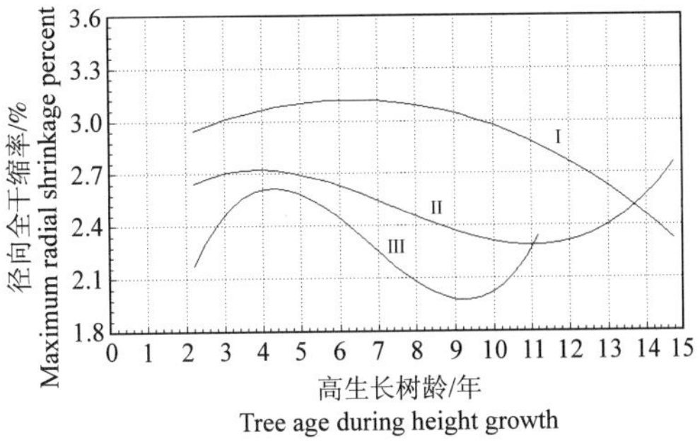

第 2 样树　Sample tree No.2

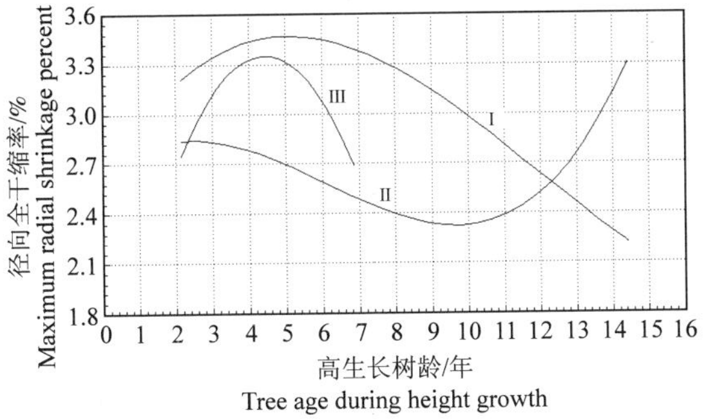

第 3 样树　Sample tree No.3

图 15-15　云杉三株样树径向全干缩率在株内的发育变化

图中标注曲线的罗马数字表示试样自树皮向内水平径向的依序位置

Figure 15-15　Developmental change of maximum radial shrinkage in three sample trees of Chinese spruce

The serial positions of specimen inward horizontally from bark in radial direction are represented by Roman numbers in the figure

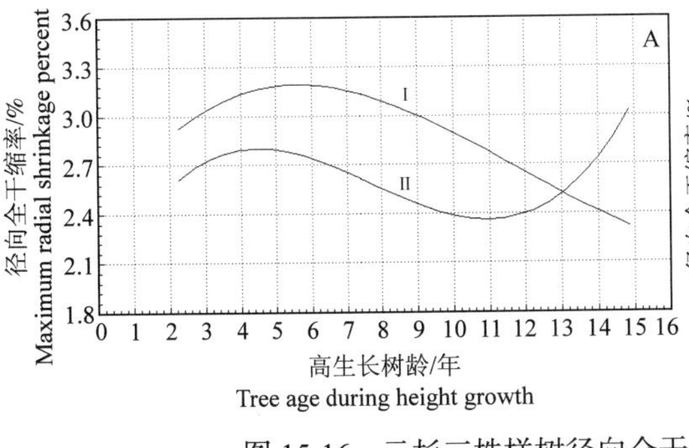

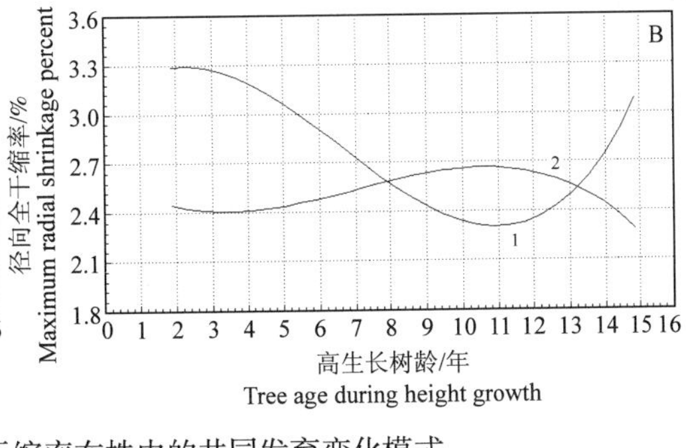

图 15-16　云杉三株样树径向全干缩率在株内的共同发育变化模式

A. 图中标注曲线的罗马数字表示试样自树皮向内水平径向的依序位置；B. 图中标注曲线的阿拉伯数字表示试样自髓心向外水平径向的依序位置；图中曲线均示沿树高方向的变化

Figure 15-16　Common mode of developmental change of maximum radial shrinkage in three sample trees of Chinese spruce

A. The serial positions of specimen inward horizontally from bark in radial direction are represented by Roman numbers in the figure; B. The serial positions of specimen outward horizontally from pith in radial direction are represented by Arabic numbers in the figure. All the curves in the figure show the change along the stem length

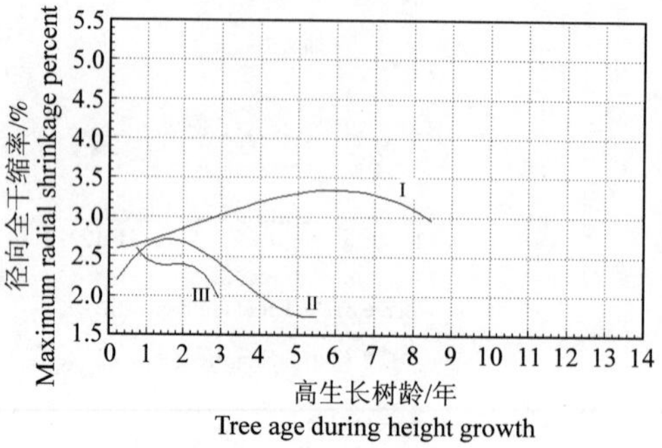

第 1 样树　Sample tree No.1

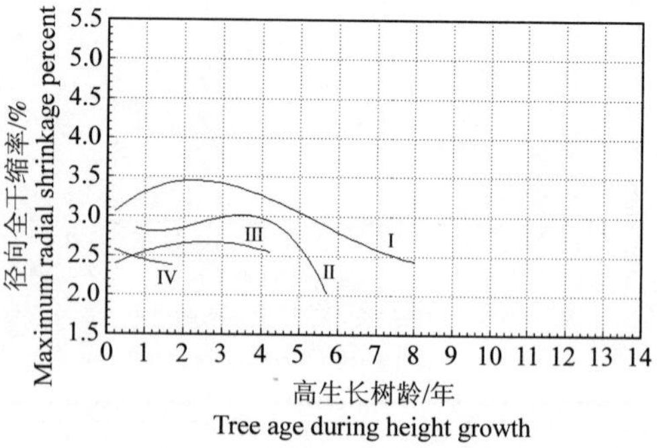

第 2 样树　Sample tree No.2

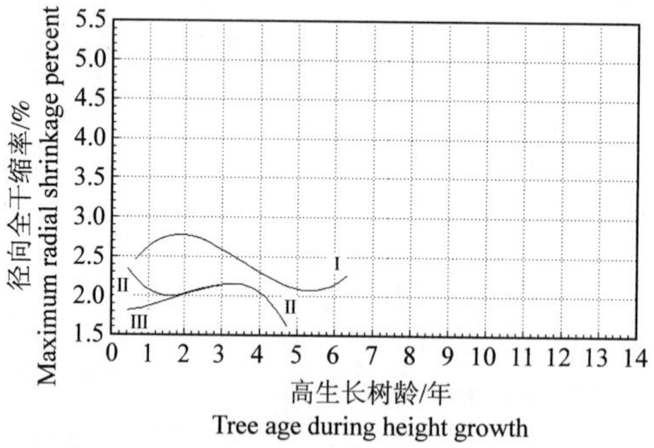

第 3 样树　Sample tree No.3

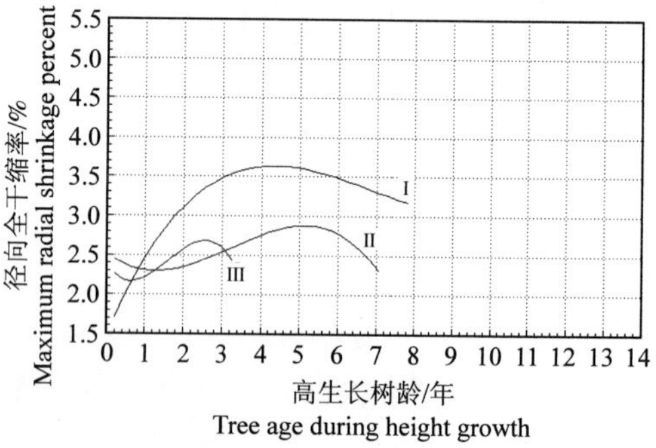

第 4 样树　Sample tree No.4

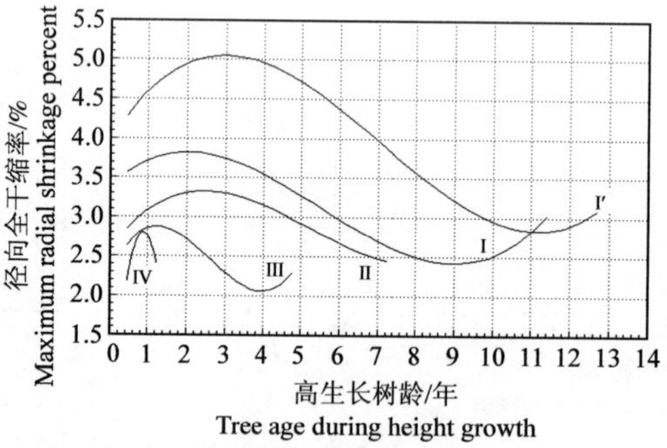

第 5 样树　Sample tree No.5

图 15-17　杉木五株样树径向全干缩率在株内的发育变化

图中标注曲线的罗马数字表示试样自树皮向内水平径向的依序位置

Figure 15-17　Developmental change of maximum radial shrinkage in five sample trees of Chinese fir

The serial positions of specimen inward horizontally from bark in radial direction are represented by Roman numbers in the figure

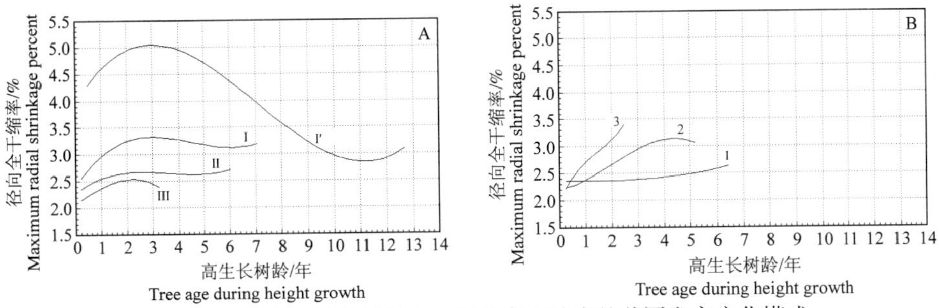

图 15-18　杉木五株样树径向全干缩率在株内的共同发育变化模式

A. 图中标注曲线的罗马数字表示试样自树皮向内水平径向的依序位置；第 5 样树生长年限较其他长，I′线仅为其外方，其余曲线均依据 5 株样树数据；B. 图中标注曲线的阿拉伯数字表示试样自髓心向外水平径向的依序位置；图中曲线均示沿树高方向的变化

Figure 15-18　Common mode of developmental change of maximum radial shrinkage in five sample trees of Chinese fir

A. The serial positions of specimen inward horizontally from bark in radial direction are represented by Roman numbers in the figure; The age of sample tree No.5 is longer than the others, I' represents only the outer part of it. Beside it, the data of five sample trees are together merged into the common curves. B. The serial positions of specimen outward horizontally from pith in radial direction are represented by Arabic numbers in the figure. All the curves in the figure show the change along the stem length

15.5　纵向全干缩率在次生木质部构建中的发育变化

木材纵向干缩量小，不影响木材的一般使用。它不是木材性能研究的技术参数。发育研究关注的不是它的大小，而是它在次生木质部构建中的变化。

如图 15-19、图 15-20、图 15-22 所示，三树种木材纵向全干缩率在单株样树内的发育变化。这一变化在同种样树间具有相似性。

如图 15-19、图 15-21、图 15-23 所示，三种针叶树纵向全干缩率发育变化的树种模式。它们表现出针叶树种间纵向干缩率变化趋势的可比性。马尾松随高生长树龄的变化呈先减后转增的趋势，其他两树种呈缓减。各树种随径向生长树龄变化的趋势同呈增大。

如图 15-19、图 15-21、图 15-23 所示，树茎中心部位木材纵向干缩率在离髓心各序别的不同高度试样间都具有变化的差异。各树种第一序的变化均呈先减小后转增的趋势。

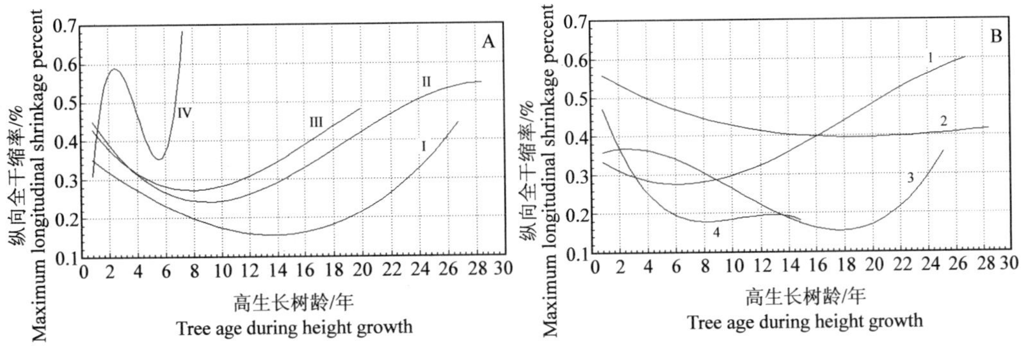

图 15-19　马尾松第 4 样树纵向全干缩率在株内的发育变化

A. 图中标注曲线的罗马数字表示试样自树皮向内水平径向的依序位置；B. 图中标注曲线的阿拉伯数字表示试样自髓心向外水平径向的依序位置；图中曲线均示沿树高方向的变化

Figure 15-19　Developmental change of maximum longitudinal shrinkage in Masson's pine sample tree No.4

A. The serial positions of specimen inward horizontally from bark in radial direction are represented by Roman numbers in the figure; B. The serial positions of specimen outward horizontally from pith in radial direction are represented by Arabic numbers in the figure. All the curves in the figure show the change along the stem length

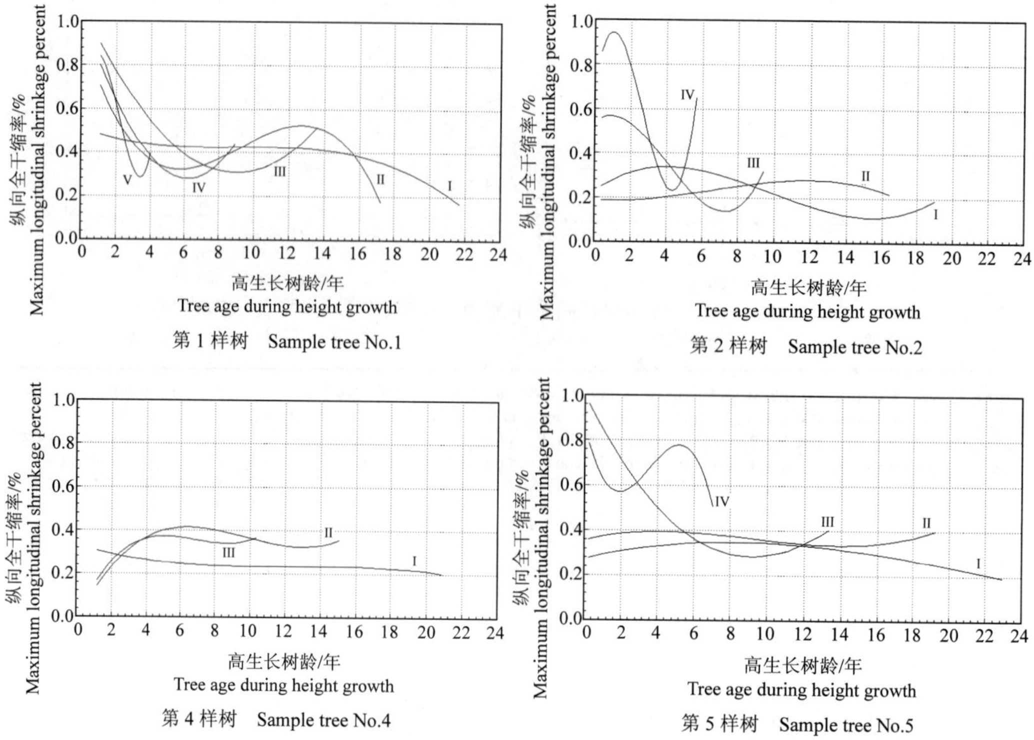

图 15-20　落叶松四株样树纵向全干缩率在株内的发育变化

图中标注曲线的罗马数字表示试样自树皮向内水平径向的依序位置

Figure 15-20　Developmental change of maximum longitudinal shrinkage in four sample trees of Dahurian larch

The serial positions of specimen inward horizontally from bark in radial direction are represented by Roman numbers in the figure

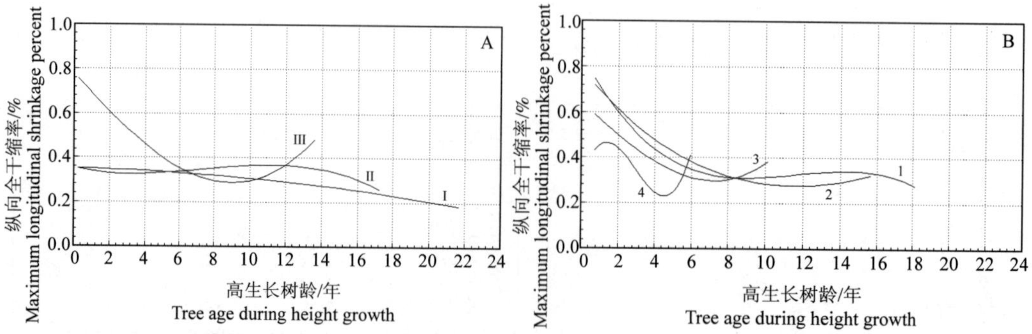

图 15-21　落叶松四株样树纵向全干缩率在株内的共同发育变化模式

A. 图中标注曲线的罗马数字表示试样自树皮向内水平径向的依序位置；B. 图中标注曲线的阿拉伯数字表示试样自髓心向外水平径向的依序位置；图中曲线均示沿树高方向的变化

Figure 15-21　Common mode of developmental change of maximum longitudinal shrinkage in four sample trees of Dahurian larch

A. The serial positions of specimen inward horizontally from bark in radial direction are represented by Roman numbers in the figure; B. The serial positions of specimen outward horizontally from pith in radial direction are represented by Arabic numbers in the figure. All the curves in the figure show the change along the stem length

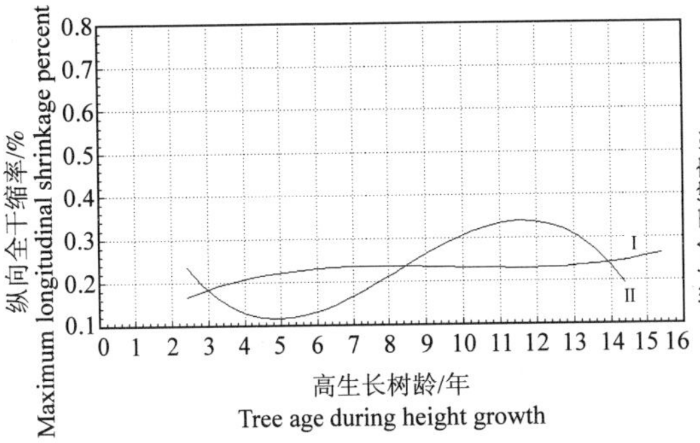

第 1 样树　Sample tree No.1

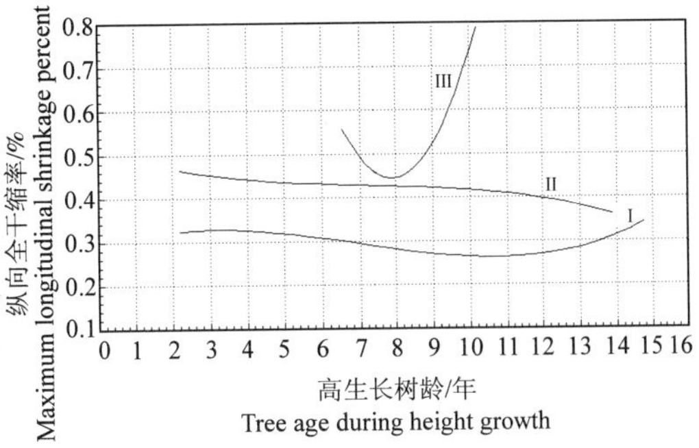

第 2 样树　Sample tree No.2

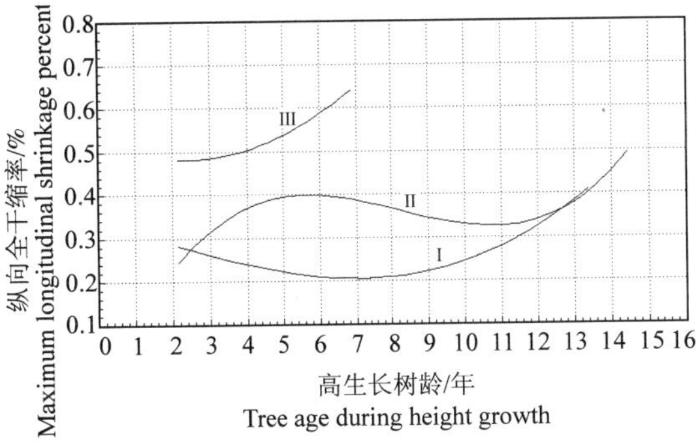

第 3 样树　Sample tree No.3

图 15-22　云杉三株样树纵向全干缩率在株内的发育变化

图中标注曲线的罗马数字表示试样自树皮向内水平径向的依序位置

Figure 15-22　Developmental change of maximum longitudinal shrinkage in three sample trees of Chinese spruce

The serial positions of specimen inward horizontally from bark in radial direction are represented by Roman numbers in the figure

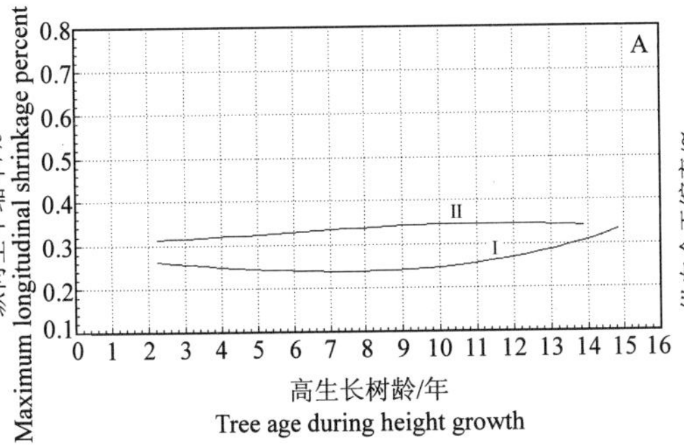

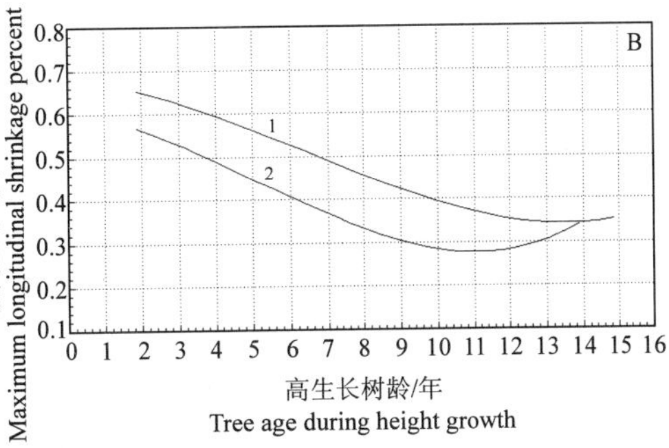

图 15-23　云杉三株样树纵向全干缩率在株内的共同发育变化模式

A. 图中标注曲线的罗马数字表示试样自树皮向内水平径向的依序位置；B. 图中标注曲线的阿拉伯数字表示试样自髓心向外水平径向的依序位置；图中曲线均示沿树高方向的变化

Figure 15-23　Common mode of developmental change of maximum longitudinal shrinkage in three sample trees of Chinese spruce

A. The serial positions of specimen inward horizontally from bark in radial direction are represented by Roman numbers in the figure; B. The serial positions of specimen outward horizontally from pith in radial direction are represented by Arabic numbers in the figure. All the curves in the figure show the change along the stem length

15.6 五种针叶树木材干缩性随两向生长树龄发育变化的树种趋势

如图 15-24、图 15-25 所示，五树种三向全干缩率随两向生长树龄发育变化的树种趋势。同一树种径、弦向全干缩率的发育变化具有相似趋势。

发育变化中落叶松弦向干缩率保持大于马尾松，而径向干缩率一直低于马尾松。其他三树种径、弦向全干缩率杉木＞云杉＞冷杉，并均低于落叶松和马尾松。

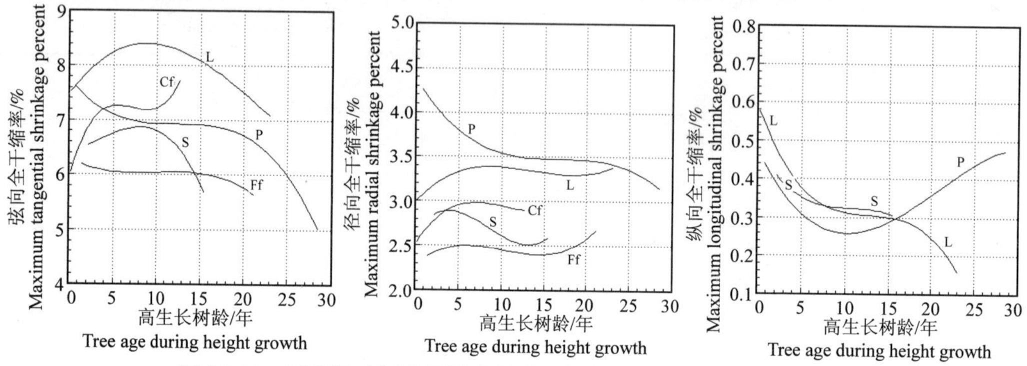

图 15-24 五种针叶树全干缩率随高生长树龄发育变化的树种趋势

图中标注曲线的字母代表树种：L. 落叶松、Ff. 冷杉、S. 云杉、P. 马尾松、Cf. 杉木

Figure 15-24 Species' tendencies of developmental change of maximum shrinkage with tree age during height growth in sample trees of five coniferous species

Tree species are represented by the letters in figure: L. Dahurian larch; Ff. Faber fir; S. Chinese spruce; P. Masson's pine; Cf. Chinese fir

马尾松径、弦向全干缩率随高生长树龄呈一致性减小；落叶松、云杉先有短时增大，后转为减小；冷杉变化微；杉木先有增大，后转平缓，接着或再增大。五树种径、弦向全干缩率随直径生长方向依序位置的变化总趋势是减小，弦向减小的明显度高于径向。

三树种纵向全干缩率随高生长树龄的变化除马尾松先减小，后转增高外，云杉和落叶松均一致性减小。三树种纵向全干缩率随直径生长方向依序位置一致性增大。

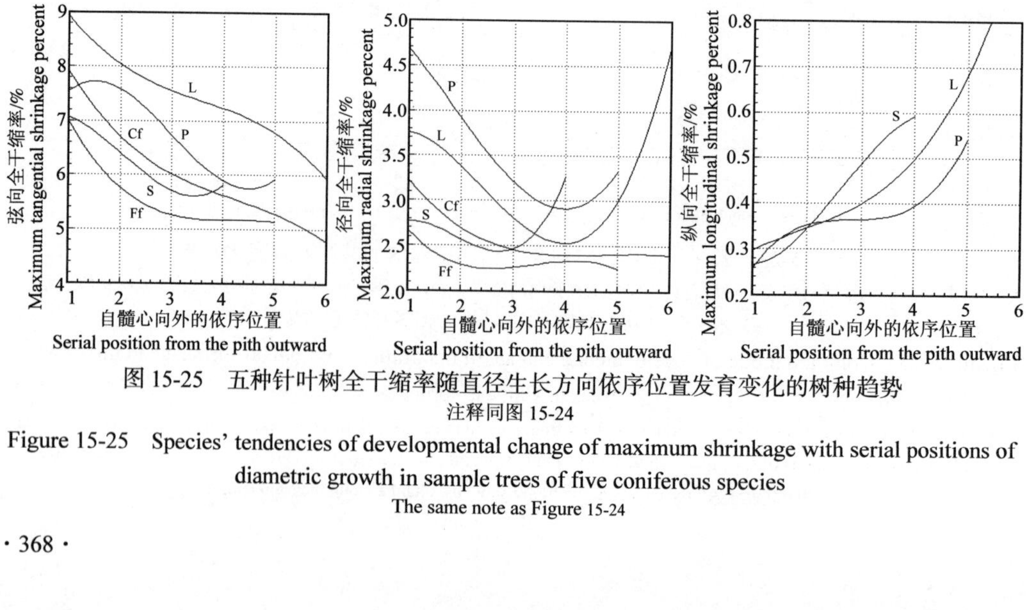

图 15-25 五种针叶树全干缩率随直径生长方向依序位置发育变化的树种趋势

注释同图 15-24

Figure 15-25 Species' tendencies of developmental change of maximum shrinkage with serial positions of diametric growth in sample trees of five coniferous species

The same note as Figure 15-24

径、弦向干缩率在同一试样上分别测出。同一树种径、弦向干缩率图示曲线的变化趋势相同在两个条件下才会发生：在发育变化中径、弦两向干缩率的比例关系保持相对稳定和测定精度能符合揭示发育变化趋势性差异的要求。

如图 15-26 所示，五种针叶树弦/径向全干缩率比值随两向生长树龄发育变化的趋势。这一比值存在发育变化的趋势性，表明生物生命过程的发育变化趋势性不仅表现在一个性状上的单一表现，而且存在于同一性状的多个表现间。

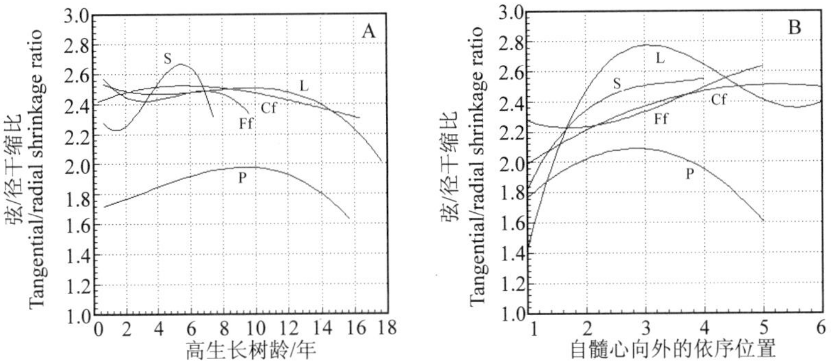

图 15-26 五种针叶树弦/径干缩比随两向生长树龄发育变化的树种趋势

A. 随高生长树龄；B. 随直径方向依序位置。注释同图 15-24

Figure 15-26 Species' tendencies of developmental change of tangential/radial shrinkage ratio with two directional growth ages in five coniferous species

The same note as Figure 15-24

15.7 次生木质部发育变化中木材干缩性与基本密度的相关关系

本项目木材干缩性测定只能报告出近似相当径向位置随高生长树龄发育变化的相对趋势。

试图用基本密度估计木材干缩性来取得干缩性在次生木质部发育变化中的进一步认识。对每一个干缩性试样，同时进行了基本密度测定，并对它们进行了回归的数学处理。结果表明，由于试样数量多取得的回归方程尚能符合α=0.05 或 0.01，但相关系数低并不适合用于发育研究。这与在木材力学性能研究中进行的类似工作结果相同。

15.8 结　　论

五树种木材干缩性在次生木质部构建中呈随两向生长树龄的趋势性变化。这一变化趋势在种内株间相似，在树种间具有可比的联系。这些是木材干缩性受遗传控制的表现，表明木材干缩性是发育性状和次生木质部构建中存在发育现象。

干缩性是木材结构和化学组成综合形成的性状。这些是干缩性成为次生木质部发育性状的内在因子。

五种针叶树木材径、弦向干缩性的大小序列分别在发育变化中保持未变。落叶松、马尾松＞杉木＞云杉＞冷杉。其中，落叶松弦向干缩率高于马尾松，马尾松径向干缩率大于落叶松。

五种人工林针叶树径向全干缩率均随径向生长树龄呈增大的变化趋势。

测定各同一试样的干缩率和基本密度，试图利用取得的回归关系来估计干缩性的发育变化未获可行结果。

附表 15-1 马尾松第 4 样树次生木质部(木材)三个方向全干缩率(%)

Appendant table 15-1 Maximum shrinkage in three directions of secondary xylem (wood) in Masson's pine sample tree No.4(%)

H(m)	*P*					Ave	*P*					Ave	*P*					Ave
	I	II	III	IV	V		I	II	III	IV	V		I	II	III	IV	V	
	弦向全干缩率 Tangential shrinkage						径向全干缩率 Radial shrinkage						纵向全干缩率 Longitudinal shrinkage					
15.66	3.68	6.27[1]				4.98	2.52	3.83				3.18	0.65	0.40				0.40
15.00	6.12[7]	4.98				5.55	3.35	3.65				3.50	0.47	1.05				0.47
14.34	6.54	5.66	Nan			6.10	3.20	2.85	5.09			3.03	0.35	0.72	0.90			0.54
12.34	7.59[3]	5.33	5.61			6.18	4.09	2.53	3.53			3.38	0.15	0.85	0.59			0.53
11.66	7.68[4]	8.01	6.64			7.45	4.12	3.81	2.97			3.63	0.26	0.03	0.35			0.21
11.00	7.64[4]	7.53	6.78			7.32	4.41	3.50	3.01			3.64	0.10	0.27	0.20			0.19
10.34	7.59[6]	7.64	6.66	4.65[1]		6.63	4.27	3.48	2.71	3.49		3.49	0.22	0.17	0.30	0.25		0.23
9.66	7.77[8]	7.73	6.32	4.19[1]		6.50	4.42	3.76	2.58	1.82		3.15	0.16	0.25	0.75	1.64		0.38
9.00	8.05[7]	7.94	6.83	5.79[1]		7.15	4.85	3.54	2.93	3.47		3.70	0.19	0.15	0.22	0.05		0.19
8.34	8.05[8]	6.63	6.40[1]	3.28[1]		6.09	4.64	3.16	3.16	1.74		3.18	0.20	0.18	0.25	0.99		0.21
7.66	8.29	8.04[1]	6.59	Nan		7.64	4.90	4.10	2.73	Nan		3.91	0.05	0.10	0.24	Nan		0.13
7.00	7.87[12]	7.47[4]	8.27	5.16[1]		7.19	4.72	4.39	3.83	4.01		4.24	0.29	0.57	0.25	0.69		0.45
6.34	7.61[11]	6.91[3]	Nan	6.61[1]		7.04	4.74	3.42	Nan	2.80		3.66	0.29	0.57	Nan	0.40		0.42
5.66	7.95[10]	7.07[4]	6.59[3]	5.41[3]		6.76	4.98	3.34	2.43	2.56		3.33	0.32	0.40	0.32	0.27		0.32
5.00	7.95[7]	8.33[3]	8.33	5.54		7.54	5.01	4.58	3.48	2.32		3.85	0.11	0.32	0.20	0.42		0.26
4.34	8.11[9]	7.70[3]	7.44	4.19		6.86	5.13	4.21	3.43	2.51		3.82	0.30	0.25	0.50	1.07		0.35
3.66	8.17[9]	8.32[3]	8.27	7.10		7.97	5.59	4.52	3.20	2.95		4.07	0.29	0.20	0.40	0.23		0.28
3.00	7.97[12]	7.73[4]	8.26	6.10		7.51	5.39	4.04	3.92	2.75		4.03	0.36	0.34	0.25	0.25		0.30
2.34	7.93[10]	8.27	6.77[1]	5.90		7.22	5.28	4.67	3.53	2.42		3.97	0.32	0.24	0.35	0.82		0.43
1.65	8.40[14]	8.45[4]	7.28	8.33	5.33	7.56	6.15	5.04	3.62	4.41	3.51	4.55	0.32	0.66	0.45	0.22	0.51	0.43
0.65	8.55[11]	8.31[5]	7.38	7.07	6.63	7.59	6.49	5.65	3.61	3.50	3.17	4.49	0.43	0.48	0.54	0.32	0.57	0.47
Ave	7.60	7.35	7.08	5.67	5.98	7.01	4.68	3.91	3.22	2.91	3.34	3.75	0.26	0.36	0.36	0.40	0.54	0.33

注：*H*，名义取样高度(m)；*P*，在同一取样高度范围内，试样自树皮向内的依序位置；Ave，平均值。在数据处理中，未采用阴影内的数字。表中符号 Nan 示该数据缺失。表中各数据右上角数字是取得该数据的试样数。如试样数为 2，则不作标注。空白括号[ ]系与相邻同高位置共用的同一测定结果或系相邻数据经算术平均的结果。三个方向全干缩率在同一试样上测出，试样数仅标注在弦向干缩率上。

Note: *H*, nominal height of sampling; *P*, serial positions of specimen from bark inward at the same range of sampling height; Ave, average. The values under shadow in this table were deleted in data processing. Sign Nan in this table indicates that the datum was absent. The number on right corner of each datum in the table is that of measured specimen. If specimen is two in number , its number is omitted. Empty brackets [ ] shows the datum under it is the same as that of equal height in next column(they were measured in a testing) or is calculated result from data next to it by arithmetic mean operation.Maximum shrinkages in three directions are measured in the same specimen , its number is only indicated on tangential.

附表 15-2　落叶松样树次生木质部(木材)弦向全干缩率(%)

Appendant table 15-2　Maximum tangential shrinkage of secondary xylem (wood) in Dahurian larch sample trees(%)

第 1 样树 Sample tree No.1

H(m)	P: I	II	III	IV	V	VI	Ave
15.00	8.93[1]	8.15					8.54
14.34	7.55	5.60[1]					6.58
13.66	10.71	9.22[1]					9.97
13.00	10.61[1]	9.47[1]					10.04
12.34	11.88[1]	9.29[3]	10.64				10.61
11.66	11.52[1]	9.64	6.90[1]				9.36
11.00	11.48	8.18[3]	5.43				8.36
10.34	10.19	8.76	7.64[1]				8.86
9.66	10.43	8.43	8.75[1]				9.20
9.00	10.22	9.07	9.39				9.56
8.34	6.95[1]	8.92[1]	8.56[1]	7.26[1]			7.92
7.66	6.40[1]	9.92[1]	Nan	Nan			8.16
7.00	9.08	8.91[3]	9.48	6.36[1]			8.46
6.34	8.80	9.09	9.96[3]	7.59[1]			8.86
5.66	9.42	9.13[3]	8.84[3]	Nan			9.13
5.00	5.82[1]	8.36[1]	10.46[1]	8.52[1]			8.29
4.34	12.73[1]	9.82	10.06[3]	6.64[1]			9.81
3.66	9.79[1]	9.55[3]	9.68	8.10	13.02[1]		10.03
3.00	11.56[1]	9.61[3]	7.81[3]	9.06[3]	6.72[1]		8.95
2.34	8.37	6.83	8.80[3]	9.04	8.22		8.25
1.65	8.65	6.42	7.33	8.17	7.39		7.59
0.65	8.86	6.43	6.64[3]	7.86	7.85[3]	5.66	7.21
Ave	9.54	8.58	8.38	7.86	8.64	5.66	8.79

第 2 样树 Sample tree No.2

H(m)	P: I	II	III	IV	V	Ave
15.66	6.63[1]					6.63
15.00	6.79					6.79
14.34	7.78					7.78
13.66	9.35					9.35
13.00	9.93[1]	6.30[1]				8.12
12.34	8.30	4.39[1]				6.34
11.66	7.93	7.18				7.55
11.00	4.51	7.22				5.87
10.34	9.36	7.27[2]				8.31
9.75	10.18	8.31	3.73[1]			7.40
9.25	9.49	8.25	5.80[1]			7.85
8.75	9.92	6.44	4.94			7.10
8.25	9.53	8.13	6.83			8.17
7.66	9.38	8.48	6.51			8.12
7.00	8.03[3]	8.56	6.89[1]			7.82
6.34	8.88	6.89	7.88			7.88
5.66	9.95	9.26	8.19[1]	4.66[1]		8.01
5.00	8.56	8.79	7.63	5.17[1]		7.54
4.34	10.02	9.22	7.49	7.16[1]		8.47
3.66	9.27	9.02	8.21[3]	6.79[1]		8.32
3.00	7.18	7.79[1]	8.38	7.31	5.99[1]	7.33
2.34	8.06	9.51[1]	7.81	7.11	4.76[1]	7.45
1.65	8.78	8.11	7.26[1]	7.96	7.93	8.01
0.65	7.50	4.28	7.82	7.36	7.35	6.86
Ave	8.55	7.67	7.03	6.69	6.51	7.66

第 4 样树 Sample tree No.4

H(m)	P: I	II	III	IV	V	VI	Ave
15.66	8.25						8.25
15.00	8.10[1]						8.10
14.34	7.65						7.65
13.66	8.62[1]						8.62
13.00	8.26[3]	8.89					8.57
12.34	9.75[3]	6.83					8.29
11.66	9.93	8.11					9.02
11.00	9.37	8.12					8.74
10.34	10.03	7.86[3]					8.95
9.66	7.80	8.61					8.21
9.00	9.80	9.24	7.04[1]				8.69
8.34	9.66	9.11	5.39[1]				8.05
7.66	10.24	9.04	7.77[1]				9.02
7.00	9.13	4.40[1]	7.87[1]				7.13
6.34	9.54	8.95	7.69				8.73
5.00	7.41	8.68	8.71[1]	6.94[1]			7.94
4.34	9.85[3]	7.52	6.93	Nan			8.10
3.66	10.29	10.11	8.13[3]	Nan			9.51
3.00	8.12	9.79[3]	9.37	Nan			9.09
2.34	7.65	10.45	8.16	Nan			8.75
1.65	8.85	9.73	8.64[3]	6.59			8.45
0.65	9.83	9.39	6.41	7.84			8.37
Ave	9.01	8.60	7.68	7.13			8.48

第 5 样树 Sample tree No.5

H(m)	P: I	II	III	IV	V	Ave
17.66	6.54					6.54
17.00	7.01					7.01
16.34	8.36					8.36
15.66	8.36	3. 45[1]				5.90
15.00	Nan	6.09				6.09
14.34	8.98[3]	7.14				8.06
13.00	8.70[1]	7.05				7.87
12.34	5.92[4]	6.54[4]				6.23
11.66	9.91[3]	7.55	5.21[1]			7.56
11.00	9.64[3]	7.74[3]	5.80[1]			7.73
10.34	10.11[1]	7.51[4]	6.60[1]			8.07
9.00	7.14	8.01[3]	6.46[4]			7.20
8.34	6.21[4]	7.99[4]	6.10[4]			6.77
7.66	9.28[3]	8.40	7.52[3]			8.40
7.00	9.55[4]	8.63	8.18[1]			8.79
6.34	10.44	8.37	7.51[3]	5.27[1]		7.90
5.66	9.20[3]	9.01	7.83[4]	Nan		8.68
5.00	9.13[3]	7.76[3]	8.10[4]	Nan		8.33
4.34	8.05[3]	8.15[3]	7.43[3]	6.00[1]		7.41
3.66	9.12[3]	9.19[3]	8.17[4]	5.58[1]		8.02
3.00	8.46[3]	8.35	7.83	6.22[3]		7.72
2.34	8.78	9.52[3]	6.35[3]	5.36[3]		7.50
1.65	7.89	8.19	6.77	7.28[4]		7.53
0.65	7.12[3]	8.28	6.81	6.50	6.15[1]	6.97
Ave	8.43	7.58	7.04	6.03	6.15	7.84

注：同附表 15-1。

Note: The same as appendant table 15-1.

附表 15-3　落叶松样树次生木质部(木材)径向全干缩率(%)

Appendant table 15-3　Maximum radial shrinkage of secondary xylem (wood) in Dahurian larch sample trees(%)

第 1 样树 Sample tree No.1

H(m)	*P* I	II	III	IV	V	VI	Ave
15.66	3.45						3.45
15.00	3.90						3.90
14.34	3.93	4.77					3.93
13.66	3.74	3.54					3.64
13.00	3.64	3.43					3.54
12.34	3.76	3.73					3.74
11.66	4.39	3.58	3.64				3.87
11.00	3.16	3.59	3.92				3.56
10.34	4.70	3.95	3.40				4.02
9.66	4.94	3.17	3.97				4.03
9.00	3.88	3.05	3.54				3.49
8.34	2.61	3.41	3.76	4.05			3.26
7.66	2.46	3.75	Nan	Nan			3.10
7.00	3.75	3.39	3.51	4.06			3.55
6.34	3.99	3.65	3.55	3.28			3.62
5.66	4.09	3.71	3.50	Nan			3.76
5.00	2.46	3.20	3.49	3.78			3.23
4.34	5.34	3.85	3.54	3.25			4.00
3.66	3.76	3.99	3.40	3.80	6.12		3.74
3.00	5.25	4.12	3.43	3.50	3.78		4.02
2.34	3.74	2.75	2.91	3.53	3.52		3.29
1.65	3.16	2.68	2.35	2.88	4.56		3.12
0.65	3.12	2.47	2.34	2.70	3.15	5.03	3.13
Ave	3.79	3.45	3.39	3.34	3.75	5.03	3.58

第 2 样树 Sample tree No.2

H(m)	*P* I	II	III	IV	V	Ave
15.66	2.40					2.40
15.00	2.47					2.47
14.34	3.19					3.19
13.66	3.25					3.25
13.00	3.59	3.58				3.59
12.34	2.87	1.65				2.26
11.66	3.08	2.61				2.85
11.00	3.65	2.50				3.07
10.34	3.60	2.75				3.18
9.75	3.90	2.77	1.73			2.80
9.25	3.32	2.92	2.52			2.92
8.75	4.07	2.31	2.08			2.82
8.25	3.95	2.84	2.57			3.12
7.66	3.85	3.30	2.37			3.18
7.00	4.06	3.22	2.52			3.27
6.34	2.89	3.73	2.37			3.00
5.66	4.11	3.79	2.47	2.12		3.12
5.00	3.10	3.14	2.45	1.69		2.59
4.34	4.19	5.05	2.57	2.66		3.62
3.66	4.10	3.72	2.79	2.57		3.29
3.00	2.48	3.48	2.86	2.53	2.26	2.72
2.34	4.50	4.39	2.62	2.91	1.44	3.17
1.65	3.98	3.27	2.33	2.27	2.14	2.80
0.65	2.97	1.60	2.38	2.37	2.44	2.35
Ave	3.48	3.11	2.44	2.39	2.07	2.96

第 4 样树 Sample tree No.4

H(m)	*P* I	II	III	IV	V	VI	Ave
15.66	3.42						3.42
15.00	3.99						3.99
14.34	3.26						3.26
13.66	0.20						0.20
13.00	3.41	3.14					3.27
12.34	4.08	2.40					3.24
11.66	3.97	2.75					3.36
11.00	3.79	2.94					3.36
10.34	4.38	2.98					3.68
9.66	4.20	3.04					3.62
9.00	4.19	3.31	2.51				3.34
8.34	4.16	3.23	1.78				3.06
7.66	4.51	3.03	2.07				3.21
7.00	3.74	1.35	2.94				2.67
6.34	4.25	2.88	2.30				3.14
5.00	4.71	2.73	3.28	2.17			3.22
4.34	5.69	3.56	2.35	Nan			3.87
3.66	5.09	3.57	2.84	Nan			3.83
3.00	5.26	3.69	2.68	Nan			3.88
2.34	4.92	3.98	2.68	Nan			3.86
1.65	3.66	3.60	3.13	3.18			3.39
0.65	4.35	3.98	3.11	4.15			3.90
Ave	4.06	3.12	2.64	3.17			3.39

第 5 样树 Sample tree No.5

H(m)	*P* I	II	III	IV	V	Ave
17.66	3.10					3.10
17.00	3.58					3.58
16.34	3.34					3.34
15.66	3.42	4.29				3.42
15.00	Nan	3.93				3.93
14.34	3.69	2.71				3.20
13.00	3.38	2.76				3.07
12.34	3.31	2.75				3.03
11.66	4.42	2.91	2.81			3.38
11.00	3.96	3.41	2.30			3.22
10.34	4.34	3.04	2.57			3.32
9.00	3.17	2.88	2.90			2.99
8.34	3.61	3.10	2.46			3.06
7.66	4.18	3.54	3.20			3.64
7.00	3.99	3.28	3.15			3.48
6.34	5.10	3.19	2.94	1.77		3.25
5.66	4.36	4.26	3.12	Nan		3.92
5.00	4.40	3.16	3.12	Nan		3.56
4.34	4.26	3.30	2.68	2.90		3.28
3.66	4.23	3.94	2.93	2.07		3.29
3.00	3.67	3.71	2.60	2.56		3.14
2.34	3.88	3.37	2.23	2.44		2.98
1.65	3.15	3.33	2.45	2.77		2.92
0.65	2.61	3.38	2.40	2.30	2.03	2.55
Ave	3.79	3.30	2.74	2.40	2.03	3.22

注：同附表 15-1。

Note: The same as appendant table 15-1.

附表 15-4 落叶松样树次生木质部(木材)纵向全干缩率(%)

Appendant table 15-4 Maximum longitudinal shrinkage of secondary xylem (wood) in Dahurian larch sample trees(%)

第 1 样树 Sample tree No.1

H(m)	*P* I	II	III	IV	V	VI	Ave
15.66	0.30						0.30
15.00	0.20						0.20
14.34	0.22	1.04					0.22
13.66	0.22	0.25					0.24
13.00	0.52	0.35					0.43
12.34	0.39	0.36					0.38
11.66	0.35	0.52	0.54				0.47
11.00	0.27	0.43	1.06				0.35
10.34	0.52	0.57	0.35				0.48
9.66	0.18	0.45	0.30				0.31
9.00	0.37	0.52	0.35				0.41
8.34	0.94	2.74	0.30	0.45			0.56
7.66	0.64	0.40	Nan	Nan			0.52
7.00	0.67	0.73	0.02	0.40			0.46
6.34	0.49	0.05	0.51	0.05			0.27
5.66	0.30	0.48	0.71	Nan			0.50
5.00	0.70	0.20	0.55	0.45			0.47
4.34	0.05	0.30	0.51	0.35			0.30
3.66	0.05	0.15	0.52	0.57	0.40		0.34
3.00	0.15	0.32	0.27	0.28	0.25		0.25
2.34	0.50	0.65	0.76	0.30	0.42		0.53
1.65	0.27	1.68	0.67	0.79	0.55		0.46
0.65	0.96	0.74	1.01	0.79	0.84	0.99	0.89
Ave	0.40	0.44	0.49	0.44	0.49	0.99	0.44

第 2 样树 Sample tree No.2

H(m)	*P* I	II	III	IV	V	Ave
15.66	0.45					
15.00	0.32					
14.34	0.08					0.08
13.66	0.20					0.20
13.00	0.30	0.20				0.25
12.34	0.10	1.04				
11.66	0.12	0.25				0.19
11.00	0.03	0.27				0.15
10.34	0.05	0.40				0.22
9.75	0.20	0.22	1.64			0.21
9.25	0.22	0.22	0.69			0.22
8.75	0.40	0.55	1.19			0.47
8.25	0.15	0.17	0.20			0.17
7.66	0.27	0.17	0.37			0.27
7.00	0.10	0.20	0.15			0.15
6.34	0.32	0.17	0.20			0.23
5.66	0.30	0.22	0.05	1.09		0.26
5.00	0.54	0.17	0.17	0.69		0.40
4.34	0.12	0.25	0.15	0.20		0.18
3.66	0.30	0.15	0.33	0.25		0.26
3.00	0.55	0.30	0.37	0.50	0.35	0.41
2.34	0.30	0.20	0.57	0.50	2.02	0.39
1.65	0.35	0.33	0.64	0.84	0.67	0.57
0.65	0.17	0.08	0.50	0.86	0.57	0.44
Ave	0.24	0.24	0.33	0.55	0.53	0.31

第 4 样树 Sample tree No.4

H(m)	*P* I	II	III	IV	Ave
15.66	0.10				0.10
15.00	0.20				0.20
14.34	0.55				0.55
13.66	0.20				0.20
13.00	0.23	0.30			0.26
12.34	0.18	0.57			0.38
11.66	0.22	0.25			0.24
11.00	0.10	0.25			0.17
10.34	0.20	0.27			0.23
9.66	0.10	0.25			0.17
9.00	0.27	0.20	0.40		0.29
8.34	0.18	0.30	0.74		0.24
7.66	0.35	0.42	0.35		0.37
7.00	0.42	1.00	0.15		0.52
6.34	0.12	0.22	0.48		0.28
5.00	0.27	0.35	0.45		0.36
4.34	0.18	0.67	0.32	Nan	0.39
3.66	0.30	0.35	0.28	Nan	0.31
3.00	0.32	0.17	0.47	Nan	0.32
2.34	0.15	0.30	0.32	Nan	0.26
1.65	0.42	0.40	1.19	0.52	0.45
0.65	0.22	0.17	0.17	0.37	0.24
Ave	0.24	0.36	0.44	0.34	0.31

第 5 样树 Sample tree No.5

H(m)	*P* I	II	III	IV	V	Ave
17.66	0.25					0.25
17.00	0.22					0.22
16.34	0.25					0.25
15.66	0.12	0.45				0.29
15.00	Nan	0.30				0.30
14.34	0.22	0.35				0.28
13.00	0.25	0.45				0.35
12.34	0.48	0.44				0.46
11.66	0.23	0.30	0.25			0.26
11.00	0.31	0.13	0.50			0.31
10.34	0.40	0.24	0.45			0.36
9.00	0.47	0.51	0.16			0.38
8.34	0.60	0.27	0.50			0.46
7.66	0.36	0.42	0.20			0.33
7.00	0.22	0.65	0.15			0.34
6.34	0.25	0.37	0.40	0.52		0.38
5.66	0.22	0.12	0.32	Nan		0.22
5.00	0.33	0.56	0.35	Nan		0.42
4.34	0.28	0.45	0.40	0.75		0.47
3.66	0.28	0.27	0.53	0.64		0.43
3.00	0.33	0.40	0.37	0.76		0.47
2.34	0.42	0.45	0.98	0.69		0.64
1.65	0.30	0.20	0.77	0.42		0.42
0.65	0.30	0.47	0.87	0.82	1.04	0.70
Ave	0.31	0.37	0.45	0.68	1.04	0.43

注：同附表 15-1。

Note: The same as appendant table 15-1.

附表 15-5 冷杉样树次生木质部(木材)弦向和径向全干缩率(%)

Appendant table 15-5 Maximum tangential and radial shrinkage of secondary xylem (wood) in Faber fir sample trees(%)

H(m)	*P*					Ave	*H*(m)	*P*					Ave
	I	II	III	IV	V			I	II	III	IV	V	
弦向全干缩率 Tangential shrinkage							径向全干缩率 Radial shrinkage						
第 2 样树 Sample tree No.2							第 2 样树 Sample tree No.2						
5.66	4.76[1]	5.57[1]				5.16	5.66	2.55	2.25				2.40
5.00	5.25[3]	5.15	4.04[1]			4.81	5.00	2.11	2.45	3.15			2.28
4.34	5.68	Nan	4.33[1]			5.00	4.34	2.30	Nan	2.26			2.28
3.75	10.37[1]	4.50	5.22[1]			4.86	3.75	3.91	1.89	2.74			2.31
3.25	Nan	Nan	3.06[1]			3.06	3.25	Nan	Nan	2.01			2.01
2.25	Nan	Nan	5.77[1]			5.77	2.25	Nan	Nan	2.69			2.69
1.65	8.44[4]	8.51[1]	6.31			7.75	1.65	3.39	3.55	3.01			3.32
0.65	6.90[6]	5.91[11]	5.40[6]			6.07	0.65	2.85	2.61	2.51			2.65
Ave	6.21	5.93	4.87			5.61	Ave	2.64	2.55	2.54			2.58
第 3 样树 Sample tree No.3							第 3 样树 Sample tree No.3						
9.66	4.85					4.85	9.66	1.92					1.92
7.00	5.77					5.77	7.00	2.15					2.15
5.66	7.31[4]	Nan	4.75[1]			6.03	5.66	0.01	Nan	3.27			
5.00	5.89	4.83	Nan			5.36	5.00	2.19	2.01	Nan			2.10
3.66	7.98[1]	Nan	5.41[1]			6.69	3.66	3.12	Nan	2.45			2.78
1.65	7.67[6]	6.34[4]	5.95[4]	5.10[1]		6.26	1.65	2.59	2.31	2.06	2.01		2.24
0.65	6.19[9]	5.54[7]	5.12[8]	5.28[4]	5.05	5.44	0.65	2.29	1.92	2.07	2.17	2.23	2.14
Ave	6.52	5.57	5.31	5.19	5.05	5.83	Ave	2.38	2.08	2.19	2.09	2.23	2.25
第 4 样树 Sample tree No.4							第 4 样树 Sample tree No.4						
9.00	Nan	6.72[1]					9.00	Nan	2.30				2.30
8.34	6.61[3]	Nan				6.61	8.34	2.11	Nan				2.11
5.66	6.99[1]	5.91[1]				6.45	5.66	2.20	2.20				2.20
4.34	6.84[1]	Nan				6.84	4.34	2.47	Nan				2.47
3.66	8.86[1]	6.25	5.54			6.89	3.66	3.28	2.49	2.15			2.64
3.00	Nan	6.47[1]	5.43[1]			5.95	3.00	Nan	2.15	1.87			2.01
2.34	7.00	4.59[1]	Nan			5.80	2.34	2.41	1.77	Nan			2.09
1.65	6.92	6.52[3]	6.11			6.52	1.65	2.18	2.17	2.37			2.24
0.65	5.86[4]	5.63[8]	5.59[7]	5.61[3]		5.67	0.65	2.17	2.10	2.10	2.57		2.23
Ave	7.01	5.60	5.67	5.61		6.23	Ave	2.40	2.17	2.12	2.57		2.27
第 6 样树 Sample tree No.6							第 6 样树 Sample tree No.6						
9.66	5.99[4]	4.44				5.21	9.66	2.55	3.09				2.55
9.00	6.63[4]	4.91[1]				5.77	9.00	2.74	2.96				2.74
8.34	7.61[6]	5.03[1]				6.32	8.34	3.22	2.18				2.70
7.75	8.00[7]	5.47				6.73	7.75	3.18	2.20				2.69
7.25	8.02[8]	5.65				6.83	7.25	3.25	2.26				2.76
6.75	8.45[8]	5.75[3]	3.53			5.91	6.75	3.23	2.09	2.69			2.66
6.25	8.49[8]	5.62[3]	3.96[1]			6.02	6.25	3.30	2.08	1.94			2.44
5.66	7.98[8]	6.57[4]	4.51[1]			6.35	5.66	3.41	2.62	1.99			2.67
5.00	8.88[9]	6.47[4]	4.32[1]			6.56	5.00	3.47	2.66	1.73			2.62
4.34	9.04[8]	6.63[5]	4.23[1]			6.63	4.34	3.49	2.77	2.02			2.76
3.00	9.06[18]	6.98[9]	5.22[4]			7.09	3.00	3.42	2.74	2.39			2.85
2.34	9.09[18]	7.32[12]	6.00[3]			7.47	2.34	3.62	2.81	2.41			2.95
0.65	8.19[22]	6.59[14]	5.67[6]	5.05		6.37	0.65	3.17	2.42	2.13	2.42		2.54
Ave	8.11	5.96	4.68	5.05		6.43	Ave	3.23	2.44	2.09	2.42		2.67

注：同附表 15-1。

Note: The same as appendant table 15-1.

附表 15-6 云杉样树次生木质部(木材)三个方向全干缩率(%)

Appendant table 15-6 Maximum shrinkage in three directions of secondary xylem (wood) in Chinese spruce sample trees(%)

H(m)	P				Ave	H (m)	P				Ave	H (m)	P			Ave
	I	II	III	IV			I	II	III	IV			I	II	III	
弦向全干缩率 Tangential shrinkage																
第 1 样树 Sample tree No.1						第 2 样树 Sample tree No.2						第 3 样树 Sample tree No.3				
7.66	6.16[5]	6.03[1]			6.09											
7.00	5.61	6.34[1]			5.97	7.66	6.37[5]	4.91[1]			5.64	7.66	6.64[3]	5.19[1]		5.91
6.34	6.63[4]	6.35[1]			6.49	7.00	6.24[8]	5.85			6.04	7.00	6.64	5.75[1]		6.20
5.75	6.55[6]	6.80[3]			6.67	6.34	6.35[7]	6.21			6.28	6.34	6.79[5]	4.91[4]		5.85
5.25	7.38[7]	7.77[1]			7.58	5.66	6.47[8]	6.35[3]			6.41	5.66	7.67[7]	6.68		7.17
4.75	7.27[7]	7.09[3]			7.18	5.00	6.76[8]	5.80[5]	4.93[1]		6.28	5.00	7.78[8]	6.40[3]		7.09
4.25	6.78[10]	7.26[5]			7.02	4.34	7.28[12]	6.57[3]	4.22[1]		6.02	4.34	7.93[8]	5.46[3]		6.69
3.00	7.25[4]	7.13[4]	Nan	6.99[1]	7.11	3.00	7.19[8]	6.71[8]	5.61		6.51	3.00	8.66[9]	7.26[6]	5.17	7.03
2.34	7.47[4]	7.41[4]	6.51	Nan	7.13	2.34	7.02[7]	6.04[8]	5.44[3]		4.36	2.34	8.36[8]	7.01[8]	5.78	7.05
0.65	7.00[8]	6.88[8]	6.15[7]	4.92	6.24	0.65	7.27[8]	6.56[7]	5.23[4]	5.70[1]	6.19	0.65	8.36[8]	6.99[8]	6.10[3]	7.15
Ave	6.81	6.90	6.33	5.93	6.74	Ave	6.77	5.51	5.12	5.70	5.95	Ave	7.65	6.18	5.68	6.74
径向全干缩率 Radial shrinkage																
第 1 样树 Sample tree No.1						第 2 样树 Sample tree No.2						第 3 样树 Sample tree No.3				
7.66	2.39	4.69			2.39											
7.00	2.32	3.12			2.72	7.66	2.43	2.83			2.63	7.66	2.32	3.05		2.68
6.34	2.61	1.51			2.06	7.00	2.40	2.70			2.55	7.00	2.25	3.37		2.81
5.75	2.45	2.70			2.57	6.34	2.53	2.00			2.26	6.34	2.47	2.38		2.42
5.25	2.80	2.77			2.78	5.66	2.73	2.36			2.54	5.66	3.00	2.51		2.76
4.75	2.75	2.52			2.63	5.00	2.85	2.21	2.36		2.47	5.00	2.90	2.32		2.61
4.25	2.33	2.60			2.47	4.34	3.10	2.60	2.01		2.57	4.34	3.08	2.08		2.58
3.00	2.90	2.76	Nan	3.08	2.92	3.00	3.18	2.58	2.14		2.64	3.00	3.44	2.58	2.69	2.90
2.34	3.11	2.88	2.29	Nan	2.76	2.34	2.98	2.38	2.32		2.56	2.34	3.41	2.73	3.19	3.11
0.65	2.58	2.40	2.35	4.62	2.99	0.65	2.97	2.67	2.18	2.69	2.63	0.65	3.22	2.81	2.75	2.93
Ave	2.62	2.33	2.32	3.85	2.66	Ave	2.80	2.48	2.20	2.69	2.55	Ave	2.90	2.65	2.88	2.79
纵向全干缩率 Longitudinal shrinkage																
第 1 样树 Sample tree No.1						第 2 样树 Sample tree No.2						第 3 样树 Sample tree No.3				
7.66	0.28				0.28											
7.00	0.57	0.15			0.15	7.66	0.32	0.77			0.32	7.66	0.67	0.44		0.44
6.34	0.19	0.45			0.32	7.00	0.32	0.30			0.31	7.00	0.42	0.49		0.46
5.75	0.26	0.20			0.23	6.34	0.28	0.47			0.38	6.34	0.32	0.73		0.32
5.25	0.24	0.20			0.22	5.66	0.33	0.41			0.37	5.66	0.33	0.25		0.29
4.75	0.19	0.58			0.38	5.00	0.23	0.44	1.19		0.33	5.00	0.19	0.40		0.29
4.25	0.27	0.21			0.24	4.34	0.28	0.33	0.79		0.47	4.34	0.27	0.31		0.29
3.00	0.26	0.20	Nan	0.15	0.20	3.00	0.16	0.41	0.44		0.34	3.00	0.22	0.34	0.64	0.40
2.34	0.20	0.14	0.30	Nan	0.21	2.34	0.40	0.47	0.56		0.48	2.34	0.20	0.46	0.57	0.41
0.65	0.17	0.24	0.31	0.74	0.36	0.65	0.32	0.46	1.11	0.74	0.51	0.65	0.28	0.24	0.48	0.33
Ave	0.23	0.26	0.30	0.44	0.26	Ave	0.29	0.41	0.60	0.74	0.41	Ave	0.28	0.37	0.56	0.36

注：同附表 15-1。

Note: The same as appendant table 15-1.

附表 15-7　杉木样树次生木质部(木材)弦向全干缩率(%)

Appendant table 15-7　Maximum tangential shrinkage of secondary xylem (wood) in Chinese fir sample trees(%)

第 1 样树　Sample tree No.1

H(m)	P I	P II	P III	Ave
12.34	6.94[8]			6.94
10.34	8.15[16]			8.15
8.34	7.66[13]	4.13[5]		5.90
5.75	8.98	5.62		7.30
5.25	5.45[3]	5.43[3]		5.44
4.25	7.73	6.92[1]	5.01	6.56
3.75	8.08[1]	8.75	5.15[1]	6.62
3.25	7.35	7.66[3]	5.26[1]	6.75
2.75	6.20	6.31[1]	5.51	6.01
2.25	7.02[1]	6.37[4]	Nan	6.70
1.65	7.74[3]	5.98[3]	5.86[1]	6.53
0.98	7.33[3]	5.62[3]	3.99	5.65
0.32	6.78	4.03	4.66[1]	5.16
Ave	7.34	5.81	5.06	6.32

第 2 样树　Sample tree No.2

H (m)	P I	P II	P III	P IV	P V	P VI	Ave
14.34	4.87[8]						4.87
12.34	5.55[15]						5.55
10.34	6.77[25]	4.37[12]					5.57
9.75	6.12	4.61					5.37
9.25	6.73	5.25					5.99
8.75	7.45	5.81[1]					6.63
8.25	6.70	5.24					5.97
7.66	7.85	6.74					7.30
7.00	7.12	6.19[1]	6.48[1]				6.60
6.34	6.71	5.69[1]	5.12[1]				5.84
5.75	7.99	6.90[3]	5.12				6.67
5.25	7.87	6.78	4.91				6.52
4.75	7.93	6.48	5.17[8]				6.53
4.25	8.41	6.66[3]	5.75				6.94
3.75	7.75[4]	6.92	4.97[3]				6.55
3.25	7.89[4]	7.02[5]	6.03[3]				6.98
2.75	7.76	6.23[3]	4.95[3]				6.31
2.25	7.63	5.64[3]	5.93[1]	5.02[1]			6.06
1.65	6.83	5.93[3]	5.52[1]	4.90[1]			5.80
0.98	6.78[1]	5.83	5.61[3]	5.59			5.95
0.32	6.60	Nan	5.10[1]	5.48[1]			5.73
Ave	7.11	6.02	5.44	5.25			6.24

第 3 样树　Sample tree No.3

H (m)	P I	P II	P III	P IV	Ave
10.34	6.15[17]				6.15
8.34	6.95[16]	4.89[6]			5.92
7.75	7.04	5.10[1]			6.07
7.25	Nan	6.55			6.55
6.75	6.30[1]	6.44			6.37
6.25	Nan	6.06[1]			6.06
5.75	Nan	7.03[1]	5.60		6.31
5.25	7.72[1]	7.69[1]	5.70		7.04
4.75	8.45	7.64	5.65		7.25
4.25	8.11	7.67	5.64		7.14
3.75	8.23[1]	5.66[1]	5.93		6.61
3.25	Nan	6.36	5.06[1]		5.71
2.75	8.25[1]	6.96	5.48[3]		6.90
2.25	7.70	6.53	5.67[3]		6.63
1.65	7.99[4]	7.62	5.37		6.99
0.98	7.66	6.17[1]	5.83	5.39[1]	6.26
0.32	Nan	5.82	5.32[1]	Nan	5.57
Ave	7.55	6.51	5.57	5.39	6.53

第 4 样树　Sample tree No.4

H(m)	P I	P II	P III	Ave
11.75	8.26[3]			8.26
11.25	7.54[3]			7.54
10.75	8.30[1]			8.30
10.25	8.61	5.30[1]		6.95
9.75	8.65	5.47		7.06
9.25	9.40	5.93[1]		7.66
8.75	7.57	7.64		7.61
8.25	8.17	6.32[1]		7.24
7.75	9.29	7.82		8.55
7.25	9.04	7.17		8.11
6.75	9.74[3]	7.55		8.65
6.25	8.87	7.14		8.00
5.75	7.67[3]	7.02		7.35
5.25	9.00[4]	7.29		8.15
4.75	9.14[4]	6.57		7.85
4.25	7.26[3]	6.15		6.70
3.75	8.23[3]	7.81	5.90	7.31
3.25	7.83[4]	7.44	6.19	7.15
2.75	8.90	6.89	6.97[3]	7.59
2.25	7.44	7.78	6.51	7.24
1.65	7.41	7.20	5.40[1]	6.67
0.98	6.09[3]	6.36	5.66[1]	6.04
0.32	5.42[1]	5.81	5.48	5.57
Ave	8.17	6.83	6.02	7.36

第 5 样树　Sample tree No.5

H (m)	P I	P II	P III	P IV	P V	P VI	Ave
17.66	7.52						7.52
17.00	7.73						7.73
16.34	8.88	5.32[1]					7.10
15.66	6.52	Nan					6.52
15.00	8.48	Nan					8.48
13.66	6.63	7.56					7.10
13.00	8.37[1]	8.25					8.31
11.66	9.92	7.58	5.54[1]				7.68
11.00	10.05	8.66	5.58[1]				8.10
10.34	9.96	6.42	6.90[1]				7.76
9.66	10.14	7.36[1]	8.99[1]				8.83
9.00	10.23	8.95	4.84				8.01
8.34	10.05	8.96	6.72	5.88[1]			7.90
7.66	10.54	9.24[1]	8.41	7.28[1]			9.39
7.00	10.27	9.45	8.58	5.90[1]			8.55
6.34	10.26	9.05	8.43	5.43			8.29
5.66	10.19	9.29	9.72	6.00			8.80
5.00	10.28	9.03	8.70	5.86[1]			8.47
4.34	10.16	9.52	8.31	6.82			8.70
3.66	10.17	9.47	8.78	7.09	4.22[1]		7.95
3.00	10.05	9.32	8.73	6.97	5.22[1]		8.06
2.34	9.92	8.87	8.61	7.71	5.24[1]		8.07
1.65	9.55	8.39	8.01	7.06	5.27		7.66
0.65	8.42	7.23	7.81	6.85	5.64	4.83[1]	6.80
Ave	9.35	8.40	7.80	6.51	5.12	4.83	8.05

注：同附表 15-1。

Note: The same as appendant table 15-1.

附表 15-8 杉木样树次生木质部(木材)径向全干缩率(%)

Appendant table 15-8 Maximum radial shrinkage of secondary xylem (wood) in Chinese fir sample trees(%)

H(m)	P			Ave	H (m)	P						Ave	H(m)	P				Ave
	I	II	III			I	II	III	IV	V	VI			I	II	III	IV	
第 1 样树 Sample tree No.1					第 2 样树 Sample tree No.2								第 3 样树 Sample tree No.3					
					14.34	2.55						2.55						
					12.34	2.53						2.53						
					10.34	2.87	2.18					2.52						
					9.75	2.57	2.21					2.39						
					9.25	2.67	2.27					2.47	10.34	2.24				2.25
					8.75	3.25	2.67					2.96	8.34	2.23	1.45			1.84
					8.25	3.43	2.70					3.06	7.75	2.13	2.04			2.08
					7.66	3.35	2.87					3.11	7.25	Nan	2.30			2.30
12.34	3.00			3.00	7.00	3.38	3.39	2.89				3.22	6.75	2.43	2.09			2.26
10.34	3.33			3.33	6.34	2.91	2.43	2.58				2.64	6.25	Nan	2.13			2.13
8.34	3.06	1.79		2.43	5.75	3.39	3.17	2.30				2.96	5.75	Nan	2.17	2.10		2.14
5.75	3.48	1.71		2.60	5.25	3.45	3.13	2.35				2.98	5.25	2.62	1.93	2.22		2.26
5.25	3.02	2.32		2.67	4.75	3.65	3.03	2.98				3.22	4.75	2.83	2.09	1.91		2.27
4.25	2.91	2.21	2.06	2.39	4.25	3.72	2.86	2.64				3.07	4.25	2.76	2.07	2.11		2.32
3.75	3.51	3.15	2.02	2.89	3.75	3.63	3.15	2.36				3.05	3.75	2.83	1.43	1.93		2.07
3.25	3.10	2.74	2.49	2.77	3.25	3.53	2.80	2.82				3.05	3.25	Nan	2.17	1.97		2.07
2.75	2.70	2.54	2.44	2.56	2.75	2.83	2.79	2.49				2.70	2.75	2.63	2.20	1.94		2.26
2.25	2.39	2.45	Nan	2.42	2.25	3.44	2.84	2.96	2.47			2.93	2.25	2.71	2.26	1.96		2.31
1.65	2.24	2.81	2.34	2.46	1.65	3.09	2.79	2.76	2.19			2.71	1.65	2.59	2.16	1.68		2.15
0.98	2.97	2.24	2.63	2.61	0.98	3.12	2.89	2.61	2.67			2.82	0.98	2.44	2.47	1.86	1.92	2.17
0.32	2.71	2.38	5.03	3.37	0.32	3.39	Nan	2.17	2.51			2.69	0.32	Nan	1.98	1.83	Nan	1.91
Ave	2.96	2.39	2.72	2.70	Ave	3.18	2.79	2.61	2.46			2.87	Ave	2.54	2.06	1.96	1.92	2.17

H(m)	I	II	III	Ave	H (m)	I	II	III	IV	V	VI	Ave
第 4 样树 Sample tree No.4					第 5 样树 Sample tree No.5							
					17.66	2.82						2.82
11.75	3.32			3.32	17.00	2.75						2.75
11.25	3.34			3.34	16.34	3.19	2.90					3.05
10.75	2.91			2.91	15.66	3.09	Nan					3.09
10.25	3.56	2.34		2.95	15.00	3.12	Nan					3.12
9.75	3.04	2.13		2.59	13.66	3.56	2.51					3.04
9.25	3.64	2.55		3.09	13.00	2.77	2.87					2.82
8.75	3.00	3.18		3.09	11.66	3.79	2.65	2.58				3.01
8.25	3.50	2.64		3.07	11.00	4.31	2.93	2.07				3.11
7.75	3.59	2.92		3.25	10.34	4.31	2.87	2.62				3.27
7.25	3.60	2.96		3.28	9.66	4.29	2.22	3.44				3.32
6.75	4.07	3.04		3.56	9.00	4.72	3.12	2.69				3.51
6.25	3.25	2.90		3.08	8.34	4.53	3.34	2.91	2.18			3.24
5.75	3.60	2.67		3.14	7.66	4.82	3.42	3.05	2.62			3.76
5.25	3.72	2.67		3.20	7.00	4.89	3.98	3.13	2.38			3.60
4.75	4.11	2.62		3.36	6.34	4.95	3.49	3.20	2.16			3.45
4.25	3.59	2.68		3.14	5.66	4.89	3.97	3.32	2.21			3.60
3.75	3.11	2.58	2.45	2.71	5.00	5.14	3.66	3.18	2.18			3.54
3.25	2.81	2.84	2.62	2.76	4.34	4.87	3.79	3.07	2.45			3.54
2.75	4.13	2.02	2.66	2.93	3.66	6.17	3.87	3.41	2.80			4.06
2.25	2.94	2.25	2.69	2.63	3.00	4.74	4.26	3.48	3.01	3.50		3.87
1.65	2.94	2.67	2.33	2.65	2.34	4.81	3.91	3.38	3.07	2.41		3.52
0.98	2.22	2.45	2.21	2.29	1.65	4.51	3.75	3.14	2.81	2.80		3.40
0.32	1.78	2.27	2.26	2.10	0.65	3.73	3.12	2.60	2.53	2.18	2.41	2.76
Ave	3.30	2.62	2.46	2.91	Ave	4.20	3.33	3.02	2.53	2.47	2.41	3.38

注：同附表 15-1。

Note: The same as appendant table 15-1.

16　次生木质部构建中生长鞘厚度的发育变化

本章图示概要

年轮宽度是横截面上鞘层的径向厚度。

第一类　*X*轴——径向生长树龄

任一回归曲线仅代表一个指定高度，有一个确定对应的高生长树龄。

不同高度逐龄年轮宽度的径向发育变化。

图 16-1　落叶松

图 16-2　冷杉

图 16-3　云杉

图 16-4　原始林云杉 628 个年轮横截面离髓心 35 龄序 4 向年轮平均宽度的发育变化

图 16-5　原始林云杉 628 个年轮横截面 4 向年轮平均宽度随逐轮生成序数的发育变化

图 16-6　马尾松第 4 样树

图 16-7　杉木

第二类　*X*轴——高生长树龄

任一回归曲线仅代表一个指定的径向生长树龄，有一个确定的对应生长鞘在该年生成。

各龄生长鞘鞘层厚度沿树高的发育变化。

图 16-8　落叶松

图 16-9　马尾松第 4 样树

图 16-10　冷杉

图 16-11　云杉

图 16-12　杉木

第三类　*X*轴——生长鞘构建时的径向生长树龄

*Y*轴——生长鞘全高鞘层平均厚度

逐龄生长鞘全高鞘层平均厚度的发育变化。

图 16-13　落叶松

图 16-14　马尾松第 4 样树

图 16-15　冷杉

图 16-16　云杉

图 16-17　杉木

图 16-18　针叶树树种趋势

第四类　*X*轴——高生长树龄

任一回归曲线仅代表同一离髓心年轮数；

摘　　要

首次以生命中构建的变化过程来定义次生木质部发育，并进而以发育观点来看待生长鞘厚度在次生木质部构建中的变化。测定结果表明，生长鞘厚度在这一过程变化中具有受遗传控制的趋势性，其属性是发育性状。

生长鞘厚度是次生木质部研究中采用的新词。年轮是逐龄层状生长鞘的环状横截面。研究生长鞘厚度的发育变化需通过测定不同高度年轮宽度。样树根颈(0.00m)年轮数是采伐树龄，即树茎各高度横截面最外层年轮的生成树龄，向内推出逐个年轮的生成树龄。相同树龄生成的不同高度年轮位于同一生长鞘。测定主茎自根颈至顶梢全高均匀分布的不同高度横截面逐龄年轮宽度，取各高度东、南、西、北四向逐轮平均值作它们所在高度逐龄生长鞘厚度。

次生木质部生长鞘间和生长鞘内厚度的差异在发育变化中形成。通过回归分析取得表达生长鞘厚度(年轮宽度)随高、径两向生长发育树龄变化的四种平面曲线图示。

树茎中心部位相同离髓心年轮数、不同高度年轮的木材年龄(wood age)相同。木材年龄(wood age)与树茎两向生长树龄概念不同。不同高度相同木材年龄的年轮宽度不等。次生木质部发育研究中须采用两向生长树龄。

林木树茎圆满通直的生长状态在五树种样树逐龄生长鞘厚度变化的共同趋势中能得到充分理解。这深刻反映出发育过程与生存适应间的因果关系。

生长鞘在树茎任一高度的横截面上均呈环状。生长鞘厚度和年轮径向宽度(简称年轮宽度)是同义词。生长鞘是次生木质部中存在的层状实体，它在次生木质部中无间隙重叠。只有通过年轮宽度才能测出它的厚度。

年轮宽度是次生木质部最宏观的特征。它与木材的许多性质有相关性，并是木材年增量的指标。生长鞘厚度在次生木质部构建中的变化是发育研究的重要内容，并有较高的实际意义。

16.1 年轮宽度在多学科中的应用

16.1.1 年轮宽度在测树学上的应用

生长是测树学中的一个重要概念。测树学研究树木生长，并以此为基础才能进一步研究林分生长。

测树学研究单株树木生长采用的技术措施是树干解析。这是在伐倒木条件下全面剖析树木的生长历程。解析木伐倒后，一般以 2.00m 为区分段长，在根颈 0.00m、1.30m、3.60m、5.60m、7.60m……以及梢底处截取与树干垂直的圆盘。通过髓心划出每个圆盘上东西、南北两条直线。以若干年为龄阶，天然林可 5 年或 10 年，人工速生材可 2 年或 1 年。测定各高度圆盘在两个方向上各龄阶的直径(精度 0.1cm),由此计算出各龄阶的径向尺寸。这是不同高度各龄阶年轮宽度的总和。再进一步计算出各龄阶生长鞘的材积总和。

除树干解析外，测树学还把树木各种调查因子(如胸径、树高、材积等)在一定间隔期内的增长统称为生长量。其中，胸径和材积的生长量都与年轮宽度有关。

测树学通过上述测定，了解树木的生长过程，着重于量的增长，并关心对量增长起作用的人为因子。

16.1.2 年轮宽度在树木年代学中的应用

气象学有一分支——树木年代学。

树木年代学利用数百年，甚至千年以上古木。它主要依据古树自身年轮宽度和木材密度在一定生长时期后趋于稳定，并认为以后波动主要是由气候变化造成，由此而能估计出古木出土地气候的历史变迁。

这一测定的特点是：①只测一个高度横截面年轮宽度的径向变化；②必须排除树茎生长开始期间生成的所谓有倾向性变化的中心部位。

16.1.3 年轮宽度在木材科学中的应用

年轮宽度在木材科学中是结构特征。木材结构特征都是木材树种识别的依据。树种年轮宽度平均值在树种间常具相对稳定的差别。

同一树种不同种源生长有快慢之分。如年轮宽度相对较窄，往往基本密度会稍高。因此，它又能用于直觉判定木材质量。

人们也知道年轮宽度在单株树木内有差别。树茎基部年轮窄，向上增宽。树茎水平中心的年轮宽度比外围大。

16.2 生长鞘厚度在次生木质部发育研究中应用的理论依据

生长鞘厚度在次生木质部发育研究中能得到应用的前提是要用生命科学观点来看待它在树种间和种内株间的差异，以及它在单株内生成中的变化。生长鞘厚度有受环境影响的一面，但发育研究关注它在单株内规律性变化的另一面。

16.2.1 生长鞘区界的形成

一般把年轮分界线归因于生长季节之后有一休眠期。但中国南方生长的杉木、马尾松和新西兰、智利生长的辐射松年轮界线均明显。

遗传学观点，生物体遗传性状都是受漫长进化历程中形成的遗传物质基础决定的。环境条件只能筛选性状。从树木演化来分析，次生木质部逐年增生在年际间存在区界，其发生的第一因素是树株内生成了控制表现这种性状的遗传物质。之后，气候因子才能通过自然选择对性状形成起作用。

生长鞘厚度是树木的遗传性状。只有遗传控制的生物学性状，才会在发育中呈现规律性趋势变化。

16.2.2 用遗传学观点认识年轮宽度的差异

必须能清楚分辨年轮宽度在不同生物因子层次间的本质差别。

16.2.2.1 树种间

年轮宽度和早、晚材间的变化在树种间有较大差别。早、晚材变化急的树种，年轮区界肯定明显；针叶树早、晚材变化缓的树种年轮区界也都明显。我国南方同一地生长的杉木早、晚材变化缓，马尾松早、晚材变化急，两树种年轮均宽；而柏木、红豆杉两树种早、晚材变化均缓，年轮都窄。东北同一地的落叶松、樟子松早、晚材变化急，年轮都宽，而红松早、晚材渐变，年轮窄。这些都是树种间遗传因素的差别造成的。树种早、晚材的变化和年轮宽度平均值是遗传特征，但在树种间不存在必然的联系。

阔叶树种有环孔材、散孔材和半散孔材。杨木是我国分布地区较广的散孔材。区分杨木的年轮常需借助年轮间存在的轮界型薄壁组织。这是遗传控制下生成的结构特征，并非气候条件造成。各树种年轮的区界因素不尽相同，但同在遗传控制下生成，并都在自然选择下留存。

16.2.2.2 种内株间

对单层同龄纯林而言，年轮宽度在种内株间的差异有两方面表现——不同树株相同部位间及单株平均值间。年轮宽度是复等位基因控制的数量性状。造成年轮宽度在种内株间存在差异的因素是控制这一性状的复等位基因组合有差别。年轮宽度在种内株间的差异具有正态分布范围，并有相对稳定的树种平均值。

同一树种相同种源生长在不同地区，或同一地区但坡向和林业经营措施(抚育采伐、施肥等)不同，而形成年轮宽度差别。这表明，年轮宽度有受环境影响的一面。

16.2.2.3 单株内

由年轮宽度在树木年代学中的应用，可看出：年轮宽度在树木生长前期有一发育变化明显阶段。这一期间分辨不出气候影响是树木年代学须剔除的部分；而后，进入年轮宽度趋于相对稳定的生长期，这一期间年轮宽度波动被看做是气候变化的结果。树木年代学剔除树茎横截中心范围和选用外围部分的生成树龄期须依据实测结果才能确定。这与古木树种有关，即取决于遗传控制的发育过程。

幼龄人工林单株内年轮宽度同时存在两个发育变化现象：①树茎横截面上年轮宽度自髓心向外逐减。这是各高度横截面分别在不同高生长树龄条件下，年轮宽度随径向生长树龄的变化；②同一生长鞘鞘层厚度沿树高有趋势性差异，这是各径向生长树龄生成的同一生长鞘鞘层厚度随高生长树龄的变化。

幼龄人工林单株内年轮宽度在不同部位间的差异呈趋势性是相同遗传物质在树木不同生长期的调控结果，是次生木质部发育变化的表现。

16.3 生长鞘厚度在次生木质部发育研究中的应用

生长鞘厚度只有通过年轮宽度才能测出。但次生木质部发育研究中，年轮宽度不能替代生长鞘厚度概念。这犹如年轮一词不能替代生长鞘一样。年轮只是生长鞘的横截面，通过测定年轮宽度来揭示生长鞘厚度的变化。

16.3.1 发育研究与测树学应用树干解析方法在概念上的差别

次生木质部发育研究	测树学
样树不同部位是随树茎两向生长树龄组合连续的变化中生成。对不同部位取样的测定数据进行 4 种指定条件下的不同集合。它们是包含在同一发育全过程中具有时间和方向双重性的序列变化结果。	把解析木看做是一整体，各种调查指标如胸径、树高、材积等都是在样树材积概念下的因子。
把生长纳入发育概念，研究次生木质部发育中的生长变化。	把树茎高、径和材积逐龄增长看做是树木的生长，研究树木生长过程。
次生木质部构建中树茎高、径生长是独立的。两向生长树龄与树木树龄有联系，但在次生木质部发育研究中又具不同的意义。 同一生长鞘的各高度部位在同一径向生长树龄中生成。同一高度横截面自髓心向外逐龄生成的年轮间和同一生长鞘的不同高度间木材结构和性状都存在趋势性的差异变化。研究次生木质部的这些变化必须采用两向生长树龄。 本章全部曲线图示的横坐标都为高生长树龄或年轮(生长鞘)生成树龄即两向生长树龄。	在树干解析表格中，上标题和左端分别是径向生长的树龄和达各断面的树龄。在统一的全树树龄概念下计算材积。树木生长过程各指标变化的图示都以树龄为横坐标。
年轮宽度在发育研究中是一个独立的性状变化指标。测定结果经数据处理要表达出它随两向生长树龄的变化过程。	通过测定解析木各高度横截面逐龄年轮宽度研究树茎径向尺寸和材积生长过程。

树干解析的解析木对发育研究来说是样树。次生木质部发育研究充分应用了测树学树干解析方法中可采纳的环节，并在应用上取得认识：

(1) 确定样木各高度横截面上逐个年轮的径向生成树龄。

样树采伐时的树龄由根颈圆盘年轮数确定。次生木质部最外一层生长鞘尚处于伐倒当年成长中，各高度圆盘由外向内逐个年轮位置生成时的树龄都可由样树伐倒树龄推出。

由于树茎各高度在高生长生成中的当年就有次生木质部的年轮出现，因此次生木质部年轮的径向生成树龄与该时树株树龄在数字上相同。它们间虽有联系，但学术概念不同，不能混淆。次生木质部生长鞘或年轮的径向生成树龄在发育研究上各有不同的特殊作用。

(2) 确定树茎各高度的高生长树龄。

各高度圆盘的高生长树龄由各高度圆盘年轮数与根颈圆盘年轮数间的差数确定。

本章的图示报告用高生长树龄表示发育沿树高的变化。

16.3.2 测定

测树学以数个年轮为龄阶(组合)的径向尺寸作为计算多年生天然林解析木直径和材积生长的指标；树木年代学以发育稳定期间年轮宽度为要求。本项目把年轮宽度在树茎中的变化认作是次生木质部形成中的发育表现，须测定全树高范围多个部位的逐个年轮。圆盘的高度部位为 0.00m、1.30m、2.00m……向上每隔 2.00，梢部间距逐缩短至 0.50m、0.30m，直逼梢尖。

次生木质部年轮宽度发育变化研究测定落叶松、冷杉、云杉、马尾松和杉木样树分别为 5 株、6 株、3 株、1 株和 5 株，伐倒时树龄，取样圆盘个数和实测年轮个数列于表 16-1。

用放大测微仪测定东、南、西、北四向逐个年轮宽度，精度为 0.005mm。

附表 16-1 至附表 16-6 列出五树种不同高度四向逐龄年轮平均宽度原始数共 2831 个(读数 11 324 次)。

表 16-1　五种针叶树逐龄年轮宽度的测定*

Table 16-1　Determination of each successive ring width of five coniferous trees

树种 Species	株别 Number of sample tree	伐倒树龄 Tree age at cutting	测定圆盘个数 Quantity of measured disks	实测年轮个数 Number of measured ring
落叶松 Dahurian larch	1	31	13	200
	2	31	13	231
	3	31	13	218
	4	31	13	233
	5	31	15	244
冷杉 Faber fir	1	24	11	116
	2	24	10	97
	3	24	11	115
	4	24	11	113
	5	24	10	103
	6	30	11	148
云杉 Chinese spruce	1	23	12	107
	2	23	11	108
	3	23	11	112
马尾松 Masson's pine	4	37	15	273
杉木 Chinese fir	1	12	12	64
	2	12	12	62
	3	12	13	55
	4	13	13	83
	5	18	16	149

* 杉木年轮宽度由福建卫闽林场田丽琴在南京林业大学进修期间测出。

16.4 不同高度径向逐龄年轮宽度的发育变化

本类图示每条曲线都有对应的确定高生长树龄。为了便于在同一页面上进行同一林分同龄人工林样树发育变化的比较，仍用取样高度标注曲线。每条曲线分别示出一个高度横截面自髓心向外逐龄年轮宽度的变化。

横坐标不是离髓心年轮数，而是与树茎径向生长树龄同义的年轮生成树龄。各线起点有早、迟，但同终于样树的采伐树龄。

图示纵轴方向上，各曲线高度位置的差别显示出不同高度横截面间年轮宽度的发育差异。各高度曲线在同一年轮生成树龄间的差异，则同义于同一生长鞘随高生长树龄的变化，16.5 图示曲线将更直观地呈现这一变化。

年轮宽度在单株树木内的变化和这一变化在树种间的差别都可由图示中的曲线察出。但发育研究的重点是确定种内株间性状变化的遗传性。五种针叶树单株内年轮宽度的变化在种内株间显示出较高的遗传相似性，由此才能证明年轮宽度的发育性状属性。

16.4.1 不同高度年轮宽度随径向生成树龄的发育变化

如图 16-1、图 16-2、图 16-3、图 16-7 所示，落叶松、冷杉、云杉和杉木树茎基部横截面不同高度年轮宽度随径向生长树龄的变化模式同为先增宽，达峰值后转减窄，至外围稍增宽；顶梢年轮宽度仅呈增宽，尚未减窄。同一树茎不同高度年轮宽度径向变化先增后减所经历的年数(年轮数)有差别，由下向上趋短。四树种间同一高度横截面年轮宽度所达的峰值和经历的年限有差别。种子园种子杉木茎高 0.00m 年轮宽度 4 龄时达峰值 20mm；落叶松、冷杉和云杉 0.00m 达峰值的径向生长期分别为 10 年、16 年、16 年，峰值均不超过 8mm。

如图 16-6 所示，马尾松 0.00m、1.30m 和 2.00m 年轮宽度的回归曲线不存在峰值，而是一致减窄。但附表 16-6 表明，马尾松 0.00m 和 1.30m 年轮宽度尚具有 1~2 年短时增宽。

16.4.2 年轮宽度随径向生成树龄的变化在不同高度间的差别

如图 16-1、图 16-7 所示，落叶松和杉木不同高度曲线示出的横截面年轮宽度整体随高度呈减小趋势，0.00m 圆盘曲线在图示中居位最高。

如图 16-2、图 16-3、图 16-6 所示，冷杉、云杉和马尾松不同高度横截面年轮宽度整体随高度呈增大趋势，0.00m 圆盘曲线在图示中居位最低。这一特点在冷杉第 6 样树上表现得最明显。

16.4.3 值得注意的问题

杉木测定有两个种源，第 1、2、3、5 样树是种子园实生苗，第 4 样树是一般良种实生苗。如图 16-7 所示，它们年轮宽度随径向生成树龄变化的趋势相同，但变化的幅度有差异。4 株种子园实生苗样树变化幅度都高，生长在同地的一株普通良种苗则明显低。

如图 16-4 所示，原始林云杉 628 个年轮横截面离髓心 1~35 龄序年轮宽度为 2~4mm；但现代人工林 24 龄云杉年轮宽度的变化范围为 1~7mm(图 16-3)。图 16-4、图 16-5 是同一原始林云杉横截面不同年轮数的图示，可发现 35 龄序的变化只是 628 龄中微不足道的一段。本项目五树种实验样木尚处于长寿命针叶树的幼龄期，实验结果只具有能证明次生木质部构建过程中存在发育现象的效果。

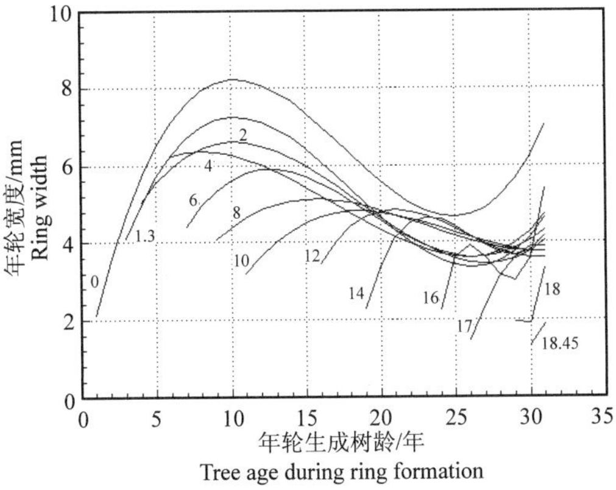

第 1 样树 Sample tree No.1

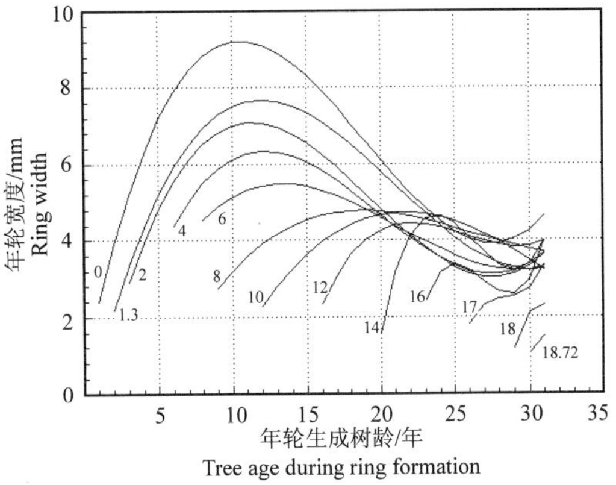

第 2 样树 Sample tree No.2

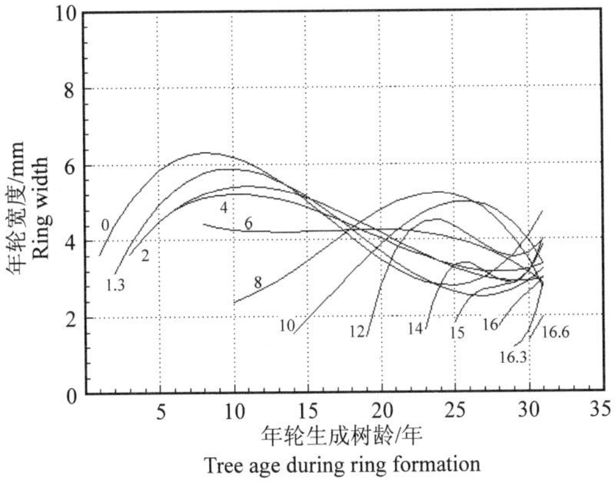

第 3 样树 Sample tree No.3

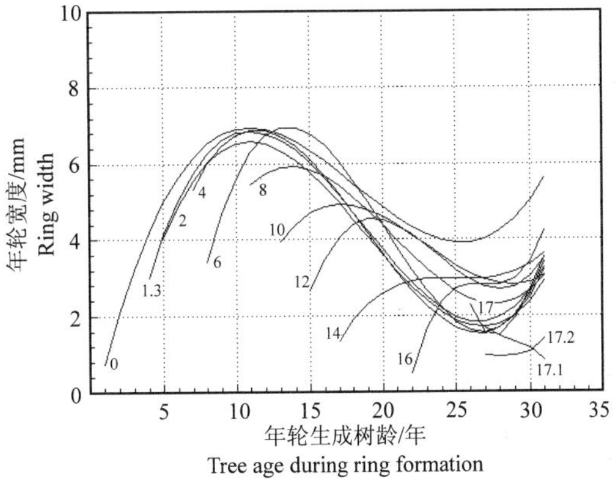

第 4 样树 Sample tree No.4

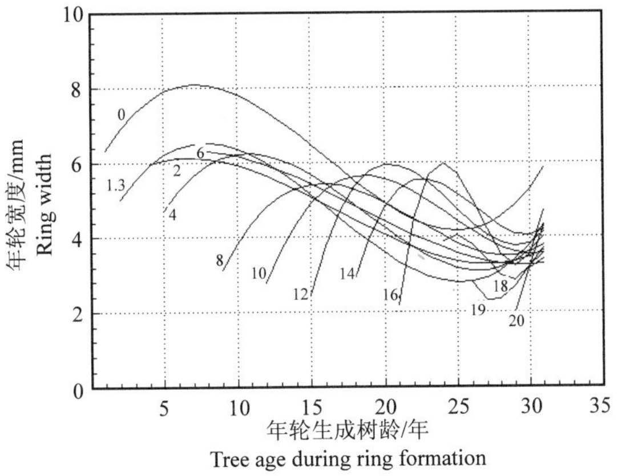

第 5 样树 Sample tree No.5

图 16-1 落叶松五株样树不同高度径向逐龄年轮宽度的发育变化

图中数字为取样圆盘高度(m)

Figure 16-1 Developmental change of ring width in radial direction at different heights in five sample trees of Dahurian larch.

The numerical symbols in the figure are the height of every sample disc(m)

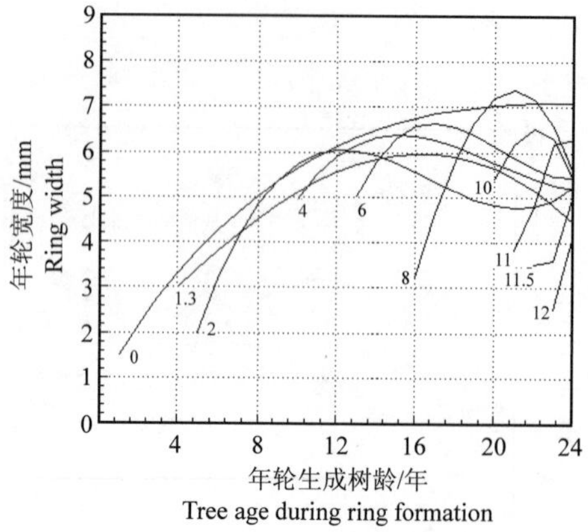

第 1 样树　Sample tree No.1

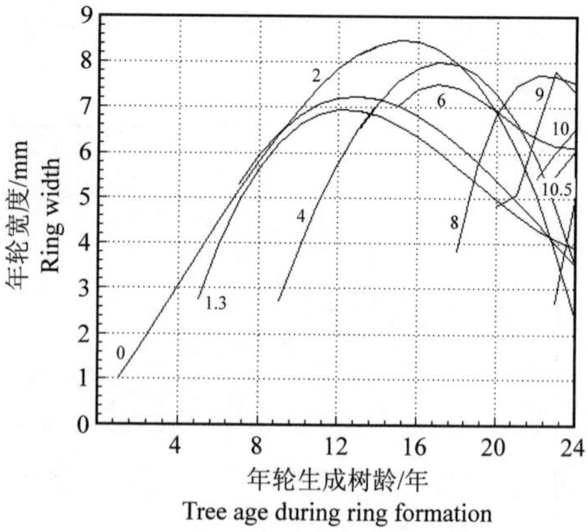

第 2 样树　Sample tree No.2

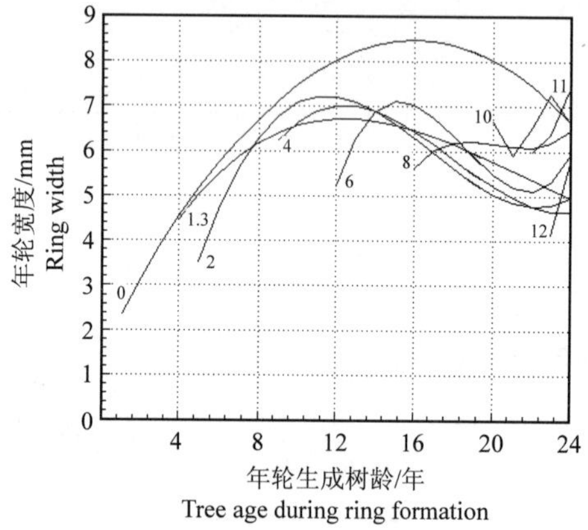

第 3 样树　Sample tree No.3

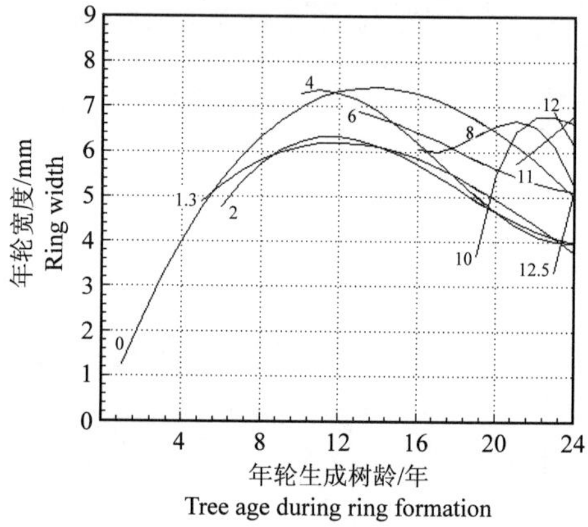

第 4 样树　Sample tree No.4

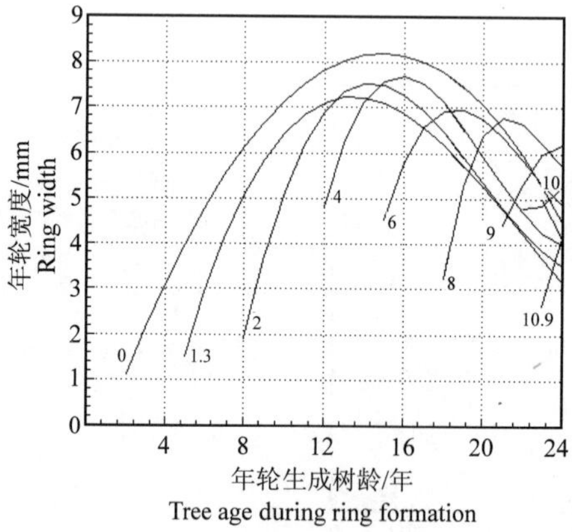

第 5 样树　Sample tree No.5

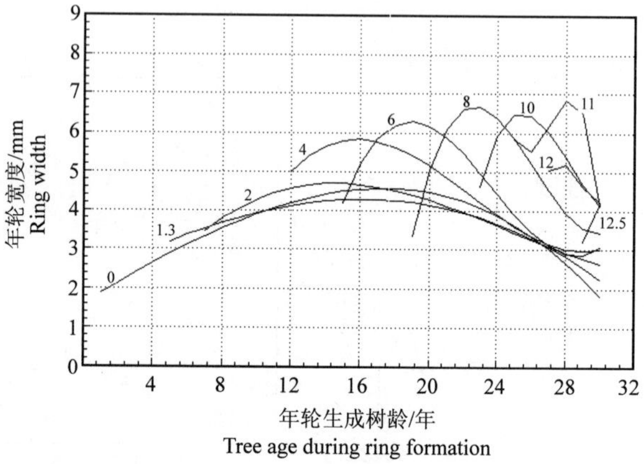

第 6 样树　Sample tree No.6

图 16-2　冷杉六株样树不同高度径向逐龄年轮宽度的发育变化

图中数字为取样圆盘高度(m)

Figure 16-2　Developmental change of ring width in radial direction at different heights in six sample trees of Faber fir

The numerical symbols in the figure are the height of every sample disc(m)

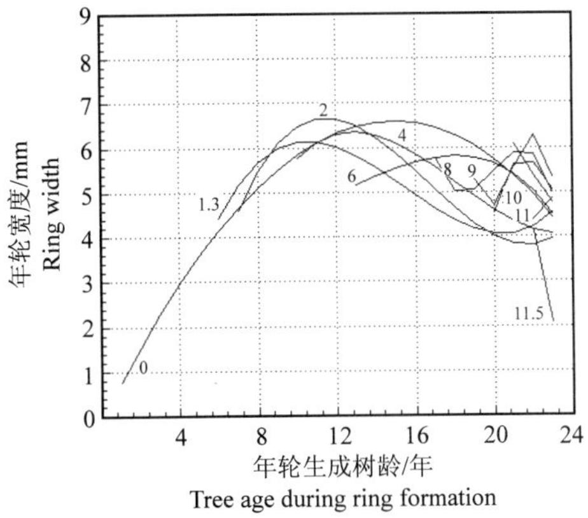

第 1 样树　Sample tree No.1

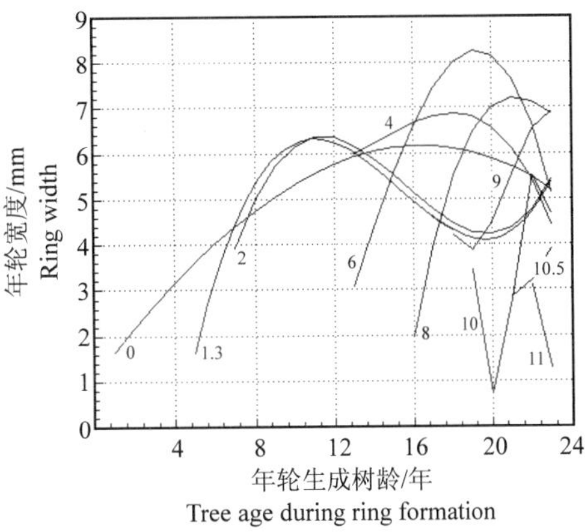

第 2 样树　Sample tree No.2

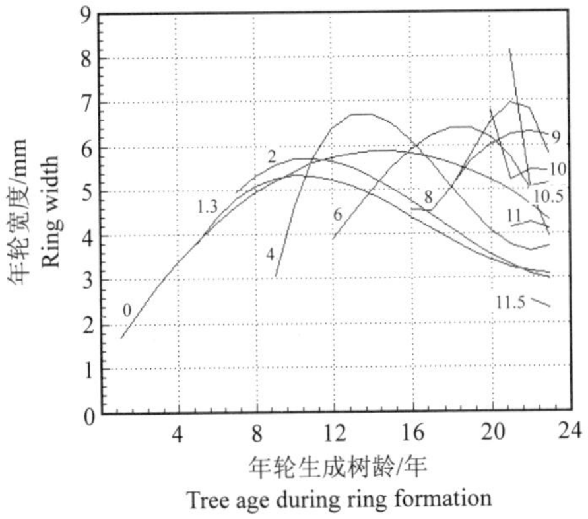

第 3 样树　Sample tree No.3

图 16-3　云杉三株样树不同高度径向逐龄年轮宽度的发育变化

图中数字为取样圆盘高度(m)

Figure 16-3　Developmental change of ring width in radial direction at different heights in three sample trees of Chinese spruce

The numerical symbols in the figure are the height of every sample disc(m)

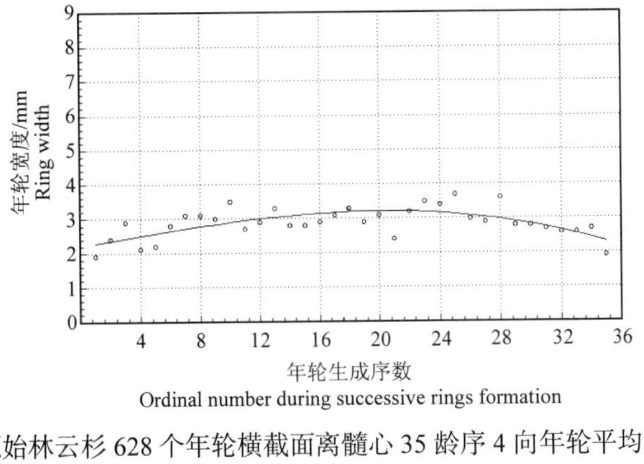

图 16-4　原始林云杉 628 个年轮横截面离髓心 35 龄序 4 向年轮平均宽度的发育变化

回归曲线两侧示出发育变化的数据点

Figure 16-4　Developmental change of mean ring width in four directions with ordinal ring number 1~35 from pith on a 628 rings cross section taken from Chinese spruce of old growth

The points of measured value about developmental change are shown beside the regression curve

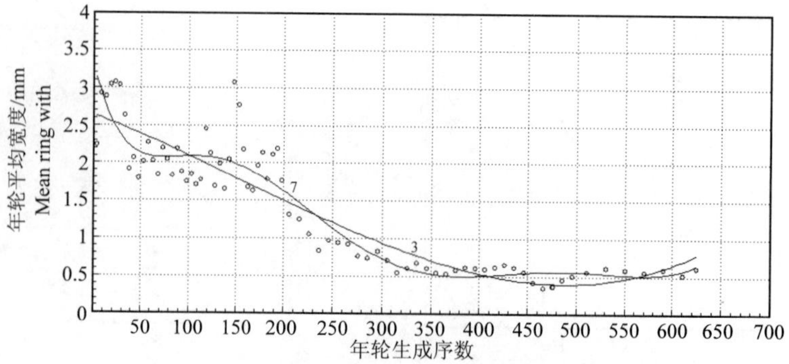

回归曲线两侧示出发育变化的数据点

The points of measured value about developmental change are shown beside regression curves

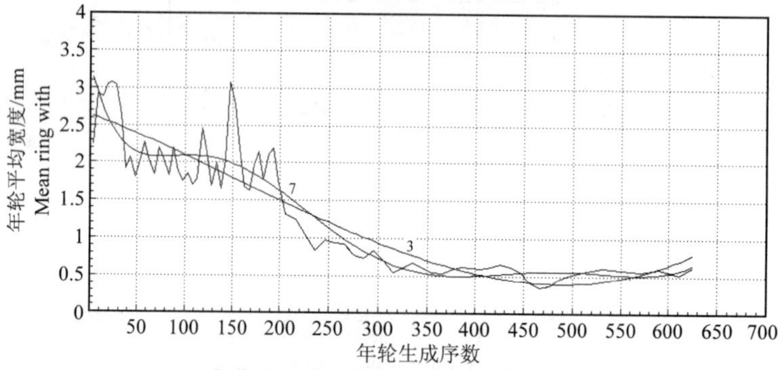

图中波折线是实测值的连线，平滑曲线是回归曲线，标注不同曲线的数字是多项式的次数

The wave line with numerous rupture in the figure is drawn by joint the points of measured value. The fair curves are the results of regression . The numerical signs of curve represent the n-th order of polynominal expression

图 16-5 原始林云杉 628 个年轮横截面 4 向年轮宽度平均值随逐轮生成序数的发育变化

Figure 16-5 Developmental change in mean ring width in four directions with ordinal numbers during successive rings formation on a 628 rings cross section taken from Chinese spruce of old growth

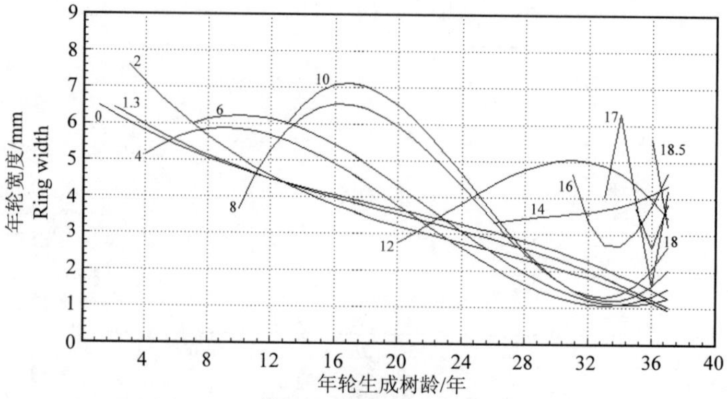

图 16-6 马尾松第 4 样树不同高度径向逐龄年轮宽度的发育变化

图中数字为取样圆盘高度(m)

Figure 16-6 Developmental change of ring width in radial direction at different heights in Masson's pine sample tree No.4

The numerical symbols in the figure are the height of sample disc(m)

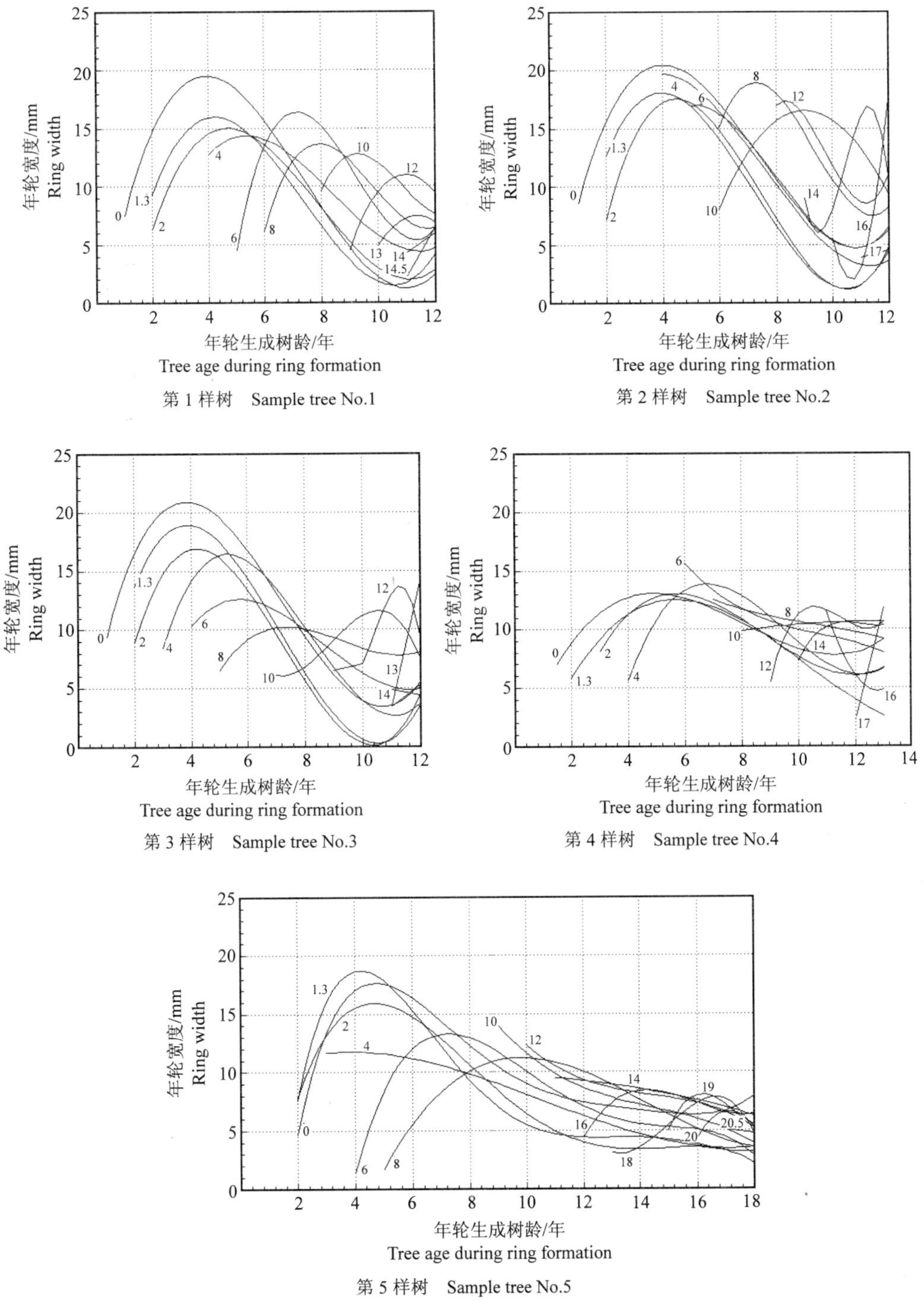

图 16-7　杉木五株样树不同高度径向逐龄年轮宽度的发育变化

图中数字为取样圆盘高度(m)

Figure 16-7　Developmental change of ring width in radial direction at different heights in five sample trees of Chinese fir

The numerical symbols in the figure are the height of every sample disc(m)

16.5　逐龄生长鞘鞘层厚度沿树高的发育变化

同一生长鞘不同高度年轮的宽度测定值，经回归分析可取得同一生长鞘厚度沿树高(高生长树龄)的变化结果。图示横坐标是高生长树龄。图中标注曲线的数字是生长鞘生成树龄，它等同于树茎的径向生长树龄。每条曲线示各龄生长鞘鞘层厚度沿树高的变化，多条曲线在图示纵轴方向上的高度差异是生长鞘随径向生成树龄的发育变化表现。

为避免图示中单株样树逐龄生长鞘鞘层厚度沿树高变化的多条曲线重叠的影响，将同一图示按生长鞘生成龄序进行拆分。分图按字母序排列，横坐标高生长树龄尺度比例相同。左侧的分图窄，向右分图增宽，各分图间逐龄曲线由短趋长。由拆分图可清楚看出，单株内逐龄生长鞘鞘层厚度在鞘层间呈依序转变。

如图 16-8 至图 16-12 所示，五树种单株内鞘层厚度沿树高的变化在种内株间的相似性和种间的可比类似性都表现得非常典型。同一树种图示纵、横坐标比例分别相同，可强化种内株间的比较效果。但在进行种间图示比较时，存在树种采伐树龄和纵坐标取值范围间的差别。

16.5.1　各树种林木逐龄生长鞘鞘层厚度沿树高的变化与树茎共性干形的关系

如图 16-8 至图 16-12 所示，五树种逐龄生长鞘鞘层厚度沿树高的变化在种内株间具有相似性，这是受遗传控制的结果；而在树种间具有类似表现，则是树茎干形在自然选择中的适应结果。林木的共性是具有高耸的树茎，这一特征与逐龄生长鞘鞘层厚度沿树高的发育变化有关。

五树种具有与树茎干形有关的逐龄生长鞘鞘层厚度沿树高变化的共同趋势：

(1) 林木幼龄初期生长鞘鞘层厚度沿树高的变化呈向下斜线。这些鞘层垒叠形成的幼木干形具有尖削度；

(2) 继而树茎进入通直干形的建立期，鞘层厚度沿树高的变化转入深曲的∽形。这一期间鞘层厚度在根颈(0.00m)处呈稍厚，这是适应树干兜部稳定的需要；鞘层向上厚度有短距离减落，这是对其下方层厚的矫正；各同一鞘层沿上行分别增厚，这是满足树茎干形通直的需要；各龄鞘梢将减薄。

(3) 同一鞘层厚度沿树高∽变化的曲度随树龄逐缓。后续树龄生成的同一鞘层不同高度间厚度差别减小。树茎高生长在这一龄期减慢。

五树种逐龄生长鞘鞘层厚度沿树高的共同发育变化表现与它们树茎干形通直的共性有关。这证明发育变化过程在自然选择中形成。

16.5.2　逐龄生长鞘鞘层厚度沿树高的变化

五树种幼龄期初生长鞘鞘层厚度沿树高的变化有两种表现：开始明显呈向下斜线，而后年份转抛物线状(图 16-8 落叶松、图 16-9 马尾松、图 16-12 杉木)；云杉 7 龄开始有数龄生长鞘层厚沿树高先增后转减，冷杉有类似情况(图 16-10 冷杉、图 16-11 云杉)。

16.5.3　各龄生长鞘厚度沿树高的变化在径向生长树龄间的差别

如图 16-8 至图 16-12 所示，种内单株内各龄生长鞘鞘层厚度沿树高的变化在径向生长树龄间的差别。图示中马尾松、落叶松和杉木各龄阶曲线的高度随树龄明显下移(图

16-8、图 16-9、图 16-12)；冷杉和云杉中间龄阶曲线在图示中的位置稍高(图 16-10、图 16-11)。

16.5.4 树种间生长鞘厚度的差别在本类图示中的显示

五种针叶树生长鞘厚度变化有类同趋势，但树种间厚度可差别很大(图 16-12 杉木纵坐标范围 0~25mm，图 16-10 马尾松 1~9mm。两树种样树生长在同一林地相邻林分)。这与树茎生长速度受遗传控制有关，并受立地条件影响。

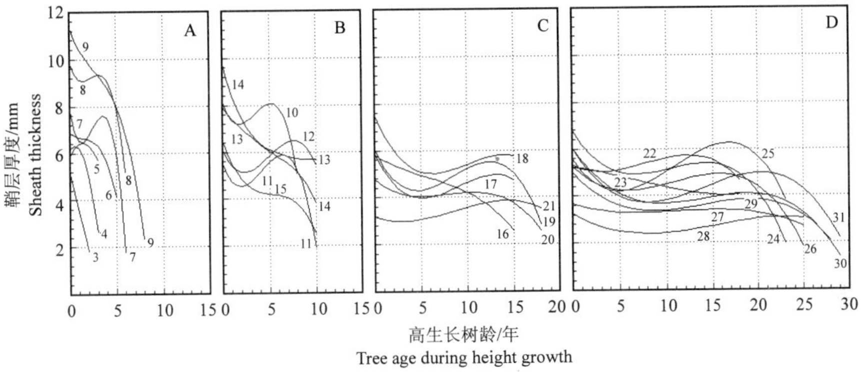

第 1 样树　Sample tree No.1

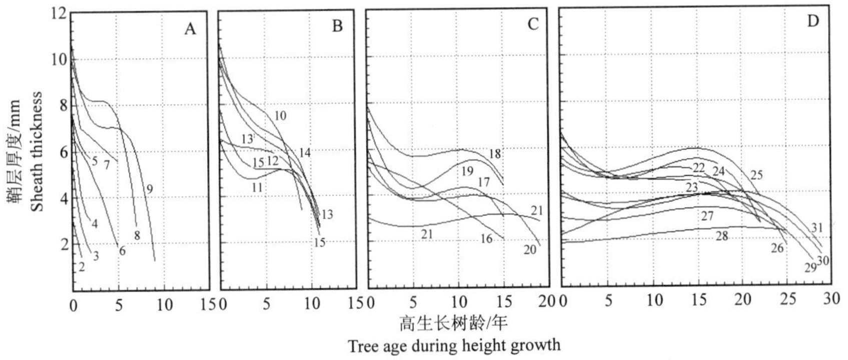

第 2 样树　Sample tree No.2

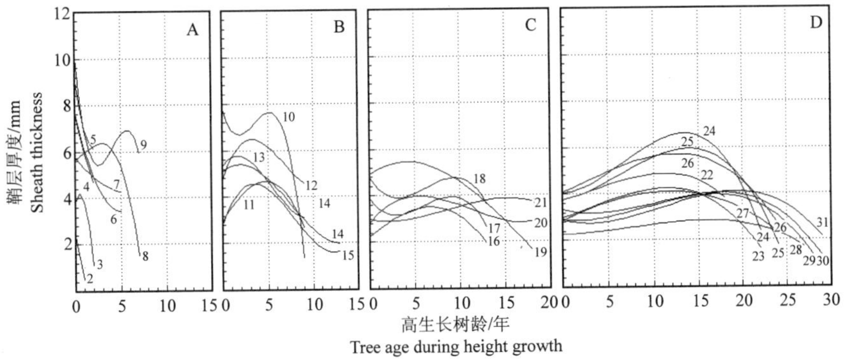

第 3 样树　Sample tree No.3

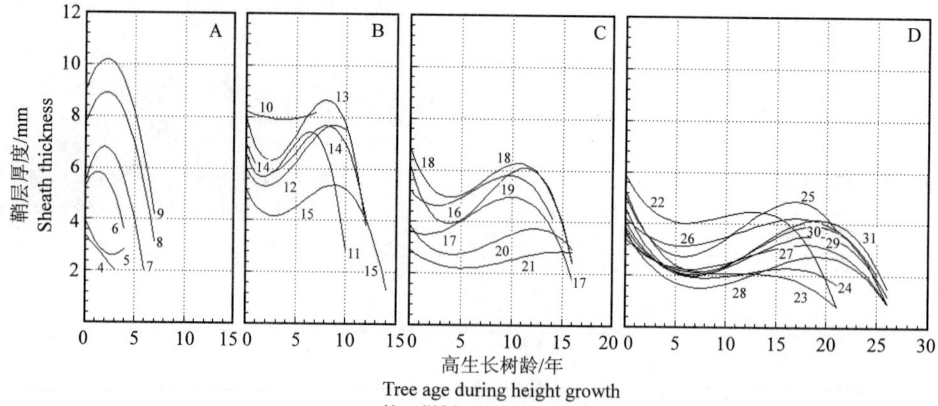

第 4 样树　Sample tree No.4

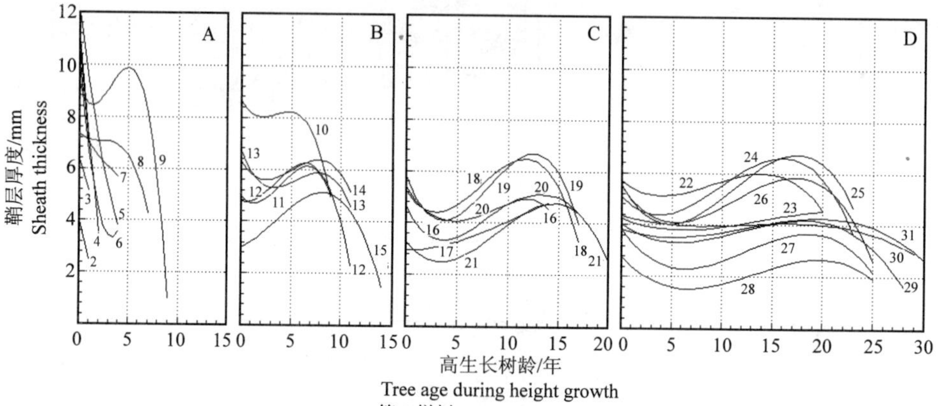

第 5 样树　Sample tree No.5

图 16-8　落叶松五株样树逐龄生长鞘鞘层厚度沿树高的发育变化

A~D. 单株样树不同树龄段的曲线；图中数字系各年生长鞘生成时的树龄

Figure 16-8　Developmental change of sheath thickness of each successive sheath along the stem length in five sample trees of Dahurian larch

A~D. The curves of different growth periods in an individual sample tree. The numerical symbols in the figure are the tree age during each growth sheath formation

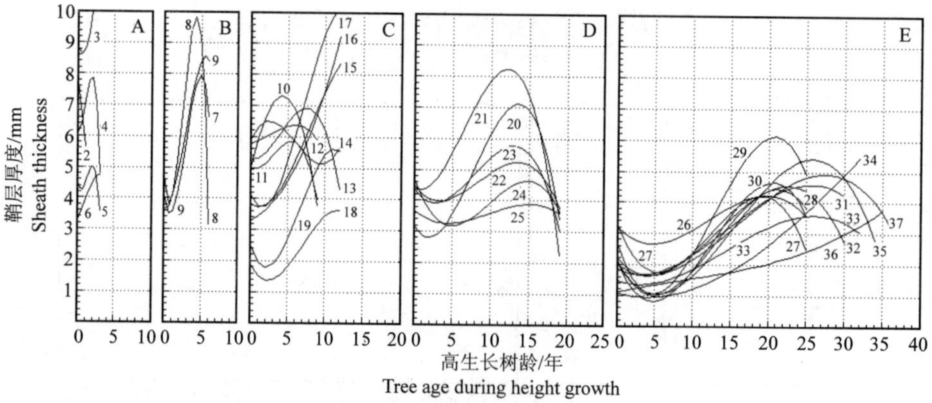

图 16-9　马尾松第 4 样树

说明同图 16-8

Figure 16-9　Masson's pine sample tree No.4

The explanation is the same as figure 16-8

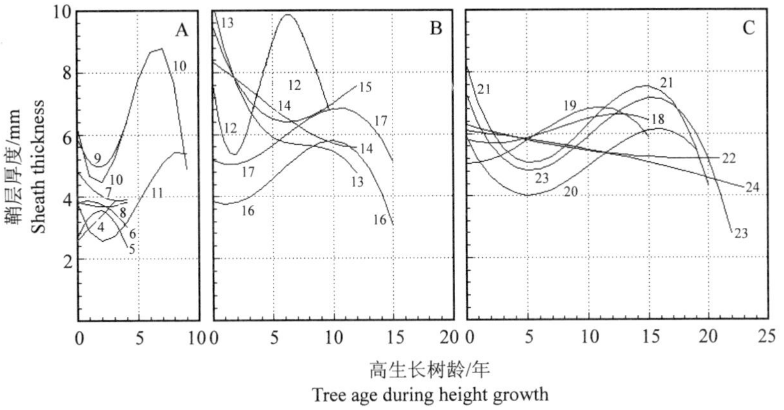

第 1 样树　Sample tree No.1

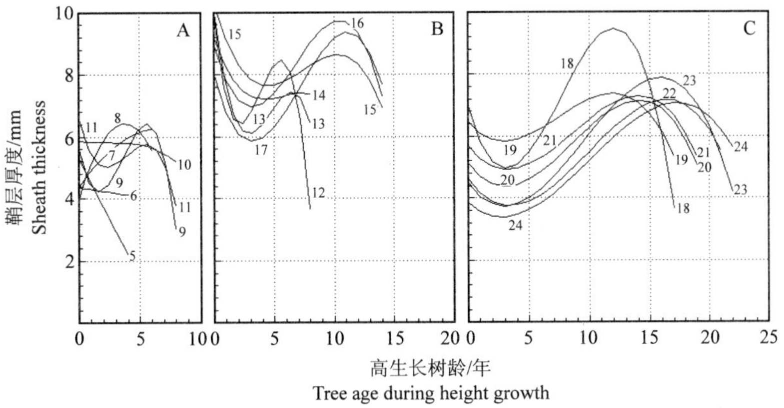

第 2 样树　Sample tree No.2

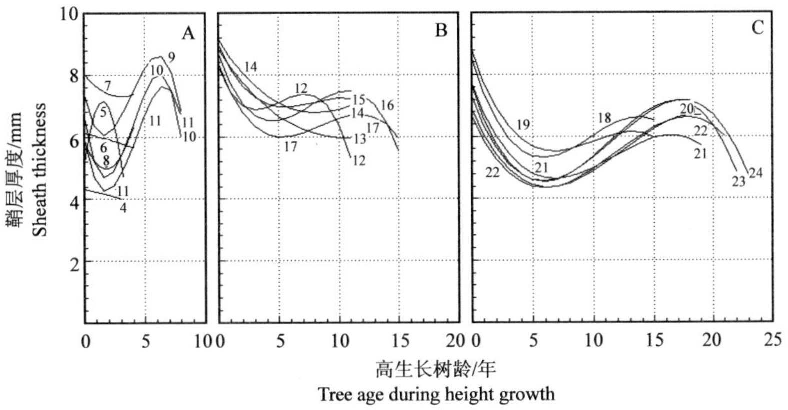

第 3 样树　Sample tree No.3

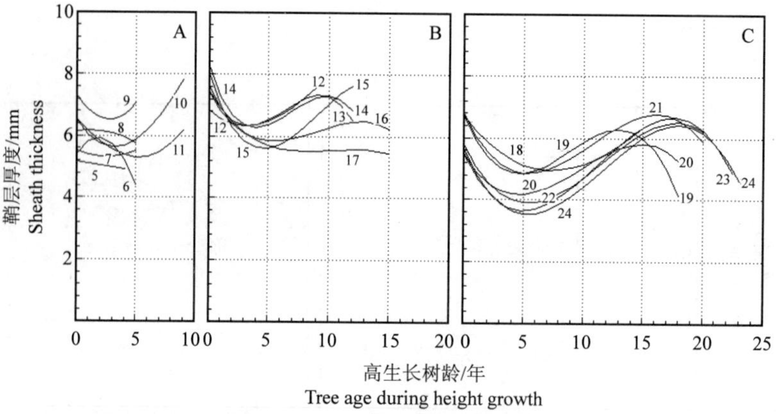

第 4 样树　Sample tree No.4

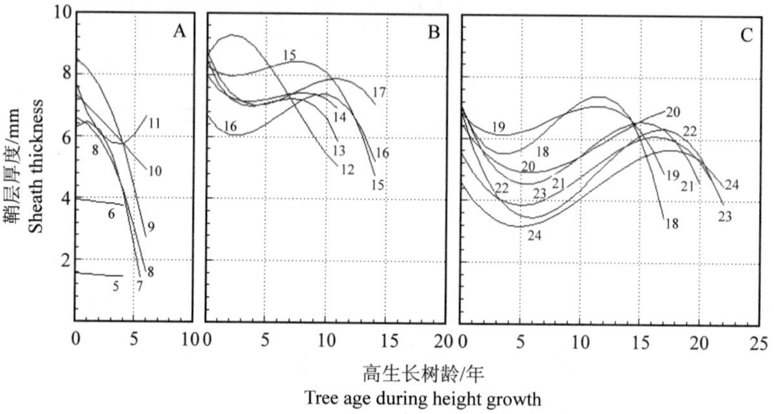

第 5 样树　Sample tree No.5

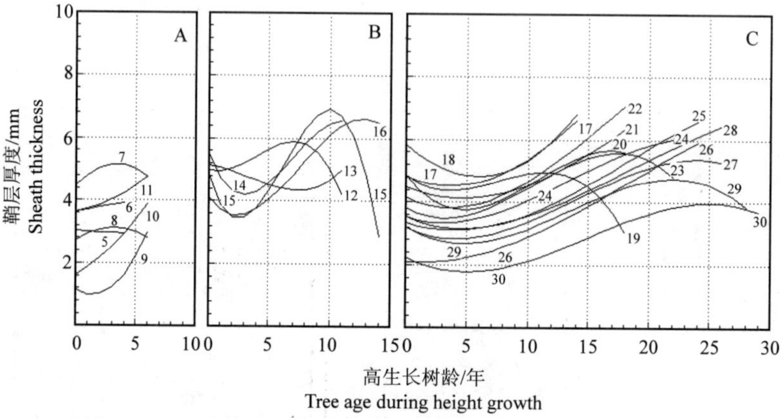

第 6 样树　Sample tree No.6

图 16-10　冷杉六株样树逐龄生长鞘鞘层厚度沿树高的发育变化

A、B、C. 单株样树不同树龄段的曲线；图中数字系各年生长鞘生成时的树龄

Figure 16-10　Developmental change of sheath thickness of each successive sheath along the stem length in six sample trees of Faber fir

A, B, C. The curves of different growth periods in an individual sample tree. The numerical symbols in the figure are the tree age during each growth sheath formation

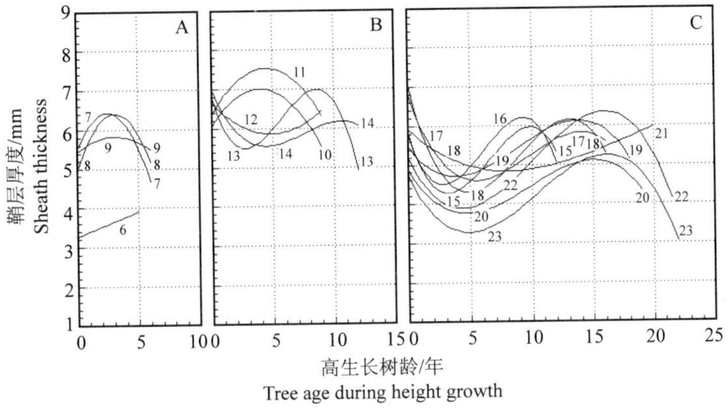

第 1 样树　Sample tree No.1

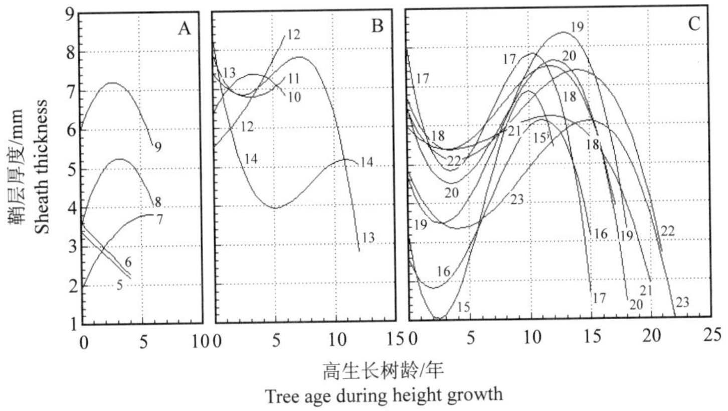

第 2 样树　Sample tree No.2

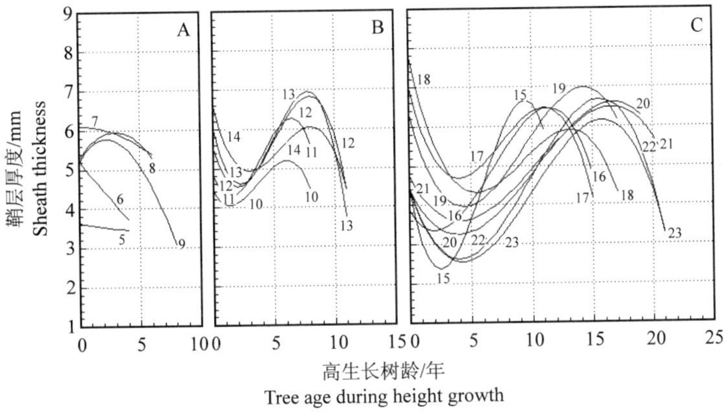

第 3 样树　Sample tree No.3

图 16-11　云杉三株样树逐龄生长鞘鞘层厚度沿树高的发育变化

A、B、C. 单株样树不同树龄段的曲线；图中数字系各年生长鞘生成时的树龄

Figure 16-11　Developmental change of sheath thickness of each successive sheath along the stem length in three sample trees of Chinese spruce

A, B, C. The curves of different growth periods in an individual sample tree. The numerical symbols in the figure are the tree age during each growth sheath formation

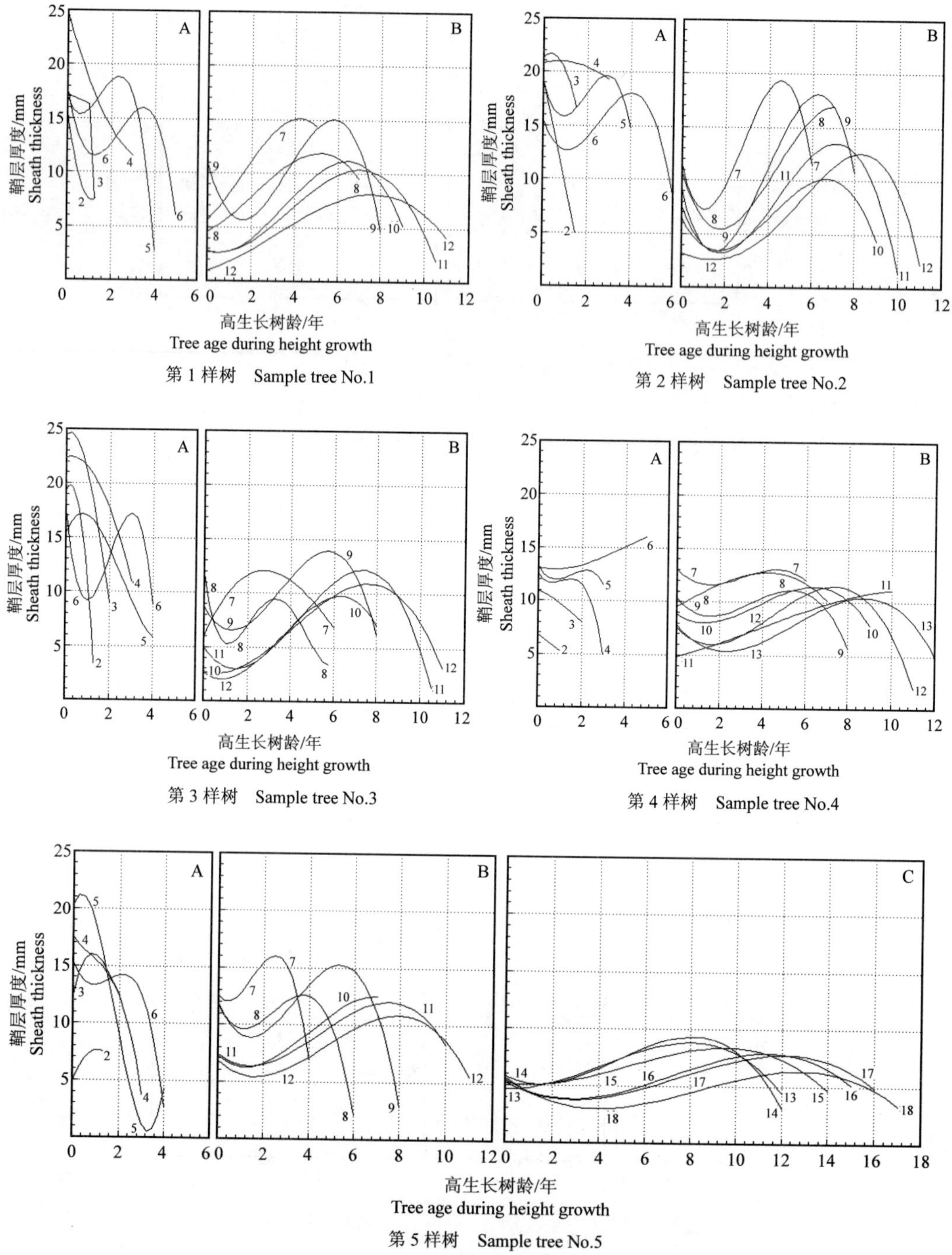

图 16-12　杉木五株样树逐龄生长鞘鞘层厚度沿树高的发育变化

A、B 或 A、B、C. 单株样树不同树龄段的曲线；图中数字系各年生长鞘生成时的树龄

Figure 16-12　Developmental change of sheath thickness of each successive sheath along the stem length in five sample trees of Chinese fir

A, B or A, B, C. The curves of different growth periods in an individual sample tree. The numerical symbols in the figure are the tree age during each growth sheath formation

16.6 各年生长鞘全高鞘层平均厚度随树龄的发育变化

如图 16-13 至图 16-17 所示，五树种各样树逐龄全高鞘层平均厚度的发育变化，回归曲线有两种类型：平均厚度随树龄增加，达峰值后转减小(落叶松、云杉和杉木)；平均厚度呈一致性减小(马尾松)。变化达峰值的年限落叶松各样树 10 龄，冷杉、云杉 15 龄左右，杉木 4~6龄。

如图 16-18 所示，五树种逐龄生长鞘全高平均厚度的树种趋势。它们是将同一树种各样树测定数据汇集进行回归处理的结果。

如表 16-2 所示，五种针叶树各年生长鞘全高平均厚度与生成树龄的回归方程。由于两相关因子组合数多，所得方程相关系数虽低，但α尚能符合 0.05。冷杉、云杉曲线主要部分向上倾斜，相关系数为正；落叶松、杉木曲线主要部分向下倾斜，相关系数为负。除马尾松外，其他树种相关系数均不足用作预估。列出回归方程，仅表明单株内逐龄生长鞘全高鞘层平均厚度具有发育变化的趋势性。

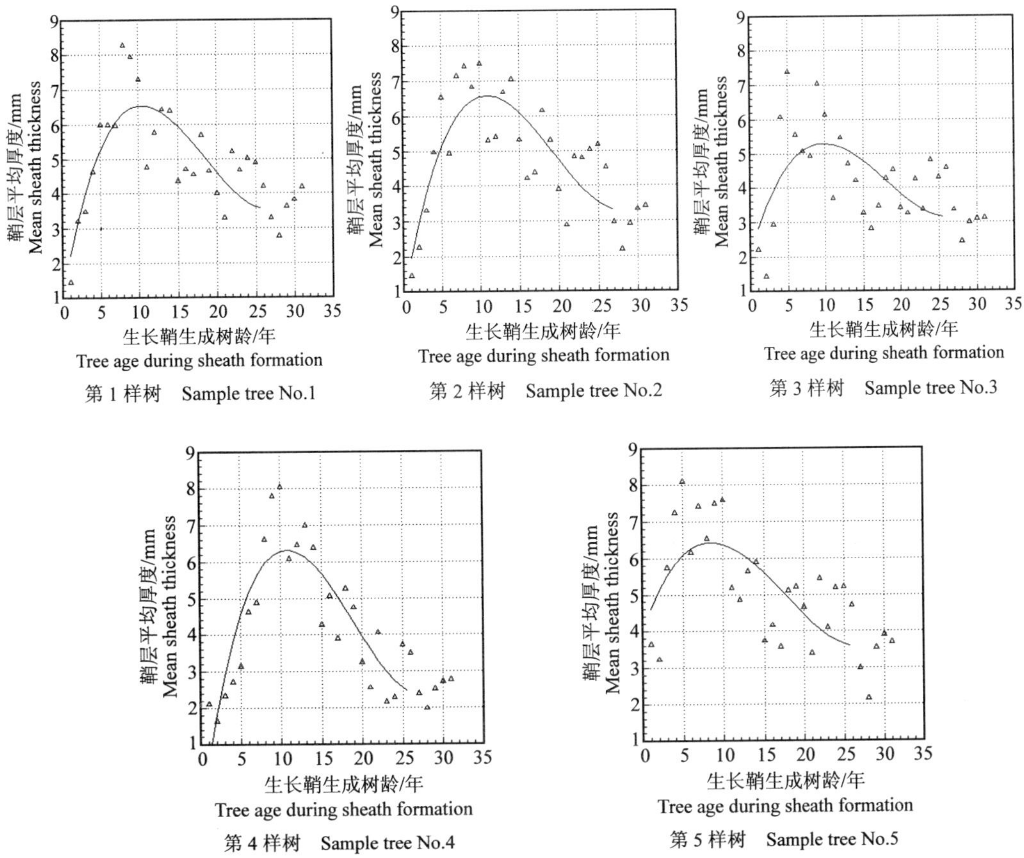

图 16-13 落叶松五株样树逐龄生长鞘全高鞘层平均厚度的发育变化
回归曲线的各数据点代表各龄生长鞘全高平均值

Figure 16-13 Developmental change of mean sheath thickness (within its height) of each successive growth sheath in five sample trees of Dahurian larch
Every numerical point beside regression curve represents the average value within its height of each sheath

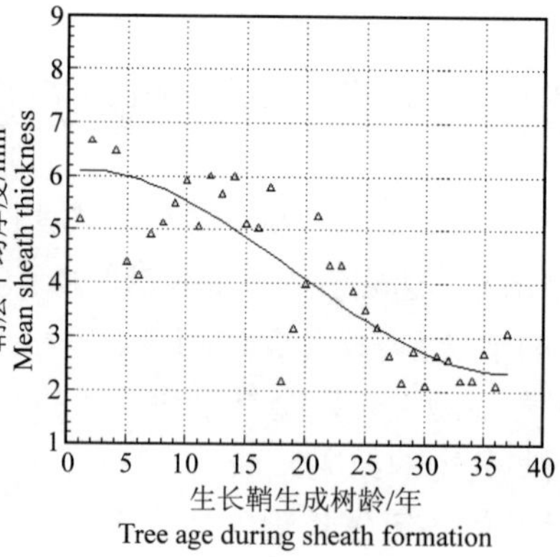

图 16-14　马尾松第 4 样树

说明同图 16-15

Figure 16-14　Masson's pine sample tree No.4

The explanation is the same as Figure 16-15

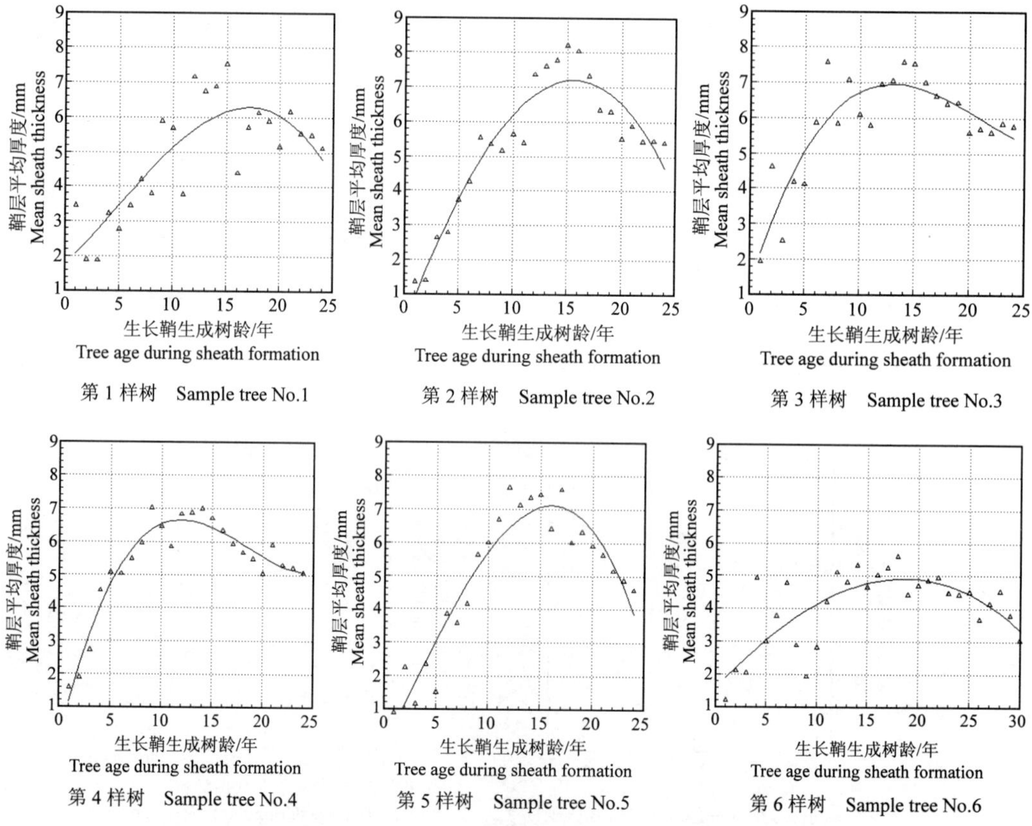

图 16-15　冷杉六株样树逐龄生长鞘全高鞘层平均厚度的发育变化

回归曲线的各数据点代表各龄生长鞘全高平均值

Figure 16-15　Developmental change of mean sheath thickness (within its height) of each successive growth sheath in six sample trees of Faber fir

Every numerical point beside regression curve represents the average value within its height of each sheath

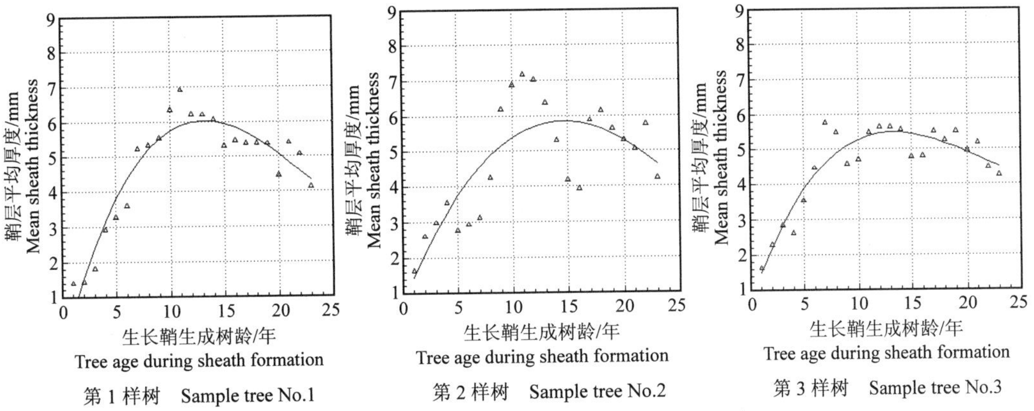

图 16-16 云杉三株样树

说明同图 16-17

Figure 16-16 Three sample trees of Chinese spruce

The explanation is the same as figure 16-17

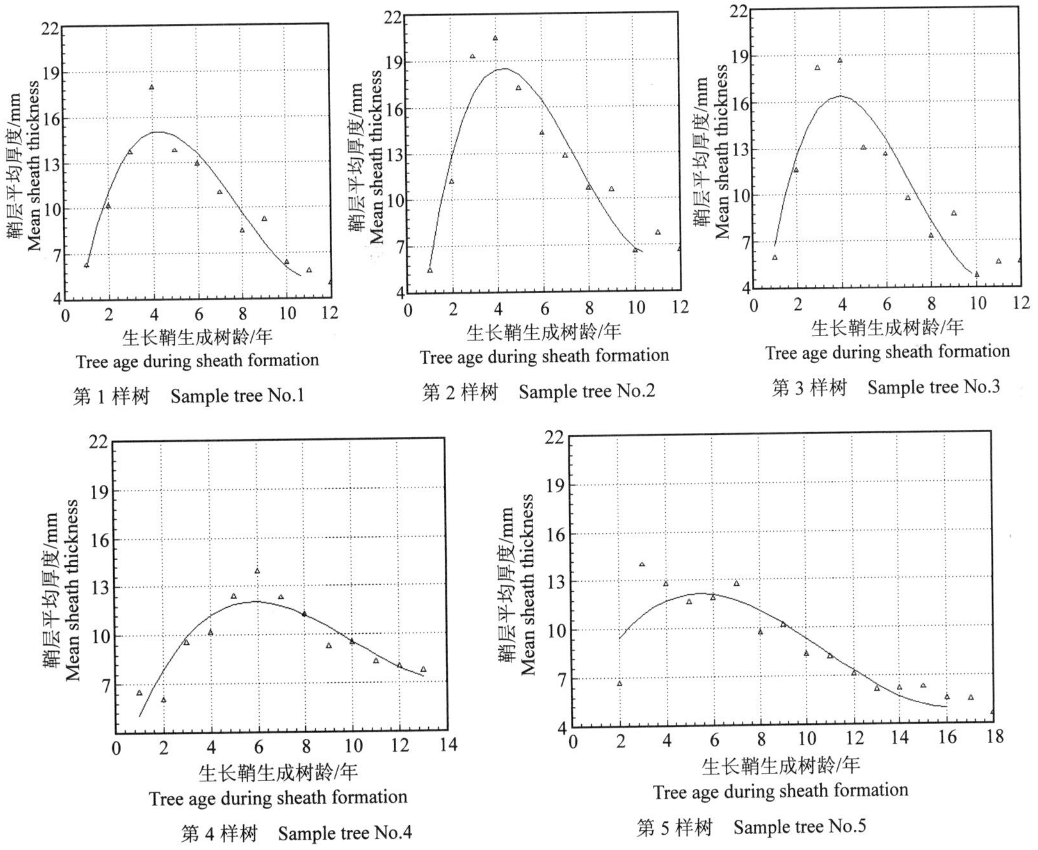

图 16-17 杉木五株样树逐龄生长鞘全高鞘层平均厚度随树龄的发育变化

回归曲线的各数据点代表各龄生长鞘全高平均值

Figure 16-17 Developmental change of mean sheath thickness (within its height) of each successive growth sheath in five sample trees of Chinese fir

Every numerical point beside regression curve represents the average value within its height of each sheath

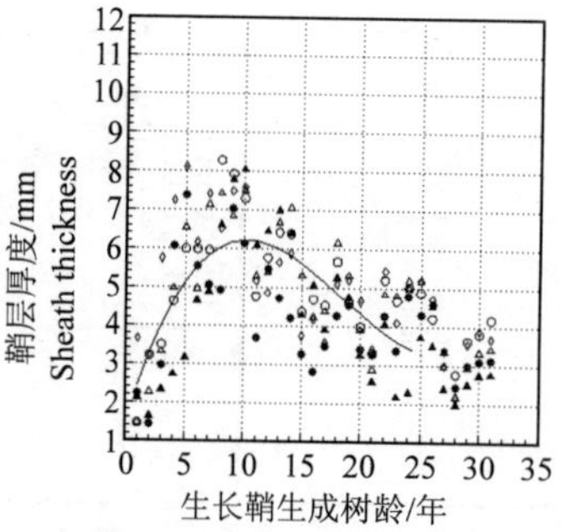

Tree age during sheath formation

落叶松 5 样树

Five trees of Dahurian larch

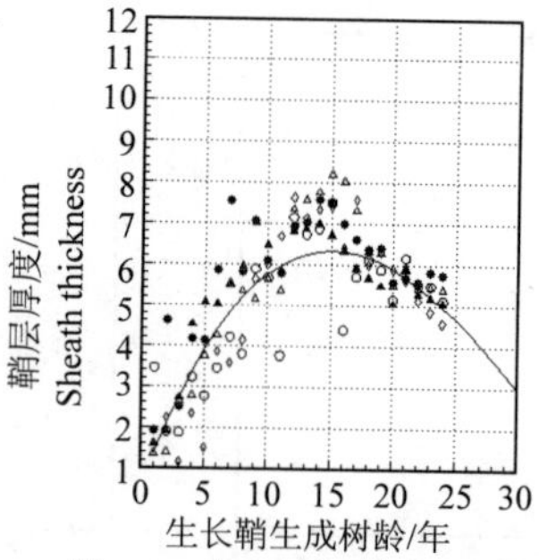

Tree age during sheath formation

冷杉 6 样树

Six trees of Faber fir

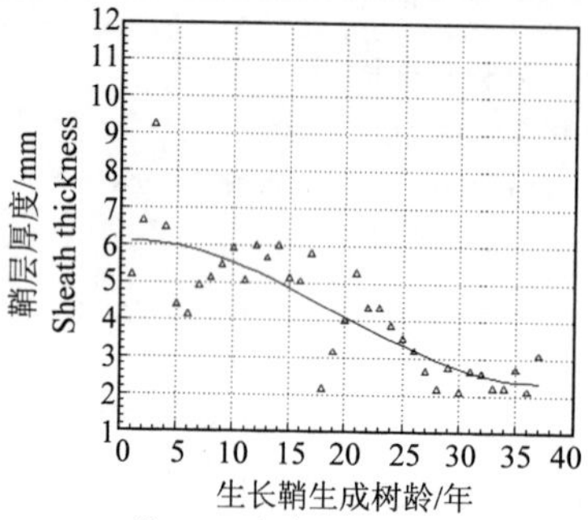

Tree age during sheath formation

马尾松 1 样树

A tree of Masson's pine

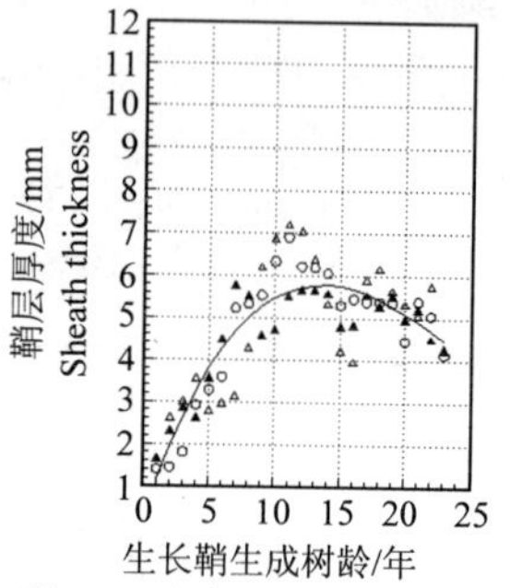

Tree age during sheath formation

云杉 3 样树

Three trees of Chinese spruce

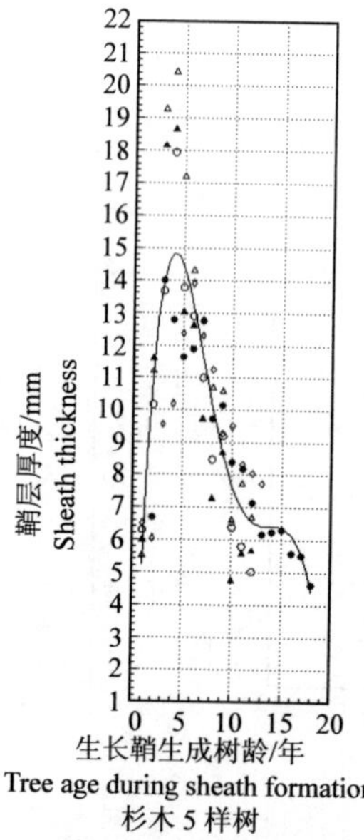

Tree age during sheath formation

杉木 5 样树

Five trees of Chinese fir

图 16-18 针叶树逐龄生长鞘全高鞘层平均厚度发育变化的树种趋势

图中具有各种符号的曲线是发育变化；不同符号代表样树株别。采用回归处理进行数据并合

Figure 16-18 Species' tendencies of developmental change of mean sheath thickness (with its height) of each successive growth sheath of coniferous trees

The line with various signs together is curve of developmental change; the different signs beside it represent the ordinal numbers of sample trees respectively. The data are merged by regressive treatment

表 16-2　五种针叶树各年生长鞘全高鞘层平均厚度与生成树龄的回归方程

Table 16-2　The regression equations between mean sheath thickness and tree age during each successive sheath formation in five coniferous species

树　种 Tree species	树龄 Tree age (年)	回归方程　Regression equation y—全高鞘层平均厚度(mm), x—生长鞘生成树龄(年) y—mean sheath thickness within its height , x—tree age during sheath formation(a)	相关系数 Correlation coefficient (α=0.05)
落叶松 Dahurian larch	1~31	y=0.001 291 05x^3–0.072 039 8x^2+1.068 65x+1.435 7	–0.33
冷杉 Faber fir	1~30	y=0.000 340 018x^3–0.035 739 2x^2+0.846 733x+0.533 391	0.46
云杉 Chinese spruce	1~25	y=0.000 636 456x^3–0.046 818 4x^2+0.923 159x+0.281 909	0.57
马尾松 Massons' pine	1~37	y=0.000 169 69x^3–0.009 729 4x^2+0.026 521 1x+6.086 04	–0.81
杉木 Chinese fir	1~18	y=0.000 101 758x^5–0.007 863 76x^4+0.213 697x^3–2.531 77x^2+12.004x–4.438 24	–0.52

16.7　树茎中心部位相同离髓心年轮数、不同高度、异鞘年轮间年轮宽度发育差异的变化

本类图示横坐标是高生长树龄。标注曲线的阿拉伯数字是离髓心年轮数。

对五种针叶树单株内发育变化的图示分别进行了拆分。不同高度横截面离髓心年轮数自根颈向上逐减。图示不同高度曲线长度随离髓心年轮序数增加而趋短，分图宽度由宽至窄。

如图 16-19 图 16-23 所示，五种针叶树单株内树茎中心部位不同高度、相同离髓心年轮数、异鞘年轮间的年轮宽度的差异变化呈趋势性。这种趋势在种内株间显示相似，表明年轮宽度这一差异变化同样是在遗传控制下生成。

如图 16-19 至图 16-23 所示，落叶松相同离髓心年轮数、不同高度、异鞘年轮除第 1 序外其他各序及其他四树种全部序别的年轮宽度沿树高都有明显的差异变化。

五株落叶松样树相同离髓心年轮数不同高度的年轮宽度，除第 1 序外各序在根颈均大，沿茎高向上减小(图 16-19)。五株杉木样树各序在同序不同高度间的变化与落叶松类似(图 16-23)。

五株冷杉、三株云杉样树相同离髓心年轮数、不同高度年轮间的宽度发育变化趋势在拱形 ⌒、～ 形和下斜╲ 形的序列中变换(图 16-21、图 16-22)。

如图 16-20 所示，马尾松样树相同离髓心年轮数、不同高度第 1、2 序年轮的宽度发育变化趋势为凹形，与云杉、冷杉和杉木呈 ⌒形不同；其他序别在趋势间呈转换。

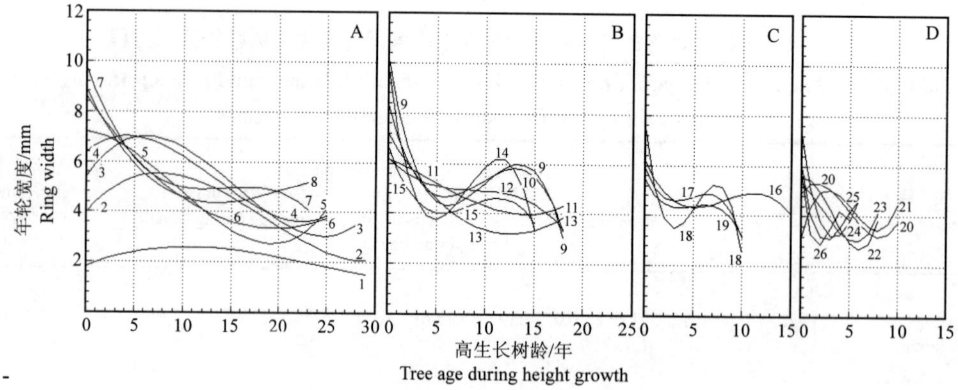

第 1 样树　Sample tree No.1

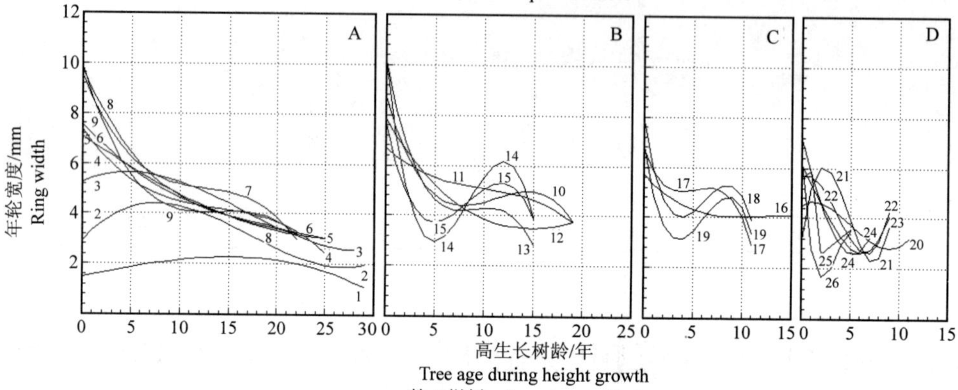

第 2 样树　Sample tree No.2

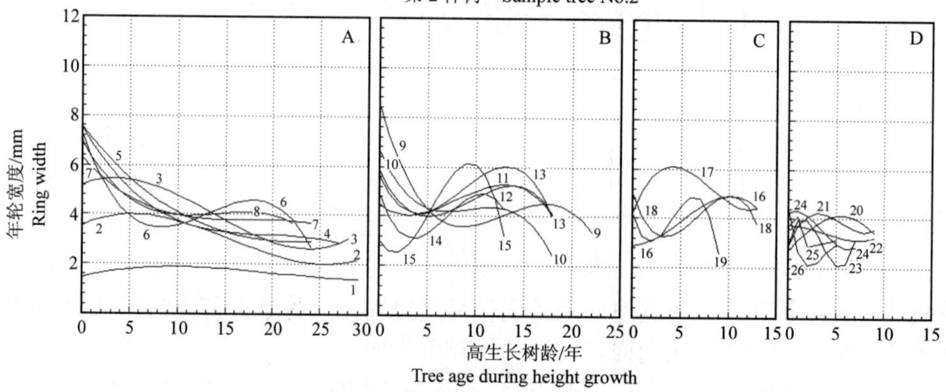

第 3 样树　Sample tree No.3

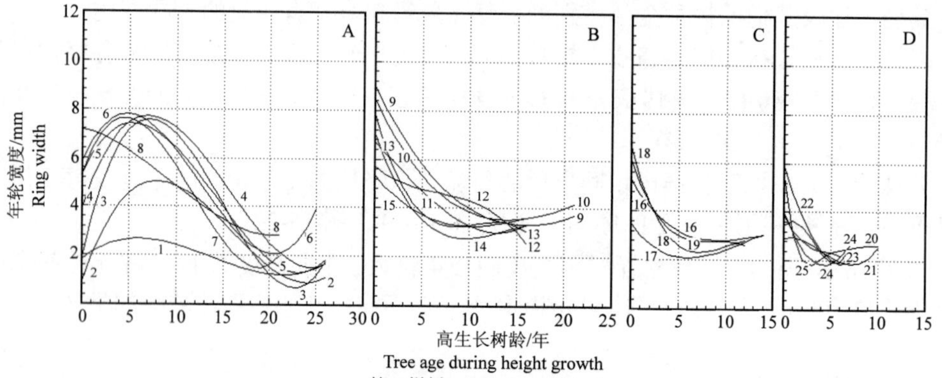

第 4 样树　Sample tree No.4

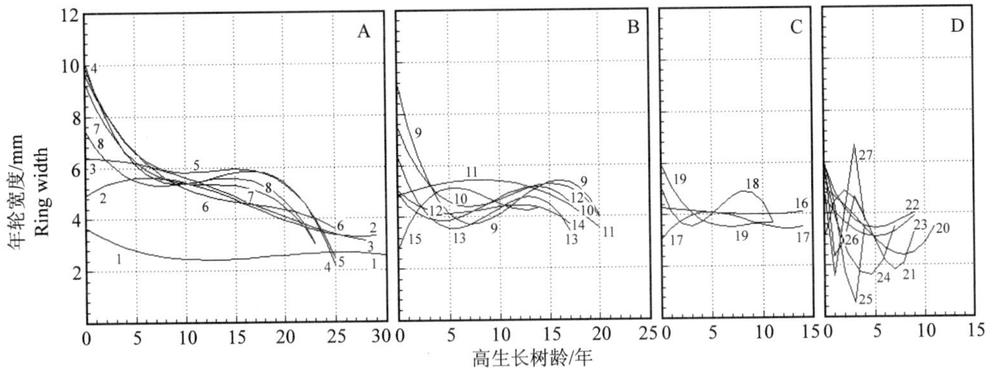

第 5 样树　Sample tree No.5

图 16-19　落叶松五株样树不同高度、相同离髓心年轮数、异鞘年轮间年轮宽度的有序变化

A~D. 单株样树由内向外不同径向部位的曲线。图中曲线均示沿树高方向的变化，数字系离髓心年轮数

Figure 16-19　Systematic change of ring width among rings in different sheaths, but with the same ring number from pith and at different heights in five sample trees of Dahurian larch

A~D. The curves of different radial positions outward from inside in an individual sample tree. All the curves in the figure show the change along the stem length and the numerical symbols are the ring number from pith

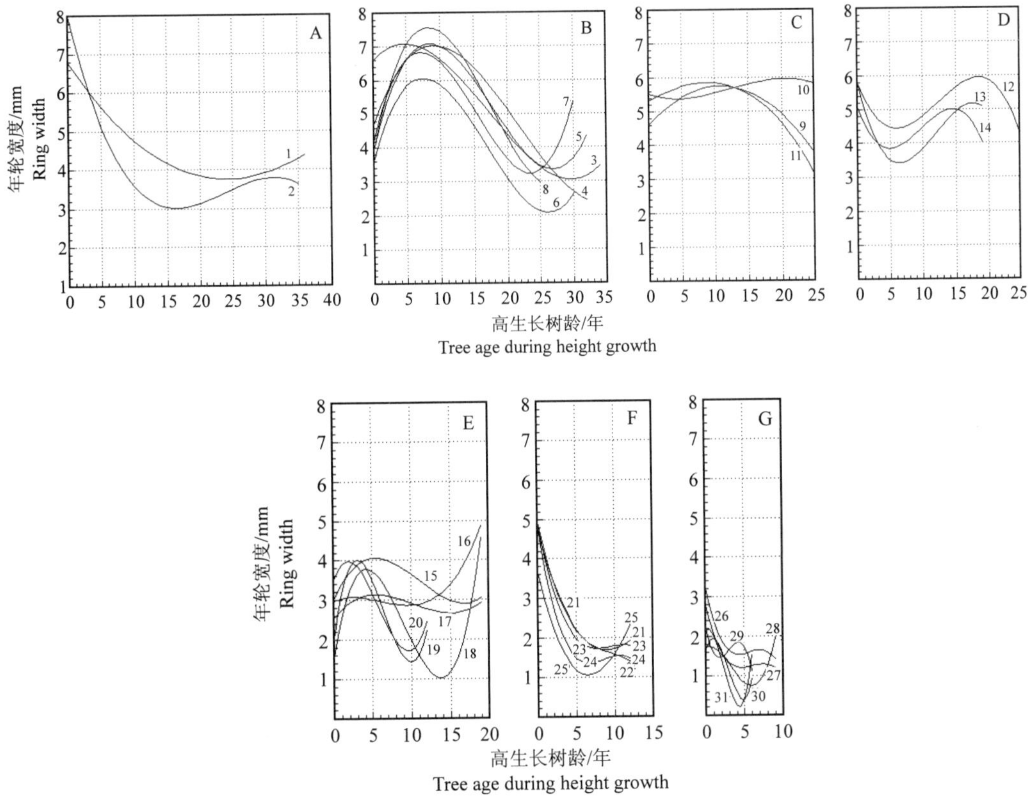

图 16-20　马尾松第 4 样树

说明同图 16-19

A~G. 单株样树由内向外不同径向部位的曲线

Figure 16-20　Masson's pine sample tree No.4

The explanation is the same as Figure 16-19 . A~G. The curves of different radial positions outward from inside in an individual sample tree

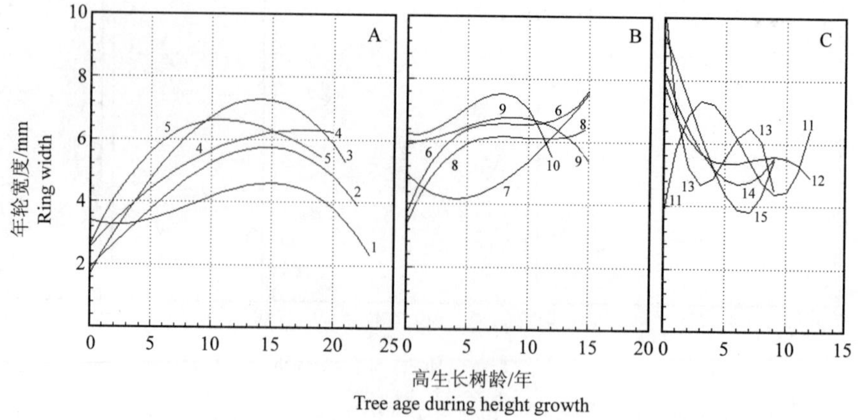

第 1 样树　Sample tree No.1

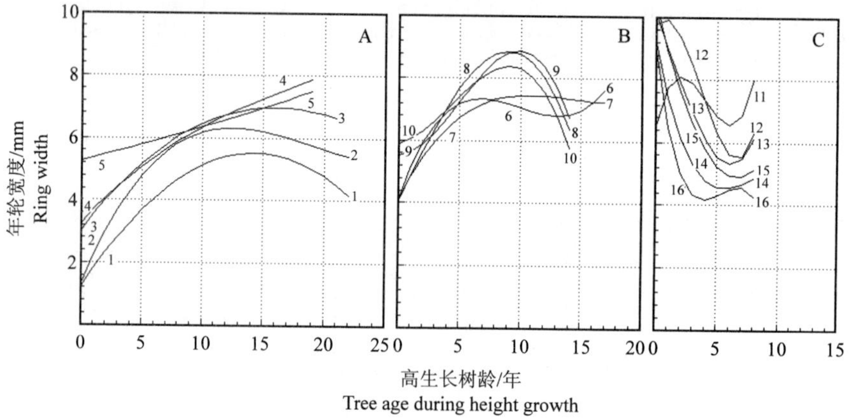

第 2 样树　Sample tree No.2

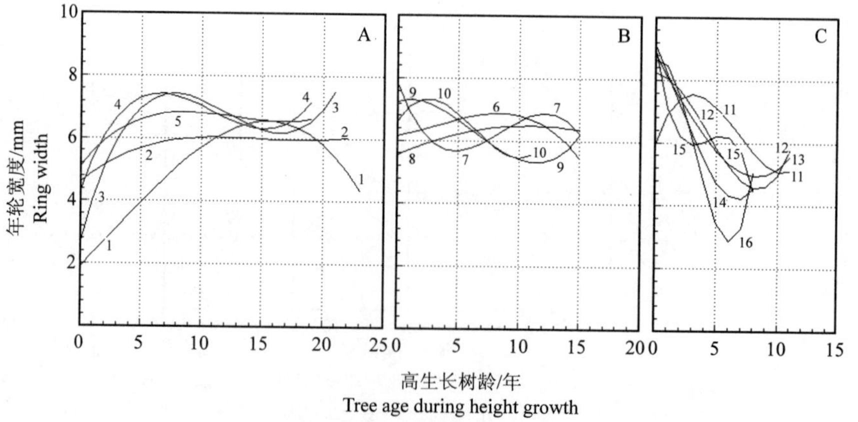

第 3 样树　Sample tree No.3

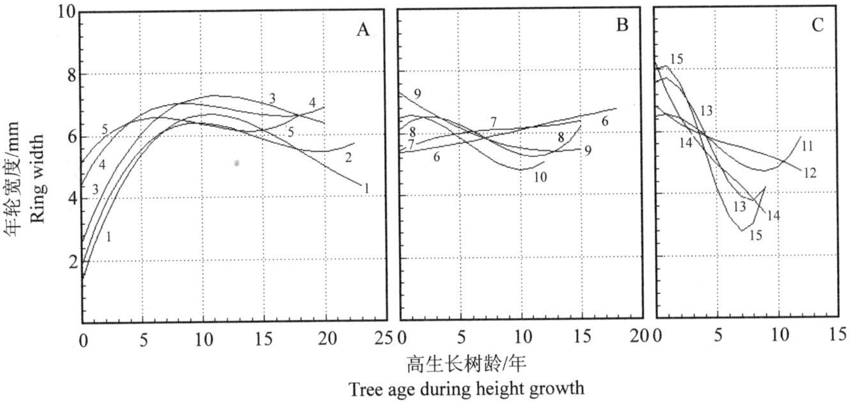

第 4 样树　Sample tree No.4

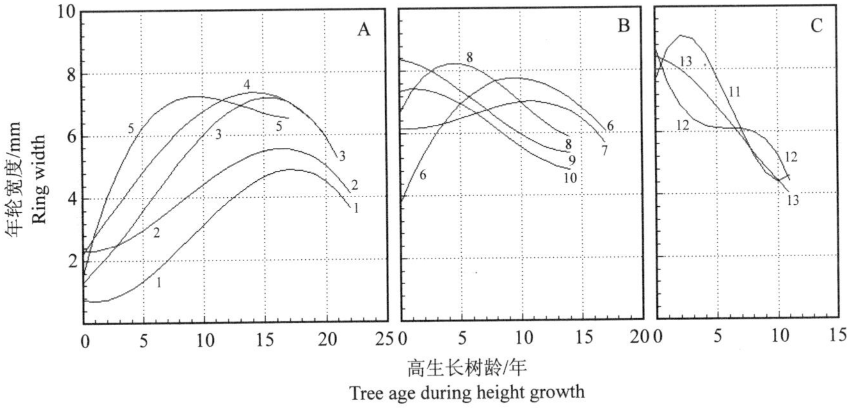

第 5 样树　Sample tree No.5

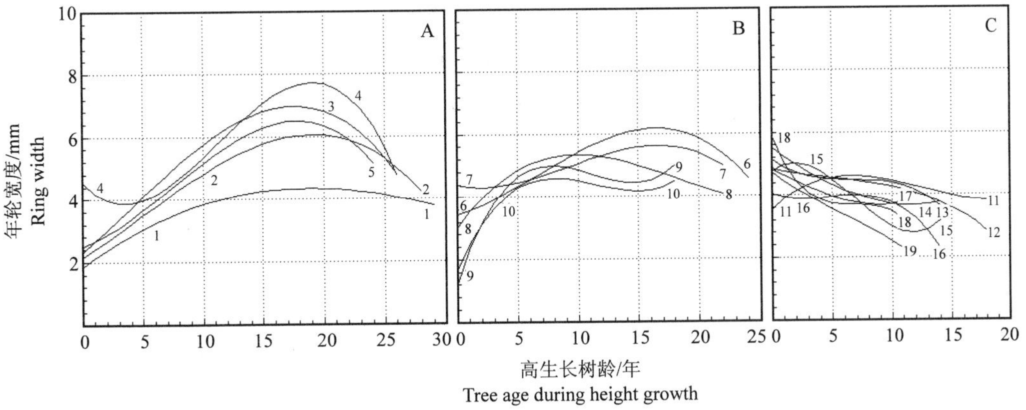

第 6 样树　Sample tree No.6

图 16-21　冷杉六株样树不同高度、相同离髓心年轮数、异鞘年轮间年轮宽度的有序变化

A、B、C. 单株样树由内向外不同径向部位的曲线。图中曲线均示沿树高方向的变化，数字系离髓心年轮数

Figure 16-21　Systematic change of ring width among rings in different sheaths, but with the same ring number from pith and at different heights in six sample trees of Faber fir

A, B, C. The curves of different radial positions outward from inside in an individual sample tree. All the curves in the figure show the change along the stem length and the numerical symbols are the ring number from pith

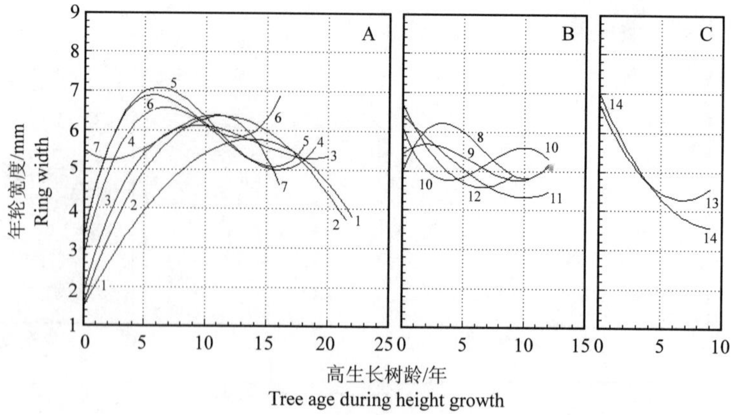

第 1 样树　Sample tree No.1

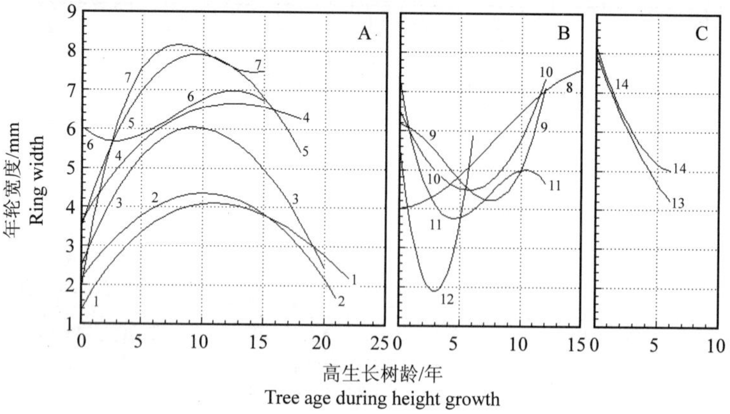

第 2 样树　Sample tree No.2

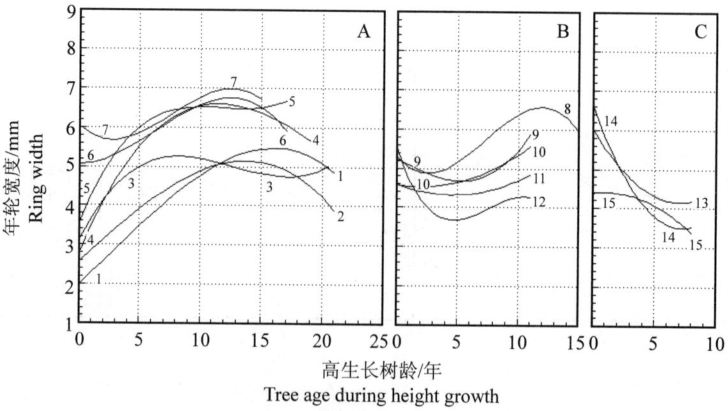

第 3 样树　Sample tree No.3

图 16-22　云杉三株样树不同高度、相同离髓心年轮数、异鞘年轮间年轮宽度的有序变化

A、B、C. 单株样树由内向外不同径向部位的曲线。图中曲线均示沿树高方向的变化，数字系离髓心年轮数

Figure 16-22　Systematic change of ring width among rings in different sheaths, but with the same ring number from pith and at different heights in three sample trees of Chinese spruce

A, B, C. The curves of different radial positions outward from inside in an individual sample tree. All the curves in the figure show the change along the stem length and the numerical symbols are the ring number from pith

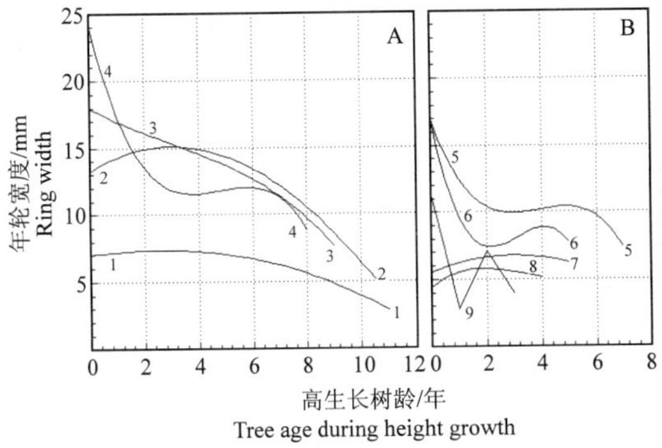

第 1 样树　Sample tree No.1

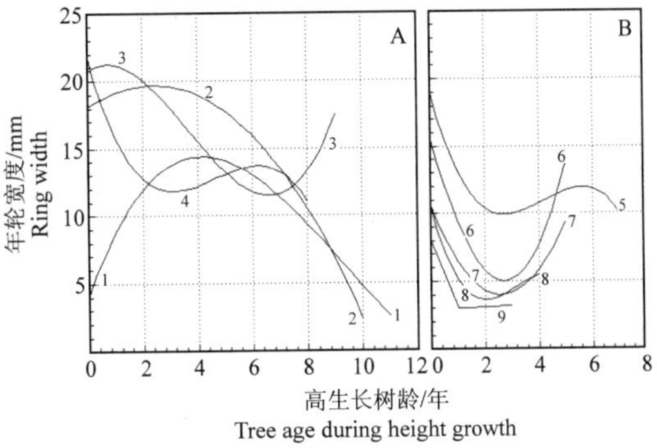

第 2 样树　Sample tree No.2

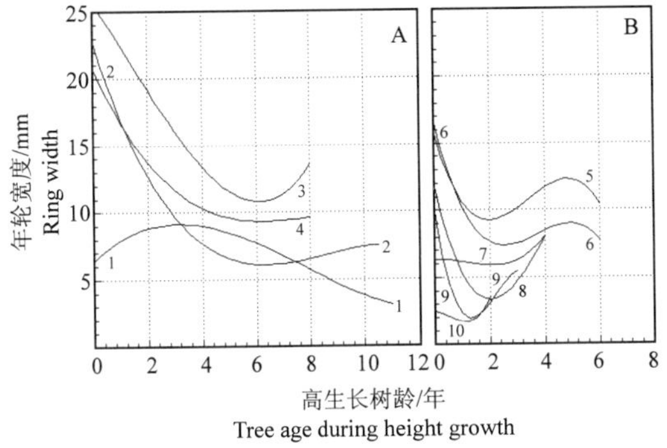

第 3 样树　Sample tree No.3

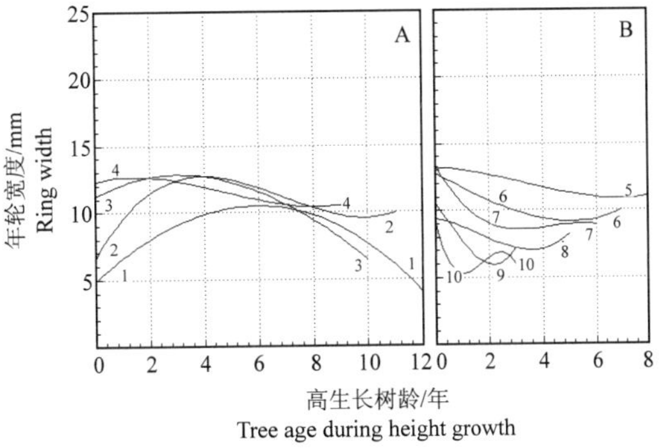

第 4 样树　Sample tree No.4

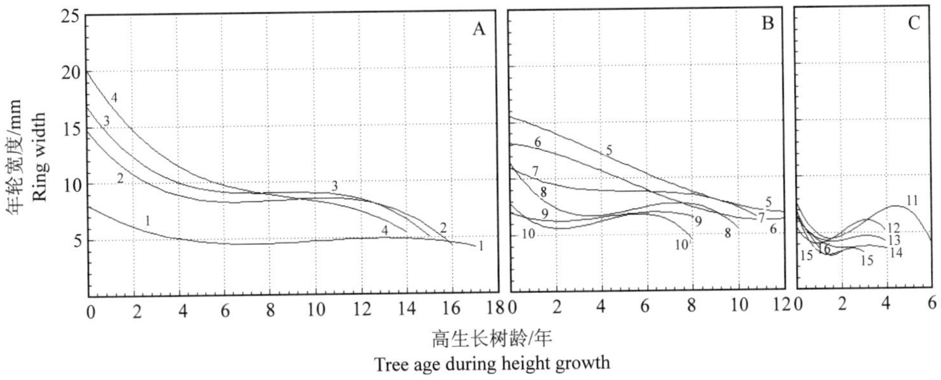

第 5 样树　Sample tree No.5

图 16-23　杉木五株样树不同高度、相同离髓心年轮数、异鞘年轮间年轮宽度的有序变化

A、B、C. 单株样树由内向外不同径向部位的曲线。图中曲线均示沿树高方向的变化，数字系离髓心年轮数

Figure 16-23　Systematic change of ring width among rings in different sheaths, but with the same ring number from pith and at different heights in five sample trees of Chinese fir

A, B, C. The curves of different radial positions outward from inside in an individual sample tree. All the curves in the figure show the change along the stem length and the numerical symbols are the ring number from pith

16.8 各龄段生长鞘鞘层平均厚度的变化

次生木质部主要构成细胞生成当年丧失细胞生命的特殊构建方式，给予了能对不同地区、不同树龄样树间进行发育过程比较的条件。单株树木某一龄段生长鞘的平均厚度是该株这一龄段各生长鞘多个取样高度截面的平均值。

表 16-3 列出五树种相同龄段生长鞘平均径向厚度。除云杉、冷杉第 12~18 龄段生长鞘平均径向厚度是增大外，包括云杉、冷杉五树种生长鞘平均厚度均随树龄增加而减小。

落叶松和马尾松分别是我国东北和南方的主要针叶树种，生长地气候条件悬殊，但同龄段生长鞘平均厚度却相近。而杉木和马尾松采自同一生长地，但同龄段生长鞘平均厚度却有较大差别，1~12 树龄段可达 42.40%。这些表明，树种生长鞘平均厚度主要取决于树种遗传因子。

表 16-3 五种针叶树各树龄段生长鞘平均厚度(mm)

Table 16-3 Average thickness of growth sheath during each growth period in five coniferous species(mm)

树种 Species	株别 Ordinal numbers of sample tree	树龄段 Period of tree growth 1~						
		12 年	18 年	23 年	24 年	30 年	31 年	37 年
落叶松 Dahurian larch	1	6.073	5.718	5.282	5.264	4.790	4.755	—
	2	5.831	5.714	5.269	5.253	4.699	4.627	—
	3	5.175	4.529	4.286	4.319	4.026	3.972	—
	4	5.759	5.474	4.742	4.575	3.967	3.900	—
	5	6.362	5.531	5.204	5.202	4.728	4.665	—
Ave		5.84	5.393	4.956	4.923	4.442	4.384	—

树种 Species	株别 Ordinal numbers of sample tree	树龄段 Period of tree growth 1~	
		12 年	18 年
杉木 Chinese fir	1	9.019	—
	2	10.825	—
	3	9.176	—
	4	9.576	—
	5	9.986	7.749
Ave		9.716	7.749

树种	株别 Ordinal numbers of sample tree	树龄段 Period of tree growth 1~						
		12 年	18 年	23 年	24 年	30 年	31 年	37 年
马尾松 Masson's pine	4	5.596	5.306	4.987	4.921	4.309	4.227	3.770

树种 Species	株别 Ordinal numbers of sample tree	树龄段 Period of tree growth 1~				
		12 年	18 年	23 年	24 年	30 年
冷杉 Faber fir	1	4.386	5.283	5.418	5.389	—
	2	5.027	6.239	6.016	5.958	—
	3	5.824	6.399	6.184	6.143	—
	4	5.594	6.006	5.764	5.696	—
	5	4.667	5.840	5.692	5.583	—
	6	3.484	4.314	4.445	4.444	4.245
Ave		4.830	5.680	5.587	5.536	4.245

树种 Species	株别 Ordinal numbers of sample tree	树龄段 Period of tree growth 1~		
		12 年	18 年	23 年
云杉 Chinese spruce	1	5.147	5.397	5.149
	2	4.846	5.118	5.133
	3	4.719	5.000	4.921
Ave		4.904	5.172	5.068

注：本表所列各龄段均自树茎出土始。

Note: The beginning of every period of tree growth in this table is all the time when the sample trees grow out of the earth.

如表 16-3 所示，落叶松、冷杉和云杉单株样树各龄段生长鞘平均厚度低值和高值的株别都基本保持在同一样树。生长鞘平均厚度在种内株间的差别也主要取决于树株的遗传因子。

对树种间和种内生长鞘平均厚度的差异均主要受遗传因子控制的结论，并未否定气候条件对生长鞘厚度的影响。气候波动的影响在龄段平均值中受到掩盖。

支配株内发育变化趋势性和在树种间、种内株间产生趋势差别的遗传控制性质不同。但生长鞘平均厚度在次生木质部构建中的趋势性变化性质同是遗传现象。

16.9 结　论

年轮宽度是习见的宏观性状。根据年轮宽度在树茎中呈现出的潜在趋势变化表现，本项目在次生木质部发育研究中确定它是一个值得重视的因子。

测定结果表明，五树种单株内生长鞘厚度(年轮宽度)的变化均具较强的有序性；种内样株间都呈较高相似性，变化中的差异符合正态分布估计范围。年轮宽度符合发育性状的条件。

五树种生长鞘厚度发育变化的遗传趋势：

(1) 一般，幼龄树茎逐龄生长鞘全高平均厚度随树龄先有增加，经峰值后转为减小。

生长鞘全高平均厚度随树龄增加的年限在树种间有差别——冷杉、云杉约 15 年，落叶松约 10 年，一般种苗杉木约 5 年、种子园苗杉木 2~4 年，马尾松这一增加不明显。

(2) 一般，树茎不同高度横截面上，自髓心向外年轮宽度随树龄的径向变化在图示中呈不对称的拱形，或抛物线形，经峰值后的一侧拖长。这表明，横截面年轮宽度开始增宽的径向变化年限短(快)，而后减窄年限长(慢)。

横截面年轮宽度径向变化先增转减所经历的年限(年轮数)在不同高度有差别。一般，沿树茎自下向上缩短。这表明，年轮宽度在树茎上、下的水平发育进程有差别。

(3) 在图示中，逐龄生长鞘沿树高的厚度变化，一般初始年份呈下斜，而后转为∽形。这是适应林木树干圆满的生存需要。

生长鞘厚度∽形的变化波幅随树龄减小。

(4) 五树种相同离髓心年轮数的同序不同高度年轮宽度不等。图示中，落叶松(不同高度第 1~8 年轮序)由下向上减窄；冷杉(不同高度第 1~8 年轮序)呈拱形，由下向上先增宽，树梢减窄；云杉与冷杉相似；马尾松(不同高度第 1、2 年轮序)呈凹形，(不同高度第 3~8 年轮序)呈∽形；杉木(不同高度 1~6 年轮序)变化趋势减窄，两种苗木种源间有差别。

以上表明，影响次生木质部不同高度年轮宽度的因素除形成层分生时自身已生成的年数外，各高度形成层生成时顶端分生组织已存在的年限同有作用。两者的影响，不是简单叠加，而是交互作用。可认定，这一发育表现与保持树茎通直的适应要求相符。

上述结论是同一实验结果采用不同数据处理方法取得的。它们从不同侧面说明了单株树木内次生木质部生长鞘厚度随树龄的发育变化趋势。

附表 16-1　落叶松样树不同高度四向逐龄年轮的平均宽度(mm)

Appendant table 16-1　Mean width of each successive ring in four directions at different heights in Dahurian larch sample trees(mm)

Y (年)	H (m)	年轮生成树龄 Tree age during ring formation																														
		1年	2年	3年	4年	5年	6年	7年	8年	9年	10年	11年	12年	13年	14年	15年	16年	17年	18年	19年	20年	21年	22年	23年	24年	25年	26年	27年	28年	29年	30年	31年
第1样树 Sample tree No.1																																
29	18.45																															
28	18.00																														1.32	1.86
25	17.00																													1.93	1.91	3.32
23	16.00																										1.43	2.51	2.84	3.90	3.72	3.92
18	14.00																								2.12	3.88	3.87	3.27	3.42	2.87	3.72	5.35
15	12.00																			2.81	2.86	3.63	4.89	4.09	4.52	5.95	4.37	3.24	3.00	3.96	3.78	4.34
10	10.00																2.63	4.74	5.75	5.13	3.10	3.60	4.97	3.96	5.48	6.35	4.76	3.44	2.24	3.48	3.61	4.10
8	8.00											1.69	5.34	5.77	4.10	2.62	3.91	4.68	5.32	5.00	4.38	3.85	6.13	4.37	5.39	4.68	4.47	3.14	2.61	3.54	3.92	4.41
6	6.00									2.16	5.03	6.03	6.82	5.47	4.27	3.51	4.89	4.31	5.11	5.13	4.95	3.47	5.45	4.73	5.18	4.70	4.78	3.32	2.65	3.64	3.83	4.07
5	4.00							1.72	5.07	7.62	8.13	5.25	5.94	6.21	6.49	4.58	4.99	3.73	5.07	4.27	3.82	2.96	5.15	4.77	4.99	4.79	4.24	3.67	2.57	3.47	4.62	4.48
3	2.00						4.18	6.23	8.24	7.46	7.76	5.21	5.74	6.07	6.26	4.02	4.80	4.09	5.19	3.99	3.79	2.86	4.92	4.59	4.82	4.22	4.50	3.17	2.47	3.86	4.63	3.85
2	1.30				2.67	5.73	6.31	7.08	8.80	8.43	7.56	4.96	4.96	6.63	6.64	4.48	5.15	4.32	5.63	4.34	3.97	3.09	5.15	5.44	5.35	4.09	4.26	3.09	2.32	3.54	3.76	3.73
0	0.00			1.84	5.03	6.33	6.58	6.98	9.57	10.85	7.18	4.84	5.59	6.90	7.04	4.79	5.26	4.66	5.82	5.26	3.99	3.04	4.71	4.71	5.08	4.21	3.90	3.76	2.90	3.75	3.86	3.94
Ave		1.46	3.20	3.48	4.62	5.99	5.98	5.96	8.28	7.94	7.30	4.76	5.76	6.43	6.38	4.36	4.69	4.54	5.68	4.64	3.99	3.30	5.21	4.66	5.01	4.88	4.21	3.29	2.76	3.62	3.81	4.18
第2样树 Sample tree No.2																																
29	18.30																														1.05	1.49
28	18.00																													1.18	2.13	2.31
25	17.00																										1.82	2.25	2.66	2.25	2.91	3.29
22	16.00																							2.46	2.78	3.85	3.34	2.84	1.97	2.95	3.33	3.77
19	14.00																				1.81	2.93	3.82	4.38	4.65	5.41	4.24	3.26	2.38	3.73	3.75	3.80
15	12.00																2.11	3.01	4.66	4.42	3.50	2.90	4.73	4.14	5.25	5.45	4.55	3.18	2.75	4.00	4.01	4.18
11	10.00												2.56	3.22	2.99	2.55	3.29	4.58	5.96	5.40	4.00	2.99	5.31	4.47	5.12	5.86	4.76	3.25	2.49	3.99	3.86	3.45
9	8.00									1.27	3.39	4.86	4.88	5.07	4.59	3.65	3.45	3.80	5.77	5.04	3.99	3.24	5.14	4.79	5.16	5.84	5.07	3.62	2.29	3.78	4.04	3.83
7	6.00								2.79	5.91	6.50	5.05	5.28	5.62	6.66	5.67	4.50	4.14	5.51	4.55	3.60	2.67	4.58	4.71	4.64	4.86	4.50	2.79	1.83	3.25	3.45	3.22
5	4.00						1.81	5.55	7.47	6.94	7.40	5.04	6.03	6.95	7.33	5.53	4.53	3.91	6.20	4.38	3.96	2.54	4.46	4.70	4.92	4.75	4.58	2.65	2.02	2.54	3.57	3.50
2	2.00			1.64	3.04	5.73	5.65	6.67	8.22	7.94	8.71	4.95	6.59	7.53	7.50	5.31	4.64	4.20	5.94	5.27	4.25	2.53	4.89	5.50	4.69	4.70	4.79	2.57	1.68	2.62	3.42	3.27
1	1.30		1.46	2.83	4.15	6.27	5.42	6.99	8.65	8.02	8.96	5.47	5.84	8.38	9.42	6.43	5.97	5.64	7.20	5.95	4.44	2.88	5.48	7.03	5.80	5.53	5.87	2.77	1.64	2.41	3.32	3.36
0	0.00	1.46	3.06	5.44	7.72	7.65	6.87	9.36	10.00	10.91	10.04	6.48	6.65	9.99	10.84	8.07	5.20	5.79	7.96	7.51	5.53	3.21	5.06	5.75	7.22	5.64	6.20	3.37	2.30	2.36	4.47	4.91
Ave		1.46	2.26	3.30	4.97	6.55	4.94	7.14	7.43	6.83	7.50	5.31	5.40	6.68	7.05	5.32	4.21	4.38	6.15	5.32	3.90	2.88	4.83	4.79	5.02	5.19	4.52	2.96	2.18	2.92	3.33	3.41

Y (年)	H (m)	年轮生成树龄 Tree age during ring formation																														
		1年	2年	3年	4年	5年	6年	7年	8年	9年	10年	11年	12年	13年	14年	15年	16年	17年	18年	19年	20年	21年	22年	23年	24年	25年	26年	27年	28年	29年	30年	31年
第3样树 Sample tree No.3																																
29	16.60																														1.38	1.97
28	16.30																													1.18	1.63	2.82
27	16.00																												1.72	2.26	2.62	2.99
24	15.00																									1.64	2.85	2.54	2.40	3.04	3.32	3.74
22	14.00																							1.65	2.53	3.79	3.61	2.65	2.62	3.21	3.40	3.83
18	12.00																			1.52	2.91	3.77	3.94	3.34	5.32	5.05	4.79	3.43	2.51	3.82	3.95	3.97
13	10.00														1.99	1.59	1.93	2.64	3.68	4.20	3.02	3.74	4.33	3.90	6.28	5.94	5.94	4.28	3.06	4.26	4.18	3.84
9	8.00										1.32	2.65	4.57	3.23	2.88	2.87	3.30	3.95	4.59	4.99	3.83	3.52	5.62	4.86	7.15	5.77	6.17	4.46	2.60	3.51	3.73	3.28
7	6.00								1.51	5.93	6.74	4.30	5.36	3.27	4.12	3.16	3.59	3.79	4.59	4.68	4.12	3.21	4.25	3.88	5.00	4.82	4.79	3.81	2.91	2.95	3.15	2.86
5	4.00						3.43	4.23	5.38	6.78	7.43	4.58	6.14	5.20	4.74	4.33	3.35	3.27	4.16	4.19	3.77	2.93	4.42	3.06	4.46	4.31	4.75	3.42	2.12	2.95	3.16	2.97
2	2.00			1.10	4.70	6.13	5.37	5.33	6.24	5.34	6.46	3.78	6.15	5.04	5.15	4.23	2.73	3.32	4.06	8.39	3.56	3.13	3.72	3.65	4.04	3.91	4.36	2.88	2.14	2.82	2.93	2.60
1	1.30		0.51	3.85	5.97	6.98	5.55	4.72	5.91	7.21	7.29	4.05	5.88	6.29	5.60	4.18	2.71	3.48	3.95	4.10	3.20	2.66	3.74	3.01	3.99	4.05	4.11	2.71	1.99	2.53	2.75	2.21
0	0.00	2.22	2.37	3.88	7.56	9.04	7.89	6.00	5.66	9.92	7.53	2.77	4.71	5.21	4.99	2.59	2.16	3.85	4.97	4.21	2.94	3.10	4.04	2.98	4.40	3.72	4.37	3.41	2.67	3.30	3.97	3.43
Ave		2.22	1.44	2.94	6.07	7.38	5.56	5.07	4.94	7.04	6.13	3.69	5.47	4.71	4.21	3.28	2.82	3.47	4.28	4.53	3.42	3.26	4.26	3.37	4.80	4.30	4.57	3.36	2.43	2.99	3.09	3.12
第4样树 Sample tree No.4																																
26	17.20																											0.95	0.94	0.96	1.05	1.39
25.5	17.10																											1.74	1.26	1.64	0.92	0.88
25	17.00																										2.42	1.20	1.66	2.30	2.24	3.68
21	16.00																						0.93	0.88	1.85	3.97	2.94	2.58	2.09	3.21	3.67	4.12
16	14.00																	1.16	2.07	2.18	3.05	2.84	3.48	1.56	1.68	4.28	4.21	2.87	2.32	3.00	3.39	3.75
14	12.00															1.17	4.05	4.97	5.87	5.59	3.39	2.88	4.79	2.05	2.16	4.23	4.44	3.19	2.42	3.06	3.12	2.95
12	10.00													3.60	4.21	4.71	5.66	4.63	5.76	6.03	3.73	2.70	4.68	2.52	2.72	4.50	4.20	3.31	2.43	2.91	3.05	2.67
10	8.00											2.84	7.50	8.27	6.73	4.36	5.52	4.29	5.88	5.53	3.75	2.48	4.42	2.20	2.29	3.73	3.57	2.58	2.01	2.63	2.65	2.55
7	6.00								2.56	2.49	7.62	7.53	7.40	8.28	7.97	5.90	5.90	4.64	5.55	4.84	3.03	2.57	4.23	2.06	1.84	3.09	3.07	2.17	1.71	2.15	2.45	2.46
6	4.00							2.04	6.29	9.17	8.93	7.08	6.76	7.45	7.00	4.47	4.56	3.58	5.31	4.27	2.66	2.05	3.57	1.95	1.79	2.93	2.92	2.12	1.43	2.11	2.46	2.20
4	2.00					2.85	3.64	5.53	7.81	9.03	7.59	6.63	5.22	6.59	5.51	4.16	4.99	4.27	5.21	3.89	2.88	2.19	4.16	2.26	2.04	2.46	3.10	2.11	1.35	2.10	2.26	2.21
3	1.30				2.05	2.62	4.96	6.46	8.52	8.94	7.77	5.91	5.93	6.98	6.41	4.21	4.59	4.13	4.91	4.31	2.74	2.34	4.48	2.69	2.55	2.55	3.03	2.37	1.83	2.12	2.55	2.29
0	0.00	2.11	1.62	2.33	3.39	3.94	5.31	5.50	7.85	9.34	8.31	6.57	5.93	7.82	6.93	5.18	5.21	3.38	6.80	6.04	3.88	2.93	5.88	3.45	3.96	5.47	4.57	3.85	4.16	4.37	5.60	4.70
Ave		2.11	1.62	2.33	2.72	3.14	4.64	4.89	6.61	7.79	8.04	6.09	6.46	7.00	6.39	4.27	5.06	3.89	5.26	4.74	3.24	2.55	4.06	2.16	2.29	3.72	3.50	2.39	1.97	2.51	2.72	2.76

续表

Y (年)	H (m)	年轮生成树龄 Tree age during ring formation																													
		1年	2年	3年	4年	5年	6年	7年	8年	9年	10年	11年	12年	13年	14年	15年	16年	17年	18年	19年	20年	21年	22年	23年	24年	25年	26年	27年	28年	29年	30年	31年
第5样树 Sample tree No.5																																
30	20.60																															2.34
29	20.30																														3.15	3.40
28	20.00																													1.99	3.23	3.58
25	19.00																										2.75	2.43	2.18	2.73	3.26	3.68
23	18.00																								3.57	4.58	4.15	2.86	2.21	3.48	3.60	4.00
20	16.00																					2.25	4.70	4.67	6.25	6.71	5.29	3.32	2.44	3.95	4.39	4.19
17	14.00																		3.14	3.92	4.57	5.24	5.56	4.22	5.84	6.56	5.97	3.74	2.74	4.54	3.96	4.50
14	12.00															1.52	4.68	4.71	6.41	6.60	4.68	4.39	5.78	4.07	6.80	5.91	5.39	3.17	2.23	4.22	4.38	3.94
11	10.00												2.12	4.47	5.36	4.32	4.51	4.61	6.60	6.50	5.06	3.93	5.84	4.37	6.04	5.29	5.11	2.89	1.82	3.87	3.95	3.82
9	8.00									1.13	4.97	5.03	5.86	6.03	5.62	5.10	4.59	3.56	5.20	5.48	4.58	3.40	5.88	3.78	5.01	5.15	4.64	2.84	1.83	3.35	4.15	3.76
7	6.00								4.30	7.80	7.52	6.24	5.54	5.61	6.76	4.99	4.09	3.46	5.40	4.76	4.43	3.24	5.31	3.91	4.60	4.22	4.22	2.47	1.69	3.22	3.77	3.47
4	4.00					3.74	3.41	5.68	6.90	10.12	8.20	5.21	5.91	5.21	6.05	4.44	3.65	3.41	5.05	4.96	4.46	2.88	5.21	3.64	4.69	4.08	4.04	2.39	1.69	3.53	3.85	3.71
2	2.00				3.57	7.55	5.38	6.45	7.04	8.34	8.00	4.90	4.71	5.74	5.12	3.02	3.51	3.12	4.90	4.45	4.14	2.56	5.22	4.14	4.75	4.52	4.39	2.50	1.77	3.03	4.05	3.26
1	1.30		2.51	5.15	7.18	8.72	5.34	6.97	7.12	8.12	8.18	4.80	5.30	5.82	5.75	3.54	3.00	2.62	3.60	3.60	3.83	2.83	4.39	3.80	4.03	4.31	4.47	2.35	1.58	3.28	4.02	3.53
0	0.00	3.64	3.96	6.34	10.97	12.41	10.49	10.56	7.32	9.45	8.64	4.87	4.51	6.63	6.51	2.97	5.27	3.09	5.69	6.54	6.20	3.18	6.44	4.45	5.43	5.93	6.03	4.90	3.64	4.85	4.78	4.18
Ave		3.64	3.23	5.74	7.24	8.11	6.16	7.42	6.53	7.49	7.58	5.17	4.85	5.64	5.88	3.74	4.16	3.57	5.11	5.20	4.66	3.39	5.43	4.10	5.18	5.21	4.70	2.99	2.15	3.54	3.90	3.69

注：(1)Y，高生长树龄(年)；H，取样圆盘高度(m)。(2)高生长树龄是取样圆盘生成起始时的树龄，即树茎达到这一高度时的树龄。

Note : (1)Y, Tree age during height growth (a); H, Height of sample disc (m). (2) Tree age of height growth is the time at the beginning of sample disc formation, that is the tree age when stem growing to attain the height.

附表 16-2 冷杉样树不同高度四向逐龄年轮的平均宽度(mm)

Appendant table 16-2 Mean width of each successive ring in four directions at different heights in Faber fir sample trees(mm)

Y (年)	H (m)	年轮生成树龄 Tree age during ring formation																							
		1年	2年	3年	4年	5年	6年	7年	8年	9年	10年	11年	12年	13年	14年	15年	16年	17年	18年	19年	20年	21年	22年	23年	24年
第1样树 Sample tree No.1																									
23	12.40																								2.24
22	12.00																							2.52	4.17
21	11.50																						3.51	3.61	5.06
20	11.00																					3.84	4.79	6.17	6.30
19	10.00																				5.41	6.17	6.54	6.28	5.41
15	8.00																2.88	5.09	6.47	6.10	6.39	7.70	7.54	6.73	5.36
12	6.00													4.77	5.54	7.55	6.00	6.82	6.43	6.10	5.33	6.64	5.48	6.41	4.83
9	4.00										4.88	5.39	6.78	5.57	5.95	6.78	5.24	6.64	6.64	7.43	4.53	5.88	4.50	5.52	5.45
4	2.00					2.38	3.04	3.91	3.83	6.40	6.44	3.18	7.88	6.32	6.65	6.59	3.86	4.90	5.21	5.19	4.40	5.39	4.61	5.23	5.03
3	1.30				3.84	3.23	3.49	3.89	3.72	5.41	5.21	2.72	6.32	6.70	7.97	7.23	4.68	5.74	6.21	5.36	4.15	5.64	4.78	5.25	4.91
0	0.00	3.44	1.89	1.87	2.59	2.68	3.80	4.82	3.84	5.87	6.21	3.77	7.64	10.31	8.28	9.46	3.69	5.08	5.78	5.15	5.85	8.10	8.13	7.10	7.56
Ave		3.44	1.89	1.87	3.22	2.76	3.45	4.21	3.80	5.89	5.69	3.77	7.16	6.74	6.88	7.52	4.39	5.71	6.12	5.89	5.15	6.17	5.54	5.48	5.12
第2样树 Sample tree No.2																									
22	10.90																							2.71	4.93
21.56	10.50																							5.51	6.04
21	10.00																						5.44	6.02	6.54
19	9.00																				4.86	4.96	6.75	7.66	7.38
17	8.00																		3.86	5.55	7.07	7.46	7.57	7.84	7.50
14	6.00															6.94	7.30	7.68	8.22	6.51	6.44	6.73	6.35	6.75	5.77
8	4.00									3.03	5.21	3.79	3.67	6.46	7.39	8.05	9.21	8.28	8.44	8.00	6.32	6.13	4.85	5.14	4.27
6	2.00							6.25	5.60	6.36	5.65	5.71	8.36	7.38	7.33	8.29	7.47	6.57	5.63	5.33	4.57	4.95	4.51	4.32	3.71
4	1.30					2.17	4.13	5.97	6.43	5.66	5.80	5.43	7.59	6.40	7.20	7.36	7.32	6.12	4.80	5.80	4.15	5.28	3.38	4.26	4.23
0	0.00	1.36	1.40	2.63	2.78	5.29	4.36	4.38	4.01	5.57	5.87	6.56	9.81	10.12	9.17	10.38	8.89	7.95	7.10	6.58	5.20	5.61	4.65	4.28	3.55
Ave		1.36	1.40	2.63	2.78	3.73	4.24	5.53	5.35	5.15	5.63	5.37	7.36	7.59	7.77	8.20	8.04	7.32	6.34	6.29	5.52	5.87	5.44	5.45	5.39
第3样树 Sample tree No.3																									
23	13.00																								2.72
22.5	12.50																								6.69
22	12.00																							4.15	5.74
21	11.00																						5.98	6.39	7.40
19	10.00																				6.67	5.87	6.60	7.23	6.68
15	8.00																5.55	5.96	6.56	6.00	6.30	5.46	6.38	6.51	6.26
11	6.00												5.31	5.95	6.99	7.22	7.43	6.73	6.06	5.81	5.03	5.54	5.10	5.77	5.56
8	4.00									6.84	6.02	6.72	7.35	6.13	6.85	7.10	7.16	6.21	5.83	5.78	4.59	4.96	4.53	4.48	5.05
4	2.00					1.88	5.67	7.38	6.30	7.47	6.40	5.73	6.85	6.88	7.04	7.09	6.38	6.21	5.42	6.02	4.63	4.87	4.38	5.18	4.77
3	1.30				4.02	5.27	5.80	7.30	5.38	6.64	5.35	4.79	6.95	7.40	7.91	7.24	6.78	6.28	5.93	6.10	4.93	5.18	5.12	5.33	5.37
0	0.00	1.93	4.61	2.51	4.32	5.20	6.12	8.03	5.83	7.34	6.62	5.91	8.23	8.82	9.12	8.95	8.66	8.35	8.55	8.84	6.87	7.88	6.56	7.41	7.08
Ave		1.93	4.61	2.51	4.17	4.11	5.86	7.57	5.84	7.07	6.10	5.79	6.94	7.04	7.58	7.52	6.99	6.62	6.39	6.43	5.57	5.68	5.58	5.83	5.76

续表

Y (年)	H (m)	年轮生成树龄 Tree age during ring formation																							
		1年	2年	3年	4年	5年	6年	7年	8年	9年	10年	11年	12年	13年	14年	15年	16年	17年	18年	19年	20年	21年	22年	23年	24年
第4样树 Sample tree No.4																									
23	13.00																								3.56
22.5	12.50																							3.33	5.07
22	12.00																							6.88	6.16
20	11.00																					5.74	6.06	6.40	6.82
18	10.00																			3.81	5.12	6.82	6.73	6.64	6.71
15	8.00																6.27	5.43	6.32	6.79	6.27	6.77	6.43	6.19	5.28
12	6.00													6.50	6.84	7.61	6.40	5.62	5.63	6.02	5.24	6.02	5.05	5.82	4.68
9	4.00										7.83	6.19	7.60	7.38	7.27	6.67	6.24	5.48	4.92	4.94	4.62	5.25	4.15	3.34	4.20
5	2.00						4.40	5.53	5.78	7.06	5.88	5.30	6.49	6.34	6.32	5.65	5.86	5.67	5.10	4.96	4.19	4.90	4.17	4.13	3.90
4	1.30					4.91	5.21	5.39	5.96	6.70	5.69	5.38	6.38	6.52	6.33	5.61	5.89	5.94	5.37	5.37	4.41	5.10	4.10	4.10	3.84
0	0.00	1.58	1.89	2.72	4.52	5.18	5.44	5.53	6.14	7.28	6.49	6.53	6.85	7.60	8.24	7.99	7.42	7.43	6.71	6.52	5.39	6.70	5.66	5.20	5.38
Ave		1.58	1.89	2.72	4.52	5.05	5.02	5.49	5.96	7.01	6.47	5.85	6.83	6.87	7.00	6.71	6.35	5.93	5.67	5.49	5.03	5.91	5.29	5.20	5.06
第5样树 Sample tree No.5																									
22	10.90																							2.64	4.16
21.56	10.50																							5.00	4.16
21	10.00																						4.79	4.86	5.27
20	9.00																					4.42	5.32	5.98	6.18
17	8.00																		3.36	4.85	6.88	6.65	6.54	6.25	5.74
14	6.00															4.71	5.25	7.05	7.05	6.77	6.57	6.50	5.74	5.48	4.83
11	4.00												5.08	5.87	6.95	7.85	7.25	8.03	7.04	7.00	5.42	5.31	4.56	4.42	4.00
6	2.00							0.25	1.62	2.75	4.91	6.66	7.89	7.19	7.32	7.86	6.70	6.93	6.10	6.33	5.14	4.99	4.07	4.29	3.30
4	1.30					1.45	3.76	4.18	4.24	5.67	5.74	5.75	8.92	7.01	7.16	8.51	6.18	7.26	5.44	6.18	4.88	4.51	3.20	4.21	3.63
0	0.00	0.89	2.23	1.16	2.33	1.55	3.95	6.27	6.58	8.50	7.36	7.68	8.67	8.44	7.96	8.23	6.68	8.65	7.00	6.80	6.49	7.05	6.92	5.31	4.37
Ave		0.89	2.23	1.16	2.33	1.50	3.86	3.57	4.15	5.64	6.00	6.70	7.64	7.12	7.35	7.43	6.41	7.59	6.00	6.32	5.90	5.63	5.14	4.85	4.56

Y (年)	*H* (m)	年轮生成树龄 Tree age during ring formation																													
		1年	2年	3年	4年	5年	6年	7年	8年	9年	10年	11年	12年	13年	14年	15年	16年	17年	18年	19年	20年	21年	22年	23年	24年	25年	26年	27年	28年	29年	30年
第6样树 Sample tree No.6																															
29	13.00																														3.04
28	12.50																													3.21	4.19
26	12.00																											5.04	5.19	4.62	4.22
24	11.00																									5.93	5.49	5.62	8.10	5.53	4.42
22	10.00																							4.58	5.80	7.18	6.07	5.48	5.63	5.08	3.92
18	8.00																			2.85	5.56	6.31	7.04	6.36	6.23	5.35	4.78	4.92	4.46	3.92	2.95
14	6.00															2.82	6.45	6.64	6.84	5.62	5.59	5.47	5.93	4.68	4.18	3.65	3.32	3.65	3.70	3.18	2.29
11	4.00												4.22	4.99	6.57	6.90	6.52	5.59	5.56	4.03	4.58	4.53	4.75	4.51	4.24	3.80	2.79	3.53	3.78	3.20	2.27
6	2.00							4.75	2.82	2.97	3.88	4.77	5.83	4.41	4.95	4.57	4.14	4.75	4.97	4.59	3.83	4.26	4.00	3.83	3.69	3.35	2.45	3.06	3.52	3.32	2.18
4	1.30					2.94	3.91	5.13	3.09	1.63	2.93	4.23	5.44	4.66	4.30	4.16	3.98	4.45	4.80	4.69	3.86	4.10	3.85	3.75	3.42	3.42	2.56	2.99	3.35	3.02	2.04
0	0.00	1.20	2.10	2.03	4.93	3.02	3.64	4.47	2.73	1.16	1.63	3.63	5.00	5.15	5.49	4.78	4.06	4.83	5.87	4.73	4.83	4.48	4.14	3.68	3.44	3.35	1.89	3.07	3.09	2.85	1.97
Ave		1.20	2.10	2.03	4.93	2.98	3.78	4.78	2.88	1.92	2.81	4.21	5.12	4.80	5.33	4.65	5.03	5.25	5.61	4.42	4.71	4.86	4.95	4.48	4.43	4.50	3.67	4.15	4.53	3.79	3.04

注：同附表16-1。

Note: The same as appendant 16-1.

附表 16-3　云杉样树不同高度四向逐龄年轮的平均宽度(mm)

Appendant table 16-3　Mean width of each successive ring in four directions at different heights in Chinese spruce sample trees(mm)

Y (年)	*H* (m)	年轮生成树龄 Tree age during ring formation																						
		1年	2年	3年	4年	5年	6年	7年	8年	9年	10年	11年	12年	13年	14年	15年	16年	17年	18年	19年	20年	21年	22年	23年
第1样树 Sample tree No.1																								
22	12.00																							2.98
21.5	11.50																						4.12	2.08
21	11.00																						4.41	4.87
20	10.50																					6.08	5.37	4.78
19	10.00																				4.54	5.63	5.65	5.06
18	9.00																			5.30	4.60	5.74	6.16	5.37
16	8.00																	5.58	5.26	5.57	4.72	5.48	6.79	4.64
12	6.00													4.91	6.08	5.33	5.06	5.70	6.25	6.26	5.17	5.10	5.33	4.46
9	4.00										5.50	6.26	6.28	6.98	6.05	5.87	6.19	4.93	4.84	5.42	4.32	4.81	4.46	3.65
6	2.00							4.66	5.16	5.48	7.01	7.82	6.87	6.32	5.69	4.96	5.36	4.94	4.96	4.87	3.58	4.43	3.92	3.50
5	1.30						3.90	5.52	5.87	5.68	6.72	7.14	5.00	6.02	5.53	4.55	4.94	4.37	3.96	4.71	3.82	5.42	4.47	3.62
0	0.00	1.40	1.44	1.81	2.92	3.27	3.27	5.52	4.98	5.43	6.10	6.41	6.71	6.77	6.97	5.82	5.76	6.80	7.02	5.49	4.89	5.90	5.04	4.57
Ave		1.40	1.44	1.81	2.92	3.27	3.59	5.23	5.34	5.53	6.33	6.90	6.22	6.20	6.06	5.31	5.46	5.38	5.38	5.37	4.46	5.40	5.07	4.13
第2样树 Sample tree No.2																								
22	11.85																							1.73
21	11.00																						3.10	1.29
20	10.50																					2.85	3.21	3.89
18	10.00																			3.22	1.59	1.46	6.37	4.47
17	9.00																		3.82	5.17	3.17	5.56	7.20	6.64
15	8.00																3.00	1.44	6.54	7.91	6.78	6.20	7.22	7.09
12	6.00													3.00	4.67	5.15	6.66	7.67	7.38	8.89	8.49	6.65	7.15	5.08
10	4.00											5.89	5.99	7.60	5.93	5.24	7.40	7.22	6.24	6.57	6.06	6.10	6.22	4.02
6	2.00							3.79	4.05	5.58	6.83	7.29	8.35	8.50	5.50	2.56	3.75	5.57	5.88	4.23	5.01	5.19	5.36	4.03
4	1.30					2.16	2.26	3.63	5.16	6.98	7.36	6.84	7.17	6.46	5.22	2.57	2.37	5.16	5.48	4.54	5.09	5.35	5.42	3.61
0	0.00	1.62	2.60	2.98	3.54	3.37	3.61	1.95	3.56	5.98	6.40	7.41	5.53	7.97	8.17	3.05	2.54	8.00	6.70	4.50	6.33	6.09	6.21	4.71
Ave		1.62	2.60	2.98	3.54	2.77	2.94	2.79	4.36	6.48	6.88	7.13	6.35	7.22	6.70	3.71	4.29	5.84	6.01	5.63	5.32	5.05	5.75	4.23
第3样树 Sample tree No.3																								
21	11.50																						2.51	2.34
20.5	11.00																					4.14	4.25	4.13
20	10.50																					8.13	5.05	5.14
19	10.00																				6.77	5.22	5.45	5.42
17	9.00																		4.90	6.13	5.57	6.16	6.60	6.09
15	8.00																4.82	4.12	4.33	6.97	6.72	6.24	6.78	5.96
11	6.00												4.49	3.75	4.42	5.84	6.04	6.64	6.59	6.39	5.77	5.75	4.64	4.28
8	4.00									3.09	4.48	5.61	6.66	6.96	6.33	6.65	6.19	5.46	4.72	4.63	3.88	4.29	3.67	3.47
6	2.00							5.38	5.30	4.53	5.19	6.22	6.51	6.34	5.19	3.79	4.27	5.18	4.01	3.88	3.21	3.66	3.10	2.88
4	1.30					3.45	3.72	5.78	5.88	5.48	4.73	5.31	5.00	5.20	5.29	3.29	3.56	4.75	4.40	4.38	3.28	3.37	2.97	2.88
0	0.00	1.62	2.28	2.84	2.61	3.62	5.21	6.11	5.30	5.20	4.41	4.82	5.52	5.97	6.55	4.36	3.92	6.97	7.88	6.21	4.46	4.84	4.27	4.23
Ave		1.62	2.28	2.84	2.61	3.53	4.47	5.75	5.49	4.57	4.70	5.49	5.64	5.64	5.56	4.79	4.80	5.52	5.26	5.51	4.96	5.18	4.48	4.26

注：同附表 16-1。

Note: The same as appendant table 16-1.

附表 16-4 马尾松第 4 样树不同高度四向逐龄年轮的平均宽度(mm)

Appendant table 16-4 Mean width of four directions of each successive ring at different heights in Masson's pine sample tree No.4(mm)

Y (年)	H (m)	年轮生成树龄 Tree age during ring formation																																				
		1年	2年	3年	4年	5年	6年	7年	8年	9年	10年	11年	12年	13年	14年	15年	16年	17年	18年	19年	20年	21年	22年	23年	24年	25年	26年	27年	28年	29年	30年	31年	32年	33年	34年	35年	36年	37年
36	19.26																																					3.14
35.66	19.00																																					4.40
35	18.50																																				5.61	3.25
34	18.00																																			3.72	2.64	3.83
32	17.00																																	3.93	6.75	3.21	2.04	4.08
30	16.00																															4.87	3.02	2.36	3.07	4.19	2.28	5.20
25	14.00																										3.60	2.41	3.73	4.77	3.43	2.78	3.54	3.04	3.82	5.64	3.05	4.41
19	12.00																				3.43	2.29	3.77	3.10	3.67	3.61	4.15	4.53	4.68	6.52	5.18	5.69	5.17	4.16	3.18	5.00	3.01	4.54
12	10.00													4.37	5.82	8.37	9.30	10.15	3.58	5.46	6.60	7.77	4.98	5.21	4.03	3.56	3.67	2.47	1.86	2.44	1.54	2.25	2.43	1.93	1.23	1.72	1.42	2.39
9	8.00										3.82	4.01	5.91	6.53	4.59	6.81	6.45	8.85	3.39	5.37	6.13	8.08	4.98	5.77	4.14	3.85	2.72	2.06	1.48	1.88	1.63	2.24	2.05	1.67	1.08	1.39	1.20	1.97
6	6.00							6.60	3.14	8.42	6.69	5.75	6.35	6.90	6.62	5.36	5.38	5.72	1.84	2.83	3.86	6.10	4.16	4.55	3.32	3.12	2.65	2.02	1.12	1.47	1.12	1.51	1.73	1.18	0.74	1.11	0.91	1.53
3	4.00				4.81	3.57	4.74	6.10	8.54	6.36	7.69	5.75	6.16	6.12	6.18	3.95	3.83	4.06	1.44	1.99	3.08	4.78	3.89	3.66	3.04	3.28	2.60	2.07	1.25	1.34	1.38	1.38	1.62	1.04	0.76	1.01	0.98	1.47
2	2.00			10.13	7.86	5.00	4.52	4.12	4.90	5.00	6.31	4.93	5.98	4.98	6.20	3.71	3.51	3.75	1.40	1.77	2.48	4.09	4.17	3.37	3.49	3.27	3.05	2.39	1.91	1.87	1.25	1.57	1.74	1.24	0.85	1.24	1.50	1.85
1	1.30		5.65	8.83	7.11	4.47	3.94	3.71	4.52	3.96	5.67	4.85	5.81	5.32	6.35	3.75	3.33	4.11	1.71	2.36	2.81	4.06	3.90	4.33	4.35	3.66	3.04	2.83	1.62	2.00	1.50	1.89	2.14	1.75	1.26	1.66	1.16	1.70
0	0.00	5.18	7.65	8.78	6.08	4.49	3.28	4.02	4.50	3.63	5.26	5.06	5.79	5.38	6.11	3.85	3.43	3.85	1.70	2.19	3.35	4.83	4.68	4.58	4.69	3.63	3.03	2.96	1.66	2.23	1.70	2.14	2.13	1.59	1.20	2.33	1.40	2.22
Ave		5.18	6.65	9.25	6.47	4.38	4.12	4.91	5.12	5.48	5.91	5.06	6.00	5.66	5.98	5.12	5.03	5.79	2.15	3.14	3.97	5.25	4.32	4.32	3.84	3.50	3.17	2.64	2.15	2.72	2.08	2.63	2.56	2.17	2.18	2.69	2.09	3.07

注：同附表 16-1。

Note: The same as appendant table 16-1.

附表 16-5　杉木样树不同高度四向逐龄年轮的四向平均宽度(mm)

Appendant table 16-5　Mean width of four directions of each successive ring at different heights in Chinese fir sample trees(mm)

Y (年)	H (m)	年轮生成树龄 Tree age during ring formation											
		1年	2年	3年	4年	5年	6年	7年	8年	9年	10年	11年	12年
第1样树 Sample tree No.1													
11	15.00												3.35
10.5	14.50											2.26	6.42
10	14.00											4.29	5.96
9	13.00										4.90	7.27	6.91
8	12.00									4.50	9.50	11.00	9.50
7	10.00								9.50	13.00	11.50	10.00	7.50
5	8.00						5.50	14.00	12.00	12.50	9.00	8.00	6.00
4	6.00					2.80	17.00	16.50	11.50	12.50	8.00	7.50	5.20
3	4.00				11.50	16.80	13.50	12.20	8.80	8.70	5.80	5.50	4.00
1.26	2.00		7.50	7.50	18.00	17.30	11.70	9.80	7.50	6.00	3.50	2.50	2.20
1	1.30		7.50	16.30	17.50	15.00	12.50	8.00	5.50	5.20	2.80	2.50	3.00
0	0.00	6.30	15.50	17.20	24.80	17.00	17.20	5.50	4.50	11.30	2.50	3.00	0.20
Ave		6.30	10.17	13.67	17.95	13.78	12.90	11.00	8.47	9.21	6.39	5.80	5.02
第2样树 Sample tree No.2													
11	17.50												3.44
10	17.00											3.90	4.53
9	16.00										5.50	3.00	17.50
8	14.00									9.00	8.00	16.00	11.00
7	12.00								16.00	20.00	6.00	12.50	10.00
5	10.00						9.00	10.00	17.50	18.50	13.00	14.00	9.50
4.5	8.00						13.50	23.00	15.50	13.50	10.00	10.50	7.00
4	6.00					14.80	20.70	15.30	3.70	10.30	6.00	6.00	5.50
3	4.00				19.30	19.70	15.80	13.70	10.30	6.50	4.20	4.30	3.20
1.26	2.00		4.80	16.50	20.50	16.50	13.20	8.80	6.20	4.80	3.00	3.50	2.70
1	1.30		9.80	20.00	21.20	16.00	12.00	8.00	5.80	4.70	3.00	3.30	2.50
0	0.00	5.50	19.00	21.30	20.70	19.00	15.80	10.70	10.50	8.00	7.30	8.00	3.20
Ave		5.50	11.20	19.27	20.43	17.20	14.29	12.79	10.69	10.59	6.60	7.73	6.67
第3样树 Sample tree No.3													
11	15.50												2.52
10.5	15.00											3.43	5.24
10	14.50											4.82	4.34
9.67	14.00											3.50	14.00
9	13.00											NaN	NaN
8	12.00									6.50	7.00	13.00	9.50
6	10.00							7.00	3.50	13.00	10.00	10.50	8.00
4	8.00					6.50	9.00	10.50	8.80	11.50	6.50	8.50	8.00
3	6.00				12.50	6.50	16.50	12.00	8.80	10.00	4.50	4.70	5.50
2	4.00			9.00	12.30	18.20	15.80	14.00	7.70	8.80	3.20	3.00	3.50
1.26	2.00		4.50	18.30	24.70	15.80	3.20	9.80	5.00	5.20	2.30	1.70	2.30
1	1.30		11.00	20.80	22.50	15.00	13.70	8.00	5.30	4.50	2.00	1.70	2.00
0	0.00	6.00	19.30	24.50	21.20	16.00	17.30	6.70	11.80	10.00	2.50	6.50	3.00
Ave		6.00	11.60	18.15	18.64	13.00	12.58	9.71	7.27	8.69	4.75	5.58	5.66

续表

Y (年)	H (m)	年轮生成树龄 Tree age during ring formation																	
		1年	2年	3年	4年	5年	6年	7年	8年	9年	10年	11年	12年	13年	14年	15年	16年	17年	18年
第4样树 Sample tree No.4																			
12	18.00													2.69					
11.5	17.50													9.20					
11	17.00												2.22	11.80					
10	16.00											11.50	6.00	4.80					
9	14.00										7.30	10.20	10.50	10.30					
8	12.00									5.30	12.00	10.50	11.00	10.50					
7	10.00								10.00	10.50	9.50	10.00	12.50	9.80					
6	8.00							12.30	12.50	10.00	11.50	9.50	10.20	9.00					
5	6.00						16.00	12.50	11.80	10.70	11.30	8.20	8.80	8.20					
3	4.00				5.00	11.50	14.30	12.70	13.00	10.30	9.00	7.00	7.20	6.00					
2	2.00			8.00	11.50	12.80	13.00	12.00	11.20	8.50	8.30	6.00	6.50	6.50					
1	1.30		5.30	9.70	11.80	12.00	13.20	11.00	10.80	8.50	7.70	5.30	5.70	1.50					
0	0.00	6.50	6.80	11.00	12.50	13.20	13.00	13.30	9.50	10.50	9.00	5.00	7.70	10.30					
Ave		6.50	6.05	9.57	10.20	12.38	13.90	12.30	11.26	9.29	9.51	8.32	8.03	7.74					
第5样树 Sample tree No.5																			
17	21.59																		1.76
16.46	21.00																		6.73
16	20.50																	5.07	4.79
15	20.00																4.38	6.60	5.28
14	19.00															4.98	8.01	7.21	5.46
12	18.00													3.69	1.72	7.00	7.92	6.33	5.33
11	16.00												4.30	7.66	8.74	7.50	7.10	7.24	6.12
10	14.00											8.72	11.29	7.88	7.71	8.79	6.99	7.86	5.84
8	12.00									3.01	12.06	11.17	8.86	8.60	8.07	8.18	6.77	7.03	5.05
6	10.00								2.15	14.34	10.71	10.26	9.41	6.51	7.80	7.12	5.38	5.02	4.00
4	8.00					4.01	1.82	6.99	12.48	12.67	10.79	11.21	8.64	8.46	7.80	6.71	5.00	4.21	3.52
3	6.00				3.56	2.37	15.64	14.98	11.58	13.18	8.40	7.53	6.58	6.90	6.35	5.88	4.28	3.84	3.26
2	4.00			12.35	13.41	6.78	8.87	15.65	11.59	9.70	6.05	6.13	5.48	4.80	5.52	4.97	3.63	3.32	3.34
1.26	2.00		7.52	15.35	10.99	18.10	15.49	14.12	9.37	7.82	5.80	5.04	4.62	3.48	3.78	3.51	3.05	3.13	2.37
1	1.30		7.61	15.92	18.65	18.31	14.91	12.02	8.96	7.92	5.26	4.53	4.26	4.35	4.42	4.66	3.23	3.58	3.14
0	0.00	NaN	4.90	12.39	17.27	20.25	14.62	12.64	11.95	12.69	8.00	9.14	7.83	5.47	6.56	6.38	6.99	6.78	7.72
Ave		NaN	6.68	14.00	12.78	11.64	11.89	12.73	9.73	10.17	8.38	8.19	7.13	6.16	6.23	6.31	5.59	5.52	4.61

注：同附表16-1。

Note: The same as appendant table 16-1.

附表 16-6　原始林云杉 628 个年轮截面自髓心 1~35 龄序四向逐龄年轮的宽度(mm)

Appendant table 16-6　Each width of 1~35 successive rings from pith in four directions on a 628rings cross section taken from old growth spruce(mm)

方向 Direction	年轮生成树龄 Tree age during ring formation																		
	1年	2年	3年	4年	5年	6年	7年	8年	9年	10年	11年	12年	13年	14年	15年	16年	17年	18年	19年
东 East	1.2	1.2	1.2	1.2	1.2	3.0	3.3	3.3	3.5	3.5	3.0	2.8	3.3	3.3	2.9	3.0	2.9	3.1	3.0
南 South	1.7	1.7	1.7	1.7	1.7	3.0	3.0	4.0	2.6	4.4	2.5	2.6	2.9	2.8	2.5	2.8	3.3	4.0	3.3
西 West	1.5	4.8	2.8	2.5	3.0	2.0	3.0	3.0	4.0	3.0	2.4	3.5	3.4	2.8	3.0	2.8	3.3	3.0	3.0
北 North	2.0	2.0	6.0	3.0	3.0	3.0	3.0	2.0	2.0	3.0	3.0	2.5	3.4	2.2	2.9	3.0	3.0	3.0	2.1
平均 Ave	1.6	2.4	2.9	2.1	2.2	2.8	3.1	3.1	3.0	3.5	2.7	2.9	3.3	2.8	2.8	2.9	3.1	3.3	2.9

方向 Direction	年轮生成树龄 Tree age during ring formation																
	20年	21年	22年	23年	24年	25年	26年	27年	28年	29年	30年	31年	32年	33年	34年	35年	Ave
东 East	3.0	2.8	3.3	3.8	3.3	4.0	4.4	4.0	4.5	3.3	4.8	4.2	4.3	3.8	3.8	2.0	3.1
南 South	3.7	2.8	4.3	4.3	3.8	4.0	3.3	3.0	3.0	3.0	2.5	2.5	2.5	2.8	2.6	1.9	2.9
西 West	2.7	2.0	2.5	3.3	3.4	2.7	2.0	1.8	4.0	2.5	1.3	1.8	1.7	2.0	2.0	1.5	2.7
北 North	2.9	2.0	2.5	2.6	2.9	4.0	2.3	2.7	2.0	2.3	2.5	2.1	1.9	1.8	2.3	2.1	2.7
平均 Ave	3.1	2.4	3.2	3.5	3.4	3.7	3.0	2.9	3.4	2.8	2.8	2.7	2.6	2.6	2.7	1.9	2.8

注：同附表 16-1。

Note: The same as appendant table 16-1.

17 次生木质部构建中晚材率的发育变化

本章图示概要

晚材率是晚材占年轮宽度的百分率。晚材体积百分率与上述百分率在数字上是相当的。

图 17-1 木材材性研究晚材率测定试样在木段上的取材部位

图 17-2 发育研究晚材率的测定方向

第一类 *X* 轴——径向生长树龄

任一回归曲线仅代表一个指定高度，有一个确定对应的高生长树龄。

不同高度逐龄年轮晚材率的径向发育变化。

图 17-3 马尾松第 4 样树

图 17-4 落叶松

第二类 *X* 轴——高生长树龄

任一回归曲线仅代表一个指定的径向生长树龄，有一个确定的对应生长鞘在该年生成。

各龄生长鞘晚材率沿树高的发育变化。

图 17-5 马尾松第 4 样树

图 17-6 落叶松

第三类 *X* 轴——生长鞘构建时的径向生长树龄

Y 轴——生长鞘全高平均晚材率

逐龄生长鞘全高平均晚材率的发育变化

图 17-7 马尾松第 4 样树

图 17-8 落叶松

第四类 *X* 轴——高生长树龄

任一回归曲线仅代表同一离髓心年轮数；

不同高度、相同离髓心年轮数、异鞘年轮间晚材率的有序变化

图 17-9 马尾松第 4 样树

图 17-10 落叶松

本章用表概要

发育的树种特征

表 17-1 落叶松、马尾松不同树龄段的平均晚材率

本章实验结果附表(原始数据)概要

不同高度逐龄年轮的晚材率

附表 17-1 马尾松

附表 17-2 落叶松

附表 17-3 云杉

附表 17-4 冷杉

摘　　要

用遗传学观点看待次生木质部具有的晚材率特征。研究晚材率在单株树木内发育变化采用的取样、测定和数据处理等环节都与木材材性研究中测定晚材率的要求不同。落叶松和马尾松样树的取样截面高度分别为 12~14 个和 13 个。同测南向逐个年轮平行木射线的标准径向晚材宽度和年轮宽度，由此强化了单株内晚材率发育变化测定结果的可靠性。用四种平面曲线图示表达次生木质部构建中晚材率随两向生长树龄的变化过程。落叶松五样树晚材率变化图示的相似性证明了晚材率是次生木质部生命过程中受遗传控制的发育性状。落叶松和马尾松两树种晚材率发育变化具有可比的类似。次生木质部构建中存在发育变化过程在晚材率的变化中得到了证明，并是晚材率研究新内容。

17.1　晚材率是一个重要的材性指标

17.1.1　一般认识

有关木材内容书籍往往对早、晚材概念作如下所述：温带，生长季节早期形成的木材与后期形成的比较，前者具有较大的细胞和较低的密度，称早材；后期形成致密、颜色较暗的部分，称晚材。另同时叙述：早材过渡到晚材在针叶树材之间有差别，是逐渐的或骤然的。人们往往忽视了这后一段文字，认为针叶树次生木质部(木材)年轮内早、晚材区界肯定分明。实际这是一误解。

木材应用上，年轮内早、晚材急变或渐变是识别针叶树材的重要特征。急变，晚材带明显；渐变，年轮内早、晚材区界可能分辨不清。在木材识别实践上，远非如此简单。还需把年轮内早、晚材变化进一步区分为多个等级——非常急变、一般急变、渐变至略急、多少有些渐变和非常缓慢等，并须具有感觉上的差别经验。

晚材率是晚材和年轮径向宽度相比的百分率。只有年轮内早、晚材急变，即早、晚材区分明显的树种，才能进行晚材率的测定。

17.1.2　晚材率是重要的材性指标

晚材率影响木材密度，木材密度和木材多种性质有密切关系。通常把晚材率看做是一个重要的材性指标。

我国有木材年轮宽度和晚材率测定方法国家标准(GB1930—1991)。《中国主要树种的木材物理力学性质》(中国林业出版社，北京，1982)汇集了 342 个树种的试验研究数据。其中，晚材率是汇集的指标之一。

对熟悉木材的行家而言，晚材率是宏观下判定材质的可靠依据。

17.1.3　木材科学对晚材明显度和晚材率变化的应用

早、晚材变化的缓、急是识别针叶树材的重要依据。

针叶树材早、晚材急变(具有明显的晚材)，对木材性能有影响。北美把松木统分为两类商品材，硬松是早、晚材急变，而软松为缓变。我国也有区分材质的类似认识。同种不同种源，或不同立地条件生长的同树种树木，如其晚材率间存在差别，也会影响到木材性质。

Wellwood①用木材小试样对西部铁杉[*Tsuga heterophylla*(Raf.)Sarg.]进行拉伸试验。报告了在不考虑树高方向差异条件下，对早、晚材分别进行密度、管胞长度和拉伸强度径向变化的测定结果。本章在分析中联系到，多数针叶树从髓到树皮连续生长轮的早、晚材相对份量不一样。这不是对晚材率在树株内变化的直接测定结果，但可看出已有学者注意到这一变化的差异。

17.2 本项目对晚材率研究的认识

17.2.1 晚材是遗传性状

对早、晚材认识中易产生的误点是，早、晚材是气候条件造成的。若果真如此，则全部针叶树种都受气候影响，都该存在早、晚材区别。实际情况并非如此，我国东北黑龙江省小兴安岭林区生长的落叶松和樟子松早、晚材急变，而红松早、晚材缓变；南方生长的马尾松早、晚材急变，而杉木早、晚材缓变。气候是自然选择的环境因子，早、晚材急变和渐变是树种遗传物质确定的。

由早、晚材间过渡变化的缓急是木材树种识别特征和把晚材率作为树种材质的标志，可认为晚材状态是遗传性状。

17.2.2 晚材率在发育研究中工作新内容

发育研究的主题是次生木质部构建中晚材率的变化过程。本项目测定晚材率要求取得的结果与一般对晚材率认识显然不同。

实验证明是研究晚材率的必要环节。符合发育研究要求的实验内容：全面了解晚材率在株内的变化；确定晚材率在株内的变化是协调有序的；并能进一步证明上述有序变化在种内株间具有遗传性。

17.3 测 定 方 法

测树学规定沿南北、东西两正交直径测定年轮宽度。同一年轮东、南、西、北四向宽度间距的平均值为年轮宽度。精度为 0.5mm。

我国年轮宽度和晚材率测定方法国家标准(GB1930—1991)中规定在样树主茎下、中、上各 2.00m 木段上取样，如图 17-1 所示，精度 0.01mm。实际上这是供力学性质硬度测定用的试样，只是先用于年轮宽度和晚材率的测定。试样横截面尺寸是 50mm×50mm。虽名为同在南、北、东、西方向上，实则试样各在同一方向的交错位置上。

本项目研究晚材率在次生木质部发育中变化，采取的测定要求是：

(1) 对树茎自根颈向上每隔一定距离(一般 2.00m，增加 1.30m 处，并在树梢处缩小

① Wellwood R W.1962.Tensile testing of small wood samples . Palp Pap Mag Can,63(2):61~67

间距)的各横截面上测定径向逐龄年轮的晚材率。

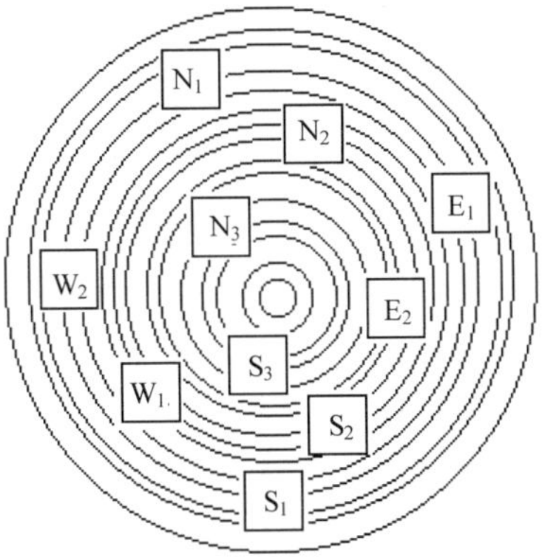

图 17-1　木材材性研究晚材率测定试样在木段上的取材部位(GB 1929—91)

Figure 17-1　Sampling positions in billet for measuring late wood percentage in studies of wood properties(GB1929—91)

(2) 除 1.30m 处测定东、西、南、北四向，其他高度都仅测南向。

(3) 在遵循单株同一南向(1.30m 为四向)的要求下，都严格测定标准径向(平行于木射线的方向)的早材和晚材宽度(图 17-2)，由此计算供发育研究用的晚材百分率。

(4) 测定在台式螺旋放大测定仪上进行，精度为 0.005mm。

上述(2)、(3)两项均与第 16 章年轮宽度测定有差别。

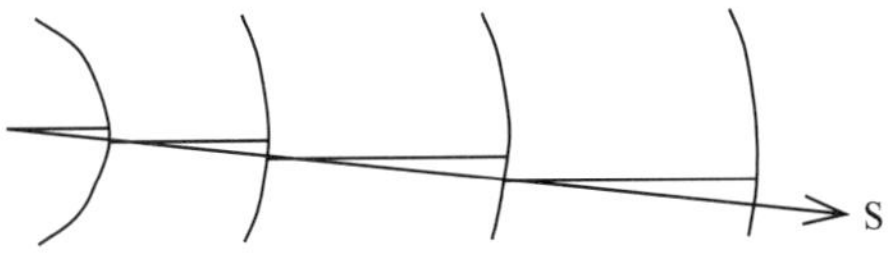

图 17-2　发育研究晚材率测定的方向

逐个年轮宽度的起点都在南(S)向线上；测定年轮宽度的方向均须平行木射线；晚材宽度方向与年轮宽度一致

Figure 17-2　The measured starting points of late wood percentage of successive rings are all in the south direction of stem; All the directions of measured width run parallel to wood ray

五研究树种中落叶松是年轮内早、晚材区界急变树种；马尾松变化陡度逊于落叶松，但亦甚明显。在宏观测定中都能符合早、晚材分界明确的要求。测定在样树各高度圆盘截面上进行，取样圆盘数列于表 2-4。测定马尾松 1 样树，树龄 37 年，读数 760 次(平均值 380 个)；落叶松 5 样树，树龄同为 31 年，读数 3128 次(平均值 1564 个)。数据结果列于附表 17-1、附表 17-2。

云杉、冷杉根、枝早、晚材区界明显。为了它们能与主茎相比较，对云杉 3 样树、冷杉 1 样树主茎各高度圆盘南向逐个年轮测定了晚材率，结果列于附表 17-3、附表 17-4，但未进行图示。

17.4 不同高度径向逐龄晚材率的发育变化

17.4.1 不同高度晚材率随径向生长树龄的发育变化

图示横坐标是年轮生成树龄，即树茎径向生长树龄。图中标注多条曲线的数字是晚材率测定圆盘的高度，各高度都有对应的确定高生长树龄。

如图 17-3、图 17-4 所示，两树种除顶梢部位外，不同高度年轮晚材率均随年轮生成树龄增大。落叶松 25~30 龄间呈峰值；马尾松达峰值在 30~35 龄间，约迟 5 年。

如图 16-1 至图 16-3、图 16-6、图 16-7 和图 17-3、图 17-4 所示，落叶松 10 龄前年轮宽度和晚材率同时增大；而后年轮宽度减窄，但晚材率仍增大；25~30 龄后，两者同减。马尾松不同高度年轮宽度仅邻近髓心的 1~2 年轮呈增大，其他年轮宽度向外一致减小；但不同高度晚材率自髓心向外却一直增大，树龄 30~35 年才达峰值；而后才同减小。两树种年轮宽度和晚材率的变化趋势不相同。

17.4.2 晚材率随年轮径向生成树龄的变化在不同高度间的差别

如图 17-3、图 17-4 所示，两树种晚材率随年轮生成树龄的变化曲线在图示中的高向位置随横截面高度逐向下移。这表明，晚材率随圆盘高度而减小。

两树种单株样树内晚材率水平方向发育变化在不同高度间有差别，变化率随树茎高度增大。

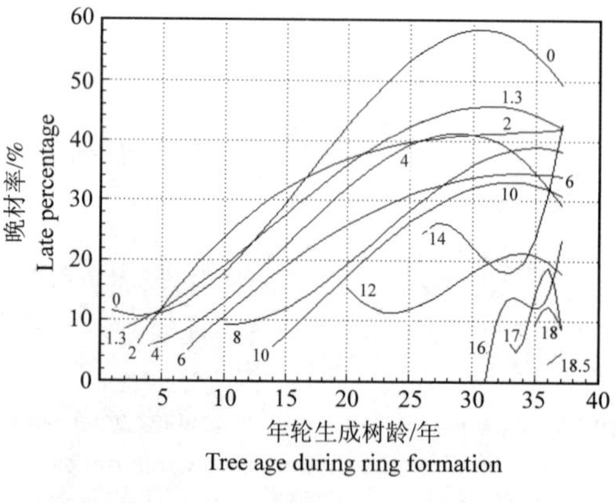

图 17-3 马尾松第 4 样树不同高度径向逐龄年轮晚材率的发育变化

图中数字为取样圆盘高度(m)

Figure 17-3 Developmental change of late wood percentage of successive rings in radial direction at different heights in Masson's pine sample tree No.4

The numerical symbols in the figure are the height of sample disc(m)

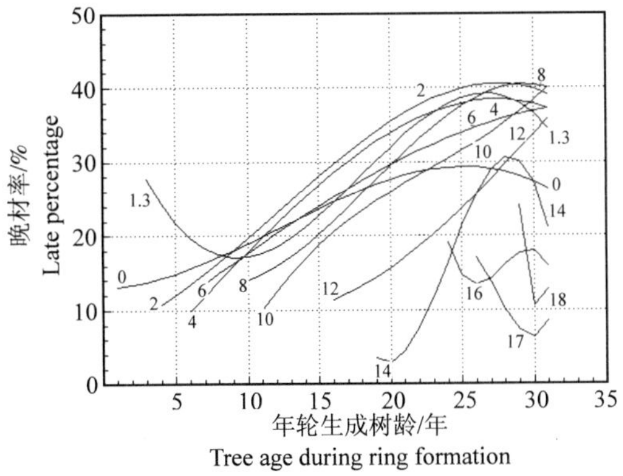

第 1 样树　Sample tree No.1

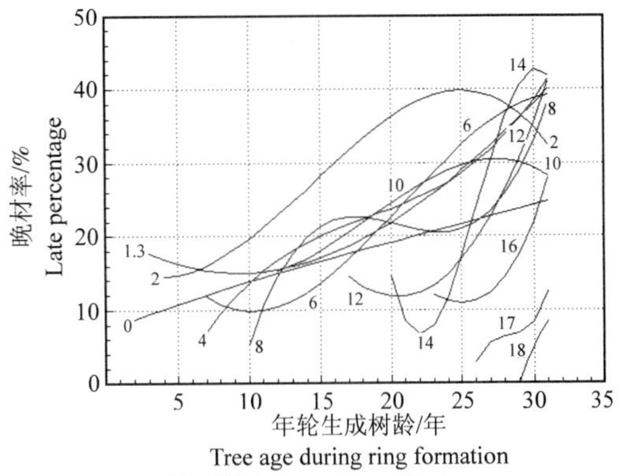

第 2 样树　Sample tree No.2

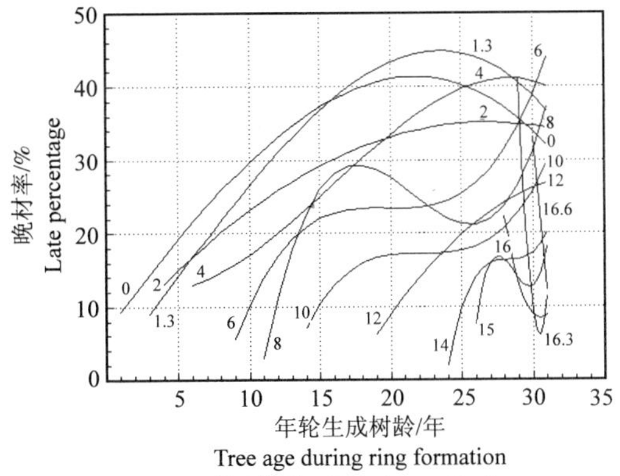

第 3 样树　Sample tree No.3

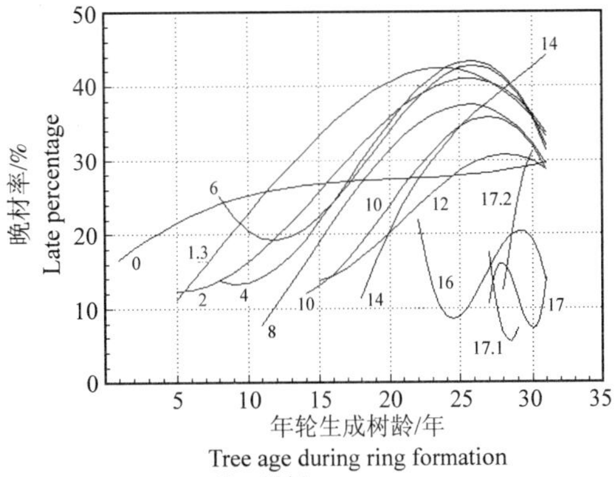

第 4 样树　Sample tree No.4

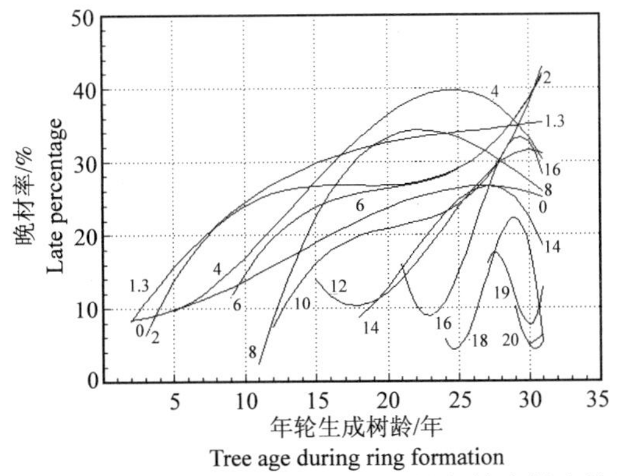

图 17-4　落叶松五株样树不同高度径向逐龄年轮晚材率的发育变化
图中数字为取样圆盘高度(m)

Figure 17-4　Developmental change of late wood percentage of successive rings in radial direction at different heights in five sample trees of Dahurian larch
The numerical symbols in the figure are the height of sample disc(m)

17.5　逐龄生长鞘晚材率沿树高的发育变化

图示横坐标是高生长树龄。图中标注多条曲线的数字是生长鞘生成树龄，即树茎径向生长树龄。要清楚表达出晚材率沿树高变化曲线在龄阶间有序更替，须避免逐龄生长鞘晚材率沿树高变化曲线的交错重叠，而对同一样树的图示按生长鞘生成树龄序进行拆分。鞘高随树龄增大，曲线由短趋长。

17.5.1 逐龄生长鞘晚材率沿树高的发育变化

如图 17-5、图 17-6 所示，马尾松、落叶松逐龄生长鞘晚材率沿树高的发育变化，两树种变化总趋势呈减小。这是由同一生长鞘晚材部位厚度沿树高变化呈稍减，而它的年轮宽度在同一变化中为增大造成的。马尾松 7~26 龄逐龄生长鞘晚材率部分在生长鞘基部沿树高增大，部分减小，两者呈龄阶相间变换；27 龄后沿树高呈一致性减小。落叶松从 12 龄生长鞘开始，同一生长鞘晚材率在茎基沿树高有一小段增大，而后转减小。这些状态都可从有利于增加树茎基部稳定的角度来认识。

17.5.2 各年生长鞘晚材率沿树高的变化在树茎径向生长树龄间的发育差异

两树种各分图的生长鞘分别处于连续树龄的不同龄阶。由各分图曲线的高向位置变化可看出，各年生长鞘晚材率随生长鞘生成树龄增大。

如图 17-6 所示，落叶松种内株间逐龄生长鞘晚材率沿树高的发育变化具有明显的遗传相似性。如图 17-5、图 17-6 所示，马尾松和落叶松两树种间逐龄生长鞘沿树高的发育变化具有可比的类似。

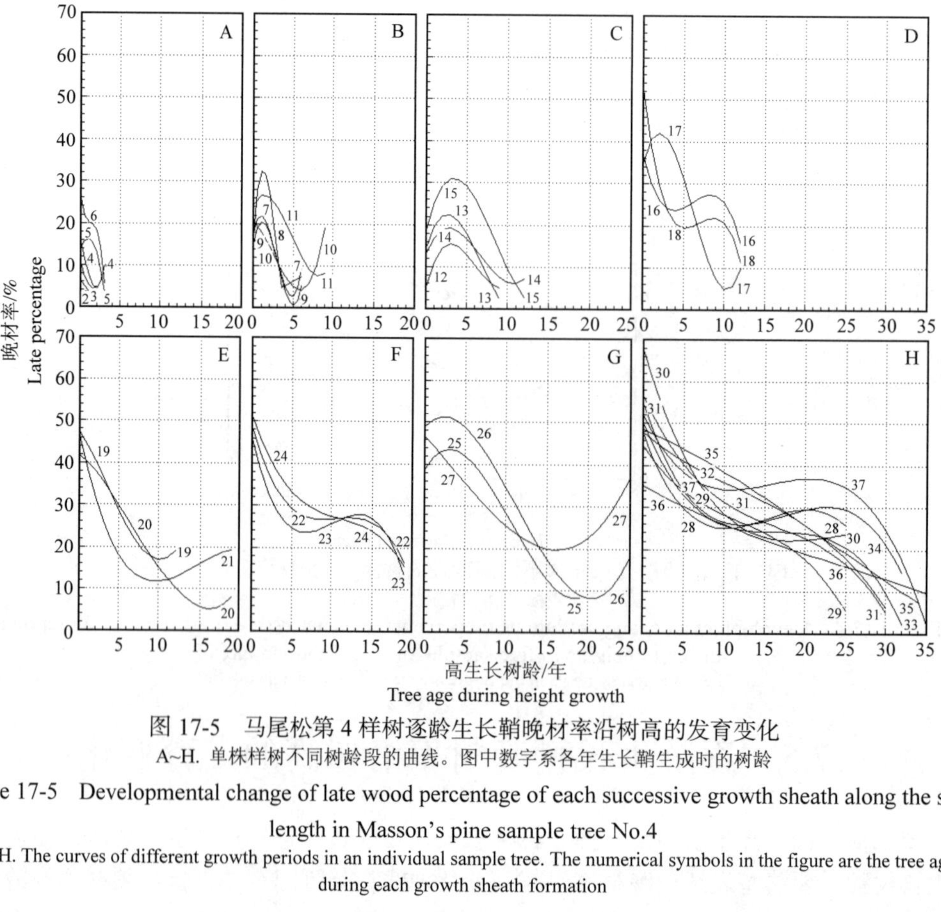

图 17-5 马尾松第 4 样树逐龄生长鞘晚材率沿树高的发育变化

A~H. 单株样树不同树龄段的曲线。图中数字系各年生长鞘生成时的树龄

Figure 17-5 Developmental change of late wood percentage of each successive growth sheath along the stem length in Masson's pine sample tree No.4

A~H. The curves of different growth periods in an individual sample tree. The numerical symbols in the figure are the tree age during each growth sheath formation

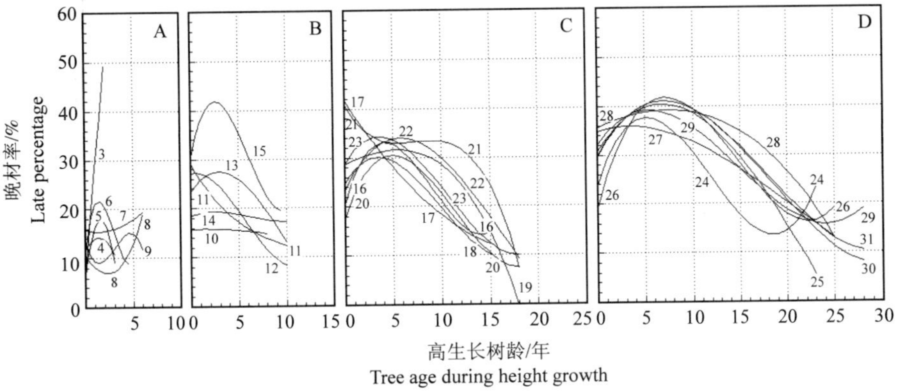

第 1 样树　Sample tree No.1

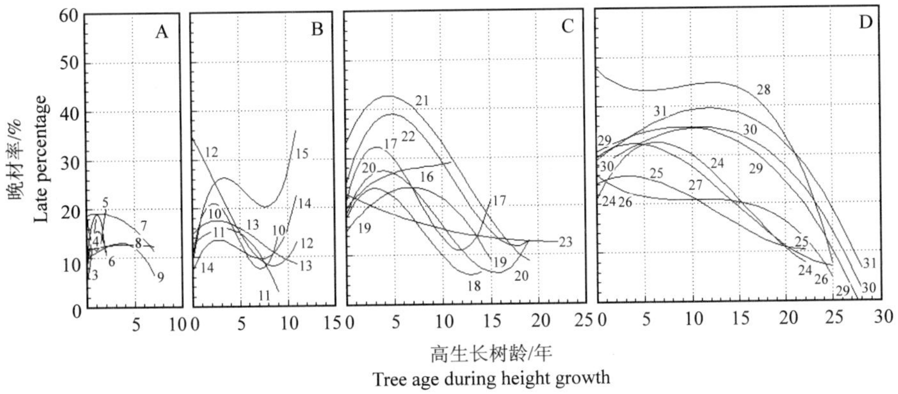

第 2 样树　Sample tree No.2

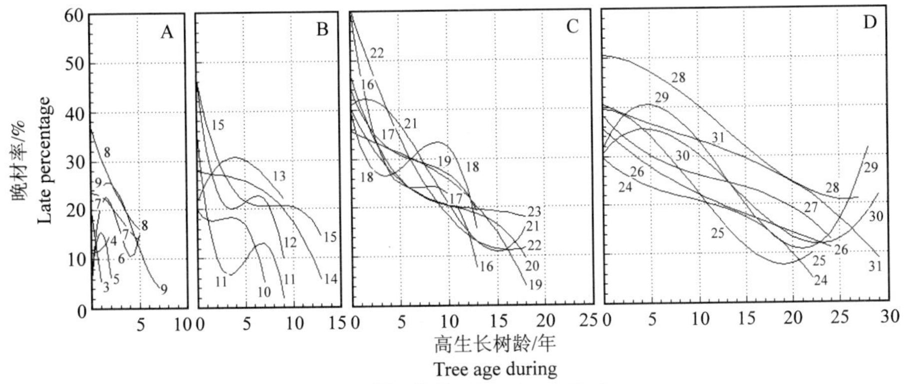

第 3 样树　Sample tree No.3

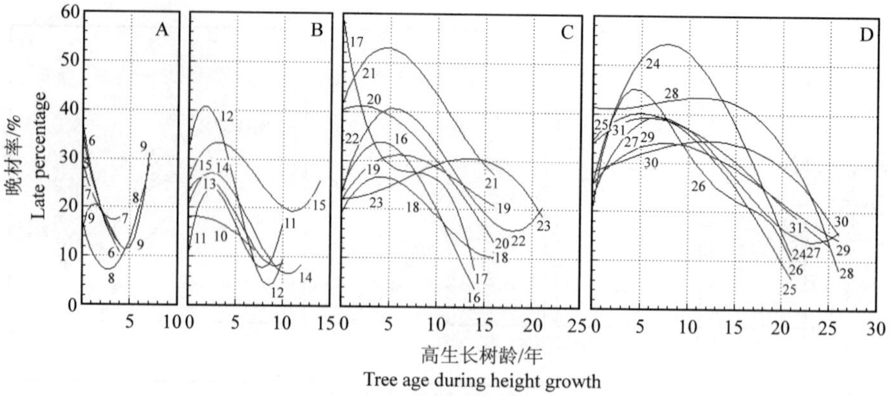

第 4 样树　Sample tree No.4

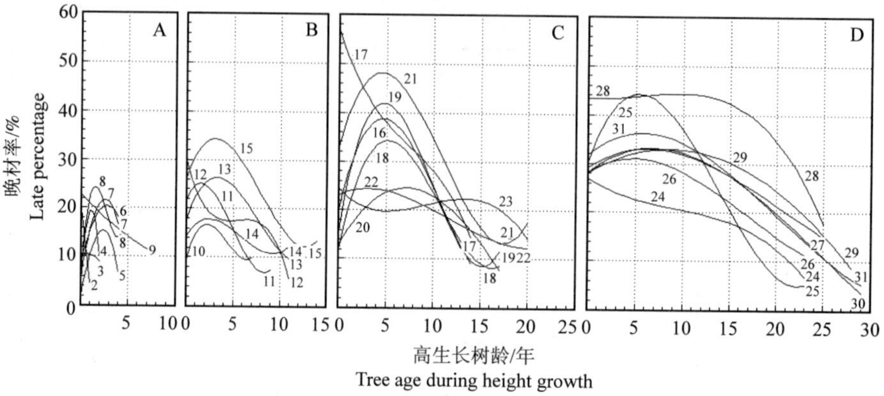

第 5 样树　Sample tree No.5

图 17-6　落叶松五株样树逐龄生长鞘晚材率沿树高的发育变化

A~D. 单株样树不同树龄段的曲线。图中数字系各年生长鞘生成时的树龄

Figure 17-6　Developmental change of late wood percentage of each successive growth sheath along stem length in five sample trees of Dahurian larch

A~D. The curves of different growth periods in an individual sample tree. The numerical symbols in the figure are the tree age during each growth sheath formation

17.6　各年生长鞘全高平均晚材率随树龄的发育变化和龄阶平均值

生长鞘是次生木质部构建中逐年生成的区间单位，不计其内差异的晚材率是全高平均值。

如图 17-7、图 17-8 所示，马尾松、落叶松逐龄生长鞘全高平均晚材率随树龄增大，在 25~30 龄间呈峰值征兆。马尾松变化曲线斜率较落叶松稍大，达到的峰值稍高，达峰值的年限稍长。

如图 17-8 所示，落叶松 5 样树全高平均晚材率随树龄的变化具有相似性，变化间的差异在估计的正态分布范围内。这些都是遗传控制发育性状的表现。

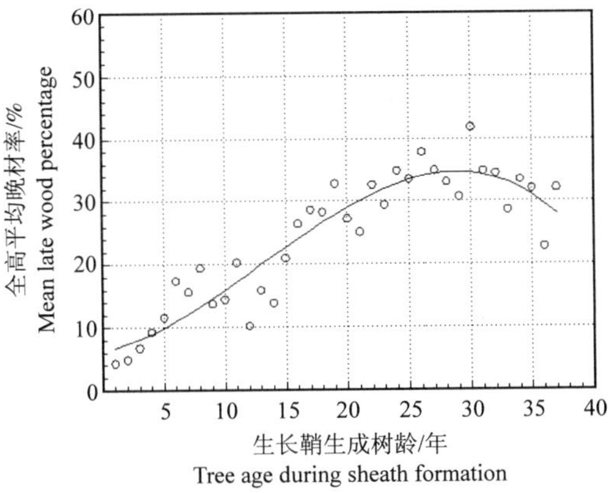

图 17-7　马尾松第 4 样树各年生长鞘全高平均晚材率随树龄的发育变化
图中“○”代表该样树各年轮平均实测值

Figure 17-7　Developmental change of mean late wood width percentage (within its height) of each successive growth sheath with tree age in Masson's pine sample No.4
The symbols “○” represent mean late wood width percentage of each sheath in the sample tree
回归曲线(Regression curve)：$y=-0.001\ 845\ 39x^3+0.072\ 616\ 6x^2+0.425\ 247x+6.267\ 52$
相关系数(correlation coefficient)：0.85
实测点数(number of data point)：37

如表 17-1 所示，落叶松 5 样树单株各龄阶平均晚材率中，第 4 样树一直保持最高，第 2 样树一直最低。最高或最低值都保持在同一样株表明，生长鞘全高平均晚材率在种内株间的差别(变异)主要取决于树株的遗传因子。

如表 17-1 所示，马尾松初始 1~12 龄阶的生长鞘平均晚材率较落叶松低，但 1~30 龄阶的平均值就较落叶松高。这与两树种图示的变化过程相符。

表 17-1　落叶松、马尾松不同树龄段的平均晚材率(%)

Table 17-1　Mean late wood width percentage in different growth periods of Dahurian larch and Masson's pine(%)

落叶松　Dahurian larch

样树株别 Ordinal numbers of sample tree	树龄段　Periods of tree growth						
	12 年	18 年	23 年	24 年	30 年	31 年	37 年
1	16.030	20.414	22.321	22.751	25.193	25.452	—
2	14.145	16.462	18.581	18.948	21.333	21.833	—
3	17.912	22.963	25.019	24.749	25.813	25.913	—
4	18.383	20.673	24.449	25.621	27.094	27.341	—
5	14.931	19.574	20.900	20.818	23.189	23.292	—
Ave	16.280	20.017	22.254	22.577	24.524	24.766	—

马尾松　Masson's pine

样树株别 Ordinal numbers of sample tree	树龄段　Periods of tree growth						
	12 年	18 年	23 年	24 年	30 年	31 年	37 年
4	13.797	17.686	21.158	21.947	25.651	26.107	27.205

注：本表所列各龄段均自树茎出土始。

Note: The beginning of every period of tree growth in this table is all the time when the sample trees grow out of the earth.

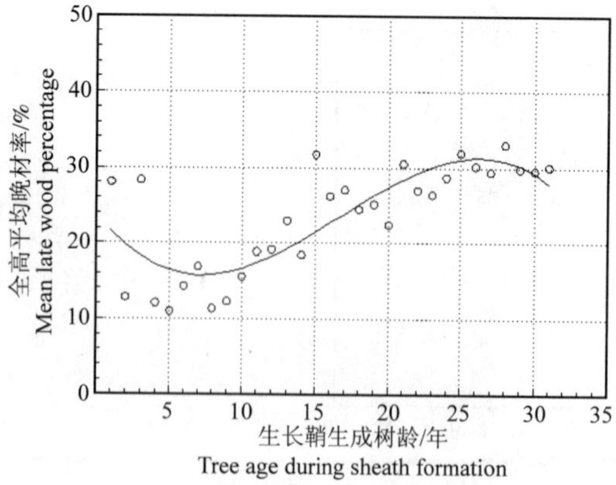

第 1 样树　Sample tree No.1

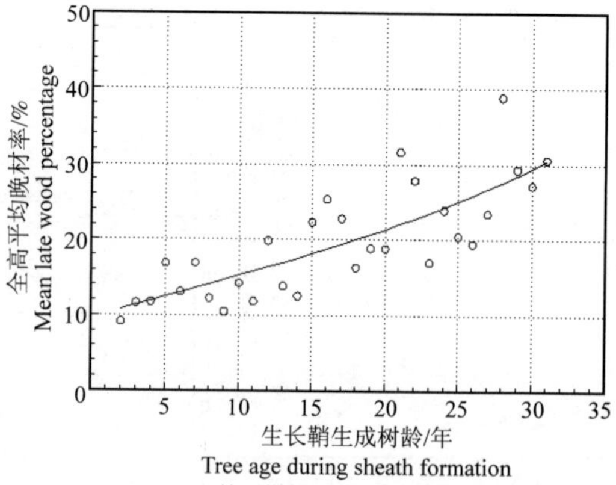

第 2 样树　Sample tree No.2

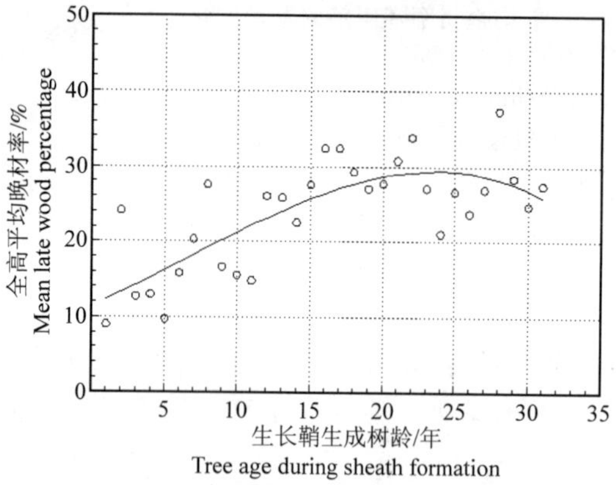

第 3 样树　Sample tree No.3

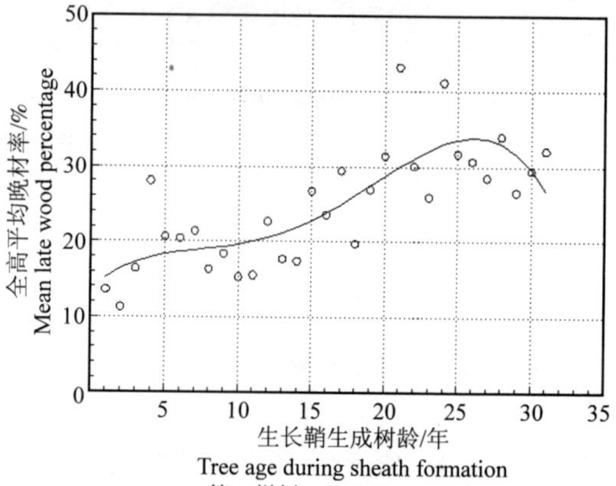

第 4 样树　Sample tree No.4

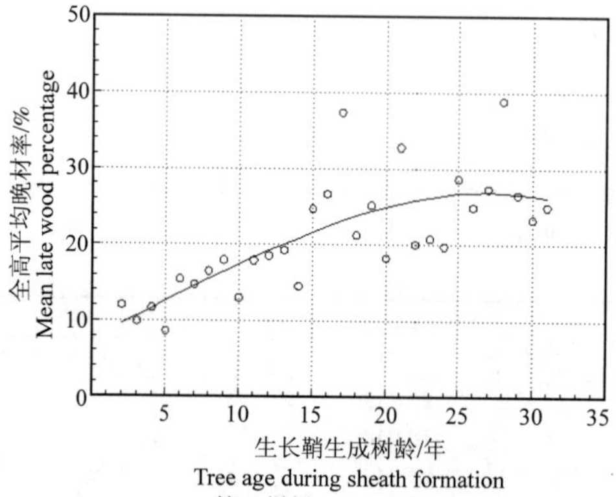

第 5 样树　Sample tree No.5

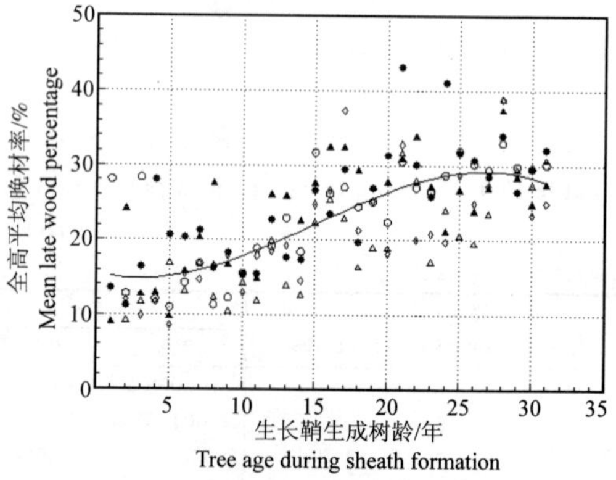

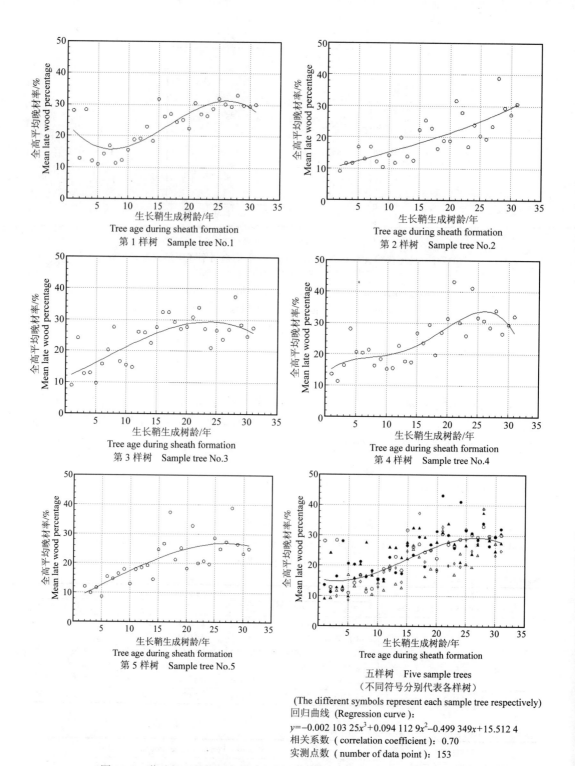

五样树　Five sample trees

（不同符号分别代表各样树）

(The different symbols represent each sample tree respectively)

回归曲线（Regression curve）：

$y=-0.002\ 103\ 25x^3+0.094\ 112\ 9x^2-0.499\ 349x+15.512\ 4$

相关系数（correlation coefficient）：0.70

实测点数（number of data point）：153

图 17-8　落叶松五株样树各年生长鞘全高平均晚材率随树龄的发育变化

回归曲线各数据点代表各龄生长鞘全高平均测定值

Figure 17-8　Developmental change of mean late wood percentage (within its height) of each successive growth sheath with tree age in five sample tree of Dahurian larch

Every numerical point beside regressive curve represents the average value within its height of each sheath

17.7 树茎中心部位相同离髓心年轮数、不同高度、异鞘年轮间晚材率发育的有序差异

如图 17-9、图 17-10 所示，马尾松、落叶松相同离髓心年轮数、不同高度、异鞘年轮间的晚材率具有发育的有序差异。马尾松离髓心不同高度第 1 序年轮间晚材率沿树高的差异变化呈⌒形，其后呈∽形或～形在离髓心的各序阶间规律转换。落叶松离髓心不同高度第 1 序年轮间晚材率沿树高的差异变化形式在样株间稍有不同；而后曲线形式依⌒形或～形、∽形变换，在 23 龄后一般呈⌒形。

如图 17-9、图 17-10 所示，两树种不同离髓心数曲线在图示中的高向位置由下向上移。这说明晚材率随髓心年轮数增大。

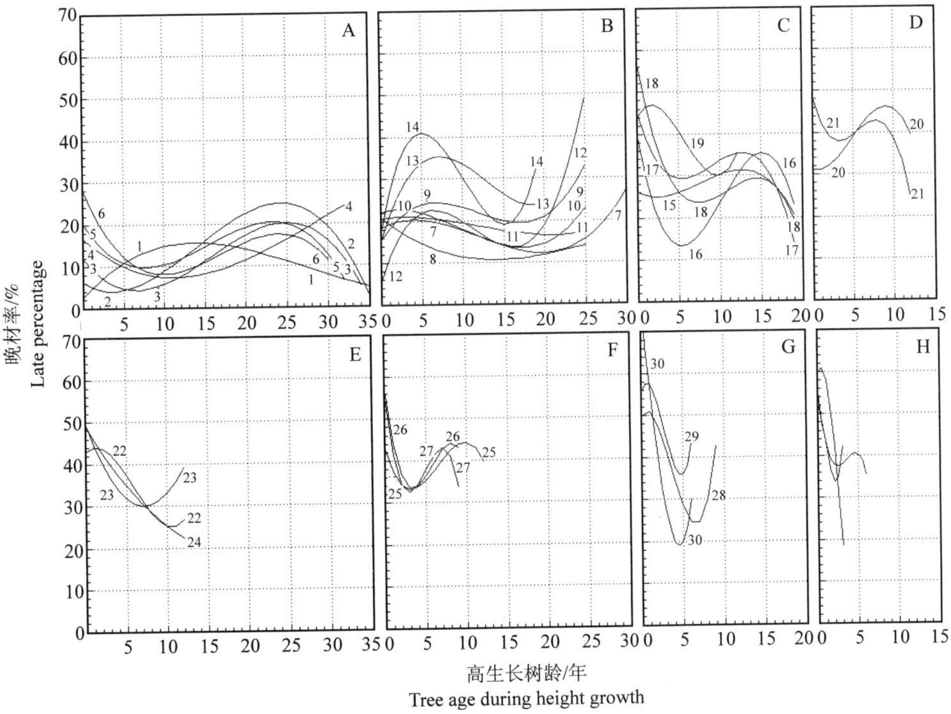

图 17-9　马尾松第 4 样树不同高度、相同离髓心年轮数、异鞘年轮间晚材率的有序变化

A~H. 由单株样树由内向外不同径向部位的曲线。图中曲线均示沿树高方向的变化，数字系离髓心年轮数

Figure 17-9　Systematical change of late wood percentage of among rings in different sheaths, but with the same ring number from pith and at different heights in Masson's pine sample tree No.4

A~H. The curves of different diametric positions outward from pith. All the curves in the figure show the change along the stem length and the numerical symbols are the ring number from pith

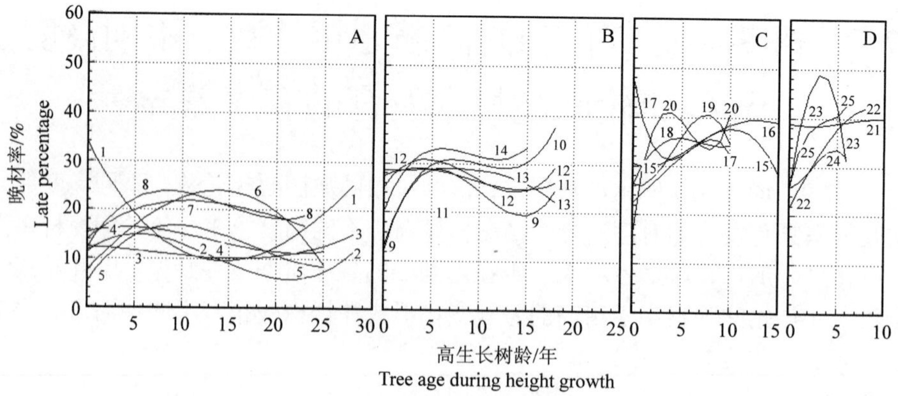

第 1 样树　Sample tree No.1

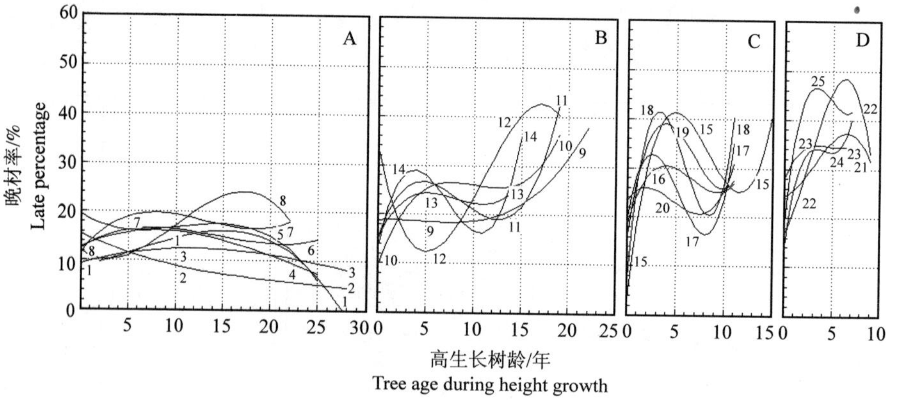

第 2 样树　Sample tree No.2

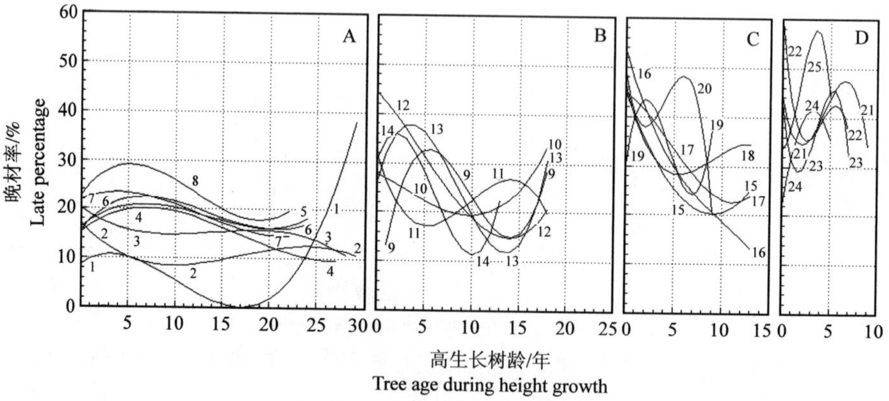

第 3 样树　Sample tree No.3

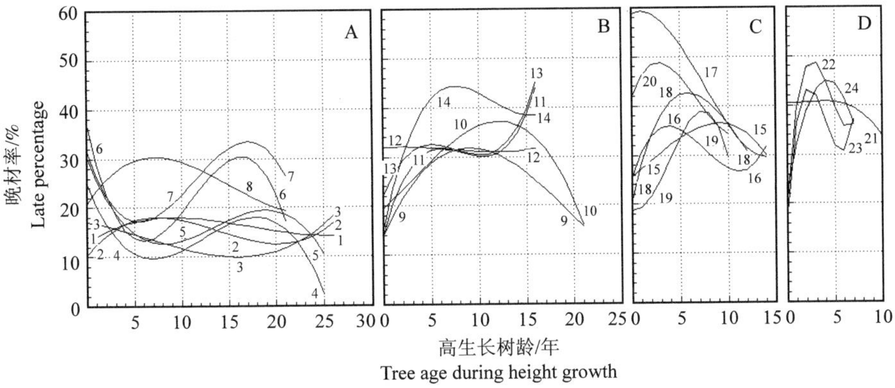

第 4 样树　Sample tree No.4

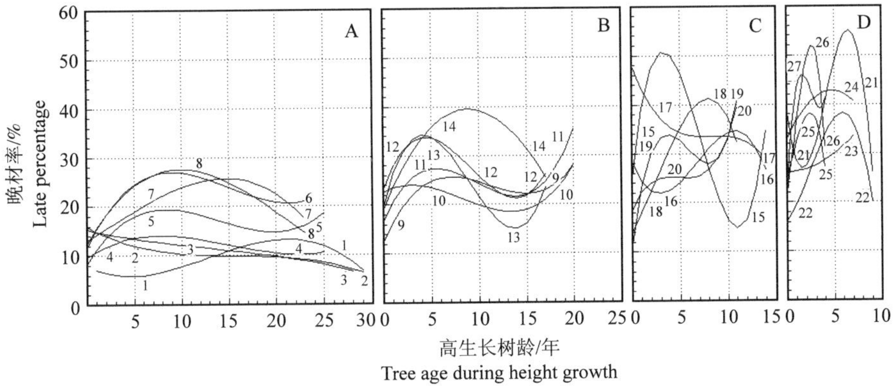

第 5 样树　Sample tree No.5

图 17-10　落叶松 5 样树不同高度、相同离髓心年轮数、异鞘年轮间晚材率的有序变化

A~D. 由单株样树由内向外不同径向部位的曲线。图中曲线均示沿树高方向的变化，数字系离髓心年轮数

Figure 17-10　Systematical change of late wood percentage of among rings in different sheaths, but with the same ring number from pith and at different heights in five sample trees of Dahurian larch

A~D. The curves of different diametric positions outward from pith. All the curves in the figure show the change along stem length and the numerical symbols are the ring number from pith

17.8　结　　论

本章图示表明，落叶松、马尾松晚材率在单株样树逐龄生长鞘间和同一生长鞘内的不同高度间均在有序变化中生成；种内株间呈较高相似性；种内株间晚材率变化中的差额在正态分布的估计范围内。这些是遗传现象，是遗传控制下次生木质部构建中发育过程的表现。究其遗传来源，株内的发育变化是在相同遗传物质控制下；种内株间的差异(变异)和相似性(遗传)是在同一基因池遗传物质控制下。可结论：晚材率是遗传性状；晚材率符合发育性状的条件；晚材率趋势性变化的性质属次生木质部发育。

落叶松、马尾松晚材率发育变化的趋势：

(1) 两树种不同高度晚材率随树龄的径向变化均呈半抛物线。晚材率径向变化先增转减所经历的年限(年轮数)在不同高度间有差别。一般由下向上缩短，表明晚材率在树茎上、下部位的径向发育进程有差别。

附表 17-1　落叶松样树不同高度南向逐龄年轮的晚材率(%)

Appendant table 17-1　Late wood width percentage of each successive ring in the south direction at different heights in Dahurian larch sample trees(%)

Y (年)	H (m)	年轮生成树龄 Tree age during ring formation																														
		1年	2年	3年	4年	5年	6年	7年	8年	9年	10年	11年	12年	13年	14年	15年	16年	17年	18年	19年	20年	21年	22年	23年	24年	25年	26年	27年	28年	29年	30年	31年	Ave
第1样树	Sample tree No.1																																
28	18.00																													24.17	10.58	12.77	15.84
25	17.00																										18.05	10.28	13.74	6.89	4.93	9.17	10.51
23	16.00																								22.96	4.99	16.98	19.23	15.89	15.04	16.71	17.30	16.14
18	14.00																			1.14	5.82	5.50	9.65	7.37	16.41	22.11	24.31	26.82	36.93	25.27	30.40	19.72	17.80
15	12.00																14.80	10.11	10.69	10.30	14.23	29.07	17.27	18.91	13.36	31.99	26.63	21.89	32.44	33.27	28.88	38.58	22.03
10	10.00											11.76	10.30	12.92	17.64	20.02	21.57	22.37	17.87	33.45	24.33	29.11	26.90	17.46	31.85	35.94	39.61	31.68	33.71	34.98	39.20	40.04	26.32
8	8.00										18.42	15.50	5.58	20.80	16.67	20.82	25.16	24.88	23.06	37.48	15.93	31.52	40.91	32.42	38.07	38.03	39.27	36.48	39.47	37.73	40.96	42.26	29.16
6	6.00							19.68	18.98	11.88	6.87	15.45	22.91	19.85	18.68	34.24	25.55	27.64	34.33	21.18	36.18	34.68	27.11	25.98	32.93	38.61	31.25	32.50	39.63	32.39	34.50	42.43	27.42
5	4.00						9.74	16.22	12.42	14.96	16.11	14.60	17.99	29.65	18.87	33.38	45.27	23.00	28.84	27.59	32.67	32.86	38.20	34.60	38.89	39.74	44.52	35.37	39.77	28.22	40.90	39.60	29.00
3	2.00				10.82	9.12	15.22	21.41	8.29	12.16	23.23	24.28	29.25	27.41	21.72	41.89	24.18	30.24	27.48	31.49	27.52	40.26	23.77	43.23	43.46	39.97	52.90	40.40	38.21	41.59	43.61	31.99	29.47
2	1.30			49.21	13.81	17.15	20.52	10.42	6.28	9.53	14.31	21.40	19.08	26.24	16.32	41.03	31.53	31.49	26.85	37.88	29.03	31.59	36.50	31.95	22.54	41.96	22.22	37.55	41.89	54.52	37.91	31.48	28.01
0	0.00	28.08	12.81	7.52	11.64	6.57	11.58	16.69	10.63	13.09	14.20	28.96	28.90	23.59	19.14	30.63	21.47	47.04	26.51	25.82	15.99	40.14	22.74	26.01	26.75	26.10	16.60	31.60	31.91	23.79	26.31	35.92	22.86
Ave		28.08	12.81	28.36	12.09	10.95	14.26	16.88	11.32	12.32	15.52	18.85	19.15	22.92	18.43	31.71	26.19	27.10	24.45	25.15	22.41	30.52	27.01	26.44	28.72	31.94	30.21	29.44	33.05	29.82	29.57	30.10	23.41
第2样树	Sample tree No.2																																
28	18.00																														5.03	8.47	6.75
25	17.00																										3.70	3.01	8.98	6.61	7.43	12.91	7.11
22	16.00																							13.92	7.47	11.35	12.12	11.41	18.59	16.07	18.09	30.08	15.46
19	14.00																				12.35	7.73	11.65	10.97	12.99	9.03	22.76	24.93	45.32	38.47	47.10	38.25	23.46
15	12.00																	20.22	7.17	8.97	7.57	18.75	15.16	11.41	20.52	16.66	17.74	4.21	47.17	24.93	33.07	42.66	19.75
11	10.00												12.79	8.93	21.52	33.96	25.91	13.17	9.85	18.67	12.39	39.43	40.33	20.20	31.29	29.65	20.74	31.61	33.48	40.45	21.36	28.11	24.69
9	8.00										14.59	4.14	9.37	9.00	14.46	28.68	38.89	21.86	17.94	25.82	24.54	21.00	14.67	10.93	31.11	10.88	19.68	19.52	43.08	29.37	32.10	33.73	21.61
7	6.00							15.15	14.07	6.50	7.10	6.18	8.33	16.14	8.96	13.73	16.43	18.58	10.10	23.33	18.52	43.79	38.19	24.74	28.62	25.15	18.15	35.80	45.78	34.98	39.94	41.84	22.40
5	4.00							7.44	8.38	12.19	13.98	20.31	15.67	13.43	9.02	26.03	28.16	21.28	17.57	20.81	19.84	40.27	32.41	13.03	30.13	23.68	18.67	36.38	46.66	34.14	32.99	42.83	23.41
2	2.00				11.29	20.13	10.63	26.72	18.50	12.11	18.99	12.43	27.44	19.44	17.14	27.76	35.93	47.95	30.69	22.88	43.29	47.93	58.95	22.39	31.69	32.66	35.43	33.74	47.42	38.36	33.08	34.74	29.28
1	1.30			18.09	15.61	11.58	19.19	20.57	9.32	11.50	20.65	14.10	30.21	15.17	9.61	15.62	9.02	21.28	26.06	15.74	14.94	39.22	19.92	13.98	30.15	24.48	30.02	34.49	47.15	35.93	47.10	26.22	22.31
0	0.00	Nan	9.16	5.14	8.35	18.94	9.44	14.64	10.96	10.01	10.03	13.84	34.96	15.03	7.14	10.04	23.19	17.90	10.96	14.89	15.84	26.76	20.00	28.75	15.07	20.99	14.76	23.13	43.82	23.69	9.41	27.78	17.15
Ave		Nan	9.16	11.61	11.75	16.88	13.08	16.91	12.24	10.46	14.22	11.83	19.82	13.88	12.55	22.26	25.36	22.78	16.29	18.89	18.81	31.65	27.92	17.03	23.90	20.45	19.43	23.48	38.86	29.36	27.22	30.64	19.62

Y (年)	H (m)	年轮生成树龄 Tree age during ring formation																														
		1年	2年	3年	4年	5年	6年	7年	8年	9年	10年	11年	12年	13年	14年	15年	16年	17年	18年	19年	20年	21年	22年	23年	24年	25年	26年	27年	28年	29年	30年	31年	Ave
第3样树 Sample tree No.3																																	
29	16.60																														33.10	12.37	22.74
28	16.30																													41.04	9.29	11.32	20.55
27	16.00																												22.27	12.98	8.91	8.83	13.25
24	15.00																										7.72	15.22	17.38	12.88	13.18	18.14	14.09
22	14.00																								2.61	8.05	17.23	9.81	23.55	13.89	15.94	20.98	14.01
18	12.00																			4.40	9.40	16.00	12.00	17.70	18.40	12.40	17.20	29.50	33.20	21.20	20.30	29.60	18.56
13	10.00														5.80	14.40	7.10	19.80	14.60	17.20	19.30	13.10	12.00	20.90	21.30	16.30	17.10	22.10	26.00	13.70	24.70	32.60	17.67
9	8.00											2.20	9.80	22.40	20.70	21.80	26.20	26.80	42.70	35.60	24.70	23.00	23.90	18.40	13.20	16.10	20.90	21.00	42.60	37.20	18.70	34.30	23.91
7	6.00									4.20	5.30	12.80	22.80	26.00	19.90	21.40	27.20	25.00	16.30	25.40	14.50	29.70	21.10	24.00	16.70	28.20	16.90	24.90	52.40	46.70	37.00	31.70	23.92
5	4.00						14.90	13.90	16.00	12.20	16.40	9.40	21.10	31.10	32.30	17.40	15.00	41.00	34.30	26.30	29.90	43.10	41.10	27.00	30.20	41.10	44.90	40.80	47.60	36.40	44.50	37.10	29.42
2	2.00				15.20	6.40	21.60	21.00	27.40	25.50	19.30	13.70	21.60	28.60	14.50	39.00	45.10	28.10	29.90	32.30	32.10	36.10	42.60	29.80	31.60	40.70	19.80	31.20	47.90	34.10	30.70	37.00	28.67
1	1.30			5.60	12.20	15.60	21.00	22.90	29.10	24.60	16.00	14.00	35.80	25.00	40.20	31.50	49.70	39.30	Nan	45.20	50.10	42.10	56.80	40.10	37.70	43.00	43.80	38.40	38.50	41.10	38.60	42.00	33.57
0	0.00	9.00	24.10	19.80	11.52	7.10	5.70	23.40	37.70	Nan	20.50	36.90	45.00	22.00	24.30	47.40	56.80	47.20	37.90	29.50	41.50	43.30	61.60	38.60	17.80	33.70	31.60	36.10	59.80	29.30	26.00	40.60	32.19
Ave		9.00	24.10	12.70	12.97	9.70	15.80	20.30	27.55	16.63	15.50	14.83	26.02	25.85	22.53	27.56	32.44	32.46	29.28	26.99	27.69	30.80	33.89	27.06	21.06	26.62	23.72	26.90	37.38	28.37	24.69	27.43	23.80
第4样树 Sample tree No.4																																	
26	17.20																												12.56	24.56	31.24	Nan	22.79
25.5	17.10																											17.58	6.57	7.34	Nan	Nan	10.50
25	17.00																											10.71	15.27	12.32	6.60	14.15	11.81
21	16.00																						20.65	15.50	10.20	4.76	10.38	15.31	25.13	17.24	16.87	14.95	15.10
16	14.00																		9.70	20.90	16.30	25.50	18.30	42.80	36.30	34.00	21.20	35.70	50.60	37.50	47.90	40.20	31.21
14	12.00															24.70	4.00	9.20	13.90	22.60	16.10	36.20	16.00	28.40	46.50	14.50	17.10	28.60	42.20	26.90	29.10	30.20	23.89
12	10.00														8.40	20.80	12.00	19.60	10.90	23.20	18.80	35.00	29.40	22.50	42.50	33.90	37.80	26.70	40.90	30.50	34.40	28.60	26.44
10	8.00											16.90	9.20	8.60	6.60	21.40	19.20	20.60	22.10	37.90	36.20	42.10	43.40	23.00	46.90	35.10	31.50	25.30	41.40	29.80	34.30	34.10	27.89
7	6.00								33.40	29.90	12.70	9.20	12.20	11.70	18.40	30.20	31.90	34.20	26.30	25.40	47.20	49.40	29.30	21.30	56.60	42.90	35.20	39.80	37.20	36.30	37.30	37.40	31.06
6	4.00								12.40	19.80	11.00	11.90	12.90	17.10	15.20	23.40	30.60	34.30	18.90	28.10	27.70	56.60	38.80	34.00	54.00	35.90	41.40	45.30	41.20	35.50	30.00	39.40	29.81
4	2.00					12.50	10.90	17.80	10.40	8.10	17.20	21.10	29.90	17.80	24.60	23.90	33.80	21.50	33.10	20.90	40.60	47.40	36.80	28.50	45.50	46.30	45.40	37.80	48.40	28.90	27.10	41.30	28.80
3	1.30					15.10	14.20	17.50	9.70	18.60	17.40	23.30	39.80	27.80	28.30	45.70	32.90	35.30	23.30	44.10	38.20	55.50	47.00	24.70	50.30	35.80	48.30	41.30	41.10	32.40	26.90	42.40	32.48
0	0.00	13.60	11.30	16.40	28.00	34.20	36.10	28.80	15.60	15.40	18.00	10.90	32.00	23.10	20.40	23.30	24.00	60.60	19.30	19.00	41.80	41.00	21.30	18.50	23.20	34.10	19.20	17.60	39.70	25.90	31.70	30.80	25.64
Ave		13.60	11.30	16.40	28.00	20.60	20.40	21.37	16.30	18.36	15.26	15.55	22.67	17.68	17.41	26.68	23.55	29.41	19.72	26.90	31.43	43.19	30.10	25.92	41.20	31.73	30.75	28.48	34.02	26.55	29.45	32.14	24.71

续表

Y (年)	H (m)	年轮生成树龄 Tree age during ring formation																													
		1年	2年	3年	4年	5年	6年	7年	8年	9年	10年	11年	12年	13年	14年	15年	16年	17年	18年	19年	20年	21年	22年	23年	24年	25年	26年	27年	28年	29年	30年	31年	Ave
第5样树	Sample tree No.5																																
29	20.30																														4.89	6.17	5.53
28	20.00																													10.19	4.76	5.30	6.75
25	19.00																											15.99	17.08	10.92	8.00	12.77	12.95
23	18.00																								6.96	2.71	8.07	13.09	25.94	20.64	14.68	7.10	12.40
20	16.00																					16.05	10.05	10.67	10.30	10.89	20.14	28.53	36.93	28.97	27.66	31.51	21.06
17	14.00																		10.11	10.02	7.85	16.63	19.34	28.27	23.54	17.72	22.05	23.76	34.10	27.38	19.87	18.06	19.91
14	12.00															13.06	10.07	13.69	6.43	11.52	16.10	22.19	12.60	21.11	12.00	17.87	20.05	23.45	55.33	31.38	25.69	28.69	20.07
11	10.00												8.22	10.46	12.27	14.11	15.40	24.89	22.78	26.83	18.95	20.80	16.46	16.80	16.80	29.12	23.15	34.22	34.92	33.58	37.69	39.77	22.86
9	8.00											4.76	6.93	10.62	10.41	22.01	37.23	38.89	32.21	26.97	30.52	40.15	26.19	21.71	25.23	43.40	33.99	35.87	38.19	27.21	27.15	21.18	26.71
7	6.00									13.18	9.79	16.21	25.02	24.52	14.84	26.54	29.65	23.71	25.78	24.83	17.92	47.64	16.88	14.88	24.01	45.79	20.31	28.51	50.77	32.69	33.71	41.30	26.46
4	4.00					6.86	18.60	17.37	14.01	9.34	14.15	11.89	17.77	20.99	12.31	23.52	42.64	37.92	39.17	53.34	27.53	54.03	29.81	33.00	24.49	48.24	41.02	28.35	41.70	27.14	31.33	41.07	28.43
2	2.00			9.02	10.12	14.95	17.59	17.37	23.25	23.43	16.22	13.36	15.49	28.68	21.92	47.22	27.78	62.45	14.97	32.12	14.57	38.44	14.71	13.81	14.56	22.60	31.19	37.48	49.15	45.18	38.27	31.54	25.77
1	1.30		4.55	10.35	19.30	10.38	17.99	20.36	22.59	26.01	15.48	51.26	25.98	22.44	16.63	27.57	30.20	39.75	29.77	29.22	17.45	36.11	38.31	24.86	33.60	52.34	32.32	36.62	43.32	29.99	26.12	36.54	27.58
0	0.00	Nan	19.48	10.32	5.64	2.19	7.67	3.82	6.15	17.76	9.25	9.97	30.39	17.16	13.38	23.84	20.30	57.83	10.07	12.02	13.21	36.36	16.05	22.97	25.94	24.64	21.93	21.91	39.57	19.54	26.52	28.48	19.15
Ave		Nan	12.02	9.90	11.69	8.59	15.46	14.73	16.50	17.94	12.98	17.91	18.54	19.27	14.54	24.73	26.66	37.39	21.25	25.21	18.23	32.84	20.04	20.81	19.77	28.67	24.93	27.31	38.92	26.52	23.31	24.96	21.05

注：(1)*Y*，高生长树龄(年)；*H*，取样圆盘高度(m)。(2)高生长树龄是取样圆盘生成起始时的树龄，即树茎达到这一高度时的树龄。(3)表中符号 Nan 示该数据缺失。本章其他附表非特别说明，注释均与此同。

Note: (1)*Y*，Tree age during height growth (a); *H*，Height of sample disc (m). (2) Tree age of height growth is the time at the beginning of sample disc formation, that is the tree age when stem is growing to attain the height. (3)Sign Nan in this table indicates that the datum was absent. The same note applies to other appendant tables in this chapter except especial explanation.

(2) 两树种不同树龄生长鞘晚材率沿树高方向变化的一般趋势为减小。落叶松 12 龄生长鞘开始基部晚材率沿树高有短距离增加；马尾松 7～26 龄，部分年份生长鞘基部晚材率增加，部分年份减小，两者年份相间。

(3) 落叶松在最初生长 10 年，生长鞘全高平均厚度增加期间，全高平均晚材率稍有增加；而后，在 10 ～ 30 龄期间，生长鞘厚度减小，全高平均晚材率明显增加；至晚材率峰值树龄后，转呈降低倾向。

马尾松生长鞘全高平均厚度自生长初始一直减小；其全高平均晚材率在约 25 龄前均呈增加，至峰值后转呈降低倾向。

生长鞘全高平均鞘层厚度和晚材率随树龄的变化，各具相对独立性。

(4) 两树种树茎中心部位相同离髓心年轮数、不同高度、异鞘年轮间晚材率具有明显的发育差异。

附表 17-2 马尾松第 4 样树不同高度南向逐龄年轮的晚材率(%)

Appendant table 17-2 Late wood width percentage of each successive ring in the south direction at different heights in Masson's pine sample tree No.4(%)

Y (年)	*H* (m)	年轮生成树龄 Tree age during ring formation																		
		20 年	21 年	22 年	23 年	24 年	25 年	26 年	27 年	28 年	29 年	30 年	31 年	32 年	33 年	34 年	35 年	36 年	37 年	Ave
35	18.50																	3.06	4.72	3.89
34	18.00																9.55	12.45	8.83	10.28
32	17.00														5.58	9.64	10.28	21.77	8.26	11.11
30	16.00												2.74	6.28	8.23	28.19	7.72	8.89	26.44	12.64
25	14.00							19.09	39.03	27.01	8.39	26.22	24.17	18.82	13.49	31.28	23.61	17.81	49.45	24.86
19	12.00	8.01	19.18	16.53	13.56	15.51	7.69	4.78	13.03	25.69	10.76	14.32	14.30	24.07	31.25	19.98	23.09	13.99	19.06	16.38
12	10.00	11.34	13.54	22.55	25.42	25.36	26.05	31.21	33.78	28.68	32.44	28.95	35.34	41.38	23.94	25.64	39.15	22.34	39.25	23.95
9	8.00	13.01	11.66	42.33	24.93	33.37	25.59	37.28	24.03	29.64	38.64	43.38	31.48	31.40	26.77	45.67	43.17	34.47	43.16	25.03
6	6.00	36.73	11.95	5.75	29.26	22.00	38.46	53.15	36.87	23.77	29.21	33.04	36.12	39.29	37.43	22.11	43.03	30.03	35.67	25.13
3	4.00	17.62	30.06	48.21	22.06	45.76	58.27	44.48	36.95	30.71	31.59	45.64	48.71	47.59	25.11	36.45	42.13	18.67	37.91	27.59
2	2.00	44.25	40.57	42.82	38.42	41.40	31.33	47.91	34.55	43.98	26.04	44.38	45.86	43.92	41.25	33.73	42.43	40.85	46.73	32.37
1	1.30	51.36	22.14	33.98	31.13	45.65	41.89	43.27	36.48	35.06	45.55	62.87	53.71	39.60	42.15	57.94	41.14	43.84	35.01	31.71
0	0.00	35.60	51.90	48.70	50.50	49.90	39.30	59.40	59.70	53.30	54.10	77.30	56.17	52.46	59.76	57.80	59.05	27.67	63.27	36.66
Ave		27.24	25.12	32.61	29.41	34.87	33.57	37.84	34.94	33.09	30.75	41.79	34.86	34.48	28.63	33.49	32.03	22.76	32.13	24.19

Y (年)	*H* (m)	年轮生成树龄 Tree age during ring formation																		
		1 年	2 年	3 年	4 年	5 年	6 年	7 年	8 年	9 年	10 年	11 年	12 年	13 年	14 年	15 年	16 年	17 年	18 年	19 年
35	10.00														7.12	4.38	15.21	10.10	11.98	19.67
34	8.00										18.90	8.07	4.75	2.76	7.82	6.76	29.65	7.71	19.80	14.66
32	6.00							9.32	7.58	5.18	4.47	13.56	11.65	12.87	13.85	38.01	21.62	22.00	23.03	32.17
30	4.00				9.88	3.40	5.55	10.02	10.20	9.41	7.69	20.31	12.72	24.21	20.21	19.32	24.96	46.74	23.62	21.85
25	2.00			4.66	4.30	12.87	18.23	20.99	33.60	20.94	20.30	27.58	14.16	25.61	18.00	31.54	32.65	45.65	24.81	46.71
19	1.30		3.47	5.22	7.60	16.11	20.17	19.64	27.59	17.86	14.13	29.84	15.15	12.60	16.94	28.53	22.55	27.15	42.77	51.63
12	0.00	4.30	6.30	10.40	15.50	14.20	25.80	18.60	18.50	15.70	21.40	22.70	3.20	17.60	13.30	18.60	38.70	40.90	51.90	42.90
Ave		4.30	4.88	6.76	9.32	11.64	17.44	15.72	19.49	13.82	14.48	20.34	10.27	15.94	13.89	21.02	26.48	28.61	28.27	32.80

注：同附表 17-1。

Note: The same as appendant table 17-1.

附表 17-3　云杉样树不同高度南向逐龄年轮的晚材率(%)

Appendant table 17-3　Late wood width percentage of each successive ring in the south direction at different heights in Chinese sprace sample trees(%)

Y (年)	*H* (m)	年轮生成树龄 Tree age during ring formation																						
		1年	2年	3年	4年	5年	6年	7年	8年	9年	10年	11年	12年	13年	14年	15年	16年	17年	18年	19年	20年	21年	22年	23年
第1样树 Sample tree No.1																								
22	12.00																							
21.5	11.50																							
21	11.00																							
20	10.50																							
19	10.00																			unseen	unseen	13.76	22.37	15.20
18	9.00																			29.30	5.42	15.00	5.86	25.36
16	8.00																	unseen	8.26	11.96	25.89	14.70	7.33	5.50
12	6.00													unseen	14.57	20.60	20.59	21.86	14.35	10.04	11.11	10.05	12.34	11.90
9	4.00										unseen	6.96	8.85	6.47	15.73	8.18	10.22	7.50	13.74	14.25	12.84	8.03	16.77	17.04
6	2.00							unseen	7.40	5.88	4.22	4.08	9.55	25.33	11.35	32.44	14.63	28.02	42.67	40.73	44.80	27.56	42.07	27.00
3	1.30						unseen	4.62	4.25	12.44	15.09	9.30	8.07	10.27	10.10	10.17	11.83	10.19	20.56	36.64	30.44	31.21	26.40	28.43
0	0.00	unseen	34.86	33.93	63.99	22.82	51.41	36.97	40.399	33.65	27.28	42.655	27.14	25.47	12.00	7.80	14.90	25.08	22.01	29.42	5.67	17.68	9.24	13.41
Ave			30.86	33.93	63.99	22.82	51.41	20.80	17.35	17.32	15.53	15.75	13.40	16.89	12.75	15.84	14.43	18.53	20.27	24.62	19.45	17.25	17.80	17.98
第2样树 Sample tree No.2																								
22	11.85																							
22	11.00																							
20	10.50																					unseen	7.33	6.66
18	10.00																			unseen	unseen	13.72	6.07	12.53
17	9.00																		21.33	9.36	15.88	6.23	5.74	5.91
15	8.00																unseen	35.69	9.66	5.33	6.63	7.16	7.37	4.09
12	6.00													unseen	8.87	7.13	14.04	4.53	7.12	3.46	4.94	6.98	6.87	9.88
10	4.00											6.57	8.43	3.36	14.29	15.32	10.05	7.35	13.70	17.22	15.98	11.44	16.91	26.01
6	2.00							30.85	19.14	8.62	10.17	7.45	5.19	6.06	7.03	33.59	43.98	24.22	23.05	27.46	23.70	18.03	18.73	25.39
4	1.30					unseen	14.56	8.66	12.50	5.39	5.57	11.61	12.24	12.35	8.94	43.58	50.23	23.72	19.28	26.88	18.70	22.87	35.43	30.87
0	0.00	unseen	14.69	10.85	11.84	32.17	14.95	38.05	19.50	16.93	22.89	16.96	27.84	2.85	20.29	38.66	47.85	14.96	34.81	24.78	6.74	18.43	23.01	16.67
Ave			14.69	10.85	11.84	32.17	14.76	25.85	17.05	10.31	12.88	10.65	13.43	6.16	11.88	27.66	33.23	18.41	18.42	16.36	13.22	13.11	14.16	15.33
第3样树 Sample tree No.3																								
21	11.50																							
20.5	11.00																					unseen	5.57	19.92
20	10.50																					unseen	6.89	5.29
19	10.00																				unseen	7.72	5.41	12.75
17	9.00																		unseen	4.21	6.17	12.94	12.47	9.54
15	8.00																unseen	8.54	9.30	6.29	7.41	8.02	12.27	14.06
11	6.00												unseen	5.37	14.52	8.99	8.27	7.77	6.51	11.53	8.78	9.06	14.92	11.77
8	4.00									unseen	11.13	11.39	10.16	11.79	7.95	7.13	7.40	9.55	11.15	20.57	30.70	13.88	21.69	14.32
6	2.00							unseen	5.90	13.96	15.80	15.94	14.92	15.38	13.88	21.64	12.16	10.00	12.19	23.73	13.74	19.17	26.59	15,62
4	1.30					unseen	7.30	7.53	14.83	15.02	11.92	19.64	16.25	12.71	19.35	24.34	42.44	12.26	18.57	20.01	28.06	36.37	39.93	22.91
0	0.00	17.12	16.15	13.00	16.06	14.95	11.95	11.81	19.45	21.88	25.03	30.70	39.97	12.97	13.94	21.59	39.39	13.66	12.64	18.28	22.77	33.44	23.91	41.75
Ave		17.12	16.15	13.00	16.06	14.95	9.63	9.67	13.39	16.95	15.97	19.42	20.33	11.64	13.93	16.74	21.93	10.30	11.73	14.95	16.80	17.58	16.97	16.92

附表 17-4　冷杉第 6 样树不同高度南向逐龄年轮的晚材率(%)

Appendant table 17-4　Late wood width percentage of each successive ring in the south direction at different heights in faber fir sample tree NO.6(%)

Y (年)	*H* (m)	年轮生成树龄 Tree age during ring formation																													
		1年	2年	3年	4年	5年	6年	7年	8年	9年	10年	11年	12年	13年	14年	15年	16年	17年	18年	19年	20年	21年	22年	23年	24年	25年	26年	27年	28年	29年	30年	Ave
第 6 样树 Sample tree No.6																																
29	13.00																															
28	12.50																														unseen	
26	12.00																											11.21	5.57	5.30	unseen	7.36
24	11.00																									5.91	10.16	5.39	9.02	6.79	unseen	7.45
22	10.00																							unseen	10.90	8.84	8.50	8.45	8.71	7.66	unseen	8.84
18	8.00																			unseen	8.23	4.88	10.03	6.56	10.17	10.11	12.07	10.99	7.85	10.14	unseen	9.10
14	6.00															unseen	5.06	4.56	5.61	12.67	6.18	8.14	7.98	7.20	9.69	16.09	16.67	15.44	20.99	16.90	unseen	10.94
11	4.00												9.76	10.97	9.13	12.11	21.76	5.30	8.98	9.26	10.36	9.39	16.81	17.42	12.61	16.41	19.70	23.77	14.19	17.78	unseen	13.65
6	2.00							unseen	3.08	7.68	16.81	3.47	13.95	11.49	9.93	9.72	16.47	9.31	9.05	14.17	12.11	9.64	17.84	15.94	16.97	15.32	24.48	31.74	27.49	21.54	unseen	14.46
4	1.30					unseen	3.41	2.04	7.83	20.57	18.96	8.60	9.01	16.95	10.94	13.24	9.37	6.38	11.89	9.89	10.59	22.01	26.39	20.20	22.39	15.57	25.50	30.68	38.89	43.75	unseen	16.88
0	0.00	34.47	16.77	38.54	5.59	37.94	8.21	16.33	6.51	31.50	37.63	13.43	13.67	6.46	18.45	10.42	14.32	12.88	16.69	11.79	9.53	7.67	9.20	7.89	11.18	9.26	18.52	18.82	19.76	19.03	unseen	17.23

18 次生木质部构建中树茎材高、生材材积和全干重的发育变化

本章图示概要

本章用表概要

本章实验结果附表(原始数据)概要

摘　　要

次生木质部发育研究把茎材高、生材体积和全干重看做生命过程中的变化性状。用实验证明这些性状变化的属性是受遗传控制的发育。

一般把茎高、树径和材积随时间的增量看做是生长，把体质随生命时间的变化作为发育。次生木质部长期保持的逐年生长方式是以生长鞘形态在外添加，并于逐龄生长鞘间存在着微细的结构和性状差异。次生木质部生命的特点是，构建的生长和质变的发育发生在同一时间的同一过程中，而绝非生长在前、发育在后的过程。在次生木质部发育研究视角里，茎高、材积、全干重和本书第3部分其他发育性状的生物学术属性相同，同为次生木质部发育现象中的变化因子。“次生木质部发育是构建(生长)中的变化(发育)过程”是本书把生长和发育融合的一种学术表达。生物发育是生命中受遗传控制的变化过程。本章把次生木质部构建(生长)纳入发育概念之中，但并不排斥应用词语“生长”。从生命过程看待生长中的变化和从人类需求注视生物物质的生长量是同一对象的不同研究方面。木材材质和材量都是在次生木质部构建的变化中形成，以变化研究次生木质部生命过程，将为增进材质和提高材量提供学术启示。

本章茎高生长图示以高生长树龄为横坐标，生材体积和全干重增长图示以生长鞘生成树龄为横坐标。新词“两向生长树龄”和“生长鞘”在次生木质部发育研究中的作用得到充分体现。

要证明生物体内变化受遗传控制，实验结果不是表现种内个体间的静态相似，而是性状变化过程中的动态相似。本章尚采用年间差异和变化率来充实和深化对茎高、材积和全干重变化过程的揭示。

本项目首次利用了次生木质部构建的特殊过程，取得了次生木质部构建中逐龄干物质增量变化的结果。

次生木质部是高耸形大乔木主体的木材部位。树木生命过程中繁殖器官(花、果、种子)和叶在不断更替中的变化是这些器官随树株树龄的发育过程。两向生长只发生在树木具有次生生长的部位(根、茎及分枝)。树皮在次生生长中不断生成，但仅次生木质部一直受到保存。本章所称材高与茎高同义。

材高、材积和全干重是次生木质部的重要生长性状因子。这些因子在次生木质部生命中的变化是发育研究的内容。发育是发生在单株树木个体内的变化过程。

发育性状是生物生命过程中受遗传控制的变化因子。种内个体间动态发育过程的相似表现在变化程序性上和变化中数量差异的正态分布上。树木生长中茎高、材积和干重变化的发育属性需以遗传控制为条件来证明。这是确定次生木质部构建(生长)和发育关系的依据。

18.1　材高的发育变化

针叶树从幼苗开始，主茎上发生侧枝，侧枝再分枝，各级侧枝生长均不如主茎，主茎的顶芽活动始终占优势，因而形成通直的主干。阔叶树的分枝较针叶树复杂，属性状

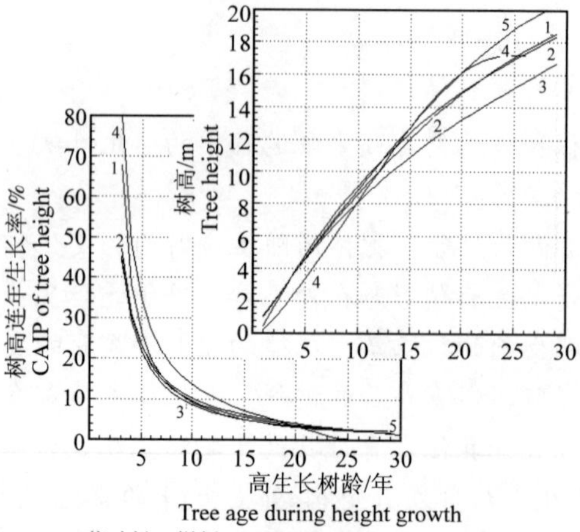

落叶松 5 样树　Five Dahurian larch sample trees

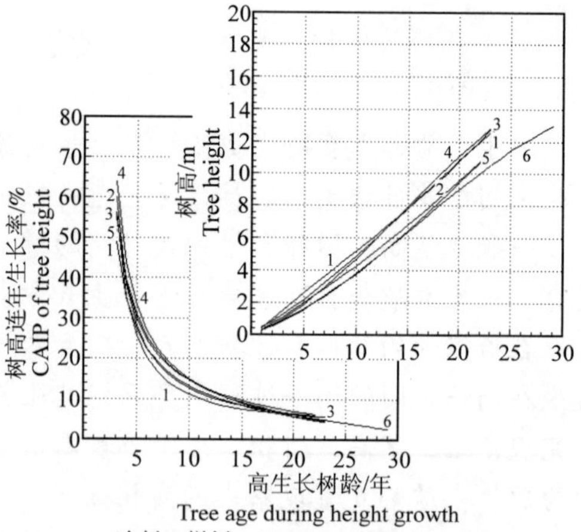

冷杉 6 样树　Six Faber fir sample trees

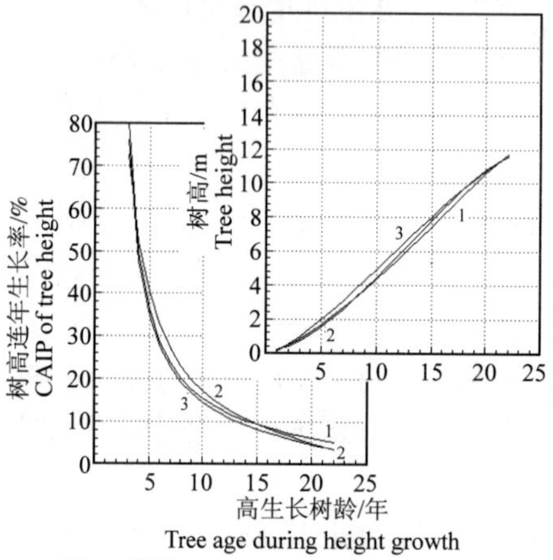

云杉 3 样树　Three Chinese spruce sample trees

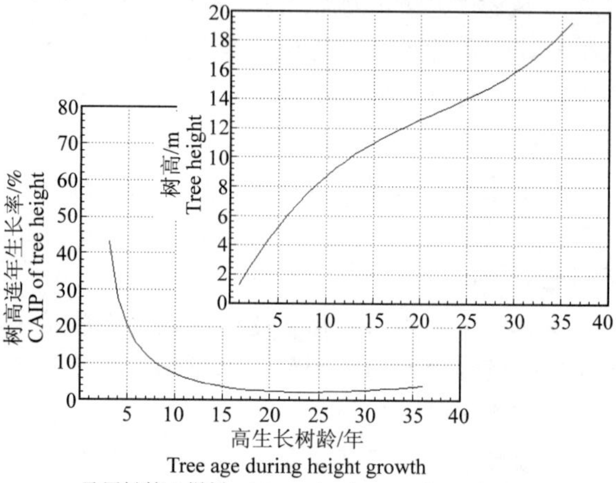

马尾松第 4 样树　Masson's pine sample tree No.4

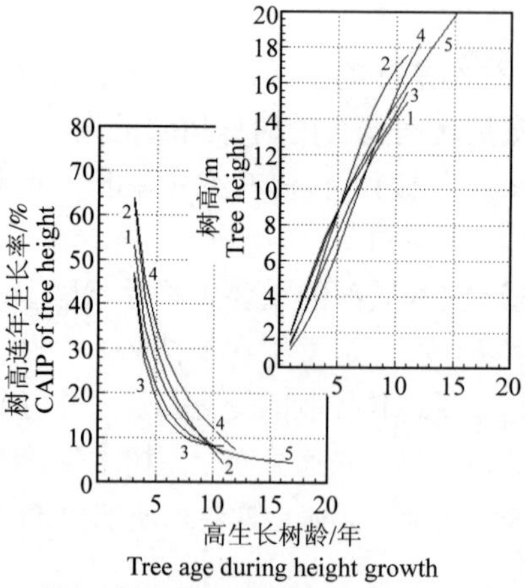

杉木 5 样树　Five Chinese fir sample trees

图 18-1　五种针叶树树高生长和连年增长率的发育变化

各图中的数字代表该树种的样树株别

Figure 18-1　Developmental change of tree height growth and its current annual increment percent (CAIP) in five coniferous species

The numerical signs in every devided figure represent the ordinal numbers of sample tree in each species

的进化。不同树种茎的分枝都具有树种的规律性。环境对树茎高生长有较大影响，针叶树孤立木和同树种林木的高生长有差别。但不能由此而忽视遗传对树茎高生长的作用。

由五树种样树各取样圆盘高度和圆盘上年轮数确定的高生长树龄，经回归处理得表18-1所列的回归方程和图18-1的曲线图示。

表 18-1 五种针叶树茎高和高生长树龄间的相关关系(乙)

Table 18-1 The correlation between stem height and tree age during height growth in sample trees of five coniferous species(B)

树种和株别 Species and ordinal number of sample tree	回归方程 Regression equation x—树龄 tree age (a) y—该树龄时的高度 height in the age (m) (x 取值的有效范围 The effective range of x)		相关系数 Correlation coefficient (α=0.001)
落叶松 Dahurian larch			
1	y=0.000 323 679x^3–0.029 867 4x^2+1.252 82x–0.755 01	(~29)	0.98
2	y=2.318 74×$10^{-6}$$x^3$–0.011 651 4$x^2$+0.972 45$x$+0.041 900 6	(~29)	0.99
3	y=0.000 270 11x^3–0.022 720 4x^2+1.004 29x+0.067 039 8	(~29)	0.99
4	y=–0.001 528 74x^3+0.043 598 8x^2+0.565 565x–0.370 827	(~26)	0.98
5	y=–0.000 240 488x^3+0.000 426 574x^2+0.883 761x+0.226 116	(~30)	0.99
冷杉 Faber fir			
1	y=–4.168 83×$10^{-5}$$x^4$+0.001 557 17$x^3$–0.010 731 1$x^2$+0.469 171$x$+0.020 462 3	(~23)	0.99
2	y=9.688 96×$10^{-5}$$x^4$–0.004 288 29$x^3$+0.062 960 1$x^2$+0.154 65$x$–0.033 834	(~22)	0.99
3	y=0.000 101 837x^4–0.004 393 08x^3+0.059 469 5x^2+0.277 761x+0.038 050 7	(~23)	0.99
4	y=2.167 78×$10^{-5}$$x^4$–0.001 654 91$x^3$+0.042 374 5$x^2$+0.193 482$x$+0.011 639 6	(~23)	0.99
5	y=–2.052 99×$10^{-6}$$x^4$–0.000 120 677$x^3$+0.014 78$x^2$+0.240 674$x$+0.028 625 3	(~22)	0.99
6	y=–6.199 23×$10^{-6}$$x^4$–7.463 85×$10^{-5}$$x^3$+0.014 326 8$x^2$+0.243 392$x$+0.027 766 7	(~29)	0.99
云杉 Chinese spruce			
1	y=–0.000 564 752x^3+0.025 738 7x^2+0.246 631x–0.137 648	(~22)	0.9954
2	y=–0.001 260 36x^3+0.047 633 1x^2+0.087 004 8x+0.060 647 2	(~22)	0.9937
3	y=–0.000 850 481x^3+0.029 363 3x^2+0.295 881x–0.141 699	(~21)	0.9961
马尾松 Masson's pine			
4	y=0.000 699 952x^3–0.044 898 5x^2+1.243 22x+0.078 814	(~36)	0.9876
杉木 Chinese fir			
1	y=–0.004 778 57x^3+0.052 667 6x^2+1.357 91x–0.006 249 09	(~11)	0.9971
2	y=–0.013 775 1x^3+0.197 727x^2+1.084 48x+0.033 072	(~11)	0.9927
3	y=0.0079 241 1x^3–0.195 586x^2+2.655 52x–0.577 933	(~11)	0.9908
4	y=–0.009 522 69x^3+0.197 869x^2+0.486 423x+0.338 676	(~12)	0.9959
5	y=0.001 770 73x^3-0.080 363 1x^2+2.138 58x–0.189 21	(~17)	0.9911

如图18-1所示，五树种随树龄的高生长过程和连年茎高生长率的发育变化。图示横坐标是高生长树龄。由于树茎两向生长的独立性，对于高生长而言，它相随树龄的性质

是高生长树龄。进行树种比较，图示纵、横坐标的尺度比例相同。

如图 18-1 所示，五树种种内株间的高生长呈相似的动态变化，个体间变化中的数量差异在估计的正态分布范围内。如表 18-1 所示，五树种单株样树茎高和高生长树龄的相关系数均高。这些表明，林木个体随树龄的茎高生长受遗传控制。

五树种茎高生长曲线同呈向上倾斜，在种间表现出可比的类似，但斜度有明显差别。斜度在树种间的大小序列是，杉木＞落叶松≈马尾松＞云杉≈冷杉。值得注意的是，杉木和马尾松在南方福建同一林地取样，而落叶松样树生长在东北寒地小兴安岭。

连年生长率是逐年的树茎增高与当年的原茎高相比的百分率。如图 18-1 所示，幼龄树茎高生长快。五树种连年茎高生长率曲线在幼龄段同呈直线向下；而后，随树茎增高和高生长减慢两因素使曲线转呈缓变；最后，随树茎增高进一步减慢，树高生长率曲线几乎呈平行横轴的斜线。五树种连年茎高生长率曲线在树种间也显示出差别。它们的初始高度和缓变的程度都有不同。杉木初始生长快，曲线起点高度低，早年曲度变化明显较大；马尾松 15 龄前曲线变化与杉木略同，而后近于成水平；其他三树种 15 龄后仍呈向下缓倾。

18.2 生材材积和全干重的发育变化

18.2.1 生材材积和全干重在次生木质部发育研究中的意义

材积是次生木质部生长的度量。次生木质部材积增长的特点是，逐年增长的材积都是新添的鞘状形态层状外套，与前已生成部分能作出区分。次生木质部构建的上述增长方式和逐年生成的主要构成细胞均已死亡，不变使次生木质部发育具有可靠的依据和极大地方便。次生木质部逐年生长鞘的物质都是新增生的，逐年间的物质结构和性状存在着发育性质的变化。单株树木内基本密度的差异趋势性显示出干重在发育中会有相应的表现。干重须以材积来衡量。次生木质部发育研究中需把材积和干重结合起来考虑。

基本密度低的木材树种生材含水率较基本密度高的树种高，不同树种立木生材均能近乎沉于水。发育研究须消除含水率的影响，通过基本密度测出次生木质部的干物质量。

木材全干重是全干生物量。发育研究的生物量不是采伐时的最终值，而是逐年生物量的增量。次生木质部的特殊构建过程使这一测定得以进行。

18.2.2 计算逐龄生长鞘生材材积和全干重

进行生材材积和干重计算前已进行的测定：采用树干解析方法测定了各取样高度圆盘四向年轮平均宽度；测定了各取样高度圆盘南向逐个年轮的基本密度。

单株样树各高度圆盘的取样高度和两圆盘间距是确定的。各高度圆盘最外层年轮的生成树龄等同于根颈(0.00m)圆盘的年轮数，向内可推计出各年轮的生成树龄。

计算出各高度圆盘截面上的逐龄年轮面积。由单株样树各木段上、下两截面同一生成树龄环状年轮的平均面积和截面间距计算出逐龄生长鞘在该木段内的生材材积。同理，把由各木段上、下两截面逐龄年轮试样测出的基本密度的平均值看做是逐龄生长鞘在木段内的基本密度。进一步由各木段逐龄生长鞘的生材材积和平均基本密度计算出其中逐龄生成的全干材重。

次生木质部构建中逐龄生长鞘的生材材积和全干重，即为单株样树各木段逐龄生长鞘的生材材积和全干重之和。

18.2.3 各年生长鞘生材材积和全干重随生成树龄的发育变化

图示横坐标是生长鞘生成树龄，以全干重和生材体积为双值纵坐标。图中两条曲线分别示出逐龄生长鞘的生材体积和全干重随生成树龄的变化。基本密度是单位生材体积内的全干材重量，与逐龄生长鞘内全干材重量意义不同。一般木材基本密度平均值约为0.5，所以生长鞘全干重随生成树龄的变化曲线总在生材体积变化曲线之下。两条曲线变化的曲度有差别，这与基本密度在生长鞘内存在变化有关。

如图 18-2 至图 18-6 所示，五树种逐龄生长鞘生材体积和全干重连年增长的变化。同一树种纵、横坐标尺度比例和范围相同，样树间变化曲线示出动态变化相似性，表明具有遗传控制的变化趋势。

如图 18-2、图 18-6 所示，落叶松、杉木生材材积和全干重变化曲线同呈抛物线状，但杉木两曲线间距明显大于落叶松。这是落叶松基本密度较杉木高的缘故。

如图 18-3、图 18-4 所示，冷杉、云杉生材材积和全干重变化曲线同呈向上斜线，但冷杉第 2、5、6 样树 24 龄时生材体积显示峰值征兆。

如图 18-5 所示，马尾松生材材积和全干重变化曲线在 25~30 龄达峰值；落叶松仅第 2 样树在同龄段有类似表现。

如图 18-7 所示，同一生长林地同一树种多株同龄样树全干重测定结果汇集在一图。各树种生长树龄虽不同，但在纵、横坐标尺度比例相同，相同的图示条件下可进行树种间比较。五树种各年生长鞘全干重随生成树龄变化曲线的斜率大小序列：杉木＞落叶松＞马尾松＞冷杉≈云杉。

如图 18-7 所示，种内数样树随树龄变化实测点都邻近树种曲线两侧，回归的相关系数高(表 18-2)。这些都表现出发育变化的遗传控制。冷杉第 6 样树回归曲线与第 1、3、5 样树回归曲线间有明显差距，这属种内株间发育变化在遗传上的变异。

18.2.4 逐对相邻两生长鞘生材材积和全干重差值的发育变化

发育研究的主题是生命过程中的变化。次生木质部主要构成细胞的生命部位以生长鞘形式逐年更替。次生木质部整体的生材材积和全干重逐年增加。现尝试用单株树木生命过程中连续相邻年份生成的生材材积和全干重的差值变化观察种内样树间表现出的遗传控制趋势性。

如图 18-8 至图 18-12 所示，五种针叶树逐对相邻两生长鞘生材材积和全干重差值的变化。为示出各样树全部实测结果，样树图示采用范围较大的纵坐标。两相邻年份材积和全干重增量间的差值有正、负。图中示出各样树差值的分布和回归曲线。将同一树种各样树全干重差值变化曲线汇集在同图的一分图中，并通过改变纵坐标比例关系将图示中的差值变化放大，由此能更清楚地表达出生长在同一林地的同一树种同龄各样树生材材积和全干重差值动态变化呈现的相似性。

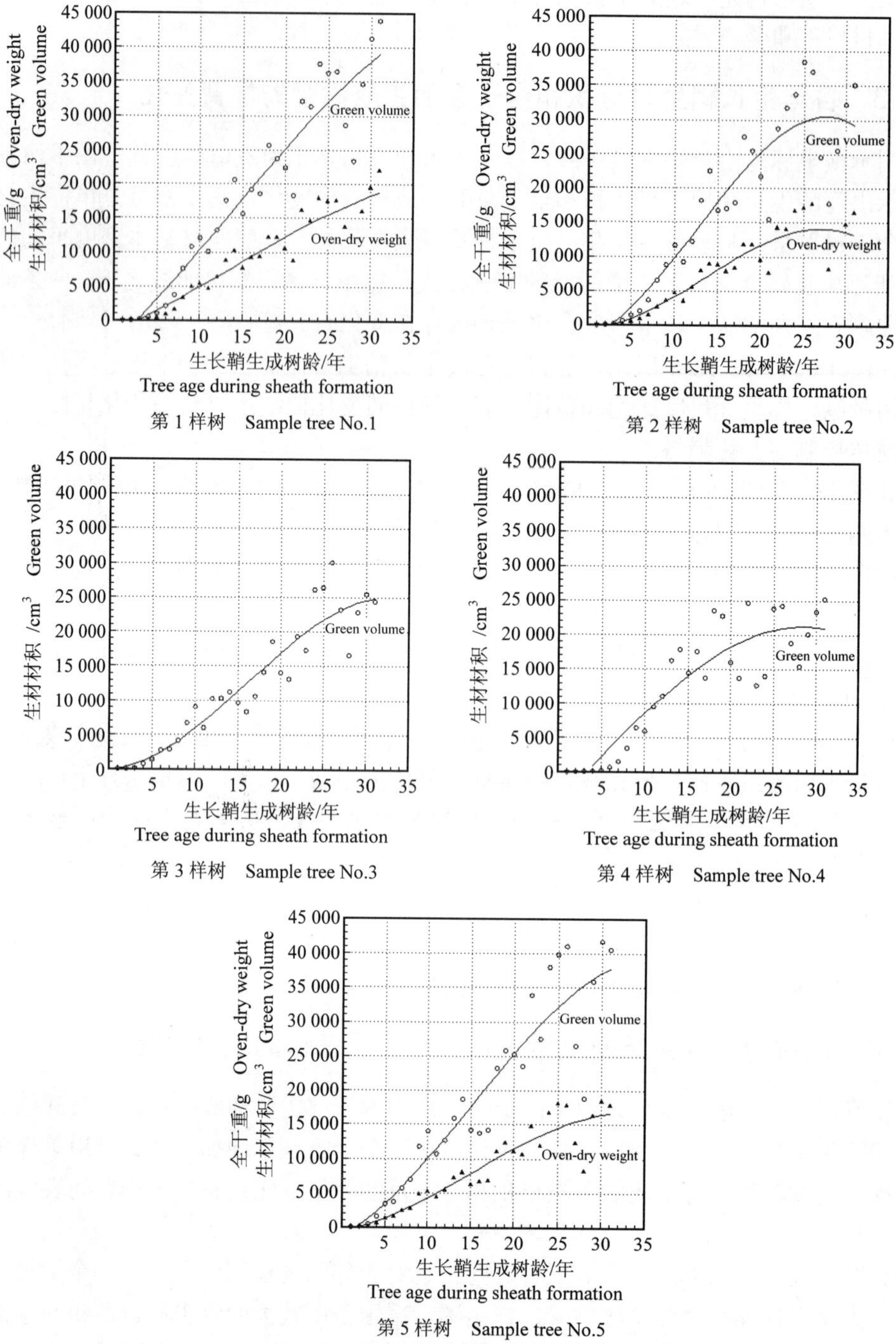

图 18-2 落叶松五株样树逐龄生长鞘生材材积和全干重连年增长的发育变化

回归曲线两侧数据点代表逐龄生长鞘的全高生材材积和全干重

Figure 18-2 Developmental change of annual increment of green wood volume and oven-dry weight of each successive sheath in five sample trees of Dahurian larch

Every numerical point beside regression curve represents green wood volume or oven-dry weight within its height of each successive sheath

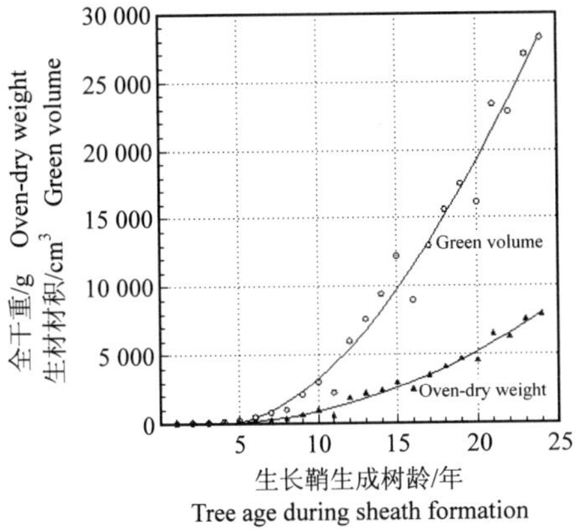

第 1 样树　Sample tree No.1

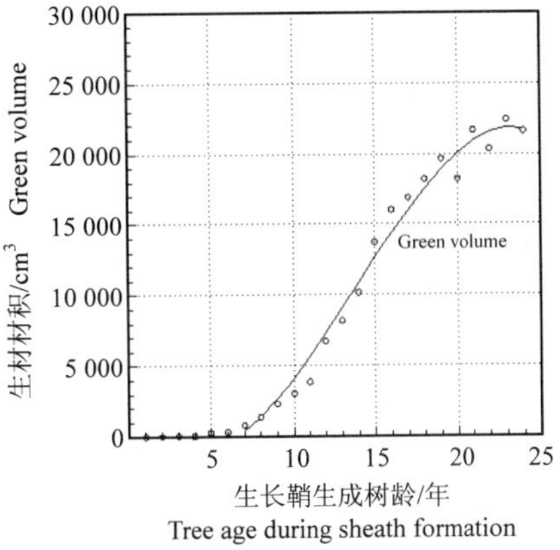

第 2 样树　Sample tree No.2

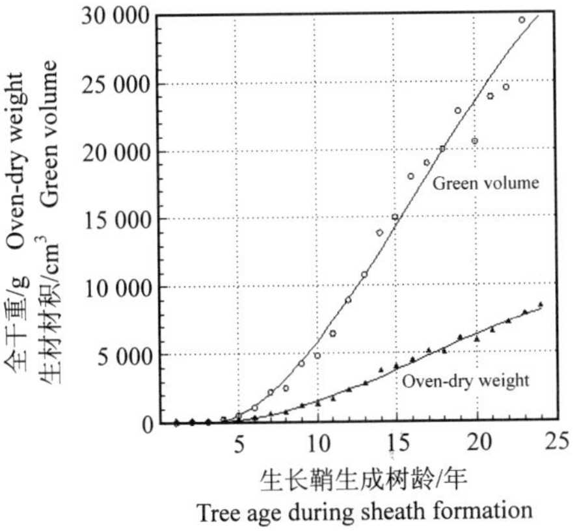

第 3 样树　Sample tree No.3

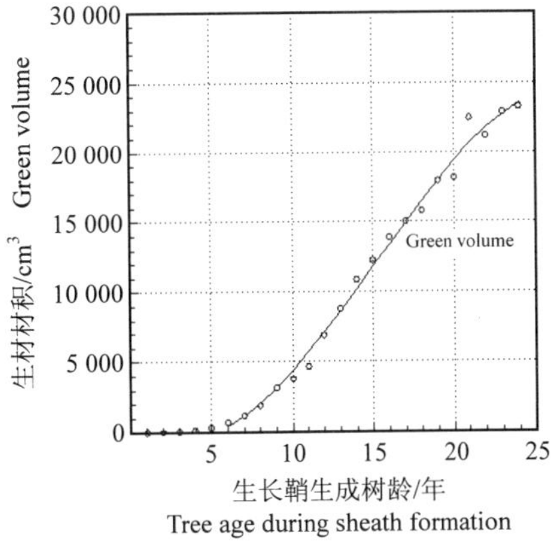

第 4 样树　Sample tree No.4

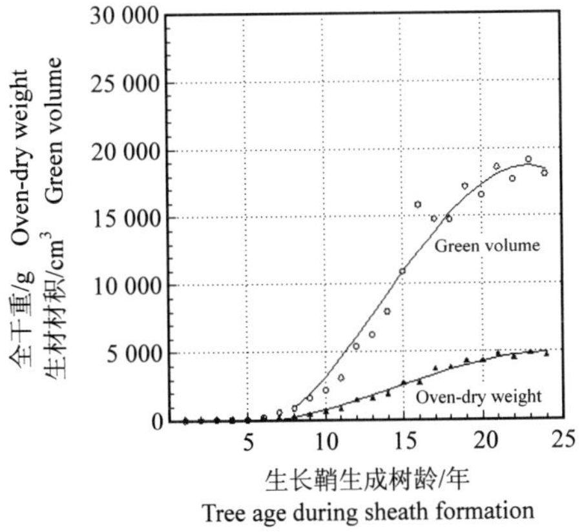

第 5 样树　Sample tree No.5

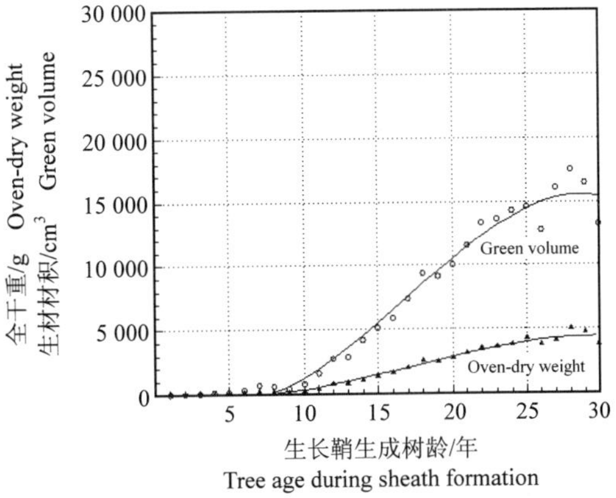

第 6 样树　Sample tree No.6

图 18-3　冷杉六株样树逐龄生长鞘生材材积和全干重连年增长的发育变化

回归曲线两侧数据点代表逐龄生长鞘的全高生材材积和全干重

Figure 18-3　Developmental change of annual increment of green wood volume and oven-dry weight of each successive sheath in six sample trees of Faber fir

Every numerical point beside regression curve represents green wood volume or oven-dry weight within its height of each successive sheath

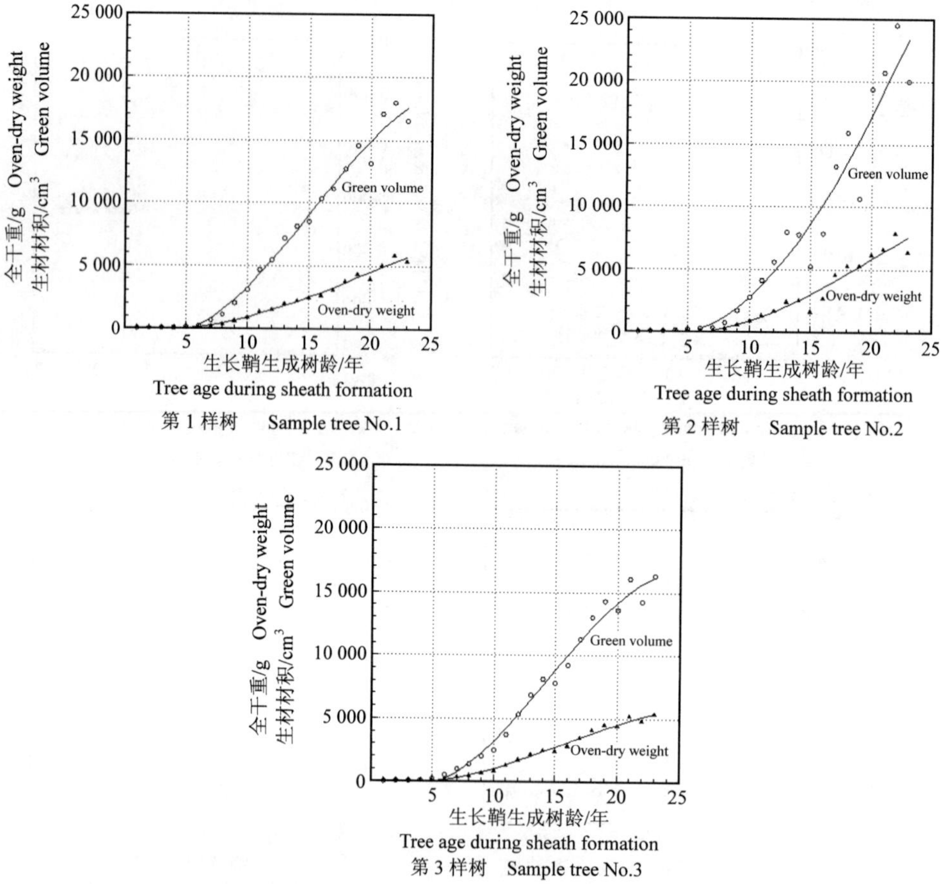

图 18-4 云杉三株样树逐龄生长鞘生材材积和全干重连年增长的发育变化

回归曲线两侧数据点代表逐龄生长鞘的全高生材材积和全干重

Figure 18-4 Developmental change of annual increment of green wood volume and oven-dry weight of each successive sheath in three sample trees of Chinese spruce

Every numerical point beside regression curve represents green wood volume or oven-dry weight within its height of each successive sheath

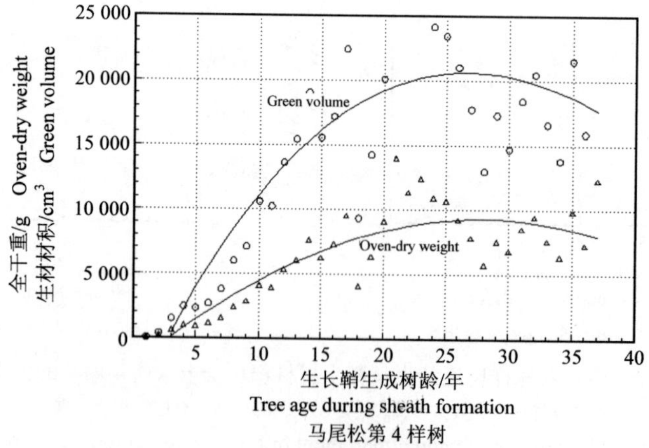

图 18-5 马尾松第 4 样树

说明同图 18-4

Figure 18-5 Masson's pine sample tree No.4

The explanation is the same as figure 18-4

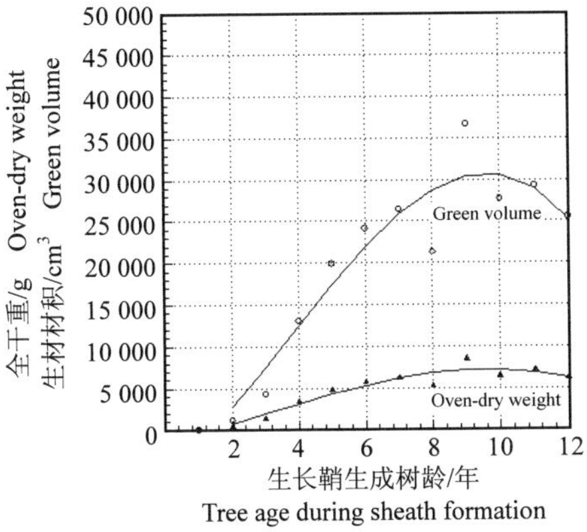

第 1 样树　Sample tree No.1

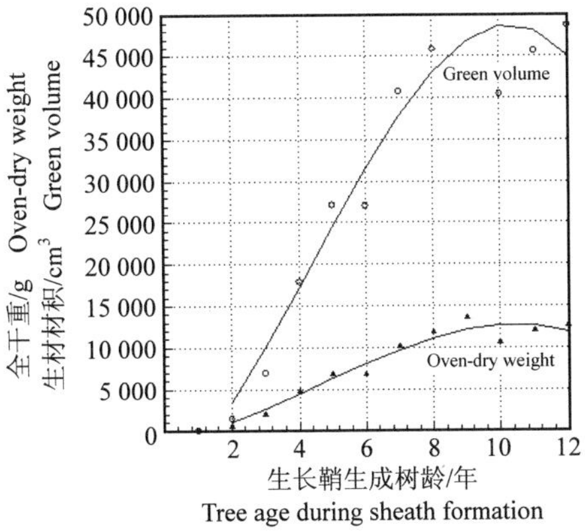

第 2 样树　Sample tree No.2

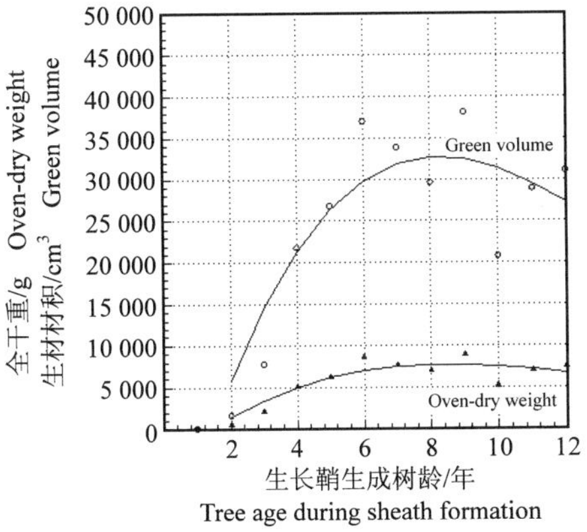

第 3 样树　Sample tree No.3

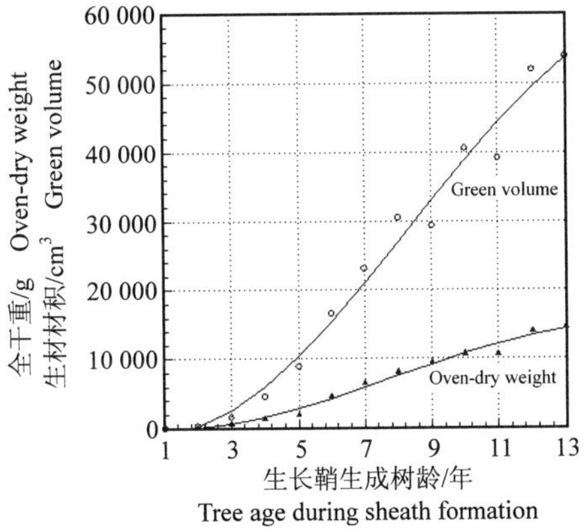

第 4 样树　Sample tree No.4

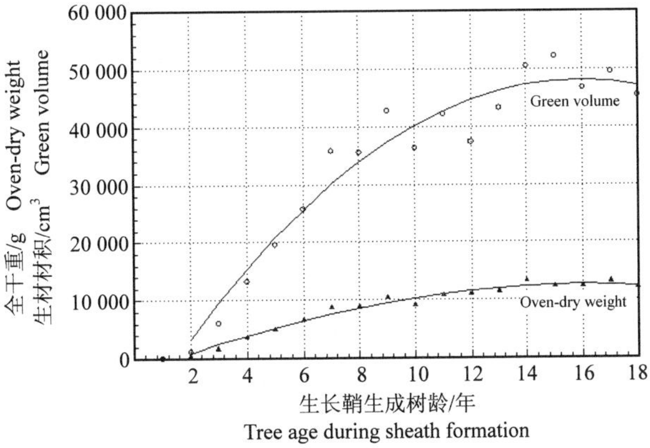

第 5 样树　Sample tree No.5

图 18-6　杉木五株样树逐龄生长鞘生材材积和全干重连年增长的发育变化

回归曲线两侧数据点代表逐龄生长鞘的全高生材材积和全干重

Figure 18-6　Developmental change of annual increment of green wood volume and oven-dry weight of each successive sheath in five sample trees of Chinese fir

Every numerical point beside regression curve represents green wood volume or oven-dry weight within its height of each successive sheath

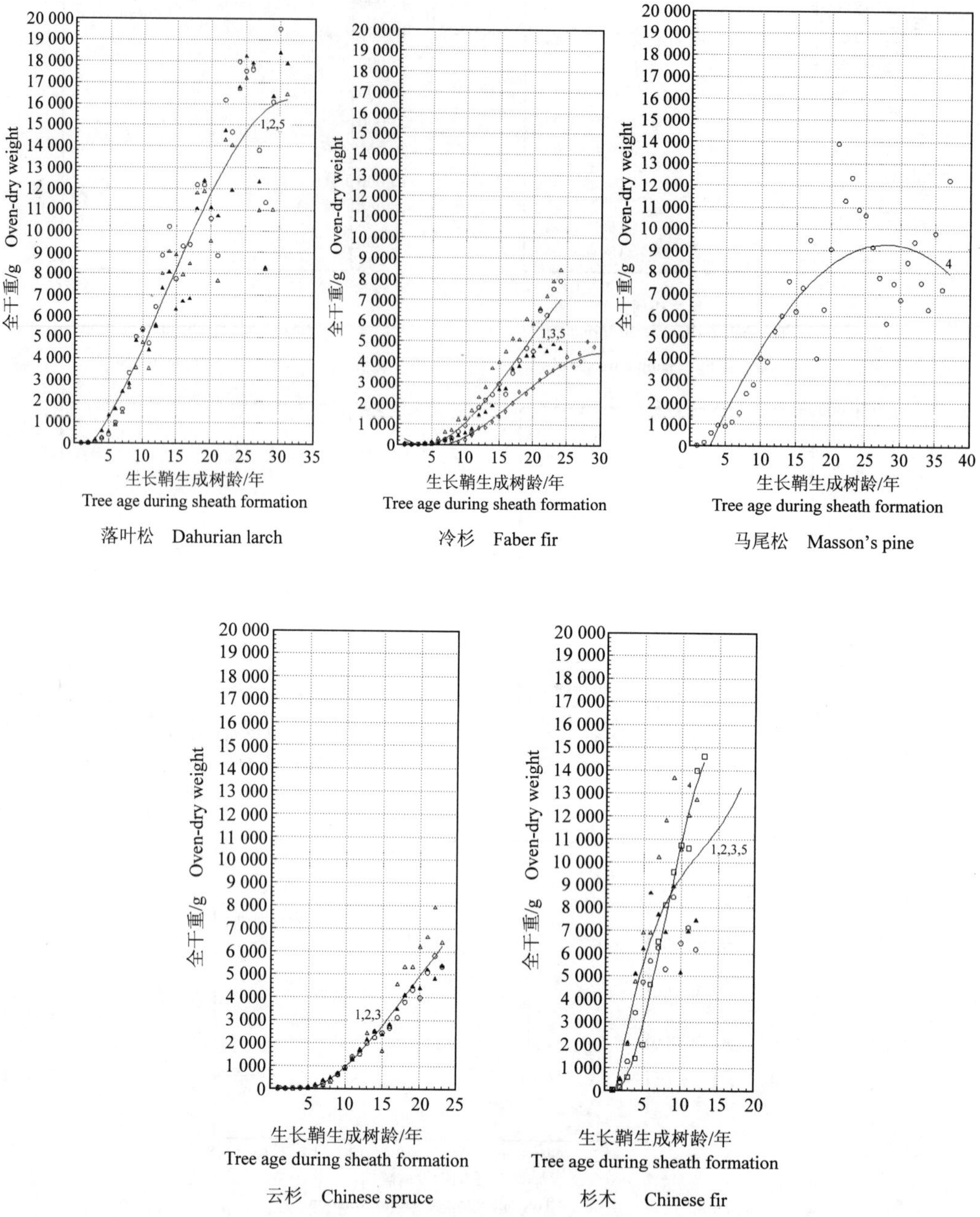

图 18-7 五种针叶树逐龄生长鞘全干重发育变化的树种趋势

图中具有各种符号的回归曲线是表示发育变化；不同符号代表样树株别

Figure 18-7 Species' tendencies of developmental change of oven-dry weight (within its height) of each successive growth sheath with tree age of coniferous trees

The line with various signs together in the figure is regression curve of developmental change; the different signs beside it represent the ordinal numbers of sample trees respectively

表 18-2　五种针叶树各年生长鞘全干重与生成树龄的回归方程

Table 18-2　The regression equations between oven-dry weight of each successive sheath and tree age during it formation in five coniferous species

树种 Tree species	样树株数	树龄 Tree age (年)	回归方程 Regression equation x—生长鞘全干重；y—oven-dry weight of growth sheath x—生长鞘生成树龄；x—Tree age during sheath formation	相关系数 Correlation coefficient (α=0.01)
落叶松 Dahurian larch	3	1~31	$y=-0.815\,556x^3+33.940\,6x^2+284.742x-949.034$	0.93
冷杉 Faber fir	3	1~24	$y=-0.685\,782x^3+38.156\,2x^2-241.49x+338.654$	0.93
	1	1~30	$y=-0.589\,702x^3+30.824\,8x^2-262.674x+502.353$	0.97
云杉 Chinese spruce	3	1~25	$y=-0.661\,934x^3+36.998\,4x^2-245.713x+360.546$	0.94
马尾松 Masson's pine	1	1~37	$y=-0.038\,552\,1x^3-12.617\,2x^2+793.474x-2\,182.01$	0.75
杉木 Chinese fir	3	1~18	$y=4.207\,78x^3-160.247x^2+2\,432.75x-3\,153.18$	0.86
	1	1~13	$y=-11.883\,4x^3+282.95x^2-579.914x+179.948$	0.99

如图 18-8 所示，落叶松 31 龄 3 样树逐对相邻两生长鞘全干重差值随生成树龄的变化呈波动中增高趋势。

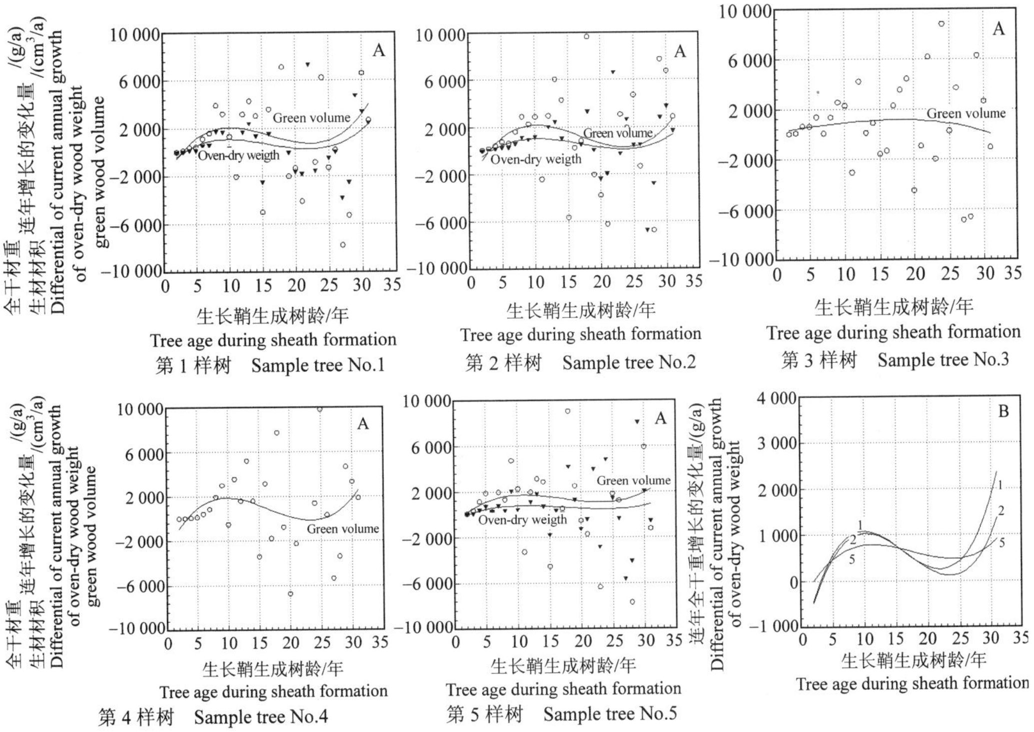

图 18-8　落叶松五株样树逐对相邻两生长鞘间生材材积和全干重差值的发育变化

A. 单株样树的两回归曲线两侧数据点代表随树龄变化的差值；B. 数样树仅上述全干重差数回归曲线绘于一图，数字符号代表样树株别

Figure 18-8　Developmental change of the differences in green volume and oven-dry weight between two (successive) sheaths in five sample trees of Dahurian larch

A. Every numerical point beside two regression curves of an individual sample tree represents differential value that changes with tree age; B. The above regression curves of several sample trees only for the differences of oven-dry weight are drawn in a figure, the numerical symbols are the ordinal numbers of every sample tree

如图 18-9 所示，马尾松 37 龄 1 样树逐对相邻两生长鞘全干重差值随生成树龄的变化由缓增转减小。

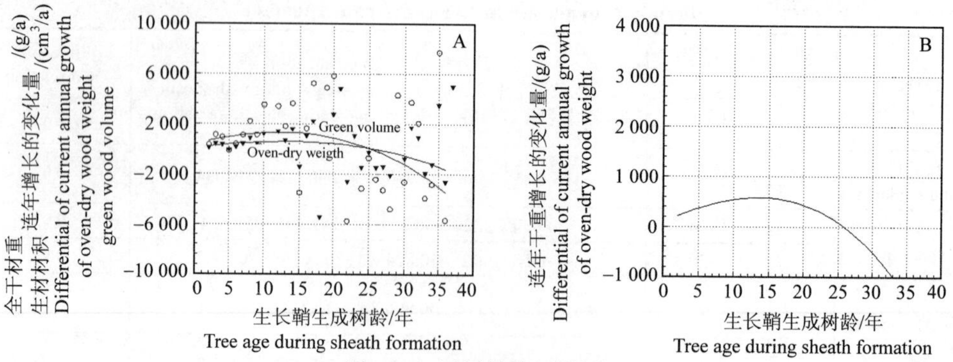

图 18-9　马尾松第 4 样树

说明同图 18-10

Figure 18-9　Masson's pine sample tree No.4

The explanation is the same as Figure 18-10

如图 18-10 至图 18-12 所示，云杉(23 龄 3 样树)、冷杉(24 龄 3 样树)、杉木(12 龄 3

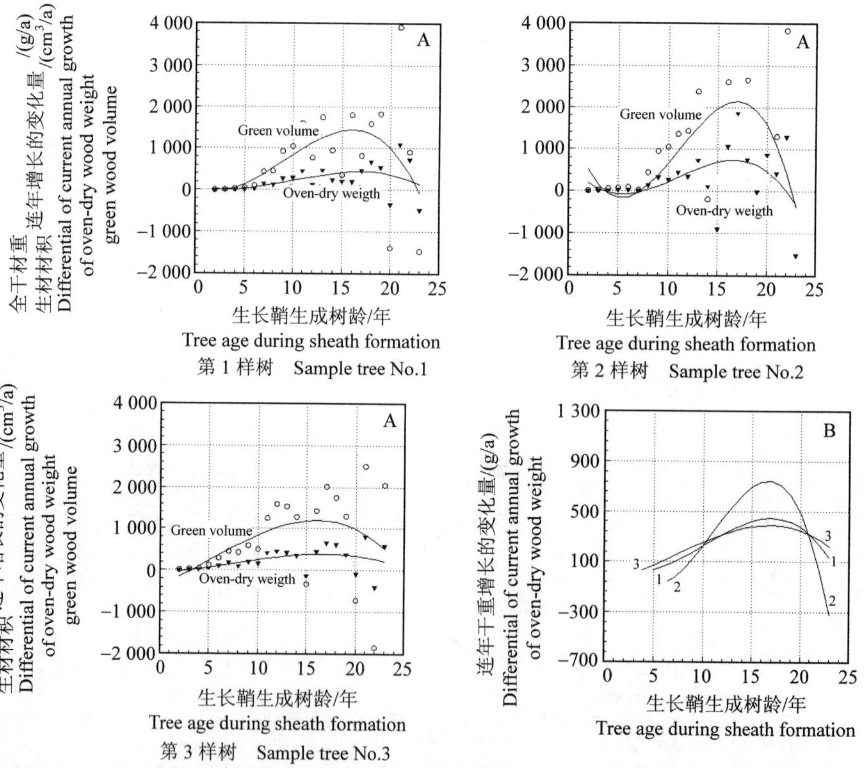

图 18-10　云杉三株样树逐对相邻两生长鞘间生材材积和全干重差值的发育变化

A. 单株样树的两回归曲线两侧数据点代表随树龄变化的差值；B. 数样树仅上述全干重差数回归曲线绘于一图，数字符号代表样树株别

Figure 18-10　Developmental change of the differences in green volume and that in oven-dry weight between two successive sheaths in three sample trees of Chinese spruce

A. Every numerical point beside two regression curves of an individual sample tree represents differential value that changes with tree age; B. The above regression curves of several sample trees only for the differences of oven-dry weight are drawn in a figure, the numerical symbols are the ordinal numbers of sample tree

样树、13 龄 1 样树、18 龄 1 样树)逐对相邻两生长鞘全干重差值随生成树龄变化呈先明显增大后减小的共同趋势。其中，杉木第 1、2、3、5 样树是种子园实生苗长成，第 4 样树来自一般良种苗。四株种子园苗样树相邻两生长鞘全干重差值在第 5 龄时都已越过峰值，而一般良种苗全干重在 13 龄时尚在水平未变中。

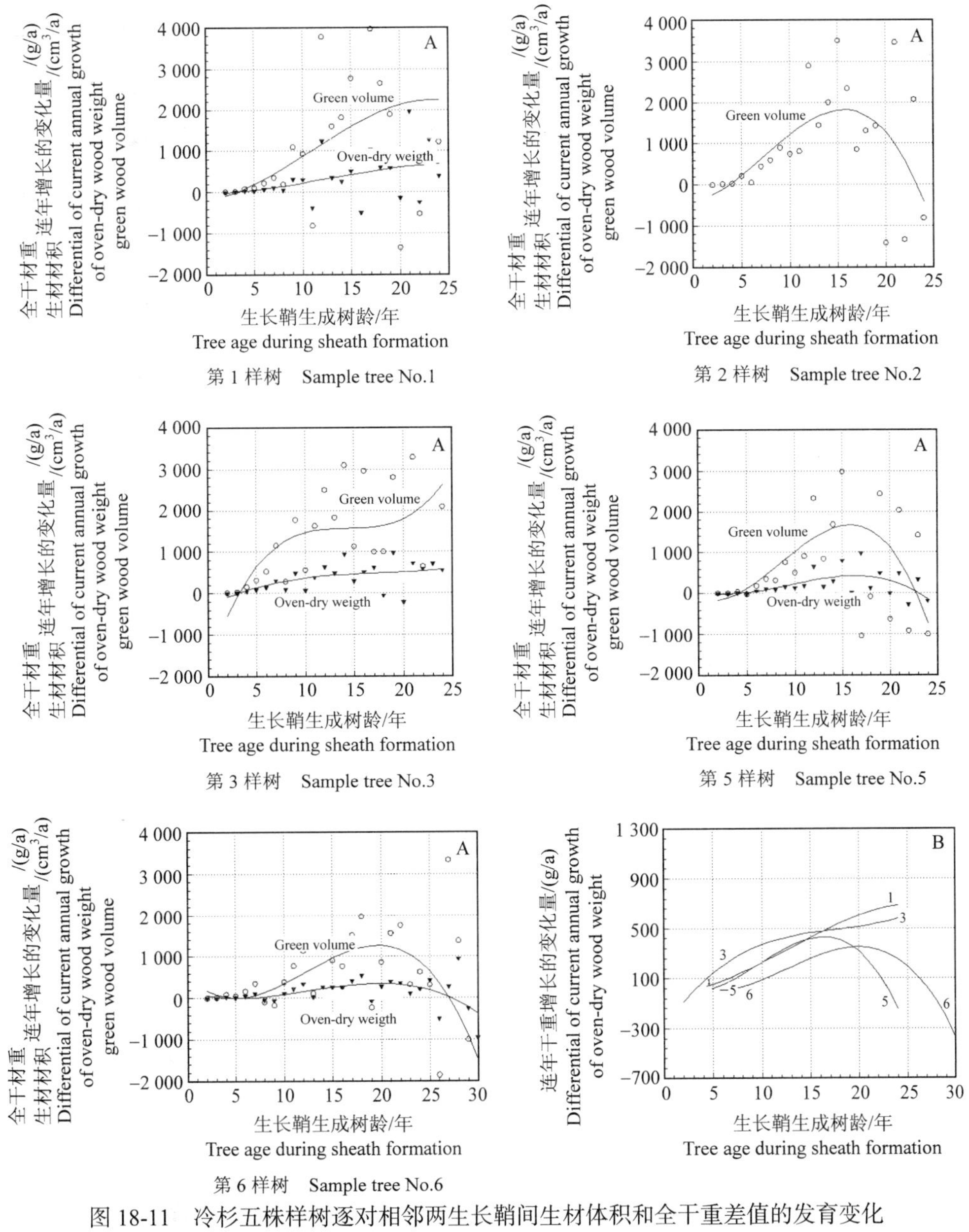

图 18-11　冷杉五株样树逐对相邻两生长鞘间生材体积和全干重差值的发育变化

说明同图 18-11

Figure 18-11　Developmental change of the differences in green volume and that in oven-dry weight between two (successive) sheaths in three sample trees of five sample trees of Faber fir

The explanation is the same as Figure 18-11

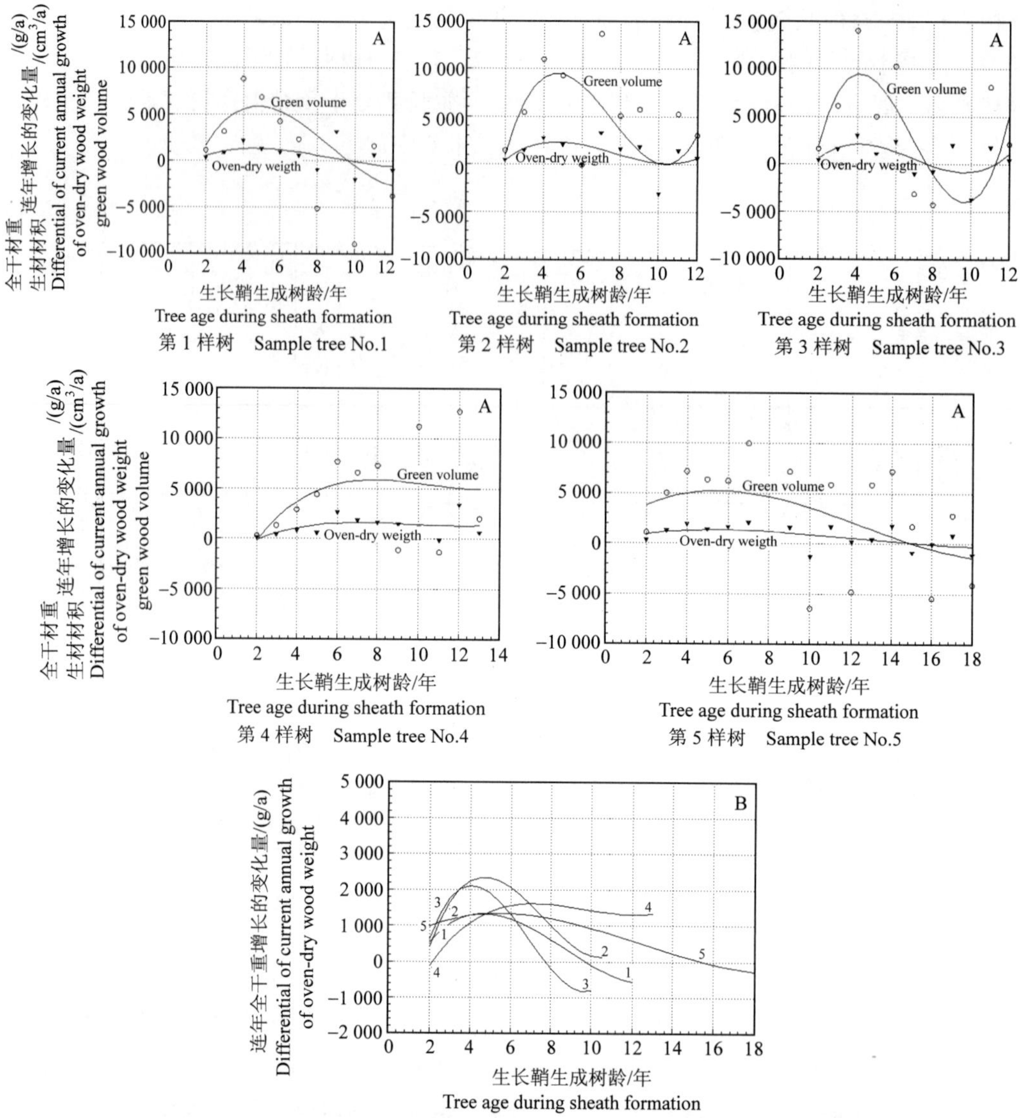

图 18-12 杉木五株样树逐对相邻两生长鞘间生材材积和全干重差值的发育变化

A. 单株样树的两回归曲线两侧数据点代表随树龄变化的差值；B. 数样树仅上述全干重差数回归曲线绘于一图，数字符号代表样树株别

Figure 18-12 Developmental change of the difference in green volume and that in oven-dry weight between two (successive) sheaths in five sample trees of Chinese fir

A. Every numerical point beside two regression curves of an individual sample tree represents differential value that changes with tree age; B. The above regression curves of several sample trees only for the differences of oven-dry weight are drawn in a figure, the numerical symbols are the ordinal numbers of every sample tree

如图18-13 所示，原始林云杉 628 个年轮横截面年轮面积随逐轮生成年份序数的发育变化。这一序数与年轮生成树龄在发育研究上的意义有区别。分图(上)是根据图16-5 年轮宽度测定数据计算的年轮面积变化；分图(下)是对年轮面积经验方程一次求导的结果，它相当于逐对相邻两年轮面积差值的变化。由横截面上 628 个年轮面积的变化可推论原始林树样逐龄生长鞘生材材积和全干重的发育变化趋势。

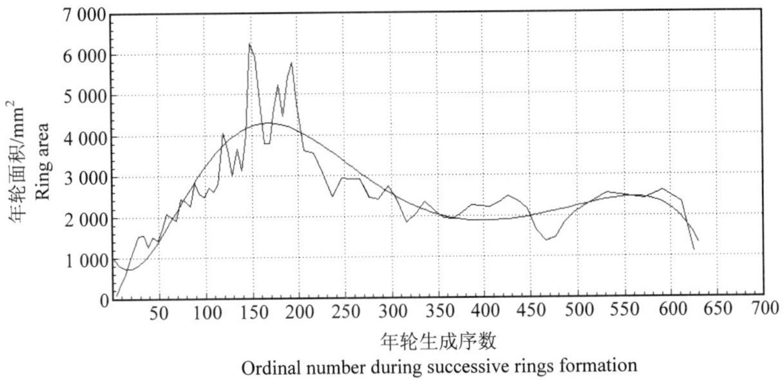

图中波折线是实测值的连线，平滑曲线是七次回归结果

The wave line with numerous rupture in figure is drawn by jointing the points of measured value.

The fair curve is the result of 7-th order regression

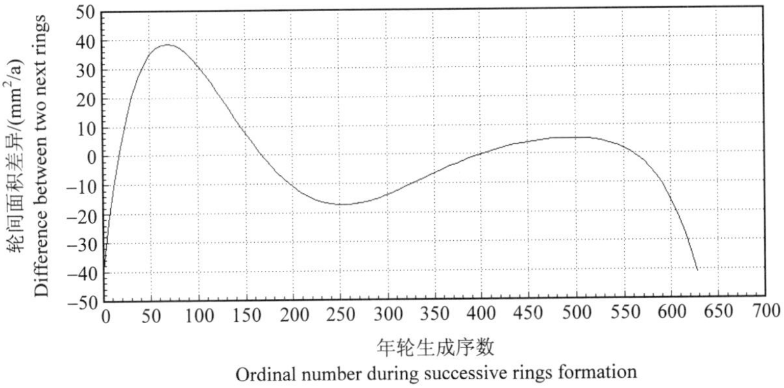

本图曲线是对上述经验方程一次求导的结果

The curve in this figure is obtained by first differentiation with respect to above empirical equation

图 18-13　原始林云杉 628 个年轮横截面的年轮面积随逐轮生成序数的发育变化

Figure 18-13　Developmental change of ring area with ordinal numbers during each successive ring formation on a 628 rings cross section taken from Chinese spruce of old growth

18.2.5　生材材积和全干重连年生长率的发育变化

连年生长率是逐年生长量与其原有总量的百分比。

如图 18-14 至图 18-18 所示，五树种次生木质部逐龄生长鞘生材材积和全干重连年生长率随生成树龄的变化。不同树种图示横坐标尺度比例有差别，但同一树种不同样树是相同的。图示中生长在同一林分同一树种各样树采伐前数年受环境影响在变化上造成的波动相同，由此表现出测定结果具有可靠性。这些图示充分表明，种内株间逐年生长鞘生材体积和全干重连年生长率随生成树龄呈明显相似的动态变化。

针叶树逐年生长鞘生材材积和全干重连年生长率发育变化呈现的共性是，初始迅速减小，后转入甚缓龄期。树种间变化差别表现在初始减小期的曲线斜率、转折的龄期和而后的发展等方面。马尾松和云杉纵坐标范围相同，但前期迅速减小的斜率有明显差别；马尾松转折龄期为 30 年，冷杉、云杉 20~25 年，落叶松 20 年，杉木 8~10 年。马尾松转折期后的变化小，冷杉、云杉尚有减小，落叶松和云杉在波动中显减小。

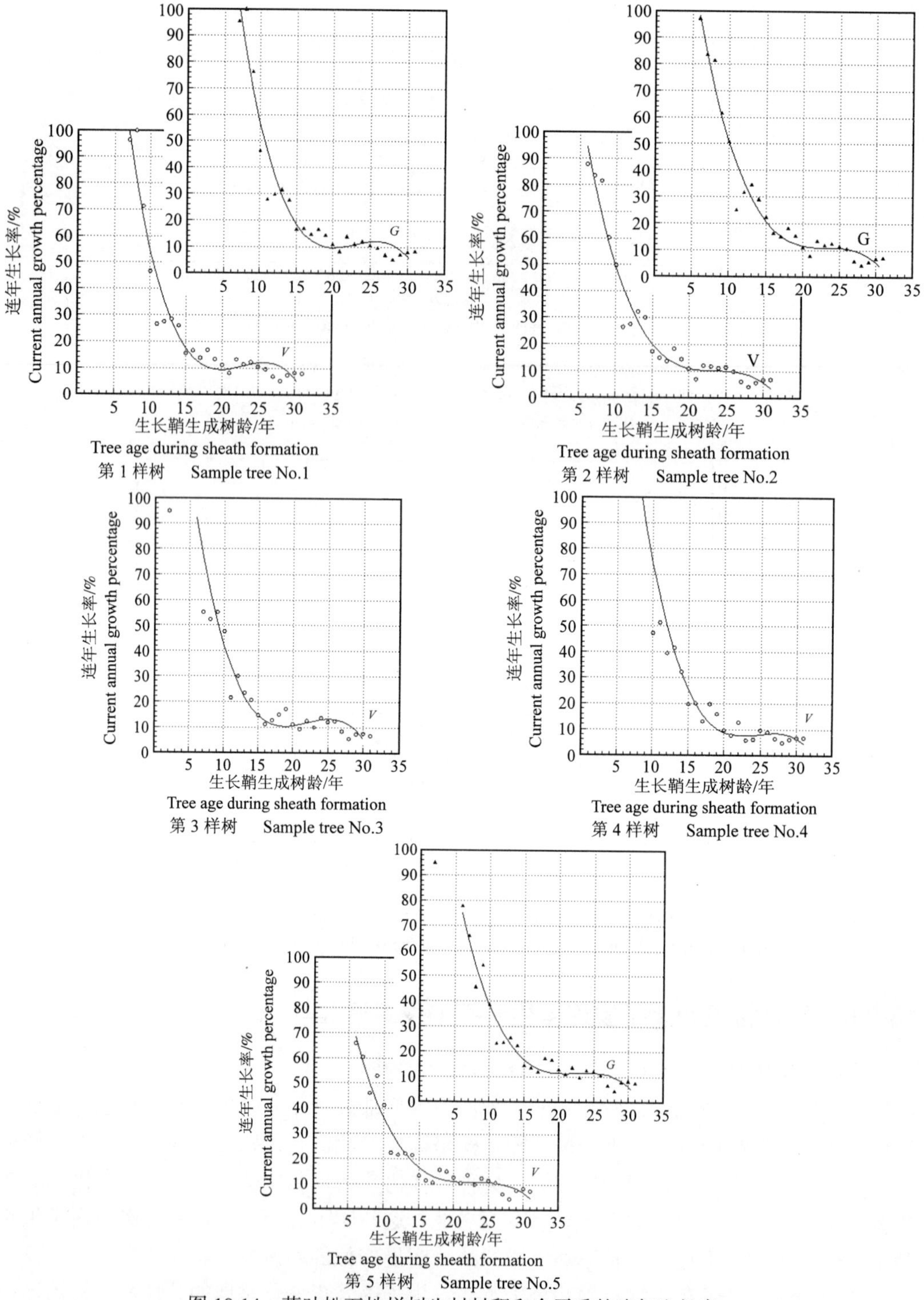

图 18-14 落叶松五株样树生材材积和全干重的连年生长率

图中 *V*、*G* 分别代表生材材积和干重的连年生长率，横坐标是由左向右递增的树龄

Figure 18-14 Current annual growth percent (CAGP) of green wood volume and oven-dry weight in five sample trees of Dahurian larch

V, *G* curves in the figure represent current annual growth percent of green wood volume and oven-dry weight respectively, abscissas are progressive tree age from left to right

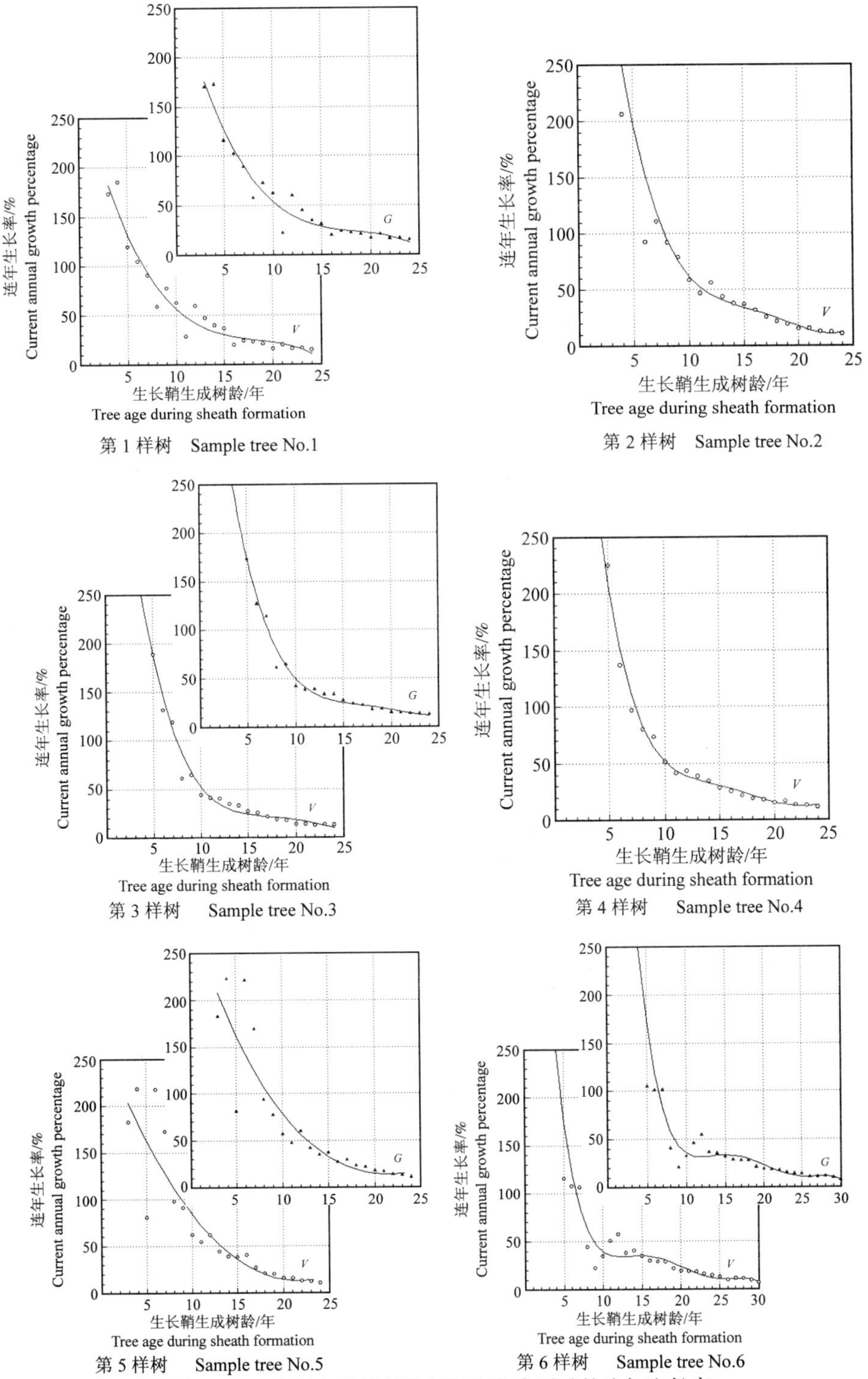

图 18-15　冷杉六株样树生材材积和全干重的连年生长率

图中 V、G 分别代表生材材积和干重的连年生长率，横坐标是由左向右递增的树龄

Figure 18-15　Current annual growth percent (CAGP) of green wood volume and oven-dry weight in six sample trees of Faber fir

V, G curves in figure represent current annual growth percent of green wood volume and oven-dry weight respectively, abscissas are progressive tree age from left to right

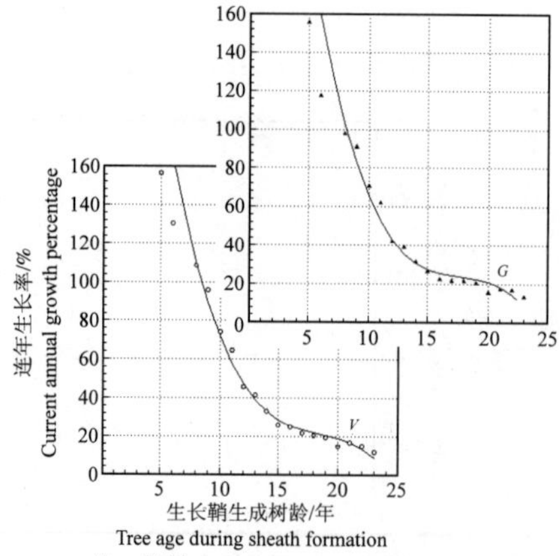

第 1 样树　Sample tree No.1

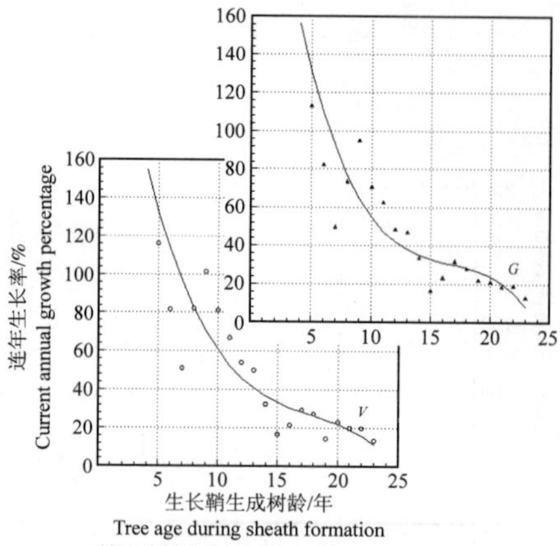

第 2 样树　Sample tree No.2

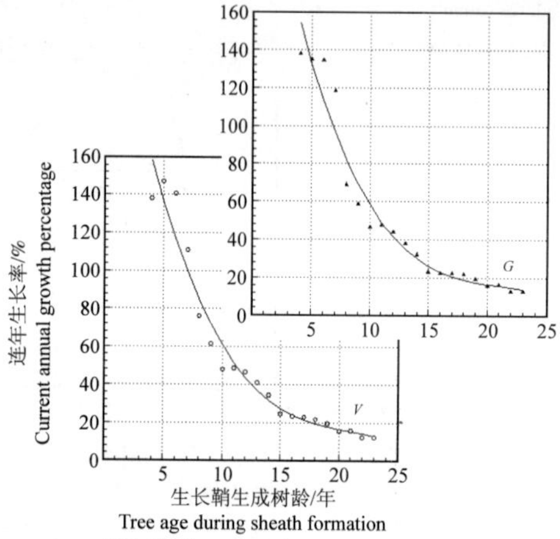

第 3 样树　Sample tree No.3

图 18-16　云杉三株样树生材材积和全干重的连年生长率

图中 *V*、*G* 分别代表生材材积和干重的连年生长率，横坐标是由左向右递增的树龄

Figure 18-16　Current annual growth percent (CAGP) of green wood volume and oven-dry weight in three sample trees of Chinese spruce

V, *G* curves in the figure represent current annual growth percent of green wood volume and oven-dry weight respectively, abscissas are progressive tree age from left to right

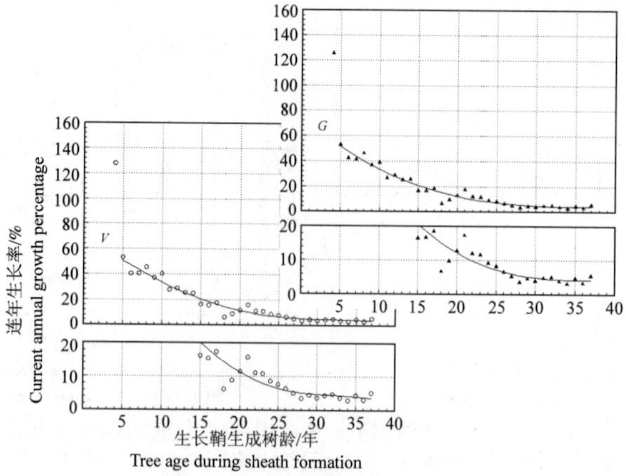

图 18-17　马尾松第 4 样树

说明同图 18-16

Figure 18-17　Masson's pine sample tree No.4

The explanation is the same as figure 18-16

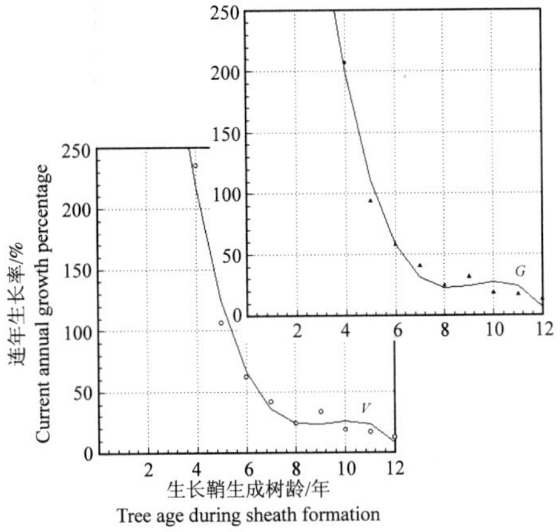

第 1 样树　Sample tree No.1

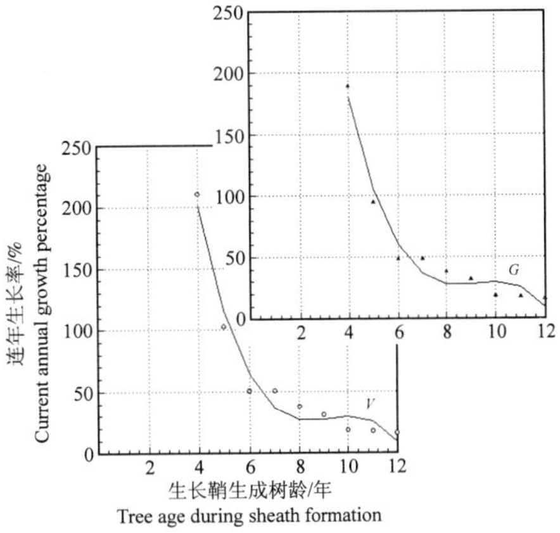

第 2 样树　Sample tree No.2

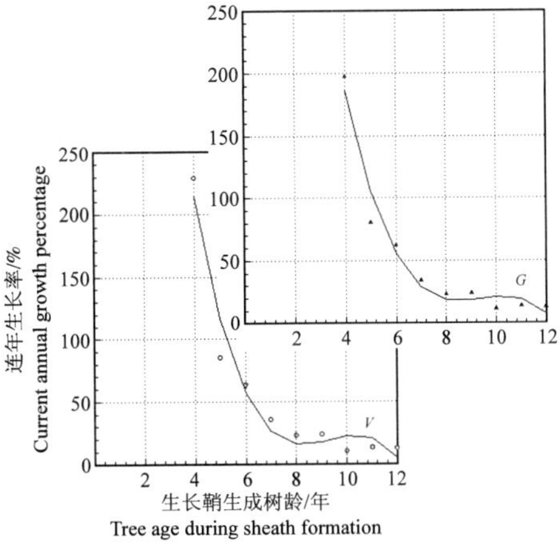

第 3 样树　Sample tree No.3

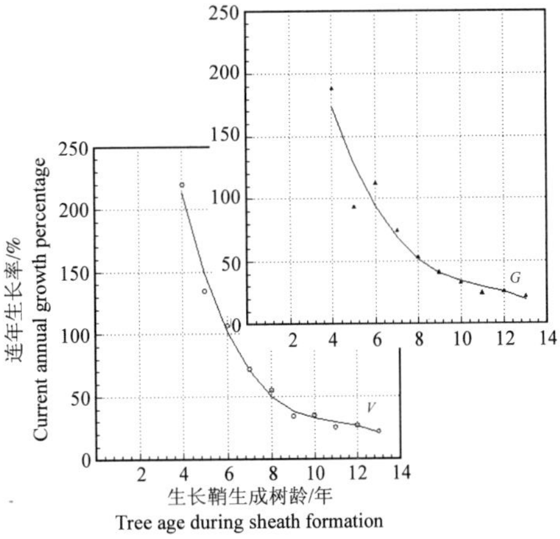

第 4 样树　Sample tree No.4

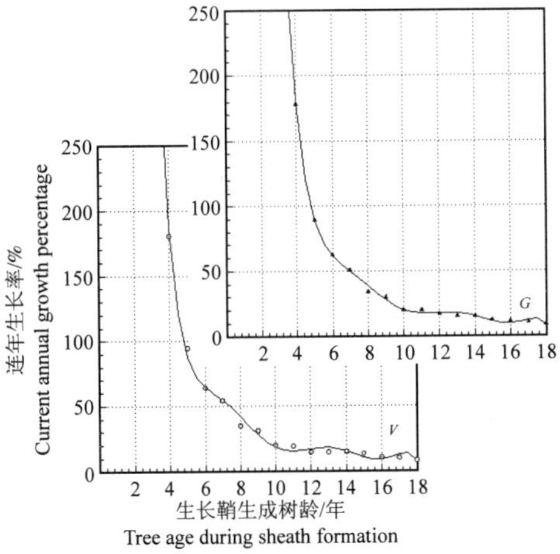

第 5 样树　Sample tree No.5

图 18-18　杉木五株样树生材材积和全干重的连年生长率

图中 *V*、*G* 分别代表生材材积和干重的连年生长率，横坐标是由左向右递增的树龄

Figure 18-18　Current annual growth percent (CAGP) of green wood volume and oven-dry weight in five sample trees of Chinese fir

V, *G* curves in the figure represent current annual growth percent of green wood volume and oven-dry weight respectively, abscissas are progressive tree age from left to right

18.3 结　　论

五种针叶树实验结果揭示了次生木质部材高、材积和全干重的增长过程在种内个体间具有遗传控制的相似动态变化，并证明了次生木质部的构建(生长)中存在着遗传控制的趋势性变化(发育)过程。生长和发育发生在次生木质部生命的同一过程中。由此将次生木质部的构建(生长)和发育联系起来并列于同一概念范畴中。

附表 18-1　落叶松生材材积和全干重的连年增长

Appendant table 18-1　Current annual increment of green wood volume and its oven-dry weight in Dahurian larch sample trees

树龄 Tree age (年)	第 1 样株 Sample tree No.1		第 2 样株 Sample tree No.2		第 3 样株 Sample tree No.3	第 4 样株 Sample tree No.4	第 5 样株 Sample tree No.5	
	生材材积 Green Volume (cm^3)	全干重 Oven-dry weight (g)	生材材积 Green Volume (cm^3)	全干重 Oven-dry weight (g)	生材材积 Green Volume (cm^3)	生材材积 Green Volume (cm^3)	生材材积 Green Volume (cm^3)	全干重 Oven-dry weight (g)
31	43 885	21 995	35 099	16 463	24 416	25 297	40 512	17 912
30	41 226	19 519	32 255	14 757	25 467	23 459	41 743	18 411
29	34 654	16 096	25 538	11 017	22 856	20 145	35 847	16 367
28	23 358	11 362	17 819	8 221.9	16 589	15 481	18 848	8 269.3
27	28 650	13 815	24 580	10 973	23 218	18 871	26 528	12 325
26	36 443	17 603	37 053	17 734	30 095	24 241	41 040	17 918
25	36 250	17 537	38 385	17 218	26 412	23 901	39 815	18 231
24	37 532	17 977	33 694	16 707	26 150	14 096	38 011	16 782
23	31 307	14 659	31 797	14 042	17 366	12 738	27 505	11 916
22	32 134	16 181	28 743	14 274	19 344	24 737	33 845	14 733
21	18 276	8 838.1	15 485	7 648.0	13 154	13 791	23 573	10 715
20	22 362	10 592	21 737	9 540.3	14 083	16 045	25 280	11 108
19	23 673	12 177	25 490	11 861	18 556	22 791	25 817	12 354
18	25 668	12 179	27 515	11 783	14 147	23 564	23 302	11 059
17	18 554	9 370.1	17 867	8 451.4	10 616	15 839	14 261	6 817.5
16	19 157	9 284.0	17 034	7 921.5	8 343.2	17 612	13 743	6 691.1
15	15 586	7 744.7	16 807	8 862.8	9 660.7	14 468	14 200	6 310.9
14	20 599	10 208	22 496	9 018.5	11 219	17 881	18 749	8 048.2
13	17 555	8 839.7	18 230	7 983.2	10 326	16 282	15 878	7 297.5
12	13 280	6 430.5	12 208	5 562.8	10 226	11 075	12 724	5 506.1
11	10 107	4 725.8	9 258.1	3 533.8	6 011.5	9 496.2	10 759	4 407.4
10	12 135	5 381.3	11 658	4 759.1	9 036.2	5 930.4	14 028	5 306.5
9	10 815	5 023.5	8 793.1	3 567.7	6 748.5	6 455.9	11 764	4 844.2
8	7 630.1	3 322.0	6 547.7	2 606	4 202.5	3 464.1	7 015.1	2 795.7
7	3 714.4	1 595.6	3 656.0	1 459.8	2 853.3	1 526.1	5 719.1	2 433.2
6	2 121.2	959.19	2 048.3	860.83	2 779.4	679.84	3 764.7	1 616.8
5	999.21	410.61	1 414.3	542.13	1 401.7	254.41	3 497.6	1 295.5
4	544.35	221.82	651.41	249.62	778.63	118.94	1 614.5	572.54
3	160.57	68.295	216.82	77.43	144.70	39.348	470.17	166.87
2	28.141	10.995	43.283	15.529	46.939	10.615	108.15	38.472
1	1.477	0.5655	2.890	0.9894	17.684	2.012	18.070	6.5883
Σ	588 405	284 127	544 122	247 712	386 265	400 292	589 979	262 255

附表 18-2 冷杉生材材积和全干重的连年增长

Appendant table 18-2 Current annual increment of green wood volume and its oven-dry weight in Faber fir sample trees

树龄 Tree age (年)	第 1 样株 Sample tree No.1		第 2 样株 Sample tree No.2	第 3 样株 Sample tree No.3		第 4 样株 Sample tree No.4	第 5 样株 Sample tree No.5		第 6 样株 Sample tree No.6	
	生材材积 Green Volume (cm^3)	全干重 Oven-dry weight (g)	生材材积 Green Volume (cm^3)	生材材积 Green Volume (cm^3)	全干重 Oven-dry weight (g)	生材材积 Green Volume (cm^3)	生材材积 Green Volume (cm^3)	全干重 Oven-dry weight (g)	生材材积 Green Volume (cm^3)	全干重 Oven-dry weight (g)
30									13 223	3 815.0
29									16 477	4 762.9
28									17 472	5 008.6
27									16 091	4 061.8
26									12 760	3 779.8
25									14 611	4 272.6
24	28 208	7 919.6	21 611	31 507	8 433.2	23 258	18 090	4 683.9	14 289	3 842.8
23	26 982	7 533.7	22 414	29 416	7 882.9	22 867	19 086	4 866.4	13 658	3 630.6
22	22 799	6 262.5	20 348	24 462	7 172.8	21 214	17 666	4 527.9	13 328	3 526.4
21	23 318	6 503.3	21 679	23 811	6 580.8	22 449	18 578	4 796.3	11 575	3 164.5
20	16 185	4 540.3	18 220	20 522	5 859.3	18 137	16 550	4 306.6	10 015	2 765.1
19	17 533	4 682.5	19 636	22 770	6 064.2	17 934	17 179	4 302.6	9 148.3	2 481.2
18	15 645	4 090.5	18 205	19 968	5 082.5	15 815	14 738	3 808.9	9 374.9	2 553.8
17	12 992	3 484.8	16 894	18 963	5 135.4	15 024	14 816	3 684.4	7 405.0	2 008.4
16	9 023.2	2 448.0	16 036	17 963	4 509.9	13 905	15 848	2 705.9	5 885.1	1 602.8
15	12 212	2 937.5	13 695	15 004	3 996.0	12 260	10 926	2 681.4	5 118.5	1 362.7
14	9 442.9	2 421.1	10 193	13 872	3 703.1	10 924	7 949.9	1 883.4	4 208.5	1 104.3
13	7 624.0	2 157.0	8 193.4	10 775	2 770.4	8 842.3	6 270.0	1 585.3	2 863.3	835.78
12	6 025.3	1 798.4	6 750.8	8 951.8	2 284.9	6 890.0	5 426.0	1 414.3	2 743.3	809.89
11	2 245.2	554.02	3 856.9	6 451.4	1 642.2	4 633.0	3 095.7	760.39	1 602.7	464.80
10	3 053.5	941.10	3 038.3	4 824.9	1 259.6	3 780.2	2 181.9	580.90	823.51	247.09
9	2 119.0	635.72	2 289.5	4 265.3	1 187.4	3 130.6	1 674.5	444.36	430.79	130.86
8	1 017.8	317.79	1 386.0	2 493.3	694.70	1 889.9	910.06	277.80	593.47	184.08
7	821.60	260.96	789.83	2 208.9	602.83	1 159.5	589.78	185.53	687.42	227.34
6	464.86	148.24	342.60	1 052.6	295.02	691.03	234.13	75.480	333.80	112.49
5	240.98	77.637	278.88	523.79	147.02	349.29	48.030	15.305	166.20	57.183
4	130.81	42.314	61.025	208.41	61.169	116.11	62.833	20.012	114.33	43.399
3	44.850	15.418	24.417	49.654	16.942	30.953	18.593	5.803 0	21.612	8.242 6
2	20.454	7.165 0	4.547	17.559	5.991 0	7.355 6	9.755	3.044 5	6.90 5	2.633 8
1	5.376	1.883 3	0.632	1.687	0.575 6	0.853	0.411	0.128 5	0.489	0.186 6
Σ	218 154	59 781	225 948	280 082	75 389	225 308	191 949	47 616	205 027	56 867

附表 18-3　云杉生材材积和全干重的连年增长

Appendant table 18-3　Current annual increment of green wood volume and its oven-dry weight in Chinese spruce sample trees

树 龄 Tree age (年)	第 1 样株 Sample tree No.1		第 2 样株 Sample tree No.2		第 3 样株 Sample tree No.3	
	生材材积 Green Volume (cm^3)	全干重 Oven-dry weight (g)	生材材积 Green Volume (cm^3)	全干重 Oven-dry weight (g)	生材材积 Green Volume (cm^3)	全干重 Oven-dry weight (g)
23	16 525	5 347.0	20 019	6 401.5	16 303	5 388.8
22	17 995	5 822.5	24 530	7 917.3	14 255	4 809.4
21	17 079	5 084.5	20 700	6 624.1	16 100	5 211.6
20	13 171	3 989.3	19 391	6 190.2	13 598	4 402.9
19	14 560	4 328.2	10 677	5 317.1	14 315	4 486.6
18	12 736	3 792.3	15 903	5 318.7	13 018	4 103.9
17	11 150	3 123.6	13 249	4 573.6	11 267	3 481.5
16	10 323	2 660.5	7 865.1	2 718.0	9 253.9	2 821.8
15	8 523.5	2 450.4	5 254.2	1 646.6	7 824.8	2 369.1
14	8 158.6	2 238.2	7 785.9	2 539.9	8 150.5	2 495.0
13	7 204.6	1 993.0	7 968.3	2 422.8	6 874.6	2 145.0
12	5 462.5	1 514.3	5 584.9	1 681.9	5 337.0	1 714.6
11	4 683.1	1 382.2	4 143.6	1 329.3	3 741.3	1 258.3
10	3 086.3	923.93	2 780.4	881.27	2 491.1	839.25
9	2 039.2	621.40	1 721.3	605.38	1 988.2	668.06
8	1 106.7	337.40	765.22	270.64	1 394.0	466.35
7	650.29	215.51	314.05	122.48	960.83	366.75
6	208.78	70.021	277.16	111.02	506.01	177.67
5	97.490	36.304	181.92	71.687	214.35	75.880
4	44.680	16.638	103.98	42.083	84.579	32.631
3	13.230	5.001 0	40.790	16.508	44.832	17.296
2	3.840	1.453 0	11.240	4.550 0	15.447	5.959 4
1	0.531	0.201	0.898	0.363 3	0.890	0.343 3
Σ	154 822	45 954	169 268	56 807	147 738	47 339

附表 18-4 马尾松第 4 样树生材材积和全干重的连年增长

Appendant table 18-4 Current annual increment of green wood volume and its oven-dry weight in Masson's pine sample tree No.4

树龄 Tree age (年)	生材材积 Green Volume (cm³)	全干重 Oven-dry weight (g)	树龄 Tree age (年)	生材材积 Green Volume (cm³)	全干重 Oven-dry weight (g)	树龄 Tree age (年)	生材材积 Green Volume (cm³)	全干重 Oven-dry weight (g)	树龄 Tree age (年)	生材材积 Green Volume (cm³)	全干重 Oven-dry weight (g)
10	10 604	4 025.4	20	20 100	9 058.4	30	14 690	6 738.8			
9	7 098.4	2 805.2	19	14 253	6 284.4	29	17 303	7 484.1			
8	5 986.7	2 394.5	18	9 345.0	4 042.4	28	13 000	5 659.7			
7	3 795.8	1 513.1	17	22 427	9 489.9	27	17 768	7 760.6	37	27 075	12 246
6	2 697.8	1 090.0	16	17 176	7 270.1	26	21 031	9 170.2	36	15 869	7 215.5
5	2 317.8	895.17	15	15 549	6 193.2	25	23 442	10 638	35	21 527	9 810.8
4	2 444.0	941.36	14	19 038	7 569.1	24	24 161	10 884	34	13 794	6 298.1
3	1 501.5	586.75	13	15 421	5 978.8	23	27 304	12 347	33	16 597	7 513.1
2	370.12	144.72	12	13 623	5 278.0	22	25 129	11 294	32	20 485	9 408.3
1	36.535	15.777	11	10 228	3 871.6	21	30 878	13 906	31	18 429	8 456.2
									Σ	542 495	236 278

附表 18-5 杉木生材材积和全干重的连年增长

Appendant table 18-5 Current annual increment of green wood volume and its oven-dry weight in Chinese fir sample trees

树龄 Tree age (年)	第 1 样株 Sample tree No.1		第 2 样株 Sample tree No.2		第 3 样株 Sample tree No.3		第 4 样株 Sample tree No.		第 5 样株 Sample tree No.5	
	生材材积 Green Volume (cm³)	全干重 Oven-dry weight (g)	生材材积 Green Volume (cm³)	全干重 Oven-dry weight (g)	生材材积 Green Volume (cm³)	全干重 Oven-dry weight (g)	生材材积 Green Volume (cm³)	全干重 Oven-dry weight (g)	生材材积 Green Volume (cm³)	全干重 Oven-dry weight (g)
18									45 414	12 122
17									49 507	13 209
16									46 715	12 404
15									52 141	12 411
14									50 425	13 261
13							53 953	14 623	43 224	11 507
12	25 535	6 165.2	48 774	12 704	31 038	7 423.2	51 927	13 988	37 373	11 097
11	29 347	7 124.8	45 719	12 014	28 912	6 961.3	39 210	10 592	42 161	10 879
10	27 725	6 443	40 453	10 542	20 806	5 170	40 550	10 723	36 309	9 166.5
9	36 689	8 467.9	51 664	13 653	38 119	8 922.5	29 341	9 558.7	42 781	10 473
8	21 371	5 311	45 906	11 808	29 652	6 921.1	30 468	8 111.8	35 621	8 883
7	26 534	6 243.5	40 818	10 183	33 937	7 669.3	23 196	6 505.2	35 834	8 803.5
6	24 212	5 669.5	27 137	6 876	37 082	8 643.7	16 634	4 640.3	25 841	6 704.2
5	19 973	4 742.4	27 197	6 882.9	26 828	6 212	8 945.8	2 004.2	19 630	5 040.9
4	13 142	3 411.2	17 922	4 764.2	21 841	5 108.7	4 555.1	1 404.5	13 305	3 612.2
3	4 336.2	1 265.3	6 945.6	2 001.6	7 796.8	2 095.2	1 661.2	583.65	6 161.5	1 662.3
2	1 186.9	364.25	1 515.2	501.03	1 679.8	476.87	352.87	137.33	1 157.8	353.23
1	54.04	16.75	45.18	14.013	47.67	13.971	57.503	24.669	50.37	15.392
Σ	230 105	55 225	354 096	91 944	277 739	65 618	300 851	82 896	583 651	151 604

19 根、枝和主茎次生木质部发育变化的比较

本章图示概要

同一样树根、枝和主茎相当部位(年轮数相同或相近)间径向变化的比较

第一类 *X* 轴——径向生长树龄

在管胞长度及宽度上的对比

图 19-1 三种针叶树(云杉、冷杉和杉木)根材和主茎

图 19-2 马尾松第 4 样树根材、枝材和主茎

图 19-3 落叶松枝材和主茎

第二类 *X* 轴——径向生长树龄

在基本密度上的对比

图 19-4 二种针叶树(马尾松和冷杉)根材和主茎

图 19-5 落叶松枝材和主茎

第三类 *X* 轴——径向生长树龄

根材、枝材和主茎在年轮宽度变化上的对比

图 19-6 落叶松

图 19-7 冷杉

图 19-8 云杉

图 19-9 马尾松

图 19-10 杉木

第四类 *X* 轴——径向生长树龄

根材、枝材和主茎在晚材率变化上的对比

图 19-11 落叶松

图 19-12 云杉

图 19-13 马尾松

图 19-14 冷杉

本章用表概要

根、枝和主茎在次生木质部发育上的比较

表 19-1、表 19-2　五种针叶树同一样树根、枝和主茎相同径向生长树龄(横截面上年轮数相等或相近)期间构建部位的管胞长度

表 19-3、表 19-4　五种针叶树同一样树根、枝和主茎相同径向生长树龄(横截面上年轮数相等或相近)期间构建部位的管胞直径

表 19-5　五种针叶树同一样树根、枝和主茎相同径向生长树龄(横截面上年轮数相等或相近)期间构建部位的管胞长宽比

表 19-6、表 19-7　五种针叶树同一样树根、枝和主茎相同径向生长树龄(横截面上年轮数相等或相近)期间构建部位的基本密度

表 19-8　五种针叶树同一样树根、枝和主茎相同径向生长树龄(横截面上年轮数相等或相近)期间构建部位的鞘层平均厚度

表 19-9　五种针叶树同一样树根、枝和主茎相同径向生长树龄(横截面上年轮数相等或相近)期间构建部位的晚材率

本章实验结果附表(原始数据)概要

根、枝和主茎在次生木质部发育上的比较

附表 19-1　五种针叶树根、枝和主茎在相同径向生长树龄(横截面上年轮数相等或相近)期间构建部位的管胞长度

附表 19-2　五种针叶树根、枝和主茎在相同径向生长树龄(横截面上年轮数相等或相近)期间构建部位的管胞直径

附表 19-3　五种针叶树根、枝和主茎在相同径向生长树龄(横截面上年轮数相等或相近)期间构建部位的基本密度

附表 19-4　五种针叶树根、枝和主茎在相同径向生长树龄(横截面上年轮数相等或相近)部位的四向年轮平均宽度

附表 19-5　四种针叶树根、枝和主茎在相同径向生长树龄(横截面上年轮数相等或相近)部位的晚材率

摘　　要

主茎与主根源自种子中相连的胚芽、胚根，枝萌自着生主茎部位的原分生组织。侧枝在大枝上着生与侧根在主根上萌生机理与上基本相同。根、枝与主茎同有逐年的次生生长，它们次生木质部各年鞘层的木质输导组织是相连和相通的。任一活枝、活根和主茎次生木质部的各层木质鞘生成时树龄都是确定的，并是可知的。本项目首次在与主茎比较中进行根、枝次生木质部发育研究。

在五树种各多株每一样树上进行根、枝随机样段的截取，并分别与相近生成树龄的主茎部位相比较。测定的性状有管胞形态(长、宽度和长宽比)、木材基本密度、年轮宽度和晚材率。根、枝各性状的测定是在样段上、下两截面(片)上进行。根、枝材年轮甚窄，难于取样，根、枝管胞形态及木材基本密度的测定只能依据年轮或数年轮区间。把含数个年轮样品的测定结果看做是它们性状的平均值。鞘层厚度和晚材率在螺旋放大测定仪下进行逐轮测定。附表 19-1~附表 19-5 给出了根、枝材和一一对应的主茎性状计算

数据。主茎测定结果是依据对应根、枝实际取样年轮部位进行加权平均求得。

结果表明：①根、枝生成过程中存在着与主茎类别相同的性状变化。根、枝性状变化在单株样树内同样是有序的，并在种内株间具有相似性。根、枝次生木质部构建中存在着与主茎相同性质的发育现象。②根、枝和主茎次生木质部逐年生成过程相同。研究根、枝次生木质部发育过程须采用与主茎生长相同的两向生长树龄。③与主茎比较是研究根、枝发育过程的可取方法。

种内多株样树根、枝的随机样段可用于观察遗传性，但这不同于在单株样树上进行不同树龄萌发的根、枝次生木质部在而后生长中发育变化的研究。本章是针叶树根、枝次生木质部发育研究的初探，取得的初步成果和建立的方法对根、枝进一步研究具有参考作用。

树木是种子植物中具次生生长的类别。树木在构造上具有根、茎(主茎、枝)、叶、花、果实和种子六种器官。六种器官在树木生存上具有同等重要性。主根、主茎中已连续生成的次生木质部和髓在个体生存中始终存在，而其他器官或组织在不断更替。次生生长只发生在根、枝和主茎。

生殖器官(花、果实和种子)分化程度比营养器官高，它们的发育过程表现在程序性先后发生的不同细胞和组织类别之间，并具有保守性较高的特点。生活史上，花、果实和种子是树木生命延续的环节，由此使它们更受到学术的关注。

次生木质部发育是根、茎(主茎和枝)器官中一直在进行着的局部发育过程。这一过程在树木整体和自身生命中才得以持续。树木中的木材部位是在次生木质部发育过程中形成。

19.1 根、枝和主茎的发育过程

根、枝和主茎的发育是各自在树木生命中发生和在结构上的变化过程。它们发育过程中的环节有相同、也有相异。

19.1.1 初生生长中的相异和次生生长中的相同

5.1.4 节对树木主茎的构建及发育和 5.1.5 节对根、枝的发生及发育，已从发育研究观点引述了植物学方面的成果。本书重视其中结构上的规律变化。这些变化是树木生命中根、枝和主茎的发生和发展过程。

初生生长和次生生长在根、枝和主茎生命中同时都持续进行着。初生生长是高生长，限于发生在它们当年生成的前端部位；在与这一部位相通的下方，初生生长停止部位开始次生生长，即直径生长。次生生长起始在当年高生长新生成的部位，单纯初生生长只在直径生长发生前的顶端高度区间。初生生长和发育区段随高生长在不断向上移动中，位置一直保持在顶端，范围仍限于当年次生生长未发生部位；而次生生长发育区段高度随高生长树龄在不断向前扩展中，其高度范围是根、枝或主茎除顶端初生生长区域的全高。次生木质部发育进行的水平区间一直随径向生长树龄在向外推移并保持在外围。两类生长的转换是发生在根、枝和主茎前端它们无间隙的相连处。转换表明它们分别具有独立性的特征，相连又表明它们存在着整体中部分间的紧密关系。

根、枝和主茎相通的发生和方式：①主根和主茎在种子萌发中同时发生，它们的初生组织各部分都是相通的；②侧根发生自主根外缘的中柱鞘(初生永久组织)；③侧枝初始都发生在与主茎或前一级分枝顶芽(原分生组织)相连的初生分生组织部位。侧根和侧枝分别与着生的根、茎部位髓心相连。这意味着相连的两部分是同时发生。主根、枝和主茎在生长上的相连使它们成为贯通的整体结构。

根和主茎分别位于地平上、下，枝和主茎功能不尽相同，它们的发育过程(结构变化)不可能完全一致。同一树株根、枝和主茎发育的差别集中表现在初生生长阶段细胞层次上，而次生生长过程生成的细胞类别相同。就发育在细胞类别变化上比较，初生生长要比次生生长复杂得多。

根、枝和主茎逐年次生生长生成的相同类别细胞的数量和形态有差别，表明三者在次生生长相同的宏观过程中，发育却存在着微观差异。

19.1.2 进行同一样树根、枝和主茎次生木质部发育变化比较研究的生物学条件

树木生长中不断生成侧根和侧枝。活根与主根着生部位的形成层、活枝与主茎着生部位的形成层、主茎与主根的形成层是相连无间的一体。它们各自同时开始生成所在部位的次生木质部。根、枝和着生部位主根、主茎次生木质部横截面的年轮数相同，其外圈年轮的生成树龄与树木生长树龄相同。

在根、枝材与主茎年轮数相同横截面间进行自外向内相同年轮序数样品性状测定结果的比较，即可符合同龄期发育变化的要求。本项目发现，这是根、枝和主茎次生木质部发育研究可利用的重要树木生物学特点。

19.2 取样、测定和比较

19.2.1 取样

随机在同一样树取活根、活枝各一，在样根、样枝高向上、下相距不足 1m 处分别取横截圆盘。样品圆盘除须标记树种和株别外，还须标记根(上)、(下)或枝(上)、(下)。

根据样树采伐树龄，确定出根、枝样品圆盘自外向内逐个年轮的生成树龄。

年轮宽度直接在样品圆盘上测出。管胞长、宽度和基本密度测定须在样品圆盘上逐个年轮或数轮合并取小样。

19.2.2 测定

采用与主茎相同的实验方法，测定根(上)、(下)及枝(上)、(下)圆盘逐个年轮或数轮合并的管胞长、宽度和基本密度。

年轮宽度在螺旋放大测微仪下测定，对少数虽能分辨年轮数但难于测出年轮宽度的区间取数轮平均值。对根、枝能分辨早、晚材树种，测定逐轮两部分宽度。

19.2.3 数据处理

附表 19-1 至附表 19-5，根、枝材与相比较的同一样树主茎圆盘年轮数相等或相近。全部主茎数据都另按根、枝样品年轮组合的生成树龄重新进行加权平均，以便于比较。

19.2.4 发育变化的文字描述

对年轮宽度和一些数据较多的其他性状测定结果都仍用曲线方式来表达发育变化。但对数年轮合并的试样，即测定数据少的测定结果，只得用文字来描述变化。

对根、枝和主茎年轮数相当取样部位横截面性状值随径向生长树龄变化采用的描述用语：上增下减、上减下增、同增、同减(上、下、同三字是表示同一样根、样枝上、下圆盘；增、减变化方向与自髓心径向生长树龄向外逐增相同)。

对根、枝和主茎高向上、下部位横截面性状平均值间差异的文字描述：上增、上减、略等(同一根、枝或主茎两圆盘间比较的方向是以下方圆盘平均值为基数，上增或上减都是表示向上的变化)。除文字外，还分别列出根、枝和主茎上、下两圆盘性状平均值；并在根、茎或枝、茎两栏间的下方用＋、－数字分别列出它们间增、减的百分率 [(根、枝上、下两圆盘性状平均值－主茎年轮数相当两圆盘性状平均值)/主茎年轮数相当两圆盘性状平均值]。

19.2.5 局限

次生木质部发育相随的时间是树茎两向生长树龄。本项目同一样树根、枝与相比较主茎的横截面年轮数相同或相近。这表明相比较的根与主茎横截面间或枝与主茎横截面间的两向生长树龄相同或相近。

受根、枝取样样段生成树龄差异的局限，只能在根与主茎间和枝与主茎间分别进行发育趋势的比较，而不能在根、枝的同龄期发育变化间进行直接比较；并只能从同一根、枝不同高度两横截面(片)性状平均数的差值来分析各自沿材高方向上发生的变化。

受同样限制，在种内株间或种间进行根、枝和主茎发育关系比较中，本章实验结果只具有参考效果，而不具直接的比较作用。

19.3 根、枝和主茎次生木质部管胞长度发育变化的比较

19.3.1 根、枝和主茎次生木质部管胞长度随径向生长树龄变化的趋势

如表 19-1 所示，五树种根、枝和主茎在相同或相近生长树龄生成的材段上、下横截面(片)上管胞长度随径向生成树龄(水平方向)的发育变化趋势。主茎全部取样横截面(片)的管胞长度的径向变化都为增长。枝材管胞长度在横截面(片)上的趋势除个别外，也都为增长。根材的变化趋势：冷杉 4 样树都为增长；落叶松、云杉、杉木共 11 样树根材横截样面 22 片中 6 片为缩短；马尾松根材二横截片为同增长后同转缩短。可认为，根、枝和主茎取样横截片管胞长度随径向生成树龄变化的一般趋势为增长。

表 19-1 五种针叶树同一样树根、枝和主茎样段上、下横截面(片)管胞长度随径向生长树龄发育变化的趋势

Table 19-1 Developmental change tendencies of tracheid length with diameter growth age in upper and lower cross section of sample segments of root, branch and stem within the same sample tree of five coniferous species

树 种 Species	株别 Ordinal numbers of sample tree	根与主茎 Comparison between root and stem				枝与主茎 Comparison between branch and stem			
		树木生长龄期 Period of tree growth ages	根 Root	树木生长龄期 Period of tree growth ages	主茎 Stem	树木生长龄期 Period of tree growth ages	枝 Branch	树木生长龄期 Period of tree growth ages	主茎 Stem
落叶松 Dahurian larch	1	18~31	I	19~31	I	15~31	I	16~31	I
		17~31	I	16~31	I	14~31	I		
	2	10~31	I	10~31	I	13~31	I	12~31	I
		8~31	D	7~31	I	13~31	I		
	5	9~31	I	10~31	I	13~31	I	12~31	I
		6~31	D	5~31	I	11~31	I		
冷 杉 Faber fir	1	9~24	I	10~24	I	20~24	I	20~24	I
		7~24	I	5~24	I	16~24	I	16~24	I
	3	9~24	I	9~24	I	15~24	I	16~24	I
		5~24	I	5~24	I	13~24	I	13~24	I
	5	18~24	A	18~24	A	14~24	I	14~24	I
		16~24	I	15~24	I	12~24	I	12~24	I
	6	15~30	I	15~30	I	22~30	I	23~30	I
		12~30	I	12~30	I	21~30	I	21~30	I
云杉 Chinese spruce	1	13~23	I	13~23	I	16~23	I	16~23	I
		10~23	I	10~23	I	16~23	D		
	2	17~23	D	17~23	I	16~23	I	16~23	I
		16~23	D	16~23	I	15~23	I		
	3	7~23	I	7~23	I	15~23	I	16~23	I
		4~23	I	5~23	I	13~23	I	13~23	I
马尾松 Masson's pine	4	6~37	曲线 Carving ⌒	6~37	I	28~37	I	27~37	I
		5~37		5~37	I	27~37	I		
						24~37	⌒		
杉 木 Chinese fir	1	8~12	A	8~12	A	9~12	I	9~12	I
		2~12	D	2~12	I	7~12	I	6~12	I
	2	6~12	I	6~12	I	9~12	A	9~12	A
		3~12	I	3~12	I	8~12	I	8~12	I
	3	7~12	A	7~12	A	10~12	I	10~12	A
		4~12	I	4~12	I	8~12	I	8~12	I
	4	9~13	A	9~13	A	11~13	A	11~13	A
		4~13	D	4~13	I	9~13	I	9~13	I
	5	5~18	I	5~18	I	16~18	A	16~18	A
						15~18	I	15~18	I
		4~18	I	4~18	I	14~18	I	14~18	I

依据附表 9-1~附表 9-5 和附表 19-1 Based on appendant table 9-1 ~9-5 and appendent Table 19-1

注：(1) 在同一样树内相比较的根和主茎或枝和主茎的生长树龄段是分别相同或相近。(2) I (increase)和 D(decrease)分别代表管胞长度在取样横截片内随径向生长树龄的水平变化是增长或缩短。(3) A 表示受数据量限制不能察出变化。

Note: (1) The growth periods of root or branch and their comparative stem are respectively the same or approximate. (2) I (increase) and D(decrease) represent the horizontal change of tracheid length with diameter growth age in cross sample section is respectively increase or decrease. (3) A indicates that the change does not been seen because limited data quantity.

19.3.2 根、枝和主茎样段上、下横截面(片)间管胞平均长度的发育差异

表 19-2 五种针叶树同一样树根、枝和主茎样段上、下横截面(片)管胞长度平均值差异的发育变化

Table 19-2 Developmental change of differencin mean tracheid length between upper and lower section of sample segments of root, branch and stem within the same sample tree of five coniferous species

树种 Species	株别 Ordinal numbers of sample tree	根与主茎同生长龄期样段管胞平均长度的比较 Comparison of mean tracheid length between root and stem segments formed during the same or approximate tree age period					枝与主茎同生长龄期样段管胞平均长度的比较 Comparison of meantracheid length between branch and stem segments form eddduringthe same or approximate tree age period				
		根段平均值(μm) Mean of root segment 变化 Change(%)(Note1,2)	根段平均值(μm)	茎段平均值(μm) Mean of stem segment 变化 Change(%)	茎段平均值(μm)	差值百分率 Differencepercentage(%)(Note3)	枝段平均值(μm) Mean of branch segment 变化 Change(%)	枝段平均值(μm)	茎段平均值(μm) Mean of stems egment 变化 Change(%)	茎段平均值(μm)	差值百分率 Differencepercentage(%)
落叶松 Dahurian larch	1	D (5.96)	4234	D (19.95)	2686	+57.63	I (25.47)	1992	O	2791	−28.63
	2	D (6.56)	3467	D (1.10)	2890	+19.76	I (31.54)	1678	O	2764	−39.29
	5	I (3.80)	3220	I (1.33)	2960	+8.78	I (40.65)	1738	O	2730	−36.34
	合计		3638		2845	+28.72		1798		2776	−34.75
冷杉 Faberfir	1	I (12.77)	2807	D (6.71)	2535	+10.73	I (6.09)	1691	D (18.84)	2429	−30.38
	3	I (14.63)	2978	I (2.68)	2417	+23.21	I (6.86)	1554	D (5.61)	2373	−34.49
	5	I (21.83)	2632	D (7.23)	2308	+14.04	I (19.24)	1909	D (5.92)	2378	−19.72
	6	D (3.96)	3560	I (1.03)	2540	+40.16	I (23.37)	1506	D (5.01)	2354	−36.00
	合计		2994		2450	+22.04		1665		2384	−30.15
云杉 Chinese spruce	1	I (10.44)	2148	D (4.23)	2536	−15.28	I (22.18)	1653	O	1955	−15.45
	2	I (20.44)	1944	O	2122	−8.39	I (16.65)	1783	O	2076	−14.11
	3	I (14.02)	2390	I (0.002)	2820	−15.23	I (26.14)	1882	D (8.67)	2438	−22.81
	合计		2161		2493	−12.97		1773		2156	−17.46
马尾松 Masson's pine	4	D (4.05)	4521	D (0.002)	4174	+8.31	I (7.39)	2249	O	2443	−7.93
杉木 Chinese fir	1	I (60.48)	4133	D (4.34)	2906	+42.22	I (20.29)	1906	D (9.48)	2814	−32.27
	2	I (19.57)	3809	D (9.48)	3187	+19.53	I (8.99)	2011	D (16.81)	2484	−19.04
	3	I (52.43)	3688	D (8.68)	2953	+24.89	I (15.37)	1815	D (26.59)	2491	−27.14
	4	I (66.73)	4000	D (6.77)	2795	+43.11	I (27.10)	1802	D (19.05)	2361	−23.66
	5	I (7.11)	4413	I (0.007)	3678	+19.98	I (13.04)	1860	I (0.43)	2933	−36.58
	合计		4009		3104	+29.95		1879		2617	−27.74

依据附表 9-1~附表 9-6 和附表 19-1 Based on appendant table 9-1~9-6 and appendent Table 19-1

注：(1) 变化栏 I (increase)和 D(decrease)分别代表同一样段上、下横截片管胞长度平均值的变化趋势(由下至上)，I 示增长、D 示变短；O 系同一横截片，不存在随高生长的变化。(2) 变化栏 I (increase)或 D(decrease)的下方用括号记入同一样段上、下横截面平均数间的变化率。(3) 差值百分率分别是根或枝段管胞长度平均值较相比的主茎段增长(+)或缩短的百分数(%)。

Note: (1) I (increase) and D (decrease) in change collumn represent change tendency of differences in mean tracheid length between upper and lower cross section of the same segment (from lower to upper);O indicates that it is an only section ,there is not difference change from height growth. (2) Change(%) between the average of upper and lower section is recorded under I (increase) or D(decrease) in change collumn. (3) Difference percentage is the percent of difference in mean tracheid length between root or branch and stem ,sign(+)、(−)indicates that the mean tracheid length of root or branch segment is longer or shorter than that of stem.

如表 19-2 所示，五树种根、枝和主茎各同一样段上、下横截面(片)管胞长度平均值间的发育差异。主茎 25 样段中 20 样段管胞长度向上都为缩短；枝材 16 样段管胞长度向上均为增长；根材云杉 3 样段、杉木 5 样段向上均为增长，落叶松 3 样段中 2 样段、冷杉 4 样段中 3 样段同为增长。以上表明：根和枝样段上、下横截面管胞的平均长度沿材高方向发育变化的一般趋势为增长，而主茎为缩短。

如表 19-2 所示，五树种全部枝材样段管胞平均长度小于两向生长树龄相当的主茎样段(树种差值百分率绝对值：落叶松＞冷杉＞杉木＞云杉＞马尾松)；根材样段管胞平均长度除云杉全部小于主茎外，其他四树种均大于主茎(树种差值百分率绝对值：落叶松＞杉木＞冷杉＞云杉＞马尾松)。

马尾松同一样树中，与根、枝相比较的主茎两样段的生长龄段一长一短，二样段间管胞长度相差约达 70%。本实验同样树根、枝样段都为随机取样，这对实验结果存在很大影响。树种平均值在结果分析中有样段生成树龄差别的影响作用。

除云杉外，其他四树种主茎管胞较根材短，而较枝材长。符合这一特点的同一树种根、枝管胞长度较主茎长、短的正负百分率绝对值之和，是根和枝材间管胞长度相差的百分率(如表 19-2 所示，落叶松＞杉木＞冷杉＞马尾松)。云杉根、枝材管胞长度均较相比较的主茎部位短，根、枝材间管胞长度相差百分率则是它们绝对值之差，仅约为 4.49%。

19.4 根、枝和主茎次生木质部管胞宽度发育变化的比较

19.4.1 根、枝和主茎次生木质部管胞宽度随径向生长树龄变化的趋势

如表 19-3 所示，主茎全部取样横截面(片)管胞宽度除由于受数据量限制不能确定随径向生成树龄变化的 8 样片和上凸 1 片外，其他 51 样片都为增宽。枝材管胞宽度测定 34 样片，其中不能察出变化 4 片、宽度变窄 7 片、上凸 1 片外，增宽占 65%。根材横截样片数与枝材同，其中不能察出变化 6 片、宽度变窄 6 片、上凸 4 片外，增宽占 53%。

不能察出变化的样片，并非表明管胞宽度不存在变化。如把这部分样片不列入统计，那主茎横截片管胞宽度随径向生长树龄的变化趋势全部为增宽；枝、根管胞宽度增宽分别为 70%和 64%。可认为，根、枝和主茎取样横截片管胞宽度随径向生长树龄变化的一般趋势为增宽，与管胞长度的变化趋势相同。

19.4.2 根、枝和主茎样段上、下横截面(片)间管胞平均宽度的发育差异

如表 19-4 所示，五树种根、枝和主茎各同一样段上、下横截面(片)管胞宽度平均值间的发育差异。主茎 25 样段中 18 段(72%)沿材高向上管胞宽度都为变窄，而 4 增宽样段两截面管胞宽度平均值相差额都在 3%以内。枝材 16 样段中 15 段(94%)沿材高向上管胞宽度均为增宽。根材沿生长延伸方向杉木 5 样段、云杉 2 样段管胞宽度均为增宽，落叶松 3 样段中 2 样段、冷杉 4 样段中 3 样段同为增宽(落叶松、冷杉各仅 1 样段变窄，但两截面管胞宽度平均值仅差 2%)。以上表明：根、枝样段上、下横截面管胞平均宽度沿材高方向发育变化的一般趋势同为增宽。而相同生长树龄主茎材段的变化是趋窄。

表 19-3　五种针叶树同一样树根、枝和主茎样段上、下横截面(片)管胞宽度随径向生长树龄发育变化的趋势

Table 19-3　Developmental change tendencies of tracheid diameter with diameter growth age in upper and lower cross section of sample segments of root, branch and stem within the same sample tree of five coniferous species

树　种 Species	株别 Ordinal numbers of sample tree	根与主茎 Comparison between root and stem				枝与主茎 Comparison between branch and stem			
		树木生长龄期 Period of tree growth ages	根 Root	树木生长龄期 Period of tree growth ages	主茎 Stem	树木生长龄期 Period of tree growth ages	枝 Branch	树木生长龄期 Period of tree growth ages	主茎 Stem
落叶松 Dahurian larch	1	18~31	I	19~31	I	15~31	I	16~31	I
		17~31	I	16~31	I	14~31	I		
	2	10~31	A	10~31	I	13~31	I	12~31	I
		8~31	D	7~31	I	13~31	I		
	5	9~31	I	10~31	I	13~31	I	12~31	I
		6~31	I	5~31	I	11~31	I		
冷　杉 Faber fir	1	9~24	I	10~24	I	20~24	I	20~24	I
		7~24	I	5~24	I	16~24	I	16~24	I
	3	9~24	I	9~24	I	15~24	I	16~24	I
		5~24	I	5~24	I	13~24	I	13~24	I
	5	18~24	A	18~24	A	14~24	I	14~24	I
		16~24	I	15~24	I	12~24	I	12~24	I
	6	15~30	I	15~30	I	22~30	I	23~30	I
		12~30	I	12~30	I	21~30	I	21~30	I
云杉 Chinese spruce	1	13~23	I	13~23	I	16~23	D	16~23	I
		10~23	I	10~23	I	16~23	.I		
	2	17~23	D	17~23	I	16~23	A	16~23	I
		16~23	D	16~23	I	15~23	D	15~23	I
	3	7~23	D	7~23	I	15~23	I	16~23	I
		4~23	I	5~23	I	13~23	D	13~23	I
马尾松 Masson's pine	4	6~37	曲线 Curving ⌢	6~37	I	28~37	I	27~37	I
		5~37	曲线 Curving ⌢	5~37	I	27~37	I		
						24~37	⌢		
杉　木 Chinese fir	1	8~12	A	8~12	A	9~12	D	9~12	I
		2~12	D	2~12	I	7~12	I	6~12	I
	2	6~12	A	6~12	I	9~12	A	9~12	A
		3~12	I	3~12	I	8~12	I	8~12	I
	3	7~12	A	7~12	A	10~12	I	10~12	A
		4~12	I	4~12	I	8~12	I	8~12	I
	4	9~13	A	9~13	A	11~13	A	11~13	A
		4~13	⌢	4~13	I	9~13	D	9~13	⌢
	5	5~18	⌢	5~18	I	16~18	A	16~18	A
		4~18	D	4~18	I	15~18	D	15~18	I
						14~18	D	14~18	I

依据附表 10-1~附表 10-5 和附表 19-2　Based on appendent table 10-1~10-5and appendent table 19-2

注：与表 19-1 同。

Note:The same as table 19-1.

表 19-4　五种针叶树同一样树根、枝和主茎样段上、下横截面(片)管胞宽度平均值差异的发育变化

Table 19-4　Developmental change of differencein mean tracheid diameter between upper and lower section of sample segments of root , branch and stem within the same sample tree of five coniferous species

树种 Species	株别 Ordinal numbers of sampletree	根与主茎同生长龄期样段管胞平均宽度的比较 Comparison of mean tracheid diameter between root and stem segments formed during the same or approximate tree age period：根段平均值(μm) Mean of root segment 变化 Change(%) (Note1.2)		茎段平均值(μm) Mean of stem segment 变化 Change(%)		差值百分率 Difference percentage(%)(Note3)	枝与主茎同生长龄期样段管胞平均宽度的比较 Comparison of mean tracheid diameter between branch and stem segments formed during the same or approximate tree age period：枝段平均值(μm) Mean of branch segment 变化 Change(%)		茎段平均值(μm) Mean of stem segment 变化 Change(%)		差值百分率 Difference percentage(%)
落叶松 Dahurian larch	1	I (4.92)	63	D (4.44)	44	+43.18	I (21.43)	31	O	42	−26.19
	2	D (1.89)	53	D (2.22)	45	+17.78	I (6.45)	32	O	40	−20.00
	5	I (8.16)	51	Unseen	41	+24.39	I (11.11)	29	O	44	−34.09
	合计		56		43	+28.45		31		42	−25.09
冷杉 Faber fir	1	I (22.5)	45	I (2.94)	35	+28.57	I (3.57)	29	I (2.86)	36	−19.44
	3	I (9.52)	44	D (5.13)	38	+15.79	I (8.33)	25	D (2.63)	38	−34.21
	5	I (18.42)	42	D (13.16)	36	+16.67	I (7.69)	27	D (2.63)	38	−28.95
	6	D (2.00)	50	D (2.63)	38	+31.58	I (13.64)	24	Unseen	35	−31.43
	合计		45		37	+23.15		26		37	−28.51
云杉 Chinese spruce	1	Unseen	36	D (6.52)	45	−20.00	I (8.00)	26	O	38	−31.58
	2	I (10.71)	30	O	42	−30.00	I (4.17)	25	O	41	−39.02
	3	I (12.12)	35	I (2.22)	46	−23.91	I (12.00)	27	D (4.44)	44	−38.64
	合计		34		44	−24.64		26		41	−36.41
马尾松 Masson's pine	4	D (4.35)	45	Unseen	48	−0.06	I (5.71)	36	O	41	−0.12
杉木 Chinese fir	1	I (40.43)	57	D (4.08)	48	+18.75	I (28.00)	29	D (16.00)	46	−39.96
	2	I (21.28)	52	D (6.00)	49	+0.06	Unseen	30	D (10.20)	47	−36.17
	3	I (24.39)	46	D (1.96)	51	−0.10	I (19.23)	29	D (12.00)	47	−38.30
	4	I (57.78)	58	D (4.08)	48	+20.83	I (16.00)	27	D (14.29)	38	−28.95
	5	I (3.85)	53	D (1.85)	54	+0.02	I (6.99)	26	I (0.06)	44	−40.91
	合计		53		50	+7.91		28		44	−36.86

依据附表 10-1~附表 10-6 和附表 20-2　Based on appendent table 10-1~10-6 and appendent table 20-2

注：(1)~(3)与附表 19-2 同；(4) unseen 表示两取样圆盘测定值相同。

Note: (1)~(3) are all the same as table 19-2; (4) unseen indicates that the measured results of two sampling discs are equal.

如表 19-4 所示，五树种全部枝材样段管胞平均宽度小于两向生长树龄相当的同一样树主茎样段(五树种主茎与枝材差值百分率绝对值：杉木≈云杉＞冷杉＞落叶松＞马尾松)；根材样段管胞平均宽度除云杉全部小于主茎外，落叶松、冷杉样段均大于主茎，杉木 4 样段大于主茎(三树种主茎与根材差值百分率绝对值：落叶松＞冷杉＞杉木。这一序列与枝、茎间差值正相反)。

同一样树根和主茎管胞宽度发育差异的表现中，云杉 3 样树均较主茎窄，马尾松与主茎几乎相当，杉木稍宽。这三树种根和主茎管胞宽度的差异特点与落叶松、冷杉不同。

如某树种主茎管胞宽度较根材窄，较枝材宽，符合这一特点的同一树种同一样树根、枝管胞宽度较主茎长、短的正负百分率绝对值之和，是根、枝间管胞宽度相差的百分率(如表 19-4 所示，落叶松＞冷杉＞杉木)。云杉根、枝材管胞宽度均较主茎窄，根、枝间管胞宽度相差百分率则是它们绝对值之差，为 11.77%。马尾松根、枝管胞宽度与主茎差别的特点与云杉同，而且两相差的绝对值均甚小，根、枝管胞宽度相差仅约为 0.06%。

19.5 根、枝和主茎管胞长、宽度发育变化的图示

受实验取样限制，只能对根、枝和主茎管胞长、宽度发育变化的部分结果给出图示。这类图示横坐标是年轮生成树龄，曲线延伸方向是性状随径向生长树龄的变化；图中多条曲线分别代表根和主茎或枝和主茎，以及它们的不同高度。由图中根(R)、枝(B)和主茎(S)各曲线后随的数字，可分辨出在同一样段上它们所代表的横截面上、下位置间的关系。

同一页面图示的纵坐标比例近于相同，在树种间可进行性状变化的比较；但横坐标只在树种内相同，仅适用于种内样株间比较。

如图 19-1 所示，三种针叶树同一样树根材与主茎相当部位间在管胞长、宽度径向变化上的对比。上两节已针对根材和主茎管胞长、宽发育变化间的关系给出了分析，其中结论：①根和主茎管胞长、宽度随径向生长树龄变化的一般趋势同为增大(图示符合这一结论显示的曲线方向是上扬)；②根材管胞长、宽度均较同一样树同龄生成茎材大(图示中标注 R 的曲线位置较 S 高)，但五种针叶树中云杉情况相反；③同一根材样段上横截片管胞平均长、宽度均较下截面大，主茎情况相反(图中标注 R 和 S 的曲线分别有两条，其位置高、低有规律性差别)。除冷杉第 6 样树外，图 19-1 中曲线都符合上述文字总结(冷杉第 6 样树图示与表 19-2、表 19-4 中变化一栏示出的结果相符)。

如图 19-2 所示，马尾松第 4 样树根、枝与主茎年轮数相当部位间在管胞长、宽度径向变化上的对比。表 19-2、表 19-4 中，该样树根材管胞长度较主茎长 8.31%，枝材较主茎短 7.93%；但根、枝管胞宽度分别仅较主茎窄 0.06%和 0.12%。马尾松根、枝和主茎间的这一差别在五种针叶树中最小。图中管胞长度的 R(根)曲线有较长区段位于 S(主茎)之上，而 B(枝)曲线有较长区段位于 S(主茎)之下；管胞宽度的 R、B 和 S 曲线交织。表中数据是相同或相近生长树龄根、枝和主茎材段两端截片管胞长、宽度的平均值，而图中曲线是平均值中各数据间的变化，两者表达效果不同但相符。

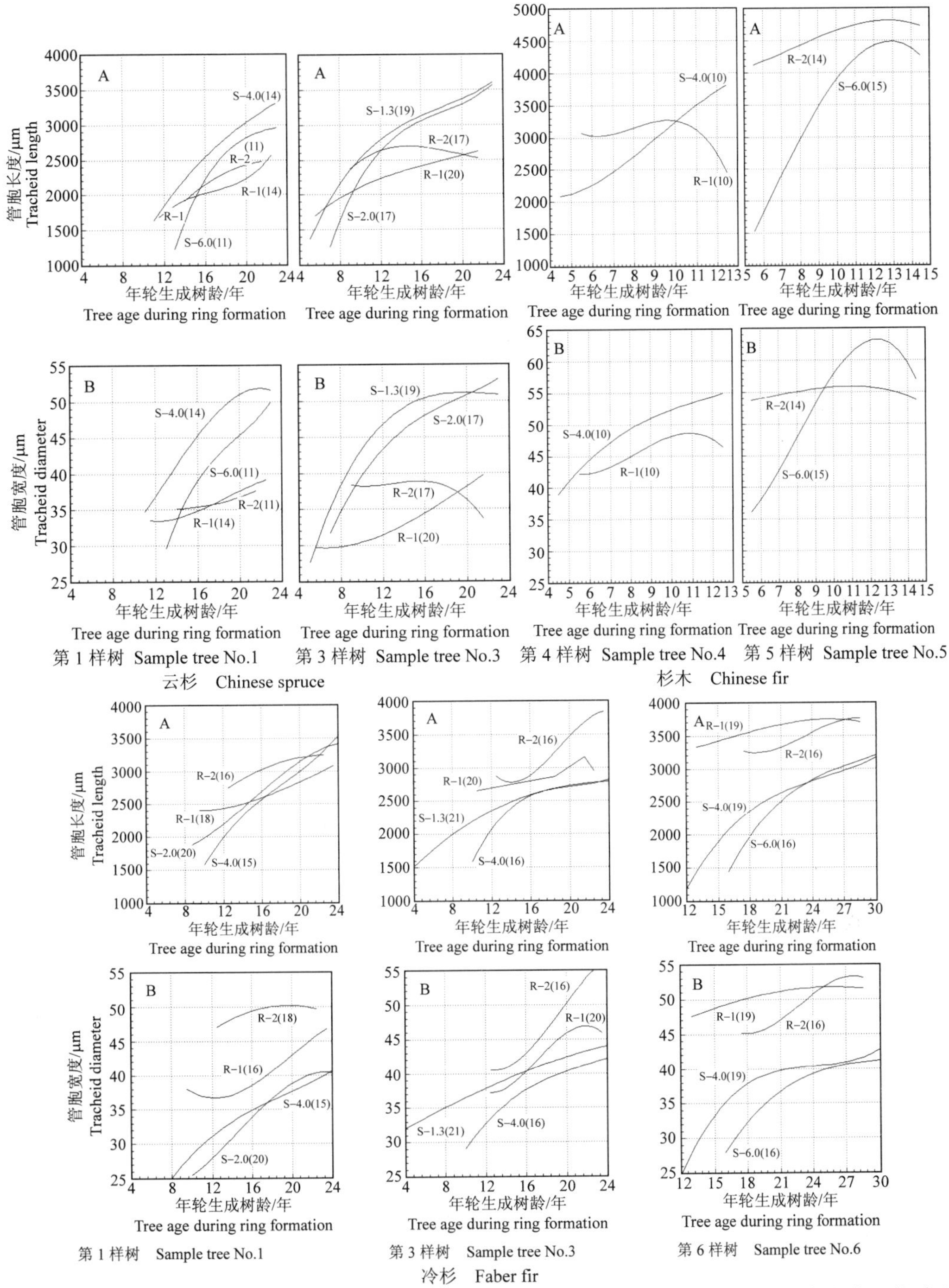

图 19-1 三种针叶树各同一样树根材与主茎年轮数相当部位间在管胞长、宽度径向发育变化上的对比

A. 管胞长度；B. 管胞宽度；图中 S. 主茎，相随数字是取样圆盘高度，m；R. 根材，相随数字 1 或 2 表示取样是在其下或上部分；全部括弧内的数字均是取样圆盘年轮数

Figure 19-1 A comparison on radial developmental change of tracheid length and its diameter between the corresponding positions of root and stem (where ring number is equal or approximate) respectively in the same sample tree of three coniferous species

A. tracheid length; B. tracheid diameter. S. stem, the numbers behind it are the height of every sampling disc in stem, m; R. root, the number 1 or 2 behind it shows the sampling is situated in the lower or upper of it; All the numbers between brackets are the ring number of every sample disc

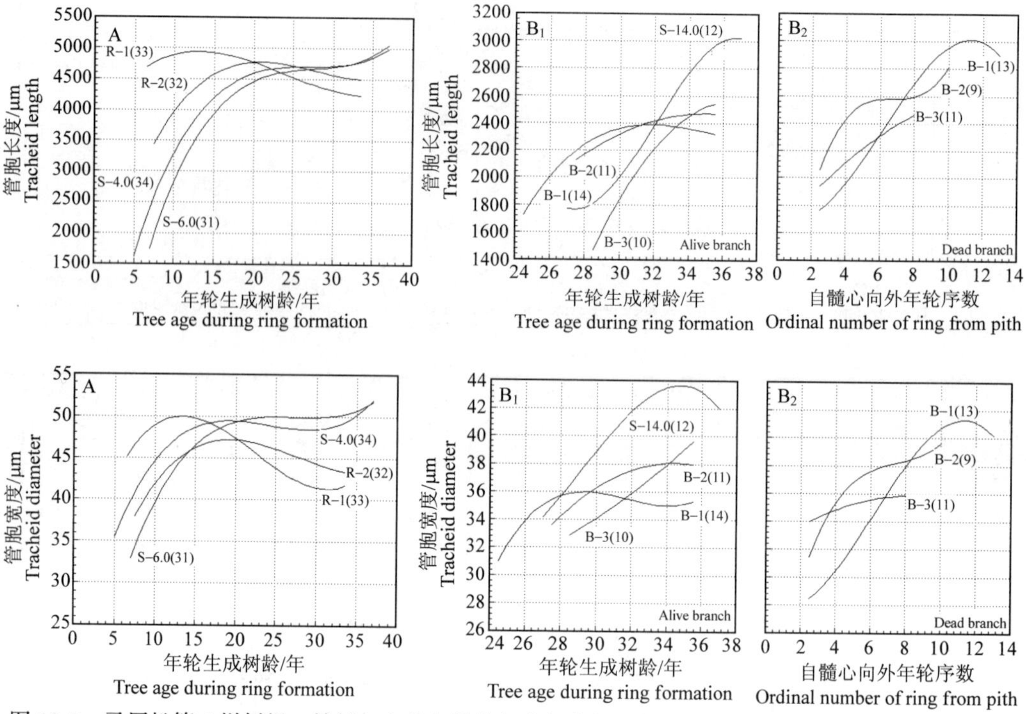

图 19-2　马尾松第 4 样树根、枝材与主茎年轮数相当部位间在管胞长、宽度径向发育变化上的对比

A. 根材与主茎；B. 枝材与主茎；图中 S. 主茎，相随数字是取样圆盘高度，m；R、B. 根材，枝材，相随数字 1、2 或 3 表示取样是在其下、中或上部分；全部括弧内的数字均是取样圆盘年轮数

Figure 19-2　A comparison on radial developmental change of tracheid length and its diameter among the corresponding positions of root , or branch and stem (Where ring number is equal or approximate) in Masson's pine sample tree No.4

A. root and stem; B. branch and stem. S. stem, the numbers behind it are the height of every sampling disc, m; R, B. root and branch , the number 1, 2 or 3 behind them show the sampling is situated in the lower, middle or upper of it; All the numbers between brackets are the ring number of every sample disc

如图 19-3 所示，落叶松两样树枝材与主茎年轮数相当部位在管胞长、宽度径向变化上的对比。附表 19-1、附表 19-2 中，这两样树枝材和主茎管胞长、宽度均随生长的径向生成树龄增大，但枝材管胞长、宽度均较主茎短并窄(表 19-3、表 19-4)。图中落叶松枝和主茎管胞长、宽度随径向生成树龄发育变化曲线均上扬，而 B(枝)曲线在图中的位置均在 S(主茎)之下。

由上述图示可察出，图示能较清楚地反映出发育变化的趋势性，并利于在种内个体间或种间进行对比。如限于取样条件，在难以根据实验数据绘制图示情况下，对平均数据进行分析也可对发育趋势取得一定认识。

附表 19-1、附表 19-2 实验数据中马尾松第 4 样树、杉木第 5 样树列有枯枝管胞长、宽度的测定结果。对枯枝无法确定样段两端横截片各年轮的生成树龄，图 19-2 只能以离髓心年轮数标注它们各年轮的径向位置。这一结果可供察出管胞长、宽度径向变化在样段高度间的差异，但它与性状随两向生长树龄变化的实验结果不同。

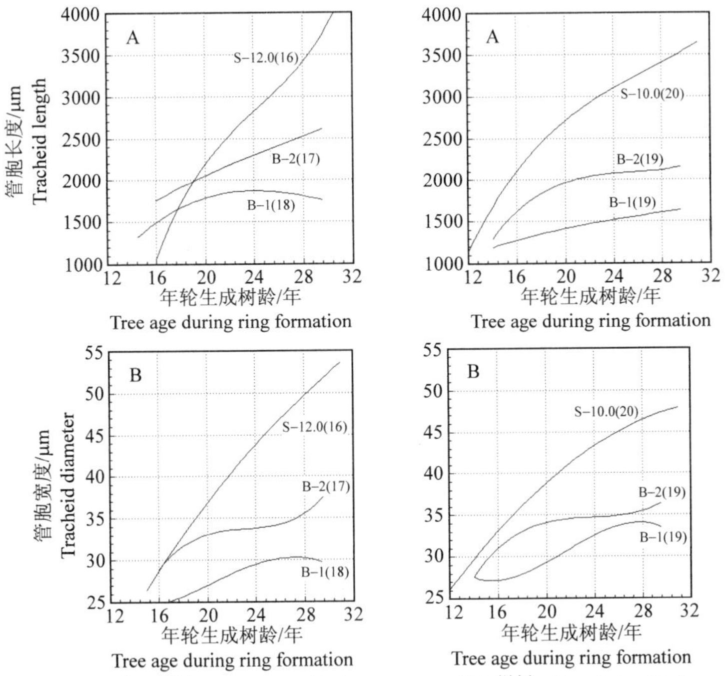

第 1 样树　Sample tree No.1　　第 2 样树　Sample tree No.2

图 19-3　落叶松各同一样树枝材与主茎年轮数相当部位间在管胞长、宽度径向发育变化上的对比

A. 管胞长度；B. 管胞宽度；图示说明与图 19-2 同

Figure 19-3　A comparison on radial developmental change of tracheid length and its diameter between the corresponding positions of branch and stem (where ring number is approximate) respectively in the same tree of Dahurian larch

A. tracheid length；B. tracheid diameter. The explanation about diagram is the same as figure 19-2

19.6　根、枝和主茎次生木质部管胞长宽比发育变化的比较

五种针叶树各同一样树根、枝和主茎上、下横截面(片)管胞长宽比平均值的发育差异：

样段类别 Parts within a tree	管胞长宽比沿样段材高的发育变化 Developmental change of tracheid L/D along segment length	
	增大频率(%) Frequence of increase	减小频率(%) Frequence of decrease
根　Root	69	31
枝 Branch	69	31
主茎 Stem	25	47

注：表中主茎栏中 22%样段仅只一横截片，不存在随高生长的变化(表 19-5 中标记为 O)；并另有 6%样段两横截片测定值相同(表 19-5 中标记为 A)。

样段类别 Parts within a tree	五种针叶树样段管胞长宽比不同范围的频率分布 Frequency distribution of tracheid L/D of different parts within a tree of five coniferous species (%)			
	51~60	61~65	66~70	71~
根　Root	6.25	18.75	31.25	43.75
枝 Branch	12.50	43.75	18.75	25.00
主茎 Stem	28.13	34.38	25.00	12.50

根据表 19-5。　Based on Table 19-5.

表 19-5　五种针叶树同一样树根、枝和主茎样段上、下横截面(片)管胞长宽比平均值差异的发育变化

Table 19-5　Developmental change of in difference mean tracheid *L/D* between upper and lower section of sample segments of root , branch and stem within the same tree of five coniferous species

树种 Species	株别 Ordinal numbers of sample tree	根与主茎同生长龄期样段管胞平均宽度的比较 Comparison of mean tracheid L/D between root and stem segments formed during the same or approximate tree age period: 根段平均值(μm) Mean of root segments 变化 Change(%)(Note1,2)		茎段平均值(μm) Mean of stem segments 变化 Change(%)		差值百分率 Difference percentage(Note3)(%)	枝与主茎同生长龄期样段管胞平均宽度的比较 Comparison of mean tracheid L/D between branch and stem segments formed during the same or approximate tree age period: 枝段平均值(μm) Mean of branch segments 变化 Change(%)		茎段平均值(μm) Mean of stem segments 变化 Change(%)		差值百分率 Difference percentage(%)
落叶松 Dahurian larch	1	D (11.11)	68	D (15.15)	61	+11.48	I (3.17)	64	O	66	−3.03
	2	D (4.48)	66	A	65	+1.54	I (25.53)	53	O	69	−24.64
	5	D (3.13)	63	I (1.39)	73	−13.70	I (28.30)	61	O	62	−1.61
	合计		66		66	−0.68		59		66	−9.76
冷杉 Faber fir	1	D (7.58)	64	D (9.09)	74	−13.51	I (1.69)	60	D (22.08)	69	−13.04
	3	I (4.55)	68	I (8.20)	64	+6.25	D (4.59)	63	D (3.13)	63	−0.00
	5	I (3.23)	63	I (6.35)	65	−3.08	I (10.45)	71	D (3.13)	63	+12.70
	6	D (2.74)	72	I (2.99)	68	+5.88	I (9.84)	64	D (4.35)	68	−5.88
	合计		67		68	−1.12		65		66	−1.56
云杉 Chinese spruce	1	I (10.53)	60	I (3.57)	57	+5.26	I (11.67)	64	O	61	+25.49
	2	I (11.29)	66	O	51	+9.80	I (14.49)	74	O	51	+5.10
	3	I (1.47)	69	D (3.17)	62	+11.29	I (11.94)	71	D (5.26)	56	+26.79
	合计		65		57	+8.78		70		53	+19.13
马尾松 Masson's pine	4	I (1.00)	101	I (2.27)	87	+16.09	D (4.67)	62	O	60	+3.33
杉木 Chinese fir	1	I (13.24)	73	D (1.64)	61	+19.67	D (5.80)	67	I (8.47)	62	+8.06
	2	D (1.56)	74	D (4.48)	66	+12.12	I (9.38)	67	D (7.27)	53	+26.42
	3	I (22.54)	76	D (8.20)	59	+28.81	D (3.08)	64	D (15.79)	53	+20.75
	4	I (4.48)	69	D (3.39)	58	+18.97	I (11.11)	67	D (30.26)	65	+3.08
	5	I (3.66)	84	I (2.94)	69	+21.74	I (1.66)	72	A	67	+7.46
	合计		75		63	+20.26		67		60	+13.15

根据附表 19-1、附表 19-2　Based on appendent Table 19-1、19-2.

注：与表 19-1 相同。 Note:The same as table 19-1.

可察出：①受测样段中根、枝 69%上端横截面平均管胞长宽比下端面高，而主茎 47%上端截面低于下端面。根、枝样段管胞长宽比沿材高发育变化趋势以增大为多数，而主茎约 1/2 为减小。②根材管胞长宽比高于 70 的样段占受测数 43.75%，枝材 61~65 范围占 43.75%；而主茎 61~65 占 34.38%，在 51~61 中频率却最高。同一样树根、枝和主茎间差别的一般趋势是根材管胞长宽比高于枝材，枝材又高于主茎。

如表 19-5 所示，针叶树根、枝和主茎管胞长宽比差异的树种特点：①冷杉和落叶松根、枝和主茎间管胞长宽比差别小；②云杉、马尾松和杉木根、枝全部受测样段的管胞长宽比均高于相同树龄生成的主茎。

五树种中马尾松 1 样树根材管胞长宽比达 101、杉木 5 样树平均为 75，都较高。这两树种采自温、湿的福建地区，而其他三树种产地是四川高地和东北寒区。

五树种同一样树根、枝和主茎管胞形态三因子(长、宽和长宽比)的差异中，最值得注意的特点是，根、枝材和主茎管胞长宽比的差别小，且种内株间呈较高一致性。

19.7 根、枝和主茎次生木质部基本密度发育变化的比较

次生木质部逐年生成的鞘层是由众多纤维状中空的壳状胞壁构成。各年间胞壁的平均厚薄和组成变化，是次生木质部随两向生长树龄发育的重要表现。可以把木材基本密度看做是衡量次生木质部单位体积中细胞壁干物质量的指标。测出树木根、枝和主茎木材生成中基本密度随两向生长树龄的差异是判定次生木质部结构中胞壁物质量发育变化的捷径。

19.7.1 根、枝和主茎次生木质部基本密度随径向生长树龄变化的趋势

如表 19-6 所示，落叶松根材受测横截片基本密度随径向生长树龄水平变化主要呈减小，枝材变化主要呈凸或凹；杉木 5 样树根、枝材变化主要呈增大；马尾松 1 样树根材变化呈凸，枝材呈增大；冷杉 4 样树、云杉 3 样树根材变化约 3/4 横截片呈增大，而枝材主要呈增大。可以看出，落叶松根、枝横截片基本密度水平径向变化趋势与其他四树种有较大差别。

五树种同一样树相同或相近生长树龄生成根、枝和主茎样段上、下横截片水平径向基本密度发育变化的趋势：

树种 Species	对相比较的根或枝与主茎样段分别计算的基本密度水平径向变化类别的比例(%) Classificatary ratio of radial change of specific gravity calculated according to root or branch and its comparative stem respectively											
	根			主茎			枝			主茎		
	增大(I) Increase	减小(D) Decrease	凸或凹 or	增大(I) Increase	减小(D) Decrease	凸或凹 or	增大(I) Increase	减小(D) Decrease	凸或凹 or	增大(I) Increase	减小(D) Decrease	凸或凹 or
落叶松 Dahurian larch	0	100	0	75	25	0	17	17	66	50	17	33
冷杉 Faber fir	71	0	29	43	28.5	28.5	100	0	0	100	0	0
云杉 Chinese spruce	80	20	0	60	40	0	100	0	0	50	50	0
马尾松 Masson's pine	0	0	100	100	0	0	100	0	0	100	0	0
杉木 Chinese fir	100	0	0	29	71	0	100	0	0	33	67	0
Ave	64	24	16	52	40	8	70	6	24	54	23	23

(根据表 19-6　Based on table 19-6)

注：(1)本表是五树种随机取样根或枝样段与相同或相近生成树龄主茎样段实验的统计结果；(2)表中未计入受数据限制不能察出变化的样段；(3)Ave 是不区分树种的统计结果。

Note: (1) The table is statistics of experimental results of root or branch and its comparative stem segments which the growth periods are the same or approximate respectively; (2) The number of segments which the change of did not observed is not enumerated ; (3) Ave is statistics of five coniferous species.

表 19-6　五种针叶树同一样树根、枝和主茎样段上、下横截面(片)基本密度随径向生长树龄发育变化的趋势

Table 19-6　Developmental change tendencies of specific gravity with diameter growth age in upper and lower cross section of sample segments of root, branch and stem within the same sample tree of five coniferous species

树种 Species	株别 Ordinal numbers of sample tree	根与主茎 Comparison between root and stem				枝与主茎 Comparison between branch and stem			
		树木生长龄期 Period of tree growth ages	根 Root	树木生长龄期 Period of tree growth ages	主茎 Stem	树木生长龄期 Period of tree growth ages	枝 Branch	树木生长龄期 Period of tree growth ages	主茎 Stem
落叶松 Dahurian larch	1	18~31	D	19~31	I	15~31	Curving ︶	16~31	Curving ︵
		17~31	D	16~31	I	14~31	Curving ︵		
	3	8~31	A	10~31	A	13~31	Curving ︵	12~31	I
		8~31	A	7~31	A	11~31	I		
	5	8~31	D	10~31	D	13~31	D	12~31	I
		6~31	D	5~31	I	12~31	Curving ︵		
冷杉 Faber fir	1	9~24	Curving ︵	10~24	I	20~24	A	20~24	A
		7~24	Curving ︵	5~24	Curving ︶	16~24	A	16~24	A
	3	9~24	I	9~24	I	15~24	A	16~24	A
		5~24	I	5~24	I	13~24	I	13~24	I
	5	18~24	A	18~24	A	14~24	A	14~24	A
		16~24	I	15~24	D	12~24	I	12~24	A
	6	15~30	I	15~30	D	22~30	A	23~30	A
		12~30	I	12~30	Curving ︶	21~30	A	21~30	A
云杉 Chinese spruce	1	13~23	I	13~23	D	16~23	I	17~23	I
		10~23	I	10~23	I	16~23	I		
	2	17~23	A	17~23	A	16~23	A	16~23	A
		16~23	D	16~23	D	15~23	A	15~23	A
	3	7~23	I	7~23	I	15~23	A	16~23	A
		4~23	I	5~23	I	13~23	I	13~23	D
马尾松 Masson's pine	4	6~37	Curving ︵	6~37	I	28~37	I	27~37	I
		5~37	Curving ︵	5~37	I	27~37	I		
						24~37	I		
杉木 Chinese fir	1	8~12	A	8~12	A	9~12	A	9~12	A
		2~12	I	2~12	I	7~12	A	6~12	A
	2	6~12	I	6~12	D	9~12	A	9~12	A
		3~12	I	3~12	D	8~12	I	8~12	I
	3	7~12	A	7~12	A	10~12	A	10~12	A
		4~12	I	4~12	D	8~12	I	8~12	D
	4	9~13	I	9~13	A	11~13	A	11~13	A
		4~13	I	4~13	D	9~13	A	9~13	A
	5	5~18	I	5~18	D	16~18	A	16~18	A
		4~18	I	4~18	I	15~18	A	15~18	A
						14~18	I	14~18	D

注：依据附表 13-1~附表 13-6 和附表 19-3。与表 19-1 同。

Note: Based on appendent Table 13-1~13-6 and appendent table 19-3. The same as table 19-1.

五种针叶树相同或相近树龄生成的根、枝和主茎横截片基本密度水平径向变化类别频率序列：增大——枝＞根＞主茎；减小——主茎＞根＞枝。

19.7.2 根、枝和主茎样段上、下横截面(片)间平均基本密度的发育差异

样段上、下横截片平均基本密度间的差异是性状随高生长树龄变化的结果。发育是缓慢的生命变化过程，测定中还存在着难免的实验误差。本实验根、枝样段不长，两截面高生长时差较短，由此限制了测定结果的作用。

如表 19-7 所示，五树种根、枝和主茎各同一样段上、下横截面(片)基本密度平均值间发育差异趋势。五树种 16 样树枝材样段基本密度沿高生长延伸方向的变化都为减小。杉木 5 样树根材基本密度高向变化全部为减小，其他同一树种样树间根材变化存在差别。主茎与根、枝同树龄生成的样段上、下两横截片平均基本密度间的差异变化杉木 4/5、云杉 3/4、冷杉 5/8、落叶松 2/3 为增大。

如表 19-7 所示，五树种全部枝材样段基本密度高于两向生长树龄相当的主茎样段。枝、茎基本密度相差平均约为 63%，其中杉木、云杉和冷杉样段平均密度分别较主茎高 91.69%、81.95%和 55.76%(五树种枝材与主茎差值百分率：杉木＞云杉＞冷杉＞落叶松＞马尾松)。根材样段基本密度除落叶松低于两向生长树龄相当的主茎外，其他树种均高于主茎(冷杉 4 样树中有 1 例外，负值为 1.86%)，但差值百分率除云杉外均 10%左右。通过同一样树根、枝材基本密度分别与主茎相比，结果表明五树种同一样树枝材基本密度均高于根材；一般枝材基本密度高于主茎，差值百分率与主茎基本密度呈相反关系，而根材尚须考虑生长地土壤条件对密度的影响。值得注意的情况是，五树种中落叶松木材密度最高，但根材密度低于主茎；马尾松木材密度较另三树种高，但它的根材密度列于其他二树种之后。

五树种中落叶松木材基本密度高，而杉木(受测样树中生长最快)、云杉和冷杉基本密度低。把根、枝和主茎基本密度具有的差异规律性与它们各自功能和树种木材密度高、低相联系，须以适应性来考虑。随机的突变在前，自然选择保存的适应在后。

19.7.3 根、枝和主茎木材基本密度发育变化的图示

如图 19-4 所示，马尾松第 4 样树、冷杉第 1、6 样树根材样段上、下横截面与主茎年轮数相近部位基本密度在径向变化间的对比。马尾松根材上截面平均基本密度高于下截面，上截面曲线的大部分在下截面之上；根材样段平均基本密度较主茎相应部位高 10.92%，主茎曲线在根材曲线下方。冷杉两样树根材上截面曲线总体外观均在下截面上方，但第 1 样树上截面平均基本密度却稍低于下截面(仅相差 1.33%)；第 1 样树根材样段平均基本密度较主茎高 4.67%，第 6 样树根材样段较主茎低 1.86%，它们年轮基本密度随径向生长树龄变化曲线的上、下位置关系与上述数据相差相符。

如图 19-5 所示，三株落叶松各同一样树枝材样段与主茎年轮数相近部位基本密度在水平径向变化间的对比。第 1 样树枝材样段上横截片的变化曲线有一线段在相对比的主茎之下，但它的平均基本密度($0.4539g/cm^3$)高于主茎样段($0.4510g/cm^3$)。这表明在曲线间与在平均值间进行比较的结果虽基本一致，但存在着差别。图中三样树其他枝材曲线的位置都明显高于主茎，枝材样段上端面基本密度曲线都位于下端面曲线之下。

表 19-7 五种针叶树同一样树根、枝和主茎样段上、下横截面(片)基本密度平均值差异的发育变化

Table 19-7 Developmental change of differences in mean specific gravity between upper and lower section of segments billets of root , branch and stem within the same tree of five coniferous species

树种 Species	株别 Ordinal numbers of sample tree	根与主茎同生长龄期样段平均基本密度的比较 Comparison of mean specific gravity between root and stem segments formed during the same or approximate tree age period: 根段平均值(μm) Mean of root segments 变化 (Note1,2)Change(%)	根段平均值(μm) Mean of root segments	茎段平均值(μm) Mean of stem segments 变化 Change(%)	茎段平均值(μm) Mean of stem segments	差值百分率 Difference percentage(%) (Note3)	枝与主茎同生长龄期样段平均基本密度的比较 Comparison of mean specific gravity between branch and stem segments formed during the same or approximate tree age period: 枝段平均值(μm) Mean of branch segments 变化 Change(%)	枝段平均值(μm) Mean of branch segments	茎段平均值(μm) Mean of stem segments 变化 Change(%)	茎段平均值(μm) Mean of stem segments	差值百分率 Difference percentage(%)
落叶松 Dahurian larch	1	I (3.11)	0.3033	D (4.17)	0.4416	−31.32	D (20.91)	0.5139	O	0.4510	+13.95
	2	D (5.68)	0.4348	I (3.19)	0.4464	−0.03	D (15.28)	0.4864	O	0.4290	+13.38
	5	D (7.57)	0.4353	I (2.39)	0.4692	−7.23	D (21.93)	0.5793	O	0.4106	+41.09
	合计		0.3911		0.4524	−12.86		0.5265		0.4302	+22.81
冷杉 Faber fir	1	D (1.33)	0.2983	D (0.28)	0.2850	+4.67	D (33.03)	0.4426	I (2.29)	0.3091	+43.19
	3	I (1.79)	0.3103	D (2.31)	0.2562	+21.16	D (1.16)	0.4093	I (21.88)	0.2723	+50.31
	5	D (0.42)	0.3084	I (20.43)	0.2725	+13.17	D (11.57)	0.4158	D (4.48)	0.2530	+64.35
	6	I (10.30)	0.2797	I (5.04)	0.2850	−1.86	D (30.01)	0.4967	I (4.48)	0.3010	+65.17
	合计		0.2992		0.2747	+9.29		0.4411		0.2839	+55.76
云杉 Chinese spruce	1	I (14.11)	0.4218	I (1.69)	0.2806	+50.32	D (22.80)	0.5640	O	0.3293	+71.27
	2	I (0.15)	0.4608	O	0.3028	+52.18	D (25.38)	0.5384	O	0.3028	+77.81
	3	D (1.56)	0.4778	D (3.48)	0.3329	+43.53	D (32.19)	0.5889	I (2.40)	0.2993	+96.76
	合计		0.4535		0.3054	+48.68		0.5638		0.3105	+81.95
马尾松 Masson's pine	4	I (4.74)	0.4602	D (2.33)	0.4149	+10.92	I (16.23)	0.4485	O	0.3950	+13.54
杉木 Chinese fir	1	D (30.82)	0.2612	I (3.93)	0.2386	+9.47	D (3.31)	0.5053	I (5.36)	0.2451	+106.16
	2	D (18.24)	0.2886	I (2.01)	0.2667	+8.21	D (15.89)	0.5911	D (6.34)	0.2768	+113.55
	3	D (25.27)	0.2811	I (5.50)	0.2505	+12.22	D (25.90)	0.5623	I (6.14)	0.2651	+112.11
	4	D (18.48)	0.2937	I (10.11)	0.2775	+5.84	D (40.13)	0.5076	D (2.17)	0.2877	+76.43
	5	D (12.58)	0.3570	D (1.04)	0.2671	+33.66	D (40.27)	0.4491	I (6.89)	0.2990	+50.20
	合计		0.2963		0.2601	+13.88		0.5231		0.2747	+91.69

依据附表 13-1~附表 13-5 和附表 19-3 Based on appendent table 13-1~13-5 and appendent table 19-3

注：同表 19-2。

Note: The same as table 19-2.

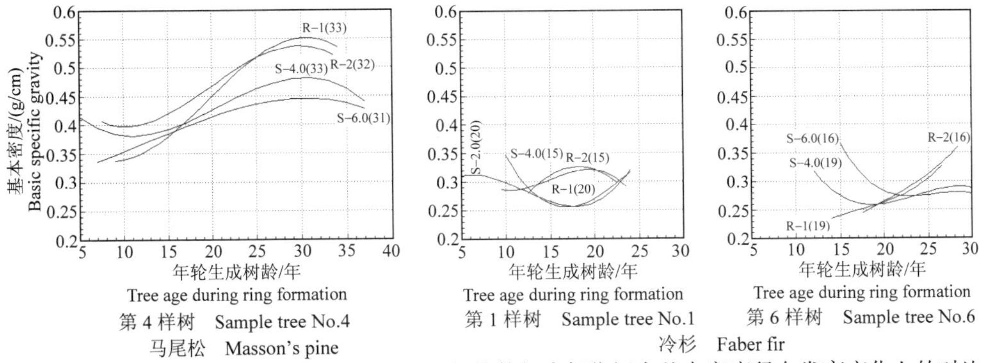

图 19-4 二种针叶树各同一样树根材与主茎年轮数相当部位间在基本密度径向发育变化上的对比

图中 S. 主茎，相随数字是取样圆盘高度，m；R. 根材，相随数字 1 或 2 表示取样是在其下或上部分；全部括弧内的数字均是取样圆盘年轮数

Figure 19-4 A comparison on radial developmental change of specific gravity between the corresponding positions of root and stem (where ring number is equal or approximate) respectively in the same sample tree of two coniferous species

S. stem, the numbers behind it are the height of every sampling disc in stem, m; R. root, the number 1 or 2 behind it shows the sampling is situated in the lower or upper of it; All the numbers between brackets are the ring number of every sample disc

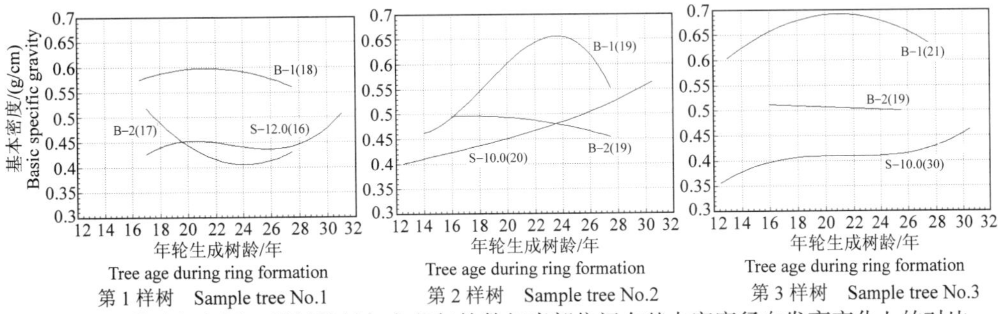

图 19-5 落叶松各同一样树枝材与主茎年轮数相当部位间在基本密度径向发育变化上的对比

B. 枝材，图示其他说明与图 19-4

Figure 19-5 A comparison on radial developmental change of specific gravity between the corresponding positions of branch and stem (where ring number is equal or approximate) respectively in the same tree of Dahurian larch

B. branch, the other explanation about diagram is the same as Figure 19-4

19.8 根、枝和主茎次生木质部鞘层厚度发育变化的比较

根、枝与着生部位主茎次生木质部同时生成，各年鞘层逐层相通。年轮数相同的根、枝和主茎横截面(片)是同树龄期长成。

根或枝与相近生长树龄生成的主茎样段鞘层厚度相比的百分率(%)和主茎与相近生长树龄生成根或枝平均鞘层厚度相比的倍次如下：

树 种 Species	根/主茎 Root/Stem (%)	主茎/根 Stem/Root (times)	枝/主茎 Branch/Stem (%)	主茎/枝 Stem/Branch (times)
落叶松 Dahurian larch	17.25	5.80	24.40	4.09
冷 杉 Faber fir	24.69	4.40	22.53	4.44
云 杉 Chinese spruce	32.60	3.07	22.54	4.44
马尾松 Masson's pine	29.17	3.43	43.41	2.38
杉 木 Chinese fir	17.29	5.79	18.71	5.35

依据表 19-8。 Based on Table 19-8.

表 19-8　五种针叶树同一样树根、枝和主茎样段上、下截横面(片)鞘层平均厚度差异的发育变化

Table 19-8　Developmental change of mean sheath thickness differences between upper and lower section of sample billets of root , branch and stem within a tree of five coniferous species

树种 Species	株别 Ordinal numbers of sample tree	根与主茎同生长龄期样段平均厚度的比较 Comparison of mean sheath thickness between root and stem segments formed during the same or approximate tree age period				枝与主茎同生长龄期样段平均厚度的比较 Comparison of mean sheath thickness between branch and stem segments formed during the same or approximate tree age period			
		根段平均值(μm) Mean of root segment 变化 Change(%)(Note1,2)		茎段平均值(μm) Mean of stem segment 变化 Change(%)		枝段平均值(μm) Mean of branch segment 变化 Change(%)		茎段平均值(μm) Mean of stem segment 变化 Change(%)	
		差值百分率 Difference percentage (%) (Note3)				差值百分率 Difference percentage(%)			
落叶松 Dahurian larch	1	D (4.31)	1.14	D (0.06)	4.09	D (14.29)	1.11	O	4.21
	2	D (26.32)	0.33	D (0.90)	4.41	D (4.12)	0.95	O	4.01
	3	I (5.00)	0.82	D (4.28)	4.12	D (15.63)	1.18	O	4.04
	4	I (1.35)	0.75	O	2.79	D (19.61)	0.92	O	4.08
	5	D (24.44)	0.40	D (2.78)	4.61	D (16.83)	0.93	O	4.52
	合计	0.69		4.00		1.02		4.17	
冷杉 Faber fir	1	D (9.20)	1.56	I (15.74)	5.42	I (15.07)	1.57	D (1.16)	6.00
	2	D (38.73)	1.15	I (11.89)	6.51	I (11.26)	1.60	D (2.62)	6.78
	3	I (14.29)	1.58	I (9.44)	6.33	D (8.70)	1.10	I (9.44)	6.33
	4	D (6.67)	0.78	I (7.29)	5.55	D (0.73)	1.38	I (4.03)	6.07
	5	D (36.21)	1.43	D (4.17)	5.88	equal	1.26	I (1.00)	6.03
	6	D (4.06)	1.93	I (1.76)	4.59	I (4.80)	1.28	I (8.30)	5.27
	合计	1.41		5.71		1.37		6.08	
云杉 Chinese spruce	1	D (43.04)	1.81	D (21.11)	4.83	D (12.34)	1.45	O	5.43
	2	I (0.88)	1.55	O	5.77	I (1.72)	1.17	O	5.77
	3	I (10.88)	1.55	I (6.44)	4.49	I (1.72)	1.17	I (6.69)	5.59
	合计	1.64		5.03		1.26		5.60	
马尾松 Masson's pine		D (22.03)	1.05	I (3.97)	3.60	D (3.68)	1.58	D (2.44)	3.64
杉木 Chinese fir	1	D (63.76)	1.02	I (21.18)	9.40	D (10.81)	1.75	D (9.82)	9.10
	2	D (66.29)	2.38	I (43.00)	11.11	D (33.53)	1.42	D (9.91)	11.95
	3	D (68.72)	1.28	D (9.21)	9.11	I (3.24)	1.88	O	8.67
	4	D (65.46)	2.05	I (2.71)	9.73	D (4.91)	1.79	D (24.65)	8.65
	5	D (28.05)	1.41	I (5.42)	7.82	D (53.13)	1.39	I (4.82)	5.72
	合计	1.63		9.43		1.65		8.82	

根据附表 16-1~附表 16-7 和附表 19-4　Based on appendent Table 16-1~16-7 and appendent Table 19-4

注：与表 19-2 同。

Note: The same as Table 19-2.

如表 19-8 所示，活根、活枝鞘层平均厚度约为主茎同龄生长部位 1/4；根、枝鞘层平均厚度范围相近。如图 19-6 至图 19-10 所示出，五种针叶树根、枝和主茎年轮宽度间存在的比例关系。

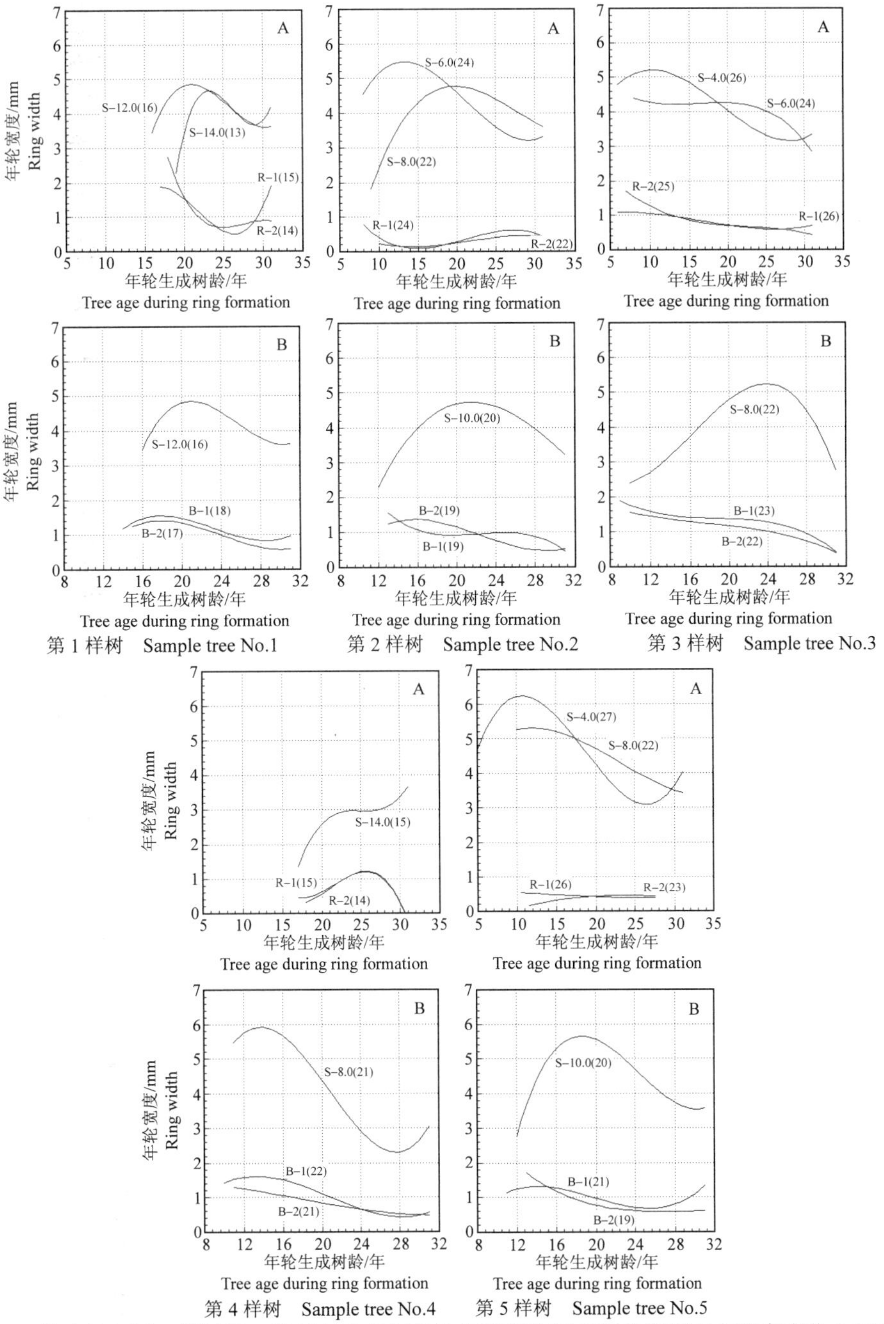

图 19-6　落叶松各同一样树根、枝材与主茎年轮数相当部位间在年轮宽度径向发育变化上的对比

A. 根材与主茎；B. 枝材与主茎；图中 S. 主茎，相随数字是取样圆盘高度，m；R、B. 根材、枝材，相随数字 1 或 2 表示取样是在其下或上部分；全部括弧内的数字均是取样圆盘年轮数

Figure 19-6　A comparison on radial developmental change of ring width among the corresponding positions of root or branch and stem (where ring number is equal or approximate) respectively in the same sample tree of Dahurian larch

A. root and stem; B. branch and stem. S. stem, the numbers behind it are the height of every sampling disc in stem, m; R, B. root and branch, the number 1 or 2 behind it shows the sampling is situated in the lower or upper of it; All the numbers between brackets are the ring number of sample disc

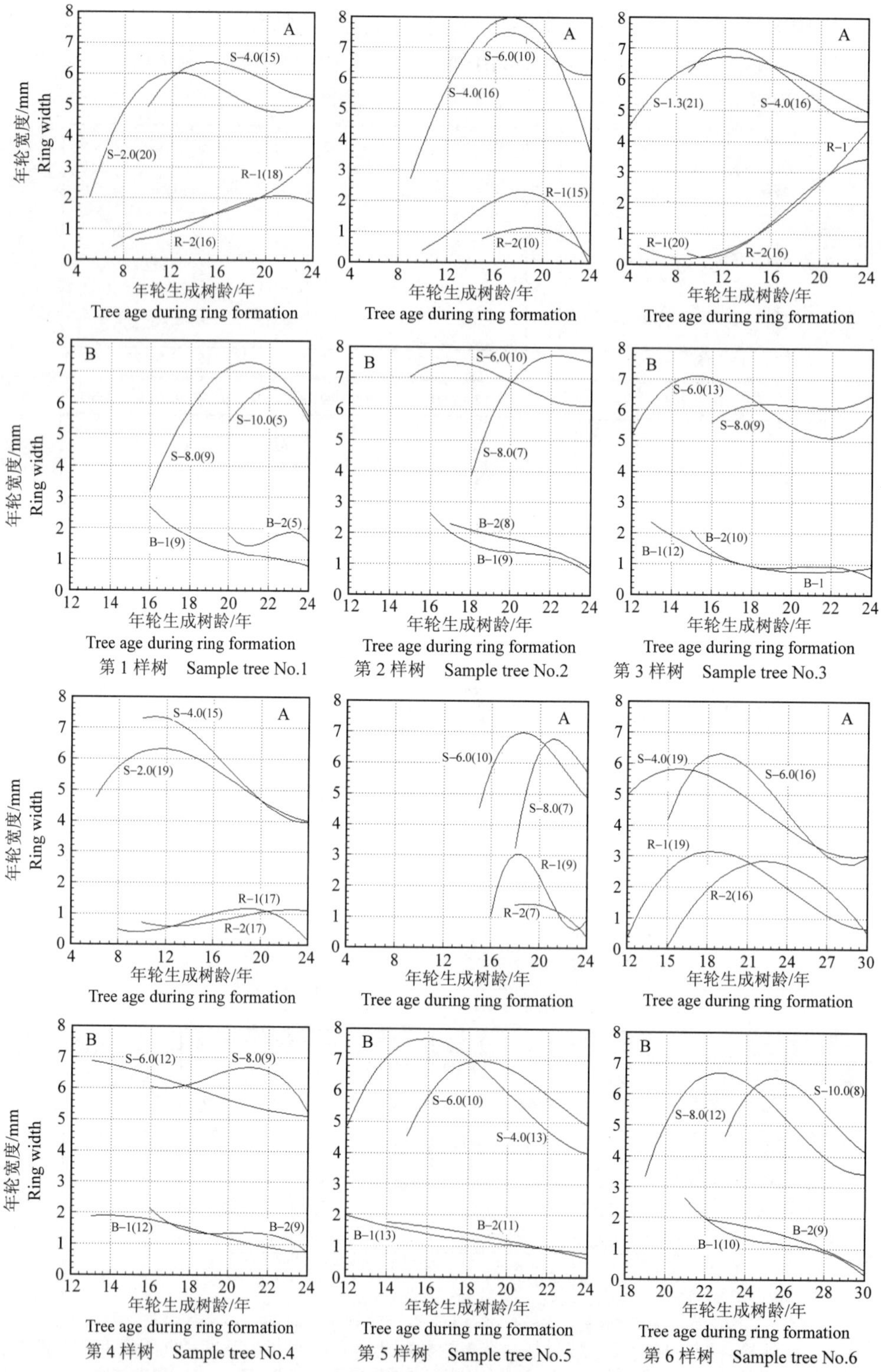

图 19-7 冷杉各同一样树根、枝材与主茎年轮数相当部位间在年轮宽度径向发育变化上的对比

A. 根材与主茎；B. 枝材与主茎。图示说明与图 19-6 同

Figure 19-7 A comparison on radial developmental change of ring width among the corresponding positions of root or branch and stem (where ring number is equal or approximate) respectively in the same sample tree of Faber fir

A. root and stem; B. branch and stem. The explanation about diagram is the same as figure 19-6

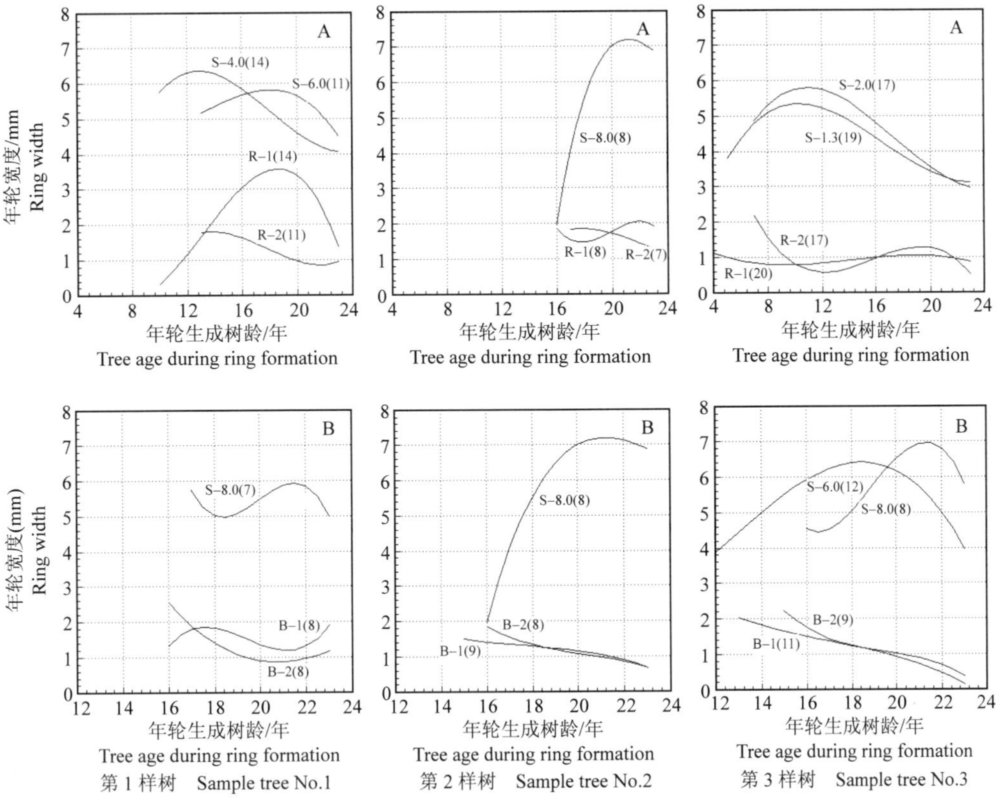

图 19-8 云杉各同一样树根、枝材与主茎年轮数相当部位间在年轮宽度径向发育变化上的对比

A. 根材与主茎；B. 枝材与主茎。图示说明与图 19-6 同

Figure 19-8 A comparison on radial developmental change of ring width among the corresponding positions of root or branch and stem (where ring number is equal or approximate) respectively in the same sample tree of Chinese spruce

A. root and stem; B. branch and stem. The explanation about diagram is the same as figure 19-6

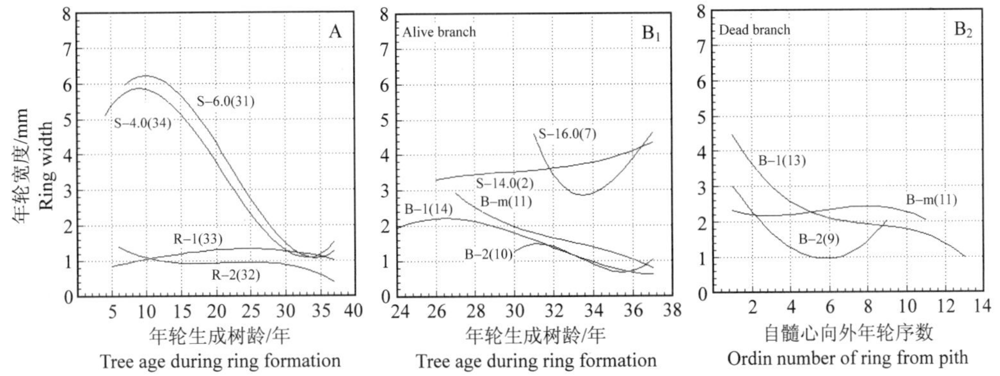

图 19-9 马尾松第 4 样树根、枝材与主茎年轮数相当部位在年轮宽度径向发育变化上的对比

A. 根材与主茎；B. 枝材与主茎。图示说明与图 19-6 同，m 表示取样在枝材的中间部分

Figure 19-9 A comparison on radial developmental change of ring width among the corresponding positions of root or branch and stem (where ring number is equal or approximate) in Masson's pine sample tree No.4

A. root and stem; B. branch and stem. The explanation about diagram is the same as Figure 19-6; B-m shows the position of sampling is at the middle of branch

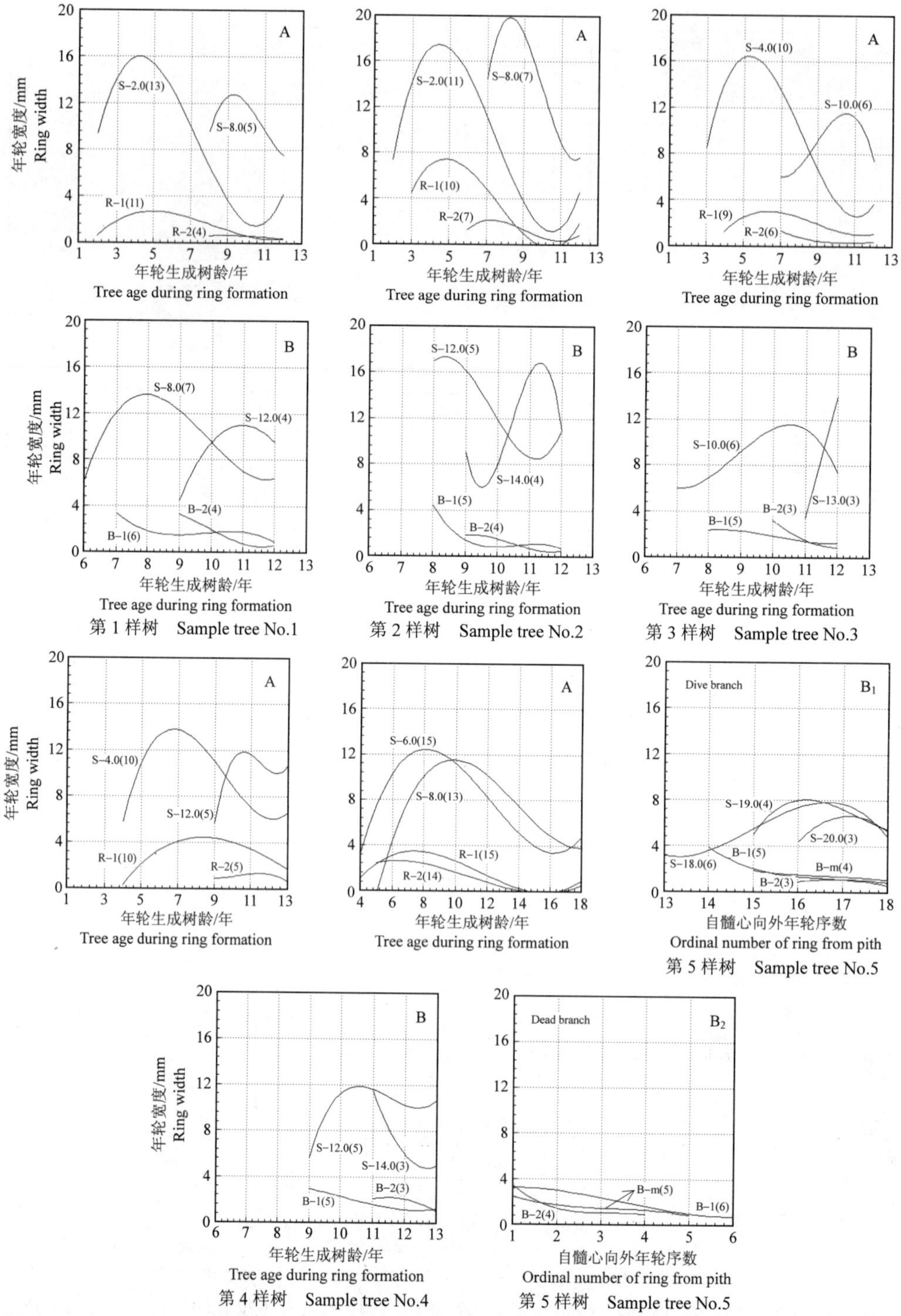

图 19-10　杉木各同一样树根、枝材与主茎年轮数相当部位间在年轮宽度径向发育变化上的对比

A. 根材与主茎；B. 枝材与主茎；图示说明与图 19-6 同；B-m 表示取样在枝材的中间部分

Figure 19-10　A comparison on radial developmental change of ring width among the corresponding positions of root or branch and stem (where ring number is equal or approximate) respectively in the same sample tree of Chinese fir

A. root and stem; B. branch and stem. The explanation about diagram is the same as Figure 19-6; B-m shows the position of sampling is at the middle of branch

19.8.1　根、枝和主茎次生木质部鞘层厚度(年轮宽度)随径向生长树龄发育变化的趋势

如图 19-6 至图 19-10 所示，五树种各同一样树根、枝与年轮数相当主茎部位年轮宽度在横截面上的变化。根、枝和主茎在变化斜率上的差别：①主茎年轮宽度变化曲线斜率明显高于根、枝；②主茎曲线斜率有正、负间的变化，即有峰值；③根材峰值较低发生时间较晚；④枝材几乎保持负斜率，年轮宽度随生成树龄减小。

种内株间根、枝和主茎构建中鞘层厚度(年轮宽度)存在随生成树龄相似的变化趋势，并在树种间具有类同变化的可比性。

19.8.2　根、枝和主茎样段上、下横截面(片)间年轮平均宽度的发育差异

如图 19-6~图 19-10 和表 19-8 所示，五种针叶树各同一样树根、枝和主茎样段上、下横截面平均年轮宽度间的差异趋势。这是随高生长树龄发育变化的结果。

落叶松 Dahurian larch

根　Root		枝　Branch		主茎　Stem	
图 19-6	表 19-8	图 19-6	表 19-8	图 19-6	表 19-8
第 1、2、5 样树 R-2 曲线在 R-1 之下；第 3 样树 R-2 在 R-1 之上；第 4 样树几乎重叠在一起	第 1、2、5 样树样段两截面差异都为 D；第 3 样树为 I；第 4 样树 D 值小于 0.001，近乎为零	第 1、3、4、5 样树 B-2 曲线均在 B-1 之下；第 2 样树 B-1 与 B-2 交缠	第 1~5 样树样段两截面差异都为 D。除第 2 样树外，D 均高于 10%	第 1、2、3、5 样树样段下截面曲线前半部在上截面曲线之上，后半部在上截面曲线之下	第 1、2、3、5 样树样段两截面平均年轮宽度的差异都为 D(第 4 样树仅 1 个供比较的截面)

注：D 示样段上、下两截面鞘层平均厚度沿高向的变化为减小，I 为增大。

落叶松根、枝和主茎样段鞘层平均厚度沿高向的差异都为减小。

冷杉 Faber fir

根　Root		枝　Branch		主茎　Stem	
图 19-7	表 19-8	图 19-7	表 19-8	图 19-7	表 19-8
六样树 R-2 曲线均在 R-1 之下。根材样段鞘层厚度沿高向减小	第 3 样树变化类型为 I，但 R-2 线段主要部分仍在 R-1 之下。其他五样树变化类型都为 D	六样树 B-2 均在 B-1 之上。枝材样段鞘层厚度沿高向增加	第 5 样树变化类型为 D，但图中曲线 B-2 在 B-1 之上。其他五样树变化类型都为 I	上、下横截面年轮宽度沿径向变化的曲线交错	六样树中 3 样树变化类型为 I，1 样树 D 不足 1%。可认为主茎鞘层厚度沿高向以增大为主

冷杉根材样段鞘层平均厚度沿高向减小，枝材为增大，而主茎是以增大为主。

云杉 Chinese spruce

根 Root		枝 Branch		主茎 Stem	
图 19-8	表 19-8	图 19-8	表 19-8	图 19-8	表 19-8
第 1 样树 R-1 明显较 R-2 高，其他样树 R-1 与 R-2 交缠	第 1 样树变化类型为 D，第 3 样树为 I	第 1 样树 B-1 明显较 B-2 高，其他二样树 B-1 与 B-2 交缠	三样树中二样树各仅一个供比较的横截面	与冷杉情况相同	—

以图示确定云杉根、枝材样段鞘层平均厚度沿高向变化均为减小。

马尾松 Masson's pine

根 Root		枝 Branch		主茎 Stem	
图 19-9	表 19-8	图 19-9	表 19-8	图 19-9	表 19-8
仅测第 4 样树，R-1 明显在 R-2 之上	第 4 样树变化类型为 D，减小率为 22%	测定活、枯枝上、中、下各三个部位，活枝中间部位变化曲线居上，其他年轮宽度均向上依序减小	表中按活枝上、下两部位数据计算 D 值。活、枯枝变化类型均为 D	对应根材的主茎 S-4.0(34)至 S-6.0(31)为增宽；对应枝材的 S-14.0(12)至 S-16.0(7)为变窄	对应根材的主茎下截面平均年轮宽度较上截面为 I(0.04)；对应枝材为 D(0.02)

马尾松根、枝材样段鞘层平均厚度沿高向变化均为减小。

杉木 Chinese fir

根 Root		枝 Branch		主茎 Stem	
图 19-10	表 19-8	图 19-10	表 19-8	图 19-10	表 19-8
五样树 R-1 全部在 R-2 之上	五样树数字变化类型全部为 D	第 4 样树 B-2 在 B-1 之上；其他样树 B-2 前半部在 B-1 之上，后半部在 B-1 之下	除第 3 样树外，数字变化类型都为 D	除第 2 样树外，对应根材的主茎上截面曲线位于下截面之下；对应枝材的上截面曲线亦均位于下截面之下	对应根材样段的主茎上截面曲线短，造成年轮宽度平均值沿高向变化为 I；对应枝材样段的主茎截面平均年轮宽度沿高向的变化为 D

杉木根、枝和主茎样段鞘层平均厚度沿高向的变化均为减小。

五树种根材样段下截面年轮平均宽度均高于上截面；枝材样段冷杉下截面年轮平均宽度低于上截面，其他四树种下截面高于上截面。对应根、枝相同或相近生长树龄生成的主茎上、下两截面平均年轮宽度间的差别在树种间有不同。

19.9　根、枝和主茎次生木质部晚材率发育变化的比较

次生木质部生成中，晚材率和基本密度是密切相关的两因子。根、枝基本密度测定受年轮甚窄的限制，只能从较少数据上观察它随径向生长树龄发育的变化趋势。根、枝晚材率可在横截面上用放大仪逐轮做测定，能绘出变化中间过程的曲线图示。

冷杉主茎晚材窄(30 龄冷杉树茎全高南向 130 个均匀散布取样点平均晚材率为 13.91%)，一般不把它列为早晚材区别明显的树种。本项目观察冷杉、云杉根材晚材均明显，而把它们列入晚材率测定树种。

表 19-9，根、枝样段晚材率在四种针叶树间有差别，但种内株间却相近。如图 19-11~图 19-14 所示，种内株间根、枝材构建中晚材率的变化呈相似性，枝材的相似程度高于根材。

表 19-9，四种针叶树根、枝材晚材率一般高于主茎木材。全部样树枝材晚材率均高于主茎。落叶松、马尾松基本密度较云杉、冷杉高，而云杉、冷杉枝、茎晚材率的差异(%)数倍高于落叶松、马尾松；云杉根、茎晚材率差异(%)数倍高于落叶松、马尾松。

表 19-9，同一样树根、枝或主茎晚材率范围具有树种特点。云杉根、枝晚材率均高，但主茎木材晚材率却低，造成根、茎和枝、茎晚材率的差异(%)在四种针叶树中最高。落叶松和马尾松主茎木材的晚材率高，使得根、茎和枝、茎晚材率的差异(%)并不高。

如图 19-11~图 19-14 所示，四种针叶树根材横截片与同一样树主茎相当年轮数部位晚材率的变化曲线有交缠曲段，而枝材曲线在图中的位置明显高于主茎曲线。

19.9.1　根、枝和主茎次生木质部晚材率随径向生长树龄发育变化的趋势

根地下生长条件影响晚材率，但图 19-11 至图 19-14 中仍可察见根材生成中晚材率变化具有趋势成分。这表明，根材生成仍在遗传控制中。

如图 19-11 所示，落叶松 5 样树根、枝随径向生长树龄水平变化出现峰值，伐前上扬状态的性质属波动。

如图 19-12 所示，云杉 3 样树根段受测上截面晚材率变化的转折较下截面早，根段下截面曲线的变化斜率几乎与枝材同大。

如图 19-13 所示，马尾松第 4 样树有活、枯枝(B_1、B_2)两图。只能用离髓心年轮数标注枯枝段上、中、下截面年轮的径向位置，而活枝则能用符合发育研究需要的年轮生成树龄来标注。活、枯枝(B_1、B_2)在同一树茎上生成，但晚材率有较大差异。枯枝生成较早，而活枝着生在高位的树冠区。由主茎不同高度截面平均晚材率随高度而减小来估计，活、枯枝晚材率的差别与生成早、晚有关。

如图 19-14 所示，冷杉根材晚材率随径向生长树龄水平发育变化的模式与其他三树种不同，它先减小，经洼底后增大，而后的减小属波动性质。冷杉枝材晚材率变化形式与其他三树种类似。

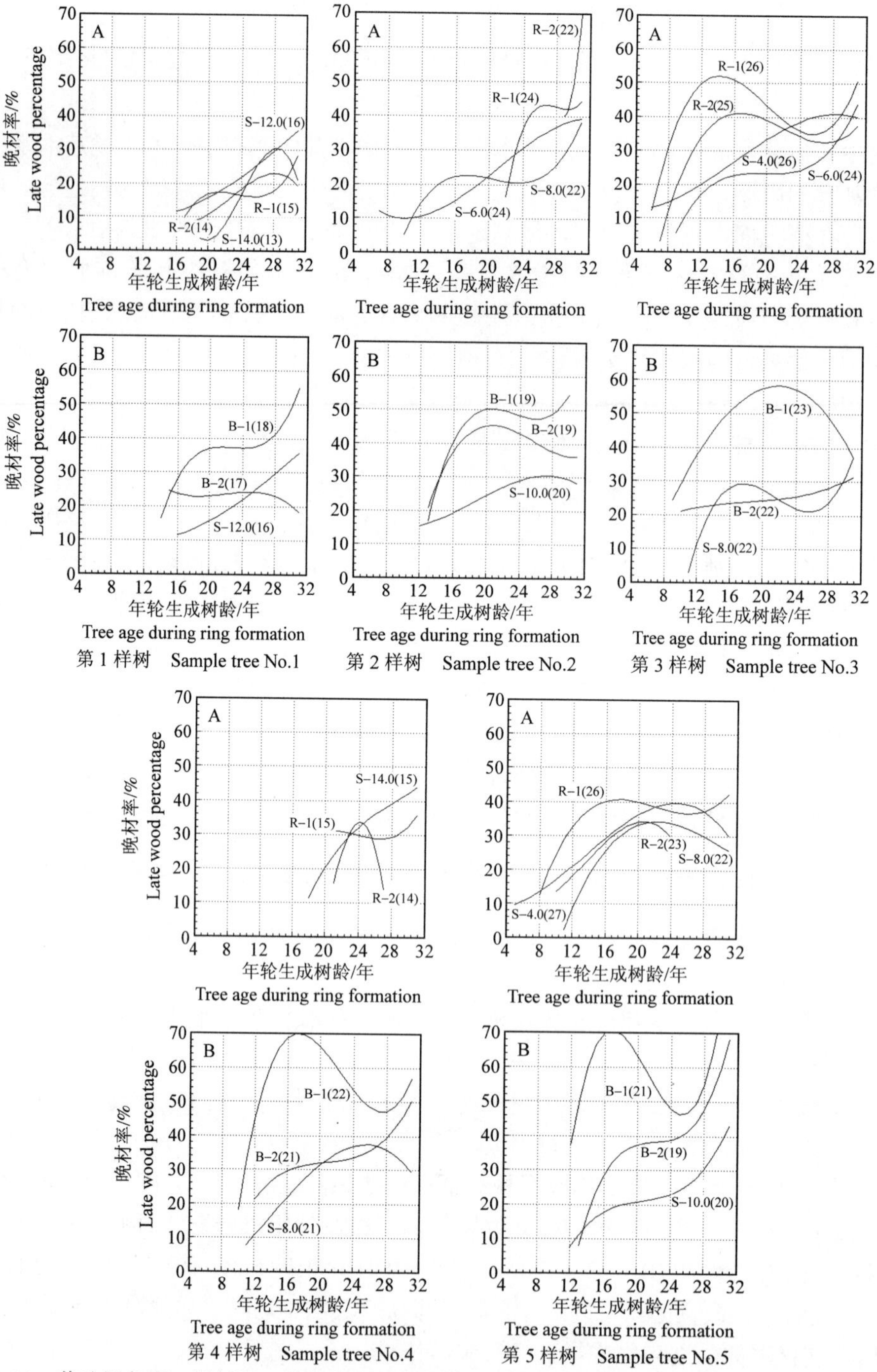

图 19-11 落叶松各同一样树根、枝材与主茎年轮数相当部位间在晚材率径向发育变化上的对比

A. 根材与主茎；B. 枝材与主茎；图中 S. 主茎，相随数字是取样圆盘高度，m；R、B. 根材、枝材，相随数字 1 或 2 表示取样是在其下或上部分；全部括弧内的数字均是取样圆盘年轮数

Figure 19-11 A comparison on radial developmental change of late wood percentage among the corresponding positions of root or branch and stem (where ring number is equal or approximate) respectively in the sample tree of Dahurian larch

A. root and stem; B. branch and stem. S. stem, the numbers behind it are the height of sampling disc in stem, m; R, B. root and branch, the number 1 or 2 behind it shows the sampling is situated in the lower or upper of them;
All the numbers between brackets are the ring number of sample disc

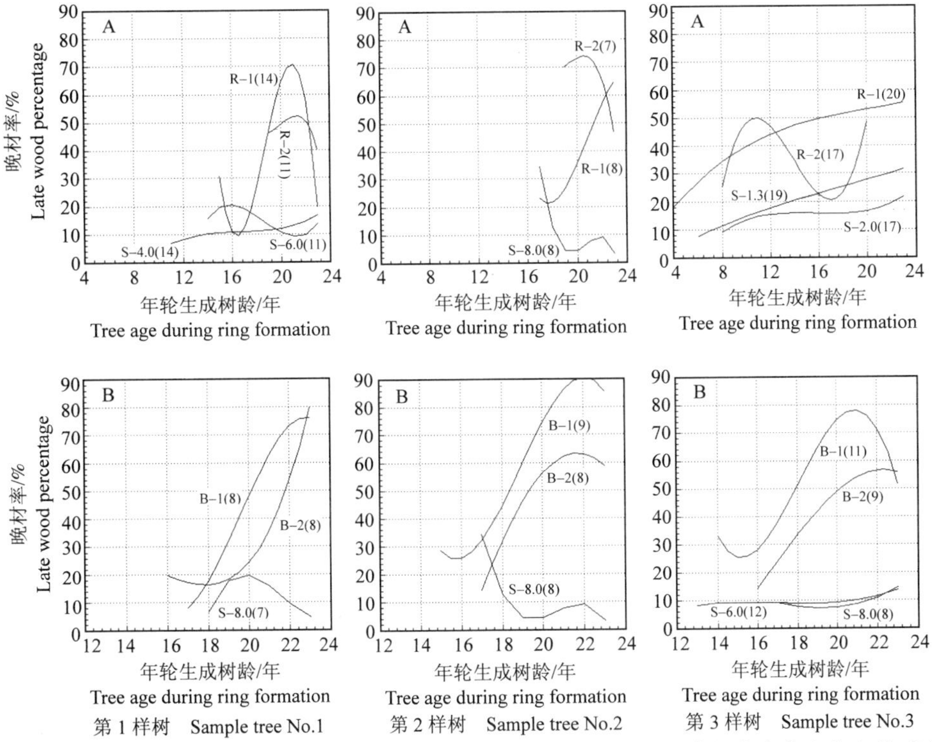

图 19-12 云杉各同一样树根、枝材与主茎年轮数相当部位间在晚材率径向发育变化上的对比

A. 根材与主茎；B. 枝材与主茎；图中 S. 主茎，相随数字是取样圆盘高度，m；R、B. 根材、枝材，相随数字 1 或 2 表示取样是在其下或上部分；全部括弧内的数字均是取样圆盘年轮数

Figure 19-12 A comparison on radial developmental change of late wood percentage among the corresponding positions of root or branch and stem (where ring number is equal or approximate) respectively in the sample tree of Chinese spruce

A. root and stem; B. branch and stem. S. stem, the numbers behind S are different heights of disc, m; R, B. root and branch, the number 1 or 2 behind them shows the sampling is situated in the lower or upper of it;

All the numbers between brackets is the ring number of every sample disc

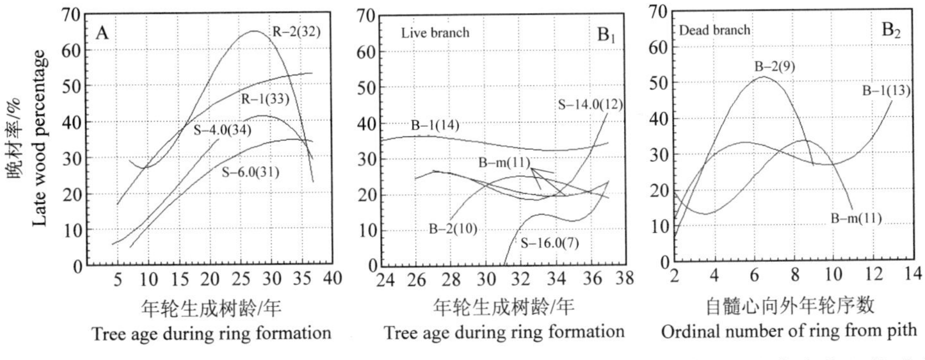

图 19-13 马尾松第 4 样树根、枝材与主茎年轮数相当部位间在晚材率径向发育变化上的对比

图示说明同图 19-12；B-m 表示取样在枝材的中间部分

Figure 19-13 A comparison on radial developmental change of late wood percentage among the corresponding positions of root or branch and stem (where ring number is equal or approximate) in Masson's pine sample tree No.4

The explanation about diagram is the same as Figure 19-12; B-m shows the position of sampling is at the middle of branch

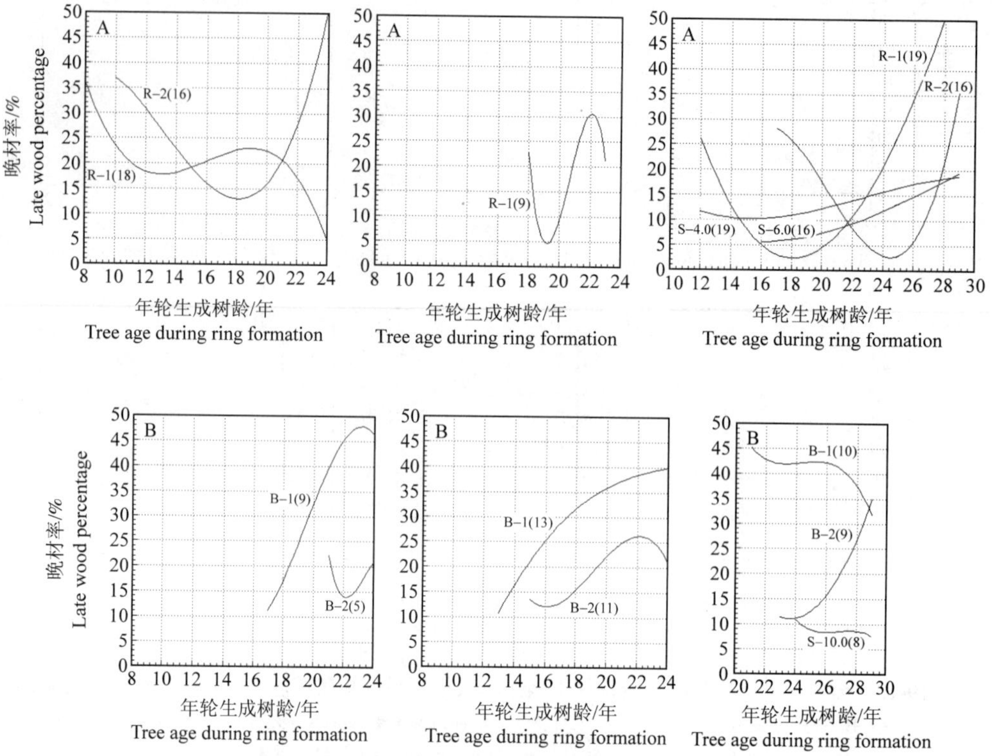

第 1 样树　Sample tree No.1　　第 5 样树　Sample tree No.5　　第 6 样树　Sample tree No.6

图 19-14　冷杉各同一样树根、枝材与主茎年轮数相当部位间在晚材率径向发育变化上的对比

A. 根材与主茎；B. 枝材与主茎；图中 S. 主茎，相随数字是取样圆盘高度，m；R、B. 根材、枝材，相随数字 1 或 2 表示取样是在其下或上部分；全部括弧内的数字均是取样圆盘年轮数

Figure 19-14　A comparison on radial developmental change of late wood percentage among the corresponding positions of root or branch and stem (where ring number is equal or approximate) respectively in the sample tree of Faber fir

A. root and stem ; B. branch and stem. S. stem, the numbers behind it are the height of every sampling disc in stem, m; R, B. root and branch, the number 1 or 2 behind it shows the sampling is situated in the lower or upper of it; All the numbers between brackets are the ring number of every sample disc

19.9.2　根、枝和主茎样段上、下横截面(片)间平均晚材率的发育差异

根、枝和主茎样段上、下横截面间平均晚材率的差异是随高生长树龄发育变化造成。

表 19-9，四树种枝段上、下截面平均晚材率的差别类型均为减小。平均差额为 1/5~1/2。树种间差额的序列：冷杉>落叶松>云杉>马尾松。

落叶松、冷杉和马尾松根段上、下截面平均晚材率差别类型为减小(仅落叶松 5 样树中 1 样树例外)，差额低于枝段。云杉二样树根段上、下截面平均晚材率的差别为增大。这与表 19-7 中报告的基本密度变化趋势相符。

表 19-9 五种针叶树同一样树根、枝和主茎样段上、下横截面(片)间平均晚材率的发育差异

Table 19-9 Developmental differences in mean late wood percentage between upper and lower section of sample seqments of root, branch and stem within the same tree of five coniferous species

树种 Species	株别 Ordinal numbers of sample tree	根与主茎同生长龄期样段平均晚材率的比较 Comparison of mean late wood percentage between root and stem seqments formed during the same or approximate tree age period 根段 Root 变化 Change between two sections of root decrease or increase (percentage) (%)	两截面平均值 Mean of upper and lower section (%)	两截面年轮数 Ring number of upper and lower section	根、茎差数率 Difference percentage between root and stem(%)	茎段 Stem 变化 Change between two sections of stem decrease or increase (percentage) (%)	两截面平均值 Mean of upper and lower section (%)	两截面年轮数 Ring number of upper and lower section	枝与主茎同生长龄期样段平均厚度的比较 Comparison of mean late wood percentage between branch and stem billets formed during the same or approximate tree age period 枝段 Branch 变化 Change between two sections of branch decrease or increase (percentage) (%)	两截面平均值 Mean of upper and lower section (%)	两截面年轮数 Ring number of upper and lower section	根、茎差数率 Difference percentage between branch and stem(%)	茎段 Stem 变化 Change between two sections of stem decrease or increase (percentage) (%)	两截面平均值 Mean of upper and lower section (%)	两截面年轮数 Ring number of upper and lower section
落叶松 Dahurian larch	1	D (0.75)	17.34	上(14) Upper 下(15) Lower	−12.95	D (19.20)	19.92	14.00(13) 12.00(16)	D (37.39)	29.83	上(17) Upper 下(18) Lower	+35.41		22.03	12.00(16)
	2	I (5.28)	22.54	上(22) Upper 下(24) Lower	+2.41	D (3.53)	22.01	8.00(22) 6.00(24)	D (13.26)	41.83	上(19) Upper 下(19) Lower	+69.42		24.69	10.00(20)
	3	D (26.21)	38.36	上(25) Upper 下(26) Lower	+43.83	D (18.69)	26.67	6.00(24) 4.00(26)	D (47.71)	36.47	上(22) Upper 下(23) Lower	+52.53		23.91	8.00(22)
	4	D (17.65)	28.06	上(14) Upper 下(15) Lower	−10.09		31.21	14.00(15)	D (38.71)	44.19	上(21) Upper 下(22) Lower	+58.44		27.89	6.00(21)
	5	D (20.24)	30.73	上(23) Upper 下(26) Lower	+11.46	D (6.05)	27.57	8.00(22) 4.00(27)	D (36.35)	49.01	上(19) Upper 下(21) Lower	+114.39		22.86	10.00(20)
	平 均	D (14.03)	27.41		+6.93		25.45		D (34.68)	40.27		+66.04		24.28	
冷杉 Faber fir	1	D (6.90)	23.39	上(16) Upper 下(18) Lower		未测定 Does not calculated			D (44.82)	25.75	上(5) Upper 下(9) Lower		未测定 Does not calculated		
	5		25.31	下(9) Lower		未测定 Does not calculated			D (35.56)	24.63	上(11) Upper 下(13) Lower		未测定 Does not calculated		
	6	D (24.81)	17.72	上(16) Upper 下(19) Lower	+57.51	D (25.99)	11.25	6.00(16) 4.00(19)	D (53.48)	29.88	上(9) Upper 下(10) Lower	+238.01		8.84	10.00(8)
	平 均	D (15.86)	22.14				11.25		D (44.62)	26.75				8.84	
云杉 Chinese spruce	1	I (26.05)	42.78	上(11) Upper 下(14) Lower	+228.82	I (30.67)	−13.01	6.00(11) 4.00(14)	D (31.83)	40.92	上(8) Upper 下(8) Lower	+233.50		12.27	8.00(7)
	2	I (67.72)	52.62	上(7) Upper 下(8) Lower	+387.22	D (1.01)	10.80	9.00(6) 8.00(8)	D (19.07)	53.00	上(8) Upper 下(9) Lower	+388.48		10.85	8.00(8)
	3		42.96	上(17) Upper 下(20) Lower	+173.48	D (23.68)	18.09	2.00(17) 1.30(19)	D (20.27)	46.37	上(9) Upper 下(11) Lower	+383.52	D (3.68)	9.59	8.00(8) 6.00(12)
	平 均	I (46.89)	46.12		+251.17		5.29		D (23.72)	46.76		+335.17		10.90	
马尾松 Masson's pine	4	D (10.89)	43.48	上(32) Upper 下(33) Lower	+64.95	D (8.92)	26.36	6.00(31) 4.00(34)	D (19.83)	28.85	上(10) Upper 中(11) Middle 下(14) Lower	+7.41		26.86	14.00(12)

依据附表 17-1~附表 17-4 和附表 19-5。 Based on appendent table 17-1~17-4 and appendent table 19-5.

19.10 五树种根、枝和主茎次生木质部发育变化的概要

根、枝和主茎次生木质部发育具有树种变化特点，也存在树种间的共性。

五树种根和枝样段次生木质部发育变化的共同表现：

性状类别	根段		枝段	
	两截面自髓心向外随径向生长树龄发育变化的趋势	不同高生长树龄两截面间的发育差异	两截面自髓心向外随径向逐生长树龄发育变化的趋势	不同高生长树龄两截面间的发育差异
管胞长度	一般为增长	一般为增长	一般为增长	均增长
管胞宽度	一般为增宽	一般为增宽	一般为增宽	一般为增宽
管胞长宽比	未统计	一般为增大	未统计	一般为增大
基本密度	增大频率高于减小	杉木全部样树为减小。其他树种样树间存在差别	增大的频率高于减小	全部为减小
鞘层厚度	增厚转减落，峰值低，发生晚	一般为减小	几年保持负斜率(减小)	冷杉增大，其他四树种为减小
晚材率(杉木不列入)	冷杉先减小，经洼底后增大，后进入波动。其他三树种先增高，峰值后减小，至波动	云杉为增大，其他三树种为减小	一般为增大	一般为减小

注：本表未包括一般中尚存在的少数其他状况。

表中的增长、增宽、增大或渐短、渐窄、减小都是表达随两向生长树龄在不同部位生成的细胞或组织间的变化差异，而不是同一部位随时间的变化。

本表中的发育变化是各样树根、枝随机样段的生命状态，而不是样树根、枝发育变化的全貌。

五树种根、枝与主茎年轮数相近部位发育性状的比较：

管胞长度　——根材＞主茎(云杉例外，根材＜主茎)＞枝材；

管胞宽度　——根材＞主茎(云杉例外，根材＜主茎)＞枝材

管胞长宽比——云杉、马尾松、杉木 根材＞主茎＞枝材；

落叶松 根材≥主茎＞枝材；

冷杉种内株间表现不一；

基本密度　——枝材＞根材＞主茎(落叶松例外，主茎＞根材)

鞘层厚度　——主茎＞根材；主茎＞枝材。

附表 19-1 五种针叶树各样树同一根、枝材与年轮数相当部位主茎逐龄年轮的管胞长度(μm)

Appendant table 19-1 Tracheid length of each successive ring at corresponding portions (ring number is equal or approximate) of the same root, branch and stem respectively in each sample tree of five coniferous species(μm)

树种 Tree species		落叶松 Dahurian larch															
部位 Part	取样位置或高度 Position or height of sampling (m)	第 1 样树 Sample tree No.1 年轮生成树龄 Tree age during ring formation								取样高度 Height of sampling(m)	第 2 样树 Sample tree No.2 年轮生成树龄 Tree age during ring formation							
		14 年	15 年	16~17 年	18~19 年	20~23 年	24~27 年	28~31 年	Ave		8~12 年	13~15 年	16~17 年	18~19 年	20~23 年	24~27 年	28~31 年	Ave
根(上) Root	upper(14)				3424(18-)	4092	4256	4305	4104	upper(22)	4189(10-)					3958		3343
茎 Stem	14.00(13)				1109(19-)	1809	2494	3181	2388	8.00(22)	2476(10-)					3571		2874
根(下) Root	lower(15)				3109(17-)	4273	4613	5151	4364	lower(24)	3494(8-)					3747		3578
茎 Stem	12.00(16)				2223(18-)	2362	3065	3903	2983	6.00(25)	2496(7-)					3777		2906
枝(上) Branch	upper(17)		1747(15-)		1988	2112	2405	2603	2217	upper(19)		1338(13-)	1578	1901	2112	2022	2176	1906
茎 Stem	12.00(16)		1442(16-)		2223	2362	3065	3903	2791	10.00(20)		1764(12-)	2318	2380	2849	3280	3576	2764
枝(下) Branch	lower(18)	1300		1583	1725	1774	1903	1970	1767	lower(19)		1191(11-)	1350		1439	1566	1633	1449
茎 Stem	12.00(16)			1442	2223	2362	3065	3903	2791	10.00(20)		1764(12-)	2352		2849	3280	3576	2764

部位 Part	取样位置或高度 Position or height of sampling (m)	第 5 样树 Sample tree No.5 年轮生成树龄 Tree age during ring formation							
		6、7 年	8~10 年	11、12 年	13~15 年	16~19 年	20~23 年	24~31 年	Ave
根(上) Root	upper(23)		3010(9-)			3318		3479	3280
茎 Stem	8.00(22)		2015(10-)			3075		3606	2979
根(下) Root	lower(26)	3290(6-)				2933		3226	3160
茎 Stem	4.00(27)	2139(5)				3253		3727	2940
枝(上) Branch	upper(19)				1628(13-)	1980	1993	2226	2031
茎 Stem	10.00(20)				1449(12-)	2164	2893	3613	2746
枝(下) Branch	lower(21)			1323(11-)		1457		1506	1444
茎 Stem	10.00(20)			1449(12-)		2444		3613	2713

注：(1)根、枝与主茎间的比较是在同一样树上进行的；(2)根、枝材上、下部位分别位于同一根、枝材上；(3)根、枝和主茎全部取样高度后括弧内的数字均为取样圆盘的年轮数；(4)取样都是分别在同一高度自树周向内；(5)对各根、茎或枝、茎两对比高度邻近中心的数据，尽量取相同年轮生成树龄的位置进行加权平均；(6)对表中起点年轮生成树龄不同的对比数据，分别用括号示出有差别的起点树龄；(7)在与同一样树不同根、枝圆盘进行对比中，主茎同一取样圆盘由于加权平均的组合不同而出现差别。上述注释同应用于本表其他树种。

Note: (1) The comparison among root, branch and stem is carried out in the same sample tree. (2) The upper and lower positions of root or branch are located respectively in the same root or branch. (3) All the numbers in brackets behind position or sampling height (root, branch and stem) are the ring number of sampling disc. (4) All the sampling are from the outermost ring to center respectively at the same height. (5) As far as possible, the data near the pith in each comparable height of root, branch and stem are weighted average of rings that were elaborated during the same tree ages. (6) For a pair of comparative data that differ from each other in the tree age of starting ring formation, the starting ages are respectively shown behind the data in brackets. (7) In comparing with different discs of root and branch in the same tree, the difference in the average (Ave) of an only sampling disc of stem arises from different combination in weighted average. The above note applies to other tree species in this table.

续表

<table>
<tr><td colspan="2">树种 Tree species</td><td colspan="10">冷杉 Faber fir</td></tr>
<tr><td rowspan="2">部 位
Part</td><td rowspan="2">取样位置或高度
Position or height of sampling (m)</td><td colspan="10">第 1 样树 Sample tree No.1
年轮生成树龄 Tree age during ring formation</td></tr>
<tr><td>7、8 年</td><td>9~12 年</td><td>13~15 年</td><td>16 年</td><td>17、18 年</td><td>19 年</td><td>20 年</td><td>21、22 年</td><td>23、24 年</td><td>Ave</td></tr>
<tr><td>根(上)
Root</td><td>upper(16)</td><td></td><td colspan="3">2752(9-)</td><td colspan="3">3154</td><td colspan="2">3241</td><td>2975</td></tr>
<tr><td>茎
Stem</td><td>4.00(15)</td><td></td><td colspan="3">1995(10-)</td><td colspan="3">2869</td><td colspan="2">3427</td><td>2247</td></tr>
<tr><td>根(下)
Root</td><td>lower(18)</td><td colspan="2">2407(7-)</td><td colspan="3">2568</td><td colspan="2">2819</td><td>2918</td><td>3082</td><td>2638</td></tr>
<tr><td>茎
Stem</td><td>2.00(20)</td><td colspan="2">2079(5-)</td><td colspan="3">2665</td><td colspan="2">3228</td><td>3283</td><td>3412</td><td>2623</td></tr>
<tr><td>枝(上)
Branch</td><td>upper(5)</td><td colspan="6"></td><td>1409</td><td>1759</td><td>1888</td><td>1741</td></tr>
<tr><td>茎
Stem</td><td>10.00(5)</td><td colspan="6"></td><td>1437</td><td>2087</td><td>2635</td><td>2176</td></tr>
<tr><td>枝(下)
Branch</td><td>lower(9)</td><td colspan="3"></td><td colspan="4">1621</td><td colspan="2">1665</td><td>1641</td></tr>
<tr><td>茎
Stem</td><td>8.00(9)</td><td colspan="3"></td><td colspan="4">2149</td><td colspan="2">3347</td><td>2681</td></tr>
</table>

<table>
<tr><td rowspan="2">部 位
Part</td><td rowspan="2">取样位置或高度
Position or height of sampling (m)</td><td colspan="9">第 3 样树 Sample tree No.3
年轮生成树龄 Tree age during ring formation</td></tr>
<tr><td>5~8 年</td><td>9~12 年</td><td>13、14 年</td><td>15、16 年</td><td>17、18 年</td><td>19、20 年</td><td>21、22 年</td><td>23、24 年</td><td>Ave</td></tr>
<tr><td>根(上)
Root</td><td>upper(16)</td><td></td><td colspan="3">2869</td><td>3092</td><td>3350</td><td>3707</td><td>3826</td><td>3181</td></tr>
<tr><td>茎
Stem</td><td>4.00(16)</td><td></td><td colspan="3">2161</td><td>2668</td><td>2730</td><td>2727</td><td>2826</td><td>2449</td></tr>
<tr><td>根(下)
Root</td><td>lower(20)</td><td colspan="4">2653</td><td colspan="2">2864</td><td>2945</td><td>3154</td><td>2775</td></tr>
<tr><td>茎
Stem</td><td>1.30(21)</td><td colspan="4">2149</td><td colspan="2">2692</td><td>2794</td><td>2779</td><td>2385</td></tr>
<tr><td>枝(上)
Branch</td><td>upper(10)</td><td colspan="3"></td><td>1472(15-)</td><td colspan="2">1623</td><td colspan="2">1653</td><td>1605</td></tr>
<tr><td>茎
Stem</td><td>8.00(9)</td><td colspan="3"></td><td>1266(16-)</td><td colspan="2">2213</td><td colspan="2">2655</td><td>2304</td></tr>
<tr><td>枝(下)
Branch</td><td>lower(12)</td><td colspan="2"></td><td colspan="2">1449(13-)</td><td colspan="2">1499</td><td colspan="2">1558</td><td>1502</td></tr>
<tr><td>茎
Stem</td><td>6.00(13)</td><td colspan="2"></td><td colspan="2">2050(12-)</td><td colspan="2">2529</td><td colspan="2">2841</td><td>2441</td></tr>
</table>

<table>
<tr><td rowspan="2">部 位
Part</td><td rowspan="2">取样位置或高度
Position or height of sampling (m)</td><td colspan="8">第 5 样树 Sample tree No.5
年轮生成树龄 Tree age during ring formation</td></tr>
<tr><td>12、13 年</td><td>14 年</td><td>15 年</td><td>16 年</td><td>17 年</td><td>18~20 年</td><td>21~24 年</td><td>Ave</td></tr>
<tr><td>根(上)
Root</td><td>upper(7)</td><td colspan="5"></td><td colspan="2">2891</td><td>2891</td></tr>
<tr><td>茎
Stem</td><td>8.00(7)</td><td colspan="5"></td><td colspan="2">2221</td><td>2221</td></tr>
<tr><td>根(下)
Root</td><td>lower(9)</td><td colspan="3"></td><td colspan="3">2077(16-)</td><td>2744</td><td>2373</td></tr>
<tr><td>茎
Stem</td><td>6.00(10)</td><td colspan="3"></td><td colspan="3">2089(15-)</td><td>2851</td><td>2394</td></tr>
<tr><td>枝(上)
Branch</td><td>upper(11)</td><td></td><td colspan="3">1744</td><td colspan="2">2149</td><td>2251</td><td>2076</td></tr>
<tr><td>茎
Stem</td><td>6.00(10)</td><td></td><td colspan="3">1665</td><td colspan="2">2246</td><td>2851</td><td>2305</td></tr>
<tr><td>枝(下)
Branch</td><td>lower(13)</td><td colspan="2">1556</td><td colspan="2">1682</td><td colspan="2">1772</td><td>1878</td><td>1741</td></tr>
<tr><td>茎
Stem</td><td>4.00(13)</td><td colspan="2">1630</td><td colspan="2">2375</td><td colspan="2">2685</td><td>2866</td><td>2450</td></tr>
</table>

注：同本表首页。

Note: The same as the first page of this table.

续表

部 位 Part	取样位置或高度 Position or height of sampling (m)	第 6 样树 Sample tree No.6 年轮生成树龄 Tree age during ring formation									
		12~14 年	15、16 年	17、18 年	19、20 年	21 年	22 年	23、24 年	25、26 年	27~30 年	Ave
根(上) Root	upper(16)		3271			3328		3561	3625	3789	3488
茎 Stem	6.00(16)		1901			2601		2844	2965	3154	2553
根(下) Root	lower(19)	3357	3665	3638	3640	3606		3752	3757	3705	3632
茎 Stem	4.00(19)	1608	2025	2437	2591	2623		2802	2945	3087	2527
枝(上) branch	upper(9)						1539(22-)		1634	1767	1663
茎 Stem	10.00(8)						1655(23-)		2216	2651	2293
枝(下) branch	lower(10)					1285			1380	1395	1348
茎 Stem	8.00(12)					1878			2650	2831	2414

树种 Tree species 云杉 Chinese spruce

部 位 Part	取样位置或高度 Position or height of sampling (m)	第 1 样树 Sample tree No.1 年轮生成树龄 Tree age during ring formation								取样高度 Height of sampling (m)	第 2 样树 Sample tree No.2 年轮生成树龄 Tree age during ring formation				
		10~12 年	13 年	14、15 年	16、17 年	18、19 年	20、21 年	22、23 年	Ave		15 年	16 年	17~19 年	20~23 年	Ave
根(上) Root	upper(11)		1918		2280		2479		2254	upper(7)			2293	2025	2140
茎 Stem	6.00(11)		1744		2613		2908		2483	8.00(8)			1737	2454	2147
根(下) Root	lower(14)	1695		1804	2216	2017	2300	2561	2041	lower(8)		1881		1613	1747
茎 Stem	4.00(14)	1804		2479	2685	2931	3084	3330	2588	8.00(8)		1737		2454	2096
枝(上) Branch	upper(8)				1782		1854		1818	upper(8)		1874		1965	1920
茎 Stem	8.00(7)				1563		2347		1955	8.00(8)		1737		2454	2096
枝(下) Branch	lower(8)				1556		1419		1488	lower(9)	1625			1673	1646
茎 Stem	8.00(7)				1563		2347		1955	8.00(8)	1737			2454	2056

部 位 Part	取样位置或高度 Position or height of sampling (m)	第 3 样树 Sample tree No.3 年轮生成树龄 Tree age during ring formation								
		4~6 年	7 年	8~11 年	12 年	13、14 年	15 年	16~19 年	20~23 年	Ave
根(上) Root	upper(17)		2370		2685			2650	2524	2546
茎 Stem	2.00(17)		2072		2779			3186	3439	2822
根(下) Root	lower(20)	1705		2057	2333			2447	2625	2233
茎 Stem	1.30(19)	1856		2551	2878			3258	3516	2817
枝(上) Branch	upper(9)						2042		2171	2099
茎 Stem	8.00(8)						2017		2715	2327
枝(下) Branch	lower(11)					1561		1702		1664
茎 Stem	6.00(12)					1819		2821		2548

注：同本表首页。
Note: The same as the first page of this table.

部 位 Part	取样位置或高度 Position or height of sampling (m)	树种 species 马尾松 Masson's pine 第 4 样树 Sample tree No.4 年轮生成树龄 Tree age during ring formation								
		5 年	6~9 年	10~13 年	14~17 年	18~21 年	22~25 年	26~29 年	30~37 年	Ave
根(上) Root	upper(32)		3439	4226	4593	4702	4869	4571	4506	4427
茎 Stem	2.00(31)		2256	3226	4186	4504	4449	4603	4903	4129
根(下) Root	lower(33)	4767		4802	5008	4826	4578	4380	4256	4614
茎 Stem	1.30(34)	2380		3864	4375	4529	4573	4782	4854	4219

部 位 Part	取样位置或高度 Position or height of sampling (m)	第 4 样树 Sample tree No.4 年轮生成树龄 Tree age during ring formation(a)									
		24 年	25 年	26 年	27 年	28 年	29 年	30、31 年	32、33 年	34~37 年	Ave
活枝(上) Alive branch	upper(10)					1469		2132		2543	2164
茎 Stem	14.00(12)				1836	1893		2409		2968	2466
活枝(中) Alive branch	middle(11)				2171			2397		2496	2362
茎 Stem	14.00(12)				1851			2409		2968	2460
活枝(下) Alive branch	lower(14)	1844			2094	2293		2437	2333	2333	2220
茎 Stem	14.00(12)				1764	1893		2144	2355	2968	2402

部 位 Part	取样位置或高度 Position or height of sampling (m)	自髓心向外年轮序数 Ordinal ring numbers from pith								
		1 年	2 年	3 年	4 年	5 年	6、7 年	8、9 年	10~13 年	Ave
枯枝(上) Dead branch	upper(9)		1941		2266		2464			2246
枯枝(中) Dead branch	middle(11)		2062		2563		2563	2814		2521
枯枝(下) Dead branch	lower(13)	1784	2132		2742		2864	2968	2921	2683

部 位 Part	取样位置或高度 Position or height of sampling (m)	树种 Tree species 杉木 Chinese fir 第 1 样树 Sample tree No.1 年轮生成树龄 Tree age during ring formation								取样位置或高度 Position or height of sampling (m)	第 2 样树 Sample tree No.2 年轮生成树龄 Tree age during ring formation						
		2~4 年	5 年	6 年	7 年	8 年	9、10 年	11、12 年	Ave		3、4 年	5 年	6 年	7 年	8 年	9~12 年	Ave
根(上) Root	upper(5)						5092		5092	upper(7)				4114		4174	4148
茎 Stem	10.00(5)						2841		2841	8.00(7)				2414		3489	3028
根(下) Root	lower(11)	3633		3221			2779		3173	lower(10)	2950	3524			3623		3469
茎 Stem	2.00(11)	2015		2893			3762		2970	2.00(11)	2521	2933			3757		3345
枝(上) Branch	upper(4)						1854	2308	2081	upper(4)						2097	2097
茎 Stem	12.00(4)					1608	2484	3397	2674	14.00(4)						2256	2256
枝(下) Branch	lower(6)				1598		1747	1846	1730	lower(5)					1586	2008	1924
茎 Stem	8.00(7)			1211	2548		3226	3960	2954	12.00(5)					1558	3000	2712

注：同本表首页。

Note: The same as the first page of this table.

续表

<table>
<tr><td rowspan="2">部 位
Part</td><td rowspan="2">取样位置或高度
Position or height of sampling (m)</td><td colspan="7">第 3 样树　Sample tree No.3
年轮生成树龄　Tree age during ring formation</td><td rowspan="2">取样位置或高度
Position or height of sampling (m)</td><td colspan="7">第 4 样树　Sample tree No.4
年轮生成树龄　Tree age during ring formation</td></tr>
<tr><td>4~6 年</td><td>7 年</td><td>8 年</td><td>9 年</td><td>10 年</td><td>11、12 年</td><td>Ave</td><td>4~7 年</td><td>8 年</td><td>9 年</td><td>10 年</td><td>11 年</td><td>12、13 年</td><td>Ave</td></tr>
<tr><td>根(上)
Root</td><td>upper(6)</td><td></td><td colspan="5">4454</td><td>4454</td><td>upper(5)</td><td colspan="2"></td><td colspan="4">5003</td><td>5003</td></tr>
<tr><td>茎
Stem</td><td>10.00(6)</td><td></td><td colspan="5">2819</td><td>2819</td><td>12.00(5)</td><td colspan="2"></td><td colspan="4">2697</td><td>2697</td></tr>
<tr><td>根(下)
Root</td><td>lower(9)</td><td>2802</td><td colspan="2">2876</td><td colspan="3">3035</td><td>2922</td><td>lower(10)</td><td>3070</td><td>3199</td><td colspan="3">3209</td><td>2439</td><td>2997</td></tr>
<tr><td>茎
m</td><td>4.00(10)</td><td>1985</td><td colspan="2">3427</td><td colspan="3">3744</td><td>3087</td><td>4.00(10)</td><td>2223</td><td>2856</td><td colspan="3">3355</td><td>3807</td><td>2893</td></tr>
<tr><td>枝(上)
Branch</td><td>upper(3)</td><td colspan="4"></td><td>1673</td><td>2079</td><td>1944</td><td>upper(3)</td><td colspan="4"></td><td colspan="2">2017</td><td>2017</td></tr>
<tr><td>茎
Stem</td><td>13.00(3)</td><td colspan="4"></td><td></td><td>2109</td><td>2109</td><td>14.00(3)</td><td colspan="4"></td><td colspan="2">2112</td><td>2112</td></tr>
<tr><td>枝(下)
Branch</td><td>lower(5)</td><td colspan="2"></td><td>1476</td><td colspan="2">1685</td><td>1789</td><td>1685</td><td>lower(5)</td><td colspan="2"></td><td colspan="2">1467</td><td>1648</td><td>1586</td><td>1587</td></tr>
<tr><td>茎
Stem</td><td>10.00(6)</td><td colspan="2"></td><td>1948</td><td colspan="2">2633</td><td>3576</td><td>2873</td><td>12.00(5)</td><td colspan="2"></td><td colspan="2">1454</td><td>2419</td><td>3377</td><td>2609</td></tr>
</table>

<table>
<tr><td rowspan="2">部 位
Part</td><td rowspan="2">取样位置或高度
Position or height of sampling (m)</td><td colspan="7">第 5 样树　Sample tree No.5
年轮生成树龄　Tree age during ring formation</td></tr>
<tr><td>4 年</td><td>5、6 年</td><td>7 年</td><td>8 年</td><td>9、10 年</td><td>11~18 年</td><td>Ave</td></tr>
<tr><td>根(上)
Root</td><td>upper(14)</td><td></td><td>4132</td><td>4238</td><td>4481</td><td>4576</td><td>4720</td><td>4564</td></tr>
<tr><td>茎
Stem</td><td>8.00(14)</td><td></td><td>1534</td><td></td><td>3690</td><td>3690</td><td>4231</td><td>3691</td></tr>
<tr><td>根(下)
Root</td><td>lower(15)</td><td colspan="5">4122</td><td>4382</td><td>4261</td></tr>
<tr><td>茎
Stem</td><td>6.00(15)</td><td colspan="5">2794</td><td>4427</td><td>3665</td></tr>
</table>

<table>
<tr><td rowspan="2">部 位
Part</td><td rowspan="2">取样位置或高度
Position or height of sampling (m)</td><td colspan="6">年轮生成树龄　Tree age during ring formation</td></tr>
<tr><td>13 年</td><td>14 年</td><td>15 年</td><td>16 年</td><td>17、18 年</td><td>Ave</td></tr>
<tr><td>活枝(上)
Alive branch</td><td>upper(3)</td><td colspan="3"></td><td colspan="2">1846</td><td>1846</td></tr>
<tr><td>茎
Stem</td><td>20.00(3)</td><td colspan="3"></td><td colspan="2">2998</td><td>2998</td></tr>
<tr><td>活枝(中)
Alive branch</td><td>middle(4)</td><td colspan="2"></td><td colspan="2">1941</td><td>2189</td><td>2065</td></tr>
<tr><td>茎
Stem</td><td>19.00(4)</td><td colspan="2"></td><td colspan="2">2077</td><td>3524</td><td>2801</td></tr>
<tr><td>活枝(下)
Alive branch</td><td>lower(5)</td><td></td><td>1395</td><td colspan="2">1628</td><td>1894</td><td>1670</td></tr>
<tr><td>茎
Stem</td><td>18.00(6)</td><td></td><td>1811</td><td colspan="2">2087</td><td>3784</td><td>2999</td></tr>
</table>

<table>
<tr><td rowspan="2">部 位
Part</td><td rowspan="2">取样位置或高度
Position or height of sampling (m)</td><td colspan="4">自髓心向外年轮序数
Ordinal ring numbers from pith</td></tr>
<tr><td>1、2 年</td><td>3、4 年</td><td>5、6 年</td><td>Ave</td></tr>
<tr><td>枯枝(上)
Dead branch</td><td>upper(4)</td><td>1948</td><td>2496</td><td></td><td>2222</td></tr>
<tr><td>枯枝(中)
Dead branch</td><td>middle(5)</td><td>1807</td><td>2055</td><td>2615</td><td>2159</td></tr>
<tr><td>枯枝(下)
Dead branch</td><td>lower(6)</td><td>1710</td><td>2003</td><td>1918</td><td>1877</td></tr>
</table>

注：同本表首页。

Note: The same as the first page of this table.

附表 19-2 五种针叶树各样树同一根、枝材与年轮数相当部位主茎逐龄年轮的管胞宽度(μm)

Appendant table 19-2 Tracheid diameter of each successive ring at corresponding portions (ring number is equal or approximate) of the same root, branch and stem respectively in each sample tree of five coniferous species(μm)

树种 Tree species		落叶松 Dahurian larch																
部位 Part	取样位置或高度 Position or height of sampling(m)	第1样树 Sample tree No.1 年轮生成树龄 Tree age during ring formation								取样位置或高度 Position or height of sampling(m)	第2样树 Sample tree No.2 年轮生成树龄 Tree age during ring formation							
		14年	15年	16、17年	18、19年	20~23年	24~27年	28~31年	Ave		8~12年	13~15年	16、17年	18、19年	20~23年	24~27年	28~31年	Ave
根(上) Root	upper(14)				63(18-)	65	65	64	64	upper(12)	52(10-)					52		52
茎 Stem	14.00(13)				36(19-)	36	44	54	43	8.00(22)	41(10-)					50		44
根(下) Root	lower(15)				54(17-)	57	64	68	61	lower(24)	55(8-)					50		53
茎 Stem	12.00(16)				37(18-)	39	47	52	45	6.00(25)	43(7-)					50		45
枝(上) Branch	upper(17)		29(15-)		32	34	34	37	34	upper(19)		28(13-)	31	34	34	35	36	33
茎 Stem	12.00(16)		30(16-)		37	39	47	52	42	10.00(20)		31(12-)	33	38	41	45	47	40
枝(下) Branch	lower(18)	24		25	26	28	30	30	28	lower(19)		28(13-)	27		31	33	34	31
茎 Stem	12.00(16)			30	37	39	47	52	42	10.00(20)		31(12-)	36		41	45	47	40

部位 Part	取样位置或高度 Position or height of sampling (m)	第5样树 Sample tree No.5 年轮生成树龄 Tree age during ring formation							
		6、7年	8~10年	11、12年	13~15年	16~19年	20~23年	24~31年	Ave
根(上) Root	upper(23)		50(9-)			54		55	53
茎 Stem	8.00(22)		33(10-)			41		50	41
根(下) Root	lower(26)	49(6-)				48		50	49
茎 Stem	4.00(27)	36(5-)				42		48	41
枝(上) Branch	upper(19)				24(13-)	30	30	33	30
茎 Stem	10.00(20)				29(12-)	38	47	52	45
枝(下) Branch	lower(21)			24(11-)		28		28	27
茎 Stem	10.00(20)			29(12-)		41		52	43

注：(1) 根、枝与主茎间的比较是在同一样树上进行的；(2) 根、枝材上、下部位分别位于同一根、枝材上；(3) 根、枝和主茎全部取样高度后括弧内的数字均为取样圆盘的年轮数；(4) 取样都是分别在同一高度自树周向内；(5) 对各根、茎或枝、茎两对比高度邻近中心的数据，尽量取相同年轮生成树龄的位置进行加权平均；(6) 对表中起点年轮生成树龄不同的对比数据，分别用括号示出有差别的起点树龄；(7) 在与同一样树不同根、枝圆盘进行对比中，主茎同一取样圆盘由于加权平均的组合不同而出现差别。上述注释同应用于本表其他树种。

Note: (1) The comparison among root, branch and stem is carried out in the same sample tree. (2) The upper and lower positions of root or branch are located respectively in the same root or branch. (3) All the numbers in brackets behind position or sampling height (root, branch and stem) are the ring number of sampling disc. (4) All the sampling are from the outermost ring to center respectively at the same height. (5) As far as possible, the data near the pith in each comparable height of root, branch and stem are weighted average of rings that were elaborated during the same tree ages. (6) For a pair of comparative data that differ from each other in the tree age of starting ring formation, the starting ages are respectively shown behind the data in brackets. (7) In comparing with different discs of root and branch in the same tree, the difference in the average (Ave) of an only sampling disc of stem arises from different combination in weighted average. The above note applies to other tree species in this table.

<table>
<tr><td colspan="12">树种 Tree species　　冷杉 Faber fir</td></tr>
<tr><td rowspan="2">部位
Part</td><td rowspan="2">取样位置或高度
Position or height
of sampling (m)</td><td colspan="10">第 1 样树 Sample tree No.1
年轮生成树龄 Tree age during ring formation</td></tr>
<tr><td>7、8 年</td><td>9~12 年</td><td>13~15 年</td><td>16 年</td><td>17、18 年</td><td>19 年</td><td>20 年</td><td>21、22 年</td><td>23、24 年</td><td>Ave</td></tr>
<tr><td>根(上)
Root</td><td>upper(16)</td><td></td><td colspan="3">47(9-)</td><td colspan="3">50</td><td colspan="2">50</td><td>49</td></tr>
<tr><td>茎
Stem</td><td>4.00(15)</td><td></td><td colspan="3">30(10-)</td><td colspan="3">38</td><td colspan="2">40</td><td>35</td></tr>
<tr><td>根(下)
Root</td><td>lower(18)</td><td colspan="2">38(7-)</td><td colspan="3">38</td><td colspan="2">41</td><td>46</td><td>46</td><td>40</td></tr>
<tr><td>茎
Stem</td><td>2.00(20)</td><td colspan="2">29(5-)</td><td colspan="3">35</td><td colspan="2">37</td><td>39</td><td>41</td><td>34</td></tr>
<tr><td>枝(上)
Branch</td><td>upper(5)</td><td colspan="6"></td><td>27</td><td>29</td><td>31</td><td>29</td></tr>
<tr><td>茎
Stem</td><td>10.00(5)</td><td colspan="6"></td><td>27</td><td>34</td><td>42</td><td>36</td></tr>
<tr><td>枝(下)
Branch</td><td>lower(9)</td><td colspan="3"></td><td colspan="4">28</td><td colspan="2">29</td><td>28</td></tr>
<tr><td>茎
Stem</td><td>8.00(9)</td><td colspan="3"></td><td colspan="4">31</td><td colspan="2">39</td><td>35</td></tr>
</table>

<table>
<tr><td rowspan="2">部 位
Part</td><td rowspan="2">取样位置或高度
Position or height
of sampling (m)</td><td colspan="9">第 3 样树 Sample tree No.3
年轮生成树龄 Tree age during ring formation</td></tr>
<tr><td>5~8 年</td><td>9~12 年</td><td>13、14 年</td><td>15、16 年</td><td>17、18 年</td><td>19、20 年</td><td>21、22 年</td><td>23、24 年</td><td>Ave</td></tr>
<tr><td>根(上)
Root</td><td>upper(16)</td><td></td><td colspan="3">41</td><td>46</td><td>48</td><td>54</td><td>56</td><td>46</td></tr>
<tr><td>茎
Stem</td><td>4.00(16)</td><td></td><td colspan="3">34</td><td>39</td><td>40</td><td>42</td><td>42</td><td>37</td></tr>
<tr><td>根(下)
Root</td><td>lower(20)</td><td colspan="4">39</td><td colspan="2">44</td><td>46</td><td>47</td><td>42</td></tr>
<tr><td>茎
Stem</td><td>1.30(21)</td><td colspan="4">37</td><td colspan="2">42</td><td>44</td><td>44</td><td>39</td></tr>
<tr><td>枝(上)
Branch</td><td>upper(10)</td><td colspan="3"></td><td>25(15-)</td><td colspan="2">26</td><td colspan="2">26</td><td>26</td></tr>
<tr><td>茎
Stem</td><td>8.00(9)</td><td colspan="3"></td><td>27(16-)</td><td colspan="2">36</td><td colspan="2">40</td><td>37</td></tr>
<tr><td>枝(下)
Branch</td><td>lower(12)</td><td colspan="2"></td><td colspan="2">24(13-)</td><td colspan="2">24</td><td colspan="2">25</td><td>24</td></tr>
<tr><td>茎
Stem</td><td>6.00(13)</td><td colspan="2"></td><td colspan="2">34(12-)</td><td colspan="2">40</td><td colspan="2">42</td><td>38</td></tr>
</table>

<table>
<tr><td rowspan="2">部 位
Part</td><td rowspan="2">取样位置或高度
Position or height
of sampling (m)</td><td colspan="8">第 5 样树 Sample tree No.5
年轮生成树龄 Tree age during ring formation</td></tr>
<tr><td>12、13 年</td><td>14 年</td><td>15 年</td><td>16 年</td><td>17 年</td><td>18~20 年</td><td>21~24 年</td><td>Ave</td></tr>
<tr><td>根(上)
Root</td><td>upper(7)</td><td colspan="5"></td><td colspan="2">45</td><td>45</td></tr>
<tr><td>茎
Stem</td><td>8.00(7)</td><td colspan="5"></td><td colspan="2">33</td><td>33</td></tr>
<tr><td>根(下)
Root</td><td>lower(9)</td><td colspan="3"></td><td colspan="3">35(16-)</td><td>41</td><td>38</td></tr>
<tr><td>茎
Stem</td><td>6.00(10)</td><td colspan="3"></td><td colspan="3">34(15-)</td><td>45</td><td>38</td></tr>
<tr><td>枝(上)
Branch</td><td>upper(11)</td><td></td><td colspan="3">27</td><td colspan="2">27</td><td>29</td><td>28</td></tr>
<tr><td>茎
Stem</td><td>6.00(10)</td><td></td><td colspan="3">27</td><td colspan="2">37</td><td>45</td><td>37</td></tr>
<tr><td>枝(下)
Branch</td><td>lower(13)</td><td colspan="2">25</td><td colspan="2">26</td><td colspan="2">27</td><td>26</td><td>26</td></tr>
<tr><td>茎
Stem</td><td>4.00(13)</td><td colspan="2">28</td><td colspan="2">36</td><td colspan="2">40</td><td>43</td><td>38</td></tr>
</table>

注：同本表首页。

Note: The same as the first page of this table.

部 位 Part	取样位置或高度 Position or height of sampling (m)	第 6 样树 Sample tree No.6 年轮生成树龄 Tree age during ring formation									
		12~4 年	15、16 年	17、18 年	19、20 年	21 年	22 年	23、24 年	25、26 年	27~30 年	Ave
根(上) Root	upper(16)		45			47		51	52	53	49
茎 Stem	6.00(16)		32			37		39	41	41	37
根(下) Root	lower(19)	48	49	50	51	51		52	52	51	50
茎 Stem	4.00(19)	29	36	38	39	40		40	41	42	38
枝(上) Branch	upper(9)						24(22-)		25	26	25
茎 Stem	10.00(8)						27(23-)		33	39	35
枝(下) Branch	lower(10)					21			22	22	22
茎 Stem	8.00(12)					32			35	38	35

树种 Tree species 云杉 Chinese spruce

部 位 Part	取样位置或高度 Position or height of sampling (m)	第 1 样树 Sample tree No.1 年轮生成树龄 Tree age during ring formation								取样位置或高度 Position or height of sampling (m)	第 2 样树 Sample tree No.2 年轮生成树龄 Tree age during ring formation				
		10~12 年	13 年	14、15 年	16、17 年	18、19 年	20、21 年	22、23 年	Ave		15 年	16 年	17~19 年	20~23 年	Ave
根(上) Root	upper(11)		35		36		38		36	upper(7)			35	28	31
茎 Stem	6.00(11)		35		43		48		43	8.00(8)			37	45	42
根(下) Root	lower(14)	34		34	35	37	37	39	36	lower(8)		29		27	28
茎 Stem	4.00(14)	37		44	48	49	52	52	46	8.00(8)		37		45	41
枝(上) Branch	upper(8)				27		26		27	upper(8)		25		25	25
茎 Stem	8.00(7)				34		42		38	8.00(8)		37		45	41
枝(下) Branch	lower(8)				24		25		25	lower(9)	25			23	24
茎 Stem	8.00(7)				34		42		38	8.00(8)	37			45	41

部 位 Part	取样位置或高度 Position or height of sampling (m)	第 3 样树 Sample tree No.3 年轮生成树龄 Tree age during ring formation								
		4~6 年	7 年	8~11 年	12 年	13、14 年	15 年	16~19 年	20~23 年	Ave
根(上) Root	upper(17)		38		39			38	34	37
茎 Stem	2.00(17)		37		46			50	52	46
根(下) Root	lower(20)	30		31	31			36	39	33
茎 Stem	1.30(19)	32		43	48			52	50	45
枝(上) Branch	upper(9)						28		29	28
茎 Stem	8.00(8)						40		47	43
枝(下) Branch	lower(11)					26		25		25
茎 Stem	6.00(12)					36		49		45

树种 Tree species 马尾松 Masson's pine

部 位 Part	取样位置或高度 Position or height of sampling (m)	第 4 样树 Sample tree No.4 年轮生成树龄 Tree age during ring formation								
		5 年	6~9 年	10~13 年	14~17 年	18~21 年	22~25 年	26~29 年	30~37 年	Ave
根(上) Root	upper(32)		38	43	47	46	47	45	43	44
茎 Stem	2.00(31)		36	44	47	51	49	51	51	48
根(下) Root	lower(33)	46		48	51	47	45	42	42	46
茎 Stem	1.30(34)	41		46	49	50	46	50	50	48

注：同本表首页。

Note: The same as the first page of this table.

部位 Part	取样位置或高度 Position or height of sampling (m)	第4样树 Sample tree No.4 年轮生成树龄 Tree age during ring formation									
		24年	25年	26年	27年	28年	29年	30、31年	32、33年	34~37年	Ave
活枝(上) Alive branch	upper(10)					33		35		40	37
茎 Stem	14.00(12)				34	39		41		43	41
活枝(中) Alive branch	middle(11)				34			37		38	37
茎 Stem	14.00(12)				37			41		43	41
活枝(下) Alive branch	lower(14)	32			34	36		36	35	35	35
茎 Stem	14.00(12)				34	39		39	42	43	41

部位 Part	取样位置或高度 Position or height of sampling (m)	自髓心向外年轮序数 Ordinal ring numbers from pith								
		1	2	3	4	5	6、7	8、9	10~13	Ave
枯枝(上) Dead branch	upper(9)	34			35		36			35
枯枝(中) Dead branch	middle(11)	31		37	38		40			37
枯枝(下) Dead branch	lower(13)	29	32		39		40	41	41	38

树种 Tree species		杉木 Chinese fir																
部位 Part	取样位置或高度 Position or height of sampling (m)	第1样树 Sample tree No.1 年轮生成树龄 Tree age during ring formation								取样位置或高度 Position or height of sampling (m)	第2样树 Sample tree No.2 年轮生成树龄 Tree age during ring formation						
		2~4年	5年	6年	7年	8年	9、10年	11、12年	Ave		3、4年	5年	6年	7年	8年	9~12年	Ave
根(上) Root	upper(5)					66			66	upper(7)			57			57	57
茎 Stem	10.00(5)					47			47	8.00(7)			42			51	47
根(下) Root	lower(11)	51	49				43		47	lower(10)	42	46		49			47
茎 Stem	2.00(11)	40	51				55		49	2.00(11)	44	49		52			50
枝(上)Branch	upper(4)						32	31	32	upper(4)						30	30
茎 Stem	12.00(4)					34	41	47	42	14.00(4)						44	44
枝(下) Branch	lower(6)				24		26	26	25	lower(5)					25	31	30
茎 Stem	8.00(7)			35	45		54	59	50	12.00(5)					40	51	49

注：同本表首页。

Note: The same as the first page of this table.

部位 Part	取样位置或高度 Position or height of sampling (m)	第3样树 Sample tree No.3 年轮生成树龄 Tree age during ring formation 4~6年	7年	8年	9年	10年	11、12年	Ave	取样位置或高度 Position or height of sampling (m)	第4样树 Sample tree No.4 年轮生成树龄 Tree age during ring formation 4~7年	8年	9年	10年	11年	12、13年	Ave
根(上) Root	upper(6)		51					51	upper(5)			71				71
茎 Stem	10.00(6)		50					50	12.00(5)			47				47
根(下) Root	lower(9)	39	41		43			41	lower(10)	42	46		48		46	45
茎 Stem	4.00(10)	43	53		56			51	4.00(10)	43	49		54		55	49
枝(上) Branch	upper(3)				28		33	31	upper(3)					29		29
茎 Stem	13.00(3)						44	44	14.00(3)					40		40
枝(下) Branch	lower(5)			24	25		27	26	lower(5)			25	25		24	25
茎 Stem	10.00(6)			43	51		53	50	12.00(5)			35	45		25	35

部位 Part	取样位置或高度 Position or height of sampling (m)	第5样树 Sample tree No.5 年轮生成树龄 Tree age during ring formation 4年	5、6年	7年	8年	9、10年	11~18年	Ave
根(上)Root	upper(14)		54	54	55	55	54	54
茎 Stem	8.00(14)		36		45	55	57	53
根(下)Root	lower(15)	50			54			52
茎 Stem	6.00(15)	50			57			54

部位 Part	取样位置或高度 Position or height of sampling (m)	年轮生成树龄 Tree age during ring formation 13年	14年	15年	16年	17、18年	Ave
活枝(上) Alive branch	upper(3)				26		26
茎 Stem	20.00(3)				44		44
活枝(中) Alive branch	middle(4)			27		29	28
茎 Stem	19.00(4)			39		47	43
活枝(下) Alive branch	lower(5)		23	24		25	24
茎 Stem	18.00(6)		37	44		48	44

部位 Part	取样位置或高度 Position or height of sampling (m)	自髓心向外年轮序数 Ordinal ring numbers from pith 1、2年	3、4年	5、6年	Ave
枯枝(上) Dead branch	upper(4)	32	34		33
枯枝(中) Dead branch	middle(5)	29	33	33	32
枯枝(下) Dead branch	lower(6)	24	25	25	25

注：同本表首页。

Note: The same as the first page of this table.

附表 19-3 五种针叶树各样树同一根、枝材与年轮数相当部位主茎横截片上连续年轮组合的基本密度

Appendant table 19-3 Basic specific gravity of successive ring combinations at the cross section of corresponding portions (ring number is equal or approximate) of the same root, branch and stem respectively in each sample tree of five coniferous species

树种 Tree species: 落叶松 Dahurian larch

部位 Part	取样位置或高度 Position or height of sampling (m)	第 1 样树 Sample tree No.1 年轮生成树龄 Tree age during ring formation: 14 年	15~17 年	18、19 年	20~23 年	24~31 年	Ave	取样位置或高度 Position or height of sampling (m)	第 2 样树 Sample tree No.2 年轮生成树龄 Tree age during ring formation: 8、9 年	10~12 年	13~15 年	16~19 年	20~23 年	24~31 年	Ave
根(上) Root	upper(14)			0.3081(18-)		0.3077	0.3079	upper(22)		0.4221					0.4221
茎 Stem	14.00(13)			0.4144(19-)		0.4433	0.4322	8.00(22)		0.4534					0.4534
根(下) Root	lower(15)		0.3028(17-)			0.2950	0.2986	lower(24)	0.4475						0.4475
茎 Stem	12.00(16)		0.4481(16-)			0.4538	0.4510	6.00(24)	0.4394						0.4394
枝(上) Branch	upper(17)		0.5180(15-)		0.4211	0.4303	0.4539	upper(19)			0.4206 (13-)		0.4891	0.4541	0.4491
茎 Stem	12.00(16)		0.4398(16-)		0.4565	0.4538	0.4510	10.00(20)			0.4204(12-)		0.4803	0.5193	0.4290
枝(下) Branch	lower(18)	0.5753(14-)			0.5979	0.5609	0.5739	lower(19)			0.5020(13-)		0.5317	0.5350	0.5301
茎 Stem	12.00(16)	0.4398(16-)			0.4565	0.4538	0.4510	10.00(20)			0.4204(12-)		0.4803	0.5193	0.4290

部位 Part	取样位置或高度 Position or height of sampling (m)	第 5 样树 Sample tree No.5 年轮生成树龄 Tree age during ring formation: 6、7 年	8~10 年	11、12 年	13~15 年	16~19 年	20~23 年	24~31 年	Ave
根(上) Root	upper(23)		0.4473(9-)			0.4046			0.4176
茎 Stem	8.00(22)		0.4802(10-)			0.4727			0.4747
根(下) Root	lower(26)	0.4856(6-)				0.4306			0.4518
茎 Stem	4.00(27)	0.3905(5-)				0.5138			0.4636
枝(上) Branch	upper(19)				0.5166(13-)		0.5077		0.5110
茎 Stem	10.00(20)				0.3910(12-)		0.4237		0.4106
枝(下) Branch	lower(21)			0.6039(11-)		0.6889		0.6337	0.6476
茎 Stem	10.00(20)			0.3599(12-)		0.4053		0.4413	0.4106

注：(1) 根、枝与主茎间的比较是在同一样树上进行的；(2) 根、枝材上、下部位分别位于同一根、枝材上；(3) 根、枝和主茎全部取样高度后括弧内的数字均为取样圆盘的年轮数；(4) 取样都是分别在同一高度自树周向内；(5) 对各根、茎或枝、茎两对比高度邻近中心的数据，尽量取相同年轮生成树龄的位置进行加权平均；(6) 对表中起点年轮生成树龄不同的对比数据，分别用括号示出有差别的起点树龄；(7) 在与同一样树不同根、枝圆盘进行对比中，主茎同一取样圆盘由于加权平均的组合不同而出现差别。上述注释同应用于本表其他树种。

Note: (1) The comparison among root, branch and stem is carried out in the same sample tree. (2) The upper and lower positions of root or branch are located respectively in the same root or branch. (3) All the numbers in brackets behind position or sampling height (root, branch and stem) are the ring number of sampling disc. (4) All the sampling are from the outermost ring to center respectively at the same height. (5) As far as possible, the data near the pith in each comparable height of root, branch and stem are weighted average of rings that were elaborated during the same tree ages. (6) For a pair of comparative data that differ from each other in the tree age of starting ring formation, the starting ages are respectively shown behind the data in brackets. (7) In comparing with different discs of root and branch in the same tree, the difference in the average (Ave) of an only sampling disc of stem arises from different combination in weighted average. The above note applies to other tree species in this table.

续表

<table>
<tr><td colspan="12">树种 Tree species　　冷杉 Faber fir</td></tr>
<tr><td rowspan="2">部 位
Part</td><td rowspan="2">取样位置或高度
Position or height of sampling (m)</td><td colspan="10">第 1 样树 Sample tree No.1
年轮生成树龄 Tree age during ring formation</td></tr>
<tr><td>7、8 年</td><td>9~12 年</td><td>13~15 年</td><td>16 年</td><td>17、18 年</td><td>19 年</td><td>20 年</td><td>21、22 年</td><td>23、24 年</td><td>Ave</td></tr>
<tr><td>根(上)
Root</td><td>upper(16)</td><td></td><td colspan="3">0.2795(9-)</td><td colspan="3">0.3238</td><td colspan="2">0.2982</td><td>0.2963</td></tr>
<tr><td>茎
Stem</td><td>4.00(15)</td><td></td><td colspan="3">0.2887(10-)</td><td colspan="3">0.2658</td><td colspan="2">0.2963</td><td>0.2846</td></tr>
<tr><td>根(下)
Root</td><td>lower(18)</td><td colspan="2">0.2866(7-)</td><td colspan="3">0.3052</td><td colspan="2">0.3259</td><td>0.3088</td><td>0.2923</td><td>0.3003</td></tr>
<tr><td>茎
Stem</td><td>2.00(20)</td><td colspan="2">0.3098(5-)</td><td colspan="3">0.2505</td><td colspan="2">0.2705</td><td>0.2932</td><td>0.2997</td><td>0.2854</td></tr>
<tr><td>枝(上)
Branch</td><td>upper(5)</td><td colspan="6"></td><td colspan="3">0.3550</td><td>0.3550</td></tr>
<tr><td>茎
Stem</td><td>10.00(5)</td><td colspan="6"></td><td colspan="3">0.3126</td><td>0.3126</td></tr>
<tr><td>枝(下)
Branch</td><td>lower(9)</td><td colspan="3"></td><td colspan="6">0.5301</td><td>0.5301</td></tr>
<tr><td>茎
Stem</td><td>8.00(9)</td><td colspan="3"></td><td colspan="6">0.3056</td><td>0.3056</td></tr>
</table>

<table>
<tr><td rowspan="2">部 位
Part</td><td rowspan="2">取样位置或高度
Position or height of sampling (m)</td><td colspan="7">第 3 样树 Sample tree No.3
年轮生成树龄 Tree age during ring formation</td></tr>
<tr><td>5~8 年</td><td>9~12 年</td><td>13~14 年</td><td>15~17 年</td><td>18~20 年</td><td>21~24 年</td><td>Ave</td></tr>
<tr><td>根(上)
Root</td><td>upper(16)</td><td></td><td colspan="4">0.3014</td><td>0.3476</td><td>0.3130</td></tr>
<tr><td>茎
Stem</td><td>4.00(16)</td><td></td><td colspan="4">0.2502</td><td>0.2620</td><td>0.2532</td></tr>
<tr><td>根(下)
Root</td><td>lower(20)</td><td colspan="5">0.2992(5-)</td><td>0.3406</td><td>0.3075</td></tr>
<tr><td>茎
Stem</td><td>1.30(21)</td><td colspan="5">0.2583(4-)</td><td>0.2633</td><td>0.2592</td></tr>
<tr><td>枝(上)
Branch</td><td>upper(10)</td><td colspan="3"></td><td colspan="3">0.4069(15-)</td><td>0.4069</td></tr>
<tr><td>茎
Stem</td><td>8.00(9)</td><td colspan="3"></td><td colspan="3">0.2991(16-)</td><td>0.2991</td></tr>
<tr><td>枝(下)
Branch</td><td>lower(12)</td><td colspan="2"></td><td>0.3706(13-)</td><td colspan="3">0.4411</td><td>0.4117</td></tr>
<tr><td>茎
Stem</td><td>6.00(13)</td><td colspan="2"></td><td>0.2412(12-)</td><td colspan="3">0.2490</td><td>0.2454</td></tr>
</table>

<table>
<tr><td rowspan="2">部 位
Part</td><td rowspan="2">取样位置或高度
Position or height of sampling (m)</td><td colspan="8">第 5 样树 Sample tree No.5
年轮生成树龄 Tree age during ring formation</td></tr>
<tr><td>11 年</td><td>12、13 年</td><td>14、15 年</td><td>16 年</td><td>17 年</td><td>18~20 年</td><td>21~24 年</td><td>Ave</td></tr>
<tr><td>根(上)
Root</td><td>upper(7)</td><td colspan="5"></td><td colspan="2">0.3077</td><td>0.3077</td></tr>
<tr><td>茎
Stem</td><td>8.00(7)</td><td colspan="5"></td><td colspan="2">0.2977</td><td>0.2977</td></tr>
<tr><td>根(下)
Root</td><td>lower(9)</td><td colspan="3"></td><td colspan="3">0.2929(16-)</td><td>0.3291</td><td>0.3090</td></tr>
<tr><td>茎
Stem</td><td>6.00(10)</td><td colspan="3"></td><td colspan="3">0.2557(15-)</td><td>0.2345</td><td>0.2472</td></tr>
<tr><td>枝(上)
Branch</td><td>upper(11)</td><td colspan="2"></td><td colspan="5">0.3898(14-)</td><td>0.3898</td></tr>
<tr><td>茎
Stem</td><td>6.00(10)</td><td colspan="2"></td><td colspan="5">0.2472(15-)</td><td>0.2472</td></tr>
<tr><td>枝(下)
Branch</td><td>lower(13)</td><td></td><td colspan="2">0.4338</td><td colspan="4">0.4466</td><td>0.4417</td></tr>
<tr><td>茎
Stem</td><td>4.00(13)</td><td></td><td colspan="2">0.2630</td><td colspan="4">0.2561</td><td>0.2588</td></tr>
</table>

注：同本表首页。

Note: The same as the first page of this table.

部位 Part	取样位置或高度 Position or height of sampling (m)	第6样树 Sample tree No.6 年轮生成树龄 Tree age during ring formation								
		12~14年	15、16年	17、18年	19、20年	21年	22年	23~26年	27~30年	Ave
根(上) Root	upper(16)		0.2443			0.2772		0.3068	0.3616	0.2934
茎 Stem	6.00(16)		0.3172			0.2788		0.2745	0.2781	0.2920
根(下) Root	lower(19)	0.2356			0.2461	0.2684	0.2674		0.3267	0.2660
茎 Stem	4.00(19)	0.2800			0.2730	0.2610	0.2738		0.2865	0.2780
枝(上) Branch	upper(9)						0.4090(22-)			0.4090
茎 Stem	10.00(8)						0.3076(23-)			0.3076
枝(下) Branch	lower(10)					0.5844(21-)				0.5844
茎 Stem	8.00(12)				0.2944(19-)					0.2944

树种 Tree species		云杉 Chinese spruce										
部位 Part	取样位置或高度 Position or height of sampling (m)	第1样树 Sample tree No.1 年轮生成树龄 Tree age during ring formation						取样位置或高度 Position or height of sampling (m)	第2样树 Sample tree No.2 年轮生成树龄 Tree age during ring formation			
		10~12年	13~15年	16、17年	18、19年	20~23年	Ave		16年	17~19年	20~23年	Ave
根(上) Root	upper(11)		0.4250	0.4588			0.4496	upper(7)		0.4611(17-)		0.4611
茎 Stem	6.00(11)		0.2912	0.2798			0.2829	8.00(8)		0.3028(16-)		0.3028
根(下) Root	lower(14)	0.3924			0.3930	0.3977	0.3940	lower(8)	0.4610		0.4597	0.4604
茎 Stem	4.00(14)	0.2783			0.2700	0.2820	0.2782	8.00(8)	0.3185		0.2871	0.3028
枝(上) Branch	upper(8)			0.4477(16-)		0.5351	0.4914	upper(8)	0.4601			0.4601
茎 Stem	8.00(7)			0.3090(17-)		0.3445	0.3293	8.00(8)	0.3028			0.3028
枝(下) Branch	lower(8)			0.6180(16-)		0.6550	0.6365	lower(9)	0.6166(15-)			0.6166
茎 Stem	8.00(7)			0.3090(17-)		0.3445	0.3293	8.00(8)	0.3028(16-)			0.3028

部位 Part	取样位置或高度 Position or height of sampling (m)	第3样树 Sample tree No.3 年轮生成树龄 Tree age during ring formation						
		4~6年	7、8年	9~12年	13、14年	15年	16~23年	Ave
根(上) Root	upper(17)		0.4592				0.4907	0.4740
茎 Stem	2.00(17)		0.3088				0.3475	0.3270
根(下) Root	lower(20)	0.4554(4-)		0.4702			0.5076	0.4815
茎 Stem	1.30(19)	0.3250(5-)		0.3193			0.3628	0.3388
枝(上) Branch	upper(9)					0.4517(15-)		0.4517
茎 Stem	8.00(8)					0.3028(16-)		0.3028
枝(下) Branch	lower(11)				0.5313		0.7166	0.6661
茎 Stem	6.00(12)				0.3190		0.2840	0.2957

注：同本表首页。

Note: The same as the first page of this table.

树种 Tree species	马尾松 Masson's pine										
部位 Part	取样位置或高度 Position or height of sampling (m)	第 4 样树 Sample tree No.4 年轮生成树龄 Tree age during ring formation									
		5 年	6~9 年	10~13 年	14~17 年	18~21 年	22、23 年	24、25 年	26~29 年	30~37 年	Ave
根(上) Root	upper(32)		0.4067(6-)	0.4075		0.4854			0.5304	0.5218	0.4708
茎 Stem	6.00(31)		0.3498(7-)	0.3698		0.4343			0.4238	0.4415	0.4100
根(下) Root	lower(33)	0.3384(5-)			0.3844	0.4445	0.4971		0.5406	0.5400	0.4495
茎 Stem	4.00(34)	0.3942(4-)			0.3860	0.4395	0.4537		0.4620	0.4699	0.4198

部位 Part	取样位置或高度 Position or height of sampling (m)	第 4 样树 Sample tree No.4 年轮生成树龄 Tree age during ring formation					
		24~26 年	27 年	28、29 年	30~33 年	34~37 年	Ave
枝(上) branch	upper(10)			0.3995(28-)		0.4406	0.4159
茎 Stem	14.00(12)			0.3845(26-)		0.4160	0.3950
枝(中) Branch	middle(11)			0.3860(27-)		0.4553	0.4364
茎 Stem	14.00(12)			0.3930(26-)		0.3960	0.3950
枝(下) Branch	lower(14)	0.4932(24-)				0.4934	0.4933
茎 Stem	14.00(12)	0.3930(26-)				0.3960	0.3950

树种 Tree species	杉木 Chinese fir											
部位 Part	取样位置或高度 Position or height of sampling (m)	第 1 样树 Sample tree No.1 年轮生成树龄 Tree age during ring formation						取样位置或高度 Position or height of sampling (m)	第 2 样树 Sample tree No.2 年轮生成树龄 Tree age during ring formation			
		2~5 年	6 年	7 年	8 年	9~12 年	Ave		3~4 年	5~8 年	9~12 年	Ave
根(上) Root	upper(5)				0.2136		0.2136	upper(7)		0.2419(6-)	0.2729	0.2596
茎 Stem	10.00(5)				0.2432		0.2432	8.00(7)		0.2790(6-)	0.2620	0.2693
根(下) Root	lower(11)	0.2800	0.3252				0.3088	lower(10)	0.2975(3-)	0.3225		0.3175
茎 Stem	2.00(11)	0.2520	0.2237				0.2340	2.00(11)	0.2880(2-)	0.2550		0.2640
枝(上) Branch	upper(4)					0.4968	0.4968	upper(4)			0.5401	0.5401
茎 Stem	12.00(4)					0.2515	0.2515	14.00(4)			0.2853	0.2853
枝(下) Branch	lower(6)		0.5138				0.5138	lower(5)		0.4871(8-)	0.6809	0.6421
茎 Stem	8.00(7)		0.2387				0.2387	12.00(5)		0.3207(8-)	0.2552	0.2683

注：同本表首页。

Note: The same as the first page of this table.

续表

部 位 Part	取样位置或高度 Position or height of sampling (m)	第 3 样树 Sample tree No.3 年轮生成树龄 Tree age during ring formation						
		4~6 年	7 年	8 年	9 年	10 年	11、12 年	Ave
根(上) Root	upper(6)		0.2404					0.2404
茎 Stem	10.00(6)		0.2572					0.2572
根(下) Root	lower(9)	0.2899(4-)	0.3266		0.3432			0.3217
茎 Stem	4.00(10)	0.2603(3-)	0.2126		0.2430			0.2438
枝(上) Branch	upper(3)				0.4786			0.4786
茎 Stem	13.00(3)				0.2730			0.2730
枝(下) Branch	lower(5)		0.5870(8-)				0.7342	0.6459
茎 Stem	10.00(6)		0.2780(7-)				0.2155	0.2572

部 位 Part	取样位置或高度 Position or height of sampling (m)	第 4 样树 Sample tree No.4 年轮生成树龄 Tree age during ring formation						
		4~7 年	8 年	9 年	10 年	11 年	12、13 年	Ave
根(上) Root	upper(5)				0.2638			0.2638
茎 Stem	12.00(5)				0.2908			0.2908
根(下) Root	lower(10)	0.3096	0.3039		0.3173		0.3277	0.3236
茎 Stem	4.00(10)	0.2823	0.2485		0.2420		0.2655	0.2641
枝(上) Branch	upper(3)					0.3802(3-)		0.3802
茎 Stem	14.00(4)					0.2845(4-)		0.2845
枝(下) Branch	lower(5)			0.6350				0.6350
茎 Stem	12.00(5)			0.2908				0.2908

部 位 Part	取样位置或高度 Position or height of sampling (m)	第 5 样树 Sample tree No.5 年轮生成树龄 Tree age during ring formation				
		4 年	5、6 年	7~10 年	11~18 年	Ave
根(上) Root	upper(14)		0.2511	0.3467		0.3330
茎 Stem	8.00(14)		0.3450	0.2525		0.2657
根(下) Root	lower(15)	0.3080			0.4446	0.3809
茎 Stem	6.00(15)	0.2670			0.2698	0.2685

部 位 Part	取样位置或高度 Position or height of sampling (m)	年轮生成树龄 Tree age during ring formation			
		13、14 年	15、16 年	17、18 年	Ave
活枝(上) Alive branch	upper(3)		0.3556(16-)		0.3556
茎 Stem	20.00(3)		0.3183(16-)		0.3183
活枝(中) Alive branch	middle(4)		0.4255		0.4255
茎 Stem	19.00(4)		0.2905		0.2905
活枝(下) Alive branch	lower(5)	0.5313(14-)	0.5748		0.5661
茎 Stem	18.00(6)	0.3200(13-)	0.2725		0.2883

部 位 Part	取样位置或高度 Position or height of sampling (m)	自髓心向外年轮序数 Ordinal ring numbers from pith			
		1~4 年	5 年	6 年	Ave
枯枝(上)Dead branch	upper(4)	0.5091			0.5091
枯枝(下)Dead branch	lower(6)	0.5519		0.6212	0.5981

注：同本表首页。

Note: The same as the first page of this table.

附表 19-4　五种针叶树各样树同一根、枝材不同部位逐龄年轮的四向平均宽度(mm)

Appendant table 19-4　Mean width of four directions of each successive ring of different positions of the same root and branch respectively in each sample tree of five coniferous species(mm)

树种　Tree species　　落叶松 Dahurian larch

第 1 样树　Sample tree No.1

部分 Part	部位(年轮数) Position (ring number)	14 年	15 年	16 年	17 年	18 年	19 年	20 年	21 年	22 年	23 年	24 年	25 年	26 年	27 年	28 年	29 年	30 年	31 年	Ave	注 Note
		年轮生成树龄　Tree age during ring formation																			
根(上) Root	upper(14)					2.73	2.34	1.65	0.41	1.09	0.81	1.00	0.81	1.04	0.67	0.50	0.67	0.79	1.09	1.11	14.00m (13) 16-1*
根(下) Root	lower(15)				1.92	1.25	2.80	1.54	0.51	1.14	0.90	0.54	0.77	1.06	0.56	0.36	0.80	1.08	2.15	1.16	
枝(上) Branch	upper(17)		1.81	0.68	1.03	1.38	1.77	1.63	1.18	0.98	1.18	1.17	1.00	0.61	0.55	0.39	0.76	0.71	0.54	1.02	12.00m (16) 16-1*
枝(下) Branch	lower(18)	1.82	0.76	1.33	0.97	1.46	1.85	1.87	1.92	1.34	0.91	1.04	0.91	0.85	0.63	0.74	1.08	1.02	0.87	1.19	

第 2 样树　Sample tree No.2

部分 Part	部位(年轮数) Position (ring number)	8 年	9 年	10 年	11 年	12 年	13 年	14 年	15 年	16 年	17 年	18 年	19 年	20 年	21 年	22 年	23 年	24 年	25 年	26 年	27 年	28 年	29 年	30 年	31 年	Ave	注 Note
		年轮生成树龄　Tree age during ring formation																									
根(上) Root	upper(22)			0.18												0.21	0.20	0.37	0.64	0.75	0.29	0.28	0.50	0.46	0.39	0.28	8.00m (22) 16-1*
根(下) Root	lower(24)	0.99	0.39	0.42	0.13	0.16	0.15	0.15	0.14	0.13	0.13	0.15	0.15	0.15	0.14	0.47	1.24	0.53	0.51	0.58	0.29	0.25	0.56	0.70	0.55	0.38	6.00m (24) 16-1*
枝(上) Branch	upper(19)						1.11	1.35	1.61	1.45	1.15	1.17	1.36	1.14	0.98	0.79	1.00	0.82	0.81	0.34	0.60	0.47	0.51	0.52	0.47	0.93	10.00m (20) 16-1*
枝(下) Branch	lower(19)						1.85	1.15	1.52	0.49	0.47	1.12	0.97	1.06	1.39	1.16	0.93	0.77	1.08	0.94	0.68	0.86	0.68	0.61	0.66	0.97	

第 3 样树　Sample tree No.3

部分 Part	部位 (年轮数) Position (ring number)	年轮生成树龄 Tree age during ring formation 6 年	7 年	8 年	9 年	10 年	11 年	12 年	13 年	14 年	15 年	16 年	17 年	18 年	19 年	20 年	21 年	22 年	23 年	24 年	25 年	26 年	27 年	28 年	29 年	30 年	31 年	Ave	注 Note
根(上) Root	upper(25)		1.76	1.66	1.45	1.51	1.00	0.36	0.81	0.64	1.09	0.64	0.98	1.49	1.06	0.65	0.60	0.57	0.42	0.45	0.62	0.84	0.46	0.26	0.48	0.57	0.59	0.84	6.00m (24) 16-1*
根(下) Root	lower(26)	0.79	0.89	1.65	1.46	0.66	1.60	0.53	1.03	0.56	0.76	0.62	0.80	0.79	1.16	1.03	0.69	0.40	0.68	0.37	0.60	0.63	0.98	0.45	0.40	0.49	0.89	0.80	4.00m (26) 16-1*
枝(上) Branch	upper(22)					1.52	1.67	1.51	1.09	1.24	1.36	1.31	1.08	1.23	1.60	1.28	0.71	1.13	0.96	1.07	1.10	1.36	0.56	0.36	0.48	0.49	0.63	1.08	8.00m (22) 16-1*
枝(下) Branch	lower(23)				1.89	1.88	1.62	1.66	1.34	1.45	1.19	1.33	1.27	1.19	2.42	1.53	1.08	1.24	0.90	0.90	1.39	2.08	0.86	0.44	0.61	0.67	0.60	1.28	

第 4 样树　Sample tree No.4

部分 Part	部位 (年轮数) Position (ring number)	年轮生成树龄 Tree age during ring formation 10 年	11 年	12 年	13 年	14 年	15 年	16 年	17 年	18 年	19 年	20 年	21 年	22 年	23 年	24 年	25 年	26 年	27 年	28 年	29 年	30 年	31 年	Ave	注 Note
根(上) Root	upper(14)									0.47	0.47	0.47	0.58	0.37	1.15	1.35	0.62	3.40	0.63	0.31	0.18	0.32	0.18	0.75	14.00m (15) 16-1*
根(下) Root	lower(15)								0.52	0.52	0.52	0.52	0.71	0.83	0.62	1.28	0.59	3.59	0.68	0.15	0.15	0.23	0.22	0.74	
枝(上) Branch	upper(21)		1.01	1.04	1.44	1.91	1.52	0.97	0.22	0.04	1.26	1.01	0.88	0.86	0.71	0.52	0.80	0.74	0.45	0.42	0.44	0.49	0.50	0.82	8.00m (21) 16-1*
枝(下) Branch	lower(22)	1.14	1.95	1.52	1.44	1.76	1.65	1.10	1.46	1.50	1.48	1.25	0.67	0.51	0.78	0.64	0.59	0.66	0.48	0.39	0.50	0.51	0.43	1.02	

续表

第 5 样树　Sample tree No.5

部分 Part	部位(年轮数) Position (ring number)	年轮生成树龄 Tree age during ring formation 6 年	7 年	8 年	9 年	10 年	11 年	12 年	13 年	14 年	15 年	16 年	17 年	18 年	19 年	20 年	21 年	22 年	23 年	24 年	25 年	26 年	27 年	28 年	29 年	30 年	31 年	Ave	注 Note
根(上) Root	upper(23)			0.17									0.42								0.42							0.34	8.00m (23) 16-1*
根(下) Root	lower(26)	0.54											0.42								0.37							0.45	4.00m(27) 16-1*
枝(上) Branch	upper(19)								1.61	1.86	1.14	0.94	0.88	1.11	1.04	0.64	0.68	0.77	0.62	0.54	0.77	0.64	0.27	0.35	0.89	0.73	0.49	0.84	10.00m(20) 16-1*
枝(下) Branch	lower(21)						1.31	1.10	1.24	1.45	1.39	1.10	0.94	0.84	1.34	1.10	0.84	0.85	1.03	0.56	0.75	1.23	0.73	0.22	0.19	1.33	1.72	1.01	

树种　Tree　species　　冷杉　Faber fir

第 1 样树　Sample tree No.1

部分 Part	部位 (年轮数) Position (ring number)	年轮生成树龄 Tree age during ring formation 7 年	8 年	9 年	10 年	11 年	12 年	13 年	14 年	15 年	16 年	17 年	18 年	19 年	20 年	21 年	22 年	23 年	24 年	Ave	注 Note
根(上) Root	upper(16)			0.77	0.36	0.49	1.25	1.38	0.92	2.13	1.58	1.05	0.87	1.96	2.12	3.40	1.85	1.76	1.72	1.48	4.00m (15) 16-2*
根(下) Root	lower(18)	0.70	0.38	0.66	0.61	1.48	0.99	1.85	1.05	1.83	1.61	1.45	0.76	1.69	2.03	3.62	3.10	1.94	3.53	1.63	2.00m (20) 16-2*
枝(上) Branch	upper(5)														1.85	1.32	1.79	1.78	1.63	1.68	10.00m (5) 16-2*
枝(下) Branch	lower(9)										2.79	1.82	1.93	1.27	1.52	1.14	0.86	1.03	0.81	1.46	8.00m (9) 16-1*

第 2 样树　Sample tree No.2

部分 Part	部位 (年轮数) Position (ring number)	年轮生成树龄 Tree age during ring formation															Ave	注 Note
		10 年	11 年	12 年	13 年	14 年	15 年	16 年	17 年	18 年	19 年	20 年	21 年	22 年	23 年	24 年		
根(上) Root	upper(10)						1.09	0.47	0.86	1.25	1.68	0.96	0.92	0.72	0.43	0.36	0.87	6.00m(10) 16-2*
根(下) Root	lower(15)	0.80	0.68	0.56	0.43	1.80	1.63	1.95	2.28	4.01	2.46	1.32	1.68	0.63	0.57	0.56	1.42	4.00m(16) 16-2*
枝(上) Branch	upper(8)								2.55	1.59	1.84	2.51	1.53	1.25	1.17	0.97	1.68	8.00m(7) 16-2*
枝(下) Branch	lower(9)							2.77	1.69	1.88	1.37	1.64	1.27	1.13	1.12	0.71	1.51	

第 3 样树　Sample tree No.3

部分 Part	部位 (年轮数) Position (ring number)	年轮生成树龄 Tree age during ring formation																				Ave	注 Note
		5 年	6 年	7 年	8*年	9 年	10 年	11 年	12 年	13 年	14 年	15 年	16 年	17 年	18 年	19 年	20 年	21 年	22 年	23 年	24 年		
根(上) Root	upper(16)					0.40	0.25	0.32	0.33	0.45	0.68	0.95	0.70	1.71	3.12	3.65	1.63	2.81	2.38	3.97	3.57	1.68	4.00m(16) 16-2*
根(下) Root	lower(20)	0.44	0.38	0.20	0.28	0.35	0.39	0.38	0.36	0.56	0.39	0.48	0.39	1.89	3.77	3.78	1.35	2.64	2.78	3.48	5.14	1.47	2.00m(20) 16-2*
枝(上) Branch	upper(10)											2.25	1.18	1.00	0.96	1.09	0.91	0.95	0.79	0.68	0.69	1.05	8.00m(9) 16-2*
枝(下) Branch	lower(12)									2.33	1.71	1.98	1.29	1.09	0.83	0.78	0.30	0.76	1.18	0.96	0.65	1.15	6.00m(13) 16-2*

续表

第 4 样树　Sample tree No.4

部分 Part	部位(年轮数) Position (ring number)	年轮生成树龄(年) Tree age during ring formation(a) 8 年	9 年	10 年	11 年	12 年	13 年	14 年	15 年	16 年	17 年	18 年	19 年	20 年	21 年	22 年	23 年	24 年	Ave	注 Note
根(上) Root	upper(17)	0.33	0.51	0.83	0.59	0.51	0.51	0.79	0.55	0.36	0.95	1.64	0.98	0.79	0.96	0.98	1.08	1.29	0.80	2.00m(19) 16-2*
根(下) Root	lower(17)	0.49	0.43	0.43	0.47	0.44	0.71	0.82	0.80	0.52	1.18	1.97	1.36	0.71	0.72	0.65	0.89	0.13	0.75	4.00m(15) 16-2*
枝(上) Branch	upper(9)									2.37	1.17	1.47	1.35	1.74	1.29	1.14	1.02	0.90	1.38	8.00m(9) 16-2*
枝(下) Branch	lower(12)						2.31	1.41	1.64	1.59	1.53	2.59	1.21	0.93	0.81	0.81	0.65	0.96	1.37	6.00m(12) 16-1*

第 5 样树　Sample tree No.5

部分 Part	部位(年轮数) Position (ring number)	年轮生成树龄 Tree age during ring formation 12 年	13 年	14 年	15 年	16 年	17 年	18 年	19 年	20 年	21 年	22 年	23 年	24 年	Ave	注 Note
根(上) Root	upper(7)							1.59	0.93	1.57	1.64	0.97	0.55	0.53	1.11	8.00m (7) 16-2*
根(下) Root	lower(9)					1.13	1.94	3.69	3.14	1.92	1.08	0.92	1.29	0.56	1.74	6.00m (10) 16-2*
枝(上) Branch	upper(11)			1.90	1.36	1.78	1.51	1.45	1.37	1.17	1.02	0.86	0.72	0.66	1.26	
枝(下) Branch	lower(13)	2.15	1.50	1.67	1.55	1.31	1.27	1.38	1.15	0.97	0.97	0.86	0.73	0.86	1.26	4.00m (13) 16-2*

第 6 样树　Sample tree No.6

部分 Part	部位(年轮数) Position (ring number)	年轮生成树龄 Tree age during ring formation 12 年	13 年	14 年	15 年	16 年	17 年	18 年	19 年	20 年	21 年	22 年	23 年	24 年	25 年	26 年	27 年	28 年	29 年	30 年	Ave	注 Note
根(上) Root	upper(16)				0.81	0.63	0.73	1.34	1.89	2.35	4.62	2.56	2.45	3.90	2.41	2.27	0.89	1.25	0.88	1.21	1.89	6.00m(16) 16-2*
根(下) Root	lower(19)	0.79	0.93	1.56	2.12	3.76	3.05	2.86	3.49	2.67	2.49	3.27	2.16	2.25	1.31	1.51	0.72	0.88	0.90	0.68	1.97	4.00m(19) 16-2*
枝(上) Branch	upper(9)											2.11	1.48	1.93	1.65	1.40	1.29	0.96	0.55	0.39	1.31	10.00m(8) 16-2*
枝(下) Branch	lower(10)										2.99	1.26	1.65	1.58	1.30	1.12	1.12	0.77	0.42	0.32	1.25	

树种 Tree species　　云杉 Chinese spruce

第 1 样树 Sample tree No.1

部分 Part	部位(年轮数) Position (ring number)	年轮生成树龄 Tree age during ring formation														Ave	注 Note
		10 年	11 年	12 年	13 年	14 年	15 年	16 年	17 年	18 年	19 年	20 年	21 年	22 年	23 年		
根(上) Root	upper(11)				1.49	2.44	1.45	1.39	1.74	1.12	0.98	1.05	0.92	0.93	0.86	1.31	6.00m(11) 16-3*
根(下) Root	lower(14)	0.54	0.50	0.58	2.10	3.45	1.75	1.74	3.63	4.77	3.74	3.09	2.60	1.95	1.75	2.30	4.00m(14) 16-3*
枝(上) Branch	upper(8)							2.74	1.44	1.50	1.32	1.00	0.64	0.90	1.24	1.35	8.00m(7) 16-3*
枝(下) Branch	lower(8)							1.37	1.66	1.88	1.73	1.40	0.89	1.55	1.82	1.54	

第 2 样树 Sample tree No.2

部分 Part	部位(年轮数) Position (ring number)	年轮生成树龄 Tree age during ring formation									Ave	注 Note
		15 年	16 年	17 年	18 年	19 年	20 年	21 年	22 年	23 年		
根(上) Root	upper(7)			1.62	2.39	1.46	1.56	1.54	1.74	1.13	1.63	8.00m(8) 16-3*
根(下) Root	lower(8)		0.99	0.93	1.74	1.32	1.47	1.62	2.09	1.64	1.47	
枝(上) Branch	upper(8)		1.96	1.32	1.26	1.37	1.27	0.76	0.75	0.75	1.18	
枝(下) Branch	lower(9)	1.67	1.11	1.18	1.62	1.25	1.21	0.97	0.70	0.79	1.16	

第 3 样树 Sample tree No.3

部分 Part	部位 (年轮数) Position (ring number)	年轮生成树龄 Tree age during ring formation											
		4 年	5 年	6 年	7 年	8 年	9 年	10 年	11 年	12 年	13 年	14 年	15 年
根(上) Root	upper(17)				2.18	1.45	1.20	1.05	0.44	0.32	0.39	0.74	1.01
根(下) Root	lower(20)	0.77	0.55	1.72	1.55	0.78	0.62	0.43	0.40	0.65	0.63	0.95	0.98
枝(上) Branch	upper(9)												2.42
枝(下) Branch	lower(11)										2.38	1.19	1.69

续表

部分 Part	部位(年轮数) Position (ring number)	年轮生成树龄 Tree age during ring formation 16 年	17 年	18 年	19 年	20 年	21 年	22 年	23 年	Ave	注 Note
根(上) Root	upper(17)	1.30	1.22	1.17	1.18	0.73	1.51	0.85	0.57	1.63	2.00m(17) 16-3*
根(下) Root	lower(20)	1.33	1.21	1.36	1.08	0.72	0.87	0.86	0.99	1.47	1.30m(19) 16-3*
枝(上) Branch	upper(9)	1.31	1.57	1.34	1.31	0.85	0.83	0.65	0.42	1.18	8.00m(8) 16-3*
枝(下) Branch	lower(11)	1.66	1.46	1.22	1.17	0.99	0.54	0.26	0.32	1.16	6.00m(12) 16-3*

树种 Species 马尾松 Masson's pine

第 4 样树 Sample tree No.4

部分 Part	部位(年轮数) Position (ring number)	年轮生成树龄 Tree age during ring formation 5 年	6 年	7 年	8 年	9 年	10 年	11 年	12 年	13 年	14 年	15 年	16 年	17 年	18 年	19 年	20 年	21 年	22 年
根(上)Root	upper(32)		1.46	1.85	1.25	0.80	0.64	1.04	0.98	0.64	0.66	0.79	1.13	1.12	1.55	1.07	0.90	0.95	0.51
根(下)Root	lower(33)	1.51	0.84	0.87	0.59	0.70	1.06	1.04	0.65	0.85	0.85	1.73	1.29	2.32	1.56	1.23	1.33	0.49	0.46

部分 Part	部位(年轮数) Position (ring number)	年轮生成树龄 Tree age during ring formation 23 年	24 年	25 年	26 年	27 年	28 年	29 年	30 年	31 年	32 年	33 年	34 年	35 年	36 年	37 年	Ave	注 Note
根(上)Root	upper(32)	0.41	1.40	1.53	1.00	1.25	0.68	0.94	0.73	0.68	0.70	0.55	0.35	0.40	0.59	0.88	0.92	6.00m(31) 16-5*
根(下)Root	lower(33)	1.17	2.31	1.61	0.34	4.05	1.38	0.88	0.87	0.92	0.69	0.73	0.82	0.88	0.89	2.11	1.18	4.00m(34) 16-5*

续表

第 4 样树　Sample tree No.4

部分 Part	部位 (年轮数) Position (ring number)	年轮生成树龄　Tree age during ring formation														Ave	注 Note
		24 年	25 年	26 年	27 年	28 年	29 年	30 年	31 年	32 年	33 年	34 年	35 年	36 年	37 年		
活枝(上) Alive branch	upper(9)						4.31	1.34	1.37	1.45	1.11	1.16	0.54	0.65	1.10	1.45	
活枝(中) Alive branch	middle(11)				3.01	2.68	1.99	1.39	1.85	2.64	1.51	1.22	0.91	0.91	1.02	1.74	14.00m(12) 16-5*
活枝(下) Alive branch	lower(14)	2.73	1.28	1.52	2.22	2.98	2.26	1.53	1.51	1.66	1.03	0.76	0.76	0.48	0.84	1.54	

部分 Part	部位 (年轮数) Position (ring number)	自髓心向外年轮序数　Ordinal ring numbers from pith													Ave
		1	2	3	4	5	6	7	8	9	10	11	12	13	
枯枝(上) Dead branch	upper(9)	3.03	2.33	1.46	1.45	1.10	0.96	0.86	1.63	2.00					1.65
枯枝(中) Dead branch	middle(11)	2.72	1.51	2.52	1.86	2.22	2.47	3.03	2.69	1.95	1.49	2.62			2.28
枯枝(下) Dead branch	lower(13)	5.31	2.97	2.11	2.12	2.89	3.27	2.10	1.76	1.61	1.49	1.74	0.87	1.45	2.28

续表

树种 Tree species		杉木 Chinese fir											
第 1 样树 Sample tree No.1													
部分 Part	部位 (年轮数) Position (ring number)	年轮生成树龄 Tree age during ring formation										Ave	注 Note
		2 年	3 年	4 年	5 年	6 年	7 年	8 年	9 年	10 年	11 年	12 年		
根(上) Root	upper(5)							0.63	0.61	0.65	0.48	0.35	0.54	10.00m (5) 16-6*
根(下) Root	lower(11)	1.15	1.10	1.68	3.60	3.38	1.50	1.63	0.92	0.54	0.45	0.47	1.49	2.00m (11) 16-6*
枝(上) Branch	upper(4)								3.31	1.96	0.76	0.58	1.65	12.00m (4) 16-6*
枝(下) Branch	lower(6)						3.39	1.78	1.64	1.51	1.88	0.91	1.85	8.00m (7) 16-6*

第 2 样树 Sample tree No.2

部分 Part	部位 (年轮数) Position (ring number)	年轮生成树龄 Tree age during ring formation										Ave	注 Note
		3 年	4 年	5 年	6 年	7 年	8 年	9 年	10 年	11 年	12 年		
根(上) Root	upper(7)				1.12	2.48	1.89	0.82	0.74	0.62	0.72	1.20	10.00m (7) 16-6*
根(下) Root	lower(10)	2.73	9.89	7.81	6.25	2.80	1.85	1.78	1.29	0.09	1.14	3.56	2.00m (11) 16-6*
枝(上) Branch	upper(4)							1.83	1.53	0.71	0.47	1.13	14.00m (4) 16-6*
枝(下) Branch	lower(5)						4.51	1.19	1.20	0.83	0.76	1.70	12.00m(5) 16-6*

续表

第 3 样树　Sample tree No.3

部分 Part	部位 (年轮数) Position (ring number)	年轮生成树龄 Tree age during ring formation									Ave	注 Note
		4 年	5 年	6 年	7 年	8 年	9 年	10 年	11 年	12 年		
根(上) Root	upper(6)				1.32	0.86	0.40	0.28	0.44	0.36	0.61	10.00m(6) 16-6*
根(下) Root	lower(9)	1.36	2.21	2.67	4.16	1.67	2.04	0.73	1.97	0.77	1.95	6.00m(9) 16-6*
枝(上) Branch	upper(3)							3.26	1.55	0.91	1.91	13.00m(3) 16-6*
枝(下) Branch	lower(5)					2.34	2.46	1.66	1.58	1.23	1.85	10.00m(6) 16-6*

第 4 样树　Sample tree No.4

部分 Part	部位 (年轮数) Position (ring number)	年轮生成树龄 Tree age during ring formation										Ave	注 Note
		4 年	5 年	6 年	7 年	8 年	9 年	10 年	11 年	12 年	13 年		
根(上) Root	upper(5)						0.90	1.10	1.25	1.31	0.68	1.05	12.00m (5) 16-6(continued)*
根(下) Root	lower(10)	0.85	0.70	4.15	3.73	4.87	4.96	2.90	3.78	2.65	1.78	3.04	4.00m(10) 16-6(continued)*
枝(上) Branch	upper(3)								2.08	2.08	1.05	1.74	14.00m(3) 16-6(continued)*
枝(下) Branch	lower(5)						2.85	2.50	1.25	1.38	1.18	1.83	12.00m(5) 16-6(continued)*

续表

第 5 样树　Sample tree No.5

部分 Part	部位(年轮数) Position (ring number)	年轮生成树龄 Tree age during ring formation															Ave	注 Note
		4 年	5 年	6 年	7 年	8 年	9 年	10 年	11 年	12 年	13 年	14 年	15 年	16 年	17 年	18 年		
根(上)Root	upper(14)		2.68	1.30	3.40	3.58	1.61	1.77	0.44	0.39	0.35	0.21	0.20	0.20	0.20	0.20	1.18	8.00m(13) 16-6(continued)*
根(下)Root	lower(15)	1.52	1.98	1.34	4.56	5.42	2.82	2.24	1.23	0.70	0.87	0.35	0.32	0.39	0.41	0.48	1.64	6.00m(15) 16-6(continued)*

部分 Part	部位(年轮数) Position (ring number)	年轮生成树龄(年) Tree age during ring formation(a)					Ave	注 Note
		14 年	15 年	16 年	17 年	18 年		
活枝(上) Alive branch	upper(3)			0.92	1.11	0.83	0.95	20.00m(3) 16-6*
活枝(中) Alive branch	middle(4)		1.83	1.50	1.34	1.08	1.44	19.00m(4) 16-6*
活枝(下) Alive branch	lower(5)	3.89	1.89	1.53	0.96	0.64	1.78	18.00m(6) 16-6*

第 5 样树　Sample tree No.5

部分 Part	部位(年轮数) Position (ring number)	自髓心向外年轮序数 Ordinal ring numbers from pith						Ave
		1	2	3	4	5	6	
枯枝(上) Dead branch	upper(4)	3.42	1.40	1.00	0.90			1.68
枯枝(中) Dead branch	middle(5)	2.51	1.38	1.88	0.97	0.90		1.53
枯枝(下) Dead branch	lower(6)	3.27	2.86	2.48	1.54	0.96	0.76	1.97

注：本表右侧末栏中高度(m)和括号内的数字是同一样树相比较的主茎截面高度和年轮数，*号下面的数字是请参见的附表序号。

Note: In the last right column of this table, the height (m) and the number between brackets are the height (m) and ring number of the stem cross section that is in the same sample tree for comparison; the numerical order under * is the ordinal numbers of appendant table that the data of comparable cross section are in.

附表 19-5 四种针叶树各样树同一根、枝材不同部位逐龄年轮的晚材率(%)

Appendant table 19-5 Late wood percentage of each successive ring of different positions of the same root and branch respectively in each sample tree of four coniferous species(%)

树种 Tree species: 落叶松 Dahurian larch

第 1 样树 Sample tree No.1

部分 Part	部位(年轮数) Position (ring number)	年轮生成树龄 Tree age during ring formation 14 年	15 年	16 年	17 年	18 年	19 年	20 年	21 年	22 年	23 年	24 年	25 年	26 年	27 年	28 年	29 年	30 年	31 年	Ave	注 Note
根(上) Root	upper(14)					10.94	6.89	6.40	21.17	9.03	13.79	21.03	25.44	16.97	20.40	30.12	19.56	17.16	22.81	17.27	14.00m (13) 17-1*
根(下) Root	lower(15)				12.58	10.14	14.58	10.23	27.16	19.35	12.17	16.46	20.86	11.58	11.05	23.68	23.16	18.11	29.96	17.40	
枝(上) Branch	upper(17)		15.86	32.42	26.65	20.18	35.36	16.75	15.12	21.29	21.94	26.10	19.06	27.11	31.89	30.81	11.21	19.55	19.37	22.97	12.00m (16) 17-1*
枝(下) Branch	lower(18)	24.15	20.66	18.50	20.85	42.00	44.59	34.71	57.71	18.84	30.26	37.04	52.13	20.29	58.32	43.86	26.51	48.80	61.16	36.69	

第 2 样树 Sample tree No.2

部分 Part	部位(年轮数) Position (ring number)	年轮生成树龄 Tree age during ring formation 8 年	9 年	10 年	11 年	12 年	13 年	14 年	15 年	16 年	17 年	18 年	19 年	20 年	21 年	22 年	23 年	24 年	25 年	26 年	27 年	28 年	29 年	30 年	31 年	Ave	注 Note
根(上) Root	upper(22)			14.72														28.74					40.28	48.54	70.11	23.12	8.00m (22) 17-1*
根(下) Root	lower(24)	unseen				7.34										19.70	22.28	32.03	55.79	42.21	25.41	55.62	46.87	32.76	47.80	21.96	6.00m (24) 17-1*
枝(上) Branch	upper(19)						29.36	23.89	26.36	35.96	31.02	49.54	69.16	27.23	32.11	40.82	67.21	38.40	47.81	45.23	48.04	26.36	16.24	30.92	52.63	38.86	10.00m(20) 17-1*
枝(下) Branch	lower(19)						20.82	35.52	20.87	39.50	36.11	49.18	37.97	59.93	71.84	56.46	46.38	43.02	55.85	14.97	53.70	51.94	61.00	51.29	unseen	44.80	

续表

第 3 样树　Sample tree No.3

部分 Part	部位 (年轮数) Position (ring number)	年轮生成树龄 Tree age during ring formation																										Ave	注 Note
		6 年	7 年	8 年	9 年	10 年	11 年	12 年	13 年	14 年	15 年	16 年	17 年	18 年	19 年	20 年	21 年	22 年	23 年	24 年	25 年	26 年	27 年	28 年	29 年	30 年	31 年		
根(上) Root	upper(25)		14.38	11.93	16.98	14.41	19.74	43.17	25.17	33.40	30.76	38.62	93.57	45.96	34.82	33.20	31.24	43.41	23.62	31.12	20.78	42.53	31.81	36.14	31.32	38.01	38.11	32.57	6.00m(24) 17-1*
根(下) Root	lower(26)	85.45	24.04	19.40	40.21	47.05	92.35	25.31	35.20	55.71	62.84	32.42	69.93	41.05	42.95	40.88	40.13	34.67	24.39	33.92	30.15	64.26	37.82	41.65	36.57	46.45	42.87	44.14	4.00m(26) 17-1*
枝(上) Branch	upper(22)					23.55	23.70	11.44	19.55	32.12	24.32	20.16	24.71	31.98	26.00	18.13	26.65	24.07	15.22	16.97	31.18	30.50	33.26	32.08	26.11	39.88	29.25	25.04	8.00m (22) 17-1*
枝(下) Branch	lower(23)				12.36	35.08	41.07	35.34	60.33	35.12	27.24	75.98	64.19	45.57	39.65	56.58	52.69	57.25	51.18	46.38	79.63	84.82	50.88	30.77	37.66	38.77	42.86	47.89	

第 4 样树　Sample tree No.4

部分 Part	部位 (年轮数) Position (ring number)	年轮生成树龄 Tree age during ring formation																						Ave	注 Note
		10 年	11 年	12 年	13 年	14 年	15 年	16 年	17 年	18 年	19 年	20 年	21 年	22 年	23 年	24 年	25 年	26 年	27 年	28 年	29 年	30 年	31 年		
根(上) Root	upper(14)								unseen				14.26	28.10	35.57	12.68	57.63	12.45	16.72	Unseen				25.34	14.00m (15) 17-1*
根(下) Root	lower(15)									unseen 0.52	36.40	7.80	62.27	12.38		46.21	13.34		24.23	33.46	32.18	38.92	31.25	30.77	
枝(上) Branch	upper(21)		unseen	23.55	21.64	14.90	34.78	34.28	41.18	42.24	10.01	37.08	20.11	22.06	53.92	29.53	31.38	39.71	40.37	36.18	43.39	46.17	49.14	33.58	8.00m (21) 17-1*
枝(下) Branch	lower(22)	16.45	18.55	59.97	59.70	74.73	65.95	38.81	78.13	78.58	69.01	63.04	71.01	44.40	63.13	48.72	44.52	48.65	49.64	45.32	76.39	42.11	48.67	54.79	

第 5 样树　Sample tree No.5

部分 Part	部位 (年轮数) Position (ring number)	年轮生成树龄 Tree age during ring formation 6 年	7 年	8 年	9 年	10 年	11 年	12 年	13 年	14 年	15 年	16 年	17 年	18 年	19 年	20 年	21 年	22 年	23 年	24 年	25 年	26 年	27 年	28 年	29 年	30 年	31 年	Ave	注 Note
根(上) Root	upper(23)				unseen	14.64	11.48	25.35	16.98	23.35	17.70	29.07	42.50	33.60	24.44	45.34	20.38	27.04	49.86	The rings are very narrow								27.27	8.00m(23) 17-1*
根(下) Root	lower(26)	unseen		15.59	12.22	26.77	41.78	14.34	38.21	42.44	28.72	35.31	56.96	55.01	33.16	48.21	41.67	37.32	15.89	23.99	36.84	40.63	42.79	37.69	60.56	40.30	28.33	34.19	4.00m(27) 17-1*
枝(上) Branch	upper(19)								6.55	14.78	25.76	27.94	41.10	35.39	21.95	41.22	46.56	34.11	50.07	16.20	40.03	41.28	48.57	59.19	48.36	59.42	65.75	38.12	10.00m(20) 17-1*
枝(下) Branch	lower(21)						unseen	36.44	55.09	51.67	58.00	86.97	60.62	78.46	84.72	70.01	31.12	48.38	38.41	45.79	50.09	74.18	60.67	38.34	49.76	89.38	89.73	59.89	

树种　Tree　species　　冷杉　Faber fir

第 1 样树　Sample tree No.1

部分 Part	部位 (年轮数) Position (ring number)	年轮生成树龄 Tree age during ring formation 7 年	8 年	9 年	10 年	11 年	12 年	13 年	14 年	15 年	16 年	17 年	18 年	19 年	20 年	21 年	22 年	23 年	24 年	Ave	注 Note
根(上) Root	upper(16)			unseen	17.63	26.18	34.38	11.05	24.33	3.68	16.34	18.77	23.51	15.18	16.79	15.42	21.62	44.10	49.34	22.55	4.00m(15) 17-4*
根(下) Root	lower(18)	unseen	35.60	20.74	40.74	14.26	18.69	13.41	22.57	10.22	11.32	27.03	32.47	35.92	59.86	33.14	13.22	13.99	8.61	24.22	2.00m(20) 17-4*
枝(上) Branch	upper(5)														unseen	22.26	14.18	15.94	20.86	18.31	10.00m(5) 17-4*
枝(下) Branch	lower(9)										unseen	12.74	14.56	24.15	33.85	42.54	44.65	44.84	48.13	33.18	8.00m(9) 17-4*

续表

第 5 样树　Sample tree No.5

部分 Part	部位(年轮数) Position (ring number)	年轮生成树龄 Tree age during ring formation													Ave	注 Note
		12 年	13 年	14 年	15 年	16 年	17 年	18 年	19 年	20 年	21 年	22 年	23 年	24 年		
根(上) Root	upper(7)							unseen							/	8.00m(7) 17-4*
根(下) Root	lower(9)					unseen		23.14	3.32	11.63	20.90	71.38	21.46	unseen	25.31	6.00m(10) 17-4*
枝(上) Branch	upper(11)			unseen	15.05	9.12	15.16	11.81	22.66	24.53	20.87	26.64	26.64	21.28	19.30	
枝(下) Branch	lower(13)	unseen	13.91	15.35	17.06	16.69	41.07	28.83	38.45	36.77	39.41	28.47	40.69	42.64	29.95	4.00m(13) 17-4*

第 6 样树　Sample tree No.6

部分 Part	部位(年轮数) Position (ring number)	年轮生成树龄 Tree age during ring formation																			Ave	注 Note
		12 年	13 年	14 年	15 年	16 年	17 年	18 年	19 年	20 年	21 年	22 年	23 年	24 年	25 年	26 年	27 年	28 年	29 年	30 年		
根(上) Root	upper(16)				unseen		30.98	25.06	19.35	15.91	8.45	13.66	6.67	0.71	8.85	8.86	2.63	13.47	43.17	unseen	15.21	6.00m(16) 17-4*
根(下) Root	lower(19)	28.29	15.14	11.64	10.64	4.89	2.46	2.56	4.93	8.78	unseen	7.04	8.06	19.85	39.12	14.03	60.40	51.97	54.12	unseen	20.23	4.00m(19) 17-4*
枝(上) Branch	upper(9)											unseen	10.80	11.80	15.03	12.70	17.93	31.18	33.38	unseen	18.97	10.00m(8) 17-4*
枝(下) Branch	lower(10)										55.06	22.52	43.29	53.53	46.96	38.93	38.17	35.52	36.01	unseen	40.78	

树种 Tree species　云杉 Chinese spruce

第 1 样树 Sample tree No.1

部分 Part	部位(年轮数) Position (ring number)	年轮生成树龄 Tree age during ring formation 10 年	11 年	12 年	13 年	14 年	15 年	16 年	17 年	18 年	19 年	20 年	21 年	22 年	23 年	Ave	注 Note
根(上) Root	upper(11)				unseen						49.83	35.21	72.89	36.71	43.91	47.71	6.00m(11) 17-3*
根(下) Root	lower(14)	unseen					25.29	22.88	11.58	18.35	38.97	80.83	67.32	54.74	20.72	37.85	4.00m(14) 17-3*
枝(上) Branch	upper(8)							21.95	14.28	15.27	14.31	32.06	45.32	35.55	86.60	33.17	8.00m(7) 17-3*
枝(下) Branch	lower(8)							6.90	17.60	39.10	42.10	54.60	85.20	71.90	71.90	48.66	

第 2 样树 Sample tree No.2

部分 Part	部位(年轮数) Position (ring number)	年轮生成树龄 Tree age during ring formation 15 年	16 年	17 年	18 年	19 年	20 年	21 年	22 年	23 年	Ave	注 Note
根(上) Root	upper(7)			unseen		70.62	70.83	76.90	63.79	47.52	65.93	9.00m(6) 17-3*
根(下) Root	lower(8)		unseen	24.13	16.83	34.15	34.33	37.99	65.58	62.16	39.31	8.00m(8) 17-3*
枝(上) Branch	upper(8)		unseen	21.30	17.27	40.69	81.25	57.42	48.17	65.79	47.41	
枝(下) Branch	lower(9)	24.32	28.30	49.90	29.85	47.56	79.14	96.90	86.97	84.26	58.58	6.00m(11) 17-3*

续表

第 3 样树　Sample tree No.3

部分 Part	部位(年轮数) Position	年轮生成树龄　Tree age during ring formation											
		4 年	5 年	6 年	7 年	8 年	9 年	10 年	11 年	12 年	13 年	14 年	15 年
根(上) Root	upper(17)				unseen	22.51	41.08	52.48	unseen				23.33
根(下) Root	lower(20)	27.74	29.13	13.04	17.65	23.92	41.30	33.61	68.62	67.03	44.53	25.03	48.09
枝(上) Branch	upper(9)												unseen
枝(下) Branch	lower(11)										unseen	39.49	15.09

第 3 样树(续)　Sample tree No.3 (continued)

部分 Part	部位(年轮数) Position (ring number)	年轮生成树龄　Tree age during ring formation								Ave	注 Note
		16 年	17 年	18 年	19 年	20 年	21 年	22 年	23 年		
根(上) Root	upper(17)	19.26	21.92	22.02	45.04	40.27	unseen			31.99	2.00m(17) 17-3*
根(下) Root	lower(20)	63.85	39.44	43.81	42.67	50.08	67.46	67.51	44.88	42.96	1.30m(19) 17-3*
枝(上) Branch	upper(9)	17.64	21.31	19.22	60.11	50.97	49.24	50.81	59.83	41.14	8.00m(8) 17-3*
枝(下) Branch	lower(11)	35.85	22.86	57.22	73.85	80.61	78.00	49.16	63.82	51.60	6.00m(12) 17-3*

续表

第 4 样树 Sample tree No.4

部分 Part	部位 (年轮数) Position (ring number)	年轮生成树龄 Tree age during ring formation																	
		5 年	6 年	7 年	8 年	9 年	10 年	11 年	12 年	13 年	14 年	15 年	16 年	17 年	18 年	19 年	20 年	21 年	22 年
根(上) Root	upper(32)		unseen	31.11	22.09	23.75	36.96	31.93	30.45	21.99	32.12	47.07	32.50	34.52	41.15	32.84	44.75	40.26	62.97
根(下) Root	lower(33)	20.26	20.93	15.68	14.76	14.06	45.49	33.38	37.48	40.84	39.53	38.98	36.35	50.78	36.69	2.88	37.38	39.82	51.47

第 4 样树 Sample tree No.4

部分 Part	部位 (年轮数) Position (ring number)	年轮生成树龄 Tree age during ring formation															Ave	注 Note
		23 年	24 年	25 年	26 年	27 年	28 年	29 年	30 年	31 年	32 年	33 年	34 年	35 年	36 年	37 年		
根(上) Root	upper(32)	87.17	71.47	80.41	74.33	47.37	74.69	66.95	60.85	19.31	38.21	85.60	46.33	35.04	29.59	30.99	45.72	6.00m(31) 17-2*
根(下) Root	lower(33)	66.29	43.53	61.20	29.56	70.81	58.24	60.10	50.94	21.78	43.70	67.66	44.78	51.64	68.73	45.00	41.23	4.00m(34) 17-2*

第 4 样树 Sample tree No.4

部分 Part	部位 (年轮数) Position (ring number)	年轮生成树龄 Tree age during ring formation														Ave	注 Note
		24 年	25 年	26 年	27 年	28 年	29 年	30 年	31 年	32 年	33 年	34 年	35 年	36 年	37 年		
活枝(上) Alive branch	upper(9)					17. 4	10.10	22.30	25.60	32.20	24.50	17.00	22.20	21.40	18.90	21.16	14.00m(12) 17-2*
活枝(中) Alive branch	middle(11)				31.77	20.78	23.68	11.30	34.00	24.10	21.95	21.15	10.99	16.40	28.74	22.26	
活枝(下) Alive branch	lower(14)	27.48	42.83	48.86	29.02	20.88	53.03	24.31	37.90	30.12	23.60	33.29	43.97	33.47	29.07	34.13	

续表

部分 Part	部位 (年轮数) Position (ring number)	自髓心向外年轮序数 Ordinal ring numbers from pith													Ave
		1	2	3	4	5	6	7	8	9	10	11	12	13	
枯枝(上) Dead branch	upper(9)	11.14	12.19	24.71	78.54	8.33	85.89	21.80	32.54	unseen					34.39
枯枝(中) Dead branch	middle(11)	19.59	11.06	16.98	17.79	28.61	20.75	30.58	34.96	33.35	9.70	unseen			22.34
枯枝(下) Dead branch	lower(13)	8.19	35.72	19.55	24.95	45.01	30.85	26.53	25.46	28.67	32.29	28.51	47.03	unseen	29.40

注：本表右侧末栏中高度(m)和括号内的数字是同一样树相比较的主茎截面高度和年轮数，*号下面的数字是请参见的附表序号。

Note: In the last right column of this table, the height (m) and the number between brackets are the height (m) and ring number of the stem cross section that is in the same sample tree for comparison; the numerical order under * is the ordinal number of appendant table that the data of comparable cross section are in.

20　次生木质部生成中与发育有关的一些其他性状

本章图示概要

本章用表概要

摘　要

枝、叶是树木生存的必要器官，木节是侧枝在主茎中的基部；斜纹具有强化树茎支持的作用。木节和天然斜纹在次生木质部中自然生成。本项目实验测定包括杉木四样树主茎高向每米木节个数、分布和联生状态；五株落叶松木材天然斜纹的斜度。结果表明，种内株间木节着生和斜纹斜度随两向生长树龄的变化符合遗传特征，它们在样树内趋势变化的性质是次生木质部构建中遗传控制的程序性发育。结果中尚包括两种种子来源杉木着枝和生节的差别和落叶松斜纹在种内个体间的变异。本章是确定树木着枝和斜纹生成具有发育性质的研究初探。

20.1 自然着枝和木节

20.1.1 概说

树茎生枝。枝在树茎木材中的隐生部分是木节。木节影响外观，并降低强度，是决定木材等级的主要天然缺陷。

树茎高生长中，从髓心生出的小枝距郁闭树冠有一距离后，会自然枯死。树木着枝、树冠形态和自然整枝状况均与树种有关。木节数目、大小和类型具有树种遗传特征。树木生枝还受环境条件影响，如郁闭度及林业措施等。

活枝在次生木质部中生成活节，它与同时生成的主基木材逐层相连，自髓心向外呈圆锥形。枯枝或断桩在残存期形成死节，自枯死开始与周围木材脱离，而后成圆柱状。生枝是树木生长的正常现象。人工合理除枝是一项营林措施。

木节已受国内、外木材科学界的广泛注意，木节对材质影响的研究已有多项。在木材弯曲性能因子中，73%的破坏与木节有关[10]。抗弯强度和弹性模量在一定程度上取决于梁材中的木节状况[4]。已可由木节尺寸估算它对木材强度的影响[1-3,6,9]。但仅见有关火炬松节子体积的测定[5]，却未见其他有关木节生成状况的报道。对人工林速生材生枝和木节规律的研究更是阙如。

杉木是我国产材量大的特有树种，分布于长江流域以南至西南广大地区，生长迅速，材质优点多，使用价值高。我国南方各省有用杉木作建筑材的传统。本项目对采自福建省卫闽林场的四株杉木样树进行了自然生枝和木节的测定。卫闽林场位于中心产区的富屯溪流域。样树中 3 株是由我国杉木第一代种子园种子实生苗长成，样树伐倒树龄为 12 年；一株是由普通良种育成，伐倒树龄为 13 年。种子园种子杉木伐倒前两年间曾经一次修枝；此两年平均半径增长仅 2.5mm，尚不能愈合。这一人工措施对木节连生状况、着生方位、总个数或体积率均不会产生明显影响，仍保持自然状态。

对四株杉木样树全茎自根颈向上逐个木节进行测定。项目包括木节高度、朝向(东、南、西、北)、连生状况和垂直于木纹方向的节径等。

郁闭林分环境树木主茎下方的休眠芽几乎没有萌发的可能。活枝生成后与主茎逐年木质层相连(活节)，只在着枝枯死后才与主茎新生木质层脱离(死节)。林木随两向生长树龄着枝的发育表现是：①树茎自根颈向上活、死节总个数随高生长树龄的变化，是树木自然着枝发育留存在次生木质部中的变化记录；②如果未经人工整枝，则树茎上死节的个数是发育中自然整枝的记录；如已经人工整枝，则整枝区段的死节个数包含了人为因素的影响。

树茎生长同时包含着同龄中的高、径两向生长。本节全部图示横坐标都是高生长树龄，各图中分别有木节总数、活节和死节的变化曲线。对于死节，应把它随高生长树龄的变化理解作是树木自然整枝随径向生长树龄(或树木树龄)的变化。

本节是研究杉木自然着枝的专记，分别有两种种子来源各样树的图示。由这些图示可检视：①同一样树上着枝变化的有序性；②种内株间着枝变化的相似程度；③两种种子来源对杉木着枝状况的影响。其中①、②是树木着枝和木节发生受遗传控制的表现。

20.1.2 木节个数和体积率

木节个数以每米长度计。木节体积按圆锥计算，把材表木节最大横纹尺寸作锥体底直径，并以木节处树茎半径为高。每米木节体积以该木段木材体积的千分率表示。木节个数与体积率各同按活节、死节和木节总数分别统计。由表 20-1、表 20-2 可知，两种实生苗杉木每米活节个数和体积率均随树高增大，而每米死节个数和体积率均减小。如图 20-1、图 20-2 所示，每米活、死节个数和体积率随高生长树龄变化的曲线分别各有交点。交点前方，死节个数或体积率均高于活节，后情况相反。交点意味着死、活节个数近于相等和体积率近于相同。这两交点在树高上的位置相关，但并不重合。可预估，上述交点在树高上的位置并不固定，随树龄和树高生长而逐渐上移。

表 20-1 杉木样树高向每米生成木节的个数

Table 20-1 Knot number per meter along stem length in Chinese fir sample trees

实测高度范围(m) Practical measured range	种子园种子 Seeds taken from seed orchard									普通良种 Common seed of good quality		
	第 1 样树 Sample tree No.1			第 2 样树 Sample tree No.2			第 3 样树 Sample tree No.3			第 4 样树 Sample tree No.4		
	活节 Live	死节 Dead (Knot)	总计 Total	活节 Live	死节 Dead (Knot)	总计 Total	活节 Live	死节 Dead (Knot)	总计 Total	活节 Live	死节 Dead (Knot)	总计 Total
0.00~1.00	—	17	17	6	14	20	—	20	20	—	3	3
1.00~2.00	—	20	20	—	15	15	5	20	25	—	23	23
2.00~3.00	1	24	25	7	16	23	5	19	24	—	19	19
3.00~4.00	6	9	15	6	10	16	5	10	15	2	12	14
4.00~5.00	5	11	16	5	16	21	6	12	18	9	9	18
5.00~6.00	6	17	23	7	9	16	8	8	16	12	5	17
6.00~7.00	8	22	30	6	5	11	10	6	16	15	5	20
7.00~8.00	12	21	33	8	15	23	8	13	21	20	5	25
8.00~9.00	23	11	34	12	21	33	8	27	35	14	—	14
9.00~10.00	17	4	21	15	20	35	16	31	47	18	—	18
10.00~11.00	25	2	27	21	13	34	17	11	28	14	3	17
11.00~12.00	19	1	20	16	13	29	32	7	39	16	3	19
12.00~13.00	29	—	29	24	4	28	49	—	49	18	—	18
13.00~14.00				27	4	31				15	—	15
14.00~15.00				28	1	29				12	—	12
15.00~16.00				31	—	31				18	—	18
16.00~17.00										17	—	17

注：每一实测高度范围的中值是该范围的名义高度。

Note: The middle value of each pratical measured range is regardes as its norminal height.

表 20-2 杉木样树高向每米生成木节体积率(‰)

Table 20-2 Knot volumetric percentage per meter along stem length in Chinese fir sample trees(‰)

实测高度范围(m) Practical measured range	种子园种子 Seeds taken from seed orchard									普通良种 Common seed of good quality		
	第 1 样树 Sample tree No.1			第 2 样树 Sample tree No.2			第 3 样树 Sample tree No.3			第 4 样树 Sample tree No.4		
	活节 Live	死节 Dead (Knot)	总计 Total	活节 Live	死节 Dead (Knot)	总计 Total	活节 Live	死节 Dead (Knot)	总计 Total	活节 Live	死节 Dead (Knot)	总计 Total
0.00~1.00	—	0.23	0.23	0.33	0.79	1.12	—	0.41	0.41	—	0.23	0.23
1.00~2.00	—	1.73	1.73	—	2.06	2.06	0.59	1.82	2.41	—	1.21	1.21
2.00~3.00	0.19	5.04	5.23	1.28	2.02	3.30	0.80	2.18	2.98	—	2.60	2.60
3.00~4.00	1.28	1.53	2.81	0.95	1.44	2.39	1.00	1.64	2.64	0.29	1.76	2.05
4.00~5.00	1.15	2.00	3.15	0.99	2.34	3.33	1.29	1.51	2.80	1.64	1.44	3.08
5.00~6.00	1.81	1.37	3.18	1.55	1.94	3.49	1.71	1.49	3.20	1.93	0.81	2.74
6.00~7.00	—	—	—	1.35	0.79	2.14	2.32	0.66	2.98	3.03	0.38	3.41
7.00~8.00	1.40	1.49	2.89	—	—	—	1.79	1.78	3.57	4.28	0.46	4.74
8.00~9.00	3.75	1.68	5.43	1.25	1.13	2.38	1.79	2.07	3.86	3.89	—	3.89
9.00~10.00	3.28	0.30	3.58	1.52	0.90	2.42	—	—	—	5.83	—	5.83
10.00~11.00	5.81	0.15	5.96	2.61	0.81	3.42	2.60	0.74	3.34	4.97	0.17	5.14
11.00~12.00	4.57	0.10	4.67	2.26	0.61	2.87	4.59	0.34	4.93	6.48	0.11	6.59
12.00~13.00	5.72	—	5.72	4.83	0.22	5.05	6.28	—	6.28	8.35	—	8.35
13.00~14.00				6.09	0.37	6.46				6.81	—	6.81
14.00~15.00				6.72	0.07	6.79				5.17	—	5.17
15.00~16.00				7.19	—	7.19				9.27	—	9.27
16.00~17.00										7.26	—	7.26

注：与表 20-1 同。

Note: The Same as table 20-1.

如图 20-1 所示，种子园种子来源杉木第 1、2、3 样树每米木节个数和连生的着枝(活节)发育变化相似程度高；木节总个数随高生长树龄增加，但曲线在树梢处向下弯曲，这是由于测定至顶梢处的侧芽尚未萌发成节。种子园和普通良种杉木着枝发育变化的差别表现在曲线高度，即木节个数上。

种子园实生苗杉木三样树木节总个数分别为 310 个、375 个和 353 个，平均每米长度活节 12.83 个、死节 11.88 个。普通良种实生苗杉木 1 株木节总数 281 个，平均每米活节 11.76 个、死节 5.12 个。种子园实生苗杉木节子个数较普通良种多。

12 龄、13 龄速生杉木单个节子的尺寸不大。种子园实生苗杉木最大活节直径为 2.2cm，最大死节直径为 2.4cm；单株木节体积率平均为 2.84‰，其最低值在基部平均为 0.21‰，其最高值在树梢平均为 6.89‰。普通实生苗杉木最大活节直径为 2.2cm，最大死节直径为 2.0cm；单株节子的平均体积率为 0.30‰，其最低平均值在基部为 0.23‰，其最高平均值也在树梢处为 9.27‰。由木节体积率变化来看，火炬松节子的体积率平均为 10.0‰，变化范围最小值在基部，离地 10.5m 就增至 7 倍[5]；速生杉木树茎木节体积率变化趋势和火炬松同，但变化范围比火炬松小。

如图 20-2 所示，两种种子来源四株杉木样树木节体积率随高生长树龄的变化。在相同纵、横坐标范围图示中发现，曲线变化趋势和幅度在相同种子来源间和在两种种子来源的曲线间都表现出较大的相似。

20.1.3 不同高度木节的分布类型

观察杉木节子在树茎上的分布，有的在同一高度，有的相距近，有的相距较远。根据这一状况，在测定中区分为轮生、基本轮生和散生。划分尺度如下：沿树高 3 个以上相距在 3cm 以内为轮生，相距 6cm 以内为基本轮生，其他列作散生。

如图 20-3、图 20-4 所示，杉木种内株间轮生节和基本轮生节个数和轮数随高生长树龄的变化模式具有相似性。杉木前数年高生长中每米木节个数的增加以轮生节类型为主，而后轮生节在每米木节个数中仍占优势，但所占比例趋于减少。每米木节个数中基本轮生节与散生节的个数随高生长树龄变化的增加趋势相似。这些表明，杉木的木节分布类型随树龄(高生长树龄)的变化在很大程度上受遗传控制。

由表 20-3 数据计算杉木轮生节、基本轮生节在样树总木节数中的比例：

种子来源 Sources of seed	样树株别 Ordinal numbers of sample tree	木节分布类型 Distribution types of knot		
		轮生节 Ringed	基本轮生节 Mid-ringed	散生节 Dispersed
种子园种子 Seed taken from seed orchard	第一样树 No.1	45.16	35.16	19.67
	第二样树 No.2	54.43	27.59	17.97
	第三杨树 No.3	43.34	21.81	34.84
	平　均 Ave	47.64	28.19	24.16
普通良种 Ordinal seed of good quality	第四样树 No.4	40.14	23.59	36.27

可看出，人工林杉木着枝以轮生节为主，占 2/5~1/2，基本轮生节约占 1/4，两者合计约占 2/3。这一比例在杉木四样树中相近。与种子园种子杉木相比，普通良种杉木中轮生节所占比例小，而散生节较多。

把四样树逐年生成轮生节、基本轮生节之和的变化曲线分别与各样树高生长曲线对比，发现样树高生长快的年份生成的木节轮数也多，反之则少。种子园种源同采伐树龄杉木中第 2 样树主茎较其他两样树高，它的轮生节轮数在三样树中明显较多。本节图、表以每米木节个数和每米轮生节轮数表达着枝发育变化，由此可理解树茎生长快的年份生成木节个数和轮数也就多。种子园种源杉木高生长中轮生节、基本轮生节合计平均 5.67 轮/年，每米树茎平均 4.64 轮；普通良种杉木平均 3.69 轮/年，每米树茎平均 2.67 轮。种子园种源杉木每米树茎高度轮生节和基本轮生节的轮数高于普通良种杉木。

表 20-3 杉木 4 样树生长中不同高度的木节分布类型

Table 20-3 Distribution types of knot at different heights during tree growth in four Chinese fir sample trees

实测高度范围(m) Practical measured range	由种子园种子生长 Sample trees were from the seeds taken from seed orchards 木节分布类型 Distribution types of knot															由普通良种生长 Common seed of good quality 木节分布类型 Distribution types of knot				
	第 1 样树 Sample tree No.1					第 2 样树 Sample tree No.2					第 3 样树 Sample tree No.3					第 4 样树 Sample tree No.4				
	轮生节 Ringed		基本轮生 Mid-ringed		散生节 Dispersed	轮生节 Ringed		基本轮生 Mid-ringed		散生节 Dispersed	轮生节 Ringed		基本轮生 Mid-ringed		散生节 Dispersed	轮生节 Ringed		基本轮生 Mid-ringed		散生节 Dispersed
	轮数 Number of circuit	个数 Number of knot	轮数 Number of circuit	个数 Number of knot	个数 Number of knot	轮数 Number of circuit	个数 Number of knot	轮数 Number of circuit	个数 Number of knot	个数 Number of knot	轮数 Number of circuit	个数 Number of knot	轮数 Number of circuit	个数 Number of knot	个数 Number of knot	轮数 Number of circuit	个数 Number of knot	轮数 Number of circuit	个数 Number of knot	个数 Number of knot
0.00~2.00	3	12	6	19	6	6	20	2	7	8	6	19	4	15	11	1	12	—	—	11
2.00~4.00	7	25	2	10	5	10	38	—	—	1	8	28	2	8	3	6	19	2	7	7
4.00~6.00	6	23	1	5	11	8	28	1	6	3	7	26	—	—	8	2	6	3	10	19
6.00~8.00	10	40	4	16	7	6	24	1	4	6	7	23	2	7	7	6	26	4	14	5
8.00~10.00	3	11	7	31	13	6	27	5	26	15	8	35	1	17	30	2	11	2	6	15
10.00~12.00	5	15	4	16	16	5	22	6	27	14	4	13	3	13	41	4	13	3	13	10
12.00~14.00	4	14	3	12	3	9	31	3	12	16	3	9	4	17	23	3	10	3	9	14
14.00~16.00						7	25	5	27	8						2	7	1	5	18
16.00~18.00																3	10	1	3	4

注：(1) 轮生节沿树高的间距限定在 3cm 之内；基本轮生节在 6cm 之内。(2) 每一实测高度范围的中值是该范围的名义高度。

Note: (1) The gap of ringed knots along stem length in a circuit is limited in 3 cm; That of mid-ringed knots is limited in 6 cm. (2) The middle value of each pratical measured range is regarded as is norminal height.

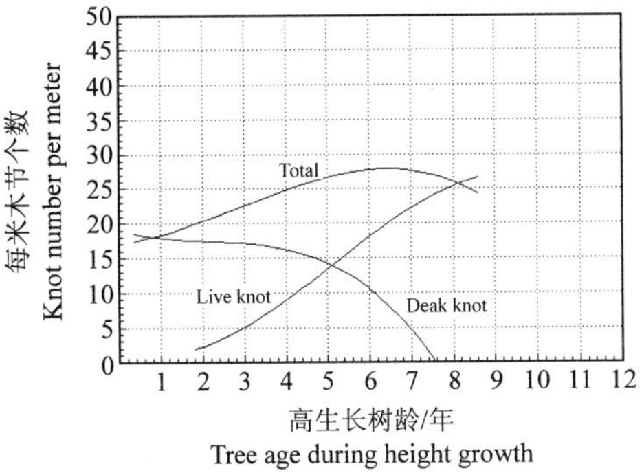

第 1 样树　Sample tree No.1

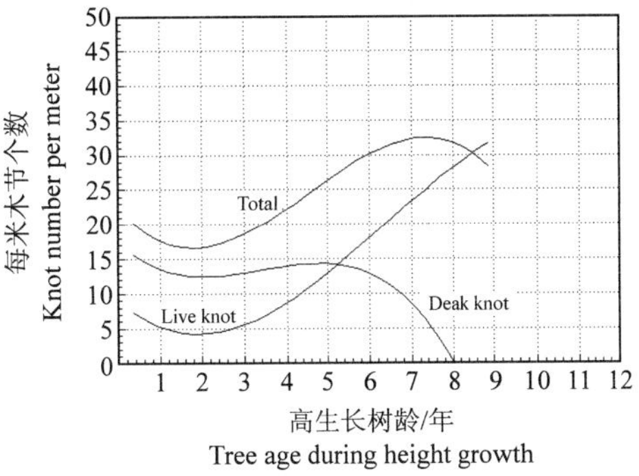

第 2 样树　Sample tree No.2

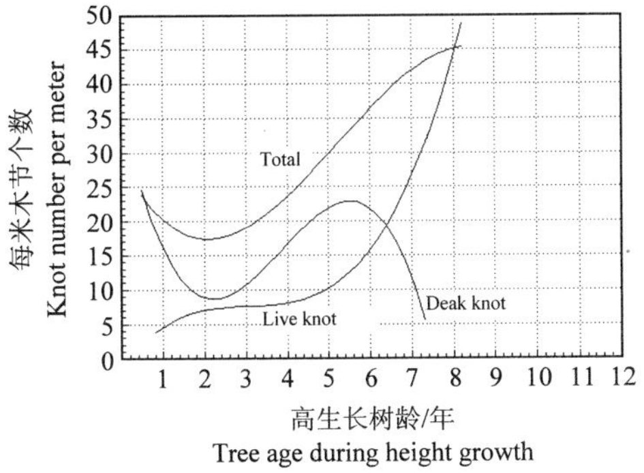

第 3 样树　Sample tree No.3

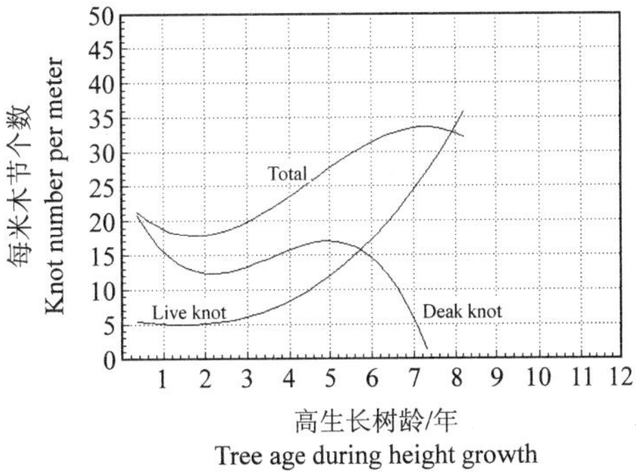

第 1、2、3 样树平均　Average of sample tree No.1 , 2 , 3

第 1、2、3 样树由种子园种子生长，伐倒时的直径生长树龄均为第 12 年

The seeds grown into sample tree No.1, 2, 3 were taken from seed orchard.

They were logged all at the age of twelfth during their diametric growth

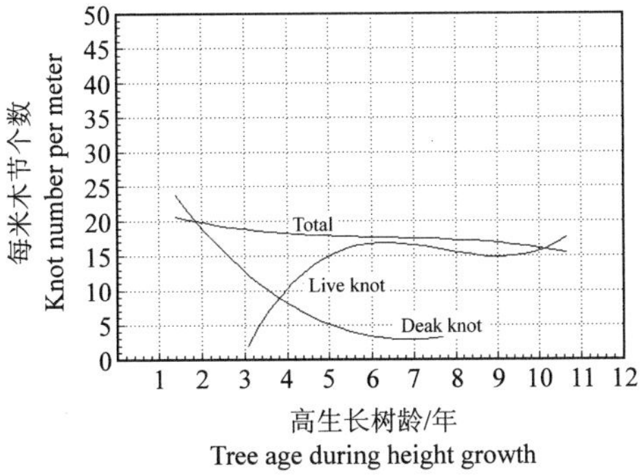

第 4 样树　Sample tree No.4

第 4 样树由普通良种生长，伐倒时的直径生长树龄为第 13 年

The seed grown into sample tree No.4 was the common of good quality.

It was logged at the age of thirteenth during its diametric growth

图 20-1　杉木四株样树木节和树茎次生木质部(木材)联生状况(连续、部分松脱，或镶嵌)随高生长树龄的发育变化

活节. Live knot；死节. Dead knot；总计. Total

Figure 20-1　Developmental change of interconnection forms (continuous, partially loose, or encased) between the stem and knot wood during height growth in four Chinese fir sample trees

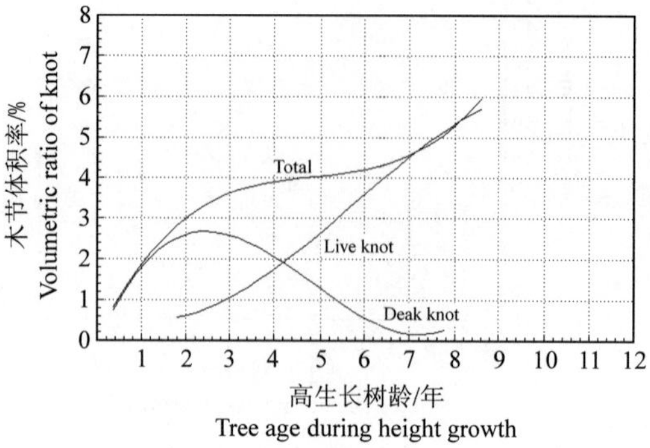

第 1 样树　Sample tree No.1

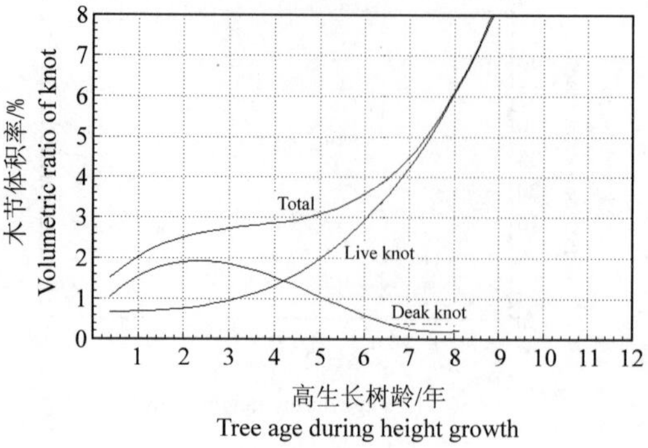

第 2 样树　Sample tree No.2

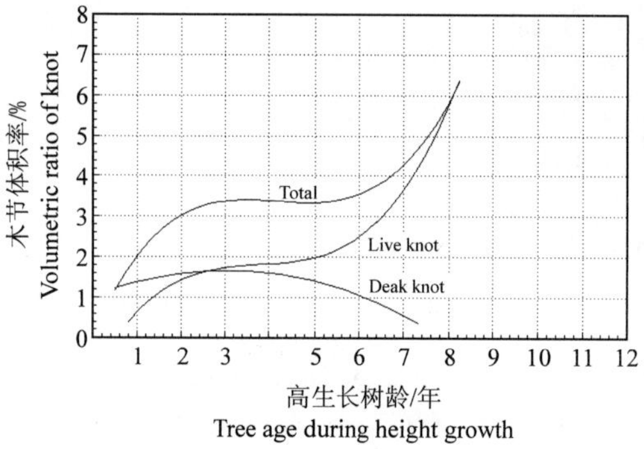

第 3 样树　Sample tree No.3

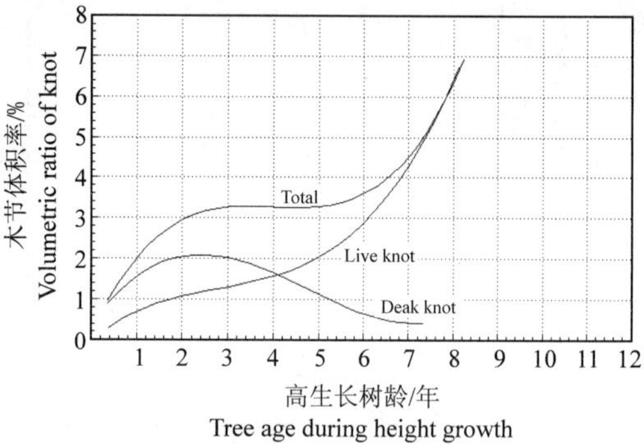

第 1、2、3 样树平均　Average of sample tree No.1, 2, 3

第 1、2、3 样树由种子园种子生长，伐倒时的直径生长树龄均为第 12 年

The seeds grown into sample tree No.1, 2, 3 were taken from seed orchard.

They were logged all at the age of twelfth during their diametric growth

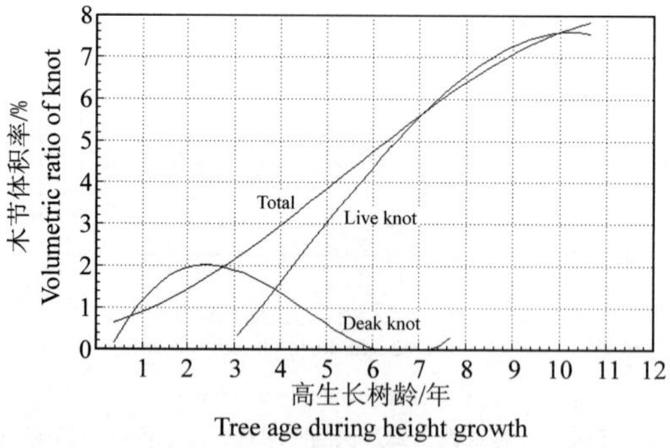

第 4 样树　Sample tree No.4

第 4 样树由普通良种生长，伐倒时的直径生长树龄为第 13 年

The seed grown into sample tree No.4 was the common of good quality.

It was logged at the age of thirteenth during its diametric growth

图 20-2　杉木四株样树木节与树茎木材体积的比率随高生长树龄的发育变化

活节. Live knot；死节. Dead knot；总计. Total

Figure 20-2　Developmental change of volumetric ratio between knots and stem wood with tree age during height growth in four Chinese fir sample trees

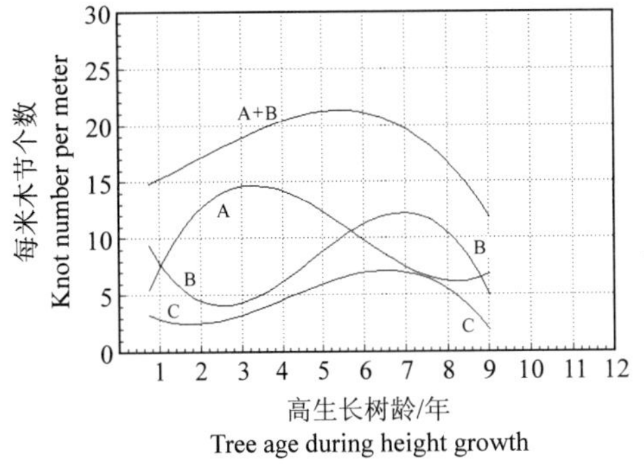

第 1 样树　Sample tree No.1

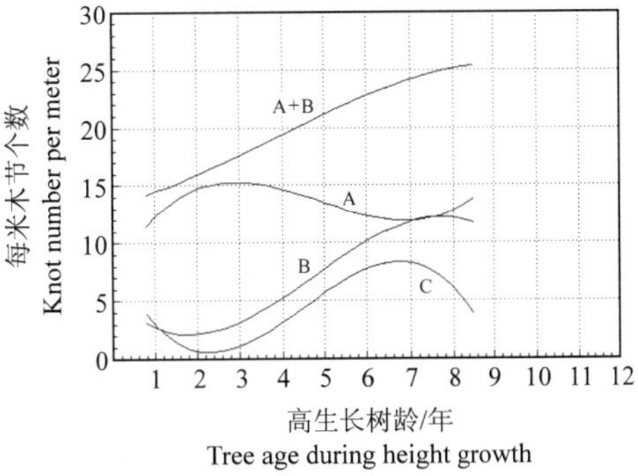

第 2 样树　Sample tree No.2

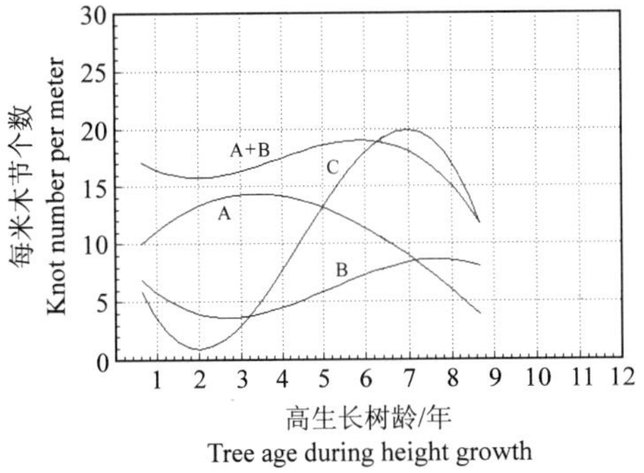

第 3 样树　Sample tree No.3

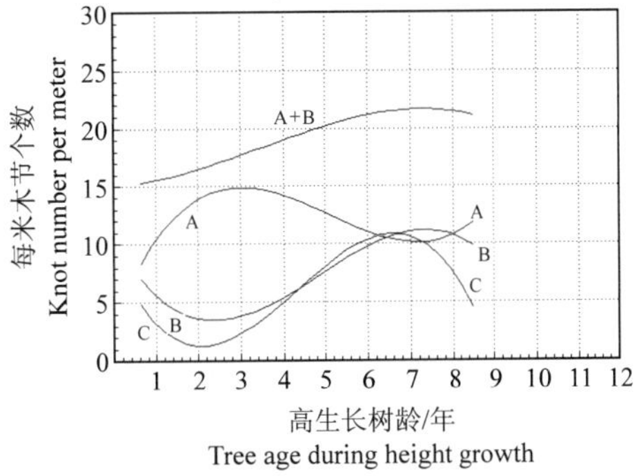

第 1、2、3 样树平均　Average of sample tree No.1 , 2 , 3

第 1、2、3 样树由种子园种子生长，伐倒时的直径生长树龄均为第 12 年

The seeds grown into sample tree No.1, 2, 3 were taken from seed orchard.

They were logged all at the age of twelfth during their diametric growth

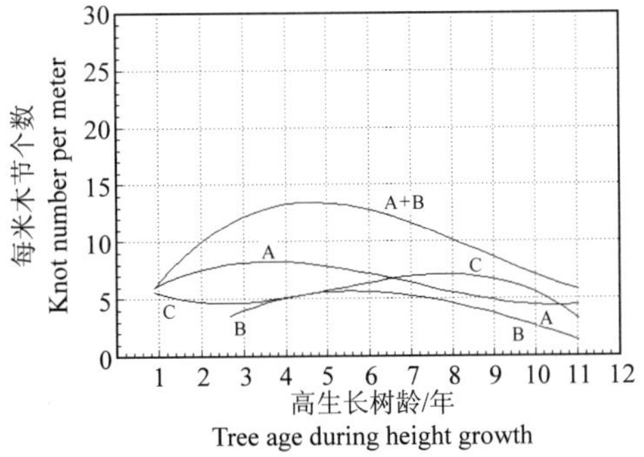

第 4 样树　Sample tree No.4

第 4 样树由普通良种生长，伐倒时的直径生长树龄为第 13 年

The seed grown into sample tree No.4 was the common of good quality.

It was logged at the age of thirteenth during its diametric growth

图 20-3　杉木四株样树逐龄高生长中不同类型木节生成数的发育变化

木节个数曲线：A. 轮生节；B. 基本轮生节；C. 散生节

Figure 20-3　Developmental change of knot number of different types formed in successive tree ages during height growth in four Chinese fir sample trees

The number of ringed knot are shown as curve A, mid-ringed as B and dispersed knots as C

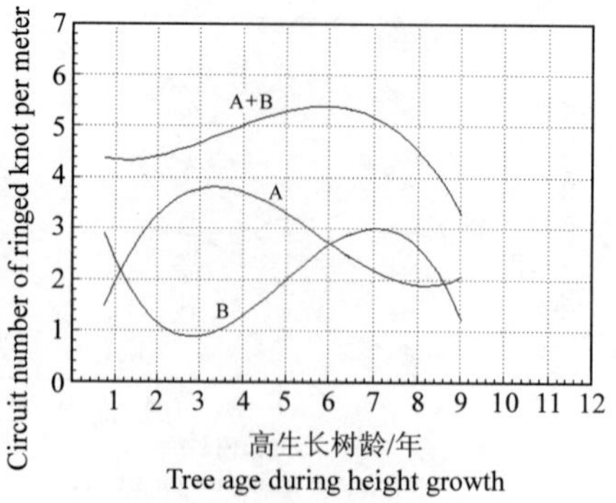

第 1 样树　Sample tree No.1

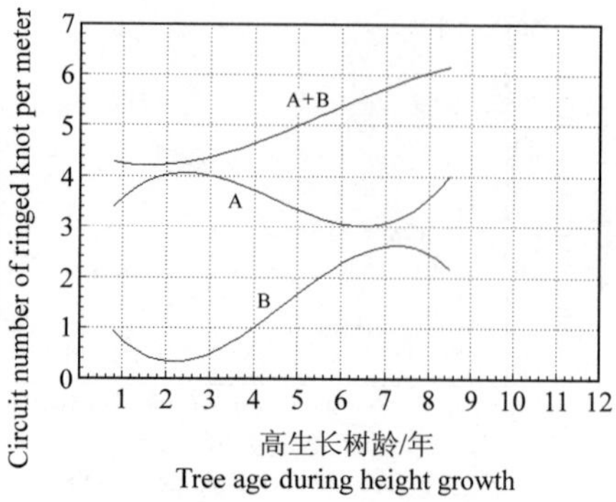

第 2 样树　Sample tree No.2

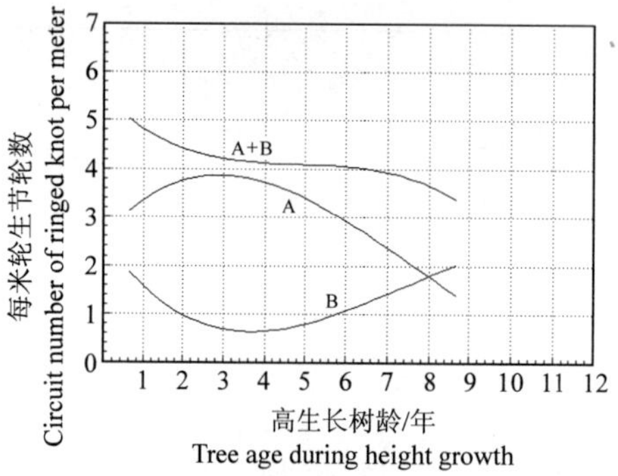

第 3 样树　Sample tree No.3

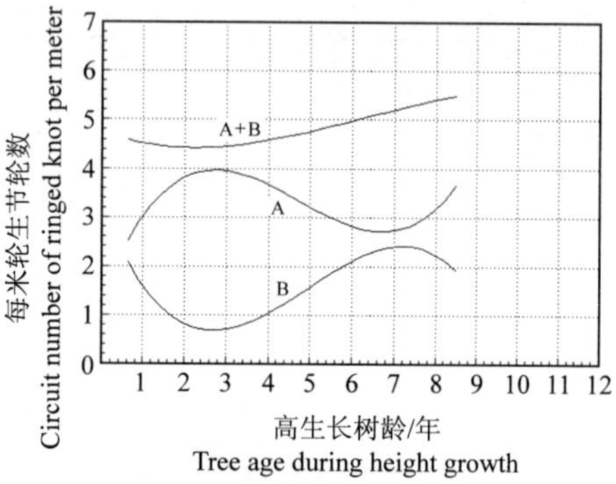

第 1、2、3 样树平均　Average of sample tree No.1, 2, 3

第 1、2、3 样树由种子园种子生长，伐倒时的直径生长树龄均为第 12 年

The seeds grown into sample tree No.1, 2, 3 were taken from seed orchard.
They were logged all at the age of twelfth during their diametric growth

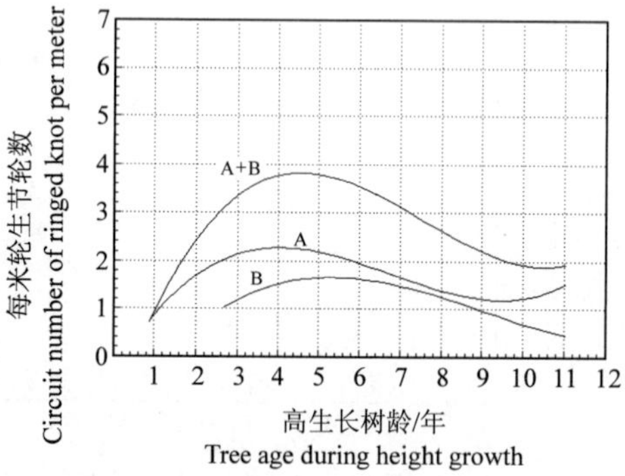

第 4 样树　Sample tree No.4

第 4 样树由普通良种生长，伐倒时的直径生长树龄为第 13 年

The seed grown into sample tree No.4 was the common of good quality.
It was logged at the age of thirteenth during its diametric growth

图 20-4　杉木四株样树逐龄高生长中轮生节生成轮数的发育变化

木节轮数曲线：A. 轮生节；B. 基本轮生节；A+B. 轮生节和基本轮生节的和

Figure 20-4　Developmental change of circuit number of ringed knot formed in each successive tree age during height growth in four Chinese fir sample trees

The circuit number of ringed knots are shown as curve A, mid-ringed as B and the sum of both as A+B

20.1.4 其他

(1) 短周期速生杉木主茎在树高 1.00m 处开始有少量活枝，向上逐多。杉木枯枝残存时间长。无节区短。

(2) 速生杉木节子大多水平或部分有小角度(<15°)，但也有的倾斜至 20°、30°。

(3) 沿木节长度的中央剖面察出，均出自髓心。枝与同高度着生部位在初生生长时就同时开始生成，并在次生生长中同步进行。枝与主茎年轮数相同部位间能进行次生生长期发育变化比较由此得到证明。

20.1.5 结论

树茎每米活、死节个数和体积率是分别测出的，每米不同类型和木节个数也是分别测出的。由这些数据绘出随高生长树龄变化的回归曲线具有相似程度高的趋势。取得这一结果的关键因素是树茎着枝受遗传控制；其次，测定精度能满足反映趋势的要求。

实生苗杉木四样树每米活节个数和体积率均随高生长树龄增大，而死节个数和体积率减小。

实生苗杉木前数年高生长中每米木节个数的增加以轮生节类型为主，而后轮生节虽在每米木节个数中仍占优，但所占比例趋小。每米木节个数中基本轮生节与散生节随高生长树龄的增加趋势相似。

种子园种源杉木树茎每米高度轮生节和基本轮生节的轮数多于普通良种杉木。种子园种源杉木木节个数虽多于普通良种杉木，但木节小，两种种子来源同龄杉木的木节总体积率相当。种子园种子来自不同生命年份砧木和不同部位的接穗，由此产生的遗传变异与一般单一自然种源的规律性差异是一值得研究的问题。

20.2 天 然 斜 纹

针叶树天然斜纹是主茎管胞的螺旋走向，即螺旋纹理(又称扭转纹)。螺旋排列的基本式样有左旋和右旋两种(图 20-5)。

天然斜纹在形成层分生和木材细胞形体增大中就生成。

针叶树材天然斜纹的形态主要有两个模式：其一是，在接近髓心处主要是左旋，在初生成木材的第一个年轮中的斜度骤大，而后逐减至直纹状态。接着，转为右旋，倾斜程度随树龄而增加；另一模式是，自髓心向外左旋，且倾斜程度逐增[7,8]。

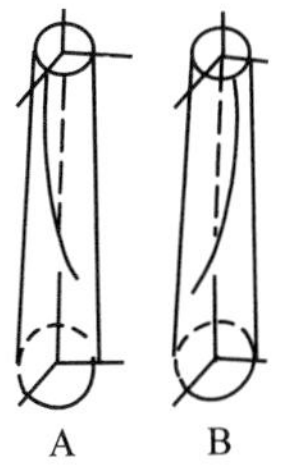

图 20-5 螺旋纹理倾斜方向
A. 左旋；B. 右旋

Figure 20-5 Orientation of spiral grain
A. left spiral; B. right spiral

螺旋纹理在树木内的差异较大。自髓心至形成层，或在树茎的不同高度上都不完全相同，但它的发生又具较强的遗传性，即具有规律性的一面。

20.2.1 材料和测定

天然斜纹在多种针叶树中自然发生，但程度不同，影响也就有差别。落叶松是我国东北林区最主要的用材树种，但它却广泛地存在天然斜纹。落叶松材适合用作大尺寸结构材。而门窗料、家具、地板或装饰等用途，则由于它的易变形而受到限制，但对其发生规律尚了解不深。今在落叶松次生木质部发育过程研究中，测定了人工林落叶松的天然斜纹。

人工林落叶松 5 株 31 龄样树，采自黑龙江省汤源县木良林场。样树生长外观正常，原系本项目研究材料，伐倒剥皮后发现均存在天然斜纹。

20.2.1.1 绝对斜度率和倾角

在 5 株样木自根颈(树茎 0.0m 高度)向上每隔 2.00m 处截取木段，测定每一木段小头 1.00m 长度范围内的平均绝对斜度。方法是，依据原木表面干裂方向，沿轴向 1m 测定纹理终点在小头截面上的投影与起点间的弦长 CA(cm)(图 20-6)，用百分比表示，称绝对斜度率(%)。弦长除 100 的商，是倾角的正切值，由它可获知倾角。测定准确至 1mm。同时，须确定各样木上、下各段原木材表天然斜纹的倾斜方向——左旋或右旋。

选定的干裂不都起始于小头或终至于轴向距离 1.00m 处，可沿原木材表裂纹方向延伸，推测出结果。但不把有横向间距的裂纹简单合并。同时，注意木节周围纹理会局部倾斜加大，特别要排除端头处 1m 范围的木节影响。

我国原木检验标准中对原木扭转纹的检验方法是，在小头材长 1m 范围内检量扭转纹起点的倾斜高(在小头断面表现为弦长)，与原木上端面的检尺短径相比(均量至厘米，不足 1cm 者舍去)，以(%)计。对此测定结果，现称它为相对斜度。相对斜度在木材质量评定上有它的合理性。天然斜纹的斜度由内向外逐增，材表的斜度最大。而相对斜度是一商值，其分母为检尺短径，这可消除上述影响，进而达到合理评定木材质量的目的。

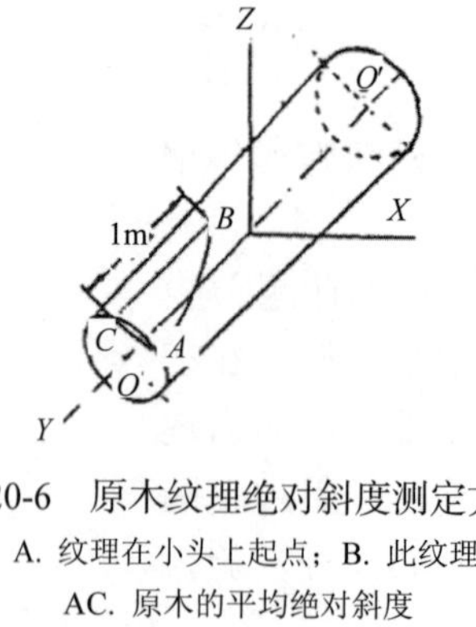

图 20-6 原木纹理绝对斜度测定方法

O, *O′*原木两截面的几何中心；A. 纹理在小头上起点；B. 此纹理在轴向距离 1m 处的终止点；AC. 原木的平均绝对斜度

Figure 20-6 The method of measuring absolute severity of log grain

O, *O′* are geometrical centers of two end sections of a log; A is starting point of grain at a 1.00m distance parallel to axis of log; AC is average value of absolute severity of log

本文是研究人工林落叶松的天然斜纹的存在和在树株内变化的规律，与单纯以质量评定的要求不同。今采用的绝对斜度有别于相对斜度，它是不除以检尺径的弦长，精度为 1mm。

20.2.1.2　树茎内、外斜度的变化

取样树上、中、下部位，测定沿径向内、中、外三部分的天然斜纹方向和斜度变化。在指定部位锯截长约 10cm 的木段作为试样，而后沿径向用劈的方式使其顺木纹自然裂开。其裂开面的上、下不在同一铅垂面上，具明显曲度。这表征木段内、外纹理的斜度有变化。在劈开径面的下缘指定部位向上作铅垂线，测定纹理在径向曲面上缘的偏斜距离，由此可求出倾斜角度 $\theta=\arctan(d/l)$，(d 为偏斜距离，l 为测定点上、下面的垂直高度，d、l 的测定精度为 1mm)。因邻近髓心处裂开常不规则，内部斜度的测定部位距髓心稍有相隔；水平中部斜度的测定部位，位于短木段半径的中部；因需避开周边裂开拉扯造成的纹理撕裂，外部测定短木段外缘偏内部位(图 20-7)。

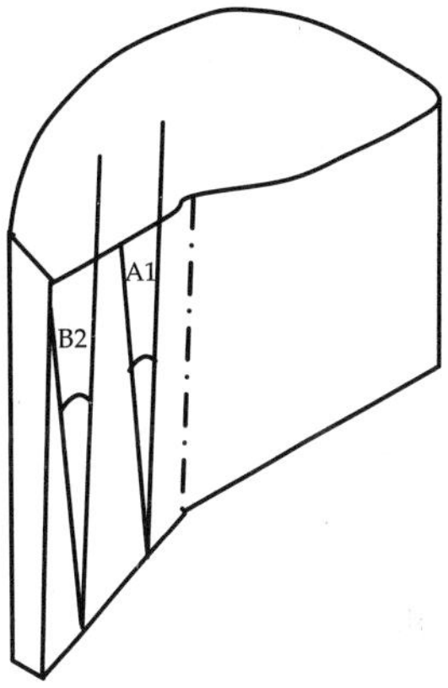

图 20-7　纹理倾角沿径向的变化测定
Figure 20-7　Measuring the change of spiral angle in radial direction

20.2.2　测定结果和分析

20.2.2.1　人工林落叶松天然斜纹的倾角方向

对五株同龄样树不同高度样段进行观测。结果表明，树龄 31 年树茎剥皮材表纹理均一致左旋。

20.2.2.2　人工林落叶松天然斜纹的绝对斜度

自下而上每隔 2m 截断样树，分别测定各段斜纹绝对斜度，结果列于表 20-4。这是 31 龄落叶松在第 31 年时生成的最外生长鞘上的斜纹状况。因斜度在树茎的不同高度上是变化的，表 20-4 是 1m 长度范围内的平均斜度。可看出：①4~8m 高度处的斜纹一般较其上或下处斜度大；②近树梢 10~14m 处的斜度，一般较小；③基部 4m 高度范围内的斜度，有的树株较大，有的树株较小，未见明显一致性规律。

表 20-4 中最值得重视的是，人工林落叶松斜纹状况在株间差异显著。第三株 0~8m 区段斜度达 5°43′~ 7°14′，而第二株仅为 0°58′~ 2°31′。

20.2.2.3　人工林落叶松天然斜纹内、外倾斜的变化

取斜度最大的 2 样株，在离地 1.30m、4.00m、8.00m 处截取高度为 10cm 的短木段，测定内、中、外倾斜方向及角度，结果列于表 20-5。

人工林落叶松天然斜纹由内至外均一致左旋，倾斜角度由小变大。由此可认为，其斜纹状况属针叶树材斜纹的第二模式。

表 20-4 人工林落叶松树茎的天然斜纹

Table 20-4 Spiral grain in stem of Dahurian larch plantation

株别 Sample tree number	第一株 No.1		第二株 No.2		第三株 No.3		第四株 No.4		第五株 No.5	
段序 Ordinal number of billet	绝对斜度率 Absolute sevirity(%)	倾角 Spiral angle(°)	绝对斜度率 Absolute sevirity(%)	倾角 Spiral angle(°)	绝对斜度率 Absolute sevirity(%)	倾角 Spiral angle(°)	绝对斜度率 Absolute sevirity(%)	倾角 Spiral angle(°)	绝对斜度率 Absolute sevirity(%)	倾角 Spiral angle(°)
由下而上长2m段序 Ordinal numbers of 2.00m long upward along the log length 1	3.4	1.95	1.7	0.97	10.0	5.71	2.7	1.55	9.4	5.37
2	4.7	2.96	1.5	0.86	11.2	6.39	2.8	1.60	6.8	3.89
3	7.7	4.40	4.4	2.52	12.7	7.24	5.9	3.38	6.0	3.43
4	7.0	4.00	4.3	2.46	11.5	6.56	6.6	3.78	7.0	4.00
5	6.7	3.83	4.1	2.35	8.1	4.63	5.8	3.32	6.0	2.29
6	6.5	3.72	5.2	2.98	8.0	4.57	5.5	3.14	6.8	3.89
7	5.0	2.86	6.6	3.78			5.2	2.98	6.5	3.72

表 20-5 人工林落叶松天然斜纹的水平变化

Table 20-5 The radially horizontal change of spiral angle in Dahurian larch sample trees of plantation

株别 Sample tree number	第三株 No.3			第五株 No.5		
部位 Position	内 Inner	中 Middle	外 Outer	内 Inner	中 Middle	外 Outer
垂直高度 Vertical height 上(8m) Upper	1°10′	4°55′	7°53′	1°04′	4°31′	4°40′
中(4m) Middle	2°03′	6°19′	7°15′	1°44′	4°13′	4°33′
下(1.3m) Lower	6°23′	7°31′	7°47′	0°47′	3°00′	5°02′

20.2.3 对工业利用的启迪

绝对斜度率在 5%～6%内的斜纹并不影响木材的强度，斜度在 8%～10%和 10%以上的才对木材强度有显著影响。斜度对锯材的影响比对原木大。

人工林落叶松天然斜纹存在虽较严重。但从影响强度来看，除十分严重的第 3、5 样株的部分区段外，其他影响尚不大。落叶松天然斜纹对木材利用的影响，主要表现在它易使锯材在水分变化中产生翘曲。仅具左旋纹理的针叶树材在含水率变化时的扭曲现象，比既含左旋又含右旋纹理的木材要明显，因为后者的左扭倾向为右扭倾向所平衡。落叶松属单一左旋纹理的针叶树种，故在制造层积结构材中，应使具左旋纹理材料的上、下叠层纹理倾斜相对。

落叶松天然斜纹树株间差别大。斜度过大者，不适于用作建筑锯材，宜作直接用原木，如坑木、矿柱、电杆等。此外，天然斜纹原木制成板材易翘曲，一般宜制方材。

落叶松选种应十分重视避免天然斜纹遗传缺陷。这是提高落叶松利用质量的根本措施。

20.2.4 结论

(1) 天然斜纹是降低人工林落叶松质量的一个重要缺陷。它主要受遗传因素控制，在树木生长中自然形成，并在次生木质部构建过程中有所变化。

(2) 在所测的样株中，人工林落叶松天然斜纹一致左旋，自内向外斜度逐渐加大，在垂直方向上也有变化。

参 考 文 献

[1] 魏亚, 黄达章, 白同仁, 木材性质的研究(一). 北京: 科学出版社, 1957.

[2] 戴澄月, 等. 兴安落叶松木节对受弯构件承载能力影响的研究. 东北林学院学报, 1981, 81(2): 41–47.

[3] 柯病凡. 节子对马尾松木构件抗弯强度及抗弯弹性模量的影响. 安徽农学院学报, 1982, 82(4): 1–11.

[4] 尹思慈. 木材品质和缺陷. 北京: 中国林业出版社, 1991.

[5] 别列雷金 Л M. 木材缺点对材性的影响. 北京: 中国林业出版社, 1957.

[6] Kunesh R H, Johnson J W. Effect of single knots on tensile strength of 2—by 8—inch Douglas—fir dimension lumber. Forest Products Journal, 1972, 22(1): 32–35.

[7] Lowery D P, Erickson E C O. The effect of spiral grain on pole twist and bending strength. Intermt. For. and Range Exp. Sta. ,Res. Pap. INT—35, U.S. Forest Service, 1967.

[8] Woodfin R O, jr. Spiral patterns in coast Douglasfir. For. Prod. J., 1969, 19(1):53–60.

[9] Zandbergs J G, Smith F W. Finite element fracture prediction for wood with knots and cross grain . Wood and Fiber Science , 1988, 20(1): 97–106.

[10] Zhou H, Smith I. Factors influencing bending properties of white spruce lumber. Wood and Fiber Science, 1991, 23(4): 483–500.

第四部分　总　　括

次生木质部发育是发生在树木体内的自然现象。本项目研究主题是证明它的存在。进行这一研究的首要条件是须能意识到这一现象。意识的产生有赖于对它的深刻观察，在相关学科中能吸取与它有联系的基础理论并建立新认识，理论创新只有在它们融合中才能达到。

次生木质部是具有次生生长的多年生树木主茎、根、枝器官结构中的一部分。次生木质部在树木生命中表现的特殊状态是：①它在树木生命活动中生成，但主要组成细胞在生成的当年就成为执行输导和支持机能的无生机结构单元；②其他器官在树木生命中处于不断更替中，只有次生木质部已生成的部分都原貌完整地受到保存。

材料类别中，木材被列于非生命的生物材料。但它在树木长期生命中的生成过程却有尚待探索的未知。

次生木质部中的木材差异在林业和木材科学中一直被称作变异(variation)。这是一个值得深究的问题。这不是在对一个用词进行商榷，而是在揭示一个长期受隐藏的重要现象——树木株内木材差异生成的本质因素。

发育是生物体生命中的自身变化过程。次生木质部的生命表现在哪里？变化表现在哪里？这些都是次生木质部发育研究必须考虑的问题。

长久以各种重复形式表现的自然现象都有它发生的机理和与它相关的因子。任一自然现象都能用对应的手段给予揭示。离开事实对次生木质部发育存在的估计只是猜想，或称假说。实验证明是次生木质部发育研究的必要环节。对次生木质部发育现象的认识由实验前的朦胧到最终的清澈。本项目理论创新是这一认识过程的结果。

树木是人类生存环境的主要生物类别，木材是重要的生活资料，更是未来可长期依靠的再生能源。次生木质部发育研究具有学术和经济双重意义。

次生木质部发育研究中取得了一些与此发育现象有联系的认识，由此而展示出利用这一发育现象造福人类的远景。

21 继承和新认识

次生木质部发育研究依赖于自然科学多门学科的近代成就，需感悟相关学科中对次生木质部发育研究有作用的内容并取得新认识。这些新认识也只有在次生木质部发育研究中才会产生。新认识以继承为基础，而继承又须在新认识中得以实现。次生木质部发育研究中继承和新认识具有相互依存的关系，并同为必要条件。

21.1 植 物 学

21.1.1 继承

(1) 树茎、根、枝均具初生生长和次生生长。初生生长是高生长，次生生长是直径生长。逐年高生长中，次生分生组织(形成层)在初生分生组织产生的初生永久组织中转化形成；次生生长是形成层的逐年细胞分生过程。

(2) 树木生命过程中，初生生长和次生生长同时进行。初生生长的高度区间随高生长延伸方向持续前移，次生生长的高度范围由此而不断扩张。高生长一直保持在茎、根和枝的顶端发生，而直径生长在顶端下的全高度中进行。

21.1.2 新认识

(1) 次生生长虽出自初生生长分生的细胞，但在次生木质部发育研究中要明确初生生长和次生生长的独立性。提出独立性的依据是，次生生长发生后的树茎高度区间不再具有初生生长。强调独立性，并未否定次生生长中生成的组织不受初生生长的后继影响。

(2) 逐年形成层不断向新高度扩展并弦向分生增加围长。在细胞生命中形成层细胞的变化过程对逐年增生的木质生命细胞间的差异形成有直接作用。次生木质部构建过程存在逐年间组织层次的发育变化。

21.2 测 树 学

21.2.1 继承

树干解析是测树学研究单株树木树高、直径和材积逐个龄段(年)增长的方法。①树干解析由不同高度截面上的年轮位置和个数，可确定出生长达到各高度时的树龄和各高度横截面逐个年轮生成时的树龄。②树干解析给出各生长因子的生长曲线。

21.2.2 新认识

(1) 生长在生命中的变化属发育性质。各生长因子随时间的变化都是发育研究的内容。

(2) 木材材积在逐年的次生生长中生成。测树学中计算材积增长的时间是树龄。这一树龄实质相当于次生木质部发育研究中采用的径向生长树龄。次生生长在树茎的顶端当年生成部位发生，树龄和径向生长树龄数字上相同，但两者在概念上是有区别的。测树学计时单位是树龄，以材积增长为内容无须作两向生长树龄的区分，但次生木质部发育研究则须采用树茎两向生长树龄。

21.3 林 业 科 学

21.3.1 继承

树茎中木材存在规律性差异(传统称 variation)，这种差异与木材在树茎中的高向和径向位置有关。

21.3.2 新认识

(1) 树茎中的木材差异是次生木质部发育过程逐时受固着的变化实况遗存物。

(2) 发育是生物体随生命时间的自身变化过程。次生木质部中各位点的生成时间都可由它们的位置来确定，但位置不是时间。变化过程要用时间来标注。

(3) 测定木材差异是研究次生木质部发育中采用的手段，但不是目的。次生木质部发育研究的实验取样和结果数据处理方式等都须符合性状随生成时间连续变化的要求。

21.4 木 材 科 学

21.4.1 继承

(1) 木材物理力学性能指标是木材工业利用技术的依据。木材科学有测定木材主要物理力学性能的标准试验方法。受测样品在批量材料中具有代表性。

(2) 木材科学木材解剖研究要选定树木内性状稳定位点取样，一般在树干胸高及边材内缘处，不可靠近髓心；如同一性状在样树内同时具有稳定和变化两种表现，选测性状稳定值，如管胞弦向宽度。

21.4.2 新认识

(1) 次生木质部构建中木材性状处于随生成时间的变化中，发育研究须测出性状随时间的变化过程，而不是测定能代表材料使用性能的指标。

(2) 次生木质部发育研究的各项性能测定的取样位点都须满足在回归分析中能取得两向生长树龄组合连续结果的要求，测定结果要能反映出性状在样树内次生木质部构建中规律变化的全貌；如同一性状在样树内同时具有稳定和变化两种表现，要选测变化值，如管胞径向宽度。

21.5 遗 传 学

21.5.1 继承

(1) 生物个体中每个生命细胞都具有一套控制物种生命特点的相同染色体。每个染色体各含一个具有基因序列的脱氧核糖核酸(DNA)分子。全套染色体中各个 DNA 分子上不同基因序列的聚合构成含全套遗传密码的遗传物质。遗传是遗传物质控制下发生的现象。

(2) 有性繁殖过程中发生亲代遗传物质重组。重组中，亲子代或子代间遗传物质必然同时存在相似和相异。亲子代间和子代间的性状相似(遗传)和相异(变异)都属遗传。

(3) 遗传性状分质量性状和数量性状两类。

(4) 生物体发育过程中的变化是遗传物质所决定的一系列性状特性在个体生命过程中调控表达的结果。

21.5.2 领悟

(1) 种内个体间染色体个数和每个染色体 DNA 分子上的基因序列相同，而差别只是每个基因位点上的等位基因不同。有性繁殖中遗传物质的重组，只局限于发生在各基因位点上等位基因间。

(2) 重组使得亲子代间和子代间遗传物质无一完全相同的相似和相异。相似中有相异(变异)，相异中有相同(遗传)，共同构成有性繁殖中的遗传现象。

21.5.3 新认识

(1) 单株树木内次生木质部中的木材差异在相同遗传物质控制下生成。单株树木内木材差异性质与遗传学中所称的变异不同。

(2) 主茎、根和枝都是树木的器官，次生木质部是构成这些器官的组织区间，管胞则是这个组织构成中的一种细胞类型。在次生木质部发育研究中察出，遗传不仅表现在生物个体形态上，而且呈现在个体体内组织、细胞和超微各层次结构上。

(3) 由次生木质部构建中存在随生成时间的规律性变化和这一变化过程在种内个体间具有相似性，才能证明这一变化受遗传控制，进而也才能确定变化性质属发育。

(4) 次生木质部的发育性状都属数量性状。次生木质部发育研究的实验证明与普通遗传学观察亲子代间和子代间质量性状相同(似)或相异的实验要求不同。另外，发育的遗传现象是种内个体间生命过程的动态相似，与静态的遗传特征不同。

21.6　进化生物学

21.6.1　继承

自然选择。

21.6.2　领悟

(1) 自然选择是生物演化的外因。

(2) 有性繁殖遗传中的变异是大自然定向选择的材料。

(3) 在确定变化方向的环境中，性细胞遗传物质的随机突变才是生物演化的主要内在材料。

(4) 生物演化是发生在长地质年代间的连续过程。突变频率虽不高，但须用长时间来看待突变和自然选择的共同作用。

21.6.3　新认识

次生生长是树木的重要特征，次生木质部是主茎、根和枝的主体。针叶树次生木质部主要构成细胞管胞的形态、胞壁结构和细胞间联通(纹孔)等都完美地符合输导和支持机能的要求。次生木质部构建中随生成树龄的各项变化都可由树木生存适应得到理解。次生木质部发育过程的形成须由天文数字的突变和长历史时代的自然选择来认识。

21.7　数学和计算机运用

21.7.1　继承

数学和计算机在科学研究中的工具作用。

21.7.2　领悟

(1) 回归曲线是表达发育变化规律最适合的方式。

(2) 发育变化的大量测定数据必须用计算机进行处理。

21.7.3　新认识

(1) 实验测定中不可避免存在实验误差，数十年间的异常气候条件都会影响次生木质部发育规律性趋势的表达。本书每幅图示中的几至十几条曲线分别由数十至几百个数据经回归分析后绘成。它们在图示中的有序显示除表明发育自身具有规律性外，还显示出测定精度能符合要求和回归分析能消除误差的影响。

(2) 表达发育变化的大量曲线的只有应用计算机才能取得。

变异的真正因素在达尔文年代后才被知，质量性状的遗传现象由孟德尔发现。迟至 20 世纪 50 年代才发现遗传物质脱氧核糖核酸结构，六七十年代才实现计算机的普及应用。多门自然学科的近代发展给次生木质部发育研究提供了基础和条件。

22 理论创新

次生木质部发育研究中，对生物体共同发育特征的认识是：①发育发生在生物体生命中；②发育是生物体自身的变化；③发育是生物体遗传控制下的程序化过程。综合上述特征，发育是生物体在遗传控制下自身变化的生命过程。

生物体发育过程表现在有机体构成的各层次(细胞、组织、器官和整体)上。各层次发育变化过程间既有联系又有相对独立性。单一层次发育是有机整体生命中的一部分，任一层次都显示出生物体共同的发育特征。

22.1 次生木质部的生命

一般把生物活体中的任何部分都被想当然地看做是生命组织，而使用中的木材在学术上又被归属为非生命的生物材料。活体树木主茎、根和枝中木材的生命和非生命属性是发育研究首先须考虑的问题。

把树木中的木材部分称为次生木质部，就是立足于把它看做是立木构成中的生命部位，而有别于木材材料。次生木质部是这一部位的植物解剖学名称。

次生木质部细胞由次生分生组织(形成层)向内分生产生，分生后的木质子细胞存在有限次数的再分生。木质细胞丧失生命前的成熟阶段尚存在细胞分化过程。这些都体现次生木质部的生命性。寒、温带树木进入休眠期的形成层区域中有保持生命的木质子细胞，次生木质部的生命仍在持续中。次生木质部的生命特征还表现在边材中的薄壁细胞是生命细胞。

次生木质部逐年在外增生鞘状层。这种生成方式使得已丧失细胞生命的内方组织都能得到完整保存。树茎、根和枝具有水分输导和支持功能正依赖于次生木质部具有这种特殊生成方式。次生木质部的生命性不能由此而受到误解。

从发育研究来看，次生木质部构建是在生命过程中进行的。次生木质部整体是生命组织。活树(立木)中次生木质部绝大部分体积区间由非生命细胞构成，但这并不影响次生木质部具有生命特征。进行次生木质部发育研究，必须首先确认次生木质部的生命性。发育变化只发生在生物体的生命部位。另外，又得察出立木中次生木质部主体的非生命状态。这一状态赋予次生木质部发育研究实验能测出多年间变化过程的条件。

22.2 次生木质部发育变化发生在空间“体”中

发育是生物体体内的变化。

次生木质部逐年以木质鞘层增添。多个鞘层同一高度间的差异反映出次生木质部发育逐年在水平方向上的变化；木材性状沿各逐龄同一鞘层高向上的规律性差异是次生木质部发育在树高方向上的变化。这两方向上的变化都与增添的木质鞘层有关。为了在文字上能准确简明表达出次生木质部发育发生在“体”中，启用新词“生长鞘”。研究次生木质部发育须持生长鞘概念。

次生木质部发育研究中采用词语“生长鞘”，但仍应用“年轮”表达逐年木质鞘层的横截面。

22.3 两向生长树龄

发育是生物体自身变化的生命过程。控制发育过程的因素是遗传物质，时间则是标记过程行进的因子。时间在发育研究中有重要作用。

次生木质部构建过程特殊。次生木质部发育研究采用的时间因子须能配合这一特殊过程。

初生木质部包含在宏观的髓心中，其木质量可忽略。树茎中所称木材部分都属次生木质部。树茎次生生长起始于当年高生长的生成部位。全树生长树龄与树茎径向生长树龄同步，即数字相同。林木材积增长只与径向生长树龄有关。以材积增长为中心内容的林业科学仅采用树龄一词。

次生木质部逐龄生长鞘在同一高度间存在规律性差异，这种差异在次生木质部随径向生长树龄发育变化中生成；各逐龄同一生长鞘沿高度存在着规律性差异，这与各高度形成层生成时的树龄有关，即变化相随的时间是树茎的高生长树龄。两向生长树龄是适应次生木质部发育研究需要而提出的。两向生长树龄只适用于次生木质部发育研究。确定次生木质部发育变化的时间不是单一的径向生长树龄或高生长树龄，而是两向生长树龄成对的组合，简称两向生长树龄组合。

次生木质部主要构成细胞在生成当年丧失细胞生命。采用两向生长树龄可在不同树龄和不同生长速度的树种间或种内样树间进行发育过程的比较。这将大大拓展次生木质部发育研究在林业科学中的学术作用。

22.4 次生木质部中不变的静态木材差异在动态变化的构建中生成

次生木质部逐年生长鞘生成中每个细胞都具有分生、成熟的细胞生命阶段。细胞生命是所构成组织生命的象征。主要木质细胞数月细胞生命期后构成的逐年组织都受到留存。逐年生长鞘间和各层生长鞘沿高度间的木材差异，是其中各个细胞在丧失生命前的状态间存在变化造成的。这种差异是在连续的时间中生成，而位置分别在高、径两向上逐移。这些都是次生木质部构建中动态变化的表现。

逐时生成的静态木材差异是次生木质部构建中动态变化的实物留照。它们是次生木质部发育研究实验能以不变的木材性状样品测出动态发育过程的依据。

22.5 次生木质部中性状的固着状态、位置与生成时间的关系

次生木质部细胞在丧失生命后不存在位置移动,位置上的木材性状即呈固着的状态。树茎高向和径向生长的独立性，造成次生木质部不同高度逐个年轮位置都具有确定的两向生长树龄。树茎顶梢当年生成部位的高生长树龄和径向生长树龄相同，其他位点的两向生长树龄均不同。

次生木质部发育是性状随两向生长树龄的变化。次生木质部发育研究以取样位置来确定样品的生成时间。取样位置上的木材性状是固着状态，而由取样位置可确定样品性状值在次生木质部生命过程中发生的时间,性状值与其生成时间在取样位置上得到沟通。这解决了一般发育研究中存在的最大难点。次生木质部长寿命发育过程由此得到了可行并可靠的研究途径。

22.6 次生木质部构建中的自身变化受遗传控制

证明次生木质部构建过程具有发育属性的必要条件是，这一过程中的变化受遗传控制。这是本书第 3 部分“实验证明”求证的主题。

要取得的证明依据：

(1) 次生木质部构建中生成的木材性状随两向生长树龄的变化在体内呈现有序协调;

(2) 这一变化在种内株间具有相似性;

(3) 这一变化过程在种内株间的差异符合正态分布的估计。

要在多个性状上进行上述相同要求的实验，以确证次生木质部构建中的变化过程具有发育属性。

22.7 次生木质部构建中变化过程的生物属性是发育

次生木质部逐年增添中有共性的细胞分生过程，同时存在逐时分生细胞构成的组织间差异。确定这一差异生成的生物学属性，是对木材形成理论的重要补充和完善。次生木质部发育是树木木材生成中的自然现象。

22.8 生长是发育现象中的一种变化

生物体生长增量随生命时间变化的性质是发育。发育研究关注逐时生长中增量的变化而不是增量本身。这与以量产为研究目的的学科不同。营林采伐时木材产量取决于树木生长逐时的木材增量。发育研究与量产学科具有密切联系。

发育是树木受遗传控制生命过程的一部分。它不仅适应树木生存的需要，而且给人类提供了可再生的木材资源。林业科学研究森林木材产量，木材工业利用重视木材品质。将林木生长纳入发育概念，将推动林业科学和木材科学各学科的融合和共同学术发展。

23 证明次生木质部构建中存在发育变化过程须采取的必要实验措施

通过对相关学科成果的分析，已可确认：丧失生命的木材细胞在成熟前都经历过生命状态下的细胞分生和分化过程，次生木质部在生命过程中构建；木材差异是逐年生成的细胞(组织)间存在微细差别累积的宏观表现。次生木质部研究把这一差别的生成看做是随时间发生的变化，并须证明这一变化过程具有遗传控制的程序性。

实验证明需要基础理论的支持和对次生木质部的充分认识；要根据次生木质部构建特点和证明主题进行周密的实验设计，并要明确需采取的必要措施。

23.1 实验树种和采伐地的选择

本项目以我国蓄积量最大的五种针叶树为实验材料。这些树种与世界其他地域的主要用材树种的科、属相同。本项目以发育为研究主题，在样树内取样、实验项目、测定要求和结果分析等方面都与这些树种已有的大量木材测定结果不同。

样树均采自实验树种中心产区人工林。人工林是人类将依靠的永续森林资源，中心产区林地环境条件使发育研究结果更具实际意义。

23.2 样 木 株 数

多株样树测定结果在样树内和种内样树间具有不同的分析作用。测定数据在样树内的分析重点是，遗传控制下的次生木质部发育变化一定会呈现有序的协调性；在种内样树间分析重点是，次生木质部在遗传控制下的发育变化在种内样树间具有相似性。

种内株间进行发育变化的遗传性证明，要以株内变化为推理判断的基础。次生木质部发育研究要求实验测定在样树内的取样能反映出随两向生长树龄的变化过程，并需多株样树供比较。这与木材材性研究注意样品在样树内、林分(地)或批量材料中代表性的取样要求完全不同。

23.3 样树内的取样

本项目在树茎多个高度的每一截面自外至邻近髓心逐个年轮上取样。各高度每一截面上逐个同序年轮都是在逐个同龄径向生长中生成。根颈(0.00m)圆盘的年轮数为样树采伐树龄，各高度横截面均以采伐树龄为起点自外向内确定逐个年轮生成时的径向生长树龄。样树采伐树龄与每一高度横截面年轮数的差数是树茎达此高度的高生长树龄。多个高度对应多个高生长树龄，同一高度截面上年轮的高生长树龄相同。只要有足够的取样高度数，这种取样方式就可使回归分析结果能符合两向生长树龄组合连续的要求。

这种取样方式的特点是，以在回归分析中能取得性状随两向生长树龄组合连续变化的结果为要求来确定样品在样树内的位置分布。上述取样认识充分体现出次生木质部发育研究须测出性状随生命时间的变化过程，而不是位置间的性状差异。

本项目用年轮宽度对树茎次生木质部圆柱对称性进行了证明(补篇)。在次生木质部圆柱对称性的条件下，对逐个年轮的小试样都同在南向上取样以增强逐龄生长鞘性状沿高向变化测定的可靠性。

23.4 发育性状的选定

次生木质部发育研究须测定具有遗传特征的变化性状。发育性状的测定结果必然在单株内呈现出规律性的趋势和在种内个体间呈遗传性的相似，符合遗传特征的变化性状均可被列为发育研究的测定项目。

木材科学对管胞长度和基本密度在单株树木内的差异有较多测定结果，并绘有数个高度以离髓心年轮数为横坐标的差异图示；对管胞宽度、管胞长宽比在单株内的差异测定少。次生木质部木材性状在位置上的差异变化与木材性状随生成时两向生长树龄的发育变化在概念上是不同的。本项目在这些方面的测定均按次生木质部发育研究要求进行。

木材科学虽知径向年增生管胞个数、生长鞘厚度、晚材率和年全干物质增量等性状在单株树木内存在差异，但未涉及这些差异在生命中的变化规律性。它们在本项目实验中都被列为测定的发育性状。

23.5 发育性状的测定

次生木质部发育性状都属数量性状。研究次生木质部发育性状离不开称重和量长。发育性状逐年随时间的变化量甚微，各项测定都须十分注意采用的精度要能反映出所测的发育变化。

管胞弦壁宽度在年轮内和逐个年轮间都呈现稳定，树木管胞弦壁平均宽度是木材科学指定测定方向；本项目须测定在样树内具有明显发育变化的管胞径壁宽度。

23.6 发育性状随两向生长树龄规律性变化的表达

有机体器官、组织、细胞和超微结构上的发育变化都表现在各层次的形象上。次生木质部发育同样在形象上有表现，如生长鞘木质鞘层厚度、径向年增生管胞个数、管胞长度、宽度和长宽比等。另外，次生木质部发育变化表现在逐年构建中的木材性能变化上，这些变化只能以数字来表达，如逐年全干木材物质的增量、木材强度和干缩性等。树木的长寿命使得难以用逐年间的形象变化来表达次生木质部的发育过程。次生木质部构建特点给发育研究提供了能以数字表达出形象变化的条件。表达次生木质部发育性状数字值随生命时间变化的最好方式是曲线。发育变化在体内的有序协调和变化过程在种内株间的相似性都须用曲线图示来证明。

在认识次生木质部发育变化相随的时间是两向生长树龄的条件下，按数学原理来说，次生木质部发育的图示是三维空间曲面。以 *X*、*Y* 为坐标轴的水平坐标面上，平行 *X*、*Y* 轴的两组平行线的各个交点，分别对应于一确定的两向生长树龄组合。在每一交点上用一有确定高度的铅直线表示在这一两向生长树龄组合时发生的性状。水平坐标面上多个两向生长树龄组合点上都各有发育变化的性状值，对应它们的铅直线上顶点在空间构成发育变化的曲面图示。空间曲面有直观性，但它的形象随视角而改变，故不适合直接用于次生木质部发育研究。

次生木质部发育研究要采用平面图示的曲线。这些曲线的机理都与空间曲面有直接联系，是空间曲面在特定剖视条件下显示的剖切线。绘制这些平面曲线可采用两个不同途径：①先绘制出空间曲面，而后对曲面作剖视，曲面在剖切面上显示的曲线是平面曲线。将各剖切面的平面曲线同投射到纵坐标面(XZ 或 YZ)上，生成一组同在一纵坐标面上的平面曲线。众多剖切面可绘得表现次生木质部发育变化的一组平面曲线。但这组平面曲线是经曲面环节绘得，这一环节降低了平面曲线组所呈现的有序可信度。②次生木质部发育变化的平面曲线图示由性状值和两向生长树龄直接绘出。直接绘出的数学原理与空间曲面剖视完全相同，但不经过空间曲面环节，由此同一平面图示上曲线组表现出的有序和协调成为次生木质部发育规律趋势的真实可信映照。

本书表达次生木质部发育变化的四种平面曲线都由测定数据直接绘出。它们是以高生长树龄或径向生长树龄(年轮生成树龄或生长鞘生成树龄)为横坐标；而图中曲线的标注则与另一生长树龄有关。横坐标与图中曲线采用的标注共同示出相随次生木质部发育变化的两向生长树龄。

第一类曲线——横坐标是年轮生成树龄，图中多条曲线分别标注取样横截面高度(每个高度都有确定的高生长树龄，本书未作高度与高生长树龄的变换，目的是不影响同一人工林林地种内同龄样树间图示的比较效果)。

第二类曲线——横坐标是高生长树龄，图中多条曲线分别标注生长鞘生成树龄。

第三类曲线——横坐标是生长鞘生成树龄，图中仅一条生长鞘性状平均值随径向生长树龄变化的曲线。这是不计高生长树龄对发育的影响，只表达发育随径向生长树龄变化的图示。

第四类曲线——横坐标是高生长树龄，图中多条曲线分别标注离髓心年轮数。离髓心年轮数是树茎内木材位置的标记，不同高度同一离髓心年轮数的年轮位置的高、径两向生长树龄都有差别。第四类曲线填补了木材科学对人工林树茎中心部位不同高度间木材差异测定的实验空白。从本质来看，这类曲线表达的差异趋势性也是由发育变化造成的。

四类平面曲线是表达次生木质部发育过程的重要手段。本书第 3 部分“实验证明”各章都采用这四类平面曲线来表达所测性状的发育变化过程。它们能充分呈现出次生木质部构建中存在的变化具有规律性趋势，由此次生木质部生命过程中存在生物共性的发育现象得到了证明。

24 洞察、展望和结论

洞察和展望是次生木质部发育研究中产生的感知。洞察中包括对次生木质部发育现象的点点认识和采取必要措施的滴滴体会，而展望则是无尽的期待。

24.1 洞 察

24.1.1 揭示次生木质部发育真相

(1) 树木主茎、根和枝初生生长(高生长)和次生生长(直径生长)一前一后连续发生在不同高度部位。初生长一直保持在顶端，它的下方全范围均为次生生长区间。初生生长和次生生长生成的细胞种类和功能都有区别。本项目初次明确树木的两向生长具有独立性。次生木质部是在次生生长过程中生成。

(2) 把木材称作次生木质部是以生命观点来看待树木中这一结构部位。本书中木材形成和次生木质部构建二词的学术意义不同。形成是实体构筑的完结，而构建是实体的架构过程。

(3) 木材是在树木生长的次生木质部构建中生成。次生木质部构建与发育是同一过程中并存的两个状态——构建是木材实体的架构过程，发育是这一过程中的程序性变化。次生木质部发育发生在木材生成过程中。木材形成机理与次生木质部发育有密不可分的联系。

(4) 树木次生木质部中木材存在规律性差异。洞察这一差异的生成和性质是进行次生木质部发育研究的首要环节。次生木质部中存在静态的木材差异和次生木质部构建中发生着动态变化是有因果联系的两个状态。差异在非生命的木材中存在，而动态变化发生在次生木质部逐时生成的生命组织间。本项目的认识是，次生木质部中的木材差异是构建中变化全程各时以非生命主体生成物状态留存的即刻原态实迹。

(5)次生木质部发育的变化表现在逐年生成不同部位主要构成细胞当年丧失生命的组织差异间，这完全不同于在同一组织部位上随时间产生的变化。

(6)本项目是以地质学研究地球演变史和至今尚在演化的方法，研究活树上次生木质部已完成和尚正进行的变化。本项目特点是，以树木中非生命的生物材料研究生命中变化着的发育现象。

次生木质部是在单株树木活体上能探明生命中长期变化过程的唯一部位。从生命视角研究次生木质部发育开辟了木材科学的一个新方向。对生命科学而言，能在非生命材料上探究长期生命中的变化亦属新颖。

24.1.2 两向生长树龄

发育是生物体自身随时间的程序性变化过程。研究发育须用时间标志程序进程。时间不是控制发育变化的生物因素。控制发育的唯一因素是遗传物质。时间是表达遗传物质控制下生物体结构和性状变化进程的物理计量概念。时间由地球运转确定，四季随时间而循环变化。发育变化受遗传物质控制的调控作用与环境周而复始有联系。时间在发育研究中具有必须依据的重要作用。

树茎两向生长特点使得次生木质部发育研究必须采用两向生长树龄。木材研究中首次采用两向生长树龄也反映出次生木质部发育的特殊性。

(1) 次生木质部逐年构建的生长鞘间和沿同一生长鞘高度上都存在木材差异的规律性变化。这表明生长鞘性状不仅存在随径向生长树龄的变化，而且在同一生长鞘内随高生长树龄也具有规律性变化。

两向生长树龄时间概念在次生木质部发育研究中的必要性，是由树茎中木材差异的规律性中察出。

(2) 如果以 X、Y 两轴的平面坐标来表示两向生长树龄，水平坐标面上平行 X、Y 轴的两组等距离线的每个交点都是两向生长树龄的一组组合，均匀散布的全部交点构成在回归分析中能取得两向生长树龄组合连续的条件。次生木质部发育研究要求在回归分析中能取得木材性状的变化随两向生长树龄连续组合变化的结果。时间本身不具图像性质，这里是用图像来说明在次生木质部发育研究中取样位置须满足的时间要求。

(3) 树茎中任一木材位点都有它确定的高、径生长树龄。次生木质部逐龄生长鞘上不同高度位点或不同高度横截面径向上逐个年轮生成时的两向生长树龄都要以它的位置来确定。

(4) 不同树种、不同生长地区、不同树龄样树或同一样树主茎、根、枝间只须符合两向生长树龄相同条件都可进行发育变化的比较。

(5) “自髓心向外径向逐轮”仍表达次生木质部随径向生长树龄的变化，但与“离髓心年轮数”表示径向位置的意义不同。

(6) 径向生长在树茎各高度生成的第一年就开始，使得径向生长树龄与树龄数字相同。决定材积和全干重的生长时间因子是径向生长树龄，本书在对生材材积和全干重的发育变化的表述文字中将其简称为树龄。这与习惯称呼一致，并与两向生长树龄的时间表达效果不矛盾。

(7) 树木中的两向生长只发生在次生木质部构建。两向生长树龄在次生木质部发育研究中开始启用，但仅适用于这一内容研究。

24.1.3 发育受遗传物质控制

生物发育的重要特征是遗传控制的程序性。

(1) 本项目主题是证明次生木质部构建中存在生物共性的发育现象。符合证明要求的条件：次生木质部生命过程中存在变化；这一变化过程受遗传物质控制。

(2) 发育受遗传物质控制只能通过遗传现象来证明。发育的遗传相似表现在动态变化中。这与个体间质量性状的静态相似不同。

(3) 次生木质部生命中发育变化受遗传控制的表现：①个体内变化过程有序协调，并符合生存适应性；②种内个体间具动态变化的相似性；③种内个体变化间的数量性状差异符合正态分布的估计(受样树株数限制，符合正态分布只能以估计来确定)。

24.1.4 发育过程的自然形成

乔木依靠次生生长而具有挺拔的树茎。树木的高耸生存状态有赖于次生木质部水分输导和支持功能。逐层生长鞘厚度沿树高的变化使树茎通直圆满。针叶树次生木质部占90%~95%体积的管胞形态、胞壁的物理及化学结构、纹孔特征和上、下末端顺纹交错等都与输导和支持功能高度适应。次生木质部构建中的发育变化都与输导与支持须随生长树龄增强有关。可见，次生木质部发育过程完美地与树木生存适应性相配合，须用自然选择来认识次生木质部发育过程的形成。

以进化生物学观点看待次生木质部发育过程形成的机理：

(1) 次生木质部发育过程在漫长的历史演化中形成。

(2) 大自然环境存在方向性变化时，有性繁殖中的遗传变异才有受定向选择的效果。只有突变才为大自然提供受选择新材料。演化的两个必要因素——突变(内因)和自然选择(外因)。

(3) 随机的突变在前，自然选择的生存结果在后。

(4) 树木众多树种次生木质部的任何性状都是在极低保留概率(万次、千万次、亿万次分之一)的突变中生成。突变发生在有性繁殖生成的遗传物质之中，这是它能受保留的基本条件。保留的性状都是有利的，或至少是无害的。

次生木质部是营养器官的一部分，与保守性较高的繁殖器官不同。同一性状在演化亲缘较近的树种间能发生差异较大并又得到保留的突变，由此而产生类别相近不同树种有显著差别的同一木材性状。

24.1.5 发育研究的实验

发育研究要求测定性状随时间的变化，在方法上与测定树种或批量木材的材性指标有所不同。本项目实验方法中有一些新要求：

(1) 通过各同一树种多株样树次生木质部构建中具有遗传控制相似变化过程的测定

结果，才能证明次生木质部的生命构建中存在发育现象。这与只须测出变化过程的要求不同。

(2) 次生木质部中各位点间的木材差异是在随两向生长树龄发育变化的构建中生成，变化表现在逐时生成组织间的差别上。次生木质部发育由于它的这一构建特点，而免除掉长寿命物种只能通过在不同生命时间点的多个个体上测定性状。由此要求次生木质部发育研究实验在样树内的取样分布必须在数据回归分析中能取得两向生长树龄组合连续的结果。

(3) 本项目对杉木、冷杉同一林分人工林分别进行了两次采集，第一次杉木、冷杉样树树龄为 12、24 龄，第二次为 18、30 龄。目的是能取得较长时间发育变化的信息。

(4) 树茎次生木质部具有圆柱对称性是木材研究中建立的理想条件，它在树茎总体上具有真实性，但在横截面同一年轮各点间存在偏差。生物体上的对称性不同于数学性质的完全相同，但在一定程度上又符合实际状况。次生木质部发育研究实验接受圆柱对称条件，但采用了完善措施。大尺寸试样性状实验项目在全树茎各方向上取样；小试样性状实验项目同在逐龄生长鞘不同高度南向上取样以减除取样方向差别的影响。

(5) 本书第 3 部分“实验证明”各章中每幅图示都有多条独立绘出的曲线。绘制每条曲线依据的多个数据是在次生木质部不同位点上取样的测定结果。同幅图示上多条曲线表现出的有序和规律性趋势，这只有在实际存在规律性的发育变化和测定误差在合理范围内才能取得。实验测定误差设定的合理性可部分从图示反映的规律性中察出。

(6) 次生木质部任一位点的两向生长树龄都可受到确定，这使得发育过程的测定结果在不同树种、不同树龄人工林间能进行比较。本项目采用相同树龄段进行这一比较。

同理，在同一样树主茎、根和枝间可进行相同生长龄期次生木质部发育变化的比较。

24.1.6 树茎中心部位不同高度的木材

人类已进入生存环境和木材供应都须依靠人工林的时代。短周期人工林树木直径较小情况下，树茎材性变化显著的中心部位在全树材积中所占份额较高。但一直缺少对这一部位不同高度间木材材性差异规律的研究。

本书第 3 部分“实验证明”各章对每一发育性状测定结果分析中都有“不同高度、相同离髓心年轮数性状有序发育差异”的图示。树茎中心部位不同高度木材性状存在规律性差异是具有研究意义的内容。

(1) 同一树茎不同高度相同离髓心年轮数年轮除第 1 序外生成时高、径两向生长树龄都不同。但树茎不同高度相同离髓心年轮数年轮部位的两向生长树龄的差别是有序改变的，在 X、Y 为两向生长树龄坐标轴的平面上都有它们按一定规律分布的点。在这些点上取样测定的性状差异的生成性质同样是发育变化造成的，只不过有别于相同高生长树龄或相同径向生长树龄条件下的发育变化。应用这三种发育变化表现来表达次生木质部同一发育过程，而并非存在三个不同类别的变化。

(2) 树茎中心部位同在各高度生成初期形成。如把树茎中心部位称为幼龄材，则只能理解为是分别对各高度而言，而不能被看做是在全树幼龄期长成。

(3) 树茎不同高度间自髓心向外性状水平径向变化斜率由树茎基部向上逐增大，即树茎上部木材性状自髓心向外的变化比下方快。本项目对树茎不同高度、相同离髓心年轮数年轮的各木材性状测定结果的数据分析表明，第 1 序样品随高生长树龄变化差异小，自第 2 序开始明显。这一变化表现与前一变化表现都是次生木质部构建中性状随两向生长树龄发生的同一变化，只是采用的观察方式不同。两种观察表现具有相互印证的效果。

24.1.7 图示在发育研究中的作用

生物发育研究可用实体影像来表达生命中的变化。但次生木质部发育研究应用的图示与具有确定发生时间的实体影像根本不同，这是发育性状随生命时间变化的曲线图示。次生木质部发育研究能用平面上的曲线组来表示性状随时间的变化是由于它的构建具有不同于一般生物体的生长特点。本书全部图示都是纵轴表示变化；横坐标是高、径两向生长树龄之一。横坐标与图内各曲线的标注配合能表达出性状随两向生长树龄的变化。这里的性状是次生木质部结构随生成时两向生长树龄变化的指标或结构变化在性能上的表现。这种曲线充分反映出它们代表的生物学意义：发育是次生木质部构建中自身随两向生长树龄的变化过程。

(1) 次生木质部构建中的动态变化过程在种内株间相似，是证明这一过程符合发育性质的必要条件。曲线适合用来表现动态变化过程。本书第 3 部分“实验证明”各章多采用曲线图示。第 19 章根、枝与主茎发育比较中，因测定数据较少，才用表格和文字作为图示的补充。

(2) 本书附表给出的五种针叶树次生木质部各性状数字中有逐龄生长鞘全高平均性状值。逐龄生长鞘在次生木质部构建中一旦生成，它的全高性状平均值就不变。所以，能以生长鞘全高平均性状值随径向生长树龄的变化作为一种表示次生木质部发育的图示。

本书四种图示都是为表达次生木质部各同一性状变化的不同侧面而作出的设计，它们仅适用于次生木质部特殊构建过程的发育研究。

(3) 回归曲线在表达次生木质部发育变化上是可采用的有效方式。唯一缺点是回归曲线存在末端效应，即曲线末端测定值的表现受到强化。

(4) 同一树种多株样树同一性状的图示尽可能列于同一页面，并采用相同坐标范围。两个以上树种同一性状图示列于同一页面也尽可能采用相同坐标范围。

全书不同性状图示在五种针叶树间有相同排序，只在考虑取相同坐标范围或少占页面情况下才作不合树种序列的调整。

如同一图示曲线过多，在干扰规律性表达的情况下作必要拆分。拆分原则是，各分图由左至右按高、径两向树龄大小排列。由前、后分图曲线走势的变换，可察出同一变化在两向生长树龄中的规律性转换。

24.1.8 其他

(1) 有机体生命过程的自身连续变化中存在着不同时刻间的差异。一般生物体，变化表现在不同时刻的差异上，而差异逐时又消失在动态变化中。次生木质部不同于一般生物体的发育特点是，变化逐时产生在位置确定的可测差异上，并能长期完整地留存着不变的差异原状态。由此，动态变化的程序性能在不同时刻生成的静态差异上得到反映。

次生木质部生命中的动态发育变化和结构中的静态差异存在着因果联系，但又是两个独立的状态。次生木质部研究中深刻认识到了这一特点。

(2) 根据五种针叶树图示取得的印象：在高生长旺盛期，次生木质部相随两向生长树龄产生的变化均显著，随着高生长减缓相随高生长树龄变化的份量减弱。但必须明确，这里时间与发育变化的关系，实际是遗传物质控制下生命随环境循环变化中的程序性，时间并不对发育产生直接作用。

24.2 展　　望

24.2.1 木质部发育的两个阶段和三个层次

24.2.1.1 木质部发育的两个阶段

树茎的两向生长使木质部发育具有两个区别明显的发育阶段——初生组织在各当年高生长中的生成和变化、次生组织在直径生长中的逐年分生和细胞成熟中的变化。植物学对木质部两阶段共性的细胞分生和成熟过程分别都有较详尽的研究成果。

本项目的内容是，次生生长中逐年增生的次生木质部的木质鞘层间和鞘层内木材性状发育性质的规律性变化。其中高生长树龄是顶端原始分生组织通过形成层(次生分生组织)对次生木质部发育产生影响。木质部发育两阶段间存在密切联系。

树木高生长逐年减缓和高生长树龄对次生组织发育的影响都表明顶端原始分生组织在树木生命期中也存在着变化的反映，但直接对顶端发育变化的研究尚待加强。

24.2.1.2 木质部发育的三个层次

树茎是树木构成中的一个器官。木质部只是树茎构成中的一个组织部分。木质部分为初生木质部和次生木质部两部分，它们都具有各自的发育特点。生物体器官组织中存在着结构层次，任一结构层次的发育都是建立在下一层次发育变化的基础之上。上一层次发育变化的成因是下一层次存在着的变化。

对树木或树茎来说，木质部两部分发育分别包含不同层次的发育变化过程。从结构而言，可再细分为三个层次——超微层次、细胞层次和组织层次。三个层次在发育变化间的关系仍是，上一结构层次显示出的变化在下一层次发育变化中产生。三层次的发育变化同时并存在次生木质部构建中的同一位点上。

木材科学已有多篇涉及次生木质部超微结构层次的发育报告，包括细胞壁在细胞生命中的构筑，纤维素、半纤维素和木素的合成和沉积方式，管胞细胞壁的超微层次性等。

植物学对木材形成的研究属细胞层次。研究内容包括树茎初生分生组织和初生永久组织在高生长中的生成，次生分生组织的生成，形成层逐年的细胞分生和木质子细胞的成熟等。初生永久组织和成熟的次生木质部细胞都是经细胞生命期后才成为树茎中的非生命组织。就细胞层次而言，初生木质部发育在细胞类别变化上比次生木质部要复杂得多。

未解的学术问题是，在逐年生成的单株树木内次生木质部鞘层间和鞘层内存在木材性状生成的机理。本项目首先认识到，株内木材差异是次生木质部生命中逐年生成组织间差别的反映，并用实验证明这种差别是在次生木质部构建的发育变化中生成。研究内容属次生木质部组织层次上的发育，其特点是以非生命生物材料测定它在生命中生成的变化。

本书第12章次生木质部逐年径向增生管胞个数的报道具有把细胞和组织层次研究沟通的性质。在发育三层次间建立研究联系将增强共同的深度。

24.2.1.3 发育研究的特点

发育是生物体生命中自身的程序性变化过程。发育研究必须围绕的特点是，生命中随时间的自身变化和遗传控制的程序性。生物发育变化表现在结构各层次的形态上，发育研究中形态内容是形态变化。这与单一的静态形态描述不同。发育变化还表现在性能数据上，发育研究须测出性能的变化。这与测定非生命材料(木材)的性能代表值不同。

24.2.2 次生木质部发育研究待探索的新内容

24.2.2.1 次生木质部构建中发育过程方面

本项目是为证实次生木质部构建中存在发育现象而进行的研究。

可选择长树龄样树作为进行发育过程研究的实验材料。

24.2.2.2 探寻新发育性状

本项目研究局限在细胞和组织层次上，尚有一些未涉及的组织类型，如木射线、轴向薄壁组织和树脂道分泌组织等。

对针叶树次生木质部纵行管胞测定了长度、宽度和长宽比，但未涉及管胞胞壁纹孔的发育变化。

本项目未涉及的一个发育重要方面是，木材的天然耐久性。次生木质部的木材天然耐久性随生成树龄增强。心材耐久性高，往后生成的心材天然耐久性逐增高。这与次生木质部发育过程中抽提物的生成有关。

24.2.2.3 根、枝材次生木质部发育变化过程

本项目对根、枝材次生木质部发育的研究重点在它们与主茎的比较，而不是对根、枝材自身发育过程变化的研究。针叶树乔木只有一主茎，而侧生的根、枝存在着不同树龄萌生的差别。本书有关根、枝材的实验结果，并不能代表根、枝材发育的全貌。

24.2.2.4 其他方面

测定不同地域主要树种次生木质部发育的趋势性变化；

同一树种不同立地条件对次生木质部发育变化的影响；

同一树种不同繁殖和营林措施对次生木质部发育变化的影响等。

24.2.3 人类将进入控制木材生成的时代

次生木质部构建是在遗传物质控制的发育现象中进行。分子生物技术开始应用的时代，控制木材生成将成为预料中的可行。

本项目对发育过程中存在的变化在演化中形成的领悟是，树木在漫长的进化过程中受到的唯一生存选择标准是适应。在当今林业生产中杂交、优选、引种或未来分子生物技

术等各项技术的应用都须考虑对木材生成(发育过程)的作用在树木生存适应上的影响。

提高木材基本密度是对木材利用最有价值的品质改良；提高人工林培育全龄期的年轮宽度以提高林木的木材产量；提高抽提物含量以增强木材的天然耐久性。取得这些效果既有利于人类，又不影响各树种树木的生存适应。

24.3 结　论

24.3.1 木材差异的生命意义

24.3.1.1 活体立木中次生木质部主体的非生命生物材料状态

立木(活树)中的次生木质部由逐年在生命中生成的鞘状木质层(生长鞘)构成。针叶树除当年生长鞘外，往年占木材体积 90%~95%的主要构成细胞都为承担生理功能(输导和支持)的管胞空壳胞壁。心材中的管胞纹孔由于纹孔托偏斜而闭塞，由此丧失输导功能；并可用生化方法证明心材中其他细胞都已丧失生命。针叶树次生木质部主体在活体立木中处于非生命生物材料状态。

24.3.1.2 次生木质部逐年在生命状态中构建

逐年次生木质部鞘状木质层由形成层分生、木质子细胞的再分生和成熟过程都是在各年新生鞘层生命状态的微薄厚度中进行。占针叶树次生木质部体积 5%~10%的薄壁组织在边材中仍具有细胞生命。心材一旦开始生成，逐时在外增添边材而内层依序转化为心材。这些都表明次生木质部一直在保持着生命。在这一状态下次生木质部存在逐年间细胞层次的共性变化，但同时却在其中蕴藏着高一层次的细胞间和组织间的差异。这一差异表现在高一层次，但发生在细胞层次的共性生命变化中。

24.3.1.3 活体立木中次生木质部木材差异的形成、状态和性质

次生木质部细胞层次共性变化中存在着表现在生成的细胞间和高一层次组织间的差异。这些表现在同年生成鞘层内和不同年份生成鞘层间的差异都是在细胞分生、分化和成熟的生命过程中生成；反言之，它们不可能在非生命状态中生成。

次生木质部鞘状木质层内和逐年层间的木材差异在生命和非生命状态转化中得到凝固。单株树木内的木材差异是次生木质部逐年生命构建中存在变化的表现。株内木材差异以静态形式留存着次生木质部动态生命中长时间变化全过程的实迹。

24.3.2 树茎两向生长树龄与木材在树茎中位置的关系

(1) 次生木质部同一生长鞘不同高度间和逐年生长鞘间存在的木材性状规律性变化使得在次生木质部发育研究中必须采用两向生长树龄。

(2) 次生木质部中任一木材位点的位置在生成后是固着不移的，而它生成时的两向生长树龄又是确定的。这是在动态时间和静态木材生成位置间能建立的一一对应联系的依据。次生木质部构建中的这一特点给研究次生木质部长时发育过程铺就了一条可行并可靠的实验路径。

(3) 次生木质部发育是随生命时间的连续过程。实验中，对取样位点和性状不可能做到不间断测定。但样树内取样位点的两向生长树龄均匀散布能在回归分析中取得两向生长树龄组合连续的结果。

(4) 次生木质部发育研究中明确提出须采用树茎两向生长树龄，而两向生长树龄也只适用于次生木质部发育研究。

24.3.3 次生木质部发育研究实验目的中的重点

次生木质部发育是一个须用实验证明其存在的自然现象。概念缺少证明是假说，任何假说都是有待证明的学术课题。

(1) 次生木质部发育是构建中在遗传控制下自身随两向生长树龄变化的过程。次生木质部发育概念成立的要素是，次生木质部构建中存在相随时间的变化过程；这一过程在遗传控制下具有程序性。要素前一部分，可由植物学成果推知。次生木质部发育研究要求实验达到的要点是，证明构建中的变化处于遗传控制下。

(2) 生命中变化过程的遗传证明是，种内个体间动态变化过程相似。这与种内个体间静态特征相似的要求不同。具体条件是，个体内的变化协调有序；种内个体间的变化过程具相似性；数量性状的变化过程在种内个体间的差别符合正态分布的估计范围。

(3) 要取得上述证明的实验：需有多个实验树种；同一树种需多株样树；每一样树内样品的位置分布都符合回归分析中能取得两向生长树龄组合连续结果的需要。

24.3.4 次生木质部发育性状和发育现象

(1) 次生木质部构建过程中，只有受遗传控制随生成时间变化的性状才符合发育性状的条件。

(2) 本书第 3 部分“实验证明”全部十二章中每个性状都是在证明它们符合发育性状的要求。

(3) 多个发育性状变化过程的聚合才构成次生木质部发育现象。

24.3.5 图示在次生木质部发育研究中具有重要作用

(1) 动态变化过程受遗传控制需用图示曲线来证明。

(2) 次生木质部发育研究采用的四种平面图示是符合树茎两向生长树龄和次生木质部生成特点的图示方式。

本项目首次揭示了木材差异的本质和木材形成中存在着连续变化，并发现这两者间的关系。通过实验证明了次生木质部构建中存在发育现象。这是次生木质部受遗传控制的自身程序性生命过程。这项实验的进行在于能充分利用次生木质部构建中的生成特点，并得益于多学科成果的基础理论作用。次生木质部发育研究中对生物发育特征进行了思考。次生木质部长生命时间和发育过程的可测性，使它适合用做研究生物发育共性的实验材料。个体立木内次生木质部的发育变化是动态生命流状的实证。

增　　篇

1　胸高年轮宽度和晚材率发育变化的四向对称性——树茎圆柱对称性的实证

1.1　问题的提出

Kollman 指出[①]，木材是各向异性材料，但树茎是由数量不等的同心柱面壳层组成，这给予木材圆柱对称性。这种对称性反映在多数物理性质中，如弹性性质、强度值和热、电传导性。

树茎木材圆柱对称性是林学和木材科学传统采用的假说，未见有关的实验证明报道。树茎的圆柱挺立和横截面的同心层状使圆柱对称性原理的应用从未受到怀疑。树茎往往并非绝对正圆，细察树茎同一环形层(年轮)宽度存在差别。

本项目部分性状测定是在树茎中心板南、北向或南向取样。采用这一方法意味着接受树茎圆柱对称性原理，但圆柱对称性在次生木质部发育研究中的适用性尚有取得实验证明的必要。

1.2　树茎圆柱对称性在年轮宽度上的表现

如增篇图 1-1、图 1-2 所示落叶松、冷杉两树种样树胸高四向逐龄年轮宽度随径向生长树龄的变化。这一测定与测树学的差别是，逐龄年轮宽度测定的起点都严格限定在树茎生长的东、南、西、北四向上，各向年轮宽度测定的走向平行木射线，即逐龄年轮宽度均标准径向。这与本项目发育性状测定取样要求相符。落叶松 3 样树和冷杉 5 样树图示表明，胸高四向年轮宽度间存在的差别程度不大，随径向生长树龄的变化并具有遗传控制的相对一致性。

① Kollmann F , Côté W A Jr .1968. Principles of Wood Science and Technology I Solid Wood. Heidelberg:Springer-Verlag

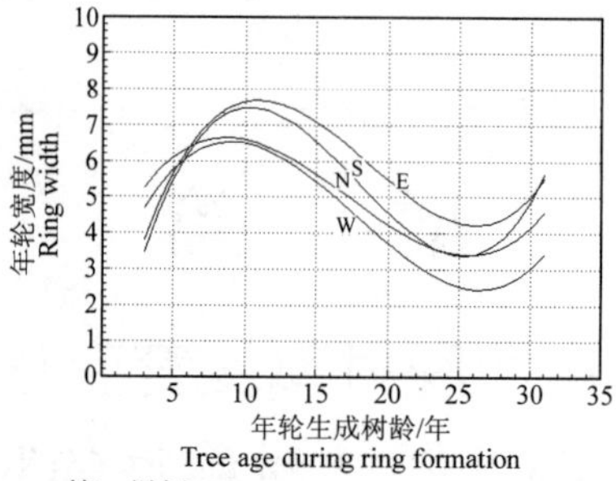

第 1 样树 Sample tree No.1 lys1.bmp

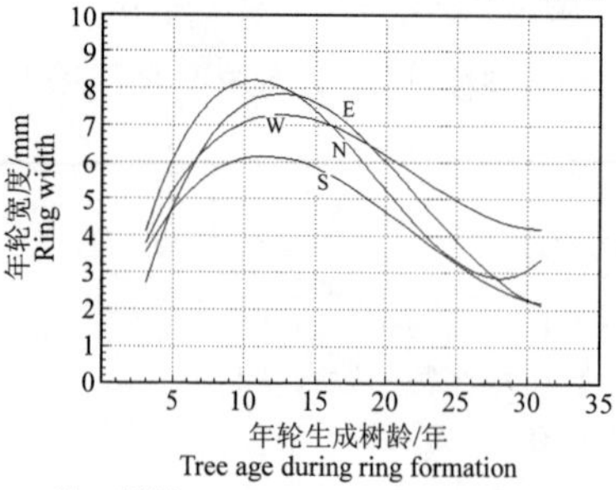

第 2 样树 Sample tree No.2 lys2.bmp

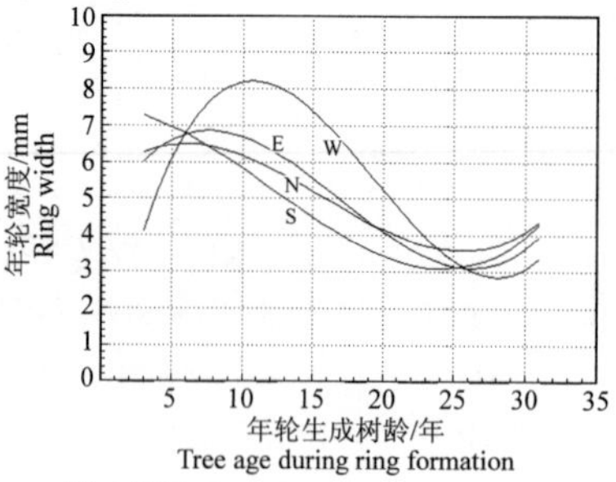

第 5 样树 Sample tree No.5 lys5.bmp

增篇图 1-1 落叶松三株样树胸高四向逐龄年轮宽度的发育变化

E. 东向；S. 南向；W. 西向；N. 北向

Figure(Addendum)1-1 Developmental change of ring width of successive rings in four direction at breast height in three Dahurian larch sample trees

E. east，S. south，W. west，N. north

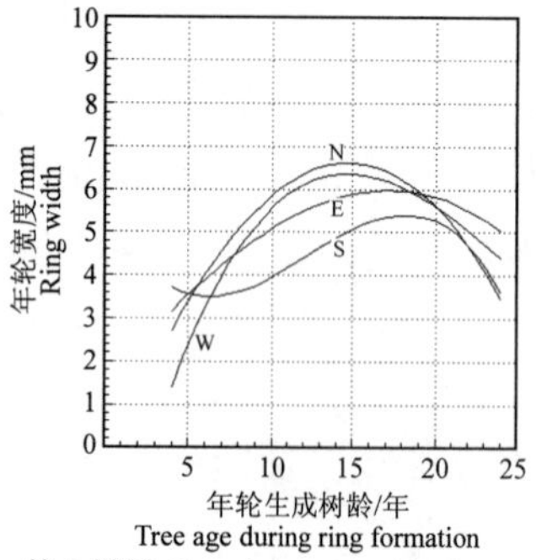

第 1 样树 Sample tree No.1 ls1.bmp

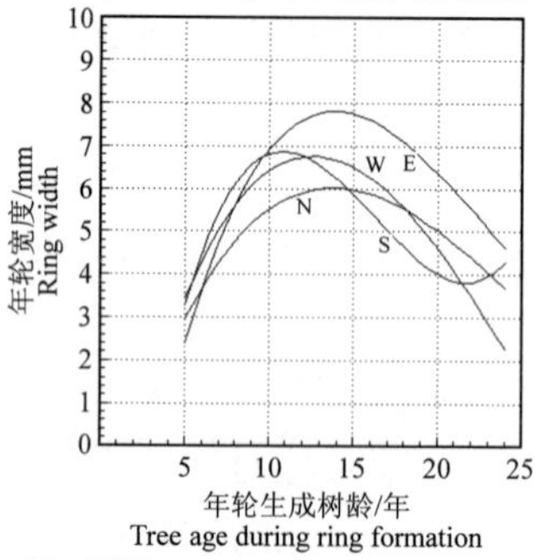

第 2 样树 Sample tree No.2 ls2.bmp

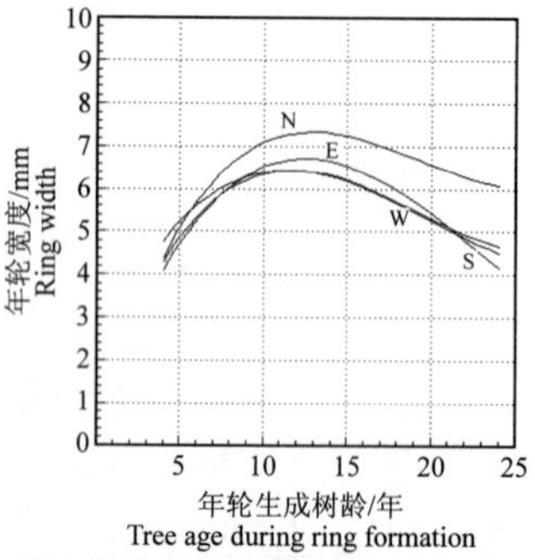

第 3 样树 Sample tree No.3 ls3.bmp

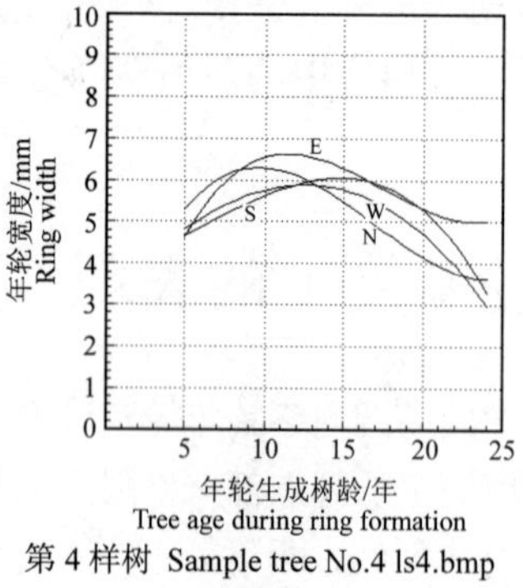

第 4 样树 Sample tree No.4 ls4.bmp

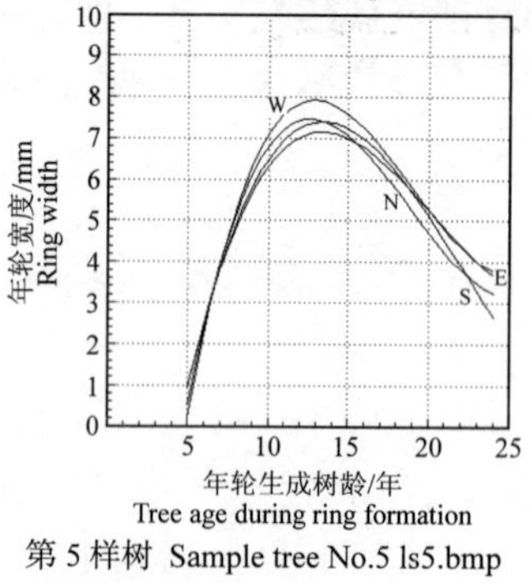

第 5 样树 Sample tree No.5 ls5.bmp

增篇图 1-2 冷杉 5 样树胸高四向逐龄年轮宽度的发育变化

E. 东向；S. 南向；W. 西向；N. 北向

Figure(Addendum)1-2 Developmental change of ring width of successive rings in four direction at breast height in five faber fir sample trees

E. east，S. south，W. west，N. north

如增篇图 1-3 所示原始林云杉 628 个年轮横截面四向年轮宽度随逐轮生成序数的发育变化。四向年轮宽度随径向生长树龄的变化具有相对一致性。

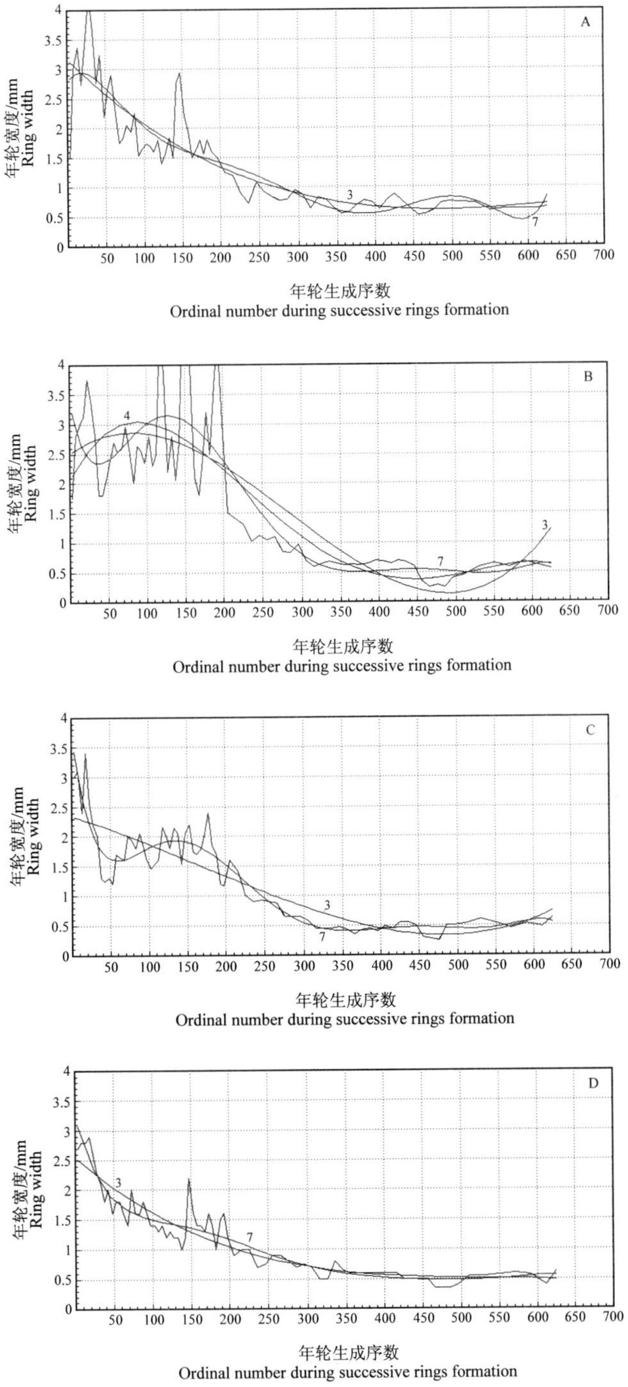

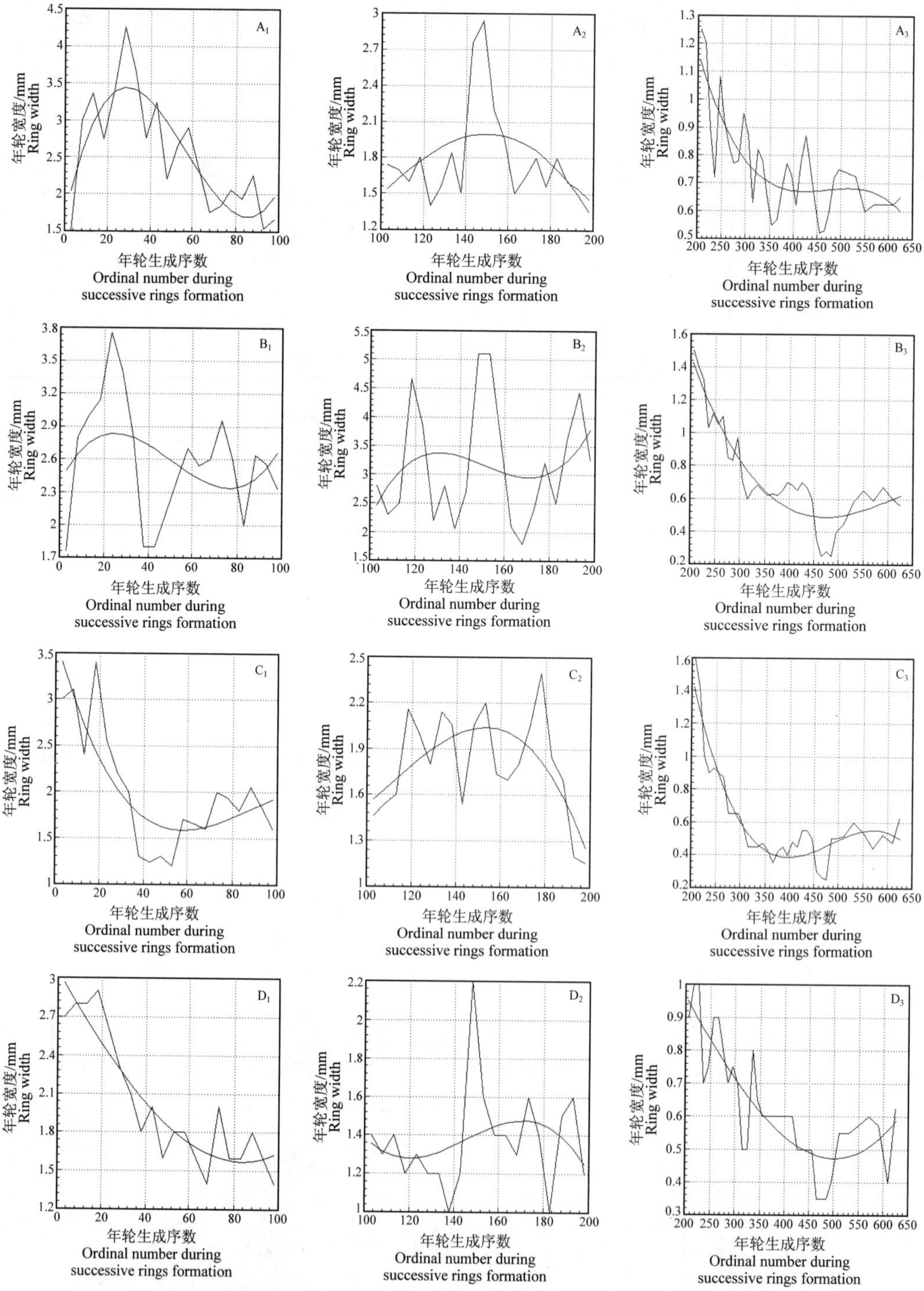

增篇图 1-3　原始林云杉 628 个年轮横截面 4 向年轮宽度随逐轮生成序数的发育变化

本图的特点是，全部分图各有不同的纵坐标范围

A. 东向；B. 南向；C. 西向；D. 北向；图中波折线是实测值的连线，平滑曲线是回归曲线

Addendum Figure 1-3　Developmental change of ring width in four directions with the ordinal numbers during successive ring formation on a cross section of 628 rings taken from a Chinese spruce of old growth

The feature of the figure is that the ordinate range of all the divided figures is different.

A. east; B. south; C. west; D. north. The wave lines in the figures are drawn by jointing the points of measured value. The fair curves are the results of regression

1.3 树茎圆柱对称性在晚材率上的表现

如增篇图 1-4 所示落叶松胸高横截面四向逐龄年轮晚材率随径向生长树龄的变化。测定在年轮标准径向宽度上进行(增篇表1-1)。3 样树图示表明，胸高四向晚材率间存在程度有限的差别，但随径向生长树龄变化具有遗传控制的相对一致性。

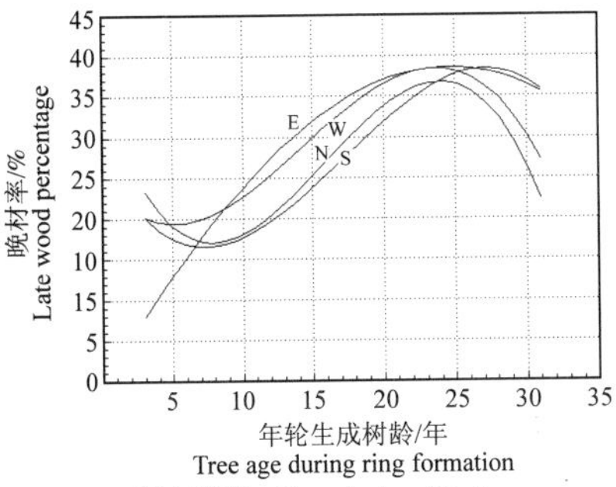

第 1 样树　Sample tree No.1

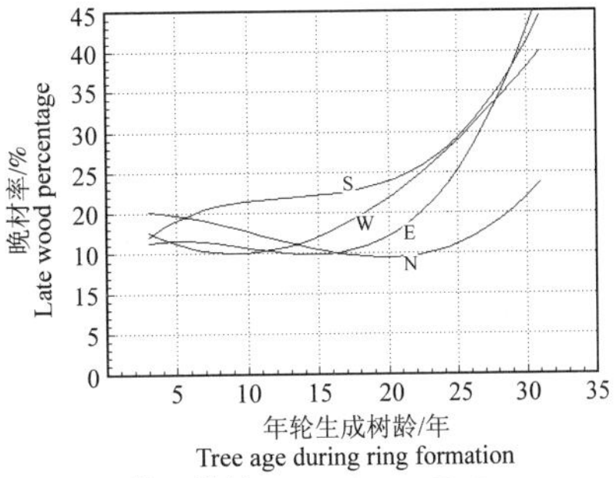

第 2 样树　Sample tree No.2

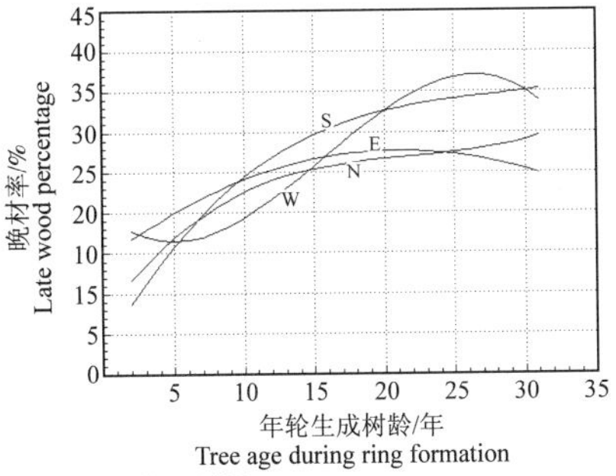

第 5 样树　Sample tree No.5

增篇图 1-4　落叶松 3 样树胸高四向逐龄年轮晚材率的发育变化

E. 东向；S. 南向；W. 西向；N. 北向

Figure(Addendum) 1-4　Developmental change of late wood percentage of each successive ring in four directions at the breast height in three Dahurian larch sample trees

E. east，S. south，W. west，N. north

增篇表 1-1　落叶松样树胸高四向逐龄年轮的宽度(mm)

Appendant table (Addendum) 1-1　Width of each successive ring in radial direction at breast height in Dahurian larch sample trees (mm)

第 1 样树 Sample tree No.1

方向 Direction	年轮生成树龄(年)　Tree age during ring formation (a)															
	H(m)	3	4	5	6	7	8	9	10	11	12	13	14	15	16	17
东 East	1.30	2.053	5.308	6.365	6.288	7.112	9.100	9.212	8.283	5.238	5.011	8.884	8.801	5.395	6.450	5.891
南 South	1.30	2.189	4.403	5.465	6.945	6.711	9.111	10.231	8.060	5.024	5.041	6.890	7.548	5.552	5.510	5.313
西 West	1.30	2.541	4.993	6.666	6.401	6.381	8.966	9.709	7.357	4.232	4.873	5.744	6.170	3.902	4.445	3.172
北 North	1.30	2.600	5.142	6.745	7.279	8.266	10.532	8.590	6.047	5.966	2.838	5.940	5.230	3.947	4.543	4.074

第 1 样树 Sample tree No.1

方向 Direction	年轮生成树龄(年)　Tree age during ring formation (a)															
	H(m)	18	19	20	21	22	23	24	25	26	27	28	29	30	31
东 East	1.30	7.510	5.483	4.527	3.818	5.187	4.960	5.949	5.515	5.232	3.311	2.848	4.056	7.817	3.769
南 South	1.30	6.532	5.620	4.371	2.881	3.880	4.250	4.946	3.913	3.695	2.325	2.435	6.777	4.482	4.876
西 West	1.30	3.797	3.761	3.577	2.420	4.463	4.476	3.947	3.131	2.789	2.436	2.163	2.692	3.022	2.548
北 North	1.30	5.284	4.667	5.119	2.010	5.346	4.691	5.011	3.909	3.831	3.412	2.626	4.054	4.053	3.925

续表

方向 Direction	第 2 样树 Sample tree No.2															
	年轮生成树龄(年) Tree age during ring formation (a)															
	H (m)	3	4	5	6	7	8	9	10	11	12	13	14	15	16	17
东 East	1.30	3.257	3.63	4.927	4.686	5.362	7.563	7.673	9.628	5.942	6.031	8.967	9.968	7.061	6.64	7.467
南 South	1.30	2.416	3.415	6.22	5.082	6.081	7.126	6.289	7.07	4.569	4.241	6.933	8.479	4.801	4.625	3.898
西 West	1.30	2.803	3.985	7.152	5.934	7.859	11.082	10.692	9.426	5.467	7.108	8.635	9.077	5.779	5.822	4.872
北 North	1.30	1.378	4.519	7.425	5.879	6.463	8.193	7.38	8.962	5.834	6.192	8.998	5.837	2.972	6.518	7.045

方向 Direction	第 2 样树 Sample tree No.2														
	年轮生成树龄(年) Tree age during ring formation (a)														
	H (m)	18	19	20	21	22	23	24	25	26	27	28	29	30	31
东 East	1.30	8.008	6.7	4.42	2.95	2.574	8.697	4.612	5.549	4.747	2.182	1.136	1.866	2.446	2.692
南 South	1.30	4.881	4.707	4.223	2.991	5.699	5.066	4.647	4.575	3.145	2.215	1.23	2.079	2.259	2.372
西 West	1.30	6.492	4.797	3.995	2.526	4.42	5.823	5.269	4.489	5.612	3.416	1.954	2.622	2.642	2.258
北 North	1.30	7.269	7.761	5.498	3.181	7.081	6.965	6.583	6.08	7.686	3.3	2.05	2.364	4.585	5.071

方向 Direction	第 5 样树 Sample tree No.5															
	年轮生成树龄(年) Tree age during ring formation (a)															
	H (m)	3	4	5	6	7	8	9	10	11	12	13	14	15	16	17
东 East	1.30	5.224	6.768	8.288	4.792	5.798	7.321	7.36	9.225	5.336	7.132	6.962	7.299	4.418	3.212	2.732
南 South	1.30	5.448	7.15	8.873	5.621	7.475	6.37	6.897	7.766	6.65	3.507	5.25	4.938	2.971	2.861	2.272
西 West	1.30	2.803	3.985	7.152	5.934	7.859	11.082	10.692	9.426	5.467	7.108	8.635	9.077	5.779	5.822	4.842
北 North	1.30	5.458	7.103	6.981	4.344	5.627	6.224	9.987	8.526	5.488	5.951	6.225	5.56	3.283	3.937	2.493

方向 Direction	第 5 样树 Sample tree No.5														
	年轮生成树龄(年) Tree age during ring formation (a)														
	H (m)	18	19	20	21	22	23	24	25	26	27	28	29	30	31
东 East	1.30	4.189	4.768	3.743	2.36	6.518	3.72	3.938	3.934	4.644	2.139	1.304	2.922	4.903	3.472
南 South	1.30	4.128	3.515	3.81	2.365	4.13	3.13	4.06	4.054	5.328	2.567	1.976	3.991	4.008	3.673
西 West	1.30	6.492	4.797	3.995	2.526	4.42	5.823	5.269	4.489	5.612	3.416	1.954	2.622	2.642	2.258
北 North	1.30	4.249	3.991	4.147	2.893	4.674	4.558	4.89	5.878	4.87	2.55	2.008	3.466	5.064	3.67

注：测定年轮宽度要求逐轮平行木射线，即垂直年轮。

Note: The ring width is measured respectively in parallel with wood ray, that is, at right angle with ring.

增篇表 1-2　冷杉样树胸高四向逐龄年轮的宽度(mm)

Appendant table (Addendum) 1-2　Width of each successive ring in radial direction at breast height in Faber fir sample trees (mm)

方向 Direction	第 1 样树 Sample tree No.1											
	年轮生成树龄(年) Tree age during ring formation (a)											
	H(m)	4	5	6	7	8	9	10	11	12	13	14
东 East	1.30	4.276	3.09	3.45	4.062	4.039	4.992	5.894	2.104	4.5	6.497	9.713
南 South	1.30	3.769	3.515	3.737	3.681	3.396	4.659	4.386	0.78	3.504	5.376	7.499
西 West	1.30	2.103	2.378	2.77	4.132	4.016	5.535	4.478	2.903	7.552	7.889	8.844
北 North	1.30	3.433	3.657	4.039	3.501	3.723	5.126	6.397	4.701	9.778	6.3	7.173

方向 Direction	第 1 样树 Sample tree No.1										
	年轮生成树龄(年) Tree age during ring formation (a)										
	H(m)	15	16	17	18	19	20	21	22	23	24
东 East	1.30	8.679	4.613	5.452	5.573	4.436	4.539	6.431	5.01	5.708	5.607
南 South	1.30	5.429	4.492	6.651	5.933	4.649	3.596	5.131	4.206	4.77	4.049
西 West	1.30	9.682	3.382	4.513	5.556	6.075	4.319	6.323	5.348	4.33	4.852
北 North	1.30	7.764	5.473	5.686	6.51	5.838	4.054	5.53	4.256	5.854	2.942

第 2 样树 Sample tree No.2

方向 Direction	年轮生成树龄(年) Tree age during ring formation (a)										
	H(m)	4	5	6	7	8	9	10	11	12	13	14
东 East	1.30	—	2.316	3.286	6.139	5.77	6.55	5.376	5.458	7.732	8.919	8.031
南 South	1.30	—	3.982	2.128	7.902	6.276	6.171	6.216	5.941	7.777	6.234	6.299
西 West	1.30	—	1.991	5.536	6.653	6.098	5.652	4.855	5.814	7.368	4.956	6.697
北 North	1.30	—	3.671	2.472	4.753	4.939	5.52	4.863	5.089	6.91	5.97	5.18

第 2 样树 Sample tree No.2

方向 Direction	年轮生成树龄(年) Tree age during ring formation (a)										
	H(m)	15	16	17	18	19	20	21	22	23	24
东 East	1.30	9.476	8.522	6.72	5.64	7.032	6.404	6.176	4.29	5.625	5.002
南 South	1.30	6.392	6.081	4.933	3.904	4.064	3.808	4.414	3.78	3.879	4.332
西 West	1.30	8.569	7.411	6.328	5.27	4.532	3.752	4.273	3.338	2.641	2.741
北 North	1.30	6.38	6.171	6.641	4.995	5.903	3.737	5.841	2.731	4.598	4.054

第 3 样树 Sample tree No.3

方向 Direction	年轮生成树龄(年) Tree age during ring formation (a)										
	H(m)	4	5	6	7	8	9	10	11	12	13	14
东 East	1.30	3.487	5.117	5.583	6.901	5.791	6.066	5.73	5.419	6.068	6.473	8.317
南 South	1.30	3.394	5.09	5.66	7.21	6.219	6.703	4.935	4.954	5.93	8.049	6.183
西 West	1.30	4.062	5.308	6.19	7.099	6.411	6.307	4.731	5.143	6.654	7.841	6.01
北 North	1.30	4.102	5.611	5.219	7.996	5.016	8.471	5.551	4.149	7.908	8.451	8.93

第 3 样树 Sample tree No.3

方向 Direction	年轮生成树龄(年) Tree age during ring formation (a)										
	H(m)	15	16	17	18	19	20	21	22	23	24
东 East	1.30	7.672	6.517	6.705	5.258	5.733	4.581	5.082	4.681	4.475	4.535
南 South	1.30	6.417	5.867	4.856	6.26	6.712	4.919	5.563	4.518	4.194	5.015
西 West	1.30	6.95	5.785	4.869	5.981	5.852	5.239	5.499	4.77	3.866	4.93
北 North	1.30	8.19	7.422	6.893	6.156	6.581	5.524	6.321	6.426	6.495	6.24

第 4 样树 Sample tree No.4

方向 Direction	年轮生成树龄(年) Tree age during ring formation (a)										
	H(m)	4	5	6	7	8	9	10	11	12	13	14
东 East	1.30	—	4.845	5.055	5.415	6.130	7.250	6.295	6.160	6.470	7.061	7.360
南 South	1.30	—	4.645	5.085	4.985	5.46	5.829	4.818	4.763	6.005	6.57	6.7
西 West	1.30	—	4.784	5.025	5.475	5.38	6.086	5.424	5.24	5.99	6.27	5.94
北 North	1.30	—	4.69	5.89	5.84	6.531	7.355	5.76	5.542	6.34	6.16	5.394

第 4 样树 Sample tree No.4

方向 Direction	年轮生成树龄(年) Tree age during ring formation (a)										
	H(m)	15	16	17	18	19	20	21	22	23	24
东 East	1.30	4.410	6.175	6.960	5.790	5.440	4.400	6.040	4.641	5.020	5.110
南 South	1.30	6.284	6.169	5.673	5.725	6.093	4.622	4.785	4.025	4.155	3.55
西 West	1.30	5.82	5.22	5.787	5.574	5.5	3.375	4.964	3.801	3.525	3.035
北 North	1.30	5.075	5.181	5.672	4.251	4.216	3.772	4.943	3.644	3.85	3.25

第 5 样树 Sample tree No.5

方向 Direction	年轮生成树龄(年) Tree age during ring formation (a)										
	H (m)	4	5	6	7	8	9	10	11	12	13	14
东 East	1.30	—	1.148	2.160	3.690	5.770	5.760	5.732	5.390	8.238	6.472	7.415
南 South	1.30	—	1.180	2.070	4.190	6.210	4.140	7.170	5.200	8.500	6.866	7.212
西 West	1.30	—	1.070	1.262	3.890	5.688	6.470	6.330	5.960	10.040	7.920	7.581
北 North	1.30	—	1.416	1.540	3.540	5.640	6.918	5.322	6.120	8.995	7.415	7.250

第 5 样树 Sample tree No.5

方向 Direction	年轮生成树龄(年) Tree age during ring formation (a)										
	H(m)	15	16	17	18	19	20	21	22	23	24
东 East	1.30	8.395	6.075	7.050	5.060	6.665	4.655	4.492	4.090	4.660	3.570
南 South	1.30	8.540	7.160	7.299	4.479	7.232	4.730	3.850	3.240	3.250	3.310
西 West	1.30	8.760	6.755	6.981	5.450	5.910	5.730	4.902	2.980	4.510	4.150
北 North	1.30	8.450	4.904	7.455	6.566	4.870	3.610	4.970	2.885	2.645	4.380

注：测定年轮宽度要求逐轮平行木射线，即垂直年轮。

Note: The ring width is measured respectively in parallel with wood ray, that is, at right angle with ring.

增篇表 1-3　落叶松样树胸高四向逐龄年轮的晚材率(%)

Appendant table (Addendum) 1-3　Late wood percentage of each successive ring in four directions at the breast height in Dahurian larch sample trees (%)

第 1 样树 Sample tree No.1

方向 Direction	年轮生成树龄(年) Tree age during ring formation (a)														
	H(m)	2	3	4	5	6	7	8	9	10	11	12	13	14	15	16
东 East	1.30		27.23	15.84	19.32	22.47	10.97	19.95	12.19	29.58	26.86	35.52	20.98	17.59	31.94	35.05
南 South	1.30		31.43	13.81	17.15	20.52	10.42	6.28	9.53	14.31	21.04	19.08	26.24	16.32	41.03	31.53
西 West	1.30		6.42	13.9	17.15	13.97	19.43	21.24	7.94	26.9	16.33	37.8	27.39	15.9	38.62	37.86
北 North	1.30		23.31	30.12	15.6	20.75	15.17	9.99	7.28	21.02	9.62	32.95	16.11	20.19	36.56	28.64

第 1 样树 Sample tree No.1

方向 Direction	年轮生成树龄(年) Tree age during ring formation (a)														
	H(m)	17	18	19	20	21	22	23	24	25	26	27	28	29	30	31
东 East	1.30	36.65	27.42	43.77	38.97	37.45	40.14	45.16	34.88	38.64	31.94	28.66	37.61	22.98	31.2	36.88
南 South	1.30	31.49	26.85	37.88	29.03	31.59	36.5	31.95	22.54	41.96	22.22	37.55	41.89	54.23	37.91	31.48
西 West	1.30	39.5	38.32	40.68	38.61	42.93	45.1	28.29	31.82	33.92	37.25	33.95	37.91	39.93	39.15	37.16
北 North	1.30	29.63	29.98	35.31	40.73	54.53	23.92	30.59	21.73	34.92	40.75	31.57	36.82	18.77	32.1	27.39

第 2 样树 Sample tree No.2

方向 Direction	年轮生成树龄(年) Tree age during ring formation (a)														
	H(m)	2	3	4	5	6	7	8	9	10	11	12	13	14	15	16
东 East	1.30		17.26	15.93	14.59	17.14	27.02	8.38	11.63	8.24	20.73	25.65	12.81	10.88	16.57	19.13
南 South	1.30		18.09	15.61	11.58	19.19	20.57	9.32	11.5	20.65	14.1	30.21	15.17	9.61	15.62	9.02
西 West	1.30		12.70	22.84	18.25	24.79	23.99		14.1	20.37	16.55	28.6	19.03	12.03	30.65	16.87
北 North	1.30		25.98	15.58	11.11	22.08	20.15	8.59	33.09	25.88	14.78	17.99	14.68	16.1	13.2	10.99

第 2 样树 Sample tree No.2

方向 Direction	年轮生成树龄(年) Tree age during ring formation (a)														
	H(m)	17	18	19	20	21	22	23	24	25	26	27	28	29	30	31
东 East	1.30	7.74	9.48	12.42	15.23	37.73	39.82	9.05	24.31	9.68	13.57	32.31	47.98	39.6	44.85	43.87
南 South	1.30	21.28	26.06	15.74	14.94	39.22	19.92	13.98	30.19	24.48	30.02	34.49	47.15	35.93	47.1	26.22
西 West	1.30	28.54	17.62	27.29	21.93	44.22	36.9	16.42	18.85	25.02	15.16	32.41	53.02	36.73	36.72	47.03
北 North	1.30	11.77	10.7	12.82	10.24	31.09	13.44	13.74	16.07	16.68	12.22	17.7	20.39	24.75	22.84	20.02

第 5 样树 Sample tree No.5

方向 Direction	年轮生成树龄(年) Tree age during ring formation (a)														
	H(m)	2	3	4	5	6	7	8	9	10	11	12	13	14	15	16
东 East	1.30	27.36	8.42	11.82	21.15	34.22	30.24	10.83	22.69	14.71	17.09	21.5	19.13	12.88	41.99	51.93
南 South	1.30	5.64	10.35	19.3	10.38	17.99	20.36	22.59	26.01	15.48	51.26	25.98	22.44	16.63	27.57	30.2
西 West	1.30	23.72	15.65	10.96	14.13	21.74	25.36	7.91	11.47	16.02	16.38	27.48	23.01	23.01	26.84	40.69
北 North	1.30	15.78	10.81	12.27	19.68	23.92	24.67	19.26	11.23	16.01	18.42	24.7	12.69	20.36	27.87	49.84

第 5 样树 Sample tree No.5

方向 Direction	年轮生成树龄(年) Tree age during ring formation (a)														
	H(m)	17	18	19	20	21	22	23	24	25	26	27	28	29	30	31
东 East	1.30	41.55	23.13	32.95	14.16	44.28	16.75	20.73	22.58	28.93	28.02	14.35	27.84	27.58	25.5	31.05
南 South	1.30	39.75	29.77	29.22	17.45	36.11	38.31	24.86	33.6	52.34	32.32	36.62	43.32	29.99	26.12	36.54
西 West	1.30	40.88	35.1	21.98	18.77	37.19	35.22	21.98	41.09	42.68	34.71	34.47	43.35	29.12	41.46	32.14
北 North	1.30	36.06	26.92	31.3	16.37	44.28	22.04	23.91	16.97	21.27	24.54	24.82	31.38	30.7	23.12	38.45

注：测定年轮宽度要求逐轮平行木射线，即垂直年轮。

Note: The ring width is measured respectively in parallel with wood ray, that is, at right angle with ring.

1.4 结　　论

树茎圆柱对称性在年轮宽度和晚材率上的表现是近似状态，但次生木质部四向随径向生长树龄的变化受遗传控制具相对一致性。圆柱对称性原理适用于发育变化研究。

2 计算机数据处理的步骤

2.1 数据的组织

每一试验数据都是对各树种、各样株的次生木质部有确定位置记录的样品进行测试的结果。

林木发育的特点是，主茎、枝和根在生长中随时间的变化呈现的发育连续变化是表现在它不同的空间位置上。森林树木的树茎近似圆柱形，其中逐年生成的生长鞘呈层状。基于这些条件，用一柱面坐标系来描述这一过程各年份的空间位置。该坐标系是这样确定的：坐标原点在树茎根颈高度为 0 的髓心位置。用“α”表示角度，确定正南向为 0°；正东向为 90°；正北向为 180°；正西向为 270°。年轮生成的树龄或自髓心向外的年轮数的变化用 r 轴表示。树木的高度变化用 h 轴表示。所以用α、r、h 就表示出了树木生长中某一时刻的一个空间点。本项目试验数据大多取自正南向(α=0°, r=x)，因而用(x, h)就可以表示一个测定点的位置。并且 x 的值与时间有着直接的关系，这在下面的分析中随处可见。年轮位置就是树木生长的时间戳。

依据样株树种、株别、不同高度部位、水平径向不同年轮处，将测得的数据分类。输入计算机后，形成不同的纯文本格式的数据文件或数据库表格式的数据库文件。每一文件的数据格式的确定以便于程序处理和加工为原则。输入数据，保存为一个个数据文件，文件名与树种、样株编号、数据的类别有关。而其扩展名一般均用“**DAT**”(datum)来表示。例如 CC2TN.DAT(Cell、Cunninghamia lancelata、Total、Number 等的首字母)，表示杉木第二样株在 1.3m 胸高处逐龄年轮径向管胞总个数。

为进一步阐明本书数据处理的方法及其特点，现以 12 龄杉木第一样树年轮宽度为例，将原始数据列如增篇表 2-1 所示(原文件名为：SRWC1.DAT 即 Stem、Ring、Width、Cunninghamia 等的首字母)。该表是在圆盘上测定的结果，本书的原始数据多为这种结构。

此外，需将原数据表格(例如增篇表 2-1)作如增篇表 2-2 的变换，增添成另一种形式的原始数据表(变换后文件的扩展名为“**DAC**”)。即是将年轮序数按采伐树龄从树周向内倒记数的方式，变为自髓心向外由 1 开始正记数的方式，以适应对数据进行不同处理的需要。

增篇表 2-1 杉木第一样树年轮宽度(cm)

Addendum table 2-1 Ring width of Chinese fir sample tree No.1 (cm)

圆盘序号 Ordinal number of disc	年轮生成树龄(年) Tree age during ring formation											
	1 年	2 年	3 年	4 年	5 年	6 年	7 年	8 年	9 年	10 年	11 年	12 年
11												3.35
10											2.26	6.42
09											4.29	5.96
08										4.90	7.27	6.91
07									4.50	9.50	11.00	9.50
06								9.50	13.00	11.50	10.00	7.50
05						5.50	14.00	12.00	12.50	9.00	8.00	6.00
04					2.80	17.00	16.50	11.50	12.50	8.00	7.50	5.20
03				11.50	16.80	13.50	12.20	8.80	8.70	5.80	5.50	4.00
02		7.50	7.50	18.00	17.30	11.70	9.80	7.50	6.00	3.50	2.50	2.20
01		7.50	16.30	17.50	15.00	12.50	8.00	5.50	5.20	2.80	2.50	3.00
00	6.30	15.50	17.20	24.80	17.00	17.20	5.50	4.50	11.30	2.50	3.00	0.20

增篇表 2-2 杉木第一样树的年轮宽度(cm)

Addendum table 2-1 Ring width of Chinese fir sample tree No.1 (cm)

圆盘序号 Ordinal number of disc	离髓心年轮数 Ring number from pith											
	1	2	3	4	5	6	7	8	9	10	11	12
11	3.35											
10	2.26	6.42										
09	4.29	5.96										
08	4.90	7.27	6.91									
07	4.50	9.50	11.00	9.50								
06	9.50	13.00	11.50	10.00	7.50							
05	5.50	14.00	12.00	12.50	9.00	8.00	6.00					
04	2.80	17.00	16.50	11.50	12.50	8.00	7.50	5.20				
03	11.50	16.80	13.50	12.20	8.80	8.70	5.80	5.50	4.00			
02	7.50	7.50	18.00	17.30	11.70	9.80	7.50	6.00	3.50	2.50	2.20	
01	7.50	16.30	17.50	15.00	12.50	8.00	5.50	5.20	2.80	2.50	3.00	
00	6.30	15.50	17.20	24.80	17.00	17.20	5.50	4.50	11.30	2.50	3.00	0.20

2.2 数据的处理方法

本书一般对经数据组织建立的数据表格有 4 种处理方法。

(1) 横向处理：用增篇表 2-1 原始数据，要求取每一圆盘水平方向逐个年轮(或几个年轮平均)或几个相隔一定距离部位的某一性状测定值进行回归分析，并绘制曲线。其纵坐标为该指标的测定值；其横坐标使用取样年轮的生成树龄，此生成树龄可由树周第 1 年轮采伐树龄向内用倒记数方式推出。树周向内第 1 年轮采伐树龄系根茎(00)圆盘上的年轮数。

(2) 纵向处理(I)：用增篇表 2-1 原始数据，要求对不同高度圆盘由树周向内相同树龄序号年轮(同一年生成)的性状测定值进行回归分析，并绘制曲线。其纵坐标为测定值；其横坐标是树茎高生长树龄。由表 2-4，以 00 圆盘年轮数与取样圆盘年轮数相减，即可求得各圆盘的高生长树龄。通过回归分析结果可进一步获知连续的高生长树龄。用高生长树龄替代树茎上的不同高度，在研究次生木质部发育中有重要的理论意义和实践作用。

(3) 纵向处理(II)：这一处理要先对原数据表格(例如增篇表 2-1)作如增篇表 2-2 的变换，其后的纵、横坐标及处理方法与纵向处理(I)相同。用增篇表 2-2 变换格式后的数据，要求对不同高度圆盘相同。用增篇表 2-2 变换格式后的数据，要求对不同高度圆盘相同离髓心年轮数异鞘年轮的性状测定值进行回归分析，并绘制曲线。

(4) 生长鞘全高性状平均值随树龄的变化，要求由增篇表 2-1 得逐龄生长鞘全高性状平均值，对其进行回归分析，并绘制曲线。其纵坐标为此平均值；横坐标是对应的生长鞘生成树龄。

对由圆盘上取样的试验数据，一般采用横向处理、纵向处理(I)、纵向处理(II)和生长鞘全高平均值随树龄变化四种处理方法；而对木段上取样的试验结果，由于受取样条件限制，一般仅采用纵向处理(I)、(II)，只在个别情况下才做横向处理。

为了满足本项目所用软件对数据格式的要求，四种处理方式对原始数据的格式都做了相应的修改，产生的文件主名同原始数据，扩展名分别是：横向处理(I)为“**ML1**”；纵向处理(I)为“**ML2**”；纵向处理(II)为“**MLC**”。回归分析后文件扩展名相应的分别为“**RL1**”、“**RL2**”、“**RLC**”(如增篇表 2-3，增篇表 2-4)。

增篇表 2-3　横向处理数据文件(由 ML 变成 RL)

Addendum table2-3　Data processing document of horizontal treatment(From ML to RL)

\SRWC1.ML1(原始数据)		\SRWC1.RL1(回归分析后)	
12(点数)	2 (维数)	12(点数)	2 (维数)
1	6.3	1	7.496
2	15.5	2	14.6842
3	17.2	3	18.4735
4	24.8	4	19.4869
5	17	5	18.3474
6	17.2	6	15.678
7	5.5	7	12.1017
8	4.5	8	8.2415
9	11.3	9	4.7204
10	2.5	10	2.1614
11	3	11	1.1875
12	0.2	12	2.4216
\		\	
11(点数)	2 (维数)	11(点数)	2 (维数)
2	7.5	2	9.3175
3	16.3	3	14.1455
4	17.5	4	15.9375
5	15	5	15.3867
6	12.5	6	13.186
7	8	7	10.0284
8	5.5	8	6.607
9	5.2	9	3.6147
10	2.8	10	1.7445
11	2.5	11	1.6895
12	3	12	4.1427
\…………		\…………	

增篇表 2-4　纵向处理数据文件(由 ML 变成 RL)

Addendum table2-4　Data processing document of longitudinal treatment(From ML to RL)

\SRWC1.ML2(原始数据)		\SRWC1.RL2(回归分析后)	
12(点数)	2 (维数)	12(点数)	2 (维数)
11	3.35	11	4.09231
10.5	6.415	10	6.25807
10	5.955	9	7.54901
9	6.905	8	8.09368
8	9.5	7	8.02059
7	7.5	6	7.45829
5	6	5	6.5353
4	5.2	4	5.38016
3	4	3	4.12139
1.26	2.2	2	2.88754
1	3	1	1.80713
0	0.2	0	1.00869
\		\	
11(点数)	2 (维数)	11(点数)	2 (维数)
10.5	2.255	10.5	1.96823
10	4.294	9.45	6.65831
9	7.274	8.4	9.32987
8	11	7.35	10.3551
7	10	6.3	10.1061
5	8	5.25	8.95521
4	7.5	4.2	7.2745
3	5.5	3.15	5.4362
1.26	2.5	2.1	3.81248
1	2.5	1.05	2.77553
0	3	0	2.69754
\……		\……	

不论木材生成规律的数学表达式多么复杂，甚至无法用解析式来表示。但可以肯定的是：生长的各种参数的变化是连续的，对于一段连续的、有规律的生长过程曲线，是可以用一个多项式表达的。从数学分析中可知：一个函数，若是连续的、可微的，是可

以分解成台劳级数的(Taylor Series)。级数的有限项便是一个多项式，可以用它来代替原函数，只要多项式的项足够多，误差就可在容许范围内。用多项式来代替函数，在函数无法用一个解析式来表示时特别有用，它能简化处理过程，并且能达到揭示规律的目的。

2.3 绘　　图

本书所有图示文件的扩展名均为“**BMP**”。这是一种二进制位图(bitmap)格式的图像文件，也是计算机图像处理中图像文件使用的最基本，最常用的格式之一。使用此文件还可以方便地进一步进行处理、分析及打印。

这样，从数据的整理、输入计算机、进行数据处理分析，最后打印出图像，形成了一个完整的数据分析过程。

成图后，文件扩展名均为 **BMP**，要区分各图只好在文件主名上加以改动：横向处理的文件主名与测定数据文件同，如 SRWC1.BMP(图16-17)；纵向处理(I)的文件主名在测定数据文件名后加“2”，如 SRWC12.BMP(图16-12)等；有些指标由于样木树龄较大，线条较多，为表示更加清楚，在本书中将一幅图分成几幅图来显示。若进行过分幅处理，相应的图形文件在测定数据文件主名后加“21”和“22”；纵向处理(II)的文件名在测定数据文件主名后加“C”，如 SRWC1C.BMP(图16-23)。所以，只要知道图形文件的文件名，其处理的方法和过程都可以推知。

数据处理过程示意如下：

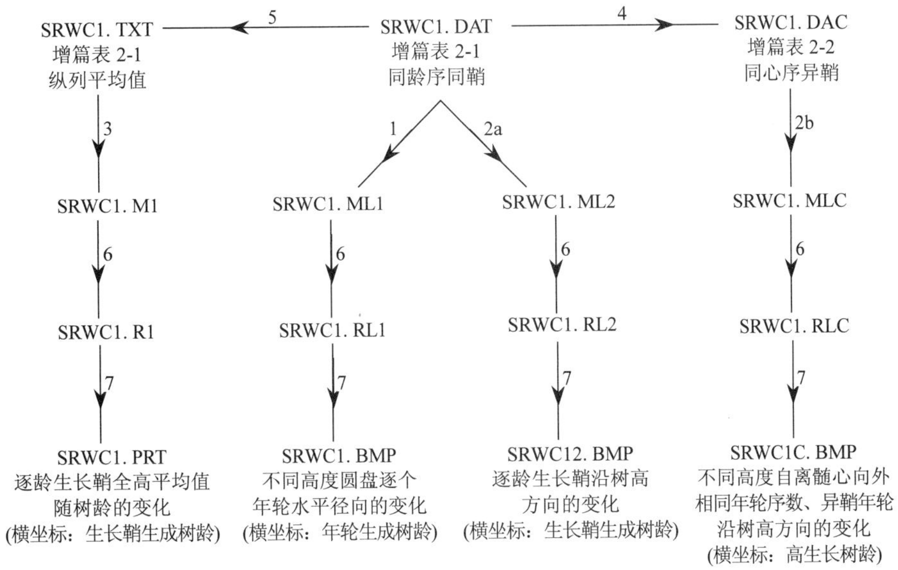

1——横向取值；
2a——纵向处理(I)；
2b——纵向处理(II)；
3——生长鞘全高平均值取值；
4——将同龄序同鞘(增篇表 2-1)
变换成同心序异鞘(增篇表 2-2)；
5——求出生长鞘全高平均值；
6——回归分析；
7——绘图。

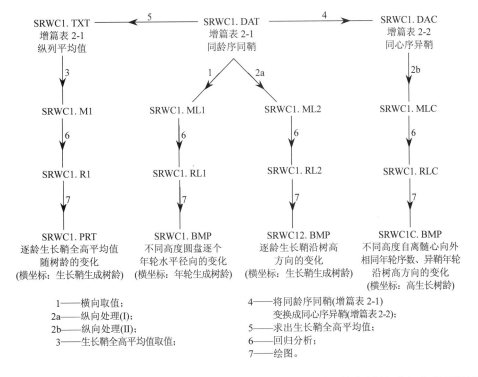

在此，只是从总体上对本书的数据处理作概述，由于不同的木材性质各有其不同的特点，从而在数据处理上也不可避免地就可能有所差别，对于这方面的内容在各章分别叙述。